FRIEDRICH

TABELLENBUCH BAUTECHNIK

- **Für die Berufsausbildung in Schule (Berufsgrundbildung, Berufsschule, Berufsfachschule, Berufsaufbauschule, Fachoberschule, Berufliches Gymnasium), Betrieb, Lehrwerkstatt und Bauhof.**
- **Für die Weiterbildung in Schule (Fachschule, Akademie) und Betrieb.**
- **Für Fachhochschulen und Berufsakademien.**
- **Für die Erwachsenenbildung (Weiterbildung, Umschulung).**
- **Für den Gebrauch in allen Bereichen des Bauwesens.**

1 2 3 4 5 6 7 8 9 10 11 12 13 14

FRIEDRICHs FACH- UND TABELLENBÜCHER

Begründet von Direktor Wilhelm Friedrich
Herausgegeben von Prof. Dr. Antonius Lipsmeier, Karlsruhe
Mitherausgegeben von Dipl.-Ing. Adolf Teml, Lage

FRIEDRICH

TABELLENBUCH BAUTECHNIK

- **Technologie (Fachkunde)**
- **Technische Mathematik (Fachrechnen)**
- **Technisches Zeichnen**
- **Baubetrieb und Baurecht**
- **Arbeits- und Umweltschutz**

Bearbeitet von

H.-J. Gipper, M. Labude, K. Layer, P. Lohse, M. Scheurmann, H. Seidel, E. Stiebeler, H.-J. Wiedemann

311.–330. Auflage
Gesamtumfang 424 Seiten
Dümmlerbuch 5402

FERD. DÜMMLERS VERLAG · BONN

Herausgeber: Dr. Antonius Lipsmeier, Professor für Berufspädagogik, Universität Karlsruhe (TH)

Adolf Teml, Diplom-Ingenieur und Fachschriftsteller, Lage (Mitherausgeber)

Autoren: StR Hans-Jürgen Gipper, Darmstadt (Kap. 9)
Dipl.-Ing. StD Manfred Labude, Hofgeismar (Kap. 3.10, 6.1 bis 6.3, 6.5 bis 6.11)
Schulleiter Klaus Layer, Karlsruhe (Kap. 3.11, 6.4, 11.11)
Dipl.-Ing., Berat. Ingenieur, Peter Lohse, Braunschweig (Kap. 2, 4, 5.9, 7.6.3, 7.6.4, 8, 11.1 bis 11.10, 12)
Dipl.-Ing. StR Martin Scheurmann, Hamburg (Kap. 1, 10)
Dipl.-Ing. StR Hans Seidel, Melsungen (Kap. 3.1 bis 3.9, 3.12)
Dipl.-Ing. Erdmann Stiebeler, Berlin (Kap. 5.1 bis 5.8)
StR Hans-Jörg Wiedemann, Berlin (Kap. 7, 13)

DIN-Normen und andere technische Regelwerke

Sofern in diesem Tabellenbuch auf DIN-Normen oder andere technische Regelwerke verwiesen wird, so handelt es sich um die bei Redaktionsschluß vorliegenden Ausgaben. Diese wurden für die Zwecke dieses Buches – mit Erlaubnis des DIN (Deutsches Institut für Normung) – gekürzt und bearbeitet.
Für den Anwender einer Norm ist jedoch nur die Norm selbst in ihrer neuesten Ausgabe maßgebend.
DIN-Normen sind zu beziehen beim Beuth-Verlag, Burggrafenstr. 6, 10787 Berlin.

ISBN 3-427-**540**23-5 Zeichnungen H.-J. Zedow

Satz: Konrad Triltsch, Würzburg

Printed in Germany by Franz Spiegel Buch GmbH, Ulm

Vorwort zur 311.–330. Auflage von FRIEDRICH[S] Tabellenbuch Bautechnik

• Diese Auflage des FRIEDRICH wurde gründlich bearbeitet

Diese völlige Neubearbeitung ist in der beruflichen Aus- und Weiterbildung für alle Bauberufe geeignet, insbesondere für
- Maurer und Betonbauer (Berufsgruppe 44),
- Straßen- und Tiefbauer (Berufsgruppe 46),
- Baustoffhersteller (Berufsgruppe 11),
- Dachdecker und Gerüstbauer (Berufsgruppe 45),
- Bauausstatter (Berufsgruppe 48) sowie
- Bauzeichner (in Berufsgruppe 63).

Pluspunkte dieser Neubearbeitung
- um über 100 Seiten (mehr als 25%) erweitert;
- sämtliche Kapitel wurden gründlich bearbeitet, weitgehend erweitert und
- auf den neuesten Stand von Technik und Normung gebracht;
- alle Kapitel sind didaktisch aufgearbeitet und übersichtlich neu gestaltet;
- viele neue Grafiken und Abbildungen.

Neue Abschnitte und Kapitel in der 311.–330. Auflage:
Abschnitt 3.11: Glas im Bauwesen; Abschnitt 4.5: Bemessungen; Abschnitt 11.11: Qualitätssicherung nach DIN ISO 9000 ff; Kap. 7: Schutzmaßnahmen, u. a. mit neuer Wärmeschutzverordnung; Kap. 8: Vermessung und Absteckung; Kap. 9: Straßenbau; Kap. 10: Umweltschutz, u.a. auch mit den Themen „Sonderabfälle“ und „Transportbedingungen“; Kap. 13: Baustile.

Die Didaktik/Methodik des FRIEDRICH:
- ist mit den **einschlägigen Ausbildungsordnungen und Rahmenlehrplänen** abgestimmt;
- ist nicht auf reines Zahlenmaterial reduziert, sondern integriert die Tabellen – soweit sinnvoll und möglich – in die **technologischen Zusammenhänge**;
- fördert über das Erlernen von Nachschlagetechniken den Aufbau von **Wissensnetzen und -strukturen** beim Lernenden;
- fördert durch Aufbau, Gestaltung und Stoffdarbietung in besonderem Maße **handlungsorientiertes Lernen**, das auch für die Bauberufe von entscheidender Wichtigkeit ist;
- unterstützt **selbständiges Lernen** und Einarbeiten in neue Sachverhalte;
- ermöglicht angesichts der thematischen Breite (Technologie, Technische Mathematik, Technisches Zeichnen, Baubetrieb und Baurecht, Umwelt- und Arbeitsschutz; zusätzlich in der Neuauflage: Stilkunde) **ganzheitliches und fächerübergreifendes Lernen**;
- ist angesichts ausführlicher und klarer Stoffdarbietung auf **allen Berufsebenen** (Auszubildende, Meister, Techniker, Ingenieure) verwendbar.
- berücksichtigt durchgehend **Umwelt- und Arbeitsschutz**;
- enthält die wichtigsten Vorschriften der **Wärmeschutzverordnung**;
- paßt zu allen **gängigen Fachkunden**;
- erleichtert durch **übersichtliche Grafiken** den Einblick in komplizierte Sachverhalte;
- ist durchgehend **zweifarbig**;
- hat eine haltbare **Fadenheftung**, chlorfrei gebleichtes Papier und eine Veredlungsfolie aus PE-Kunststoff (somit keine Entsorgungs- und Recycling-Probleme).

Nachschlagesystem und Nachschlagehilfen im FRIEDRICH

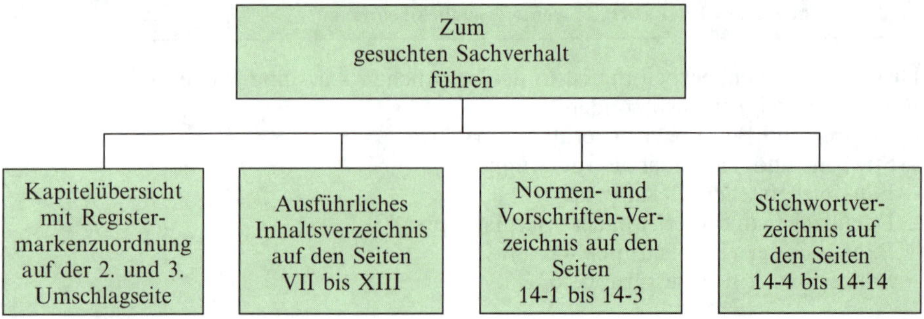

Unterstützende Nachschlagehilfen:

- Fein verästelte Dezimalklassifikation;
- kapitelweise Seitenzählung;
- Registermarken für Großkapitel;
- Zweifarbendruck in Text und Bild;
- Seitenverweise;
- alle Normen und Bestimmungen mit Ausgabedatum sowie mit direkter Zuordnung zum Sachzusammenhang; ferner im Anhang die Tabelle der zitierten Normen.

• FRIEDRICH und Kammer- bzw. PAL-Prüfungen

In zunehmendem Maße wird die Fähigkeit und Motivierung des Auszubildenden, sich allein, also ohne personelle Hilfestellung, in neue Aufgaben schnell einzuarbeiten, als wichtiges Lernziel der Ausbildung betrachtet; strukturierendes Denken/handlungsorientiertes Lernen/Stoffbeherrschung, also Lernziele, die nach der Neuordnung hoch bewertet werden sollen, werden bei Benutzung des FRIEDRICH gefördert.

Daß gerade etwas umfangreichere Nachschlagewerke hierzu einen besonderen Beitrag leisten können, ist unbestritten; aber nicht nur auf den Umfang kommt es an, sondern vor allem auf eine den neueren Lernzielen in der Berufsausbildung entsprechende Aufarbeitung der Inhalte sowie auf ein auch für sog. schwächere Schüler erlernbares Nachschlagesystem. Diesen didaktisch-methodischen Zielen soll auch durch das ausgewogene Verhältnis von Tabellen, Texten und Abbildungen entsprochen werden. Dies alles zeichnet den FRIEDRICH aus. Deshalb findet der FRIEDRICH auch mehr und mehr Verwendung in den Ausbildungsabschlußprüfungen, und fast alle (nach der Neuordnung) erlassenen Prüfungsordnungen der Kammern sowie Überlegungen des PAL sehen solche generellen Freigaben vor.

• Dank an Mitarbeiter, Benutzer und Leser

Verfasser, Herausgeber und Verlag würden sich freuen, wenn die zahlreichen Benutzer in der beruflichen Aus- und Weiterbildung auf allen Ebenen sowie in der Praxis Vorschläge für die Verbesserung dieses Werkes unterbreiten könnten. Diese Vorschläge sollen bei späteren Auflagen nach Möglichkeit berücksichtigt werden, damit sie möglichst vielen Benutzern zugute kommen.

Januar 1996 — Herausgeber, Verfasser und Verlag

INHALT

1 Mathematische Grundlagen 1-1 bis 1-12

2 Physikalische und chemische Grundlagen 2-1 bis 2-24

3 Baustoffe 3-1 bis 3-69

4 Statik und Festigkeitslehre 4-1 bis 4-36

5 Technisches Zeichnen 5-1 bis 5-22

6 Baukonstruktionen 6-1 bis 6-68

7 Schutzmaßnahmen 7-1 bis 7-32

8 Vermessung und Absteckung 8-1 bis 8-10

9 Straßenbau 9-1 bis 9-56

10 Arbeits- und Umweltschutz 10-1 bis 10-18

11 Baubetrieb — 11-1 bis 11-24

12 Baugesetze und Vorschriften — 12-1 bis 12-8

13 Baustile — 13-1 bis 13-12

14 Anhang — 14-1 bis 14-14

1 Mathematische Grundlagen

1.1 Zeichen und Begriffe

1.1.1 Mathematische und geometrische Zeichen[1])

$+$	plus
$-$	minus
$\cdot$	mal
$:/-$	durch
$=$	gleich
$\neq$	ungleich
$=_{\text{def}}$	definitionsgemäß gleich
$\approx$	ungefähr gleich
$\mathrel{\widehat{=}}$	entspricht
$<$	kleiner als
$>$	größer als
$\leq$	kleiner oder gleich
$\geq$	größer oder gleich
$\ll$	klein gegen
$\gg$	groß gegen
∞	unendlich
π	pi, $\pi = 3{,}14159\ldots$
e	$e = 2{,}71828\ldots$
$\sqrt{}$	Quadratwurzel aus
$\sqrt[n]{}$	n-te Wurzel aus
x^n	x hoch n, n-te Potenz von x
$n!$	n Fakultät, $n! = 1 \cdot 2 \cdot 3 \ldots n$
$(x)_s$	s unter x, $(x)_s = x \cdot (x-1) \cdot \ldots (x+1-s)$

$\binom{x}{s}$	x über s, $\binom{x}{s} = \frac{(x)_s}{s!}$
$[x]$	größte ganze Zahl kleiner oder gleich x
$\parallel$	parallel zu
$\perp$	orthogonal zu
$\uparrow\uparrow$	gleichsinnig parallel
$\uparrow\downarrow$	gegensinnig parallel
$\triangle(ABC)$	Dreieck ABC
$\cong$	kongruent zu
$\sim$	proportional zu
$\sphericalangle(g, h)$	Winkel zwischen g und h
$\overline{AB}$	Strecke von A nach B
$d(A, B)$	Abstand von A nach B
$\odot(P, r)$	Kreis um P mit Radius r
$\sum\limits_{i=1}^{n} x_i$	Summe über x_i von $i=1$ bis n
$\prod\limits_{i=1}^{n} x_i$	Produkt über x_i von i gleich 1 bis n
lim	Limes (Grenzwert)
$f \simeq g$	f ist asymptotisch gleich g
$f(x)$	Funktion der Veränderlichen x
Δf	Delta f, Differenz zweier Werte

$\frac{\mathrm{d}f(x)}{\mathrm{d}x} = f'$	$\mathrm{d}f(x)$ nach $\mathrm{d}x$, f Strich Ableitung von f
$\int\limits_a^b f(x)\,\mathrm{d}x$	Integral über $f(x)\,\mathrm{d}x$ von a bis b
$\lvert z \rvert$	Betrag von z
z^* oder $\bar{z}$	Konjugierte von z
Re z	Realteil von z
Im z	Imaginärteil von z
i oder j	Imaginäre Einheit, $i^2 = j^2 = -1$
exp	Exponentialfunktion $\exp x = e^x$
log	Logarithmus
lg	dekadischer Logarithmus
lb	binärer Logarithmus
ln	natürlicher Logarithmus
sin	Sinus
cos	Cosinus
tan	Tangens
cot	Cotangens
Arcsin	Arcussinus
Arcos	Arcuscosinus
Arctan	Arcustangens
Arccot	Arcuscotangens
⊾ ∟	rechter Winkel
m	Steigung
$\sphericalangle$	Winkel
A	Fläche
V	Volumen

1.1.2 Zeichen und Begriffe der Logik und Mengenlehre nach DIN E 5473 (3.91)[2])

Zeichen	Begriffe	Zeichen	Begriffe
$\mathbb{N}$ oder N	Menge der natürlichen Zahlen	id_A	Identitätsrelation auf A
$\mathbb{Z}$ oder Z	Menge der ganzen Zahlen		(enthält die Paare $\langle x, y\rangle$ mit $x \in A$)
$\mathbb{Q}$ oder Q	Menge der rationalen Zahlen	$D(f)$	Definitionsbereich von f
$\mathbb{R}$ oder R	Menge der reellen Zahlen	$W(f)$	Wertebereich von f
$\mathbb{C}$ oder C	Menge der komplexen Zahlen	$f\,\vert\,A$	Einschränkung von f auf A
$x \in M$	x ist Element von M	$\neg a$ oder $\bar{a}$	Nicht a, Negation
$x \notin M$	x ist nicht Element von M	$(a \wedge b)$	a und b, Konjunktion
$x_1, \ldots, x_n \in A$	$x_1, \ldots, x_n$ sind Elemente von A	$(a \vee b)$	a oder b, Adjunktion, Disjunktion
$\{x \,\vert\, \varphi\}$	die Menge (Klasse) aller x mit φ	$(a \rightarrow b)$	
$\{x \,\vert\, x < 6\}\ \mathbb{N}$	Menge aller x, für die gilt:	oder	Wenn a, so b, Subjunktion
	x ist eine natürliche Zahl und x	$(a \Rightarrow b)$	
	ist kleiner als 6	$(a \leftrightarrow b)$	
$\{x_1, \ldots, x_n\}$	die Menge mit den Elementen $x_1, \ldots, x_n$	oder	a genau dann, wenn b, Äquijunktion
$\{1, 2, 3, 4\} = A$	Menge A wird gebildet aus den	$(a \Leftrightarrow b)$	
	Elementen 1, 2, 3, 4	$\top$	Verum
$\emptyset$	leere Menge (enthält kein Element)	$\perp$	Falsum
$A \subseteq B$	A ist Teilmenge von B	$\Box\, a$	Es ist notwendig, daß a
$A \sim B$	A ist gleichzahlig zu B	$\Diamond\, a$	Es ist möglich, daß a

[1]) Weitere Zeichen siehe DIN 1302 (8.80).
[2]) Weitere Zeichen siehe DIN 5473 E (3.91).

1.2 Rechnungsarten und Gleichungen

Art	Regel	Zahlenbeispiel	Algebraisches Beispiel
Bruchrechnen	**Addieren und Subtrahieren von gleichnamigen Brüchen:** Der Zähler wird addiert oder subtrahiert, und der Nenner bleibt unverändert.	$\frac{4}{6}+\frac{3}{6}-\frac{2}{6}=\frac{4+3-2}{6}$ $=\frac{5}{6}$	$\frac{4}{a}+\frac{3}{a}-\frac{2}{a}=\frac{4+3-2}{a}$ $=\frac{5}{a}$
	Addieren und Subtrahieren von ungleichnamigen Brüchen: Zunächst wird ein gemeinsamer Hauptnenner gebildet. Der Hauptnenner ist der gemeinsame Nenner, in dem die Nenner aller Brüche ganzzahlig enthalten sind. Nun werden alle Brüche durch Erweitern auf den Hauptnenner gebracht und schließlich die Zähler addiert bzw. subtrahiert.	$\frac{2}{3}-\frac{1}{4}=$ Hauptnenner $= 12$ $\frac{2\cdot 4}{3\cdot 4}-\frac{1\cdot 3}{4\cdot 3}=$ $\frac{8}{12}-\frac{3}{12}=\frac{8-3}{12}=\frac{5}{12}$	$\frac{a}{b}-\frac{c}{d}=$ Hauptnenner $= b\cdot d$ $\frac{a\cdot d}{b\cdot d}-\frac{c\cdot b}{d\cdot b}$ $=\frac{a\cdot d-c\cdot b}{b\cdot d}$
	Multiplizieren von Brüchen: Der Zähler wird mit dem Zähler und der Nenner mit dem Nenner des anderen Bruches multipliziert.	$\frac{3}{4}\cdot\frac{2}{5}=\frac{3\cdot 2}{4\cdot 5}=\frac{6}{20}$	$\frac{a}{b}\cdot\frac{c}{d}=\frac{a\cdot c}{b\cdot d}$
	Dividieren von Brüchen: Der Bruch im Zähler wird mit dem Kehrwert des Bruches im Nenner multipliziert.	$\frac{3/8}{4/5}=\frac{3\cdot 5}{8\cdot 4}=\frac{15}{32}$	$\frac{a/b}{c/d}=\frac{a\cdot d}{b\cdot c}$
Vorzeichen	**Werte ohne Vorzeichen** sind positiv.	$5=+5$	$a=+a$ bzw. $b=+b$
	Bei **gleichen Vorzeichen der Faktoren** wird das Produkt positiv.	$3\cdot 5=15$ $(-3)\cdot(-5)=15$	$a\cdot b=ab$ $(-a)\cdot(-b)=ab$
	Bei **gleichen Vorzeichen von Zähler und Nenner** wird der Quotient positiv.	$\frac{(-15)}{(-3)}=5$	$\frac{(-a)}{(-b)}=\frac{a}{b}$
	Bei **unterschiedlichen Vorzeichen der Faktoren** wird das Produkt negativ.	$3\cdot(-5)=-15$ $(-3)\cdot 5=-15$	$a\cdot(-b)=-ab$ $(-a)+b=-ab$
	Bei **unterschiedlichen Vorzeichen von Zähler und Nenner** wird der Quotient negativ.	$\frac{15}{(-3)}=-5$ $\frac{(-15)}{3}=-5$	$\frac{a}{(-b)}=-\frac{a}{b}$ $\frac{(-a)}{b}=-\frac{a}{b}$
	Punktrechnungen (· u. :) müssen vor **Strichrechnungen** (+ u. −) ausgeführt werden.	$5\cdot 7-3\cdot 5=$ $35-15=20$	$5a\cdot 2b-a\cdot 4b=$ $10ab-4ab=6ab$
Klammer	**Klammern, vor denen ein Pluszeichen steht,** können weggelassen werden.	$5+(9-4)=$ $5+9-4=10$	$a+(b-c)=$ $a+b-c$
	Klammern, vor denen ein Minuszeichen steht, kann man weglassen, wenn die Glieder in der Klammer entgegengesetzte Vorzeichen erhalten.	$5-(9-4)=$ $5-9+4=0$	$a-(b-c)=$ $a-b+c$
	Ein Faktor wird in einem Klammerausdruck multipliziert, indem jedes Glied der Klammer mit dem Faktor multipliziert wird.	$4\cdot(5+3)=$ $4\cdot 5+4\cdot 3=$ $20+12=32$	$a\cdot(b+c)=$ $ab+ac$

1.2 Rechnungsarten und Gleichungen

Art	Regel	Zahlenbeispiel	Algebraisches Beispiel
Klammer	**Klammerausdrücke werden miteinander multipliziert,** indem jedes Glied der einen Klammer mit jedem der anderen multipliziert wird.	$(3+5)\cdot(4-2) =$ $3\cdot 4 + 3\cdot(-2) +$ $5\cdot 4 + 5\cdot(-2) =$ $12 - 6 + 20 - 10 = 16$	$(a+b)\cdot(c-d) =$ $a\,c - a\,d + b\,c - b\,d$
	Ein Klammerausdruck wird durch einen Wert dividiert, indem jedes Glied in der Klammer durch diesen Wert dividiert wird.	$(8-2):2 =$ $8:2 - 2:2 =$ $4 - 1 = 3$	$(a-b):b =$ $\frac{(a-b)}{b} = \frac{a}{b} - \frac{b}{b} = \frac{a}{b} - 1$
	Bei **gemischten Rechnungen mit Klammerausdrücken** müssen zuerst die Klammern aufgelöst, danach die Punkt- und dann die Strichrechnung ausgeführt werden.	$5\cdot(3-2) + 12 =$ $5\cdot 1 + 12 =$ $5 + 12 = 17$	$a\cdot(3x - 2x) +$ $b\cdot(6y + 2y) =$ $a\cdot x + b\cdot 8y =$ $ax + 8by$
Potenzieren	Eine **Potenz mit dem Exponenten 0** hat den Wert 1.	$5^3 : 5^3 = 5^0 = 1$	$m^3 : m^3 = m^{3-3} = m^0 = 1$
	Multiplizieren bei gleicher Basis: Die Exponenten werden addiert, und die Basis wird beibehalten.	$3^2\cdot 3^3 = 3^{2+3} = 3^5$ oder: $3\cdot 3\cdot 3\cdot 3\cdot 3 = 3^5$	$a^2\cdot a^3 = a^{2+3} = a^5$ oder $a\cdot a\cdot a\cdot a\cdot a = a^5$
	Dividieren bei gleicher Basis: Die Exponenten werden subtrahiert, und die Basis wird beibehalten.	$\frac{5^3}{5^2} = 5^{3-2} = 5^1 = 5$	$\frac{m^3}{m^2} = m^{3-2} = m^1 = m$
Radizieren	Eine **Wurzel kann als Potenz** geschrieben werden.	$\sqrt{9} = 9^{1/2} =$ $3^{2\cdot 1/2} = 3$	$\sqrt{a\cdot a} = (a\cdot a)^{1/2} =$ $a^{2\cdot 1/2} = a$
	Radikant als Produkt: Die Wurzel kann aus dem Produkt oder jedem einzelnen Faktor gezogen werden.	$\sqrt{4\cdot 9} = \sqrt{36} = 6$ oder: $\sqrt{4}\cdot\sqrt{9} = 2\cdot 3 = 6$	$\sqrt{a\cdot b} = \sqrt{a}\cdot\sqrt{b}$
Umstellen von Gleichungen	Durch **Seitentausch,** so daß die gesuchte Größe allein auf der linken Seite steht.	$20 + 35 = x$ $x = 20 + 35 = 55$	$a + b = x$ $x = a + b$
	Durch **Addition des Gleichen** auf beiden Seiten.	$y - 8 = 12$ $y - 8 + 8 = 12 + 8$ $y = 20$	$y - a = b$ $y - a + a = b + a$ $y = b + a$
	Durch **Subtraktion des Gleichen** auf beiden Seiten.	$z + 9 = 24$ $z + 9 - 9 = 24 - 9$ $z = 15$	$z + a = b$ $z + a - a = b - a$ $z = b - a$
	Durch **Multiplikation des Gleichen** auf beiden Seiten.	$\frac{x}{6} = 3;\ \frac{x\cdot 6}{6} = 3\cdot 6$ $x = 18$	$\frac{x}{a} = b;\ \frac{x\cdot a}{a} = b\cdot a$ $x = b\cdot a$
	Durch **Division des Gleichen** auf beiden Seiten.	$y\cdot 4 = 12$ $\frac{y\cdot 4}{4} = \frac{12}{4};\ y = 3$	$y\cdot a = b$ $\frac{y\cdot a}{a} = \frac{b}{a};\ y = \frac{b}{a}$
	Durch **gleiches Potenzieren** auf beiden Seiten.	$\sqrt{z} = 3$ $(\sqrt{z})^2 = 3^2$ $z = 9$	$\sqrt{z} = a$ $(\sqrt{z})^2 = a^2$ $z = a\cdot a$

1.2 Rechnungsarten und Gleichungen

Art	Regel	Beispiel
Gleichung 1. Grades	Zwei unbekannte Zahlen lassen sich nur dann eindeutig bestimmen, wenn zwei verschiedene Gleichungen gegeben sind. Bei der Auflösung stellt man aus ihnen eine dritte Gleichung (siehe (1 a)) mit nur einer Unbekannten her. Die zweite Unbekannte wird durch die **Einsetzungs-, die Gleichsetzungs- oder Additionsmethode** ermittelt	**Lösung nach der Einsetzungsmethode:** Gegeben: (1) $3x + 2y = 18$ und (2) $4x + y = 19$. Aus Gleichung (2) folgt durch Umstellen: (2 a) $y = 19 - 4x$ Den Wert für y aus Gleichung (2 a) setzt man in (1) ein und erhält für x: (1 a) $3x + 2(19 - 4x) = 18$ $5x = 20$ $x = 4$ x aus (1 a) wird in (1) oder (2) eingesetzt, und man erhält den Wert für y: (2 b) $4 \cdot 4 + y = 19$ $16 + y = 19$ $y = 3$
Gleichung 2. Grades	Bei **rein-quadratischen Gleichungen** kommt die Unbekannte nur in der 2. Potenz vor z. B. x^2.	$x^2 = 25$ $x = \sqrt{25}$ $\mathbf{x = \pm 5}$ Diese Gleichungen haben immer zwei Ergebnisse (positiv u. negativ), weil $(+5) \cdot (+5) = 25$ u. $(-5) \cdot (-5) = 25$ ist.
	Bei **gemischt-quadratischen Gleichungen** kommt die Unbekannte in der 1. und 2. Potenz vor (x und x^2). Eine gegebene Gleichung wird zunächst durch Umstellen in die Normalform gebracht: $x^2 + ax + b = 0$. Danach wird sie gelöst nach der Formel: $x = -\frac{a}{2} \pm \sqrt{\left(\frac{a}{2}\right)^2 - b}$	Gegeben: $2x^2 + x + 13 = x^2 - 5x + 40$ Normalform: $2x^2 - x^2 + x + 5x = 40 - 13$ $x^2 + 6x - 27 = 0$ (Zuordnung: $6 = a$; $-27 = b$) Eingesetzt in Formel: $x = -\frac{6}{2} \pm \sqrt{\left(\frac{6}{2}\right)^2 + 27}$ $x = -3 \pm \sqrt{9 + 27}$ $x_1 = -3 + \sqrt{36} = -3 + 6$; $\mathbf{x_1 = 3}$ $x_2 = -3 - \sqrt{36} = -3 - 6$; $\mathbf{x_2 = -9}$

1.3 Dreisatz- und Prozentrechnung

Art	Regel	Beispiel
Dreisatzrechnung nach (1) oder (2) 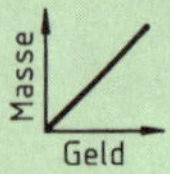	Die Dreisatzrechnung wird auch als Schlußrechnung bezeichnet. **(1) Gleiches Verhältnis** (direkt proportional): Liegt vor, wenn beide Angaben der Aussage zu- oder abnehmen.	Geg.: 100 kg Kalk kosten 16 DM. Ges.: 35 kg = ? DM [**(1)**, weil **je mehr** Kalk, **desto mehr** Kosten] 1. Satz (Aussage): 100 kg Kalk kosten 16 DM 2. Satz (Einzahl): 1 kg Kalk kostet $\frac{16\,\text{DM}}{100\,\text{kg}}$ 3. Satz (Schluß auf die neue Mehrheit) 35 kg Kalk kosten $\frac{16\,\text{DM} \cdot 35\,\text{kg}}{100\,\text{kg}} = 5{,}6\,\text{DM}$
	**(2) Umgekehrtes Verhältnis** (indirekt proportional): Liegt vor, wenn eine Angabe der Aussage zu- und die andere abnimmt.	Geg.: 9 Arbeiter (= 9 Arb.) benötigen 23 h. Ges.: 4 Arbeiter = ?h [**(2)**, weil **je mehr** Arbeiter, **desto weniger** Zeit] 1. Satz (Aussage): 9 Arb. benötigen 23 h 2. Satz (Einzahl): 1 Arb. benötigt 23 h · 9 Arb. 3. Satz (Schluß auf die neue Mehrheit) 4 Arb. benötigen $\frac{23\,\text{h} \cdot 9\,\text{Arb.}}{4\,\text{Arb.}} = 51{,}75\,\text{h}$
Prozentrechnung $\frac{w}{g} = \frac{p\ \text{in}\ \%}{100\%}$	Die Größe (g) wird hier auf 100 bezogen: p Prozentsatz in % g Grundwert w Prozentwert	Geg.: Mörtelverlust $p = 22\%$, Mörtelvolumen $g = 6\,\text{m}^3$ Ges.: Prozentwert des Mörtelvolumens $w = ?\,\text{m}^3$ $w = \frac{g \cdot p\ \text{in}\ \%}{100\%} = \frac{6\,\text{m}^3 \cdot 22\%}{100\%} = 1{,}32\,\text{m}^3$

1.4 Winkel und Winkelfunktionen

1.4.1 Winkeleinheiten

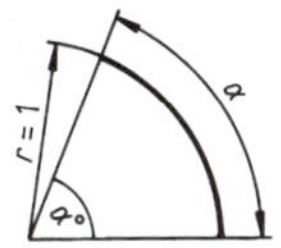

Der Ebene Winkel kann in den Einheiten Grad (°) oder Radiant (rad) angegeben werden.
Die Einheit Radiant entspricht dem Bogenmaß (b) im Einheitskreis. $b = r \cdot \operatorname{arc} \alpha$

Winkel in Grad	0°	45°	90°	360°
Winkel im Radiant	0 rad	π/4 rad	π/2 rad	2 π rad
arc α	0	0,78	1,57	6,28

$$\alpha = \alpha^\circ \cdot \frac{\pi}{180^\circ}$$

α Winkel in rad
α° Winkel in °

1.4.2 Winkelarten und Winkelsumme

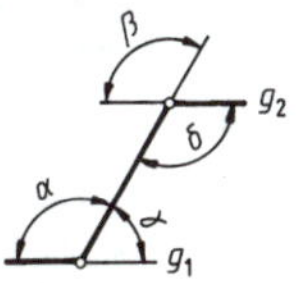

Winkel an Parallelen, die durch eine Gerade geschnitten werden	Zusammenhang
Stufenwinkel (sind gleich groß) Scheitelwinkel (sind gleich groß) Wechselwinkel (sind gleich groß) Nebenwinkel (ergänzen sich zu 180°)	$\alpha = \beta$ $\beta = \sigma$ $\alpha = \sigma$ $\alpha + \gamma = 180°$
Die Winkelsumme der Innenwinkel in einem beliebigen Dreieck beträgt 180°	$\alpha + \beta + \gamma = 180°$

1.4.3 Winkelfunktionen im schiefwinkligen Dreieck

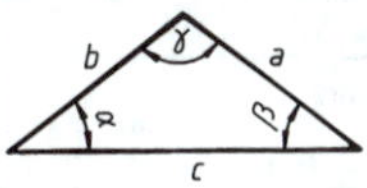

Sinussatz	Cosinussatz	Tangenssatz
$\frac{a}{\sin\alpha} = \frac{b}{\sin\beta} = \frac{c}{\sin\gamma}$	$a^2 = b^2 + c^2 - 2b \cdot c \cdot \cos\alpha$ $b^2 = a^2 + c^2 - 2a \cdot c \cdot \cos\beta$ $c^2 = a^2 + b^2 - 2a \cdot b \cdot \cos\gamma$	$\frac{a+b}{a-b} = \frac{\tan 1/2(\alpha+\beta)}{\tan 1/2(\alpha-\beta)}$

1.4.4 Winkelfunktionen im rechtwinkligen Dreieck

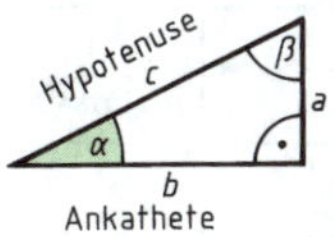

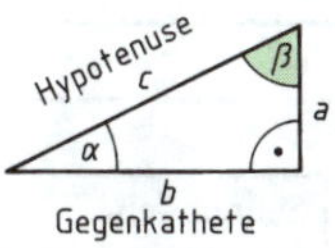

Sinus	$= \frac{\text{Gegenkathete}}{\text{Hypotenuse}}$	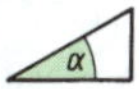	$\sin\alpha = \frac{a}{c}$		$\sin\beta = \frac{b}{c}$
Cosinus	$= \frac{\text{Ankathete}}{\text{Hypotenuse}}$	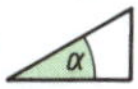	$\cos\alpha = \frac{b}{c}$	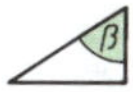	$\cos\beta = \frac{a}{c}$
Tangens	$= \frac{\text{Gegenkathete}}{\text{Ankathete}}$	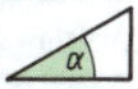	$\tan\alpha = \frac{a}{b}$		$\tan\beta = \frac{b}{a}$
Cotangens	$= \frac{\text{Ankathete}}{\text{Gegenkathete}}$	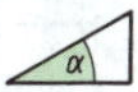	$\cot\alpha = \frac{b}{a}$	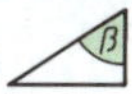	$\cot\beta = \frac{a}{b}$

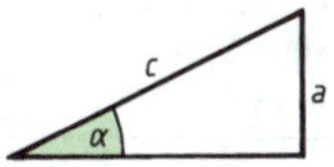

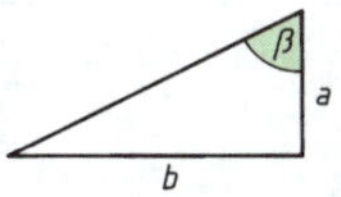

Bemerkung: Im rechtwinkligen Dreieck liegt die Ankathete am Bezugswinkel (α oder β) und die Gegenkathete liegt dem Bezugswinkel gegenüber.

1. Beispiel: Gegeben: $c = 9$ m; $a = 3{,}5$ m Gesucht: $\alpha = ?$

Lösung:

$\sin\alpha = \frac{a}{c} = \frac{3{,}50\text{ m}}{9{,}00\text{ m}} = 0{,}3888$; $\boldsymbol{\alpha = 22{,}88°}$

2. Beispiel: Gegeben: $\beta = 42°$; $a = 4{,}20$ m Gesucht: $b = ?$ m

Lösung:

$\tan\beta = \frac{b}{a}$, hieraus folgt: $b = \tan\beta \cdot a = \tan 42° \cdot 4{,}20\text{ m} = 0{,}9004 \cdot 4{,}20\text{ m}$

$\boldsymbol{b = 3{,}78}$ **m**

1.4 Winkelfunktionen

1.4.5 Funktionskurven, Vorzeichen, Funktionswerte und Winkelbeziehungen

Vorzeichen der Funktionen in den vier Quadranten

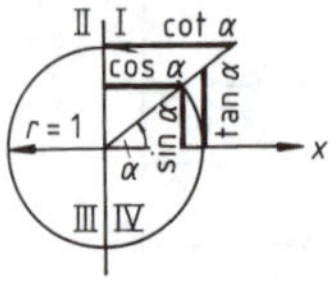

Quadrant	Winkelbereich	sin	cos	tan	cot
I	0° bis 90°	+	+	+	+
II	90° bis 180°	+	−	−	−
III	180° bis 270°	−	−	+	+
IV	270° bis 360°	−	+	−	−

Funktionswerte wichtiger Winkelgrößen

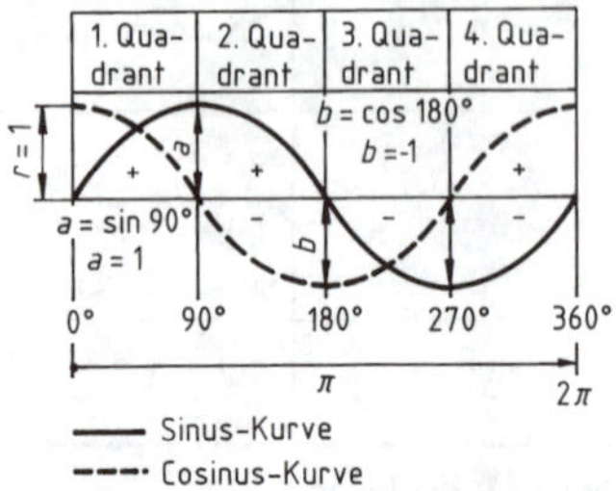

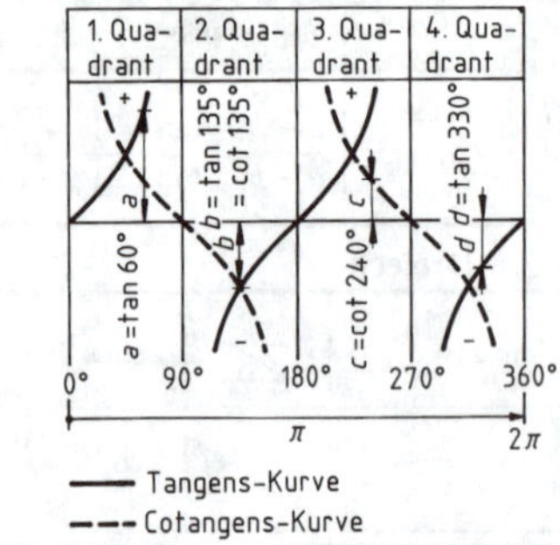

	0°	30°	45°	60°	90°	180°	270°	360°
$\sin\alpha$	0	$1/2\sqrt{3}$	$1/2\sqrt{2}$	$1/2\sqrt{3}$	1	0	−1	0
$\cos\alpha$	1	$1/2\sqrt{3}$	$1/2\sqrt{2}$	$1/2$	0	−1	0	1
$\tan\alpha$	0	$1/3\sqrt{3}$	1	$\sqrt{3}$	∞	0	∞	0
$\cot\alpha$	∞	$\sqrt{3}$	1	$1/3\sqrt{3}$	0	∞	0	∞

Winkelbeziehungen

	$\sin\alpha$	$\cos\alpha$	$\tan\alpha$	$\cot\alpha$
$\sin\alpha$	–	$\sqrt{1-\cos^2\alpha}$	$\dfrac{\tan\alpha}{\sqrt{1+\tan^2\alpha}}$	$\dfrac{1}{\sqrt{1+\cot^2\alpha}}$
$\cos\alpha$	$\sqrt{1-\sin^2\alpha}$	–	$\dfrac{1}{\sqrt{1+\tan^2\alpha}}$	$\dfrac{\cot\alpha}{\sqrt{1+\cot^2\alpha}}$
$\tan\alpha$	$\dfrac{\sin\alpha}{\sqrt{1-\sin^2\alpha}}$	$\dfrac{\sqrt{1-\cos^2\alpha}}{\cos\alpha}$	–	$\dfrac{1}{\cot\alpha}$
$\cot\alpha$	$\dfrac{\sqrt{1-\sin^2\alpha}}{\sin\alpha}$	$\dfrac{\cos\alpha}{\sqrt{1-\cos^2\alpha}}$	$\dfrac{1}{\tan\alpha}$	–

Weitere Winkelbeziehungen

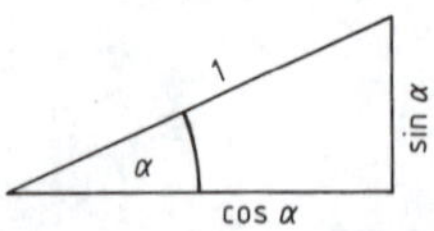

$\sin^2\alpha + \cos^2\alpha = 1$	$\tan\alpha \cdot \cot\alpha = 1$	
$\tan\alpha = \dfrac{\sin\alpha}{\cos\alpha}$	$\cot\alpha = \dfrac{\cos\alpha}{\sin\alpha}$	Schreibweise: $\sin^2\alpha = (\sin\alpha)^2$ $\cos^2\alpha = (\cos\alpha)^2$
$\sin(90° - \alpha) = \cos\alpha$ $\tan(90° - \alpha) = \cot\alpha$	$\cos(90° - \alpha) = \sin\alpha$ $\cos(90° - \alpha) = \tan\alpha$	
$\sin(180° - \alpha) = \sin\alpha$ $\tan(180° - \alpha) = \tan\alpha$	$\cos(180° - \alpha) = -\cos\alpha$ $\cot(180° - \alpha) = -\cot\alpha$	

$$\sin(\alpha + \beta) = \sin\alpha \cdot \cos\beta + \cos\alpha \cdot \sin\beta$$
$$\sin(\alpha - \beta) = \sin\alpha \cdot \cos\beta - \cos\alpha \cdot \sin\beta$$
$$\cos(\alpha + \beta) = \cos\alpha \cdot \cos\beta - \sin\alpha \cdot \sin\beta$$
$$\cos(\alpha - \beta) = \cos\alpha \cdot \cos\beta + \sin\alpha \cdot \sin\beta$$

1.5 Berechnungen am rechtwinkligen Dreieck

1.5.1 Steigung, Neigung und Gefälle

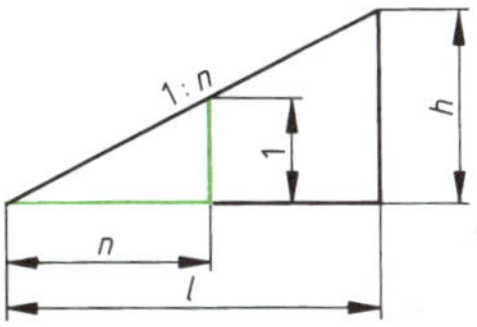

Böschungsneigungen, Gefälle von Abwasserleitungen, Dachneigungen, Gefälle von Fußböden usw. werden als Steigungsverhältnis oder als Angabe in % festgelegt.

Steigungsverhältnis n: Das Verhältnis wird auf die Höhe $h = 1$ bezogen.

Beispiel: Steigungsverhältnis $1:n = 1:12$ und $l = 8{,}40$ m. Gesucht: $h = ?$

Lösung: $h = \frac{1 \cdot l}{n} = \frac{1 \cdot 8{,}40\ \text{m}}{12} = 0{,}70\ \text{m}$

$l:n = h:1$ bzw. $\frac{l}{n} = \frac{h}{1}$

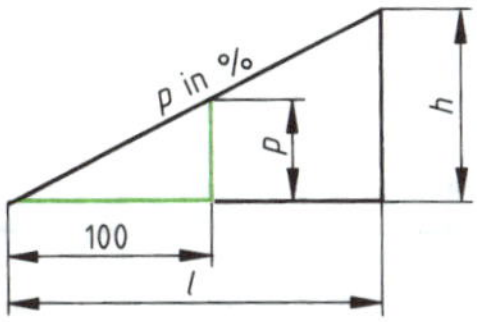

Steigungsangabe *p* in %: Das Steigungsverhältnis wird auf die waagerechte Länge $l = 100$ bezogen.

Beispiel: $l = 8{,}40$ m, $h = 0{,}70$ m. Gesucht: $p = ?$

Lösung: $p = \frac{h \cdot 100\%}{l} = \frac{0{,}70\ \text{m} \cdot 100\%}{8{,}40\ \text{m}} = 8{,}33\%$

$\frac{p \text{ in } \%}{100\%} = \frac{h}{l}$ und

1) $\tan\alpha = \frac{h}{l}$

1.5.2 Lehrsätze am rechtwinkligen Dreieck

Lehrsätze des Pythagoras

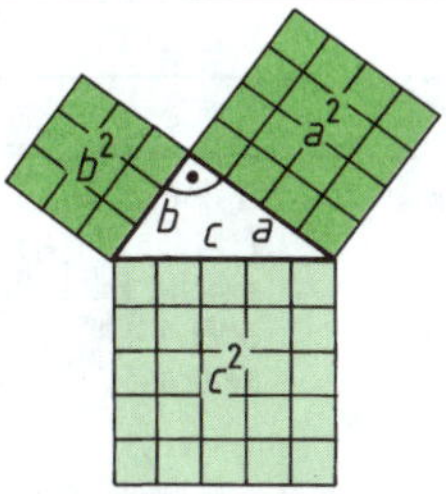

Im rechtwinkligen Dreieck ist das aus der Hypotenuse gebildete Quadrat flächengleich mit der Summe der beiden Kathetenquadrate.

a Kathete, b Kathete, c Hypotenuse

$a = \sqrt{c^2 - b^2}$; $b = \sqrt{c^2 - a^2}$; $c = \sqrt{a^2 + b^2}$

$c^2 = a^2 + b^2$

Lehrsatz des Euklid (Kathetensatz)

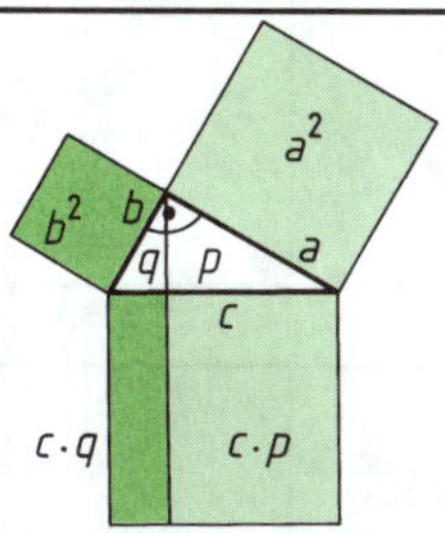

Im rechtwinkligen Dreieck ist das Quadrat über einer Kathete gleich dem Rechteck aus der Hypotenuse und dem anliegenden Hypotenusenabschnitt.

$a^2 + b^2 = c(p \cdot q) = c^2$

a, b Katheten, p, q Hypothenusenabschnitte

c Hypotenuse

$a^2 = c \cdot p$
$b^2 = c \cdot q$

Höhensatz (Euklid)

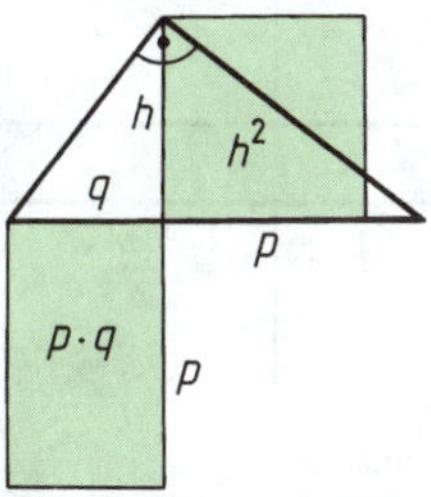

Im rechtwinkligen Dreieck ist der Flächeninhalt des Quadrats über der Höhe gleich dem Flächeninhalt des Rechtecks aus den Hypotenusenabschnitten q und p.

h Höhe

p, q Hypotenusenabschnitte

$h^2 = p \cdot q$

1) Siehe Winkelfunktionen Seite 1-5

1.6 Längen und Flächen

Quadrat

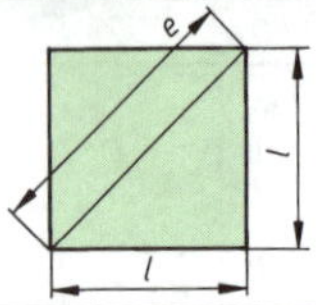

A Fläche *U* Umfang *e* Eckenmaß *l* Seitenlänge

Beispiel: $l = 4{,}5$ m; $A = ?$, $e = ?$

$A = l^2 = 4{,}5\ \text{m} \cdot 4{,}5\ \text{m} = 20{,}25\ \text{m}^2$

$e = \sqrt{2} \cdot l = 1{,}414 \cdot 4{,}5\ \text{m} = 6{,}36\ \text{m}$

$A = l^2$
$U = 4 \cdot l$
$e = \sqrt{2 \cdot l}$

Rechteck

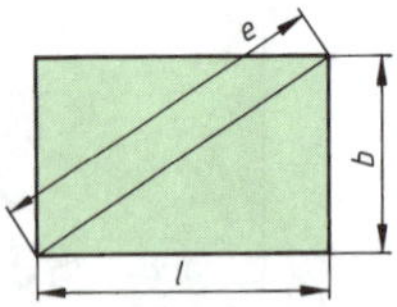

A Fläche *U* Umfang *b* Breite *l* Länge *e* Eckenmaß

Beispiel: $l = 4{,}5$ m, $b = 3$ m; $A = ?$, $e = ?$

$A = l \cdot b = 4{,}5\ \text{m} \cdot 3\ \text{m} = 13{,}50\ \text{m}^2$

$e = \sqrt{l^2 + b^2} = \sqrt{(4{,}5\ \text{m})^2 + (3\ \text{m})^2}$

$\sqrt{20{,}25\ \text{m}^2 + 9{,}00\ \text{m}^2} = 5{,}41\ \text{m}$

$A = l \cdot b$
$U = 2 \cdot (l + b)$
$e = \sqrt{l^2 + b^2}$
(siehe 1.5.2 Seite 1-7)

Rhombus (Raute)

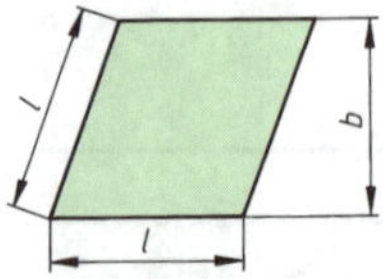

A Fläche *U* Umfang *b* Breite
e Eckenmaß *l* Seitenlänge

Beispiel: $l = 2{,}5$ m, $b = 2$ m; $A = ?$

$A = l \cdot b = 2{,}5\ \text{m} \cdot 2{,}00\ \text{m} = 5{,}00\ \text{m}^2$

$A = l \cdot b$
$U = 4 \cdot l$
e siehe 1.4.3 oder 1.4.4 Seite 1-5

Rhomboid (Parallelogramm)

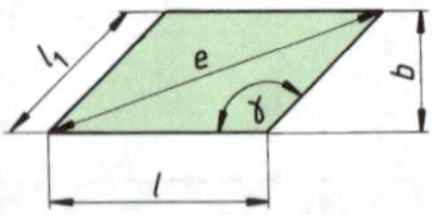

A Fläche *U* Umfang *b* Breite *e* Eckenmaß
l_1 Seitenlänge *l* Länge

Beispiel: $l = 5{,}5$ m, $l_1 = 4$ m, $b = 2$ m, $\gamma = 150°$; $A = ?$, $e = ?$

$A = l \cdot b = 5{,}50\ \text{m} \cdot 2{,}00\ \text{m} = 11{,}00\ \text{m}^2$

e, wird nach dem Cosinussatz S. 1-5 ermittelt:

$c^2 = a^2 + b^2 - 2\,a \cdot b \cdot \cos\gamma$, hieraus folgt:

$e^2 = l^2 + l_1^2 - 2\,l \cdot l_1 \cdot \cos\gamma$

$e = \sqrt{(5{,}5\ \text{m})^2 + (4\ \text{m})^2 - 2 \cdot 5{,}5\ \text{m} \cdot 4\ \text{m} \cdot \cos 150°}$

$e = \sqrt{46{,}25\ \text{m}^2 - (-38{,}11\ \text{m}^2)}$

$e = 9{,}18\ \text{m}$

$A = l \cdot b$
$U = 2 \cdot (l + l_1)$
e siehe 1.4.3 oder 1.4.4 Seite 1-5

Trapez

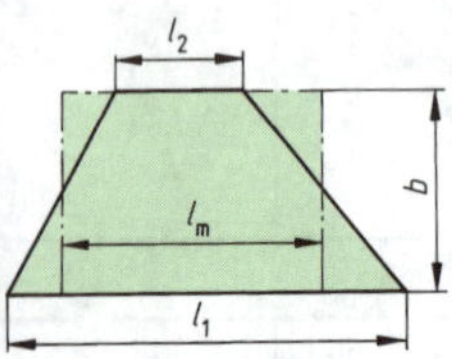

A Fläche l_1 große Länge l_2 kleine Länge
b Breite l_m mittlere Länge

Beispiel: $l_1 = 4{,}5$ m, $l_2 = 1{,}5$ m, $b = 3$ m; $A = ?$

$A = \frac{l_1 + l_2}{2} \cdot b = \frac{4{,}50\ \text{m} + 1{,}50\ \text{m}}{2} \cdot 3{,}00\ \text{m}$

$A = 3{,}00\ \text{m} \cdot 3{,}00\ \text{m} = 9{,}00\ \text{m}^2$

$A = l_m \cdot b$
$l_m = \frac{l_1 + l_2}{2}$

Dreieck

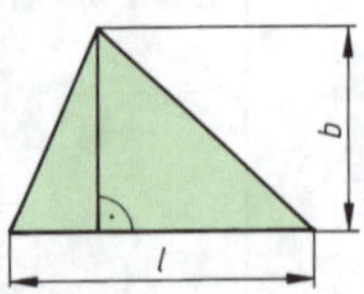

A Fläche *U* Umfang *b* Breite *l* Seitenlänge

Beispiel: $l = 4{,}20$ m, $b = 3{,}10$ m; $A = ?$

$A = \frac{l \cdot b}{2} = \frac{4{,}20\ \text{m} \cdot 3{,}10\ \text{m}}{2} = 6{,}51\ \text{m}^2$

Anmerkung: Weitere Maße sind über die Winkelfunktionen in Kap. 1.4.4 oder 1.5.2 zu ermitteln.

$A = \frac{l \cdot b}{2}$

1.6 Längen und Flächen

Kreis

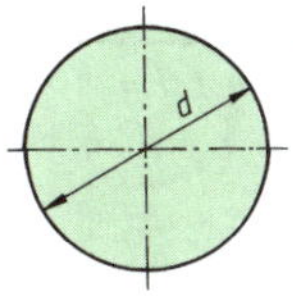

A Fläche *U* Umfang
d Durchmesser *r* Radius

Beispiel: $r = 4{,}2$ m; $A = ?$, $U = ?$
$A = \pi \cdot r^2 = 3{,}14 \cdot 4{,}2\ \text{m} \cdot 4{,}2\ \text{m} = 55{,}39\ \text{m}^2$
$U = \pi \cdot 2 \cdot r = 3{,}14 \cdot 2 \cdot 4{,}20\ \text{m} = 26{,}38\ \text{m}$

$$A = \frac{\pi \cdot d^2}{4}$$
$$A = \pi \cdot r^2$$
$$U = \pi \cdot d$$
$$d = 2 \cdot r$$

Kreisausschnitt

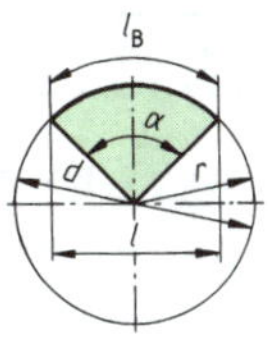

A Fläche *d* Durchmesser l_B Bogenlänge
r Radius α Zentiwinkel *l* Länge

Beispiel: $d = 6{,}2$ m, $\alpha = 120°$; $A = ?$, $l_B = ?$
$$A = \frac{\pi \cdot d^2}{4} \cdot \frac{\alpha}{360°} = \frac{3{,}14 \cdot 6{,}2\ \text{m} \cdot 6{,}2\ \text{m}}{4} \cdot \frac{120°}{360°}$$
$A = 10{,}06$ m

$$A = \frac{\pi \cdot d^2}{4} \cdot \frac{\alpha}{360°}$$
$$l_B = \frac{\pi \cdot r \cdot \alpha}{180°}$$
$$l = 2 \cdot r \cdot \sin\frac{\alpha}{2}$$

Kreisabschnitt

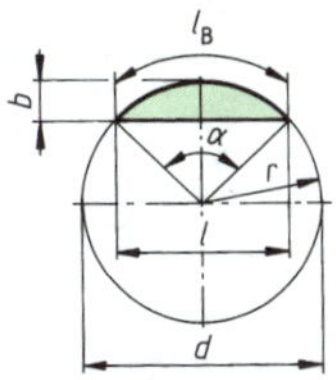

A Fläche *d* Durchmesser l_B Bogenlänge
b Breite α Zentiwinkel *l* Länge

$$A_1 = \frac{\pi \cdot d^2}{4} \cdot \frac{\alpha}{360°}; \quad A_2 = \frac{l(r-b)}{2}$$

$$A = A_1 - A_2$$

Kreisring

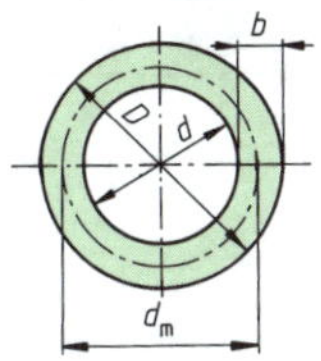

A Fläche d_m mittlerer Durchmesser
D Außen-∅ *d* Innen-∅ *b* Breite

Beispiel: $D = 5$ m, $d = 3$ m; $A = ?$
$$A = \frac{\pi}{4} \cdot (D^2 - d^2) = \frac{3{,}14}{4} \cdot (5\ \text{m} \cdot 5\ \text{m} - 3\ \text{m} \cdot 3\ \text{m})$$
$A = 0{,}785 \cdot (25\ \text{m}^2 - 9\ \text{m}^2) = 12{,}56\ \text{m}^2$

$$A = \pi \cdot d_m \cdot b$$
$$A = \frac{\pi}{4} \cdot (D^2 - d^2)$$

Kreisringausschnitt

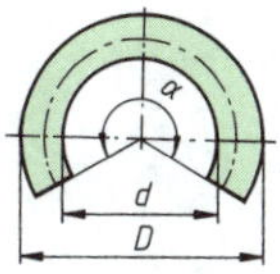

A Fläche α Zentriwinkel
D Außen-∅ *d* Innen-∅

Beispiel: wie Kreisring mit $\alpha = 210°$
$D = 5$ m, $d = 3$ m, $A = ?$
$$A = \frac{\pi}{4} \cdot \frac{\alpha}{360°} \cdot (D^2 - d^2) = 12{,}56\ \text{m}^2 \cdot \frac{210°}{360°}$$
$A = 12{,}56\ \text{m}^2 \cdot 0{,}58 = 7{,}28\ \text{m}^2$

$$A = \frac{\pi}{4} \cdot \frac{\alpha}{360} \cdot (D^2 - d^2)$$

Ellipse

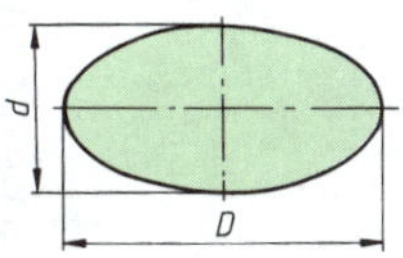

A Fläche *U* Umfang
D große Achse *d* kleine Achse

Beispiel: $D = 9{,}20$ m, $d = 3{,}10$ m; $A = ?$
$$A = \frac{\pi \cdot D \cdot d}{4} = \frac{3{,}14 \cdot 9{,}20\ \text{m} \cdot 3{,}10\ \text{m}}{4}$$
$A = 22{,}39\ \text{m}^2$

$$A = \frac{\pi \cdot D \cdot d}{4}$$
$$U \approx \frac{\pi}{2} \cdot (D - d)$$

1.7 Längen und Volumen

Würfel

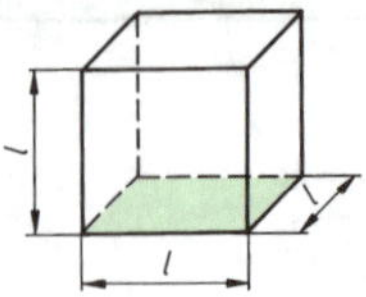

V Volumen A Grundfläche e Eckenmaß
A_0 Oberfläche l Seitenlänge

Beispiel: $l = 3{,}90$ m; $V = ?$, $A_0 = ?$

$A = l \cdot l = 3{,}90\text{ m} \cdot 3{,}90\text{ m} = 15{,}21\text{ m}^2$
$A_0 = 6 \cdot l^2 = 6 \cdot A = 6 \cdot 15{,}21\text{ m}^2 = 91{,}26\text{ m}^2$
$V = l^3 = A \cdot l = 15{,}21\text{ m}^2 \cdot 3{,}90\text{ m} = 59{,}32\text{ m}^3$

$V = l \cdot l \cdot l = l^3$
$V = A \cdot l$
$A = l \cdot l$
$A_0 = 6 + l^2$
$e = l \cdot \sqrt{3}$

Prisma (Quader)

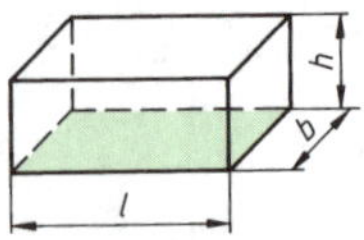

V Volumen A Grundfläche b Breite
A_0 Oberfläche l Seitenlänge h Höhe

Beispiel: $l = 4{,}2$ m, $b = 3{,}1$ m, $h = 2{,}6$ m; $V = ?$

$V = l \cdot b \cdot h = 4{,}20\text{ m} \cdot 3{,}10\text{ m} \cdot 2{,}60\text{ m}$
$V = 33{,}85\text{ m}^3$

$V = l \cdot b \cdot h$
$A_0 = 2\,A + 2\,A_1 + 2\,A_2$
$A = l \cdot b$
$A_1 = l \cdot h$
$A_2 = b \cdot h$
$e = \sqrt{l^2 + b^2 \cdot h^2}$

Zylinder

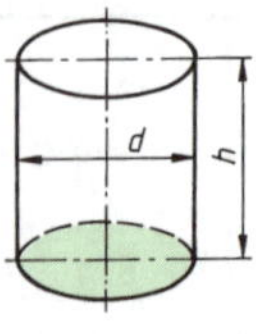

V Volumen A Grundfläche d Durchmesser
A_0 Oberfläche A_M Mantelfläche h Höhe

Beispiel: $d = 3$ m, $h = 2{,}8$ m; $V = ?$

$$V = \frac{\pi \cdot d^2}{4} \cdot h = \frac{3{,}14 \cdot 3\text{ m} \cdot 3\text{ m}}{4} \cdot 2{,}8\text{ m}$$

$V = 19{,}78\text{ m}^3$

$$V = \frac{\pi \cdot d^2}{4} \cdot h$$
$$A_0 = 2\,A + A_M$$
$$A = \frac{\pi \cdot d^2}{4}$$
$$A_M = \pi \cdot d \cdot h$$

Hohlzylinder

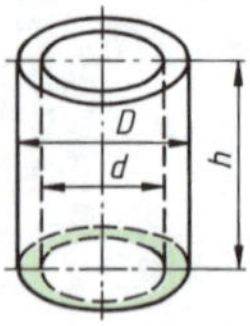

V Volumen D, d Durchmesser
A Grundfläche h Höhe

Beispiel: $D = 3{,}6$ m, $d = 3$ m, $h = 2{,}8$ m; $V = ?$

$$V = \frac{3{,}14 \cdot 2{,}80\text{ m}}{4} \cdot (3{,}60^2\text{ m}^2 - 3{,}00^2\text{ m}^2)$$

$V = 8{,}70\text{ m}^3$

$$V = \frac{\pi \cdot h}{4} \cdot (D^2 - d^2)$$

Pyramide

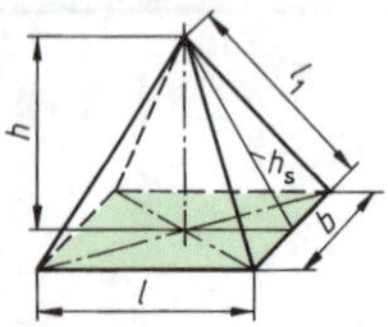

V Volumen h_s Seitenhöhe l Länge
A Grundfläche l_1 Kantenlänge h Höhe
A_M Mantelfläche A_0 Oberfläche

$A_M = h_s \cdot (l + b)$
$A_0 = h_s \cdot (l + b) + l \cdot b$

$$V = \frac{l \cdot b \cdot h}{3}$$
$$h_s = \sqrt{h^2 + \frac{l^3}{4}}$$
$$l_1 = \sqrt{h^2 + \frac{b^3}{4}}$$

Kegel

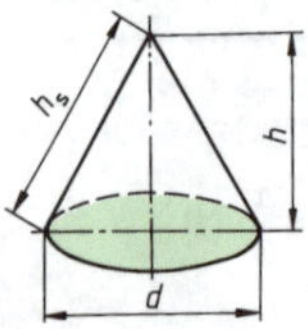

V Volumen A_M Mantelfläche d Durchmesser
A Grundfläche A_0 Oberfläche h_s Seitenhöhe
h Höhe

$$A_M = \frac{\pi \cdot d^2}{2} \cdot h_s;$$
$$A_0 = \frac{\pi \cdot d^2}{4} + A_M$$

$$V = \frac{\pi \cdot d^2 \cdot h}{3}$$
$$h_s = \sqrt{h^2 + \frac{l^3}{4}}$$

1.7 Längen und Volumen

Keil (Walmdach)

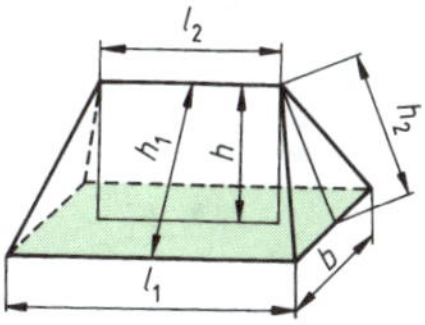

V Volumen	h_1 Seitenhöhe bei b
A Grundfläche	h_2 Seitenhöhe bei l
A_M Mantelfläche	l_1 untere Länge b Breite
A_0 Oberfläche	l_2 obere Länge h Höhe

A_M = Summe der Trapeze und Dreiecke (S. 1-8)

$A_0 = A_M + A$

$$V = \frac{b \cdot h}{6} \cdot (2\,l_1 + l_2)$$

$$h_1 = \sqrt{h^2 + \frac{b^2}{4}}$$

$$h_2 = \sqrt{h^2 + \left(\frac{l_1 - l_2}{2}\right)^2}$$

Pyramidenstumpf

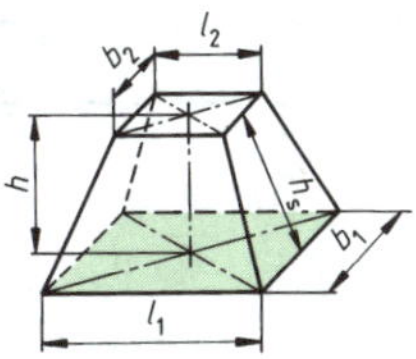

A_0 Oberfläche	l_2 obere Länge
A_1 Grundfläche	b_2 obere Breite
A_2 Deckfläche	h Höhe
A_M Mantelfläche	h_S Seitenhöhe
l_1 untere Länge	V Volumen
b_1 untere Breite	

$$V = \frac{h}{3} \cdot (A_1 + A_2 + \sqrt{A_1 \cdot A_2})$$

$$A_M = (l_1 + l_2 + b_1 + b_2)\,h_S$$

$$V \approx \frac{A_1 + A_2}{2} \cdot h$$

$$h_S = \sqrt{h^2 + \frac{(l_1 - l_2)^2}{4}}$$

$A_1 = l_1 \cdot b_1$

$A_2 = l_2 \cdot b_2$

$A_0 = A_M + A_1 + A_2$

Kegelstumpf

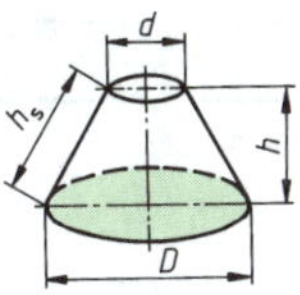

V Volumen	D unterer Durchmesser
A_0 Oberfläche	d oberer Durchmesser
A_M Mantelfläche	h_S Seitenhöhe h Höhe

$$V = \frac{h \cdot \pi}{12} \cdot (D^2 + d^2 + D \cdot d)$$

$$A_M = \frac{D + d}{2} \cdot \pi \cdot h_S$$

$$A_0 = \frac{\pi \cdot (D^2 + d^2)^2}{4} + A_M$$

$$V \approx \frac{A_1 + A_2}{2} \cdot h$$

$$h_S = \sqrt{h^2 + \frac{(D - d)^2 \cdot \pi}{4}}$$

Keilstumpf (Obelisk)

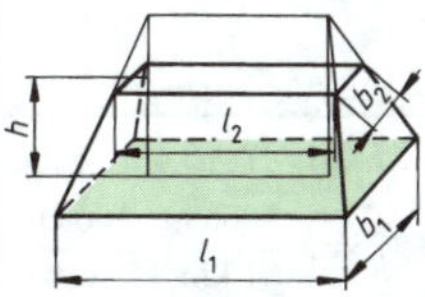

A_1 Grundfläche	b_1 untere Breite
A_2 Deckfläche	b_2 obere Breite
A_M Mantelfläche	l_1 untere Länge h Höhe
A_0 Oberfläche	l_2 obere Länge V Volumen

A_M = Summe der Trapeze (S. 1-8)

$$V = \frac{h}{6} \cdot (2\,l_1\,b_1 + l_1\,b_2 + l_2\,b_1 + 2\,l_2\,b_2)$$

$$V \approx \frac{A_1 + A_2}{2} \cdot h$$

$A_0 = A_M + A_1 + A_2$

$A_1 = l_1 \cdot b_1$

$A_2 = l_2 \cdot b_2$

Kugel

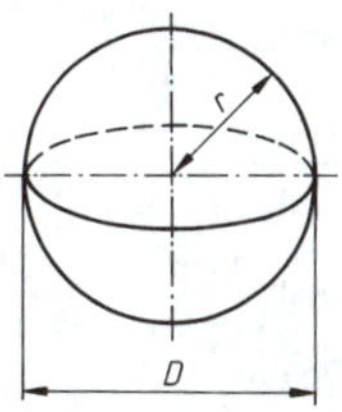

V Volumen	D Kugeldurchmesser
A_0 Oberfläche	r Kugelradius

Beispiel: $D = 4{,}10$ m; $V = ?$, $A_0 = ?$

$$V = \frac{\pi \cdot D^3}{6} = \frac{3{,}14 \cdot 4{,}10\ \text{m} \cdot 4{,}10\ \text{m} \cdot 4{,}10\ \text{m}}{6}$$

$V = 216{,}41\ \text{m}^3$

$A_0 = D^2 \cdot \pi = (4{,}10\ \text{m})^2 \cdot \pi$

$A_0 = 52{,}78\ \text{m}^2$

$$V = \frac{\pi \cdot D^3}{6}$$

$$V = \frac{4}{3} \cdot \pi \cdot r^3$$

$A_0 = D^2 \cdot \pi$

1.7 Längen und Volumen

Kugelabschnitt

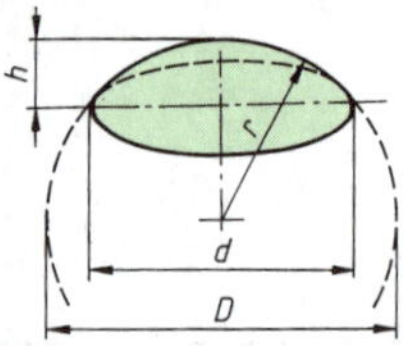

V Volumen, A_0 Oberfläche, A_M Mantelfläche, D Kugeldurchmesser, d Abschnittsdurchmesser, r Kugelradius, h Höhe

Beispiel: $D = 2{,}10$ m, $h = 0{,}6$ m; $V = ?$, $A_0 = ?$

$$V = \pi \cdot h^2 \left(\frac{D}{2} - \frac{h}{3}\right)$$

$$V = 3{,}14 \cdot 0{,}60\ \text{m} \cdot 0{,}60\ \text{m} \left(\frac{2{,}10\ \text{m}}{2} - \frac{0{,}60\ \text{m}}{3}\right)$$

$$V = 0{,}96\ \text{m}^3$$

$$V = \pi \cdot h^2 \left(\frac{D}{2} - \frac{h}{3}\right)$$

$$A_M = \pi \cdot D \cdot h$$

$$A_0 = A_M + \frac{\pi \cdot d^2}{4}$$

$$d = 2\sqrt{h(D-h)}$$

Kugelausschnitt

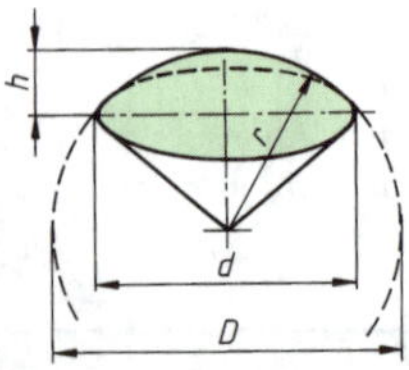

V Volumen, A_0 Oberfläche, D Kugeldurchmesser, r Kugelradius, h Höhe, d Ausschnittsdurchmesser

$$A_0 = \frac{\pi \cdot D}{4} \cdot (4 \cdot h + d)$$

Beispiel: $D = 3{,}0$ m; $h = 0{,}4$ m, $V = ?$

$$V = \frac{\pi \cdot D^2 \cdot h}{6} = \frac{3{,}14 \cdot (3{,}0\ \text{m})^2 \cdot 0{,}4\ \text{m}}{6}$$

$$V = 1{,}88\ \text{m}^3$$

$$V = \frac{\pi \cdot D^2 \cdot h}{6}$$

$$d = 2\sqrt{h(D-h)}$$

Kugelschicht

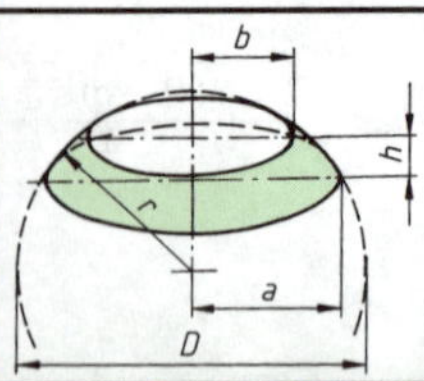

V Volumen, A_M Mantelfläche, D Kugeldurchmesser, r Kugelradius, h Höhe, a oberer Radius, b unterer Radius

$$V = \frac{\pi \cdot h}{6}(3a^2 + 3b^2 + h^2)$$

$$A_M = \pi \cdot D \cdot h$$

1.8 Längen-, Flächen- und Volumeneinheiten

Größe	Einheit Name	Einheit Zeichen	Beziehungen zu weiteren Einheiten	Beispiel
Länge l, s, h	Meter	m	1 m = 10 dm = 100 cm = 1000 mm 1 dm = 10 cm = 100 mm 1 cm = 10 mm 1 km = 1000 m	$l = 0{,}37$ km; $l = ?$ cm $l = 0{,}37\ \text{km} \cdot \frac{1000\ \text{m}}{1\ \text{km}} \cdot \frac{100\ \text{cm}}{1\ \text{m}}$
	Zoll	″	1″ = 25,4 mm	$l = 37\,000$ cm
Fläche A, S	Quadrat-meter	m^2	$1\ m^2 = 100\ dm^2 = 1000\ cm^2 = 10\,000\ mm^2$ $1\ dm^2 = 100\ cm^2 = 1000\ mm^2$ $1\ cm^2 = 100\ mm^2$	$A = 0{,}057$ ha; $A = ?\ m^2$ $A = 0{,}057\ \text{ha} \cdot \frac{10\,000\ \text{m}^2}{1\ \text{ha}}$
	Hektar	ha	$1\ ha = 100\ a = 10\,000\ m^2$	
	Ar	a	$1\ a = 100\ m^2$	$A = 570\ m^2$
Volumen V	Kubik-meter	m^3	$1\ m^3 = 1000\ dm^3 = 1\,000\,000\ cm^3$ $1\ dm^3 = 1000\ cm^3$ $1\ cm^3 = 1000\ mm^3$	$V = 375$ ml; $V = ?\ dm^3$ $V = 375\ \text{ml} \cdot \frac{1\ \text{cm}^3}{1\ \text{ml}} \cdot \frac{1\ \text{dm}^3}{1000\ \text{cm}^3}$
	Liter	l	$1\ l = 1\ dm^3$ $1\ ml = 1\ cm^3$	$V = 0{,}375\ dm^3$

2 Physikalische und chemische Grundlagen

2.1 Einheiten und Zeichen

Definition der Grundeinheiten

Meter	1 m ist die Länge der Strecke, die Licht im Vakuum während des Intervalles von 1/299 792 458 Sekunden durchläuft
Kilogramm	1 kg ist die Masse des in Paris aufbewahrten Internationalen Kilogrammprototyps (ein Platin-Iridium-Zylinder)
Sekunde	1 s ist das 9 192 631 770fache der Periodendauer der Strahlung des Nuklids Caesium ^{133}Cs
Ampere	1 A ist die Stärke eines Gleichstromes, der zwei lange, gerade und im Abstand von 1 m parallel verlaufende Leiter mit sehr kleinem kreisförmigen Querschnitt durchfließt und zwischen diesen die Kraft $0{,}2 \cdot 10^{-6}$ N je Meter erzeugt
Kelvin	1 K ist der 273,16te Teil der Temperaturdifferenz zwischen dem absoluten Nullpunkt und dem Tripelpunkt des Wassers. (Beim Tripelpunkt sind Dampf, Flüssigkeit und fester Stoff im Gleichgewicht)
Mol	1 mol ist die Stoffmenge eines Systems bestimmter Zusammensetzung, das aus ebenso vielen Teilchen besteht, wie Atome in $12 \cdot 10^{-3}$ kg des Nuklids Kohlenstoff ^{12}C enthalten sind
Candela	1 cd ist die Lichtstärke in einer bestimmten Richtung einer Strahlungsquelle, die monochromatische Strahlung der Frequenz $540 \cdot 10^{12}$ Hertz aussendet und deren Strahlenstärke in dieser Richtung 1/683 Watt durch Steradiant beträgt

SI-Einheiten

Basisgröße	SI-Basiseinheit		Basisgröße	SI-Basiseinheit	
	Name	Zeichen		Name	Zeichen
Länge	das Meter	m	Temperatur	das Kelvin	K
Masse	das Kilogramm	kg	Stoffmenge ϑ	das Mol	mol
Zeit	die Sekunde	s	Lichtstärke	die Candela	cd
elektrische Stromstärke	das Ampere	A			

Beziehungen zwischen den Einheiten[1)]

Arbeit bzw. Energie	J (W · s, N · m)	kW · h	kcal	kp · m	PS · h
1 J (W · s, N · m)	1	$2{,}778 \cdot 10^{-7}$	$2{,}388 \cdot 10^{-4}$	$1{,}0197 \cdot 10^{-1}$	$3{,}78 \cdot 10^{-7}$
1 kW · h	$3{,}6 \cdot 10^{6}$	1	$8{,}598 \cdot 10^{2}$	$3{,}671 \cdot 10^{5}$	1,359
1 kcal	$4{,}1868 \cdot 10^{3}$	$1{,}163 \cdot 10^{-3}$	1	$4{,}269 \cdot 10^{2}$	$1{,}581 \cdot 10^{-3}$
1 kp · m	9,80665	$2{,}724 \cdot 10^{-6}$	$2{,}342 \cdot 10^{-3}$	1	$3{,}704 \cdot 10^{-6}$
1 PS · h	$2{,}648 \cdot 10^{6}$	$7{,}355 \cdot 10^{-1}$	$6{,}325 \cdot 10^{2}$	$2{,}7 \cdot 10^{5}$	1
Druck	**Pa = N/m²**	**bar (10^3 mbar)**	**at (kp/cm²)**	**atm**	**Torr**
1 Pa = 1 N/m²	1	10^{-5}	$1{,}0197 \cdot 10^{-5}$	$9{,}869 \cdot 10^{-6}$	$7{,}5 \cdot 10^{-3}$
1 bar (10^3 mbar)	10^{5}	1	1,0197	$9{,}8692 \cdot 10^{-1}$	$7{,}5 \cdot 10^{2}$
1 at (kp/cm²)	$9{,}80665 \cdot 10^{4}$	$9{,}80665 \cdot 10^{-1}$	1	$9{,}6784 \cdot 10^{-1}$	$7{,}3556 \cdot 10^{2}$
1 atm	$1{,}01325 \cdot 10^{5}$	1,01325	1,0332	1	$7{,}6 \cdot 10^{2}$
1 Torr	$1{,}3332 \cdot 10^{2}$	$1{,}3332 \cdot 10^{-3}$	$1{,}36 \cdot 10^{-3}$	$1{,}316 \cdot 10^{-3}$	1
Leistung	**kW**	**kcal/s**	**kp · m/s**	**PS**	
1 kW	1	$2{,}388 \cdot 10^{-1}$	$1{,}0197 \cdot 10^{2}$	1,359	
1 kcal/s	4,1868	1	$4{,}269 \cdot 10^{2}$	5,692	
1 kp · m/s	$9{,}80665 \cdot 10^{-3}$	$2{,}342 \cdot 10^{-3}$	1	$1{,}333 \cdot 10^{-2}$	
1 PS	$7{,}355 \cdot 10^{-1}$	$1{,}757 \cdot 10^{-1}$	75	1	

2.1 Einheiten und Zeichen

Formelzeichen nach DIN 1080 (3.80)

Zeichen	Bedeutung
A	Brutto-Querschnittsfläche
ΔA	Lochflächenabzug von A/Fehlfläche
A_n	Netto-Querschnittsfläche
I	Flächenmoment 2. Grades
ΔI	Abzug von I infolge Löchern
W	Widerstandsmoment
$a_{\perp}$	Abstand senkrecht zur Kraftrichtung
$a_{\parallel}$	Abstand parallel zur Kraftrichtung
e	Schrauben- oder Nietteilung
f	Stich der Überhöhung
s_K	Knicklänge des Gesamtstabes
c	Überdeckung der Bewehrung
d	Balken- oder Plattendicke
h	Nutzhöhe eines Querschnittes
l	Verankerungslänge
s	Abstand zwischen Bewehrungsstäben
d_{Bo}	Bolzendurchmesser
$d_{Dü}$	Außendurchmesser runder Dübel
$d_{iDü}$	Bohrlochdurchmesser im Dübel
d_{Na}	Nageldurchmesser
d_{St}	Schraubenschaftdurchmesser
$e_{Dü}$	Mittenabstand von Dübeln
l_{Bo}	Bolzenlänge
l_{Na}	Nagellänge
l_{St}	Schraubenlänge
t_g	Einschraubtiefe des Gewindeteils einer Holzschraube

Formelzeichen nach DIN 1304 (3.89)

Zeichen	Bedeutung
	Formelzeichen für Länge
x, y, z	kartesische Koordinaten
l	Länge
b	Breite
h	Höhe, Tiefe
r	Radius, Halbmesser, Abstand
	Formelzeichen für Mechanik
m	Masse
ϱ, ϱ_m	Dichte, volumenbezogene Masse
l, r	Trägheitsradius
F	Kraft
M	Kraftmoment, Drehmoment
p	Druck
σ	Normalspannung (Zug, Druck)
τ	Schubspannung
ε	Dehnung, rel. Längenänderung
γ	Schiebung, Scherung
E	Elastizitätsmodul
G	Schubmodul
μ, f	Reibungszahl
W	Widerstandsmoment
W, A	Arbeit
E, W	Energie
P	Leistung
η	Wirkungsgrad

Das griechische Alphabet

$A\ \alpha$	$B\ \beta$	$\Gamma\ \gamma$	$\Delta\ \delta$	$E\ \varepsilon$	$Z\ \zeta$	$H\ \eta$	$\Theta\ \vartheta$	$I\ \iota$	$K\ \kappa$	$\Lambda\ \lambda$	$M\ \mu$
Alpha	Beta	Gamma	Delta	Epsilon	Zeta	Eta	Theta	Iota	Kappa	Lambda	My
$N\ \nu$	$\Xi\ \xi$	$O\ o$	$\Pi\ \pi$	$P\ \varrho$	$\Sigma\ \sigma$	$T\ \tau$	$Y\ \upsilon$	$\Phi\ \varphi$	$X\ \chi$	$\Psi\ \psi$	$\Omega\ \omega$
Ny	Xi	Omikron	Pi	Rho	Sigma	Tau	Ypsilon	Phi	Chi	Psi	Omega

Vorsätze vor Einheiten

Vielfaches	E	Exa	$= 10^{18}$		
	P	Peta	$= 10^{15}$		
	T	Tera	$= 10^{12}$	= billionenfacher	Wert
	G	Giga	$= 10^{9}$	= milliardenfacher	Wert
	M	Mega (Meg)	$= 10^{6}$	= millionenfacher	Wert
	k	Kilo	$= 10^{3}$	= tausendfacher	Wert
	h	Hekto	$= 10^{2}$	= hundertfacher	Wert
	da	Dekta	$= 10^{1}$	= zehnfacher	Wert
Teile	d	Dezi	$= 10^{-1}$	= zehnter	Teil
	c	Zenti	$= 10^{-2}$	= hundertster	Teil
	m	Milli	$= 10^{-3}$	= tausendster	Teil
	u	Mikro	$= 10^{-6}$	= millionster	Teil
	n	Nano	$= 10^{-9}$	= milliardster	Teil
	p	Piko	$= 10^{-12}$	= billionster	Teil
	f	Femto	$= 10^{-15}$		
	a	Atto	$= 10^{-18}$		

Römische Ziffern

I	= 1	VI	= 6	XX	= 20
II	= 2	VII	= 7	XXX	= 30
III	= 3	VIII	= 8	XL	= 40
IV	= 4	IX	= 9	L	= 50
V	= 5	X	= 10	LX	= 60
LXX	= 70	CC	= 200	DCC	= 700
LXXX	= 80	CCC	= 300	DCCC	= 800
XC	= 90	CD	= 400	CM	= 900
XCIX	= 99	D	= 500	CMXC	= 990
C	= 100	DC	= 600	CMXCIX	= 999
M	= 1000	253	= CCLIII		
MCC	= 1200	1996	= MCMXCVI		
MCD	= 1400				
MDCC	= 1700				
MM	= 2000				

2.2 Kohäsion – Adhäsion – Kapillarität

Begriff	Bildliche Darstellung	Erklärung
Kohäsion		Zwischen den Molekülen eines Stoffes wirken Kräfte, die den Stoff als Ganzes zusammenhalten. Diese Kräfte heißen Kohäsion, das ist der Zusammenhalt eines Körpers
fest	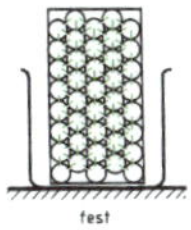	Bei festen Stoffen ist die Kohäsion groß, so daß die Moleküle fest an ihren Platz innerhalb des Stoffes gebunden sind
flüssig	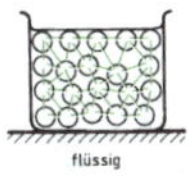	Bei flüssigen Stoffen sind die Kohäsionskräfte zwischen den Molekülen so klein, daß sie an ihren Platz nicht gebunden sind und der Stoff daher flüssig ist
gasförmig	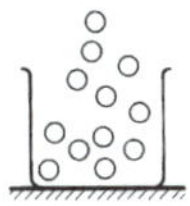	Bei gasförmigen Stoffen sind keine Kohäsionskräfte zwischen den Molekülen vorhanden. Die Moleküle können sich frei bewegen. Teilweise stoßen sie sich gegenseitig ab, das daraus verursachte Ausdehnungsbestreben der Gase nennt man Expansion
Adhäsion		Das Aneinanderhaften von Körpern aus unterschiedlichen Stoffen nennt man Adhäsion. Die Ursache der Adhäsion sind die zwischen den Molekülen wirkenden molekularen Anziehungskräfte. Beispiele: Das Haften von Wassertropfen an der Glasscheibe, von Farbe an der Holzoberfläche
Oberflächenspannung	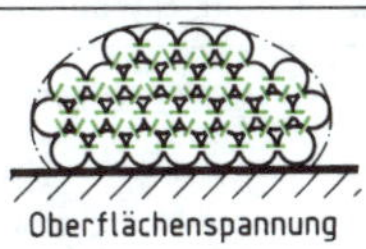	Die Kohäsionskräfte zwischen den Molekülen einer Flüssigkeit verursachen die Oberflächenspannung. Die Flüssigkeitsoberfläche verhält sich wie eine dünne, gespannte elastische Haut. Beispiele: Wassertropfen, die auf einer trockenen Glasfläche Kugeln bilden
Kapillarität	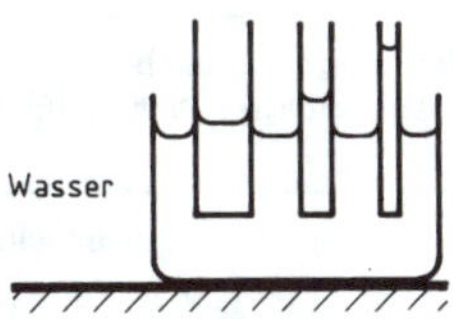	Als Kapillarität bezeichnet man das Verhalten von Flüssigkeiten in Kapillaren, auch Haarröhrchen genannt. Auf die Flüssigkeitsmoleküle wirken sowohl die Kohäsionskräfte zwischen den Molekülen als auch die Adhäsionskräfte zwischen der Flüssigkeit und der Gefäßwand ein. Sind die Adhäsionskräfte zwischen der Flüssigkeit und der Gefäßwand größer als die Kohäsionskräfte, so wird die Flüssigkeit am Gefäßrand nach oben gezogen, z. B. bei Wasser und Öl

2.3 Dichte ϱ

Die Dichte eines Stoffes ist das Verhältnis seiner Masse m zu seinem Volumen V

$$\text{Dichte} = \frac{\text{Masse}}{\text{Volumen}} \qquad \varrho = \frac{m}{V}$$

Reindichte (Stahl)		Bei porenlosen Stoffen wie Metallen spricht man von Reindichte
Rohdichte	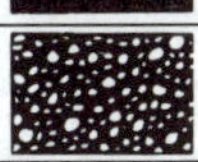	Bei festen Stoffen mit Poren wie z. B. Mauerziegel, Porenbetonsteinen, Holz u.ä. spricht man von Rohdichte
Schüttdichte (Kies)		Bei lose aufgeschütteten festen Stoffen wie z. B. Sand, Kies, Schlakke werden bei der Ermittlung der Dichte die Poren in den einzelnen Stoffen und die Zwischenräume zwischen den einzelnen Körnern (Haufwerksporen) berücksichtigt

2.4 Chemische Grundlagen

2.4.1 Grundbegriffe aus der Chemie

Begriff	Beispiel	Erklärung
Atom	Heliumatom 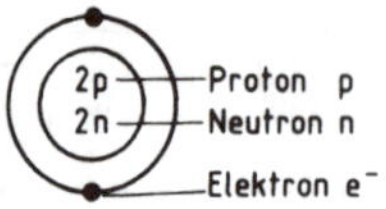 	Das Atom ist das kleinste, chemisch nicht weiter zerlegbare Teilchen eines Stoffes. Der Atomkern besteht, nach den Modellvorstellungen, aus Protonen (p), Neutronen (n) und ist von negativen Ladungsträgern, den Elektronen (e^-), umgeben.
Proton	Wasserstoffatom  	Das Proton ist ein Atombaustein mit positiver Elementarladung. Die Masse eines Protons beträgt $m = 1{,}63 \cdot 10^{-27}$ kg, die Elementarladung beträgt $e = 1{,}602 \cdot 10^{-19}$ C.
Neutron	Neutronenmasse $1{,}675 \cdot 10^{-24}$ g	Das Neutron ist ein Atombaustein ohne elektrischer Elementarladung mit etwa der gleichen Masse wie das Proton.
Elektron	Elektronenmasse $m = 9{,}107 \cdot 10^{-31}$ kg	Das Elektron ist ein Atombaustein mit negativem Ladungsträger, bewegt sich um den Atomkern und hat eine Eigendrehung (spin).
Ion, Ionisation	Kochsalz zerfällt beim Lösen in Wasser $NaCl \rightarrow Na^+ + Cl^-$	Elektrisch geladene Teilchen, die durch Elektronenaufnahme eine negative oder durch Abgabe eines Elektrons eine positive Überschußladung enthalten.
Relative Molekülmasse	$M_{rH_2O} = 2 \cdot 1{,}008 + 15{,}999$ $= 18{,}015$	Summe der relativen Atommassen eines Moleküls (M_r).
Relative Atommasse	Relative Atommasse von Wasserstoff $A_{rH} = 1{,}008$	Die relative Atommasse gibt an, in welchem Verhältnis die Masse eines beliebigen Atoms zu 1/12 der Masse eines Atoms des Kohlenstoffisotops ^{12}C steht.
Molekül	Wassermolekül H_2O Sauerstoff O_2	Ein Molekül ist eine aus mehreren Atomen bestehende kleinste Einheit eines chemischen Stoffes (Element oder Verbindung).
Element	Schwefel (S)	Stoff, der sich chemisch nicht mit üblichen Verfahren zerlegen läßt.
Chemische Verbindung	Wasser (H_2O) ist eine chemische Verbindung aus Wasserstoff (H) und Sauerstoff (O)	Ein aus verschiedenen Stoffen oder Elementen aufgebauter Stoff, der andere Eigenschaften als die Grundstoffe besitzt.
Gemenge	Sand, Luft	Mischung von beliebigen Stoffen.
Legierung	AlCuMg 1, NiCr 15 Co	Stabile Mischung von Metallen oder Metallverbindungen.
Lösung	Wasser und Kochsalz ergeben eine Kochsalzlösung	Eine Lösung ist eine Flüssigkeit, in der andere Stoffe (als Ionen oder Moleküle) gelöst sind.
Oxidation	$2\,Cu + O_2 \rightarrow 2\,CuO$ $Zn - 2\,e \rightarrow Zn^{2+}$	Oxidation bedeutet die Verbindung mit Sauerstoff bzw. die Abgabe von Elektronen durch ein Atom oder Ion.
Reduktion	$CuO + H_2 \rightarrow Cu + H_2O$ $Cu^{2+} + 2\,e \rightarrow Cu$	Reduktion bedeutet die Abgabe von Sauerstoff bzw. die Aufnahme von Elektronen durch ein Atom oder Ion.

2.4 Chemische Grundlagen

2.4.2 Aufbau der Werkstoffe

Alle Elemente streben einen stabilen Atombau mit geringster freier Energie an (Edelgaskonfiguration, 8 Elektronen auf der Außenschale). Je nach Stellung im Periodensystem der Elemente geschieht die erforderliche Ladungsumverteilung als Primärbindung durch Ionen-, Atom- oder Metallbindung bzw. Mischformen. Übrigbleibende Restbindungsfähigkeiten (Sekundärbindungen) als zwischenmolekulare (van-der-Waalsche) Bindungen sind um mehrere Größenordnungen kleiner. Sie entstehen durch ungleiche Ladungsverteilung (elektrische bzw. magnetische Dipole).

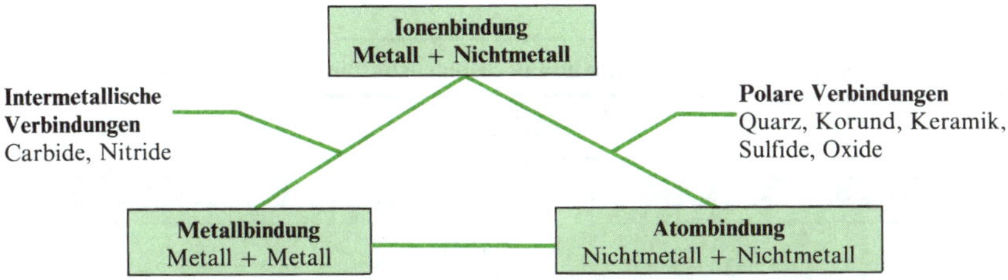

Feinstruktur	Erklärung	Eigenschaften
Ionenbindung 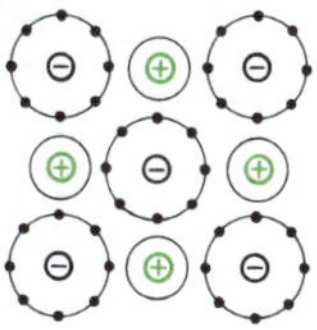	Das Metall mit wenigen Außenelektronen gibt diese ab und wird elektrisch positiv (Kation). Der nichtmetallische Bindungspartner nimmt diese Elektronen auf und wird elektrisch negativ (Anion). Bei regelmäßiger Anordnung zu einem Kristallgitter sind die anziehenden und abstoßenden Kräfte im Gleichgewicht. Die Wärmebewegung bewirkt eine Schwingung um diese Ruhelage.	Große Bindungskräfte mit hoher Festigkeit und Härte. Keine plastische Umformung möglich, da bei Verschiebung der Atome um einen Gitterabstand abstoßende Kräfte überwiegen (spaltbar). Hohe Schmelz- und Siedepunkte, Transparenz, elektrische Leiter 2. Klasse (Elektrolyte). Hydroxide, Oxide, Salze.
Atombindung 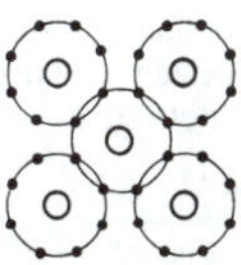	Den beiden nichtmetallischen Bindungspartnern fehlen jeweils nur wenige Elektronen auf der Außenschale. Der Ausgleich geschieht durch Überlagerung der Ladungswolken (gemeinsame Elektronen). Bei vier Valenzelektronen (C, Si, Ge) können sich tetraedrische Gitter bilden.	Sehr große Bindungskräfte, keine plastische Umformbarkeit, niedrige Schmelz- und Siedepunkte, geringe Dichte, elektrische Nichtleiter, schlechte Wärmeleiter, Transparenz, geringe Korrosion (Primärbindungen bei Kunststoffen). Bei Gitterbildung hohe Härte, Wärmebeständigkeit (Diamant).
Metallbindung 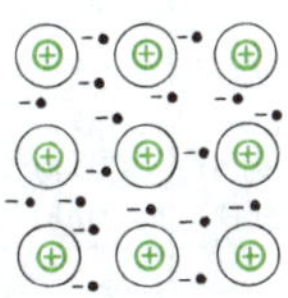	Die Metallatome geben die wenigen Außenelektronen ab und werden zu positiven Atomrümpfen mit Zusammenhalt durch das frei bewegliche Elektronengas. Im Kristallgitter schwingen die Atomrümpfe durch die Wärmebewegung um ihre Ruhelage. Das Kristallsystem ist von der Größe der Atome und den Bindungskräften abhängig. Da diese sich mit der Wärmebewegung ändern, wechseln einzelne Stoffe temperaturabhängig das Kristallsystem (Polymorphie).	Bei mittleren bis großen Bindungskräften ist eine plastische Umformung durch Verschiebung um Gittereinheiten möglich. Hohe Siedepunkte, elektrische Leiter 1. Klasse, gute Wärmeleitung, Undurchsichtigkeit, Glanz, korrosionsempfindlich, Beeinflussung der Feinstruktur möglich durch Legieren oder bei Polymorphie durch Wärmebehandlung.

2.4 Chemische Grundlagen

2.4.3 Chemie der Luft

Durchschnittliche Zusammensetzung der Luft

Gas	Chem. Symbol	Vol. %	Gew. %
Sauerstoff	O_2	20,93	23,1
Stickstoff	N_2	78,03	75,6
Kohlenstoffdioxid	CO_2	0,036	0,055
Wasserstoff	H_2	$5 \cdot 10^{-5}$	$3{,}5 \cdot 10^{-6}$
Edelgase		gering	

Kreislauf des Sauerstoffs und des Kohlenstoffdioxids in der Natur

Dissimilaton
Atmung, Oxidation
Kohlenhydrate + Sauerstoff → Kohlenstoffdioxid + Wasser + Energie
Assimilation
Reduktion

Durch den hohen Energiebedarf nimmt der CO_2-Gehalt der Luft seit der Industrialisierung deutlich meßbar zu. Das Gleichgewicht des Kreislaufes ist gestört

2.4.4 Chemie des Wassers

Salze	Entsprechend der geologischen Beschaffenheit des Wassereinzugsgebietes sind im Wasser Salze gelöst
Härte	Karbonathärte (KH) verursacht durch CA $(HCO_3)_2$ $Mg(HCO_3)_2$ Nichtkarbonathärte (NKH) verursacht durch Ca SO_4, $MgSO_4$, $CaCl_2$, $MgCl_2$, $Ca(NO_3)_2$, $Mg(NO_3)_2$ 1 Grad deutscher Härte = 1° d = 100 mg CaO/l
Wasserenthärtung	Schwerlösliches Calciumcarbonat und Calciumsulfat werden mit Calciumhydroxid $(Ca(OH)_2)$ und Soda(Na_2CO_3) ausgefällt. $Ca(HCO_3) + Ca(OH)_2 \rightleftharpoons 2\ CaCO_3 + H_2O$ $CaSO_4 + Na_2CO_3 \rightleftharpoons CaCO_3 + Na_2SO_4$
pH-Wert	Der pH-Wert gibt die Wasserstoffionenkonzentration des Wassers (als negativen Logarithmus der H^+-Ionenkonzentration) an. In reinem Wasser ist die Konzentration der H^+-Ionen und der OH^--Ionen gleich groß, je 10^{-7} Mol/l. Der pH-Wert beträgt 7.
pH-Skala	0 1 2 3 4 5 6 7 8 9 10 11 12 13 14 sauer ← neutral → alkalisch

Angriffsgrad des Wassers nach DIN 4030	Vorkommen	Untersuchung		Angriffsgrad schwach angreifend	stark angreifend	sehr stark angreifend
	Wasser	pH-Wert		6,5 … 5,5	< 5,5 … 4,5	< 4,5
		kalklösende Kohlensäure (CO_2)	mg/l	15 … 40	> 40 … 100	> 100
		Ammonium (NH_4^+)	mg/l	15 … 30	> 30 … 60	> 60
		Magnesium (MG^{2+})	mg/l	300 … 1000	> 1000 … 3000	> 3000
		Sulfat [1] (SO_4^{2-})	mg/l	200 … 600	> 600 … 3000	> 3000
	Böden	Säuregrad nach Baumann-Gully	ml/kg	> 200	–	–
		Sulfat[2] (SO_4^{2-})	mg/kg	2000 … 5000	> 5000	–

[1] Bei Sulfatgehalten > 600 mg SO_4^{2-} je l Wasser, ausgenommen Meerwasser, ist ein HS-Zement zu verwenden.
[2] Bei Sulfatgehalten > 3000 mg SO_4^{2-} je kg lufttrockenen Bodens ist ein HS-Zement zu verwenden.

2.4 Chemische Grundlagen

2.4.5 Korrosion

Elektrochemische Spannungsreihe und Normalpotentiale

Die Metalle, mit Ausnahme der Edelmetalle, streben durch Korrosion nach ihrem natürlichen, ionisch gebundenen, thermodynamisch stabilen Zustand (karbonatisch, oxidisch, sulfidisch). Das in der Spannungsreihe weiter links stehende Metall ist unedler und bildet bei der Korrosion die sich auflösende Anode. Die Korrosionsgeschwindigkeit richtet sich nach der Art des Elektrolyten und der Spannungsdifferenz. Das tatsächliche Korrosionsverhalten (die praktische Spannungsreihe in verschiedenen Elektrolyten) ist in starkem Maße von der Passivierung der Oberfläche abhängig.

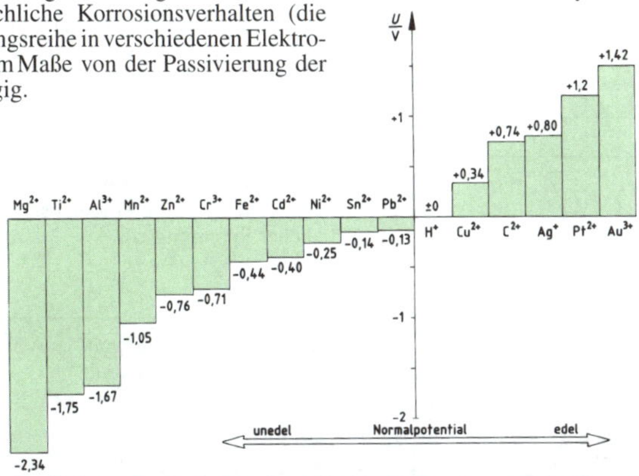

Korrosionsverhalten wichtiger Metalle

Werkstoffe	Deckschicht	Beständigkeit	Unbeständigkeit
Aluminium	dichtes Oxid elektr. isol.	Luft, schwache Säuren, mit Magnesium seewasserfest	Laugen, Salze
Blei	dichtes Karbonat	Luft, hartes Wasser, Schwefel-, Fluß-, verdünnte Salzsäure	Kalk, Zement, organische Säuren, Salpetersäure, Natronlauge
Chrom	dichtes Oxid	Luft, Wasser, Salpetersäure, hohe Temperaturen	Laugen, Salz- und Schwefelsäure
Eisen	poröse Oxide	hartes Wasser, Laugen	feuchte Luft, Salz-, Schwefelsäure
Kupfer	dicht. Sulfat Karbonat	feuchte Luft, Wasser, Dampf, Salze, Laugen	Schwefel, Salz-, Schwefel-, Salpetersäure
Magnesium	dünnes Oxid	trockene Luft, Laugen, Fette, Öle, Treibstoffe, Flußsäure	Feuchtigkeit, Säure, Salze, Leitungswasser, Meerwasser
Nickel	dünn. Hydrox. Sulfat	Luft, Wasser, Meerwasser, Salze, Nahrungsmittel, Laugen	starke Säuren, Schwefel, Chlor Acetylen
Titan	dichtes Oxid	Luft, Wasser, Meerwasser, organische Säuren, Salpetersäure	Salz-, Schwefelsäure, Natronlauge
Zink	dichte Oxide Karbonate	feuchte Luft, hartes Wasser, schwache Laugen	Heißwasser, Dampf, Säuren, Salze
Zinn	dünnes Oxid	Luft, Wasser, Meerwasser, Dampf, organ. Säuren unter Luftabschluß, Nahrungsmittel, Öle, Treibstoff	starke Säuren, Laugen, Schwefeldioxid

2.4 Chemische Grundlagen

Korrosionsarten

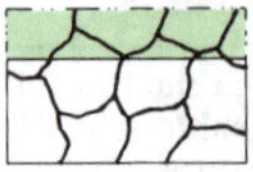	**Flächenkorrosion** mit gleichmäßiger Abtragung bei nicht passivierbaren Metallen durch Witterungseinflüsse und Verschmutzungen. Bauteilschwächung abschätzbar
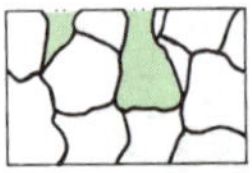	**Lochfraß,** kraterförmige Vertiefungen mit Spannungsspitzen durch Fehlstellen der passiven Schutzschicht (Ursachen z.B. Erosion, Kavitation). Mikrokerben mit Versprödung, plötzliches Bauteilversagen
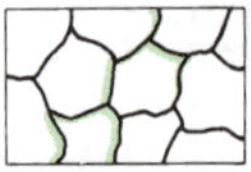	**Interkristalline Korrosion** mit Auflösung der unedleren Korngrenzen, dabei kein sichtbares Korrosionprodukt und folgender plötzlicher Spannungsriß
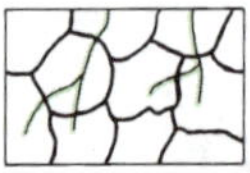	**Transkristalline Korrosion** mit anschließendem Schwingungsriß quer durch die Kristalle

Elektrochemische Korrosionselemente

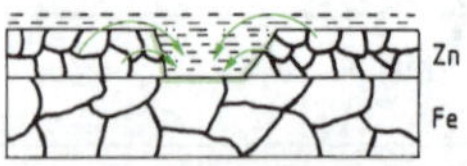	**Kontaktkorrosion** bei leitender Verbindung verschiedener Metalle (Verbindungselemente oder passiver Korrosionsschutz) und Anwesenheit eines Elektrolyten (feuchte Luft, Regen, Kondenswasser, Schweiß); Eisen mit Zink ist auch bei Beschädigungen der Oberfläche geschützt
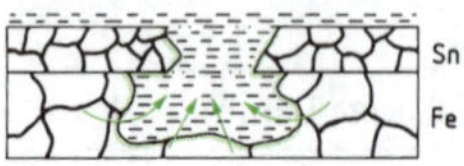	Durch **Kontaktkorrosion** bei einer Beschädigung von verzinnten Eisenoberflächen geht das unedlere Eisen verstärkt in Lösung
	**Lokalkorrosion** durch verschiedene Gefügebestandteile, die mit einem Elektrolyten verbunden sind (Kristallgemische, Seigerungen, Korngrenzen, Schweiß-, Lötnähte, Zunder, Kaltverformungen, Verunreinigungen durch Späne, Kühlmittel, Schlacken, Kohlenstoff, Staub)
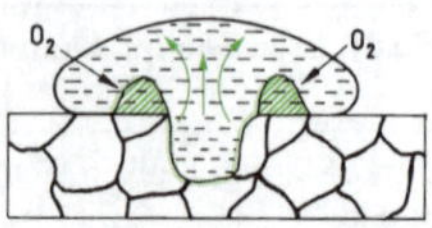	**Konzentrationskorrosion** durch Belüftungs- oder Temperaturunterschiede des Elektrolyten (Punktschweißungen, Niet-, Schraubenköpfe, Unterlegscheiben, Dichtungen, Verpakkungsfolien). Aufgelöst wird der sauerstoffarme Bereich

2.4 Chemische Grundlagen

2.4.6 Betonkorrosion

Definition	Schädigung durch Reaktionen mit Stoffen, die dem erhärteten Beton von außen (Schadstoffe aus Luft, Wasser, Boden) zugeführt werden
Carbonatisierung	Durch Eindringen von Kohlensäure carbonatisiert der Zementstein, und der pH-Wert sinkt von rd. 12,5 auf unter 9. Ab <9,5 reicht die Alkalität für den Korrosionsschutz nicht mehr aus
Schwefelhaltige Gase	Die schwefelhaltigen Bestandteile der Luft bilden zusammen mit Wasser Schwefelsäure H_2SO_4, diese greift alle Bestandteile des Zementsteins an. z. B. $CaO + H_2SO_4 \rightarrow CaSO_4 + H_2O$
Chloride	Die Chloride und die Salzsäure bewirken ähnliche Reaktionen: $CaO + 2HCl \rightarrow CaCl_2 + 2H_2O$

2.4.7 Korrosionsschutz des Stahls im Beton

Alkalität	Der alkalische Zementstein im Beton schützt die Bewehrung vor Korrosion. Oberhalb von pH = 9,5 ist ein ausreichender Korrosionsschutz gegeben

2.4.8 Bindemittel

Gips	Gewinnung durch Brennen: $2(CaSO_4 \cdot 2H_2O) \rightarrow 2CaSO_4 \cdot H_2O + 3H_2O$ Abbinden durch Anmachen mit Wasser; $2CaSO_4 \cdot H_2O + 3H_2O \rightarrow 2(CaSO_4 \cdot 2H_2O)$
Kalk	Chemische Vorgänge beim Brennen und Löschen: Brennen: $CaCO_3 \rightarrow CaO + CO_2$ Löschen: $CaO + H_2O \rightarrow Ca(OH)_2$ Carbonatisieren: $Ca(OH)_2 + H_2O + CO_2 \rightarrow CaCO_3 + 2H_2O$
Zement	Herstellung durch Brennen im Drehofen aus Kalkstein, Sand und Ton. Beim Abbindeprozeß (Erhärtungsreaktion) erhärtet der Zementleim (Zement-Wasser-Gemisch) durch Hydratation zu Zementstein nach folgenden chem. Vorgängen (Auswahl):

Zementleim	Abbinden	Zementstein
$2(3CaO \cdot SiO_2) + xH_2O$	$\rightarrow$	$3CaO \cdot 2SiO_2 \cdot 3H_2O + 3Ca(OH)_2$
$2(2CaO \cdot SiO_2) + xH_2O$	$\rightarrow$	$3CaO \cdot 2SiO_2 \cdot 3H_2O + Ca(OH)_2$
$3CaO \cdot Al_2O_3 + CaSO_4 + xH_2O$	$\rightarrow$	$3CaO \cdot Al_2O_3 \cdot 3CaSO_4 \cdot 32H_2O$[1]
		$3CaO \cdot Al_2O_3 \cdot CaSO_4 \cdot 12H_2O$[2]

2.4.9 Bestimmungen am Beton

Carbonatisierung	0,1%ige Phenolphthaleinlösung wird auf eine frische Betonbruchfläche aufgesprüht. Der nichtcarbonatisierte Beton (pH > 7) färbt sich rotviolett, die carbonatisierten Außenzonen bleiben unverfärbt
Chloride	Auf den Beton wird a) schwachsalpetersaure Silbernitratlösung (10 g $AgNO_3$ + 1 Tropfen HNO_3 (10%ige)) aufgesprüht. Nach dem Antrocknen sprüht man b) eine 5%ige Kaliumchromatlösung (K_2CrO_4 oder $K_2Cr_2O_7$) auf. In den chloridfreien Bereichen zeigt sich intensiv rotbraunes Ag_2CrO_4, in den chloridhaltigen Bereichen bleibt der Beton unverfärbt

[1] Trisulfat
[2] Monosulfat

2.5 Wärmetechnische Grundlagen

Wärme ist eine Energieform, die bestimmte Empfindungen im menschlichen Körper hervorruft.
Die Atome bzw. Moleküle eines Stoffes sind dauernd in Bewegung. Die Geschwindigkeit dieser Bewegung nimmt mit steigender Temperatur zu. Die Wärmeenergie kann man als kinetische Energie der Moleküle bzw. Atome eines Stoffes auffassen.

2.5.1 Temperatur

Die Stoffe haben einen bestimmten Wärmezustand, dieser wird als Temperatur bezeichnet.
Die Maßeinheit der Temperatur ist Kelvin (K) bzw. Grad Celsius (°C).
Die tiefste Temperatur liegt bei −273,15 °C, dieser Temperaturwert wird auch als absoluter Nullpunkt bezeichnet, da hier jede Molekularbewegung aufhört.

Umrechnungen:

$T = 273 + t_C$

$t_C = \frac{5}{9} \cdot (t_F - 32)$

$t_F = \frac{9}{5} \cdot t_C + 32$

T Temperatur in K
t_C Temperatur in °C
t_F Temperatur in °F

Temperaturmessung

Meßgerät bzw. -verfahren	Anwendungsbereich °C	Grundprinzip
Pentanthermometer Alkoholthermometer Quecksilberthermometer	−190 ··· +20 −110 ··· +50 −30 ··· 750	Wärme dehnt Flüssigkeit, deren Stand in einem engen Rohr zeigt Temperatur
Bimetallthermometer Stabausdehnungsthermometer	−30 ··· 400 bis ≈ 1000	Unterschiedliche Längenausdehnung bei Erwärmung verschied. Metalle
Elektrische Widerstandsthermometer	bis 750	ΔT bewirkt ΔR und damit Δt

2.5.2 Wärmemenge

Ein Maß für die in einem Körper enthaltene Wärme (Energie) ist die **Wärmemenge** Q. Ihre Einheit ist das Joule (J). 4186,8 J ist die Wärmemenge, die 1 Liter Wasser um 1 K erwärmt (genau von 14,5 °C auf 15,5 °C).
Die **spezifische Wärmekapazität** c ist die Wärmemenge, die 1 kg eines Stoffes um 1 K erwärmt. Einheit von c ist J/(kg · K).
Die **spezifische Schmelzwärme** L_f ist die Wärmemenge, die 1 kg eines Stoffes bei Schmelztemperatur vom festen in den flüssigen Zustand überführt; sie wird beim Erstarren des Stoffes wieder frei. Einheit von L_f ist J/kg.
Die **spezifische Verdampfungswärme** L_v ist die Wärmemenge, die 1 kg eines Stoffes bei Verdampfungstemperatur vom flüssigen in den dampfförmigen Zustand überführt; sie wird beim Verflüssigen (Kondensieren) des Stoffes wieder frei. Einheit von L_v ist J/kg.

$$Q = m \cdot c \cdot \Delta t$$

Q Wärmemenge in J
m Masse, Stoffmenge in kg
c spezifische Wärmekapazität in J/(kg · K)
Δt Temperaturunterschied in K

Mischtemperatur von Flüssigkeiten

$$t = \frac{m_1 \cdot c_1 \cdot t_1 + m_2 \cdot c_2 \cdot t_2}{m_1 \cdot c_1 + m_2 \cdot c_2}$$

Beispiel:
$m_1 = 0{,}5$ kg Alkohol
$t_1 = 10$ °C
$m_2 = 1$ kg Wasser
$t_2 = 30$ °C

m_1, m_2 Stoffmengen in kg
t_1, t_2 Temperaturen der Stoffe vor dem Mischen
c_1, c_2 spezifische Wärmekapazitäten der Stoffe[1])
t Temperaturen nach dem Mischen

$$t = \frac{0{,}5\ \text{kg} \cdot 2{,}428\ \frac{\text{kJ}}{\text{kg K}} \cdot 10\ \text{K} + 1\ \text{kg}\ 4{,}187\ \frac{\text{kJ}}{\text{kg K}} \cdot 30\ \text{K}}{0{,}5\ \text{kg} \cdot 2{,}428\ \frac{\text{kJ}}{\text{kg K}} + 1\ \text{kg} \cdot 4{,}187\ \frac{\text{kJ}}{\text{kg K}}}$$

$t = 25{,}5$ °C

Temperaturskalen

	Celsius (°C)	Kelvin (K)	Fahrenheit (°F)	Rankine (°R [ank])
Siedepunkt des Wassers, Dampfpunkt	+100 °C	373,15 K	+212 °F	671,67 °R
Körpertemperatur des Menschen	+37 °C	310,15 K	+98,6 °F	558,27 °R
Schmelzpunkt des Eises,	±0 °C	273,15 K	+32 °F	491,67 °R
Eispunkt	$-17^7/_9$ °C	255,37 K	±0 °F	459,67 °R
absoluter Nullpunkt	−273,15 °C	0 K	−459,67 °F	0 °R
	1 Celsiusgrad = 1 Kelvin		1 Fahrenheitgrad = 1 Rankinegrad	

[1]) Spezifische Wärmekapazität siehe Tabelle Seite 2-14

2.5 Wärmetechnische Grundlagen

2.5.3 Wärmeausdehnung

Stoffe dehnen sich, mit wenigen Ausnahmen, bei Erwärmung nach allen Seiten aus. Dabei ist das Ausdehnungsmaß bei jeder Stoffart verschieden groß. Die Verbundstoffe sind in bezug auf die Wärmeausdehnung nur dann problemlos, wenn die Ausgangsstoffe die gleiche Wärmeausdehnung (Wärmedehnzahl) besitzen (z.B. Stahlbeton).

Der **Längen-Ausdehnungskoeffizient** α gibt die Längenzunahme der Längeneinheit eines Körpers bei 1 K Temperaturerhöhung an. Einheit von α ist 1/K.

Der **Volumen-Ausdehnungskoeffizient** γ gibt die Volumenzunahme der Volumeneinheit eines Körpers bei 1 K Temperaturerhöhung an. Einheit von γ ist 1/K.

Längenausdehnung:

$\Delta l = l_0 \cdot \alpha \cdot \Delta t$

Δl Längenzunahme in m
l_0 Länge (Kaltzustand) in m
α Längen-Ausdehnungskoeffizient in 1/K
Δt Temperaturzunahme in K

Beispiel:
$l_0 = 12$ m; $\Delta t = 50$ K;
$\alpha = 23{,}8 \cdot 10^{-6} \frac{1}{K}$;
$\Delta l = ?$ m

Lösung: $\Delta l = l_0 \cdot \alpha \cdot \Delta t = 12 \text{ m} \cdot 23{,}8 \cdot 10^{-6} \frac{1}{K} \cdot 50 \text{ K}$

$\Delta l = 0{,}01428 \text{ m} = 14{,}28 \text{ mm}$

Längen-Ausdehnungskoeffizient α, Volumen-Ausdehnungskoeffizient γ

Stoff	α in 1/K
Aluminium	$23{,}8 \cdot 10^{-6}$
Blei	$29{,}0 \cdot 10^{-6}$
Bronze	$17{,}5 \cdot 10^{-6}$
Chrom	$8{,}5 \cdot 10^{-6}$
Eisen (rein)	$12{,}3 \cdot 10^{-6}$
Glas (ca.)	$6{,}5 \cdot 10^{-6}$
Gold	$14{,}2 \cdot 10^{-6}$
Graphit	$7{,}9 \cdot 10^{-6}$
Kupfer	$16{,}5 \cdot 10^{-6}$
Messing	$18{,}4 \cdot 10^{-6}$
Nickel	$13{,}0 \cdot 10^{-6}$
Silber	$19{,}5 \cdot 10^{-6}$
Zink	$29{,}0 \cdot 10^{-6}$

Stoff	γ in 1/K
Alkohol	$1{,}10 \cdot 10^{-3}$
Benzol	$1{,}06 \cdot 10^{-3}$
Glyzerin	$0{,}50 \cdot 10^{-3}$
Petroleum	$0{,}99 \cdot 10^{-3}$
Quecksilber	$0{,}18 \cdot 10^{-3}$
Wasser	$0{,}18 \cdot 10^{-3}$

Für feste Stoffe ist $\gamma \approx 3 \cdot \alpha$

Für alle Gase ist $\gamma \approx 1/273$
$\gamma \approx 0{,}00366$

Temperaturdehnzahlen von Baustoffen	α[1]) in 1/K
Holz in Faserrichtung	$3 \cdot 10^{-6}$
Mauerwerk aus Mauerziegeln	$6 \cdot 10^{-6}$
Kalkmörtel, Lehmmörtel	$6 \cdot 10^{-6}$
Mauerwerk aus Kalksandsteinen, Porenbetonsteinen, Kalk-Zementmörtel	$8 \cdot 10^{-6}$
Wand- und Bodenfliesen, Glas, Sandstein	$8 \cdot 10^{-6}$
Baustahl, Asbestzementplatt	$10 \cdot 10^{-6}$
Beton, Mauerwerk aus Klinkern	$10 \cdot 10^{-6}$
Asphaltplatten	$30 \cdot 10^{-6}$
PVC, Polystyrol	$80 \cdot 10^{-6}$

2.5.4 Wärmeschutztechnische Größen

Bedeutung	Formelzeichen	SI-Einheit
Temperatur	ϑ, T	°C, K
Temperaturdifferenz	$\Delta\vartheta$, ΔT	K
Wärmemenge	Q	W · s[2])
Wärmestrom	Φ, Q	W
Transmissionswärmestrom (-verlust)	Q_T	W
Wärmestromdichte	q	W/m^2
Wärmeleitfähigkeit	λ	W/mK
Rechenwert der Wärmeleitfähigkeit	λ_R	W/mK
Wärmedurchlaßkoeffizient	Λ	W/m^2K
Wärmedurchlaßwiderstand	$1/\Lambda$	$m^2 \cdot K/W$
Wärmeübergangskoeffizient	a	W/m^2K
Wärmeübergangswiderstand innen / außen	$1/\alpha_i$ / $1/\alpha_a$	m^2K/W
Wärmedurchgangskoeffizient	k	W/m^2K
Wärmedurchgangswiderstand	$1/k$	m^2K/W
spezifische Wärmekapazität	c	J/kg · K
Fugendurchlaßkoeffizient	a	m^3 (h · m · daPa)
Gesamtenergiedurchlaßgrad	g	1[3])
Sättigungsdruck des Wasserdampfes	p_s	Pa(N/m^3)
massebezogener Feuchtegehalt fester Stoffe	u_m	1[2])
Diffusionskoeffizient	D	m^2/h
Wasserdampf-Diffusionsstrom	I	kg/h
Wasserdampf-Diffusionsstromdichte	i	kg/m^2h
Wasserdampf-Diffusionsdurchlaßkoeffizient	Δ	$kg/m^2 \cdot h \cdot Pa$
Wasserdampf-Diffusionsdurchlaßwiderstand	$1/\Delta$	$m^2 \cdot h \cdot Pa/kg$
Wasserdampf-Diffusionsleitkoeffizient	δ	kg/m · h · Pa
Wasserdampf-Diffusionswiderstandszahl	μ	1[2])
(wasserdampf-)diffusionsäquivalente Luftschichtdicke	s_d	m
Wasseraufnahmekoeffizient	w	$kg/m^2 \cdot h^{1/2}$

[1]) α_T = Wärmedehnzahl (siehe DIN 1080, Teil 4)
α_T = (thermischer) Längenausdehnungskoeffizient (siehe DIN 1304, Teil 1)

[2]) $1 \text{ W} \cdot \text{s} = 1 \text{ J} = 1 \text{ N} \cdot \text{m}$
[3]) 1 steht für das Verhältnis zweier gleicher Einheiten

2

2.5.5 Wasserdampfdiffusion

Wasserdampf – Wasser in gasförmigem Zustand – ist in der Luft enthalten. Die Aufnahmefähigkeit der Luft für Wasserdampf ist begrenzt und von der Temperatur abhängig. Warme Luft kann mehr Wasserdampf aufnehmen als kalte Luft.

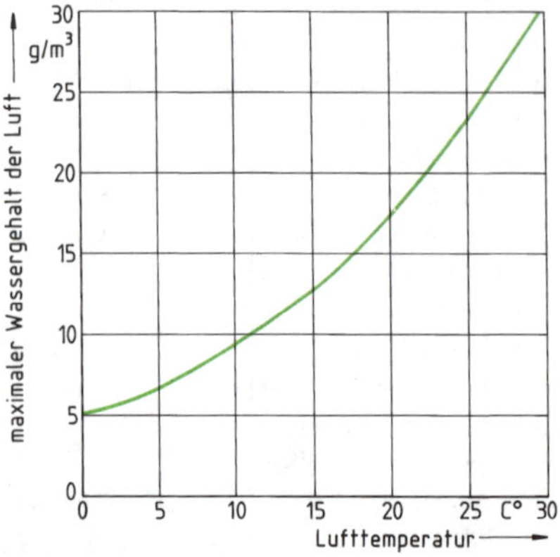

Maximaler Wasserdampfgehalt der Luft in Abhängigkeit von der Temperatur

Normalerweise enthält die Luft nur einen Anteil der maximal möglichen Feuchtigkeit. Er wird als relative Luftfeuchtigkeit bezeichnet.

$$\text{Relative Luftfeuchte} = \frac{W}{W_s \cdot 100}$$

Mit Wasserdampf gesättigte Luft hat demnach eine relative Luftfeuchtigkeit von 100%.

Beim Erwärmen feuchter Luft sinkt die relative Luftfeuchte, beim Abkühlen feuchter Luft steigt sie.

Wird der Luft bei einer bestimmten Temperatur weiter Feuchtigkeit zugeführt, oder wird sie so abgekühlt, daß der Wasserdampfgehalt größer ist als die Sättigungsmenge der niedrigeren Temperatur, wird der überschüssige Wasserdampf als Wasser ausgeschieden. Der unsichtbare Wasserdampf kondensiert zu Wasser, es bildet sich Nebel, oder das Wasser schlägt sich an den kälteren Flächen des Raumes nieder (Fensterflächen, Wärmebrücken). Das kondensierte Wasser wird als Tauwasser bezeichnet, die Temperatur, bei der das geschieht, als Taupunkttemperatur t_s.

Der Wasserdampf folgt stets dem Dampfdruckgefälle. Werden zwei Luftschichten durch einen porösen Stoff getrennt, so findet die Ausbreitung des Wasserdampfes durch diesen Stoff hindurch statt und zwar vom höheren zum niedrigeren Druck.

Dieser Vorgang, der als Wasserdampfdiffusion bezeichnet wird, geschieht auch im Inneren von Bauteilen, da die Wassermoleküle nur eine Größe von 0,3 nm (1 Nanometer = 1 millionstel Millimeter) haben.

Die Stoffe setzen der Diffusion einen Widerstand entgegen. Diese stofftypische Eigenschaft wird durch die Wasserdampf-Diffusionswiderstandszahl μ ausgedrückt.

$$\mu = \frac{\text{Dampfdichtigkeit Material } (d = 1\text{ m})}{\text{Dampfdichtigkeit Luft } (d = 1\text{ m})}$$

Zur Kennzeichnung der Dampfdichtigkeit einer bestimmten Materialschicht reichen die Schichtdicke d und der Diffusionswiderstand aus.

$$s_d = \mu \cdot s$$

s_d wird als diffusionsäquivalente Luftschichtdicke bezeichnet.

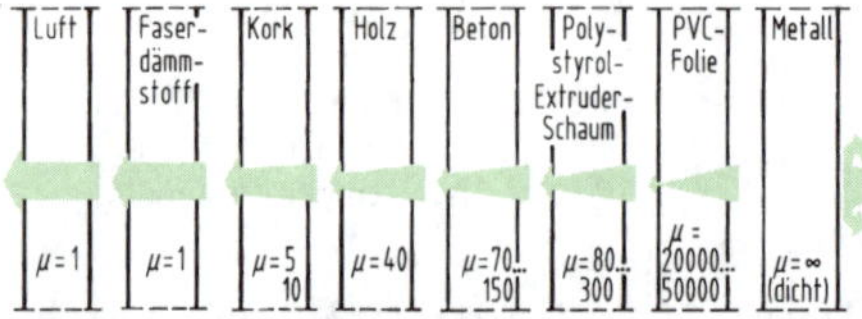

Wasserdampfdiffusionswiderstandszahlen. Vereinfachte Darstellung des Dampfdurchganges (μ-Werte der Baustoffe s.S. 7-16).

Die wirkliche Dampfdichtigkeit einer Bauteilschicht gibt der Dampfdurchlaßwiderstand an.

$$\frac{1}{\Delta} = \mu \cdot d \cdot \frac{1}{\delta_L} \left(\frac{m^2 hN/m^2}{kg} \right)$$

δ_L ist die Dampfleitzahl der Luft; sie ist nur gering temperaturabhängig und wird als Konstante betrachtet.

$$\delta_L = \frac{1}{1{,}5} \cdot 10^{-6} \left(\frac{kg}{m\,hN/m^2} \right)$$

Der Dampfdurchlaßwiderstand einer Bauteilschicht beträgt:

$$\frac{1}{\Delta_1} = \mu_1 \cdot d_1 \cdot 1{,}5 \cdot 10^6 \left(\frac{m^2 hN/m^2}{kg} \right)$$

Bei einem mehrschichtigen (z.B. 3schichtigen) Bauteil beträgt er:

$$\frac{1}{\Delta} = (\mu_1 \cdot d_1 + \mu_2 \cdot d_2 + \mu_3 \cdot d_3) \cdot 1{,}5 \cdot 10^6 \left(\frac{m^2 hN/m^2}{kg} \right)$$

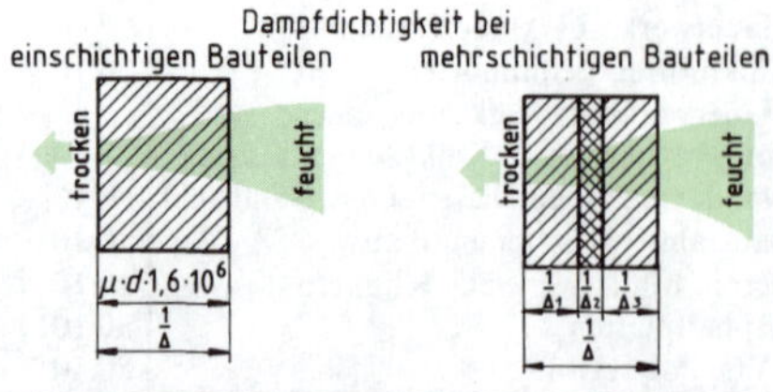

2.5 Wärmetechnische Grundlagen

2.5.6 Wärmeübertragung

Die Wärme kann durch Strahlung, Strömung und Leitung übertragen werden.

Wärmestrahlung
Die Wärmestrahlen geben beim Auftreffen auf einen Körper Strahlungsenergie ab. Diese wird durch die Molekularbewegung in Wärme umgesetzt. Die Wärmeaufnahme hängt dabei von der Farbe des Körpers ab, dunkle Flächen erwärmen sich schneller als helle.

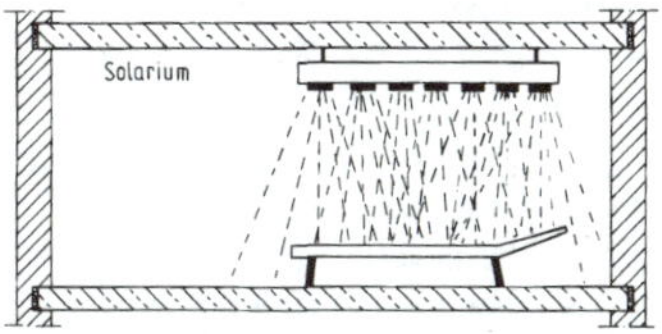

Wärmeübertragung durch Strahlung

Wärmeströmung
Die Wärmeströmung (Konvektion) geschieht durch den Wärmetransport von Gasen oder Flüssigkeiten. Beim Erwärmen dehnen sie sich aus, ihre Dichte verringert sich und sie steigen nach oben, während kältere an ihre Stelle treten.
Beispiel: Luftumwälzung an einem Heizkörper

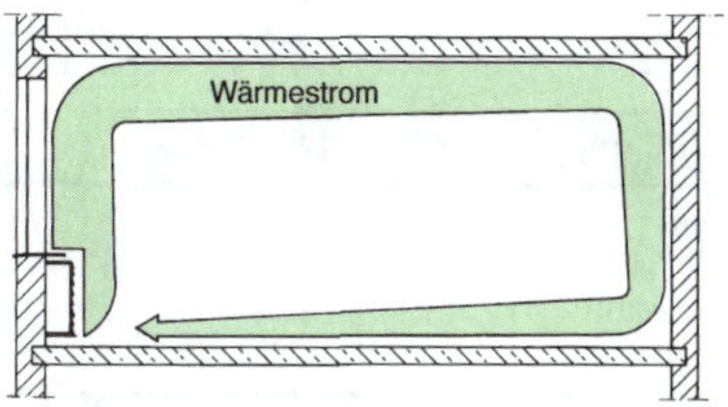

Wärmeströmung bei einer Konvektoren-Heizung

Wärmeleitung
Die Wärme wird von Molekül zu Molekül weitergegeben. Baustoffe mit hoher Dichte (z.B. Stahl) sind gute Wärmeleiter, porige Baustoffe (z.B. Holz, Mineralfasermatten) sind gute Dämmstoffe.

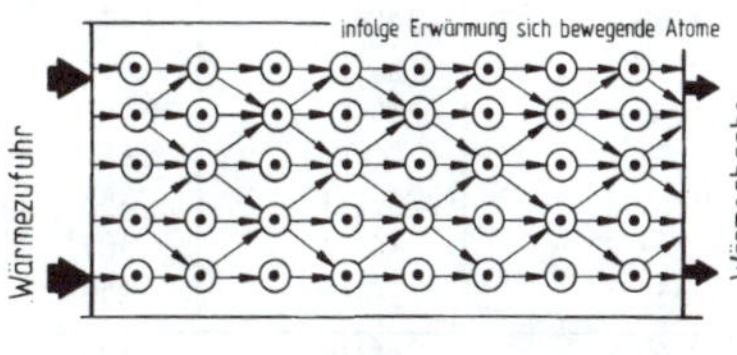

Wärmeübertragung durch Leitung

Wärmestrom Φ in W
heißt die Wärmemenge, die innerhalb einer Zeiteinheit durch eine senkrecht zur Strömungsrichtung liegende Fläche strömt.

Wärmeleitfähigkeit (λ) in W/mK [1])
gibt den Wärmestrom an, der durch einen Querschnitt von 1 m² eines 1 m dicken Körpers strömt, wenn der Temperaturunterschied 1 K beträgt.[3])

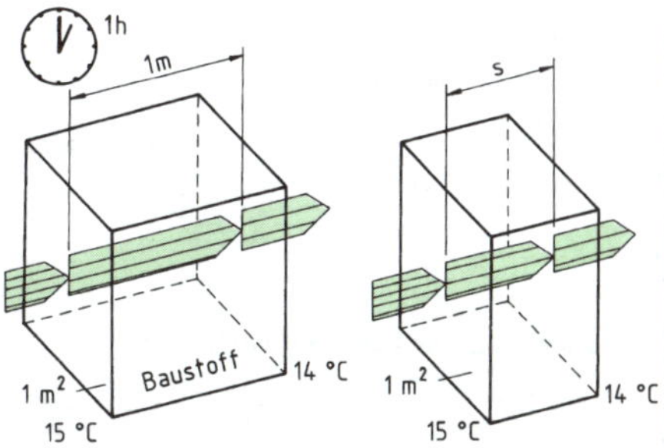

Darstellung der Wärmeleitfähigkeit und des Wärmedurchlasses durch ein Bauteil der Dicke *s*

Wärmedurchlaßwiderstand ($1/\Lambda$) in m² K/W [2])
bezeichnet den Widerstand, den ein Bauteil der Dicke s ($s = s_1 + s_2 + s_3 + \cdots$) dem Wärmestrom entgegen stellt.

$$\frac{1}{\Lambda} = \frac{s_1}{\lambda_1} + \frac{s_2}{\lambda_2} + \frac{s_3}{\lambda_3} + \cdots + \frac{s_n}{\lambda_n} \text{ in } m^2 \cdot K/W$$

Wärmeübergangswiderstand ($1/\alpha$) in m² · K/W
bezeichnet den Widerstand, den der Wärmestrom beim Übergang von der Luft in den festen Baustoff (innen $1/\alpha_i$) bzw. vom Baustoff in die Luft (außen $1/\alpha_a$) überwinden muß.

Wärmedurchgangswiderstand ($1/k$) in m² K/W [2])
gibt den Gesamtwiderstand an, den ein Bauteil dem Wärmestrom entgegenstellt.

$$\frac{1}{k} = \frac{1}{\alpha_a} + \frac{1}{\Lambda} + \frac{1}{\alpha_i} \left(\frac{m^2 K}{W}\right)$$

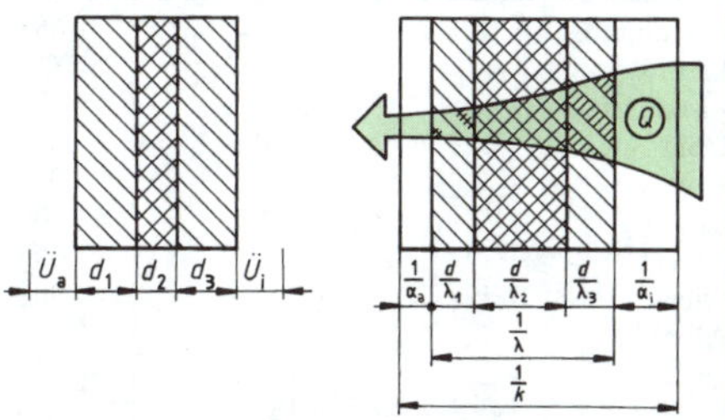

Der Wärmedurchgangswiderstand kennzeichnet die Wärmedämmfähigkeit eines Bauteiles im eingebauten Zustand.

[1]) Kleiner Wert = guter Wärmeschutz
[2]) Großer Wert = guter Wärmeschutz
[3]) Wärmeleitzahlen λ_r der Baustoffe siehe Seite 7-16

2.5 Wärmetechnische Grundlagen

Wärmedurchgangskoeffizient (k) in $W/m^2 K$

(Reziproker Wert des Wärmedurchgangswiderstandes $1/k$). Er kennzeichnet die wärmeschutztechnische Qualität eines Bauteils (incl. Wärmeübergang). (Kleiner Wert = guter Wärmeschutz)

$$k = \frac{1}{\frac{1}{\alpha_i} + \frac{1}{\Lambda} + \frac{1}{\alpha_a}} \text{ in W/(m}^2 \cdot \text{K)}$$

Die Gebäudeaußenfläche eines Bauwerkes A_{ges} ist aus den Teilflächen $A_1 + A_2 + A_3 + \cdots + A_n$ mit den unterschiedlichen k-Werten $k_1, k_2, k_3, \cdots k_n$ zusammengesetzt. Der mittlere k-Wert k_m der Gebäudeaußenfläche berechnet sich:

$$k_m = \frac{k_1 \cdot A_1 + k_2 \cdot A_2 + \cdots + k_n \cdot A_n}{A_{ges}}$$

Wärmeübertragende Umfassungsfläche A

$A = A_W + A_F + A_D + A_G + A_{DL}$

Dabei bedeuten:

- A_W Fläche der an die Außenluft grenzenden Außenwände,
- A_F Fensterfläche,
- A_D wärmegedämmte Dach- oder Dachdeckenfläche,
- A_G Grundfläche des Gebäudes,
- A_{DL} Deckenfläche, die das Gebäude nach unten gegen die Außenluft abgrenzt.

Der Wärmeverlust durch die Fassadenfläche (einschl. Fenster und Fenstertüren) wird durch den mittleren Wärmedurchgangskoeffizienten $k_{m,\,W+F}$ gekennzeichnet.

$$k_{m,\,W+F} = \frac{k_W \cdot A_W + k_F \cdot A_F}{A_W + A_F}$$

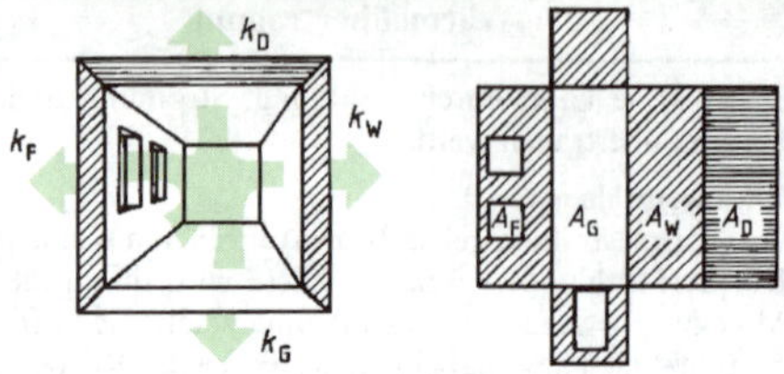

Wärmeverlust durch die Einzelbauteile

Für den Transmissionswärmebedarf Q_T gilt:
$Q_T = 84\,(k_w A_w + k_f A_f + 0{,}8 k_d A_d + 0{,}5 k_g A_g + k_{dl} A_{dl} + 0{,}5 k_{AB} A_{AB})$

Der Faktor 84 berücksichtigt eine mittlere Heizgradtageszahl von 3500 Kd/a.
Der geringe Wärmeverlust bei Dächern infolge der Sonneneinstrahlung, der Bauteilflächen, die Gebäudeteile mit wesentl. niedrigeren Raumtemp. abgrenzen, sowie der an das Erdreich grenzenden Flächen wegen der erhöhten Erdtemp. berücksichtigen die Faktoren 0,8 bzw. 0,5.

Brennstoffe: fest, flüssig	kWh/kg	kJ/kg
Braunkohlenbriketts	5,6	20 100
Holz, lufttrocken	4,1	14 600
Koks	8,0	28 500
Steinkohlen (Ruhr)	8,7	31 400
Heizöl	12,4	44 500
Benzin	12,8	46 000
Spiritus	7,8	28 200
Brennstoffe: gasförmig	**kWh/m^3**	**kJ/m^3**
Erdgas (trocken)	8,8	31 700
Stadtgas	5,0	18 000
Wasserstoff	3,0	10 700
Propan	25,9	93 200

2.5.7 Wärmeeigenschaften von Stoffen[1)]

Stoff	$c\ \frac{kJ}{kg \cdot K}$	Schmelzpunkt °C	$L_f\ \frac{kJ}{kg}$	Siedepunkt °C	$L_v\ \frac{kJ}{kg}$
Aluminium	0,896	658	355,9	2 200	11 723
Blei	0,130	327	23,86	1 700	921,1
Eisen (rein)	0,440	1 530	272,1	2 800	6 364
Gold	0,130	1 060	66,99	2 700	1 758
Kupfer	0,381	1 080	209,3	2 400	4 647
Messing	0,389	≈ 900	167,5		
Nickel	0,452	1 450	293,1	3 000	6 196
Silber	0,234	961	104,7	2 000	2 177
Alkohol	2,428	− 114	104,7	78,3	858
Quecksilber	0,138	− 38,9	11,72	356,7	301
Wasser	4,187	0,0	333,7	100,0	2 258
Kohlenstoffdioxid	0,825	− 56	184,2	− 78,5	574
Luft	1,001			− 194	197

1) spezifische Wärmekapazität c, Schmelzwärme L_f, Verdampfungswärme L_v bei 1013 mbar

2.6 Schall

Schall

Unter Schall versteht man mechanische Schwingungen, die sich in festen Körpern, Flüssigkeiten oder Gasen ausbreiten.

Längswellen

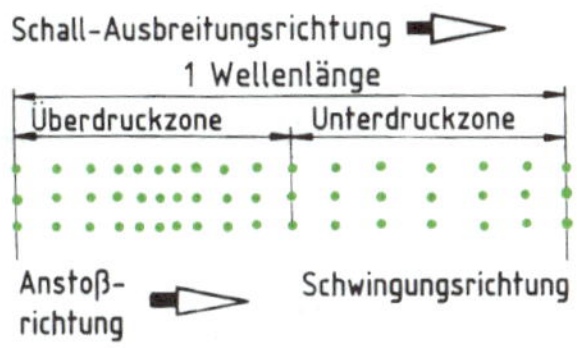

In Gasen (Luft) und Flüssigkeiten breiten sich die Schallwellen als Longitudinalwellen (Längswellen) aus, d.h. die schwingenden Teilchen bewegen sich in der Achse der Ausbreitungsrichtung. Dabei entstehen Überdruck- und Unterdruckzonen.

Dehnwellen

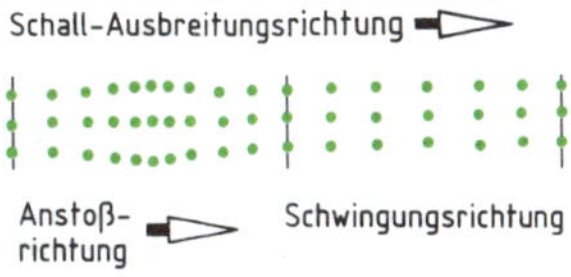

Kommen nur in festen Körpern vor. Dabei werden die Massenteilchen quer zur Ausbreitungsrichtung in Bewegung versetzt.

Luftschall

Schall, der sich in der Luft ausbreitet, wird Luftschall genannt. Er entsteht durch Sprechen, Musizieren, laufende Maschinen, Verkehr usw. Man unterscheidet zwischen Tönen, Klängen und Geräuschen.

Körperschall

Schall, der sich in festen oder flüssigen Körpern ausbreitet, wird Körperschall genannt. Er breitet sich in verschiedenen Stoffen mit unterschiedlicher Geschwindigkeit aus. Er spielt im Bauwesen eine große Rolle, weil er sich in den Wänden und Decken eines Gebäudes ausbreitet. Er entsteht beim Gehen auf den Decken und wird dann als Trittschall bezeichnet.

Schallgeschwindigkeit

Schallgeschwindigkeit c in m/s bei 20°C in verschiedenen Stoffen:

Stoff	m/s	Stoff	m/s	Stoff	m/s	Stoff	m/s
Nadelholz	4100	Glas	5200	Leichtmetall	5100	Blei	1300
Hartholz	3400	Beton	3800	Stahl	5000	Wasser	1450
Kork	500	Mauerwerk	3500	Kupfer	3500	Luft	340

Frequenz

1 Hz = 1 Schwingung pro Sekunde ($^1/_s$)
Die Anzahl der Schwingungen pro Sekunde wird als Frequenz bezeichnet. Die Maßeinheit ist Hertz (Hz). Viele Schwingungen pro Sekunde: hohe Töne. Wenige Schwingungen pro Sekunde: tiefe Töne

Schallbereiche

Infraschall 0 ··· 16 Hz; Normalschall 16 ··· 16000 Hz (wird vom menschlichen Ohr erfaßt); Ultraschall 16000 ··· 1000000 Hz

Wellenlänge

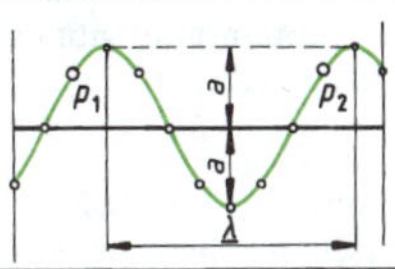

Eine Wellenlänge umfaßt eine Schallschwingung und wird als der Abstand zwischen 2 aufeinanderfolgenden Wellenbergen bezeichnet.

$$\text{Wellenlänge } \lambda = \frac{\text{Schallgeschwindigkeit } c}{\text{Frequenz } f} \qquad \lambda = \frac{c}{f}$$

Normen

DIN 4109	Schallschutz im Hochbau (11.89)
DIN 52210 T4	Bauakustische Prüfungen (8.84) Luft- und Trittschalldämmung, Ermittlung von Einzahlangaben

2.6 Schall

2.6.1 Schalldruck

Wechseldruck, der durch die Schallwellen in Gasen oder Flüssigkeiten erzeugt wird, und der sich mit dem statischen Druck überlagert.

2.6.2 Schalldruckpegel

Der Schalldruckpegel und die Schalldruckpegeldifferenzen werden in Dezibel (Kurzzeichen dB) angegeben.

$L = 20 \lg \frac{p}{p_0}$ (dB).

Dabei bezeichnet p den Schalldruck des Geräusches, p_0 als Basisgröße einen Bezugsschalldruck, der ungefähr dem gerade noch hörbaren Schalldruck entspricht.
p_0 ist international definiert als $p_0 = 2 \cdot 10^{-5}$ Pa.
Bei einer Verdoppelung des Schalldruckes erhöht sich der Schalldruckpegel um 6 dB, eine Pegelzunahme von ca. 10 dB bewirkt dagegen eine Verdoppelung des subjektiven Lautstärkeeindrucks.

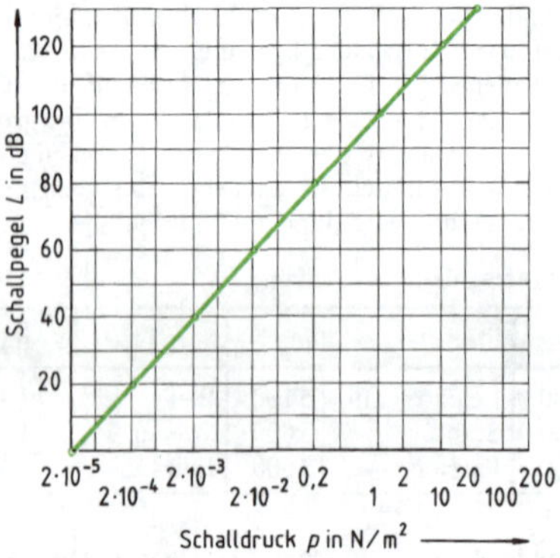

Schalldruckpegel L (dB) in Abhängigkeit vom Schalldruck p (N/m^2)

2.6.3 A-bewerteter Schalldruckpegel

Das menschliche Ohr empfindet tiefe Töne weniger laut als hohe Töne. Die Hörschwelle liegt zum Beispiel bei einem Ton von 1000 Hz bei 0 dB, bei einem Ton von 100 Hz beträgt sie 25 dB. Diese Eigenschaft des menschlichen Ohres wird durch eine „Bewertung" des Schallpegels näherungsweise ausgeglichen. Durch die Frequenzbewertung A werden die Beiträge der Frequenzen unter 1000 Hz und über 5000 Hz zum Gesamtergebnis abgeschwächt. Siehe Abbildung: Bewertungskurve A.

Der A-Schalldruckpegel ist ein Maß für die Stärke eines Geräusches und wird in dB (A) angegeben. Es ist die Größe, die in Vorschriften u.ä. zur Kennzeichnung der Stärke von Geräuschen benutzt wird.

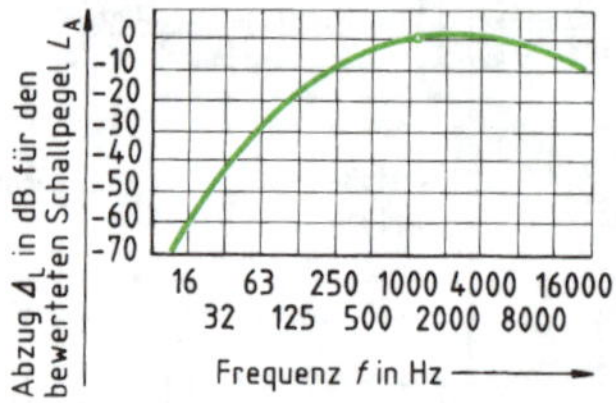

Bewertungskurve A für den bewerteten Schallpegel L_A

2.6.4 Schallschutz

Beim Schallschutz werden Maßnahmen gegen die Schallentstehung einerseits (Primärmaßnahmen) und Maßnahmen, die die Schallübertragung von einer Schallquelle zum Hörer vermindern (Sekundärmaßnahmen), unterschieden. Befinden sich Hörer und Schallquelle in verschiedenen Räumen wird der Schallschutz durch Schalldämmung, befinden sie sich in demselben Raum durch Schallabsorption erreicht. Die Begriffe Schalldämmung und Schallabsorption müssen bei der Behandlung des Schallschutzes sauber auseinandergehalten werden.

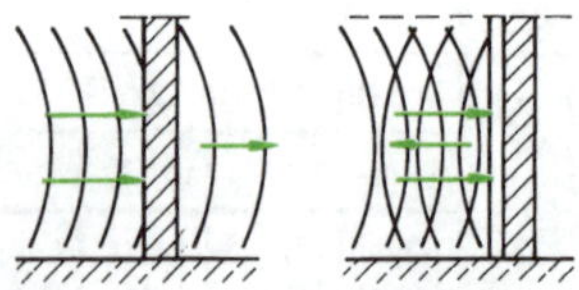

Unterschied zwischen Schalldämmung und Schallabsorption
Schalldämmung (Wieviel Schall gelangt in den Nebenraum?)
Schallabsorption (Wieviel Schall wird in den Raum zurückgeworfen?)

Schallabsorption
oder Schallschluckung tritt beim Reflexionsvorgang einer Schallwelle an einer Raumoberfläche auf. Dabei wird je nach Oberflächenbeschaffenheit ein Teil der Schallenergie in Wärme umgewandelt. Der Schallabsorptionsgrad gibt dabei den Anteil der absorbierten Schallenergie an.

Schalldämmung
Beim Auftreffen von Schallwellen auf ein Bauteil, wird dieses in Schwingungen versetzt, die eine Weiterleitung des Schalles in den Nachbarraum bewirken. Das Schalldämmaß bezeichnet den Widerstand eines Bauteiles gegen den Durchgang von Schall.

2.6.5 Schalldämm-Maß R

Es kennzeichnet die Luftschalldämmung von Bauteilen, die durch Versuche bestimmt wird. Zwischen 2 Räumen wird z.B. die zu untersuchende Wand als Trennwand eingebaut. Eine Schallquelle erzeugt im Senderaum ein stationäres Luftschallfeld. Die Schallpegel im Sende- und Empfangsraum werden gemessen, aus der Differenz ergibt sich das Schalldämm-Maß. Es beträgt:

$R = L_1 - L_2 + 10 \lg S/A_2 \, \mathrm{dB}$

Ein Schalldämmaß von 40 dB bedeutet, daß nur der $1/10^4$ Teil der Schalleistung auf der leisen Seite abgestrahlt wird.

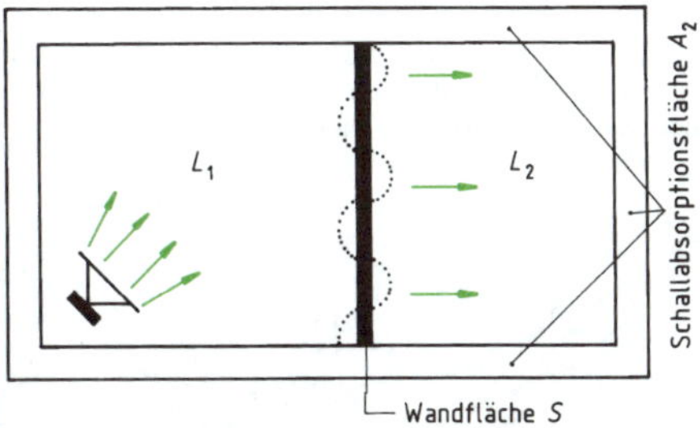

Zur Bestimmung des Schalldämmaßes R einer Trennwand
L_1 Schallpegel im Senderaum
L_2 Schallpegel im Empfangsraum
S Fläche der Trennwand
A_2 äquivalente Schallabsorptionsfläche des Empfangsraumes.

Es wird unterschieden, ob die Schallübertragung allein über die Trennwand oder ob sie auch über flankierende Bauteile erfolgt.

R' mit Übertragung über flankierende Bauteile
R ohne Übertragung über flankierende Bauteile

Anmerkung: Früher (bis 1984) wurde der Begriff „Luftschallschutzmaß" LSM verwendet, er wurde durch das bewertete Schalldämm-Maß R_w ersetzt. Es gilt folgende Beziehung: $R_w = LSM + 52$ dB.
R ist von der Frequenz abhängig, so daß es für verschiedene Frequenzen bestimmt werden muß.

2.6.6 Bewertete Schalldämm-Maße R_w und R'_w

Zur Bewertung der frequenzabhängigen Schalldämmung dienen Bezugskurven. Für die praktische Anwendung ist es nötig, die Güte der Schalldämmung mit Hilfe einer Einzahl-Angabe (d.h. Ausdruck der Güte der Schalldämmung durch einen einzigen Zahlenwert) auszudrücken.
Zur Bewertung wird die Bezugskurve B über die Meßkurve M geschoben. Nach der verschobenen Bezugskurve, die Bewertungskurve genannt wird, wird das gemessene Bauteil bewertet. Zahlenmäßig ist R_w oder R'_w der Wert, der um ganze dB verschobenen Bezugskurve bei 500 Hz.

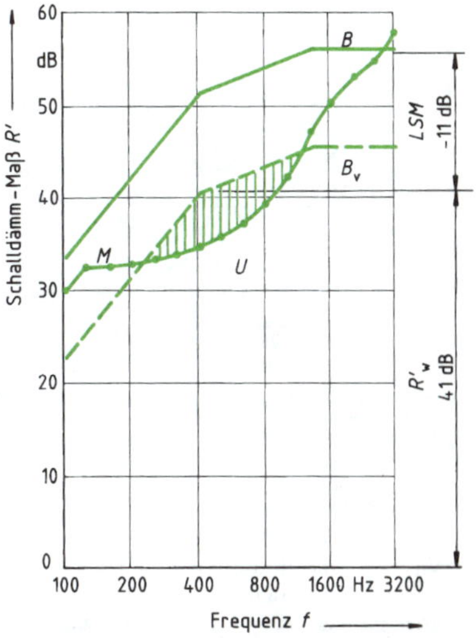

Zur Definition des Luftschallschutzmaßes LSM und des bewerteten Schalldämmaßes R'_w.
B Bewertungskurve nach DIN 52210 Teil 4 (8.84), bzw. Sollkurve nach DIN 4109 (11.89)
B_V verschobene Bewertungskurve
U zulässige mittlere Unterschreitung von 2 dB von M gegen über B_V
M Meßwerte

Bewertetes Schalldämm-Maß R_w und das Durchhören von normal-lauter Sprache

Sprachverständlichkeit	erforderliches bewertetes Schalldämm-Maß R_w in dB Grundgeräusch 20 dB (A)	Grundgeräusch 30 dB (A)
nicht zu hören	67	57
zu hören, jedoch nicht zu verstehen	57	47
teilweise zu verstehen	52	42
gut zu verstehen	42	32

2.6 Schall

2.6.7 Trittschalldämmung

Zur zahlenmäßigen Kennzeichnung der Trittschalldämmung von Decken wird auf der zu prüfenden Decke ein genormtes Trittschallhammerwerk betrieben. Im Raum unter der Decke wird der auftreffende Schallpegel gemessen. Als Normtrittschallpegel wird der auf eine Bezugs-Absorptionsfläche $A_0 = 10\ m^2$ bezogene Schallpegel bezeichnet,

$L'_n = L + 10\ \lg(A/A_0)\ dB$,

wobei A die Schallabsorptionsfläche des Meßraumes ist.

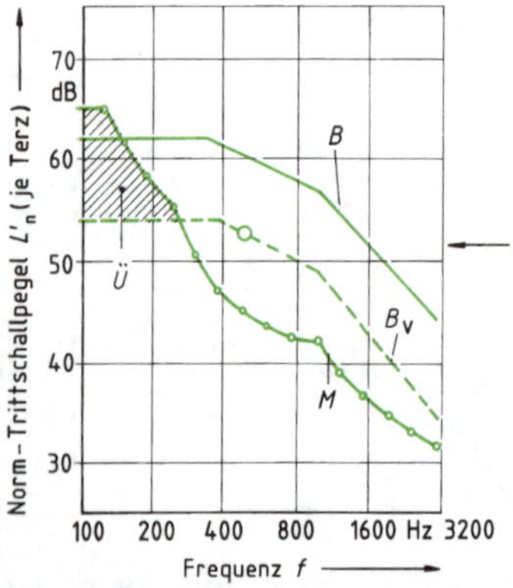

Bestimmung des bewerteten Normtrittschallpegels $L'_{n,w}$ nach DIN 52210 Teil 4 (8.84).
M Meßwerte;
B Bewertungskurve;
B_V verschobene Bewertungskurve;
Ü mittlere Überschreitung.

Zur Bewertung der Meßergebnisse dient wie beim Luftschallschutz eine Bezugskurve, mit deren Hilfe Einzahl-Angaben ermittelt werden. Die Meßergebnisse werden mit der Bezugskurve verglichen, die parallel soweit verschoben wird, bis sich eine mittlere Überschreitung von nicht mehr als 2 dB ergibt. Der Wert der verschobenen Bezugskurve bei 500 Hz ergibt:

- den bewerteten Norm-Trittschallpegel $L_{n,w}$ bzw. $L'_{n,w}$ einer Decke mit Deckenauflage,
- den äquivalenten bewerteten Norm-Trittschallpegel $L_{n,w,eq}$ einer Massivdecke ohne Deckenauflage,
- das Trittschallverbesserungsmaß L_w einer Deckenauflage.

In DIN 4109 (11.89) werden abweichend von DIN 52210 T4 (8.84) folgende Begriffe verwendet:

- Trittschallschutzmaß *TSM*;
- äquivalentes Trittschallschutzmaß TSM_{eq};
- Trittschallverbesserungsmaß *VM*.

Es gilt mit hinreichender Genauigkeit:

$TSM = 63\ dB - L_{n,w}$

$TSM_{eq} = 63\ dB - L_{n,w,eq}$

2.6.8 Lärmquelle und Lärmausbreitung

Der Straßenverkehr ist der Hauptlärmverursacher. Bei Verdoppelung der Verkehrsdichte steigt der verursachte Schallpegel um etwa 3 dB. Eine Abschätzung des Verkehrslärms kann nach DIN 4109 vorgenommen werden.

Die Lärmausbreitung erfolgt in einem freien Schallfeld nach allen Seiten weitgehend ungehindert. Die Wellenfronten bilden dabei eine Kugel. Die Schallintensität und damit der Schallpegel nehmen mit zunehmender Entfernung von der Schallquelle ab.

Es gilt das $1/r$-Gesetz, das besagt, daß der Schallpegel mit Entfernungsverdoppelung um 6 dB abnimmt. Gedämpft wird die Schallausbreitung durch Bewuchs (Schallabsorption). Diese ist in der Praxis jedoch von geringer Bedeutung (Pegelabnahme bei 100 m Waldstreifen um höchstens 10 dB (A)). Durch Reflexion der Schallwellen an einem Hindernis wird der Schallpegel grundsätzlich erhöht.

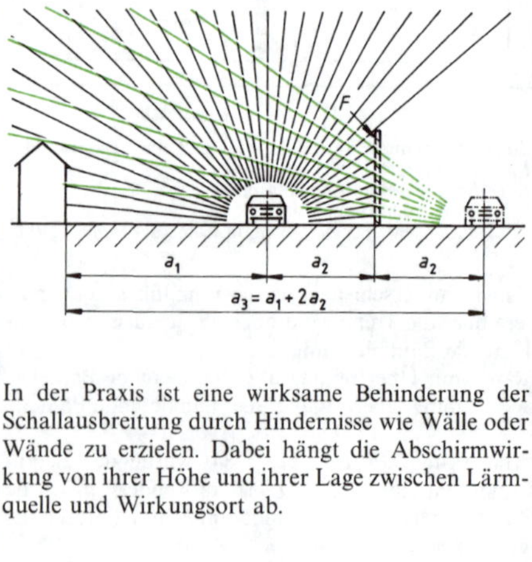

In der Praxis ist eine wirksame Behinderung der Schallausbreitung durch Hindernisse wie Wälle oder Wände zu erzielen. Dabei hängt die Abschirmwirkung von ihrer Höhe und ihrer Lage zwischen Lärmquelle und Wirkungsort ab.

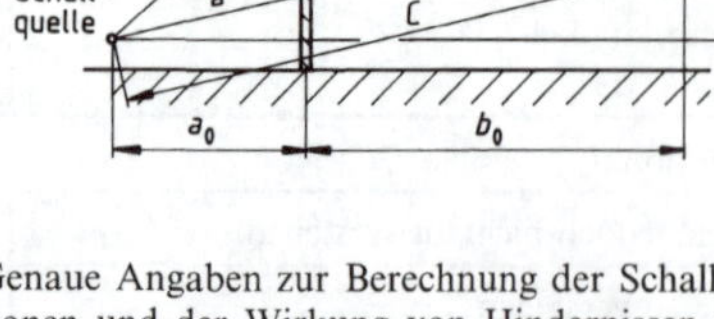

Genaue Angaben zur Berechnung der Schallimmissionen und der Wirkung von Hindernissen auf die Schallausbreitung enthält DIN 18005 Teil 1 (5.87).

2.7 Elektrotechnische Grundlagen

Elektr. Strom	Unter einem elektrischen Strom versteht man die gerichtete Bewegung elektrischer Ladung.	
Gleichstrom	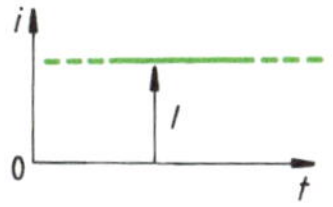	Bei Gleichstrom fließt der Strom nur in einer Richtung. Der Augenblickswert des Stromes ist zeitlich konstant.
Wechselstrom	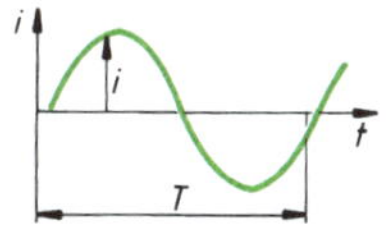	Strom mit periodischem Zeitverlauf (im nebenstehenden Beispiel sinusförmiger Zeitverlauf) und arithmetischem Mittelwert Null. In Westeuropa beträgt die Frequenz 50 Hz. 1 Hertz (Hz) = 1 Schwingung pro Sekunde
3-Phasen-Wechselstrom (Drehstrom)	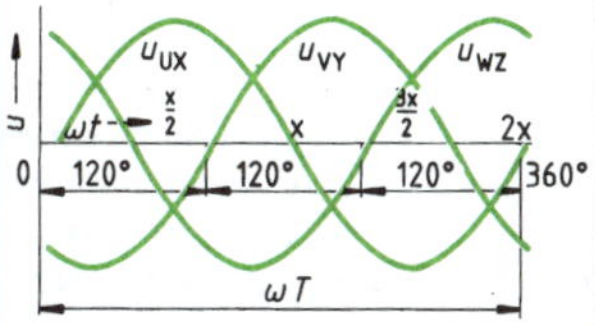	Drei Sinusströme gleicher Frequenz, Amplitude und Betragsunterschiede der Nullphasenwinkel (120°). Mit dem sogenannten Drehstrom wird in den Wicklungen der Drehstrommaschinen ein umlaufendes räumliches magnetisches Feld, ein sogenanntes Drehfeld, erzeugt. Daher hat der Drehstrom seinen Namen.
Sternschaltung	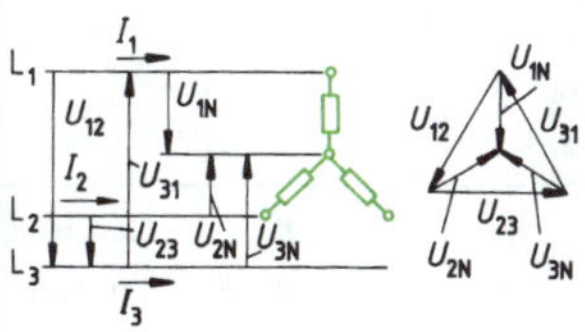	Die drei Strangenden des Generators werden im Sternpunkt miteinander verbunden. Er wird außerdem geerdet und Neutralleiter genannt. Die Spannung zwischen 2 Außenleitern beträgt in unseren gewöhnlichen Netzen 400 V (380 V). Zwischen einem Außenleiter und dem Neutralleiter beträgt sie 230 V (220 V).
Dreiecksschaltung	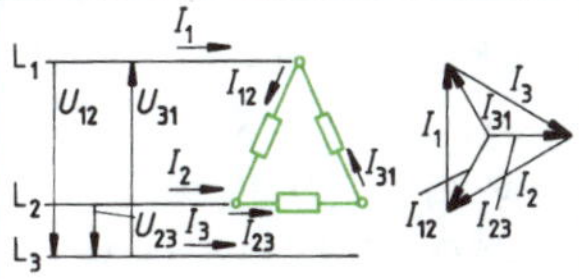	Es wird jeweils das Ende des einen Stranges mit dem Anfang des anderen Stranges verbunden.
Spannung	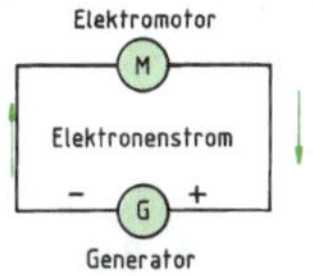	Die meßbare unterschiedliche elektrische Ladung zwischen 2 Punkten. Die Spannung läßt sich modellhaft mit dem Druckunterschied eines Hydraulikstromkreises vergleichen. Formelzeichen *U*. Einheit Volt (V).
Stromstärke	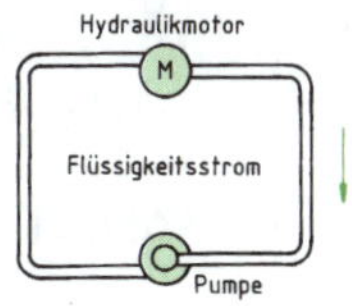	Die in der Zeiteinheit durch einen Leitungsquerschnitt hindurchfließende elektrische Ladung. Formelzeichen *I*. Einheit Ampere (A).
Widerstand	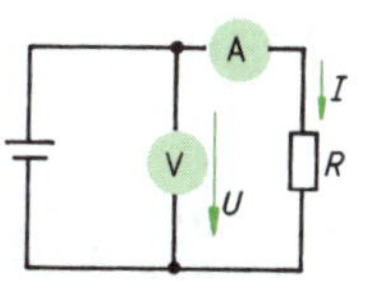	Alle elektrischen Anlagen, Leitungen und Geräte setzen dem Elektronenfluß (Strom) einen Widerstand entgegen. Grob vereinfacht treten zwischen den Elektronen und dem Metallgefüge des Leiters Reibungskräfte auf und setzen dem Fließen des Stroms Widerstand entgegen. Formelzeichen *R*. Einheit Ohm (Ω).

2

2.7 Elektrotechnische Grundlagen

Begriff	Darstellung	Erklärung/Beispiel
Elektrische Leistung	$P = U \cdot I$	Aus der Verbindung mit dem Ohmschen Gesetz $U = I \cdot R$ ergibt sich: $P = I^2 \cdot R$ $P = \frac{U^2}{R}$ P Leistung in W U Spannung in V I Strom in A R Widerstand in Ω
Elektrische Arbeit	$W = P \cdot t$	W elektrische Arbeit in Ws P elektrische Leistung in W t Zeit in s Beispiel: $P = 1{,}5$ kW; $t = 14$ h; $W = ?$ kWh $W = P \cdot t = 1{,}5 \text{ kW} \cdot 14 \text{ h} = 21 \text{ kWh}$
Elektrische Arbeit und Wärme	$Q_N = Q_S \cdot \eta_w$ 1 Ws = 1 J 1 kWh = $3{,}6 \cdot 10^6$ J	Q_N Nutzwärme in J Q_S Stromwärme in J η_w Wärmewirkungsgrad Bei der Energieumwandlung entstehen Verluste. Die Nutzwärme ist kleiner als die Stromwärme. Beispiel: $Q_N = 100$ kJ; $\eta_w = 0{,}9$; $W = ?$ Wh $Q_S = \frac{Q_N}{\eta_w} = \frac{100 \text{ kJ}}{0{,}9} = 111 \text{ kJ}, \; W = \frac{1 \text{ kWh}}{3600 \text{ kJ}} \cdot 111 \text{ kJ} = 0{,}0308 \text{ kWh}$
Reihenschaltung von Widerständen	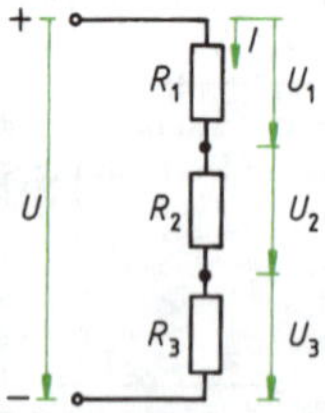	$U = U_1 + U_2 + U_3 + \cdots$ $R = R_1 + R_2 + R_3 + \cdots$ $I = \frac{U}{R} = \frac{U_1}{R_1} = \frac{U_2}{R_2} = \frac{U_2}{R_2}$ R Gesamtwiderstand in Ω R_1, R_2 Teilwiderstände in Ω U Gesamtspannung in V U_1, U_2 Teilspannungen in V Beispiele: $R_1 = 5\,\Omega$; $R_2 = 15\,\Omega$; $R_3 = 30\,\Omega$; $U = 100$ V; $R = ?\,\Omega$; $U_1 = ?$ V $R = R_1 + R_2 + R_3 = 5\,\Omega + 15\,\Omega + 30\,\Omega = 50\,\Omega$ $\frac{U_1}{R_1} = \frac{U}{R}; \; U_1 = \frac{R_1}{R} \cdot U = \frac{5\,\Omega}{50\,\Omega} \cdot 100 \text{ V} = 10 \text{ V}$
Parallelschaltung von Widerständen	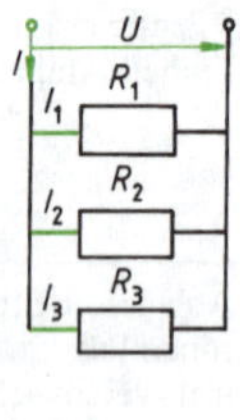	$I = I_1 + I_2 + I_3 + \cdots$ $G = G_1 + G_2 + G_3 + \cdots$ $\frac{1}{R} = G = \frac{1}{R_1} + \frac{1}{R_2} + \frac{1}{R_3} + \cdots$ $U = I \cdot R = I_1 \cdot R_1 = I_2 \cdot R_2$ I Gesamtstrom in A I_1, I_2 Teilströme in A R Gesamtwiderstand in Ω G Gesamtleitwert in S G_1, G_2 Einzelleitwerte R_1, R_2 Einzelwiderstände in Ω Beispiel: $R_1 = 10\,\Omega$; $R_2 = 20\,\Omega$; $R_3 = 25\,\Omega$; $I_1 = 1$ A; $R = ?\,\Omega$; $I_2 = ?$ A $G = G_1 + G_2 + G_3 = \frac{1}{10}\text{S} + \frac{1}{20}\text{S} + \frac{1}{25}\text{S}$ $R = \frac{1}{G} = \frac{100}{19}\,\Omega = 5{,}26\,\Omega$ $I_1 \cdot R_1 = I_2 \cdot R_2; \; I_2 = \frac{R_1}{R_2} \cdot I_1 = \frac{10\,\Omega}{20\,\Omega} \cdot 1 \text{ A} = 0{,}5 \text{ A}$

2.7 Elektrotechnische Grundlagen

Stromerzeugung und Stromverteilung

Der in den Kraftwerken erzeugte elektrische Strom wird in Verbundnetze eingespeist. Der Transport erfolgt durch Hochspannungsleitungen.
Für die Leitungsbemessung ist nur die Stromstärke maßgebend. Der Leitungsquerschnitt kann daher – bei gleicher Leistung und Verlusten – desto kleiner sein, je höher die Spannung ist.
Durch Transformatoren wird die Hochspannung stufenweise auf die Verbrauchsspannung heruntertransformiert.

Hochspannung	380 kV → 220 kV
Mittelspannung	20 kV → 10 kV
Verbrauchsspannung	400 V → 230 V

Elektro-Installation

Das Energie-Versorgungs-Unternehmen führt das Hausanschlußkabel zu den Hausanschlußkästen einschl. der Hauptsicherungen und der Zähleranlage. Die Installation erfolgt möglichst in einem Hausanschlußraum nach DIN 18012. (s. Abb. S. 2–22)
Dort beginnt die Hausinstallation mit den Stromkreisverteilungen und den Überlastschutzeinrichtungen (Sicherungen).
Für die elektrischen Leitungen werden folgende Verlegemethoden angewendet:

- Aufputz-Installation
- Unterputz-Installation
- Rohr-Installation

Leitungsquerschnitt und Nennstrom der Sicherung

Nenn-Kupferquerschnitt (mm^2)	1,5	2,5	4	6	10	16	25
Nennstrom der Sicherung (A)	10	20	25	35	50	63	80

Schaltzeichen für Netze und Elektroinstallationen DIN 40900 Teil 11 (3.88)

Schaltzeichen	Beschreibung	Schaltzeichen	Beschreibung
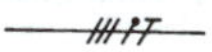	Neutralleiter mit Schutzfunktion (PEN): drei Leiter, ein Neutralleiter, ein Schutzleiter		Schalter, allgemein
	Leitung, nach oben führend		Serienschalter, einpolig Schalter 5/1
	Leitung, nach unten führend		Wechselschalter, einpolig Schalter 6/1
	Leitung, nach unten und oben durchführend		Kreuzschalter Zwischenschalter Schalter 7/1
	Dose, allgemein Leerdose, allgemein		Taster
	Anschlußdose Verbindungsdose		Leuchte mit Leuchtstofflampe, allgemein
	Mehrfachsteckdose, dargestellt als Dreifachsteckdose	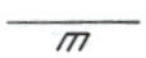	Leiter auf Putz
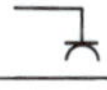	Schutzkontaktsteckdose		Leiter im Putz
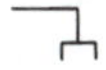	Fernmeldesteckdose. Anmerkung: Zur Unterscheidung verschiedener Dosen dürfen z.B. folgende Bezeichnungen verwendet werden: TP = Telefon, M = Mikrofon, FM = UKW-Rundfunk, TV = Fernsehen, TX = Telex	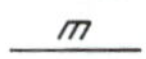	Leiter unter Putz

2.7 Elektrotechnische Grundlagen

Leitungen und Kabel

Leitungsart	Bildliche Darstellung	Anwendung in der Hausinstallation
Kunststoff-aderleitung HO7V-U (NYA)	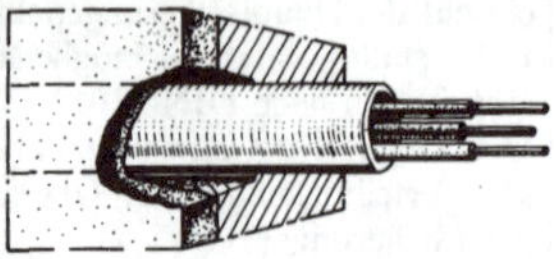	in trockenen Räumen in Rohren zugelassen
Stegleitung NYIF	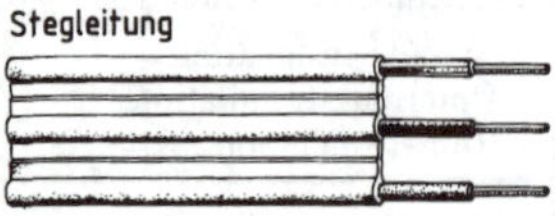	bevorzugte Leitungsart in und unter Putz und für alle „trockenen Räume" (d.h. auch für Küche, Bad Küche, Bad und WC) zugelassen
Mantelleitung NYM	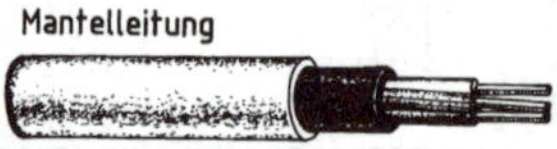	am häufigsten verwendete Feuchtraumleitung. Sie kann auf, in und unter Putz in trockenen, feuchten und nassen Räumen sowie im Freien und auf Holzkonstruktionen verlegt werden

Hausanschlußraum

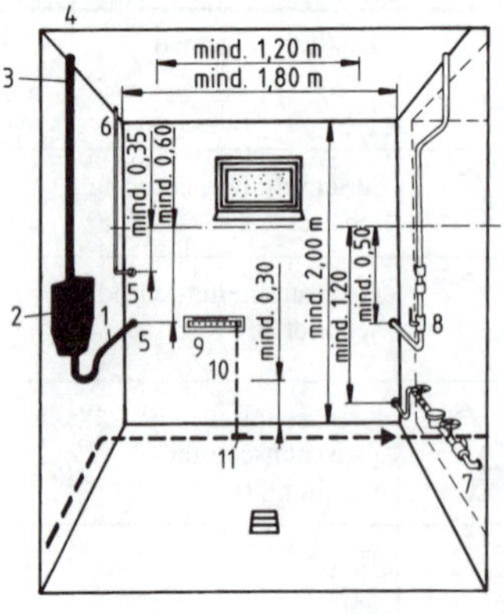

1 Hauseinführungsleitung für Starkstrom
2 Starkstrom-Hausanschlußkasten mit Hausanschlußsicherung
3 Starkstrom-Hauptleitung
4 Starkstrom-Ableitungen zu Stromkreisverteilern
5 Kabelschutzrohr
6 Hausanschlußleitung für Fernmeldeanlage
7 Hausanschlußleitung für Wasserversorgung mit Wasserzählanlage
8 Hausanschlußleitung für Gasversorgung mit Hauptabsperreinrichtung
9 Potentialausgleichschiene
10 Anschlußfahne
11 Fundamenterder

Installationszonen

Für die Verlegung von unsichtbaren elektrischen Leitungen sind in DIN 18015 T3 (7.90) Installationszonen festgelegt.

Waagerechte Installationszonen:
ZW-o: 30 cm unter der fertigen Deckenfläche
ZW-u: 30 cm über der fertigen Fußbodenfläche
ZW-m: 100 cm über der fertigen Fußbodenfläche in Räumen mit Arbeitsflächen z.B. Küchen

Senkrechte Installationszonen:
15 cm neben den Rohbauecken
ZS-t: an Türen
ZS-f: an Fenstern
ZS-e: an Wandecken

Schalter sind vorzugsweise in den senkrechten Installationszonen neben den Türen in 105 cm Höhe über dem fertigen Fußboden anzuordnen.

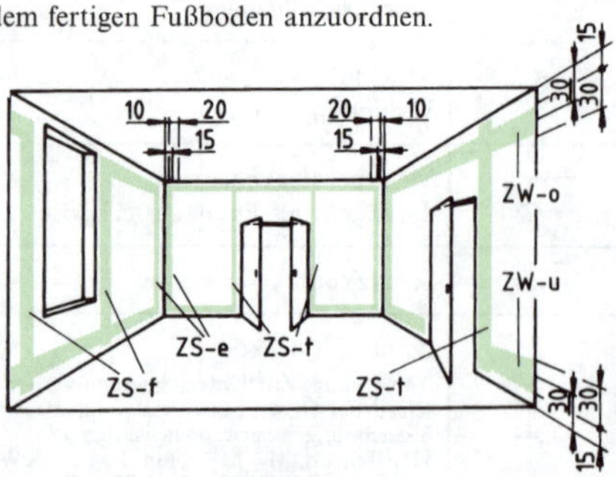

Installationszonen

2.7 Elektrotechnische Grundlagen

Elektr. Anlagen und Schutzmaßnahmen

Die Gefährdung des Menschen durch den elektr. Strom ist abhängig von
- der Stromstärke,
- der Einwirkungsdauer,
- dem Stromweg durch den Körper,
- der Stromform und der Frequenz,
- der physischen und psychischen Verfassung.

Ab etwa 1 mA spürt man den Stromdurchgang als „Schlag“, ab 50 mA und 1 s Einwirkungsdauer sind heftige Verbrennungen und Herzstillstand möglich.

Schutzmaßnahmen

Schutz gegen direktes Berühren

Die Isolierung muß die aktiven Teile umgeben.

Schutz gegen indirektes Berühren

Indirektes Berühren ist das Berühren von Körpern elektr. Betriebsmittel, die infolge eines Fehlers unter Spannung stehen.

Isolationsfehler

Kurzschluß: Zwei Leiter (L1 und L2 oder L1 und N) berühren sich.
Die vorgeschaltete Sicherung muß abschalten

Körperschluß: Ein Leiter des Gerätes kommt mit dem Gehäuse (Körper) in Berührung.
Bei Geräten mit Schutzsicherung muß die Sicherung abschalten

Erdschluß: Ein Leiter des Gerätes kommt mit der Erde in Berührung.
Erdschluß erfordert besondere Maßnahmen, z. B. die FI-Schaltung.

Räume mit Badewanne oder Dusche[1])

In diesen Räumen ist mit dem Auftreten gefährlicher Körperströme zu rechnen.
Für die Auswahl und Errichtung elektrischer Anlagen sind daher für die Bereiche mit erhöhter Gefährdung besondere Anforderungen festgelegt:
- Bereich 0 und 1 umfassen das Wanneninnere;
- Bereich 2 beschreibt eine zum Bereich 1 parallele Fläche im Abstand von 0,6 m;
- Bereich 3 beschreibt eine zum Bereich 2 parallele Fläche im Abstand von 2,4 m.

Neben einem zusätzlichen Potentialausgleich dürfen in den Bereichen nur bedingt elektrische Leitungen, Schalter und Steckdosen verlegt und angebracht werden. Im Bereich 3 sind Steckdosen zulässig, wenn sie durch eine Fehlerstrom-Schutzeinrichtung geschützt sind.

Hauptpotentialausgleich

Bei jedem Gebäudeanschluß muß ein Hauptpotentialausgleich die folgenden leitfähigen Teile an zentraler Stelle miteinander verbinden:
- Hauptschutzleiter (der von der Stromquelle kommende oder vom Hausanschlußkasten abgehende Schutzleiter)
- Haupterdungsleitung (die vom Erder bzw. den Erdern kommende Leitung)
- Blitzschutzerder
- Hauptwasser- und Hauptgasrohre (Wasserverbrauchsleitungen und Gasinnenleitungen nach der Hauseinführung in Fließrichtung hinter der ersten Absperrarmatur)
- andere metallene Rohrsysteme und Metallteile der Gebäudekonstruktion soweit möglich.

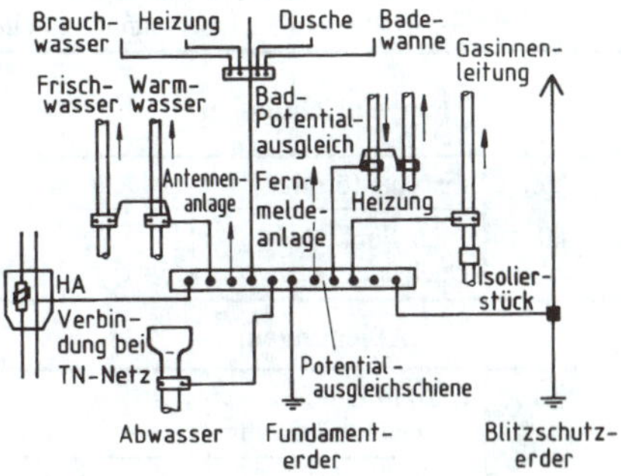

Fehlerstrom-Schutzschaltung (FI-Schaltung)

Im FI-Schutzschalter werden die Ströme, die zu den Verbrauchern fließen und die Ströme, die von den Verbrauchern zurückkommen, gemessen. Diese Ströme sind normalerweise gleich. Bei Isolationsfehlern an angeschlossenen Geräten entsteht eine Stromdifferenz. Es fließt ein Fehlerstrom. Wenn der Strom eine bestimmte Stärke hat, z.B. 10 mA, trennt der FI-Schalter den Stromfluß.

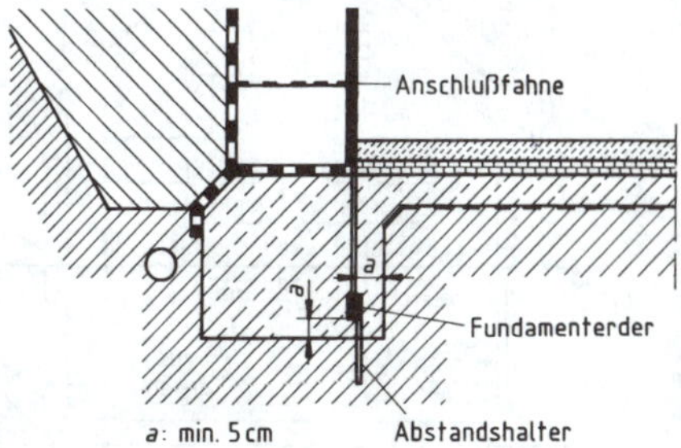

[1]) Einzelheiten siehe DIN VDE 0100 T 701 (5.84)

2.8 Blitzschutzanlage nach DIN 57 185 T1 (11.82)

2

Äußerer Blitzschutz	ist die Gesamtheit aller außerhalb, an und in der zu schützenden Anlage verlegten und bestehenden Einrichtungen zum Auffangen und Ableiten des Blitzstromes in die Erdungsanlage
Fangeinrichtungen	sind die metallenen Bauteile auf, oberhalb, seitlich oder neben der zu schützenden baulichen Anlage, die als Einschlagspunkte für den Blitz dienen
Ableitungen	sind die elektrisch leitenden Verbindungen zwischen einer Fangeinrichtung und dem Erder
Erdungsanlage	ist die örtlich begrenzte Gesamtheit leitend miteinander verbundener Erder oder in gleicher Weise wirkender Metallteile und Erdungsleitungen
Innerer Blitzschutz	ist die Gesamtheit der Maßnahmen gegen die Auswirkungen des Blitzstromes und seiner elektrischen und magnetischen Felder auf metallene Installationen und elektrische Anlagen im Bereich der baulichen Anlage
Blitzschutz-Potentialausgleich	Das Beseitigen von Potentialunterschieden bei Blitzeinwirkung erfordert zusätzliche Maßnahmen, die über den Potentialausgleich (VDE 0190) hinausgehen. Die Blitzschutzschutzanlage wird dazu mit weiteren metallischen Installationen über Leitungen oder Trennfunkenstrecken, falls erforderlich auch mit aktiven Teilen von elektrischen Anlagen, über Überspannungsschutzgeräte verbunden

Fangeinrichtungen

Anordnung	maschenförmig	< 10 × 20 m
Abstand	jeder Punkt des Daches	< 5 m

Ableitungen

Anzahl	je 20 m Umfang der Dachaußenkante	1
	bei symmetrischen Gebäuden	auf gerade Anzahl erhöhen
Verteilung	gleichmäßig auf den Umfang, ausgehend von den Gebäudeecken	

Leitungen für Blitzschutzanlagen nach DIN 48 801 (1.77)

Bezeichnung	Maße	Werkstoff Ausführung
Rundstahl Rd 8 – St Rd 10 – St nach DIN 177	∅ 8 mm ∅ 10 mm	USt 34–1 n. DIN 17 100 verzinkt
Rundstangen aus Al Rd 10 – Al nach DIN 1798	∅ 10 mm	Al 99,5 n. DIN 1712 Teil 3
Kupferdrähte Rd 8 – Cu nach DIN 1757	∅ 8 mm	E-Cu F 25 n. DIN 40 500 Teil 3

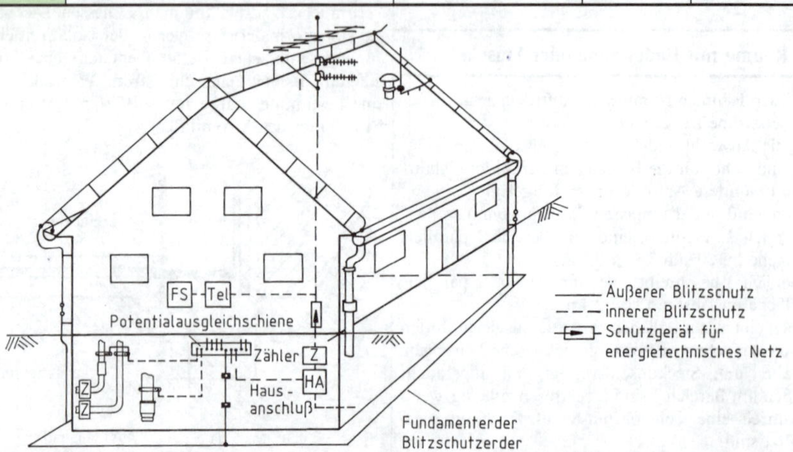

3 Baustoffe

3.1 Natürliche Steine

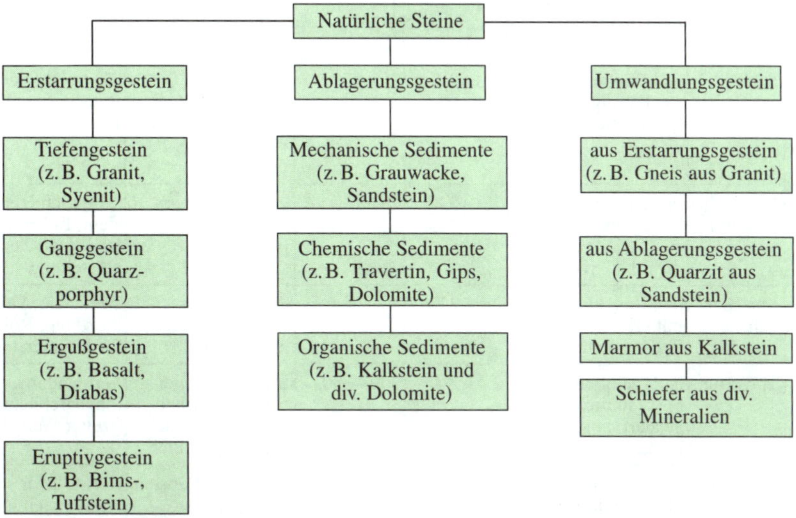

Gesteinsarten		Farbe Struktur	Rohdichte g/cm³	Druckfestigkeit N/mm²	Sonstige Eigenschaften	Verwendung
Vulkanische Gesteine	Granit	grau bis schwarz, grob- bis feinkörnig gesprenkelt	2,6 – 2,8	160 – 240	sehr hart, hoher Widerstand gegen Abnutzung	Pflaster- und Randsteine, Fassadenverkleidung, Fußbodenbelag
	Syenit	dunkel, grünlichbraun bis schwarz, fein- bis mittelkörnig gesprenkelt	2,6 – 2,8	160 – 240	wie Granit	wie Granit
	Porphyr	rötlich bis schwarz, feinkörnig mit einzelnen groben Körnern	2,5 – 2,8	180 – 300	sehr hart, dicht, fast glasig, dauerhaft, polierfähig	wie Granit
	Basalt	grünlich, grau bis schwarz, feinkörnig	2,9 – 3,0	250 – 400	sehr hart und zäh	Schotter und Splitt, Verkleidung im Wasserbau
	Bimsstein	hellgrau, gelblich schaumig	1,0	2,5 – 5,0	scharfkantig, rauh, wärmedämmend, sehr leicht	Mauersteine, Wärmedämmung
	Tuffstein	hellgelb bis hellgrau, porös, feinkörnig	1,8 – 2,0	20 – 30	wetterbeständig, feuerfest, wärmedämmend	Bausteine, Werksteine, Zementherstellung (Traß)

3.1 Natürliche Steine

Gesteinsarten		Farbe Struktur	Rohdichte g/cm^3	Druckfestigkeit N/mm^2	Sonstige Eigenschaften	Verwendung
Ablagerungsgesteine	Grauwacke	hell- bis dunkelgrau, manchmal rötlich	2,6	150 – 300	hart, rauh	Bruchstein für Mauerwerk, Splitt, Schotter
Ablagerungsgesteine	Sandstein	verschiedenfarbig, sandkörnig, geschichtet	2,0 – 2,6	30 – 200	fest und zäh, gut bearbeitbar; tonige und kalkige sind verwitterungsgefährdet	sehr wichtiger Baustein in allen Baubereichen
Ablagerungsgesteine	Kalksteine Dolomit	verschiedenfarbig, hell, manchmal geadert oder gefleckt, dicht bis kristallin	1,7 – 2,8	20 – 180	gut bearbeitbar, dicht und fest, polierbar	sehr wichtiger Baustein, Rohstoff für Kalk- und Zementherstellung
Ablagerungsgesteine	Muschelkalk	hell- bis dunkelgrau, mit erkennbaren Organismenresten	2,6 – 2,8	80 – 180	dicht, wetterbeständig, gut zu bearbeiten	Werkstein, Verblendung; Rohstoff für Kalkherstellung
Ablagerungsgesteine	Travertin	hell, gelblich bis bräunlich, geadert, porig, löchrig	2,4 – 2,5	200 – 250	hart, fest, polierbar, gut bearbeitbar, gegen Rauchgase empfindlich	Verblendung, Innenarchitektur (früher Werkstein)
Ablagerungsgesteine	Gipsstein	hell, körnig, blättrig oder faserig	1,8 – 2,6	–	weich, als Baustein nicht geeignet	Rohstoff für Gipsherstellung
Umwandlungsgesteine	Quarzit	weiß bis hellgrau, geadert	2,6	150 – 300	sehr hart und fest, wetterbeständig	Schotter und Splitt, Treppenstufen, Bodenbelag, Wandverkleidung
Umwandlungsgesteine	Gneis	hell bis dunkel, blau-, rot- oder braungetönt	2,6 – 3,0	160 – 280	schiefrig, weniger wetterfest	Schotter, Splitt, Werksteine, Fußwegsteine
Umwandlungsgesteine	Schiefer	dunkelgrau, „schieferblau“	2,7 – 2,8	–	leicht spaltbar, blättrig, wasserdicht, wetterfest	Dackdeckung, Verkleidung
Umwandlungsgesteine	Marmor	weiß, oft grünliche oder rötliche Maserung, Färbung	2,6 – 2,8	80 – 180	polierbar, dicht, witterungsempfindlich	Verblendung, Fußboden, Repräsentativbau

3.2 Künstliche Steine

Künstliche Steine

- Ziegel
  - DIN 105
    - Teil 1
    - Teil 2
    - Teil 3
    - Teil 4
    - Teil 5
- Kalksandsteine
  - DIN 106
    - Teil 1
    - Teil 2
- Hüttensteine
  - DIN 398
- Betonsteine
  - Porenbeton
    - DIN 4165
  - Beton und Leichtbeton
    - DIN 18151
    - DIN 18152
    - DIN 18153

3.2 Künstliche Steine

3.2.1 Ziegel

Herstellung
Die Ausgangsstoffe für Mauerziegel sind Ton, Lehm oder tonige Massen mit oder ohne Zusatzstoffe (z. B. Sägemehl). Die Zusatzstoffe sollen die Rohdichte herabsetzen, weil sie sich beim Brennvorgang zersetzen und auf diese Weise Hohlräume schaffen.
Die Steine werden aus der Rohmasse geformt, getrocknet und gebrannt.
Die Länge des Brennvorganges bzw. die Höhe der Brenntemperatur hat entscheidende Auswirkung auf die Eigenschaft der Steine, insofern als das Material mehr oder weniger sintert und auf diese Weise der Kapillarporenanteil beeinflußt wird. Voll gesinterte Steine werden als Klinker bezeichnet.

Normung

DIN 105 Teil 1 (8.89):	Vollziegel und Hochlochziegel
DIN 105 Teil 2 (8.89):	Leichthochlochziegel
DIN 105 Teil 3 (5.84):	Hochfeste Ziegel und hochfeste Klinker
DIN 105 Teil 4 (5.84):	Keramikklinker
DIN 105 Teil 5 (5.84):	Leichtlanglochziegel und Leichtlangloch-Ziegelplatten

DIN 105	Steinart	Kurzzeichen	Festigkeitsklasse (N/mm^2)	Rohdichteklasse (kg/dm^3)	Vorzugsformate, Dichte	Lochung
Teil 1	Vollziegel	Mz	4 – 28	1,2– 2,2	DF, NF, 2 DF	A
	Vormauerziegel	VMz				
	Vollklinker	KMz				
	Hochlochziegel	HLz		1,2 – 1,8	NF – 20 DF	
Teil 2	Vormauerhochlochziegel	VHLz	6 – 28	1,2 – 1,8	DF, NF, 2 DF, 3 DF	
	Hochlochklinker	KHLz	28	1,9*		
	Leichthochlochziegel	HLz	4 – 20	0,6 – 1,0	NF – 20 DF	
	Leichthochlochziegel W	HLzW				B
Teil 3	Vollziegel	Mz	36 – 60	1,2 – 2,2	DF, NF, 2 DF, 3 DF	
	Hochlochziegel	HLz				
	Vollklinker	KMz				
	Hochlochklinker	KHLz				
Teil 4	Vollklinker	KK	60	1,4 – 2,2	DF, NF, 2 DF	C
	Keramik-Hochlochklinker	KHK				
Teil 5	Leichtlanglochziegel	LLz	2 – 12	0,5 – 1,0	NF – 20 DF	
	Leichtlangloch-Ziegelpl.	LLp			40 s – 115 s	

Gelochte Steine haben alle einen Gesamtlochanteil größer 15 und kleiner bis gleich 35%. Die Arten der Lochung unterscheiden sich durch die Größe und Festlegung der einzelnen Löcher.
Lochung A hat Einzellöcher, die kleiner gleich 2,5 cm^2 sein müssen und eventuell Grifflöcher.
Lochung B hat Einzellöcher, die kleiner gleich 6 cm^2 sein müssen und eventuell Grifflöcher, außerdem sind die Maße der Löcher festgelegt.
Lochung C hat Einzellöcher die kleiner gleich 6 cm^2 sein müssen, und die Einzelmaße der Löcher sind festgelegt.

3.2 Künstliche Steine

3.2.1 Ziegel

Bei der normgerechten Benennung der Ziegel sind die Merkmale in folgender Reihenfolge anzugeben (mit Ausnahme bei LLz und LLp, bei deren Benennung entfällt der Punkt 4):

Ziegel DIN 105 Hlz 6 - 0,7 - 10 DF

Ziegel	Steinname
DIN 105	DIN-Hauptnummer
Hlz	Steinkurzzeichen
6	Druckfestigkeitsklasse
0,7	Rohdichteklasse
10 DF	Formatkurzzeichen

Beispiele für die normgerechte Benennung

Ziegel DIN 105 Mz 12 – 1,8 – 2 DF	=	Vollziegel nach DIN 105 der Festigkeitsklasse 12, der Rohdichteklasse 1,8, Format 2 DF
Ziegel DIN 105 KHK 60 – 2,0 – NF	=	Keramik-Hochlochklinker nach DIN 105 der Festigkeitsklasse 60, der Rohdichteklasse 2,0, Format NF
Ziegel DIN 105 LLp 0,6 – 495 × 320 × 60	=	Leichtlangloch-Ziegelplatte nach DIN 105 der Rohdichteklasse 0,6, Abmessungen: L = 495 mm, H = 320 mm, Dicke s = 60 mm.

Farbkennung für die Festigkeitsklassen der Steinarten

Steinart	Festigkeitsklassen									
	2	4	6	8	12	20	28	36	48	60
Ziegel	grün	blau	rot	*	ohne	gelb	braun	violett+	schwarz++	schwarz+++
Kalksandsteine	/	blau	rot	*	ohne	gelb	braun	violett	schwarz++	schwarz+++
Porenbeton	grün	blau	rot	*	/	/	/	/	/	/
Betonsteine (18151)	grün	blau	rot	*	/	/	/	/	/	/
Betonsteine (18152)	grün	blau	rot	*	schw	/	/	/	/	/
Betonsteine (18153)	grün	blau	rot	*	schw	gelb	braun	violett	schwarz++	/

* keine Farbkennzeichnung, Kennzeichnung erfolgt nur durch Aufstempelung der Druckfestigkeitsklasse in schwarzer Farbe

schw schwarz

\+ ein Streifen ++ zwei Streifen +++ drei Streifen

Steinart	Festigkeitsklassen			
	7,5	15	25	35
Hüttensteine	rot	schwarz	weiß	braun

Es genügt für alle Steine, wenn auf höchstens 200, bei Steinformaten >10 DF auf 50 Steine ein gekennzeichneter Stein entfällt.

Werden Steine paketiert, genügt es, wenn die Verpackung oder ein Beipackzettel die Angaben über Werkzeichen, Rohdichteklasse und Festigkeitsklasse enthält.

3.2 Künstliche Steine

3.2.2 Kalksandsteine

Herstellung

Die Ausgangsstoffe Branntkalk und Sand werden nach Gewicht im Verhältnis 1:12 innig gemischt und unter Hinzugabe von Wasser in einen Reaktionsbehälter geleitet. Wenn der Branntkalk zu Kalkhydrat umgewandelt ist, wird das Mischgut im Nachmischer auf Preßfeuchte gebracht und den automatischen Pressen zugeführt, wo es zu Steinrohlinge geformt wird. In Autoklaven (Dampfdruckkesseln) werden die Rohlinge bei Temperaturen von 433 K bis 493 K unter Sattdampfdruck etwa 4 bis 8 Stunden gehärtet. Nach dem Härten sind die Steine, wenn sie abgekühlt sind, verwendungsfähig.

Normung

DIN 106 Teil 1 (9.80):	Kalksandsteine; Vollsteine, Lochsteine, Blocksteine, Hohlblocksteine
DIN 106 Teil 1 A1 (9.89):	Kalksandsteine; Vollsteine, Lochsteine, Blocksteine, Hohlblocksteine, Änderung 1
DIN 106 Teil 2 (11.80):	Kalksandsteine; Vormauersteine und Verblender

Steinart	Kurzzeichen	Festigkeitsklasse (N/mm²)	Rohdichteklasse (kg/dm³)	Schichthöhe	Lochanteil
KS-Vollstein	KS	12, 20, 28	1,6; 1,8; 2,0	<12,5 cm	<15%
KS-Lochstein	KS L	12, 20	1,2; 1,4; 1,6		>15%
KS-Ratio-Blockstein	KS-R	12, 20	1,8; 2,0	Großformate >25 cm	<15%
KS-Ratio-Planblocksteine	KS-R (P)		1,6; 1,8; 2,0		
KS-Planelemente	KS-PE	20	1,8; 2,0		>15%
KS-Ratio-Hohlblockstein	KS L-R	6, 12	1,2; 1,4; 1,6		
KS-Ratio-Planhohlblockstein	KS LR (P)				
KS-Bauplatten	KS-P 7	keine	2,0		keine
KS-Vormauersteine	KS Vm	>12	1,0 bis 2,2	<12,5 cm	<15%
KS-Verblender	KS Vb	>20			

Bei der normgerechten Benennung der Kalksandsteine sind die Merkmale in folgender Reihenfolge anzugeben:

DIN 106 — KS L-R — 12 — 1,4 — 12 DF — (240)

- DIN 106: DIN-Hauptnummer
- KS L-R: Steinkurzzeichen
- 12: Druckfestigkeitsklasse
- 1,4: Rohdichteklasse
- 12 DF: Formatkurzzeichen
- (240): Wanddicke (bei Block- und Hohlblocksteinen)

Beispiele für die normgerechte Benennung

DIN 106 KS L-R – 12 – 1,2 – 12 DF (240) = Kalksand-Ratio-Hohlblockstein nach DIN 106 der Festigkeitsklasse 12, der Rohdichteklasse 1,2, dem Format 12 DF und einer Steinbreite von 240 mm.

DIN 106 KS Vb – 28 – 2,2 – 2 DF = Kalksandsteinverblender nach DIN 106 der Festigkeitsklasse 28, der Rohdichteklasse 2,2 und mit dem Format 2 DF.

3.2 Künstliche Steine

3.2.3 Hüttensteine

Herstellung

Hüttensteine werden aus granulierter Hochofenschlacke und mineralischen Bindemitteln wie Kalk und/oder Zement hergestellt. Nachdem die Ausgangsstoffe gut miteinander vermischt sind, werden sie durch Pressen und Rütteln verdichtet und härten dann an der Luft, im Dampfkessel oder in Kohlenstoffdioxidgasen aus.

Normung

DIN 398 (6.76) Hüttensteine; Vollsteine, Lochsteine, Hohlblocksteine

Steinart	Kurzzeichen	Festigkeitsklasse (N/mm^2)	Rohdichteklasse (kg/dm^3)	Vorzugsformate
Hütten-Vollsteine	HSV	15; 25; 35	1,6; 1,8; 2,0	DF; NF; 2 DF; 3 DF; 5 DF
Hütten-Lochsteine	HSL	7,5; 15	1,2; 1,4; 1,6	2 DF; 3 DF; 5 DF
Hütten-Hohlblocksteine	HHbl	7,5; 15	1,0; 1,2; 1,4; 1,6	17,5; 24 a; 24 b; 30 a; 30 b

Steinabmessung und Formatbezeichnungen für Hüttensteine

Steinformatbezeichnung	17,5	24 a	24 b	30 a	30 b
Länge	365 [1])	365 [1])	365 [1])	240	240
Breite	175	240	240	300	300
Höhe	238	238	175	238	175

Bei der normgerechten Benennung der Hüttensteine sind die Merkmale in folgender Reihenfolge anzugeben:

Hütten-Vollstein — HSV — 2,0 — 15 — 2 DF — DIN 398

- Hütten-Vollstein: Steinname
- HSV: Steinkurzzeichen
- 2,0: Rohdichteklasse
- 15: Druckfestigkeitsklasse
- 2 DF: Formatkurzzeichen
- DIN 398: DIN-Hauptnummer

Beispiele für die normgerechte Benennung

Hütten-Lochstein HSL 1,6 – 15 – 2 DF DIN 398 = Hüttenlochstein nach DIN 398 der Rohdichteklasse 1,6, der Festigkeitsklasse 15 und dem Format 2 DF.

Hütten-Vollstein HSV 2,0 – 15 – 3 DF DIN 398 = Hüttenvollstein nach DIN 398 der Rohdichteklasse 2,0, der Festigkeitsklasse 15 und mit dem Format 3 DF.

Werden Hüttensteine der Festigkeitsklassen 15, 25 oder 35 als Vormauersteine verlangt, so ist vor das Formatkurzzeichen der Buchstabe „V“ zu setzen.

Hütten-Vollstein VHSV 2,0 – 15 – 3 DF DIN 398 = Hüttenvollstein als Vormauerstein nach DIN 398, der Rohdichteklasse 2,0, der Festigkeitsklasse 15 und dem Format 3 DF.

[1]) Wenn mit Aussparungen zum Vormörteln Länge 370 mm

3.2 Künstliche Steine

3.2.4 Porenbetonsteine

Herstellung

Porenbeton ist ein durch Gas aufgelockerter Beton aus feinkörnigem, kieselsäurehaltigem Zuschlag und Kalk und/oder Zement als Bindemittel. Dem Frischbeton wird Aluminiumpulver zugemischt, das durch Bildung von Wasserstoffgas den Blähvorgang bewirkt. Durch Dampfhärtung unter Druck wird der wesentliche Anteil des Betonschwindens vorweggenommen, so daß solcher Porenbeton ein Restschwindmaß <0,5 mm/m hat.

Normung DIN 4165 (12.86) Porenbeton-Blocksteine und Porenbeton-Plansteine

Steinart	Kurzzeichen	Festigkeitsklasse (N/mm^2)	Rohdichteklasse (kg/dm^3)	Vorzugsformate Länge (mm)	Vorzugsformate Breite (mm)	Vorzugsformate Höhe (mm)
Porenbeton-Blocksteine	PB	2	0,35 – 0,50	240, 300, 323, 365, 390, 490, 590, 615, 740	115, 120, 125, 150, 175, 200, 240, 300, 365, 373	115, 160, 175, 190, 240
		4	0,55 – 0,80			
		6	0,65 – 0,80			
		8	0,80 – 1,00			
Porenbeton-Plansteine	PP	2	0,35 – 0,50	249, 299, 312, 332, 374, 399, 499, 599, 624, 749	115, 120, 125, 150, 175, 200, 240, 250, 300, 365, 375	124, 149, 164, 174, 186, 199, 249
		4	0,55 – 0,80			
		6	0,65 – 0,80			
		8	0,80 – 1,00			

Bei der normgerechten Benennung der Porenbetonsteine sind die Merkmale in folgender Reihenfolge anzugeben:

Porenbeton-Blockstein DIN 4165 - PB 2 - 0,5 - 490×300×240

- Porenbeton-Blockstein: Steinname
- DIN 4165: DIN-Hauptnummer
- PB: Steinkurzzeichen
- 2: Druckfestigkeitsklasse
- 0,5: Rohdichteklasse
- 490×300×240: Abmessungen ($L \times B \times H$)

Beispiel für die normgerechte Benennung

Porenbeton-Blockstein DIN 4165 – PB 2 – 0,50 – 490 × 300 × 240 = Porenbeton-Blockstein nach DIN 4165 der Festigkeitsklasse 2, der Rohdichteklasse 0,50 mit den Abmessungen: $L = 490$ mm, $B = 300$ mm, $H = 240$ mm.

3.2.5 Steine aus Beton und Leichtbeton

Herstellung

Steine aus Beton oder Leichtbeton sind großformatige Mauersteine mit geschlossenem oder haufwerksporigem Gefüge, hergestellt aus mineralischen Zuschlägen und hydraulischen Bindemitteln. Durch die Art der Zuschläge, wie z.B. Bims oder Blähton, und die Art der Ausführung, Zwei- oder Mehrkammersteine, wird die Rohdichte beeinflußt. Die Anzahl der Kammern in Richtung der Wanddicke sind maßgebend für die Benennung.

Normung
DIN 18151 (9.87): Hohlblöcke aus Leichtbeton
DIN 18152 (4.87): Vollsteine und Vollblöcke aus Leichtbeton
DIN 18153 (9.89): Mauersteine aus Beton (Normalbeton)

3.2 Künstliche Steine

3.2.5 Steine aus Beton und Leichtbeton (Forts.)

Steinart	Kurzzeichen	Festigkeitsklasse (N/mm^2)	Rohdichteklasse (kg/dm^3)	Vorzugsformate Länge (mm)	Vorzugsformate Breite (mm)	Vorzugsformate Höhe (mm)
DIN 18151 Hohlblöcke	Hbl	2	0,5; 0,6; 0,7 0,8; 0,9; 1,0	240 245[1]) 490	365 175	238 238
		4	0,6; 0,7; 0,8		240	
		6	0,7; 0,8	495[1])	175	238
		8	0,8		240 300	
DIN 18152 Vollsteine	V	2	0,5; 0,6; 0,8 0,9; 1,0; 1,2	220	115 175	95 113
		4	0,7; 0,8; 0,9 1,0; 1,2; 1,4	245[1]) 300 490	365 240	238 115 95
		6	1,2; 1,4 1,6; 1,8	495[1])	300 175	115 238
		8	1,4; 1,6; 1,8		240	238
		12	1,6; 1,8		300	
DIN 18152 Vollblöcke Vollblöcke s-w[2])	Vbl Vbl s-w	2	0,5; 0,6; 0,7	245	365 175	238
		4	0,7; 0,8	495[1])	240 300	238
		6	0,7		365	
DIN 18153 Hohlblöcke Vollblöcke Vollsteine	Hbn Vbn Vn	4	1,2	245[1])	240, 300 365, 490	238
		6	1,4; 1,6	305[1]) 370[1])	240 175, 240 300, 365	238 238
		8	1,6	495[1])	115, 175	238
		12	1,6; 1,8		240, 300	

Bei der normgerechten Benennung der Betonsteine sind die Merkmale in folgender Reihenfolge anzugeben:

Hohlblock	DIN 18151	-	3 K Hbl	2	-	0,7	-	20 DF	-	300
Steinname	DIN-Hauptnummer		Steinkurzzeichen	Druckfestigkeitsklasse		Rohdichteklasse		Formatkurzzeichen		Steinbreite

Steinkurzzeichen nur für DIN 18151. Steinbreite nur dann, wenn bei gleichem Format mehrere Breiten möglich sind. Für Steine nach DIN 18151 und 18152 können noch die verwendeten Zuschläge angegeben werden (Q Quarzsand; NB Naturbims; BT Blähton)

[1]) Mit Stirnseitnuten für die Verlegung ohne Stoßfugen
[2]) Mit Schlitzen und besonderen Wärmedämmeigenschaften

3.2.5 Steine aus Beton und Leichtbeton (Forts.)

Beispiele für die normgerechte Benennung

Hohlblock DIN 18151 – 3 K Hbl 2 – 0,7 – 20 DF – 300	= Dreikammer-Hohlblockstein nach DIN 18151 aus Leichtbeton der Festigkeitsklasse 2, der Rohdichteklasse 0,7 des Formates 20 DF mit den Abmessungen: $L = 495$ mm, $B = 300$ mm, $H = 238$ mm.
Vollblock DIN 18152 – Vbl S-W 2 – 0,5 – 20 DF – 300 – NB	= Vollblock aus Leichtbeton DIN 18153 mit Schlitzen und mit besonderen Wärmedämmeigenschaften, sowie der Festigkeitsklasse 2, der Rohdichteklasse 0,5, dem Format 20 DF mit den Abmessungen: $L = 495$ mm, $B = 300$ mm, $H = 238$ mm, mit Zuschlag aus Naturbims.

3.2.6 Beispiele für Steinformate und Kurzzeichen

Kurz-zeichen	Länge mm	Breite mm	Höhe mm	DIN 105 T1	DIN 105 T2	DIN 105 T3	DIN 105 T4	DIN 105 T5	DIN 106 T1	DIN 106 T2	DIN 398	Hinweise
DF	240	115	52	×		×	×		×	×	×	Es werden von den Steinproduzenten nicht alle Formate angeboten (regional unterschiedlich) Steine, die ohne Stoßfuge versetzt werden sollen, sind 5 mm länger und haben an den Stirnseiten Aussparungen als Mörteltaschen.
NF	240	115	71	×	×	×	×	×	×	×	×	
2 DF	240	115	113	×	×	×	×	×	×	×	×	
3 DF	240	175	113	×	×	×		×	×	×	×	
4 DF	240	240	113	×	×	×			×	×		
5 DF	240 300	300 240	113 113	×	×	×			 ×	 ×	×	
6 DF	240 365	365 240	113 113	×	×	×			 ×	 ×		
8 DF	240	240	238	×	×	×		×	×	×		
10 DF	240 300	300 240	238 238	×	×	×			 ×	 ×		
12 DF	240 365	365 240	238 238	×	×			 ×	× ×	× ×		
15 DF	365	300	238	×	×			×	×	×		
16 DF	490	240	238	×	×			×	×	×		
18 DF	365	365	238	×	×							
20 DF	490	300	238	×	×			×	×	×		
Leichtlangloch-Ziegelplatten												
40 s	330	238	40					×				
bis	330	238	bis					×				
115 s	330	238	115					×				

3.2 Künstliche Steine

3.2.7 Dachziegel

Dachziegelart (Beispiele)	Reformpfanne	Falzziegel	Biberschwanzziegel	Hohlpfanne
	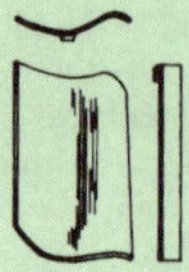	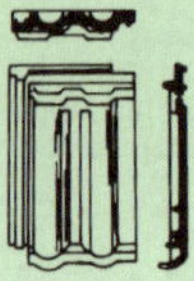	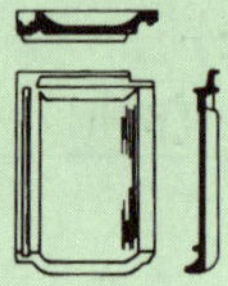	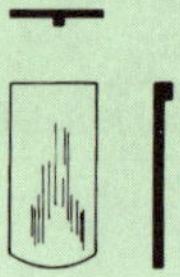
Ziegelbedarf Stück/m²	15	15	35	15 – 16
Mindestneigung	25°	25°	30°	30°
Größe (cm)	25 × 42	25 × 42	18 × 38	23,3 × 40
Dachgewicht (DIN 1055) kN/m²	0,55	0,55	0,8	0,5

3.2.8 Zulässige Spannungswerte für die Mauerwerksbemessung

Grundwerte σ_0 der zulässigen Druckspannungen für Mauerwerk mit Normal-, Dünnbett- und Leichtmörtel in MN/m²

Festigkeitsklassen der Steine	Grundwerte für Normalmörtel					DbM	LM	
	I	II	II a	III	III a		LM 21	LM 36
2	0,3	0,5	0,5	–	–	0,6	0,5	0,5
4	0,4	0,7	0,8	0,9	–	1,0	0,7	0,8
6	0,5	0,9	1,0	1,2	–	1,4	0,7	0,9
8	0,6	1,0	1,2	1,4	–	1,8	0,8	1,0
12	0,8	1,2	1,6	1,8	1,9	2,0	0,9	1,1
20	1,0	1,6	1,9	2,4	3,0	2,9	0,9	1,1
28	–	1,8	2,3	3,0	3,5	3,4	0,9	1,1
36	–	–	–	3,5	4,0	–	–	–
48	–	–	–	4,0	4,5	–	–	–
60	–	–	–	4,5	5,0	–	–	–

Vereinfachtes Verfahren für die zulässigen Spannungen nach DIN 1053:
(die Spannung wird über Faktoren abgemindert) zul $\sigma_D = k \cdot \sigma_0$.

Bauartfaktor k_1: Wand: $k_1 = 1{,}0$ Pfeiler: $k_1 = 0{,}8$
Knickfaktor k_2: $h_K/d < 10$ $k_2 = 1{,}0$ $10 < h_K/d < 25$ $k_2 = (25 - h_K/d) : 15$
Faktor für Auflagerverdrehung k_3: $l < 4{,}20$ m $k_3 = 1{,}0$ $4{,}20\ \text{m} < l < 6{,}0$ m $k_3 = 1{,}7 - (l/6)$
Fall 1: Wand ist Zwischenauflager einer Decke $k = k_1 \cdot k_2$
Fall 2: Wand ist Endauflager einer Decke $k = k_1 \cdot k_2$ oder $k = k_1 \cdot k_3$, wobei der kleinere Wert maßgebend ist

3.3 Bindemittel

3.3.1 Zement

Zement ist ein hydraulisches Bindemittel, weil es sowohl an der Luft als auch unter Wasser erhärtet, wenn es mit Wasser in Verbindung kommt. Bei diesem Hydratationsprozeß entsteht Wärme. Zementleim (= Zement und Wasser) wird zu Zementgel und dann zu Zementstein. Zementstein hat hohe Druck-, aber geringe Zugfestigkeit und ist wasserbeständig.

Rohstoffe

Portlandzement wird aus Kalkstein und Ton, bzw. Kalkmergel hergestellt. Andere Normzementarten werden durch Zugabe von Hüttensand, Traß und Ölschieferabbrand erzeugt. Sämtlichen Zementen werden nur zur Regulierung des Erstarrungsbeginns bis zu maximal 3% Gipsstein beigemahlen.

Herstellung

Der abgebaute Kalkmergel wird in einem Brecher zerkleinert und mit Kugelmühlen mehlfein gemahlen. Durch Zwischenlagerung in Silos während des Produktionsprozesses wird eine Homogenisierung erreicht. Das Rohmehl wird in einem Drehrohrofen bei ca. 1750 K zu nußgroßen Zementklinkern gesintert. Die Klinker werden dann mit den anderen Rohstoffen zu Normzementen zermahlen. Die Mahlfeinheit bestimmt dann die Festigkeitsklasse. Je größer die Mahlfeinheit, desto höher die Festigkeit. Es werden Festigkeitsklassen 32,5, 42,5 und 52,5 unterschieden. Der Buchstabe R steht für „Rapid“ und kennzeichnet schnellere Abbindung.

Festigkeitsklasse	Druckfestigkeit (N/mm^2) nach 2 Tagen min	7 Tagen min	28 Tagen min	28 Tagen max
32,5	–	≥ 16	≥ 32,5	≤ 52,5
32,5R	≥ 10	–		
42,5	≥ 10	–	≥ 42,5	≤ 62,5
42,5R	≥ 20	–		
52,5	≥ 20	–	≥ 52,5	–
52,5R	≥ 30	–		

Zementarten	Entwicklung der Hydratationswärme	Widerstand gegen sulfathaltiges Wasser
Portlandzement	schnell	gering
Eisenportlandzement	normal	normal
Hochofenzement	langsam	hoch
Traßzement	langsam	hoch

Festigkeitsklasse	Entwicklung der Hydratationswärme
32,5	langsam
32,5R	normal
42,5	normal
42,5R	schnell
52,5	schnell
52,5R	sehr schnell

Nicht genormte, aber bauaufsichtlich zugelassene Zemente

Name	Kurzzeichen	Bestandteile in Gew (%) PZ-Klinker	Hüttensand	Puzzolane natürl.	Puzzolane Flugasche	Kalksteinmehl
Flugaschezement	FAZ	67 – 90	–	–	33 – 10	–
Flugaschehüttenzement	FAHZ	65 – 80	25 – 10	–	25 – 10	–
Phonolithzement	PUZ	65 – 80	–	35 – 20	–	–
Vulkanzement	VKZ	67 – 82	–	33 – 18	–	–
Traßhochofenzement	TrHOZ	47 – 62	38 – 23	23 – 8	–	–
Traßhochofenzement NW/HS	TrHOZ NW/HS	22 – 37	58 – 43	28 – 13	–	–
Portlandkalksteinzement	PKZ	80 – 90	–	–	–	20 – 10

3.3 Bindemittel

Änderungen bei den Zementbezeichnungen und Normungen nach DIN 1164 Teil 1 (10.94)

alt		neu
Portlandzement (PZ) [1]	CEM I	Portlandzement (CEM I)
Eisenportlandzement (EPZ) [1]	CEM II	Portlandhüttenzement (CEM II/A-S, CEM II/B-S)
Traßzement (TrZ) [1]		Portlandpuzzolanzement (CEM II/A-P, CEM II/B-P)
Flugaschezement (FAZ)		Portlandflugaschezement (CEM II/A-V)
Portlandölschieferzement (PÖZ) [1]		Portlandölschieferzement (CEM II/A-T, CEM II/B-T)
Portlandkalksteinzement (PKZ)		Portlandkalksteinzement (CEM II/A-L)
Flugaschehüttenzement (FAHZ)		Portlandflugaschehüttenzement (CEM II/B-SV)
Hochofenzement (HOZ) [1]	CEM III	Hochofenzement (CEM III/A, CEM III/B)

alt	Z 25	Z 35 L	Z 35 F	Z 45 L	Z 45 F	Z 55	
neu	/	32,5	32,5 R	42,5	42,5 R	52,5	52,5 R
Sackfarbe		hellbraun		grün		rot	
Aufschrift		schwarz	rot	schwarz	rot	schwarz	weiß

Zement-art	Benennung	Kurz-zeichen	Hauptbestandteile: Portland-zement-klinker K	Hütten-sand S	Natür-liches Puzzolan P	Kiesel-säure-Flugasche V	Gebrann-ter Öl-schiefer T	Kalkstein L	Neben-bestand-teile
CEM I	Portlandzement	CEM I	95–100	–	–	–	–	–	0–5
CEM II	Portlandhütten-zement	CEM II/A-S	80– 94	6–20	–	–	–	–	0–5
		CEM II/B-S	65– 79	21–35	–	–	–	–	0–5
	Portland-puzzolanzement	CEM II/A-P	80– 94	–	6–20	–	–	–	0–5
		CEM II/B-P	65– 79	–	21–35	–	–	–	0–5
	Portlandflug-aschezement	CEM II/A-V	80– 94	–	–	6–20	–	–	0–5
	Portlandöl-schieferzement	CEM II/A-T	80– 94	–	–	–	6–20	–	0–5
		CEM II/B-T	65– 79	–	–	–	21–35	–	0–5
	Portlandkalk-steinzement	CEM II/A-L	80– 94	–	–	–	–	6–20	0–5
	Portlandflug-aschehütten-zement	CEM II/B-SV	65– 79	10–20	–	10–20	–	–	0–5
CEM III	Hochofenzement	CEM III/A	35– 64	36–65	–	–	–	–	0–5
		CEM III/B	20– 34	66–80	–	–	–	–	0–5

Die Zementsäcke haben aus ergonomischen Gründen nur ein Füllgewicht von 25 kg und müssen gemäß der Gefahrstoffverordnung das Symbol für „reizend" und die erforderlichen Risiko (= R)- und Sicherheits(= S)-Sätze als Aufdruck haben.

[1]) Normzement

3.3 Bindemittel

Bezeichnung der Zemente

Beispiel:

Zement DIN 1164-PZ 35 F
(Portlandzement DIN 1164-CEM I 32, 5 R)

bedeutet:
- Portlandzement
- Mindestdruckfestigkeit nach 28 Tagen 35 (32,5) N/mm^2
- hohe Anfangsfestigkeit (= **R**apid)

Zemente mit niedriger Hydratationswärme „NW“ und hohem Sulfatwiderstand „HS“:

Zement DIN 1165 HOZ 35 L NW/HS
(Hochofenzement DIN 1164-CEM III/B 32,5-NW/HS)

Kennzeichnung der Zemente

Zement wird entweder in Säcken verpackt oder als loser Zement in Behältern geliefert.
Die Zementsäcke, bzw. Lieferscheine müssen folgende Angaben enthalten:
- Zementart
- Festigkeitsklasse
- Eventuelle Zusatzbezeichnung HS oder NW
- Lieferwerk
- Gewicht
- Kennzeichen für die Güteüberwachung

- Zementsäcke müssen wie folgt farbig gekennzeichnet sein:

Festigkeits-klasse	Sackfarbe	Farbe der Beschriftung
32,5	hellbraun	schwarz
32,5R		rot
42,5	grün	schwarz
42,5R		rot
52,5	rot	schwarz
52,5R		weiß

Lieferscheine müssen außerdem folgende Angaben enthalten:
- Tag und Stunde der Lieferung
- Polizeiliches Kennzeichen des Lieferfahrzeuges
- Auftraggeber
- Auftragsnummer
- Empfänger

Anwendungsbeispiele nach Zementart

Zementart	Anwendungsbeispiel
Portlandzement CEM I	Der meistverwendete Zement im Hochbau. (Etwa Dreiviertel des Zementverbrauches in der Bundesrepublik Deutschland)
Eisenportland-zement CEM II / A-S CEM II / B-S	Wegen ähnlicher Eigenschaften wie Portlandzement ähnliche Anwendung
Hochofenzement CEM III	Geringe Hydratationswärme, größere Beständigkeit gegen aggressive Wässer, deshalb Einsatz bei massigen Bauteilen und hauptsächlich im Tiefbau
Traßzement CEM II / A-P CEM II / B-P	Wegen ähnlicher Eigenschaften wie Hochofenzement ähnliche Anwendung. In Deutschland haben diese Zemente wegen der geringen Vorkommen an Traß und Ölschieferabbrand nur regionale Bedeutung
Portlandöl-schieferzement CEM II / A-T CEM II / B-T	

Anwendungsbeispiele nach Festigkeitsklassen

Festigkeitsklasse	Anwendungsbeispiel
35 L (32,5)	Wegen geringer Wärmeentwicklung für massige Bauteile in Hoch- und Tiefbau
35 F (32,5 R) (42,5)	Alle üblichen Bauteile in Hoch- und Tiefbau. Der meistverwendete Zement: in der Bundesrepublik Deutschland etwa 60% des Zementverbrauches
45 F (42,5 R)	Hochbelastete Bauteile, kurze Ausschalfristen, Betonieren bei kühler Witterung, Fertigteile
55 (52,5) (52,5 R)	Fertigteile, Bauteile für sehr hohe Beanspruchungen, sehr kurze Ausschalfristen, Betonieren bei kaltem Wetter

3.3 Bindemittel

3.3.2 Baukalk

Luftkalke

Luftkalke sind Bindemittel, die nach dem Anmachen nur an der Luft erhärten, nicht unter Luftausschluß, also auch nicht unter Wasser.

Rohstoff:
Luftkalk wird aus Kalkstein oder aus Dolomitstein hergestellt.

Herstellung:
Nach Abbau wird der Rohstoff ($CaCO_3$) zerkleinert und im Drehrohr- oder im Schachtofen bei Temperaturen von 1275 – 1475 K gebrannt. Dabei entsteht Branntkalk. Nach Wasserzugabe (Löschen) zerfällt der stückige Branntkalk zu einem Pulver (Kalkhydrat).
Bei der weiteren Verarbeitung wird das Kalkhydrat mit Wasser und Sand zu Mörtel gemischt.
Nach einiger Zeit erhärtet das Kalkhydrat im Mörtel – bei Aufnahme von Kohlenstoffdioxid aus der Luft – zu Kalkstein („Kreislauf des Kalkes").

Handelsformen:
Luftkalke werden in zwei Handelsformen geliefert:
- Feinkalk ist feingemahlener Branntkalk,
- Kalkhydrat ist fabrikmäßig gelöschter Kalk in Pulverform

Hydraulische Kalke

Hydraulische Kalke sind Bindemittel, die sowohl an der Luft als auch unter Wasser erhärten. Allerdings benötigen hydraulische Kalke, die unter Luftausschluß erhärten sollen, nach dem Anmachen eine kurze Luftlagerung.

Rohstoff und Herstellung:
Hydraulische Kalke werden – ähnlich wie Zement – aus Kalkstein und Ton gebrannt. Dabei ist die Brenntemperatur mit etwa 1675 K wesentlich höher als bei der Herstellung der Luftkalke, aber niedriger als bei der Zementherstellung. Beim Brennen entsteht aus dem Kalksteinanteil Branntkalk, aus dem Tonanteil Aluminiumoxid (Al_2O_3), Eisenoxid (Fe_2O_3) und Siliciumdioxid (SiO_2). Die letzteren Anteile bewirken, daß diese Kalke auch unter Wasser erhärten, sie heißen Hydraulefaktoren.
Beim Löschen mit Wasser zerfällt der Branntkalk zu Kalkhydrat.
Beim Erhärten benötigt ein Teil des Kalkhydrats Kohlenstoffdioxid aus der Luft, – deswegen die nötige kurze Luftlagerung – der Rest Kalkhydrat verbindet sich, auch unter Wasser, mit den Hydraulefaktoren zu wasserunlöslichen Aluminaten, Ferriten und Silikaten.

Baukalkarten nach DIN 1060 (3.95)

Benennung	Kurzzeichen
Weißkalk 90	CL 90
Weißkalk 80	CL 80
Weißkalk 70	CL 70
Dolomitkalk 85	DL 85
Dolomitkalk 80	DL 80
Hydraulischer Kalk 2	HL 2
Hydraulischer Kalk 3,5	HL 3,5
Hydraulischer Kalk 5	HL 5

Beispiele für Normbezeichnung

Weißkalk 90:
Weißkalk DIN 1060 – CL 90

Hydraulischer Kalk 5:
Hydraulischer Kalk DIN 1060 – HL 5

Natürlicher Hydraulischer Kalk 3,5:
Natürlicher Hydraulischer Kalk DIN 1060 – NHL 3,5

Baukalke sind wie folgt zu kennzeichnen:
a) Baukalkart
b) Normbezeichnung
c) Kennzeichen für die Überwachung
d) Handelsform (z.B. ungelöschter Kalk, Feinkalk, Kalkhydrat, hydraul. Kalk)
e) Herstellungsort
f) eventuell Anweisungen für die Verarbeitung
g) Bruttomasse (bei Lieferung in Säcken)
h) Sicherheitsanweisungen nach nationalen Regelungen

Druckfestigkeit f_c von hydraulischem Kalk

Baukalkart	Druckfestigkeit f_c N/mm² 7 Tage	Druckfestigkeit f_c N/mm² 28 Tage
HL 2	–	2 bis 7
HL 3,5	>1,5	3,5 bis 10
HL 5	>2	5 bis 15 [1])

[1]) HL 5 mit einer Schüttdichte von weniger als 0,90 kg/dm³ darf eine Festigkeit von nicht mehr als 20 N/mm² aufweisen

3.3 Bindemittel

3.3.3 Baugips

Baugipse sind Bindemittel, die vorwiegend aus einer oder mehreren Hydratstufen des Kalziumsulfats bestehen. Baugips wird in der Hauptsache für Putzarbeiten, Stuckarbeiten, Rabitzarbeiten sowie für die Herstellung und den Einbau von Bauplatten verwendet.

Rohstoffe und Herstellung

Gips kommt als Gipsstein ($CaSO_4\ 2\ H_2O$), bei dem ein Molekül zwei Moleküle Kristallwasser bindet und als Anhydrit ($CaSO_4$) in der Natur vor. Bei der Herstellung von Gips wird aus dem Gipsstein bei Temperaturen zwischen 373 K und 1273 K das Kristallwasser teilweise oder vollständig ausgetrieben. Halbhydrat entsteht bei Brenntemperaturen zwischen 373 K und 573 K, weil 75% des Kristallwassers ausgetrieben wird.

$$CaSO_4 \cdot 2H_2O \longrightarrow CaSO_4 \cdot \tfrac{1}{2}H_2O + 1\tfrac{1}{2}H_2O$$

Bei Brenntemperaturen zwischen 573 K und 1273 K wird das Kristallwasser vollständig ausgetrieben, es entsteht Anhydrit. Diese Gipse, die kein Kristallwasser mehr enthalten, brauchen zum Erhärten Anregerzusätze.

$$CaSO_4 \cdot 2H_2O \longrightarrow CaSO_4 + 2H_2O$$

Die so entstehenden Produkte werden feingemahlen, eventuell mit Stellmitteln bzw. Füllstoffen vermischt und als Baugips in Säcke verpackt oder lose in Silos bzw. Containern ausgeliefert.

Binden des Gipses

Nach Anmachen mit Wasser nimmt der Gips Wasser auf: Halbhydrat und Anhydrit bilden sich zu Doppelhydrat, also zu Gipsstein zurück.

Baugipsarten nach DIN 1168 (3.55)

Gipsart	Herstellung	Eigenschaften
Stuckgips	Brenntemperatur: 120 °C – 180 °C, dadurch besteht er überwiegend aus Halbhydrat	Verhältnismäßig weich und erhärtet schnell. Mindestdruckfestigkeit nach 28 Tagen: 6 N/mm^2
Putzgips	Die Brenntemperatur beträgt, durch ein besonderes Brennverfahren, zwischen 100 °C und 1000 °C. Das entstehende Produkt ist ein Gemisch aus Halbhydrat und Anhydrit	Versteifungsbeginn: nicht früher als 3 Minuten, dennoch ist er länger zu verarbeiten als Stuckgips.

Gipsarten mit werkmäßig beigemischten Zusätzen	Besondere Eigenschaften
Mörtelgips Stunden ausgedehnt	Durch Verzögerer ist die Verarbeitungszeit bis zu 6
Haftgips	Besonders gute Haftung
Maschinenputzgips	Durch Verzögerer länger verarbeitbar
Ansetzgips	Gute Haftung und etwas verzögerte Versteifung
Fugengips	Mit Wasserrückhaltevermögen, so wird verhindert, daß das Wasser dem Gips entzogen wird
Spachtelgips	Wie Fugengips
Estrichgips (Anhydritestrich)	Erhärtet sehr langsam, erreicht sehr hohe Festigkeiten

Gips dehnt sich durch das molekulare Anlagern von Kristallwasser aus, deshalb schwindet er nicht und kann ohne Zuschläge verarbeitet werden.
Gips ist hygroskopisch und hat damit eine Pufferwirkung für die Raumluftfeuchtigkeit.
Gips hat eine porige Struktur. Die enthaltene Luft bildet eine gute Wärmedämmung.
Gips gibt beim Erhitzen Kristallwasser ab, dessen Verdunstungsenergie den Temperaturanstieg des Bauteils bremst. Deshalb ist Gips ein ideales Material für baulichen, vorbeugenden Brandschutz.
Gips ist wasserlöslich und deshalb in dauernd feuchten Räumen und im Freien nicht einsetzbar.
Gips führt in Verbindung mit Eisen und anderen Metallen zu Korrosion.
Gips darf nicht mit Zement zusammen verarbeitet werden, weil das zu Etringittbildung führen kann.

Lagerung des Gipses

Baugipse verbinden sich leicht mit Feuchtigkeit, wodurch sich die Verarbeitungseigenschaften bis zur Unbrauchbarkeit verschlechtern können. Gips sollte daher in trockenen, geschlossenen Räumen gelagert werden. Auch für kurze Lagerungszeiten im Freien ist eine trockene Unterlage (z. B. Holzrost) und wasserdichte Abdeckung unerläßlich.
Der angelieferte Gips soll möglichst umgehend verarbeitet werden.

Kennzeichnung

Gips wird meistens in 40- oder 50-kg-Säcke verpackt geliefert. Die Beschriftung der Säcke muß den Hinweis auf DIN 1168 enthalten.

3.4 Zuschläge für Mörtel und Beton

Nach DIN 4226 (4.83) ist Zuschlag ein Gemenge von mineralischen, in Ausnahmen metallischen, Körnern. Nach **Herkunft** können diese Stoffe aus natürlichen, ungebrochenen oder gebrochenen Gesteinen bestehen, oder, als ungebrochener oder gebrochener Zuschlag, künstlich hergestellt sein.

Zuschlagstoff-Bezeichnungen

Arten	ungebrochen	gebrochen
Natürliche Zuschläge	Sand, Kies	Brechsand, Splitt, Schotter
Künstlich hergestellte Zuschläge	Hüttensand, Blähton, Blähschiefer	Ziegelsplitt, Hüttenbims, Schlacke

Zuschlagstoff-Bezeichnungen (nach Korngrößen)

Korngröße mm	Ungebrochener Zuschlag	Gebrochener Zuschlag
0–0,25	Feinstsand	Feinstbrechsand
0–1,0	Feinsand	Feinbrechsand
1–4	Grobsand	Grobbrechsand
4–32	Kies	Splitt
32–63	Grobkies	Schotter

Anforderungen an die Zuschläge

Die Zuschlagstoffe bilden etwa Dreiviertel der Beton- bzw. Mörtelmasse. Die Zuschlageigenschaften bestimmen, neben anderen Faktoren, die Güte des Betons bzw. Mörtels.

Kornform

Würfel- und kugelförmige Zuschlagkörner sind günstiger als platte oder längliche Körner.

Zuschlagkörner mit gedrungener Kornform haben eine kleinere Oberfläche als platte oder längliche Körner gleichen Volumens. Da das Bindemittel die ganze Zuschlagkornoberfläche benässen muß, erfordern platte und längliche Körner mehr Bindemittel als kugel- und würfelförmige Zuschlagkörner.

Eigenfestigkeit

Die Zuschlagkörner müssen genügende Eigenfestigkeit haben, um die geforderte Beton- oder Mörtelfestigkeit erreichen zu können. Unverwitterte natürliche Zuschlagstoffe erfüllen in der Regel diese Anforderung. Verwitterte, schiefrige und weiche Gesteine sind für Zuschläge ungeeignet.

Frostbeständigkeit

Zuschläge, die Wasser saugen, sind frostgefährdet. Die Saugfähigkeit läßt sich feststellen, indem man einen Wassertropfen auf das Zuschlagkorn gibt.

Organische Bestandteile

Organische Stoffe können im Beton und Mörtel das Erhärten stören, Quellen oder Verfärbungen verursachen.

Ob organische Stoffe in schädlichen Mengen vorhanden sind, wird mit dem Natronlauge-Versuch geprüft:

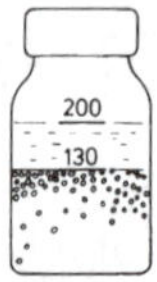

Eine bis zur Marke 130 cm^3 mit Zuschlag 0/8 mm gefüllte Meßflasche wird bis zur Marke 200 cm^3 mit 3%iger Natronlauge aufgefüllt. Nach kräftigem Durchschütteln bleibt die Meßflasche 24 Stunden stehen.

Nach 24 Stunden wird die Verfärbung der Natronlauge geprüft. Keine bzw. hellgelbe Verfärbung bedeutet, daß keine oder nur unbedeutend geringe Mengen organischer Stoffe vorhanden sind. Bräunliche, rötliche Verfärbung zeigt, daß organische Stoffe in schädlichen Mengen vorhanden sind. Solche Zuschläge sind für Mörtel und Beton nicht geeignet.

Tonige und lehmige Bestandteile

Ton und Lehm sind die feinsten Bestandteile des Zuschlagstoffes. Diese mikroskopisch kleinen, schuppenförmigen Teile bilden mit Wasser eine schmierige Substanz. Von Ton und Lehm verschmierte Zuschlagkörner können von dem Bindemittel nicht genügend miteinander verbunden werden, der Beton oder Mörtel verliert an Festigkeit.

Der Anteil an tonigen und lehmigen Bestandteilen wird mit dem Absetzversuch festgestellt:

Ein mit 500 g trockenem Zuschlag 0/4 mm gefüllter Meßzylinder wird bis zur Marke 750 cm^3 mit Wasser aufgefüllt. Im Abstand von 20 Minuten wird der Zylinder dreimal kräftig durchgeschüttelt. Dabei bleiben die tonigen und lehmigen Bestandteile länger im Wasser schweben, als die größeren Körner, d. h. der Zuschlagstoff wird getrennt. Eine Stunde nach dem letzten Schütteln wird die Schichtdicke der inzwischen abgesetzten Aufschlämmung abgelesen: J (cm^3)

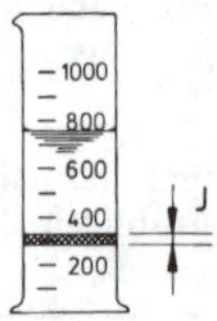

Die Trockenrohdichte der aufschlämmbaren Stoffe beträgt etwa 0,6 g/cm^3.

Damit ist der Anteil dieser Stoffe in Gewichtsprozent:

$$G_a\,(\%) = \frac{J \cdot 0{,}6 \cdot 100}{500} = 0{,}12 \cdot J \text{ (Gewichtsprozent)}$$

Höchstgehalt an absetzbaren Stoffen

Korngröße des Zuschlages mm				Höchstgehalt in Gewichtsprozent
0/1	0/2	0/4		4
0/8	1/2	1/4	2/4	3
0/16	0/32	2/8	4/8	2
0/63	2/16	4/16	4/32	1
8/16	8/32	16/32	32/63	0,5

3.4 Zuschläge für Mörtel und Beton

Erhärtungsstörende Stoffe
Stoffe, die den Erhärtungsprozeß chemisch stören, wie Salze, Zucker, Schwefelverbindungen, usw. sind in Zuschlagstoffen unzulässig. Bei Verdacht sind die Zuschläge im Labor zu untersuchen.

Korngröße
Zuschläge sollen möglichst grobkörnig und arm an Hohlräumen sein. Solche Zuschlagstoffe benötigen für die geforderte Festigkeit die geringste Bindemittelmenge. Diese Forderungen werden am besten von gemischtkörnigen Zuschlagstoffen erfüllt: Die großen Körner haben eine relativ kleine Oberfläche, die kleineren Körner füllen die Hohlräume zwischen den größeren Körnern aus. Optimale Kornmischungen nach DIN 1045 sind:

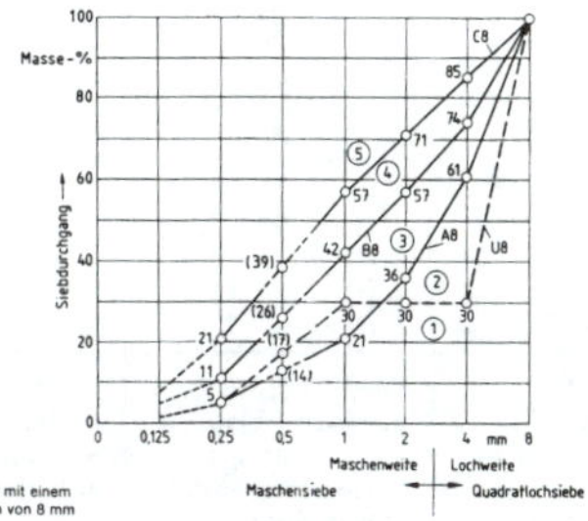

Bild 1. Sieblinien mit einem Größtkorn von 8 mm

Sieblinien mit einem Größtkorn von 8 mm

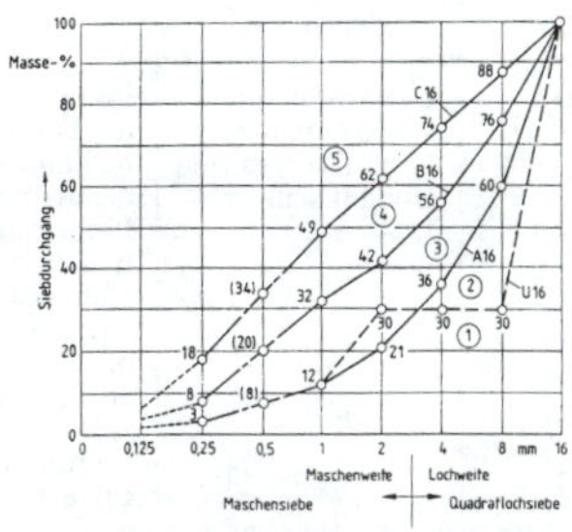

Sieblinien mit Größtkorn von 16 mm

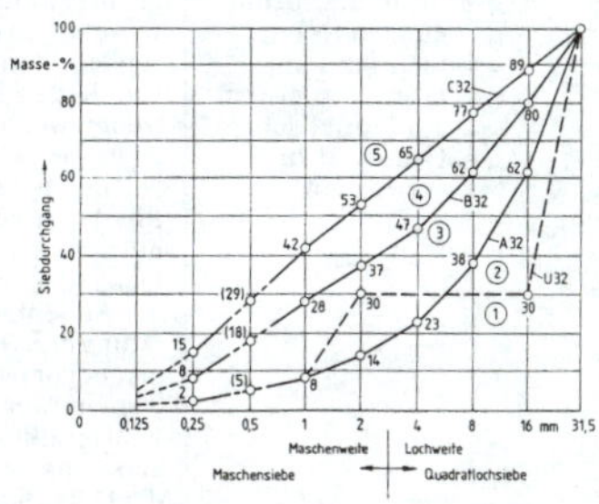

Sieblinien mit einem Größtkorn von 32 mm

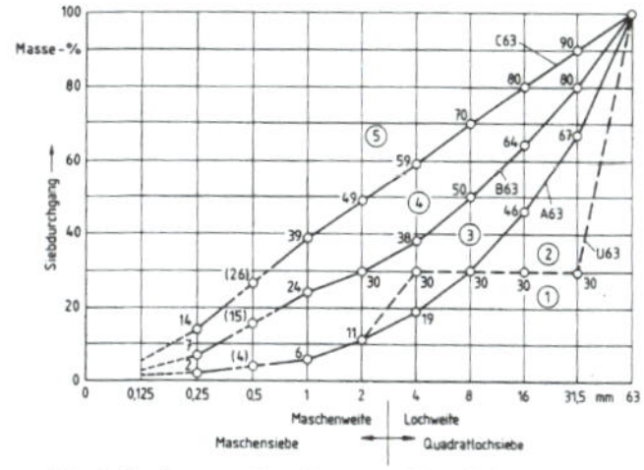

Sieblinien mit einem Größtkorn von 63 mm

Zur Prüfung der Kornzusammensetzung wird eine gewogene Menge Zuschlagstoff mit einem genormten Prüfsieb auf die vorhandenen Korngrößen getrennt. Durch Wiegen wird festgestellt, wieviel % der Prüfmenge in den einzelnen Sieben zurückgeblieben, bzw. wieviel % der Prüfmenge durch die einzelnen Normsiebe durchgefallen ist.

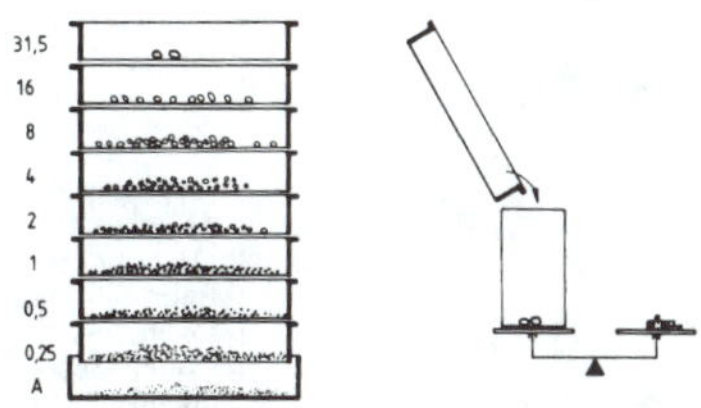

Diese Prozentzahlen werden in den entsprechenden vorgegebenen Sieb-Diagrammen eingetragen. Die Lage der eingetragenen Linie zeigt die Güte der Kornzusammensetzung des Zuschlagstoffes.

Beispiel:
Ein Zuschlagstoffgemisch, 3500 g, Korngruppe 0/16 mm, wurde durchgesiebt. Ergebnis:

Sieb-loch mm	Rückstand im Sieb g	Rückstand über dem Sieb g	Siebdurchgang g	Siebdurchgang %
16	0	0	3500	100
8	1085	1085	2415	69
4	700	1785	1715	49
2	490	2275	1225	35
1	245	2520	980	28
0,5	420	2940	560	16
0,25	315	3255	245	7
(Rest)	245	(3500)	–	–

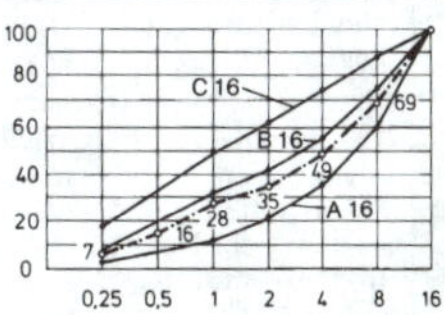

Der Zuschlagstoff liegt also im Bereich ③

3.5 Mörtel

3

Mörtel ist in der Regel ein Gemisch aus Zuschlag, Bindemittel und Wasser, eventuell auch Zusatzstoffe und Zusatzmittel.

Grundsätzlich sind zwei Mörtelarten zu unterscheiden: **Mauermörtel** zum Mauern und **Putzmörtel** zum Verputzen von Wänden.

Der Mauermörtel ist in DIN 1053 beschrieben, der Putzmörtel in DIN 18 550. Da diese Vorschriften viele Ähnlichkeiten aufweisen, werden die Hauptpunkte wegen der Übersichtlichkeit hier verglichen:

	Mörtelarten: Mauermörtel gemäß DIN 1053	Mörtelarten: Putzmörtel gemäß DIN 18550
Bindemittel	Luftkalk, Wasserkalk, hydraulischer Kalk, hochhydraulischer Kalk, Zement, Mauerbinder	Luftkalk, Wasserkalk, hydraulischer Kalk, hochhydraulischer Kalk, Zement, Gips, Anhydritbinder, Putzbinder
Zuschlagstoff Material	Sand aus Gesteinen	Im allgemeinen Sand aus Gesteinen; Beimischung von Leichtzuschlagstoffen sowie organischen oder anorganischen Faserstoffen ist zulässig.
Kornzusammensetzung	Möglichst gemischtkörnig	Möglichst gemischtkörnig. Besonders geeignet sind Sande mit 10 bis 25% Gewichtsanteil Korngröße 0/0,2 mm.
Kornform		Die gedrungene Kornform ist günstig; plattige oder langsplittrige Körner sind ungünstig.
Anteil an abschlämmbaren Bestandteilen	Der Anteil an Körnern zwischen 0 und 0,063 mm soll unter 8 Gewichtsprozent liegen.	Der Anteil an Körnern zwischen 0 und 0,09 mm soll unter 5 Gewichtsprozent liegen.
Organische Schadstoffe	Der Anteil an organischen Schadstoffen muß mit der Natronlaugeprüfung (Seite 3-16) festgestellt werden.	Wie bei Mauermörtel.

	Mörtelarten: Mauermörtel gemäß DIN 1053	Mörtelarten: Putzmörtel gemäß DIN 18550
Zusatzstoffe und Zusatzmittel	Es dürfen nur Stoffe verwendet werden, die keine negative Wirkung auf den Mörtel oder das Mauerwerk haben. Vor der Verwendung eines Zusatzmittels ist stets eine Eignungsprüfung durchzuführen.	Es dürfen nur Stoffe verwendet werden, die keinen schädlichen Einfluß auf den Putz, Anstriche und Beläge ausüben. Nur lichtechte, kalkechte und zementechte Farbmittel sollen Anwendung finden.
Anforderungen an die Druckfestigkeit	Die Mindestdruckfestigkeit nach 28 Tagen soll betragen: Mörtelgruppe – MN/m² I – – II – 2,5 II a – 5 III – 10 III a – 20	keine
Konsistenz des Mörtels	Die Konsistenz des Mörtels soll eine vollfugige Vermauerung der Steine ohne besondere Schwierigkeiten ermöglichen.	Die Konsistenz muß dem Verwendungszweck entsprechen.
Verarbeitungszeit	Der Mörtel muß vor Beginn des Erstarrens verarbeitet sein.	Bereits im Zustand des Erstarrens befindliche Mörtel, die hydraulische Bindemittel, Baugips oder Anhydritbinder enthalten, dürfen nicht durch erneute Wasserzugabe wieder verarbeitbar gemacht werden.
Berücksichtigung der Wettereinflüsse	Bei ungünstigen Witterungsbedingungen (Nässe, niedrige Temperatur) ist meistens ein Mörtel der Gruppe II zu verwenden.	Außen darf nicht geputzt werden, wenn die zu putzenden Flächen vom Regen getroffen werden oder Nachtfröste zu erwarten sind. Mit den Innenputzarbeiten in Gebäuden darf bei Außentemperatur unter +5 °C erst begonnen werden, wenn die Fensteröffnungen verschlossen und die Decken und Wände genügend erwärmt sind.

3.5 Mörtel

Mischungsverhältnis für Mauermörtel in Raumteilen

Mörtelgruppe	Luftkalk und Wasserkalk: Kalkteig	Luftkalk und Wasserkalk: Kalkhydrat	Hydraulischer Kalk	Hochhydraulischer Kalk oder Mauerbinder	Zement	Sand (lagerfeucht)
I	1					4
		1				3
			1			3
				1		4,5
II	1,5				1	8
		2			1	8
				1		3
IIa		1			1	6
				2	1	8
III/IIIa					1	4

Mischungsverhältnis für Putzmörtel in Raumteilen

Mörtelgruppe		Mörtelart	Luftkalk Wasserkalk: Kalkteig	Luftkalk Wasserkalk: Kalkhydrat	Hydraulischer Kalk	Hochhydraulischer Kalk	Putz- und Mauerbinder	Zement	Baugipse ohne werksseitig beigeg. Zusätze: Stuckgips	Baugipse ohne werksseitig beigeg. Zusätze: Putzgips	Anhydritbinder	Sand (lagerfeucht)
I	a	Luftkalkm.	1,0	1,0								3,5-4,5 3,0-4,0
	b	Wasserkalkm.	1,0	1,0								3,5 4,5 3,0-4,0
	c	M. mit hydraulischem Kalk			1,0							3,0-4,0
II	a	M. m. hochh. Kalk o. M. mit Putz- u. Mauerbinder				1,0 o. 1,0						3,0 4,0
	b	Kalkzementm.	1,5 o. 2,0					1,0				9,0-11,0
III	a	Zementm. m. Zusatz von Kalkhydrat		≤ 0,5				2,0				6,0-8,0
	b	Zementm.						1,0				3,0-4,0
IV	a	Gipsm.							1,0			
	b	Gipssandm.							1,0 o. 1,0			1,0 3,0
	c	Gipskalkm.	1,0 o. 1,0						0,5 1,0 o. 1,0 2,0			3,0-4,0
	d	Kalkgipsm.	1,0 o. 1,0						0,1-0,2 o. 0,2-0,5			3,0 4,0
V	a	Anhydritm.									1,0	≤ 2,5
	b	Anhydritkalkm.	1,0 o. 1,5								3,0	12,0

3.6 Beton

Beton ist ein künstlicher Stein, der aus einem Gemisch von Zement, Zuschlag und Wasser durch Erhärten des Zementleims zu Zementstein entsteht.

Betonart	Trockenrohdichte kg/dm³	Zuschlagstoff
Leichtbeton	höchstens 2,0	Bims, Blähton, Hüttenbims, Blähschiefer, usw.
Normalbeton	mehr als 2,0 aber höchstens 2,8	Sand, Kies, Splitt, Schotter, usw.
Schwerbeton	mehr als 2,8	Schwerspat, Erzgestein, Stahlschrott

Betonfestigkeiten nach 28 Tagen

Betongruppe	Betonfestigkeitsklasse	Betonfestigkeit β_{WN} (Nenn) (N/mm²)	β_{WS} (Serien) (N/mm²)	Anwendung
Beton B I	B 5 B 10	5 10	8 15	Nur für unbewehrten Beton
	B 15 B 25	15 25	20 30	Für unbewehrten und bewehrten Beton
Beton B II	B 35 B 45 B 55	35 45 55	40 50 60	

Die Druckfestigkeit des Festbetons ist von folgenden Faktoren abhängig:

- Zementgüte,
- Zuschlagstoffgüte,
- Zementmenge,
- Verhältnis zwischen Wassermenge und Zementmenge („Wasser-Zement-Wert"),
- Mischungsverhältnis der Bestandteile,
- Mischungsintensität und -dauer,
- Verdichtung des Frischbetons,
- Nachbehandlung des Betons.

Die Druckfestigkeit wird nach 28 Tagen an einer aus drei Würfeln bestehenden Würfelserie durch Zerdrücken festgestellt. Die Würfel haben eine Kantenlänge von 200 mm und müssen aus drei verschiedenen Mischerfüllungen, bei Transportbeton – soweit möglich – aus verschiedenen Lieferungen derselben Betonsorte, stammen.

Frischbetonsteife (Konsistenz)

Konsistenzbereich	KS: steif	KP: plastisch	KR: weich	KF: fließfähig
Verdichtungsmaß v (–)	≥ 1,20	1,19 … 1,08	1,07 … 1,02	–
Ausbreitmaß a (cm)	–	35 … 41	42 … 48	49 … 60
Anwendung	Steifer Beton	Auch als Beton mit FM	Regelkonsistenz für Ortbeton BI; Auch als Beton mit FM	Nur als Fließbeton unter Zugabe eines FM
Eigenschaften des Frischbetons beim Schütteln	noch lose	schollig bis knapp zusammenhängend	schwach fließend	fließend
Verdichtungsart	kräftig wirkende Rüttler und/ oder kräftiges Stampfen bei dünner Schüttlage	Rütteln und/oder Stochern oder Stampfen	Stochern und/oder leichtes Rütteln	„Entlüften" durch Stochern und/oder leichtes Rütteln

Zusammensetzung des Betons

Beton wird entweder nach einer durch Eignungsprüfung festgestellten Zusammensetzung oder nach einem Betonrezept gemischt. Bei der Eignungsprüfung wird vor dem Betonieren die Betondruckfestigkeit, die Konsistenz und, bei B II, zusätzlich der Wasser-Zement-Wert, das Verhältnis der Masse des Wassers zur Masse des Zementes, geprüft.

Welche dieser zwei Möglichkeiten angewendet werden muß, wird in DIN 1045 wie folgt geregelt: Die Betonzusammensetzung muß aufgrund einer Eignungsprüfung festgestellt werden

- beim Beton B II, d. h. wenn die Festigkeitsklasse des Betons B 35 oder höher ist,
- bei Unterschreitung des für Rezeptbeton vorgeschriebenen Mindestzementgehaltes,
- bei Anwendung von Betonzusatzmitteln,
- bei Zuschlägen mit Ausfallkörnung.

Wenn diese Bedingungen nicht zutreffen, darf der Beton nach einem Betonrezept gemischt werden.

Der Beton muß soviel Zement enthalten, daß die geforderte Druckfestigkeit und – bei bewehrtem Beton – ein ausreichender Schutz der Stahleinlagen vor Korrosion erreicht werden können. DIN 1045 schreibt Mindestzementgehalte vor.

3.6 Beton

Mindestzementgehalt für Rezeptbeton
(Zuschlag 0/32 mm / Zement CEM 32,5. Angabe in kg/ m³ verdichteter Beton)

Betonfestigkeitsklasse	Sieblinienbereich	Betonkonsistenz KS	KP	KR
B 5	3	140	160	–
	4	160	180	–
B 10	3	190	210	230
	4	210	230	260
B 15	3	240	270	300
	4	270	300	330
B 25	3	280	310	340
	4	310	340	380

Der Mindestzementgehalt aus der Tabelle muß vergrößert werden
- bei Zuschlagstoff 0/16 mm um 10%,
- bei Zuschlagstoff 0/8 mm um 20%.

darf verringert werden
- bei Zement der Festigkeitsklasse CEM 42,5 um max. 10%,
- bei Zuschlagstoff 0/63 mm um max. 10%.

Mindestzementgehalt für Beton mit Eignungsprüfung

Betonart	Zementfestigkeitsklasse	Mindestzementgehalt kg/m³	
Unbewehrter Beton	–	100	
Bewehrter Beton [1]) Außenbauteile	CEM 32,5 CEM 42,5 CEM 52,5	240	300 [1]) 270 [1])

Betonrezepte für 1 m³ Beton der Festigkeitsklasse B 5

Zementfestigkeitsklasse	Korngröße des Zuschlagstoffes	Sieblinienbereich	Konsistenz	Zement kg	Wasser l	Zuschlag (feucht) kg
CEM 32,5 CEM 32,5R	0/16	3	KS KP	154 176	90 113	2069 1994
		4	KS KP	176 198	104 128	1987 1912
	0/32	3	KS KP	140 160	79 101	2107 2037
		4	KS KP	160 180	81 104	2057 1984

Betonrezepte für 1 m³ Beton der Festigkeitsklasse B 25

Zementfestigkeitsklasse	Korngröße des Zuschlagstoffes	Sieblinienbereich	Konsistenz	Zement kg	Wasser l	Zuschlag (feucht) kg
CEM 32,5 CEM 32,5R	0/16	3	KS KP KR	308 341 374	95 118 140	1929 1846 1763
		4	KS KP KR	341 374 418	111 135 159	1837 1752 1660
	0/32	3	KS KP KR	280 310 340	83 106 128	1983 1902 1822
		4	KS KP KR	310 340 380	87 111 135	1921 1839 1747
CEM 42,5 CEM 42,5R	0/16	3	KS KP KR	280 310 340	94 117 139	1956 1875 1795
		4	KS KP KR	310 340 380	110 133 157	1866 1785 1693
	0/32	3	KS KP KR	252 279 306	82 105 127	2008 1929 1852
		4	KS KP KR	279 306 342	86 109 133	1948 1870 1783

3.6 Beton

Anforderungen an Beton mit Steinkohlenflugasche (SFA) nach DIN 1045 (7.88)

DIN 1045 Abschnitt	Anwendung Betonart	Zement-festigkeits-klasse	Mindestzementgehalt ohne SFA z (kg/m³)	Mindestzementgehalt mit SFA $z+f$ (kg/m³)	empfohlene SFA-Zugabe emp f (kg/m³)	k-Wert	maximaler Wasser-zementwert $w/(z+k\cdot f)$ ($f\leq 0{,}25\,z$)
Beton B I mit Eignungsprüfung, Beton B II							
6.5.5.1 6.5.6.1	Stahlbeton	≥Z 35	240	240	80 – 80	0,4	0,75
6.5.2 6.5.5.1	Beton für Außenbauteile B I	Z 35	300	270 [1]) + 60 [2])	60 – 80	0,4	0,60
6.5.5.1 (3)		≥Z 45	270	270	60 – 80	0,4	0,60
6.5.6.1	B II		270	270	40 – 80	0,4	0,60
Beton mit besonderen Eigenschaften B II (Auswahl)							
6.5.7.2	wasserundurchlässiger Beton	≥Z 35	240/270 E [3])	240/270 E [3])	40 – 80	0,4	0,60 ($d\leq 40$ cm) 0,70 ($d>40$ cm)
6.5.7.3	Beton mit hohem Frostwiderstand	≥Z 35	240/270 E	240/270 E	40 – 80	0,4	0,60
6.5.7.5	Beton mit hohem Widerstand gegen chem. Angriff	≥Z 35	240/270 E	240/270 E	40 – 80	0,4	0,50 (starker Angriff) 0,60 (schwacher Angriff)
6.5.7.8	Unterwasserbeton	≥Z 35	350	280 [1]) + 70	70 – 120	0,7	0,60
Sonstige Betone							
DIN 4014	Bohrpfahlbeton DIN 4014	≥Z 35	350 (0/32 mm) 400 (0/16 mm)	280 [1]) + 70 320 [1]) + 80	70 – 120 80 – 120	0,7 0,7	0,60 0,60

[1]) Die Reduzierung gilt für PZ, EPZ, PKZ, PÖZ und HOZ (HS < 70%)
[2]) Bei ständiger Überwachung nach DIN 1084 (12.78)
[3]) Sonderregelungen für wasserundurchlässigen Beton (wu-Beton) siehe DIN 1045 Abs. 6.5.7.2 (3) und Heft 400 des DAfStB, Seite 38: Danach kann wu-Beton B 25 unter B II-Bedingungen hergestellt – dies ist bei Anwendung von SFA im Transportbeton in der Regel der Fall – und auf der Baustelle als B I eingebaut werden. Dann entfallen die Regelungen mit min. 350 (0/32) bzw. 370 (0/16) kg/m³ Zement für B 25.

E = Entwurf nach Eignungsprüfung. Regelungen für Stahlbeton ($z\geq 240$ kg/m³) bzw. für Beton für Außenbauteile ($z\geq 270$ kg/m³) beachten.

Da nur bestimmte Flugaschen als Betonzusatzstoffe geeignet sind und mit Flugaschen auch negative Erfahrungen gemacht wurden, benötigen Flugaschen, die als Betonzusätze verwendet werden, stets ein Prüfzeichen des deutschen Instituts für Bautechnik (DIBt). Bei Flugaschen, die als geeignet gelten, dürfen der Glühverlust 5,0 Gew.-%, der SO_3-Gehalt 3,0 Gew.-%, der Chloridgehalt 0,10 Gew.-%, der Gesamtgehalt an MgO 5,0 Gew.-% und der Gehalt an CaO_{FREI} 1,5 Gew.-% nicht überschreiten. Darüber hinaus darf die chemische Analyse hinsichtlich der Unschädlichkeit und Gleichmäßigkeit der Flugasche keinen Anlaß zu Bedenken geben.

3.6 Beton

Verarbeitung des Betons

Arbeitsgang	Bestimmung nach DIN 1045 (7.88)
Abmessen der Bestandteile	Alle Bestandteile müssen mit einer Genauigkeit von 3 Masse-% abgemessen werden. Zement und Wasser dürfen nur nach Masseteilen zugegeben werden. Zuschlagstoffe dürfen in Ausnahmefällen auch nach Raumteilen zugegeben werden, für B II allerdings nur dann, wenn eine Abmessungsvorrichtung die Nachprüfung der Masse gestattet.
Mischen des Betons	Baustellenbeton: Mischzeit mit Zwangsmischer mindestens ½ Minute, mit Freifallmischer mindestens 1 Minute. Handmischung ist nur für kleine Mengen der Betonfestigkeitsklassen B 5 und B 10 zulässig. Fahrzeuggemischter Transportbeton: Der Beton wird bei 4 bis 12 Trommelumdrehungen je Minute insgesamt jedoch mit mindestens 50 Umdrehungen gemischt. Nach Abschluß des Mischvorganges darf die Betonzusammensetzung nicht mehr verändert werden. Unmittelbar vor dem Entleeren des Mischfahrzeuges wird der Beton nochmals kurz durchgemischt.
Förderung des Betons zur Baustelle	Baustellenbeton: Wenn Baustellenbeton mit Fahrzeugen ohne Rührwerk befördert wird, muß der Beton bei Konsistenz KS spätestens nach 45 Minuten, bei KP, KR, KF spätestens nach 20 Minuten nach dem Mischen vollständig entladen sein. Transportbeton: Während des Transportes ist der Beton mit 2 bis 6 Trommelumdrehungen je Minute zu bewegen. Werkgemischter Beton mit der Konsistenz KS darf auch in Fahrzeugen ohne Rührwerk befördert werden. Fahrzeuge mit Rührwerk müssen spätestens nach 90 Minuten, Fahrzeuge ohne Rührwerk spätestens nach 45 Minuten nach Wasserzugabe vollständig entladen sein.
Förderung des Betons auf der Baustelle	Während dieses Arbeitsganges besteht die Gefahr, daß der Beton sich entmischt. Dies soll verhindert werden. Der Beton darf beim Einbau nicht mehr als 1 m frei fallen. Bei hohen Schalungen sind Fallrohre, bei Förderbändern Abstreifer zu benutzen, damit der Beton nicht auseinanderfallen kann.

Arbeitsgang	Bestimmung nach DIN 1045 (7.88)
Einbau des Betons	Da die Temperatur des Frischbetons das Binden des Zementes beeinflußt, sind folgende Frischbetontemperaturgrenzen beim Einbau vorgeschrieben:

Lufttemperatur	Mindesttemperatur des Frischbetons beim Einbau
zwischen + 5 °C und − 3 °C	Beim Zementgehalt < 240 kg/m³ und bei NW-Zementen: + 10 °C, sonst + 5 °C
unter − 3 °C	+ 10 °C drei Tage lang

Die Höchsttemperatur des Frischbetons beim Einbau darf + 30 °C nicht überschreiten.

Arbeitsgang	Bestimmung nach DIN 1045 (7.88)
Verdichten des Betons	Der Beton soll nach Möglichkeit vollständig verdichtet werden. Die Verdichtungsart ist von der Betonkonsistenz abhängig:

Betonkonsistenz	Verdichtungsart
KS	stampfen, kräftig rütteln
KP	rütteln
KR/KF	stochern

Arbeitsgang	Bestimmung nach DIN 1045 (7.88)
Nachbehandeln des Betons	Beton ist bis zum genügenden Erhärten gegen schädigende Einflüsse, wie Abkühlen, Erhitzen, Austrocknen, Auswaschen, Erschüttern, usw. zu schützen. Um den Beton vor dem Austrocknen und vor eventuell entstehenden Schwindrissen zu bewahren, muß er 7 Tage feucht gehalten werden. Betontechnologisch richtig angewandte Wärme (z. B. Dampf) kann die Erhärtung wesentlich beschleunigen.

Ausschalfristen

Zementfestigkeitsklassen	Balken seitlich, Stützen, Wände	Decken	Balkenstützung, Rahmen, weitgesp. Platten
CEM 32,5	3 Tage	8 Tage	20 Tage
CEM 32,5R	2 Tage	5 Tage	10 Tage
CEM 42,5	2 Tage	5 Tage	10 Tage
CEM 42,5R	1 Tag	3 Tage	6 Tage
CEM 52,5R	1 Tag	3 Tage	6 Tage

Wenn die Betontemperatur bei der Erhärtung unter + 5 °C liegt, sind die Tabellenwerte (bis auf den doppelten Wert) zu vergrößern.

3.7 Stahlbeton

3.7.1 Allgemeines

Wenn ein Tragwerk mit äußeren Kräften belastet wird, entstehen im Innern des Tragwerkes – als Reaktionskräfte – auf eine Schnittfläche verteilte innere Kräfte, d. h. Spannungen. Die Spannungen treten, je nach Ursache, als Zug-, Druck-, Biege-, Schub- oder Drillspannungen auf. Da in der Regel mehrere dieser Spannungen nicht einzeln, sondern zusammen auftreten, können sie in einem konkreten Punkt vektorial addiert werden. Damit ergeben sich schräge Spannungen, die die Spannungsfläche entweder ziehen oder drücken.

Der Beton hat eine sehr hohe Druckfestigkeit, aber nur eine sehr geringe Zugfestigkeit, d. h. der Beton kann nur die entstehende Druckspannung, nicht aber die entstehende Zugspannung aufnehmen.

Stahlbeton ist ein Verbundbaustoff mit folgender Aufgabenteilung: Die Zugspannungen werden von dem Stahl, die Druckspannungen in der Regel vom Beton aufgenommen. Dementsprechend müssen die Stahleinlagen überall dort vorhanden sein, wo in dem Tragwerk Zugspannungen entstehen.

Als Beispiel soll hier ein Stahlbetonbalken betrachtet werden.

Einfeldträger als Stahlbetonbalken:

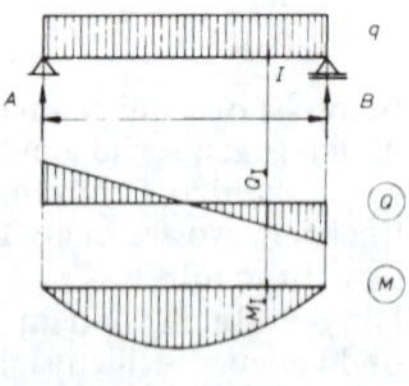

Aus den Schnittkräften M und Q entstehen im Schnitt I folgende Spannungen:

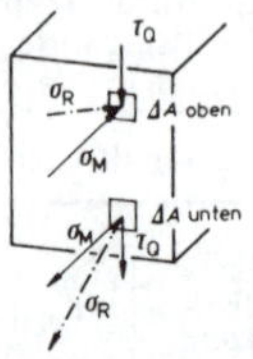

Wenn die Biege- und Schubspannungen in allen Punkten summiert werden, ergeben sich folgende Zug- bzw. Drucktrajektorien:

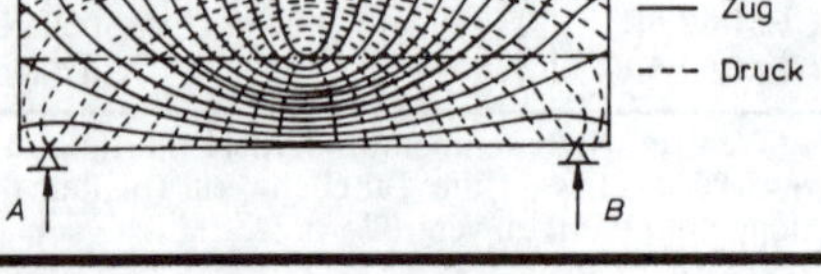

Die Stahleinlagen müssen annähernd so liegen, wie die Zugtrajektorien verlaufen. Die gängige konstruktive Lösung:

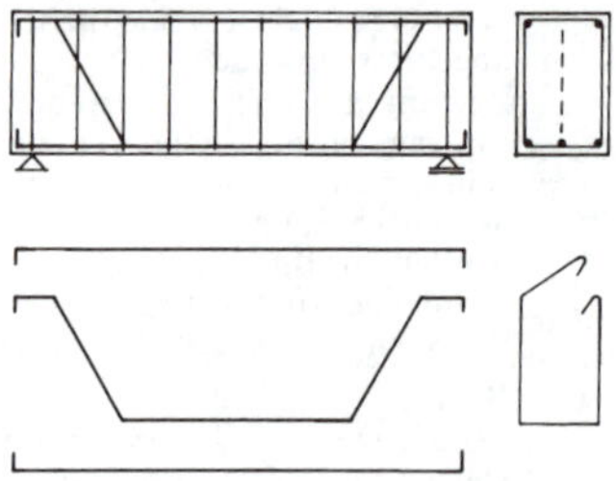

3.7.2 Bewehrungsrichtlinien

Um den Verbund zwischen Stahl und Beton zu ermöglichen, darf die Stahloberfläche nicht verschmutzt, verfettet, vereist oder mit losem Rost überzogen sein. Auch eine entsprechend starke Betonummantelung muß vorhanden sein, um den Stahl in Beton einzubinden. Parallel verlaufende Stahlstäbe müssen deswegen einen lichten Mindestabstand (ε_1) voneinander haben:

$$\varepsilon_1 \geq d_s, \text{ aber mindestens 2 cm}$$

Betondeckung der Bewehrung

Der Stahl ist korrosionsgefährdet. Die Betonummantelung bewahrt den Stahl vor dem Rosten und sichert dem Stahlbeton eine lange Lebensdauer.

Die Mindestbetondeckung der Stahleinlagen ist gemäß DIN 1045 (7.88) aus der folgenden Tabelle auf Seite 3-25 zu entnehmen. Die dort aufgeführten Werte dürfen nicht unterschritten werden. Die Normalüberdeckung setzt sich aus der Mindestüberdeckung und einem Vorhaltemaß zusammen, das in der Regel 1,0 cm beträgt. Bei Beton der Klasse B 35 und fester dürfen die Maße der Betondeckung um 0,5 cm verringert werden, sie muß aber $\geq d_s$ und $\geq 1{,}0$ cm sein.

In Ausnahmefällen, z. B. übergroßes Zuschlag-Größtkorn, Gleitschalung, steinmetzmäßige Bearbeitung der Betonoberfläche usw., wird die Betondeckung vergrößert.

Es darf die Tabelle auch für Beton B 15 angewendet werden, doch müssen dann bei $d_s \leq 12$ mm min $c = 1{,}5$ cm und nom $c = 2{,}5$ cm sein.

Beispiele: Betoninnenwand (B 15/$d_s = 20$ mm):
Mindestüberdeckung min $c = 2{,}0$ cm
Normalüberdeckung nom $c = 3{,}0$ cm
Betonaußenwand (B 35/$d_s = 16$ mm), normales Klima:
Mindestüberdeckung min $c = 2{,}0$ cm
Normalüberdeckung nom $c = 3{,}0$ cm

3.7 Stahlbeton

Maße der Betondeckung *c* (bezogen auf Verbund und Umweltbedingungen)

	Umweltbedingungen	Betonstabdurchmesser d_s	Mindestüberdeckung für ≥ B25 (min *c*)	Normalüberdeckung für ≥ B25 (nom *c*)
1	Bauteile in geschlossenen Räumen, Bauteile, die ständig unter Wasser oder ständig trocken sind, Dächer mit einer wasserdichten Dachhaut für die Seite, auf der die Dachhaut liegt	≤ 12 mm 14, 16 mm 20 mm 25 mm 28 mm	1,0 cm 1,5 cm 2,0 cm 2,5 cm 3,0 cm	2,0 cm 2,5 cm 3,0 cm 3,5 cm 4,0 cm
2	Bauteile im Freien und Bauteile, zu denen die Außenluft ständig Zugang hat	≤ 20 mm 25 mm 28 mm	2,0 cm 2,5 cm 3,0 cm	3,0 cm 3,5 cm 4,0 cm
3	Bauteile in geschlossenen Räumen mit oft auftretender sehr hoher Luftfeuchtigkeit bei normaler Raumtemperatur, Bauteile, die wechselnder Durchfeuchtung ausgesetzt sind, Bauteil, die „schwachem" chemischen Angriff nach DIN 4030 ausgesetzt sind	≤ 25 mm 28 mm	2,5 cm 3,0 cm	3,5 cm 4,0 cm
4	Bauteile, die besonders korrosionsfördernden Einflüssen ausgesetzt sind, z. B. durch ständige Einwirkung angreifender Gase oder Tausalze oder „starkem" chemischen Angriff nach DIN 4030	≤ 28 mm	4,0 cm	5,0 cm

Biegung von Bewehrungsstäben

Wenn ein Bewehrungsstab gebogen wird, wird der Stahl an der Innenseite der Krümmung gestaucht, an der Außenseite der Krümmung gedehnt. Die Größe dieser Stauchung und Dehnung ist von dem Durchmesser des Stabes sowie vom Radius der Krümmung abhängig.

Die Dehnung, die der Stab ohne Beschädigung verkraftet, ist begrenzt. Damit diese Dehnungsgrenze

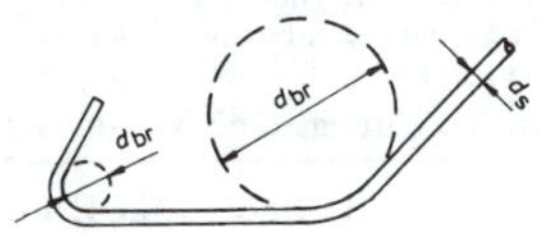

nicht überschritten wird, sind in DIN 1045 **Mindestwerte für den Biegerollendurchmesser** des Stahlbiegegerätes angegeben:

Mindestwerte der Biegerollendurchmesser d_{br} nach DIN 1045 (7.88)

Betonstahlsorte		BSt 420 S/Fe E 275 BSt 500 S/Fe E 355
Gebogene Form		Haken, Winkelhaken, Schlaufen, Bügel
Stabdurchmesser d_s in mm	< 20	4 d_s
	20 bis 28	7 d_s
Gebogene Form		Sonstige Krümmungen von Stäben
Seitliche Betondeckung	> 5 cm und > 3 d_s	15 d_s
	≤ 5 cm oder ≤ 3 d_s	20 d_s

3.7 Stahlbeton

3

Verankerung der Stahlstäbe im Beton

Die Bewehrungsstabenden müssen im Beton genügend verankert sein. Die Verankerung erfolgt durch Haftung eines geraden Stabendes, durch Haken, Winkelhaken, Schlaufen oder – etwas seltener – durch Ankerkörper oder angeschweißte Querstäbe.

Länge der Verankerung nach DIN 1045 (7.88)

$$l_1 = l_0 \cdot \alpha_1 \cdot \frac{\text{erf } A_s}{\text{vorh } A_s}, \text{ aber mindestens } 10\,d_s$$

bei geraden Stabenden, bzw. mindestens

$$\frac{d_{br}}{2} + d_s \text{ bei Haken, Winkelhaken und Schlaufen.}$$

l_0	Grundmaß der Verankerungslänge,
α_1	Beiwert, womit die Art der Verankerung einbezogen ist (siehe Tabelle),
erf A_s	rechnerisch erforderlicher Bewehrungsquerschnitt,
vorh A_s	vorhandener Bewehrungsquerschnitt,
d_s	Stabdurchmesser,
d_{br}	Biegerollendurchmesser

$$l_0 = \frac{\beta_s}{7 \cdot \text{zul } \tau_1} \cdot d_s$$

β_s	Betonstahlnennstreckgrenze
d_s	Durchmesser
zul τ_1	Grundwert der Verbundspannung nach DIN 1045, Tab. 19

Grundmaß der Verankerungslänge l_0 in cm

d_s	BSt 420 S / Fe E 275					BSt 500 S / Fe E 355				
mm	B 15	B 25	B 35	B 45	B 55	B 15	B 25	B 35	B 45	B 55
6	26	20	17	14	12	31	24	20	17	15
8	35	27	22	19	16	41	32	26	22	19
10	43	34	28	23	20	51	40	33	28	24
12	52	40	33	28	24	62	48	39	33	29
14	60	47	38	33	28	72	56	46	39	34
16	69	54	44	37	32	82	64	52	44	39
20	86	67	55	46	40	102	80	65	55	48
25	107	84	68	58	50	128	100	81	69	60
28	120	94	77	65	56	143	111	91	77	67

Die Tabellenwerte sind gültig für alle Bewehrungsstäbe, die
- beim Betonieren zwischen 45° und 90° gegen die Waagerechte neigen,
- flacher als 45° neigen, aber beim Betonieren höchstens 25 cm über der Unterkante oder mindestens 30 cm unter der Oberkante des Betons liegen.

Alle anderen Bewehrungsstäbe benötigen zur Verankerung die doppelten Tabellenwerte.

Beiwert α_1 für Ermittlung der Verankerungslänge (Auszug)

Verankerungsart	Beiwert α_1 Zugstäbe	Beiwert α_1 Druckstäbe	Verankerungsart	Beiwert α_1 Zugstäbe	Beiwert α_1 Druckstäbe
1. Gerade Stabenden 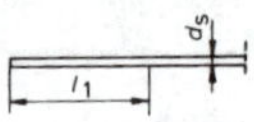	1,0	1,0	5. Gerade Stabenden mit mind. einem angeschweißten Stab innerhalb l_1 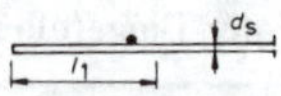	0,7	0,7
2. Haken 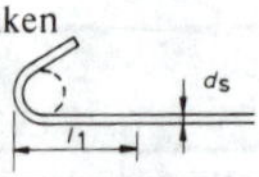	0,7 (1,0)	1,0			
3. Winkelhaken 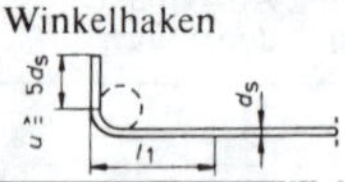	0,7 (1,0)	1,0	6. Gerade Stabenden mit mind. zwei angeschweißten Stäben innerhalb l_1 (Nur zulässig bei Einzelstäben mit d_s = 16 mm, bzw. Doppelstäben mit d_s = 12 mm) 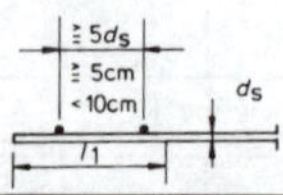	0,5	0,5
4. Schlaufen 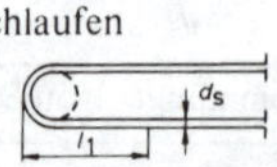	0,7 (1,0)	1,0			

Die in Klammern angegebenen Werte gelten, wenn im Krümmungsbereich rechtwinklig zur Krümmungsebene die Betondeckung weniger als 3 d_s beträgt, bzw. kein Querdruck oder keine enge Verbügelung vorhanden ist.

3.7 Stahlbeton

B e i s p i e l für die Verankerung eines Zugbewehrungsstabes:

Ein Bewehrungsstab, BSt 420 S mit einem Durchmesser von 16 mm, soll mit Winkelhaken im Beton B 25 verankert werden. Die in der statischen Berechnung für diese Stelle ermittelte erforderliche Bewehrung beträgt 1,84 cm².

Lösung:

$\min l_1 = l_0 \cdot \alpha_1 \cdot \dfrac{\text{erf } A_s}{\text{vorh } A_s} = 54 \cdot 0{,}7 \cdot \dfrac{1{,}84}{2{,}01} = \mathbf{34{,}6\ cm}$

$ü = 5\ d_s = 5 \cdot 1{,}6 = \mathbf{8{,}0\ cm}$

$d_{br} = 4\ d_s = 4 \cdot 1{,}6 = \mathbf{6{,}4\ cm}$

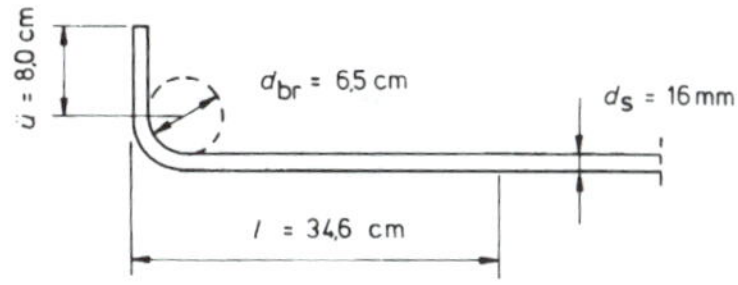

Stöße von Bewehrungsstäbe

Aus herstellungs- bzw. bewehrungstechnischen Gründen kann es erforderlich sein, Bewehrungsstäbe zu verlängern. Die Stöße können durch Übergreifen der Stäbe, durch Verschrauben, Verschweißen, Vermuffen, bzw. bei Druckstößen, durch Kontakt der Stirnflächen hergestellt werden.

Die Länge der am meisten angewendeten Übergreifung bei Zugstößen ist in DIN 1045 vorgeschrieben.

Übergreifungslänge $l_ü$ bei Zugstößen:

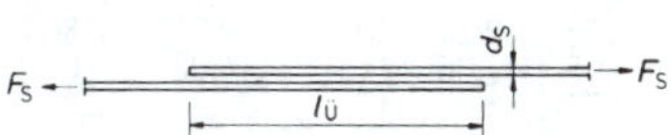

Gerade Stabenden

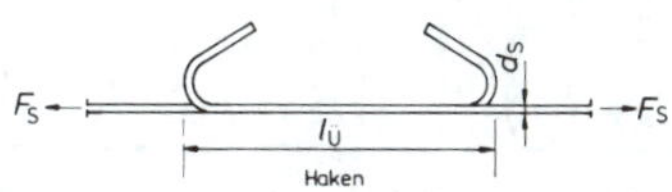

Haken

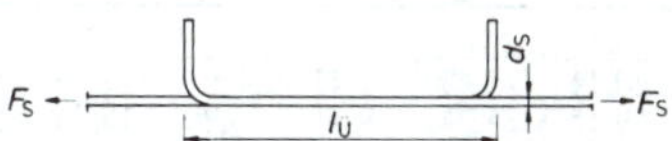

Winkelhaken

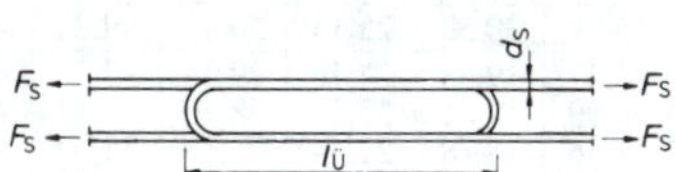

Schlaufen

Zwei Stäbe werden als übergreifend betrachtet, wenn der lichte Abstand der Stäbe höchstens 4 d_s beträgt.

Die Länge der Übergreifung bei geraden Stabenden, Haken, Winkelhaken und Schlaufen ist nach folgender Formel zu berechnen:

$l_ü = \alpha_ü \cdot l_1$ ≥ 20 cm in allen Fällen
≥ 15 d_s bei geraden Enden
≥ 1,5 d_{br} bei sonst. Formen

l_1 Verankerungslänge der Bewehrungsstäbe (siehe dort), darf jedoch nicht kleiner als 0,7 in Rechnung gestellt werden,
$\alpha_ü$ Beiwert (siehe Tabelle),
d_s Stabdurchmesser
d_{br} Biegerollendurchmesser

Beiwerte

Lage der Bewehrung	d_s mm	Anteil der in einem Querschn. gestoß. Längsbewehrung ≤ 20%	> 20% ≤ 50%	> 50%
Für Stäbe, die beim Betonieren zwischen 45° und 90° gegen die Waagerechte neigen, oder flacher neigen, aber höchstens 25 cm über der Unterkante oder mindestens 30 cm unter der Oberkante des Betons liegen	<16	1,20	1,40	1,60
	≥ 16	1,40	1,80	2,20
Für alle anderen Bewehrungsstäbe	< 16	0,90	1,05	1,20
	≥ 16	1,05	1,35	1,65

Die α-Werte dürfen auf 70% reduziert werden, wenn der Achsabstand der Stöße mindestens 10 d_s, der Randabstand mindestens 5 d_s beträgt.

B e i s p i e l:

Zu ermitteln ist die Mindest-Übergreifungslänge eines Zugstoßes bei folgenden Angaben:

BSt 420 S
$d_s = 14$ mm
erf $A_s = 1{,}32$ cm²
vorh $A_s = 1{,}54$ cm²
Stabende: Haken; Stöße im Querschnitt: 60%
Beton B 35

Lösung: $\min l_ü = \alpha_ü \cdot l_1 =$

$= \alpha_ü \cdot \alpha_1 \cdot l_0 \cdot \dfrac{\text{erf} A_s}{\text{vorh } A_s} =$

$= 1{,}60 \cdot 0{,}7 \cdot 38 \cdot \dfrac{1{,}32}{1{,}54} = \mathbf{36{,}5\ cm}$

3

3.7 Stahlbeton

In einem Bauteilquerschnitt dürfen höchstens folgende Anteile der dort vorhandenen Bewehrung gestoßen werden:

Zulässiger Anteil der gestoßenen Stäbe		
	einlagig	mehrlagig
Übergreifung	100 %	50 %
Schweißen Schrauben	100 %	
Kontaktstoß	50 %	

Wenn mehr als die in der Tabelle zugelassenen Bewehrungsanteile gestoßen werden sollen, müssen die Stöße in Längsrichtung mit $1{,}3 \cdot l_ü$ versetzt werden:

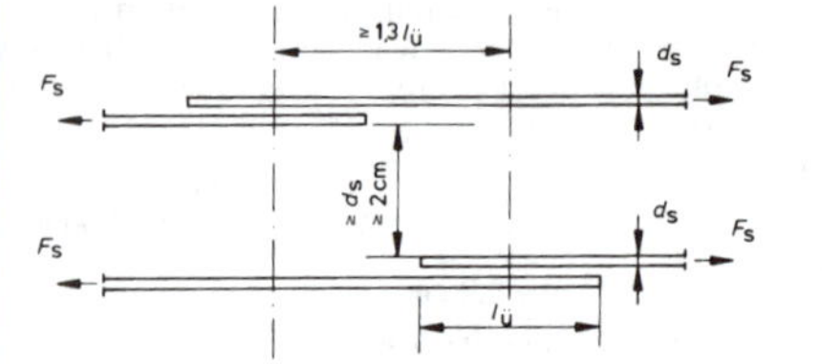

3.7.3 Querschnittstabellen

Gesamtquerschnitt A_s in cm²

d_s	Gewicht eines Stabes	Stückzahl der Stäbe									
mm	kg/m	1	2	3	4	5	6	7	8	9	10
5	0,154	0,20	0,40	0,59	0,79	0,98	1,18	1,37	1,57	1,76	1,96
6	0,222	0,28	0,56	0,85	1,13	1,41	1,70	1,98	2,26	2,55	2,83
8	0,395	0,50	1,00	1,51	2,01	2,51	3,01	3,52	4,02	4,53	5,03
10	0,617	0,79	1,57	2,36	3,14	3,93	4,71	5,50	6,28	7,06	7,85
12	0,888	1,13	2,26	3,39	4,52	5,65	6,78	7,91	9,04	10,17	11,31
14	1,208	1,54	3,08	4,62	6,16	7,70	9,24	10,78	12,32	13,86	15,39
16	1,578	2,01	4,02	6,03	8,04	10,05	12,06	14,07	16,08	18,09	20,11
18	1,998	2,54	5,09	7,63	10,18	12,72	15,27	17,81	20,36	22,90	25,45
20	2,466	3,14	6,28	9,42	12,56	15,70	18,84	21,98	25,12	28,26	31,41
22	2,984	3,80	7,60	11,40	15,20	19,01	22,81	26,61	30,41	34,21	38,01
25	3,853	4,91	9,82	14,73	19,64	24,55	29,46	34,37	39,28	44,19	49,10
28	4,834	6,16	12,32	18,47	24,63	30,79	36,95	43,11	49,26	55,42	61,58
32	6,313	8,04	16,08	24,13	32,17	40,21	48,25	56,29	64,34	72,38	80,42
36	7,990	10,18	20,36	30,54	40,72	50,90	61,07	71,25	81,43	91,61	101,8
40	9,865	12,57	25,13	37,70	50,27	62,83	75,40	87,96	100,5	113,1	125,7

Stahlquerschnitt a_s je m Plattenbreite in cm²

Abstand	Stückzahl	Stabdurchmesser d_s in mm										
cm	je m	6	8	10	12	14	16	18	20	22	25	28
10,0	10,0	2,83	5,00	7,85	11,31	15,39	20,11	25,45	31,41	38,01	49,10	61,60
10,5	9,5	2,69	4,79	7,48	10,77	14,66	19,15	24,24	29,91	36,20	46,76	58,67
11,0	9,1	2,57	4,57	7,14	10,28	13,99	18,28	23,14	28,55	34,55	44,64	56,00
11,5	8,7	2,46	4,37	6,83	9,84	13,39	17,49	22,13	27,31	33,05	42,70	53,57
12,0	8,3	2,36	4,19	6,54	9,42	12,83	16,76	21,21	26,17	31,67	40,92	51,33
12,5	8,0	2,26	4,02	6,28	9,05	12,32	16,09	20,36	25,13	30,41	39,28	49,28
13,0	7,7	2,17	3,87	6,04	8,70	11,84	15,47	19,58	24,16	29,24	37,77	47,38
13,5	7,4	2,09	3,72	5,82	8,38	11,40	14,90	18,85	23,27	28,16	36,37	45,63
14,0	7,1	2,02	3,59	5,61	8,08	11,00	14,36	18,18	22,44	27,15	35,07	44,00
14,5	6,9	1,95	3,47	5,42	7,80	10,62	13,87	17,55	21,66	26,21	33,86	42,48
15,0	6,7	1,89	3,35	5,24	7,54	10,26	13,41	16,97	20,94	25,34	32,73	41,07
15,5	6,5	1,82	3,24	5,07	7,30	9,93	12,97	16,42	20,27	24,52	31,68	39,74
16,0	6,3	1,77	3,14	4,91	7,07	9,62	12,57	15,90	19,64	23,76	30,69	38,50
16,5	6,1	1,71	3,05	4,76	6,85	9,33	12,19	15,42	19,04	23,04	29,76	37,33
17,0	5,9	1,66	2,96	4,62	6,65	9,05	11,83	14,97	18,48	22,36	28,88	36,24
17,5	5,7	1,62	2,87	4,49	6,46	8,79	11,49	14,54	17,95	21,72	28,06	35,20
18,0	5,6	1,57	2,79	4,36	6,28	8,55	11,17	14,14	17,46	21,12	27,28	34,22
18,5	5,4	1,53	2,72	4,25	6,11	8,32	10,87	13,76	16,94	20,55	26,54	33,30
19,0	5,3	1,49	2,65	4,13	5,95	8,10	10,58	13,39	16,54	20,01	25,84	32,42
19,5	5,1	1,45	2,58	4,03	5,80	7,89	10,31	13,05	16,11	19,49	25,18	31,59
20,0	5,0	1,41	2,51	3,93	5,65	7,69	10,05	12,72	15,71	19,01	24,55	30,80

3.8 Betonstahl

Betonstahl

Für Stahlbeton werden die in der DIN 488 aufgeführten Stahlsorten verwendet. In der folgenden Tabelle sind die wichtigsten Eigenschaften der Betonstähle zusammengestellt.

Sorteneinteilung und Eigenschaften der Betonstähle

Verarbeitungsform	Kurzname	Kurzzeichen	Oberfläche	Stahlherstellungsart	Nenndurchmesser d_s mm	Streckgrenze R_e bzw. $R_{p0,2}$ N/mm²	Zugfestigkeit R_m N/mm²	Schweißeignung für Verfahren [1])	Bruchdehnung A_{10} %
Betonstabstahl (S)	BST 420 S	III S	gerippt	unbehandelt oder kaltverformt	6–28	420	500	E, MAG, GP, RA, RP	10
	BST 500 S	IV S				500	550		10
Betonstahlmatte (M)	BST 500 M	IV M	gerippt	kalt verformt	4–12	500	550	E, MAG, RP	8
Bewehrungsdraht	BST 500 G	IV G	glatt	kalt verformt	4–12	500	550		8
	BST 500 P	IV P	profiliert						

[1]) E = Metall-Lichtbogenhandschweißen, MAG = Metall-Aktivgasschweißen, GP = Gaspreßschweißen, RA = Abbrennstumpfschweißen, RP = Widerstandspunktschweißen

Betonstähle müssen mit einer Werkkennzeichnung versehen sein. Ein Verzeichnis der Länder mit den entsprechenden Werkkennzeichen wird beim Institut für Bautechnik in Berlin geführt.

Zwei verbreiterte Rippen sind der Beginn der Kennzeichnung, dann folgen die Nummer des Landes und die Werknummer jeweils durch verbreiterte Rippen getrennt. Bei Nummern > 10 werden Zehner und Einerstellen durch eine verbreiterte Rippe getrennt.

Beispiel eines BSt 420 S

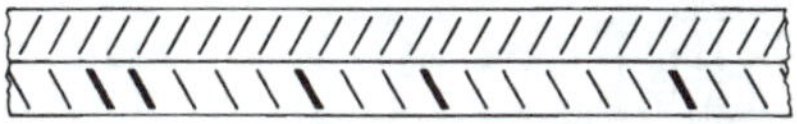

Land: 3
Werk: 25

Oberflächenbeschaffenheit gerippter Betonstähle

Kalt verwundener BST 500 S	Kalt verwundener BST 420 S
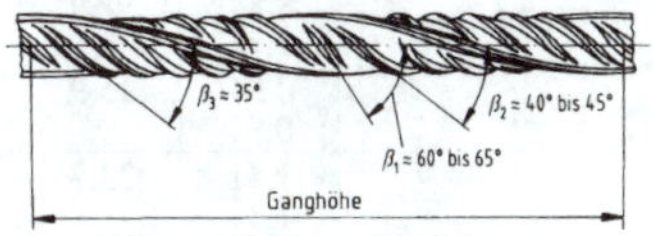	
Nicht verwundener BST 420 S mit Längsrippen	**Profilierter Bewehrungsdraht BST 500 P**
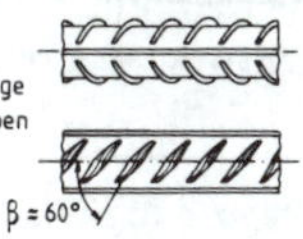	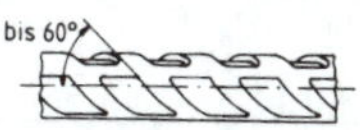

3.8 Betonstahl

Querschnittsreihe für Lagermatten der Baustahlgewebe GmbH[1])

Länge / Breite	Randeinsparung (Längsrichtung)	Mattenbezeichnung [2])	Mattenaufbau in Längsrichtung / Querrichtung: Stababstände	Stabdurchmesser Innen / Rand	Anzahl der Längsrandstäbe links / rechts	Querschnitte längs / quer	Gewichte je Matte	Gewichte je m²
m			mm	mm		cm²/m	kg	kg
5,00 / 2,15	ohne	Q 131	150 150	5,0 5,0		1,31 1,31	22,5	2,09
		Q 188	150 150	6,0 6,0		1,88 1,88	32,4	3,01
	mit	Q 221	150 150	6,5 / 5,0 – 6,5	4 / 4	2,21 2,21	33,7	3,14
		Q 257	150 150	7,0 / 5,0 – 7,0	4 / 4	2,57 2,57	38,2	3,55
		Q 377	150 150	6,0d / 6,0 – 8,5	4 / 4	3,78 3,78	56,0	5,21
6,00 / 2,15		Q 513	150 100	7,0d / 7,0 – 8,0	4 / 4	5,13 5,03	90,0	6,97
5,00 / 2,15	ohne	R 131	150 250	5,0 4,0		1,31 0,50	15,8	1,47
		R 188	150 250	6,0 4,0		1,88 0,50	20,9	1,95
	mit	R 221	150 250	6,5 / 5,0 – 4,0	2 / 2	2,21 0,50	21,6	2,01
		R 257	150 250	7,0 / 5,0 – 4,5	2 / 2	2,57 0,64	25,1	2,33
		R 317	150 250	5,5d / 5,5 – 4,5	2 / 2	3,17 0,64	29,7	2,76
		R 377	150 250	6,0d / 6,0 – 5,0	2 / 2	3,77 0,78	35,5	3,30
		R 443	150 250	6,5d / 6,5 – 5,5	2 / 2	4,43 0,95	41,8	3,89
6,00 / 2,15		R 513	150 250	7,0d / 7,0 – 6,0	2 / 2	5,13 1,13	58,6	4,54
		R 589	150 250	7,5d / 7,5 – 6,5	2 / 2	5,89 1,33	67,5	5,24
		K 664	100 250	6,5d / 6,5 – 6,5	4 / 4	6,64 1,33	69,6	5,39
		K 770	100 250	7,0d / 7,0 – 7,0	4 / 4	7,70 1,54	80,8	6,27
		K 884	100 250	7,5d / 7,5 – 7,5	4 / 4	8,84 1,77	92,9	7,20
5,00 / 2,45	ohne	N 94	75 75	3,0 3,0		0,94 0,94	15,9	1,48
		N 141	50 50	3,0 3,0		1,41 1,41	23,7	2,20

Randausbildung bei Randeinsparung

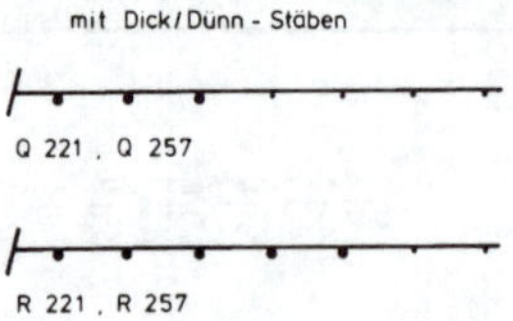

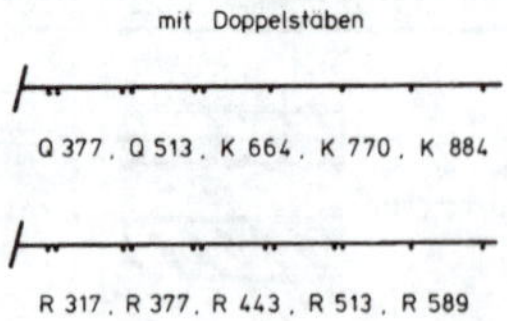

[1]) Nachdruck mit Genehmigung der Baustahlgewebe GmbH, Düsseldorf
[2]) Q = quadratische Matte N = nicht statische Matte R = Rechteckmatte K = Kari-Matte

3.9 Metalle

3.9.1 Stahlwerkstoffe

Allgemeine Baustahlsorten gemäß DIN 17100 (1.80 + Entwurf)

DIN 17100	EN 10025	EN 10025	DA 1)	StA 2)	Streckgrenze R_{eH} (N/mm^2) 3)	Zugfestigkeit R_m (N/mm^2) 3)	Bruchdehnung δ (%) 3)
USt 37-2	Fe E 235 BFU	Fe 360 BFU	FU	GP	235 – 225	510 – 320	15 – 21
RSt 37-2 St 37-3 U St 37-3 N	Fe E 235 BFN Fe E 235 C Fe E 235 D1	Fe 360 BFN Fe 360 C Fe 360 D	FN FN FF	GP QS QS	235 – 175	510 – 320	15 – 21
St 44-2 St 44-3 U St 44-3 N	Fe E 275 B Fe E 275 C Fe E 275 D1	Fe 430 B Fe 430 C Fe 430 D	FN FN FF	GP QS QS	275 – 205	580 – 380	12 – 18
St 52-3 U St 52-3 N	Fe E 355 C Fe E 355 D1	Fe 510 C Fe 510 D	FN FF	QS QS	355 – 275	680 – 450	12 – 18
St 50-2	Fe 490-2	Fe 490-2	FN	GP	295 – 225	660 – 440	10 – 16
St 60-2	Fe 590-2	Fe 590-2	FN	GP	335 – 255	770 – 540	6 – 12
St 70-2	Fe 690-2	Fe 690-2	FN	GP	360 – 285	900 – 640	3 – 8

Zulässige Spannungen für Bauteile in N/mm^2

Zeile	Spannungsart	Werkstoff St 37 (Fe E 235) Lastfall 4)		St 52 (Fe E 355) Lastfall 4)	
		H	H + Z	H	H + Z
1.	Druck und Biegedruck, wenn Nachweis auf Knicken und Kippen nach DIN 4114 erforderlich ist	140	160	210	240
2.	Zug und Biegezug, Biegedruck, wenn Ausweichen der gedruckten Gurte nicht möglich ist	160	180	240	270
3.	Schub	92	104	139	156
4.	Lochleibung bei Verbindung durch Niete oder Paßschrauben	280	320	420	470

Materialwerte für Walzstahl und Stahlguß nach DIN 18800 T1 (11.90)

Stahl	Materialdicke t mm	Streckgrenze $f_{Y,K}$ N/mm^2	Zugfestigkeit $f_{U,K}$ N/mm^2	E-Modul E N/mm^2	Schubmodul G N/mm^2	Temperaturdehnzahl α_T K^{-1}
St 37-2 Ust 37-2	$t \leq 40$	240	360	210 000	81 000	$12 \cdot 10^{-6}$
Rst 37-2 St 37-3	$40 < t \leq 80$	215				
St 52-3 StE 355	$t \leq 40$	360	510			
5) WStE 355 5) TStE 355 5) EStE 355	$40 < t \leq 80$	325				
Guß GS-52		260	520			

1) DA Desoxidationsart: FU unberuhigter Stahl; FN unberuhigter Stahl nicht zulässig; FF vollberuhigter Stahl
2) Stahlart: GP Grundstahl, QS Qualitätsstahl
3) Die Werte sind von der Nenndicke des Materials abhängig
4) H Hauptlasten, Z Zusatzlasten, wie Windlast, Bremslast, usw.
5) Feinkornbaustahl

3.9 Metalle

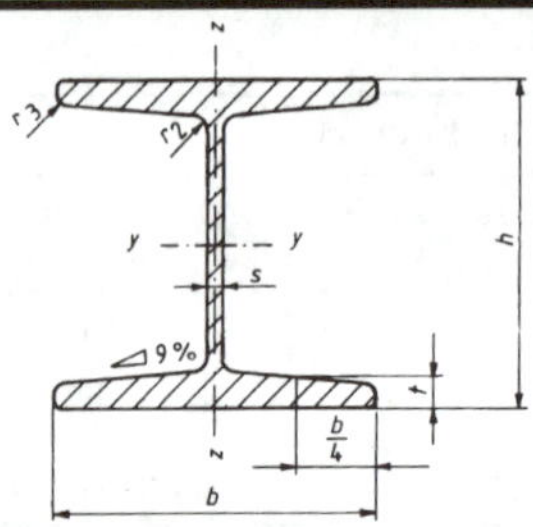

Warmgewalzte breite I-Träger, mit geneigten Flanschflächen

Bezeichnungsbeispiel:

IB 160 DIN 1025 – St 37-2

bedeutet: – IB-Träger
– $h = 160$ mm

Kurzzeichen IB	Abmessungen h mm	b mm	s mm	t mm	r_2 mm	r_3 mm	Querschnitt A cm^2	Gewicht G kg/m	Für die Biegeachse $y-y$: I_y cm^4	W_y cm^3	i_y cm	$z-z$: I_z cm^4	W_z cm^3	i_z cm
100	100	100	7,5	10,25	10	1,5	26,8	21,0	447	89,4	4,09	151	30,1	2,37
120	120	120	8	11	11	1,5	34,6	27,2	852	142	4,95	276	46,0	2,82
140	140	140	8	12	12	–	43,3	34,0	1490	213	5,86	475	67,8	3,31
160	160	160	9	14	14	–	57,4	45,0	2580	322	6,70	831	104	3,81
180	180	180	9	14	14	–	64,7	50,8	3750	417	7,62	1170	130	4,25

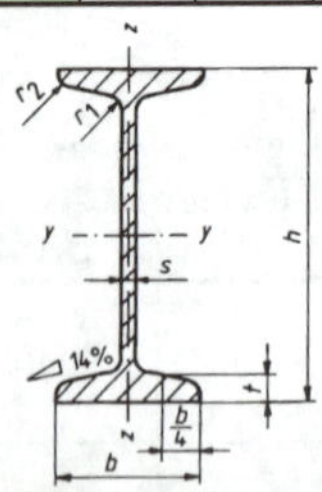

Warmgewalzte schmale I-Täger nach DIN 1025 (10.63)

Bezeichnungsbeispiel:

I 240 DIN 1025 – St 37-2

bedeutet: – I-Träger
– $h = 240$ mm

Kurzzeichen I	Abmessungen h mm	b mm	s mm	t mm	r_1 mm	r_2 mm	Querschnitt A cm^2	Gewicht G kg/m	Für die Biegeachse $y-y$: I_y cm^4	W_y cm^3	i_y cm	$z-z$: I_z cm^4	W_z cm^3	i_z cm
80	80	42	3,9	5,9	3,9	2,3	7,57	5,94	77,8	19,5	3,20	6,29	3,00	0,91
100	100	50	4,5	6,8	4,5	6,8	10,6	8,34	171	34,2	4,01	12,2	4,88	1,07
120	120	58	5,1	7,7	5,1	3,1	14,2	11,1	328	54,7	4,81	21,5	7,41	1,23
140	140	66	5,7	8,6	5,7	3,4	18,2	14,3	573	81,9	5,61	35,2	10,7	1,40
160	160	74	6,3	9,5	6,3	3,8	22,8	17,9	935	117	6,40	54,7	14,8	1,55
180	180	82	6,9	10,4	6,9	4,1	27,9	21,9	1450	161	7,20	81,3	19,8	1,71
200	200	90	7,5	11,3	7,5	4,5	33,4	26,2	2140	214	8,00	117	26,0	1,87
220	220	98	8,1	12,2	8,1	4,9	39,5	31,1	3060	278	8,80	162	33,1	2,02
240	240	106	8,7	13,1	8,7	5,2	46,1	36,2	4250	354	9,59	221	41,7	2,20
260	260	113	9,4	14,1	9,4	5,6	53,3	41,9	5740	442	10,4	288	51,0	2,32
280	280	119	10,1	15,2	10,1	6,1	61,0	47,9	7590	542	11,1	364	61,2	2,45
300	300	125	10,8	16,2	10,8	6,5	69,0	54,2	9800	653	11,9	451	72,2	2,56
320	320	131	11,5	17,3	11,5	6,9	77,7	61,0	12510	782	12,7	555	84,7	2,67
340	340	137	12,2	18,3	12,2	7,3	86,7	68,0	15700	923	13,5	674	98,4	2,80
360	360	143	13,0	19,5	13,0	7,8	97,0	76,1	19610	1090	14,2	818	114	2,90
380	380	149	13,7	20,5	13,7	8,2	107	84,0	24010	1260	15,0	975	131	3,02

3.9 Metalle

Warmgewalzte schmale I-Träger nach DIN 1025 (Fortsetzung)

Kurzzeichen I	Abmessungen h mm	b mm	s mm	t mm	r_1 mm	r_2 mm	Querschnitt A cm^2	Gewicht G kg/m	Für die Biegeachse $y-y$: I_y cm^4	W_y cm^3	i_y cm	$z-z$: I_z cm^4	W_z cm^3	i_z cm
400	400	155	14,4	21,6	14,4	8,6	118	92,4	29210	1460	15,7	1160	149	3,13
425	425	163	15,3	23,0	15,3	9,2	132	104	36970	1740	16,7	1440	176	3,30
450	450	170	16,2	24,3	16,2	9,7	147	115	45850	2040	17,7	1730	203	3,43
475	475	178	17,1	25,6	17,1	10,3	163	128	56480	2380	18,6	2090	235	3,60
500	500	185	18,0	27,0	18,0	10,8	179	141	68740	2750	19,6	2480	268	3,72

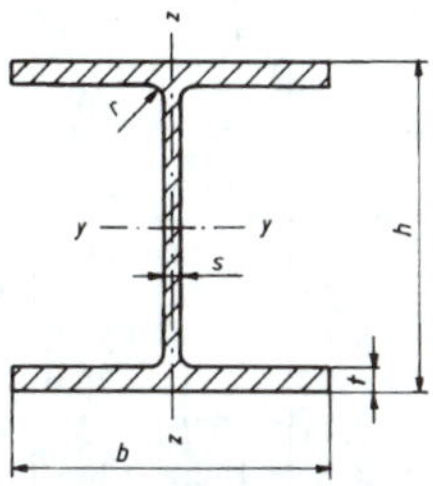

Warmgewalzte breite I-Träger mit parallelen Flanschflächen nach DIN 1025 (10.63)

Bezeichnungsbeispiel:

IPB 200 DIN 1025 – St 37-2

bedeutet: – IPB-Träger
– $h = 200$ mm

Kurzzeichen IPB	Abmessungen h mm	b mm	s mm	t mm	r_1 mm	Querschnitt A cm^2	Gewicht G kg/m	Für die Biegeachse $y-y$: I_y cm^4	W_y cm^3	i_y cm	$z-z$: I_z cm^4	W_z cm^3	i_z cm
100	100	100	6	10	12	26,0	20,4	450	89,9	4,16	167	33,5	2,53
120	120	120	6,5	11	12	34,0	26,7	864	144	5,04	318	52,9	3,06
140	140	140	7	12	12	43,0	33,7	1510	216	5,93	550	78,5	3,58
160	160	160	8	13	15	54,3	42,6	2490	311	6,78	889	111	4,05
180	180	180	8,5	14	15	65,3	51,2	3830	426	7,66	1360	151	4,57
200	200	200	9	15	18	78,1	61,3	5700	570	8,54	2000	200	5,07
220	220	220	9,5	16	18	91,0	71,5	8090	736	9,43	2840	258	5,59
240	240	240	10	17	21	106	83,2	11260	938	10,3	3920	327	6,08
260	260	260	10	17,5	24	118	93,0	14920	1150	11,2	5130	395	6,58
280	280	280	10,5	18	24	131	103	19270	1380	12,1	6590	471	7,09
300	300	300	11	19	27	149	117	25170	1680	13,0	8560	571	7,58
320	320	300	11,5	20,5	27	161	127	30820	1930	13,8	9240	616	7,57
340	340	300	12	21,5	27	171	134	36660	2160	14,6	9690	646	7,53
360	360	300	12,5	22,5	27	181	142	43190	2400	15,5	10140	676	7,49
400	400	300	13,5	24	27	198	155	57680	2880	17,1	10820	721	7,40
450	450	300	14	26	27	218	171	79890	3550	19,1	11720	781	7,33
500	500	300	14,5	28	27	239	187	107200	4290	21,2	12620	842	7,27
550	550	300	15	29	27	254	199	136700	4970	23,2	13080	872	7,17
600	600	300	15,5	30	27	270	212	171000	5700	25,2	13530	902	7,08
650	650	300	16	31	27	286	225	210600	6480	27,1	13980	932	6,99
700	700	300	17	32	27	306	241	256900	7340	29,0	14400	963	6,87
800	800	300	17,5	33	30	334	262	359100	8980	32,8	14900	994	6,68
900	900	300	18,5	35	30	371	291	494100	10980	36,5	15820	1050	6,53
1000	1000	300	19	36	30	400	314	644700	12890	40,1	16280	1090	6,38

3.9 Metalle

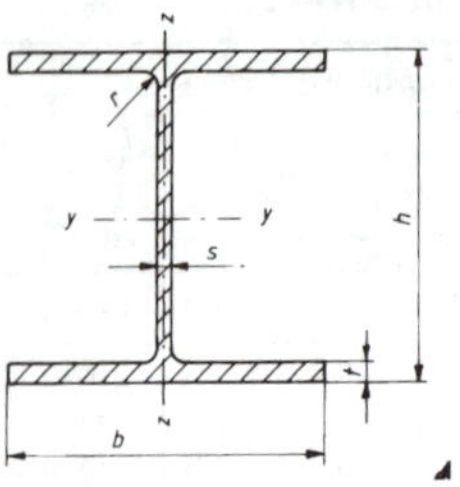

Warmgewalzte breite I-Träger mit parallelen Flanschflächen, leichte Ausführung nach DIN 1025 (10.63)

Bezeichnungsbeispiel:

IPBI 360 DIN 1025 – St 37-2

bedeutet: – IPBI-Träger
– $h = 360$ mm

Kurzzeichen IPBI	Abmessungen					Querschnitt	Gewicht	Für die Biegeachse					
								$y-y$			$z-z$		
	h	b	s	t	r	A	G	I_y	W_y	i_y	I_z	W_z	i_z
	mm	mm	mm	mm	mm	cm^2	kg/m	cm^4	cm^3	cm	cm^4	cm^3	cm
100	96	100	5	8	12	21,2	16,7	349	72,8	4,06	134	26,8	2,51
120	114	120	5	8	12	25,3	19,9	606	106	4,89	231	38,5	3,02
140	133	140	5,5	8,5	12	31,4	24,7	1030	155	5,73	389	55,6	3,52
160	152	160	6	9	15	38,8	30,4	1670	220	6,57	616	76,9	3,98
180	171	180	6	9,5	15	45,3	35,5	2510	294	7,45	925	103	4,52
200	190	200	6,5	10	18	53,8	42,3	3690	389	8,28	1340	134	4,98
220	210	220	7	11	18	64,3	50,5	5410	515	9,17	1950	178	5,51
240	230	240	7,5	12	21	76,8	60,3	7760	675	10,1	2770	231	6,00
260	250	260	7,5	12,5	24	86,8	68,2	10450	836	11,0	3670	282	6,50
280	270	280	8	13	24	97,3	76,4	13670	1010	11,9	4760	340	7,00
300	290	300	8,5	14	27	112	88,3	18260	1260	12,7	6310	421	7,49
320	310	300	9	15,5	27	124	97,6	22930	1480	13,6	6990	466	7,49
340	330	300	9,5	16,5	27	133	105	27690	1680	14,4	7440	496	7,46
360	350	300	10	17,5	27	143	112	33090	1890	15,2	7890	526	7,43
400	390	300	11	19	27	159	125	45070	2310	16,8	8560	571	7,34
450	440	300	11,5	21	27	178	140	63720	2900	18,9	9470	631	7,29
500	490	300	12	23	27	198	155	86970	3550	21,0	10370	691	7,24
550	540	300	12,5	24	27	212	166	111900	4150	23,0	10820	721	7,15
600	590	300	13	25	27	226	178	141200	4790	25,0	11270	751	7,05
650	640	300	13,5	26	27	242	190	175200	5470	26,9	11720	782	6,97
700	690	300	14,5	27	27	260	204	215300	6240	28,8	12180	812	6,84
800	790	300	15	28	30	286	224	303400	7680	32,6	12640	843	6,65
900	890	300	16	30	30	320	252	422100	9480	36,3	13550	903	6,50
1000	990	300	16,5	31	30	347	272	553800	11190	40,0	14000	934	6,35

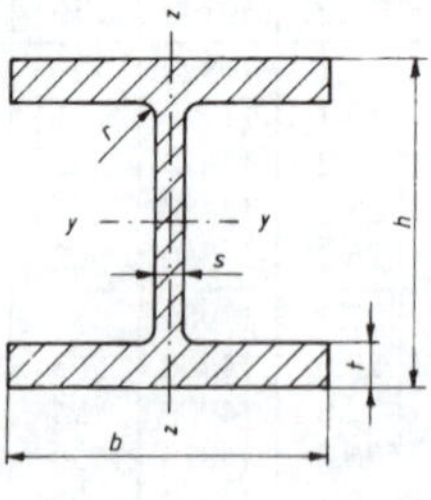

Warmgewalzte breite I-Träger mit parallelen Flanschflächen, verstärkte Ausführung nach DIN 1025 (10.63)

Bezeichnungsbeispiel:

IPBv 360 DIN 1025 – St 37-2

bedeutet: IPBv-Träger

Warmgewalzte breite I-Träger mit parallelen Flanschflächen, verstärkte Ausführung (Forts.)

Kurzzeichen IPBv	Abmessungen h mm	b mm	s mm	t mm	r mm	Querschnitt A cm^2	Gewicht G kg/m	Für die Biegeachse y–y I_y cm^4	W_y cm^3	i_y cm	z–z I_z cm^4	W_z cm^3	i_z cm
100	120	106	12	20	12	53,2	41,8	1140	190	4,63	399	75,3	2,74
120	140	126	12,5	21	12	66,4	52,1	2020	288	5,51	703	112	3,25
140	160	146	13	22	12	80,6	63,2	3290	411	6,39	1140	157	3,77
160	180	166	14	23	15	97,1	76,2	5100	566	7,25	1760	212	4,26
180	200	186	14,5	24	15	113	88,9	7480	748	8,13	2580	277	4,77
200	220	206	15	25	18	131	103	10640	967	9,00	3650	354	5,27
220	240	226	15,5	26	18	149	117	14600	1220	9,89	5010	444	5,79
240	270	248	18	32	21	200	157	24290	1800	11,0	8150	657	6,39
260	290	268	18	32,5	24	220	172	31310	2160	11,9	10450	780	6,90
280	310	288	18,5	33	24	240	189	39550	2550	12,8	13160	914	7,40
300	340	310	21	39	27	303	238	59200	3480	14,0	19400	1250	8,00
320/305	320	305	16	29	27	225	177	40950	2560	13,5	13740	901	7,81
320	359	309	21	40	27	312	245	68130	3800	14,8	19710	1280	7,95
340	377	309	21	40	27	316	248	76370	4050	15,6	19710	1280	7,90
360	395	308	21	40	27	319	250	84870	4300	16,3	19520	1270	7,83
400	432	307	21	40	27	326	256	104100	4820	17,9	19330	1260	7,70
450	478	307	21	40	27	335	263	131500	5500	19,8	19340	1260	7,59
500	524	306	21	40	27	344	270	161900	6180	21,7	19150	1250	7,46
550	572	306	21	40	27	354	278	198000	6920	23,6	19160	1250	7,35
600	620	305	21	40	27	364	285	237400	7660	25,6	18970	1240	7,22
650	668	305	21	40	27	374	293	281700	8430	27,5	18980	1240	7,13
700	716	304	21	40	27	383	301	329300	9200	29,3	18800	1240	7,01
800	814	303	21	40	30	404	317	442600	10870	33,1	18630	1230	6,79
900	910	302	21	40	30	424	333	570400	12540	36,7	18450	1220	6,60
1000	1008	302	21	40	30	444	349	722300	14330	40,3	18460	1220	6,45

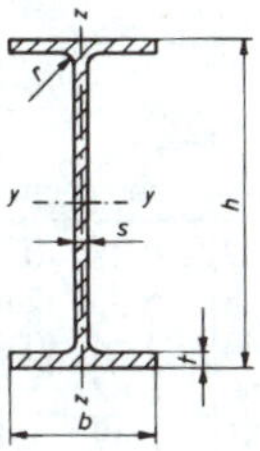

Warmgewalzte mittelbreite I-Träger nach DIN 1025 (3.65)

Bezeichnungsbeispiel:

IPE 200 DIN 1025 – St 37-2

bedeutet: – IPE-Träger
– $h = 200$ mm

Kurzzeichen IPE	Abmessungen h mm	b mm	s mm	t mm	r mm	Querschnitt A cm^2	Gewicht G kg/m	Für die Biegeachse y–y I_y cm^4	W_y cm^3	i_y cm	z–z I_z cm^4	W_z cm^3	i_z cm
80	80	46	3,8	5,2	5	7,64	6,0	80,1	20,0	3,24	8,49	3,69	1,05
100	100	55	4,1	5,7	7	10,3	8,1	171	34,2	4,07	15,9	5,79	1,24
120	120	64	4,4	6,3	7	13,2	10,4	318	53,0	4,9	27,7	8,65	1,45
140	140	73	4,7	6,9	7	16,4	12,9	541	77,3	5,74	44,9	12,3	1,65

3.9 Metalle

Warmgewalzte mittelbreite I-Träger nach DIN 1025 (Forts.)

Kurzzeichen	Abmessungen					Querschnitt	Gewicht	Für die Biegeachse					
								$y-y$			$z-z$		
IPE	h	b	s	t	r	A	G	I_y	W_y	i_y	I_z	W_z	i_z
	mm	mm	mm	mm	mm	cm^2	kg/m	cm^4	cm^3	cm	cm^4	cm^3	cm
160	160	82	5,0	7,4	9	20,1	15,8	869	109	6,58	68,3	16,7	1,84
180	180	91	5,3	8,0	9	23,9	18,8	1320	146	7,42	101	22,2	2,05
200	200	100	5,6	8,5	12	28,5	22,4	1940	194	8,26	142	28,5	2,24
220	220	110	5,9	9,2	12	33,4	26,2	2770	252	9,11	205	37,3	2,48
240	240	120	6,2	9,8	15	39,1	30,7	3890	324	9,97	284	47,3	2,69
270	270	135	6,6	10,2	15	45,9	36,1	5790	429	11,2	420	62,2	3,02
300	300	150	7,1	10,7	15	53,8	42,2	8360	557	12,5	604	80,5	3,35
330	330	160	7,5	11,5	18	62,6	49,1	11770	713	13,7	788	98,5	3,55
360	360	170	8,0	12,7	18	72,7	57,1	16270	904	15,0	1040	123	3,79
400	400	180	8,6	13,5	21	84,5	66,3	23130	1160	16,5	1320	146	3,95
450	450	190	9,4	14,6	21	98,8	77,6	33740	1500	18,5	1680	176	4,12
500	500	200	10,2	16,0	21	116	90,7	48200	1930	20,4	2140	214	4,31
550	550	210	11,1	17,2	24	134	106	67120	2440	22,3	2670	254	4,45
600	600	220	12,0	19,0	24	156	122	92080	3070	24,3	3390	308	4,66

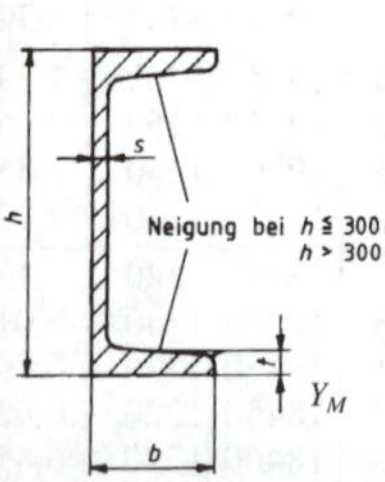

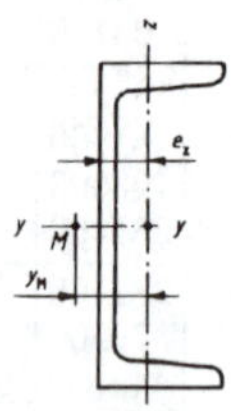

Warmgewalzter rundkantiger U-Stahl nach DIN 1026 (10.63)

Bezeichnungsbeispiel:

U 300 DIN 1026 – St 37-2

bedeutet:
- U-Stahl
- h = 300 mm
- Stahlsorte St 37-2

Kurzzeichen	Abmessungen						Querschnitt	Gewicht	Für die Biegeachse					
									$y-y$			$z-z$		
U	h	b	s	t	e_z	y_M	A	G	I_y	W_y	i_y	I_z	W_z	i_z
	mm	mm	mm	mm	mm	mm	cm^2	kg/m	cm^4	cm^3	cm	cm^4	cm^3	cm
30×15	30	15	4	4,5	5,2	7,4	2,21	1,74	2,53	1,69	1,07	0,38	0,39	0,42
30	30	33	5	7	13,1	22,2	5,44	4,27	6,39	4,26	1,08	5,33	2,68	0,99
40×20	40	20	5	5,5	6,7	10,1	3,66	2,87	7,58	3,79	1,44	1,14	0,86	0,56
40	40	35	5	7	13,3	2,32	6,21	4,87	14,1	7,05	1,50	6,68	3,08	1,04
50×25	50	25	5	6	8,1	13,4	4,92	3,86	16,8	6,73	1,85	2,49	1,48	0,71
50	50	38	5	7	13,7	24,7	7,12	5,59	26,4	10,6	1,92	9,12	3,75	1,13
60	60	30	6	6	9,1	15,0	6,46	5,07	31,6	10,5	2,21	4,51	2,16	0,84
65	65	42	5,5	7,5	14,2	26,0	9,03	7,09	57,5	17,7	2,52	14,1	5,07	1,25
80	80	45	6	8	14,5	26,7	11,0	8,64	106	26,5	3,10	19,4	6,36	1,33
100	100	50	6	8,5	15,5	29,3	13,5	10,6	206	41,2	3,91	29,3	8,49	1,47
120	120	55	7	9	16,0	30,3	17,0	13,4	364	60,7	4,62	43,2	11,1	1,59
140	140	60	7	10	17,5	33,7	20,4	16,0	605	86,4	5,45	62,7	14,8	1,75
160	160	65	7,5	10,5	18,4	35,6	24,0	18,8	925	116	6,21	85,3	18,3	1,89
180	180	70	8	11	19,2	37,5	28,0	22,0	1350	150	6,95	114	22,4	2,02
200	200	75	8,5	11,5	20,1	39,4	32,2	25,3	1910	191	7,70	148	27,0	2,14

3.9 Metalle

Warmgewalzter rundkantiger U-Stahl nach DIN 1026 (10.63)

Kurzzeichen	Abmessungen						Querschnitt	Gewicht	Für die Biegeachse					
									$y-y$			$z-z$		
U	h	b	s	t	e_z	y_M	A	G	I_y	W_y	i_y	I_z	W_z	i_z
	mm	mm	mm	mm	mm	mm	cm^2	kg/m	cm^4	cm^3	cm	cm^4	cm^3	cm
220	220	80	9	12,5	21,4	42,0	37,4	29,4	2690	245	8,48	197	33,6	2,30
240	240	85	9,5	13	22,3	43,9	42,3	33,2	3600	300	9,22	248	39,6	2,42
260	260	90	10	14	23,6	46,6	48,3	37,9	4820	371	9,99	317	47,7	2,56
280	280	95	10	15	25,3	50,2	53,5	41,8	6280	448	10,9	399	57,2	2,74
300	300	100	10	16	27,0	54,1	58,8	46,2	8030	535	11,7	495	67,8	2,90
320	320	100	14	17,5	26,0	48,2	75,8	59,5	10870	679	12,1	597	80,6	2,81
350	350	100	14	16	24,0	44,5	77,3	60,6	12840	734	12,9	570	75,0	2,72
380	380	102	13,5	16	23,8	45,8	80,4	63,1	15760	829	14,0	615	78,7	2,77
400	400	110	14	18	26,5	51,1	91,5	71,8	20350	1020	14,9	846	102	3,04

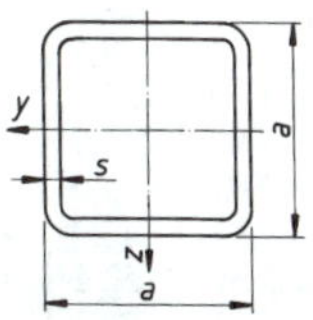

Hohlprofil für den Stahlbau nach DIN 59410 (5.74)
Warmgefertigte quadratische Stahl-Hohlprofile

Bezeichnungsbeispiel:

Hohlprofile 90 × 90 × 5,6 DIN 59410 – RSt 37-2
oder
Hohlprofil 90 × 90 × 5,6 DIN 59410 – Fe E 235 BFN

Nennmaß					Biegung um die y-Achse oder z-Achse			Torsion	
a	s	A	G	U	W_y	I_y	i_y	W_T	I_T
mm	mm	cm^2	kg/m	m^2/m	cm^3	cm^4	cm	cm^3	cm^4
40	2,9	4,23	3,32	0,155	4,83	9,66	1,51	7,97	15,0
	5,0	6,78	5,33	0,151	6,91	13,8	1,43	12,2	21,9
60	2,9	6,55	5,14	0,235	11,8	35,5	2,33	18,9	54,5
	5,0	10,8	8,47	0,231	18,0	54,1	2,24	30,2	84,5
80	4,5	13,4	10,5	0,312	31,7	127	3,08	51,3	196
	5,6	16,4	12,9	0,310	37,6	151	3,03	61,9	234
100	5,0	18,8	14,7	0,391	56,3	281	3,87	90,2	433
	8,0	28,9	22,7	0,386	81,1	406	3,75	135	633
120	6,3	28,0	22,0	0,465	99,7	598	4,62	163	942
140	6,3	33,1	26,0	0,545	140	977	5,44	225	1530
	10,0	50,5	39,6	0,536	200	1400	5,27	337	2250
160	6,3	37,7	29,6	0,618	183	1460	6,23	297	2330
	10,0	57,4	45,1	0,606	263	2100	6,05	446	3470
180	6,3	42,8	33,6	0,698	236	2120	7,05	379	3360
	10,0	65,4	51,4	0,686	343	3090	6,87	574	5040
200	6,3	47,8	37,5	0,778	296	2960	7,86	472	4660
	10,0	73,4	57,6	0,766	434	4340	7,69	718	7020
220	6,3	52,8	41,5	0,858	362	3980	8,68	574	6250
	10,0	81,4	63,9	0,846	535	5890	8,50	878	9470
260	7,1	70,5	55,4	1,010	573	7450	10,30	907	11660
	11,0	106,0	83,6	1,000	833	10830	10,10	1360	17350

3.9 Metalle

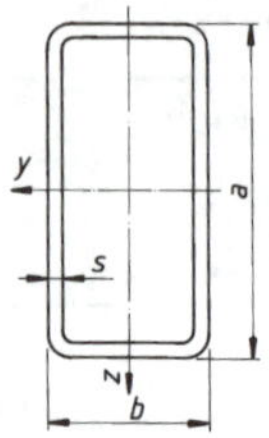

Hohlprofile für den Stahlbau nach DIN 59410 (5.74)
Warmgefertigte rechteckige Hohlprofile

Bezeichnungsbeispiel:

Hohlprofil 140 × 80 × 10 DIN 59410 – St 52-3
oder
Hohlprofil 140 × 80 × 10 DIN 59410 – Fe E 355 C

Nennmaße $a \times b$	s	A	G	U	Biegung um die y-Achse W_y	J_y	i_y	z-Achse W_Z	J_Z	i_z min i	Torsion W_T	J_T
mm	mm	cm²	kg/m	m²/m	cm³	cm⁴	cm	cm³	cm⁴	cm	cm³	cm⁴
60 × 40	2,9	5,39	4,23	0,195	8,67	26,0	2,20	6,83	13,7	1,59	12,3	28,0
	5,0	8,79	6,90	0,191	13,00	39,0	2,11	10,0	20,0	1,51	19,2	41,9
70 × 40	2,9	5,97	4,69	0,215	10,9	38,1	2,53	7,83	15,7	1,62	14,4	34,9
	5,0	9,79	7,68	0,211	16,5	57,9	2,43	11,5	23,1	1,54	22,7	52,6
80 × 40	4,5	9,82	7,71	0,232	18,9	75,6	2,77	12,2	24,4	1,58	24,1	59,1
	5,6	11,9	9,35	0,230	22,1	88,5	2,72	14,0	28,0	1,53	28,6	68,6
90 × 50	4,5	11,6	9,12	0,272	26,4	119	3,20	18,5	46,2	1,99	35,0	105
	5,6	14,2	11,1	0,270	31,2	140	3,15	21,5	53,9	1,95	41,9	124
100 × 50	4,5	12,5	9,83	0,292	31,0	155	3,52	20,4	50,9	2,02	39,0	122
	5,6	15,3	12,0	0,290	36,8	184	3,47	23,8	59,4	1,97	46,9	144
100 × 60	5,0	14,8	11,6	0,311	38,2	191	3,60	28,2	84,5	2,39	52,2	184
	8,0	22,5	17,7	0,306	54,0	270	3,46	38,7	116	2,27	76,3	259
120 × 60	5,0	16,6	13,0	0,348	49,3	296	4,22	32,7	98,2	2,43	63,1	239
	6,3	20,5	16,1	0,345	59,0	354	4,16	38,6	116	2,38	76,6	286
	10,0	30,5	23,9	0,336	79,9	479	3,97	50,3	151	2,23	109	387
140 × 80	5,0	20,6	16,2	0,428	75,6	529	5,07	55,0	220	3,27	101	496
	6,3	25,5	20,0	0,425	91,3	639	5,01	65,8	263	3,21	124	601
	10,0	38,5	30,2	0,416	128	895	4,82	89,9	360	3,06	181	848
160 × 80	5,0	22,4	17,6	0,463	90,2	722	5,68	61,0	244	3,30	116	599
	6,3	27,6	21,7	0,458	109	868	5,61	72,8	291	3,25	142	727
	10,0	41,4	32,5	0,446	150	1200	5,39	98,4	393	3,08	206	1030
160 × 90	5,0	23,4	18,3	0,483	97,7	782	5,78	71,0	320	3,70	131	738
	6,3	28,9	22,7	0,478	118	943	5,71	85,1	383	3,64	161	899
	10,0	43,4	34,1	0,466	164	1310	5,50	116	524	3,47	236	1280
180 × 100	6,3	32,7	25,6	0,538	151	1360	6,46	109	544	4,08	204	1280
	8,0	40,6	31,9	0,533	183	1640	6,36	130	651	4,01	251	1550
	10,0	49,9	38,8	0,526	214	1930	6,25	152	758	3,92	302	1850
200 × 100	6,3	35,2	27,6	0,578	177	1770	7,10	120	600	4,13	227	1470
	8,0	43,8	34,4	0,573	215	2150	7,00	144	719	4,05	281	1800
	10,0	53,4	41,9	0,566	253	2530	6,88	168	839	3,96	338	2140
200 × 120	6,3	37,7	29,6	0,618	201	2010	7,30	152	910	4,91	277	2030
	8,0	47,0	36,9	0,613	244	2440	7,21	183	1100	4,84	342	2490
	10,0	57,4	45,1	0,606	289	2890	7,10	216	1290	4,75	414	2990
220 × 120	6,3	40,2	31,6	0,658	231	2540	7,95	165	992	4,97	305	2320
	8,0	50,2	39,4	0,653	281	3100	7,85	200	1200	4,89	378	2850
	10,0	61,4	48,2	0,646	335	3680	7,74	236	1410	4,80	458	3420
260 × 180	6,3	52,8	41,5	0,858	390	5070	9,80	320	2880	7,39	554	5820
	8,0	66,2	52,0	0,853	480	6240	9,71	393	3540	7,31	692	7220
	10,0	81,4	63,9	0,846	578	7510	9,60	472	4240	7,22	846	8790

3.9 Metalle

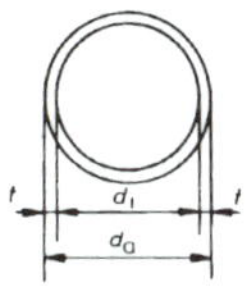

Stahlrohre nach DIN 2448 (2.81)

Bezeichnungsbeispiel:

Rohr 159 × 4,5 DIN 2448 – St 52-3
bedeutet: – Stahlrohr
– Rohraußendurchmesser = 159 mm
– Rohrwandstärke = 4,5 mm

d_a mm	t mm	d_i mm	A cm²	G kg/m	I cm⁴	W cm³	i cm	d_a mm	t mm	d_i mm	A cm²	G kg/m	I cm⁴	W cm³	i cm
25	3,2	18,4	2,19	1,72	1,33	1,06	0,78	101,6	6,3	89	18,9	14,9	215	42,3	3,38
30	2,6	24,8	2,24	1,77	2,12	1,41	0,97	108	3,6	100,8	11,8	9,33	161	29,8	3,69
30	4	22	3,27	2,59	2,83	1,88	0,93	108	6,3	95,4	20,1	15,8	261	48,4	3,60
35	2,6	29,8	2,65	2,08	3,50	2,00	1,15	121	4	113	14,7	11,5	252	41,6	4,14
38	4	30	4,27	3,38	6,26	3,29	1,21	127	8	111	29,9	23,4	532	83,7	4,22
51	4	43	5,91	4,66	16,4	6,44	1,67	133	8	117	31,4	24,6	616	92,6	4,43
54	2,6	48,8	4,20	3,30	13,9	5,15	1,82	139,7	8	123,7	33,1	25,9	720	103	4,66
57	5	47	8,17	6,41	27,9	9,78	1,85	152,4	5	142,4	23,2	18,2	630	82,6	5,21
60,3	2,9	54,5	5,23	4,14	21,6	7,16	2,03	152,4	8	136,4	36,3	28,4	949	125	5,11
63,5	2,9	57,7	5,52	4,36	25,4	8,00	2,14	171	10	151	50,6	39,7	1645	192	5,70
63,5	5	53,5	9,19	7,21	39,6	12,5	2,08	193,7	8,8	176,1	51,1	40,0	2189	226	6,54
70	2,9	64,2	6,11	4,83	34,5	9,85	2,37	219,1	5,9	207,3	39,5	31,0	2247	205	7,54
70	5	60	10,2	8,01	54,2	15,5	2,30	219,1	10	199,1	65,7	51,6	3598	328	7,40
82,5	5	72,5	12,2	9,56	91,8	22,2	2,75	244,5	6,3	231,9	47,1	37,0	3346	274	8,43
88,9	3,2	82,5	8,62	6,81	79,2	17,8	3,03	244,5	8	228,5	59,4	46,7	4160	340	8,37
88,9	5,6	77,2	14,7	11,5	128	28,7	2,95	267	6,3	254,4	51,6	40,5	4386	329	9,22

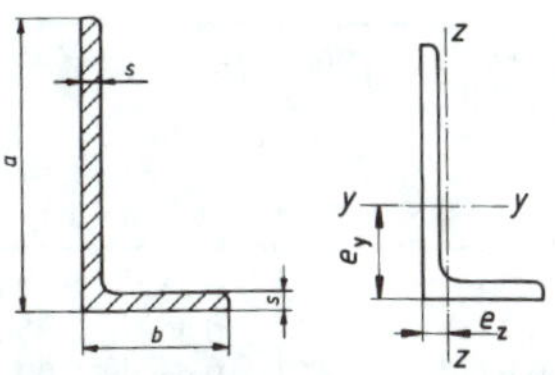

Warmgewalzter ungleichschenkliger rundkantiger Winkelstahl nach DIN 1029 (7.78)

Bezeichnungsbeispiel:

L 100×50×8 DIN 1029 – USt 37-2
bedeutet: – ungleichschenkliger Winkelstahl
– Abmessungen $a = 100$ mm, $b = 50$ mm, $s = 8$ mm

Kurzzeichen L	Abmessungen					Querschnitt	Gewicht	Für die Biegeachse					
								y–y			z–z		
	a mm	b mm	s mm	e_y cm	e_z cm	A cm²	G kg/m	I_y cm⁴	W_y cm³	i_y cm	I_z cm⁴	W_z cm³	i_z cm
30×20×3	30	20	3	0,99	0,50	1,42	1,11	1,25	0,62	0,94	0,44	0,29	0,56
40×20×3	40	20	3	1,43	0,44	1,72	1,35	2,79	1,08	1,27	0,47	0,30	0,52
50×30×5	50	30	5	1,73	0,74	3,78	2,96	9,41	2,88	1,58	2,54	1,12	0,82
60×30×5	60	30	5	2,15	0,68	4,29	3,37	15,6	4,04	1,90	2,60	1,12	0,78
65×50×5	65	50	5	1,99	1,25	5,54	4,35	23,1	5,11	2,04	11,9	3,18	1,47
75×50×5	75	50	5	2,40	1,17	6,04	4,74	34,4	6,74	2,39	12,3	3,21	1,43
80×40×6	80	40	6	2,85	0,88	6,89	5,41	44,9	8,73	2,55	7,59	2,44	1,05
100×50×8	100	50	8	3,59	1,13	11,5	8,99	116	18,0	3,18	19,5	5,04	1,31

3.9 Metalle

Warmgewalzter ungleichschenkliger rundkantiger Winkelstahl nach DIN 1029 (Forts.)

Kurzzeichen L	Abmessungen a	b	s	e_y	e_z	Querschnitt A	Gewicht G	Für die Biegeachse y−y I_y	W_y	i_y	z−z I_z	W_z	i_z
	mm	mm	mm	cm	cm	cm^2	kg/m	cm^4	cm^3	cm	cm^4	cm^3	cm
120×80×10	120	80	10	3,92	1,95	19,1	15,0	276	34,1	3,80	98,1	16,2	2,27
14	120	80	14	4,08	2,10	26,2	20,5	368	46,4	3,75	130	22,0	2,23
150×75×09	150	75	9	5,28	1,57	19,5	15,3	455	46,8	4,83	78,3	13,2	2,00
11	150	78	11	5,37	1,65	23,6	18,6	545	56,6	4,80	93,0	15,9	1,98
150×100×10	150	100	10	4,80	2,34	24,2	19,0	552	54,1	4,78	198	25,8	2,86
14	150	100	14	4,97	2,50	33,2	26,1	744	74,1	4,73	264	35,2	2,82
160×80×10	160	80	10	5,63	1,69	23,2	18,2	611	58,9	5,14	104	16,5	2,12
14	160	80	14	5,81	1,85	31,8	25,0	823	80,7	5,09	139	22,5	2,09
180×90×12	150	90	12	6,37	1,93	31,2	24,5	1040	89,3	5,77	177	25,1	2,38
14	180	90	14	6,46	2,01	36,1	28,3	1190	103	5,75	202	28,9	2,37
200×100×12	200	100	12	7,03	2,10	34,8	27,3	1440	111	6,43	247	31,3	2,67
16	20	100	16	7,20	2,26	45,7	35,9	1860	145	6,38	316	40,8	2,63
250×90×14	250	90	14	9,65	1,73	45,9	36,0	2960	192	8,03	216	29,7	2,17
16	250	90	16	9,74	1,81	52,1	40,9	3330	218	8,00	242	33,6	2,15

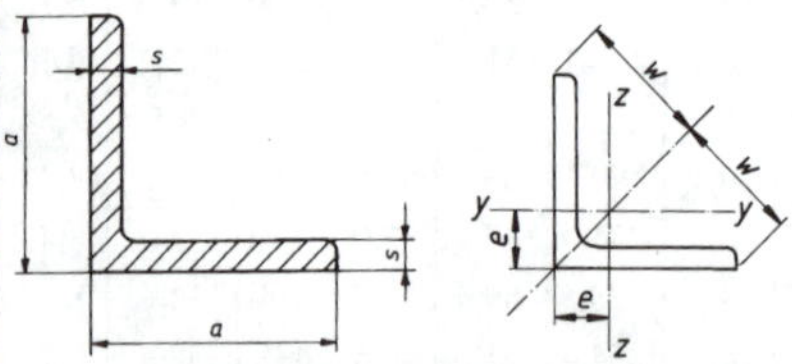

Warmgewalzter gleichschenkliger rundkantiger Winkelstahl nach DIN 1028 (10.76)

Bezeichnungsbeispiel:

Winkel 80×80 DIN 1028 – USt 37-2

bedeutet:
- Winkelstahl
- Schenkelbreite = 80 mm, Schenkeldicke = 8 mm

Kurzzeichen L	Abmessungen a	s	e	w	Querschnitt A	Gewicht G	Achsabstand e	Für die Biegeachse y−y = z−z $I_z = I_y$	$W_z = W_y$	$I_z - i_y$
	mm	mm	cm	cm	cm^2	kg/m	cm	cm^4	cm^3	cm
20× 3	20	3	0,60	1,41	1,12	0,88	0,60	0,39	0,28	0,59
25× 3	25	3	0,73	1,77	1,42	1,12	0,73	0,79	0,45	0,75
30× 3	30	3	0,84	2,12	1,74	1,36	0,84	1,41	0,65	0,90
35× 4	35	4	1,00	2,47	2,67	2,10	1,00	2,96	1,18	1,05
40× 4	40	4	1,12	2,83	3,08	2,42	1,12	4,48	1,55	1,21
45× 5	45	5	1,28	3,18	4,30	3,38	1,28	7,83	2,43	1,35
50× 5	50	5	1,40	3,54	4,80	3,77	1,40	11,0	3,05	1,51
60× 6	60	6	1,69	4,24	6,91	5,42	1,69	22,8	5,29	1,82
70× 7	70	7	1,97	4,95	9,40	7,38	1,97	42,4	8,43	2,12
80× 8	80	8	2,26	5,66	12,3	9,66	2,26	72,3	12,6	2,42
90× 9	90	9	2,54	6,36	15,5	12,2	2,54	116	18,0	2,74
100×10	100	10	2,82	7,07	19,2	15,1	2,82	177	24,7	3,04
110×10	110	10	3,07	7,79	21,2	16,6	3,07	239	30,1	3,36
120×12	120	12	3,40	8,49	27,5	21,6	3,40	368	42,7	3,65
150×15	150	15	4,25	10,60	43,0	33,8	4,25	898	83,5	4,57
180×18	180	18	5,10	12,70	61,9	48,6	5,10	1870	145	5,49
200×20	200	20	5,68	14,10	76,4	59,9	5,68	2850	199	6,11

3.9.2 Nichteisenmetalle

Name chem. Zeich.	Dichte kg/dm^3	Eigenschaften	Legierungen	Verwendung im Bauwesen
Aluminium Al	2,7	Silberglänzendes Metall, an der Luft mit schützender, mattweißer Oxidschicht überzogen: witterungsbeständig. Leicht, weich, bieg- und dehnbar. Reinaluminium hat eine geringe Festigkeit. Laugen greifen das Aluminium an, so daß es vor frischem Kalk- und Zementmörtel geschützt werden muß. Auch elektrochemische Vorgänge können das Aluminium zerstören.	Mit Magnesium und Silicium legiert erhält das Aluminium eine höhere Festigkeit, größere Härte, und einen guten chemischen Widerstand.	Dacheindeckungen, Wandverkleidungen, Sonnenschutz, Dachrinnen, Rohre, Simsabdeckungen, Türen, Fenster, Bauprofile, Abdichtungsfolien, Beschläge
Kupfer Cu	8,9	Rotglänzendes, schweres Metall, an der Luft bildet sich eine bräunliche Oxidschicht, später, mit Feuchtigkeit und Kohlendioxid, die grüne Patina. Sehr witterungsbeständig. Kupfersalze sind giftig. Sehr weich, geschmeidig, läßt sich gut verformen. Die Festigkeit des Kupfers ist sehr gering. Die Strom- und Wärmeleitfähigkeit ist sehr gut. Kupfer hat gegen Säuren und Laugen eine hohe Widerstandsfähigkeit. Elektrochemische Vorgänge greifen das Kupfer an.	Kupfer wird mit Zink, Zinn, Nickel oder Blei legiert, um die Festigkeit, Zähigkeit und Gießbarkeit zu erhöhen.	Dacheindeckungen, Wandverkleidungen, Dachrinnen, und Regenrohre, Folien zur Feuchtigkeitsabdichtung, Warmwasserleitung
Blei Pb	11,3	Bläulich-hellgraue Farbe, Bruch silberglänzend und feinkörnig. Das Blei ist korrosionsbeständig, jedoch organische Säuren und Laugen greifen es an, also auch frischer Kalk- und Zementmörtel. Blei ist sehr schwer und dicht, läßt auch radioaktive Strahlen nur in geringen Mengen durch. Die Härte und Elastizität ist sehr gering: Blei läßt sich leicht schneiden, hämmern, biegen, walzen. Sehr geringe Festigkeit. Blei und Bleiverbindungen sind giftig.	Die Legierung mit Antimon erhöht die Härte und Festigkeit (Hartblei).	Dacheindeckungen, Anschlußdichtungen am Dach (z. B. beim Kamin), Wasserrohre, Bleisperrfolien gegen Feuchtigkeit, Bleiwolle zur Rohrabdichtung, Bleipulver für Anstrichmittel, Rostschutzanstrich (Bleimennige)
Zink Zn	7,1	Bläulich-weißes, glänzendes Metall, mit grobkörnigem Bruch. An feuchter Luft entsteht an der Oberfläche eine mattgraue Oxidschicht, die das Metall vor weiterer Korrosion schützt: witterungsbeständig. Zink ist hart und spröde. Bei Wärme dehnt es sich außerordentlich stark aus. Zink wird von Säuren und Laugen angegriffen, auch frischer Kalk- und Zementmörtel zersetzen es. Elektrochemische Vorgänge zerstören das Zink.	Zinklegierung mit Titan hat eine höhere Festigkeit und eine geringere Wärmedehnung als Reinzink.	Dacheindeckungen, Mauer- und Gesimsabdeckungen, Anschlußeinfassung, Dachrinnen und Regenrohre, Verzinkung von Stahlteilen gegen Korrosion, Grundstoff für Schutzanstriche
Magnesium Mg	1,74	Weißes, silberglänzendes Metall. Sehr leicht und plastisch. Magnesiumpulver verbrennt bei Sauerstoff sehr heftig mit weißer Flamme.	Magnesium ist ein Legierungsmetall für andere Metalle.	Leichte Profile für geringe Beanspruchung, Legierungsmetall
Zinn Sn	7,3	Silberweiß, auch nach längerer Luftlagerung glänzend. Sehr beständig gegen Säuren. Beim Biegen Knirschgeräusch.	Mit Blei zum Löten (Lötzinn).	Leitungsrohre, Folien zu Isolierzwecken, Lötmetall

3.10 Holz und Holzverbindungen

3.10.1 Mechanische, physikalische und technologische Eigenschaften des Holzes

Rohdichte

Die Dichte sämtlicher Holzzellwände beträgt einheitlich 1,5 g/cm³. Die allgemeine Holzdichte resultiert hingegen aus dem Anteil der Zellwand/cm². Sie schwankt in einer Bandbreite von 0,13–1,3 kg/dm³.

Holzarten	Dichte Frischholz kg/dm³	Dichte lufttrocken kg/dm³	Holzarten	Dichte Frischholz kg/dm³	Dichte lufttrocken kg/dm³
Ahorn	0,94	0,68	Kiefer	0,86	0,30
Birke	0,95	0,39	Linde	0,73	0,35
Eiche	0,93	0,58	Pappel	0,84	0,45
Erle	0,81	0,48	Rotbuche	0,88	0,49
Esche	0,92	0,62	Tanne	0,94	0,43
Fichte	0,64	0,30	Ulme	0,96	0,64

Die Dichte ist für die Tränkbarkeit des Holzes nicht maßgebend!

Härte

Unter Härte versteht man den Widerstand des Holzes, den dieses den Werkzeugen bei der Verarbeitung entgegensetzt.
Die Härte des Holzes wird anhand der Eindringtiefe einer Stahlkugel in die Holzoberfläche geprüft.

Harthölzer	Eiche, Buche, Esche, Ahorn, Birke, Nußbaum, Kambala, Afzelia, Mahagoni
Weichhölzer	Fichte, Tanne, Kiefer, Lärche, Erle, Pappel, Abachi, Brasilkiefer

Festigkeit

Die Holzfestigkeit kann in Abhängigkeit des Wuchses sehr unterschiedlich sein. Die Festigkeit eines einzelnen Holzbalkens ist daher nie im vorhinein genau bekannt, es sei denn, er wird im Versuch bis zum Bruch belastet.

So können z.B. die Festigkeitseigenschaften von Kantholz zu Kantholz sehr stark (ca. 300%) schwanken. Entsprechend seiner Verwendung wird das Bauholz daher in Sortierklassen (Festigkeitsklassen) eingeteilt (siehe Kap. Sortierklassen S. 3-55). Einen großen Einfluß auf die Holzfestigkeit übt auch die Holzfeuchtigkeit aus.

Die Festigkeitssortierung wird in Zukunft mit Sortiermaschinen durchgeführt werden, die auf dem Biege- und Durchstrahlungsprinzip beruhen.

Elastizität

Holzart	E-Modul N/mm²	Druckfestigkeit N/mm²	Zugfestigkeit N/mm²	Biegefestigkeit N/mm²	Scherfestigkeit N/mm²
Fichte					
∥	11000	43	90	66	6,7
⊥	300	5,8	2,7	–	–
Kiefer					
∥	12000	47	104	87	10,0
⊥	300	7,7	3,0	–	–
Lärche					
∥	13800	55	107	99	9,0
⊥	300	7,5	2,3	–	–
Buche					
∥	16000	62	135	105	10,0
⊥	600	9,0	7,0	–	–
Eiche					
∥	13000	54	90	91	11,0
⊥	600	11	4,0	–	–

∥ Längs zur Faserrichtung ⊥ quer zur Faserrichtung

Mechanische Eigenschaften der europäischen Bauhölzer bei $u = 12\%$.

Die Elastizität beruht auf der Fähigkeit, wieder in den Ursprungszustand zurückzukehren. In diesem Zusammenhang kennzeichnet der Elastizitätsmodul (E-Modul) die Widerstandsfähigkeit gegen eine Formveränderung bei gegebener Belastung.

Bei einer Holzfeuchtigkeit von 8–12% nimmt der E-Modul bei einer Feuchtigkeitszunahme von 1% um 2% ab.

Wärmedämmvermögen

Holz ist durch seinen porigen Aufbau ein guter Wärmedämmstoff. Mit zunehmender Feuchtigkeit verschlechtert sich das Wärmedämmvermögen jedoch.

Holzfeuchtigkeit und Holzfestigkeit

Holzfeuchtigkeitsbereich	Feuchtigkeitszunahme um	Abnahme der Zugfestigkeit	Abnahme der Druckfestigkeit
8–18%	1%	1–3%	4–6%

Holzfeuchtigkeit und Wärmedämmvermögen

Holzfeuchtigkeitsbereich	Feuchtigkeitszunahme um	Erhöhung der Wärmeleitfähigkeit λ um
8–18%	1%	1,25%

3.10 Holz und Holzverbindungen

λ-Werte für Wärmeschutzberechnungen

Holz	Wärmeleitfähigkeit W/mK	Holzwerkstoffe	Wärmeleitfähigkeit W/mK
Fichte	0,14	Sperrholz	0,14
Kiefer	0,14	Harte Holzfaserplatten	0,17
Tanne	0,14	Poröse Holzfaserplatten	0,058
Eiche	0,21	Holzspanplatten	0,14 und
Buche	0,17		0,17

Formveränderungen (Quellen und Schwinden)

Feuchtigkeitsänderungen im hygroskopischen Bereich des Holzes verursachen reversible Quell- und Schwindbewegungen. Die Quell- und Schwindmaße verhalten sich longitudinal:radial:tangential wie 1:10:17.

Das Verhältnis von tangentialem zu radialem Schwind- und Quellmaß ist für die praktische Holzverwendung von Bedeutung. Es wird zumeist als Quellmaß ausgedrückt und als Quellungsanisothropie angegeben. Die Quellungsanisothropie beeinflußt das Stehvermögen des Holzes in besonderer Weise:

Je weiter der Quotient aus dem Verhältnis 17:10 sich dem Wert 1 nähert, desto besser ist das Stehvermögen des Holzes.

Quellungsanisothropie-Werte einiger Holzarten

Buche	2,1	Eiche	1,9	Douglasie	1,8
Lärche	2,1	Kiefer	1,9	Sipo	1,3
Western-Red-Cedar	2,0	Fichte	1,9	Azobe/Bongossi	1,3

Richtwerte der Schwind- und Quellmaße für Holzfeuchtigkeitsänderungen um 1% nach DIN 1052 (4.88)

Holzart	Schwind- und Quellmaß für Änderungen der Holzfeuchte 1% unterhalb des Fasersättigungsbereiches		
	Mittelwert	tangential	radial
Fichte, Kiefer, Tanne, Lärche, Douglasie, Southern Pine, Eiche	0,24%	0,32%	0,16%
Buche, Keruing, Angelique, Greenheart	0,3%	0,4%	0,2%
Teak, Afzelia, Merbau	0,2%	0,25%	0,15%
Azobe (Bongossi)	0,36%	0,41%	0,31%

Resistenz/Natürliche Dauerhaftigkeit des Holzes

Unter Resistenz des Holzes ist die Widerstandsfähigkeit des ungeschützten Holzes gegenüber Schädlingsbefall zu verstehen.
Die natürliche Resistenz variiert zwischen den verschiedenen Holzarten außerordentlich stark und reicht von extrem anfällig (z.B. Birke) bis zu extrem dauerhaft (z.B. Bongossi).

Resistenzklassen nach DIN 68364 (11.79)

Resistenzklasse 1	sehr resistent/sehr dauerhaft z. B. Bongossi, Robinie, Teak, Afzelia, Angelique, Azobe, Greenheart, Macoré, Palisander
Resistenzklasse 2	resistent/dauerhaft z. B. Eiche, Mahagoni, Edelkastanie
Resistenzklasse 3	mäßig resistent/mäßig dauerhaft z. B. Lärche, Oregon-Pine, Nußbaum
Resistenzklasse 4	wenig resistent/wenig dauerhaft Kiefer, Fichte, Limba, Abachi, Tanne, Ulme, Birnbaum
Resistenzklasse 5	nicht resistent/nicht dauerhaft z. B. Birke, Buche, Ahorn, Erle, Esche, Linde, Pappel

Achtung! Die Resistenz bezieht sich nur auf das Kernholz.

Scher- und Spaltfestigkeit

Bei den meisten Hölzern ist der Verbund der Fasern unterschiedlich. Eine große Scher- und Spaltfestigkeit ergibt sich, wenn die Fasern wechseldrehwüchsig angelegt sind (z. B. Mahagoni). Eine geringe Scher- und Spaltfestigkeit ergibt sich bei Hölzern mit lockerem Zellgewebe oder wenn sich eine lockere Frühholzschicht zwischen zwei festen Spätholzschichten befindet. Hier schert das Holz leicht bei Schubbeanspruchung ab.

Scherfestigkeitswerte bis zum Abscheren

Holzart	Belastung N/mm²	Holzart	Belastung N/mm²
Fichte	2,4	Brasilkiefer	3,9
Pappel	2,4	Ahorn	5,1
Limba	2,9	Rotbuche	5,2
Kiefer	3,5	Nußbaum	5,3
Lärche	3,6	Esche	5,8
Teakholz	3,7	Eiche	6,3
Mahagoni	3,8		

3.10 Holz und Holzverbindungen

3

3.10.2 Holzfeuchtigkeit

Der Feuchtigkeitsgehalt u des Holzes wird in Prozent des Darrgewichtes G_0 (Gewicht nach der Trocknung) angegeben.

$$u = \frac{G_u - G_0}{G_0} \cdot 100\ (\%)$$

G_u Gewicht des Holzes beim Feuchtigkeitsgehalt u in %.

Zahlenbeispiel

Gegeben: 200 g dünne Scheibe aus der Brettmitte. Nach dem Darren wog die Holzprobe noch 175 g.

Gesucht: Holzfeuchtigkeit in Gewichtsprozent.

$$u = \frac{200 - 175}{175} \cdot 100, \quad u = 14{,}3\%$$

Feuchtigkeitsbereiche der Gütebedingungen für Bauholz und Bauschnittholz

Trockenes Bauholz	$u \leq 20\%$
Halbtrockenes Bauholz	$u \leq 30\%$
Frisches Bauholz	u = nicht begrenzt

Heute wird bei Vollholz oft die Holzfeuchte mit dem elektrischen Holzfeuchtemeßgerät geprüft, da der Meßvorgang gegenüber der herkömmlichen Methode schneller durchgeführt werden kann. Zur Messung schlägt man eine zweipolige Elektrode in das Holz. Somit kann der eingeschaltete Strom durch die Holzfeuchte von Pol zu Pol fließen.

Einfluß der Holzfeuchtigkeit auf verschiedene, wichtige Holzeigenschaften

Elastizität	Bei einer Holzfeuchtigkeit von 8–12% nimmt der E-Modul bei einer Feuchtigkeitszunahme von 1% um 2% ab
Festigkeit	Im Holzfeuchtigkeitsbereich von 8–18% muß bei einer Feuchtigkeitsabnahme von 1% mit einer Zugfestigkeitsabnahme um 1–3% und einer Druckfestigkeitsabnahme um 4–6% gerechnet werden
Wärmedämmvermögen	Im Holzfeuchtigkeitsbereich von 5–35% erhöht sich mit jeder Feuchtigkeitszunahme um 1% die Wärmeleitfähigkeit um 1,25%

Holzfeuchtigkeit, relative Luftfeuchtigkeit, Feuchtegleichgewicht

Unterhalb des Fasersättigungspunktes bestehen gesetzmäßige Beziehungen zwischen Holzfeuchtigkeit, Luftfeuchtigkeit und Lufttemperatur: Ist das Holz feuchter, als es diesem Gleichgewicht entspricht, gibt es Feuchtigkeit ab; umgekehrt nimmt es Feuchtigkeit auf, wenn die Luftfeuchtigkeit höher als die entsprechende Gleichgewichtsholzfeuchte ist. Zur Veranschaulichung dient folgendes Diagramm:

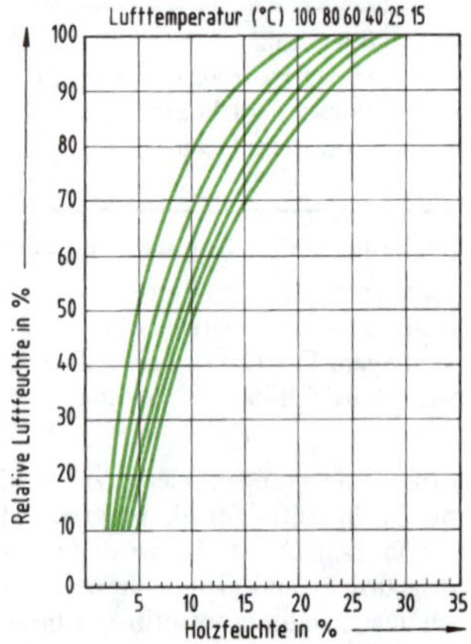

Feuchtegleichgewichtskurven für Holz bei Temperaturen von + 15 °C bis + 100 °C.

Übungs- bzw. Ablesebeispiel:

Auf wieviel Prozent muß Holz, das im Freien Verwendung finden soll, heruntergetrocknet werden, wenn die durchschnittliche Luftfeuchtigkeit 70% und die durchschnittliche Außentemperatur 15 °C betragen?

Antwort: ~ 15%.

Holzfeuchtigkeit und Abmessungsänderungen

In der Praxis stellt sich die Frage, wie groß die Abmessungsänderungen aufgrund einer Holzfeuchtigkeitsänderung bei Treppen, Dachschalungen, Außenverkleidungen sind.

Zum anderen spielt diese Frage auch eine Rolle bei der Maßhaltigkeit von eingebauten Hölzern. Die Abmessungsänderung läßt sich mit Hilfe des mittleren Schwind- und Quellmaßes (q) wie folgt bestimmen:

$$l_A - l_E = l_A \cdot (u_A - u_E) \cdot \frac{q}{100}\ \text{(mm)}$$

Dabei bedeuten:

l_A Länge des Holzes im Ausgangsstadium (mm)
l_E Länge des Holzes im Endstadium (mm)
u_A Feuchtigkeitsgehalt im Ausgangsstadium (%)
u_E Feuchtigkeit im Endstadium (%)
q mittleres Schwund- und Quellmaß
q gibt an, um welchen Prozentsatz sich die Abmessungen des Holzes ändern, wenn die Holzfeuchtigkeit sich um 1% verändert.

3.10 Holz und Holzverbindungen

3.10.3 Holzarten

Europäische Hölzer

	Holzart	Erkennungsmerkmale des Baumes	Eigenschaften des Holzes	Rohdichte lufttrocken kg/dm³	Verwendung
Nadelhölzer	Fichte (Rottanne)	Spindelförmige Baumkrone, rotbraune, schuppige Rinde, spiralförmig angeordnete Zweige.	Rötlich-weiß glänzend, deutliche Jahresringe und Harzkanäle. Harzgallen. Weich, langfaserig, biegefest.	0,43	Vielseitige Verwendung als Bauholz: Bretter, Bohlen, Kantholz und Balken. Tischlerarbeiten, Papierherstellung
Nadelhölzer	Tanne (Weißtanne)	Zylinderförmige Baumkrone, silbergrau bis braungraue Rinde, spiralförmig angeordnete, waagerechte Zweige.	Gelblich-weißes Holz, langfaserig, glanzlos. Keine Harzgallen.	0,43	Wie Fichte
Nadelhölzer	Kiefer (Föhre)	Unregelmäßige Krone, Stamm bis oben sichtbar und nur wenig verjüngend.	Rötlich bis bräunlichgelb, an der Luft nachtrocknend. Deutliche Jahresringe. Harzreich.	0,49	Wie Fichte, ferner Fußböden, Türen und Fenster, Schiffsbau, Grundpfähle, Grubenaussteifung
Nadelhölzer	Lärche	Kegelförmige Krone, waagerechte Äste mit herabhängenden Zweigen. Weiche, kurze, in Büscheln wachsende Nadeln, im Herbst abfallend.	Gelblich bis rötlich, Kern bis braun. Deutliche Jahresringe, harzreich, dauerhaft. Zäh, hart, biegsam.	0,54	Fußböden, Treppen, Wasserbau, Schiffsbau, Dachschindeln, Vertäfelungen, Grundbau
Laubhölzer	Eiche	Große, rundliche Krone mit knorrigem Stamm und unregelmäßig verteilten Ästen. Graubraune, dicke, rissige Rinde.	Splint gelblichweiß, Kern gelblichbraun, nachdunkelnd. Ringporig, langfaserig, spaltbar. Schwer, hart, fest, dauerhaft.	0,75	Bau- und Möbelholz, Parkettfußböden, Treppen, Außentüren, Schiffsbau, Wasserbau
Laubhölzer	Rotbuche	Große, runde, einförmige Krone. Runder, langer Stamm. Silbergraue, glatte Rinde.	Hellgelb bis rötlichbraun, zerstreute Poren, kurze tangentiale Markstrahlenstriche. Hart, fest, kurzfaserig.	0,70	Treppen, Parkettfußböden, Werkzeuge, Werkbänke, Furnierherstellung (Kein Bauholz)

Außereuropäische Hölzer

	Holzart	Herkunftsland	Eigenschaften	Rohdichte lufttrocken kg/dm³	Verwendung
Nadelhölzer	Pitchpine und Redpine	USA Mittelamerika	Kernholz (Pitchpine) bzw. Splintholz (Redpine) von amerikanischer Südkiefer. Rotbraun, nachdunkelnd, hart, arbeitet nur wenig.	0,60	Innen- und Außenbau, Türen, Fenster, Fußböden, Außenverkleidung
Nadelhölzer	Brasilkiefer	Brasilien	Gelblich bis hellbraun, weich, stark arbeitend, nicht beständig.	0,50	Innenausbau, Sperrholzherstellung
Laubhölzer	Mahagoni	Mittelamerika Südamerika	Grau bis rötlich-braun. Zäh, fest, sehr beständig.	0,45–0,65	Innenausbau, Möbelherstellung, Furnierherstellung
Laubhölzer	Teak	Südostasien	Rötlich-braun, hart, fest, elastisch, sehr beständig.	0,65	Fenster, Türen, Außenbau, Möbelherstellung, Schiffsbau

3.10 Holz und Holzverbindungen

3.10.4 Holzfehler und Holzschädlinge

Holzfehler

Ursachen für Holzfehler können sein:
- Extreme Standortlage des Baumes,
- Ernährungsstörungen,
- Witterungseinflüsse.

Abholzigkeit
Gerader Stamm verjüngt sich stark, Folge: Beim parallelen Einschnitt werden viele Holzfasern durchtrennt, dies wiederum führt zur Festigkeitsminderung

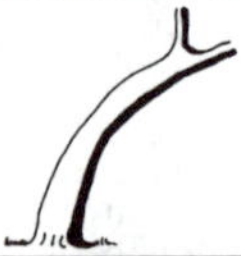

Krummschaftigkeit
Durch einseitige Beanspruchung ist der Baum im Lauf der Zeit krummschaftig geworden

Spanrückigkeit
Die Jahresringe verlaufen hier nicht kreisrund um das Mark, Holz ist sehr dekorativ, aber schlecht zu imprägnieren und zu verleimen. Spanrückiges Holz besitzt eine „wollige" Oberfläche

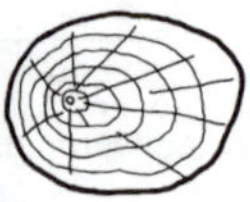

Exzentrischer Wuchs
Häufige Erscheinung bei Laubholz; entsteht durch Schräglage (Hanglage) des Baumes. Folge: erhöhtes axiales Schwindmaß, geringe Zug- und Biegefestigkeit, erhöhte Neigung zum Werfen

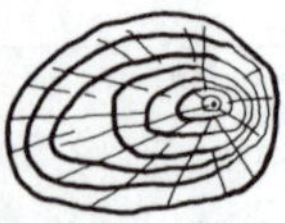

Druckholz
Entsteht bei allen Ästen und bei schiefstehenden einseitig belasteten Teilen von Nadelbäumen.
Folge: unregelmäßiges Schwinden beim Trocknen, geringe Zugfestigkeit, Holz wird spröde und hart

Drehwuchs
Fasern verlaufen wendelförmig.
Folge: verarbeitetes Holz wird windschief

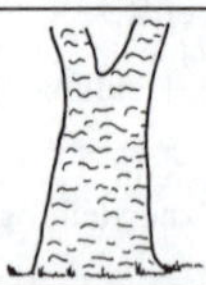

Wimmerwuchs
Der Faserverlauf ist wellig; begehrte Maserung bei der Möbelherstellung

Harzgallen
sind innerhalb eines Jahresringes liegende flache, mit Harz gefüllte Hohlräume, die die Holzgüte beeinträchtigen.
Harzgallen treten nicht bei Tannen auf

Fehler durch äußere Einwirkungen

Überwallungen
entstehen bei Verletzungen des Kambiums durch Wildfraß, Blitzschlag, Einschneiden usw. Die Wundstelle verfärbt sich; die Überwallungsschichten liegen verbindungslos auf der ehemaligen Wundstelle. Die Wertminderung des Holzes ist erheblich

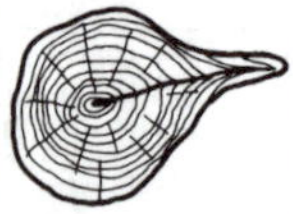

Frostleisten
sind Risse in der Längsachse des Stammes, die sich wulstartig überwallen; sie entstehen durch Frost und starken Temperaturwechsel

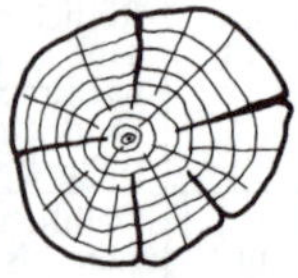

Luftrisse
bilden sich bei falscher Trocknung des Stammes. Da vielfach die äußeren Schichten des Stammes schneller trocknen als das Kernholz, ziehen sie sich auch schneller zusammen und platzen auf

Kern- oder Sternrisse
entstehen durch Spannungen bei der Verkernung des Holzes sowie ungleichmäßiges Austrocknen des Kernes. Die Wertminderung des Holzes ist erheblich

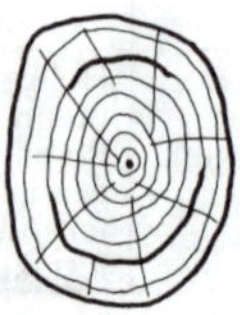

Ring- oder Schälriß
Ursachen: Spannungen im Holz aufgrund großer Hitze und großen Frostes; zum Teil auch durch Aufschlagen des Stammes beim Fällen. Hölzer mit ungleichmäßigen Jahresringen sind besonders anfällig für Ringrisse. Solches Holz ist als Bauholz nicht mehr zu verwenden. In den Ringrissen setzt sich häufig der Ringfäule-Pilz fest

Äste

Äste mindern dann nicht den Wert des Bauholzes, wenn sie fest mit dem Holz verwachsen sind. Wird ein Ast quer durchschnitten, spricht man von einem **Rundast**; länglich aufgeschnittene Äste bezeichnet man als **Flügeläste.** Abgestorbene Äste sind häufig nicht mehr mit dem Stammholz verbunden. Sie lösen sich daher häufig vom Stammholz und werden als **Durchfalläste** bezeichnet.

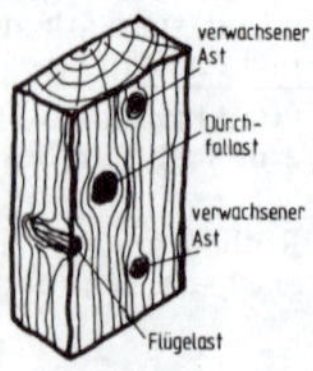

Um das nachträgliche Herausfallen der Äste zu verhindern, werden sie mit einem Forstnerbohrer ca. 5 mm tief ausgebohrt – wenn nötig, von beiden Seiten – und mit Querholzdübeln passender Größe ausgeleimt. Äste spielen bei der Einordnung des Schnittholzes in Güteklassen eine große Rolle.

3.10 Holz und Holzverbindungen

3

Pflanzliche Holzschädlinge

Allgemeines

Holz-zerstörer	Diese Schädlinge dringen mit ihren Pilzfäden durch die Zellwände und zerstören die Wandsubstanz
Holz-bewohner	Ihre Pilzfäden befinden sich in den Speicherzellen, das Zellgerüst wird nicht zerstört

Die Pilze bestehen in ihrer Mehrzahl aus Zellfäden (Hyphen), die in ihrer Gesamtheit ein Pilzgeflecht (Mycel) bilden.
Die Nahrungsaufnahme erfolgt durch Abbau der Holzzellen infolge zersetzender Ausscheidungen an den Spitzen der Hyphen.

Physikalische Hilfsmittel zur Untersuchung von Pilzbefall

Röntgen	Pilzfäden im Holzinneren erkennbar
Ammoniak- oder Sodalösung	Bei Behandlung mit solchen Chemikalien verfärbt sich das kranke Holz anders als das gesunde (gewöhnlich Schwarzfärbung)
Wässern	Auch bei dieser Methode treten unterschiedliche Farbtönungen auf; pilzbefallenes Holz ist sehr hygroskopisch

Veränderungen der Holzeigenschaften infolge Pilzbefalls

Klang	Krankes Holz klingt dumpf, gesundes hell
Hygroskopizität	Krankes Holz zieht Feuchtigkeit schwammartig an
Geruch	Arteigener Geruch der Pilze
Festigkeit	Sehr gering

Beurteilungsmerkmale für die Pilzarten:
- Farbe, Form und Größe der Fruchtkörper,
- Strangbildung (Form, Farbe, Stärke, Festigkeit),
- Wachstumsgeschwindigkeit
- Gewichtsverlust des Holzes,
- Geruch,
- Sporen (Größe, Farbe, Form).

Temperatur

Die beste Temperatur zur Entwicklung der Holzschädlinge liegt zwischen 15 °C und 35 °C. Bei niedrigen Temperaturen verlangsamt sich die Entwicklung außerordentlich. Gegen höhere Temperaturen sind alle Holzschädlinge sehr empfindlich.

Feuchtigkeit

Die im Holz vorliegenden Feuchtigkeitsverhältnisse sind von ganz entscheidender Bedeutung für die Entwicklung von Schadorganismen. Dabei sind die Ansprüche der einzelnen Schädlingsarten sehr unterschiedlich.

Voraussetzungen für die Entwicklung von Holzschädlingen und daraus abzuleitende Schutzprinzipien

Voraussetzung	Gegenmaßnahme	Schutzprinzip
geeignete Nahrung (Holzwerkstoff)	ungenießbar machen	chem. Holzschutz
geeigneter Feuchtigkeitsbereich	vermindern, fernhalten	Holztrocknung, baul. Holzschutz
ausreichendes Sauerstoffangebot	fernhalten	Naßlagerung
geeigneter Temperaturbereich	erhöhen (erniedrigen)	Bekämpfung mit Heißluft (Tiefkühlung)

Gefährdung des Holzes in Abhängigkeit vom Einsatzbereich

Einsatzbereich	Holzfeuchtigkeit	Gefährdung durch	
		Pilze	Insekten
Holz im Spritzwasserbereich	wechselnd, häufig hoch	stark	gering
Holz mit Erdkontakt	ständig hoch	sehr stark	gering
Holz im Freien ohne Erdkontakt: a) allgemein	wechselnd	mäßig bis gering	gering bis mäßig
b) Berührungsstellen (z. B. Fugen)	wechselnd, häufig hoch	stark	gering bis mäßig
Holz im Tauwasserbereich: a) ohne ausreichende konstruktive Gegenmaßnahme	hoch	sehr stark	gering bis mäßig
b) mit ausreichenden Maßnahmen	gering	gering	gering bis mäßig
Dachstuhl [1]	gering	gering	möglich

[1] Soweit nicht im Tauwasserbereich

3.10 Holz und Holzverbindungen

Krankheiten, häufig schon am stehenden Stamm beginnend	
Braunfäule	Bei der Braunfäule bauen holzzerstörende Pilze die Cellulose ab, so daß der dunkle Bestandteil des Holzes, das Lignin, übrigbleibt und eine Braunfärbung verursacht. Braunfäulepilze (ca. 500 Arten) verursachen erhebliche Festigkeitsverluste, die bis zum Würfelbruch des Holzes führen können. Die Braunfäule tritt vornehmlich an Nadelhölzern auf. Häufige Erreger von Braunfäule sind: Echter Hausschwamm, Lenzites, Schuppen- und Fächerschwamm
Weißfäule	Weißfäulepilze zerstören in erster Linie den Ligninanteil des Holzes, so daß der Celluloseanteil übrig bleibt. Die Holzfasern werden faserig und stockig, das Holz verliert an Glanz. Die von Weißfäule befallenen Stämme sind als Bauholz nicht mehr zu verwerten
Krebs-krankheiten	Es werden Laub- und Nadelhölzer befallen. Sichtbare Kennzeichen für Krebsbefall: – beulenartige Anschwellungen – Absterben der Rinde – Wachstumsminderung
Krankheiten am gefällten Stamm	
Vergrauung	Verbautes Holz, das sehr lange der Ultraviolettstrahlung der Sonne ausgesetzt ist, verfärbt sich an der Oberfläche silbergrau, zumal dann, wenn es häufig beregnet wird. Mit der Wetterbeanspruchung greift zunächst die energiereiche UV-Strahlung die oberflächennahe Holzsubstanz an, wobei vorzugsweise das Lignin abgebaut wird. Bei regenexponierter Lage wird das Lignin ausgewaschen, die strahlungsunempfindliche Cellulose ruft dann den Bleicheffekt hervor
Verblauung	Erreger sind Bläuepilze (ca. 300 verschiedene Arten), die besonders das Splintholz der Kiefer befallen. Das Kernholz wird nicht befallen, da dieses einen Giftstoff (Pinosylvin) enthält, der den Pilz abtötet. Die Zellwände werden nicht abgebaut, jedoch teilweise durchlöchert Der Bläuepilz setzt sich in den Luftrissen des Splintholzes fest und entwickelt sich besonders gut, wenn folgende Bedingungen vorhanden sind: – Kiefernholz lagert länger als drei Monate im Wald – der Holzfeuchtegehalt beträgt mehr als 30% – es herrscht eine Temperatur von 18–25 °C
Lenzites (Blättling)	Lenzites ist ein Besiedler von Nadelholz; er verursacht Braunfäule. Vorkommen: Zäune, Schwellen, Bretter, Bohlen, Masten, Holzpfähle, im Haus an alten Fenstern
Rotstreifig-keit	Wenn Nadelholz, insbesondere Kiefernholz, zu spät entrindet und aufgeschnitten wird, dann ziehen von den Hirn- und später auch von den Mantelflächen rote Streifen in das Holz ein. Verursacher sind Weißfäulepilze, die vornehmlich vom Zellsaft leben. Rotstreifiges Holz verliert an Haltbarkeit und ist nur noch für untergeordnete Zwecke zu verwenden
Stockigkeit	Die Stockigkeit ist häufig bei lagernden Laubhölzern, speziell bei Buche, anzutreffen, wenn diese nach dem Fällen längere Zeit bei warmem Wetter in der Rinde liegen bleiben. Zunächst entstehen Stockflecke bzw. grau-braune Verfärbungen, die als Folge einer Oxidation zu betrachten sind. Später gesellen sich zu den Farbfehlern Festigkeitsminderungen, die erheblich sein können
Moderfäule oder Naßfäule	Bezeichnung aus der Praxis, die sich nicht auf eine bestimmte Pilzart, sondern auf die Art der Zerstörung bezieht. Erreger der Naßfäule können Pilze der verschiedensten Art sein, häufig jedoch Coniophora. Der Pilz braucht zur Entwicklung eine Holzfeuchte von $\geq 40\%$. Vorbeugung und Bekämpfung sind wegen der Auslaugung der Holzschutzmittel schwierig; bewährt haben sich schwer auslaugbare Kupfer- und Phenolverbindungen bei Tiefschutz. Laubhölzer sind anfälliger als Nadelhölzer. Im Gegensatz zu anderen Fäulnispilzen geht die Holzzerstörung immer von der Holzoberfläche aus

3.10 Holz und Holzverbindungen

Krankheiten am verbauten Holz (Holzfäule)	
Echter Hausschwamm	**Vorkommen** Gefährlicher Pilz, der vor allem in alten Häusern anzutreffen ist, da er dort die zur Ausbildung seiner Fruchtkörper benötigte konstante Feuchtigkeitsquelle vorfindet
	Lebensweise/Erscheinungsbild Der Echte Hausschwamm liebt feuchtes und verschmutztes Holz, weil er von den dort anhaftenden Kalk- und Stickstoffresten besonders gut leben kann. Die Mycelstränge erreichen Bleistiftstärke und eine Länge bis zu 6 m. Sind die Stränge biegsam, so „lebt" der Pilz; sind sie brüchig ist der Pilz an dieser Stelle tot. Der Echte Hausschwamm kann Mauerwerk (keinen Beton) durchwachsen und sich dabei von den Kalkfugen ernähren. Er befällt Nadel- und Laubholz, auch in Sonderfällen Eichenholz. Die Fruchtkörper erreichen Bratpfannengröße; Farbe: rötlich-braun mit weißem Rand
Tierische Holzschädlinge am lebenden und frisch geschlagenen Holz (Forstschädlinge)	
Falter	Hierzu gehören u. a. Forleule, Nonne, Kiefernspinner; ihre Raupen fressen die Nadeln und Blätter der Bäume
Käfer	Hierzu gehören verschiedene Arten von Borken- und Bockkäfern; z. B.: Pappelbock, Eichenbock, Fichtensplintbock. Man unterscheidet **Rinden- und Holzbrüter**. Die Käfer fressen ihre Brutgänge durch die Rinde hindurch bis zum Kambiumring. Die Larven minieren anschließend das Splintholz
Hautflügler	Hierzu gehören verschiedene Wespenarten. Holzwespen legen ihre Eier ausschließlich in kränkelnden oder frisch geschlagenen Nadelhölzern ab. Mit Hilfe des Legebohrers werden die Eier unmittelbar in die Trockenrisse gelegt. Die Larven hinterlassen Fraßgänge mit dicht gepreßtem Bohrmehl. Die fertigen Holzwespen verlassen das Holz durch kreisrunde bis 5 mm starke Fluglöcher. Dabei werden Beläge, Linoleum, Teppiche usw. durchnagt. Bekämpfungsmaßnahmen erübrigen sich, da die Holzwespe ihre Eier nur in saftfrisches Holz legt
Tierische Holzschädlinge des verarbeiteten Holzes (Werkholzschädlinge)	
Anobien (Poch- und Nagekäfer)	**Erkennungsmerkmal** dieser Käferkategorie: – schrotschußähnliche, kreisrunde Fluglöcher in alten Möbeln, Schnitzwerken und Holztreppen, – Anobien stoßen das Bohrmehl aus den Fluglöchern aus
	Gewöhnlicher Nagekäfer (anobium punctatum) (Länge 2,5 – 4 mm) Der Käfer, fälschlich auch Totenuhr genannt, schlüpft im Mai durch kreisrunde Fluglöcher ins Freie. Nach der Paarung legen die Weibchen ihre Eier häufig wieder im alten Holz ab. Die winzigen Larven nagen sich in das Holz ein und benutzen dabei die Eischale als Widerlager. Lebensdauer der Larven bis zu 8 Jahren. Er befällt Laub- und Nadelholz und ist der Hauptfeind von Holzkunstwerken
	Gescheckter Nagekäfer oder Totenuhr Der Name Totenuhr resultiert vom Klopfen der Tiere. Das Klopfen dient der Partnerwahl – ähnlich wie der Gesang der Vögel. Das werbende Männchen beginnt mit dem Klopfkonzert, das Weibchen antwortet, und nach und nach bewegen sich die Tiere in den engen Gängen aufeinander zu. Das Klopfen entsteht durch das Schlagen des Kopfes gegen das Holz
Brauner Splintholzkäfer	Dieser Käfer wurde in den 50er Jahren nach Deutschland eingeschleppt. Der Braune Splintholzkäfer befällt, wie alle seine Verwandten, nur Holz, das Stärke als Speicherstoff und Eiweiß in ausreichender Menge enthält; das ist bei Limba, Abachi und Eiche der Fall. Nadelhölzer sind i. d. R. immun gegen diesen Holzschädling.

3.10 Holz und Holzverbindungen

Tierische Holzschädlinge des verarbeiteten Holzes (Werkholzschädlinge) (Fortsetzung)	
Blauer Scheibenbock	Dieser Schädling kann in Holzlagern Wertminderungen bei Stämmen verursachen. Er befällt gern frisch geschlagenes Laub- und Nadelholz, das noch in der Rinde liegt. **Erkennungsmerkmal** Glattrandige, ovale Fluglöcher in der Rinde von 4–6 mm Längendurchmesser. Die Tragfähigkeit von Dachverbandhölzern wird kaum durch dieses Insekt beeinträchtigt. **Vorbeugung** Schnelles Entrinden der Stämme
Hausbock	**Allgemeines** Dieses Insekt ist durch seine weite Verbreitung der gefährlichste Schädling der Dachstühle. Einschlägige Untersuchungen haben ergeben, daß in Deutschland – regional allerdings sehr unterschiedlich – ca. 36% der Dachstühle von diesem Schädling befallen sind. Der Hausbock kommt mit einer Holzfeuchtigkeit von 9% und einer relativen Luftfeuchte von 50% als Lebensgrundlage aus. Somit erzwingt er allein heute noch die Anwendung des chemischen Holzschutzes im Dachstuhl. Der Hausbock entwickelt sich im Verborgenen; das Zerstörungswerk ist dadurch erst spät zu erkennen. Es werden ausschließlich Nadelhölzer von diesem Insekt befallen
	Lebensweise Die 1–2,5 cm langen Vollinsekten erscheinen im Vorsommer. Nach der Paarung bringen die Weibchen ihr Gelege mittels eines Legebohrers in den Spalten und Rissen des verbauten Holzes unter. Nach ca. 2–3 Wochen schlüpfen die Larven aus und nagen sich parallel der Holzfasern in das Holzinnere ein. Hier wird besonders das Splintholz mit Fraßgängen durchzogen. Nach 3–6 Jahren erfolgt die Verpuppung und Ausbildung des Käfers. Dieser verläßt das Holzinnere auch durch Bleiplatten, Teppiche, Linoleumbelag usw. Fraßgeschwindigkeit: 1 Körperlänge/Tag
	Erkennungsmöglichkeiten Die Außenschicht des Holzes wird durch die Fraßgänge nicht zerstört; ein rechtzeitiges Erkennen des Befalls ist schwierig, zumal die Larven beim Minieren kein Bohrmehl ausstoßen. Bei Verdacht auf Befall kann man mit Horchgeräten das Holz abhorchen. Schlägt man mit einem Hammer gegen das Holz, so stellen die Larven sofort ihre kratzende Nagetätigkeit ein. Die Fluglöcher sind knapp bleistiftstark, oval und an den Rändern ausgefranst
	Bekämpfungsmaßnahmen Die Bekämpfung wird hauptsächlich mit chemischen Holzschutzmitteln durchgeführt. In allen Fällen ist jedoch vorher zu prüfen, ob nach dem Abbeilen der befallenen Holzteile noch die Stand- und Tragfähigkeit gewährleistet ist. Der Abfall ist stets zu verbrennen. Ist das beim Abbeilen zu Tage getretene Bohrmehl dunkelgelb bis bräunlich, so liegt meist toter Befall vor; ist es weißlich bis hellgelb, liegt augenblicklicher Befall vor. Eine Heißluftsanierung schützt nicht vor evtl. erneutem Befall
	Sanierungsmaßnahmen – auf Standsicherheit der Bauteile achten, – durch Kontrollabbeilungen das Ausmaß des Befalls ermitteln, – alte Anstriche sowie vermulmte Holzteile entfernen und statisch nicht mehr ausreichend tragfähige Hölzer durch chemisch geschützte verstärken oder ersetzen, – angeschnittene Fraßgänge gründlich ausbürsten und übrige Holzflächen mit Industriestaubsauger säubern, – ausgebautes Holz und Späne verbrennen, – Bohrlochimpfungen vornehmen

3.10 Holz und Holzverbindungen

3.10.5 Kennzeichnung nach der Rohholzsorten-Verordnung

Güteklassen	Anforderungen	Güteklassen	Anforderungen
A/EWG	Gesundes Holz mit ausgezeichneten Arteigenschaften, fehlerfrei oder nur mit unbedeutenden Fehlern, die seine Verwendung nicht beeinträchtigen	C/EWG	Holz, das wegen seiner Fehler nicht in die Güteklassen A/EWG oder B/EWG aufgenommen werden kann, jedoch gewerblich verwendbar ist. Hierzu zählen z.B.: – stark abholzige Holzabschnitte – stark drehwüchsige Stücke – astige Zopfstücke – kranke Stücke mit tiefgehenden faulen Ästen – Braun- und Weißfäulebefall – Abschnitte mit starkem Ringschälebefall – Abschnitte mit starkem Insektenbefall
B/EWG	Holz von normaler Qualität einschließlich stammtrockenem Holz mit einem oder mehreren der folgenden Fehler: – schwache Krümmung und schwacher Drehwuchs – geringe Abholzigkeit – geringe Anzahl kranker Äste von geringem Durchmesser – leicht exzentrischer Kern – kleine Unregelmäßigkeiten des Umrisses – vereinzelte, durch gute allgemeine Qualität ausgeglichene Fehler	D	Holz, das wegen seiner Fehler nicht in die Güteklassen A/EWG, B/EWG und C/EWG aufgenommen werden kann, jedoch mindestens noch zu 40% gewerblich verwendbar ist

Die „Tegernseer Gebräuche“ (Fassung 1985)

Die Tegernseer Gebräuche gelten für den inländischen Handel mit inländischem Rundholz, Schnittholz, Holzwerkstoffen und anderen Holzhalbwaren. Ihr Allgemeiner Teil gilt außerdem im inländischen Handel mit ausländischen Erzeugnissen obiger Art. Ausgenommen sind Handelgeschäfte zwischen Importeur und erster aufzunehmender Hand bei entsprechenden Vereinbarungen. Somit gelten die Tegernseer Gebräuche im Inland automatisch für Personen, die gewerbsmäßigen Umgang mit Holz haben, es sei denn, sie werden vertraglich ausgeschlossen (im Gegensatz zur VOB, deren Gültigkeit vertraglich vereinbart werden muß). Die Tegernseer Gebräuche gelten nicht für den Handel zwischen der Forstwirtschaft und ihren Abnehmern.

Art der Vereinbarungen

Erster Teil: Allgemeines	Zweiter Teil: Besonderes
§ 1 Angebot, Rechnungserteilung, Zahlungsweise § 2 Erfüllungsort/Gerichtsstand § 3 Spielraum in der Menge § 4 Spielraum im Maß § 5 Bestimmung des Begriffs „Wagenladung“ und ähnlicher Bezeichnungen § 6 Übernahme der Ware § 7 Verantwortlichkeit für Fehler § 8 Abnahme und Lieferung § 9 Höhere Gewalt § 10 Verladung und Versand § 11 Beschädigung und Verlust der Ware während der Beförderung § 12 Mängelrüge § 13 Allgemeine Kreditwürdigkeit	**Nadelschnittholz inländischer Erzeugung** § 15 Gütebestimmung/Sortierung § 16 Maßhaltigkeit § 17 Holzfeuchte bei Lieferung § 18 Vermessung § 19 Deck- und Durchschnittsbreiten § 20 Güteklassenbeurteilung **Laubschnittholz inländischer Erzeugung** § 21 Beschaffenheit § 22 Maßhaltigkeit/Trockenheit § 23 Vermessung § 24 Seitenbretter § 25 Übernahme des Holzes **Holzwerkstoffe** § 26 Sortierung § 27 Mengen und Maß § 28 Preise **Furniere** § 31 Abnahme und Vermessung

3.10 Holz und Holzverbindungen

3.10.6 Holz als Handelsware

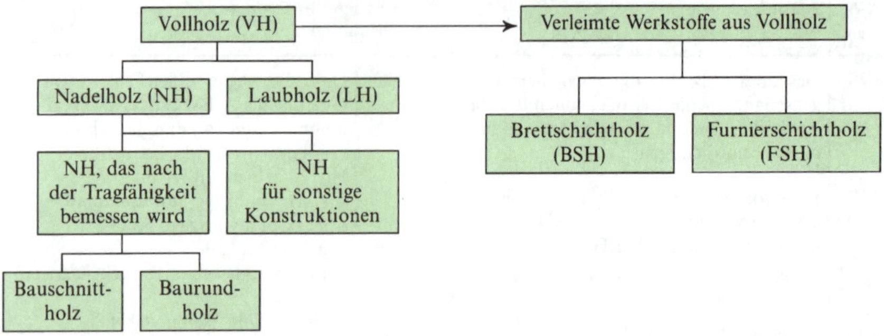

Vollholz sind nach DIN 1052 (4.88) entrindete Rundhölzer und Bauschnitthölzer (Kanthölzer, Bohlen, Bretter und Latten) aus Nadel- und Laubholz. Bezeichnungskürzel für Nadel- und Laubhölzer s.S. 4–8f und DIN 4076.

Begriffe für Schnittholz nach DIN 68 252 (1.78)

Schnitt-holz	Holzerzeugnis, z.B. Latte (Leiste), Brett, Bohle, Kantholz, Kreuzholz oder Balken, das durch Sägen von Rundholz parallel zur Stammachse hergestellt wird. Schnitthölzer können scharf- oder baumkantig sein
Latte (Leiste)	Schnittholz mit einer Querschnittsfläche bis zu 32 cm² und einer Breite von bis 80 mm. Für Dachlatten gilt zusätzlich Breite zur Höhe $<\frac{1}{2}$
Brett	Schnittholz mit einer Dicke von mindestens 8 mm und weniger als 40 mm und einer Breite von mindestens 80 mm
Kantholz	Schnittholz von quadratischem oder rechteckigem Querschnitt mit einer Seitenlänge von mindestens 60 mm. Die große Querschnittsseite darf höchstens dreimal so groß wie die kleine sein
Kreuz-holz (Rahmen)	Schnittholz mit einer Querschnittsfläche von mehr als 32 cm². Bei Kreuzholz müssen 4 Stück kerngetrennt und bei Rahmen mindestens 4 Stück aus einem Rundholzabschnitt erzeugt sein 
Balken	Kantholz, dessen größere Querschnittsseite mindestens 200 mm breit ist

Vorzugsmaße für tragende Nadelschnitthölzer

Kanthölzer in cm	6/6 6/8 6/12	8/8 8/10 8/12 8/16	10/10 10/12	12/12 12/14 12/16	14/14 14/16	16/16 16/18
Balken in cm	10/20 10/22	12/20 12/24	16/20	18/22	20/20 20/24	
Dachlatten in mm		24/48	30/50	40/60		
Ungehobelte Bretter in mm	16	18	22	24	28	38
Ungehobelte Bohlen in mm	44	48	50	63	70	75

Nadelholz für sonstige Konstruktionen

DIN 68 365 „Bauholz für Zimmerarbeiten, Gütebedingungen" gibt Gütekriterien für Bauschnittholz und Baurundholz an. Bei DIN 68 365 steht die optische Qualität mehr im Vordergrund als bei DIN 4074.

Gütesortierung nach DIN 68 365 (11.57)[1]

Schnitt-klassen	scharf-kantig S	voll-kantig A	fehl-kantig B	säge-gestreift C
Kanthölzer und Balken	Sonderklasse und Normalklasse			
Bretter und Bohlen	Güteklassen 0 bis IV			

[1]) Siehe auch S. 3-55

3.10 Holz und Holzverbindungen

Gütebedingungen für Holzfenster, DIN 68360 (5.81)	
Unzulässige Fehler für deckend zu streichende Fenster	Drehwuchs über 2 cm je 100 mm Länge, Kern-, Wind-, Frostrisse, Wurmfraß, Schwammholz, Rotfäule, Äste am Überschlag, sichtbare lose Äste, Bläue, Splint bei Eiche

Nadelholz, Bemessung nach der Tragfähigkeit	
Baurundholz	Baurundhölzer sind abgelängte Hölzer, die eventuell ein- od. zweiseitig geschnitten oder behauen sind
DIN 4074 T2 (10.58)	**Bezeichnungen** (Maßgebend ist der Durchmesser bei 1 m Abstand vom Stammende) – Stangen $\varnothing \leq 14$ cm – Stämme $\varnothing > 14$ cm **Güteklasse** I besonders hohe Tragfähigkeit II gewöhnliche Tragfähigkeit III geringe Tragfähigkeit
Bauschnittholz DIN 4074 T1 (9.89)	Für Bauschnittholz tragender Teile liefert die Gütesortierung folgende **Sortierklassen**: S 13 – überdurchschnittliche Tragfähigkeit S 10 – übliche Tragfähigkeit S 7 – geringe Tragfähigkeit Mindestquerschnitte für Bauschnittholz $d > 24$ mm $A \geq 14$ cm² (Lattungen: $A \geq 11$ cm²)

Zulässige Baumkante bei der visuellen Sortierung

S 13	S 10	S7
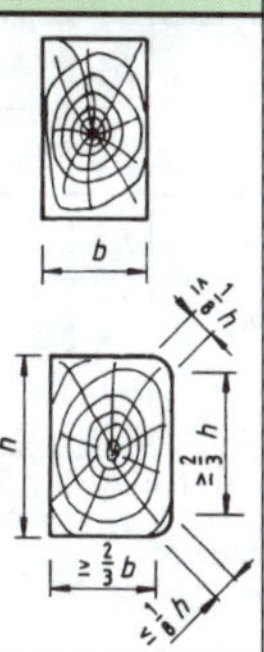	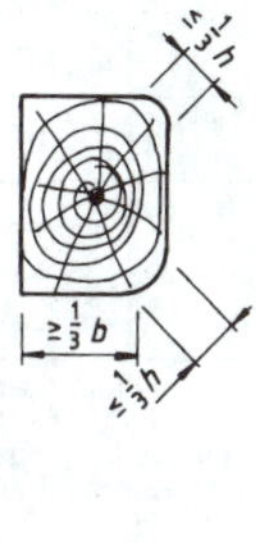	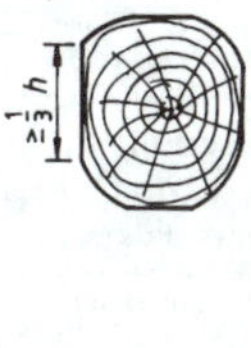

Geforderte Mindestgüten nach VOB/C ATV DIN 18334 (12.92)

Abschnitt DIN 18334	Konstruktionsteil	Mindestgüteanforderungen
3.1.12	sonstige Konstruktionen aus Bauschnittholz	Normalklasse/ Schnittklasse B
3.1.13	sonstige Konstruktionen aus Baurundholz	Normalklasse sägerauh
3.3.1	Latten für Zwischenböden	Güteklasse II $\geq 24/48$ mm²
3.3.2	Einschub	besäumte Bretter $d > 18$ mm
3.4.1	Dachschalungen	ungehobelte, besäumte Bretter oder Bohlen, Güteklasse III, keine Ausfalläste ≥ 20 mm, bei Metalldeckung $d \geq 24$ mm, sonst ungehobelt $d \geq 20$ mm, gehobelt $d \geq 18$ mm
3.4.3	Unterschalungen	ungehobelte, besäumte Bretter, Güteklasse III $d \geq 18$ mm
3.5.1	Wand- und Deckenschalungen	ungehobelte, besäumte Bretter, Güteklasse III, bei Metallbekleidungen $d > 24$ mm, sonst innen $d \geq 18$ mm, außen $d \geq 22$ mm
3.5.3	Sparschalungen	Güteklasse IV, 7–10 cm breit, innen und außen $d \geq 18$ mm
3.6.1	Ortgang-, Trauf- und Gesimsschalungen	Bretter oder Bohlen der Güteklasse II, Brettschalungen $d \geq 18$ mm
3.7	Dachlattung	Güteklasse I
3.8.2	Fußböden	Bretter oder Bohlen gehobelt, Güteklasse II

3.10 Holz und Holzverbindungen

3

Brettschichtholz (BSH), DIN 1052 (4.88)

Definition	Nach DIN 1052 (4.88) muß Brettschichtholz aus mindestens drei, beidseitig formparallel verleimten Brettern aus Nadelholz bestehen	
Herstellung	Brettschichtholz darf nur von Betrieben mit spezieller Genehmigung hergestellt werden	
Leimgenehmigungen	A	Tragende Bauteile aller Art
	B	Einfache tragende Holzbauteile mit geringer Stützweite
	C	Sonderbauarten gemäß entsprechender bauaufsichtlicher Zulassung
	D	Holztafeln für Holzhäuser in Tafelbauart
Holzfeuchte	Brettschichtholz darf nur mit einer Holzfeuchte ≤15% hergestellt werden. Es ist sicherzustellen, daß sich die beim Verleimen vorhandene Holzfeuchte weder beim Transport noch bei der Zwischenlagerung oder bei der Montage unzuträglich verändert	
Leime	Art	Anwendungsbereich
	Resorcinharz-Leim	wetterfest, daher für Bauteile, die der Witterung ausgesetzt sind, geeignet
	Harnstoffharz-Leim	nur kurzzeitig wetterfest, daher für Gebäude mit geringer Festigkeit geeignet
	Kasein-Leim	nicht wetterfest, wird heute kaum noch verwendet
	Melamin-Leim	seltene Verwendung
Vorteile	– durch bessere Sortierung höhere Holzqualität und höhere Festigkeiten – große Vielfalt in der Formgebung – geringe Holzfeuchte durch technische Holztrocknung; Folge: Geringe Schwind- und Quellverformungen und somit auch weniger Luftrisse	
Güteklassen	Brettschichtholz wird in die Güteklassen I und II eingeteilt	

Laubholz (LH) als Bauschnittholz

Definition	LH ist ein Vollholz, das an 4 Seiten in ganzer Länge von der Säge gestreift ist
Genaue Bezeichnung	Laubholz für tragende Zwecke Bauschnittholz, Laubholz, DIN 1052 Teil 1 (4.88) Holzartgruppe (A, B, C), mittlere Güte (mindestens Sortierklasse 10), gegebenenfalls mittlere Holzfeuchte
Geforderte Gütekriterien, wenn keine höhere Güte ausdrücklich gefordert ist	Mittlere Güte: Baumkante wie S 10, DIN 4074 Teil 1 (9.89) bzw. Schnittklasse B nach DIN 68 365 (11.57) stets, wenn nichts anderes angegeben ist

Einteilung in Schnittklassen nach DIN 68 365 (11.57)

Kurzbezeichnung	Bezeichnung	Baumkante zulässig
S	scharfkantig	nein
A	vollkantig	$\frac{1}{8}$ der größten Querschnittseite
B	fehlkantig	$\frac{1}{3}$ der größten Querschnittseite
C	sägegestreift	jede Seite mindestens in ganzer Länge von der Säge gestreift

Schnittholzeinteilung nach DIN 4074 (9.89)[1])

	Dicke d bzw. Höhe h (mm)	Breite b (mm)
Latte	$d \leq 40$	$b < 80$
Brett[2])	$d \leq 40$	$b \geq 80$
Bohle[2])	$d > 40$	$b > 3d$
Kantholz einschließlich Kreuzholz (Rahmen) und Balken	$b \leq h \leq 3b$	$b > 40$

[1]) **Anmerkung:** Die Definition der Schnitthölzer in DIN 68 252 Teil 1 (1.78) und DIN 68 365 (11.57) sind nicht einheitlich und decken nicht alle Querschnitte ab.
[2]) Vorwiegend hochkant beanspruchte Bretter und Bohlen sind wie Kantholz zu sortieren.

3.10 Holz und Holzverbindungen

3.10.7 Sortierklassen für Kanthölzer bei der visuellen Sortierung nach DIN 4074 (9.89)

Sortiermerkmale	Sortierklassen			Erklärung
	S 7 (ehemals GK III)	S 10 (ehemals GK II)	S 13 (ehemals GK I)	
1. Baumkante	alle vier Seiten müssen durchlaufend sägegestreift sein	bis 1/3, mindestens 1/3 jeder Querschnittseite in jedem Querschnitt muß frei von Baumkante sein	bis 1/8, mindestens 2/3 jeder Querschnittseite in jedem Querschnitt muß frei von Baumkante sein	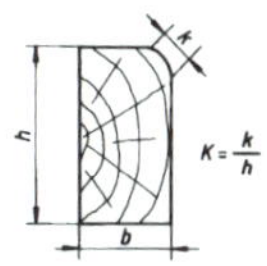
2. Äste	bis 3/5	bis 2/5 nicht über 70	bis 1/5 nicht über 50	
3. Jahrringbreite – allgemein – Douglasie	– –	bis 6 bis 8	bis 4 bis 6	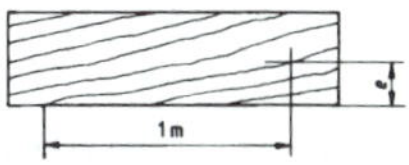
4. Faserneigung	bis 200 mm/m	bis 120 mm/m	bis 70 mm/m	
5. Risse – Trockenrisse – Blitzrisse Frostrisse Ringschäle	zulässig nicht zulässig	zulässig nicht zulässig	zulässig nicht zulässig	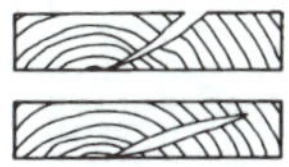
6. Insektenfraß	Fraßgänge bis 2 mm Durchmesser von Frischholzinsekten zulässig			
7. Mistelbefall	nicht zulässig	nicht zulässig	nicht zulässig	
8. Verfärbung – Bläue – nagelfeste braune und rote Streifen – Rotfäule Weißfäule	zulässig bis zu 3/5 des Querschnitts od. der Oberfläche zulässig nicht zulässig	zulässig bis zu 2/5 des Querschnitts od. der Oberfläche zulässig nicht zulässig	zulässig bis zu 1/5 des Querschnitts od. der Oberfläche zulässig nicht zulässig	
9. Druckholz	bis zu 3/5 des Querschnitts od. der Oberfläche zulässig	bis zu 2/5 des Querschnitts od. der Oberfläche zulässig	bis zu 1/5 des Querschnitts od. der Oberfläche zulässig	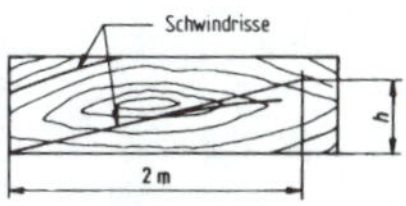
10. Krümmung – Längskrümmung, Verdrehung	bis 15 mm/2 m	bis 8 mm/2 m	bis zu 5 mm/2 m	

Die Sortierklassen und -kriterien für Bohlen, Bretter und Latten bei der visuellen Sortierung sind bis auf folgende Änderungen mit der obigen Tabelle identisch.

Klasse S 7: Schnittholz mit geringer Tragfähigkeit
Klasse S 10: Schnittholz mit üblicher Tragfähigkeit
Klasse S 13: Schnittholz mit überdurchschnittlicher Tragfähigkeit

Abweichungen der Sortierkriterien für Bohlen, Bretter und Latten bei der visuellen Sortierung von denen für Kanthölzer

	S 7	S 10	S 13	Erklärung
1. Äste – Einzelast – Astansammlung	bis 1/2 bis 2/3	bis 1/3 bis 1/2	bis 1/5 bis 1/3	
2. Krümmung – Längskrümmung, Verdrehung – Querkrümmung	bis 15 mm/2 m bis 1/20	bis 8 mm/2 m bis 1/30	bis 5 mm/2 m bis 1/50	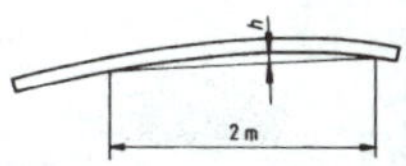
3. Markröhre	zulässig	zulässig	nicht zulässig	

3

3.10 Holz und Holzverbindungen

Zusätzliche Sortierkriterien für Schnittholz bei maschineller Sortierung DIN 4074 (9.89)

Sortiermerkmale	Sortierklassen MS 7	MS 10	MS 13	MS 17
1. Baumkante	alle vier Seiten müssen durchlaufend sägegestreift sein	bis 1/3, mindestens 1/3 jeder Querschnittseite in jedem Querschnitt muß frei von Baumkante sein	bis 1/8, mindestens 2/3 jeder Querschnittseite in jedem Querschnitt muß frei sein von Baumkante	bis 1/8, mindestens 2/3 jeder Querschnittseite in jedem Querschnitt muß frei sein von Baumkante
5. Risse – Trockenrisse – Blitzrisse Frostrisse Ringschäle	 zulässig nicht zulässig	 zulässig nicht zulässig	 zulässig nicht zulässig	 zulässig nicht zulässig
6. Insektenfraß	Fraßgänge bis 2 mm Durchmesser von Frischholzinsekten zulässig			
7. Mistelbefall	nicht zulässig	nicht zulässig	nicht zulässig	nicht zulässig
8. Verfärbungen – Bläue – nagelfeste braune und rote Streifen – Rotfäule Weißfäule	 zulässig bis 3/5 des Querschnitts od. der Oberfläche nicht zulässig	 zulässig bis 2/5 des Querschnitts od. der Oberfläche nicht zulässig	 zulässig bis 1/5 des Querschnitts od. der Oberfläche nicht zulässig	 zulässig bis 1/5 des Querschnitts od. der Oberfläche nicht zulässig
10. Krümmung – Längskrümmung, Verdrehung	bis 15 mm/2 m	bis 8 mm/2 m	bis zu 5 mm/2 m	bis 5 mm/2 m

Ergänzende Bestimmungen für die visuelle und maschinelle Sortierung

	Visuelle Sortierung	Maschinelle Sortierung
Allgemeines	Die Querschnitte von Nadelhölzern werden visuell nach der Tragfähigkeit bemessen. Dies setzt die genaue Kenntnis der Sortiermerkmale sowie ein geübtes Auge für die Auswahl der Sortierklassen voraus	Es dürfen nur registrierte Sortiermaschinen nach DIN 4074 T 3 verwendet werden. Das Fachpersonal sowie die Werkseinrichtung sind nach DIN 4074 T 4 zu überprüfen. Hierzu muß eine Eignungsbescheinigung nach DIN 4074 T 4 ausgestellt werden
Sortierklassen	Klasse S 7 (= geringe Tragfähigkeit) Klasse S 10 (= übliche Tragfähigkeit) Klasse S 13 (= überdurchschnittliche Tragfähigkeit)	Klasse MS 7: (= geringe Tragfähigkeit) Klasse MS 10: (= übliche Tragfähigkeit) Klasse MS 13: (= überdurchschnittliche Tragfähigkeit) Klasse MS 17: (= besonders hohe Tragfähigkeit)
Maßhaltigkeit	Bei 10% der Menge sind Abweichungen von den vorgesehenen Querschnittsmaßen nach unten bis zu 3% zulässig, wenn die mittlere Holzfeuchtigkeit 30% beträgt	Zulässig sind bis zu 1,5% Abweichungen nach unten von den vorgesehenen Querschnittsmaßen (Holzfeuchtigkeit 30%). Größere Abweichungen bei MS 17 und MS 13 unzulässig, bei MS 10 und MS 7 bis 3% bei 10% der Menge erlaubt
Toleranzen	Ungünstige Abweichungen bis 10% von den geforderten Grenzwerten sind bei 10% der Menge zulässig	Ungünstige Abweichungen bis 10% von den geforderten Grenzwerten sind bei 10% der Menge zulässig
Kennzeichnung	Schnitthölzer der Sortierklasse S 13 sind wie folgt zu kennzeichnen: – Sortierklasse – Name des Betriebes, in dem sortiert wurde – Name des ausführenden Sortierers	Schnitthölzer der Klassen MS 7 bis MS 17 sind dauerhaft zu kennzeichnen: – Sortierklasse – Name des Betriebes, in dem sortiert wurde – Name der Maschine, mit der sortiert wurde – Name des ausführenden Sortierers
Bezeichnung	Bezeichnung eines Kantholzes der Sortierklasse S 7 aus Tanne (TA): Kantholz DIN 4074 – S 7 – TA	Bezeichnung eines Kantholzes der Sortierklasse MS 10, Fichtenholz (FI): Kantholz DIN 4074 – MS 10 – FI

3.10.8 Arbeiten des Holzes

Beim lebenden Stamm befindet sich das Wasser in den Zellhohlräumen (=freies Wasser) und in den Zellwänden (=gebundenes Wasser). Nach dem Fällen und Einschnitt des Holzes entweicht zunächst das freie Wasser, ohne daß sich die Form des Holzes ändert. Man spricht vom kapillaren Bereich des Holzes.

Bei gesättigter Faser befinden sich noch ca. 30% Wasser in den Zellwänden. Nach Unterschreitung dieses Fasersättigungspunktes, d.h. bei weiterem Verdunsten von Wasser, verliert der Holzkörper an Volumen, er schwindet somit. Diesen Bereich des Holzes nennt man den hygroskopischen Bereich.

Im gleichen Maße, wie das Holz durch Verdunstung seines Wassers an Volumen verliert, dehnt es sich im hygroskopischen Bereich solange aus, bis die alte Form annähernd wieder hergestellt ist.

Arbeiten des Holzes

Kapillarer Bereich [1]	Fasersättigungspunkt	Hygroskopischer Bereich [2]
Holzfeuchtigkeit $(u) > 30\%$	Holzfeuchtigkeit $(u) \sim 30\%$	Holzfeuchtigkeit $(u) < 30\%$

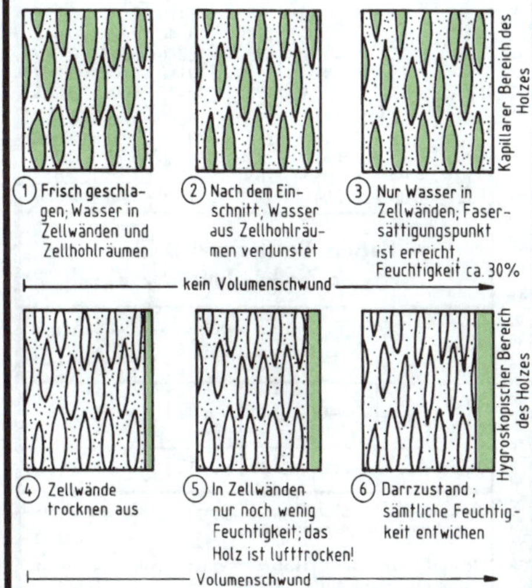

Schwinden der Holzmasse durch Wasserabgabe

Ursachen für das Quellen und Schwinden des Holzes

Im Feinbau setzt sich die Zellwand aus gebündelten Fibrillen zusammen. Diese Fibrillen wiederum sind aus Micellen zusammengesetzt, den kleinsten bekannten Bausteinen, die auch im tierischen Fleisch anzutreffen sind. In der Querrichtung sind die Micellen durch Intermicellarräume voneinander getrennt. Die Micelle ist von einem hygroskopischen Mantel umgeben, der eine chemische Affinität besitzt, d.h. Wasser je nach Luftfeuchte ansaugt oder abstößt. Durch die Anlagerung von Wasser werden die Micellreihen auseinander geschoben, die Zellen quellen, werden dicker, und damit dehnt sich zugleich der ganze Holzkörper. Das Schwinden geschieht auf umgekehrtem Wege.

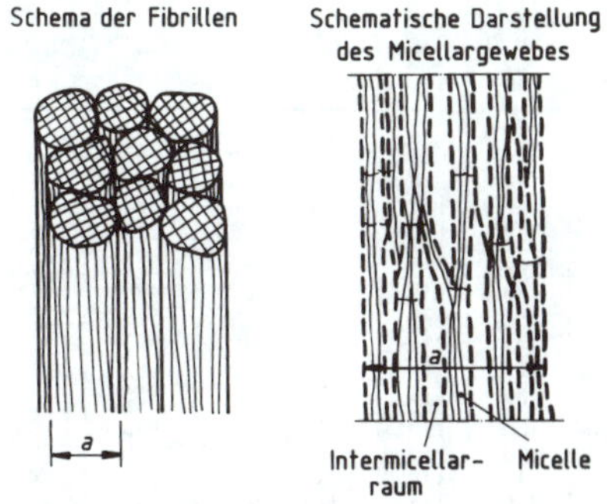

Feinaufbau einer Holzzellwand

Mittlere Schwindmaße des Holzes (30% bis 0% Holzfeuchte)

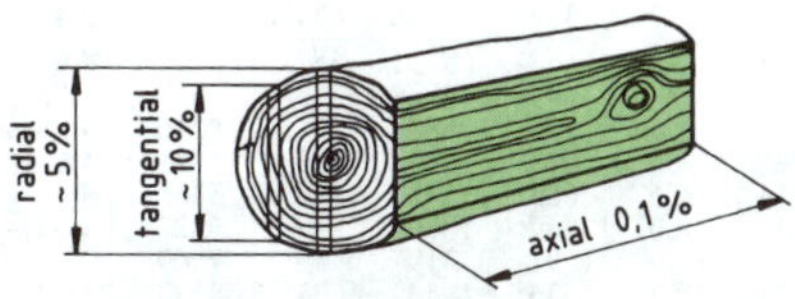

Schwindmaße vom Fasersättigungspunkt bis zur Darre in %

Holzart: Nadelhölzer	Schwindmaße longitudinal %	tangential %	radial %
Fichte	0,3	6–8	3–4
Tanne	0,1	7–9	3–4
Kiefer	0,4	6–8	3–4
Lärche	0,3	7–9	3–5
Pitch Pine	0,2	7–7,5	4–5

[1]) Kein Schwinden und Quellen bei Wasserab- und -aufnahme, da hier nur freies Wasser betroffen ist.
[2]) Schwinden und Quellen bei Wasserab- und -aufnahme, da hier gebundenes Wasser in den Zellwänden betroffen ist.

3.10 Holz und Holzverbindungen

3.10.9 Zulässige Spannungen für Bauholz nach DIN 1052 (4.88)

Art der Beanspruchung	Zulässige Spannungen in MN/m² für Nadelhölzer Güteklasse I	II	III	Brettschichtholz Güteklasse I	II	Eiche und Buche
Biegung	13	10	7	14	11	11
Zug	10,5	8,5	0	10,5	8,5	10
Druck, parallel mit den Fasern	11	8,5	6	11	8,5	10
Druck, rechtwinklig zu den Fasern	2	2	2	2	2	3
Abscheren, parallel mit den Fasern	0,9	0,9	0,9	0,9	0,9	1
Schub aus Querkraft, parallel mit den Fasern	0,9	0,9	0,9	1,2	1,2	1

3.10.10 Querschnitte und Querschnittswerte für Bauholz

Kantholz

Dicke b/h cm	Querschnitt cm²	W_x cm³	J_x cm⁴	W_y cm³	J_y cm⁴	i_y cm	1 m = m³
3/5	15	12,5	31	7,5	11,2	0,87	0,0015
4/6	24	24	72	16	32	1,16	0,0024
5/8	40	53,3	213	33,3	83	1,44	0,0040
6/10	60	100	500	60	180	1,73	0,0060
6/12	72	144	864	72	216	1,73	0,0072
8/8	64	85	341	85	341	2,31	0,0064
8/10	80	133	667	107	427	2,31	0,0080
8/12	96	192	1152	128	512	2,31	0,0096
8/14	112	261	1829	149	597	2,31	0,0112
8/16	128	341	2731	171	683	2,31	0,0128
8/20	160	533	5333	213	853	2,31	0,0160
10/10	100	167	833	167	833	2,89	0,0100
10/12	120	240	1440	200	1000	2,89	0,0120
10/14	140	327	2287	233	1167	2,89	0,0140
10/16	160	427	3413	267	1333	2,89	0,0160
10/20	200	667	6667	333	1667	2,89	0,0200
10/22	220	807	8873	367	1833	2,89	0,0220
12/12	144	288	1728	288	1728	3,47	0,0144
12/14	168	392	2744	336	2016	3,47	0,0168
12/16	192	512	4096	384	2304	3,47	0,0192
12/24	288	1152	13824	576	3456	3,47	0,0288
12/26	312	1352	17576	624	3744	3,47	0,0312
14/14	196	457	3201	457	3201	4,05	0,0196
14/16	224	597	4779	523	3659	4,05	0,0224
14/18	252	756	6804	588	4116	4,05	0,0252
14/20	280	933	9333	653	4573	4,05	0,0280
16/16	256	683	5461	683	5461	4,62	0,0256
16/20	320	1067	10667	853	6827	4,62	0,0320
16/22	352	1291	14197	939	7509	4,62	0,0352
16/24	384	1536	18432	1024	8192	4,62	0,0384
18/18	324	972	8748	972	8748	5,20	0,0324
18/22	396	1452	15972	1188	10692	5,20	0,0396
18/24	432	1728	20736	1296	11664	5,20	0,0432
20/20	400	1333	13333	1333	13333	5,78	0,0400
20/24	480	1920	23040	1600	16000	5,78	0,0480
20/26	520	2253	29293	1733	17333	5,78	0,0520
22/28	616	2875	40245	2259	24845	6,36	0,0616
24/24	576	2304	27648	2304	27648	6,94	0,0576
24/26	624	2704	35152	2496	28285	6,94	0,0624
24/28	672	3136	43904	2688	32256	6,94	0,0672
24/30	720	3600	54000	2880	34560	6,94	0,0720
26/26	676	2929	38081	2929	38081	7,51	0,0676
26/28	728	3397	47563	3155	41011	7,51	0,0728
26/30	780	3900	58500	3380	43940	7,51	0,0780
28/28	784	3659	51221	3659	51221	8,09	0,0784
30/30	900	4500	67500	4500	67500	8,67	0,0900

Rundholz

d cm	Mittl. Umfang U cm	Querschnitt A cm²	W cm³	J cm⁴	i cm	1 m = m³
7	22,0	38,5	33,7	118	1,75	0,004
8	25,1	50,3	50	201	2,00	0,005
9	28,3	63,6	72	322	2,25	0,006
10	31,4	78,5	98	491	2,50	0,008
11	34,6	95	131	719	2,75	0,010
12	37,7	113,1	170	1018	3,00	0,011
13	40,8	132,7	216	1402	3,25	0,013
14	44	153,9	269	1886	3,50	0,015
15	47,1	176,7	331	2485	3,75	0,018
16	50,3	201,1	402	3217	4,00	0,020
17	53,4	227	482	4100	4,25	0,023
18	56,6	254,5	573	5153	4,50	0,025
19	59,7	284	673	6400	4,75	0,028
20	62,8	314,2	785	7854	5,00	0,031
21	66,0	346	909	9550	5,25	0,035
22	69,1	380,1	1045	11499	5,50	0,038
23	72,3	415	1190	13740	5,75	0,042
24	75,4	452,4	1357	16286	6,00	0,045
25	78,5	491	1530	19180	6,25	0,049
26	81,7	530,9	1726	22432	6,50	0,053
27	84,8	573	1930	26090	6,75	0,057
28	88	615,8	2155	30172	7,00	0,062
29	91,1	661	2390	34720	7,25	0,066
30	94,3	706,9	2651	39761	7,50	0,071
32	100,5	804	3220	51470	8,00	0,080

Latten, Bretter und Bohlen aus Nadelschnittholz

	Normmaße nach DIN 4074 (9.89) in mm Latte	Brett [1]	Bohle [1]	Kantholz/Balken
Dicke d bzw. Höhe h	$d \leqq 40$	$d \leqq 40$	$d > 40$	$b \leqq h \leqq 3b$
Breite b	$b < 80$	$b \geqq 80$	$b > 3d$	$b > 40$

[1]) Vorwiegend hochkant biegebeanspruchte Bretter und Bohlen sind wie Kantholz zu sortieren.

Schnitthölzer sind Holzerzeugnisse von mindestens 6 mm Dicke, die durch Sägen und Spanen von Rundholz parallel zur Stammachse hergestellt werden.

3.10 Holz und Holzverbindungen

3.10.11 Holzverbindungen

Bereits im Mittelalter wurden die Grundformen für die Verbindung der Hölzer entwickelt. Zur Aufnahme der statischen Kräfte wurden zweckentsprechende Längs-, Eck- und Stoßanschlüsse sowie Verkämmungen und verschiedene Verzapfungsarten geschaffen. Im Rahmen der Bauwerkssanierung geht man seitens des Zimmererhandwerks heute wieder dazu über, trotz großen Arbeitsaufwandes die alten Regelanschlüsse zu nutzen.

Überblattungen (Längsverbindungen)

1 Gerades Blatt
2 Gerades Hakenblatt
3 Schräges Blatt
4 Scherblatt
5 Schräges Hakenblatt (verkeilt)
6 Schwalbenschwanzblatt

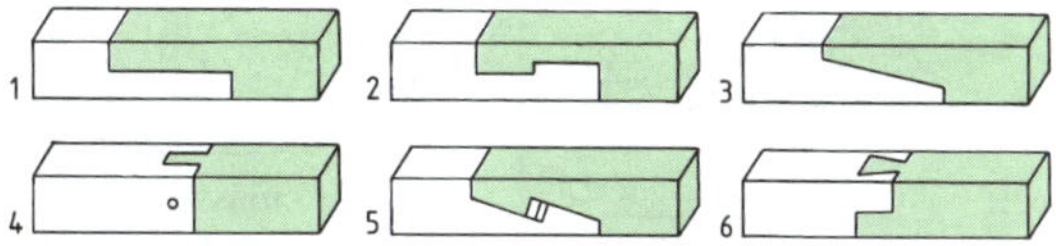

Verzapfungen

1 Einfacher Zapfen
2 Schräger Zapfen
3 Versatzzapfen
4 Geächselter Zapfen

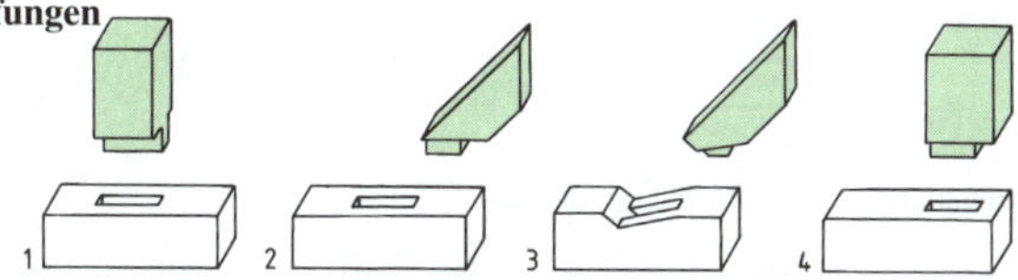

Eckverbindungen

1 Eckblatt
2 Eckblatt mit schrägem Schnitt
3 Hakenblatt

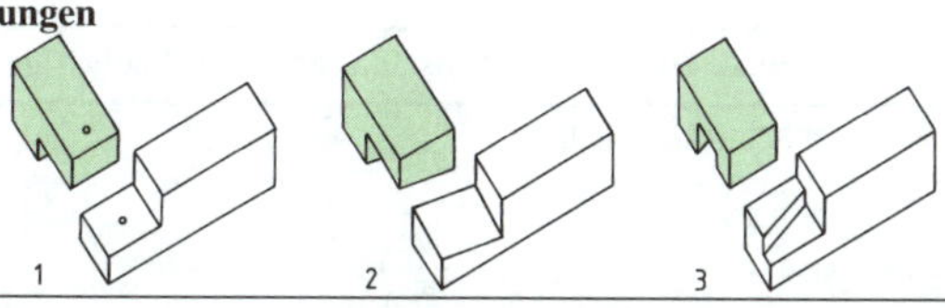

Verkämmungen

1 Einfacher Kamm
2 Kreuzkamm
3 Doppelkamm
4 Schwalbenschwanzkamm

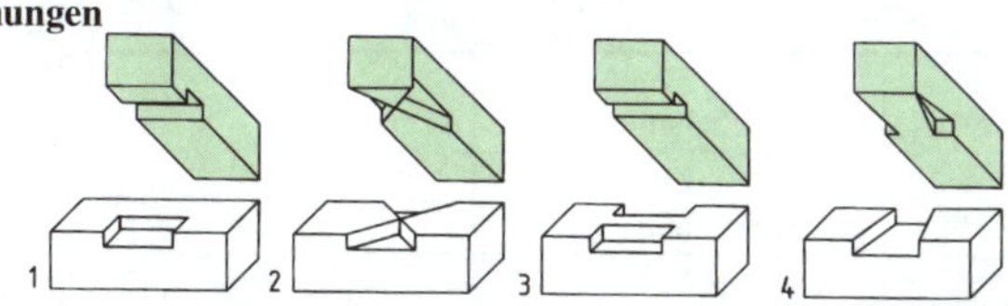

Stoßverbindungen

1 Einfaches Blatt
2 Brustzapfen
3 Schwalbenschwanzblatt
4 Weichschwanzblatt

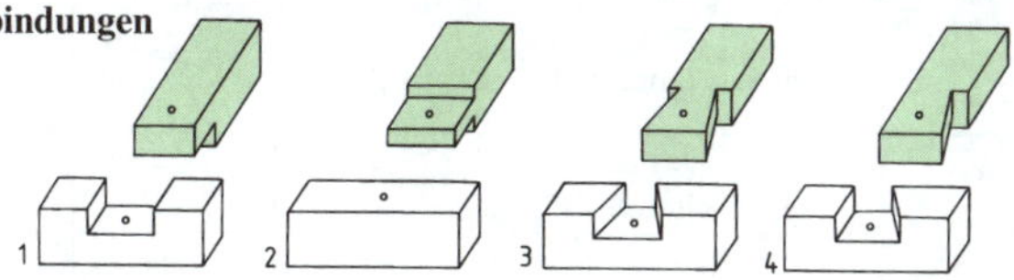

Verblattungen/ Verkeilungen

1 Aufhälsung mit Zapfen
2 Blattzapfen mit Rähm
3 Winkelband mit Hakenblatt

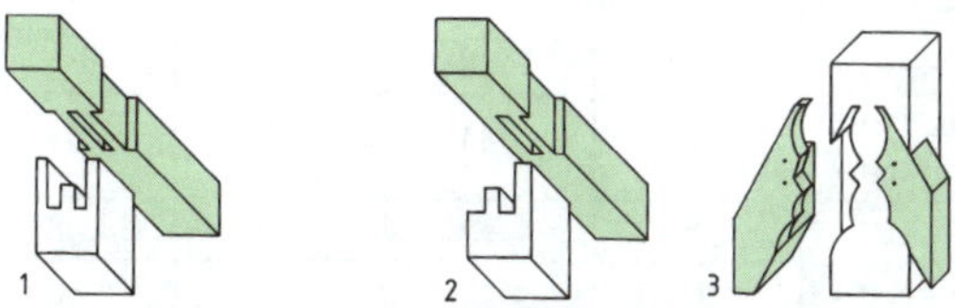

3.10 Holz und Holzverbindungen

Nagelverbindungen werden im Holzbau in der Regel mit Senkkopfdrahtnägeln hergestellt: An einer Verbindungsstelle müssen mindestens vier durch gleichgerichtete Kräfte beanspruchte Nagelscherflächen vorhanden sein. Nagelverbindungen im Hirnholz sind nicht tragend.

Nagelabstände

Nagelabstände für das dünnste Holz der Verbindung	Lage zur Faserrichtung	parallel der Kraftrichtung, mind. nicht vorgebohrt	vorgebohrt
untereinander	∥	$10\,d_n$ ($12\,d_n$)	$5\,d_n$
	⊥	$5\,d_n$	$5\,d_n$
vom beanspruchten Rand	∥	$15\,d_n$	$10\,d_n$
	⊥	$7\,d_n$ ($10\,d_n$)	$5\,d_n$
vom unbeanspruchten Rand	∥	$7\,d_n$ ($10\,d_n$)	$5\,d_n$
	⊥	$5\,d_n$	$3\,d_n$

d_n: Nageldurchmesser [2])

Beanspruchung in Schaftrichtung (Herausziehen)

Kurzfristig auf Herausziehen dürfen beansprucht werden:
- runde Draht- und Maschinenstifte [1])
- Sondernägel der Tragfähigkeitsklasse I, deren Einschlagtiefe in das Holz mindestens $12 \cdot d_n$ beträgt.

Ständig auf Herausziehen dürfen beansprucht werden:
- Sondernägel der Tragfähigkeitsklassen II ($B_z = 2{,}5$ MN/m²) und III ($B_z = 3{,}2$ MN/m²), wenn deren Einschlagtiefe in das Holz mindestens $8\,d_n$ beträgt.

Zulässige Belastung auf Herausziehen, Lastfall H

zul $N_z = B_z \cdot d_n \cdot s_w$ in N

d_n Nageldurchmesser in mm

s_w wirksame Einschlagtiefe in mm

B_z 1,3 MN/m² (Wert für runde Draht- und Maschinenstifte)

B_z 0,8 MN/m², wenn Dachneigung ≤ 30° beträgt und ständig wirkende Beanspruchungen auf Herausziehen gegeben sind.

3.10.12 Holzdicken, Einschlagtiefen und zulässige Nagelbelastungen

Nagelgröße d_n in $\frac{1}{10}$ mm mal l_n in mm	Mindestholzdicke bei Nagellöchern: nicht vorgebohrt mm	vorgebohrt mm	Einschlagtiefe mindestens: einschnittig mm	mehrschnittig mm	Zulässige Nagelbelastung für eine Scherfläche, Nadelholz: nicht vorgebohrt kN	Nadelholz: vorgebohrt kN	Eiche und Buche vorgebohrt kN
22×45 22×50	24 (bei Schalungen: 20)		27	18	0,2	0,25	0,3
25×55 25×60	24 (bei Schalungen: 20)		30	20	0,25	0,31	0,375
28×65	24 (bei Schalungen: 20)		34	23	0,3	0,375	0,45
31×65 31×70 31×80	24 (bei Schalungen: 20)		38	25	0,375	0,46	0,56
34×90	24 (bei Schalungen: 22)		41	27	0,43	0,54	0,65
38×100	24		46	30	0,525	0,65	0,78
42×110	26		51	34	0,625	0,775	0,93
46×130	30	28	56	37	0,725	0,905	1,09
55×140 55×160	40	35	66	44	0,975	1,22	1,46
60×180	50	35	72	48	1,12	1,40	1,68
70×210	60	45	84	56	1,44	1,80	2,16

[1]) Werden runde Draht- und Maschinenstifte in halbtrockenes oder frisches Holz eingeschlagen, so sind die zulässigen Belastungen auf Herausziehen um 1/3 abzumindern, auch dann, wenn das Holz nachtrocknen kann. Das gilt nicht für Laubhölzer, Holzartgruppe C.

[2]) Die Werte in ( ) gelten für $d_n > 4{,}2$ mm.

3.10.13 Bolzenverbindungen

Bolzen sind zylindrische Verbindungsmittel aus Metall. Zu unterscheiden ist zwischen mit Kopf und Mutter versehenen **Schraubbolzen** und den glatten oder gerillten **Stabdübeln** (Stahlstifte), die in vorgebohrte Löcher eingetrieben werden. Beim Herstellen von Bolzenverbindungen müssen folgende Werte eingehalten werden:

	Schraubbolzen	Stabdübel
Durchmesser des vorgebohrten Bolzenloches	Höchstens 1 mm stärker als der Bolzendurchmesser	0,2–0,5 mm kleiner als der Stiftdurchmesser
Mindestdurchmesser des Bolzen	12 mm	8 mm
Mindestanzahl der Bolzen einer Verbindung	2	4
Mindestabstände der Bolzen	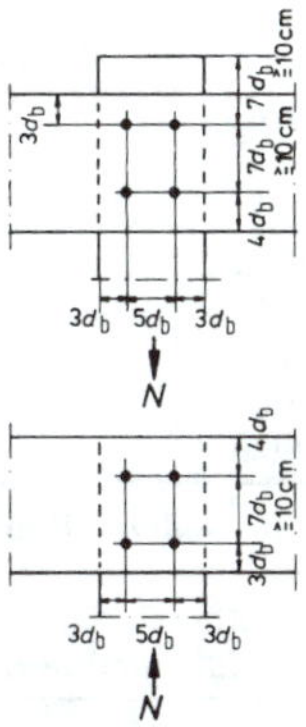	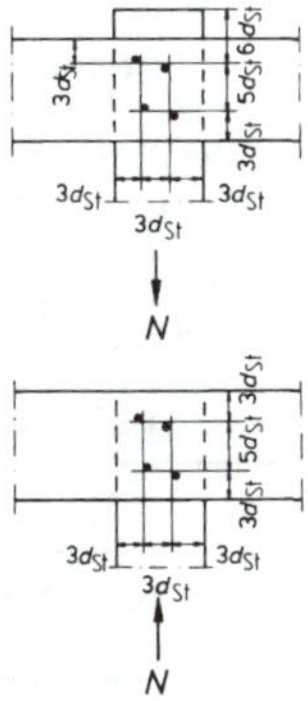
Zulässige Belastung beim Kraftangriff in Faserrichtung in kN	**zul** N **= zul** $\sigma_1 \cdot a \cdot d$ jedoch höchstens $= A \cdot d^2$ zul σ_1 zulässige mittlere Lochleibungsspannung des Holzes nach der untenstehenden Tabelle, a kleinste Holzdicke in cm, d Bolzendurchmesser in cm, A Festwert nach der untenstehenden Tabelle.	

Werte für zul σ_1 und A zur Berechnung der zulässigen Belastung von Bolzenverbindungen

Belastungsart	Holzart	Schraubbolzen zul σ_1 kN/cm²	Schraubbolzen A kN/cm²	Stabdübel zul σ_1 kN/cm²	Stabdübel A kN/cm²
Einschnittig	Nadelholz Eiche, Buche	0,4 0,5	1,7 2,0	0,4 0,5	2,3 2,7
Zweischnittig					
Mittelholz	Nadelholz Eiche, Buche	0,85 1,0	3,8 4,5	0,85 1,0	5,1 6,0
Seitenholz	Nadelholz Eiche, Buche	0,55 0,65	2,6 3,0	0,55 0,65	3,3 3,9

3

3.10.14 Dübelverbindungen

Dübel sind auf Druck und Abscheren beanspruchte Verbindungsmittel. Sie werden entweder in eine vorbereitete Vertiefung eingelassen (Einlaßdübel) oder in das Holz eingepreßt (Einpreßdübel). Einpreßdübel dürfen nur bei Nadelholz verwendet werden.
Hölzer, die mit Dübeln verbunden werden sollen, müssen mind. der Sortierklasse S 10 entsprechen. Alle Dübelverbindungen müssen durch nachspannbare Schraubbolzen zusammengehalten werden, wobei alle Dübel durch Bolzen gesichert sein müssen. Die Bolzen sind so anzuziehen, daß die Scheiben geringfügig, jedoch höchstens 1 mm, in das Holz eingedrückt werden.

Rechteckige Dübel

Rechteckige Dübel dürfen nur aus trockenem Hartholz oder Metall hergestellt werden. Es dürfen in einem Anschluß höchstens vier hintereinanderliegende Dübel in Rechnung gestellt werden. Bei der Ermittlung der zulässigen Belastung einer Verbindung ist nachzuweisen, daß die Scherspannungen in den Dübeln sowie in den zu verbindenden Hölzern die zulässigen Werte nicht überschreiten.

Dabei werden die Leibungsspannungen als gleichmäßig verteilte Spannungen mit den folgenden Werten in die Berechnung eingesetzt.

Zulässige Leibungsspannungen in Faserrichtung

Verhältnis der Dübellänge l_d zur Einschnittiefe t_d	Anzahl der in Kraftrichtung hintereinanderliegenden Dübel 1 und 2 verdübelter Balken kN/cm²	 3 und 4 kN/cm²
$l_d/t_d \geq 5$	0,85	0,75
$l_d/t_d < 5$	0,40	0,35

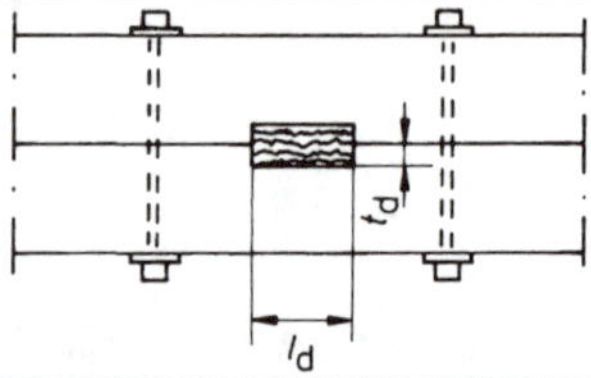

Dübel besonderer Bauart

Dübelarten, Übersicht mit neuer und alter Bezeichnung sowie deren Charakteristika nach DIN 1052 (4.88 neu) und (10.69 alt)

Dübeltyp neu DIN 1052 (4.88)	Dübelbezeichnung DIN 1052 (10.69)	Dübelart	Werkstoff	Charakteristika
A	Appel	Einlaßdübel EL	Leichtmetallgußlegierung, Güte mindestens 226 D	Ein- und zweiseitiger Ringkeildübel aus Leichtmetall-Gußlegierung, der mit einem Spezialwerkzeug eingefräst wird
B	Kübler	Einlaßdübel EL	fehlerfreies Eichenholz	Rundholzdübel aus fehlerfreiem Eichenholz, auch für Laubhölzer verwendbar, der nur als zweiseitiger Dübel anwendbar ist. Der Dübel kann vom Betrieb selbst hergestellt werden.
C	Bulldog	Einpreßdübel EP	Stahlblech, mindestens St 2 K 40, DIN 1624	Ein- und zweiseitiger Dübel aus gestanztem Blech mit abgebogenen Zähnen aus Stahlblech. Die Grundplatte wird mit eingepreßt, daher sind sie nur für Nadelholz geeignet.
D	Geka	Einpreßdübel EP	Temperguß GTS-35-10 oder GTW-40-05, DIN 1692	Ein- und zweiseitiger Dübel mit kegelförmigen Zähnen, die eingepreßt werden. Die Grundplatte muß nicht versenkt werden. Der Dübel ist nur für Nadelholz zu verwenden.
E	Siemens-Bauunion	Einlaß-Einpreßdübel EL-EP	Temperguß GTW-40-05, DIN 1692	Ein- und zweiseitiger Dübel mit 1/2 pyramidenförmigen Zähnen, die nach dem Einlassen der über 3 mm dicken Grundplatte eingepreßt werden. Der Dübel ist nur für Nadelholz geeignet.

Dübel besonderer Bauart (Fortsetzung)

Dübeltyp A

Zwei- und einseitiger Ringkeildübel
Material: Leichtmetallgußlegierung

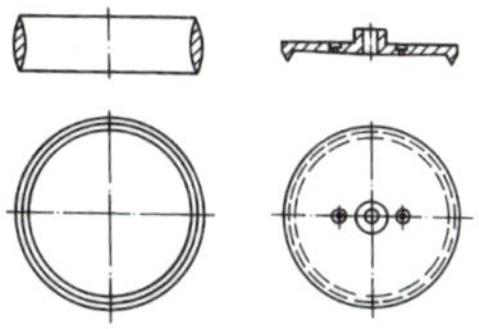

Dübeltyp B

Rundholzdübel aus Eiche
Material: fehlerfreies Eichenholz

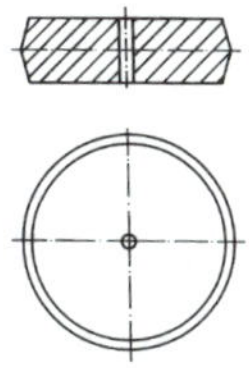

Dübeltypen C

a) Zweiseitiger, runder Einpreßdübel
Material: Stahlblech

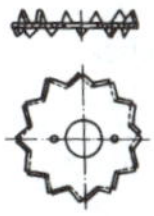

b) Einseitiger, runder Einpreßdübel mit $d_d \leq 75$ mm
Material: Stahlblech

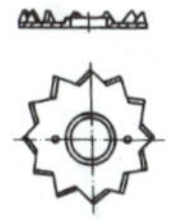

c) Einseitiger, runder Einpreßdübel mit $d_d = 95$ bzw. 117 mm
Material: Stahlblech

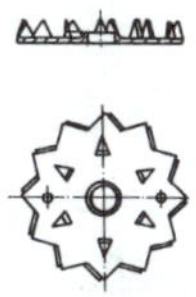

d) Zweiseitiger, quadratischer Einpreßdübel
Material: Stahlblech

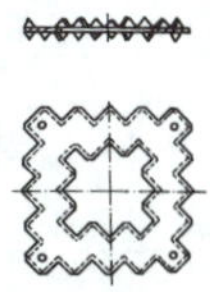

Dübeltyp D

Einpreßdübel

a) Zweiseitiger Dübel
Material: Temperguß

b) Einseitiger Dübel
Material: Temperguß

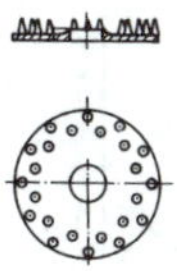

Dübeltyp E

Einlaß-Einpreßdübel

a) Zweiseitiger Dübel
Material: Temperguß

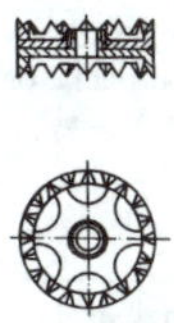

b) Einseitiger Dübel
Material: Temperguß

Mindestabstände der Dübel

	e_d benachbarter Dübelreihen	$e_d \parallel$ in Faserrichtung	von der Holzkante
Dübelreihen nicht gegeneinander versetzt	$d_d + t_d$	$e_d \parallel$	$\frac{b}{2}$
Dübelreihen gegeneinander versetzt	wenn: $d_d + t_d$	dann: $e_d \parallel$	$\frac{b}{2}$
	d_d	$1{,}1\ e_d \parallel$	
	$0{,}75\ d_d$	$1{,}5\ e_d \parallel$	
	$0{,}5\ (d_d + t_d)$	$1{,}8\ e_d \parallel$	

- d_d Dübeldurchmesser
- t_d Einschnittiefe des Dübels
- e_d Mindestabstand und Vorholzlänge (siehe Tabelle)
- b erforderliche Mindestbreite des Holzes gemäß Tabelle

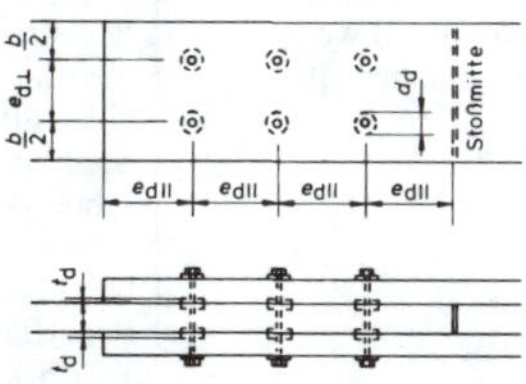

3.11 Glas im Bauwesen DIN 1249, DIN 1259, E DIN EN 572 T1 (2.92)

Oberbegriff	Flachglas	Preßglas	Dämmstoffe aus Glas
Basis-produkte	Floatglas, gezogenes Flachglas, Glasdachziegel gegossenes Glas, mundgeblasenes Glas	Glassteine, Betonglas, Glasdachziegel	Glasfaserdämmstoff, Schaumglas
Produkte aus Glas	Glas mit besonderen licht-und strahlungs-techn. Eigenschaften	Isolierglas aus zwei oder mehreren Scheiben	Glas mit Schutz-eigenschaften
Glasart	**Herstellung**	**Eigenschaften**	**Dicken in mm**
Floatglas bad	fließt über ein Metall-Oberflächen	parallele und feuerpolierte 15, 19, 25	2, 3, 4, 5, 6, 8, 10, 12,
Flachglas gezogen	maschinell im Zieh-verfahren (Fensterglas alt)	nahezu ebene Oberflächen	2, 3, 4, 5, 6, 8, 10, 12
Garten-blankglas	endloses Bandver-fahren	eine Oberfläche ist gewalzt, Streuwirkung der Strahlung	3, 4
Glas gegossen	Walzverfahren	eine oder beide Oberflächen ornamentiert **ohne Drahteinlage:** Ornamentglas, Gartenklarglas, Profilbauglas **mit Drahteinlage:** beide Oberflächen gewalzt, Drahtglas, eine Oberfläche ornamentiert, Drahtornamentglas, Profilbauglas, poliertes Drahtglas	 3, 4, 5, 6, 8, 10; 3, 4; 6, 7 6, 7, 9 7, 9 6, 7 6, 10 Maschenweite 12,7 mm
Glas mund-geblasen	mundgeblasen (menschliches Lungenvolumen, Glasmacherpfeife)	Echtantikglas, Danzigerglas, Goetheglas, Craquelle (Crackled), Opakglas, Opalglas, Überfangglas, Neuantikglas, Butze, Mondscheibe (Tellerscheibe)	max. Größe 900/1100
Sonstige Glasarten	**in der Masse eingefärbt**	**gefärbtes Glas**	**Sondereigenschaften**
Überfangglas	maschinell hergestellt	zweite Farbschichtauflage	aufgegossen
Butze	maschinell hergestellt	kreisrunde Form	geblasen und gepreßt
Opallescent	Walzverfahren	Quetschstrukturen	marmoriert
Glasplatte	Dallglas, gegossenes Glas	Glasbrocken	gegossen und zerschla-gen
Antikglas	maschinell hergestellt	gleiche Glasdicke	geblasen
Opakglas Opalglas	maschinell hergestellt	getrübtes, milchweißes oder farbiges Glas	Schlieren
Glas mit besonderen licht- und strahlungs-technischen Eigen-schaften	maschinell weiter-behandeltes Glas	lichtstreuend oder lichtlenkend oberflächenbehandelt, Glas mit erhöhter oder verminderter Strahlungsdurchlässigkeit, Sonnen-schutzglas, Sichtschutzglas, ver- und entspiegeltes Glas, beschichtetes Glas, veredeltes Glas (Oberfläche), Wärmeschutzglas	reflektierendes Sonnen-schutzglas, reflektie-rendes Wärmeschutz-glas, mattiertes, eis-blumiertes Glas, sand-gestrahltes Glas, geätz-tes Glas, silberbeschich-tetes Glas, Spiegel-gläser, Spionspiegel

3.11 Glas im Bauwesen			
Glas mit Schutzeigenschaften gegen Brandeinwirkung und mechanische Lasten	Schutz vor Verletzungen	Schutz vor mechanischen Belastungen	Schutz vor thermischen Belastungen
Sicherheitsglas	herabfallende Glasteile, Absturzsicherung, Einbruchhemmung	Einscheibensicherheitsglas ESG, Verbundsicherheitsglas VSG, Angriffhemmendes Glas, teilvorgespanntes Glas, chemisch vorgespanntes Glas, Verbundglas, Glassteine (früher Glasbausteine), Betonglas	Gläser mit erhöhter Temperaturwechselbeständigkeit Gläser für Brandschutzsysteme
Isolierglas	Kombinationen der Gläser untereinander sind möglich	Verwendung	
Mehrscheibenisolierglas MIG	mit Gasfüllung	erhöhter Schallschutz, erhöhter Wärmeschutz	
	eingefärbte Gläser	erhöhter Sonnenschutz	
	mit Reflexionsschicht	erhöhter Wärmeschutz, erhöhter Sonnenschutz	
	mit Sicherheitseigenschaften	Glas mit Schutzeigenschaften gegen Brandeinwirkung und mechanische Lasten	
	mit optischen Effekten	bei Gußglas eingefärbte Masse, beschichtetem Glas, mit Sprossenelementen, mit Zwischenlagen, mit gewölbten Scheiben (bombiert)	
Angriffhemmende Verglasungen	Ein- oder mehrschichtiger Aufbau	Eigenschaften	DIN 52290 Teil 1–5
Schutzverglasungen, Personenschutz, Objektschutz	Kennbuchstabe „A“	Durchwurfhemmende Verglasung	verhindert das Durchdringen von geworfenen oder geschleuderten Gegenständen (Prüfung nach DIN 52290 Teil 4)
	Kennbuchstabe „B“ (Eh=Richtlinie der Schadensversicherer VDS)	Durchbruchhemmende Verglasung	bewirkt eine zeitliche Verzögerung beim gewaltsamen Herstellen einer Öffnung (Prüfung nach DIN 52290 Teil 3)
	Kennbuchstabe „C“	Durchschußhemmende Verglasung	verhindert das Durchdringen von Geschossen SF-Splitterfrei und SA-Splitterabgang (Prüfung nach DIN 52290 Teil 2)
	Kennbuchstabe „D“	Sprengwirkungshemmende Verglasung	widerstehen dem Druck und Impuls einer bestimmten Stoßwelle (Prüfung nach DIN 52290 Teil 5)
Normung	Verglasungsarbeiten	VOB DIN 18361 (12.92)	

3.12 Kunststoffe

3.12.1 Grundbegriffe

Der Begriff Kunststoff im weitesten Sinne umfaßt „organische“ Werkstoffe, die als Makromoleküle elementarer Verbindungen aufgebaut sind. Unter „organisch“ versteht man, daß diese Moleküle aus den unterschiedlichsten Kombinationen der Elemente Kohlenstoff (C), Wasserstoff (H_2), Sauerstoff (O_2), Stickstoff (N_2) und Schwefel (S) gebildet werden. Die räumliche Anordnung der Grundstoffe beeinflußt die Eigenschaften der Kunststoffe, ob plastomer, duromer oder elastomer. Die Anordnung kann bei der Herstellung beeinflußt werden. Beispiele: Silikon und Polyurethan kommen als Duromere sowie als Elastomere vor.

Arten der Kunststoffe

Plastomere oder Thermoplaste (durch Wärme verformbar)	Stoffe, die beim Erwärmen in einen plastischen Zustand übergehen, in dem sie leicht verformt werden können. Diese Verformung bleibt beim Erkalten bestehen. Der Vorgang ist wiederholbar. Plastomere bestehen aus fadenförmigen, nur gering verzweigten Molekülketten. Wegen der relativ schwachen Bindung zwischen den Molekülketten sind Plastomere meist zähelastisch.
Duromere oder Duroplaste (durus = hart)	So werden Kunststoffe genannt, die nur einmal in einem plastischen Zustand sind und dann aushärten. Danach sind sie gegen Wärme und Chemikalien besonders widerstandsfähig und nicht mehr plastisch verformbar. Der Vorgang ist nicht wiederholbar. Weil die Molekülketten stark vernetzt sind, sind Duromere bei normalen Temperaturen hart bis spröde.
Elastomere (dehnungsfähig)	Zu dieser Art zählt man die Kunststoffe, die sich innerhalb eines breiten Temperaturbereiches durch hohe Elastizität auszeichnen. Diese kommt zustande, weil das dreidimensionale Molekülnetz nur wenige Querverbindungen aufweist und dadurch die einzelnen Abschnitte der Molekülketten, im Gegensatz zum Gesamtmolekül, eine relativ gute Bewegungsmöglichkeit erhalten.

Herstellung der Kunststoffe

Polymerisation	Der Ausgangsstoff muß aus gleichen Molekülen bestehen. In diesen Molekülen müssen zwei mit Doppelbindung verknüpfte Atome enthalten sein. Diese Doppelbindung wird durch äußere Einwirkung (Druck, Hitze oder Chemikalien) aufgespalten und so den Molekülen die Möglichkeit gegeben, sich zum Polymer („Vielteil“) zu verbinden.	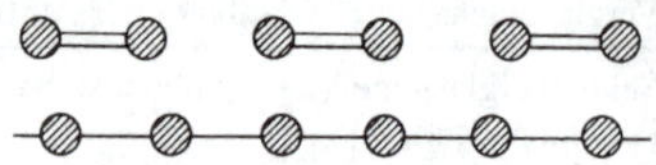 Beispiele: Polyethylen (PE), Polystyrol (PS), Polyvinylchlorid (PVC)
Polykondensation	Die Ausgangsstoffe müssen die Bedingung erfüllen, daß eine Gruppe Sauerstoff- und die andere Wasserstoffatome enthalten muß. Der Wasserstoff bzw. der Sauerstoff werden abgespalten, und an die Bindungsstellen können sich die Moleküle zu Molekülketten vereinigen. Durch Polykondensation entstehen vorwiegend Duromere.	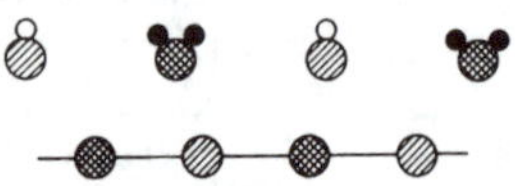 Beispiel: Polyesterharz (UP)
Polyaddition	Die Ausgangsstoffe sind verschiedenartige Moleküle. Durch Aufspaltung werden Atome frei, die sich anders gruppieren und so Bindungsmöglichkeiten ermöglichen, so daß sich die nun reaktionsfähigen Moleküle zu Makromolekülen verbinden können, ohne daß „Reststoffe“ übrig bleiben.	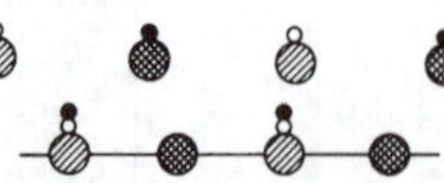 Beispiele: Epoxidharz (EP), Polyurethan (PUR)

3.12 Kunststoffe

3.12.2 Am Bau verwendete Kunststoffe

Bezeichnung	Kurzform	Eigenschaften/Fabrikate	Verwendung
Thermoplaste/Plastomere			
Acrylglas	AMMA, PMMA	lichtdurchlässig, gut bearbeitbar, hochwitterungsbest., brennbar, beständig gegen: verd. Säuren und Laugen, Benzin, Benzol, div. Öle /Plexiglas	bruchfeste Verglasung, Lichtkuppeln, Beleuchtungskörper (PMMA) Lacke, Betonzusatzmittel (AMMA)
Polyamid	PA	hochbeanspruchbar, feuchtigkeitsabhängig (versprödet beim Austrocknen), beständig gegen: Öle, Benzin, Benzol und div. Lösungsmittel /Nylon, Ultramid	Zahnräder, Beschläge, Dübel
Polycarbonat	PC	unzerbrechlich, lichtdurchlässig, warm umformbar, nicht sehr witterungsbeständig /Makrolon	unzerbrechliche Verglasungen, Einbruchsschutz, Überdachungen
Polyethylen	PE	wachsartig weich oder halbelastisch, durchscheinend, kältefest bis 233 K, temperaturbeständig bis 333 K (max. 373 K), löslich durch: Benzin, Benzol und Trichlorethylen, bei freier Bewitterung nicht alterungsbeständig, stark UV-empfindlich (zerfällt in wenigen Monaten) /Hostalen, Lupolen, Delta-Folie	Planen, Tafeln, Rohre, Verpakkung, mit Gitterverstärkung als Unterspannbahn für Dächer
PE-Bitumen-Copolymerisat	ECB	PE, das durch Synthese mit Bitumen seine Eigenschaften verändert hat: im Niedertemperaturbereich annähernd elastisches Verhalten, höhere Beständigkeit gegen UV-Strahlen und Witterung, Verklebung auf Heißbitumen möglich /Lucobit, Organat, Carbofol, oc-plan 2000G	Dach- und Abdichtungsbahnen
Chlorpolyethylen	CPE (PE-C)	PE, das vollständig mit Chlor gesättigt und dadurch beständig gegen normale Witterung und UV-Strahlung ist, beständig bis 363 K, löslich durch: Benzol, Lacke, Terpentin, Salpetersäure und Benzin /Dow-CPE, Alkorflex	Dachbahnen, Abwasserleitungen, Schwimmbad-Dichtungsbahnen
Ethylenvinylacetat-Copolymerisat	VAE	bitumenfest, heißluft- und lösungsmittelschweißbar, sehr geringer Wasserdampfdiffusionswiderstandsfaktor /Alwitra	Abdichtungsbahnen
Polyisobutylen	PIB	bei Raumtemperatur ölig bis gummiartig, plastisch verformbar, läßt sich schweißen, verrottungsfest, bitumenfest, beständig gegen die meisten Chemikalien außer: Benzin, Benzol, Öle und Ölabgase, nicht brennbar, ungiftig, langfristig bis 373 K und kurzfristig über 473 K beständig, UV-beständig /Rhepanol, Oppanol B3-B200	Baukleber, Dachdichtungsbahnen, Abdichtungsbahnen
Polystyrol	PS	glasklar und spröde, schäumbar in offen-, geschlossenzellige, belastbare und unbelastbare Schäume /Styropor, Styrodur, Roofmate, Algostat, Exporit, Thermopor	Wärmedämmstoffe, Armaturen, Schaltkästen

3.12 Kunststoffe

Bezeichnung	Kurzform	Eigenschaften/Fabrikate	Verwendung
		Thermoplaste / Plastomere (Fortsetzung)	
Polyterephthalsäureester	PETP	hohe Reißfestigkeit, rel. temperaturunempfindlich, nicht schweißbar, verklebbar /Afraphan, Hostaphan	Gleitfolien, Abdichtungsbahnen
Polyvinylfluorid	PVF	hoch chemikalien-, licht- und witterungsbeständig, wenig reißfest und wärmebeständig /Dalbon-Dispersion, Teblar	Schutz-Folien zur Kaschierung von Metallen und anderer reißfester Träger
Polyvinylacetat	PVAC	Standardmaterial für Dispersionskleber; es lassen sich keine festen Formteile herstellen, die Beschichtungs- oder Klebemassen bilden; nach dem Auftrag klare Filmschichten, die beständig sind gegen: Wasser, Wachse, Öle, Fette und Benzin /Ardit, Appretan, Mowilith Rubacolor	Beton- und Mörtelzusatzmittel, Beschichtungsmassen, Lacke, Leime
Polyvinylchlorid	PVC	der meistgebrauchte Kunststoff, der hart ist, aber durch nicht flüchtige Lösungsmittel weich eingestellt werden kann; Hart-PVC ist beständig gegen: Laugen, Säuren, Benzin, Öle und Alkohol; lösend wirken Benzol und die meisten Treibstoffgemische, wärmebeständig bis 373 K, Weich-PVC ist je nach Lösungsmittelanteil geringer chemikalienbeständig und reagiert leicht auf Benzol, Benzin und andere organische Lösungsmittel, wärmebeständig nur bis ca 353 K, PVC-Abdichtungsbahnen sind beständig gegen Feuchtigkeit und Alterung, aber wärmeempfindlich und nicht bitumenfest /Alkorplan, Delifol, Rhenofol, Trocal	Profile, Rohre, Fußbodenbeläge, Kabelisolierungen, Abdichtungsbahnen
		Duromere	
Epoxid-Harze	EP	aus mehreren Komponenten gemischt, hohe Chemikalienbeständigkeit, auch Alkohol, Benzin und Benzol werden ausgehalten, brennbar /Apokor, Duroxin, Epoxin, Eurolan 20, Lekutherm, L-Epoxy	hochwertige Gieß- und Beschichtungen, hoch belastbare Klebverbindungen, Beschichtungen von: Fußböden, Wasserbecken, nicht geeignet für Dachbeschichtungen
Phenol-Formaldehyd-Harze	PF	sehr spröde, verträgt Temperaturen bis ca. 423 K, es gibt sehr viele Modifikationen (Zusammensetzung + Füllstoffe), dadurch sehr unterschiedliche Chemikalienbeständigkeit /Bakelit, Imperal, Pagholz	Holzleime, Schaumstoffe
Polyester	UP	beständig gegen Säuren und Laugen, nimmt kaum Wasser auf, brennbar, da UP sehr unterschiedlich eingestellt werden kann, gibt es elastische und spröde, harte Erscheinungsformen, kann auch als selbstverlöschender Typ eingestellt werden (es gehen dabei aber andere günstige Eigenschaften verloren), wird von Lösungsmitteln angegriffen /Kemperol, Leguval, Palatal, Prodoral	hochwertige Klebstoffe, Fassadenplatten, Bauelemente (mit Glasfasern verstärkt), Beschichtungsmassen

3.12 Kunststoffe

Bezeichnung	Kurzform	Eigenschaften/Fabrikate	Verwendung
		Duromere (Fortsetzung)	
Polyurethan	PUR	beständig gegen: Wasser, Salzwasser, Laugen, verdünnte Säuren, Mineralöle, viele Lösungsmittel, aufschäumbar zu harten und weichen Schaumplatten, die wegen ihrer guten Dämmeigenschaft kurzfristig hohe Temperaturen aushalten /Ceresit-Estrichsiegel, Moltopren, Eurolan-FK 1, Thermotekto	Lacke, Kleber, Formteile, Beschichtungen für Fußböden, Abwasserleitungen, Wasserbecken, Wärmedämmplatten (harte Schäume), Polstermaterialien (weiche Schäume)
Silicon	SI	feuchtigkeitsabweisend, beständig gegen Temperaturen bis 573 K /Silicon, Silopren, Silon, Geldasil	temperaturfeste Gegenstände, feuchtigkeitsabweisende Beschichtungen, Dichtungen, Fugenfüller
Melamin-Formaldehyd-Harz	MF	lichtecht, farblos, durchsichtig /Madurid, Albamid	hochwerdige Leime, Preßstoffe als Deckschicht auf PF (=Resopal)
		Elastomere	
Buna (Polybutadien)	BR	ältester und einfachster aufgebauter Kunstkautschuk, ungünstiges Abriebverhalten, schnelle Alterung	Fußbodenbeläge
Butyl	IIR	halbelastisch, geringe Oxidationsbeständigkeit, sehr gasdicht, haftet nicht an Bitumenklebmassen, nicht beständig gegen Mineralöle /Butyl, Butynol, Eutyl	Abdichtungsbahnen, Dachkitte, Fugenfüller, Beschichtungsmasse
Chlorsulfoniertes Polyethylen	CSM	halb-hart, gummiähnlich, beständig gegen: Alterung, die meisten Chemikalien, Oxidation und Bitumen, kommt als form- und schweißbares Plastomer zur Verarbeitung, an der Luft setzt dann die Umbildung zum Elastomer ein (4 bis 8 Wochen), im elastomeren Zustand ist CSM nicht mehr umform- und schweißbar, deshalb muß er bis zur Verarbeitung licht- und luftdicht verpackt sein /Asbylon, Hypalon, Trixolon	Abdichtungsbahnen
Ethylen/Propylen-Terpolymer-Kautschuk	APTK	leicht, gute Altersbeständigkeit	Abdichtungsbahnen
Ethylen/Propylen-Dien-Mixture	EPDM	3 Kautschuklagen, die beiden äußeren nicht oder schwach vernetzt (schweißbar) /Dag-Tan, Keltan, Delifol-EPDM, Unitan	Abdichtungsbahnen
Polychloropren	CR	hochelastisch, schwer entflammbar, beständig gegen Oxidation und Wärme, nicht beständig gegen: Benzin, Benzol, konzentrierte Säuren und Laugen /Neopren, Aspren, Resistit, Pattex	Dichtungsbahnen, Kitte, Teil von Brückenauflagen, in Estern oder Ketonen gelöst Grundstoff für Kontaktkleber
Polysulfid-	SR	alterungsbeständig, elastisch, gut an Betonoberflächen haftend /Thiokol	Fugendichtungsmasse im Betonfertigteilbau

4 Statik und Festigkeitslehre

4.1 Mechanik

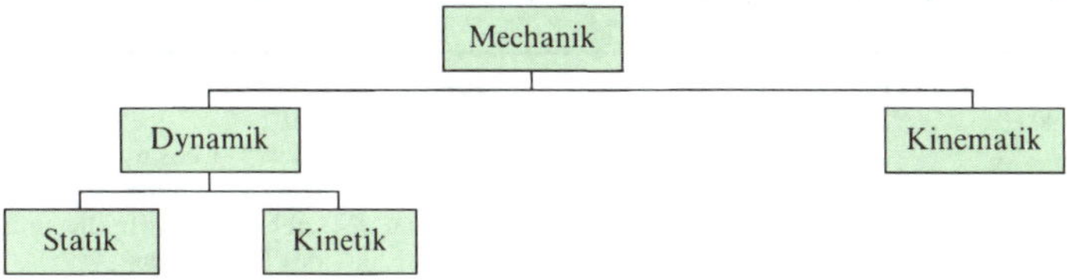

Mechanik: Lehre von den Kräften und der Bewegung
Dynamik: Lehre von den Kräften
Statik: Lehre vom Gleichgewicht der Kräfte

Kinematik: Lehre von den Bewegungen
Kinetik: Lehre von der Bewegung unter dem Einfluß von Kräften (Das betrachtete System befindet sich nicht im Gleichgewicht)

4.1.1 Kräfte

Die Kraft ist die Ursache für die Beschleunigung oder die Verformung eines Körpers.

Die Kraft ist definiert als das Produkt aus der Masse *m* eines Körpers und der Beschleunigung *a*, die dieser Körper erfährt

Die Kraft ist ein Vektor. Zu ihrer Beschreibung ist außer der Angabe des Betrages (Größe der Kraft) auch die Angabe der Richtung erforderlich.

$$F = m \cdot a$$

Beispiele für Kräfte

Gewichtskraft	Beschleunigungskraft	Federkraft
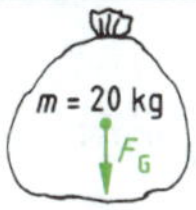 $F_G = m \cdot g$	 $F = m \cdot a$	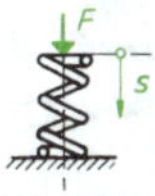 $F = c \cdot s$ wobei $c = \tan\alpha = \frac{F}{s}$ ist
F_G Gewichtskraft in N m Masse in kg g Fallbeschleunigung in m/s^2	F Beschleunigungskraft in N m Masse in kg a Beschleunigung in m/s^2	F Federkraft in N c Federsteifigkeit in N/mm s Federweg in mm

Zusammenwirken von Kräften

Kräfteaddition	Kräftesubtraktion	Winkel zwischen den Kräften		
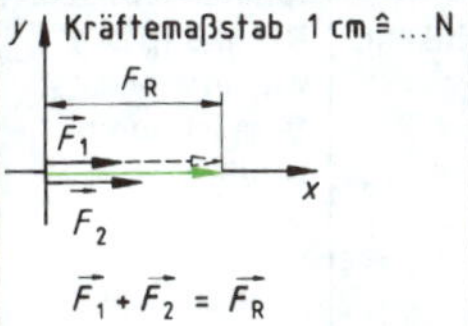	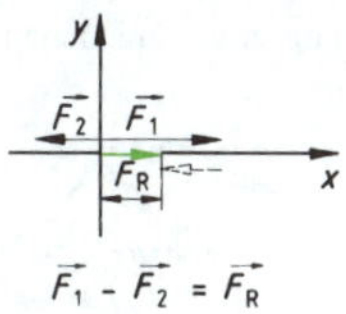	Kräfte rechtwinklig zueinander wirkend	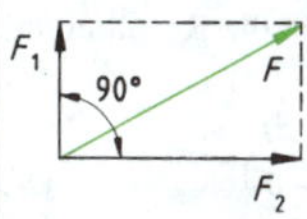	$F = \sqrt{F_1^2 + F_2^2}$
Beispiel		Kräfte unter einem beliebigen Winkel α wirkend	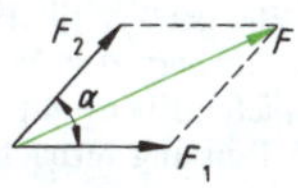	F zeichnerisch durch die Wahl eines Kräftemaßstabs (z. B. 1 cm ≙ 10 N) im Parallelogramm der Kräfte ermitteln
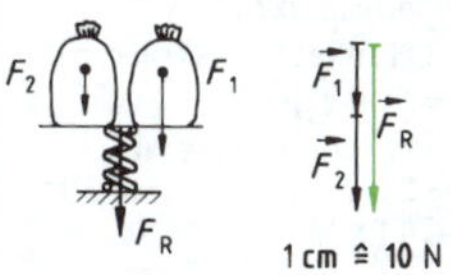	$F_1 = 15\,N$ $F_2 = 10\,N$ $F_R = ?$ $F_R = F_1 + F_2 =$ $= 15\,N + 10\,N = 25\,N$			

4.1 Mechanik

Zusammenwirken von Kräften (Forts.)

Zusammensetzung von Kräften – Zusammensetzung von Kräften unter einem Winkel

Winkel zwischen den Kräften	Zeichnerische Darstellung/Lösung	Rechnerische Lösung
$\alpha_1 = 0°$ $\alpha_2 = 90°$	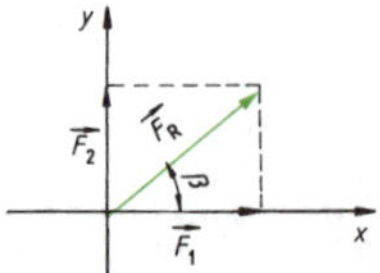	$\vec{F}_1 + \vec{F}_2 = \vec{F}_R$ $F_1 = F_{x1}$; $F_{y1} = 0$ $F_{x2} = 0$, da $\alpha_2 = 90° \rightarrow \cos\alpha_2 = 0$. $F_{y2} = F_2$, da $\alpha_2 = 90° \rightarrow \sin\alpha_2 = 1$. F_{x1} und F_{y2} stehen rechtwinklig aufeinander, es gilt der Satz des Pythagoras: $F_{x1}^2 + F_{y2}^2 = F_R^2 = F_1^2 + F_2^2$ Zur eindeutigen Bestimmung des Vektors $\vec{F}_R$ ist die Bestimmung der Wirkrichtung notwendig: $\tan\beta = \dfrac{F_2}{F_1}$
$\alpha_1 = 0°$ $\alpha_2 =$ beliebig	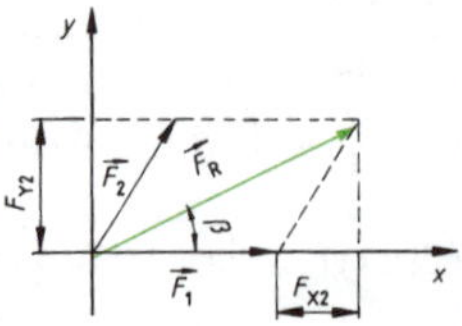	$\vec{F}_1 + \vec{F}_2 = \vec{F}_R$ $F_{x1} = F_1$, da $\alpha_1 = 0° \rightarrow \cos\alpha_1 = 1$ $F_{y1} = 0$, da $\alpha_1 = 0° \rightarrow \sin\alpha_1 = 0$ $F_{x2} = F_2 \cdot \cos\alpha_2$; $F_{y2} = F_2 \cdot \sin\alpha_2$ $F_{xR} = F_{x1} + F_{x2} = F_1 + F_2 \cdot \cos\alpha_2$ $F_{yR} = F_{y1} + F_{y2} = 0 + F_2 \cdot \sin\alpha_2$ $F_R^2 = F_{xR}^2 + F_{yR}^2 = (F_1 + F_2 \cdot \cos\alpha_2)^2 + (F_2 \cdot \sin\alpha_2)^2$
Beispiel: Wie groß ist die Zugkraft an der Kupplung eines Schleppers, der zwei Kähne schleppt? 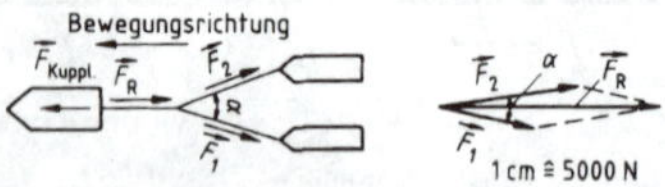 $F_1 = 5000$ N, $F_2 = 7000$ N, $\alpha = 20°$, $F_R = ?$		durch Umformen ergibt sich: $F_R = \sqrt{F_1^2 + F_2^2 + 2 \cdot F_1 \cdot F_2 \cdot \cos\alpha_2}$ $\tan\beta = \dfrac{F_2 \cdot \sin\alpha_2}{F_1 + F_2 \cdot \cos\alpha_2}$ $F_R = \sqrt{5000^2\ \text{N}^2 + 7000^2\ \text{N}^2 + 2 \cdot 5000\ \text{N} \cdot 7000\ \text{N} \cdot \cos 20°}$ $F_R = 11\,822$ N

Mehrere zentral angreifende Kräfte

beliebige Winkel

Zur Ermittlung der resultierenden Kraft $\vec{F}_R$ mehrerer zentral angreifender Kräfte werden diese parallel zu ihrer Lage im Lageplan in den Kräfteplan verschoben und dort in beliebiger Reihenfolge aneinandergefügt. Die Verbindungslinie zwischen Anfangs- und Endpunkt des Streckenzuges ergibt Größe und Richtung der Resultierenden.

Rechnung nur sinnvoll, wenn die Zahl der angreifenden Kräfte gering ist. Rechnung ist wie im obigen Beispiel durchzuführen.

Beispiel: An einem Mast treffen sich drei Kabel unter verschiedenen Winkeln. Wie groß ist die Resultierende und ihre Lage?

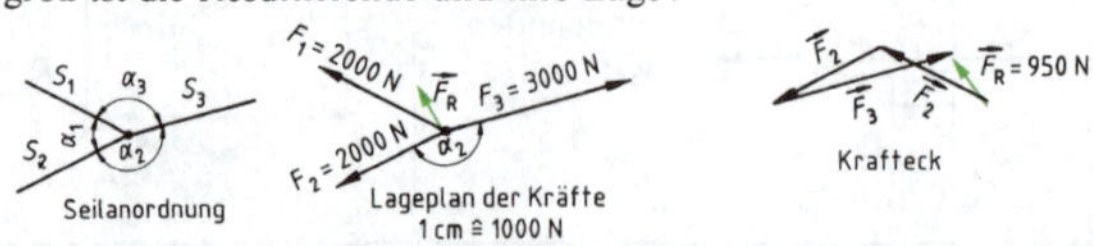

Kräftezerlegung

$\alpha_1 = 0°$, $\alpha_2 = 90°$

Beispiel: Wie groß ist die Hangabtriebskraft eines Körpers der Masse $m = 2$ kg auf einer schiefen Ebene mit einem Winkel von $\gamma = 30°$ (Reibung vernachlässigbar)?

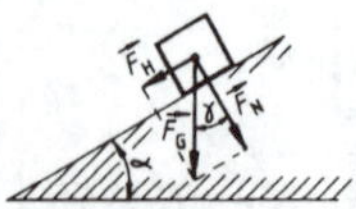

F_G Gewichtskraft in N
F_N Normalkraft in N
F_H Hangabtriebskraft in N

$\vec{F}_G = \vec{F}_N + \vec{F}_H$
$F_H = F_G \cdot \sin\gamma = m \cdot g \cdot \sin\gamma$
$F_H = 2\ \text{kg} \cdot 9{,}81\ \text{m/s}^2 \cdot \sin 30°$
$F_H = 9{,}81$ N

4.1 Mechanik

4.1.2 Kräftepaar

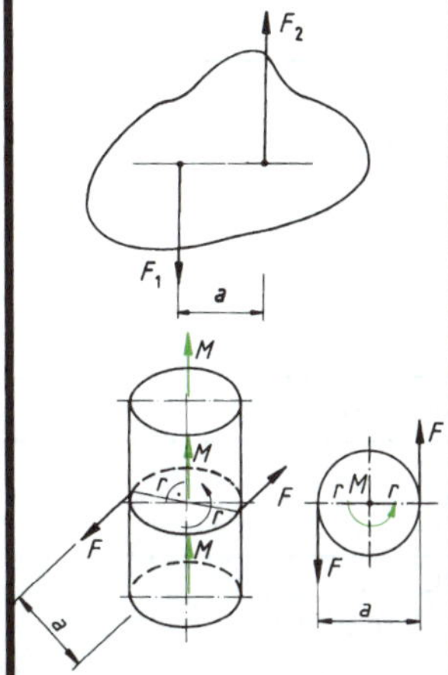

Zwei gleich große Kräfte auf parallelen Wirkungslinien, die den gleichen Betrag haben, aber entgegengesetzt gerichtet sind, bezeichnet man als Kräftepaar. Ein Kräftepaar kann nicht durch eine resultierende Kraft ersetzt werden. Man betrachtet es daher als selbständiges Element der Kräftegeometrie. Ein an einem starren Körper wirkendes Kräftepaar verursacht immer nur eine drehende Bewegung. Der Betrag (Größe) eines Kräftepaares ist das Produkt aus dem Betrag einer der Kräfte und dem senkrechten Abstand der beiden parallelen Wirkungslinien. Dieses Produkt bezeichnet man als das Moment des Kräftepaares oder auch Drehmoment oder statisches Moment. Das Drehmoment bildet ebenfalls einen Vektor. Als positiver Richtungssinn wird die Drehung im Uhrzeigersinn bezeichnet.

Vektorielle Schreibweise: $\vec{M} = \vec{r} \cdot \vec{F}$

Algebraische Schreibweise: $M = r \cdot F \cdot \sin \alpha$

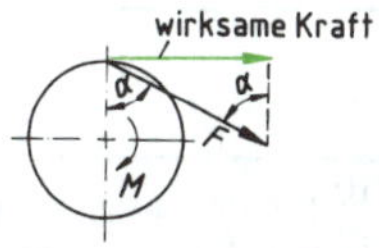

Es wird nur die Komponente der Kraft F für die Größe des Momentes wirksam, die senkrecht zum Abstand r wirkt.
Für den Sonderfall $\alpha = 90°$ ($\sin \alpha = 1$) wird $M = r \cdot F$.

Hebelgesetz

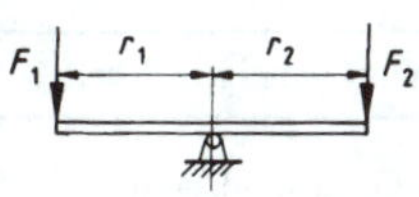

$\Sigma M_{li} = \Sigma M_{re}$ ΣM_{li} linksdrehende Momente (auch ΣM ↺)
ΣM_{re} rechtsdrehende Momente (auch ΣM ↻)
$F_1 \cdot r_1 = F_2 \cdot r_2$

Anwendung des Hebelgesetzes

Bezeichnung	Zeichnerische Darstellung	Rechnerische Lösung	Bemerkungen
Einarmiger Hebel	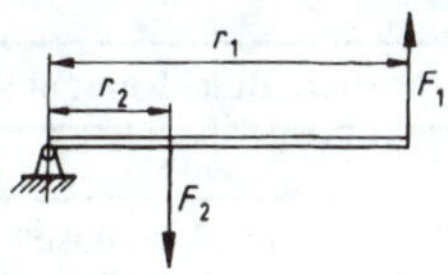	$\Sigma M_{li} = \Sigma M_{re}$ $F_1 \cdot r_1 = F_2 \cdot r_2$	r_1, r_2 sind die Abstände des Lotes vom Drehpunkt auf die Wirkungslinie der Kraft F_1, F_2
Zweiarmiger Hebel	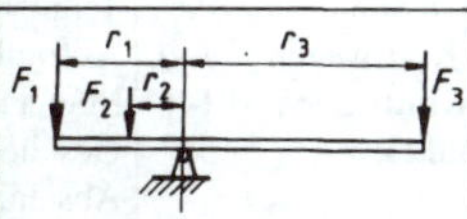	$\Sigma M_{li} = \Sigma M_{re}$ $F_1 \cdot r_1 + F_2 \cdot r_2 = F_3 \cdot r_3$	
Winkelhebel	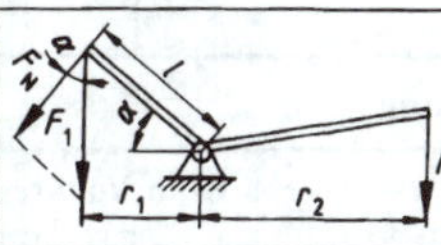	$\Sigma M_{li} = \Sigma M_{re}$ $F_1 \cdot r_1 = F_2 \cdot r_2$	$F_N \cdot l = F \cdot r$, da $F_N = F \cdot \cos \alpha$ und $l = r / \cos \alpha$
Auflagerkräfteberechnung	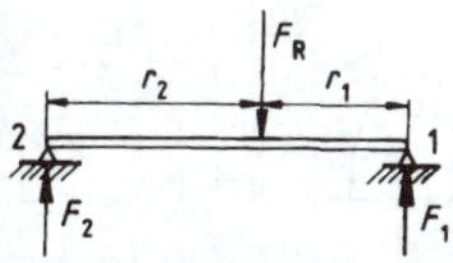	a) $\Sigma M_{li} = \Sigma M_{re}$ um angenommenen Drehpunkt 2: $F_1 \cdot (r_1 + r_2) = F_R \cdot r_2$ $F_1 = F_R \cdot r_2 / (r_1 + r_2)$ b) $F_R = F_1 + F_2$ $F_2 = F_R - F_1$	F_1, F_2 Auflagerkräfte (Reaktionskräfte) F_R resultierende Kraft (vergl. Kapitel 4.2)

4.1 Mechanik

4.1.3 Bewegungslehre

Geradlinig gleichförmige Bewegung

$v = \frac{s}{t}$ $\quad$ v Geschwindigkeit in $\frac{\text{m}}{\text{s}}$ $\quad$ s Weg in m $\quad$ t Zeit in s

Weg-Zeit-Diagramm

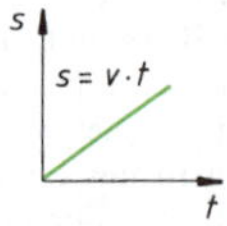

Geschwindigkeit-Zeit-Diagramm

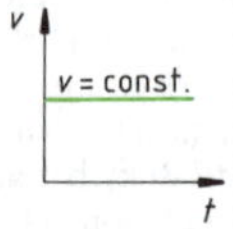

Beschleunigungs-Zeit-Diagramm

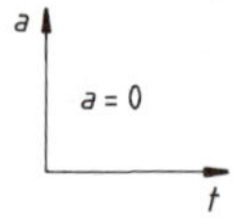

Gleichmäßig beschleunigte Bewegung (ungleichförmige Bewegung)

$v = a \cdot t$ $\quad$ $s = \frac{v \cdot t}{2}$ $\quad$ $s = \frac{a \cdot t^2}{2}$

v Geschwindigkeit in $\frac{\text{m}}{\text{s}}$

t Zeit in s

a Beschleunigung in $\frac{\text{m}}{\text{s}^2}$

s Weg in m

Weg-Zeit-Diagramm

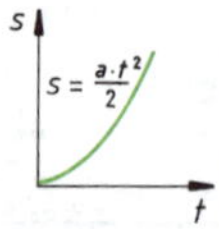

Geschwindigkeit-Zeit-Diagramm

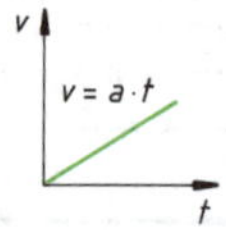

Beschleunigung-Zeit-Diagramm

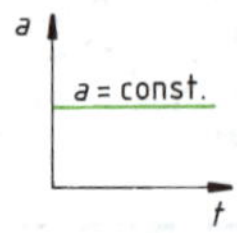

Sonderfall: Freier Fall

$v = g \cdot t$

$s = \frac{g \cdot t^2}{2}$

$v = \sqrt{2 \cdot g \cdot s}$

v Geschwindigkeit in $\frac{\text{m}}{\text{s}}$

g Fallbeschleunigung in $\frac{\text{m}}{\text{s}^2}$ ($g = 9{,}81\ \text{m/s}^2$)

t Zeit in s

s Weg in m

Sonderfall: Bewegung auf geneigter Ebene

$v = g \cdot t \cdot \sin\alpha$

$s = \frac{g \cdot t^2 \cdot \sin\alpha}{2}$

$v = \sqrt{2 \cdot g \cdot \sin\alpha \cdot s}$

v Geschwindigkeit in $\frac{\text{m}}{\text{s}}$

g Fallbeschleunigung in $\frac{\text{m}}{\text{s}^2}$

t Zeit in s

s Weg in m

Durchschnittliche Geschwindigkeiten

	km/h	m/s		km/h	m/s
Fußgänger	5	1,4	Adler bis	85	24
Dauerläufer	10	2,8	Orkan bis	300	83
Radfahrer	20	5,5	Schall in Luft (0 °C)	1195	332
Regentropfen	22	6	Schall im Wasser	5280	1467
Kurzstreckenläufer	36	10	Geschoß	3130	870
Brieftaube	72	20			

Mittlere Beschleunigungen

	m/s²		m/s²
Anfahren Personenzug	0,15	Raketenstart	30
Anfahren U-Bahn	0,6	Tennisball bei Aufprall auf Mauer	10^5
Anfahren Kraftwagen	1–3	Geschoß beim Abschuß	$6 \cdot 10^5$
Bremsen Kraftwagen	1–6		
Personenaufzug	5		

Gleichförmige Kreisbewegung

Die Winkelgeschwindigkeit ω ist der Quotient aus dem von dem Kreisradius überstrichenen Winkel $\Delta\varphi$ (im Bogenmaß) und dem Zeitintervall t.

$\omega = \frac{\Delta\varphi}{\Delta t}$ $\quad$ $\varphi = \frac{s}{r}$

Die Einheit der Winkelgeschwindigkeit ω ist rad/s (Radiant durch Sekunde), zulässig ist aber auch 1/s.

Definition des ebenen Winkels

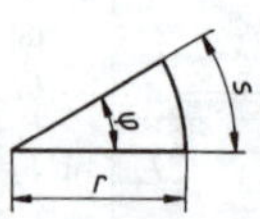

Beim Vollkreis ist $s = 2\pi r$; daraus folgt:

$\varphi = \frac{2\pi r}{r} = 2\pi\,\text{rad} = 360°$

$1\,\text{rad} = \frac{360°}{2\pi} = 57{,}296°$

4.1 Mechanik

Gleichförmige Kreisbewegung (Forts.)

$v = r \cdot \omega \qquad \omega = 2 \cdot \pi \cdot n$

$f = \frac{n}{t}; \qquad f = \frac{1}{T}$

v Umfangsgeschwindigkeit in m/s
r Radius in m
n Umdrehungsfrequenz in 1/s
ω Winkelgeschwindigkeit in 1/s
f Frequenz in Hz;
T Umlaufzeit in s

Weg-Zeit-Diagramm

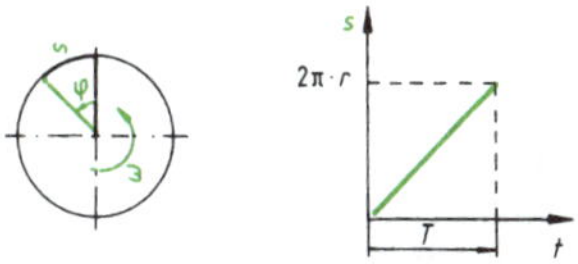

Geschwindigkeit-Zeit-Diagramm

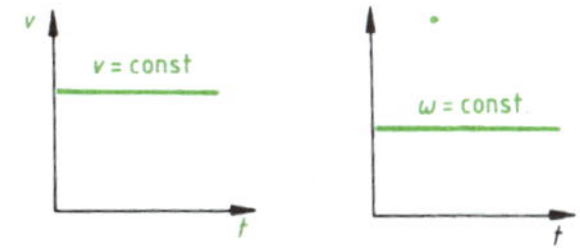

Zentrifugalkraft (Fliehkraft)

Eine geradlinige gleichförmige Bewegung eines Massenproduktes erfolgt nur dann, wenn keine Kräfte auf ihn einwirken. Soll er gleichförmig auf einer Kreisbahn umlaufen, so muß eine Kraft quer zur Bewegungsrichtung angreifen. Diese Radialkraft, genannt Zentripetalkraft F_t, wirkt zum Mittelpunkt und zwingt den Körper in eine Kreisbahn. Ihr entgegen wirkt die gleich große Zentrifugalkraft (Fliehkraft).

$F_z = m \cdot r \cdot \omega^2 \qquad F_z = \frac{m \cdot v^2}{r}$

Die der Richtungsänderung der Geschwindigkeit zugrunde liegende Beschleunigung wird Radialbeschleunigung a_r genannt.

$a_r = \frac{v^2}{r}$ $\qquad a_r$ Radialbeschleunigung in m/s²

F_z Zentrifugalkraft in N
m Körpermasse in kg
F_r Radialkraft in N
ω Winkelgeschwindigkeit in 1/s
v Umfangsgeschwindigkeit in m/s

4.1.4 Reibung

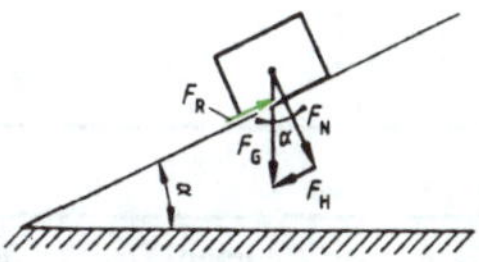

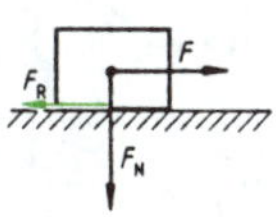

Bei der gleitenden Berührung fester Körper entstehen „Verzahnungen" der Oberflächen. Diese Erscheinung nennt man Reibung. Sie hängt also weitgehend von der Rauhigkeit der Oberflächen ab.

Für den Grenzfall (Körper in Ruhe) gilt:

$F_R = F_H$
$F_R = F_N \cdot \tan\alpha$
$\tan\alpha = \mu = \tan\varrho$
Steigungswinkel = Reibungswinkel

F_R Reibungskraft in N
F_H Antriebskraft in N
F_N Normalkraft in N
α Steigungswinkel
ϱ Reibungswinkel
μ Reibungszahl

F_R ist unabhängig von der Größe der Berührungsflächen

4.1 Mechanik

4.1.5 Druck in Flüssigkeiten

Hydrostatischer Druck 	$p=h\cdot\varrho\cdot g$ (Gesetz von Pascal)	Der hydrostatische Druck ist der im Inneren einer ruhenden Flüssigkeit (durch ihre Gewichtskraft) verursachte Druck; er ist in jeder Richtung gleich groß: p Druck in der Tiefe h in N/m^2 g Fallbeschleunigung in m/s^2 h Druckhöhe in m ϱ Flüssigkeitsdichte in kg/m^3
Kolbendruck 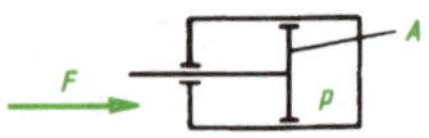	$F=p\cdot A$ $p=\frac{F}{A}$	Der Druck in Flüssigkeiten breitet sich nach allen Seiten in gleicher Stärke aus. F Kraft in N; A Kolbenfläche in m^2 p Druck in N/m^2
Beispiel: Hydraulische Presse 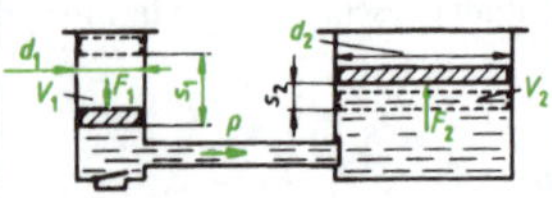	$F_1=p\cdot A_1$ $F_2=p\cdot A_2$ $\frac{F_1}{F_2}=\frac{A_1}{A_2}$	Der Pumpenkolben einer hydraulischen Presse hat $d_1=3{,}0$ cm und der Preßkolben $d_2=45$ cm Durchmesser. Die Kraft am Pumpenkolben beträgt 3800 N. Wie groß ist die Preßkraft F_2? $F_2=F_1\cdot\left(\frac{d_2}{d_1}\right)^2=3800\ \text{N}\left(\frac{45\ \text{cm}}{3\ \text{cm}}\right)^2=855000\ \text{N}$ d_1, d_2 Pumpen-/Preßkolbendurchmesser in m
Auftrieb in Flüssigkeiten und Gasen 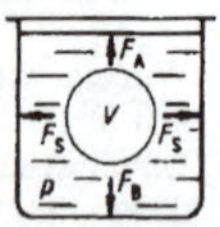	$F_A=\varrho\cdot g\cdot V$ Archimedisches Gesetz	Die Auftriebskraft F_A eines getauchten oder schwimmenden Körpers ist gleich der Gewichtskraft des verdrängten Flüssigkeits- bzw. Gasvolumensvolumens V. F_A Auftriebskraft in N ϱ Flüssigkeits- bzw. Gasdichte in kg/m^3 g Fallbeschleunigung in m/s^2 V Verdrängungsvolumen des Körpers in m^3
Anwendung: Hydrostatische Waage 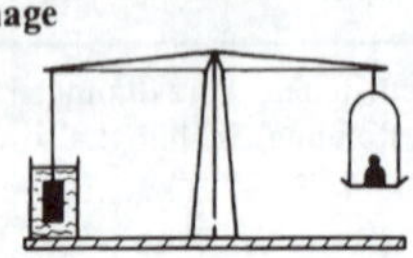	$\varrho_K=\frac{m}{m-m'}\varrho_{Fl}$ Dichte des Körpers	Bei der hydrostatischen Waage wird der Auftrieb zur Bestimmung der Dichte verwendet. a) Bestimmung der Masse m durch gewöhnliche Wägung b) Wägung unter Auftrieb $m'g=mg-\varrho_{Fl}Vg \qquad V=\frac{m-m'}{\varrho_{Fl}}$

4.1.6 Druck und Volumen der Gase

Allgemeine Zustandsgleichung des idealen Gases p_1, p_2 Drücke in N/m^2 V_1, V_2 Volumen in m^3 T_1, T_2 Temperaturen in K (0 °C entspricht 273,15 K)	$\frac{p_1\cdot V_1}{T_1}=\frac{p_2\cdot V_2}{T_2}$	Ändern sich bei einer Gasmenge Volumen, Druck und Temperatur, so ist der Wert $\frac{p\cdot V}{T}$ stets konstant. Beispiel: Eine mit $p_1=200$ bar gefüllte Sauerstofflasche mit der Temperatur von $t_1=15$ °C erwärmt sich in der Sonne auf $t_2=60$ °C. Auf welchen Wert steigt der Flaschendruck? $\frac{p_1\cdot V_1}{T_1}=\frac{p_2\cdot V_2}{T_2};\quad V_1=V_2\quad \frac{p_1}{T_1}=\frac{p_2}{T_2};\ p_2=\frac{p_1\cdot T_2}{T_1}$ $p_2=\frac{200\ \text{bar}\cdot 333\ \text{K}}{288\ \text{K}}=231{,}25$ bar

4.1 Mechanik

4.1.7 Arbeit, Energie

Eine Arbeit wird verrichtet, wenn längs eines Weges s eine Kraft F wirkt.

Arbeit 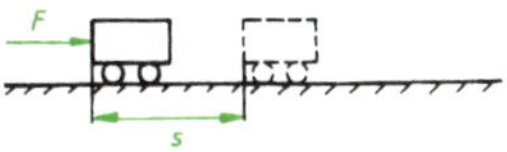	$W = F \cdot s$	W Arbeit in Nm F Kraft in N s Weg in m
Potentielle Energie 	$W_p = F_G \cdot h$ $W_p = m \cdot g \cdot h$	W_p potentielle Energie in Nm F_G Gewichtskraft in N h Höhe in m g Fallbeschleunigung in m/s² m Masse in kg
Kinetische Energie 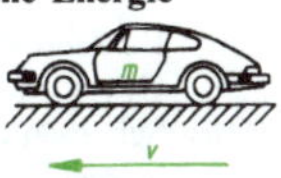	$W_k = \frac{1}{2} \cdot m \cdot v^2$	W_k kinetische Energie in Nm m Masse in kg v Geschwindigkeit in m/s
Rotationsenergie 	$W_k = W_{rot} = \frac{1}{2} \cdot J \cdot \omega^2$	W_k kinetische Energie in Nm W_{rot} Rotationsenergie in Nm J Massenträgheitsmoment in kg m² ω Winkelgeschwindigkeit in 1/s

4.1.8 Leistung

Als Leistung bezeichnet man den Quotienten aus der Arbeit W und der Zeit t.

Antriebsleistung 	$P = \frac{W}{t} = F_A \cdot v$	P Leistung in Nm/s oder W F_A Antriebskraft in N (bei konstanter Geschwindigkeit gleich groß der entgegenwirkenden Reibungskräfte F_R in N) v Geschwindigkeit in m/s
Hubleistung 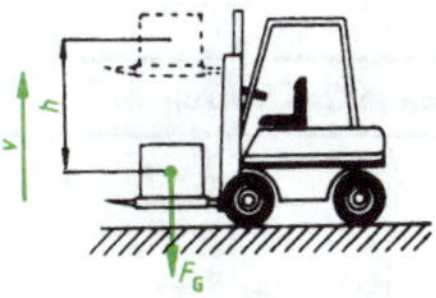	$P = F_G \cdot v$ $P = \frac{m \cdot g \cdot h}{t}$	P Leistung in Nm/s oder W F_G Gewichtskraft in N m Masse in kg g Fallbeschleunigung in m/s² h Hubhöhe in m v Hubgeschwindigkeit in m/s t Zeit in s
	$P = Q \cdot h \cdot g \cdot \varrho$ $P = g \cdot q \cdot h$	P Leistung in Nm/s oder W Q Volumenstrom in m³/s g Fallbeschleunigung in m/s² ϱ Dichte in kg/m³ h Förderhöhe in m q Massenstrom in kg/s

4.1 Mechanik

4.1.9 Einfache Maschinen

Feste Rolle

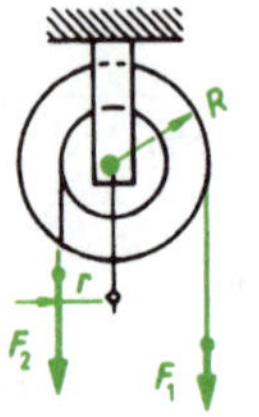

$M_{li} = M_{re}$

$F_2 \cdot r = F_1 \cdot R$

$F_2 = F_1 \cdot \frac{R}{r}$

M_{li}	Drehmoment (links-drehend) in Nm
M_{re}	Drehmoment (rechts-drehend) in Nm
F_1, F_2	Kräfte in N
R, r	Rollenhalbmesser in m

Vorgelege mit Kurbel

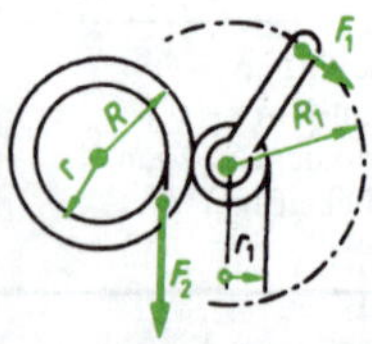

$F_2 = F_1 \cdot \frac{R \cdot R_1}{r \cdot r_1}$

F_1, F_2	Kräfte in N
R, R_1, r, r_1	Halbmesser in m

Lose Rolle

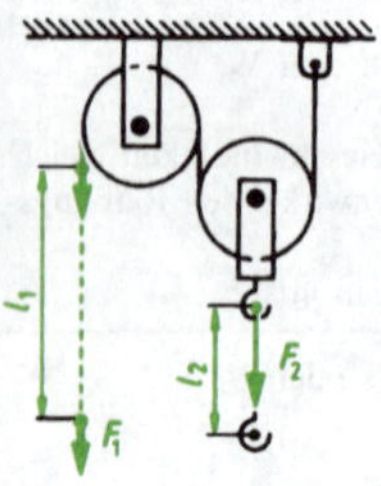

$F_1 \cdot l_1 = F_2 \cdot l_2$

$F_2 = 2 \cdot F_1$

$l_1 = 2 \cdot l_2$

F_1, F_2	Kräfte in N
l_1, l_2	Seilwege in m

Zahnradtrieb (einfache Übersetzung)

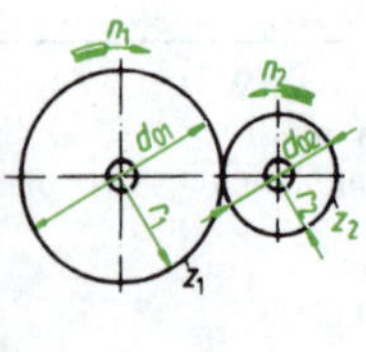

$i = \frac{d_{02}}{d_{01}} = \frac{\omega_1}{\omega_2} = \frac{n_1}{n_2} = \frac{z_2}{z_1}$

i	Übersetzung
d_{01}, d_{02}	Teilkreisdurchmesser in mm
ω_1, ω_2	Winkelgeschwindigkeiten in 1/s
n_1, n_2	Drehzahlen (Drehfrequenzen) in 1/s
z_1, z_2	Zähnezahlen

Riementrieb (doppelte Übersetzung)

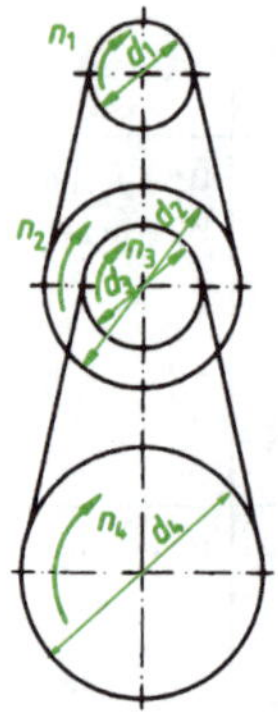

$n_2 = n_3$

$i_1 = \frac{n_1}{n_2} = \frac{d_2}{d_1}$

$i_2 = \frac{n_3}{n_4} = \frac{d_4}{d_3}$

$i_{ges} = \frac{n_1}{n_4}$

$i_{ges} = i_1 \cdot i_2$

$i_{ges} = \frac{d_2 \cdot d_4}{d_1 \cdot d_3}$

n_1, n_2 n_3, n_4	Drehzahlen in 1/s
i_1, i_2	Einzelübersetzung
i_{ges}	Gesamtübersetzung
d_1, d_2 d_3, d_4	Scheibendurchmesser in m

Flaschenzug

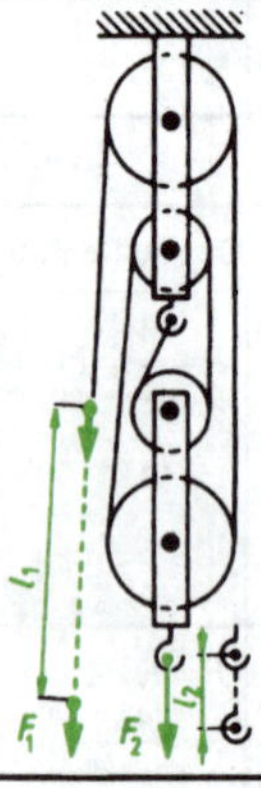

$F_1 = \frac{F_2}{n}$

$l_2 = \frac{l_1}{n}$

F_1, F_2	Kräfte in N
l_1, l_2	Seilwege in m
n	Rollenzahl

Differentialflaschenzug

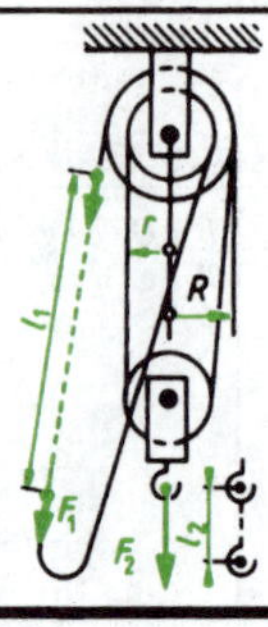

$F_1 = F_2 \cdot \frac{R - r}{2 \cdot R}$

$l_2 = l_1 \cdot \frac{R - r}{2 \cdot R}$

F_1, F_2	Kräfte in N
l_1, l_2	Seilwege in m
R, r	Halbmesser in m

4.2 Statik

Die Aufgabe der Statik besteht in der Untersuchung des ruhenden Gleichgewichtszustandes der Tragwerke und der Ermittlung von **Auflagerkräften, Schnittkräften, Verformungen.**
Koordinaten und Vorzeichenregelungen erfolgen nach DIN 1080 Teil 1 (6.76).

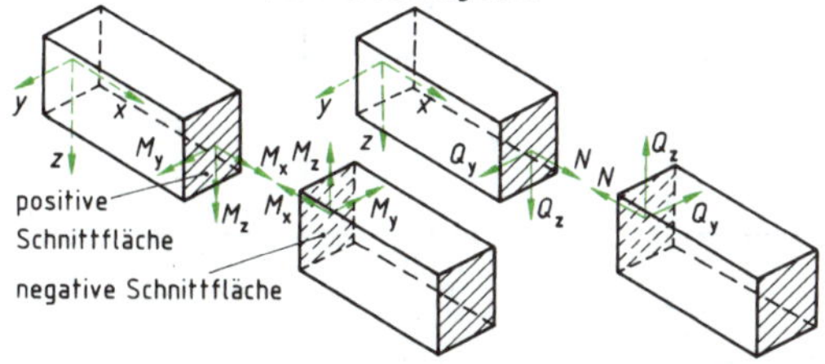

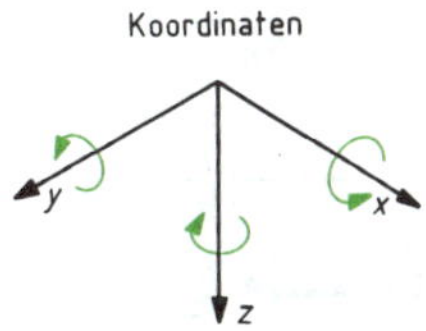

4.2.1 Einfeldträger

Belastungsfall	Auflagerkräfte	Biegemoment	Durchbiegung
	$A = F$	$M_A = -Fl$	$f = \frac{Fl^3}{3EI}$
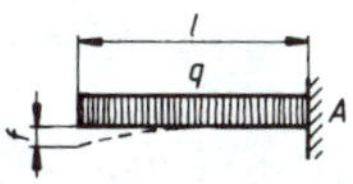	$A = q \cdot l$	$M_A = -\frac{ql^2}{2}$	$f = \frac{ql^4}{8EI}$
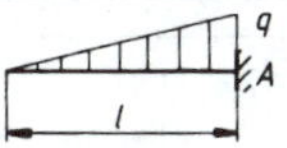	$A = \frac{ql}{2}$	$M_A = -\frac{ql^1}{6}$	$f = \frac{ql^4}{30EJ}$
	$A = \frac{ql}{2}$	$M_A = -\frac{ql^1}{8}$	$f = \frac{11ql^4}{120EJ}$
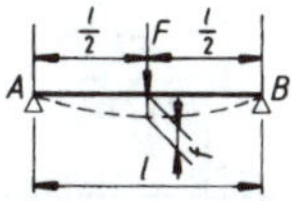	$A = B = \frac{F}{2}$	$\max M = \frac{Fl}{4}$	$f = \frac{Fl^3}{48EI}$
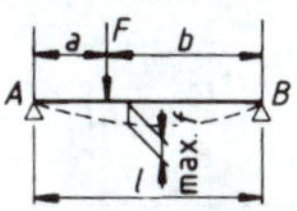	$A = \frac{F \cdot b}{l}$ $B = \frac{F \cdot a}{l}$	$\max M = \frac{Fab}{l}$	$f = \frac{Fa^2b^2}{3EIl}$
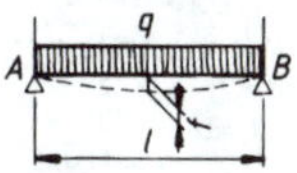	$A = B = \frac{ql}{2}$	$\max M = \frac{ql^2}{8}$	$f = \frac{ql^4}{77EI}$
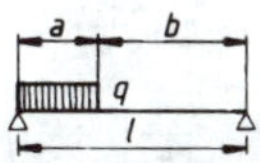	$A = \frac{qa(2b+a)}{2l}$ $B = \frac{qa^2}{2l}$	$\max M = \frac{A^2}{2q}$	–

4.2 Statik

Belastungsfall	Auflagerkräfte	Biegemoment	Durchbiegung
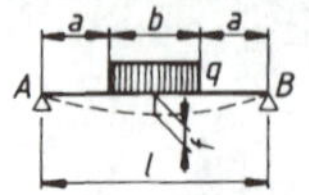	$A = B = \frac{qb}{2}$	$\max M = \frac{qb}{4}\left(l - \frac{b}{2}\right)$	$f = \frac{ql}{384\,EI}(8\,l^3 - 4\,l\,b^2 + b^3)$
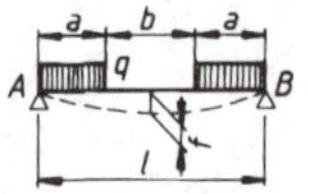	$A = B = q\,a$	$\max M = \frac{q\,a^2}{2}$	$f = \frac{q\,a^2}{48\,EI}(3\,l^2 - 2\,a^2)$
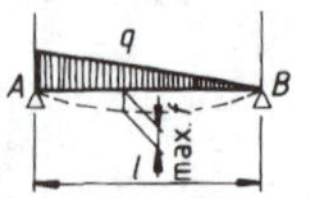	$A = \frac{ql}{3}$ $B = \frac{ql}{6}$	$\max M = \frac{ql^2}{15{,}6}$	$f = \frac{ql^4}{153\,EI}$
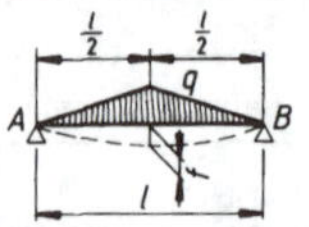	$A = B = \frac{ql}{4}$	$\max M = \frac{ql^2}{12}$	$f = \frac{ql^4}{120\,EI}$
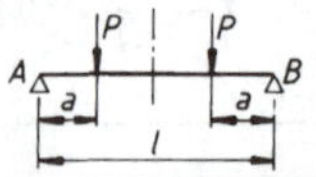	$A = B = P$	$\max M = Pa$	$f = \frac{P\,l^2 a}{24\,EI}\left(3 - 4\left(\frac{a}{l}\right)^2\right)$
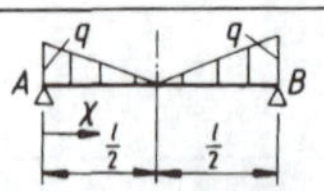	$A = B = \frac{ql}{4}$	$\max M = \frac{ql^2}{24}$	$f = \frac{3\,ql^4}{640\,EI}$
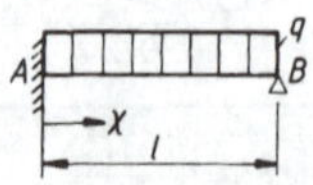	$A = \frac{5}{8}\,q\,l$ $B = \frac{3}{8}\,q\,l$	$\max M = \frac{9}{128}\,q\,l^2$ bei $x_0 = \frac{5}{8}\,l$	$f = \frac{ql^4}{184{,}6\,EI}$ bei $x_1 = 0{,}579\,l$
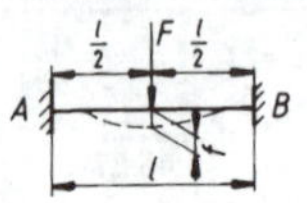	$A = B = \frac{F}{2}$	$M_A = M_B = -\frac{Fl}{8}$ $\max M = +\frac{Fl}{8}$	$f = \frac{Fl^2}{192\,EI}$
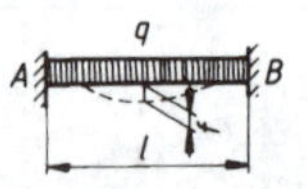	$A = B = \frac{ql}{2}$	$M_A = M_B = -\frac{ql^2}{12}$ $\max M = +\frac{ql^2}{24}$	$f = \frac{ql^4}{384\,EI}$
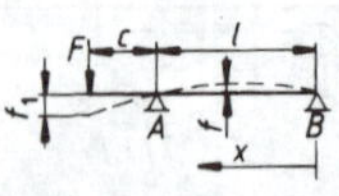	$A = \frac{F(l + c)}{l}$ $B = -\frac{Fc}{l}$	$M_A = -Fc$ $M_X = -\frac{Fcx}{l}$	$f_1 = \frac{Fc^2(l + c)}{3\,EI}$ $f = -\frac{Fl^2c}{15{,}6\,EI}$
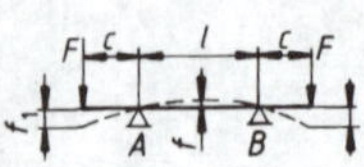	$A = B = F$	$M_A = M_B = -Fc$	$f = \frac{Fl^2c}{8\,EI}$ $f_1 = \frac{Fc^2}{3\,EI}\left(c + \frac{3\,l}{2}\right)$

4.2 Statik

4.2.2 Durchlaufträger

Belastungsfall	Auflagerkräfte	Biegemomente
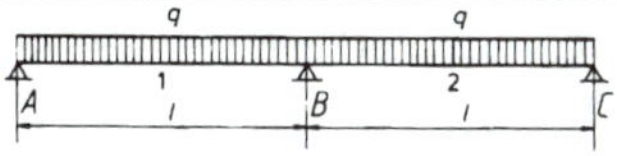	$A = C = 0{,}375\,q\,l$ $B = 1{,}250\,q\,l$	$M_1 = M_2 = +0{,}070\,q\,l^2$ $M_B = -0{,}125\,q\,l^2$
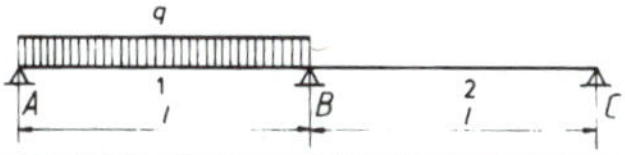	$A = 0{,}438\,q\,l$ $C = -0{,}063\,q\,l$	$M_1 = 0{,}096\,q\,l^2$ $M_B = -0{,}063\,q\,l^2$
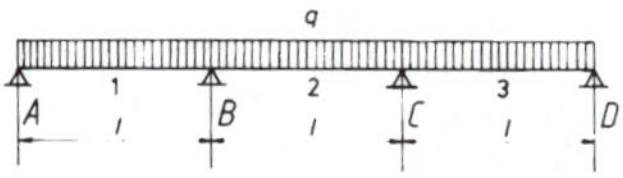	$A = D = 0{,}400\,q\,l$ $B = C = 1{,}100\,q\,l$	$M_1 = M_3 = 0{,}080\,q\,l^2$ $M_2 = 0{,}025\,q\,l^2$ $M_B = M_C = -0{,}100\,q\,l^2$
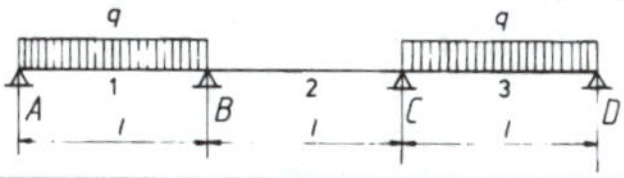	max $A = 0{,}450\,q\,l$	max $M_1 = 0{,}101\,q\,l^2$ $M_B = -0{,}050\,q\,l^2$
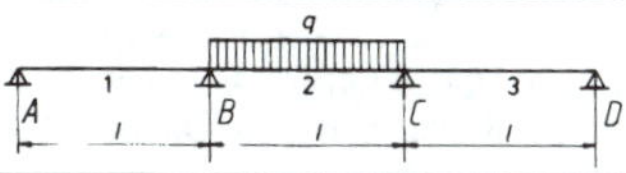	min $A = -0{,}050\,q\,l$	max $M_2 = 0{,}075\,q\,l^2$ $M_B = -0{,}050\,q\,l^2$
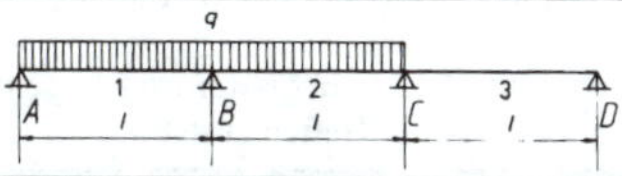	max $B = 1{,}200\,q\,l$	min $M_B = -0{,}117\,q\,l^2$ $M_C = -0{,}033\,q\,l^2$
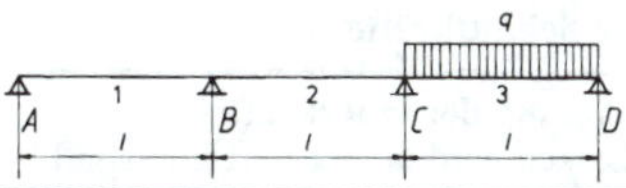		max $M_B = 0{,}017\,q\,l^2$ $M_C = -0{,}067\,q\,l^2$

4.2.3 Faktoren[1)] zur Ermittlung von *l* bzw. *f*

Belastungsfall	max. *M*	*f*	Stahl				Holz		
			$\frac{l}{200}$	$\frac{l}{300}$	$\frac{l}{500}$	$\frac{l}{n}$	$\frac{l}{200}$	$\frac{l}{300}$	$\frac{l}{n}$
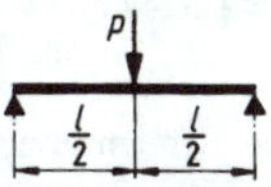	$\frac{Pl}{4}$	*k*	7,94	11,9	19,83	$\frac{n}{25{,}2}$	166,7	250	$\frac{n}{1{,}20}$
		c	0,0079				0,167		
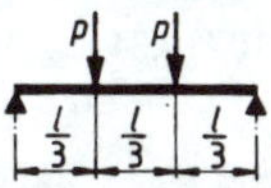	$\frac{Pl}{3}$	*k*	10,15	15,3	25,4	$\frac{n}{19{,}7}$	213	320	$\frac{n}{0{,}939}$
		c	0,0101				0,213		
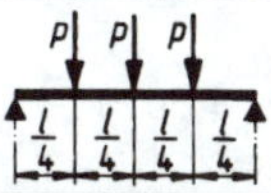	$\frac{Pl}{2}$	*k*	9,43	14,2	23,6	$\frac{n}{21{,}2}$	198	297	$\frac{n}{1{,}0111}$
		c	0,0935				0,196		
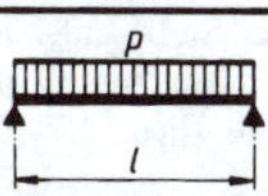	$\frac{pl^2}{8}$	*k*	9,92	14,9	24,8	$\frac{n}{20{,}2}$	208	313	$\frac{n}{0{,}96}$
		c	0,0099				0,208		

[1)] Faktoren *k* und *c* zur Ermittlung von erf $I_v = k \cdot M \cdot l$ und vorh $f = c \cdot$ vorh $\sigma \cdot P/h$. Hierbei sind *M* in kNm, *l* in m, vorh σ in N/mm^2 und *h* in cm einzusetzen. Dann ergibt sich: erf I_v in cm^4 und vorh *f* in cm.

4

4.2 Statik

Zeichnerische Ermittlung der Schnittkräfte

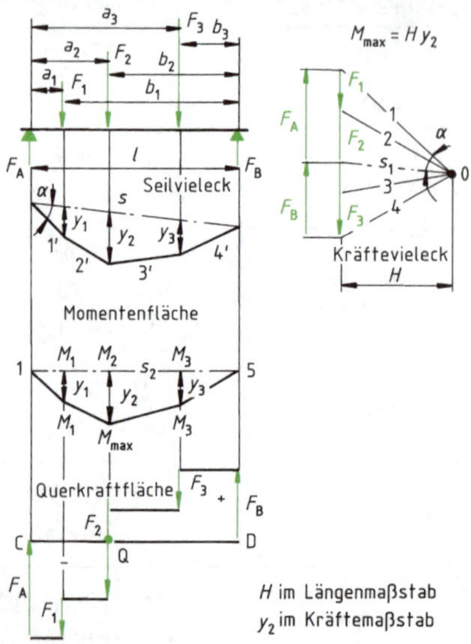

Gegeben:

$F_1 = 2000$ N; $F_2 = 4650$ N; $F_3 = 2300$ N;
$a_1 = 2$ m; $a_2 = 4{,}50$ m; $a_3 = 8{,}70$ m;
$l = 12$ m.

Lösung:
Man zeichnet den Träger im Maßstab 1 : 500, die Kräfte im Kräftemaßstab 1 mm ≙ 500 N. Vom beliebigen Polpunkt 0 zieht man 1, 2, 3, 4 im beliebigen Polabstand H (Kräftevieleck). Durch Parallelverschiebung von 1, 2, 3, 4 in Lage 1′, 2′, 3′, 4′ mit Schlußlinie s erhält man das Seilvieleck. Überträgt man Richtung $s \| s_1$ in das Kräftevieleck, so teilt s_1 die Kraft $F_1 + F_2 + F_3$ in Auflagerkräfte F_4 und F_H (je 1 mm ≙ 500 N). Legt man s_2 als Schlußlinie waagerecht, so erhält man die Momentenfläche. Die Querkraftfläche zeigt die Verteilung aller senkrecht zur Längsachse des Trägers wirkenden Kräfte (Querkräfte). Das maximale Moment liegt an der Stelle, an der die Querkraft gleich Null ist, bzw. ihr Vorzeichen ändert (Punkt Q).

Rechnerisch: $M_{max} = H \cdot y_2$ (H im Längenmaßstab, y_2 im Kräftemaßstab).

Rechnerische Ermittlung der Schnittkräfte

Die Auflagerkräfte ergeben sich aus dem Momentengleichgewicht um die Bezugspunkte (A) bzw. (B):

$$\sum M_{i\,(A)} = 0 = -F_B \cdot l + F_1 \cdot a_1 + F_2 \cdot a_2 + F_3 \cdot a_3$$

$$\sum M_{i\,(B)} = 0 = -F_A \cdot l + F_1 \cdot b_1 + F_2 \cdot b_2 + F_3 \cdot b_3$$

$$F_A = \frac{F_1 \cdot b_1 + F_2 \cdot b_2 + F_3 \cdot b_3}{l}$$

$$= \frac{2000 \cdot 18 + 4650 \cdot 7{,}50 + 2300 \cdot 3{,}3}{12} = 5205{,}42 \text{ N}$$

$$F_B = \frac{F_1 \cdot a_1 + F_2 \cdot a_2 + F_3 \cdot a_3}{l}$$

$$= \frac{2000 \cdot 2 + 4650 \cdot 4{,}5 + 2300 \cdot 8{,}7}{12} = 3744{,}58 \text{ N}$$

Kontrolle:
$F_1 + F_2 + F_3 = A + B$

$F_1 + F_2 + F_3 = 2000 + 4650 + 2300 = 8950$ N

$A + B = 5205{,}42 + 3744{,}58 = 8950$ N

Berechnung der Querkraft:
Der Balken wird in vier Bereiche von I bis IV aufgeteilt. Die Querkräfte in den einzelnen Bereichen betragen:

$Q_I = -A = -5205{,}42$

$Q_{II} = Q_I + F_1 = -5205{,}42 + 2000 = -3205{,}42$

$Q_{III} = Q_{II} + F_2 = -3205{,}42 + 4650 = +1444{,}58$

$Q_{IV} = Q_{III} + F_3 = 1444{,}58 + 2300 = +3744{,}58$

Berechnung der Biegemomente:
Die Biegemomente werden an den Bereichsgrenzen ermittelt:

$M_I = -A \cdot a_1 = 5205{,}42 \cdot 2{,}0 = -10\,410{,}84$

$M_{II} = -A \cdot a_2 + F_1 \cdot (a_2 - a_1)$
$= -5205{,}42 + 4{,}5 + 2000 \cdot 2{,}5$
$= -18\,424{,}39$

$M_{III} = -A \cdot a_3 + F_1 (a_3 - a_1) + F_2 (a_3 - a_2)$
$= -5205{,}42 \cdot 8{,}7 + 2000 \cdot 6{,}7 + 4650 \cdot 4{,}2$
$= 12\,357{,}15$

Das maximale Moment tritt an der Stelle auf, an der die Querkraft den Wert „Null“ hat. $x_0 = 4{,}50$ m
M_{max} entspricht damit in diesem Fall M_{II}
$M_{max} = -18\,424{,}39$

4.3 Festigkeitslehre

Die Festigkeitslehre liefert die Grundlagen für die Berechnung der notwendigen Querschnittsabmessungen eines Bauteiles.
Die Bauteile werden derart dimensioniert (bemessen), daß die maximale innere Spannung kleiner ist als die zulässige Spannung, die dem Material gerade noch zugemutet werden kann, oder daß die Formänderung einen bestimmten Wert nicht überschreitet.

Lösungsweg

Berechnung der maximalen inneren Spannung und der Formänderung in Abhängigkeit von der Belastung mit Hilfe der Gesetze der Statik.	→	Herstellung des Zusammenhanges zwischen den Dehnungen mit den Verträglichkeitsbedingungen, die durch die Geometrie des Körpers bestimmt sind.	→	Die Zerrungen und die Beanspruchungen werden durch das Hookesche Gesetz verknüpft.

Im elastischen Bereich gilt das Hookesche Gesetz $\sigma = E \cdot \varepsilon$ (E Elastizitätsmodul in N/mm²).

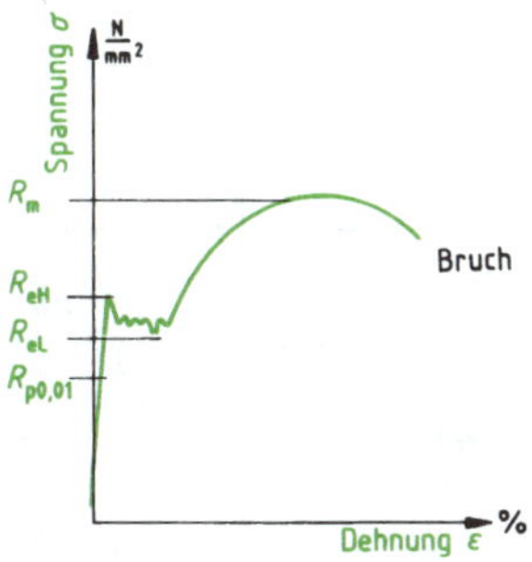

Spannung-Dehnung-Diagramm mit unstetigem Übergang vom elastischen in den plastischen Bereich.

Festigkeitsbegriffe

Begriffe	Einachsige Beanspruchung auf				
	Zug 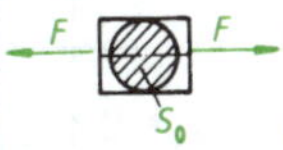	Druck 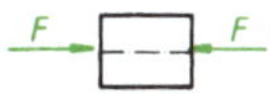	Scherung 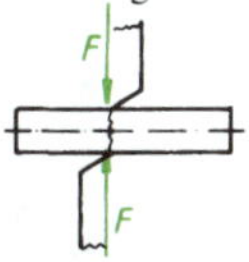	Biegung 	Verdrehung 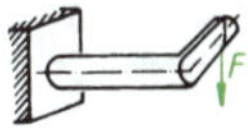
Spannung (Wirkrichtung)	Zugspannung (normal) σ	Druckspannung (normal) σ_d	Scherspannung (tangential) τ_a	Biegespannung (normal) σ_b	Torsionsspannung (tangential) τ_t
statische Bruchfestigkeit	Zugfestigkeit R_m	Druckfestigkeit σ_{dB}	Scherfestigkeit τ_{aB}	Biegefestigkeit σ_{dB}	Torsionsfestigkeit τ_{tB}
Fließgrenze	obere, untere Streckgrenze R_{eH}, R_{eL}	Quetschgrenze σ_{dF}	–	Biegegrenze σ_{bF}	Verdrehgrenze τ_{tF}
0,2-Grenze	$R_{p0,2}$	$\sigma_{d0,2}$			
Formänderung	Dehnung ε	Stauchung ε_d	Schiebung γ	Krümmung	Drillung ϑ

4.3 Festigkeitslehre

4.3.1 Schwerpunkt, Trägheits- und Widerstandsmoment

Querschnitt	Schwerachsenlage	Flächenmoment 2. Grades	Widerstandsmoment
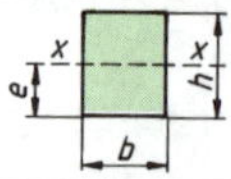	$e=\frac{h}{2}$	$I_x=\frac{b h^3}{12}$	$W_x=\frac{b h^2}{6}$
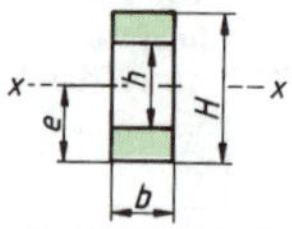	$e=\frac{H}{2}$	$I_x=\frac{b}{12}(H^3-h^3)$	$W=\frac{b}{6}\frac{H^3-h^3}{H}$
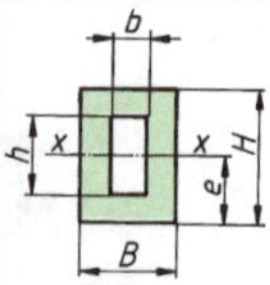 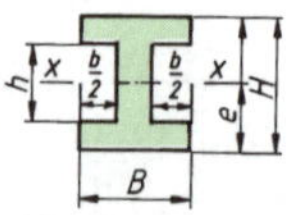 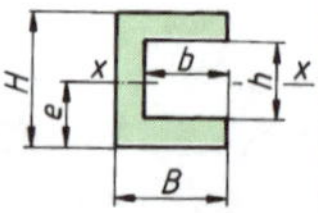	$e=\frac{H}{2}$	$I=\frac{BH^3-bh^3}{12}$	$W=\frac{BH^3-bh^3}{6H}$
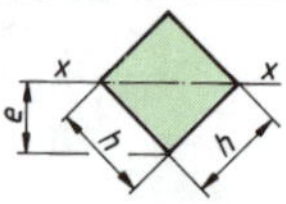	$e=h\cdot\sqrt{2}$	$I=\frac{h^4}{12}=\frac{Fh^2}{12}$	$W=\frac{\sqrt{2}}{12}h^3=0{,}1179\,h^3$
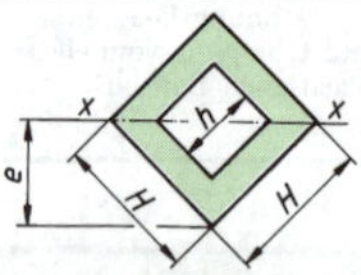	$e=H\cdot\sqrt{2}$	$I=\frac{H^4-h^4}{12}$	$W=\frac{\sqrt{2}}{12}\frac{H^4-h^4}{H}$
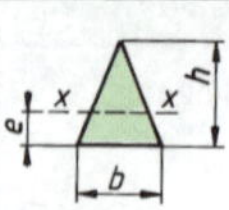	$e=\frac{h}{3}$	$I_x=\frac{b h^3}{36}$	$W_{xo}=\frac{b h^2}{24}$ $W_{xu}=\frac{b h^2}{12}$
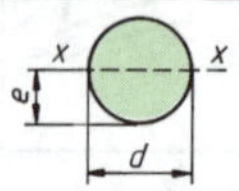	$e=\frac{d}{2}$	$I_x=\frac{\pi d^4}{64}$	$W_x=\frac{\pi d^3}{32}$
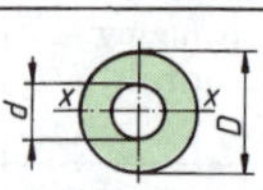	$e=\frac{D}{2}$	$\frac{\pi}{64}(D^4-d^4)$	$\frac{\pi}{32}\left(\frac{D^4-d^4}{D}\right)$
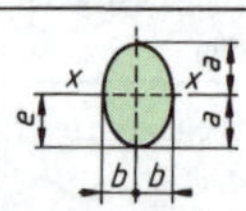	$e=a$	$I_x=\frac{\pi b a^3}{4}$	$W_x=\frac{\pi b a^2}{4}$
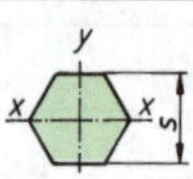	$e=\frac{s}{2}$	$0{,}06\,s^4$	$0{,}12\,s^3$

4.3 Festigkeitslehre

Tabellarische Ermittlung der Schwerachsenlage und des Flächenmomentes 2. Grades einer zusammmengesetzten Querschnittsfläche

Beispiel			A_i cm^2	y_i cm	$A_i \cdot y_i$ cm^2	Δy_i cm	Δy_i^2 cm^2	$A_i \cdot \Delta y_i^2$ cm^4	I_{xi} cm^4	I_i cm^4
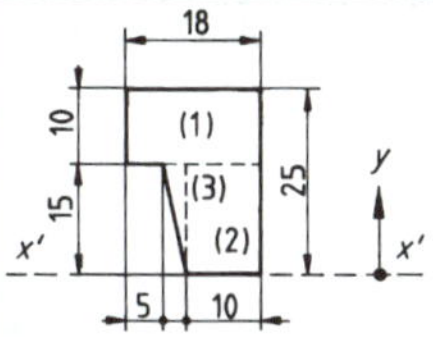	(1)	10·18	180	20	3600	6	36	6480	1500	7980
	(2)	15·10	150	7,5	1125	6,5	42,2	6338	2812	9150
	(3)	$15 \cdot 3 \cdot \frac{1}{2}$	22,5	10	225	4	16	360	281	641
	Σ		352	(14)	4950					17771

Zeichenerklärung

- A_i Größe der einzelnen Teilflächen
- y_i Abstand zwischen der Achse $x'-x'$ und den Schwerachsen der Einzelflächen
- Δy_i Abstand zwischen der gemeinsamen Schwerachse und den Schwerachsen der Einzelflächen
- I_{xi} Flächenmoment 2. Grades der Einzelfläche um die eigene Schwerachse
- I_x $I_x = I_{xi} + A \cdot \Delta y_i^2$ (Steiner-Satz)

Abstand der gemeinsamen Schwerachse $x-x$ von der Achse $x'-x'$:

$$y = \frac{\sum (A_i \cdot y_i)}{\sum A_i} = \frac{4950}{325} = 14 \text{ cm}$$

Flächenmoment 2. Grades der Gesamtquerschnittsfläche

$$\sum I = 17\,771 \text{ cm}^4$$

Bemerkung:
Aussparung in der Querschnittsfläche sind mit negativen Vorzeichen (–) in die Tabelle einzusetzen.

Torsionsflächenmoment 2. Grades I_T und Torsionswiderstandsmoment W_T

Querschnittsform		I_T	W_T
Kreis	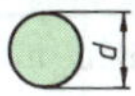	$\pi \frac{d^4}{32}$	$\pi \frac{d^3}{16}$
Kreisring	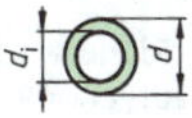	$\frac{\pi}{32}(d^4 - d_i^4)$	$\frac{\pi}{16} \cdot \frac{d^4 - d_i^4}{d}$
dünnwandiger Kreisring $t \ll d$	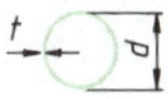	$\frac{\pi d_m^3 t}{4}$	$\frac{\pi d_m^2 t}{2}$
Ellipse	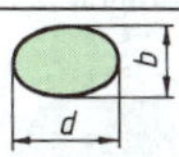	$\frac{\pi}{16} \cdot \frac{a^3 b^3}{a^2 + b^2}$	$\pi \frac{a b^2}{16}$
Sechseck	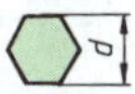	$0{,}133\ d^4$	$0{,}188\ d^3$
Achteck	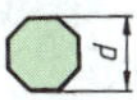	$0{,}130\ d^4$	$0{,}185\ d^3$
Rechteck	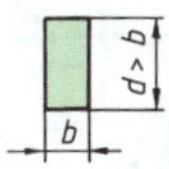	$\alpha b^3 d$	$\beta b^2 d$

d/b	1,00	1,25	1,50	2,00	3,00	4,00	6,00	10,00	∞
α	0,140	0,171	0,196	0,229	0,263	0,281	0,299	0,313	0,333
β	0,208	0,221	0,231	0,246	0,267	0,281			

4.3 Festigkeitslehre

4.3.2 Zug

Die äußeren Kräfte wirken in der Längsrichtung des Körpers und suchen ihn zu dehnen: es treten Zugspannungen auf. $\sigma_{\text{vorh}} = F \cdot A$

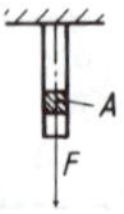

σ_{vorh} vorhandene Zugspannungen in N/mm^2
F Kraft in N
A Querschnitt in mm^2

4.3.3 Druck

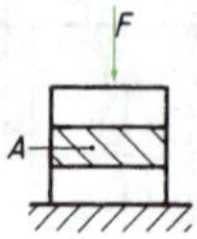

Nicht ausknickende Körper
Die äußeren Kräfte wirken in der Längsrichtung des Körpers und suchen in zu zerdrücken; es treten Druckspannungen auf z. B. bei Wänden, Stützen, Fundamenten.

$$\sigma_d = \frac{F}{A}$$

σ_d Druckspannung in N/mm^2
F Kraft in N
A Querschnitt in mm^2

4.3.4 Biegung

Biegespannung entsteht in einem Querschnitt, der von einem Biegemoment gebogen wird. Da beim Biegen eine Seite des Stabes gedehnt, die andere Seite gestaucht wird, entstehen in dem Querschnitt sowohl Zug- als auch Druckspannungen.

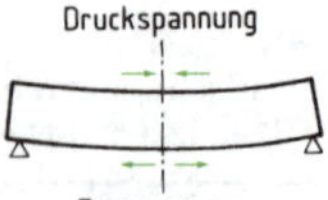

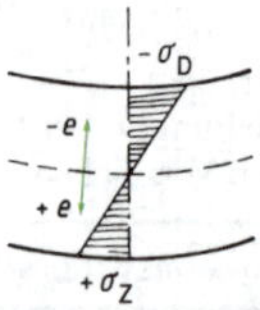

Die Größe der Spannungen ist abhängig vom
- Biegemoment (M),
- gebogenen Querschnitt (I),
- Abstand von der Querschnitt-Schwerachse (e)

$$\sigma_B \left(\frac{\text{N}}{\text{mm}^2}\right) = \frac{M\,(\text{Nmm})}{I\,(\text{mm}^4)} \cdot e\,(\text{mm})$$

$$\max \sigma_B \left(\frac{\text{N}}{\text{mm}^2}\right) = \frac{M\,(\text{Nmm})}{W\,(\text{mm}^3)} \qquad W = \frac{I}{\max e}$$

In der Schwerachse des Querschnittes ($e = 0$) ist die Biegespannung gleich Null.

4.3.5 Biegung mit Normalkraft

Ein Moment und eine Normalkraft können in eine exzentrisch angreifende Einzelkraft umgewandelt werden. Die Darstellung ist umkehrbar.

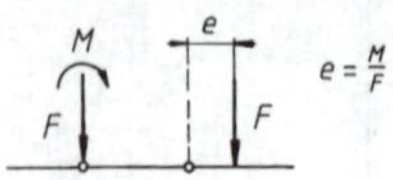

Zugspannungen können aufgenommen werden

Randspannungen:

$$\sigma_N = \frac{F}{A}$$

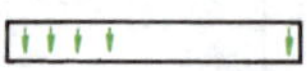

σ_N

$$\sigma_M = \frac{M}{W}$$

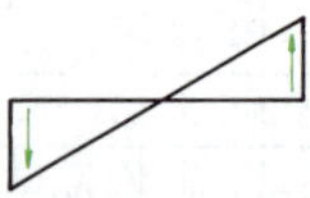

σ_M

$$\sigma_{1,2} = \frac{F}{A} \pm \frac{M}{W}$$

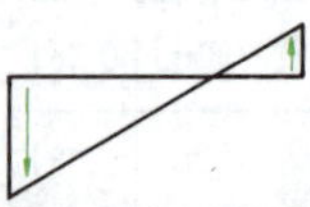

$\sigma_{1,2} = \sigma_N + \sigma_M$

Zugspannungen können nicht aufgenommen werden

Bei Fundamenten und Mauerwerk können Zugspannungen z. B. nicht aufgenommen werden. Bei Rechteckquerschnitten darf die Exzentrizität der Resultierenden nicht größer als $d/3$ sein.

Die größten Randspannungen betragen:

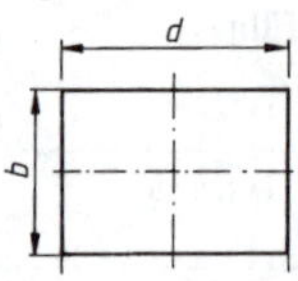

für $0 < e \leq \frac{d}{6}$

$$\max \sigma = \frac{N}{d \cdot b}\left(1 + \frac{6e}{d}\right)$$

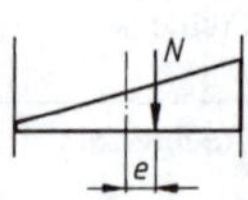

für $\frac{d}{6} < e \leq \frac{d}{3}$

$$\max \sigma = \frac{2N}{3 \cdot c \cdot b} \text{ mit } c = \frac{d}{2} - e$$

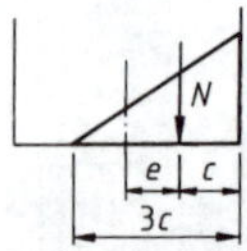

4.3 Festigkeitslehre

4.3.6 Schub – Scherung

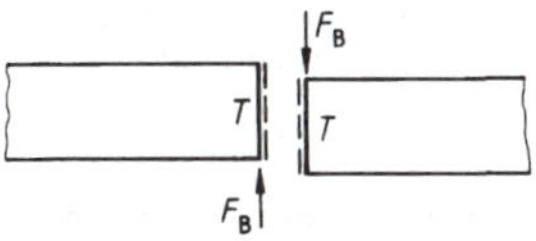

Scherspannungen τ_a treten auf, wenn Kraft und Reaktionskraft in einer Ebene wirken oder das beanspruchte Bauteil an der Biegung gehindert wird, z. B. die Schrauben in einer Schraubenverbindung, Konsolen, das Vorholz des Versatzes.
Bei Scherbeanspruchung kann man die Spannungen gleichmäßig über den Querschnitt verteilt annehmen.

$$\tau = \frac{F}{A}$$

Schubspannungen τ_s treten auf, wenn Kraft und Reaktionskraft in einem Abstand gegeneinander wirken, so daß das Bauteil gleichzeitig auf Biegung beansprucht wird. Bei Schubbeanspruchung sind die Spannungen nicht gleichmäßig über den Querschnitt verteilt z. B. wachsen sie bei einem Rechteckquerschnitt parabolisch von den Rändern bis zum Maximalwert in der Mitte an.

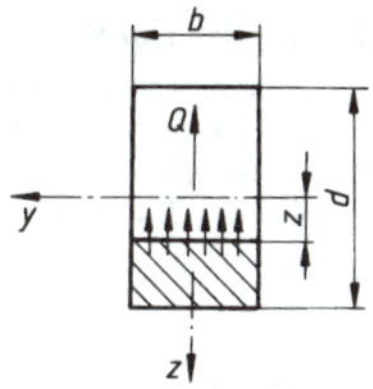

$$\tau(z) = \frac{Q \cdot S_y}{I_y \cdot b}$$

I_y Flächenmoment 2. Grades des ganzen Querschnitts

S_v Flächenmoment 1. Grades des schraffierten Querschnitteiles bezogen auf die y-Achse

Rechteckquerschnitt

$$\tau(z) = \frac{3}{2}\,\frac{Q}{b \cdot d}\left[1 - \left(\frac{2z}{d}\right)^2\right] \quad \max\tau = \frac{3}{2}\,\frac{Q}{bd} = \frac{3}{2}\,\frac{Q}{A}$$

für $z = 0$

Kreisquerschnitt

$$\tau(z) = \frac{4}{3}\,\frac{Q}{\pi r^2}\left[1 - \left(\frac{z}{r}\right)^2\right] \quad \max\tau = \frac{4}{3}\,\frac{Q}{\pi r^2} = \frac{4}{3}\,QA$$

für $z = 0$

4.3.7 Torsion

Wird ein Stab um seine Längsachse durch ein Drehmoment beansprucht, so wird dieses Moment M_t durch Schubspannungen τ übertragen.

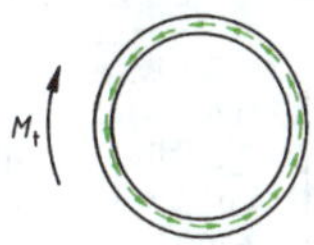

Die Größe dieser Schubspannungen beträgt:

$$\tau_t = \frac{M_t}{W_t}$$

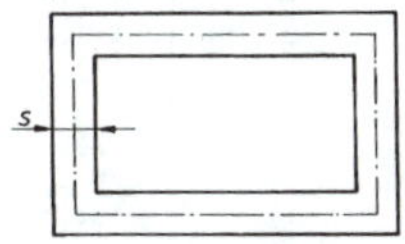

$$\tau = \frac{M_t}{2 \cdot F \cdot s},$$

4.3.8 Zusammengesetzte Beanspruchung

Bei gleichzeitiger Beanspruchung durch N, M_y und M_z erhält man aus den Einzelschnittgrößen die Spannungen $\sigma_N, \sigma_{My}, \sigma_{Mz}$,

diese sind für die maßgebenden Rand- bzw. Eckpunkte zu überlagern: $\sigma_N + \sigma_{My} + \sigma_{Mz} < \sigma_{zul}$

Bei gleichzeitiger Beanspruchung durch Querkraft und Torsion sind die Schubspannungen zu überlagern: $\tau = \tau_{Qy} + \tau_{Qz} + \tau_t \leq \tau_{zul}$

Treten die Spannungen $\sigma_x, \sigma_y, \tau_t$ gemeinsam auf (zweiachsige Spannungszustände), so ist für das Zusammenwirken der Einzelspannungen die Vergleichsspannung nachzuweisen:

$$\sigma_v = \sqrt{\sigma_x^2 - \sigma_x \cdot \sigma_y + \sigma_y^2 + 3\,\tau^2} < \sigma_{zul}$$

Bei Trägern, die nur durch einachsige Biegung und Querkraft beansprucht werden, darf vereinfacht

$$\sigma_v = \sqrt{\sigma^2 + 3\,\tau^2} < \sigma_{zul}$$

nachgewiesen werden.

4.3.9 Knicken

Direktbeanspruchung ausknickender Körper

Schlanke Stäbe, die in der Achsenrichtung auf Druck beansprucht werden, neigen dazu, bei einer bestimmten Kraftgröße seitlich auszuknicken, und so ruckartig die Zerstörung des betreffenden Bauwerkes zu bewirken.

Die Knickgefahr wird beeinflußt von
- der Kraftgröße (F_k),
- der Querschnittsgröße und Querschnittsform,
- der Stablänge (s),
- der Lagerungsart der Stabenden,
- dem Baustoff des Stabes.

Die wirksame Knicklänge s_k des Stabes wird, außer von der tatsächlichen Stablänge, von der Lagerung der Stabenden bestimmt und, wie folgt, ermittelt:

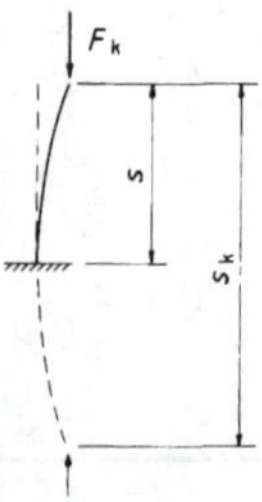

1. Fall

Ein Stabende ist eingespannt, das andere frei beweglich.

$$s_k = 2s$$

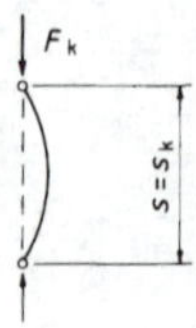

2. Fall

Beide Stabenden sind beweglich gelagert, aber in der Stabachse geführt.

$$s_k = s$$

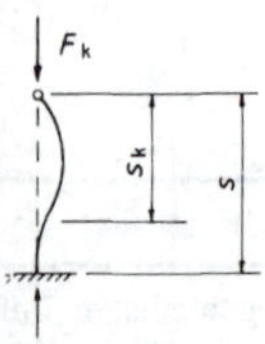

3. Fall

Ein Ende ist eingespannt, das andere beweglich und in der Stabachse geführt.

$$s_k = 0{,}7\ s$$

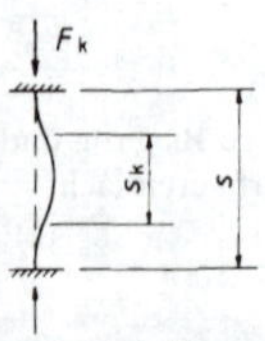

4. Fall

Beide in der Stabachse geführten Enden sind fest eingespannt.

$$s_k = 0{,}5\ s$$

Die Querschnittsgröße und Querschnittsform wird mit dem Trägheitsradius i erfaßt:

$$i = \sqrt{\frac{I}{A}}$$

Da ein Stab am ehesten quer auf die Achse des kleinsten Trägheitsmomentes ausknickt, muß dieses Trägheitsmoment in die obige Gleichung eingesetzt werden.

Alle stabbedingten Knickbestimmungsgrößen, bis auf den Baustoff, werden im Begriff Schlankheit λ zusammengefaßt:

$$\lambda = \frac{s_k}{i}$$

Der Einfluß des Baustoffes ist in die Tabellen für Knickbeiwerte ω eingearbeitet. Jedem λ-Wert ist ein ω-Wert zugeordnet.

Schließlich wird die Druckspannung eines knickgefährdeten Stabes, wie folgt, ermittelt:

$$\text{vorh}\ \sigma = \frac{\omega \cdot F_k}{A}$$

Diese Druckspannung muß kleiner sein als die für den betreffenden Baustoff zugelassene Druckspannung.

Begrenzung der Schlankheit

Die Größe der Stabschlankheit ist in den DIN-Normen begrenzt:

Holz:	bei einteiligen Druckstäben	$\lambda \leq 150$
	bei fliegenden Bauten	$\lambda \leq 250$
Stahl:	bei Hochbau allgemein	$\lambda \leq 250$
	bei Brückenbau	$\lambda \leq 150$

Beispiel:

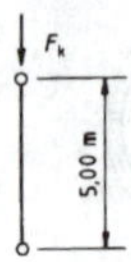

Es ist zu untersuchen, ob die nebenstehende Holzstütze, Nadelholz, Güteklasse II, 16/16 cm, die Kraft $F_k = 50{,}5$ kN tragen kann?

$$s_k = s = 500 \text{ cm}$$

$$A = 16 \cdot 16 = 256 \text{ cm}^2$$

$$I = \frac{16^4}{12} = 5461 \text{ cm}^4$$

$$i = \sqrt{\frac{5461}{256}} = 4{,}62 \text{ cm}$$

$$\lambda = \frac{500}{4{,}62} = 108 < 150$$

$\omega = 3{,}50$ (siehe Tabelle S. 4-19)

$$\text{zul}\ \sigma = 8{,}5 \text{ MN/m}^2$$

$$\text{vorh}\ \sigma = \frac{3{,}50 \cdot 50\,500}{25\,600} = 6{,}9 \text{ N/mm}^2$$

$$\text{zul}\ \sigma = 8{,}5 \text{ MN/m}^2 > \text{vorh.}\ \sigma = 6{,}9 \text{ MN/m}^2$$

d. h. die Holzstütze kann die vorgesehene Belastung tragen.

4.3 Festigkeitslehre

Knickzahlen ω für Vollholz aus Nadelhölzern gemäß DIN 1052 (4.88)

λ	0	1	2	3	4	5	6	7	8	9	λ
0	1,00	1,00	1,01	1,01	1,02	1,02	1,02	1,03	1,03	1,04	0
10	1,04	1,04	1,05	1,05	1,06	1,06	1,06	1,07	1,07	1,08	10
20	1,08	1,09	1,09	1,10	1,11	1,11	1,12	1,13	1,13	1,14	20
30	1,15	1,16	1,17	1,18	1,19	1,20	1,21	1,22	1,24	1,25	30
40	1,26	1,27	1,29	1,30	1,32	1,33	1,35	1,36	1,38	1,40	40
50	1,42	1,44	1,46	1,48	1,50	1,52	1,54	1,56	1,58	1,60	50
60	1,62	1,64	1,67	1,69	1,72	1,74	1,77	1,80	1,82	1,85	60
70	1,88	1,91	1,94	1,97	2,00	2,03	2,06	2,10	2,13	2,16	70
80	2,20	2,23	2,27	2,31	2,35	2,38	2,42	2,46	2,50	2,54	80
90	2,58	2,62	2,66	2,70	2,74	2,78	2,82	2,87	2,91	2,95	90
100	3,00	3,06	3,12	3,18	3,24	3,31	3,37	3,44	3,50	3,57	100
110	3,63	3,70	3,76	3,83	3,90	3,97	4,04	4,11	4,18	4,25	110
120	4,32	4,39	4,46	4,54	4,61	4,68	4,76	4,84	4,92	4,99	120
130	5,07	5,15	5,23	5,31	5,39	5,47	5,55	5,63	5,71	5,80	130
140	5,88	5,96	6,05	6,13	6,22	6,31	6,39	6,48	6,57	6,66	140
150	6,75	6,84	6,93	7,02	7,11	7,21	7,30	7,39	7,49	7,58	150
160	7,68	7,78	7,87	7,97	8,07	8,17	8,27	8,37	8,47	8,57	160
170	8,67	8,77	8,88	8,98	9,08	9,19	9,29	9,40	9,51	9,61	170
180	9,72	9,83	9,94	10,05	10,16	10,27	10,38	10,49	10,60	10,72	180
190	10,83	10,94	11,06	11,17	11,29	11,41	11,52	11,64	11,76	11,88	190
200	12,00	12,12	12,24	12,36	12,48	12,61	12,73	12,85	12,98	13,10	200
210	13,23	13,36	13,48	13,61	13,74	13,87	14,00	14,13	14,26	14,39	210
220	14,52	14,65	14,79	14,92	15,05	15,19	15,32	15,46	15,60	15,73	220
230	15,87	16,01	16,15	16,29	16,43	16,57	16,71	16,85	16,99	17,14	230
240	17,28	17,42	17,57	17,71	17,86	18,01	18,15	18,30	18,45	18,60	240
250	18,75										250

Knickzahlen ω für Stahl gemäß DIN 4114 (3.61)
Baustahl St33 und St37 allgemein

λ	0	1	2	3	4	5	6	7	8	9	λ
20	1,04	1,04	1,04	1,05	1,05	1,06	1,06	1,07	1,07	1,08	20
30	1,08	1,09	1,09	1,10	1,10	1,11	1,11	1,12	1,13	1,13	30
40	1,14	1,14	1,15	1,16	1,16	1,17	1,18	1,19	1,19	1,20	40
50	1,21	1,22	1,23	1,23	1,24	1,25	1,26	1,27	1,28	1,29	50
60	1,30	1,31	1,32	1,33	1,34	1,35	1,36	1,37	1,39	1,40	60
70	1,41	1,42	1,44	1,45	1,46	1,48	1,49	1,50	1,52	1,53	70
80	1,55	1,56	1,58	1,59	1,61	1,62	1,64	1,66	1,68	1,69	80
90	1,71	1,73	1,74	1,76	1,78	1,80	1,82	1,84	1,86	1,88	90
100	1,90	1,92	1,94	1,96	1,98	2,00	2,02	2,05	2,07	2,09	100
110	2,11	2,14	2,16	2,18	2,21	2,23	2,27	2,31	2,35	2,39	110
120	2,43	2,47	2,51	2,55	2,60	2,64	2,68	2,72	2,77	2,81	120
130	2,85	2,90	2,94	2,99	3,03	3,08	3,12	3,17	3,22	3,26	130
140	3,31	3,36	3,41	3,45	3,50	3,55	3,60	3,65	3,70	3,75	140
150	3,80	3,85	3,90	3,95	4,00	4,06	4,11	4,16	4,22	4,27	150
160	4,32	4,38	4,43	4,49	4,54	4,60	4,65	4,71	4,77	4,82	160
170	4,88	4,94	5,00	5,05	5,11	5,17	5,23	5,29	5,35	5,41	170
180	5,47	5,53	5,59	5,66	5,72	5,78	5,84	5,91	5,97	6,03	180
190	6,10	6,16	6,23	6,29	6,36	6,42	6,49	6,55	6,62	6,69	190
200	6,75	6,82	6,89	6,96	7,03	7,10	7,17	7,24	7,31	7,38	200
210	7,45	7,52	7,59	7,66	7,73	7,81	7,88	7,95	8,03	8,10	210
220	8,17	8,25	8,32	8,40	8,47	8,55	8,63	8,70	8,78	8,86	220
230	8,93	9,01	9,09	9,17	9,25	9,33	9,41	9,49	9,57	9,65	230
240	9,73	9,81	9,89	9,97	10,05	10,14	10,22	10,30	10,39	10,47	240
250	10,55										

Zwischenwerte brauchen nicht eingeschaltet zu werden.

4.3 Festigkeitslehre

Knickzahlen ω für Stahl gemäß DIN 4114 (3.61)

Stahl St 52 allgemein

λ	0	1	2	3	4	5	6	7	8	9	λ
20	1,06	1,06	1,07	1,07	1,08	1,08	1,09	1,09	1,10	1,11	20
30	1,11	1,12	1,12	1,13	1,14	1,15	1,15	1,16	1,17	1,18	30
40	1,19	1,19	1,20	1,21	1,22	1,23	1,24	1,25	1,26	1,27	40
50	1,28	1,30	1,31	1,32	1,33	1,35	1,36	1,37	1,39	1,40	50
60	1,41	1,43	1,44	1,46	1,48	1,49	1,51	1,53	1,54	1,56	60
70	1,58	1,60	1,62	1,64	1,66	1,68	1,70	1,72	1,74	1,77	70
80	1,79	1,81	1,83	1,86	1,88	1,91	1,93	1,95	1,98	2,01	80
90	2,05	2,10	2,14	2,19	2,24	2,29	2,33	2,38	2,43	2,48	90
100	2,53	2,58	2,64	2,69	2,74	2,79	2,85	2,90	2,95	3,01	100
110	3,06	3,12	3,18	3,23	3,29	3,35	3,41	3,47	3,53	3,59	110
120	3,65	3,71	3,77	3,83	3,89	3,96	4,02	4,09	4,15	4,22	120
130	4,28	4,35	4,41	4,48	4,55	4,62	4,69	4,75	4,82	4,89	130
140	4,96	5,04	5,11	5,18	5,25	5,33	5,40	5,47	5,55	5,62	140
150	5,70	5,78	5,85	5,93	6,01	6,09	6,16	6,24	6,32	6,40	150
160	6,48	6,57	6,65	6,73	6,81	6,90	6,98	7,06	7,15	7,23	160
170	7,32	7,41	7,49	7,58	7,67	7,76	7,85	7,94	8,03	8,12	170
180	8,21	8,30	8,39	8,48	8,58	8,67	8,76	8,86	8,95	9,05	180
190	9,14	9,24	9,34	9,44	9,53	9,63	9,73	9,83	9,93	10,03	190
200	10,13	10,23	10,34	10,44	10,54	10,65	10,75	10,85	10,96	11,06	200
210	11,17	11,28	11,38	11,49	11,60	11,71	11,82	11,93	12,04	12,15	210
220	12,26	12,37	12,48	12,60	12,71	12,82	12,94	13,05	13,17	13,28	220
230	13,40	13,52	13,63	13,75	13,87	13,99	14,11	14,23	14,35	14,47	230
240	14,59	14,71	14,83	14,96	15,08	15,20	15,33	15,45	15,58	15,71	240
250	15,83										250

Stahl St 33 und St 37 bei einteiligen Druckstäben aus Rundrohren

λ	0	1	2	3	4	5	6	7	8	9	λ
20	1,00	1,00	1,00	1,00	1,01	1,01	1,01	1,02	1,02	1,02	20
30	1,03	1,03	1,04	1,04	1,04	1,05	1,05	1,05	1,06	1,06	30
40	1,07	1,07	1,08	1,08	1,09	1,09	1,10	1,10	1,11	1,11	40
50	1,12	1,13	1,13	1,14	1,15	1,15	1,16	1,17	1,17	1,18	50
60	1,19	1,20	1,20	1,21	1,22	1,23	1,24	1,25	1,26	1,27	60
70	1,28	1,29	1,30	1,31	1,32	1,33	1,34	1,35	1,36	1,37	70
80	1,39	1,40	1,41	1,42	1,44	1,46	1,47	1,48	1,50	1,51	80
90	1,53	1,54	1,56	1,58	1,59	1,61	1,63	1,64	1,66	1,68	90
100	1,70	1,73	1,76	1,79	1,83	1,87	1,90	1,94	1,97	2,01	100
110	2,05	2,08	2,12	2,16	2,20	2,23	weiter wie in der Tafel für St 37				110

Stahl St 52 bei einteiligen Druckstäben aus Rundrohren

λ	0	1	2	3	4	5	6	7	8	9	λ
20	1,02	1,02	1,02	1,03	1,03	1,03	1,04	1,04	1,05	1,05	20
30	1,05	1,06	1,06	1,07	1,07	1,08	1,08	1,09	1,10	1,10	30
40	1,11	1,11	1,12	1,13	1,13	1,14	1,15	1,16	1,16	1,17	40
50	1,18	1,19	1,20	1,21	1,22	1,23	1,24	1,25	1,26	1,27	50
60	1,28	1,30	1,31	1,32	1,33	1,35	1,36	1,38	1,39	1,41	60
70	1,42	1,44	1,46	1,47	1,49	1,51	1,53	1,55	1,57	1,59	70
80	1,62	1,66	1,71	1,75	1,79	1,83	1,88	1,92	1,97	2,01	80
90	2,05	weiter wie in der Tafel für St 52 allgemein									90

4

Tragfähigkeit von quadratischen Holzstützen

(mit zul $\sigma_{D\|} = 8{,}5\ \mathrm{MN/m^2}$)

s	A	i	max N in kN bei einer Knicklänge s_k in m											
cm	cm²	cm	2,00	2,50	3,00	3,50	4,00	4,50	5,00	5,50	6,00	6,50	7,00	8,00
10	100	2,89	45,7	34,8	26,3	19,3	14,8	11,7	9,47	7,83	6,57	5,60	4,83	–
12	144	3,46	77,5	62,8	50,0	39,9	30,5	24,1	19,5	16,1	13,6	11,6	9,97	7,63
14	196	4,04	118	100	83,0	68,0	56,5	44,8	36,3	30,0	25,2	21,4	18,5	14,2
16	256	4,62	166	145	125	106	89,2	75,3	61,8	51,2	43,0	36,6	31,6	24,2
18	324	5,20	222	200	175	152	131	113	97,3	82,0	68,9	58,8	50,6	38,8 [2])
20	400	5,77	283	260	233	209	183	160	139	122	105	89,2	77,1	58,9
22	484	6,35	353	329	301	271	243	215	191	169	149	131	113	86,4
24	576	6,93	429	405	374	342	311	281	252	224	201	179	160	122
26	676	7,51	508	487	456	423	386	355	321	290	261	235	212	169
28	784	8,08	600	574	546	509	473	436	399	366	332	302	272	226
30	900	8,66	695	671	638	607	567	523	484	447	411	377	345	285

Tragfähigkeit von Rundholzstützen

Für Rundholz mit ungeschwächter Randzone ist: zul $\sigma_{D\|} = 1{,}2 \cdot 8{,}5 = 10{,}2\ \mathrm{MN/m^2}$)

s	A	i	max N in kN bei einer Knicklänge s_k in m											
cm	cm²	cm	2,00	2,50	3,00	3,50	4,00	4,50	5,00	5,50	6,00	6,50	7,00	8,00
10	78,5	2,5	36,4	26,6	18,5	13,6	10,4	8,24	6,72	5,52	4,68	–	–	–
12	113	3,0	64,3	49,7	38,4	28,2	21,6	17,0	13,8	11,4	9,60	8,18	7,08	–
14	154	3,5	101	81,8	65,2	52,3	40,1	31,7	25,7	21,2	17,9	15,2	13,1	9,96
16	201	4,0	144	121	101	82,7	68,4	54,0	43,8	36,1	30,4	25,9	22,3	17,0
18	255	4,5	196	169	145	122	102	86,4	69,8	57,8	48,5	41,4	35,6	27,4
20	314	5,0	254	226	198	170	146	124	107	88,2	74,2	63,2	54,5	41,6 [2])
22	380	5,5	320	289	256	227	198	171	148	129	108	92,5	79,6	61,1
24	452	6,0	391	360	325	290	258	227	199	174	154	131	113	86,3
26	531	6,5	467	435	401	361	326	291	258	228	203	181	156	119
28	616	7,0	552	519	483	442	403	363	327	292	261	234	209	160
30	707	7,5	638	611	572	530	484	445	403	364	328	294	266	211
35	962	8,8	894	862	825	780	728	677	631	582	535	490	447	375
40	1257	10,0	1190	1150	1110	1070	1015	963	902	843	791	736	681	583

1) Bei Gerüsten aus Hölzern, die im Zeitpunkt der Belastung noch nicht halbtrocken sind (Feuchtigkeitsgehalt > 30 %), und bei dauernd im Wasser stehenden Stützen sind die Tafelwerte auf 2/3 zu ermäßigen.

2) Die Werte oberhalb der Stufenlinie ($\lambda > 150$) sind nur für fliegende Bauten nach DIN 4112 zulässig.

Tragfähigkeit von Stahlstützen aus einem Breitflanschträger

zul $\sigma = 140\ N/mm^2$ für St 37 Lastfall H

IPB	max N in kN bei einer Knicklänge s_k in m														
	A	i_{min}	2,00	2,50	3,00	3,50	4,00	4,50	5,00	5,50	6,00	6,50	7,00	7,50	8,00
100	26,0	2,53	238	194	152	113	86,3	68,0	55,0	45,8	38,4	–	–	–	–
120	34,0	3,06	353	303	256	215	164	130	106	87,0	73,3	62,7	53,7	46,9	
140	43,0	3,58	478	432	374	324	279	225	182	151	126	108	92,8	81,6	71,7
160	54,3	4,05	633	580	521	464	404	355	298	244	205	176	151	132	115
180	65,3	4,57	788	737	672	609	544	492	437	376	315	268	231	201	177
200	781	5,07	969	909	848	781	715	647	582	528	465	395	340	296	259
240	106	6,08	1350	1300	1237	1164	1091	1016	939	868	789	724	665	582	505
260	118	6,58	1520	1460	1400	1343	1264	1185	1109	1033	955	879	818	748	658
300	149	7,58	1960	1900	1830	1768	1696	1617	1534	1444	1363	1272	1199	1110	1033
340	171	7,53	2240	2170	2100	2029	1946	1842	1760	1651	1545	1460	1360	1260	1185
360	181	7,49	2370	2300	2223	2129	2060	1949	1850	1748	1635	1527	1440	1334	1236
400	198	7,40	2590	2520	2432	2329	2236	2126	1994	1899	1777	1650	1540	1444	1339
450	218	7,33	2852	2775	2678	2565	2442	2330	2196	2062	1932	1806	1696	1573	1460
500	239	727	3127	3042	2935	2812	2677	2535	2390	2246	2104	1980	1839	1707	1586
600	270	7,08	3533	3405	3287	3150	3000	2821	2662	2487	2333	2172	2011	1871	1734
IPBI	Breitflanschträger, leichte Ausführung														
100	21,2	2,51	191	156	122	91,0	69,5	54,9	44,4	36,6	30,8	–	–	–	–
120	25,3	3,02	260	223	188	156	120	94,5	76,2	63,4	52,9	45,4	39,0	34,1	–
140	31,4	3,52	346	310	271	234	199	159	129	107	90,1	76,1	65,7	57,4	50,5
160	38,8	3,98	449	408	367	323	283	249	203	169	141	121	104	91,0	79,6
180	45,3	4,52	547	507	466	423	378	334	296	253	212	181	156	136	120
200	53,8	4,98	661	622	579	534	486	440	396	357	310	260	224	196	172
240	76,8	6,00	977	935	889	840	785	726	676	618	566	519	465	407	360
260	86,8	6,50	1115	1075	1030	980	921	868	810	750	698	640	587	545	477
300	112	7,49	1965	1425	1388	1329	1286	1217	1155	1091	1021	953	899	833	772
340	133	7,46	1740	1693	1633	1565	1502	1432	1359	1275	1201	1122	1046	970	908
360	143	7,43	1871	1820	1756	1682	1615	1528	1461	1371	1283	1206	1125	1034	967
400	159	7,34	2080	2024	1953	1871	1795	1699	1601	1504	1409	1317	1237	1147	1065
450	178	7,29	2329	2265	2186	2094	1994	1888	1780	1684	1577	1475	1369	1271	1181
500	198	7,24	2591	2479	2432	2329	2218	2100	1980	1860	1743	1621	1507	1400	1314
600	226	7,05	2957	2850	2728	2615	2491	2361	2288	2082	1953	1818	1683	1566	1451
IPBv	Breitflanschträger, verstärkte Ausführung														
100	53,2	2,74	514	431	356	269	207	164	133	109	92,0	78,5	–	–	–
120	66,4	3,25	704	620	534	449	365	289	232	193	161	138	119	103	91,0
140	80,6	3,77	917	830	728	641	559	472	377	313	264	226	193	169	149
160	97,1	4,26	1142	1054	964	860	764	673	588	484	405	344	299	260	228
180	113	4,77	1376	1286	1189	1091	983	889	791	709	590	507	433	380	332
200	131	5,27	1623	1541	1444	1349	1231	1132	1019	926	830	719	613	538	470
240	200	6,39	2569	2479	2353	2240	2105	1986	1842	1707	1573	1443	1327	1212	1061
260	220	6,90	2852	2775	2655	2525	2406	2281	2139	1987	1855	1730	1604	1474	1357
300	303	8,00	4002	3892	3754	3657	3506	3367	3189	3030	2866	2719	2525	2383	2233
340	316	7,98	4174	4059	3915	3814	3626	3483	3326	3138	2969	2800	2618	2458	2304
360	319	7,30	4174	4060	3952	3817	3661	3517	3333	3167	2977	2809	2643	2454	2302
400	326	7,70	4306	4187	4039	3901	3711	3566	3381	3214	3003	2835	2638	2480	2305
450	335	7,59	4425	4264	4114	3975	3813	3636	3449	3257	3065	2860	2695	2495	2345
500	344	7,46	4501	4378	4225	4047	3884	3705	3515	3299	3107	2901	2706	2508	2349
600	364	7,22	4763	4591	4431	4282	4077	3861	3640	3420	3205	2980	2770	2574	2381

Bei den mit – gekennzeichneten Werten ist $i_2 > 250$

4

Tragfähigkeit von Stahlstützen aus Quadratrohren

zul $\sigma = 140\ \text{N/mm}^2$ für St 37 Lastfall H

α	s	max N in kN bei einer Knicklänge s_y in m														
		A	i_{min}	2,00	2,50	3,00	3,50	4,00	4,50	5,00	5,50	6,00	6,50	7,00	7,50	8,00
40×40	2,9	4,23	1,51	19,8	12,7	8,9	6,5	–	–	–	–	–	–	–	–	–
40×40	5	6,78	1,43	28,3	18,2	12,6	9,3	–	–	–	–	–	–	–	–	–
60×60	2,9	6,55	2,33	62,4	46,6	32,6	23,8	18,3	14,4	11,7	9,7	–	–	–	–	–
60×60	5	10,8	2,24	98,7	71,2	49,8	36,3	27,9	22,1	17,8	14,8	–	–	–	–	–
80×80	4,5	13,4	3,08	151	133	113	85,4	64,8	51,5	41,8	34,7	28,9	24,7	21,4	18,7	–
80×80	5,6	16,4	3,03	185	162	137	101	78,1	61,2	49,9	41,1	34,7	29,3	25,5	22,1	–
100×100	5	18,8	3,87	233	214	193	171	144	114	92,3	77,2	64,0	55,2	47,6	41,4	36,3
100×100	8	28,9	3,75	352	324	289	254	208	164	133	111	92,3	79,8	68,4	59,9	52,3
120×120	6,3	28	4,62	360	341	319	293	265	238	195	164	138	117	101	88,1	76,8
120×120	10	42,5	4,46	545	508	472	434	388	344	275	232	193	166	141	125	109
140×140	6,3	33,1	5,44	441	421	399	380	351	326	297	268	223	192	165	144	125
140×140	10	50,5	5,27	666	643	604	570	527	484	439	382	321	275	236	207	181
160×160	6,3	37,7	6,23	508	493	476	455	429	406	377	352	322	287	244	215	188
160×160	10	57,4	6,05	773	751	718	687	643	609	566	522	473	412	354	309	269
180×180	6,3	42,8	7,05	587	571	554	535	512	491	464	441	407	324	352	312	272
180×180	10	65,4	6,87	889	872	840	810	776	738	699	659	611	555	520	453	400
Tragfähigkeit von Stahlstützen aus Rechteckrohren																
60×40	2,9	5,39	1,59	28,2	17,9	12,5	9,2	–	–	–	–	–	–	–	–	–
60×40	5	8,79	1,51	41,4	26,4	18,4	13,4	–	–	–	–	–	–	–	–	–
80×40	4,5	9,82	1,58	50,4	32,2	22,3	16,5	–	–	–	–	–	–	–	–	–
80×40	5,6	11,9	1,53	57,5	36,8	25,7	18,8	–	–	–	–	–	–	–	–	–
100×60	5	14,8	2,39	144	111	77,2	56,7	43,4	34,3	27,8	23,0	–	–	–	–	–
100×60	8	22,5	2,27	209	151	105	77,6	59,5	47,1	38,2	31,6	–	–	–	–	–
120×60	6,3	20,5	2,38	196	151	105	77,5	59,5	47,0	38,1	31,5	–	–	–	–	–
120×60	10	30,5	2,23	279	197	138	101	77,9	61,2	49,9	41,0	–	–	–	–	–
140×80	6,3	25,5	3,21	295	263	225	178	135	106	86,9	72,3	60,5	51,8	44,5	38,6	–
140×80	10	38,5	3,06	434	381	320	241	186	146	119	98,5	82,2	71,0	60,8	52,7	–
160×80	6,3	27,6	3,25	322	284	245	196	149	120	95,3	80,2	66,9	57,2	49,1	42,9	37,8
160×80	10	41,4	3,08	472	411	349	264	203	161	129	107	90,3	77,1	66,1	57,7	–
Tragfähigkeit von Stahlstützen aus Rundrohren																
48,3	2,6	3,73	1,62	20,2	13,0	9,0	6,6	5,1	–	–	–	–	–	–	–	–
48,3	4	5,57	1,57	28,1	18,0	12,5	9,2	–	–	–	–	–	–	–	–	–
60,3	4	7,07	2,00	58,2	37,5	26,0	19,1	14,7	11,6	9,4	–	–	–	–	–	–
60,3	2,6	4,71	2,04	39,7	26,1	18,0	13,2	10,1	8,0	6,5	–	–	–	–	–	–
76,1	3,6	8,2	2,57	84,4	69,6	49,9	36,7	27,7	22,2	17,9	14,8	12,5	–	–	–	–
76,1	5,6	12,4	2,50	125	102	71,4	54,4	40,2	31,7	25,7	21,2	17,8	–	–	–	–
101,6	3,6	11,1	3,47	133	120	105	75,8	69,4	54,7	44,3	36,6	30,8	26,2	22,6	19,7	17,3
101,6	6,3	18,9	3,38	224	200	175	146	112	88,2	71,5	59,2	49,7	42,3	36,5	31,8	27,9
139,7	6,3	26,4	4,72	339	324	303	280	255	230	195	161	135	115	99,4	86,6	76,2
139,7	8,8	36,2	4,64	469	441	412	381	345	309	259	214	180	153	132	115	101
168,3	6,3	32,1	5,73	428	412	398	375	351	328	304	276	242	206	178	155	137
168,3	8,8	44,1	5,65	588	566	542	515	479	444	412	377	323	277	238	207	182
219,1	6,3	42,1	7,53	578	567	551	536	517	495	475	450	424	401	373	349	309
219,1	8,8	58,1	7,44	798	782	760	740	707	684	651	616	581	550	512	473	415

Bei den mit – gekennzeichneten Werten ist $i_2 > 250$

4.4 Lastannahmen nach DIN 1054

Lasten am Bauwerk

Lastarten
Um die einzelnen Bauteile dimensionieren zu können, muß man die Lasten ermitteln, die diese Bauteile tragen sollen. Es werden 2 Arten von Lasten unterschieden:
Ständige Lasten sind alle dauernd, d. h. ständig wirkenden Lasten, die sich im Laufe der Zeit weder nach Ort noch nach Größe verändern (Beispiel: Eigengewicht der Bauteile). Die ständigen Lasten sind Gewichte, und sie werden auch so ermittelt:

$G = V \cdot \gamma$ — V Volumen in m^3; γ Rohdichte in kN/m^3

Die γ-Werte sind den nachfolgenden Tabellen zu entnehmen.
Verkehrslasten sind alle Lasten, die sich im Laufe der Zeit nach Ort und Größe verändern oder verändern können. (Beispiel: Lasten von Personen, Fahrzeugen, Möbeln, Wind, Schnee, usw.) Die Verkehrslasten sind angenommene Regellasten und sind den nachfolgenden Tabellen zu entnehmen.

Beispiel einer Lastermittlung:

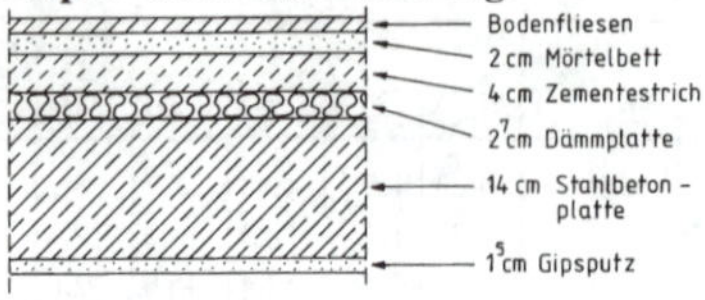

Belastungen

Bodenfliesen, Steinzeug, $d = 1{,}6$ cm, in 2 cm Mörtelbett	$(0{,}016 + 0{,}02) \cdot 22 = 0{,}79$ kN/m^2
Zementestrich, 4 cm,	$0{,}04 \cdot 22 = 0{,}88$ kN/m^2
Faserdämmstoffplatte, 2,7 cm,	$0{,}027 \cdot 1 = 0{,}03$ kN/m^2
Stahlbetonplatte, $d = 14$ cm,	$0{,}14 \cdot 25 = 3{,}50$ kN/m^2
Gipsputz (auf Spritzbewurf) $d = 1{,}5$ cm	$= 0{,}18$ kN/m^2
Ständige Last	$g = 5{,}38$ kN/m^2
Verkehrslast für Wohnräume bei ausreichender Querverteilung der Lasten	$p = 1{,}50$ kN/m^2
Belastung insgesamt	$q = 6{,}88$ kN/m^2

Lastannahmen

Lagerstoffe, Baustoffe und Bauteile DIN 1055 Teil 1 (7.78) (Auszug)

Gegenstand	kN/m^3
Baustoffe als Lagerstoffe	
Blähton, Blähschiefer	15
Gips, gemahlen	15
Glas, in Tafeln	25
Hüttenbims, Naturbims	9
Kalk, Luftkalke	13
Kies und Sand, trocken und erdfeucht, bei nasser Schüttung erhöht sich der Rechenwert um 2 kN/m^3	18
Polyethylen, Polystyrol als Granulat	6,5
PVC als Pulver	6
Polyesterharze	12
Leimharze	13
Schaumlava	10
Traß, gemahlen	15
Zement, gemahlen	16
Zementklinker	18
Ziegelsand, Ziegelsplitt	15
Metalle	
Aluminium	27
Blei	114
Bronze	85
Gußeisen	72,5
Kupfer	89
Magnesium	18,5
Messing	85
Nickel	89
Stahl und Schweißeisen	78,5
Zink	69 V 72
Zinn, gewalzt	74

Gegenstand kN/m^3	
Holz [1]	
Nadelholz, allgemein.	4 V 6
Brettschichtholz (Holzleimbau)	4 V 5
Laubholz.	6 V 8
Span-, Furnier-, Tischlerplatten	4,5 V 8
Mauer- und Putzmörtel	
Gipsmörtel, ohne Sand	12
Kalkmörtel, Kalkgipsmörtel, Gipssandmörtel, Anhydritmörtel	18
Kalkzementmörtel, Lehmmörtel	20
Zementmörtel und Zementtraßmörtel und Mörtel mit Putz- und Mauerbinder .	21
Decken	
Die Gewichte von Decken sind aus den in diesen Tabellen angegebenen Gewichten der Baustelle zu ermitteln. Bei Decken, für die eine Zulassung besteht, sind Gewichtsangaben im Zulassungsbescheid gemacht	
Mauerwerk	
Durch die Rechenwerte ist nur unverputztes Mauerwerk erfaßt; Fugenmörtel sind enthalten.	
Mauerwerk aus natürlichen Steinen . . .	24 V 30

Mauerwerk aus künstlichen Steinen

Rohdichte (g/cm^3)	0,5	0,6	0,7	0,8	0,9	1,0	1,2
Rechenwert (kN/m^3)	7	8	9	10	11	12	14
Rohdichte (g/cm^3)	1,4	1,6	1,8	2,0	2,1	2,2	2,5
Rechenwert (kN/m^3)	15	17	18	20	21	22	25

[1] Zuschläge für kleine Stahlteile sind in den Berechnungsgewichten enthalten. Gewichte stählerner Zugglieder, Knotenbleche Laschen, Schuhe und Lager sind besonders zu berücksichtigen.

4.4 Lastannahmen nach DIN 1054

Gegenstand	Rechenwerte in kN/m³										
Normalbeton (DIN 1045) Stahlbeton (DIN 1045)	23 bis B 10			24 ab B 15 25 ab B 15							
Rohdichteklassen g/cm³	0,5	0,6	0,7	0,8	0,9	1,0	1,2	1,4	1,6	1,8	2,0
Porenbeton, bewehrt	6,2	7,2	8,4	9,5							
Leichtbeton (Richtlinien)[1]						10,5	12,5	14,5	16,5	18,5	20,5
Stahlleichtbeton	Die Werte von Leichtbeton sind um 1 kN/m³ zu erhöhen										
Leichtbeton mit haufwerkporigem Gefüge						10	12	15	16	18	20
Wandbauplatten aus Leichtbeton		0,08	0,09	0,10	0,11	0,12	0,14	0,15	Rechenwert in kN/m² je cm Dicke		
Porenbeton-Bauplatten unbewehrt Dünnbettmörtel bewehrt (DIN 4223)	 0,06 0,055 0,062	 0,07 0,065 0,072	 0,08 0,075 0,084	 0,09 0,085 0,095							

Gegenstand	kN/m²
Trennwände aus **Gipskartonplatten** (Ständerwände mit Mineralwolleausfachung)	
einfache Beplankung	0,35
doppelte Beplankung	0,50
Glasbaustein-Wände	
80 mm dick	1,00
100 mm dick	1,25
Putze	
Drahtputz 30 mm Mörteldicke	
mit Gipsmörtel	0,50
mit Kalk-, Gipskalk- oder Gipssandmörtel	0,60
mit Zementmörtel	0,80
Gipsputz 15 mm dick	0,18
Kalkmörtel 20 mm dick	0,35
Kalkzementmörtel 20 mm dick	0,40
Luftporenputz 20 mm dick	0,25
Zementmörtel 20 mm dick	0,42
Fußboden- und Wandbeläge	kN/m² je cm Dicke
Asphaltbeläge	22 v 24
Estriche	22 v 24
Glasplatten	0,25
Gummi	0,15
Keramische Wandfliesen	0,19
Keramische Bodenfliesen	0,22
Kunststoff-Fußböden	0,15
Natursteinplatten	0,30
Teppichböden	0,03

Gegenstand	kN/m²
Sperr-, Dämm- und Füllstoffe	
Lose Stoffe	
Bimskies, geschüttet	0,07
Blähglimmer, geschüttet	0,015
Blähperlit	0,01
Blähschiefer und Blähton	0,15
Faserdämmstoffe, geschüttet	0,01
Faserstoffe, bituminiert, als Schüttung	0,02
Hochofenschlackensand	0,10
Korkschrot, geschüttet	0,02
Platten, Matten oder Bahnen	
Asphaltplatten	0,22
Faserdämmstoffe	0,01
Holzfaserplatten hart/mittelhart/	0,10/0,08/
weich	0,04
Holzwolleleichtbauplatten	0,04
Perliteplatten	0,02
Korkschrotplatten, bituminiert oder geteert	0,02
Sperren gegen Feuchtigkeit	kN/m² je cm Dicke
Bitumendachpappen mit beidseitiger Bitumendeckschicht	0,03
Bituminöse Schweißbahnen	0,07
Dichtungsbahnen	0,04
Glasvlies-Bitumen-Dachbahnen	
besandet	0,02
bekiest	0,05
Kunststoffbahnen	0,02
Nackte Bitumen-Teerpappen	0,02

1) Richtlinien für Leichtbeton und Stahlleichtbeton mit geschlossenem Gefüge

4

4.4 Lastannahmen

Gegenstand	kN/m²	Gegenstand	kN/m²
Dachdeckungen Die Rechenwerte gelten für 1 m² Dachfläche ohne Sparren, Pfetten und Dachbinder. Deckung aus Dachziegeln, Betondachsteinen Die Rechenwerte gelten ohne Vermörtelung, aber einschließlich der Latten.		Metalldeckung	
Betondachsteine mit hochliegendem Längsfalz	0,55	Aluminiumdach, (0,7 mm Aluminium, 22 mm Schalung)	0,25
Betondachsteine mit tiefliegendem Längsfalz	0,65	Doppelstehfalzdach aus verzinkten Blechen (0,63 mm Blech, Pappunterlage, 22 mm Schalung)	0,30
Großformatige Pfannen	0,50	Kupferdach (0,6 mm Kupferblech, 22 mm Schalung)	0,30
Kleinformatige Biberschwanzziegel und Sonderformate	0,95	**Dachabdichtung und Dachdeckung für Flachdächer**	**kN/m² je Schicht**
Mönch und Nonne (mit Vermörtelung)	0,90	Ausgleichsschicht lose	0,03
Strangfalzziegel	0,60	einschließlich Klebemasse	0,04
Schieferdeckung		Dachabdichtung	
Altdeutsche Schieferdeckung und Deutsche Schuppenschablonendeckung auf 22 mm Schalung, einschl. Pappunterlage		dreilagig, mit Klebemasse	0,17
		zweilagig, mit Klebemasse	0,13
		einlagig, lose	0,02
		Dampfausgleichsschicht lose	0,02
		einschließlich Klebemasse	0,04
		Dampfsperre aus Kunststoffbahn, lose	0,02
		einschließlich Klebemasse	0,07
in einfacher Deckung	0,50	Oberflächenschutz, 5 cm Kiesschüttung, einschl. Deckaufstrich	1,0
in doppelter Deckung	0,60		

Bodenkenngrößen: Dichte und Reibungswinkel DIN 1055 Teil 2 (2.76)

Nichtbindige Böden	Lagerung	Dichte in kN/m³ erdfeucht	Dichte in kN/m³ wassergesättigt	Dichte in kN/m³ unter Auftrieb	Reibungswinkel in Grad
Sand, schwach, schluffiger Sand, Kies-Sand, eng gestuft	locker	17,0	19,0	9,0	30
	mitteldicht	18,0	20,0	10,0	32,5
	dicht	19,0	21,0	11,0	35
Kies, Geröll, Steine mit geringem Sandanteil, eng gestuft	locker	17,0	19,0	9,0	32,5
	mitteldicht	18,0	20,0	10,0	35
	dicht	19,0	21,0	11,0	37,5
Sand, Kies-Sand, Kies, weit oder intermittierend gestuft	locker	18,0	20,0	10,0	30
	mitteldicht	19,0	21,0	11,0	32,5
	dicht	20,0	22,0	12,0	35

Bindige und organische Böden	Zustandsform	Dichte in kN/m³ über Wasser	Dichte in kN/m³ unter Wasser	Reibungswinkel in Grad
Anorganische bindige Böden mit ausgeprägt plastischen Eigenschaften	weich	18,0	8,0	17,5
	steif	19,0	9,0	17,5
	halbfest	20,0	10,0	17,5
Anorganische bindige Böden mit mittelplastischen Eigenschaften	weich	19,0	9,0	22,5
	steif	19,5	9,5	22,5
	halbfest	20,5	10,5	22,5
Anorganische bindige Böden mit leicht plastischen Eigenschaften	weich	20,0	10,0	27,5
	steif	20,5	10,5	27,5
	halbfest	21,0	11,0	27,5
Organischer Ton, organischer Schluff	weich	14,0	4,0	15,0
	steif	17,0	7,0	15,0

4.4 Lastannahmen

Verkehrslasten DIN 1055 Teil 3 (6.71)

Gleichmäßig verteilte lotrechte Verkehrslasten

Art der Nutzung	kN/m²
Dächer, waagerecht oder bis 1:20 geneigt bei zeitweiligem Aufenthalt von Personen; bei dieser Verkehrslast brauchen im Regelfall Winddruck und Schneelast nicht berücksichtigt werden, jedoch ist der Windsog nachzuweisen	2
zugängliche Dächer und Terrassenhäuser, Dachgärten, wenn hierfür nicht höhere Belastungen in Frage kommen	3,5
Decken	
Spitzböden, die auf Grund ihrer Querschnittsabmessungen nur bedingt begehbar sind	1
Wohnräume mit ausreichender Querverteilung der Lasten	1,5
Wohnräume ohne ausreichende Querverteilung der Lasten, z. B. Holzbalkendecken	2
Büroräume; Verkaufsräume bis 50 m² Grundfläche in Wohngebäuden; Flure und Dachbodenräume in Wohn- und Bürogebäuden; Krankenzimmer und Aufenthaltsräume in Krankenhäusern; Kleinviehstallungen	2
Balkone und Laubengänge über 10 m² Grundfläche; Haushaltungskeller; Hörsäle, Klassenzimmer; Behandlungsräume, Küchen und Flure in Krankenhäusern ...	3,5
Garagen und Parkhäuser, die von Personenkraftfahrzeugen oder ähnlichen Kraftfahrzeugen bis zu einem zulässigen Gesamtgewicht von 2,5 t befahren werden, für Stützweiten $l \geq l_o$ mit $l_o = 3$ m bei Platten und $l_o = 5$ m bei Balken. Für Stützweiten $l < l_o$ ist die nebenstehende Verkehrslast mit dem Faktor l_o / l zu multiplizieren, wobei dieser Vergrößerungsfaktor nicht größer als 1,43 anzusetzen ist; dieser Faktor braucht nicht für die Weiterleitung der Verkehrslast auf Stützen oder Wände berücksichtigt werden	3,5

Art der Nutzung	kN/m²
Balkone, Laubengänge und offene gegen Innenräume abgeschlossene Hauslauben bis 10 m² Grundfläche; Keller besonderer Art, z. B. Kohlenkeller	5
Versammlungsräume in öffentlichen Gebäuden, z. B. Kirchen, Theater- und Lichtspielsäle, Tanzsäle; Turnhallen; Tribünen mit festen Sitzplätzen; Flure zu Hörsälen und Klassenzimmer; Ausstellungs- und Verkaufsräume, Geschäfts- und Warenhäuser, Büchereien, Archive; Aktenräume; Gastwirtschaften, Großküchen, Schlächtereien, Bäckereien; Fabriken und Werkstätten mit leichtem Betrieb; nicht befahrbare Hofkellerdecken, Vorplätze; Großviehstallungen	5
Zufahrten und Rampen in Garagen und Parkhäusern, die von Personenkraftfahrzeugen oder ähnlichen Kraftfahrzeugen bis zu einem zulässigen Gesamtgewicht von 2,5 t befahren werden; für die Weiterleitung dieser Verkehrslast auf Stützen und Wände ist sie auf 3,5 kN/m² abzumindern	5
Tribünen ohne feste Sitzplätze; Werkstätten und Fabriken sowie Lagerräume mit mittlerem Betrieb	7,5
Werkstätten und Fabriken sowie Lagerräume mit schwerem Betrieb, z. B. durch Gabelstapler. Die Verkehrslast ist in jedem Einzelfall zu bestimmen. Kommen hierfür gleichmäßig verteilte Verkehrslasten in Betracht, so empfiehlt es sich, nebenstehende Stufung zu wählen.	10 12,5 15 20 25 30
Treppen, einschl. der Treppenabsätze und Zugänge	
in Wohngebäuden	3,5
in öffentlichen Gebäuden	5

Berücksichtigung unbelasteter leichter Trennwände

Der Einfluß darf durch einen Zuschlag zur Verkehrslast berücksichtigt werden. Ausgenommen sind Wände mit einem Gewicht von mehr als 100 kg/m² Wandfläche, die parallel zu den Balken von Decken ohne ausreichende Querverteilung stehen.

Der Zuschlag beträgt bei einem Wandgewicht einschl. Putz:

$g < 100$ kg/m² $\quad \Delta p = 0{,}75$ kN/m²

$g < 150$ kg/m² $\quad \Delta p = 1{,}25$ kN/m²

Lotrechte Einzelverkehrslasten für Dächer

Einzelne Tragglieder sind in der Mitte zu einer Einzellast von $F = 1$ kN (Personenlast) zu belasten.

Horizontallast an Brüstungen und Geländern in Holmhöhe

Bei Treppen in Wohngebäuden, Balkonen und offenen Hauslauben: 0,5 kN/m. Bei Treppen in öffentl. Gebäuden, in Versammlungsräumen, Kirchen, Schulen, Theater- und Lichtspielsälen, Vergnügungsstätten, Sportbauten und Tribünen: 1 kN/m

4.4 Lastannahmen

Windlast DIN 1055 Teil 4 (8.86)

Die hier aufgeführten Bestimmungen gelten für alle nicht schwingungsanfälligen Bauwerke. Hierzu zählen ohne besonderen Nachweis Wohn-, Büro- und Industriegebäude bis 40 m Höhe.

Windrichtung
Die Windlast ist im allgemeinen in beliebiger waagerechter Richtung mit ihrem Maximalwert wirkend anzunehmen.

Windlasten
Es ist zu unterscheiden zwischen der Windlast auf das Gesamtbauwerk und solcher auf eine Flächeneinheit eines Bauwerkes.

Windlast auf das Gesamtbauwerk
Diese setzt sich aus Druck-, Sog- und Reibungswirkungen zusammen. Die Größe dieser resultierenden Last wird, wie folgt, ermittelt:

$W(\text{kN}) = c_f \cdot q \cdot A$

c_f aerodynamischer Kraftbeiwert (siehe Tabelle)
q Staudruck in kN/m² (siehe Tabelle)
A Bezugsfläche in m²

Wenn ein Bauwerk durch Decken- und Wandscheiben ausreichend ausgesteift ist, kann auf einen Nachweis der Windbeanspruchung des Gesamtbauwerkes verzichtet werden. Wenn die Sicherheit der Gesamtkonstruktion gegen Kippen oder Gleiten nicht eindeutig feststeht, muß sie nachgewiesen werden. Dabei wird die 1,5fache Sicherheit gefordert.

Aerodynamischer Beiwert c_f für geschlossene Baukörper mit Rechteckgrundriß

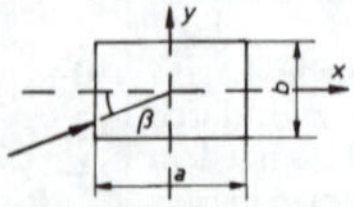

h = Ansichtshöhe
$W_x = c_{fx} \cdot q \cdot A$
$W_y = c_{fy} \cdot q \cdot A$

Windwinkel		0°	90°
Bezugsfläche A		$b \cdot h$	$a \cdot h$
Beiwerte[1]	c_{dx}	1,3	0
	c_{fy}	0	1,3

Staudruckwerte q in Abhängigkeit von der Höhe über dem Gelände

Höhe über Gelände in m	0 bis 8	8 bis 20	20 bis 100	über 100
Windgeschwindigkeit in m/s	28,3	35,8	42,0	45,6
Staudruck q in kN/m²	0,5	0,8	1,1	1,3

Ist ein Bauwerk wegen der Geländeformationen dem Windangriff besonders stark ausgesetzt, so ist mindestens $q = 1{,}1$ kN/m² anzusetzen.

Windlast je Flächeneinheit der Bauwerksoberfläche
Diese Last ist ein rechtwinklig zur Begrenzungsfläche des Baukörpers wirkender Winddruck, dessen Größe, wie folgt, ermittelt wird:

$w(\text{kN/m}^2) = c_p \cdot q$

c_p aerodynamischer Beiwert (siehe Tabelle)
q Staudruck in kN/m² (wie Windlast auf das Gesamtbauwerk, siehe Tabelle)

Die angegebenen Druck-, Sogbeiwerte sind Mittelwerte über die gekennzeichneten Bereiche. Für einzelne Bauteile z. B. Sparren, Pfetten, Wandstiele, Fassadenelemente sind die Werte für Druck um 25% zu erhöhen.

Aerodynamischer Beiwert c_p für allseitig geschlossene, prismatische Baukörper

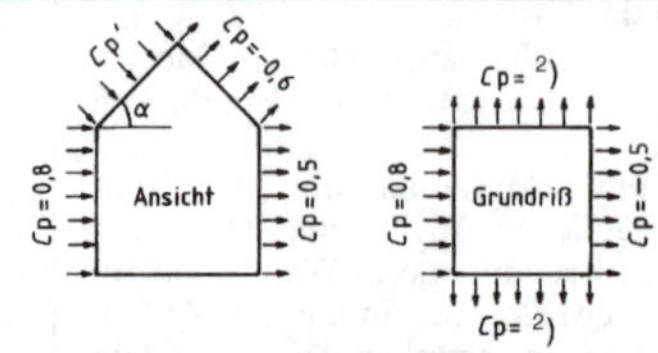

Aerodynamischer Beiwert c_p für seitlich teilweise offenen, prismatischen Baukörper

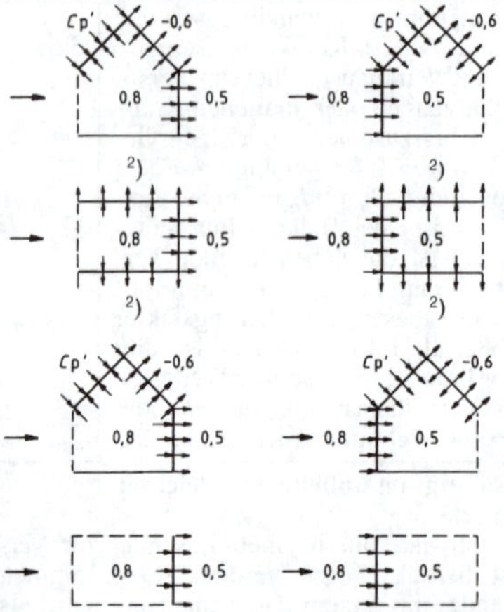

c'_p-Werte

α	<25	25	30	35	40	45	≥50
c'_p	3)	0,3	0,4	0,5	0,6		
		oder –0,6[4]				0,7	0,8

1) Beiwerte für andere Bauwerksformen sind in DIN 1055 Teil 4 zu finden.
2) $c_p = -0{,}7$ für $\frac{h}{a} \geq 0{,}5$; $c_p = -0{,}5$ für $\frac{h}{a} < 0{,}25$.
3) $1{,}3 \cdot \sin\alpha - 0{,}6$.
4) Der ungünstige Wert ist maßgebend.

4.4 Lastannahmen

Schneelast DIN 1055 Teil 5 (6.75)

Die Schneehöhe ist im allgemeinen abhängig von der Geländehöhe über der Meereshöhe NN sowie von der klimatisch-geographischen Lage des Bauwerkstandortes. So fällt in der Regel z. B. in Berchtesgaden wesentlich mehr Schnee als in Emden.

Die Größe der Schneelast je m² Grundrißprojektion der Dachfläche wird, wie folgt, ermittelt:

$$s\ (\mathrm{kN/m^2}) = k_s \cdot s_0$$

k_s Abminderungswert, der die Dachneigung einbezieht (siehe Tabelle)

s_0 Regelschneelast in kN/m² (siehe Tabelle)

Abminderungswerte k_s in Abhängigkeit von der Dachneigung α

α	0°	1°	2°	3°	4°	5°	6°	7°	8°	9°
0° bis 30°	1,0									
30°	1,00	0,97	0,95	0,92	0,90	0,87	0,85	0,82	0,80	0,77
40°	0,75	0,72	0,70	0,67	0,65	0,62	0,60	0,57	0,55	0,52
50°	0,50	0,47	0,45	0,42	0,40	0,37	0,35	0,32	0,30	0,27
60°	0,25	0,22	0,20	0,17	0,15	0,12	0,10	0,07	0,05	0,02
70° bis 80°	0									

Regelschneelast s_0 in kN/m²

Gelände des Bauwerkstandortes über NN in mm	Schneelastzone nach Karte (siehe nächste Seite)			
	I	II	III	IV
≤ 200	0,75	0,75	0,75	1,00
300	0,75	0,75	0,75	1,15
400	0,75	0,75	1,00	1,55
500	0,75	0,90	1,25	2,10
600	0,85	1,15	1,60	2,60
700	1,05	1,50	2,00	3,25
800	1,25	1,85	2,55	3,90
900		2,30	3,10	4,65
1000			3,80	5,50
> 1000	Wird im Einzelfall durch die zuständige Baubehörde im Einvernehmen mit dem Zentralamt des Deutschen Wetterdienstes in Offenbach festgelegt.			

Einseitige Schneelast

Wenn für eine Dachkonstruktion die einseitige Schneelast eine ungünstige Belastung darstellt, muß dieser Belastungsfall untersucht werden. Allerdings darf die Schneelast s mit dem halben Wert in Rechnung gestellt werden.

Mögliche Schneeanhäufungen an besonderen Dachstellen sind zusätzlich zu berücksichtigen.

Windlast + Schneelast

Bei Dächern über 45° Dachneigung brauchen Wind- und Schneelast nicht gleichzeitig angenommen zu werden. Bei Dächern bis 45° Dachneigung genügt es, wenn die Dachflächen mit folgenden Lastkombinationen belastet werden:

$$q_1 = s + \frac{w}{2} \text{ oder } q_2 = w + \frac{s}{2}$$

Wind und Schnee gelten dann als Hauptlast. Werden die zulässigen Spannungen des Lastfalles HZ ausgenutzt, so sind Wind und Schnee mit den vollen Werten anzusetzen.

4.4.2 Lastannahmen

Karte der Schneelastzonen

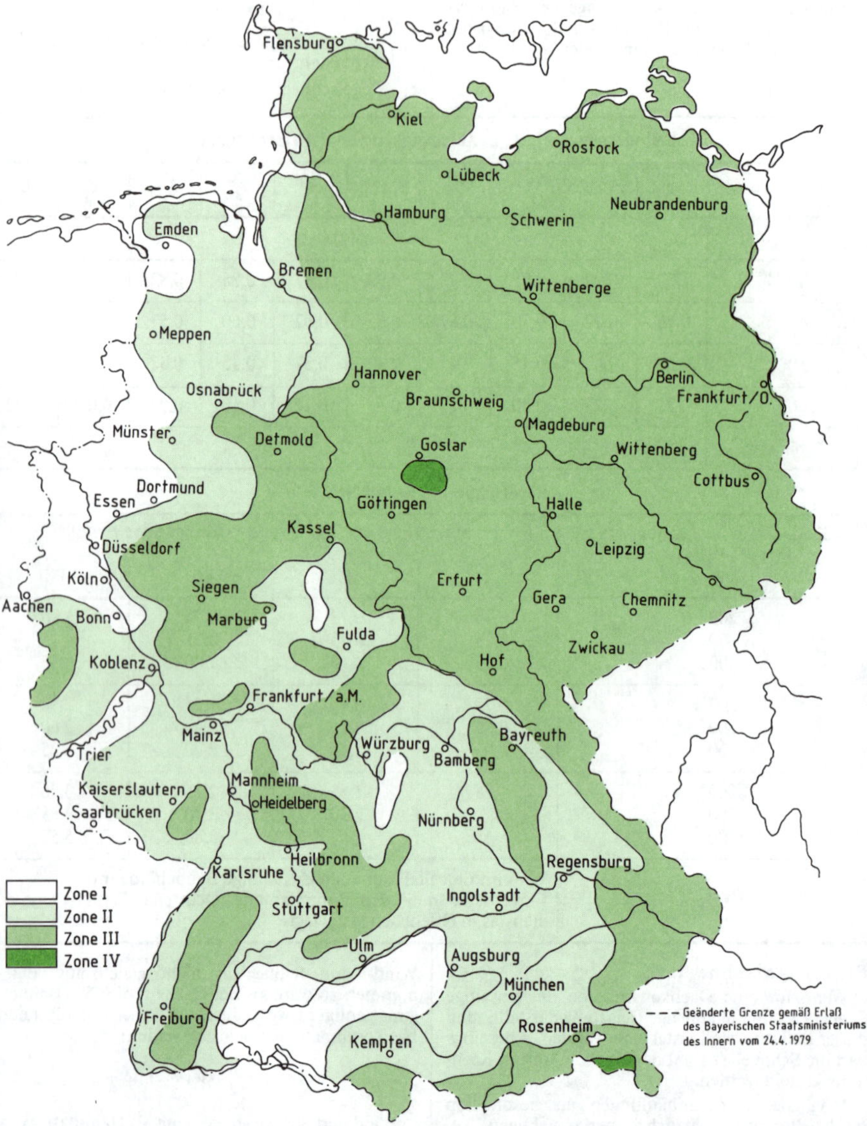

4.5 Bemessung

4.5.1 Mauerwerksbau

Bemessung nach dem vereinfachten Verfahren nach DIN 1053 Teil 1 (2.90)

Anwendung	Kein Nachweis der räumlichen Steifigkeit erforderlich,	
– Gebäudehöhe über Gelände < 20 m – Deckenstützweiten < 6,0 m – Bedingungen der Tab. 1 einhalten	wenn die Decken als steife Scheiben ausgebildet sind, bzw. statisch nachgewiesene Ringbalken vorhanden sind	wenn in Längs- und Querrichtung des Gebäudes eine ausreichende Anzahl aussteifender Wände vorhanden ist

Zweiseitig gehaltene Wände

Knicklänge	β	Wanddicke d	zulässig wenn:
– allgemein: $h_k = h_s$ – Abminderung: $h_k = \beta\, h_s$ bei flächig aufgelagerten Massivdecken	0,75 0,90 1,00	≤ 175 mm 175 mm < d ≤ 250 mm > 250 mm	– als horizontale Lasten nur Windlasten wirken – die Mindestauflagertiefe a: $d < 240$ mm $a = d$ $d > 240$ mm $a > 175$ mm

Drei- und vierseitig gehaltene Wände

Knicklänge	Schwächung durch vertikale Schlitze oder Nischen	Öffnungen
$h_k = \beta\, h_s$ wenn $h_s < 3{,}50$ m, β siehe Tabelle 2 ist $b > 30\,d$ oder $b' = 15\,d$, wie 2seitig gehalten berechnen	in Höhe des mittleren Drittels: d = Restwanddicke oder Annahme eines freien Randes unabhängig von der Lage: eine Wandöffnung annehmen, wenn Restwanddicke < halbe Wanddicke oder < 115 mm	Höhe > 1/4 der Geschoßhöhe Breite > 1/4 der Wandbreite Fläche > 1/10 der Wandfläche gelten die Wandteile zwischen – Wandöffnung und aussteifender Wand als 3seitig – zwei Wandöffnungen als 2seitig gehalten

Tabelle 1:
Voraussetzungen für die Anwendung

	Bauteil	Voraussetzungen d mm	h_s	p kN/m²
1	Innenwände	≥ 115 > 240	≤ 2,75 m	≤ 5
2		≥ 240	–	
3	einschalige Außenwände	≥ 175[1)] < 240	≤ 2,75 m	
4		≥ 240	≤ 2,75 m	
5	Tragschale zweischaliger Außenwände und zweischaliger Haustrennwände	≥ 115[2)] < 175[2)]	≤ 2,75 m	≤ 3[3)]
6		≥ 175 < 240		≤ 5
7		≥ 240	≤ 12 · d	

1) Bei eingeschossigen Garagen und vergleichbaren Bauwerken, die nicht zum dauernden Aufenthalt von Menschen vorgesehen sind, auch d ≥ 115 mm zulässig.

Tabelle 2:
β-Werte für drei- und vierseitig gehaltene Wände

dreiseitig gehaltene Wand – Wanddicke 240	175	115	b m	β	b m	vierseitig gehaltene Wand – Wanddicke 115	175	240	300
			0,65	0,35	2,00				
			0,75	0,40	2,25				
			0,85	0,45	2,50				
			0,95	0,50	2,80				
			1,05	0,55	3,10				
			1,15	0,60	3,40	b′ ≤ 3,45 m			
			1,25	0,65	3,80				
			1,40	0,70	4,30				
		b′ ≤ 1,75 m	1,60	0,75	4,80		b′ ≤ 5,25 m		
			1,85	0,80	5,60				
	b ≤ 2,60 m		2,20	0,85	6,60			b ≤ 7,20 m	
b ≤ 3,60 m			2,80	0,90	8,40				b ≤ 9,00 m

2) Geschoßanzahl maximal zwei Vollgeschosse zuzüglich ausgebautes Dachgeschoß; aussteifende Querwände im Abstand ≤ 4,50 m bzw. Randabstand von einer Öffnung ≤ 2,0 m.
3) Einschließlich Zuschlag für nichttragende innere Trennwände.

4.5 Bemessung

Bemessung nach dem vereinfachten Verfahren nach DIN 1053 Teil 1 (2.90)

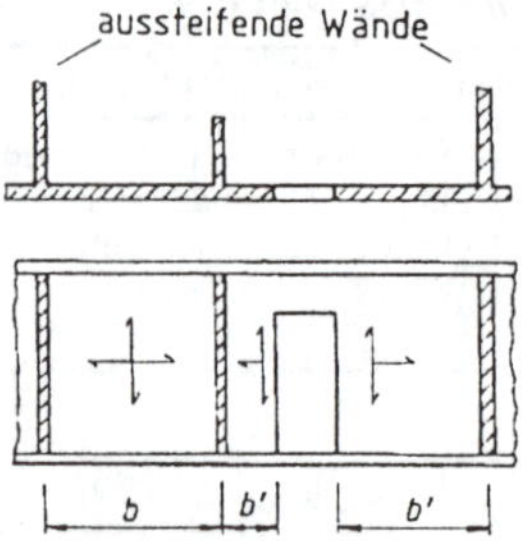

Darstellung der Größen *b* und *b´*

Spannungsnachweis $\text{zul}\,\sigma_D = k \cdot \sigma_0$

Abminderungsfaktoren

Wände als Zwischenauflager: $k = k_1 \cdot k_2$

Wände als einseitiges Endauflager $k = k_1 \cdot k_2$

Der kleinere Wert ist maßgebend. oder $k = k_1 \cdot k_3$

k_1 für Pfeiler/Wände	Wände: $k_1 = 1{,}0$	
	Pfeiler: $k_1 = 0{,}8$	
k_2 für Knicken	$h_K/d \leq 10$	$k_2 = 1{,}0$
	$10 \leq h_K/d \leq 25$	$k_2 = \frac{25 - h_K/d}{15}$
k_3 für Deckendrehwinkel	$l \leq 4{,}20$ m	$k_3 = 1{,}0$
(Endauflager)	$l > 4{,}20$ m	$k_3 = 1{,}7 - l/6$

Bemessungsbeispiele

Innenwand

Mittig belastete Innenwand: $d = 175$ mm
Belastung UK Wand: 135,7 kN/m
Wandbreite 4,80 m
Deckenstützweiten $l_1 = 3{,}80$ m, $l_2 = 4{,}75$ m
Geschoßhöhe $h_s = 2{,}52$ m
Deckenbelastung $p = 2{,}75$ kN/m^2

Rechengang:

a) Prüfung der Voraussetzungen

- Tabelle 1
  Zeile 1 enthält die Wandstärke $d = 175$ mm
- Gebäudehöhe
  $H = 9{,}20 \text{ m} < 20{,}00$ m
- Deckenstützweiten
  $l_1 = 3{,}80$ m, $l_2 = 4{,}75 \text{ m} < 6{,}00$ m
- Verkehrslast
  $p = 2{,}75 \text{ kN/m}^2 < 5{,}00 \text{ kN/m}^2$

Die Voraussetzungen zur Anwendung des vereinfachten Verfahrens sind erfüllt.

b) Schlankheit

$b = 4{,}80 \text{ m} > b > 15 \cdot 0{,}175 = 2{,}625$ m
Die Wand ist zweiseitig gehalten zu bemessen.
$\beta = 0{,}90$
$h_k = 0{,}90 \cdot 2{,}52 = 2{,}27$ m
Schlankheit: $h_k/d = 2{,}27/0{,}175 = 13$

c) Abminderungsfaktoren

$k_1 = 1{,}00$ für Wände
$k_2 = (25–13)/15 = 0{,}8$
$k_3 = 1{,}00$, da kein Endauflager
$k = 1{,}0 \cdot 0{,}8 = 0{,}8$

d) Spannungsnachweis

$\sigma = 135{,}7/100 \cdot 17{,}5 = 0{,}0775 \text{ kN/cm}^2$
$= 0{,}77 \text{ MN/m}^2$
gew. KSL 12 Mörtelgr. II $\sigma_0 = 1{,}2 \text{ MN/m}^2$
zul $\sigma = 0{,}8 \cdot 1{,}2 = 0{,}96 > 0{,}77 \text{ MN/m}^2$

Außenwandpfeiler

Außenwandpfeiler bei zweischaligem Mauerwerk
Wanddicke $d = 240$ mm
Belastung am Fuß: 276 kN
Pfeilerbreite $b = 0{,}625$ m
Deckenstützweite 5,75 m
Geschoßhöhe und Deckenbelastung wie vor.

Rechengang:

a) Prüfung der Voraussetzungen

- **Tabelle 1**
  Zeile 7 enthält die Wandstärke $d = 240$ mm
- **Gebäudehöhe**
  $H = 14{,}20 \text{ m} < 20{,}00$ m
- **Deckenstützweiten**
  $l_1 = 5{,}75 \text{ m} < 6{,}00$ m
- **Verkehrslast**
  $p = 2{,}75 \text{ kN/m}^2 < 5{,}00 \text{ kN/m}^2$

Die Voraussetzungen zur Anwendung des vereinfachten Verfahrens sind erfüllt.

b) Schlankheit

Der Wandpfeiler ist zweiseitig gehalten.
$\beta = 1{,}00$
$h_k = h_s = 2{,}52 = 2{,}52$ m
Schlankheit: $h_k/d = 2{,}27/0{,}24 = 10{,}5$

c) Abminderungsfaktoren

Pfeilerfläche $A = 0{,}24 \cdot 0{,}625 = 0{,}15 \text{ m}^2 > 0{,}10 \text{ m}^2$
$k_1 = 1{,}00$
$k_2 = (25 - 10{,}5)/15 = 0{,}97$
$k_3 = 1{,}7 - 5{,}75/6 = 0{,}74$
$k = 1{,}0 \cdot 0{,}74 = 0{,}74$ (maßgebend)

d) Spannungsnachweis

$\sigma = 276/62{,}5 \cdot 24 = 0{,}184 \text{ kN/cm}^2 = 1{,}84 \text{ MN/m}^2$
gew. KSV 28 Mörtelgr. III $\sigma_0 = 3{,}0 \text{ MN/m}^2$
zul $\sigma = 0{,}74 \cdot 3{,}0 = 2{,}22 > 1{,}84 \text{ MN/m}^2$

4.5 Bemessung

4.5.2 Stahlbeton DIN 1045 (7.88)

Bemessung für Biegung mit Längskraft

Schnittkräfte | **Dehnungen, Spannungen, Kräfte im Erschöpfungszustand** | **Rechteckquerschnitt** | **Plattenbalkenquerschnitt**

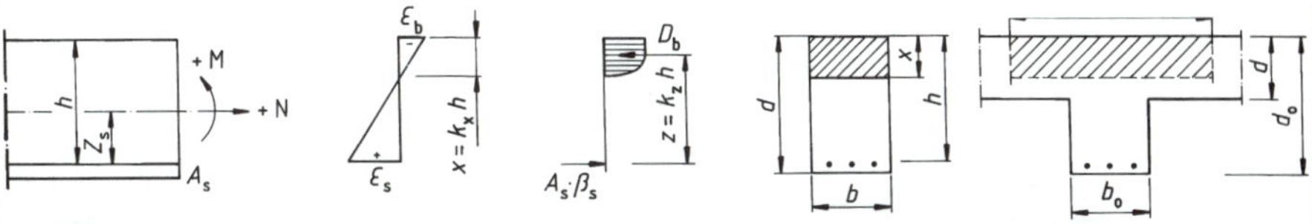

Nullinienlage: $x = k_x \cdot h$
Hebelarm der inneren Kräfte: $z = k_z \cdot h$

Schnittkräfte: M, N
$M_s = M - N \cdot z_s$

N als Druckkraft **negativ** einsetzen!
Ohne Normalkraft N ist $M_s = M$

Bemessungstafel für Rechteckquerschnitte

Im Erschöpfungszustand: $\sigma_s = \beta_S$ (Streckgrenze)
Mit dem Sicherheitsbeiwert $\gamma = 1{,}75$ wird

Betonstahl: BSt 500 S
$\sigma^*_s = \beta_S/\gamma$ (kN/cm²): 28,6

	Richtwerte kh					$-\varepsilon_b$	ε_s	k_x	k_z	k_s
	B 15	B 25	B 35	B 45	B 55	(‰)	(‰)			
ohne Druckbewehrung $k_h \geq k_h^*$	10,2	7,9	6,9	6,4	6,0	0,44	5,00	0,08	0,97	3,6
	5,4	4,2	3,6	3,4	3,2	0,92	5,00	0,16	0,95	3,7
	3,9	3,0	2,6	2,4	2,3	1,41	5,00	0,22	0,92	3,8
	3,2	2,5	2,2	2,0	1,9	1,91	5,00	0,28	0,90	3,9
	2,86	2,22	1,94	1,79	1,69	2,39	5,00	0,32	0,87	4,0
	2,64	2,05	1,78	1,65	1,56	2,87	5,00	0,36	0,85	4,1
	2,49	1,93	1,68	1,55	1,47	3,38	5,00	0,40	0,83	4,2
	2,37	1,84	1,61	1,48	1,41	3,50	4,32	0,45	0,81	4,3
	2,29	1,78	1,55	1,43	1,36	3,50	3,62	0,49	0,80	4,4
k_h^*	2,22	1,72	1,50	1,38	1,31	3,50	3,00	0,54	0,78	4,5

$$k_h = \frac{h\,(\text{cm})}{\sqrt{M_s\,(\text{kNm})/b\,(\text{m})}} \qquad A_s\,(\text{cm}^2) = k_s \cdot \frac{M_s\,(\text{kNm})}{h\,(\text{cm})} + \frac{N\,(\text{kN})}{\sigma_s^*\,(\text{kN/cm}^2)}$$

Bemessungsbeispiele

Beispiel 1:

Stahlbetonbalken $b/d = 25/50$ cm
Baustoffe: B 15, BSt 500/550
Belastung: $q = 17{,}5$ kN/m
Stat. System: Einfeldträger, $l_s = 6{,}20$ m
Schnittkräfte: $M = 17{,}5 \cdot 6{,}2^2/8 = 84{,}1$ kN m
stat. Höhe: $h = 50 - 3 - 1 = 46$ cm
$k_h = 46 : \sqrt{84{,}1/0{,}25} = 2{,}51$
aus Tabelle: $k_s = 4{,}2$

$$\text{erf. } A_s = \frac{4{,}2 \cdot 84{,}1}{46} = 7{,}7\ \text{cm}^2$$

gewählt: 4 ∅ 16 ≙ 8 cm²

Beispiel 2:

Stahlbetonbalken (Platte) $d = 18$ cm
Baustoffe: B 25, BSt 500/550
Belastung: $q = 8{,}25$ kN/m
Stat. System: Einfelddecke, $l_s = 4{,}50$ m
Schnittkräfte: $M = 8{,}25 \cdot 4{,}5^2/8 = 20{,}9$ kN m
stat. Höhe: $h = 18 - 2 - 0{,}5 = 15{,}5$ cm
$k_h = 15{,}5 : \sqrt{20{,}9} = 3{,}39$
aus Tabelle: $k_s = 3{,}8$

$$\text{erf. } A_s = \frac{3{,}8 \cdot 20{,}9}{15{,}5} = 5{,}12\ \text{cm}^2$$

gewählt: Lagermatte R 513

4.5 Bemessung

Bemessung für Schub

Schub infolge Querkraft

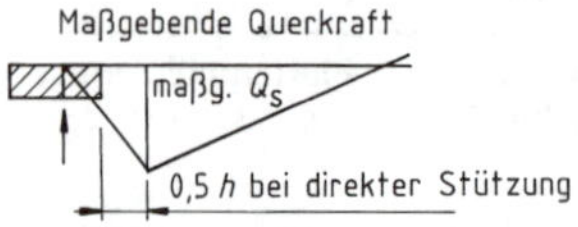

$$\tau_0 = \frac{Q_s}{\min b_0 z}$$ für z gilt näherungsweise

$z = 0{,}85\,h$ Rechteckquerschnitt

$z = h - \frac{d}{2}$ Plattenbalken

Grenze der Grundwerte der Schubspannung (MN/m²)

Zeile	Bauteil	Schub-bereich	Grenzen der Schubspannung τ_0 Bezeichn.	B 15	B 25	B 35	B 45	B 55	Schub-deckung	Bemessungswert für die Schubbewehrung
1 a	Platten	1	τ_{011}	0,25	0,35	0,4	0,5	0,55	Keine	
1 b				0,35	0,5	0,6	0,7	0,8		
2		2	τ_{02}	1,2	1,8	2,4	2,7	3,0	Vermindert	$\tau = \tau_0^2/\tau_{02} \geq 0{,}4\,\tau_0$
3	Balken	1	τ_{012}	0,5	0,75	1,0	1,1	1,25	Konstrukt.	$\tau = 0{,}4\,\tau_0$
4		2	τ_{02}	1,2	1,8	2,4	2,7	3,0	Vermindert	$\tau = \tau_0^2/\tau_{02}$
5		3	τ_{03}	2,0	3,0	4,0	4,5	5,0	Voll	$\tau = \tau_0$

Zeile 1 a gilt für gestaffelte (teilweise im Zugbereich verankerter) Bewehrung

Schubbewehrung: $a_s = \frac{\tau \cdot b}{2{,}86}$ τ in MN/m², b in cm

Schub infolge Torsion

Torsionsschubspannung $\tau_T = M_T/W_T$ M_T Torsionsmoment; W_T Torsionswiderstandsmoment

Erforderliche Nachweise	ohne Nachweis der Bewehrung	mit Nachweis der Bewehrung
Torsion	$\tau_T \leq 0{,}25\,\tau_{0,2}$	$\tau_T \leq \tau_{02}$ [1]
Querkraft + Torsion	–	$\tau_0 \leq \tau_{03}$, $\tau_T \leq \tau_{02}$ und $\frac{\tau_0}{\tau_{03}} + \frac{\tau_T}{\tau_{02}} \leq 1{,}3$ [1)2)]

Torsionsbewehrung

$$a_{sT}\,(\text{cm}^2/\text{m}) = \frac{100\,M_T\,(\text{MN m})}{2\,A_k\,(\text{m}^2) \cdot 2{,}86}$$

Bügel: cm²/m Balkenlänge
Längsbewehrung: cm²/m Umfang

A_k Kernquerschnitt

Bemessungsbeispiele

Beispiel 1: (Lasten wie S. 4-33)

$Q = 17{,}5 \cdot 6{,}2/2 = 54{,}25$

$Q_s = 54{,}25 - (0{,}12 + 0{,}5 \cdot 0{,}46)\,17{,}5 = 48{,}13$ kN

$$\tau_0 = \frac{0{,}04813}{0{,}25 \cdot 0{,}85 \cdot 0{,}46} = 0{,}492 \text{ MN/m}^2$$

$< 0{,}5$ konstruktive Schubdeckung für $0{,}4\,\tau_0$

$\tau = 0{,}4\,\tau_0 = 0{,}4 \cdot 0{,}492 = 0{,}2$ MN/m²

$$\text{erf}\,a_{s\tau} = \frac{0{,}2 \cdot 25}{2{,}86} = 1{,}75 \text{ cm}^2/\text{m}$$

Schubsicherung nur durch Bügel, gewählt:

∅ 6, s = 25 cm (2schnittig)

vorh. $2 \cdot 4 \cdot 0{,}3 = 2{,}4$ cm²/m

Beispiel 2:

2-Feld-Träger $l_1 = l_2 = 6{,}20$ m

Bemessung an der Innenstütze

$Q_{li} = Q_{re} = 0{,}625 \cdot 17{,}5 \cdot 6{,}2 = 67{,}81$ kN

$Q_s = 67{,}81 - (0{,}12 + 0{,}5 \cdot 0{,}46)\,17{,}5 = 61{,}7$ kN

$$\tau_0 = \frac{0{,}0617}{0{,}25 \cdot 0{,}86 \cdot 0{,}46} = 0{,}63 \text{ MN/m}^2 > 0{,}5,\ < 1{,}2$$

verminderte Schubdeckung: $\tau = \frac{0{,}63^2}{1{,}2} = 0{,}33$ MN/m²

$$\text{erf}\,a_{s\tau} = \frac{0{,}33 \cdot 25}{2{,}86} = 2{,}89 \text{ cm}^2/\text{m}$$

Schubsicherung nur durch Bügel, gewählt:

∅ 6, $s = 20$ cm (2schnittig)

vorh. $2 \cdot 5 \cdot 0{,}3 = 3{,}0$ cm²/m

1) Abminderung für τ_T sind unzulässig
2) Für $d < 30$ cm tritt τ_{02} an die Stelle von τ_{03}

4.5 Bemessung

4.5.3 Holzbau DIN 1052 Teil 1–3 (4.88)

Formeln

Zug	Biegung	Ausmittige Belastung	Druck	Schub: Querkraft	Schub: Torsion
$\frac{N/A_n}{\text{zul}\,\sigma_{Z\parallel}} \leq 1$	$\frac{M/W_n}{\text{zul}\,\sigma_B} \leq 1$	$\frac{N/A_n}{\text{zul}\,\sigma_{Z\parallel}} + \frac{M/W_n}{\text{zul}\,\sigma_B} \leq 1$	$\frac{N/A}{\text{zul}\,\sigma_K} \leq 1$ $\text{zul}\,\sigma_K = \frac{\text{zul}\,\sigma_{D\parallel}}{\omega}$	$\tau = \frac{Q \cdot S}{I \cdot b}$	$\tau_T = \frac{M_T}{W_T}$
				Bei gleichzeitiger Wirkung $\frac{\tau_T}{\text{zul}\,\tau_T} + \left(\frac{\tau_Q}{\text{zul}\,\tau_Q}\right)^m \leq 1$ Laubholz $m = 1$, Nadelholz $m = 2$	

Bemessungsbeispiel

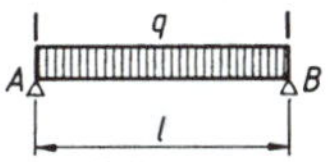

Einfeldträger $l = 5{,}00$ m
Belastung $q = 6{,}0$ kN/m

a) Schnittgrößen:

$$A = B = \frac{q \cdot l}{2} = \frac{6{,}0 \cdot 5{,}0}{2} = 15\,\text{kN}$$

$$\max M = \frac{q \cdot l^2}{8} = \frac{6{,}0 \cdot 5{,}0^2}{8} = 18{,}75\,\text{kNm}$$

b) Querschnittswahl:

$f = l/300$: $I_{\text{erf}} = 313 \cdot 18{,}75 \cdot 5{,}0 = 29\,344\,\text{cm}^4$ [1])
gewählt: 16/30 $I_x = 29\,269\,\text{cm}^4$, $W_x = 2091\,\text{cm}^3$

c) Spannungsnachweise:

Biegespannung:

$$\max \sigma = \frac{M}{W} = \frac{18{,}75 \cdot 10^3}{2\,091} = 8{,}97\,\text{N/mm}^2$$

$\sigma/\text{zul}\,\sigma = 8{,}97/10 = 0{,}897 < 1$

Schubspannnung:

$$\max \tau_Q = \frac{3 \cdot Q}{2\,A} = \frac{3 \cdot 15\,000}{160 \cdot 300} = 0{,}47\,\text{N/mm}^2$$

$\tau/\text{zul}\,\tau = 0{,}47/0{,}9 = 0{,}52 < 1$

Mechanische Verbindungen

Stabdübelverbindungen

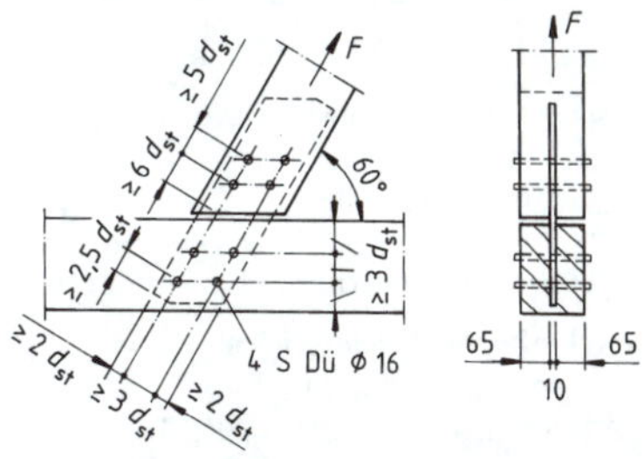

Anschluß eines einteiligen Diagonalstabes an ein Gurtholz mit einer mittigen Stahlflasche.
Stabdübel ∅ 12, Anschlußwinkel 60°
Stahlflasche $t = 10$ mm, Hölzer 14/14
Anschlußkraft $F = 32$ kN
zulässige Stabdübelbelastung:
Seitenholz zul $N_{\text{st, b}} = 2 \cdot 5{,}5 \cdot 65 \cdot 12 =$ **8580 N**
bzw. $= 2 \cdot 33 \cdot 12 = 9504$ N
$\alpha = 60°$ $\eta = 1 - 60/360 = 0{,}83$
Erhöhung bei Verbindungen mit Stahlteilen um 25% für einen Dübel: zul $N = 1{,}25 \cdot \eta \cdot$ zul $N_{\text{st, b}}$
zul $N = 8{,}58 \cdot 0{,}83 \cdot 1{,}25 = 8{,}90$ kN
erf $n = 32/8{,}9 = 3{,}6$ **gewählt: 4 Stück**

Nagelverbindungen

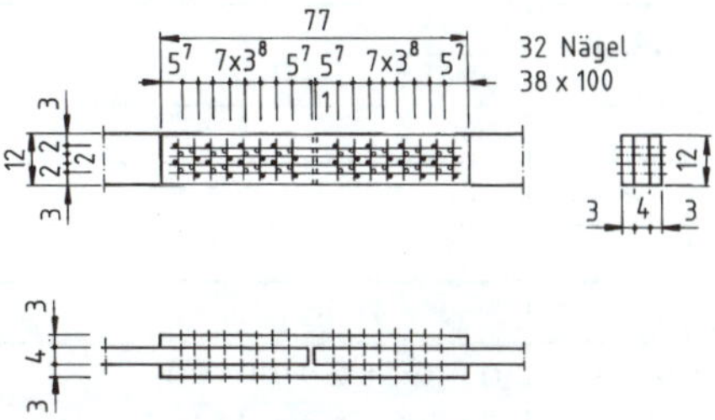

Stoß eines Zugstabes mit Laschen
Holzquerschnitt: 4/12, Laschen: 2 × 3/12
Zugkraft: $F = 32$ kN Nägel 38 × 100
Zugstab: vorh $\sigma_z = 32/14 \cdot 12 = 0{,}67\,\text{kN/m}^2$
zul $\sigma_z = 0{,}8 \cdot 0{,}85 = 0{,}68\,\text{kN/m}^2$
(Abminderung um 20%, da der Stab nicht für die 1,5fache anteilige Zugkraft bemessen ist)
vorh σ/zul $\sigma = 0{,}67/0{,}68 = 0{,}99 < 1$
Laschen: vorh $\sigma_z = 1{,}5 \cdot 32/2 \cdot 3 \cdot 12 = 0{,}67\,\text{kN/m}^2$
zul $\sigma_z = 0{,}85 = 0{,}85\,\text{kN/m}^2$
vorh σ/zul $\sigma = 0{,}67/0{,}85 = 0{,}78 < 1$
zulässige Nagelbelastung Nagel 38 × 100: 0,525 kN
erforderliche Nagelzahl $32/2 \cdot 0{,}525 = 30{,}5$ Nägel
gewählt: **32 Nägel**

[1]) Formel s. S. 4-11

4.5 Bemessung

4.5.4 Stahlbau DIN 18800 T 1–4 (11.90)

Nachweisverfahren

Nachweisverfahren	Berechnung der Beanspruchungen S_d nach	Berechnung der Beanspruchbarkeiten R_d nach
Elastisch-Elastisch	Elastizitätstheorie	Elastizitätstheorie
Elastisch-Plastisch	Elastizitätstheorie	Plastizitätstheorie
Plastisch-Plastisch	Plastizitätstheorie	Plastizitätstheorie

In den folgenden Beispielen wird das Verfahren elastisch-elastisch erläutert. Der Nachweis wird bei diesem Verfahren üblicherweise mit Spannungen geführt. Für die Grenzspannungen gilt:

Grenznormalspannung $\sigma_{R,d} = f_{y,d} = f_{y,k}/\gamma_M$

Grenzschubspannung $\tau_{R,d} = f_{y,d}/\sqrt{3}$

Grenzwerte (b/t) für beidseitig gelagerte Plattenstreifen für volles Mittragen unter Druckspannungen σ_x beim Tragsicherheitsnachweis nach dem Verfahren Elastisch-Elastisch mit zugehörigen Beulwerten k_σ

σ_1 = Größtwert der Druckspannungen σ_x in N/mm².

Randspannungsverhältnis ψ	Beulwert k_0 in Abhängigkeit vom Randspannungsverhältnis ψ
1	4
$1 > \psi > 0$	$\dfrac{8{,}2}{\psi + 1{,}05}$
0	7,81
$0 > \psi > -1$	$7{,}81 - 6{,}29 \cdot \psi + 9{,}78 \cdot \psi^2$
-1	23,9
Bereich	**grenz (b/t)**
$0 < \psi \leq 1$	$(1 - 0{,}278\,\psi - 0{,}025\,\psi^2) \cdot 420{,}4 \cdot \sqrt{k_\sigma/(\sigma_1 \cdot \gamma_M)}$
$\psi \leq 0$	$420{,}4 \cdot \sqrt{k_\sigma/(\sigma_1 \cdot \gamma_M)}$
$\psi = 1$	$37{,}8 \cdot \sqrt{\dfrac{240}{\sigma_1 \cdot \gamma_M}}$ $M_y = 0, N \neq 0$ ¹)
$\psi = -1$	$133 \cdot \sqrt{\dfrac{240}{\sigma_1 \cdot \gamma_M}}$ $M_y \neq 0, N = 0$ ²)

Für $\sigma_1 \cdot \gamma_M = f_{y,k}$ gilt für St 37 $\sqrt{\dfrac{240}{\sigma_1 \cdot \gamma_M}} = 1$

für St 52 $\sqrt{\dfrac{240}{\sigma_1 \cdot \gamma_M}} = \sqrt{\dfrac{1}{1{,}5}} = 0{,}82$

¹) Reine Druckbeanspruchung

Nachweise

Für die Normalspannungen $\sigma_x, \sigma_y, \sigma_z$ $\qquad \dfrac{\sigma}{\sigma_{R,d}} \leq 1$

Für die Schubspannungen $\tau_{xy}, \tau_{xz}, \tau_{yz}$ $\qquad \dfrac{\tau}{\tau_{R,d}} \leq 1$

Für die gleichzeitige Wirkung mehrerer Spannungen $\qquad \dfrac{\sigma_v}{\sigma_{R,d}} \leq 1$

$$\sigma = \frac{N}{A^*} \qquad \sigma = \frac{M}{W} \qquad \sigma = \left|\frac{N}{A^*} + \frac{M_y}{W_y} + \frac{M_z}{W_z}\right|$$

$$\tau_m = \frac{V_z}{A_{Steg}}; \quad A_{Steg} = (h - t) \cdot s \qquad A^* = A_{netto}$$

Lagerung:

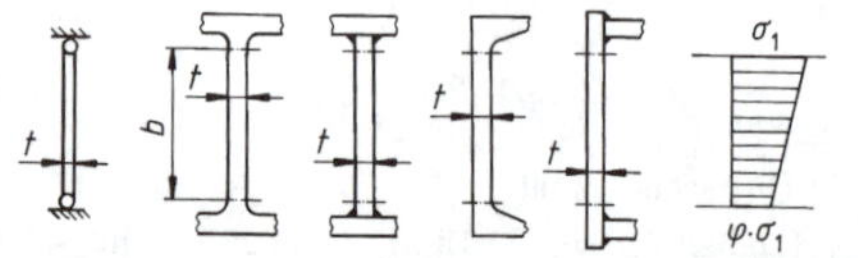

Bemessungsbeispiel

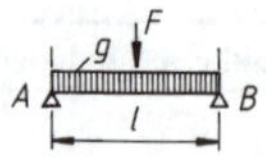

Einfeldträger HEB 280 $\quad l = 6{,}20$ m

Bemessungswerte der Einwirkungen:

$q_D = 1{,}35 \cdot 2{,}2 + 1{,}5 \cdot 3{,}5 = 8{,}2$ kN/m
$F_D = 1{,}5 \cdot 110 = 165$ kN/m
$\gamma_F = 1{,}35$ für die ständigen Einwirkungen
$\gamma_F = 1{,}5$ für die veränderlichen Einwirkungen

Auflagerkräfte und Schnittgrößen:

$A = 8{,}2 \cdot 6{,}2/2 + 165/2 = 107{,}92$
$M = 8{,}2 \cdot 6{,}2^2/8 + 165 \cdot 6{,}2/4 = 295{,}15$

Schubspannung:

$\tau = 107{,}72/27{,}5 = 3{,}92$
$\tau/\tau_{R,D} = 3{,}92/12{,}6 = 0{,}31 < 1$

Normalspannungsnachweis:

$\sigma_D = 295{,}15 \cdot 10^2/1380 = 21{,}39$
$\sigma_D/\sigma_{R,D} = 21{,}39/21{,}8 = 0{,}98 < 1$

Nachweis Grenz (b/t)

$\psi = -1$ (reine Biegebeanspruchung)
Grenz $(b/t) = 133 = 133$ für St 37
Profil IPB 280 $t = 10{,}5$ (= s, Stegdicke)
$b = h - (2t + 2r) = 280 - (2 \cdot 18 + 2 \cdot 24) = 196$
vorh $b/t = 196/10{,}5 = 18{,}66 < 133$ = grenz b/t ³)

²) Reine Biegebeanspruchung
³) Ein Nachweis der Beulsicherheit nach DIN 1800 Teil 3 ist nicht erforderlich

5 Technisches Zeichnen

5.1 Zeichenblätter

Entstehen der Blattformate durch Halbieren

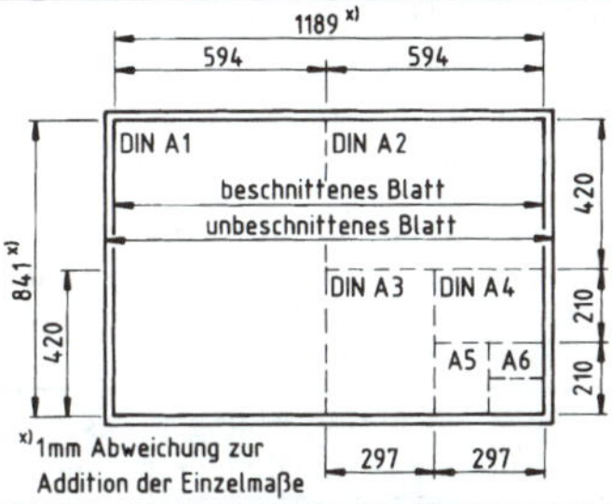

Zeichenblattgrößen nach DIN 6771 T6 (4.88)

Format Reihe A	Zeichenblatt beschnitten mm	Zeichenblatt unbeschnitten mm
A 0	841 × 1189	880 × 1230
A 1	594 × 841	625 × 880
A 2	420 × 594	450 × 625
A 3	297 × 420	330 × 450
A 4	210 × 297	240 × 330

$841 \cdot \sqrt{2} = 1189 \qquad 210 \cdot \sqrt{2} = 297$

5.1.1 Falten von Zeichnungen nach DIN 824 (3.81)

Format	Für Heftablage: Faltungsschema	längs	quer	Für Ablage ohne Heftung: Faltungsschema	längs	quer
A 0 841 × 1189	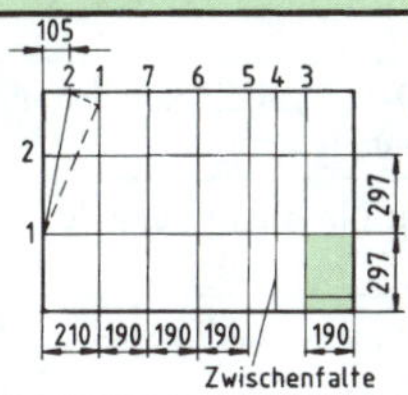	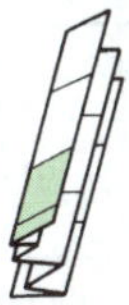		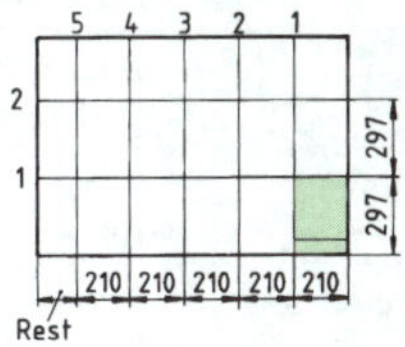	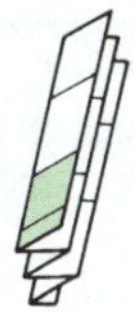	
A 1 594 × 841	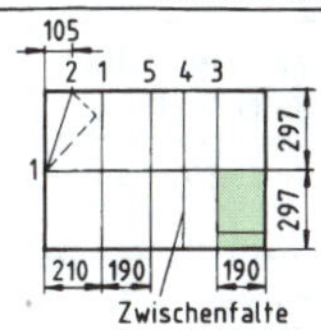	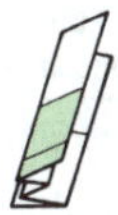		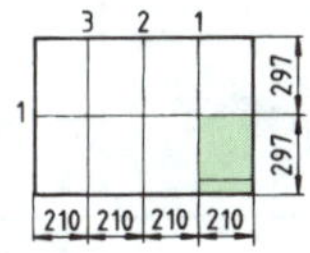	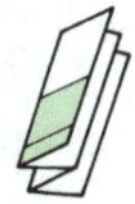	
A 2 420 × 594	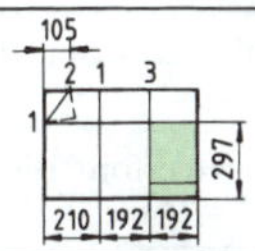			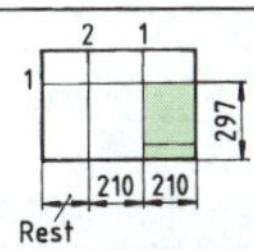		
A 3 297 × 420	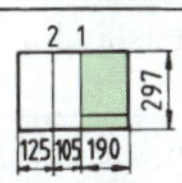			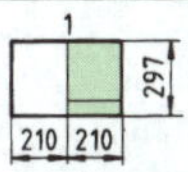		

5.1.2 Schriftfeld nach DIN 6771 T1 (12.70)

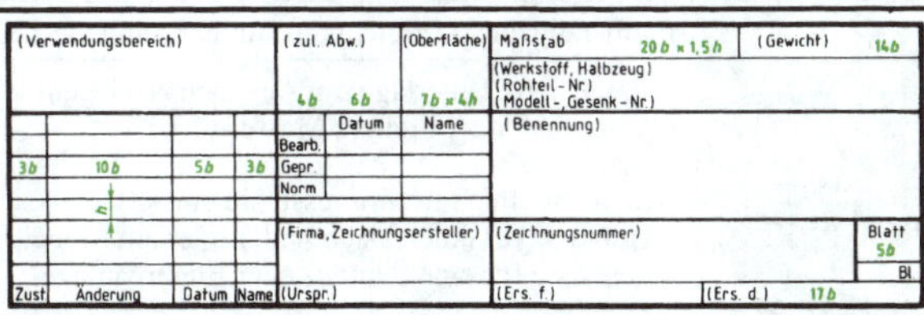

$h = 4{,}25\,\text{mm}$
$b = 2{,}6\ \ \text{mm}$

5

5.2 Zeichnungsarten

5.2.1 Zeichnungsarten nach DIN 1356 (7.74), DIN 1356 T2 (E) und DIN 1356 T3 (E)

	Benennung	Definition, Erklärung
Zeichnungen für die Objektplanung	Vorentwurfszeichnung	Bauzeichnung mit zeichnerischen Darstellungen eines Entwurfskonzeptes für eine geplante bauliche Anlage
	Entwurfszeichnung	Bauzeichnung mit zeichnerischen Darstellungen des durchgearbeiteten Entwurfskonzeptes der geplanten baulichen Anlage
	Bauvorlagezeichnung	Entwurfszeichnung, ergänzt durch alle Angaben, die gemäß den jeweiligen Bauvorlagenverordnungen der Länder oder nach den Vorschriften für andere öffentlich-rechtliche Verfahren gefordert werden
	Ausführungszeichnung	Bauzeichnungen mit zeichnerischen Darstellungen des geplanten Objekts mit allen für die Ausführung notwendigen Einzelangaben
	Abrechnungszeichnung	Bauzeichnungen mit zeichnerischen Darstellungen baulich ausgeführter Leistungen für bestimmte Gewerke
	Baubestandszeichnung	Zeichnerische Darstellung eines bestimmten Objekts
Zeichnungen für die Tragwerksplanung im Massivbau	Positionsplan	Bauzeichnung des Tragwerks mit Angaben der einzelnen Positionen der statischen Berechnung
	Schalplan	Bauzeichnung des Beton-, Stahlbeton- und Spannbetonbaus mit Darstellung der einzuschalenden Bauteile
	Rohbauzeichnung	Schalplan, ergänzt durch alle für die Ausführung des Tragwerks erforderlichen Angaben
	Bewehrungszeichnung	Tragwerksausführungszeichnung des Stahlbeton- und Spannbetonbaus zur Herstellung der Bewehrung
	Fertigteilzeichnung	Tragwerksausführungszeichnung zur Herstellung von Fertigteilen aus Stahlbeton, Spannbeton oder Mauerwerk
	Verlegezeichnung	Tragwerksausführungszeichnung für den Zusammenbau und Einbau der Fertigteile

5.2.2 Zeichnungsarten nach DIN 199 T1 (5.84)

Diagramm	Zeichnung zur Darstellung funktionaler Zusammenhänge im Koordinatensystem
Technische Zeichnung	Zeichnung in der für technische Zwecke erforderlichen Art und Vollständigkeit
Konstruktions-Zeichnung	Technische Zeichnung, die einen Gegenstand in seinem vorgesehenen Endzustand darstellt
Originalzeichnung	Zeichnung, meist technische Zeichnung, die als Unikat dauerhaft gespeichert ist und deren Informationsinhalt als verbindlich erklärt wurde
Skizze	Freihändig angefertigte, meist unmaßstäbliche Zeichnung
Stückliste	Formalisierte Unterlage mit Angaben zu Gegenständen wie Positionsnummer, Menge, Einheit, Masse. Beispiele: – Stahlliste für Bewehrungsstähle eines Bauteiles – Holzliste für einen Dachbinder oder ein Möbelstück – Teileliste für eine Sanitär- oder Elektroanlage

5.3 Linien in Zeichnungen nach DIN 15 (6.84) und DIN 1356 T1 (E)

Benennung und Linienart		Liniengruppe 0,7	0,5	Anwendungen[1]
A	Vollinie, breit ━━━━━━	0,70	0,50	1. sichtbare Kanten 2. sichtbare Umrisse
B	Vollinie, schmal ——————	0,35	0,25	1. Lichtkanten 2. Maßlinien 3. Maßhilfslinien 4. Hinweislinien 5. Schraffuren 6. Umrisse am Ort eingeklappter Schnitte 7. kurze Mittellinien (Mittellinienkreuz) 9. Maßlinienbegrenzungen 10. Diagonalkreuze zur Kennzeichnung ebener Flächen 11. Biegelinie 12. Umrahmungen von Einzelheiten 14. Umrahmungen von Prüfmaßen 15. Faser- und Walzrichtungen 17. Projektionslinien 18. Rasterlinien – Begrenzung von Schnittflächen schmaler oder kleiner Bauteile – Lauflinie von Treppen und Schrägrampen
C	Freihandlinie, schmal ～～～～～	0,35	0,25	1. Begrenzungen von abgebrochenen oder unterbrochen dargestellten Ansichten und Schnitten, wenn die Begrenzung keine Mittellinie ist
D	Linie mit Zickzack, schmal —\/—\/—	0,35	0,25	– Freihandlinie als Schraffurlinie der Schnittfläche bei Holz und Holzwerkstoffen
F	Strichlinie, schmal - - - - - - - -	0,35	0,25	1. verdeckte Kanten 2. verdeckte Umrisse
G	Strichpunktlinie schmal —·—·—·—·—	0,35	0,25	1. Mittellinien 2. Symmetrielinien 3. Trajektorien (Bewegungsverlauf) – Achsen
J	Strichpunktlinie, breit ━·━·━·━·━	0,70	0,50	1. Kennzeichnung geforderter Behandlungen 2. Kennzeichnung der Schnittebenen
K	Strich-Zweipunktlinie, schmal —··—··—··—	0,35	0,25	1. Umrisse von angrenzenden Teilen 2. Grenzstellungen von beweglichen Teilen 4. Umrisse (ursprüngliche) vor der Verformung 5. Teile, die vor der Schnittebene liegen 6. Umrisse von wahlweisen Ausführungen 7. Fertigformen in Rohteilen 8. Umrahmungen von besonderen Feldern/Bereichen (z. B. für Kennzeichnung von Teilen)
–	Punktlinie, schmal ···············	0,35	0,25	– Bauteile vor bzw. über der Schnittebene – untergeordnete Umrisse oder Kanten in Bauzeichnungen – ungenaue Umrisse, z.B. in Karten

[1] Grün gedruckte Anwendungen betreffen speziell die Bauberufe

5.4 Beschriftung und Bemaßung

5.4.1 Beschriftung, Schriftzeichen nach DIN 6776 (4.76)

Die in DIN 6776 festgelegte Schrift gilt vorrangig für die Verwendung von Schriftschablonen, kann jedoch auf für andere Handbeschriftungsmethoden angewendet werden.
Die senkrechte Mittelschrift, Schriftform B, vertikal ist zu bevorzugen. Weitere Schriften nach DIN 6776: Schriftform A (Engschrift) kursiv und vertikal.

Schriftform B, vertikal	**Schriftform B, kursiv**
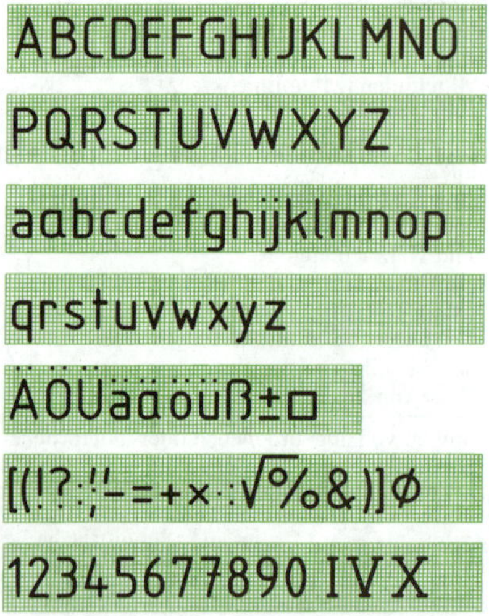	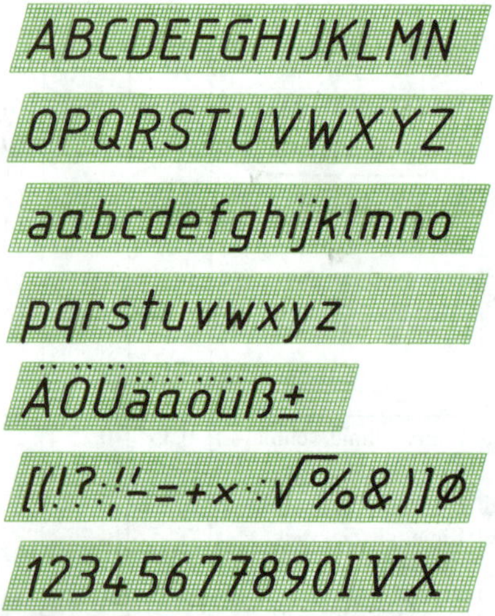

Maße für Schriftform B (*d*=*h*/10)

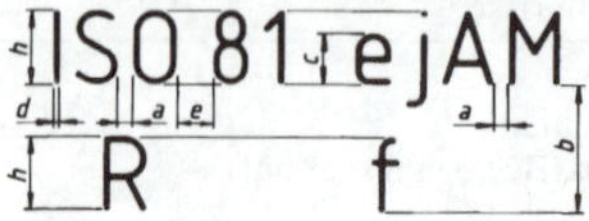

Mindesthöhe für *h* und *c* = 2,5 mm
Bei gleichzeitiger Verwendung von Groß- und Kleinbuchstaben *c* = 2,5 mm
h = 3,5 mm
Kursivschrift im Winkel von 15° nach rechts geneigt.

Beschriftungsmerkmal		Verhältnis	Maße						
Höhe der Großbuchstaben	*h*	(10/10)*h*	2,5	3,5	5	7	10	14	20
Höhe der Kleinbuchstaben[1]	*c*	(7/10)*h*	–	2,5	3,5	5	7	10	14
Mindestabstand									
zwischen Schriftzeichen	*a*	(2/10)*h*	0,5	0,7	1	1,4	2	2,8	4
zwischen Grundlinien	*b*	(14/10)*h*	3,5	5	7	10	14	20	28
zwischen Wörtern	*e*	(6/10)*h*	1,5	2,1	3	4,2	6	8,4	12
Linienbreite	*d*	(1/10)*h*	0,25	0,35	0,5	0,7	1	1,4	2

5.4.2 Maßstäbe nach DIN ISO 5455 (12.79)

Vergrößerungsmaßstäbe	50:1 5:1	20:1 2:1	10:1	Der Hauptmaßstab ist in jeder Zeichnung im Schriftfeld einzutragen; andere Maßstäbe bei den entsprechenden Darstellungen.
Verkleinerungsmaßstäbe	1:2 1:20	1:5 1:50	1:10 1:100	Der Maßstab 1:1 wird als natürlicher Maßstab bezeichnet.

[1]) Ohne Ober- und Unterlängen

5.4.3 Einzelheiten der Maßeintragung nach DIN 406 T11 (12.92)

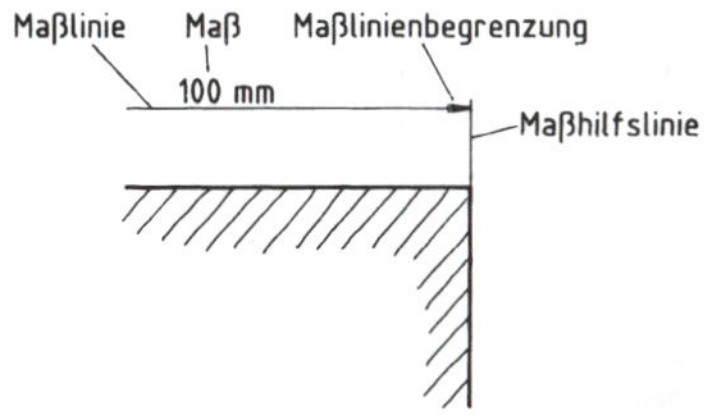

Elemente der Maßeintragung

Maß: physikalische Größe, bestehend aus Maßzahl und Maßeinheit z.B. 100mm (Längenmaß) 90° (Winkelmaß)

Maßlinie: gerade oder gekrümmte Linie parallel zu der zu bemaßenden Länge zwischen
- zwei Körperkanten,
- einer Körperkante und einer Maßhilfslinie,
- zwei Maßhilfslinien

Maßhilfslinie: Verbindungslinie zwischen dem zu bemaßenden Element und der zugehörigen Maßlinie

Maßlinienbegrenzung: Kennzeichen zur Hervorhebung der Maßlinienenden

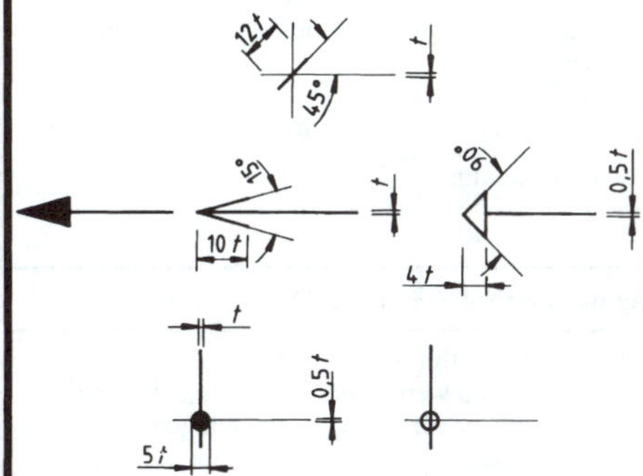

Maßlinienbegrenzungen

Schrägstrich (im Bau- und Holzbereich vorzugsweise anwenden)

Pfeil
- geschwärzt, vorzugsweise für Radien und für Maßketten mit engen Maßlinienbegrenzungen in Kombination mit Punkt
- offen 15°, vorzugsweise für rechnerunterstützt angefertigte Zeichnungen
- offen 90°, vorzugsweise bei Höhenangaben und für steigende Bemaßung

Punkt – vorzugsweise bei Platzmangel in Kombination mit geschwärztem Pfeil

Kreis – vorzugsweise als Ursprungsangabe einer Bezugsbemaßung

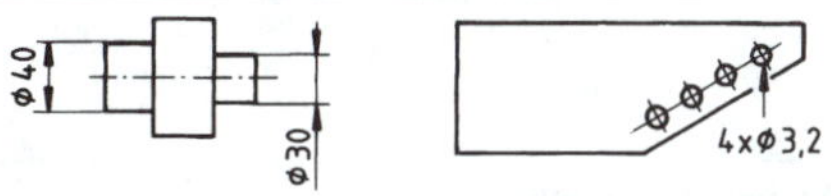

Durchmesser

Symbol ∅ vor der Maßzahl

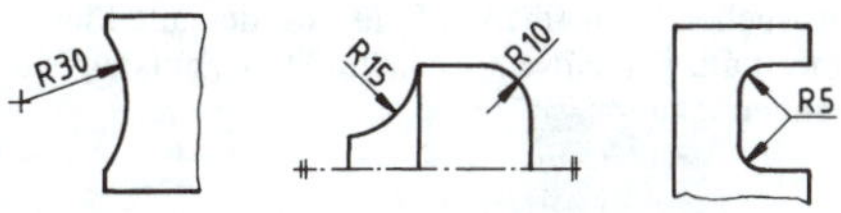

Radius

Großbuchstabe R vor der Maßzahl

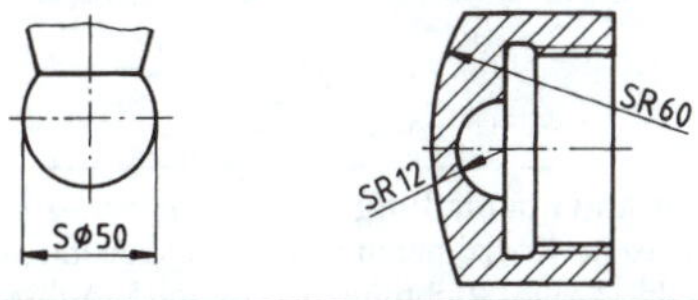

Kugel

Großbuchstabe S in Verbindung mit R bzw. ∅ vor der Maßzahl (S = Spherical).

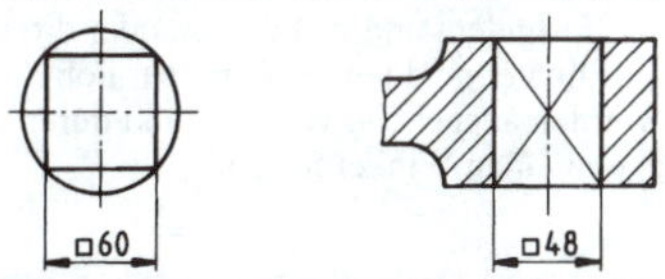

Quadrat

Symbol □ vor der Maßzahl.
Nur ein Maß des Quadrates angeben.
Diagonalkreuz kennzeichnet eine ebene Fläche.

5.4 Beschriftung und Bemaßung

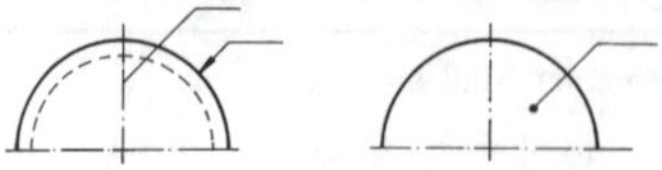

Hinweislinien sind schräg aus der Darstellung herauszuziehen und enden
- mit Pfeil an einer Körperkante,
- mit Punkt an einer Fläche,
- ohne Begrenzungszeichen an anderen Linien

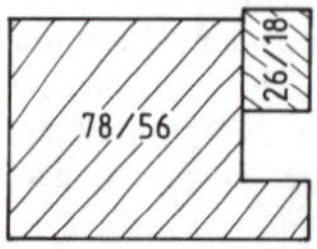

Maße für Rechteckquerschnitte dürfen in die Querschnitte eingetragen werden. Regelfall Breite/Dicke in Schreibrichtung.

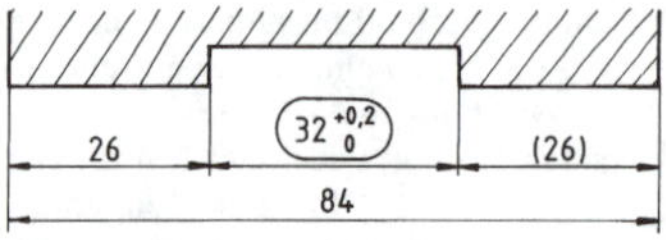

Prüfmaße sind einzurahmen.
Hilfsmaße
- sollen geschlossene Maßketten vermeiden,
- sind durch runde Klammern zu kennzeichnen

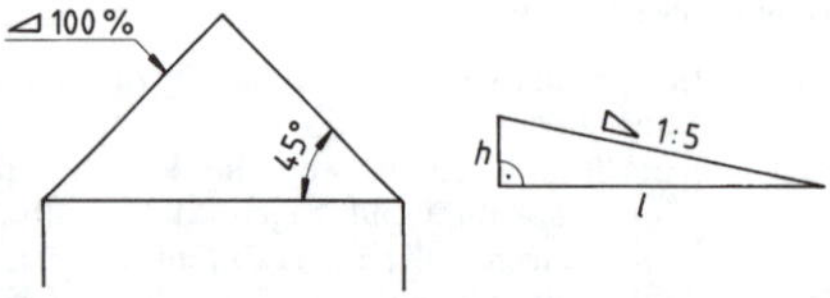

Neigungen (Steigungen, Gefälle) werden angegeben
- in Prozent %
- als Winkel zur Waagerechten ∡
- als Verhältnis $\frac{\text{Höhe}}{\text{Länge}}$ $\left(\frac{h}{l}\right)$

5.4.4 Arten der Maßeintragung nach DIN 406 T11 (12.92)

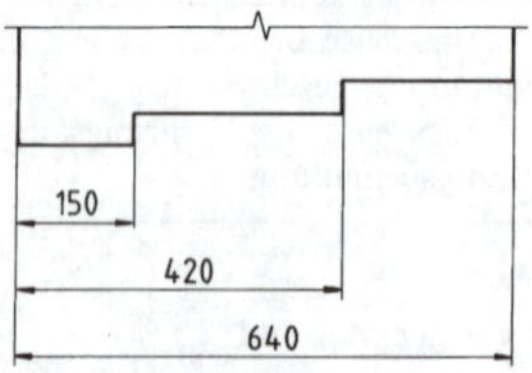

Parallelbemaßung
Die Maßlinien werden parallel zueinander und zu den zu bemaßenden Längen eingetragen.

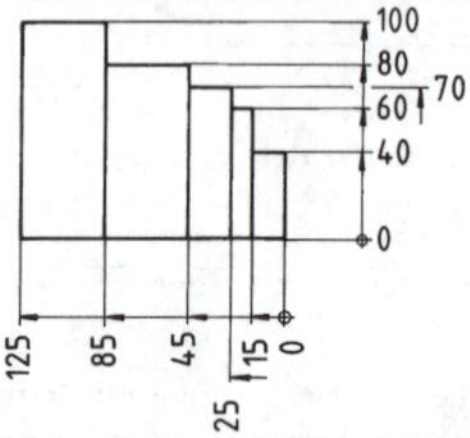

Steigende Bemaßung
Ausgehend von einem 0-Punkt werden alle Maße, meist mit gemeinsamer Maßhilfslinie, aufsteigend eingetragen.

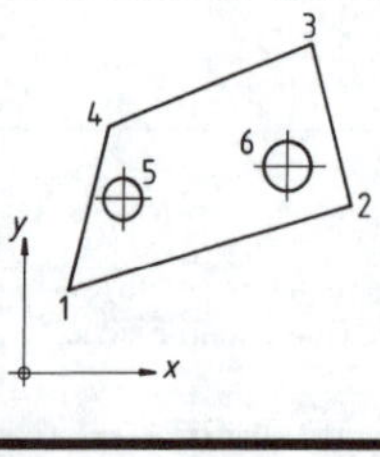

Pos.	x	y	d
1	10	20	–
2	80	40	–
3	70	80	–
4	20	60	–
5	24	42	⌀ 10
6	64	50	⌀ 12

Koordinatenbemaßung
Kartesische Koordinaten werden ausgehend vom 0-Punkt in zwei Richtungen, nämlich *x*-Achse und *y*-Achse, festgelegt und in Tabellen oder direkt an den Koordinatenpunkten eingetragen. Polarkoordinaten werden ausgehend vom 0-Punkt durch einen Radius und einen Winkel festgelegt.

5.4 Beschriftung und Bemaßung

5.4.5 Bemaßung von Bauzeichnungen nach DIN 1356 (7.74)

- In Bauzeichnungen werden im allgemeinen die Rohbaumaße angegeben.
- Die Bemaßung erfolgt meist unter und rechts der Darstellung, bzw. von unten und rechts lesbar.
- Maße von Rechtecköffnungen werden in Bruchform $\frac{\text{Breite}}{\text{Höhe}}$
  - meist an den Öffnungsachsen oder
  - mittels einer Bezugslinie angegeben.

Bemaßung von Grundrissen

Allgemein übliche Parallelbemaßung; Maße in cm

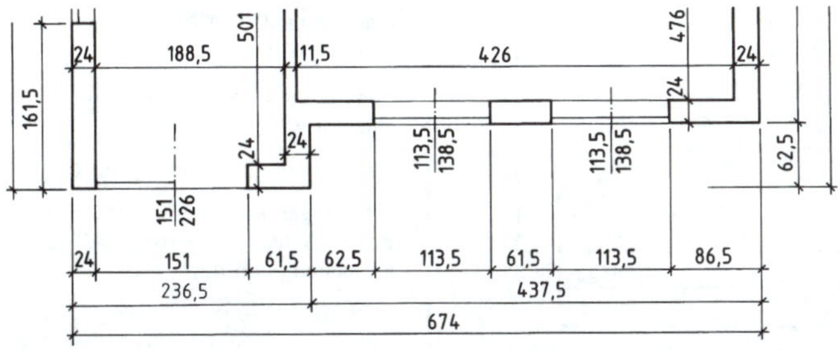

Steigende Bemaßung; Maße in m

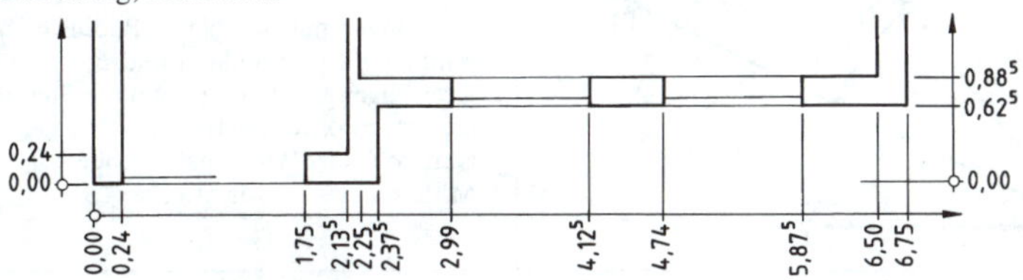

Höhenbemaßung

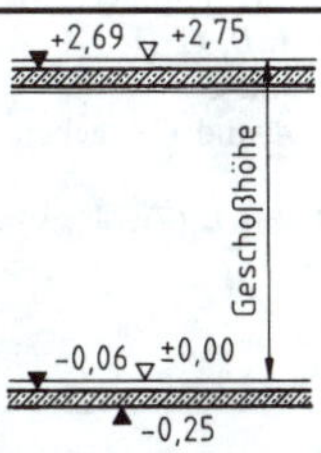

- Geschoßhöhen werden im allgemeinen von Oberfläche Fußboden bis Oberfläche Fußboden angegeben.
- Rohbauhöhen werden mit schwarzen (vollen) Dreiecken, Fertigbauhöhen mit weißen (leeren) Dreiecken und den entsprechenden Höhenzahlen angegeben.
- Die Höhenzahlen sind, bezogen auf die festgelegte 0-Ebenen, mit positiven oder negativen Vorzeichen zu versehen.

Bemaßung von Bauteilen

Maßzahlen an Umrissen	Systemmaße in Schemata	Maßzahlen an Bewehrungsstählen
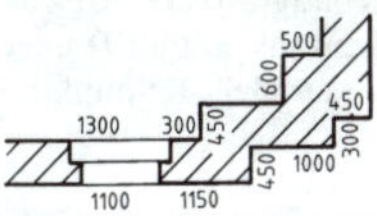	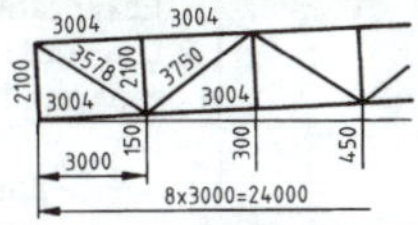	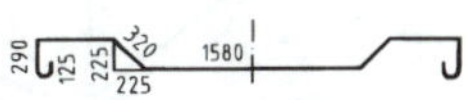

5.5 Geometrische Konstruktionen

5.5.1 Grundkonstruktionen

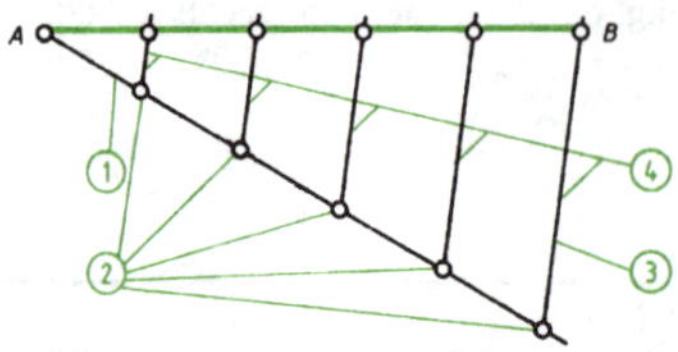

Teilung einer Strecke $\overline{AB}$

1. Strahl von Punkt A (Winkel ≈ 30°)
2. Teilzahl in geschätzter Größe auf Strahl (Endpunkt C)
3. Linie BC
4. Parallelen zur Linie BC durch die Teilpunkte des Strahls (Teilung Strecke $\overline{AB}$)

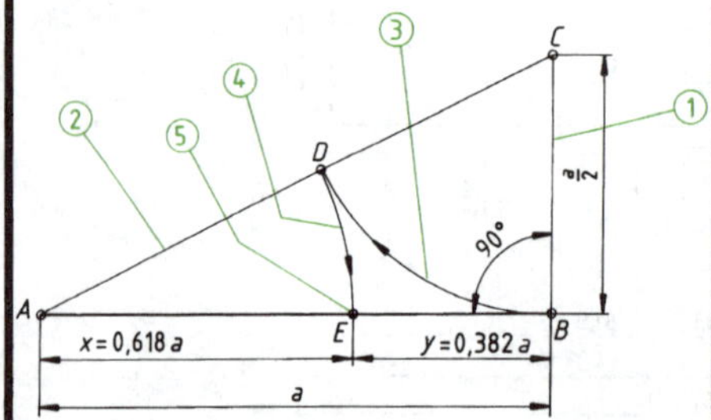

Stetige Teilung einer Strecke $\overline{AB}$
(Goldener Schnitt)

1. Senkrechte in B mit der Länge $\frac{a}{2}$
2. Linie AC
3. Kreisbogen mit Radius $\frac{a}{2}$ um C
4. Kreisbogen mit Radius AD um A
5. Punkt E teilt die Strecke $\overline{AB}$ im Verhältnis des Goldenen Schnittes

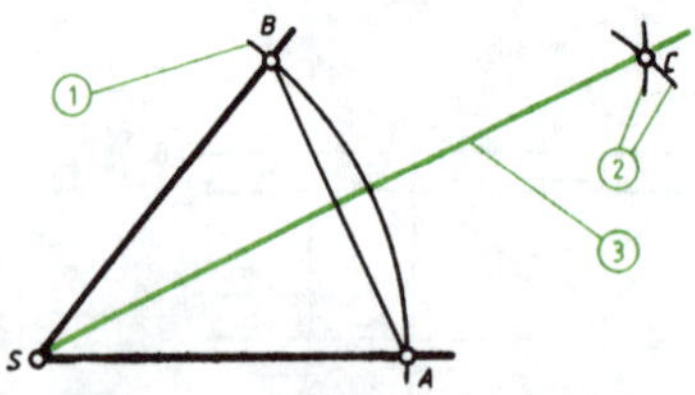

Winkel halbieren

1. Kreisbogen mit beliebigem Radius r um Scheitelpunkt S (Schnittpunkt A und B)
2. Kreisbogen mit Radius r um die Punkte A und B (Schnittpunkt C, $r > 1/2\,\overline{AB}$)
3. Gerade CS ist Winkelhalbierende von ∢ ASB und Mittelsenkrechte zur Strecke $\overline{AB}$

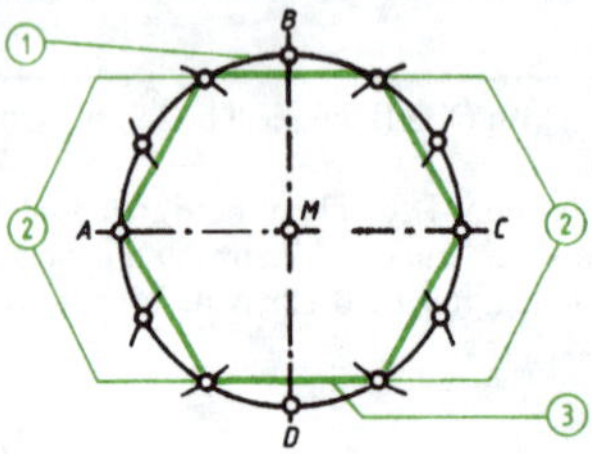

Dreieck, Sechseck, Zwölfeck

1. Kreis mit Radius $r = \overline{MA}$ um Mittelpunkt M (Schnittpunkte mit Mittellinien A, B, C, D)
2. Kreisbogen mit Radius r um A und C
3. Verbindung Kreisschnittpunkte A und C ergeben Sechseck (Teilpunkte Dreieck)
4. Kreisbogen mit Radius r um B und D (Zwölfeck)

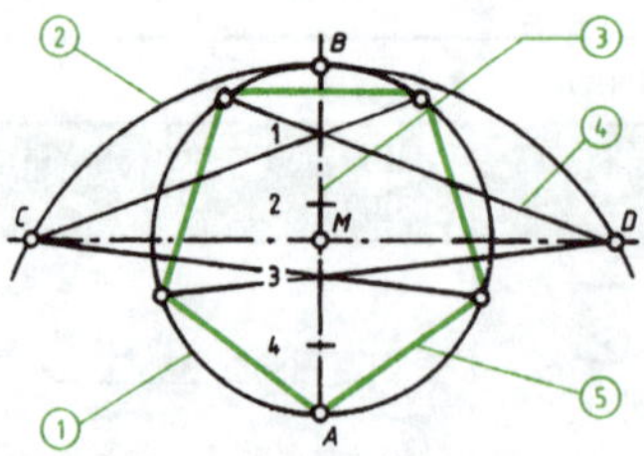

Regelmäßige Vielecke im Umkreis

1. Kreis mit Radius $\overline{MA}$ um Mittelpunkt M (Schnittpunkte A und B mit Mittellinien)
2. Kreisbogen mit Radius $\overline{AB}$ um Punkt A (Schnittpunkte C und D mit Mittellinien)
3. Eckenzahl bestimmt Teilung Strecke $\overline{AB}$
4. Ungerade (gerade) Eckenzahl: C und D über entsprechende ungerade (gerade) Teilpunkte zum Kreis
5. Kreisteilung ergibt Vieleck

5.5 Geometrische Konstruktionen

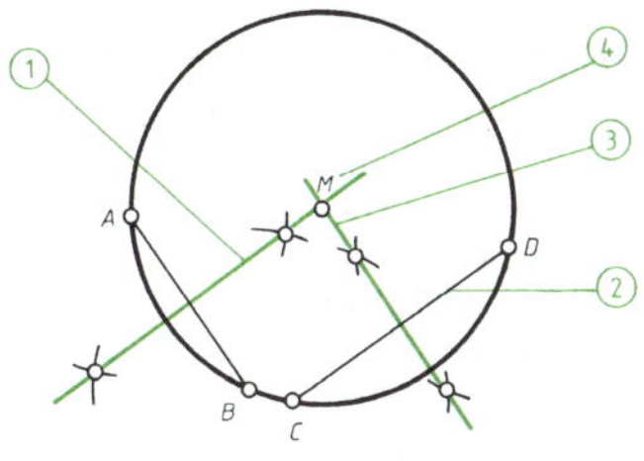

Kreismittelpunkt

1. Mittelsenkrechte auf der beliebigen Sehne $\overline{AB}$
2. Sehne $\overline{CD}$ möglichst senkrecht zur Sehne $\overline{AB}$ (Genauigkeit)
3. Mittelsenkrechte auf der Sehne $\overline{CD}$
4. Schnittpunkt der Mittelsenkrechten ist der Mittelpunkt *M*

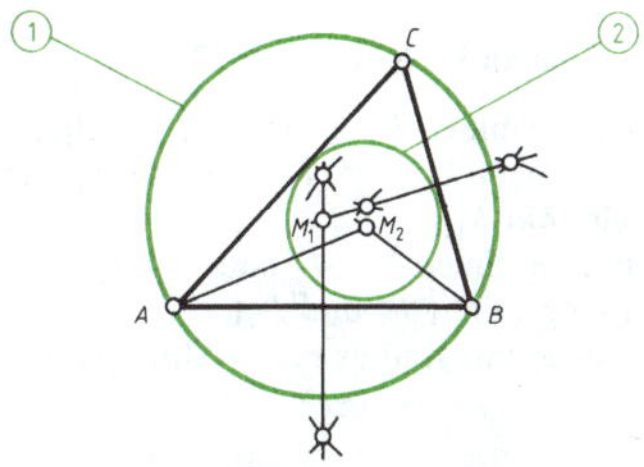

Umkreis zum Dreieck

1. Mittelpunkt M_1 ist Schnittpunkt der Mittelsenkrechten zweier beliebiger Dreieckseiten

Inkreis im Dreieck

2. Mittelpunkt M_2 ist der Schnittpunkt zweier beliebiger Winkelhalbierenden

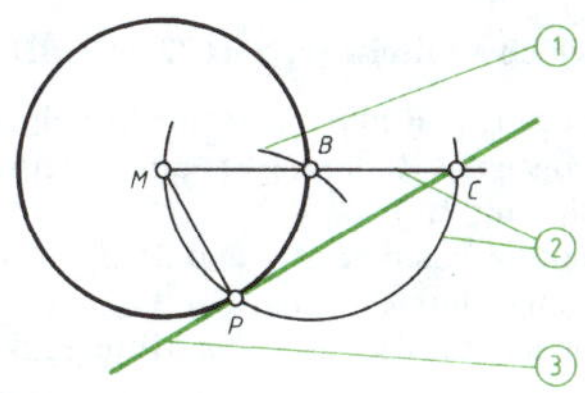

Tangente durch Kreispunkt *P*

1. Kreisbogen mit Radius $\overline{PM}$ um *P* (Schnittpunkt *B*)
2. Gerade *MB*, Thaleskreis mit Radius $\overline{PM}$ um *B* (Schnittpunkt *C*)
3. *CP* ist Tangente an Kreis

Tangente vom Punkt *C*

1. Verbindungslinie *MC* (Schnittpunkt *B*)
2. Thaleskreis um *B* (Berührungspunkt *P*)

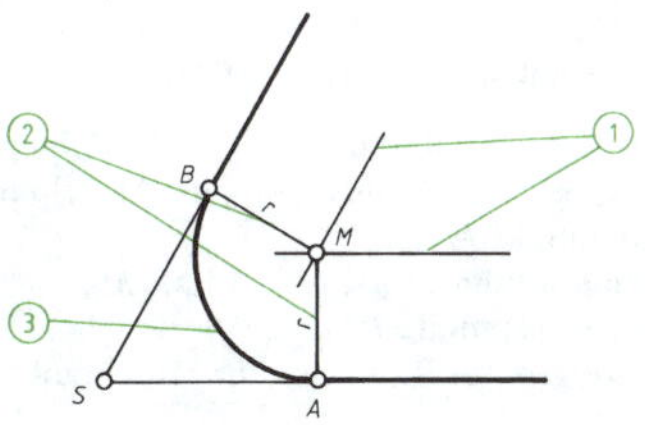

Kreisanschluß an Winkel

1. Parallelen zu den Schenkeln im Abstand des Radius *r* (Mittelpunkt *M*)
2. Senkrechte von *M* auf die Schenkel (Übergangspunkte *A* und *B*)
3. Kreisbogen mit Radius *r* um Mittelpunkt *M*

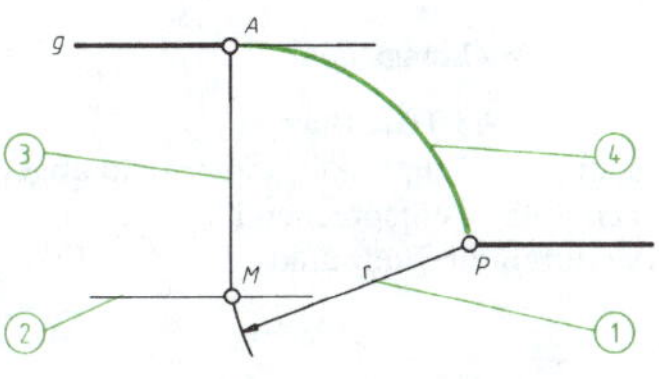

Kreisanschluß Endpunkt *P* mit Gerade *g*

1. Kreisbogen mit Radius *r* um Punkt *P*
2. Parallele zur Geraden *g* im Abstand des Radius *r* (Mittelpunkt *M*)
3. Senkrechte vom Punkt *M* auf Gerade *g* (Übergangspunkt *A*)
4. Kreisanschluß mit Radius *r* um Mittelpunkt *M*

5.5 Geometrische Konstruktionen

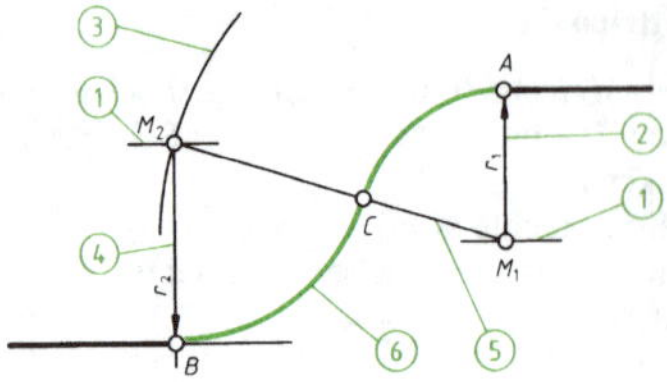

Doppelter Kreisanschluß an zwei Geraden

1. Parallelen im Abstand der Radien r_1 bzw. r_2
2. Senkrechte vom Punkt A (Mittelpunkt M_1)
3. Kreisbogen mit Radius $r_1 + r_2$ um M_1 (Mittelpunkt M_2)
4. Senkrechte von M_2 (Übergangspunkt B)
5. Verbindungslinie $M_1 M_2$ (Wendepunkt C)
6. Kreisbogen mit r_1 um M_1 und r_2 um M_2

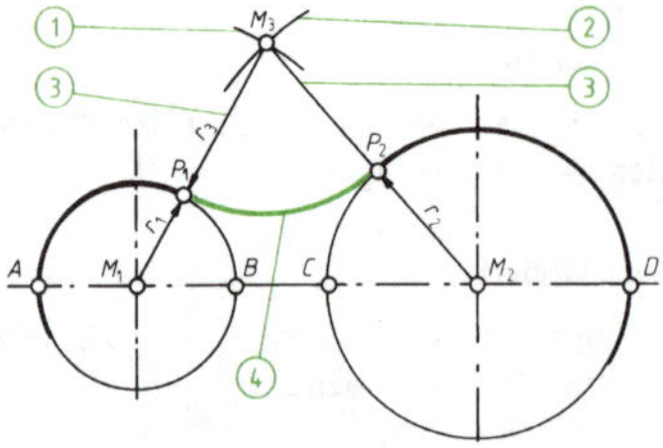

Kreisanschluß an Kreise ($r_3 \geq \overline{BC}/2$)

1. Kreisbogen mit Radius $r_1 + r_3$ um Mittelpunkt M_1
2. Kreisbogen mit Radius $r_2 + r_3$ um Mittelpunkt M_2 (Mittelpunkt M_3)
3. Verbindungslinien $M_1 M_3$ und $M_2 M_3$ (Übergangspunkt P_1 und P_2)
4. Kreisbogen mit Radius r_3 um Mittelpunkt M_3

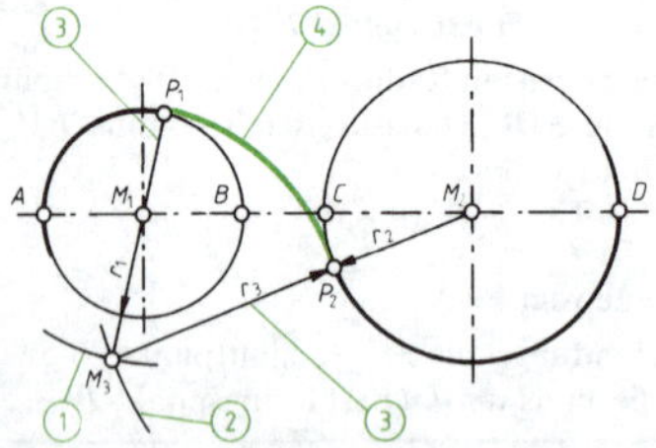

Kreisanschluß an Kreise ($r_3 \geq \overline{AC}/2$ oder $\overline{BD}/2$)

1. Kreisbogen mit Radius $r_3 - r_1$ um Mittelpunkt M_1
2. Kreisbogen mit Radius $r_2 + r_3$ um Mittelpunkt M_2 (Mittelpunkt M_3)
3. Verbindungslinien $M_1 M_3$ und $M_2 M_3$ (Übergangspunkte P_1 und P_2)
4. Kreisbogen mit Radius r_3 um Mittelpunkt M_3

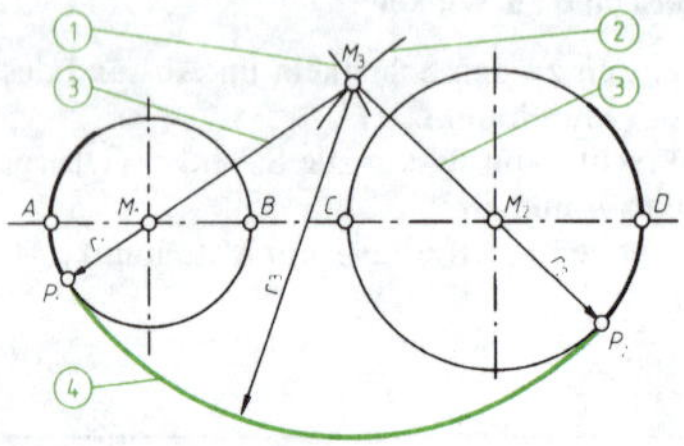

Kreisanschluß an Kreise ($r_3 \geq \overline{AD}/2$)

1. Kreisbogen mit Radius $r_3 - r_1$ um Mittelpunkt M_1
2. Kreisbogen mit Radius $r_3 - r_2$ um Mittelpunkt M_2 (Mittelpunkt M_3)
3. Verbindungslinien $M_1 M_3$ und $M_2 M_3$ (Übergangspunkte P_1 und P_2)
4. Kreisbogen mit Radius r_3 um Mittelpunkt M_3

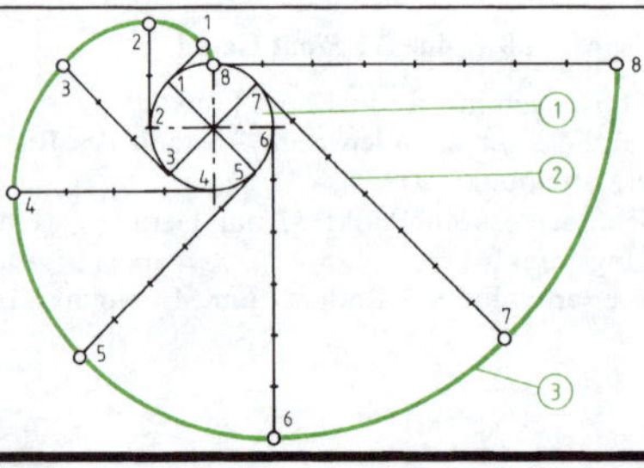

Evolvente (Abwicklungslinie)

1. Kreis in gleiche Teile (hier 8)
2. Tangenten an Teilpunkte, Länge dem abgewickelten Teilumfang entsprechend
3. Kurve durch die Endpunkte 1 ··· 8 ist Evolvente

5.5 Geometrische Konstruktionen

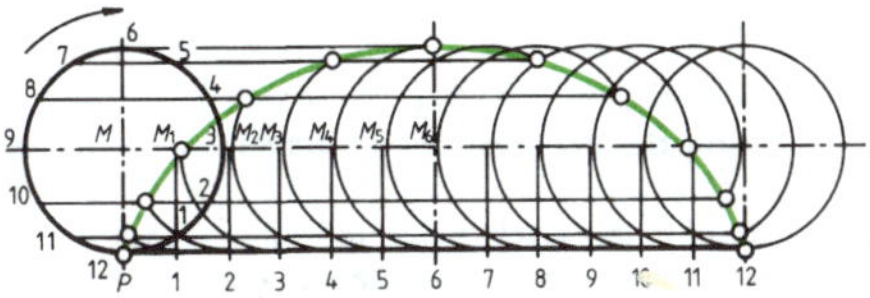

Orthozykloide (gemeine Radlinie)

1. Rollkreis und Leitlinie in gleiche Teile
2. Parallelen zur Leitlinie durch Kreisteilpunkte
3. Senkrechte auf Leitlinienteilpunkten
4. Rollkreisbogen um Mittelpunkte $M_1 \cdots M_{12}$ (Kurve auf Schnittpunkten mit Leitlinienparallelen)

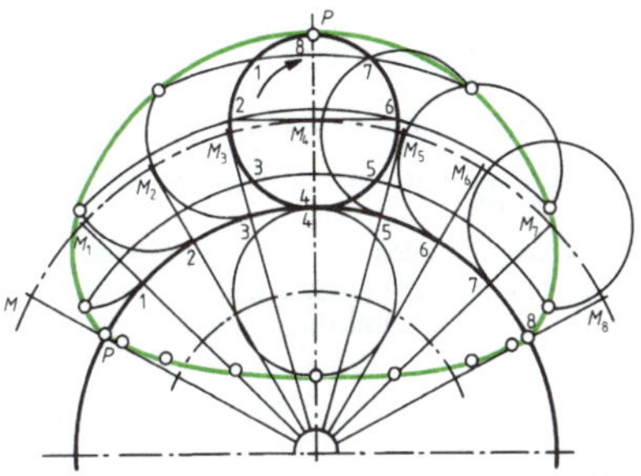

Epizykloide (Aufradlinie)

1. Konstruktion wie Orthozykloide
2. Sonderfall für Rollkreisdurchmesser = Leitkreisdurchmesser: Kurve als Kardioide (Herzkurve)

Hypozykloide (Innenradlinie)

1. Sonderfall für Rollkreisdurchmesser = 1/3 bzw. 1/4 Leitkreisdurchmesser: Kurve als Astroide (Sternkurve) mit
2. Sonderfall Rollkreisdurchmesser = 1/2 Leitkreisdurchmesser: Rollkurve als Gerade

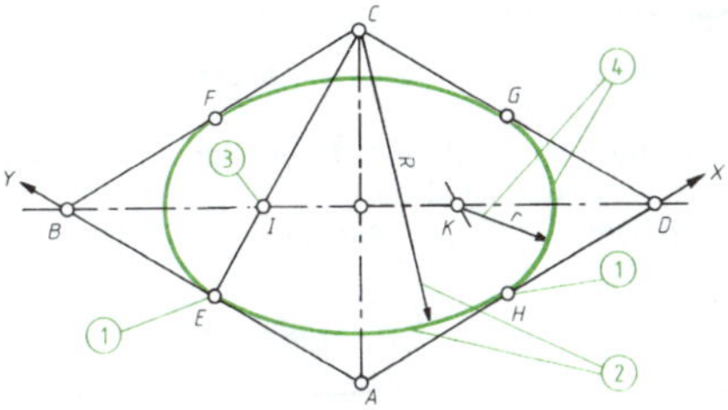

Oval (vereinfachte Ellipse) in Rhombus $ABCD$

1. Übergangspunkte E, F, G und H in der Mitte der Seite
2. Kreisbogen mit Radius $R = \overline{CE}$ um C und A
3. Verbindung CE und CH (Mittelpunkte I und K)
4. Kreisbogen mit Radius $r = \overline{IE}$ um I und K

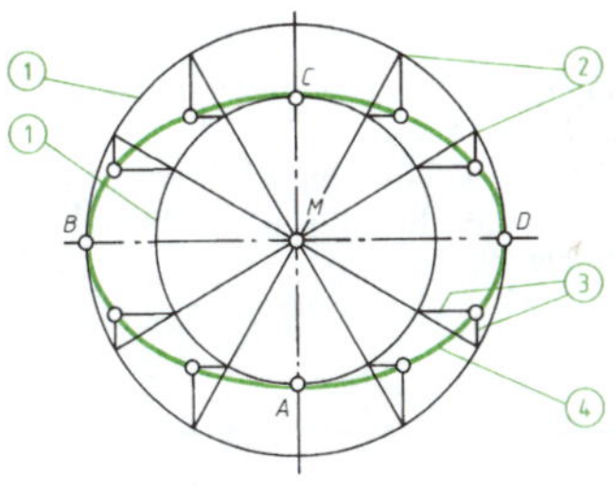

Ellipse durch Kreisflächenprojektion

1. Kreise um Mittelpunkt M mit Radien $\overline{MA}$ und $\overline{MB}$
2. Umfangsteilung beider Kreise
3. Parallelen zur Achse AC (BD) durch die äußeren (inneren) Teilpunkte
4. Schnittpunkte der Parallelen sind Ellipsenpunkte

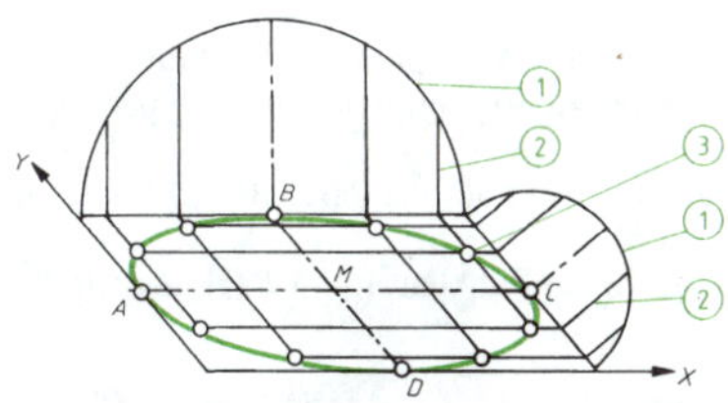

Ellipse durch axonometrische Punkte A, B, C und D

1. Halbkreise mit Radien $\overline{MA}$ und $\overline{MB}$ um B und C
2. Halbkreisteilpunkte auf die Parallelogrammseiten
3. Ellipsenpunkte auf entsprechenden Parallelenschnittpunkten

5

5.5 Geometrische Konstruktionen

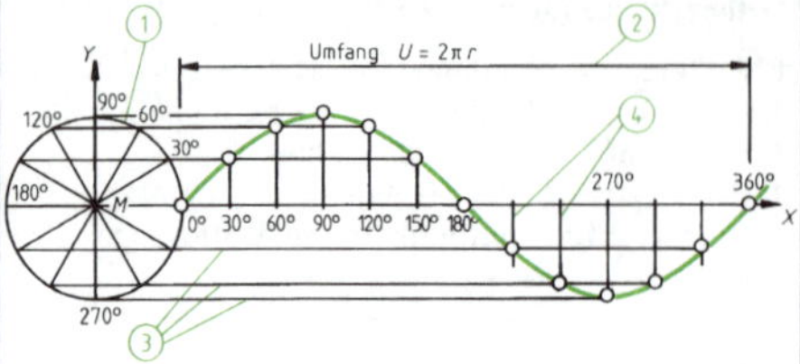

Sinuskurve

1. Kreis in gleiche Teile (hier zwölf)
2. Umfang des Kreises mit Teilung in x-Richtung abtragen
3. Teilpunkte des Kreises parallel zur x-Achse
4. Senkrechte durch Teilpunkte auf x-Achse
5. Schnittpunkte ergeben Kurve

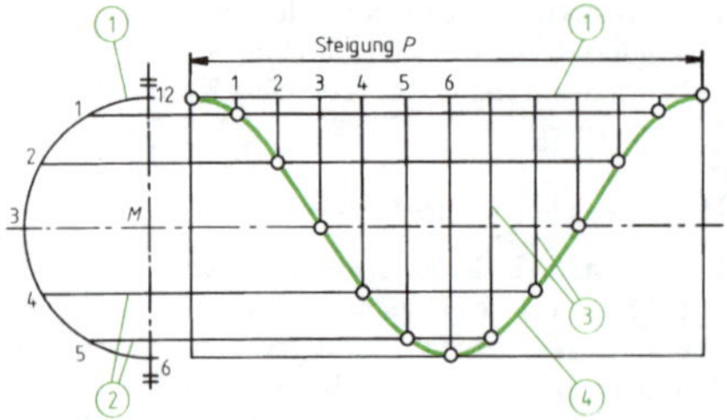

Schraubenlinie (rechtssteigend)

1. Kreisumfang und Steigung in gleiche Anzahl Teile (hier zwölf)
2. Waagerechte Linien von Kreisteilpunkten
3. Senkrechte Linien von Steigungsteilpunkten
4. Verbindung der Schnittpunkte ist Schraubenlinie

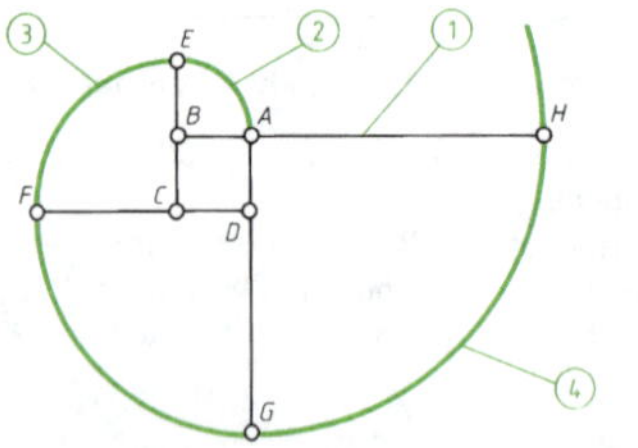

Spirale (Näherungskonstruktion)

1. Steigung $P = \overline{AH}$, Quadrat $ABCD$ mit Seitenkante $\overline{AB} = 1/4\ \overline{AH}$
2. Viertelkreis mit Radius $\overline{BA}$ um Punkt B (Schnittpunkt E auf Gerade CB)
3. Weitere Radien und Mittelpunkte: $\overline{CE}$ um C, $\overline{DF}$ um D, $\overline{AG}$ um A
4. Kurvenpunkte: A, E, F, G, H

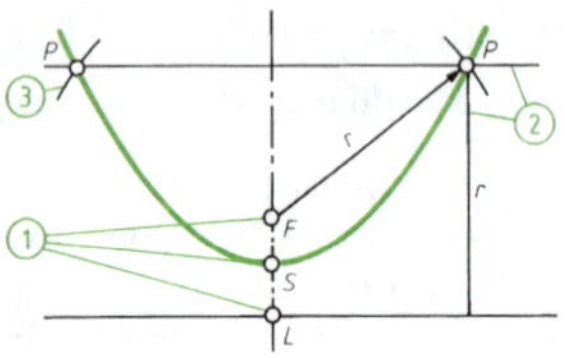

Parabel

1. Brennpunkt F, Leitlinie durch Punkt L, Scheitelpunkt S bei $\overline{FL}/2$
2. Parallele zur Leitlinie im beliebigen Abstand r
3. Kreisbogen mit Radius r um Brennpunkt F (Parabelpunkte P)

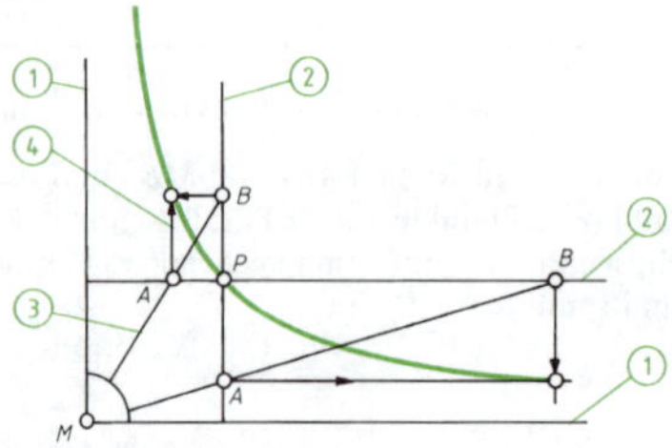

Hyperbel

1. Rechtwinklige Asymptoten durch Punkt M
2. Parallelen zu Asymptoten durch Hyperbelpunkt P
3. Strahlen von M auf die Parallelen (Schnittpunkte A und B)
4. Senkrechte in Punkten A und B (Hyperbelpunkt)

5.5 Geometrische Konstruktionen

5.5.2 Bogenkonstruktionen

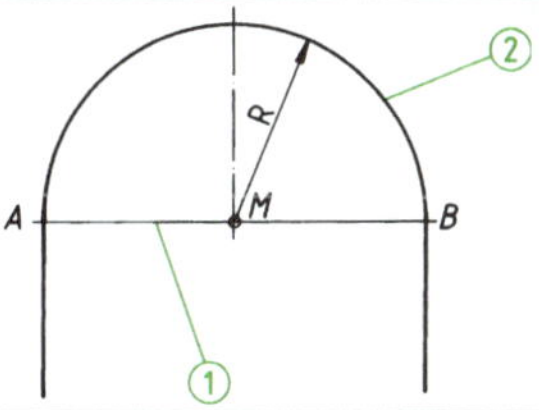

Rundbogen

1. Strecke AB halbieren
2. Kreisbogen um M mit Radius $R=\frac{AB}{2}$

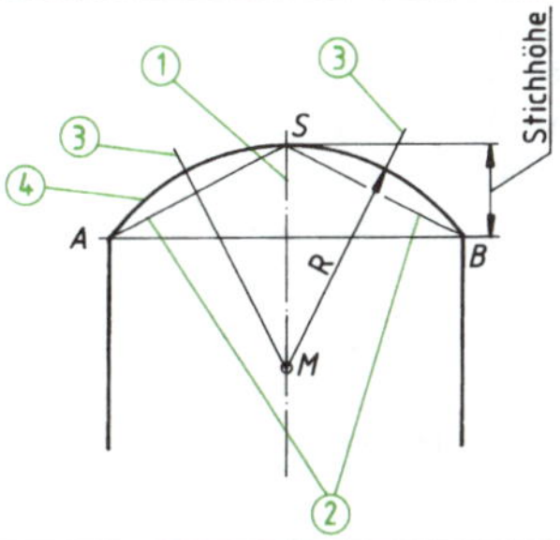

Segmentbogen (Stichbogen)

1. Mittelsenkrechte auf Strecke AB
2. Linien AS und BS
3. Mittelsenkrechte auf AS und BS
4. Kreisbogen um M mit $R=MS$

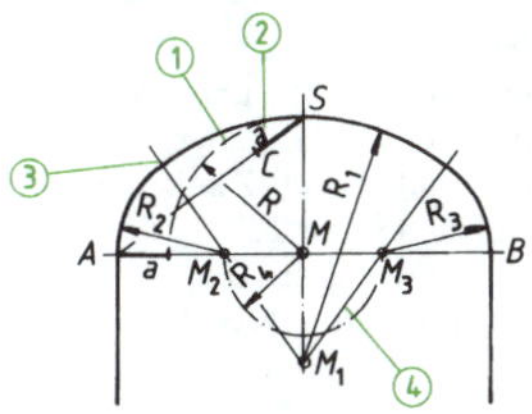

Korbbogen mit 3 Mittelpunkten

1. Kreisbogen um M mit $R=MS$
2. Auf Verbindungslinie AS Strecke a von S aus abtragen ergibt C.
3. Mittelsenkrechte auf AC ergibt Einsatzpunkte M_1 und M_2 sowie Wechselpunkt des Bogenanschlusses
4. Kreisbogen um M mit $R_4=M\,M_2$ zur Ermittlung M_3

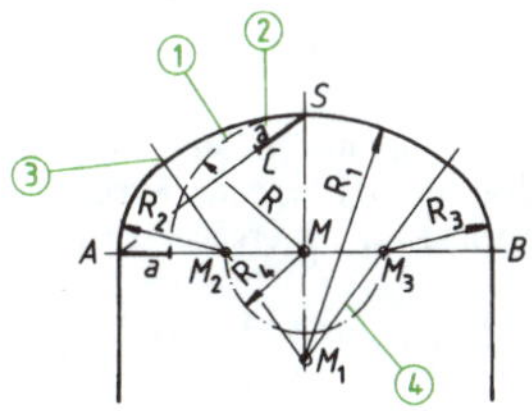

Elliptischer Bogen in Schnurkonstruktion

1. Bei gegebener Spannweite AB und Stichhöhe $DC\,(DC<AD)$ Kreisbogen um C mit $R=AD$ ergeben Schnittpunkte F_1 und F_2
2. In F_1 und F_2 Schnur mit der Länge AB einspannen und mit gespannter Schnur Bogenlinie ACB ziehen.

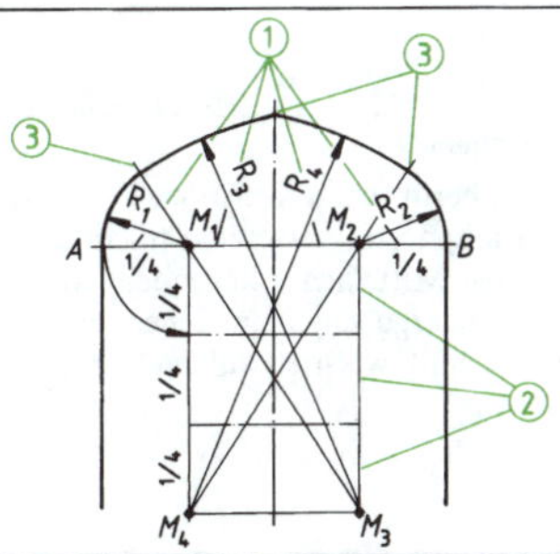

Kielbogen

1. Vierteilung AB ergibt Einsatzpunkte M_1 und M_2
2. Dreimaliges Abtragen der Vierteltteilung unter M_1 und M_2 ergibt Einsatzpunkte M_3 und M_4
3. Wechselpunkte der Kreisbögen an den Verbindungsgeraden $M_1\,M_3$ und $M_2\,M_4$ sowie auf der Symmetrieachse

5.5 Geometrische Konstruktionen

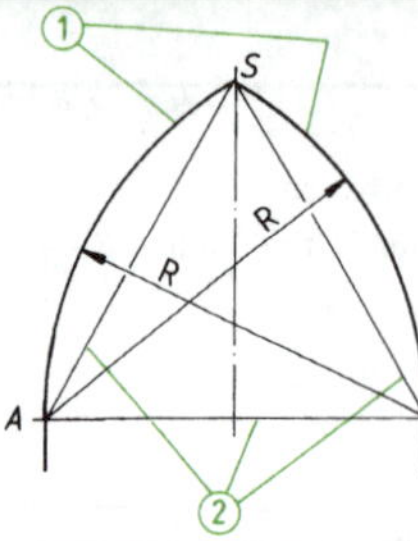

Gotischer Bogen

1. Kreisbögen um A und B mit $R = AB$
2. Verbindungslinien AB, BS und AS ergeben gleichseitiges Dreieck

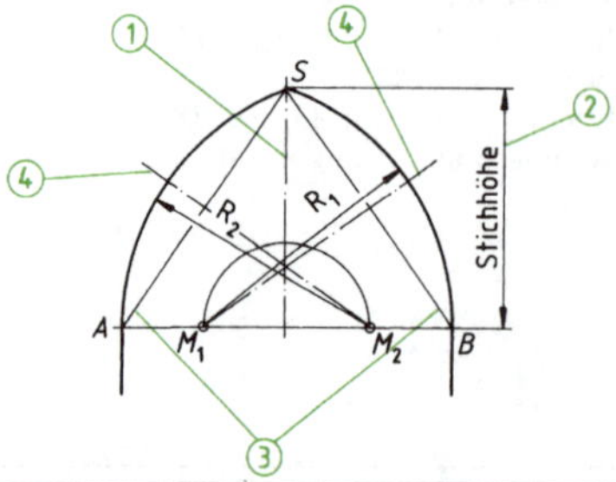

Gotischer Bogen, gedrückt

1. Mittelsenkrechte auf AB
2. Stichhöhe abtragen.

   Bedingung: Stichhöhe $< AB$, $> \frac{AB}{2}$
3. Verbindungsgeraden AS und BS
4. Mittelsenkrechte auf AS und BS ergeben Einsatzpunkte M_1 und M_2.

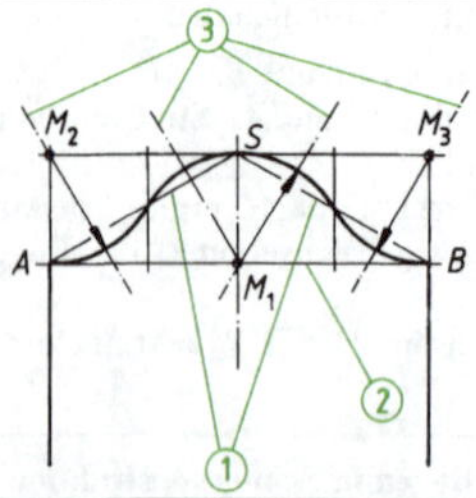

Karniesbogen

1. Verbindungsgeraden AS und BS
2. Vierteilung der Verbindungsgeraden AB durch Senkrechte und damit Zweiteilung der Verbindungsgeraden AS und BS
3. Mittelsenkrechte auf den Teilgeraden von AS und BS ergeben Einsatzpunkte M_1, M_2 und M_3

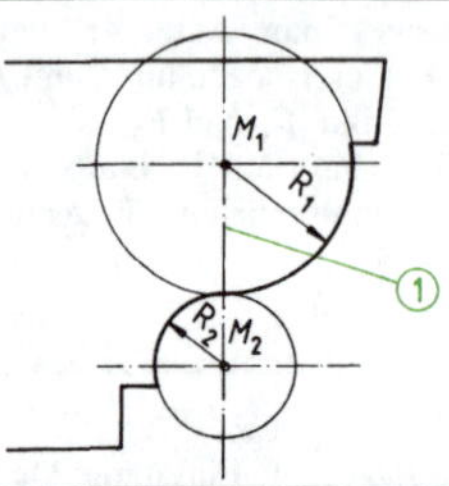

Karnies, liegend

1. Zwei sich berührende und auf einer gemeinsamen Mittelachse M_1 M_2 liegende Kreisbögen mit unterschiedlichen Radien ergeben eine Karnieslinie

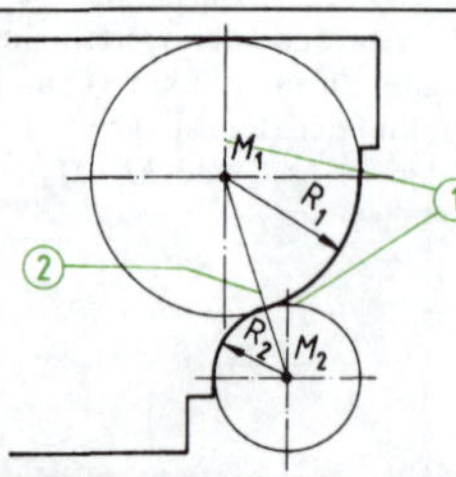

Karnies, stehend

1. Zwei sich berührende Kreisbögen mit unterschiedlichen Radien und versetzten (nicht auf einer gemeinsamen Mittelachse liegenden) Mittelpunkten M_1 und M_2 ergeben einen stehenden Karnies.
2. Bogenanschluß wechselt auf der Verbindungsgeraden M_1 M_2

5.6 Projektionsverfahren nach DIN 5 T10 (12.86)

5.6.1 Übersicht

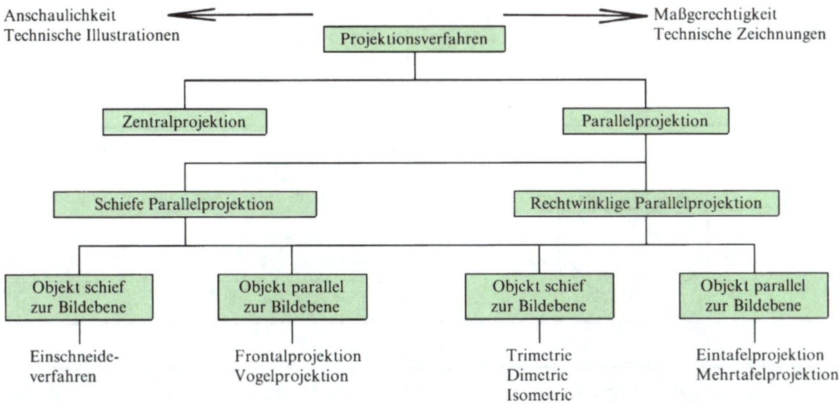

5.6.2 Zentralprojektion

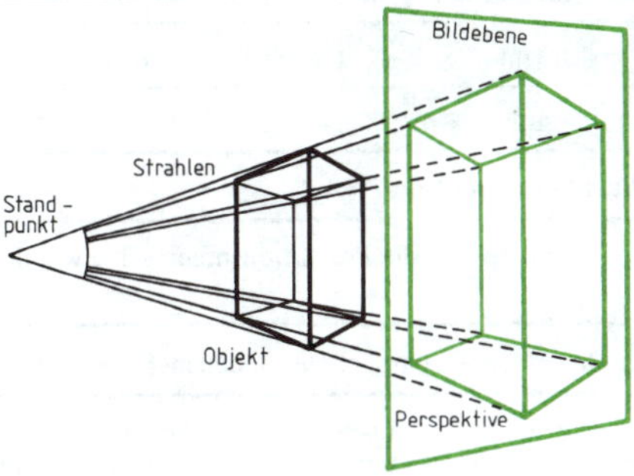

Das Projektionszentrum (Standpunkt) liegt im Endlichen. Das Objekt wird durch Strahlen vom zentralen Standpunkt auf die Bildebene projiziert (einäugiger Sehvorgang). Alle in Wirklichkeit parallelen Linien schneiden sich in den Fluchtpunkten. Entsprechend ändert sich die Größe der Abbildung je nach Lage von Standpunkt, Objekt und Bildebene zueinander.

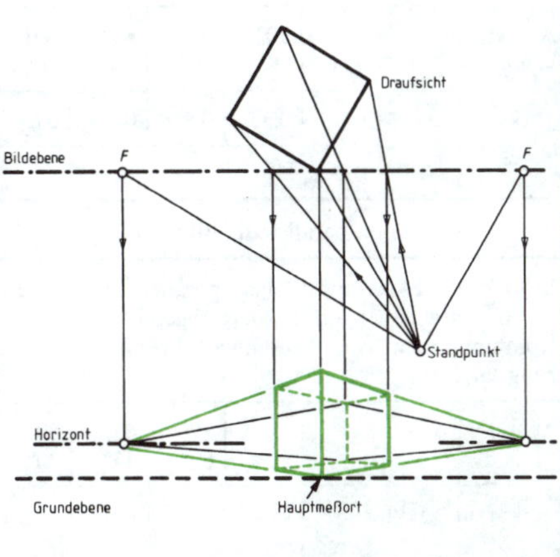

Eine Objektachse parallel zur Bildebene:

1. Draufsicht (Eckansicht)
2. Bildebene durch vordere Körperkante Hauptmeßort, hier Höhenmaßstab 1:1
3. Standpunkt wählen
4. Fluchtpunkte *F* konstruieren (Linien vom Standpunkt zur Bildebene, parallel zu den vorderen Körperkanten
5. Grundebene und Horizont festlegen
6. Fluchtpunkte auf Horizont projizieren
7. Sehstrahlen vom Standpunkt zur Draufsicht
8. Durchstoßpunkte der Sehstrahlen mit der Bildebene auf die Grundebene projizieren
9. Höhen auf der Grundebene am Hauptmeßort
10. Höhen zu den Fluchtpunkten verbinden

Zwei Objektachsen parallel zur Bildebene:

Wird das Objekt in Frontansicht dargestellt, ergibt sich die Konstruktion für einen Fluchtpunkt. Dieser liegt auf dem Horizont senkrecht unter dem Standpunkt.

5.6 Projektionsverfahren nach DIN 5 T10 (12.86)

5.6.3 Axonometrische Projektion

Die axonometrische Projektion ist eine Parallelprojektion, bei der die Lage des Gegenstandes und/oder die Richtung der Projektionslinien so gewählt sind, daß der Gegenstand in seinen drei Ausdehnungen dargestellt wird und diese in Richtung ihrer Koordinaten(achsen) gemessen werden.

Isometrie

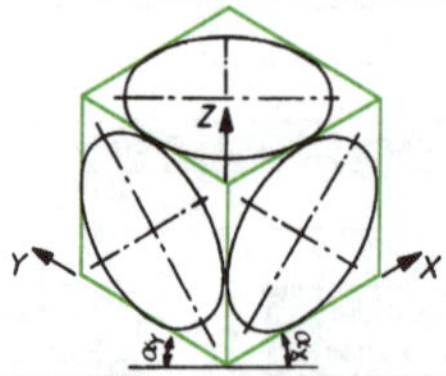

Drei Ansichten des Objektes werden gleichwertig abgebildet. Die gleichen Achsenwinkel ergeben eine leichte Unanschaulichkeit durch Symmetrie der Kanten.

Achsenwinkel	$\alpha_x = \alpha_y = 30°$
Verkürzungsfaktor	$k_x = k_y = k_x = 1$

Dimetrie

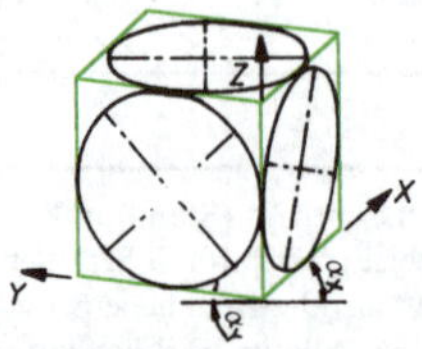

Eine Ansicht des Objektes wird bevorzugt dargestellt. Durch die einfachen, aber größeren Verkürzungsfaktoren wird die Zeichnung etwas größer als die dimetrische Projektion.

Achsenwinkel	$\alpha_x = 42°$	$\alpha_y = 7°$
Verkürzungsfaktor	$k_x = 0{,}5$	$k_y = k_z = 1$

5.6.4 Schiefwinklige Parallelprojektion

Die schiefwinklige Parallelprojektion ist eine Parallelprojektion, bei der die Projektionslinien schiefwinklig auf die Bildebene (Projektionsebene) auftreffen.

Frontalprojektion (Kabinettprojektion, zwei Objektachsen parallel zur Bildebene)

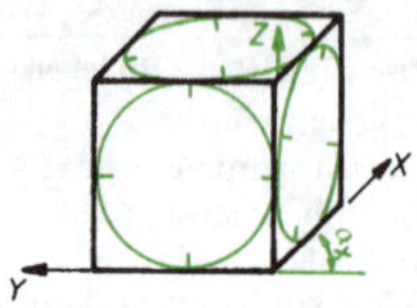

Die Vorderansicht (Front) liegt parallel zur Bildebene und wird daher unverändert abgebildet. Übliche Kombinationen:

Achsen-Winkel	α_x α_y	30° 0°	45° 0°	45° 0°	60° 0°
Verkürzungsfaktor	k_x	0,33	0,5	0,7	0,67
	$k_y = k_z = 1$				

Vogelprojektion (Planometrische Projektion, zwei Objektachsen parallel zur Bildebene)

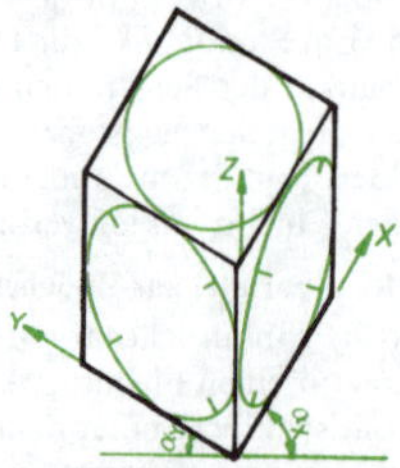

Die Draufsicht (Grundriß) liegt parallel zur Bildebene und wird daher unverändert abgebildet. Übliche Kombinationen von Achsenwinkeln und Verkürzungsfaktoren:

Achsenwinkel	α_x α_y	30° 60°	45° 45°	60° 30°
Verkürzungsfaktor	$k_x = k_y = k_z = 1$			

5.7 Ansichten und Schnitte

5.7.1 Darstellung in Normalprojektion nach DIN 6 T1 (12.86)

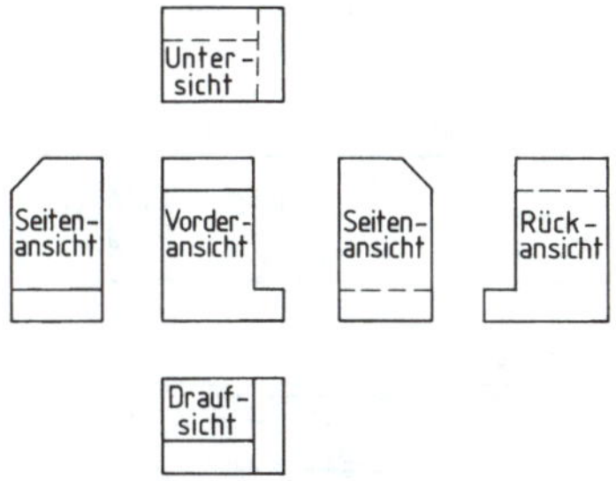

Ansichten und Schnitte werden vorrangig nach der Projektionsmethode 1 angeordnet.

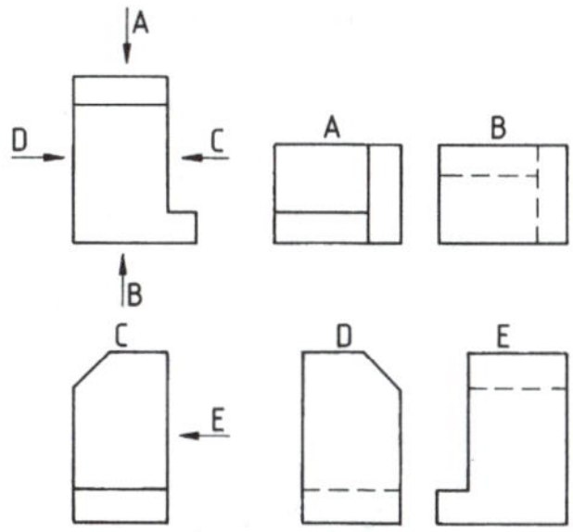

Die Pfeilmethode gestattet eine freie Anordnung der Ansichten.

5.7.2 Schnittebenen für Hochbauzeichnungen nach DIN 1356 (7.74)

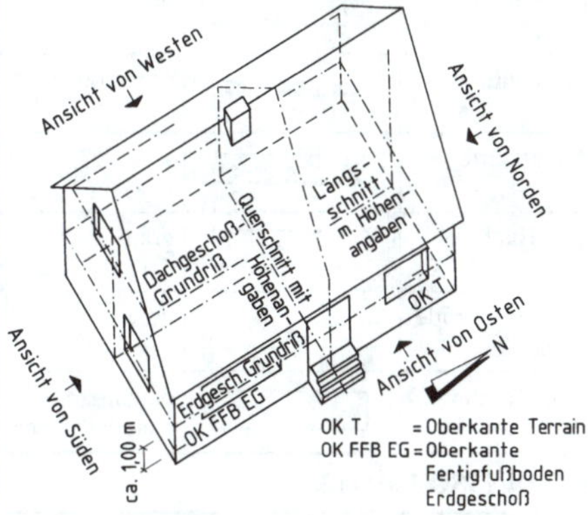

Grundrisse
Waagerechte Schnittebenen in ca. 1,00 m Höhe über Oberkante Fertigfußboden; Öffnungen (Türen, Fenster, Schlitze) werden geschnitten.

Schnitte
Senkrechte Schnittebenen rechtwinklig oder parallel zu den Bauwerksaußenflächen.

Querschnitt
Senkrechter Schnitt quer zum First.

Längsschnitt
Senkrechter Schnitt parallel zum First.

Senkrechter Schnitt quer zum First – Beispiel –

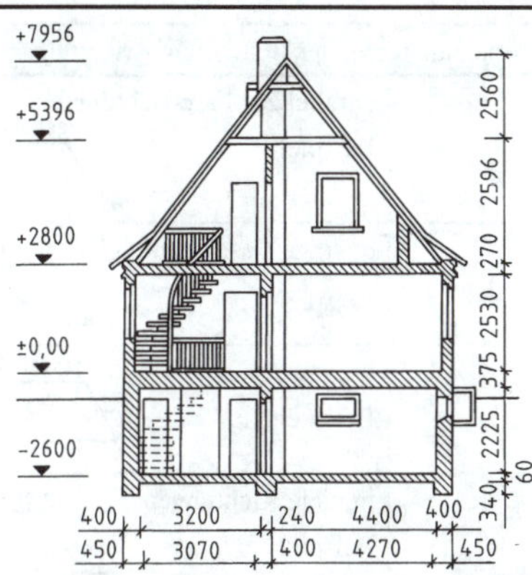

Erdgeschoß-Grundriß – Beispiel –

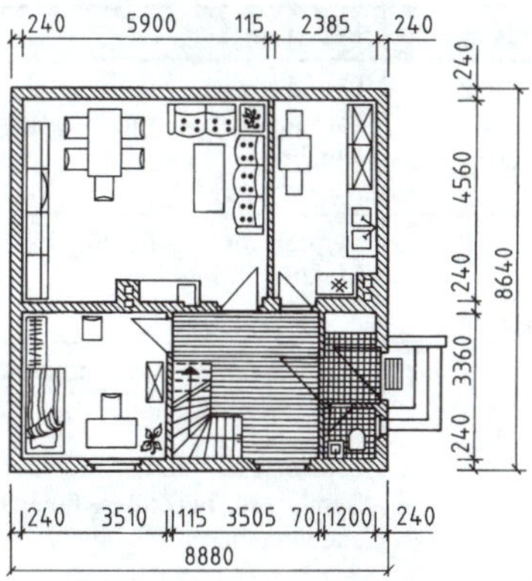

5.7 Ansichten und Schnitte

5.7.3 Materialkennzeichnung im Schnitt nach DIN 1356 (7.74) und DIN 1356 T1 (E)

Falls erforderlich können Schnittflächen materialunabhängig mit einer 45°-Schrägschraffur gekennzeichnet werden. Sollen Werkstoffe in Schnittflächen unterschieden werden, sind vorzugsweise die Kennzeichnungen nach der Tabelle anzuwenden. Andere Kennzeichnungen sind zulässig, wenn sie auf der Zeichnung erläutert sind. Kennzeichnungen im Schnitt ersetzen keinesfalls genaue Werkstoffangaben.

Material/ Bauteil	Kennzeichnung grafisch	Kennzeichnung farbig	Material Bauteil	Kennzeichnung grafisch	Kennzeichnung farbig
Boden[1]		–	Holz, quer zur Faser		braun
Kies	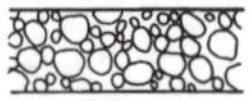	–	Holz, längs zur Faser	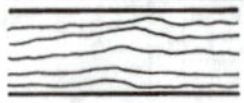	braun
Sand	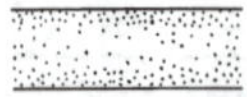	–	Metall		schwarz
Beton	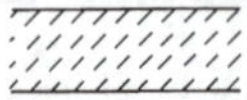	olivgrün	Mörtel, Putz		weiß
Stahlbeton	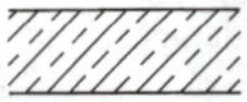	blaugrün	Dämmstoffe		blaugrau
Stahlbeton-Fertigteil		violett	Abdichtungen		schwarzweiß
Mauerwerk	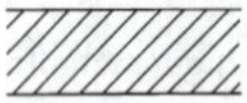	braunrot	Dichtstoffe		–
lichtdurchlässiges Material	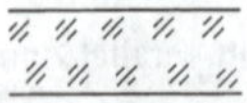	–	alte Bauteile[2]		grau
			abzubrechende Bauteile[2]		gelb
			neue Bauteile[2]	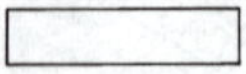	braunrot oder materialbezogen

5.7.4 Oberflächenangaben nach DIN ISO 1302 (12.93)

In Zeichnungen können für die Oberflächenbeschaffenheit bzw. -bearbeitung von Werkstücken, insbesondere für die Serienfertigung, Symbole und Zusatzangaben nach DIN verwendet werden.

Grundsymbole	Bedeutung	Kennzeichnung der Bearbeitungsrichtung	
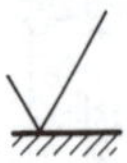	Grundsymbol Nur aussagefähig mit Zusatzangaben	=	parallel zur Faserrichtung Beispiel 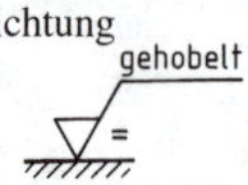
	Symbol für Bearbeitung mit Materialabtrag	⊥	quer zur Faserrichtung Beispiel 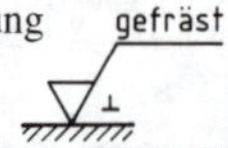
	Symbol für Bearbeitung ohne Materialabtrag	X	kreuzweise Beispiel 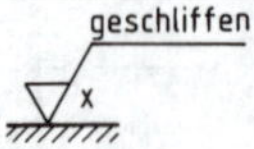
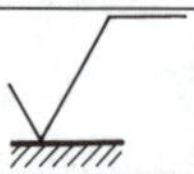	Symbol für besondere Oberflächenangaben	M	in viele Richtungen Beispiel 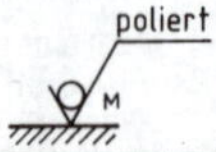

[1] Kennzeichnung nur an der Umrißlinie eintragen
[2] nur für Um- und Anbauten

5.7 Ansichten und Schnitte

5.7.5 Sinnbilder für Möbel

Sinnbild	Benennung	Sinnbild	Benennung
	Tisch		Bett
	Stuhl, Hocker	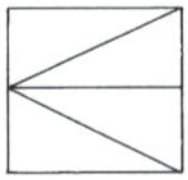	Doppelbett
	Sessel		Schrank
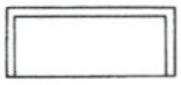	Sofa, Couch		Schrankwand

5.7.6 Sinnbilder für Ausstattungsgegenstände nach DIN 18022 (11.89)

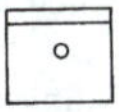	Waschbecken		Kühlschrank
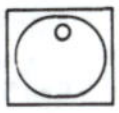	Einbauwaschtisch		Gefrierschrank
	Sitzwaschbecken (Bidet)		Gasherd mit Backofen
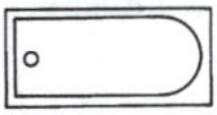	Badewanne		Elektroherd
	Duschwanne		Mikrowellenherd
	Klosettbecken	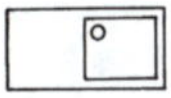	Spüle, einfach
	Urinalbecken	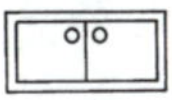	Spüle, doppelt
	Waschmaschine		Geschirrspülmaschine
	Wäschetrockner		Klimagerät

5.8 Kotierte Projektion

5.8.1 Dachkonstruktionen

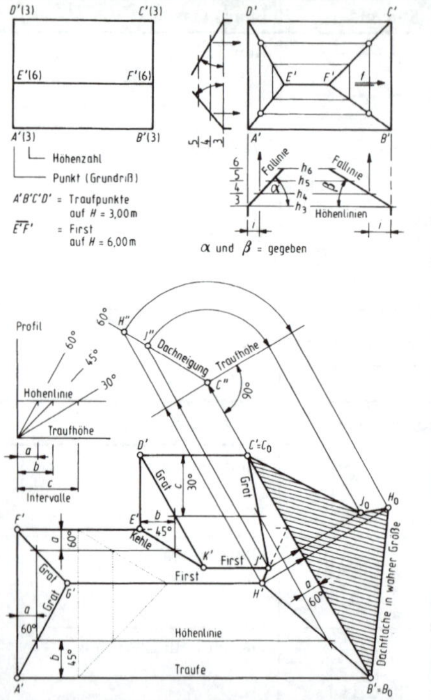

5.8.2 Geländedarstellungen

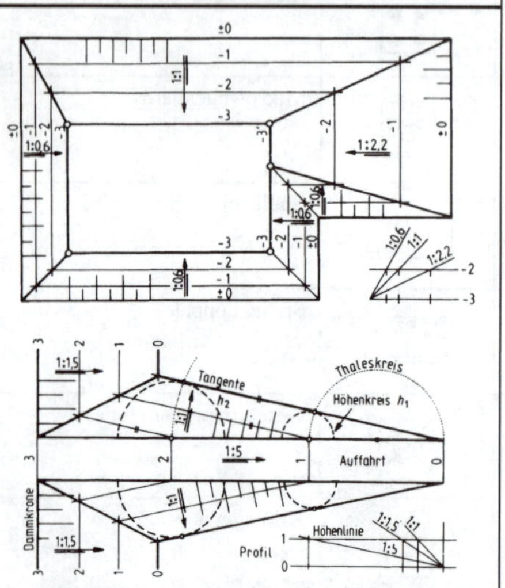

- **Kotierte Projektion** = senkrechte Parallelprojektion auf eine Ebene (Grundrißebene) = senkrechte Eintafelprojektion.
- **Höhenzahl** = Kote (lat. quot = wieviel) = lotrechte Entfernung des Raumpunktes von der Bildebene.
- Eine Gerade ist durch 2 Punkte festgelegt.
- Eine Ebene ist durch 3 Punkte festgelegt, die nicht auf einer Geraden liegen.
- **Höhenlinien** h = Höhenkurven = Verbindung von Punkten gleicher Höhe (oft über NN) = parallele Schichtebene zur Bildebene = z. B. Verlauf der Dachlatten.
- Je dichter die Bilder der Höhenlinien bei gleichem Schichtabstand verlaufen, desto steiler ist die Lage der Ebene.
- **Grad** bzw. **Kehle** = geometrischer Ort der Schnittpunkte gleichnamiger Höhenlinien.
- **Fallinie** f = Weg einer an der Spitze losgelassenen Kugel = Linie des größten Gefälles.
- Höhenlinien h und Fallinien f schneiden einander senkrecht.
- **Neigungswinkel** = Winkel, den eine Fallinie mit ihrer Projektion bildet = Böschungswinkel.
- **Intervall** i = Maß der Neigung einer Geraden.
- Ein **Böschungskegel** entsteht, wenn von einem Punkt aus trockener Sand auf einen waagerechten Boden geschüttet wird.
- Liegt eine Gerade zur Bildebene parallel, so wird die Gerade in **wahrer Größe** abgebildet.
- Eine Strecke, die auf einer zur Bildebene geneigten Geraden liegt, erscheint im Bild immer verkürzt.
- Anwendung: **Dachkonstruktionen**
  Alle Traufen liegen in einer horizontalen Ebene = Bildebene. Haben alle Dachflächen die gleiche Neigung, so sind die Schnittgeraden (Grat- bzw. Kehllinien) Winkelhalbierende.
- **Walmdach** über zusammengesetztem Grundriß mit gleichen Traufkanten und Flächen verschiedener Neigung: Grundriß konstruieren; Neigungswinkel auftragen und die Intervalle in den Grundriß übertragen; Höhenlinien (= Dachlattenverlauf) als Parallele zur Traufe darstellen; Schnittpunkte = Grat- bzw. Kehllinienverlauf. First bzw. Verfallung = Verbindung der Anfallspunkte.
- **Dachausmittlung** = Bestimmung der wahren Größen von Dachflächen.
- Anwendung: **Geländedarstellungen**
  Für ein im Gelände projektiertes Objekt (Straße, Bahnlinie, Platz, Baugrube, Halde) die Böschungsflächen ermitteln und die Verschneidungen der Böschungsflächen untereinander mit dem Gelände bestimmen.

5.9 Rechnergestütztes Zeichnen und Konstruieren – CAD[1)]

5.9.1 CAD-Arbeitsplatz

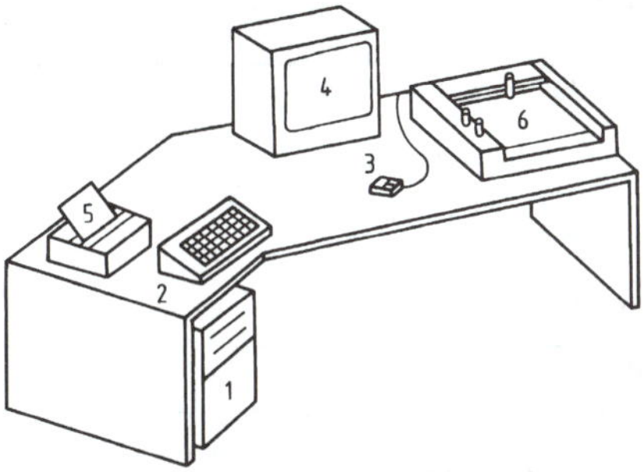

1 **Rechner, Speicher**
2 **Tastatur** für alphanumerische Daten, Befehle
3 **Maus**
4 **Bildschirm**
5 **Drucker** zur Textausgabe und Hardcopy
6 **Plotter** zur Ausgabe von Zeichnungen

Interaktives Arbeiten

Benutzer Eingabe	**Verarbeitung**	**System Ausgabe**
Bedienoberfläche: Tastaturen Tablett Analoge Wertegeber	Zentraleinheit Betriebssoftware Anwendersoftware Speicher	Bildschirme Drucker Plotter Speicher

5.1.2 CAD-Eingabesprache

CAD-Eingabesprache

Operatoren

- **Grundfunktionen**
  Erzeugen
  Ändern
  Löschen
  Ein-/Ausblenden
- **Ein-/Ausgabe**
  Bildschirmanzeige
  Bausteine laden
  Daten verwalten
  Plotten Hardcopy
- **Manipulation**
  Verschieben
  Drehen
  Spiegeln
  Kopieren
  Skalieren
  Dehnen Trimmen
- **Hilfsfunktionen**
  Berechnen
  Systemparameter

- **Dateneingabe**
  Zahlen Texte
- **Positionieren**
  Neues Element plazieren:
  Koordinaten
  Fadenkreuz
  Werkzeuge
- **Identifizieren**
  Vorhandene Elemente auswählen:
  Koordinaten
  Fadenkreuz
  Namen

Operanden

- **Geometrische Grundelemente**
  Punkt Strecke Gerade
  Kreis Bogen Ellipse
  Freihandkurve (Splines)
  Äquidistante
- **Geometrische Grundkonstruktionen**
  Lot Mittelsenkrechte
  Strecken- Winkelteilung
  Parallele Tangente
  Rundung Fase
  Bogenübergang
- **Zeichnungstechnische Elemente**
  Bemaßungsarten
  Schraffur
  Toleranzen
  Oberflächenangaben
  Text Hinweise

[1)] CAD – **C**omputer **A**ided **D**esign

5.9 Rechnergestütztes Zeichnen und Konstruieren – CAD

5.9.3 Erzeugen geometrischer Elemente mit einem CAD-System

Geometrisches Grundelement	Bildliche Darstellung	Erklärung
Punkt	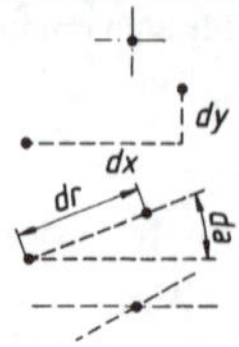	Definition durch das Fadenkreuz Eingabe durch Koordinaten (x, y) Eingabe durch Polarkoordinaten Schnittpunkt zweier Geraden
Linie	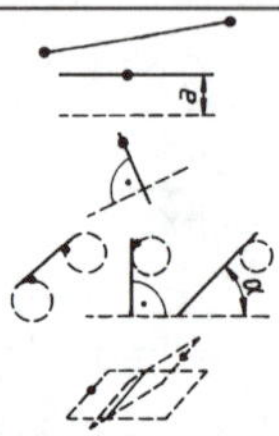	Verbindung zweier Punkte Parallele Linie durch Eingabe des Abstandes *a* Rechtwinklige Linie bzw. Linie unter bestimmtem Winkel Tangente an einem Kreis Schnitt zweier Ebenen
Kreis/ Kreisbogen	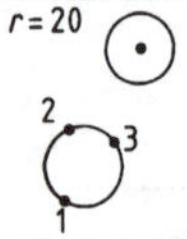	Mittelpunkt und Radius (Durchmesser) 3 beliebige Punkte

5.9.4 CAD-Techniken

Eingabeform	Erklärung
Menü-technik	Die am häufigsten anzutreffende Eingabeform bei CAD-Systemen ist die Menütechnik. Hierbei erfolgt die Systembedienung meist im Dialogbetrieb zwischen Anwender und System. Die entsprechenden Befehle werden aus dem Menü ausgewählt, z. B. Linienart, -breite, Schriftart, -stärke, Bildung einer neuen Ebene (Folie), Auswahl von Makros bzw. Varianten. Auswahl von Befehlen zur Eingabe (Anfertigung) von eigenen Makros bzw. Varianten
Ebenen-technik	Die Zeichnungskomponenten werden auf verschiedene Ebenen (durchsichtige Folien) verteilt, die übereinandergelegt das Gesamtbild ergeben. Jede Ebene kann einzeln ein- oder ausgeblendet und verändert werden. Die Aufteilung ist zweckmäßig nach Geometrie, Bemaßung, Schraffur, Schriftfeld, Zeichnungsrahmen und Text. Vorteile ergeben sich beim Ändern, Einfügen von Hilfskonstruktionen sowie Zuordnung der Konturteile zu entsprechenden Werkzeugen (CNC-Steuerinformationen) bzw. Einbau von Einzelteilen in eine Gesamtkonstruktion, z. B. Fenster in Rohbauöffnung eines Gebäudes
Makro-Technik	Wesentliches Element zur Vereinfachung und zur Erhöhung der Wirtschaftlichkeit. **Befehlsmakros:** Zusammenfassen von häufig in gleicher Reihenfolge auftretenden Einzelbefehlen z. B. Eingabe von Systemparametern wie Linienart, -breite, -farbe, Gestalt des Schriftfeldes u. ä. **Zeichnungsmakros:** Einkopieren von statischen (in ihrer Gestalt gleichen) Bildelementen in eine beliebige Zeichnungsposition. Sie werden aus einer Bibliothek abgerufen. Können gedreht, gespiegelt und im Maßstab verändert werden. Anwendung bei Wiederhol- und Normteilen sowie betriebstypischen Baugruppen (Gewinde, Schrauben u. ä.)
Varianten-technik	Einkopieren von dynamischen Bildelementen zur Darstellung von Teilefamilien mit Maß- oder Gestaltsvarianten. Grundlage ist ein Programm zur Berechnung der abhängigen Größen. Gegenüber dem herkömmlichen Bemaßen mit Tabellen sind die maßstäbliche Ausgabe von Zeichnungen und Angebotszeichnungen im Baukastensystem möglich. Die Erstellung von Normteilkatalogen läßt sich gegenüber der Makrotechnik beschleunigen

6 Baukonstruktion

6.1 Gründungen

6.1.1 Allgemeines

Gründungen sollen die Standfestigkeit eines Bauwerks gewährleisten und ungleichmäßige Setzungen verhindern. Ferner sollen die am Bauwerk auftretenden Lasten aufgenommen und in den Baugrund übertragen werden.

Bauwerkslasten und Tragfähigkeit des Baugrundes

Bauwerkslasten setzen sich aus Eigen- und Verkehrslasten zusammen, sie sind in DIN 1055 „Lastannahmen für Bauten" zusammengestellt und unterteilen sich in Einzellasten, gleichmäßig verteilte Lasten und Streckenlasten.
Die Summe der Eigen- und Verkehrslasten bildet die Gesamtlast eines Bauwerks, diese muß vom Baugrund aufgenommen werden.
Als Baugrund bezeichnet man alle Bodenschichten, die durch ein Bauwerk belastet werden; Folge: Der Boden wird auf Druck bzw. Reibung beansprucht. Dabei führen kleinere senkrechte Belastungen zu Setzungen (= vertikale Verschiebung des Bodens infolge Zusammendrücken der Bodenschichten), zu große Belastungen zu einem Grundbruch.

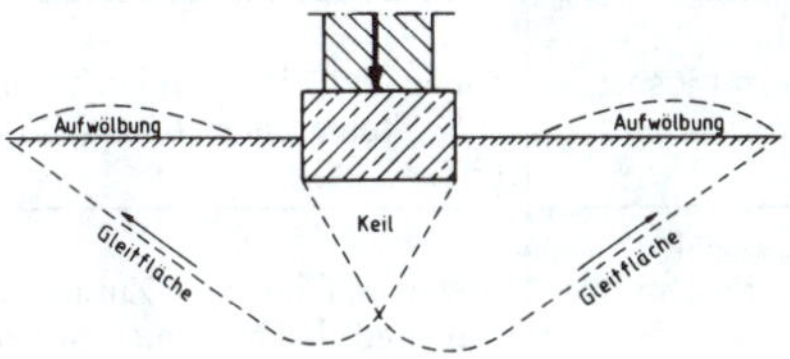

Grundbruch (ein- oder beidseitig des Fundamentes)

Ursachen eines Grundbruchs

Mit zunehmender Belastung eines Fundamentes wird der Boden unter und auch neben dem Fundament zusammengedrückt. Bei einer weiteren Steigerung der Belastung bis zur Bruchlast (Grenzbelastung) sinkt das Fundament ohne weitere Laststeigerung ein. Bei Erreichen der Bruchlast bildet sich unter Streifenfundamenten ein Keil, unter Einzelfundamenten eine Spitze verdichteten Bodens. Durch die Keilwirkung des verdichteten Bodens entstehen unter dem Fundament Gleitbereiche infolge der Überwindung des Scherwiderstandes im Boden. Der Boden wird dadurch seitlich verdrängt und aufgewölbt, die Verdrängung kann ein- und beidseitig des Fundamentes erfolgen.
Neben zu hoher Belastung können weitere Setzungsschäden auch infolge von Spannungsüberlagerungen durch benachbarte Gebäude oder durch unregelmäßige Bodenschichten entstehen.

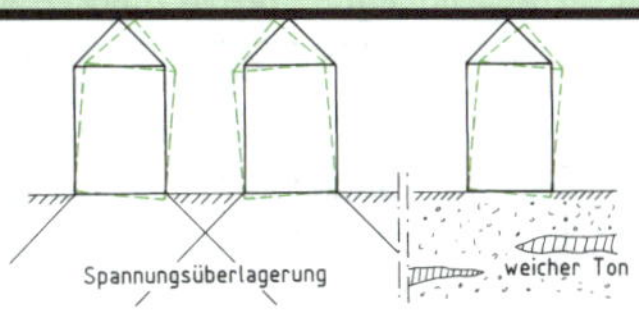

Ungleichmäßige Setzungen infolge Spannungsüberlagerung und ungleichmäßiger Bodenschichten

Tragfähigkeit des Baugrundes

Die Tragfähigkeit des Bodens hängt ab
a) von der zulässigen Bodenpressung,
b) vom Setzungsverhalten des Bodens.

6.1.2 Eignung der Böden als Baugrund

Leicht lösbarer Fels und vergleichbare Bodenarten sind ein guter Baugrund, weil sie wegen der zusammenhängenden Gesteinsmassen eine große Tragfähigkeit und ein geringes Setzungsempfinden aufweisen.

Zulässige Bodenpressung bei leicht lösbarem Fels

Fels Lagerungszustand	Zulässige Bodenpressung in MN/m² bei Flächengründungen und dem Zustand des Gesteins	
	nicht brüchig nicht oder nur wenig angewittert	brüchig oder mit deutlichen Verwitterungsspuren
Fels in gleichmäßig festem Verband	4	1,5
Fels in wechselnder Schichtung oder klüftig	2	1

Nichtbindige Böden bilden bei entsprechender Schichtdicke einen guten Baugrund, da die Feuchtigkeit im Boden auch bei Frost die Tragfähigkeit des Bodens kaum beeinflussen kann. Die Tragfähigkeit hängt vielmehr von der Lagerungsdichte, der Korngröße und der inneren Reibung ab.

Zulässige Bodenpressungen bei nichtbindigem Boden und setzungsempfindlichen Bauwerken

Einbindetiefe	Zulässige mittlere Bodenpressung in MN/m² bei Streifenfundamenten mit Breiten von					
m	0,5 m	1 m	1,5 m	2 m	2,5 m	3 m
0,5	0,2	0,3	0,33	0,28	0,25	0,22
1	0,27	0,37	0,36	0,31	0,27	0,24
1,5	0,34	0,44	0,39	0,34	0,29	0,26
2	0,4	0,5	0,42	0,36	0,31	0,28

6.1 Gründungen

Zulässige Bodenpressung bei nichtbindigem Boden und setzungsunempfindlichen Bauwerken

Einbindetiefe m	Zulässige mittlere Bodenpressung in MN/m² bei Streifenfundamenten mit Breiten von 0,5 m	1,0 m	1,5 m	2,0 m
0,5	0,2	0,3	0,4	0,5
1	0,27	0,37	0,47	0,57
1,5	0,34	0,44	0,54	0,64
2	0,4	0,5	0,6	0,7
Bei kleinen Bauwerken	0,15 (von Breiten ab 0,2 m und Gründungstiefen ab 0,3 m).			

Bindige Böden bilden je nach Wassergehalt einen brauchbaren bis ungeeigneten Baugrund. Je feuchter der bindige Boden wird, um so tiefer sinkt ein Baukörper ein. Der Grund liegt in der feinen Kornzusammensetzung dieses Bodens, da ein gegenseitiges Abstützen der Körner nicht möglich ist. Allgemein gilt der Boden als bindig, der einen Korndurchmesser von weniger als 0,06 mm aufweist.

Zulässige Bodenpressung bei gemischtkörnigem Boden, z. B. Sand- oder Geschiebemergel, -lehm

Einbindetiefe in m	Zulässige mittlere Bodenpressung in MN/m² bei Streifenfundamenten mit Breiten von 0,5 – 2 m und einer Konsistenz steif	halbfest	fest
0,5	0,15	0,22	0,33
1	0,18	0,28	0,38
1,5	0,22	0,33	0,44
2	0,25	0,37	0,5

Toniger Schluff

Einbindetiefe in m	Zulässige mittlere Bodenpressung in MN/m² bei Streifenfundamenten mit Breiten von 0,5 – 2 m und einer Konsistenz steif	halbfest	fest
0,5	0,12	0,17	0,28
1	0,14	0,21	0,32
1,5	0,16	0,25	0,36
2	0,18	0,28	0,4

Ton

Einbindetiefe in m	Zulässige mittlere Bodenpressung in MN/m² bei Streifenfundamenten mit Breiten von 0,5 – 2 m und einer Konsistenz steif	halbfest	fest
0,5	0,09	0,14	0,2
1	0,11	0,18	0,24
1,5	0,13	0,21	0,27
2	0,15	0,23	0,3

Organische Böden sind als Baugrund ungeeignet.

Bodenart	Belastung in MN/m²
1. Bindige Böden (Lehm, Ton, Mergel):	
breiig	0
weich	0,04
steif (schwer knetbar)	0,08
halbfest	0,15
hart	0,3
2. Fels mit geringer Klüftung, gesund, unverwittert in geschlossener Schichtfolge	
von geringer Festigkeit	1,0
in fester Beschaffenheit	1,5
3. Fels, gesund in massiger oder säuliger Ausbildung	3,0

Bodenklassen

Klasse 1 Oberboden	Oberste Schicht des Bodens, die Humus und Bodenlebewesen enthält
Klasse 2 Fließende Bodenarten	Böden, die wegen ihres hohen Wassergehaltes von flüssiger bis breiiger Beschaffenheit sind
Klasse 3 Leicht lösbare Bodenarten	Sande und Kiese mit höchstens 30% Steinen über 63 mm Korngröße
Klasse 4 Mittelschwer lösbare Bodenarten	Böden mit innerem Zusammenhalt und leichter bis mittlerer Plastizität, die höchstens 30% Steine über 63 mm Korngröße enthalten
Klasse 5 Schwer lösbare Bodenarten	Böden nach den Klassen 3 und 4, jedoch mit mehr als 30% Steinen von über 63 mm Korngröße sowie ausgeprägt plastische Tone
Klasse 6 Leicht lösbarer Fels und vergleichbare Bodenarten	Felsarten, die brüchig, weich oder verwittert sind sowie vergleichbare verfestigte Bodenarten
Klasse 7 Schwer lösbarer Fels	Felsarten, die eine hohe Gefügefestigkeit haben und nur wenig klüftig od. verwittert sind

6.1 Gründungen

Baugrunduntersuchung

- Flächenuntersuchungen
- Punktuntersuchungen
  - Schürfen
  - Sondieren
    - Rammsondierung
    - Drucksondierung
    - Flügelsonden
  - Bohren
    - Drehbohrungen
    - Rammbohrungen
    - Schlagbohrungen
    - Sonderbohrverfahren

Flächenuntersuchungen:

- Begehungen und geophysikalische Untersuchungen in Form von seismischen, elektrischen und dynamischen Verfahren.
- Diese Untersuchungen geben nur einen allgemeinen Aufschluß über die Bodenverhältnisse und sind daher durch Punktuntersuchungen zu ergänzen.
- Art und Umfang der Baugrunduntersuchung richten sich dabei stets nach den Bodenverhältnissen und der Art der Bebauung.

6.1.3 Punktuntersuchungen

Schürfen

Beim Schürfen wird außerhalb der späteren Baugrube eine Schürfstelle angelegt, da das spätere Bauwerk nicht auf aufgelockertem Boden stehen darf. Die Grundfläche einer Schürfgrube sollte $\geq 2\ m^2$ betragen. Anhand der fertigen Grube lassen sich die Lage und die Eigenschaften der Bodenschichten direkt untersuchen. Von den einzelnen Sohlenstufen können ungestörte Bodenproben entnommen und untersucht werden. Mit Sondierungen von der Schürfgrubensohle aus können darüber hinaus Zusammensetzung und Festigkeit tieferliegender Bodenschichten ermittelt werden.

Längsschnitt und Draufsicht einer Schürfgrube

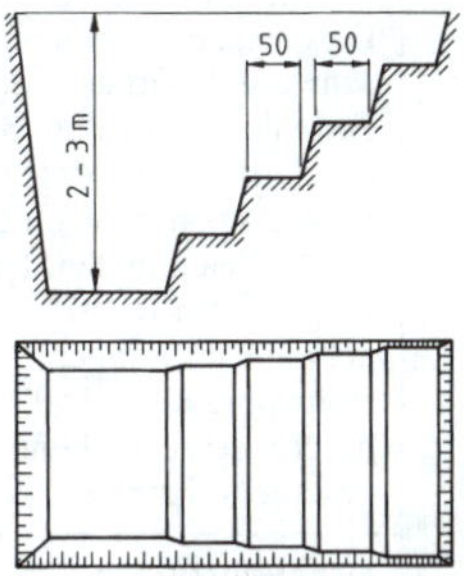

Sondierungen

Rammsondierungen
Hier wird die Sonde mittels gleichbleibender Rammenergie in den Boden getrieben; dabei wird die Schlagzahl des Fallgewichtes festgehalten. Das Fallgewicht wird bei leichten Sonden per Hand, bei mittelschweren und schweren Sonden maschinell betätigt.
Mit der leichten Rammsonde lassen sich Bodenproben bis zu Untersuchungstiefen von 8 m entnehmen.

Drucksondierungen
Hier wird die Sonde mittels statischer Kraft (z. B. Gewinde, Pressen) gleichmäßig in den Boden getrieben und zwar 0,2 bis 0,4 m je Minute. Die Drucksonde muß für die Entnahme von Bodenproben durch Erdanker im Boden verankert werden, damit die Pressen für das Eintreiben der Sonde in den Boden einen Widerstand besitzen.

Flügelsonden
Mit diesen Sonden kann man die Scherfestigkeit von nicht rissigen, bindigen Böden ermitteln. Die Sonde wird in den Boden gedrückt und anschließend bis zum Bruch des Bodens gedreht.

Leichte Rammsonde nach DIN 4094

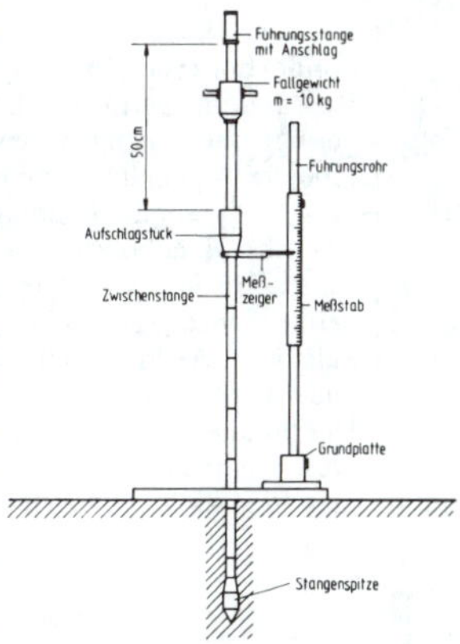

6

6.1 Gründungen

6.1.3 Punktuntersuchungen (Fortsetzung)

Bohrungen

Bohrungen sind die häufigsten Baugrunduntersuchungen, da sie
- schnell, sicher und in großen Tiefen durchführbar sind,
- nicht durch Grundwasser behindert werden.

Rammbohrgerät

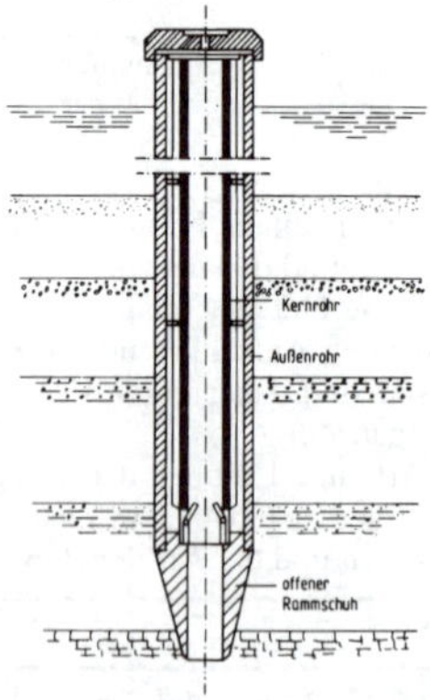

Rammbohrung

Bei diesem Verfahren wird durch ein Rammbohrgerät ein Kernrohr durch Rammschläge in den Boden getrieben. Das Rammbohrgerät besteht aus einem stählernen Außenrohr mit offenem Rammschuh und einem inneren Kernrohr. Beim Einrammen gelangt der Boden durch den offenen Rammschuh in das Kernrohr, dieses wiederum kann anschließend dem Außenrohr entnommen und aufgeklappt werden.
Die Rammbohrung kann nicht bei harten Bodenschichten verwendet werden.

Schlagbohrungen

Bei diesem Verfahren wird das am Seil hängende, schwere Bohrgerät durch wiederholtes Anheben und Fallenlassen in den Boden getrieben. Je nach Bodenbeschaffenheit werden folgende Bohrgeräte verwendet: Schlagschappe, Ventilbohrer, Greifer, Meißel (aus Edelstahl), Flachmeißel, Kreuzmeißel.
Um aus den Bohrlöchern ungestörte Bodenproben entnehmen zu können, sind für die Verrohrung nahtlose Bohrrohre mit ≥ 159 mm Außen- und ≥ 147 mm Innendurchmesser zu benutzen. Die Verbindung der Rohre geschieht durch Verschrauben der Rohrschellen.

Anordnung und Tiefe von Bohrlöchern

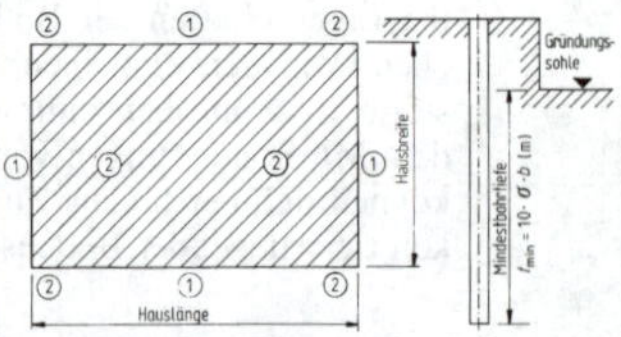

① 1. Serie von Probebohrungen
② Zusatzbohrungen bei Unregelmäßigkeiten im Baugrund
σ mittlerer Bauwerksdruck in $\frac{N}{mm^2}$
b Schmalseite des Bauwerks in m

Drehbohrungen

Ein Drehbohrgerät dreht das Bohrwerkzeug unter gleichzeitiger Druckausübung in den Boden.

Sonderbohrverfahren

Bei diesem Verfahren können im allgemeinen nur geringe Probemengen gewonnen werden. Man unterscheidet
- Handbohrung mit Kleingeräten,
- Sondierbohrung.

Bei der Handbohrung mit Kleingeräten kann man Bodenproben bis zu 5 m Tiefe entnehmen. Als Bohrgeräte dienen: Tellerbohrer, Spiralbohrer, Schnecke und Schappe. Die Probenentnahme erfolgt ohne Bohrbock und ohne Verrohrung.
Die Sondierbohrung wird mit Hilfe einer Schlitzsonde vorgenommen. Die Schlitzsonde wird per Hand oder maschinell in den Boden geschlagen.

Schlitzsonde mit Längs- und Quernut

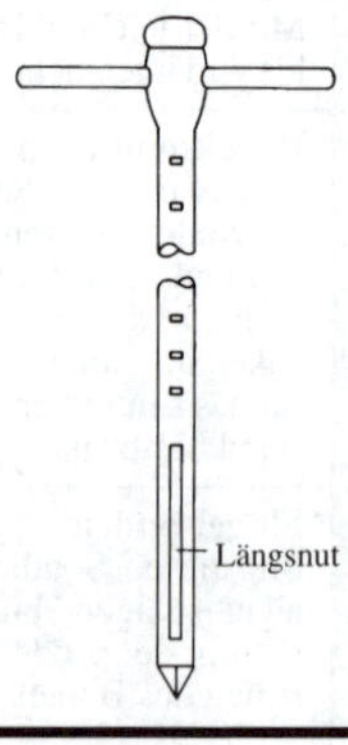

6.1 Gründungen

6.1.4 Gründungsarten

- **Gründungen**
  - **Flachgründungen**
    - Streifenfundamente
    - Einzelfundamente
    - Fundamentplatten
    - Wannengründungen
  - **Tiefgründungen**
    - Pfahlgründungen
    - Pfeilergründungen
    - Brunnengründungen
    - Druckluftgründungen (Senkkastenverfahren)

6.1.4.1 Flachgründungen

Allgemeines

Grundbauten müssen sämtliche Kräfte und Lasten sicher auf den Baugrund übertragen; dabei breiten sich die Lasten nach der Tiefe hin im Baugrund aus. In ersten Spannungsmessungen ging man davon aus, daß sich die Lasten unter einem Druckverteilungswinkel von 45° unter dem Fundament ausbreiten. Wenn man die Spannungsverteilung jedoch genauer erfassen will, muß man den Baugrund und seine Eigenschaften idealisieren. Versuche in diesem Zusammenhang haben ergeben, daß sich unter dem Fundament Bereiche gleicher Druckspannung in Form von kreis- bzw. zwiebelförmigen Gebilden ergeben, sogenannten Druckzwiebeln.

Die Isobaren (Linien mit gleich großer Bodenpressung) der Druckzwiebel wachsen mit der Größe der Belastungsfläche eines Fundamentes, d. h.: bei gleicher Bodenpressung wirkt die Druckzwiebel eines breiten Fundamentes tiefer in den Boden als bei einem schmalen Fundament!

Spannungsverteilung im Baugrund bei einem breiten Fundament

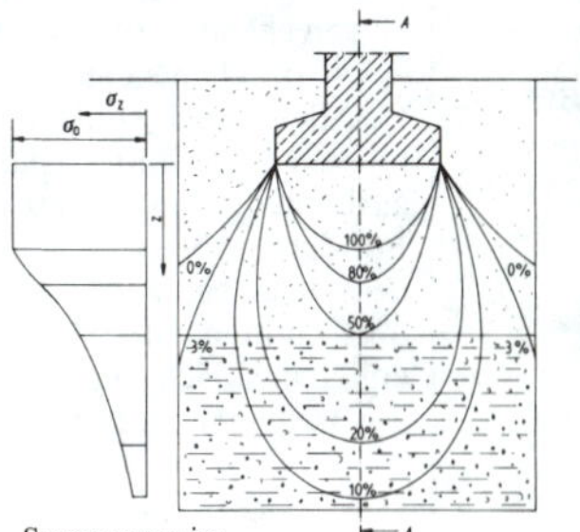

Spannungen im Schnitt $A-A$

Streifenfundamente

Streifenfundamente werden unter Bauteilen angeordnet, die gleichmäßig belastet sind, z. B. Wände, Pfeiler, Stützen. Die Streifenfundamente haben einen rechteckigen Querschnitt aus Beton und sind in der Länge fortlaufend. Der Beton wird i. d. R. gegen das Erdreich betoniert; muß das Fundament Einzellasten aufnehmen, ist eine Bewehrung erforderlich.

Bei einfachen Bauwerken kann man die Abmessungen der Fundamente aus den Ausführungszeichnungen ersehen. Für größere Bauwerke oder für Fundamente mit verschiedenen Höhenlagen ist ein Fundamentplan notwendig; in diesen Plan werden alle Fundamente mit den aufgehenden Bauteilen eingezeichnet.

Einfaches Streifenfundament

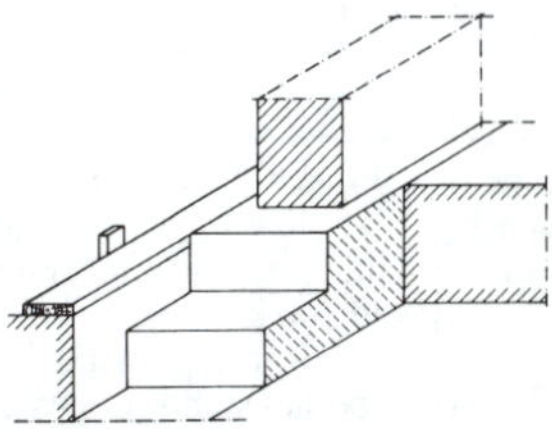

6.1.4.1 Flachgründungen (Fortsetzung)

Bewehrtes Streifenfundament

Bewehrte Streifenfundamente sind anzuordnen, wenn
- der Baugrund schlecht ist,
- bei hohen Wandlasten die Betonfundamente zu hoch würden,
- Einzellasten (z. B. von Stützen) aufzunehmen sind.

Für Neubauten ist der Einbau einer Erdungsanlage vorgeschrieben. Der Fundamenterder ist in den Fundamenten der Außenmauern als geschlossener Ring aus verzinktem Bandstahl mit einem Mindestquerschnitt von 30 × 3,5 mm bzw. 25 × 4 mm unterhalb der Sperrschicht zu verlegen. Vom Bandstahlring ist eine Anschlußfahne in den Hausanschlußraum zu führen. Sie soll 30 cm über dem Kellerfußboden aus der Wand herauskommen und mindestens 1,5 m lang sein.

Bewehrtes Streifenfundament

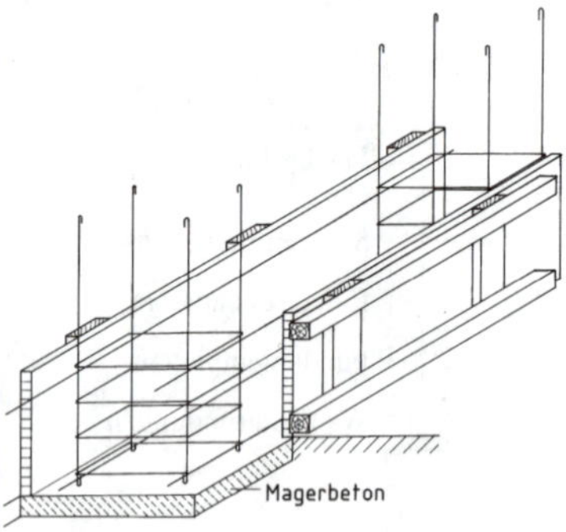

Einzelfundamente

Diese Fundamente fertigt man für Bauteile an, die Einzellasten von Stützen, Pfeilern, Schornsteinen usw. auf den Baugrund übertragen. Einzelfundamente für Fertigteile müssen entsprechend ausgespart sein; man spricht von Köcherfundamenten.
Bei der Bemessung von Einzelfundamenten müssen die Betonfestigkeitsklasse und der Lastausbreitungswinkel berücksichtigt werden. Die **Fundamentbreite** (b) muß so breit gewählt werden, daß die zulässige Bodenpressung nicht überschritten wird. Der Fundamentüberstand (e) ergibt sich nach folgender Formel: $e = (b - d)/2$
d = Breite der Auflast

Fundamenthöhe
Aus Gründen der Materialeinsparung sollte man bestrebt sein, die Fundamenthöhe (h) so niedrig wie möglich zu halten. In diesem Zusammenhang drückt das Verhältnis von $h : e$ den Lastausbreitungswinkel α aus. Dieser kann aus nebenstehender Tabelle der DIN 1045 (7.88) ermittelt werden:
Zulässiges Verhältnis Fundamenthöhe Fundamentauskragung (tan des Lastausbreitungswinkels α).

Ausbildung von Einzelfundamenten
abgetrepptes Fundament Köcherfundament

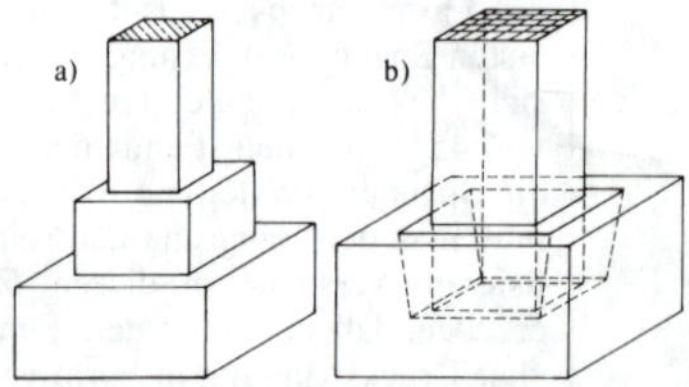

Betonfestigkeitsklasse	zulässige Bodenpressung s in MN/m² 0,10	0,20	0,30	0,40	0,50
B 5	1,6	2,0	2,0	unzulässig	
B 10	1,1	1,6	2,0	2,0	2,0
B 15	1,0	1,3	1,6	1,8	2,0
B 25	1,0	1,0	1,2	1,4	1,6
B 35	1,0	1,0	1,0	1,2	1,3

Bei Zwischenwerten muß interpoliert werden.

Dimensionierung eines Fundamentes

Berechnungsbeispiel

Auf ein quadratisches Einzelfundament aus B 15 überträgt eine quadratische Stahlbetonsäule mit 30 cm Seitenlänge eine Stützlast von 200 kN.
Die Eigenlast des Fundamentes bleibt zunächst unberücksichtigt. Angenommene zulässige Bodenpressung: 0,30 MN/m².

Es sind zunächst die Abmessungen des Fundamentes und dann der Nachweis der Bodenpressung zu führen.

6.1 Gründungen

Dimensionierung eines Fundamentes (Fortsetzung)

Berechnung der Fundamentbreite

$\sigma\,\text{zul} = \frac{F}{A}, \qquad A = b^2, \qquad b^2 = \frac{F}{\sigma\,\text{zul}}$

$b^2 = \frac{0{,}2\ \text{MN m}^2}{0{,}3\ \text{MN}} = 0{,}666\ \text{m}^2, \quad b = 0{,}816\ \text{m}$

gewählt: $b = 85$ cm

Berechnung der Fundamenthöhe

Für σ zul 0,30 MN/m² und B 15 ist das Verhältnis $h : e$ laut Tabelle 1,6; das entspricht einem Lastausbreitungswinkel von $\alpha = 58°$.

$e = \frac{0{,}85 - 0{,}30}{2}, \quad e = 0{,}275\ \text{m}, \quad \frac{h}{e} = 1{,}6,$

$h = 1{,}6 \cdot e, \quad h = 1{,}6 \cdot 0{,}275 = 0{,}44\ \text{m}$

gewählt: Fundamenthöhe $h = 0{,}45$ m

Nachweis der Bodenpressung

Gewicht Fundament:

$8{,}5\ \text{dm} \cdot 8{,}5\ \text{dm} \cdot 4{,}5\ \text{dm} \cdot 2{,}5\ \text{kg/dm}^3 = 8{,}13\ \text{kN}$

Stützlast + Fundamentgewicht:

$200 + 8{,}13 = 208{,}13$ kN Gesamtlast

$\sigma = \frac{F}{A} \rightarrow \frac{208{,}13\ \text{kN}}{0{,}85 \cdot 0{,}85\ (\text{m}^2)} = 287\ \text{kN/m}^2$

σ vorhanden: 0,287 MN/m²

$\leq \sigma$ zulässig: 0,3 MN/m²

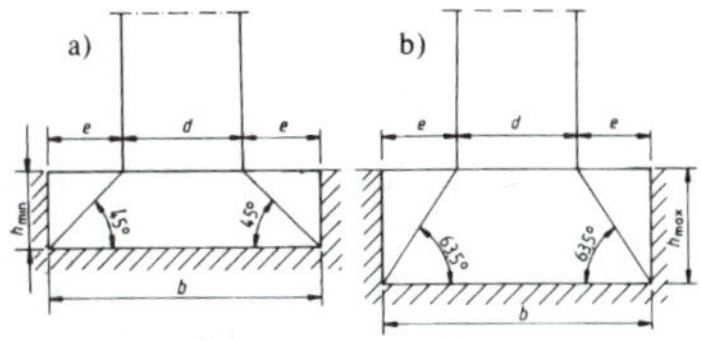

a) Günstiger Fall, kleinste Fundamenthöhe; kleinstes Verhältnis $h : e = 1$, das entspricht dem kleinsten Lastausbreitungswinkel von 45°

b) Ungünstiger Fall, größte Fundamenthöhe; größtes Verhältnis $h : e = 2$, das entspricht dem größten Lastausbreitungswinkel von 63,5°.

Fundamentplatten

Fundamentplatten sind Stahlbetonplatten unter der gesamten Gebäudefläche. Die Anordnung einer Fundamentplatte ist notwendig bei

- wenig tragfähigem Baugrund,
- Baugrund aus unterschiedlichen Bodenarten,
- Einzelfundamenten, die zu dicht beieinander liegen würden.

Die Bauwerkslasten werden auf die gesamte Fundamentplatte verteilt und somit die vorhandene Bodenpressung herabgesetzt. Je nach statischen Verhältnissen wird die Fundamentplatte mit einer oberen oder doppelten Bewehrung hergestellt.

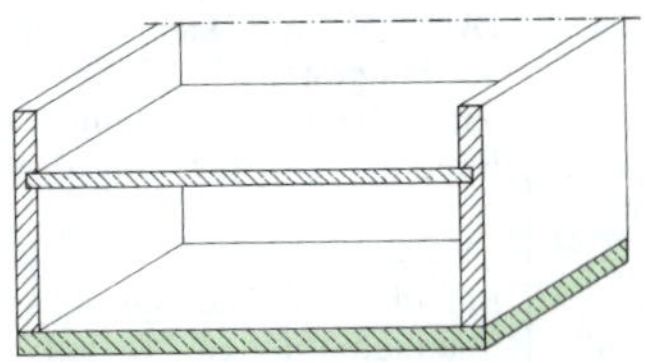

Wannengründungen

Wannengründungen sind dann vorzusehen, wenn außer senkrechten auch größere waagerecht oder schräg angreifende Kräfte aufgenommen werden müssen.

Die Bauwerkslasten werden von der Bodenplatte und den Umfassungswänden ins Erdreich übertragen. Bodenplatte, Umfassungswände und Zwischenwände der Wanne werden durch Bewehrung zu einem einheitlichen Tragwerk verbunden.

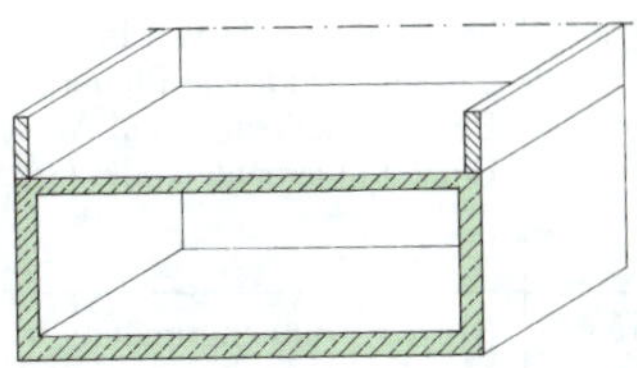

6.1.4.2 Tiefgründungen

Allgemeines

Tiefgründungen sind dann vorzunehmen, wenn ein Bauwerk z. B. auf stark wasserhaltigem, wenig tragfähigem Boden gegründet werden soll. Die Gründung wird mit Hilfe von Pfählen vorgenommen, die die wenig tragfähigen Bodenschichten durchstoßen und die Lasten auf den darunterliegenden höher belastbaren Boden übertragen.

Beispiel einer Druckluftgründung

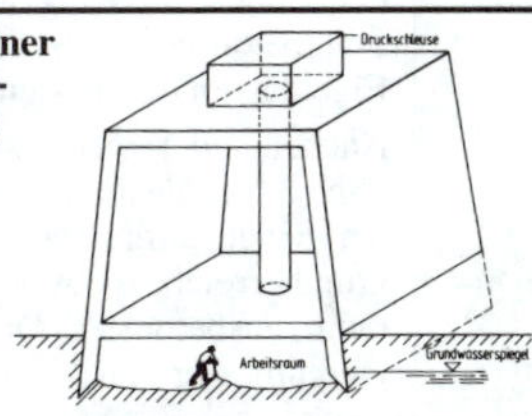

6

6.1 Gründungen

6.1.4.2 Tiefgründungen (Fortsetzung)

Pfahlgründung

Bei dieser Gründungsart werden die Lasten eines Bauwerkes durch axial belastete Pfähle in den Baugrund übertragen.

Zu **Pfahlgründungen** verwendet man **Ortbetonpfähle** oder **Fertigteilpfähle.**

Ortbetonpfähle, auch Bohrpfähle genannt, werden in den Baugrund in bewehrtem oder unbewehrtem Zustand einbetoniert. Der maximale Durchmesser beträgt 2,5 m bei einer Bohrtiefe bis zu 50 m.

Bei weichen Bodenarten muß zur Sicherung ein Stahlrohr mit eingeführt werden, das beim Betonieren wieder schrittweise herausgezogen wird.

Fertigpfähle werden in den Boden eingerammt, eingerüttelt, eingeschwemmt oder in ein vorbereitetes Bohrloch eingestellt. Sie können aus Stahl, Holz, Stahlbeton oder Spannbeton hergestellt werden. Der Querschnitt der Stahlbeton-Fertigteilpfähle kann rund, quadratisch, rechteckig oder doppel-T-förmig sein.

Die Pfahlkraft kann je nach Beschaffenheit des Baugrundes durch Spitzendruck, Mantelreibung oder beides zusammen auf den tragfähigen Baugrund übertragen werden.

Beispiel einer Pfahlgründung

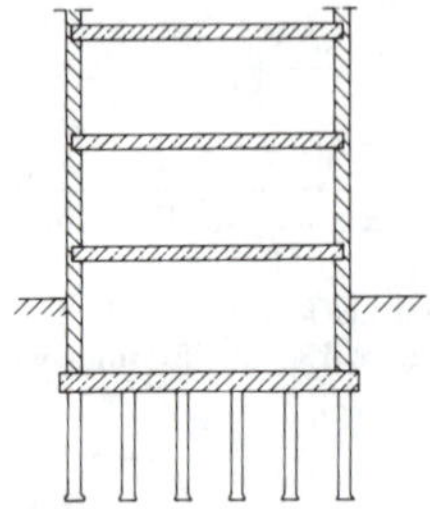

Mantelreibung bei schwebender Gründung in nicht tragfähigem Baugrund | **Spitzendruck im tragfähigen Baugrund** | **Spitzendruck und Mantelreibung**

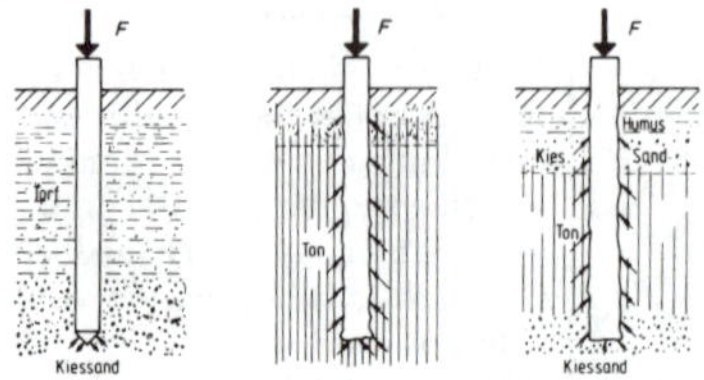

Pfeilergründung

Bei dieser Gründungsart werden Beton- oder Stahlbetonpfeiler bis auf den tiefliegenden tragfähigen Boden in das Erdreich einbetoniert, um die Lasten an Gebäudeecken, Kreuzungspunkten von Wänden und Säulen aufzunehmen. Das eigentliche Fundament besteht aus Stahlbetonbalken, die von Pfeilerkopf zu Pfeilerkopf gespannt sind. Die Pfeiler selbst, bestehend aus Beton, Stahlbeton und Mauerwerk, stehen auf Einzelfundamenten oder Gründungsstreifen.

Beispiel einer Pfeilergründung

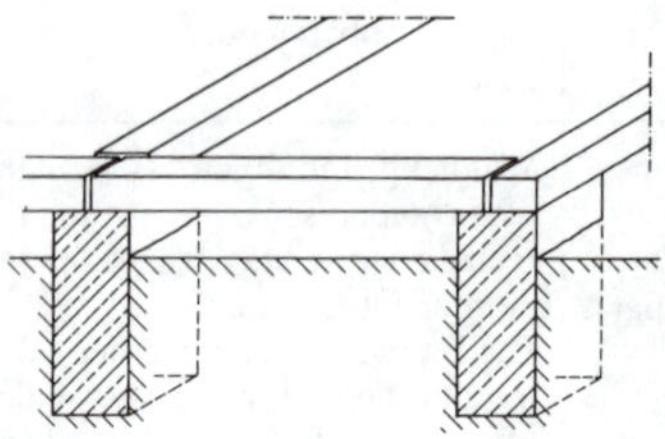

Brunnengründung

Bei der Brunnengründung werden Hohlzylinder aus Stahlbeton oder Stahlrohre mit einer Schneide am unteren Rand auf den nicht tragfähigen Boden gesetzt. Anschließend wird der Boden im Ring ausgebessert, so daß der Stahlbeton-Hohlzylinder allmählich durch seine Eigenlast in den Boden herabsinkt.

Nacheinander werden weitere Stahlbetonringe ohne Schneide auf die in das Erdreich abgesenkten Ringe aufgesetzt, bis der tragfähige Baugrund erreicht ist. Anschließend wird der Hohlraum ausbetoniert. Die Brunnen haben einen Durchmesser von 1–3 m.

Beispiel einer Brunnengründung

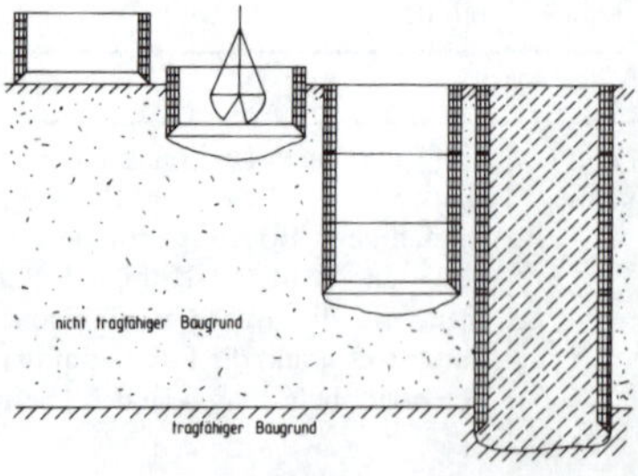

6.2 Wände

6.2.1 Allgemeines

An Wände werden folgende Forderungen gestellt:
- Standfestigkeit
- Wärme-, Schall- und Feuerschutz
- Sperren gegen Feuchtigkeit
- Knickaussteifung

In diesem Zusammenhang sind folgende DIN-Vorschriften zu beachten:
DIN 1052 Holzbauwerke, Holztafeln
DIN 1053 Mauerwerk, Berechnungen
DIN 1055 Lastannahmen für Bauten
DIN 4102 Brandverhalten von Baustoffen
DIN 4108 Wärmeschutz im Hochbau
DIN 4109 Schallschutz im Hochbau
Darüber hinaus: Einschlägige Vorschriften der Landesbauordnungen sowie das Normblatt DIN 4106 Wanddicken für Wohnungsbauten. Nach dieser Norm entfällt der Nachweis für ausreichende Standfestigkeit, Schall- und Wärmedämmung, wenn die im Normblatt angegebenen Wanddicken für bestimmte Bautypen übernommen werden.

6.2.2 Massive Wände

Grundlegende Bestimmungen der Mauerwerksausführung nach DIN 1053 (2.90)

Standsicherheit

Die zulässigen Mauerdruckspannungen werden durch die Steinfestigkeit und verwendete Mörtelgruppe bestimmt. So herrscht z. B. bei einem fünfgeschossigen Wohnhaus eine Mauerdruckspannung von ungefähr 0,4 MN/m^2 im Bereich der Kellerwände.
Grundsätzlich kann man feststellen, daß das Verhältnis der Wandfestigkeit zur Steinfestigkeit immer ungünstiger wird, je höher die Steinfestigkeit ist.

Anforderungen an geputzte, einschalige Außenwände

Bauteil	Anforderung
Wanddicke	Außenwanddicke: bei dauerndem Aufenthalt von Menschen mindestens 24 cm, sonst 11,5 cm. Grund: Wärmeschutz, Wärmespeicherung, Feuchtigkeitspuffer
Außenputz	Mittlere Dicke 2 cm, mindestens 1,5 cm. Die Schlagregensicherheit muß gewährleistet sein
Innenputz	Mittlere Dicke 1,5 cm, mind. 1 cm

Nach statischen Gesichtspunkten werden unterschieden: Tragende-, aussteifende- und nichttragende Wände.

Zulässige (zul.) und nicht zulässige (N) Anwendung von Mauermörtel nach DIN 1053 Teil 1 (2.90)

Anwendungsbereich	Normalmörtel I	Normalmörtel II/II a	Normalmörtel III/III a	Leichtmörtel	Dünnbettmörtel
Kellermauerwerk	N	zul.	zul.	zul.	zul.
Gewölbe	N	N	zul.	N	N
> 2 Vollgeschosse	N	zul.	zul	zul.	zul.
Wanddicke < 24 cm[1]	N	zul.	zul.	zul.	zul.
Mauersteine mit einer Maßabweichung in der Höhe von mehr als 1,0 mm	N	zul.	zul.	zul.	N
Nichttragende Außenschale von zweischaligen Außenwänden	N	zul.	N	N	zul.
Sichtmauerwerk, außen mit Fugenglattstrich	N	zul.	zul.	zul.	zul.
Ungünstige Witterungsbedingung (Nässe, niedrige Temperatur)	N	zul.	zul.	N	zul.

Zweischalige Außenwände
Bei einer zweischaligen Außenwand dient die äußere Schale als Witterungsschutz.

Ausführungsarten

mit Luftschicht

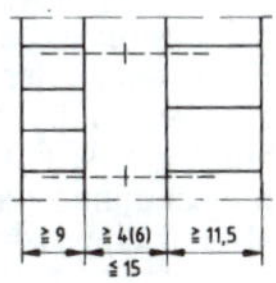

mit Luftschicht und Wärmedämmung

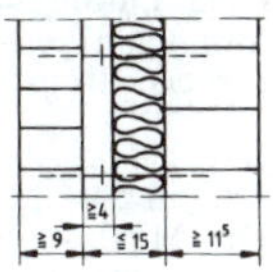

mit Kerndämmung

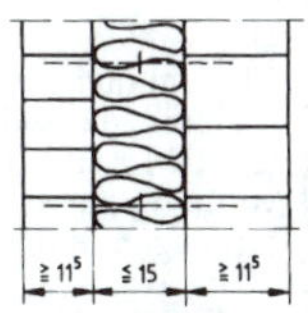

Maße in mm

[1]) Bei zweischaligen Wänden mit und ohne Luftschicht ist nur die Wanddicke der Innenschale in Rechnung zu stellen.
Zulässige Mauerdruckspannungen siehe S. 3-10

6.2 Wände

Anforderungen an zweischalige Außenwände

Bauteil	Anforderung
Wanddicke	Für die Bemessung ist nur die Wanddicke der tragenden Innenschale anzunehmen. Die Mindestdicke beträgt 11,5 cm, sofern nicht Standsicherheit, Bauphysik, Brandschutz usw. größere Dicken vorschreiben.
Außenschale	Die Mindestdicke der Außenschale beträgt 9 cm. Die Außenschale muß auf ganzer Länge und Breite vollflächig auflagern. Außenschalen mit einer Dicke von 11,5 cm sollen bei einer Höhe von 12 m abgefangen werden. Außenschalen von weniger als 11,5 cm Dicke dürfen nicht höher als 20 m über Gelände geführt werden. Sie sind bei einer Höhe von 6 m abzufangen.
Innenschale / Geschoßdecke	Die Innenschalen und die Geschoßdecken sind an den Fußpunkten der Zwischenräume der Wandschalen gegen Feuchtigkeit zu schützen.
Drahtanker	Die Mauerwerksschalen sind durch Drahtanker zu verbinden. Vertikaler Abstand der Drahtanker: höchstens 50 cm. Horizontaler Abstand der Drahtanker: höchstens 75 cm. Die Drahtanker dürfen keine Feuchtigkeit von der Außen- zur Innenschale transportieren können (z. B. Aufschieben einer Kunststoffscheibe)
Luftschicht (ohne Wärmedämmung	Mindestdicke der Luftschicht: 6 cm Höchstdicke der Luftschicht: 15 cm. Die Verminderung der Luftschichtdicke auf 4 cm ist zulässig, wenn der Fugenmörtel mindestens an der Hohlraumseite abgestrichen wird.
Lüftungsöffnungen	Die Außenschalen sollen unten und oben Lüftungsöffnungen (z. B. offene Stoßfugen) erhalten. Die Luftschicht darf erst 10 cm über Erdgleiche beginnen.
Luftschicht (mit Wärmedäm.	Der lichte Abstand der Mauerwerksschalen darf 15 cm nicht überschreiten. Die Mindestluftschichtdicke von 4 cm darf nicht von Unebenheiten in der Wärmedämmschicht beeinträchtigt werden.
Kerndämmung	Die Außenschale ist hier mindestens 11,5 cm dick auszuführen. Lichter Abstand der Mauerwerksschalen: ≤ 15 cm. Die Verblendschale ist vollfugig zu vermauern. Entwässerungsöffnungen in der Außenschale sollen auf 20 m^2 Wandfläche mindestens 5000 mm^2 im Fußpunktbereich haben.

Mindestanzahl und Durchmesser von Drahtankern für 1 m^2 Wandfläche

	Drahtanker Mindestzahl	Drahtanker Durchmesser
mindestens	5	3 (mm)
Wandbereich >12 m über Gelände od. Abstand der Mauerwerksschalen >7<12 cm	5	4
Abstand >12<15 cm	7	4

Zweischaliges Mauerwerk mit Luftschicht

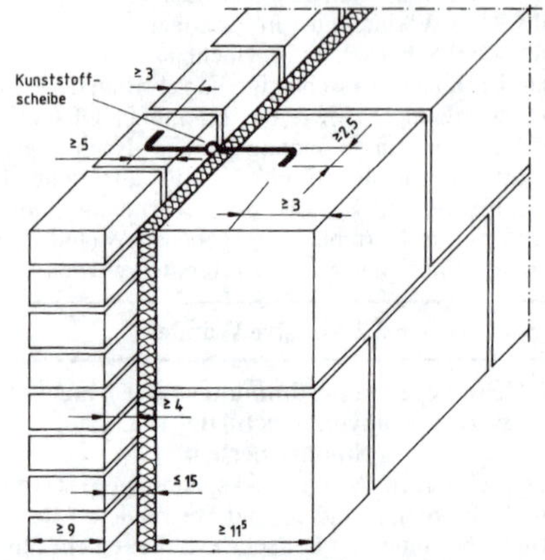

Ringbalken

Werden Decken ohne Scheibenwirkung verwendet (z. B. Holzbalkendecken), so ist die horizontale Aussteifung der Wände durch Ringbalken oder statisch gleichwertige Maßnahmen sicherzustellen. In alle Außenwände und die Querwände, die als lotrechte Scheiben der Abtragung waagerechter Lasten (z. B. Wind) dienen, sind durchlaufende Ringbalken zu legen

- bei Bauteilen, die insgesamt mehr als zwei Vollgeschosse haben oder länger als 18 m sind,
- bei Wänden mit vielen oder besonders großen Öffnungen,
- wenn die Baugrundverhältnisse es erfordern.

Die Ringbalken sind in jeder Deckenlage oder unmittelbar darunter anzubringen. Ausbildung: Stahlbeton, bewehrtes Mauerwerk, Stahl, Holz.

Ringanker

Ringanker sind dann vorzusehen, wenn im Mauerwerk infolge ungewollter Verformungen und unterschiedlicher Setzungen die daraus resultierenden Zugspannungen aufgenommen werden müssen.

6.2 Wände

6.2.3 Sichtmauerwerk für Außenwände
(einschaliges Verblendmauerwerk)

Beim einschaligen Verblendmauerwerk werden Verblendung und Hintermauerung zu einer einheitlichen Außenwand im Verbund verbunden. Um die Schlagregensicherheit zu gewährleisten, muß bei der Ausführung von Sichtmauerwerk jede Mauerschicht mindestens zwei Steinreihen aufweisen, zwischen denen eine durchgehende, schichtweise versetzte, hohlraumfrei vermörtelte, 2 cm dicke Längsfuge verläuft.
Beim Sichtmauerwerk gehört die Verblendung zum tragenden Querschnitt. Für die zulässige Beanspruchung ist die im Querschnitt verwendete niedrigste Steinfestigkeitsklasse maßgebend. Die Fugen der Sichtflächen sollen – soweit kein Fugenglattstrich ausgeführt wird – mindestens 1,5 cm tief flankensauber ausgekratzt und anschließend sachgemäß ausgefugt werden.

Einschaliges Verblendmauerwerk im NF

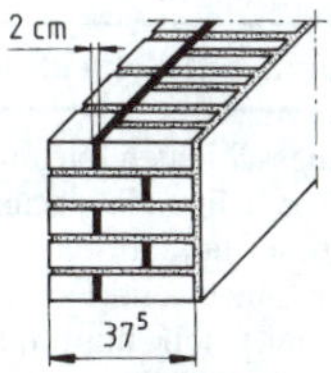

Einschaliges Verblendmauerwerk im 2 DF

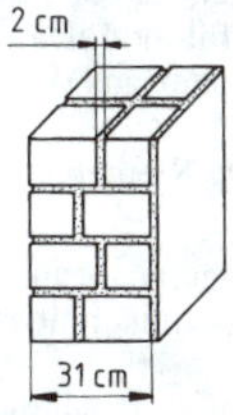

Aussparungen und Schlitze

Das Anlegen von Schlitzen und Aussparungen verringert die Tragfähigkeit der Wände.
- Vertikale Schlitze verschlechtern die Aussteifung bzw. die vertikale Halterung.
- Horizontale Schlitze erzeugen Ausmittigkeiten infolge Lastumlenkung.

[1]) Die Tiefe t_1 darf um 1 cm erhöt werden, wenn Werkzeuge mit Tiefengenauigkeit verwendet werden.
[2]) Bei Schlitzen mit Tiefe t_2: Mindestabstand in Längsrichtung von Öffnungen $a_1 \geq 49$ cm, vom nächsten Horizontalschlitz a_2: 2fache Schlitzlänge.

Horizontale und schräge Schlitze
– nachträglich hergestellt –

Wanddicke d	Schlitzlänge l_s	
	unbeschränkt Tiefe t_1 [1])	≤ 1,25 m lang Tiefe t_2 [2])
cm	mm	mm
≥ 11,5	–	–
≥ 17,5	0	≤ 25
≥ 24	≤ 15	≤ 25
≥ 30	≤ 20	≤ 30
≥ 36,5	≤ 20	≤ 30

Beachte:
- Horizontale Schlitze sind bei 11,5 cm Wanddicke verboten.
- Horizontale und schräge Schlitze sind nur zulässig in einem Bereich 0,4 m ober- und unterhalb der Rohdecke sowie jeweils an einer Wandseite.
- Horizontale Schlitze dürfen nur mit Werkzeugen hergestellt werden, die das Gefüge der Wand nicht zerstören.

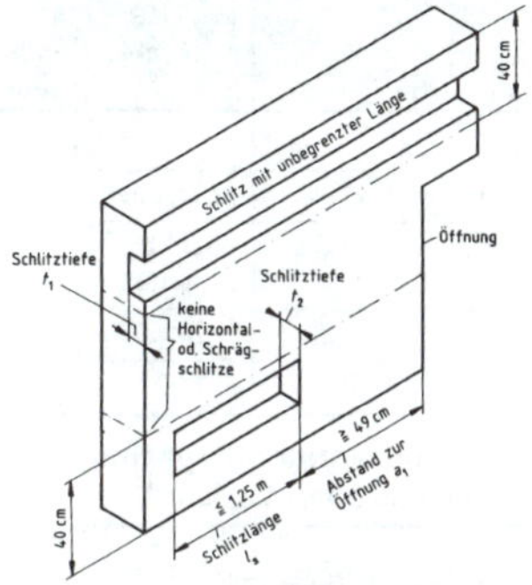

Bestimmungen für nachträglich hergestellte horizontale und schräge Schlitze

Vertikale Schlitze und Aussparungen
– nachträglich hergestellt –

Wanddicke d	Tiefe [3]) t_3	Einzelschlitzbreite b_1	Abstand der Schlitze u. Aussparungen von Öffnungen a_3	Gesamtbreite von Schlitzen [4])
cm	mm	mm	mm	mm
≥ 11,5	≥ 10	≤ 100	≤ 11,5	–
≥ 17,5	≤ 30	≤ 100	≤ 11,5	≤ 260
≥ 24	≤ 30	≤ 150	≤ 11,5	≤ 385
≥ 30	≤ 30	≤ 200	≤ 11,5	≤ 385
≥ 36,5	≤ 30	≤ 200	≤ 11,5	≤ 385

[3]) Schlitze, die bis maximal 1 m über Fußboden reichen, dürfen bei Wanddicken > 24 cm bis 80 mm Tiefe und 120 mm Breite ausgeführt werden.
[4]) Je 2 m Wandlänge l_w, proportionale Werte bei $l_w < 2$ m.

6.2 Wände

Nachträglich hergestellte vertikale Schlitze und Aussparungen (Tab. siehe S. 6-11)

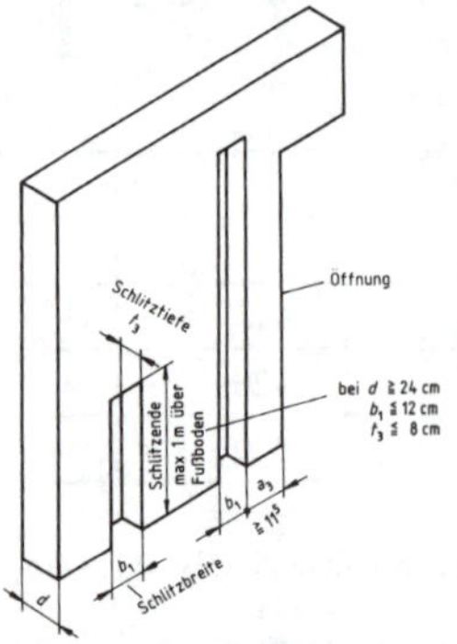

Vertikale Schlitze und Aussparungen im gemauerten Verband

Wanddicke d cm	Breite b_2[1]) cm	Restwanddicke d_R cm	Abstand der Schlitze und Aussparungen von Öffnungen a_4 mm	Abstand der Schlitze und Aussparungen untereinander a_5 mm
11,5	–	–	–	–
17,5	26	11,5	≥ 2fache	≥ Schlitzbreite
24	38,5	11,5	Schlitzbreite	
30	38,5	17,5	bzw.	
36,5	38,5	24	≥ 365	

Vertikale Schlitze und Aussparungen im gemauerten Verband

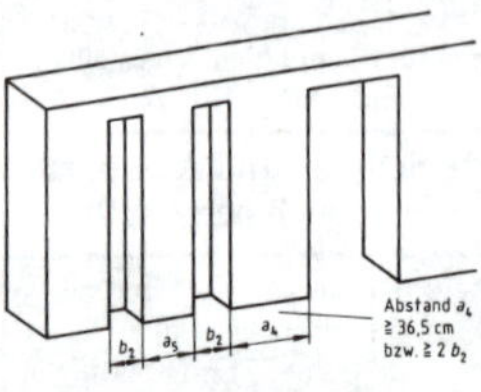

Hinweise für den Praktiker
- Schlitztiefe so gering wie möglich halten.
- Keine Wände unter 17,5 cm Wanddicke schlitzen.
- Horizontale Schlitze nur dicht unter der Decke oder über dem Fußboden ausführen.
- Schlitze und Aussparungen niemals in Pfeilern anbringen.
- Schonende Werkzeuge sollen eine Störung des Mauerverbandes verhindern.

6.2.4 Wände mit Außenputz

Voraussetzung für die Funktionsfähigkeit aller Putze – vom einfachen Luftkalkmörtel bis zum wasserabweisenden Edelputz – ist eine fehlstellenfreie, geschlossene Oberfläche sowie ein möglichst geringes Saugvermögen bei gleichzeitiger Wasserdampfdurchlässigkeit.

Beachte:
- Außenputze müssen mindestens 2 cm dick sein und bis auf die Luftporenmörtel zweilagig aufgetragen werden, wobei ein Festigkeitsgefälle von innen nach außen bestehen soll. Als Mörtelgruppen sind I b und II zu verwenden.
  Bei starker Beanspruchung durch Schlagregen sollten wasserabweisende Putze bevorzugt werden; dies kann durch Mörtelzusätze oder entsprechendem Außenanstrich erreicht werden.
- Der Putzgrund muß vollfugig und fest sein. Trockene und saugende Mauerflächen sind vorzunässen, glatte oder stark saugende Untergründe sind mit einem Spritzbewurf mindestens 12 Stunden vor Beginn der Putzarbeiten zu versehen.

6.2.5 Wände mit Bekleidungen

Äußere Bekleidungsschichten bieten den Außenwänden Schutz vor Klimaeinwirkungen, darüber hinaus kann man bestimmte formale Wirkungen bei der Gestaltung der Außenwand-Fassade erreichen.
Bekleidungen lassen sich unmittelbar auf den Untergrund aufbringen oder mit Abstand vor einem beliebigen Untergrund unter Ausbildung einer hinterlüfteten Fassade erstellen. Für das unmittelbare Aufbringen auf den Untergrund durch Ansetz- oder Hinterfüllmörtel sind geeignet:
- kleinformatige Platten aus Werksteinen,
- Fliesen
- Spaltplatten sowie Riemchen.

Beachte:
- Bei starker Schlagregenbeanspruchung sollten Außenwände stets mit hinterlüfteter Fassade versehen werden.
- Eine zusätzliche Wärmedämmschicht sollte an der Außenseite der tragenden Wand angeordnet und von einer mindestens 2 cm vor der Wärmedämmschicht angebrachten und hinterlüfteten Bekleidung geschützt werden.
- Die Abmessungen zusammenhängender Flächen sollten bei unmittelbar mit Mörtel auf tragfähigem Grund aufgebrachten Plattenbekleidungen bis zu 3 cm Dicke maximal 3,0 × 3,0 m betragen.
- Am Fuß- und Kopfpunkt von Unterkonstruktionen sind über die gesamte Wandlänge Zu- und Abluftöffnungen mit einem freien Querschnitt von mindestens 100 cm^2 je Meter Wandlänge vorzusehen.

6.2.6 Verarbeitung von künstlichen Steinen

Bei stark saugfähigen Steinen ist die Saugfähigkeit durch Vornässen oder andere geeignete Maßnahmen so weit einzuschränken, daß dem Mörtel nicht zu viel Wasser entzogen wird.
Es muß stets im Verband gemauert werden, d. h., die Stoß- und Längsfugen übereinanderliegender Schichten müssen versetzt sein:
$\ddot{u} \geq 0{,}4\ h \geq 4{,}5$ cm, wobei h die Steinhöhe ist.

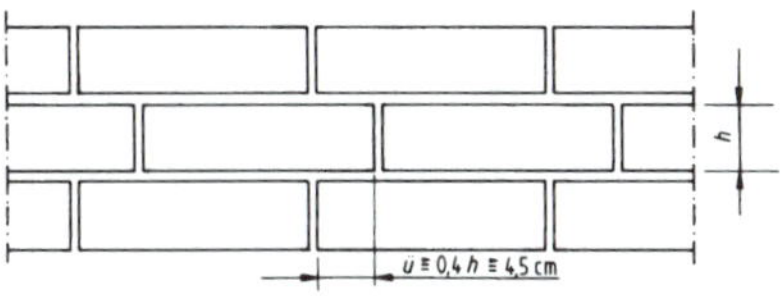

Mauerverband, Mindestversetzmaße

Bei Frost darf Mauerwerk nur unter besonderen Schutzmaßnahmen ausgeführt werden. Es dürfen keine gefrorenen Baustoffe verwendet werden. Auf gefrorenem Mauerwerk darf nicht weitergemauert werden. Durch den Einsatz von Salzen zum Auftauen können Schäden am Mauerwerk auftreten.

Aussteifungen von Wänden

Aussteifende Wände können dort angeordnet werden, wo es der Grundriß ohne Einschränkung der Nutzung zuläßt.
Bei beidseitig angeordneten nicht versetzten Querwänden darf auf das gleichzeitige Hochführen verzichtet werden, wenn beide Querwände den Kriterien für aussteifende Wände genügen. Die aussteifenden Wände können dann später im Verband oder mit Hilfe der Stumpfstoßtechnik hochgemauert werden.

Vorteile der Stumpfstoßtechnik:
- Wegfall der arbeitsaufwendigen Einbindung der Mauersteine,
- Arbeitserleichterung bei Verwendung unterschiedlicher Steinhöhen in der tragenden und der aussteifenden Wand,
- bei Kellermauerwerk entfällt der Bewehrungs- und Einbindebügel, da durch den Erddruck kein zugfester Anschluß benötigt wird.

Aussteifende Wände müssen mindestens eine Länge von 1/5 der lichten Geschoßhöhe und eine Dicke von mindestens 1/3 der auszusteifenden Wand haben.
Die Mindestwanddicke für aussteifende Wände beträgt 11,5 mm

Wand-Details, Konstruktionsbeispiele

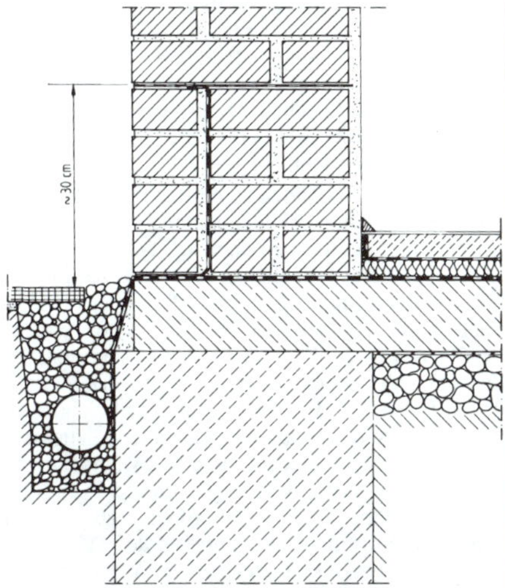

Sockelanschluß bei Wänden aus einschaligem Sichtmauerwerk (Verblendmauerwerk)

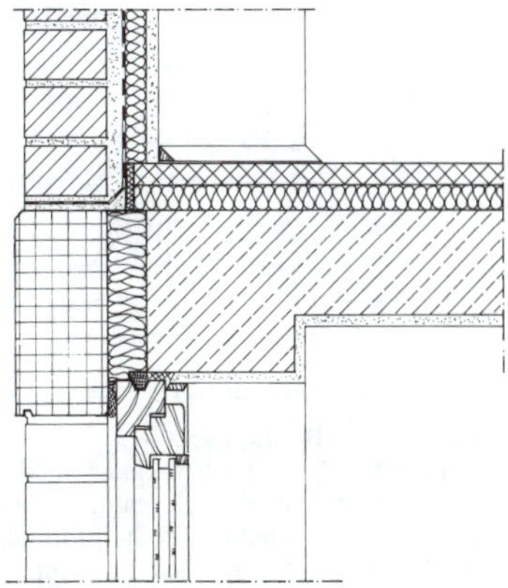

Geschoßdeckenauflager bei Wänden aus einschaligem Sichtmauerwerk (Verblendmauerwerk)

Beachte:
- Die im Sturz angeordnete Wärmedämmschicht sollte lückenlos bis zum Fenster-Blendrahmen geführt werden.
- Bei Verwendung von Stahlbetonbauteilen im Fensterbereich sollte die Wärmedämmschicht den gleichen Wärmedämmwert wie die umgebende Wand erreichen.

6

6.2 Wände

6.2.7 Maßordnung im Hochbau DIN 4172 (6.55)

Allgemeines

Die Maßordnung im Hochbau gewährleistet, daß sich immer gleiche Achsenabstände, Geschoßhöhen, Mauerdicken usw. ergeben. Der Maßordnung liegt das **Oktametersystem** zugrunde: 1 m wird in 8 gleiche Teile aufgeteilt, die die Grundlage für die Baurichtmaße bilden.

Baurichtmaße

Die **Baurichtmaße** (R) sind zunächst rein theoretische Maße nach denen man sich beim Errechnen der eigentlichen Baumaße, der **Baunennmaße**, richtet. Die Richtmaße bauen sich auf dem Grundmaß 25 auf, das in Teilen ($^1/_2$, $^1/_3$, $^1/_4$) oder ganzen Vielfachen (z. B. $2^1/_4$) zur Anwendung kommt. Es hat sich als zweckmäßig erwiesen, das Achtelmeter (= am = 12,5 cm) als Baumaßeinheit anzusehen. Das Achtelmeter des Zeichners entspricht genau dem Kopfmaß, mit dem die Maurer rechnet, weil alle Steinformate genormt sind und auf die Baurichtmaße der Maßordnung abgestimmt sind. Das Kopfmaß setzt sich aus der Steinbreite von 11,5 cm und der Fugendicke von 1 cm zusammen. Daraus ergibt sich wiederum, daß die Baurichtmaße immer die Fuge einschließen und Abstände von Mitte Fuge bis Mitte Fuge sind.

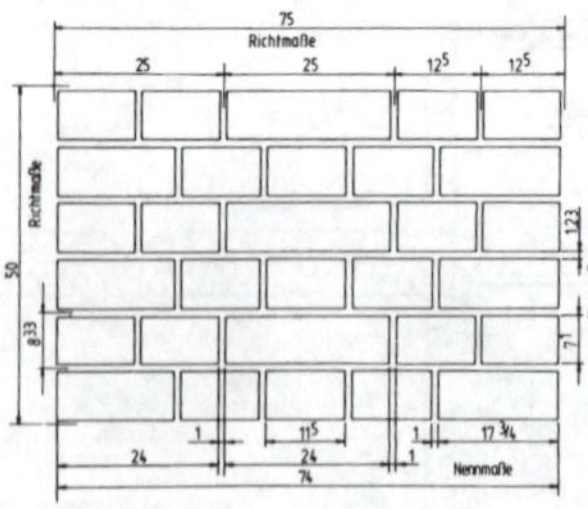

Beispiel für Bauricht- und Baunennmaße

Baunennmaße

Baunennmaße (N) sind die wirklichen Maße der Bauteile, die in die Bauzeichnung eingetragen werden. Betrachtet man die Steinformate herkömmlicher Mauersteine, so sind die unterschiedlichsten Steinarten trotzdem gleich lang oder hoch: 5,2 cm, 7,1 cm, 11,3 cm, 17,5 cm, 24 cm, 36,5 cm, 49 cm usw.

Steinformate und Baurichtmaßen

Bezeichnung	Baurichtmaß	– Fuge	= Nennmaß
Steinlänge	25 cm	–1 cm	= 24 cm
Steinbreite	25/2 cm = 12,5 cm	–1 cm	= 11,5 cm
Steinhöhe	25/3 cm = 8,33	–1,23 cm	= 7,1 cm
Steinhöhe	25/4 cm = 6,25	–1,05 cm	= 5,2 cm
Steinhöhe	25/2 cm = 12,5	–1,2 cm	= 11,3 cm

Berechnung von Mauermaßen

Die Berechnung von Mauermaßen aus der Zahl der Köpfe erfolgt nach den Richtmaßen für Mauersteine. Es bedeuten: n = Anzahl der Köpfe, R = Richtmaß, N = Nennmaß.

Als Beispiel sind im folgenden Mauersteine im Normalformat (NF) aufgeführt:

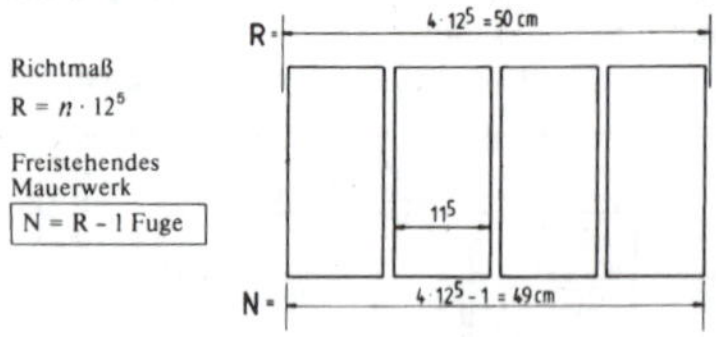

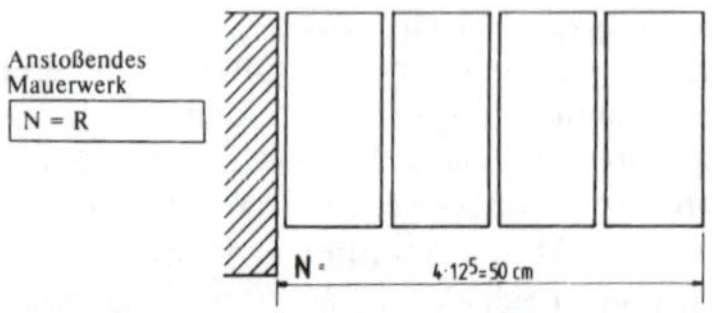

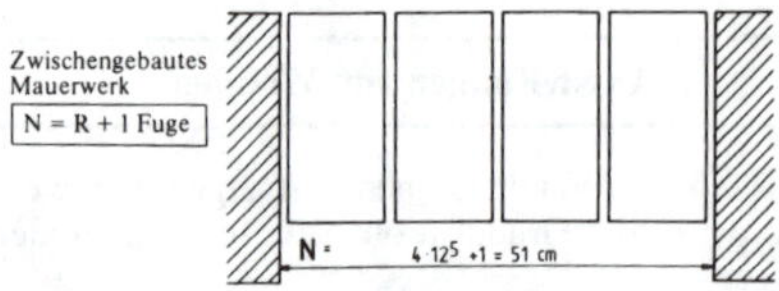

Mauerdicken

Sämtliche Mauerdicken werden wie freistehendes Mauerwerk berechnet.

Mauerhöhen

Das Richtmaß (R) beträgt hier: R = $n \cdot 8{,}33$

Höhe einer Mauer
Nennmaß N = Richtmaß R

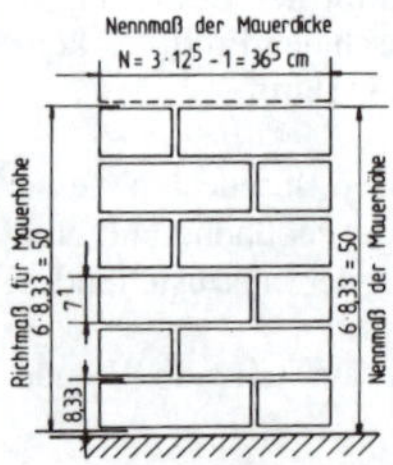

Höhe einer Maueröffnung
Nennmaß N = Richtmaß R + 1 Fuge

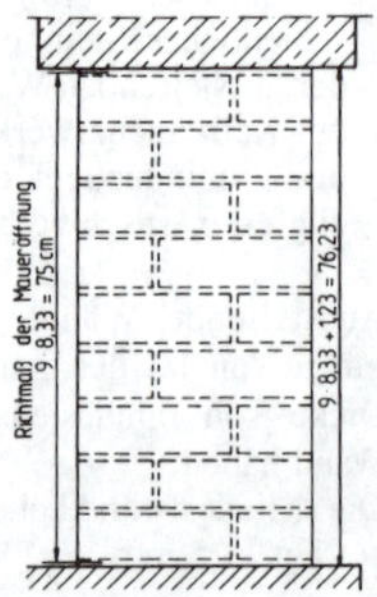

6.2 Wände

Mauerwerksverbände

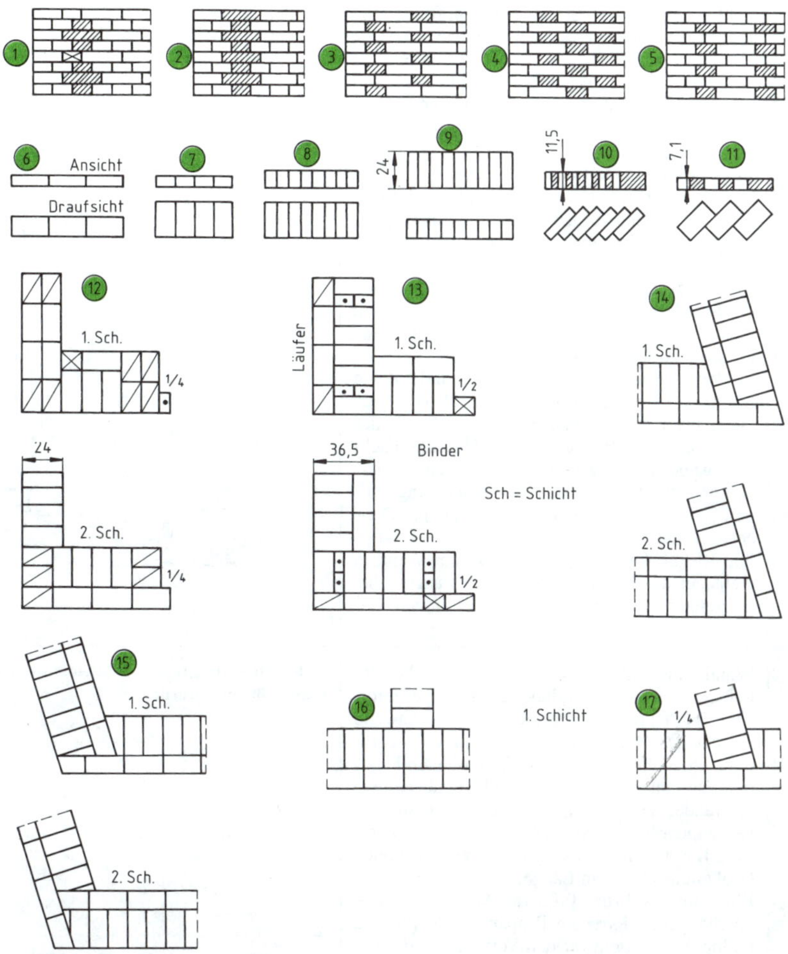

1 Kreuzverband (jede 2. Läuferschicht wird um einen halben Stein versetzt), **2** Blockverband, **3** Märkischer Verband, **4** Gotischer Verband, **5** Holländischer Verband, **6** Läuferschicht, **7** Binderschicht, **8** Rollschicht, **9** Ziegelband, **10** Schränkschicht, **11** Stromschicht, **12** Ecke mit Mauerende und Fensteranschlag. Allgemeine Verbandregeln: Schichten waagerecht. Stoßfugen von übereinanderliegenden Schichten müssen mindestens $^1/_4$ Stein versetzt sein. Bei rechtwinkligen Ecken wird die durchgehende Mauer als Läuferschicht, die anstoßende als Bindeschicht ausgeführt. Läuferschicht beginnt mit Dreiquartieren. **13** Ecken mit Mauerenden und $^1/_2$ Stein Fensteranschlag unter Verwendung von $^1/_4$ Steinen, **14** Spitzwinklige Mauerecke, von außen angelegt, **15** Stumpfwinklige Mauerecke, **16** Rechtwinkliger Maueranschluß, **17** Schräger Maueranschluß.

6.2 Wände

6.2.8 Tragende Wände aus Holz

Fachwerkwand

Die tragenden Teile beim Holzfachwerk bilden Schwellen, Pfosten (Stiele), Streben, Riegel und Rähme. Die Gefache werden i. d. R. ausgemauert. Die Fachwerkwand wird auf waagerechten Schwellen angeordnet, die wiederum flach und waagerecht auf dem Sockel (Fundament) aufliegen.

Bestandteile einer Fachwerkwand

Die Fachwerkwand wird auf witterungsbeständigen Schwellen aufgebaut, die mit einer Sperrschicht vom Unterbau/Fundament getrennt sein müssen.

Tragendes Gerippe der Fachwerkwand bilden die Ständer (Pfosten, Stiele), die in bestimmten Abständen in die Schwellen eingezapft werden. Parallel zu den Schwellen werden über den Stielen Rähme hochkant angeordnet und mit den Stielen verzapft. Die Rähme bilden also eine Art „Ringanker" und tragen bei Höherführung des Gebäudes die Holzbalkenlage. Um die Fachwerkwand im Längsverband auszusteifen, werden gegenläufig geneigte Strebenpaare angeordnet; dadurch entsteht ein unverschieblicher Dreiecksverband.

Die Riegel dienen zur Aufteilung der Wand in Gefache; damit verbunden ist die waagerechte Begrenzung für Fenster- und Türöffnungen.

Anschluß Stiel – Mauerwerksausfachung

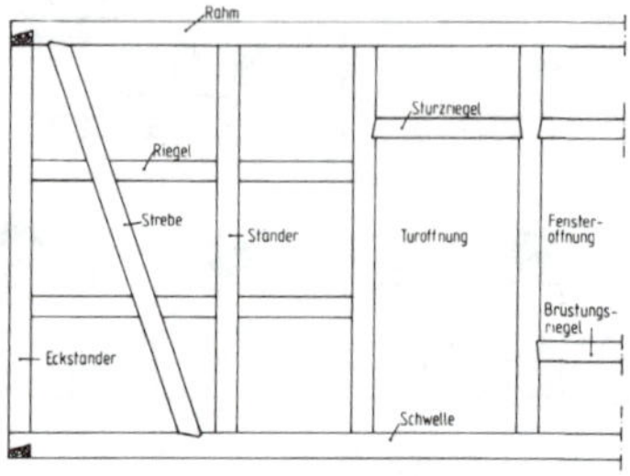

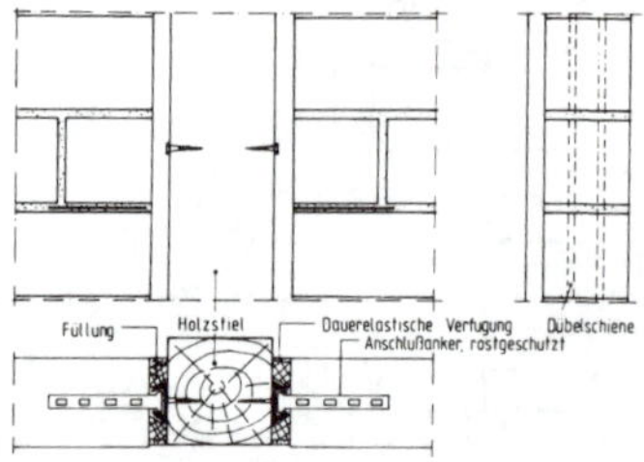

Holztafelwand

Wände aus Holz werden neben der herkömmlichen Fachwerkausbildung auch in neuzeitlicher Tafelbauweise hergestellt. Eine Tafelwand besteht aus Rippen, die in bestimmter Zuordnung ein Skelett bilden. Dabei werden am Kopf- und Fußpunkt waagerecht durchlaufende Rippen verwendet, zwischen denen die lotrechten Rippen angeordnet werden. Zur Anwendung kommen Kleintafeln von 1,25 m Länge, aber auch Großtafeln von 10 m Länge.

Eine umgekehrte Tafelwandkonstruktion – durchgehende lotrechte Rippen am Kopf- und Fußpunkt – hätte zwar den Vorteil, daß die ungünstige Flächenpressung quer zur Faser, die zumeist die Tragfähigkeit der Wand bestimmt, nicht auftritt. Sie ist aber konstruktiv äußerst nachteilig.

Anschlüsse für Bauteile in Tafelbauart

Wände in Tafelbauart müssen bei der Montage mit herkömmlichen Baustoffen (Ziegelmauerwerk, Beton) sowie untereinander verbunden werden. Bei vorgefertigten Wandelementen sind ggf. Montageöffnungen vorzusehen, damit die Anschlüsse für den Handwerker erreichbar sind.

Unbelüftete Außenwand in Tafelbauweise in Grundriß und Ansicht

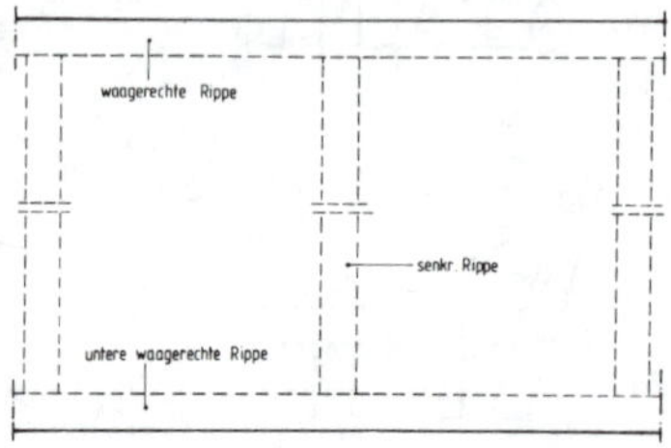

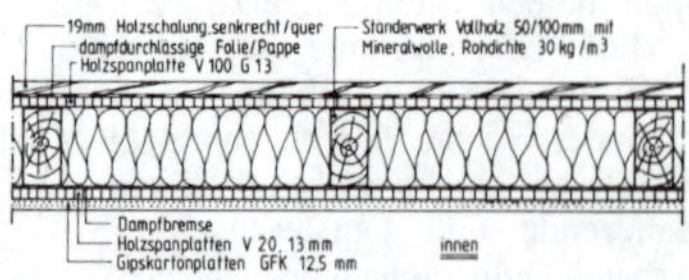

Holztafelwand (Fortsetzung)

In der Holztafelbauart unterscheidet man Wände mit:

- **Aussteifender Beplankung.** Diese Beplankung dient zur Knickaussteifung gedrückter Rippen oder zur Kippaussteifung schlanker, auf Biegung beanspruchter Rippen.
- **Mittragender Beplankung.** Diese Beplankung dient zur Aufnahme und Weiterleitung von lotrechten und waagerecht in Wandebene angreifenden Lasten.

Die Größe der Wandtafelelemente hat kaum einen Bezug auf deren Tragfähigkeit. Das Rastermaß der Vollholzstiele kann beliebig unter Beachtung der Holzstärken vergrößert werden. Zu berücksichtigen sind jedoch Biegesteifheit und Widerstand der Gesamtkonstruktion gegenüber stoßartiger Belastung und die ausreichende Tragfähigkeit der Anschlüsse an angrenzende Bauteil.

Belüftete Außenwand, Grundriß

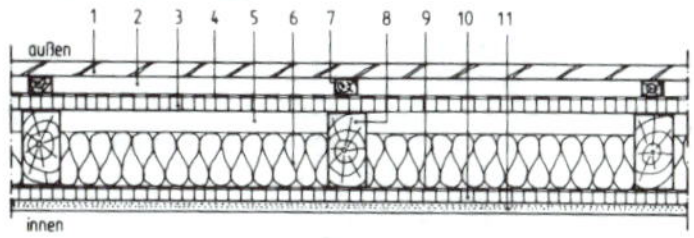

1 Holzschalung
2 Luftschicht
3 Holzspanplatte
4 dampfdurchlässige Folie
5 Hohlraumdämmung
6 Mineralwolle
7 Konterlattung
8 Ständerwerk
9 Dampfbremse
10 Holzspanplatten, V20
11 Gipskartonplatten GFK

Anschlüsse

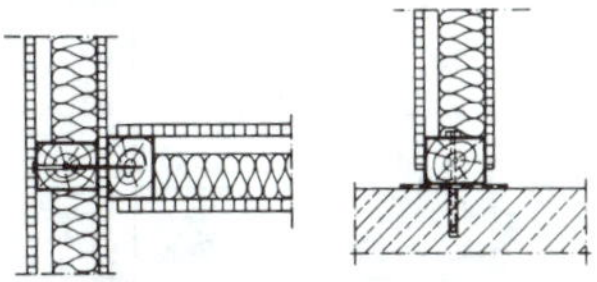

6.2.9 Nichttragende Wände aus Holz, DIN 4103 (7.84)

Nichttragende innere Trennwand

Nichttragende Wände dienen der Raumtrennung und sind leicht gebaut. Man spricht daher auch von leichten Trennwänden oder Leichtwänden, die eine geringe Dicke und Eigenlast aufweisen und darüber hinaus keine wesentlichen Bauwerkslasten zu tragen haben. Leichte Trennwände werden durch Befestigung an anschließende Bauteile standsicher gemacht. Die Eigenlast soll 1,5 kN/m^2 nicht überschreiten.

Leichte Trennwände aus Holzwerkstoffen werden häufig als Gerippewände ausgebildet, die zum Teil fertige Wandoberflächen aus unterschiedlichen Werkstoffen besitzen.

Die **Gerippewände** selbst bestehen aus einem Gerüst aus Holz oder Stahlblechprofilen, das ein- oder beidseitig mit Platten bekleidet wird. Das Holzgerippe besteht aus lotrechten Kanthölzern von 8–10 cm Dicke, die untereinander einen Abstand von höchstens 67 cm besitzen dürfen, wenn die zur Bekleidung erforderliche Platte eine Dicke von ≤ 3,5 cm aufweist. Der Kantholzabstand kann bei einer Plattendicke von mindestens 5 cm bis 100 cm vergrößert werden. Der Einbau von Querriegeln wird nur bei Verwendung von Holzfaserplatten erforderlich.

Die Platten müssen beim Wandaufbau so versetzt werden, daß alle senkrechten Stöße auf den Rippen liegen.

Gerippewände können als **Einfach-Ständer-Wände** und als **Doppel-Ständer-Wände** aufgeführt werden.

Einfach-Ständer-Gerippewand, ausgebildet als nichttragende Innenwand

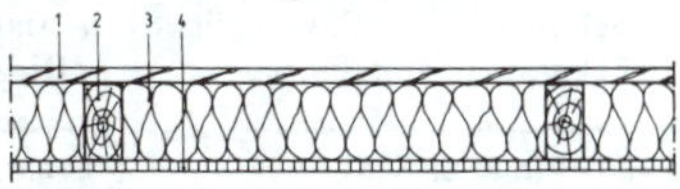

1 Profilholzschalung, 19 mm, Nut und Feder, querlaufend
2 Vollholzstiele 50/100 $e = 60$ cm
3 Mineralwolle 100 mm
4 Holzspanplatten, V20, 13 mm

Flächengewicht:	36 kg/m^2
Wärmedurchlaßwiderstand:	1,57 m^2 K/W
Wärmedurchgangskoeffizient:	$k = 0{,}58$ W/m^2 K
bewertetes Bauschalldämmaß	$= 38$ R_w' (dB)

Einfach-Ständer-Gerippewand, ausgebildet als tragende/nichttragende Innenwand

1 Gipskartonplatten GKF
2 Holzspanplatten V20
3 Vollholzstiele
4 Mineralwolle
5 Holzspanplatten V20
6 Gipskartonplatten GKF

Doppel-Ständer-Gerippewand, ausgebildet als tragende/nichttragende Wand

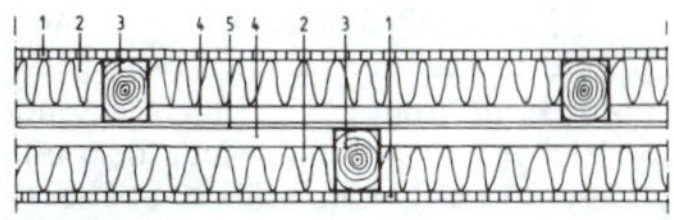

1 Holzspanplatten V20
2 Mineralwolle
3 Vollholzstiele
4 stehende Luftschicht
5 Trennfuge

6.2 Wände

Isometrische Darstellung eines zweistöckigen Fachwerkbaues

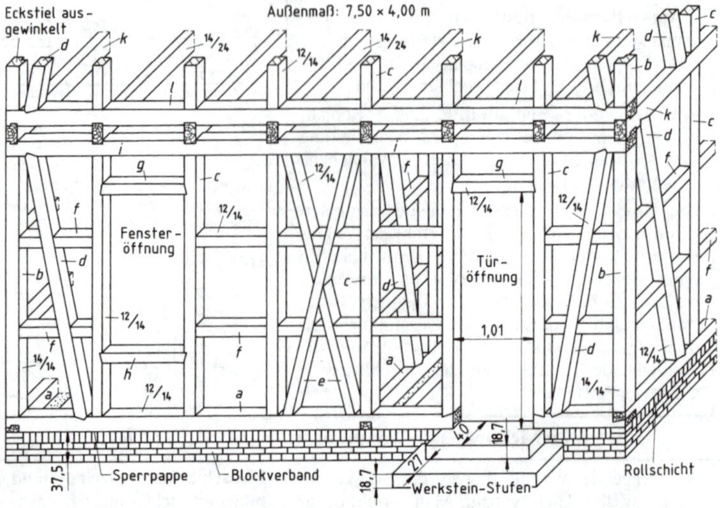

a Schwelle, *b* Eckpfosten, *c* Pfosten, Stiel, *d* Strebe, *e* Andreaskreuz, *f* Riegel, *g* Sturzriegel, *h* Brüstungsriegel, *i* Rähm, *k* Balken, *l* Saumschwelle

Auflagerung der Schwelle	Ausmauerung der Gefache	Verbindung zwischen Stufe und Schwelle	Grundriß
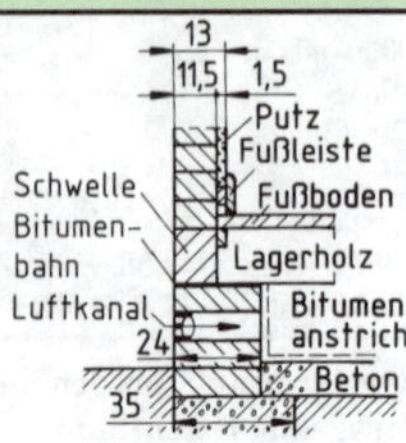	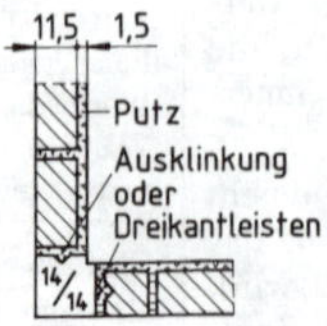	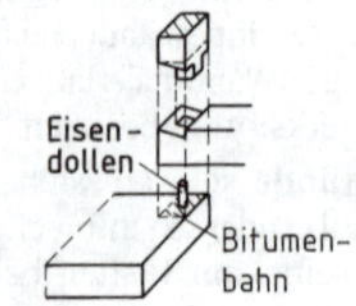	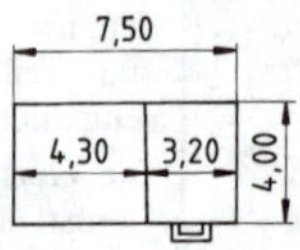

Zimmermannszeichen

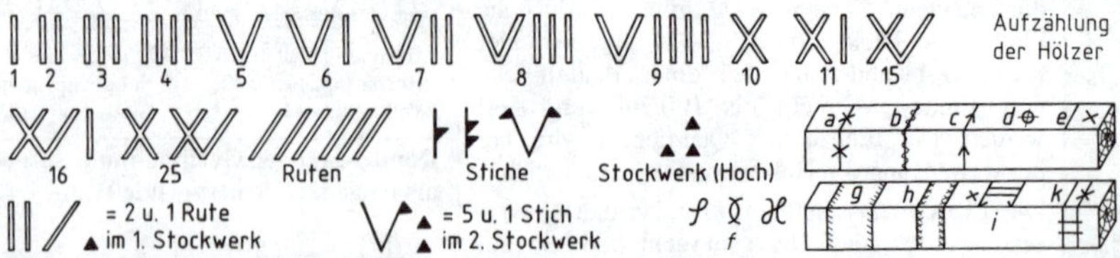

Von der Hauptfront aus gesehen, beginnt man mit den Zeichen links. Längswände bekommen Ruten (schräger Strich), Querwände Stiche (Kerbe am Zifferzeichen). Das 1. Stockwerk erhält ein Dreieck, auch Hoch genannt, das 2. Stockwerk zwei Dreiecke usw. Pfosten, Streben, Kopfbänder erhalten die Zeichen unten, Riegel, Schwellen, Pfetten, Zangen und Rähme links. Außerdem gibt es noch folgende Zeichen: **a** Abschnitt, **b** ungültiger Riß, **c** Mittelriß, **d** Bohrloch, **e** Bund- oder Sprungriß, **f** Bundzeichen, **g** Wandrisse, **h** Pfettenrisse, **i** Zapfenloch für Strebe, **k** Zapfen mit Abschnitt.

6.3 Decken

- **Decken**
  - **Holzbalkendecken**
    - nicht trittschallgedämmt
    - trittschallgedämmt
  - **Massivdecken**
    - **Plattendecken**
      - Stahlbetonvollplatte
      - Stahlsteindecke
      - Glasstahlbetondecke
      - Pilzdecke
      - Stahlbetonhohldecke (Röhbaudecke)
      - Vorgefertigte Plattendecke (Filigrandecke)
      - Spannbeton-Hohlplattendecke
    - **Balkendecken**
      - unbewehrte Decken zwischen I-Trägern
      - Plattenbalkendecke
      - Stahlbetonrippendecken
      - Ziegelfertigteildecken

6.3.1 Holzbalkendecken

Allgemeines

Bei der Konstruktion von Holzbalkendecken muß große Sorgfalt auf den Deckenaufbau verwendet werden, da weder Luft- noch Trittschallschutz einer Holzbalkendecke in Normalausführung den Mindestanforderungen von DIN 4109 entspricht. Die Ursache von hellhörigen Holzbalkendecken liegt in der direkten Schallübertragung vom Fußboden über die Balken zur Putzschale.

Eine Verbesserung des Schallschutzes kann durch Unterbrechung des Schallübertragungsweges zwischen Fußboden und Balken sowie Balken und Putzschale erreicht werden. Grundsätzlich ist daher auch bei einer Holzbalkendecke eine gute Luft- und Trittschalldämmung möglich, sie muß nur ausreichend schwer und zweischalig ausgeführt werden. In bezug auf den Wärmeschutz erreichen Holzbalkendecken ohne Schwierigkeiten die an sie gestellten Forderungen.

Beachte: Der Einbau einer Holzbalkendecke erfordert stets den Einbau eines Ringankers mit der Mindestbreite und -höhe von 12 cm. Die Mindestbewehrung beträgt 2 Ø 10. Aufgabe des Ringankers: Klammerfunktion und Aussteifung des Gebäudes.

Schnitt durch eine herkömmliche Holzbalkendecke, direkte Schallübertragung möglich.

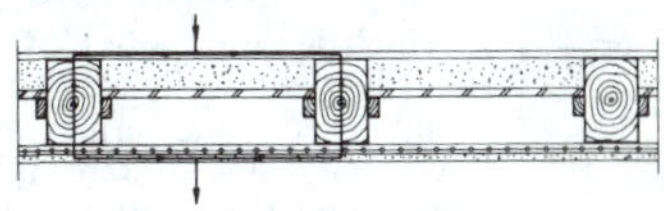

Schnitt durch eine luft- und trittschallgedämmte Holzbalkendecke.

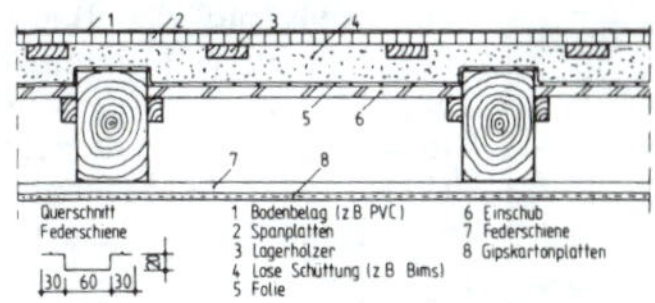

1 Bodenbelag (z.B. PVC)	5 Folie
2 Spanplatten	6 Einschub
3 Lagerhölzer	7 Federschiene
4 Lose Schüttung (z.B. Bims)	8 Gipskartonplatten

Es besteht keine direkte Verbindung von Ober- und Unterdecke mit den Holzbalken.

Trittschallgedämmte Holzbalkendecke

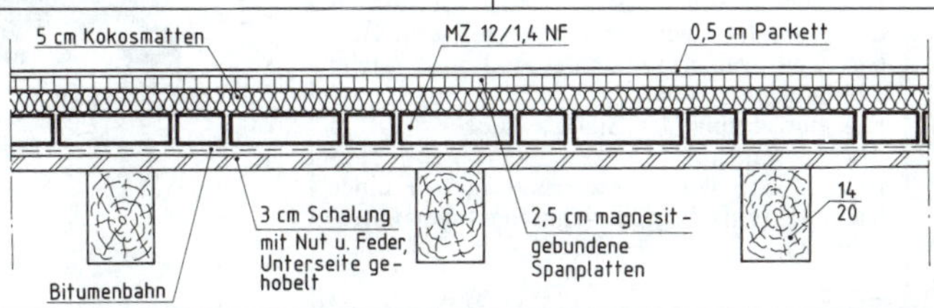

6.3 Decken

6.3.2 Massivdecken / Plattendecken

Stahlbeton-Vollplatte

Die Stahlbeton-Vollplatte ist ein Verbundkörper aus Betonstahl und Kies- bzw. Ziegelsplittbeton. Laut DIN 1045 (7.88) beträgt die Mindestdicke einer Stahlbetonplatte im allgemeinen 7 cm, sie ist aber zusätzlich stets von der Stützweite abhängig und beträgt z. B. bei einer Einfeldplatte mit 4 m Stützweite ca. 13 cm. Bei Stützweiten über 6 m wird die Stahlbeton-Vollplatte unwirtschaftlich, da die Deckendicke hier bereits 20 cm und mehr betragen muß. Die Auflagertiefe von Plattendecken hängt von der Größe der Auflagerkraft und von der Tragfähigkeit des Auflegers ab. In der Regel ist eine Mindestauflagerfläche von 7 cm bei Auflagerung der Platte auf Mauerwerk oder Beton B 5 und B 10 vorzusehen.

Einachsig gespannte Platten
Hier liegt die Vollplatte auf zwei gegenüberliegenden Wänden oder Trägern auf, d. h., die Tragbewehrung muß rechtwinklig zu den Auflagern angeordnet werden.

Einachsig gespannte Stahlbeton-Vollplatte

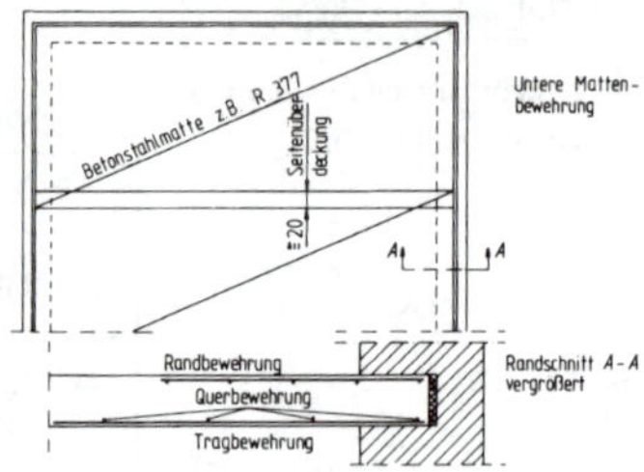

Zweiachsig gespannte Platten
Hier liegt die Vollplatte auf drei bzw. vier Wänden auf und erhält eine kreuzweise Bewehrung aus Betonstahlmatten, die in Längs- und Querrichtung gleiche Stahlquerschnitte haben. Dadurch werden die Lasten in beiden Auflagerrichtungen abgetragen.
Um den Zeitaufwand des Einschalens und Betonierens auf der Baustelle einzusparen, werden heute von Betonwerken Stahlbeton-Vollplatten auch als Fertigteile ausgeliefert. Die vorgefertigten Plattenelemente werden per Hebekran auf die Mauern aufgelegt und die Stoßfugen mit Mörtel ausgegossen.

Zweiachsig gespannte Stahlbeton-Vollplatte

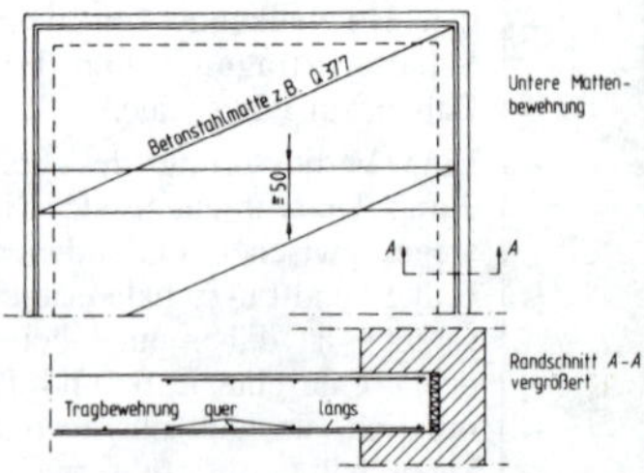

Stahlsteindecke

Die Stahlsteindecke besteht aus Deckenziegeln (DIN 4159), Beton oder Zementmörtel und Betonstahl. Durch die Deckenziegel wird das Deckengewicht gegenüber der Stahlbeton-Vollplatte erheblich gemindert. Die Deckenziegel werden zur Aufnahme der an der Deckenoberseite auftretenden Druckspannungen herangezogen, so daß ein Druckbeton darüber nicht erforderlich ist. Man unterscheidet Deckenziegel für teilvermörtelbare und vollvermörtelbare Stoßfugen (siehe Abbildung).
Die Bewehrung der Stahlsteindecke liegt in den durch die Deckenziegel gebildeten Rippen. Sie wird vorwiegend nur in einer Richtung (einachsig) in den Längsfugen untergebracht.

Schnitt durch eine Stahlsteindecke mit teilvermörtelbaren Stoßfugen

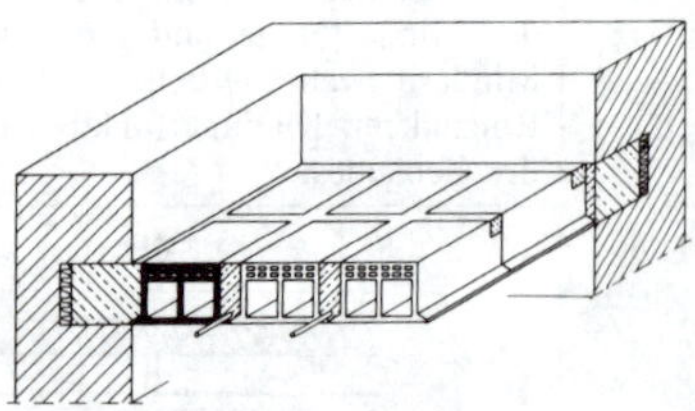

6.3 Decken

Stahl-stein-decke (Fort-setzung)	Grundsätzlich dürfen Stahlsteindecken nur als einachsig gespannt gerechnet werden. Der Achsabstand der Bewehrungsstähle darf 25 cm nicht überschreiten. Der Fugenbeton muß mindestens die Festigkeitsklasse B 15 besitzen. Beim Verlegen der Decke ist auf das Annässen der Deckensteine vor dem Einbringen des Betons zu achten, damit sie kein Wasser saugen. Die Deckenauflager sind aus Beton herzustellen; die Deckenziegel dürfen daher nicht auf den Auflagerwänden aufliegen. Darüber hinaus müssen auch sich neben Wänden ergebende Randstreifen aus Beton hergestellt werden.	**Deckenziegel für teil-(A) und vollvermörtelbare Stoßfugen (B)** 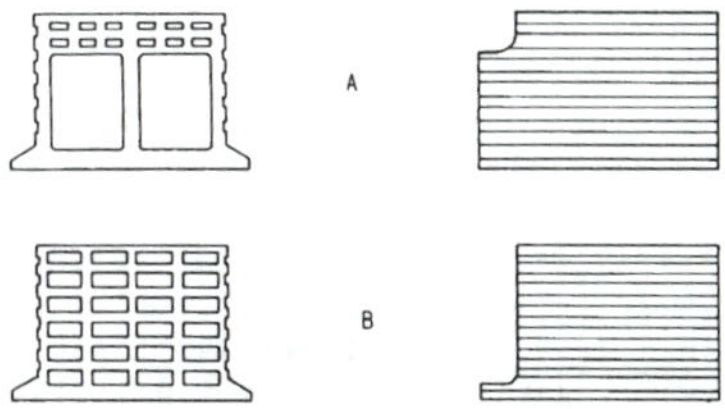
Glas-stahl-beton-decke	Die Glasstahlbetondecke besteht aus Beton, Betongläsern und Betonstahl. Sie darf nur als Abschluß gegen die Außenluft (Oberlicht, Abdeckung von Lichtschächten usw.) mit einer Aufnehmbaren Verkehrslast von höchstens 5 kN/m^2 hergestellt werden. Die Betonrippen müssen bei einachsig gespannten Tragwerken mindestens 6 cm hoch, bei zweiachsig gespannten Tragwerken mindestens 8 cm hoch und in Höhe der Bewehrung mindestens 3 cm breit sein. Als Bewehrung müssen alle Haupt- und Querrippen einen Bewehrungsstab mit einem Durchmesser von mindestens 6 mm erhalten. Alle Deckenteile aus Glasstahlbeton müssen einen umlaufenden Stahlbetonringbalken mit einer geschlossenen Ringbewehrung erhalten. Der Ringbalken kann innerhalb eines anschließenden Stahlbetonbauteils liegen. Die Breite und Dicke des Balkens muß der Dicke des Tragteils und die Ringbewehrung der Bewehrung der Hauptrinnen entsprechen. Die Bewehrung aller Rippen ist bis an die äußeren Ränder des umlaufenden Balkens zu führen.	**Glasstahlbeton-Decke mit Anschluß an Außenwand in Höhe der Stahlbetondecke** 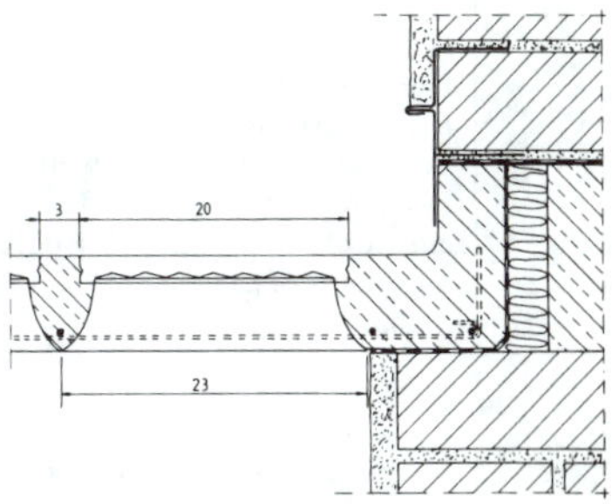
Pilz-decke	Pilzdecken werden über sehr großflächigen Räumen angeordnet, die leicht überschaubar sein sollen. Die Pilzdecken müssen eine Mindeststärke von 15 cm haben; die Bewehrung wird kreuzweise angeordnet. Die runden oder rechteckigen Säulen unterstützen die Decke punktförmig; Decke und Säulen sind biegefest oder gelenkig verbunden. Pilzdecken können auch ohne Kopfverstärkung hergestellt werden, d. h., außer den Säulen sind keine Unebenheiten unter der Decke zu sehen; man spricht dann von einer Flachdecke. Bei Pilzdecken und Flachdecken ist außer der Tragbewehrung um den Stützkopf eine Schubbewehrung aus Bügeln oder aufgebogenen Stäben erforderlich. Die Stützweite zwischen den einzelnen Säulen beträgt ca. 6,5 cm.	**Schnitt durch eine Pilzdecke** 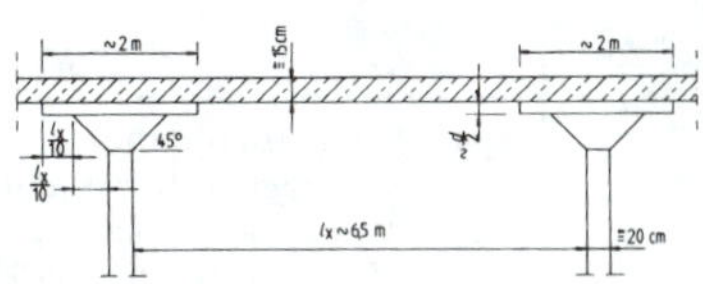

6.3 Decken

Stahlbeton-Hohldecke (Röhbaudecke)

Bei Spannweiten über 6 m wird die herkömmliche Stahlbetonvollplatte unwirtschaftlich (große Konstruktionshöhe, hohes Gewicht). Um die Deckenlast herabzusetzen, werden deshalb bei der Stahlbeton-Hohldecke in der Mitte, wo die Druck- und Zugspannungen am geringsten sind, Hohlräume eingebaut, die nach Fertigstellung der Decke nicht mehr sichtbar sind.

Ein bekannter Vertreter dieser Deckenkonstruktion ist die Röhbau-Decke. Sie kann einachsig und kreuzweise bewehrt werden. Als Hohlkörper werden in der Deckenmitte wasserdichte, auf beiden Seiten geschlossene Spezialpapprohre einbetoniert. Die Rohre werden durch Bügelkörbe aus Baustahlgewebe zu Rohrbatterien verbunden und auf die vorher verlegte Baustahlgewebe-Bewehrung aufgelegt. Dabei müssen die Rohre so an der Bewehrung verankert werden, daß sie während des Betonierens nicht aufschwimmen.

Die Röhbaudecke bringt eine Gewichtsersparnis von 20–40%.

Für sehr große Stützweiten sind weitere Deckensysteme auf der Basis der Hohldecke entwickelt worden. Die Hohlkörper bestehen hier aus Hartschaumstoff bzw. aus profiliertem Stahlblech.

Querschnitt durch eine Röhbau-Decke

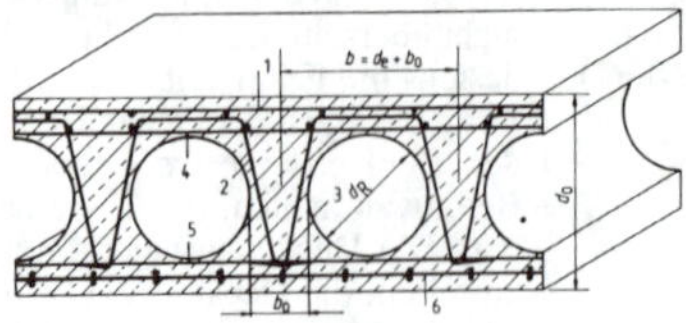

1 obere Bewehrungsmatte
2 gebogene Matte
3 Spezialpapprohr
4 oberer Steckstab Ø 6 mm
5 unterer Steckstab Ø 6 mm
6 Feldbewehrung

Längsschnitt durch eine Röhbau-Decke

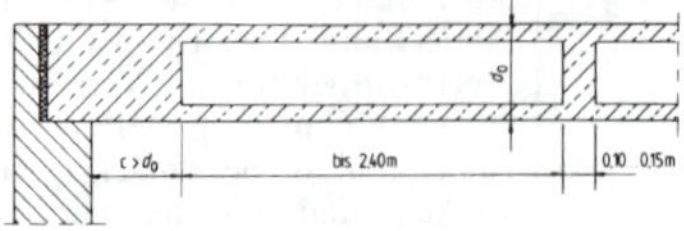

Abmessungen der Röhbau-Decken							
d_o (cm)	23	28	33	38	43	48	53
d_R (cm)	10	15	20	25	30	35	40
b_o (cm)	8	8	8	8	8	10	10
b (cm)	18	23	28	33	38	45	50

Decken aus großflächigen vorgefertigten Deckenplatten

Vorgerfertigte Plattendecke

Diese Decke wird im Betonwerk in der erforderlichen Länge und mit einer Breite bis zu 2,50 m, auf der Baustelle auch in Raumgröße, hergestellt. Dazu werden an Gitterträgern aus Stahl 4–6 cm dicke Platten anbetoniert, in denen die Tragbewehrung untergebracht ist. Auf den auf Montagejochen verlegten Deckenelementen wird eine Querbewehrung angeordnet und anschließend Ortbeton in der erforderlichen Dicke aufgebracht.

Vorgefertigte Plattendecke / Filigrandecke

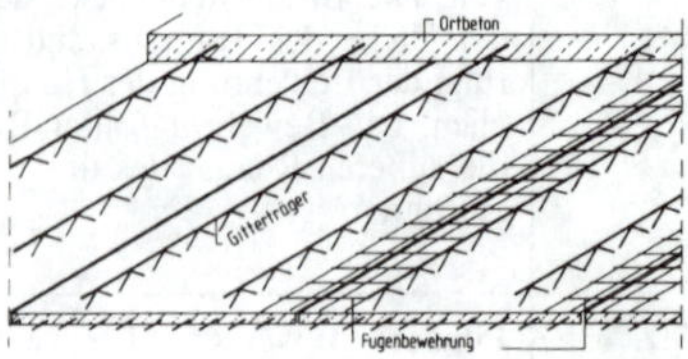

Spannbeton-Hohlplatten

Die als Fertigteil hergestellten Deckenelemente sind in der Regel 33,3 cm oder 50 cm breit und werden bis zu einer Höhe von 20 cm hergestellt. Die Schmalseiten der Platten sind konisch genutet und werden nach dem Verlegen mit Fugenmörtel vergossen. Auf die verlegten Hohlplatten braucht kein Ortbeton mehr aufgebracht zu werden.

Spannbeton-Hohlplattendecke

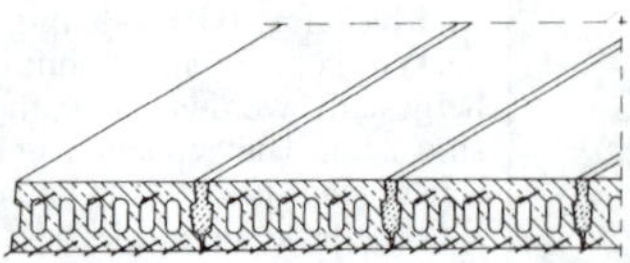

6.3 Decken

6.3.3 Massivdecken / Balkendecken

Unbewehrte Decken zwischen I-Trägern (Hourdisdecke)

Bei diesen Stahlträger-Decken werden Deckenplatten ohne Schalung und mit wenig Mörtel oder Beton zwischen die einzelnen Stahlträger verlegt. Als gebräuchlichste Deckenplatten sind im Baustoffhandel Hour**displatten** und **Stahlbeton-Hohldielen er**hältlich. Die Decken werden aus einzenen schmalen Plattenstreifen in Standardgrößen am Einbauort zusammengesetzt.

Hourdisplatten nach DIN 278 (9.78) sind geriffelt gebrannte Tonhohlplatten, die als Einschub für die Stahlträgerdecke verwendet werden (daher auch der Name Hourdisdecke). Sie sind 50 bis 100 cm lang, 20 oder 25 cm breit und 3,5 bis 10 cm hoch. Die Platten werden in der Regel mit der abgeschrägten Stirnfläche nach außen bzw. auf die Trägerflansche verlegt, anschließend wird Ortbeton aufgebracht.

Stahlträger-Decke mit Hourdisplatten

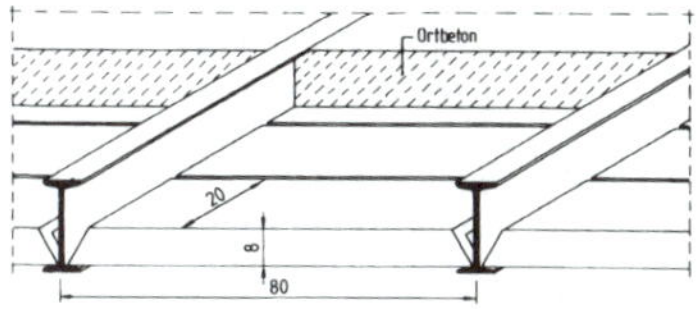

Stahlbeton-Hohldiele und Hourdisplatte

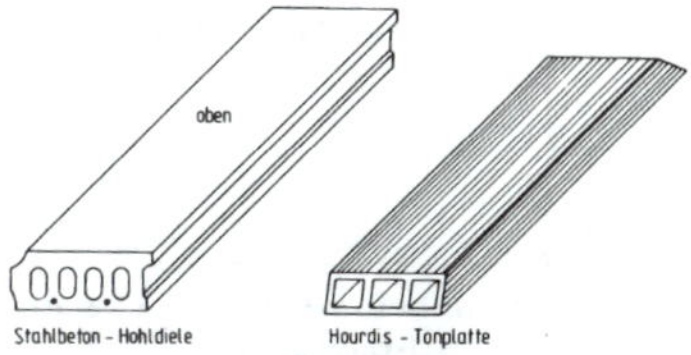

Stahlbeton-Hohldielen nach DIN 1045 (7.88) aus Normal- oder Leichtbeton sind bis zu 3 m lang. Die Dicke der Hohldielen muß für Geschoßdecken mindestens 6 cm, für Dachdecken, die nur bei Reinigungs- und Ausbesserungsarbeiten betreten werden, mindestens 5 cm sein. Die Breite beträgt in der Regel 33 cm.
Zur besseren Verbundwirkung befinden sich an den Längsseiten der Dielen Nut und Feder; darüber hinaus sind die Dielen innen hohl. Um beim Verlegen Druck- und Zugzone nicht zu verwechseln, tragen die Dielen die Aufschriften „oben" und „unten".

Stahlträger-Decke mit Stahlbeton-Hohldielen

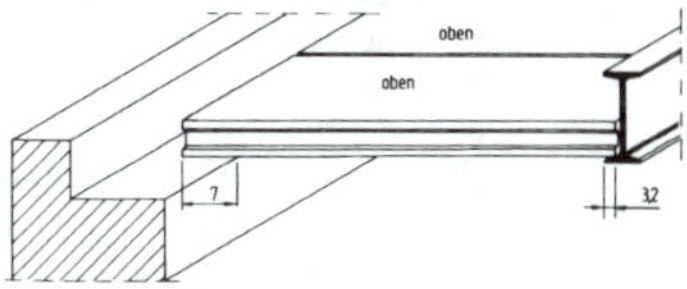

Stahl beton-Rippendecken

Stahlbeton-Rippendecken sind Plattenbalkendecken mit einem lichten Abstand der Rippen von ≤70 cm. Sie kommen vorwiegend für weitgespannte Decken in Frage. Für die Platten der Rippen ist kein statischer Nachweis zu führen. Die Vielzahl der Stahlbeton-Rippendecken läßt sich wie folgt einteilen:

nach der **Herstellung**
- aus Ortbeton
- aus vorgefertigten Teilen

nach der **Konstruktion**
- ohne Füllkörper
- mit Füllkörper

nach der **Art der Füllkörper**
- mit Leichtbetonfüllkörpern
- mit Deckenziegeln
- mit anderen Füllkörpern

Stahlbeton-Rippendecke aus Ortbeton und statisch mitwirkenden Deckenziegeln

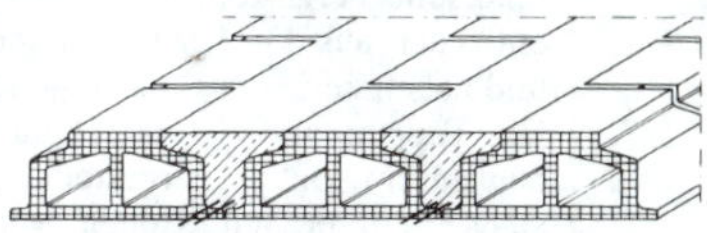

nach der **statischen Aufgabe der einzelnen Teile**
- mit Druckplatte
- ohne Druckplatte

nach dem **Deckenaufbau**
- Einschalendecke
- Zweischalendecke

Stahlbeton-Rippendecken (Fortsetzung)

Stahlbeton-Rippendecke aus Ortbeton ohne Füllkörper

Diese Decke wird bevorzugt in Geschäftshäuser und Verwaltungsgebäude eingebaut. Statt der Füllkörper werden verschiedene Größen von Stahlblechen für die Formgebung der Rippen und der Druckplatte verwendet. Sollen die einzelnen Rippen an der Deckenunterseite nicht sichtbar sein, kann man einen Putzträger in Form von Holzleisten mit einbetonierten Nägeln an den Rippen befestigen. Als Putzträger bieten sich an: Rippenstreckmetall, Stabilrohrgewebe, Holzwolle-Leichtbauplatten usw. Auf diese Weise erhält man eine zweischalige Decke.

Schnitt durch eine Stahlbeton-Rippendecke ohne Füllkörper

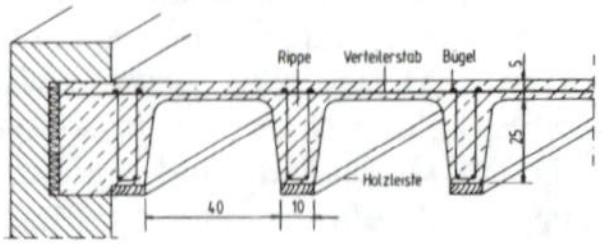

Stahlblech für Stahlbeton-Rippendecke ohne Füllkörper

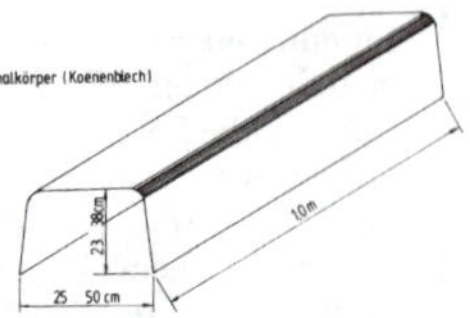

Stahlbeton-Rippendecke aus Ortbeton mit Gitterträgern

Tragende Bestandteile dieser Decke sind biegesteife Gitterträger, die im Abstand von 50 – 62,5 cm verlegt werden. Die Schalkörper werden zwischen die Träger eingebaut. An der Unterseite der Gitterträger sind Holzleisten eingebaut, die zur Befestigung der Unterdecke dienen. Die Gitterträger müssen mindestens 11,5 cm auf den Wänden aufliegen.

Es werden Leichtschalungskörper aus Werzalit verwendet, die sogenannte Sicken zur Verbesserung der Aussteifung und Querverteilung der Lasten besitzen.

Gitterträger für Stahlbeton-Rippendecke aus Ortbeton

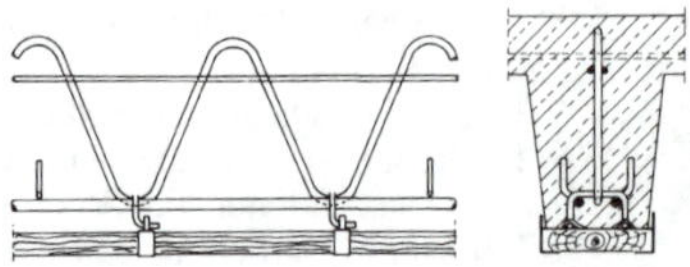

Stahlbeton-Rippendecke aus Ortbeton mit statisch nicht mitwirkenden Ziegel-Füllkörpern oder Deckenhohlkörpern aus Leichtbeton

Bei dieser Deckenart wird durch den Einbau von Füllkörpern von vornherein eine ebene Deckenunterseite hergestellt. Die Füllkörper bestehen entweder aus Deckenziegeln oder Bimsbeton und haben keinerlei Belastung aufzunehmen.

Die Rippen und die Druckplatte werden aus bewehrtem Beton hergestellt. In die mindestens 5 cm breiten Rippen werden die Tragstäbe (meist zwei) und die Bügel, die bis in die Druckplatte reichen, verlegt. In der ebenfalls mindestens 5 cm dicken Druckplatte werden Verteilerstäbe eingelegt. Der Höchstabstand zwischen den Rippen darf von Mitte bis Mitte gemessen nicht mehr als 70 cm betragen. Die Hohlkörper dürfen nicht auf der Wand aufliegen, vielmehr sind alle Wandauflager und Deckenstreifen über Mittelwänden aus Vollbeton herzustellen.

Stahlbeton-Rippendecke aus Ortbeton mit statisch nicht mitwirkenden Ziegel-Füllkörpern

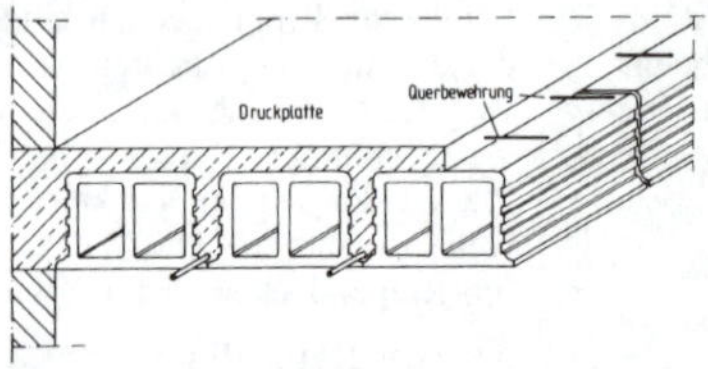

Stahlbeton-Rippendecke aus Ortbeton mit statisch nicht mitwirkenden Leichtbeton-Hohlkörpern

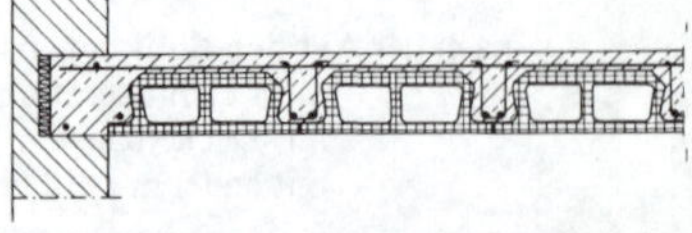

6.3 Decken

Stahlbeton-Rippendecken (Fortsetzung)

Stahlbeton-Rippendecken auf der Konstruktionsbasis von Fertigteildecken
Der Vorteil dieser Decken liegt vor allem darin, daß wenig Ortbeton hergestellt und fast ohne Schalung gearbeitet werden kann. Die Rippen bestehen aus vorgefertigten biege- und verdrehungssteifen Gitterträgern, die Zwischenräume werden durch Deckenziegel, die entweder statisch mitwirken oder nicht, ausgefüllt. Der untere Teil der Gitterträger mit den Zugstählen besteht aus Werksbeton, die Rippen werden mit Ortbeton ausgefüllt.

Wichtige Hinweise zum Einbau dieser Decken:

- Die Steinauflage der Gitterträger muß mindestens 11,5 cm betragen.
- In den Endbalken aus Stahlbeton sollen am Auflager mind. 1 ∅ 10 oder 2 ∅ 7 quer zur Tragrichtung als Ringanker angeordnet werden.
- Alle Auflagerbänke müssen eben und waagerecht ausgeführt werden.

Bei diesen Decken entfällt das Einschalen auf der Baustelle, es sind lediglich Montagestützen erforderlich.

Stahlbeton-Rippendecke auf der Konstruktionsbasis einer Fertigteildecke (keine Druckplatte)

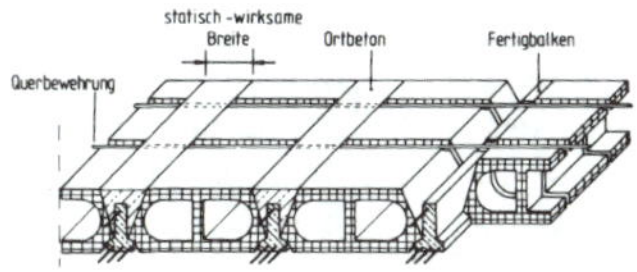

Wandauflager einer Fertigteildecke

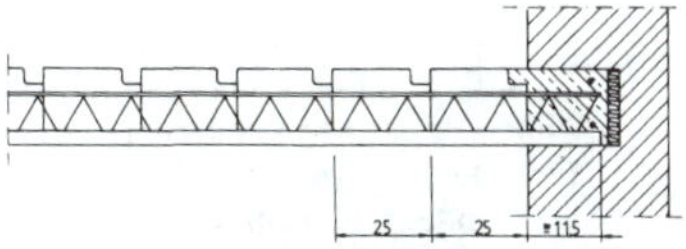

Zwischenauflager einer Fertigteildecke

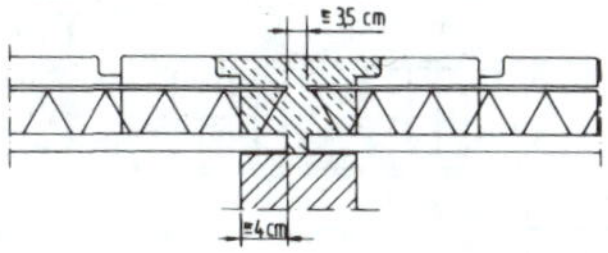

Ziegelfertigteildecken DIN 4159 (4.78) und **4160** (8.78)
Ziegelfertigteildecken sind Stahlbeton-Rippendecken, bei denen die Bewehrung aus vorgefertigten Ziegelbalken besteht. Zwischen den Balken werden entweder statisch mitwirkende oder nicht mitwirkende Deckenziegel angeordnet. Im letzteren Fall ist eine mindestens 5 cm dicke Druckplatte anzuordnen. Aus der Vielzahl der Ziegelfertigteildecken-Konstruktionen wird hier die Esto-Decke abgebildet.

Esto-Decke mit allseitig 2 cm Betondeckung

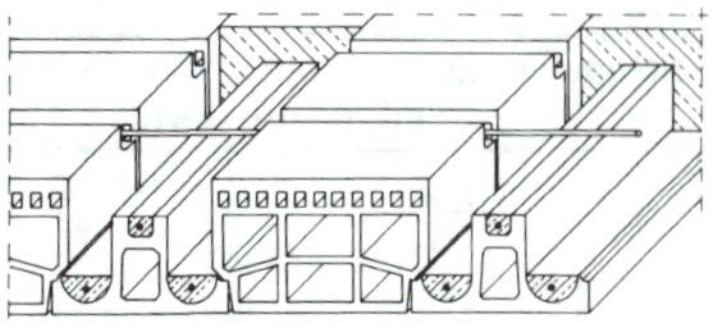

Plattenbalkendecke

Im Querschnitt betrachtet, bestehen Plattenbalkendecken aus einer Stahlbeton-Vollplatte mit unterseitigem Stahlbetonbalken. Diese Decke ist für großflächige Räume geeignet, da an statisch nicht erforderlichen Stellen Beton und zugleich Gewicht gespart werden kann. Die Spannrichtung der Platte muß immer quer zu den Balken, die die Zugbewehrung aufnehmen, verlaufen.
Plattenbalkendecken werden häufig auch als Fertigteile hergestellt, wobei die Bewehrung vorgespannt werden kann. Aus Transportgründen beträgt die Plattenbreite ca. 2,50 m. Diese Fertigteile werden als Doppelstegplatten bzw. als Trogplatten bezeichnet.

Schnitt durch eine Plattenbalken-Decke

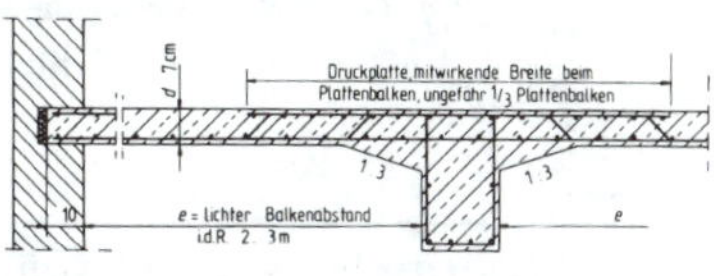

Doppelstegplatte als Betonfertigteil

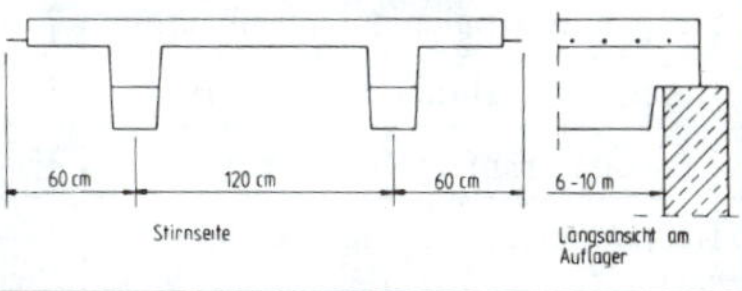

6.4 Treppen

6.4.1 Grundbegriffe/Allgemeines DIN 18064 (11.79), DIN 18065 (7.84)

Planung von Treppen

- Festlegung des Raumbedarfs S. 6–27
- Festlegung der Treppenform S. 6–27
- Bestimmung der Treppenmaße S. 6–26
- Errechnung der Verziehungsmaße S. 6–29
- Treppenbauvorschriften Landesbauordnungen S. 6–27

Anforderungen an Treppen

- Mindestbreite in Gebäuden, Einbau eines Podestes nach bestimmter Stufenanzahl
- Treppen müssen bequem begehbar sein, Treppenstufenmaße = Steigungshöhe + Auftritt

Teile einer Treppe

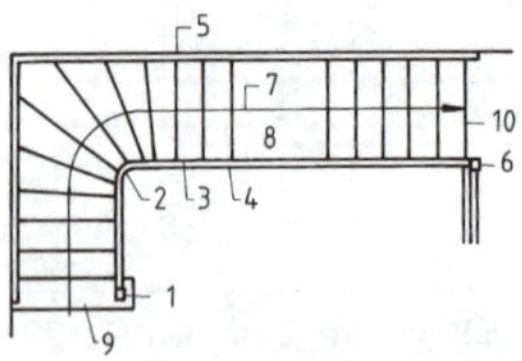

1 Antrittspfosten
2 Krümmling
3 Handlauf
4 Freiwange (Lichtwange)
5 Wandwange
6 Austrittspfosten
7 Lauflinie
8 Podest
9 Antritt
10 Austritt

Begriffe und Maße

Begriff	Maße
Auftrittsbreite	min. 26 cm, bei verzogenen Stufen und Wendeltreppen 10 cm
Steigungshöhe	i. a. durch festgelegte Geschoßhöhe bestimmt. 16–18 cm günstige Höhe
Steigungsverhältnis	Verhältnis von Steigungshöhe zu Auftrittsbreite, z. B. $s/a = 17/19$
Podest	Treppenabsatz nach 16–18 Stufen; seine Länge muß so breit wie die Laufbreite sein
Öffnungen	in Geländern und Umwehrungen lichter Abstand der Geländerstäbe <12 cm
Handlauf und Geländer	Mindesthöhe 0,90 m; 1 m, wenn Absturzhöhe >12 m und bei Wendeltreppen

Steigungshöhe und Auftrittsbreite bei Holz- und Steintreppen

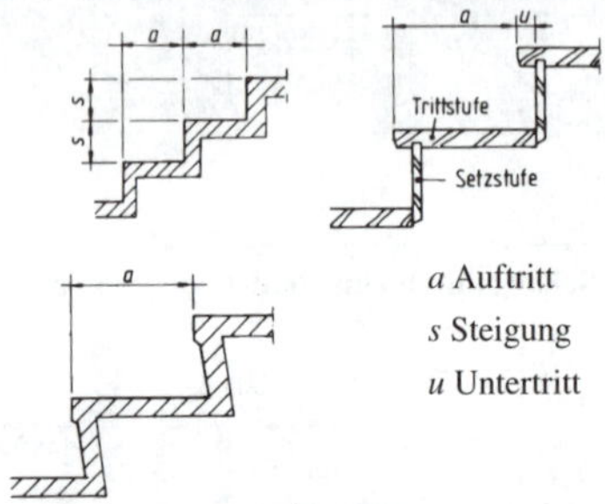

a Auftritt
s Steigung
u Untertritt

Richtwerte für Steigungshöhen

Treppen im Freien und Bahnhöfen	14–16 cm
Treppen in Schulen, Krankenhäusern	15–17 cm
Treppen in Mehrfamilienhäusern	17–18 cm
Treppen in Einfamilienhäusern	17–19 cm
Treppen in Kellern und Speichern	19–20 cm

Richtwerte für Wohnhaustreppen

Geschoßhöhe	Steigungs- anzahl *n*	höhe *s*	Auftritts- anzahl *n*–1	breite *a*	Lauflänge *e*
2,25 m Kellertreppen	12	18,8	11	28	3,08
	13	17,3	12	26	3,12
2,50 m	14	17,9	13	26	3,38
	14	17,9	13	29	3,77
	15	16,7	14	26	3,64
2,75 m	15	18,3	14	26	3,64
	16	17,2	15	26	3,90
	16	17,2	15	29	4,35

6.4 Treppen

6.4.2 Grundrißformen von Treppen

Einläufig gerade Treppe (rechts)	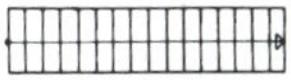	Einläufig halbgewendelte Treppe (rechts)	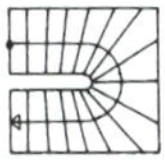
Einläufige im Antritt viertelgewendelte Treppe (rechts)	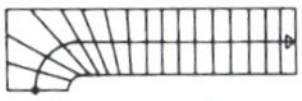	Einläufige im An- und Austritt viertelgewendelte Treppe	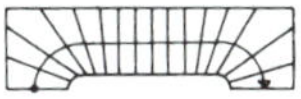
Dreiläufige U-Treppe mit zwei Viertelpodesten	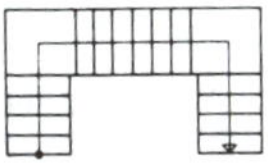	Einläufige im Austritt viertelgewendelte Treppe (rechts)	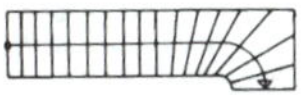
Zweiläufige Winkeltreppe mit Viertelpodest (rechts)	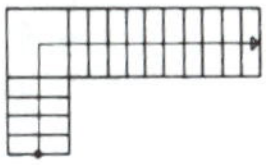	Zweiläufige U-Treppe mit Halbpodest (rechts), ein Treppenauge	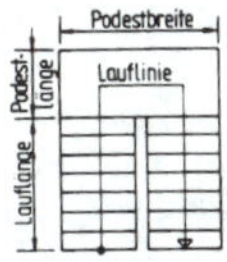
Einläufige viertelgewendelte Treppe (rechts)	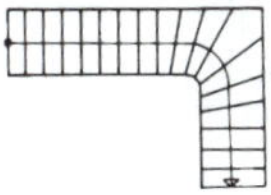	Einläufige Wendeltreppe mit Treppenauge (rechts)	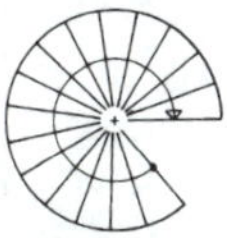
Raumbedarf für Treppenhäuser. Gleiches Steigungsverhältnis und somit gleiche Lauflänge ergibt verschiedene Treppenraumgrößen	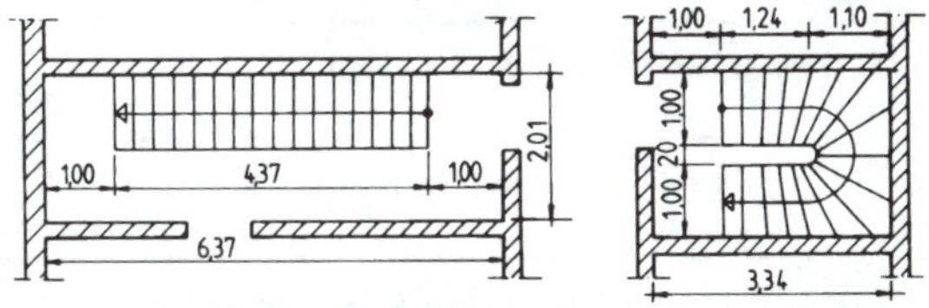		
Baurechtsbestimmungen	DIN 1055 (Lastannahmen), DIN 4102 (Brandverhalten von Baustoffen), DIN 18064 (Treppen, Begriffe), 18065 (Hauptmaße der Gebäudetreppen), Landesbauordnungen		
	Abweichungen von vorgeschriebenen Maßen sind in den Grenzen der folgenden Normen zulässig: DIN 18 201 „Toleranzen im Bauwesen; Begriffe, Grundsätze, Anwendungen, Prüfungen“ DIN 18 202 „Toleranzen im Hochbau; Bauwerk“ DIN 18 203 Teil 1 „Toleranzen; vorgefertgte Teile aus Beton, Stahlbeton und Spannbeton“. Treppen müssen Druckbelastungen (z.B. Schuhe mit hohen Absätzen) und Abrieb widerstehen.		
Planungsvorgaben für Treppen	– verschiedene Bauwerksebenen miteinander verbinden, – sicher und bequem begehbar sein, – Einpassung in die Raumgestaltung, – Sicherheitsvorschriften erfüllen		

6

6.4 Treppen

6.4.3 Berechnung von Treppen

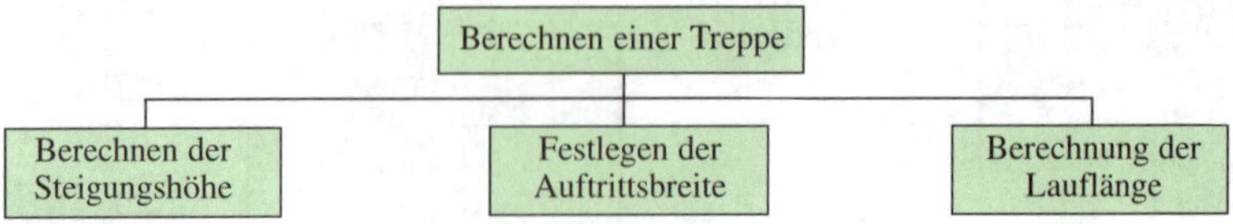

Schrittmaß-formel	Normale Schrittlänge 63 cm (Maß für das Steigungsverhältnis) Auftrittsbreite + 2 Steigungshöhen = 63 cm $a + 2s = 63$ cm Beispiel: Welche Auftrittsbreite ist bei einer Steigung von 17 cm zu wählen? $a = 63\ \text{cm} - 2s$ $a = 63\ \text{cm} - (2 \times 17\ \text{cm}) = 29\ \text{cm}$
Berechnung der Steigungshöhe	Stockwerkshöhe : angenommene Steigung = Anzahl der Steigungen 275 cm : 18 cm = 15,3 Steigungen = ca. 15 Steigungen (auf- oder abrunden)
Berechnung der genauen Steigungshöhe	Stockwerkshöhe : Zahl der Steigungen = Steigungshöhe 275 cm : 15 = 18,33 cm
Berechnen Auftrittsbreite	Stehen Aus- und Antritt noch nicht fest, so verwendet man die Schrittmaßregel; ca. 64 cm – 2 × 18,33 cm = 27,3 cm Auftrittsbreite
Gewähltes Treppenverhältnis	15 Steigungen mit 18,33 cm Steigungsmaß und 27,3 cm Auftrittsbreite (18,33/27,3)
Bequemlich-keitsformel	$a - s = 12$ (Auftritt – Steigung)
Gehsicher-heitsformel	$a + s = 46$ (Auftritt + Steigung)
Ideales Steigungs-verhältnis	Mit der Bequemlichkeits- bzw. der Gehsicherheitsformel kann das festgelegte mit dem idealen Steigungsverhältnis verglichen werden
Lauflänge	Länge des Treppenlaufes in der Grundrißebene. Berechnung: Anzahl der Steigungen –1 Auftritt = 15 Steigungen 18,33 cm / 27,3 cm 15 –1 = 14 Steigungen × 27,3 = 3,82 m
Steigungs-verhältnis und Neigung einer Treppe	Rampe : 0°–20° Flache Freitreppe 14/25 : 22° Günstige Treppe 17/29 : 30° Steile Treppe 20/25 : 39° Erläuterung : Steigung (14)/Auftritt (25) = Steigungsverhältnis der Treppe (22°)
Steigungsanzahl	$\dfrac{\text{Geschoßhöhe}}{\text{angenommene Steigung}} \qquad n = \dfrac{h}{s_a}$

6.4 Treppen

Stufenverziehung

Sie ist notwendig, wenn Treppen eine Richtungsänderung ohne Anordnung von Zwischenpodesten erfahren

Abwicklungsmethode

Gerade Stufen und Auftritte entlang der Lauflinie einzeichnen. Radius an der Innenwange bestimmen. Punkt A und B der letzten geraden Stufe abtragen. Mittellot erstellen. Kreisbögen schneiden die Senkrechten von A in Punkt M_1 bzw. M_2, so entstehen die Stufenvorderkanten

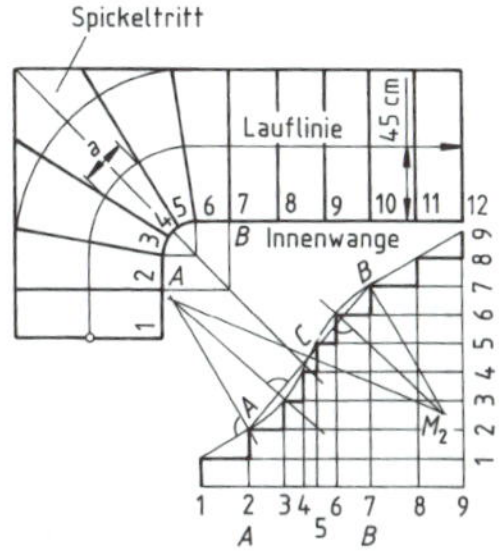

Verhältnismethode

Das Kropfstück muß min. 10 cm breit sein. Punkte auf der Mittelachse werden mit der Lauflinie verbunden

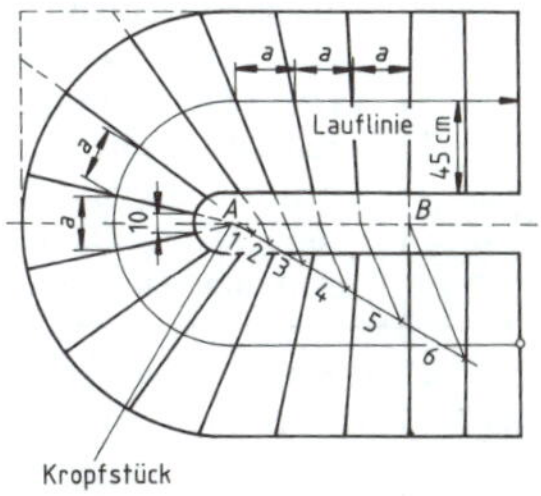

Winkelmethode

Bei der Winkelmethode werden durch Rechnung die Lauflängen l_1 und l_2 der zu verziehenden Stufen ermittelt. In einem zusätzlichen Aufriß wird ein rechter Winkel gezeichnet. Auf dessen horizontaler Achse wird die aufzuteilende Lauflänge l_2 abgetragen und darüber im Winkel von etwa 20° eine schräge Linie gezogen

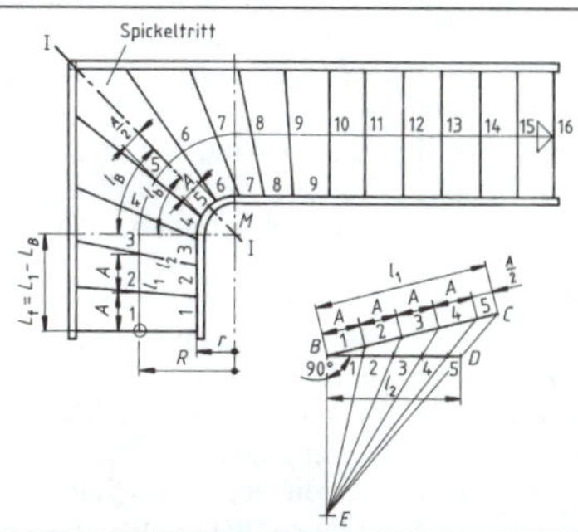

Leistenmethode

Bei der Leistenmethode wird der Treppengrundriß mit An- und Austritt, Spickeltritt, Lauflinie und den Teilpunkten der Auftrittsbreiten auf dem Werkstattboden aufgerissen. Leisten werden so an den Teilpunkten der Lauflinie angelegt, daß die Schmalseiten der zu verziehenden Stufen vom Spickeltritt ausgehend allmählich breiter werden

Durchgangshöhe

Lotrechter lichter Abstand, Vorderkante Trittstufen und der darüberliegenden Decke oder Deckeneinsparung

Laufbreite (Min.-Maße)

In ein- oder zweigeschossigen Wohnhäusern 0,90 m, in sonstigen Gebäuden mit mehr als 2 Vollgeschossen 1,00 m, bei Keller- und Dachgeschoßtreppen 0,80 m

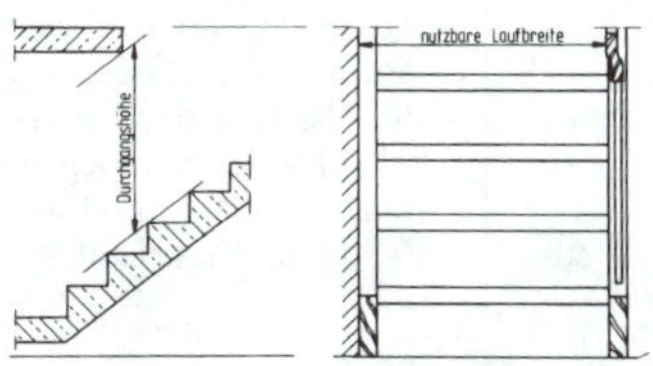

6.4 Treppen

6.4.4 Treppenarten

Aufgesattelte Treppe	– Trittstufen werden auf die Tragwange gesetzt (geschraubt, verdübelt, verleimt), – Verzicht auf Setzstufen, deshalb große Lichtdurchlässigkeit, – Holmbreite je nach statischer Berechnung 6–12 cm, Besteckhöhe: 10–25 cm, – Holme werden häufig als verleimte Brettschichtholzträger hergestellt	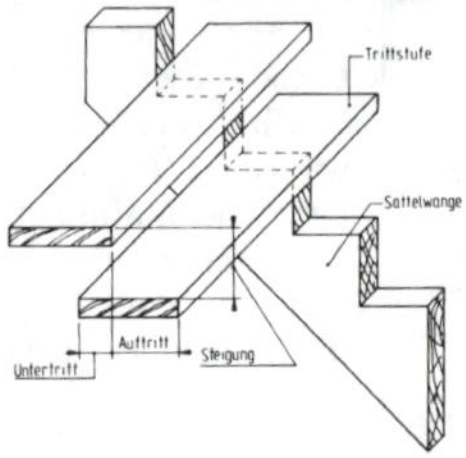
Eingeschobene Treppe	– nur noch für untergeordnete Zwecke, – Trittstufen stehen vorn über die Wangen vor, – Wangen werden durch Schraubbolzen im Abstand von 4–5 Stufen zusammengehalten, es sei denn die Wangennuten werden schwalbenschwanzförmig ausgebildet, – Trittstufen werden waagerecht in 2 cm tiefe Wangennuten von vorn bis zum Anschlag eingeschoben	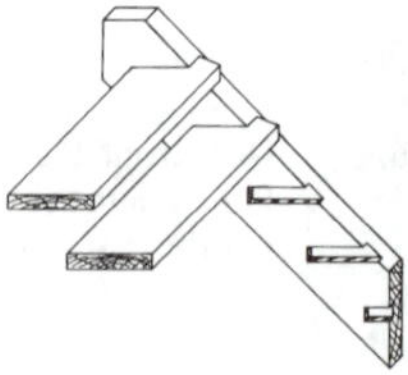
Eingestemmte Treppe	– besitzt geschlossene Stufen aus Tritt- und Setzstufen, auch Stoß- o. Futterbretter genannt, – Tritt- und Setzstufen werden 2 cm tief in Wangennuten eingesetzt, – um Knarren zu vermeiden, wird die Setzstufe an einer Deckleiste befestigt, desgl. erhalten die Setzstufen leichte Wölbung (Stich), so daß die Trittstufe nur im mittleren Bereich unterstützt wird (s. S. 6-31)	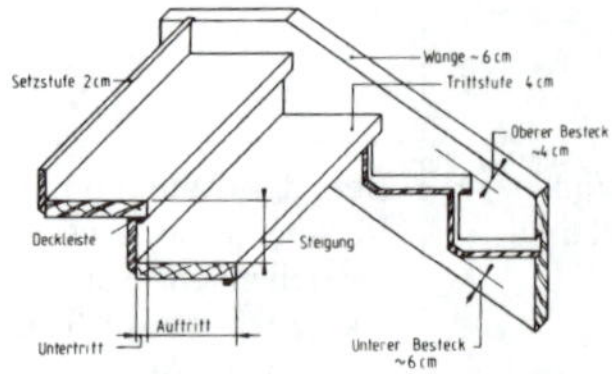
Ort-Beton-treppen	– Betonieren einer Treppe erfolgt von unten nach oben, – Beton-Konsistenz KR, da die Mischung nach unten rutscht, – Verdichten durch Stampfen oder Rütteln, – Bewehrung längs- oder quergespannt	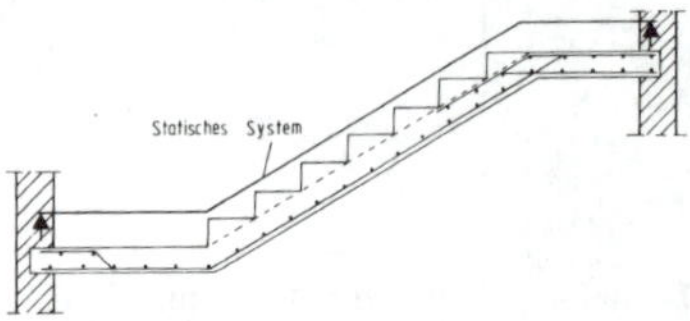
Beton-Fertigteil-treppen	– Treppen aus Werksteinstufen, unterstützt von vorgefertigten Treppenwangen, – Wangen haben im Schnitt L-förmiges Aussehen, unterer Schenkel dient als Auflager der Stufen, – die Vielzahl der Fertigteiltreppen unterscheidet sich vorwiegend durch verschiedene Querschnittsformen der Stufen: Z-Stufen, Winkelstufen z. B.	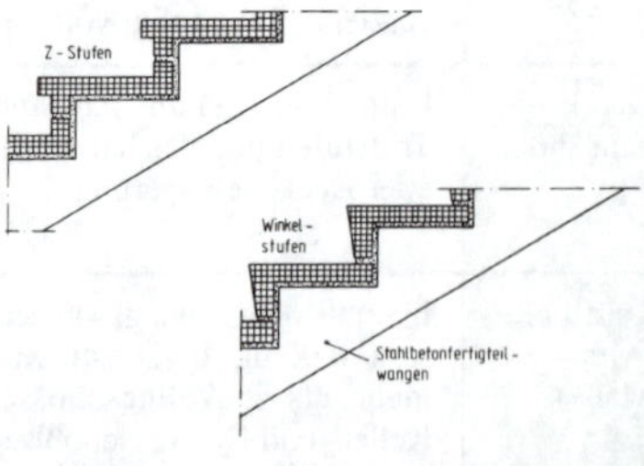

6.4 Treppen

6.4.5 Podestbildung und Stufenprofile

Eckpodest mit Eckstiel

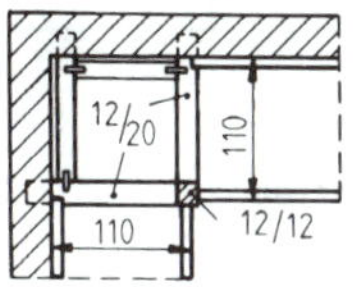

Futterbrett

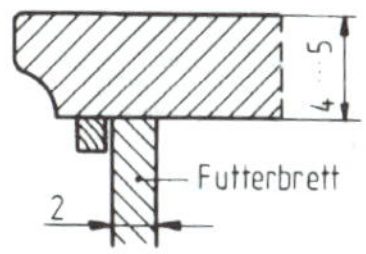

Trittstufe oder Trittbrett

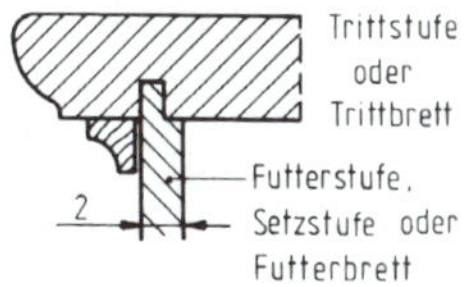

Zwischenpodest

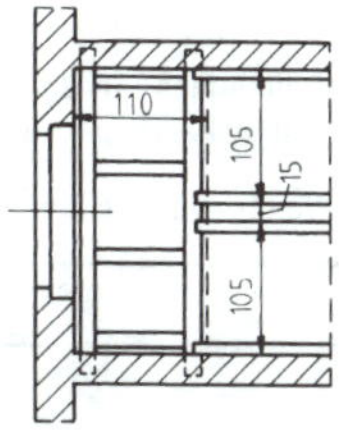

Wendeltreppe in der Ansicht

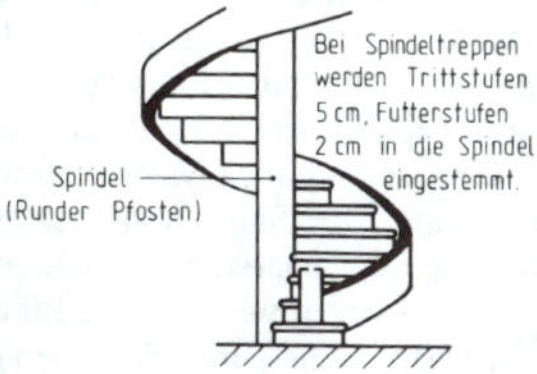

Draufsicht einer Wendeltreppe mit Wange, Geländerpfosten und Antrittstufe

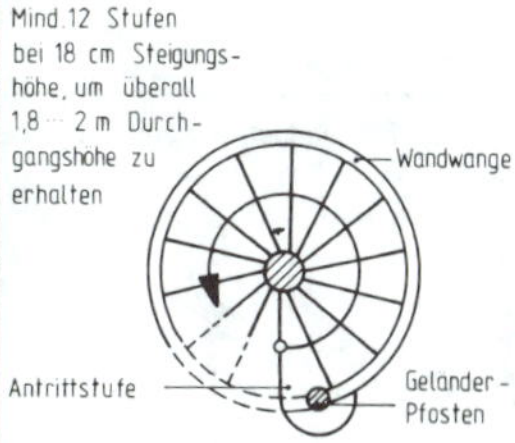

Austragung eines Handläuferkrümmlings

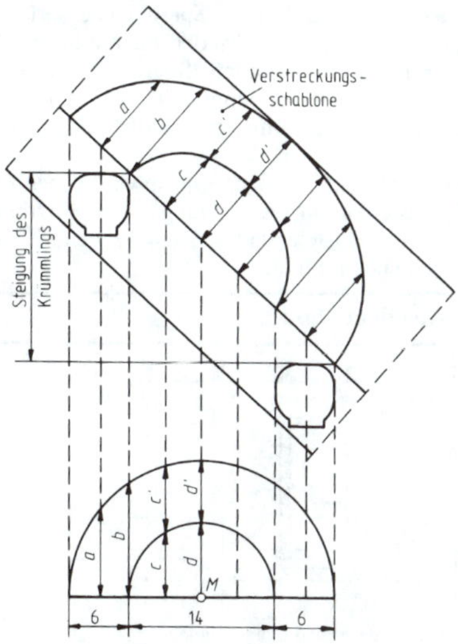

Schnitt durch eine Treppenstufe (Holz)

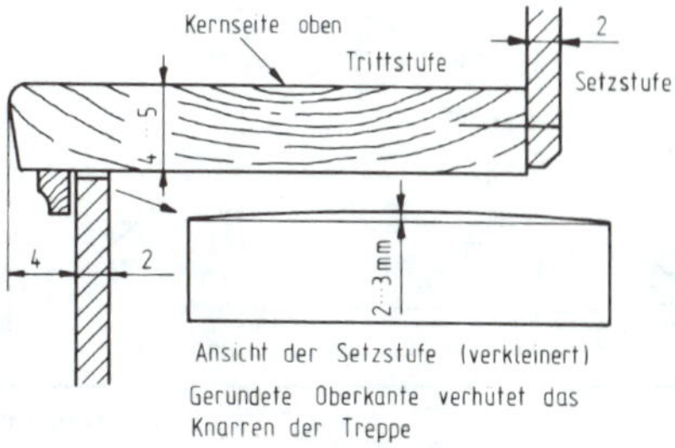

Treppenhölzer aus Vollholz:
- Holzfeuchte in Wohnräumen 8% – 10%,
- Eichen- und Lärchenholz ohne Splint,
- Kiefernholz ohne verblauten Splint,
- Esche, Afzelia, Sipo, Rüster (Ulme),
- Dicke: 800 mm, Stützweite 40 mm,
  1200 mm, Stützweite 55 mm

6.5 Dächer

Dächer

- **Pfettendächer**
  - Pfettendach mit einfach stehendem Stuhl
  - Pfettendach mit doppelt stehendem Stuhl
  - Pfettendach mit dreifach stehendem Stuhl
  - Pfettenwalmdächer
- **Flachdächer**
  - einschaliges Dach oder Warmdach
  - zweischaliges Dach oder Kaltdach
- **Sparrendächer**
  - einfaches Sparrendach
  - Kehlbalkendach
  - Kehlbalkendach mit einfach od. doppelt stehendem Stuhl

6.5.1 Pfettendächer

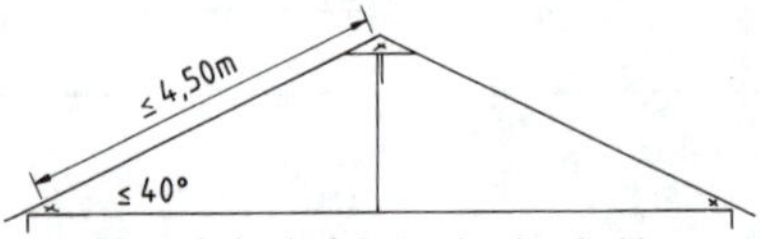

Pfettendach mit einfach stehendem Stuhl

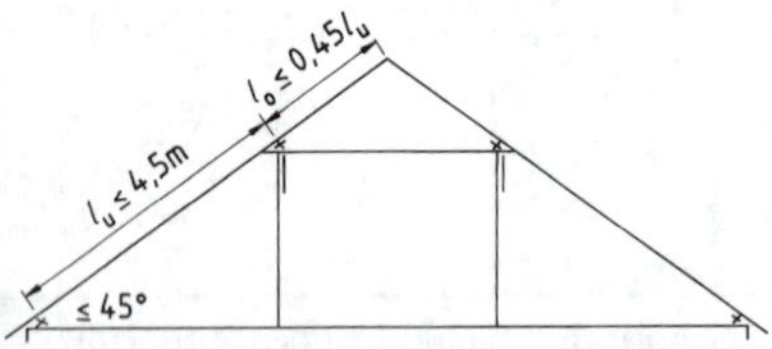

Pfettendach mit doppelt stehendem Stuhl

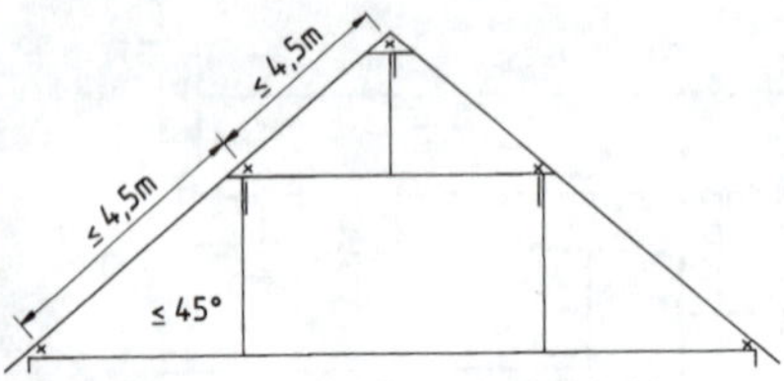

Pfettendach mit dreifach stehendem Stuhl

Das Dachgerüst eines Pfettendaches besteht aus dem Dachstuhl, auf den die Pfetten aufgeklaut werden. In der Regel besteht der Dachstuhl aus den Stielen und den auf diesen lagernden Pfetten. Die quer zum First stehenden Stiele mit Doppelzangen und Sparrenpaar bilden einen Binder. Der Abstand der Binder untereinander beträgt ca. 4 m. Zwischen den Bindern liegen die Leergebinde; die Sparren der Leergebinde brauchen nicht unbedingt paarweise einander gegenüber zu liegen. Jeder Sparren wird auf die Pfetten aufgeklaut und durch Sparrennägel gegen Abheben gesichert. Über der Firstpfette werden die Sparren stumpf gestoßen.
Längere Sparren sind durch Mittelpfetten zu unterstützen; dadurch ergibt sich das Pfettendach mit doppelt stehendem Stuhl. Hierbei kann die Sparrenlänge (l_u) von Fuß- bis Mittelpfette 4,5 m betragen, das über die Mittelpfette auskragende freie Sparrenende darf dann noch eine Länge (l_0) von 45% der unteren haben. Für die am First frei endenden Sparren wird keine Verbindung verlangt, es empfiehlt sich jedoch die Anordnung einer Firstbohle, an die die auskragenden Sparren genagelt werden.
Beträgt die Sparrenlänge über 7 m, so wird neben Fuß- und Mittelpfetten die Anordnung einer Firstpfette unerläßlich; es entsteht dadurch ein Pfettendach mit dreifach stehendem Stuhl.

Pfettendach mit einfach stehendem Stuhl

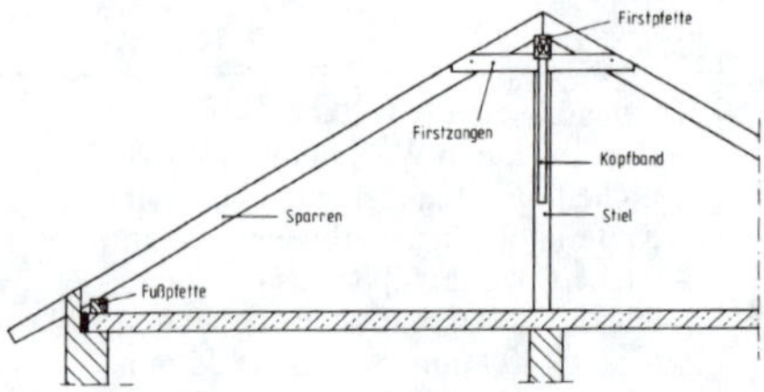

Pfettendach mit einfach stehendem Stuhl

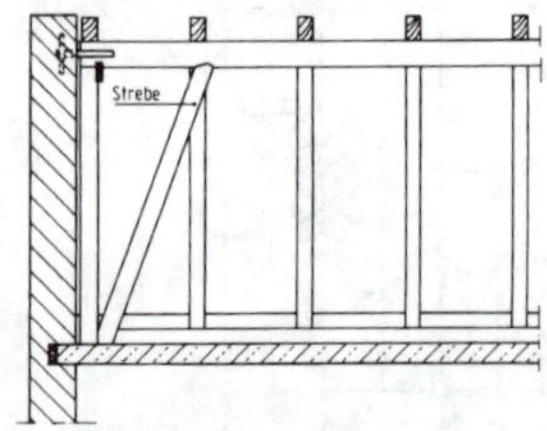

Schnitt in Quer- und Längsrichtung

6.5 Dächer

Firstpunkt zum Pfettendach mit einfach stehendem Stuhl

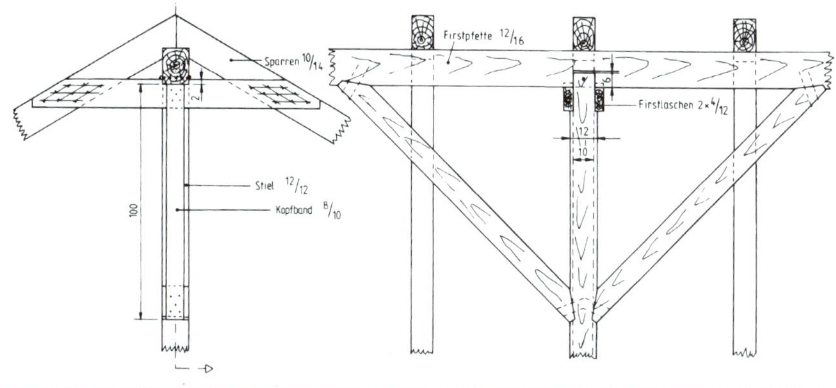

Pfettendach mit doppelt stehendem Stuhl

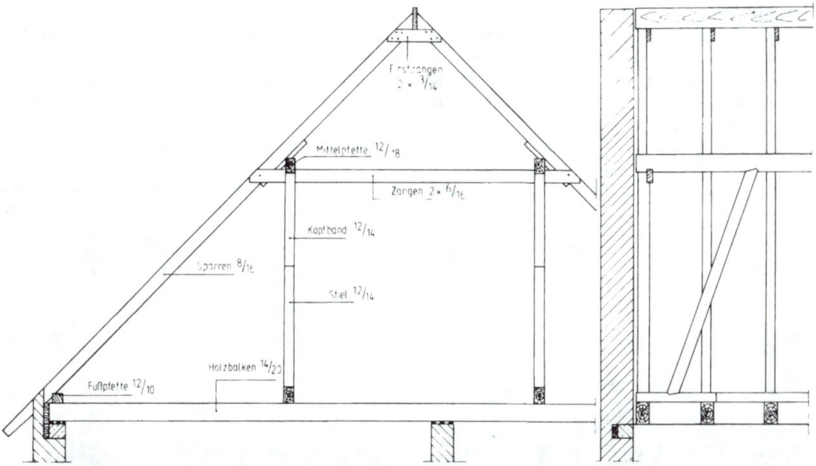

Sparrentraufgesims zum Pfettendach

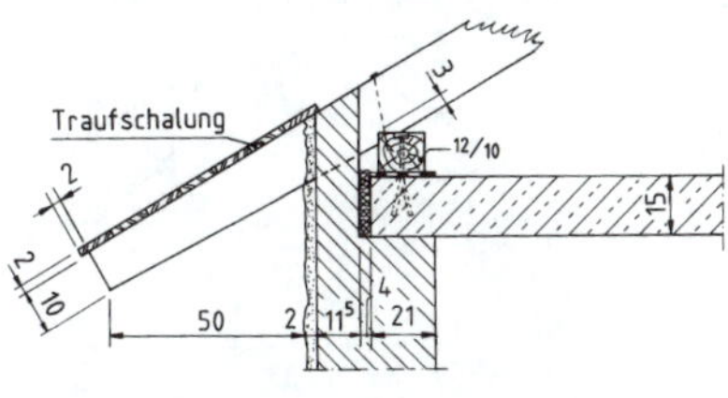

Firstpunkt Binderfeld beim Pfettendach mit doppelt stehendem Stuhl

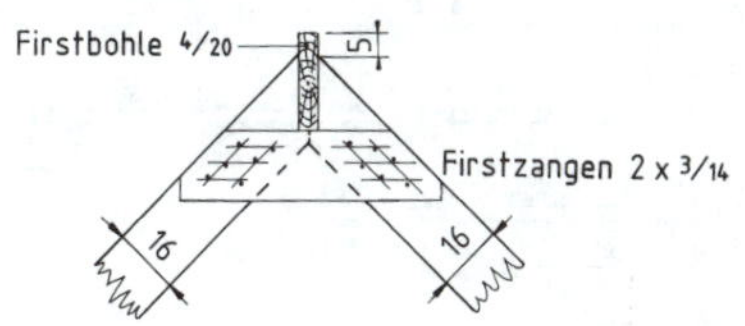

6.5 Dächer

Pfettendach mit dreifach stehendem Stuhl

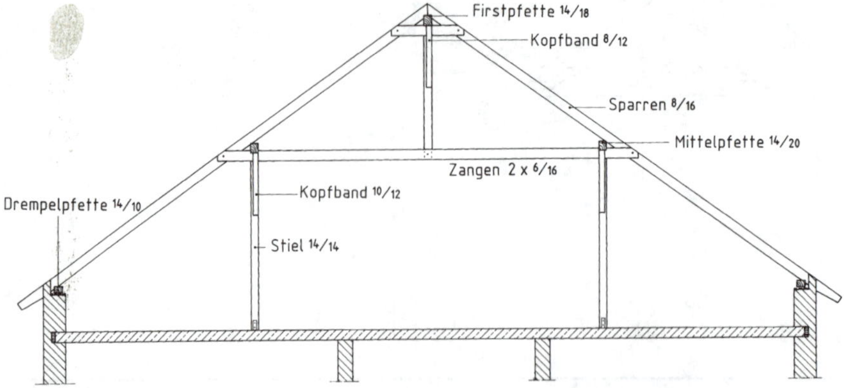

Anmerkungen zum Pfettendach mit dreifach stehendem Stuhl

Wenn der Dachraum von Satteldächern besser ausgenutzt werden soll, dann bietet sich der Einbau eines Drempels (Kniestocks) an. In diesem Fall wird die Fußpfette in der Höhe der Drempelwand verlegt (Drempelpfette).

Um den Dachraum besser nutzen zu können, geht der Stiel unter der Firstpfette nur bis zu den Zangen. Um die Zangen selbst nicht zu belasten, kann der Stiel durch Streben abgesprengt werden.

Pfettenwalmdach mit einfach stehendem Stuhl

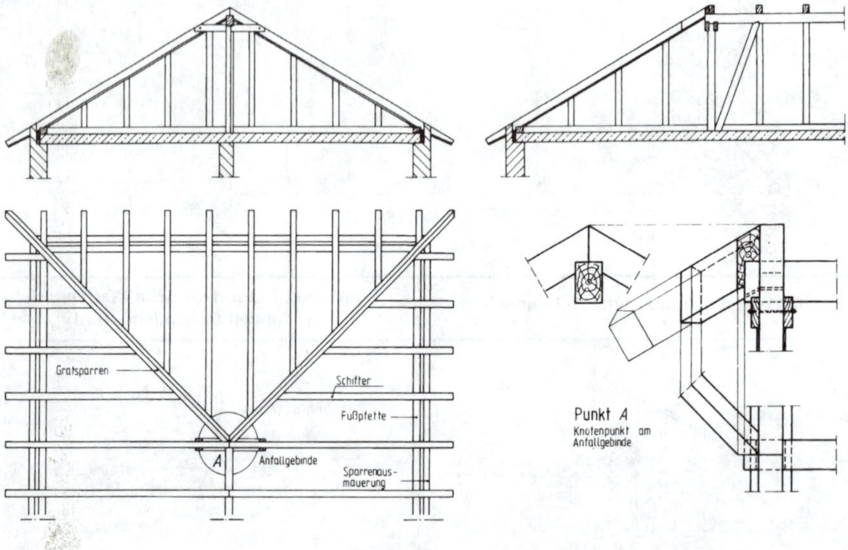

6.5 Dächer

6.5.2 Sparrendächer

Systemskizzen und Beschreibung

Einfaches Sparrendach

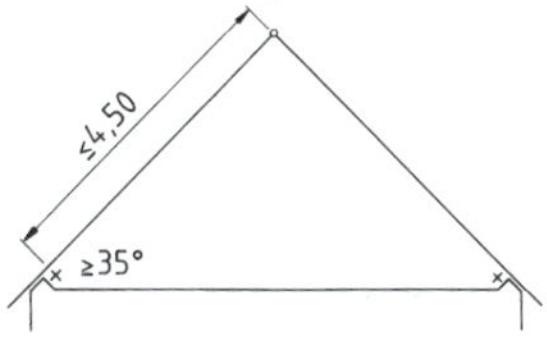

Kehlbalkendach

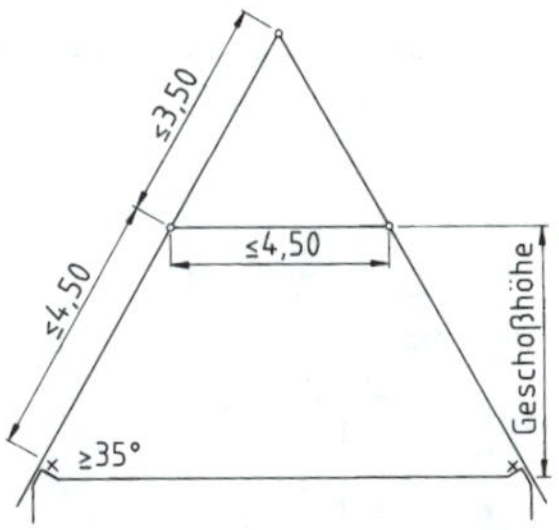

Sparrendächer bieten einen freien Dachraum und erleichtern somit den Dachausbau. Die einzelnen Sparrenpaare bilden mit dem dazugehörigen Holzbalken der Dachbalkenlage bzw. mit dem zugehörigen Ausschnitt der Massivdecke ein unverschiebbares Dreieck; die gesamte Dachlast wird in der Regel auf die Außenwände übertragen. Das Dachgerüst wird dadurch geschlossen, daß ausreichend bemessene Sparren an den Fußpunkten nicht nur ein tragfähiges Auflager erhalten, sondern mit ihm zugfest verbunden sind. Im First werden die Sparren überblattet und durch Aufnageln von Brettlaschen fest miteinander verbunden.
Die Sparren übertragen die Dachlast auf die Auflager; die hier auftretenden Schubkräfte sind um so kleiner, je steiler die Sparren stehen. Zur Aussteifung des Längsverbandes der Sparren werden Windrispen schräg unter das Sparrenfeld genagelt.
Die Konstruktion des **Kehlbalkendaches** ist dann vorzusehen, wenn die Sparrenlänge über 4,5 m hinausgeht. Um eine Durchbiegung des überlangen Sparrens zu verhindern, wird ein Kehlbalken in Höhe der Dachgeschoßdecke eingebaut. Die über dem Kehlbalkenanschluß bis zum First verbleibende Sparrenlänge kann bis zu 3,5 m betragen. Wird diese Länge noch überschritten, so ist der Einbau eines zweiten Kehlbalkens, genannt Hahnenbalken, erforderlich. Die First- und Traufpunkte sind wie beim Sparrendach auszubilden.

Kehlbalkendach mit Massivdecke

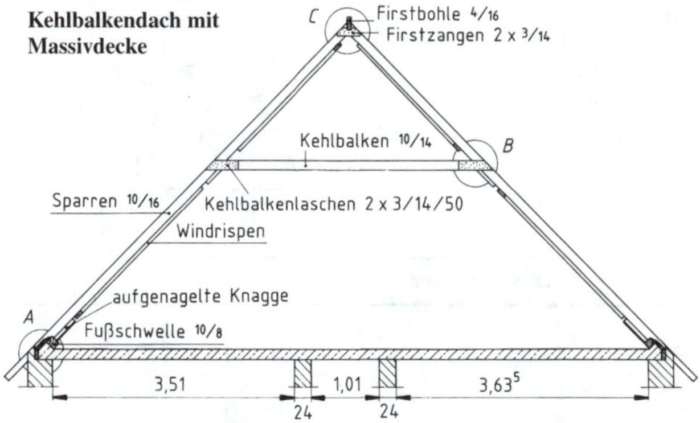

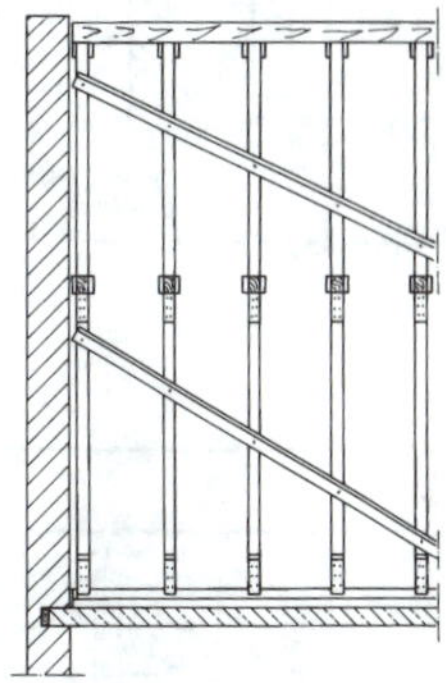

Knotenpunkte am Kehlbalkendach

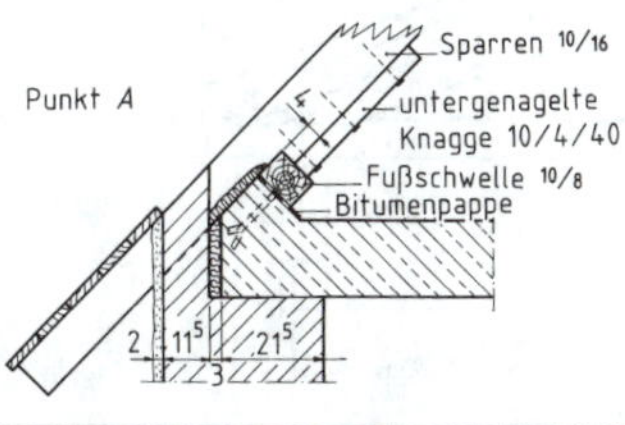

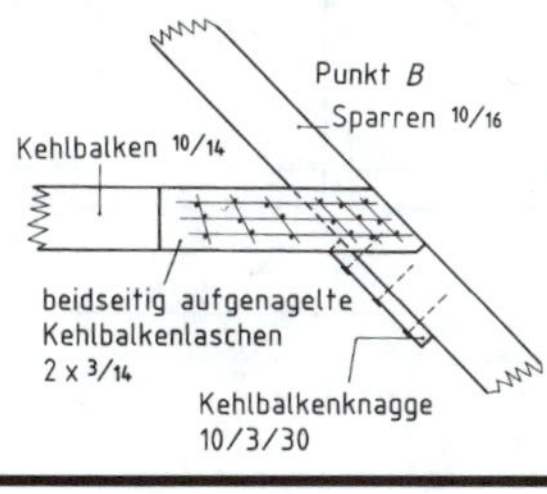

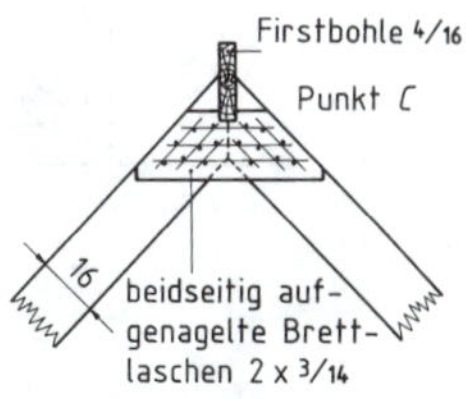

6.5 Dächer / Freitragende Dachbinder

Doppeltes Hängewerk

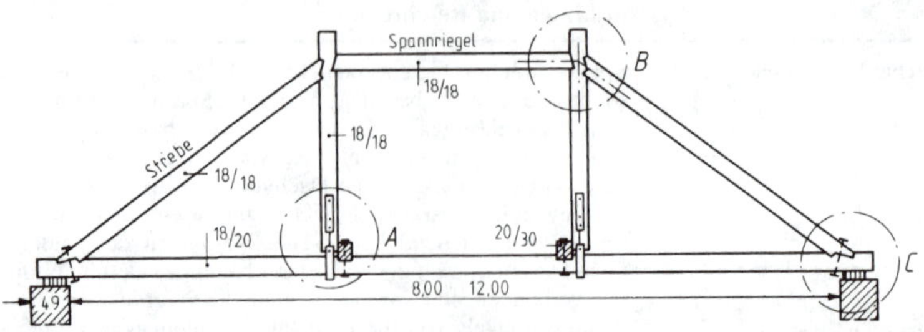

Verbindung der Hängesäule

mit dem Hängebalken

mit Strebe und Spannriegel

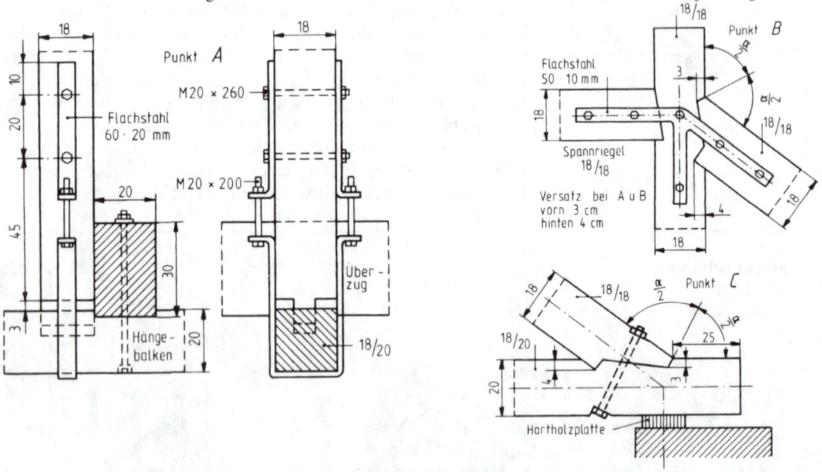

Fachwerkbinder

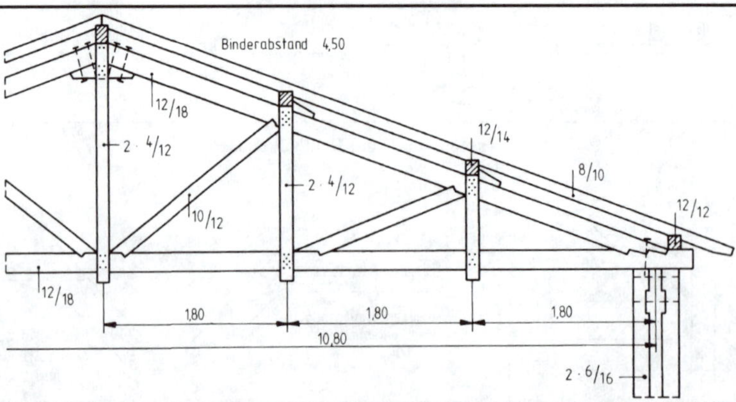

6.5 Dächer

6.5.3 Flachdach aus Holz, ausgebildet als Kaltdach

Kaltdach, Schnitt quer zur Balkenachse

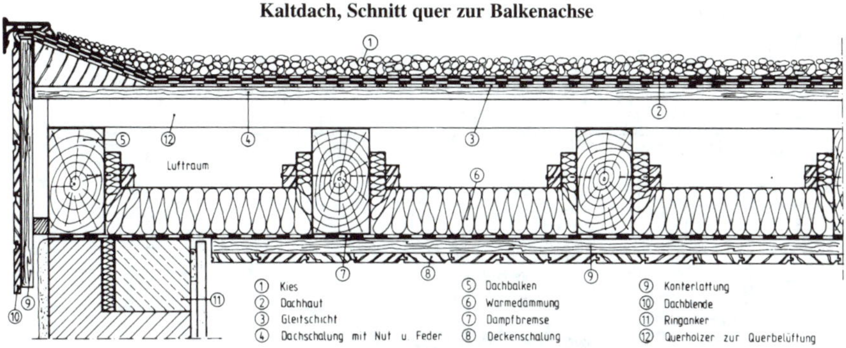

Bauliche Ausbildung von Kaltdächern

Allgemeines

Der Einbau eines Kaltdaches bietet sich an bei:
- geringen Gebäudetiefen,
- ungehinderter Belüftung an den vier Dachseiten,
- geschlossener Deckenverkleidung.

Für die Tragkonstruktion empfiehlt sich eine Mindestneigung von 3°, um eine Wassersackbildung zu vermeiden.

Aufbau

Auf die untere Deckenverkleidung wird unmittelbar die Wärmedämmung angebracht; dadurch ergibt sich zwischen den Balken einerseits sowie zwischen Wärmedämmung und Dachschalung andererseits ein belüfteter Hohlraum. Die Dachschalung wird entweder unmittelbar auf die Balken oder auf über diesen angeordnete Querhölzer genagelt. Die oberste Schicht bildet die Dachhaut, bestehend aus Bitumenbahnen und Kiesschüttung.

Belüftung

Die Belüftung erfolgt in dem Hohlraum zwischen Wärmedämmung und Dachschalung. Der Luftaustausch wird bei Flachdächern fast ausschließlich von der Bewegung der Außenluft abhängen, da durch die kaum vorhandene Dachneigung kein thermischer Auftrieb erfolgen kann. Über Wohnräumen mit 50–60% Luftfeuchtigkeit ist daher eine Zu- und Abluftöffnung vorgeschrieben, deren freier Querschnitt mindestens 1/500 der Dachgrundfläche betragen soll.

Dampfbremse

Um den Dampfdurchgang durch die Wärmedämmschicht möglichst gering zu halten, sollte man beim Kaltdach aus Holz eine Dampfbremse anordnen, an deren Dampfdurchlaßwiderstand allerdings keine so hohen Anforderungen wie beim Warmdach zu stellen sind.

Wärmedämmung

Maßgebend für die Bemessung der Wärmedämmschicht ist der nach der Wärmeschutzverordnung (III/94) zulässige k_D-Wert von $\leq 0{,}22$ W/m^2 K für Decken, die Aufenthaltsräume nach oben gegen die Außenluft abgrenzen.

Als Dämmaterial kommen in erster Linie anorganische Faserdämmstoffe nach DIN 18165 in Form von Matten und Filzen in Frage. Stets muß darauf geachtet werden, daß durch eine ausreichende Wärmedämmung keine Tauwasserbildung an der Unterseite des Daches sowie im Inneren der Konstruktion entstehen kann. Das heißt: die Taupunkttemperatur muß an der Unterseite der Dampfbremse unter der dort gemessenen Raumtemperatur liegen, erst dann besteht auch in den übrigen Bereichen der Konstruktion keine Kondenswassergefahr.

Dachhaut

Auf die Dachschalung, die meist aus gespundeten Brettern nach DIN 4072 (8.77) besteht, werden i. d. R. bituminöse Dachpappen aufgetragen. Als Gleitschicht dient eine unterseitig besandete Glasvliesbitumenbahn, die auf die Schalung genagelt wird. Darauf wird eine dreilagige Dachdichtung im Gieß- oder Einwalzverfahren mit Heißbitumen aufgeklebt. Darüber hinaus sind in den letzten Jahren auch Kunststoffdachbahnen entwickelt worden, die auf Holzschalung genauso verlegt werden können wie auf jedem anderen Rohdach.

Um die aufgeklebten Dachbahnen gegen Sonneneinstrahlung zu schützen, wird eine mindestens 4 cm dicke Kiesschüttung (Korngröße 16/32) aufgetragen.

6.5 Dächer

6.5.4 Flachdach aus Holz, ausgebildet als Warmdach

Warmdach aus Holzbalken, die sichtbar bleiben; Schnitt quer zur Balkenlage

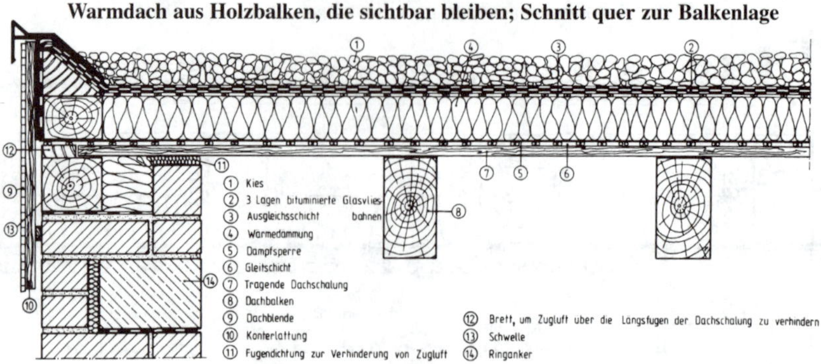

Bauliche Ausbildung von Warmdächern

Allgemeines
Der Einbau eines Warmdaches bietet sich an bei:
- großen Gebäudetiefen
- behinderter Belüftungsmöglichkeit
- sichtbar bleibendem Tragwerk.

Aufbau
Beim Warmdach liegen Trag-, Dämm- und Dichtungsschicht unmittelbar aufeinander.
Wenn aus gestalterischen Gründen das Tragwerk nicht sichtbar bleiben soll, müssen die Profilbretter für die Unterdecke mit offenen Fugen verlegt werden, oder es muß zwischen Wandputz und Profilbrettern ein ausreichender seitlicher Abstand gelassen werden (≥ 5 cm). Die Dampfsperre wird auf der Schalung verlegt.

Dampfsperre
Die Dampfsperre beim Warmdach muß einen hohen Dampfdurchlaßwiderstand besitzen. Zweckmäßigerweise stellt man die Dampfsperre aus folgenden Materialien her:
Zunächst wird auf die Schalung eine unterseitig bekieste Glasvliesbitumenbahn genagelt und darauf eine Abdichtungsbahn mit eingebauter Aluminiumfolie in Heißbitumen geklebt. Durch die punktförmige Nagelbefestigung der Dampfsperre wirkt diese gleichzeitig als Gleitschicht.

Wärmedämmung
Als Material für die Wärmedämmung kommen speziell für die Flachdachdämmung hergestellte Platten, z. B. bituminierte Holzfaserdämmplatten, Polystyrolschaum und Polyurethanschaum in Frage.
Die Bemessung der Dämmschichtdicke sowie die physikalische Berechnung zur Tauwasserverhütung wird nach den gleichen Richtlinien wie beim Kaltdach vorgenommen.

Berechnungsbeispiel
Gegeben: 120 mm Dämmschicht aus Korkplatten, Dichte 160 kg/m^3, 30 mm Holzschalung, Relative Luftfeuchte 60%, Innentemperatur: +20 °C, Außentemperatur: –5 °C.
Gesucht: Berechnung des Wärmedurchganges und der einzelnen Temperaturen im Bereich der Bauteilschichten. Dabei muß die Taupunkttemperatur niedriger als die Temperatur an der Dampfsperre sein, damit keine Kondenswasserbildung auftreten kann.
Rechengang:
Die gesamte Temperaturdifferenz (hier: 25 °C) wird durch den Wärmedurchgangswiderstand (hier: 2,78) geteilt und jeweils mit den Einzelwerten multipliziert.

Schicht	Dichte kg/m^2	Dicke (m)	Flächengewicht kg/m^2	Wärmeleitfähigkeit λ	Wärmedurchlaßwiderstand	Temperaturdifferenz	Temperatur
$\frac{1}{\lambda a}$					0,04	0,4	5
12 cm Korkplatten	100	0,12	12	0,05	2,4	21,6	4,6 17
3 cm Holzschalung	600	0,03	18	0,14	0,21	1,9	18,9
$\frac{1}{\lambda_i}$					0,13	1,1	20
$1/k$					2,78		

Auswertung: An der Unterseite der Dämmschicht wurde eine Temperatur von +17 °C gemessen, diese ist größer als die im Taupunktdiagramm abzulesende Taupunkttemperatur von ca. 11 °C.

6.6 Schornsteine

Schornsteine

Rauchgasschornsteine

führen Verbrennungsgase fester und flüssiger Brennstoffe wie Kohle, Koks, Heizöl ab

Symbole in Zeichnungen

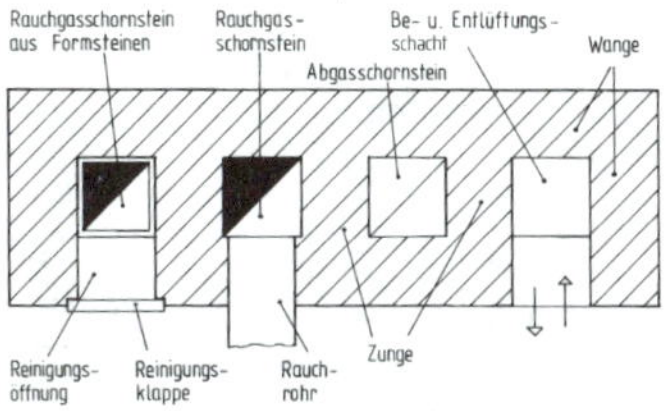

Abgasschornsteine

führen die Rückstände von gasförmigen Brennstoffen ab. Wrasenabzüge, Lüftungsschächte und -rohre sind keine Schornsteine

6.6.1 Maßvorschriften

Schornsteinführung Anforderungen

- Schornsteine sollen nach Möglichkeit senkrecht hochgeführt und im Firstbereich ins Freie gelangen.
- Schornsteinwangen dürfen nicht gestemmt oder geschlitzt werden, mehrzügige Schornsteine nicht im First zusammengeführt werden.
- Schornsteine dürfen innerhalb eines Geschosses oder Dachraumes bis zu 30° gezogen oder geschleift werden, ohne daß sich dabei der lichte Querschnitt verändern darf.
- Die Schornsteinmündung ist so hoch über Dach zu führen, daß der freie Windstrom saugend wirken und damit den Schornsteinzug erhöhen kann.
- Bei Schornsteinen aus Formstücken sind die jeweiligen Ergänzungs-Formstücke zu verwenden.
- Das Mindestmaß der Schornsteinhöhe über Dach hängt von der Dachdeckung, der Dachneigung, von brennbaren Dachaufbauten und vom Abstand zur letzten Feuerstätte ab.
- Nach DIN 18160 (2.87) müssen Schornsteinmündungen den Dachfirst mindestens 40 cm überragen oder mit ihren Außenkanten mindestens 1 m von der Dachfläche entfernt sein, dies gilt für Dächer mit einer Dachneigung ≤20°.
- Der Mindestabstand von der Schornsteinmündung zur obersten Feuerstätte soll bei Rauchschornsteinen 4,0 m und bei Abgasschornsteinen je nach Heizleistung 2 m betragen.

Schornsteinmündungen über Dach

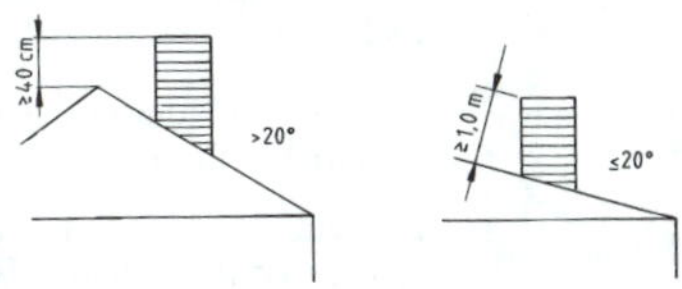

Abstand Feuerstätte und Schornsteinmündung

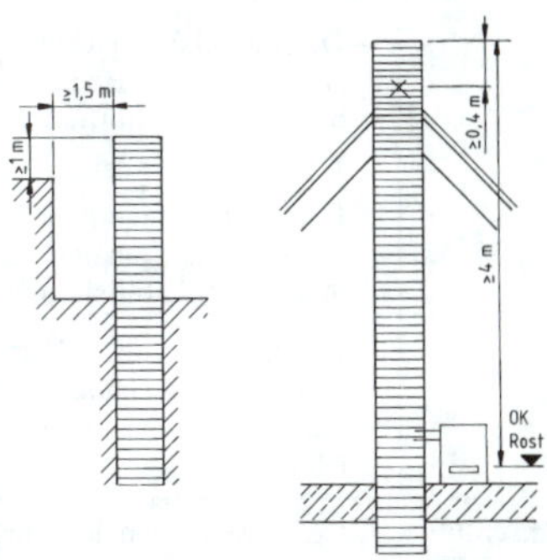

Schornsteinzug

Da erwärmte Gase leichter werden und nach oben steigen, kann frische Verbrennungsluft angesaugt werden.

Die dadurch auftretende gegenseitig abhängige Sogwirkung nennt man Schornsteinzug.

Durch das Hochsteigen der alten Verbrennungsgase kann frische Luft durch die Ofentür und sonstige Zuluftöffnungen in den Verbrennungsraum nachströmen.

6.6 Schornsteine

Schornsteinquerschnitt	– Die Mindestquerschnitte betragen für • Rauchschornsteine 13,5×13,5 cm oder ∅ 13,5 cm • Abgasschornsteine aus Formstücken 10×10 cm oder ∅ 10 cm. – Der Querschnitt von Hausschornsteinen muß durchgehend und gleichbleibend sein. Dabei kann der lichte Querschnitt eine runde, quadratische oder rechteckige Form haben. – Die beste Rauchrohr-Querschnittsform ist die runde, da hier die Rauchgase wirbelfrei hochsteigen können. – Bei quadratischem Querschnitt entsteht in den Ecken eine gewisse Wirbelbildung, so daß der ungehinderte Abzug der Rauchgase nicht immer gewährleistet ist.	**Querschnittformen von Schornsteinen** 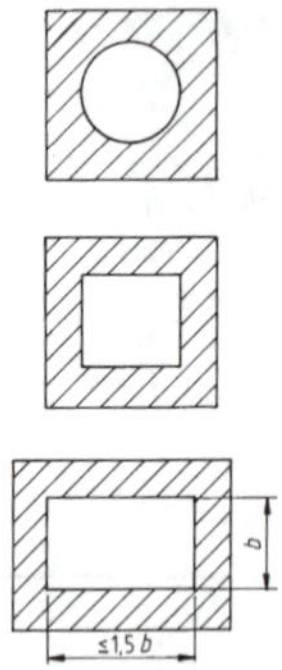
Abstände zu anderen Bauteilen	– Schornsteine dürfen nicht als Auf- oder Widerlager für andere Bauteile dienen. – Abstand der Bauteile aus brenn- oder schwer entflammbaren Baustoffen mindestens 5 cm von der Außenfläche eines Rauchschornsteines. – Der zwischen Sparren bzw. Deckenbalken sich ergebende Raum muß mit nichtbrennbaren festen Stoffen, z. B. Beton, verfüllt werden. – Der Betonring um den Schornstein, auch Verwahrung genannt, dient zur Führung und damit Stabilisierung des Schornsteins. – Bei Einbau von Schornstein-Formstücken muß auch zu Bauteilen aus nicht brennbaren Baustoffen ein Abstand von 2 cm vorhanden sein.	**Verwahrung bei Massivdecke, Balken- und Sparrenlage** 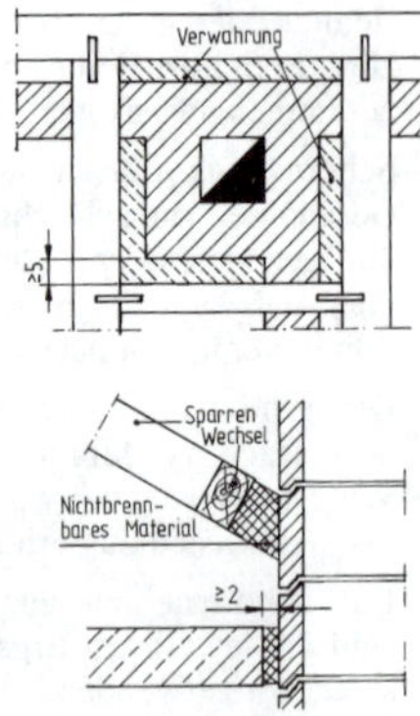
Anschluß von Feuerstätten und Reinigungsöffnungen	– Der Einbau von Rauchrohranschlüssen ist bei Schornsteinen aus Mauerwerk während des Hochmauerns und bei Schornsteinen aus Formstücken beim Versetzen derselben vorzunehmen. – Nachträgliche Anschlüsse müssen mit Spezialgeräten ausgefräst werden. Anschlußrohre sollen leicht ansteigend in den Schornstein geführt werden, damit der Rauch besser abziehen kann. – Mehrere Feuerstätten dürfen an einem Schornstein angeschlossen werden, wenn jeweils nur eine Feuerstätte betrieben werden kann u. der Schornstein für jede Feuerstätte geeignet ist.	**Anschluß von Reinigungsöffnungen am Schornstein** 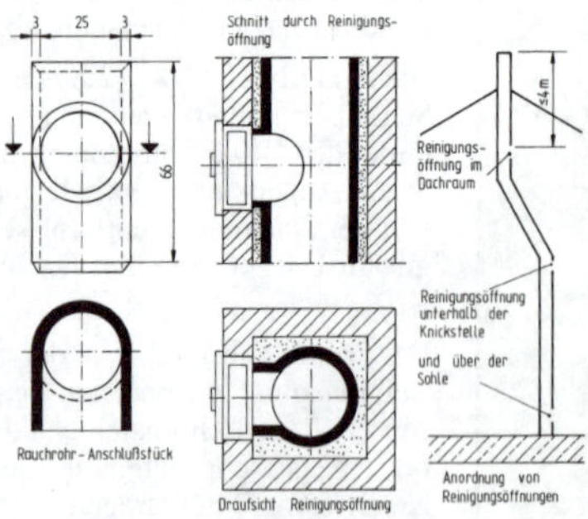

6.6 Schornsteine

Reinigungsöffnungen

- Reinigungsöffnungen dienen zum Entfernen des Rußes und werden für jeden Schornstein an der Sohle in Höhe von ca. 80 cm über Kellerfußboden und in der Regel im Dachraum eingebaut.
- Reinigungsöffnungen müssen mindestens 10×18 cm groß sein, aus nicht brennbaren Stoffen bestehen und dicht schließen.
- Gemeinsame Reinigungsöffnungen für mehrere Rauchrohre sind unzulässig.
- Die Reinigungsöffnung muß ≥ 20 cm tiefer als der unterste Feuerstättenanschluß liegen.

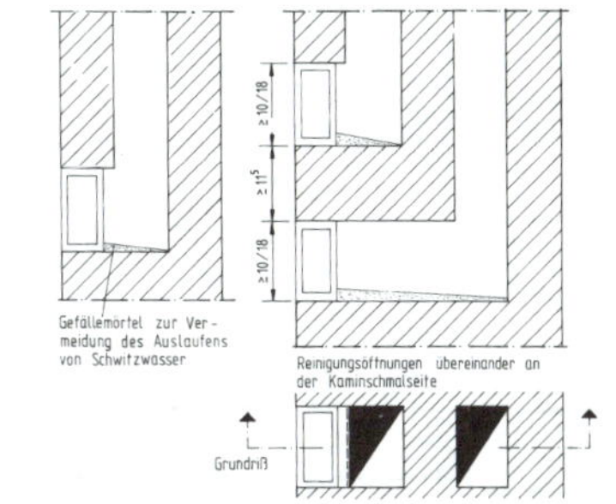

6.6.2 Anordnung und Bauart von Schornsteinen

Schornsteinlage im Gebäude

- Hausschornsteine können einzeln oder in Gruppen an Außen- oder Innenwänden angeordnet werden.
- Um eine vorzeitige Abkühlung der Rauchgase zu vermeiden, sollten Schornsteine im Inneren des Gebäudes hochgeführt und nach Möglichkeit erst in Firstnähe ins Freie geführt werden.
- Muß ein Schornstein unbedingt an der Außenwand angeordnet werden, so ist die Wange mit einer ausreichenden Wärmedämmung zu versehen.
- Es ist sicherzustellen, daß die Temperatur an ihrer inneren Oberfläche unmittelbar unter der Schornsteinmündung mindestens der Wasserdampftaupunkttemperatur des Abgases entspricht.

Lage der Schornsteine im Gebäude

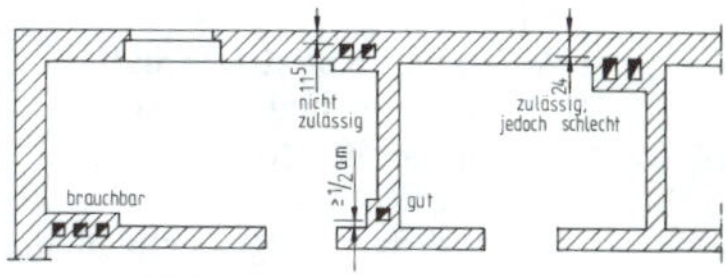

Schornsteine aus Formstücken

- **Vorteile** von Schornsteinen aus Formstücken:
  - geringer Zeitaufwand für das Versetzen,
  - bessere strömungstechnische Eigenschaften,
  - glatte Wandungen,
  - keine Stoßfugen,
  - zusätzlicher Einbau von Dämmschichten
- **Zweischalige Schornsteine** bestehen aus inneren Schamotteton-Formstücken und äußeren Mantelformstücken aus Leichtbeton. Die Wandungen sind nur 2 bis 3 cm dick. Zwischen Innenrohr und äußerem Mantel bleibt nach dem Versetzen ein 1,5 bis 2 cm dicker Luftraum.
- Bei **dreischaligen Schornsteinen** wird der Hohlraum zwischen Innenrohr und Mantel mit einer nicht brennbaren Wärmedämmschicht ausgekleidet.

Dreischaliger Schornstein (Bauart Schiedel)

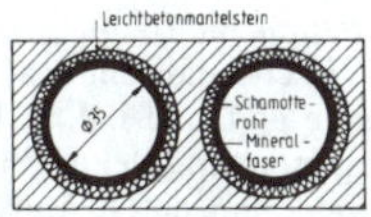

Zweischaliger Schornstein

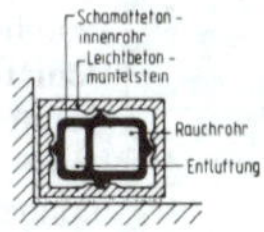

Kaminköpfe aus Formstücken

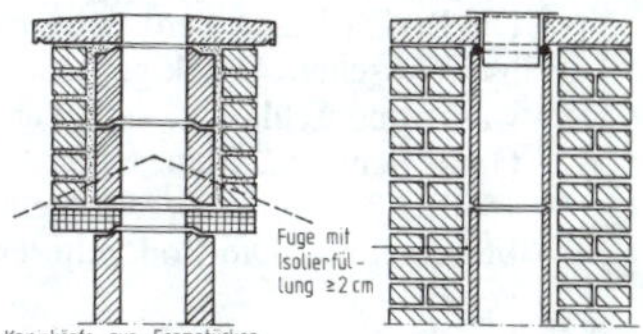

6.7 Ausbauarbeiten

Ausbauarbeiten

- **Fußböden**
  - Massive Fußböden
  - Bodenbeläge aus Kunststoff-Fliesen
  - Holzfußböden
- **Putzarbeiten**
  - Innenputz
  - Außenputz
  - Putzschäden
- **Wandbekleidungen**
  - Werkstoffe
  - Unterkonstruktionen
  - Befestigungsmöglichkeiten

6.7.1 Fußböden

Massive Fußböden

Fußbodenbelag aus Kunststeinen

Kunststeinplatten werden aus Beton, Terrazzo oder Hartbeton (mit Hartgestein-Zuschlägen) hergestellt. Die Platten haben quadratische Abmessungen von 20 bis 60 cm Kantenlänge, die Plattendicke beträgt 2 bis 6 cm. Neben den quadratischen Platten gibt es für die Abschlußzone Fußboden – Wand auch Halbplatten, Dreieckplatten und Viertelplatten (vgl. hierzu auch DIN 486).

Arten von Kunststeinplatten

- Ungefärbte und eingefärbte Betonplatten,
- mehrfarbige Mosaikplatten,
- Terrazzoplatten,
- ungefärbte Hartgesteinplatten,
- mit Dampf und Hartstoff gehärtete Platten,
- Verbundplatten aus zwei Schichten, bei denen die eine aus Beton, die andere aus Asphalt besteht.

Kunststeinplattenarten im Verbund

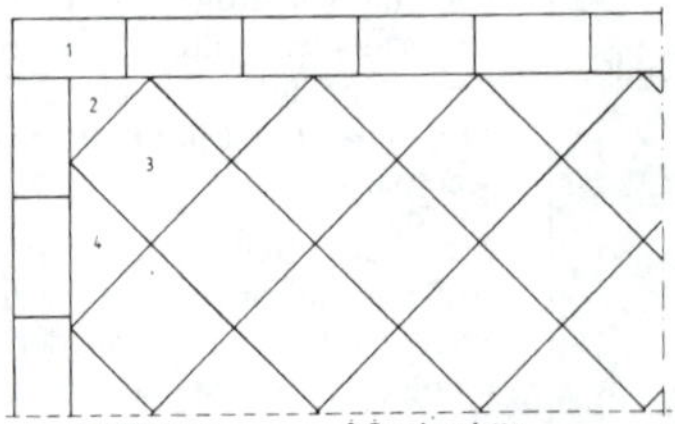

1 Halbplatte
2 Viertelplatte
3 Quadratplatte
4 Dreieckplatte

Verlegen der Kunststeinplatten

Die Platten werden auf einer 8–10 cm hohen Kiessandschicht mit festgewalztem Untergrund in Mörtel der Gruppe II und II a verlegt.

Fußbodenbelag aus Natursteinplatten

Diese Platten werden häufig in Hallen und Fluren, aber auch für Gartenwege und Terrassen verwendet. Die Platten besitzen ein dichtes Gefüge, das auf das zur Herstellung verwendete geringporige Steinmaterial zurückzuführen ist. Als Ausgangsmaterialien werden verwendet: Solnhofer-Jurakalk (rauh, geschliffen und halbgeschliffen), Travertin, Schiefer und Urtonschiefer, Weser-Sandstein u. a. Die Platten haben quadratische Abmessungen von 15 bis 60 cm Kantenlänge und sind i. d. R. bis 3 cm dick. Als Mörtel verwendet man hydraulischen Kalkmörtel, da Zementmörtel als Fugenmörtel leicht zu Flecken auf den Steinen führen kann (diese können wiederum durch Annässen der Plattenaußenkanten vermieden werden). Die Plattendicke ist nicht für die Haltbarkeit ausschlaggebend.

Fußbodenbelag aus Bodenfliesen

Die Bodenfliesen werden aus trockenem Tonmehl hergestellt, das in Stahlmatrizen unter hohem hydraulischem Druck gepreßt und bis zur Sinterung gebrannt wird. Eigenschaften der Fliesen: wasserundurchlässig, sehr hart, geringe Abnutzungsgefahr. Lieferung in den Farben: Weiß, Grau, Schwarz, Blau, Gelb, Rot, Braun und Grün. Abmessungen der Fliesen: 10/10/0,9 cm, 15/15/1,3 cm und 25/25/1,8 cm.

Verarbeitung: Die Bodenfliesen werden auf Beton in einer 2 cm dicken Zementmörtelschicht verlegt.

Die Fugen sind mit Zementbrei (Dyckerhoff-Weiß), Fugenweiß usw. sorgfältig auszufüllen.

6.7 Ausbauarbeiten

Massive Fußböden	**Fußbodenbeläge aus Asphaltplatten** Die Asphaltplatten für Fußböden werden aus erhitztem Asphaltsteinmehl unter hohem Druck gepreßt. Die Platten sind quadratisch (Kantenlänge meist 25 cm. Dicke 2 bis 5 cm) und zeichnen sich durch elastische Festigkeit und Trittsicherheit aus. Die Verlegung der Platten erfolgt in Zementmörtel (≤ 15 mm dick) oder Asphaltmastix.
Bodenbeläge aus Kunststoff-Fliesen	**PVC-Bodenfliesen** PVC-Fliesen haben Größen von 30 × 30 bis 64 × 64 cm und besitzen folgende Eigenschaften: abriebfeste glatte Oberfläche, wasserdicht, unempfindlich gegen Säuren, Laugen, Fette, Benzin; dagegen besteht gegenüber Lösungsmitteln, z. B. Terpentin, Benzol, Angriffsgefahr. Feuchtigkeit aus dem Unterboden kann gewisse Füllstoffe in den Trägerschichten zum Quellen bringen, daher muß der Unterboden sauber, rissefrei und vor allem stets trocken sein. Schwimmende Estriche müssen mindestens 3,5 cm dick sein, schwimmende Asphaltestriche müssen auf einer druckunempfindlichen Dämmschicht aufliegen. Vor dem Verlegen der Bodenplatten sollte der Estrich mehrfach dünn aufgespachtelt werden. Bei Asphaltestrichen muß vor dem Verlegen der Bodenfliesen eine geschlossene Spachtelschicht aufgetragen werden, damit die asphaltlösenden Klebemittel von der Asphaltschicht getrennt werden. Es dürfen nur die von den Lieferanten empfohlenen Spezialkleber verwendet werden. Fliesen von der Raummitte aus verlegen.
	Kunststoff-Hartfliesen Diese Fliesen werden aus anorganischen Stoffen in den Kantenlängen von 22,5 bis 30 cm und einer Dicke von 1,5 bis 3,2 mm hergestellt, dabei werden Sie durch Kunstharze zusammengebunden. Vor dem Verlegen werden die Hartfliesen über einer Flamme geschmeidig gemacht, damit sie sich dem Untergrund ohne Spannungen anpassen. Die fugenlos aneinandergesetzten Fliesen werden mit einem Kunststoff- oder Bitumenkleber auf glattem Unterboden aufgebracht. In Naßräumen sollte man Wasser nicht längere Zeit auf den Fliesen stehenlassen. Platten vor übermäßiger Sonneneinstrahlung schützen, Vorsicht bei Fußbodenheizung!

Fußböden

Dielenfußboden

In Wohnräumen werden Dielenfußböden aus gehobelten und gespundeten Brettern nach Güteklasse II hergestellt. Nach DIN 4072 (8.77) sind die gespundeten Bretter wie folgt genormt: bei einer Brettdicke von 24 und 26 mm beträgt die Federdicke 6 mm, die Federlänge 7 mm. Über der Feder ist das Holz etwa 2 mm höher als unter der Feder. Bei einem Balkenabstand ≤ 80 cm soll die Dicke der Dielen 21 (Rauhmaß 24 mm) bis höchstens 23 mm (Rauhmaß 26 mm) betragen.

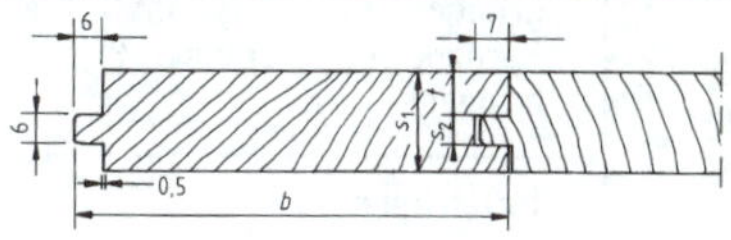

Bezeichnung eines gehobelten Brettes mit Nut und Feder von der Dicke $S_1 = 20$ mm, $b = 95$ mm, $t = 9$ mm, $S_2 = 6$ mm und Länge $L = 3000$ mm.

Parkettarten

Parkettfußboden DIN 280 (4.90)

Parkettfußboden ist ein Holzfußboden, der aus gesundem Holz, welches sorgfältig zu trocknen ist, hergestellt sein muß.

Stabparkett: Parkettstäbe, die ringsum genutet sind und beim Verlegen mit Hirnholzfedern verbunden werden.

Riemenparkett: Parketthölzer, die jeweils an einer Längs- und Hirnholzkantenfläche eine angehobelte Feder und an den anderen Kantenflächen entsprechende Nuten besitzen.

Mosaikparkett: Kleine Holzlamellen, die glatte Kanten besitzen und zu bestimmten Verlegeplatten zusammengesetzt, verarbeitet werden.

Fertigparkett: Parkett-Elemente, die oberflächenbehandelt sind und nach dem Verlegen keiner Nachbehandlung bedürfen.

Abmessungen von Fertigparkett-Elementen nach DIN 280 (4.90) Maße in mm

Form	Dicke	Breite	Länge
lang	8–26	100–240	ab 1200
kurz	8–26	200–400	ab 400
quadratisch	8–26	200–65	200–650

6

6.7 Ausbauarbeiten

6.7.2 Putzarbeiten

Innenputz

Anforderungen und Eigenschaften

- Ober- wie Unterputz sollten die gleiche Festigkeit aufweisen, damit der Oberputz nicht abblättert.
- Bei Feinschichten aus Baugips ist der Unterputz aus Mörtel der Gruppe P I mit Gipszusatz oder Mörtel der Gruppe P II auszuführen.
- Putze der Mörtelgruppe P II nehmen schneller und mehr Luftfeuchtigkeit auf als Putze mit Weißkalk oder Gips.
- Putzmörtel der Gruppe P II wirken wie Feuchtigkeitssperren und sind für Wandflächen in Wohnräumen ungeeignet.
- Innenputz muß mindestens 1,5 cm dick – nach Möglichkeit in zwei Lagen – aufgetragen werden.

Putzgrund

- Je rauher der Putzgrund, desto größer ist die Haftfähigkeit des Mörtels.
- Reicht die Saugfähigkeit des Putzgrundes nicht aus, muß man einen Spritzbewurf oder einen Putzträger aufbringen.

Putzträger

- Wenn Wände aus unterschiedlichen Baustoffen bestehen, muß die Anschlußzone einen Putzgrund erhalten, damit später im Putz keine Risse entstehen. Hierfür gibt es spezielle Putzträger in Form von Rippenstreckmetall, Drahtziegel- oder Rabitzgewebe.
- Der Putzträger hat die Aufgabe, den Putz genauso wie die Wand zu tragen. Zu diesem Zweck muß eine ausreichende Überdeckung auf dem Mauerwerk vorhanden sein (≥ 10 cm).

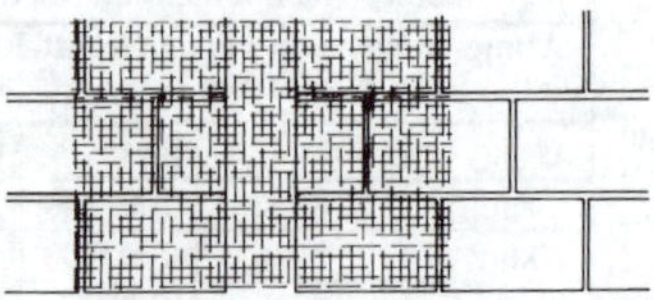

Zweckmäßiger Aufbau des Innenputzes

Putzanwendung	Putzgrund	Mörtelgruppen P: Spritzbewurf	Unterputz	Oberputz
Innenputz $d \geq 1{,}5$ cm				
In Räumen üblicher Luftfeuchte (einschl. Küchen und Bäder)	Mauerwerk aus saugfähigen oder rauhflächigen Steinen, Schüttbeton	–	–	I
		–	II	I,II,IV
		IVa, IVb	IV	IV
		V	V	IV, V
		II, III	I	I
			II	I, II, IV
		IVa, IVb	IV	IV
		V	V	IV, V
	Schwerbeton	II, III	I	I
			II	I, II, IV
		IVa, IVb	IV	IV
		V	V	IV, V
		III	III	III
	Gipsbaustoffe	IVa, IVb	IV	IV
in Feuchträumen	alle Wandbauarten	wie in Räumen üblicher Luftfeuchte mit Ausnahme der Mörtelgruppen IV und V		
Innenputze $d \geq 1{,}5$ cm				
In Räumen üblicher Luftfeuchte (einschl. Küchen und Bäder)	Massivdecken Holzwolle-Leichtbauplatten	II, III	II	I, II, IV
		IVa, IVb	IV	I, IV
		V	V	I, IV, V
	Decken mit Putzträger (ggf. unter Zus. von Faserstoffen	–	II	I, II, IV
		–	IV	I, IV
		–	V	I, IV, V
	Gipsbaustoffe	IVa, IVb	IV	IV
in Feuchträumen		wie für Decken üblicher Luftfeuchte mit Ausnahme der Mörtelgruppen IV und V		

Überspannen eines Holzstieles mit Rabitzgewebe

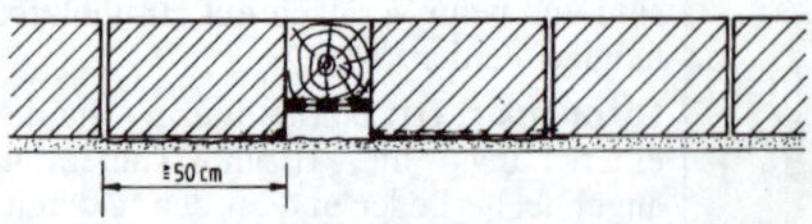

6.7 Ausbauarbeiten

Innenputz (Fortsetzung)

Deckenputz auf Massivdecken

- Stahlbetondecken, ausgebildet als Vollplatten, weisen einen glatten Putzgrund mit geringer Haftfähigkeit auf. Deshalb ist hier ein Spritzbewurf unbedingt erforderlich. Der anschließend aufgebrachte Deckenputz sollte 1,5 cm dick sein, da eine dünnere Putzschicht auftretende Spannungen nicht aufnehmen, und als Folgeerscheinung feine Putzrisse auftreten können.
- In zunehmendem Maße werden Stahlbetondecken heute als Fertigteildecken geliefert. Hier erübrigt sich oft ein Deckenputz, da die Fertigteil-Elemente schon im Betonwerk eine vollkommen ebene Unterseite erhalten.
- Wenn bei Stahlbetonträger-Decken ein Deckenputz aufgebracht wird, so sollte der Stahlbetonträger dann, wenn die Füllkörperdecken aus Deckenhohlziegeln bestehen, schon bei der Herstellung der Decken mit Ziegeldrahtgewebe ummantelt werden.
  Geschieht das nicht, zeichnen sich die Stahlbetonträger deutlich durch hellere oder dunklere Färbung in der Putzfläche ab, falls nicht noch weitergehende Mängel in Form von Putzrissen auftreten.

Außenputz

- Außenputz muß in erster Linie wetterbeständig und seine Oberfläche möglichst lange ansehnlich sein.
- In bauphysikalischer Hinsicht sind das Saugverhalten und die Wasserdampfdurchlässigkeit des Putzes von großer Bedeutung; so darf z. B. die kapillare Wasserabgabe nicht zu langsam vor sich gehen. Zementmörtel haben in diesem Zusammenhang ein geringes Saugvermögen.
- Der Außenputz von bewohnten Räumen sollte stets wasserdampfdurchlässig sein, damit bei einer Dampfdiffusion von innen nach außen kein Feuchtigkeitsstau auftritt.
- Wie aus der Tabelle ersichtlich, lassen Putzmörtel der Gruppe P I einen normalen Feuchtigkeitswechsel zu.
- Mörtel der Gruppe P II verhindern sehr gut das Eindringen von Schlagregen und besitzen zusätzlich auch eine gute Wasserdampfdurchlässigkeit.
- Putzmörtel der Gruppe P III wird meist als wassersperrender Putz verwendet, seine Wasserdampfdurchlässigkeit ist sehr gering und daher für eine Verwendung von aufgehendem Mauerwerk ungeeignet.

Aufbau von Außenputzen

Putzanweisung	Putzgrund	Mörtelgruppen Spritzbewurf	Mörtelgruppen Unterputz	Mörtelgruppen Oberputz
Außenwand- und Außendeckenputz $d \geq 2$ cm				
Für aufgehende Wände	Mauerwerk aus saugfähigen oder rauhflächigen Steinen, Schüttbeton	–	PI	PI
		–	PII	PI, II
	Mauerwerk aus saugenden und glatten Steinen, Holzwolleleichtbauweise	P II, III	PI	PI
			PI	PI, II
	Normalbeton	PII, III	PI	PI
			PI	PI, II
		PIII	PIII	PIII
Außenputz für Sockel u. Wände unter der Erdoberfläche	alle Wandbauarten	PIII	PIII	PIII
Außendeckenputz	Massivdecken	PII,III	PI	PI
			PII	PI;II
		PIVa, IVb	PIV	PIV
		PV	PV	PV

Saugverhalten von Kalk- und Zementmörtel

Mörtelart	Wasseraufnahme	Saugvermögen	Wasserabgabe	Eignung als Außenputz
Kalkmörtel PI	normal	schnell	sehr schnell	gut
Kalkzementmörtel PII	mäßig	schnell	schnell	sehr gut
Kalkzementmörtel PIIa	gering	langsam	mäßig	brauchbar
Zementmörtel PIII	gering	langsam	schlecht	wenig brauchbar

6.7 Ausbauarbeiten

Außen-putz	**Putzaufbau** – mittlere Putzdicke mindestens 2 cm, um Feuchtigkeitsausgleich zu schaffen, – niemals einlagig aufbringen, – Ober- und Unterputz aus gleicher Mörtelgruppe hergestellen, um Spannungen zwischen den Putzlagen zu vermeiden und Ablösen Ober- und Unterputz zu verhindern **Putzverfahren** – Beim **Putzen mit der Hand** gelten die gleichen Arbeitsregeln wie beim Putzen von Innenwandflächen: kräftiges Anwerfen des Mörtels, um Luft aus Oberflächenporen des Putzgrundes zu verdrängen, nächste Putzlage erst anwerfen, wenn vorherige angezogen hat. – Beim **Putzen mit Maschine** wird der Mörtel mittels Preßluft angeworfen. Die Mörtelmaschine besteht aus einem kombinierten Mörtelfördergerät und Mörtelantraggerät. Häufig wird ein Mörtelmischgerät zugeschaltet. Der Mörteltransport erfolgt durch Rohre und Schläuche. Am Rohr- oder Schlauchende wird das Mörtelantraggerät befestigt, dieses wirft mittels Preßluft von 1 bis 2 bar den Mörtel an.
	6.7.3 Putzarten
Glatt-putz	Glattputz kann als Innen- und Außenputz angewendet werden. Der möglichst wasserarme und feinkörnige Putz wird mit einem Filzbrett abgerieben und anschließend mit einer Bürste kräftig abgekehrt. Sobald die Oberfläche glatt ist, muß man mit dem Reiben aufhören, da sich sonst zu viel Bindemittelleim an der Putzoberfläche anreichert und Schwindrisse auftreten können.
Kratz-putz	Dieser Putz gehört zu den Rauhputzen. Der Oberputz, bestehend aus Perlkies mit einem Korndurchmesser von 5 bis 8 mm, wird zunächst glatt aufgetragen. Nach Eintritt einer geeigneten Putzhärte wird der Putz mit einem Nagelbrett oder Blechkamm von unten nach oben gekratzt und anschließend mit einem weichen Besen abgekehrt. Bei diesem Putz entstehen ganz selten Schwindrisse.
Spritz-putz	Der Putz wird häufig mit einem Spritzputzgerät angeworfen und ergibt eine ähnliche Oberfläche wie der Kratzputz. Durch mehrmaliges Spritzen in jeweils einer anderen Richtung erhält man einen sehr gleichmäßigen Putz.
Kellen-putz	Mörtel wird mit einer Glättkelle angeworfen und abgezogen. Der waagerecht, bogenförmig oder flächenförmig geführte Kellenstrich bleibt sichtbar und ergibt eine ungeglättete Oberfläche.
Nester-putz	Oberste Putzlage wird ungleichmäßig dick angeworfen und später bis auf kleine Nester geglättet. Die Anzahl der Nester darf jedoch einen bestimmten Anteil der Gesamtputzfläche nicht überschreiten.
Sgraf-fito	Mehrfarbiger Kratzputz, bei dem zunächst mehrere verschiedenfarbige Putzlagen mit gleicher Mörtelzusammensetzung angeworfen werden. Die auf den Putzgrund aufgetragenen Farbschichten sind ungefähr 5 mm dick. Mit Hilfe von genauen Zeichnungen und Schablonen wird anschließend die geforderte Farbschicht herausgekratzt, bis die darunterliegende andersfarbige Schicht freigelegt ist. Das Herstellen von Sgraffito erfordert eine geübte Hand.
Edel-putze	Fabrikmäßig hergestellte und durchgefärbte Kalk- oder Kalkzement-Putzmassen für wetterbeständige Außenputze. Die trockene farbige Putzmasse besteht aus besonders reinem, kieselsäurehaltigem Sand, der mit erprobten Bindemitteln, deren Zusammensetzung nur dem Lieferwerk bekannt ist, aufbereitet wird. Die Farbigkeit der Edelputze erreicht man durch Beimischen von licht- und feuchtigkeitsbeständigen Färbungsmitteln, die auch vom Bindemittel nicht angegriffen werden. Durch das Einfärben des gesamten Putzes weist dieser gegenüber einem Anstrich eine wesentlich längere Haltbarkeit auf. Da das Gefüge der Edelputze locker und porig ist, sollten sie auf einen dichten Unterputz aus Kalkzementmörtel aufgebracht werden, der genügend erhärtet sein muß. Ober- und Unterputz müssen gleiche Festigkeiten besitzen.

6.7 Ausbauarbeiten	
Wärmedämmender Außenputz	– Dieser Putz besteht aus Spritzputz, Dämmputz und Oberputz und gewährleistet im fertigen Zustand eine so gute Wärmedämmung, daß eine Zusatzdämmung in Form von Hartschaumplatten nicht notwendig ist. – Wärmedämmputz besitzt eine Trockenrohdichte von ungefähr 300 kg/m^3 und eine Wärmeleitfähigkeit von 0,09 W/mK. – Wärmedämmputz ist im Handel als Trockenmörtel (50-kg-Sack) erhältlich. – Mischen nach Mischanweisung des Herstellers; das Auftragen des Mörtels kann von Hand oder mit Maschine vorgenommen werden.

Kunststoffputz	– Kunststoffputze bestehen aus Spachtel- oder Anstrichmaterialien auf wäßriger Kunststoffbasis (Kunststoffdispersion). Das Bindemittel bei Kunststoffputzen besteht aus einer Kunststoffdispersion, die Füllung aus Kunststoffkörperchen oder aus reinem kieselsäurehaltigem Sand.
	– Der im Anlieferzustand fertige Putz wird nach einem vom Hersteller mitgelieferten wäßrigen Grundieranstich auf den 15 bis 20 mm dicken Unterputz/Sockelputz mit der Glättkelle aufgezogen. Das Arbeitsverfahren ist sehr aufwendig.
	– **Vorteile**
	  – geringe Schmutzaufnahme,
	  – Unempfindlichkeit gegen Industrieabgase,
	  – Haftfestigkeit auf jedem Untergrund (auch Stahl),
	  – wasserabweisend,
	  – wasserdampfdurchlässig.
	– Das Auftragen und Abreiben muß gleichmäßig erfolgen, damit beim schnellen Erhärten des Kunststoffmörtels keine Absätze entstehen.

6.7.4 Putzschäden

Erscheinungsformen und Ursachen von Putzschäden	**Ursachen** – falsche und ungenügende Vorbereitung des Putzgrundes – Mängel in den Ausgangsstoffen für einen bestimmten Putz – falsche Verarbeitung der Baustoffe – fehlerhafte Baumaßnahmen vor oder nach dem Putzen – äußere Einflüsse	**Lösen des Putzes vom Putzgrund** – zu starker Wasserentzug durch Putzgrund – zu geringe Rauhigkeit des Putzgrundes – zu große Putzdicke in einem Arbeitsgang aufgetragen – Mörtel nicht angeworfen, sondern aufgetragen – fehlender Spritzbewurf
	Feuchtigkeitsschäden im Außenputz – unsachgemäße Verarbeitung von Frostschutzmitteln – ausblühende Salze	**Absanden der Putzfläche** – zu geringer Bindemittelanteil des Mörtels – zu stark saugender Putzgrund – zu schnelle Austrocknung der Putzfläche
	Feuchtigkeitsschäden im Innenputz – Kondenswasser	**Kraterförmige Aussprengungen des Putzes** – nachlöschende Bestandteile des Kalkes, das Korn zerfällt bei Berührung zu Pulver
	Verfärbungen und Fleckenbildung bei Außenputzen – ausblühende Salze – Farbabweichung durch ungleichmäßige Mischungsverhältnisse – zu dünne Putzdicke – Mischmauerwerk als Putzgrund – Regenfahnen durch konstruktive Mängel	**Einzelrisse im Innen- wie Außenputz** – Setzungserscheinungen des Gebäudes – falsche Verwahrung von Bauteilen aus Holz oder Stahl im Putzgrund – Mischmauerwerk als Putzgrund – Arbeitsfugen beim Putzauftrag **Unregelmäßig und netzartig verlaufende Risse** – der Bindemittelanteil im Putz ist zu hoch – Oberputz ist fester als Innenputz

6

6.7 Ausbauarbeiten

6.7.5 Wandbekleidungen

Werkstoffe für Wandbekleidungen

Holzwerkstoffe
Die häufigsten Holzwerkstoffe für Wandbekleidungen sind: Eiche, Kiefer, Fichte, Lärche, Oregon, Mahagoni, Limba, Red Cedar. In der Regel bietet der Handel diese Hölzer als Halbfertigerzeugnisse an, einschließlich der dazugehörigen Leime und Oberflächenbehandlungsmittel. Die Herstellung der Holzwerkstoffe geschieht nach folgendem Verfahren: Feinzerspantes Holz wird mit Kunstharzen durchtränkt, imprägniert, in Formen gepreßt und anschließend fugenlos mit Holzstruktur (Furnieren) ummantelt. Die Holzwerkstoff-Platten sind auf Dauer wartungsfrei und witterungsbeständig.

Holzwolle-Leichtbauplatten
Holzwolle-Leichtbauplatten sind Platten aus Holzwolle und mineralischen Bindemitteln, z. B. Zement und Baugips. Der Baustoffhandel bietet diese Platten in folgender Abmessung an: 2 m Länge, 50 cm Breite, 1,5–10 cm Dicke. Die Platten werden auf die Unterkonstruktion im Verband dicht gestoßen und genagelt, dabei sollen die Plattenlängseiten waagerecht verlaufen und an jedem Holz mit mindestens 3 Nägeln befestigt werden.
Holzwolle-Leichtbauplatten dienen in erster Linie der Erhöhung des Wärmeschutzes, sie werden nach Anbringen auf die Unterkonstruktion verputzt.

Gipskartonplatten
Nach DIN 18180 (9.89) bestehen diese Platten im wesentlichen aus einem breit ausgewalzten Gipskern, der einschließlich der Längskanten mit Karton ummantelt ist, während die geschnittenen Querkanten den Gipskern zeigen. Der Karton ist mit dem Gipskern fest verbunden.
Die auf dem Band gefertigten Gipskartonplatten sind eben, rechteckig und in der Regel großflächig (Regelbreite 125 cm, Länge ca. 200 bis 450 cm, Dicke 9,5 bis 25 mm).
Nach Fertigung und Verwendungszweck werden unterschieden:
- **Gipskarton-Bauplatten (GKB)** zum Befestigen auf flächiger Unterlage, zum Ansetzen als „Wandtrockenputz". Ab 12,5 mm sind diese Platten auch zum Befestigen auf Unterkonstruktionen für Wand- und Deckenbekleidung und zur Herstellung von Montagewänden geeignet.
- **Gipskarton-Feuerschutzplatten (GKF)**. Der Anwendungsbereich ist besonders auf den baulichen Brandschutz ausgerichtet. Der Gipskern dieser Platten enthält in der Regel einen Zusatz von Glasfasern.
- **Imprägnierte Gipskartonplatten** sind mit Zusätzen versehen, die die Wasseraufnahme verzögern.

Unterkonstruktion/Befestigungsmöglichkeiten

Je nach Art und Aufbau der Wand können die Wandbekleidungselemente entweder direkt auf dieser oder auf einer Unterkonstruktion befestigt werden. Eine direkte Befestigung der Beplankungen wird sehr häufig bei Fachwerk- oder Gerippewänden vorgenommen.
Bei gemauerten Wänden besteht die Unterkonstruktion aus senkrecht oder waagerecht mit Spreizdübeln angeschraubten Latten. Die Richtung der Latten sollte immer quer zu der Bekleidung verlaufen. Ein Verputzen der Wand ist nicht notwendig.
Um bei gemauerten Wandflächen eine Hinterlüftung der Unterkonstruktion zu gewährleisten, werden die Latten entweder unterbrochen, oder es wird eine Konterlattung befestigt. Anschließend wird die Bekleidung auf der Unterkonstruktion durch verdecktes Nageln oder mit ent sprechenden Klammern angebracht.

Hinterlüftete Unterkonstruktion mit unterbrochener Lattung für vertikale Verkleidung

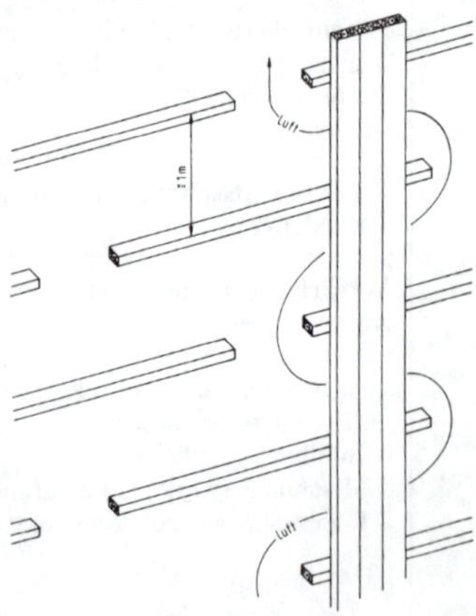

6

6.7 Ausbauarbeiten

Unterkonstruktion/Befestigungsmöglichkeiten (Fortsetzung)

Gipskartonplatten sollten mit Schnellbauschrauben, wie in unterer Abbildung dargestellt, befestigt werden. Man beginnt entweder in der Plattenecke oder auch von der Mitte aus nach rechts und links mit dem Verschrauben der Platte.

Befestigungsfolge bei Gipskartonplatten

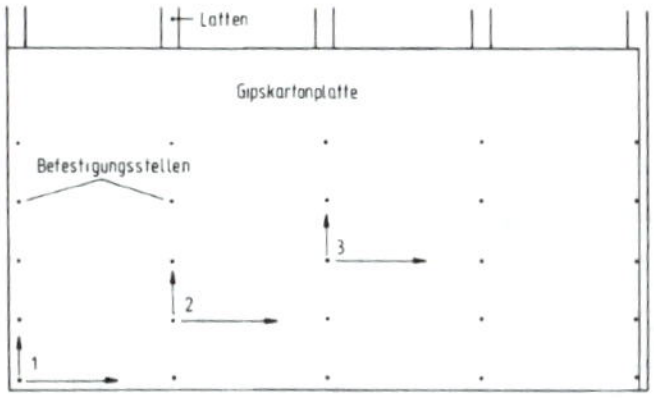

Unterkonstruktion für vertikale Verkleidungen mit Hinterlüftung der Verlattung

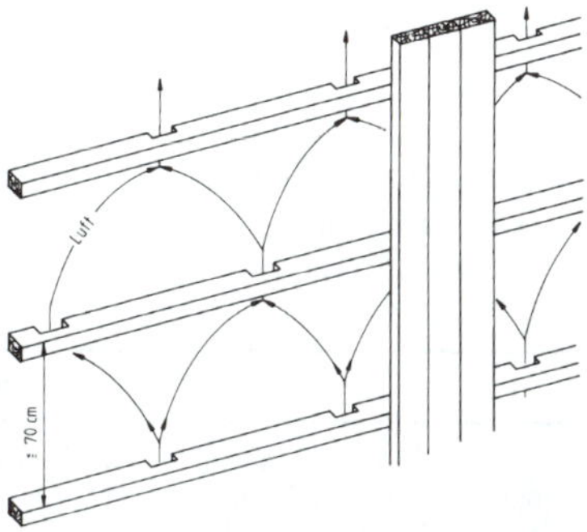

Verbretterung

Verbretterungen werden zum Bekleiden von Innen- aber noch häufiger von Außenwänden vorgenommen.

Giebel verkleidet man sehr häufig in senkrechter Verbretterung mit Hilfe von besäumten Brettern und Deckenleisten, während man für Hauswände eher Stabbretter mit Falz oder Nut und Feder verwendet.

Wenn Bretter bei Außenwandbekleidungen in einer Ecke zusammenkommen, empfiehlt sich die bewußte Ausbildung einer Fuge, da paßgenau zusammengefügte Bretter durch das fast unvermeidliche Arbeiten des Holzes zu häßlichen Fugen führen.

Mit Dübeln an die Wand geschraubte Unterkonstruktion für horizontale Verkleidung

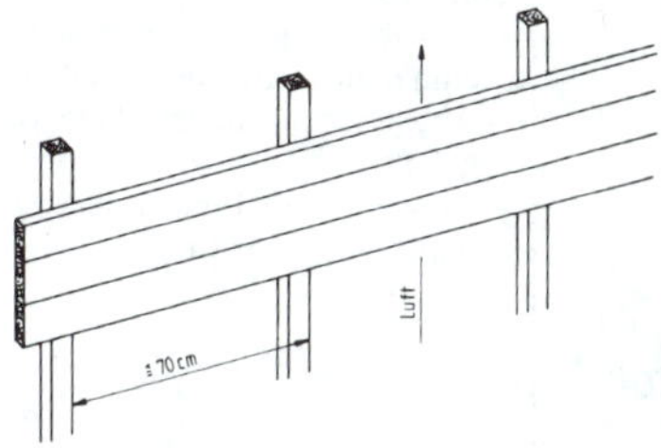

Profilierte Bretter für eine senkrechte Verbretterung

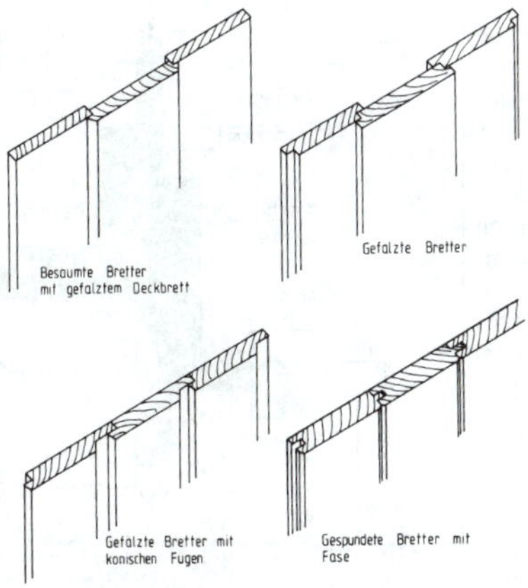

Hinterlüftung mit Konterlattung

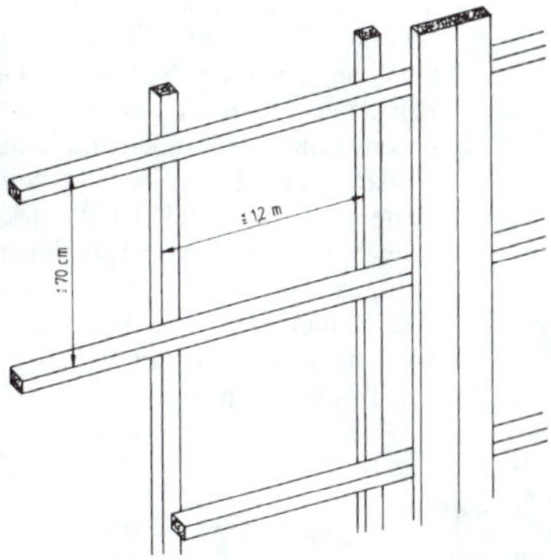

6.8 Haustechnik/Entwässerung

Entwässerung → Planung des Anschlusses

Planung des Anschlusses → Schwemmkanalisation

Planung des Anschlusses → Kleinkläranlage

Schwemmkanalisation
= Anschluß der Abwässer an ein öffentliches Abwassernetz
→ Trennsystem
→ Mischsystem

Planung des Anschlusses
→ Höhe der Kanalsohle
→ Art des Entwässerungssystems
→ Lage u. Gefälle des Anschlußkanals
→ Lage der Prüfschächte

Kleinkläranlage
= örtliche Beseitung der Abwässer

6

6.8.1 Schwemmkanalisation

Trennsystem

Bei diesem Verfahren wird das Regenwasser direkt in den nächsten Vorfluter geleitet, während die übrigen Abwässer in die nun kleiner zu bemessende Kläranlage gelangen. Das Schmutzwassernetz ist leichter zu erweitern.

In die Leitungen der Stadtentwässerung (Misch- wie Trennsystem) dürfen **nicht** eingeleitet werden:

- Abwässer, die feuergefährliche Stoffe enthalten, z. B. Benzin, Öle usw.,
- Abwässer mit hohem Fett- oder Säurengehalt,
- Abwässer mit Temperaturen über 35 °C,
- Sand, Asche, Müll usw.

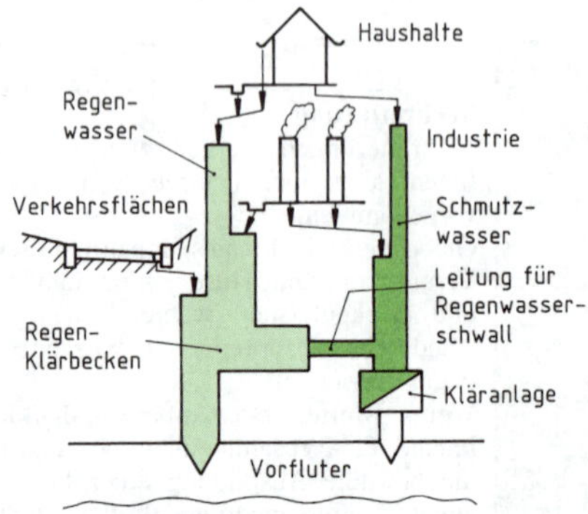

Mischsystem

Bei diesem Verfahren werden sämtliche Abwässer durch ein einziges Rohrnetz abgeleitet. Das Mischsystem ist in der Rohrnetzanlage zwar billiger als das Trennsystem, erfordert aber sehr große Sammelkläranlagen. Darüber hinaus besteht bei heftigem Regen die Gefahr des Rückstaus, weil in den Kanal auch das gesamte auf den Straßen anfallende Regenwasser fließt. Daher besteht beim Mischsystem trotz Sicherheitsvorkehrungen immer die Gefahr von Kanalüberschwemmungen.

Bei Neuanlage eines Kanalisationsnetzes wird heute aus den dargelegten Gründen das Trennsystem bevorzugt.

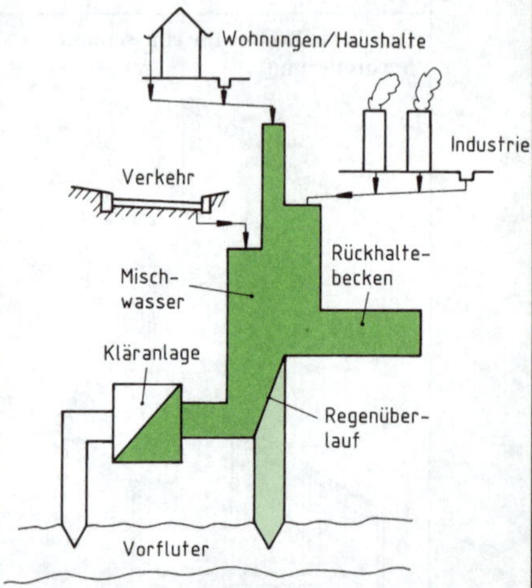

6.8 Haustechnik/Entwässerung

Mischsystem (Fortsetzung)

Vom Straßenkanal aus wird der Anschlußkanal möglichst gradlinig bis zum Reinigungsschacht auf dem privaten Baugrundstück geführt.

Im Anschluß an den Reinigungsschacht beginnt die Grundleitung.

Im Mischsystem müssen die Regenwasserleitungen vor dem Reinigungsschacht zu einer Mischwasserleitung zusammengeführt werden.

Im Trennsystem müssen zwei Reinigungsschächte angeordnet werden.

Im Straßenkanal sind in Abständen von 40 m Revisions- oder Prüfschächte eingebaut. Von diesen Prüfschächten aus werden die Abzweigungen der Anschlußkanäle quotiert. Aus den Höhenlagen von Straßenkanal- und Kellersohle ergibt sich das Gefälle der Grundleitungen und des Anschlußkanals. Dieses soll i. d. R. 2% betragen und 1% nicht unterschreiten.

Beispiel eines Reinigungsschachtes

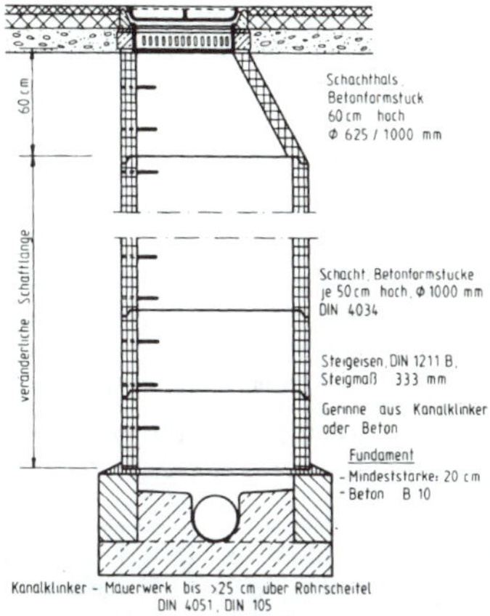

6.8.2 Planung des Anschlusses

Sinnbilder und Zeichen für Entwässerungsanlagen DIN 1986 (6.88)

Benennung	Grundriß	Aufriß
Abwasserleitungen		
Schmutzwasserleitung DS Druckleitung		
Regenwasserleitung DR Druckleitung		
Mischwasserleitung		
Lüftungsleitung beginnend und aufwärtsverlaufend		
Fall-Leitung		Je nach Leitungsart
Richtungshinweise a) hindurchgehend b) beginnend und abwärtsverlaufend c) von oben kommend und endend d) beginnend und aufwärtsverlaufend	a) b) c) d)	Je nach Leitungsart
Werkstoffwechsel		
Reinigungsrohr		
Nennweitenänderung	100 125	100 125
Geruchsverschluß		

Benennung	Grundriß	Aufriß
Abläufe, Abscheider, Hebeanlagen, Schächte		
Ablauf mit Rückstauverschluß		
Hofablauf mit Geruchsverschluß		
Schlammfang	S	S
Fettabscheider	F	F
Benzinabscheider	B	B
Heizölabscheider	H	H
Heizölsperre	HSp	HSp
Heizölsperre mit Rückstauverschluß	HSp	HSp
Rückstauverschluß für fäkalienfreies Abwasser		
Rückstauverschluß für fäkalienhaltiges Abwasser		
Schacht mit offenem Durchfluß		
Schacht mit geschlossenem Durchfluß		
Ausgußbecken		
Doppelspüle		

6.8 Haustechnik/Entwässerung

Unterlagen für den Entwässerungsplan nach DIN 1986 [1]

Die zur Genehmigung eines Bauvorhabens erforderlichen Entwässerungsplanunterlagen

Pläne	Planinhalt
Lageplan	mit Straßenkanälen, Anschlußkanal, Reinigungsschacht, evtl. Prüfschächten
Keller-geschoß-plan	Maßstab 1 : 100 mit Anschlußkanal, Reinigungsschacht, Grundleitungen, Fall-Leitungen. Alle Teile der Entwässerungsanlage müssen nach Material und Dimension angegeben werden
Normal-geschoß-Grundriß	Maßstab 1 : 100 mit Eintragung der Entwässerungsgegenstände
Schnitt	Maßstab 1 : 100. Die Schnittführung soll in Richtung der Hauptgrundleitung vorgenommen werden. Zu entwässernde Gegenstände sind einzutragen

Darstellungen in Zeichnungen

Farbe	Gegenstände
schwarz	vorhandene Anlagen
rot	Mauerwerk im Schnitt
braun	Steinzeugrohre
blau	Graugußrohre, Einrichtungsgegenstände (z. B. Waschbecken usw.)
gelb	Bleirohre
zinnoberrot	Zinkrohre
grau	Beton- und Zementrohre
gelb durchstreichen	wegfallende Leitungen und Bauteile

Linienbreiten	Maßstab	Gegenstände
0,5 mm	M 1 : 50	Sanitärausstattung
0,25 mm	M 1 : 100	Sanitärausstattung
1,0 mm	M 1 : 50	Rohrleitungen
0,5 mm	M 1 : 100	Rohrleitungen
5,0 mm	M 1 : 50	Schriftgröße (Schriftform B, gerade)
2,5 mm	M 1 : 100	Schriftgröße (Schriftform B, gerade)

6.8.3 Verlegen von Leitungen

Allgemeine Bestimmungen	Liegende Leitungen sind mit Gefälle zu verlegen, das nicht größer als 1 : 20 sein soll. Richtungsänderungen von Grund- oder Sammelleitungen dürfen nur mit 15°-, 30°- und 45°-Bögen ausgeführt werden. Eine Leitung darf in Fließrichtung nicht in eine solche mit geringerem Querschnitt eingeleitet werden. Bei Übergängen auf größere Querschnitte müssen Übergangsformstücke verwendet werden. Das Mindestgefälle von Leitungen muß nach DIN 1986 Teil 1 (6.88) betragen: – Für Schmutzwasserleitungen und Mischwasserleitungen innerhalb von Gebäuden: 1 : 50 bei DN bis 100 mm 1 : 66,7 bei DN = 125 mm und 150 mm, 1 : DN/2 ab DN = 200 mm. – Für Regenwasserleitungen innerhalb von Gebäuden: 1 : 100 bei DN bis 100 mm, 125 mm, 150 mm,1 : DN/2 ab DN = 200 mm. Grundleitungen werden unter dem Kellerfußboden verlegt. Vorsicht beim Kreuzen einer Grundleitung mit einem Fundament! Rohr nicht fest in den Beton einbetonieren! Außerhalb des Gebäudes sollen die Grundleitungen in frostfreier Tiefe parallel zu den Außenwänden verlegt werden, um ein evtl. Aufgraben zu erleichtern.
Fall-Leitungen	Fall-Leitungen für Schmutzwasser sollen nach Möglichkeit an den Innenwänden frostfrei und gradlinig durch die einzelnen Geschosse geführt werden. Etwa 40 cm über dem Kellerfußboden, unmittelbar vor dem Übergang in eine Sammel- oder Grundleitung ist in die Fall-Leitung eine Reinigungsöffnung einzubauen. Fall-Leitungen für Regenwasser sollen im allgemeinen an den Außenseiten des Gebäudes verlegt werden. In die Regenfallrohre darf kein Schmutzwasser eingeleitet werden. Die Regenfallrohre sind in Sockelhöhe (bis 1,5 m) aus Grauguß herzustellen und können unter der Erde aus Steinzeug bestehen. Sollen Regenfall-Leitungen im Inneren des Gebäudes verlegt werden, so sind sie aus den für Abwasserleitungen angegebenen Bauteilen auszuführen (siehe hierzu DIN 1986 Teil 4) und mindestens im oberen Geschoß gegen Schwitzwasser zu sichern.

[1]) Daneben sind auch die Auflagen und Bestimmungen der örtlichen Bauämter zu beachten.

6.8 Haustechnik/Entwässerung

Entlüftung

Alle Fall- und Grundleitungen müssen entlüftet werden, damit das Abwasser schnell abfließen kann und sich keine Sinkstoffe ablagern. Darüber hinaus verhindert diese Maßnahme ein Leersaugen der Geruchsverschlüsse.
Zur Entlüftung muß jede Fall-Leitung als Lüftungsleitung bis übers Dach geführt werden. Grund- und Sammelleitungen in Gebäuden ohne Fall-Leitung sind mit einer Lüftungsleitung zu versehen.

Reinigungsöffnungen

Reinigungsöffnungen sind an folgenden Stellen einzubauen:
- Am oberen Ende der Sammelanschlußleitungen von Reihenanlagen, als Reinigungs- u. Rohrendverschlüsse,
- in Fall-Leitungen und im lotrechten Teil von Sammelleitungen unmittelbar vor dem Übergang in eine Sammel- oder Grundleitung,
- in Grundleitungen als Reinigungsrohre oder Reinigungsverschlüsse,
- in Grundleitungen vor Richtungsänderungen in der Leitungsführung von 45° und mehr.

In Arbeitsräumen von Bäckereien, Fleischereien, Lebensmittel-Lagerräumen usw. dürfen keine Reinigungsöffnungen eingebaut werden. Reinigungsöffnungen müssen so eingebaut werden, daß sie ständig zugänglich bleiben können.

Prüfschächte

Prüfschächte mit Reinigungsöffnungen werden in den Hauptgrundleitungen unmittelbar hinter der Grundstücksgrenze, jedoch höchstens 15 m vom Straßenkanal entfernt, ferner mindestens alle 40 m und vor Richtungsänderungen in der Leitungsführung von 45° und mehr gefordert. Darüber hinaus müssen auch alle Bodenabläufe eine sichtbar anzuordnende luft- und wasserdicht zu verschließende Reinigungsöffnung erhalten.

Hausanschlußraum

Abwasserleitungen, Trinkwasser- und Gasleitungen, bei Erdverkabelung auch Strom- und Fernmeldeleitungen, werden innerhalb eines bestimmten Gebäudebereichs in einem separaten Raum in bzw. aus dem Gebäude geführt. Nach DIN 18012 ist hierzu ein Hausanschlußraum vorzusehen, der mindestens 1,80 m breit, 2,00 m lang und 2,00 m hoch sein muß.
Der Hausanschlußraum muß abschließbar belüftbar, trocken und beleuchtbar sein.

Anschluß eines Schmutzwasser-Fallrohres an die Grundleitung

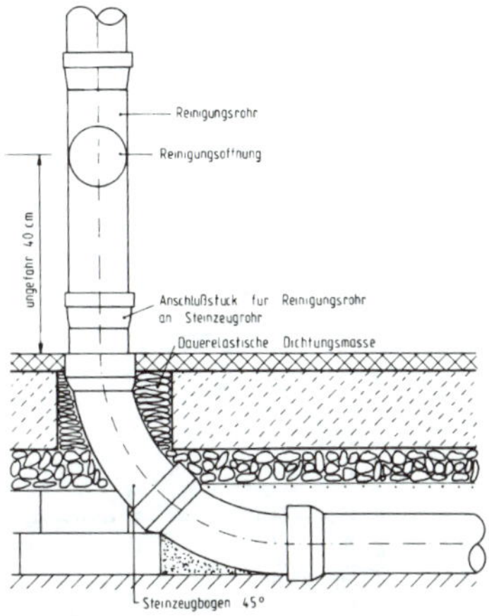

Prüfschacht mit Reinigungsöffnung im Keller

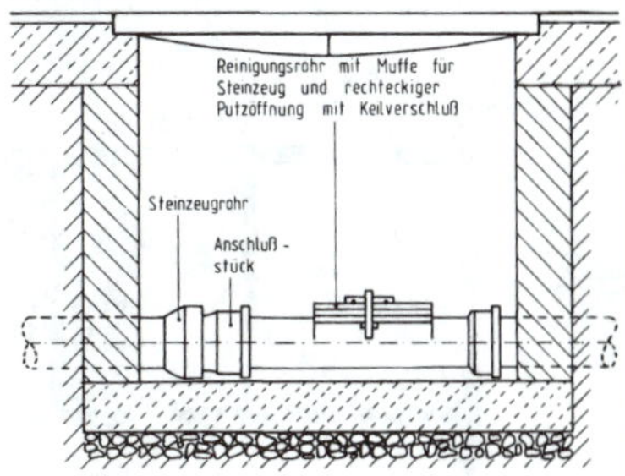

Hausanschlußraum

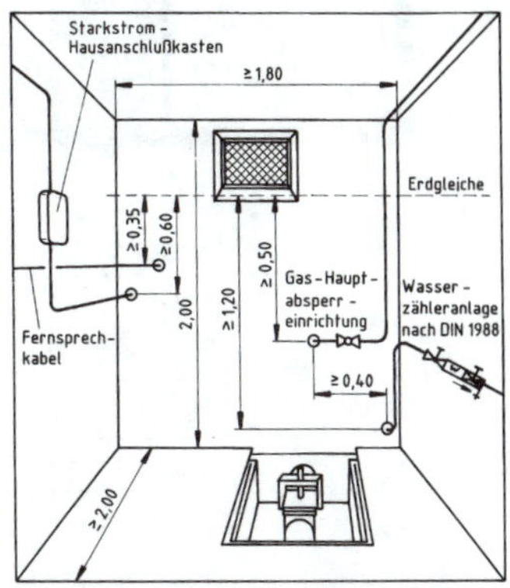

6.8 Haustechnik/Entwässerung

Kellergeschoß mit Grund- und Sammelleitungen sowie Abwasserhebeanlagen beim Trennverfahren

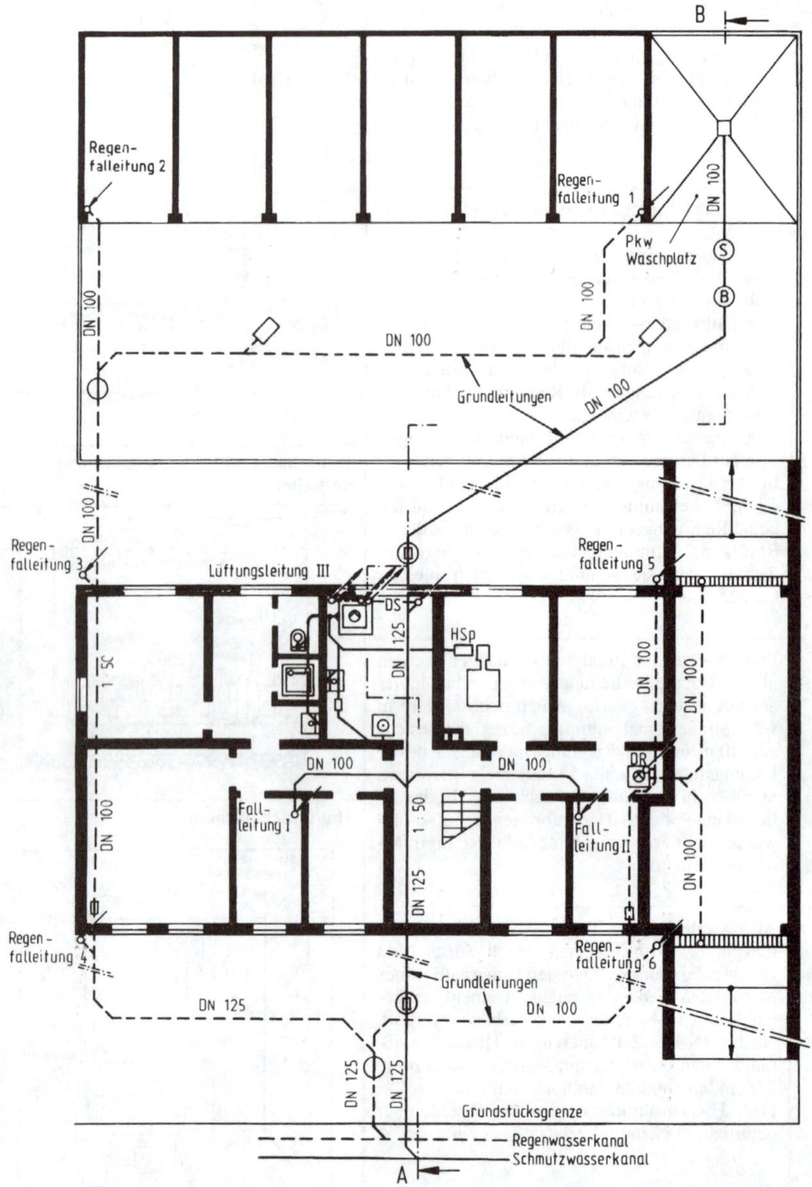

6.8 Haustechnik/Entwässerung

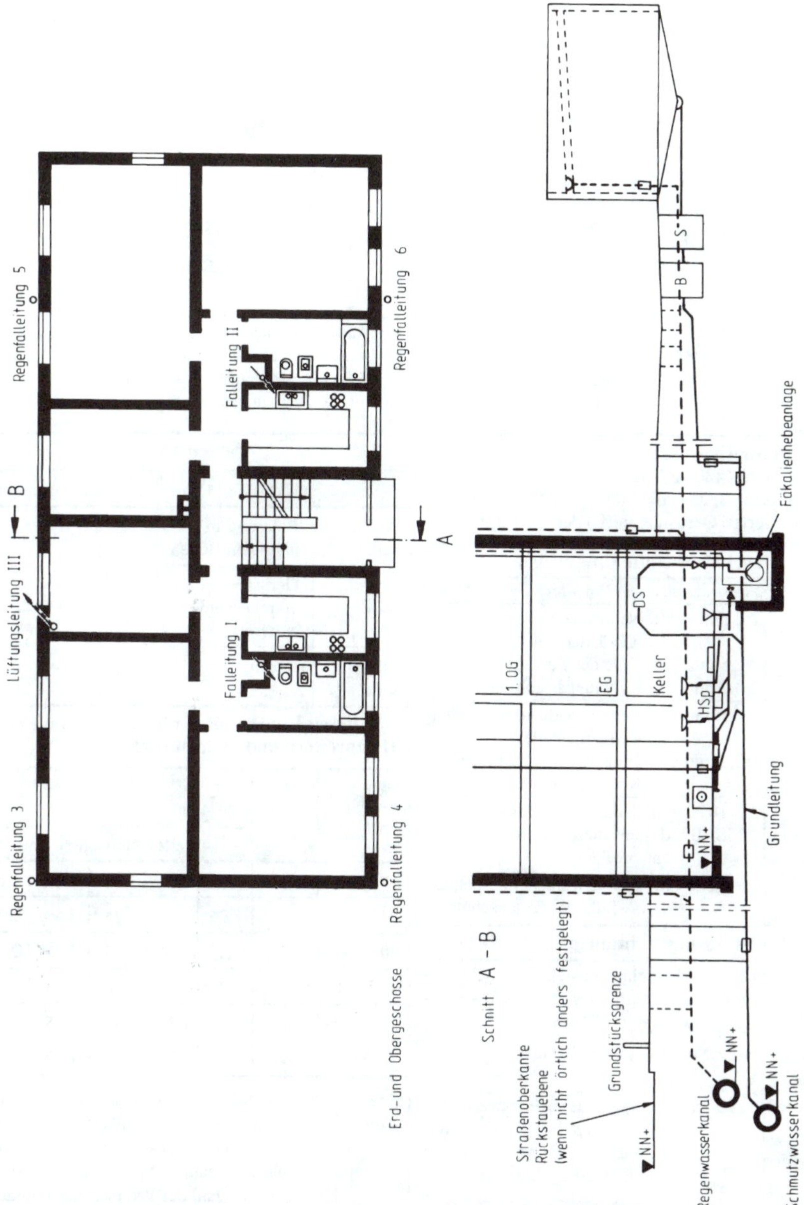

Leitungsschema zum Grundriß auf S. 6-54

6.9 Gerüstbau

Gerüste

- **Arbeitsgerüste**
  - **Gerüstgruppen**
- **Gerüstbauarten**
  - **Tragsystem**
    - Standgerüst (S)
    - Hängegerüst (H)
    - Auslegergerüst (A)
    - Konsolgerüst (K)
  - **Ausführungsart**
    - Leitergerüst (LG)
    - Stahlrohr-Kupplungsger. (SR)
    - Rahmengerüst (RG)

    Aufbau möglich mit
    – längenorientierten Gerüstlagen (L)
    – flächenorientierten Gerüstlagen (F) (z.B. bei Raumgerüsten)
- **Schutzgerüste**
  - Fanggerüst (FG)
  - Dachfanggerüst (DG)
  - Schutzdach (SD)

Ger.-Gruppe	Nutzgewicht kg/m2	Flächenpressung kg/m2	Mindestbelagbreite cm
1	–	–	50
2	150	–	60
3	200	–	60
4	300	500	90
5	450	750	90
6	600	1000	90

Bezeichnungsbeispiel:
Gerüst DIN 4420-AG-SL 3
Arbeitsgerüst (AG) als Standgerüst (S) mit längenorientierten Gerüstlagen (L) der Gerüstgruppe 3

6.9.1 Werkstoffe für Gerüste

Werkstoff	Anforderungen an Wanddicke	
Stahl	≥ 2 mm	für Nennwanddicke der tragenden Gerüstbauteile
	≥ 2,5 mm	für Teile des Seitenschutzes
	≥ 3,2 mm	für Kupplungsstahlrohre
Aluminium	≥ 2,5 mm	für Nennwanddicke der tragenden Gerüstbauteile
	≥ 2,0 mm	für Teile des Seitenschutzes
	≥ 4,0 mm	für Kupplungsrohre
Holz	≥ S 10 ≥ MS 10	alle Holzbauteile müssen mindestens diesen Sortierklassen entsprechen
	≥ 3,0 cm	für alle Gerüstbretter u. -bohlen sowie Teile des Seitenschutzes

6.9.2 Ausführungsrichtlinien für Gerüste

Gerüst belag

Der Gerüstbelag besteht aus Gerüstbrettern, die beim Begehen nicht verrutschen od. wippen dürfen

Stoß des Gerüstbelages

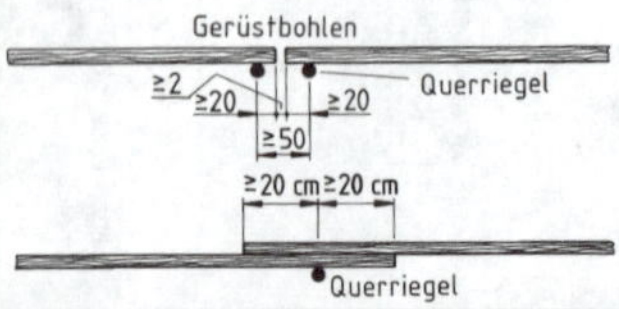

Seitenschutz

Seite	Maße	Bildliche Darstellung
Außenseite	Belag > 2 m über dem Boden	
Innenseite	Gerüst > 30 cm vom Gebäude entfernt	
Stirnseite	immer	

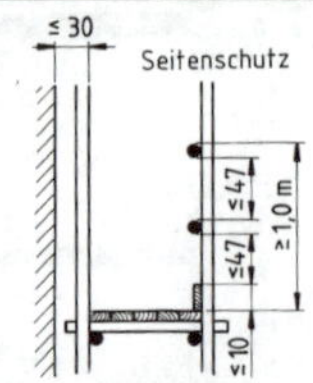

Zulässige Stützweiten für Gerüstbeläge aus Holzbrettern und -bohlen nach DIN 4420 (10.10)

Brett-/Bohlenbreite in cm	Gerüstgruppe	Brett- bzw. Bohlendicke (cm)				
		3,0	3,5	4,0	4,5	5,0
		größte Stützweite in m				
20	1, 2, 3	1,25	1,50	1,45	2,25	2,50
24 u. 28		1,25	1,75	2,25	2,50	2,75
20	4	1,25	1,50	1,75	2,25	2,50
24 u. 28		1,25	1,75	2,00	2,25	2,50
20, 24, 28	5	1,25	1,25	1,50	1,75	2,00
20, 24, 28	6	1,00	1,25	1,25	1,50	1,75

Verankerung

Alle freistehend, nicht standsicheren Gerüste müssen am Gebäude verankert werden. Die Abstände der Verankerungspunkte richten sich nach der statischen Berechnung. Anordnung und Anzahl der Verankerungspunkte ist u. a. von der Gerüsthöhe abhängig

6.9 Gerüstbau

Verstrebung	Gerüste müssen zur Längsaussteifung durch Strebenkreuze oder -züge auf ganzer Gerüstlänge und -höhe verstrebt werden. Jeder Strebenzug darf höchstens 5 Gerüstfelder übergreifen und muß an den Kreuzungspunkten mit den Ständern und Längsriegeln fest verbunden werden.	**Strebenkreuz und gegenläufiger Strebenzug** 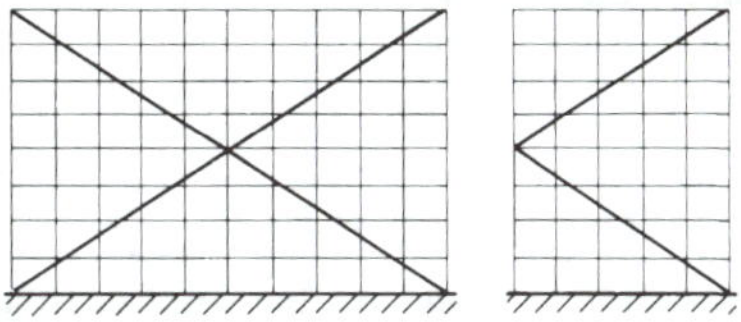

6.9.3 Regelausführungen der Gerüste

Leitergerüst

Leitergerüste in Regelausführung sind als Arbeits- od. Schutzgerüste der Gerüstgruppen 1 bis 3 möglich. Die Gerüstleitern haben hölzerne Holme und Sprossen aus Holz oder Stahlstäben.

Zulässige Gerüsthöhen für Standgerüste an einer Fassade

bis 18,00 m	wenn alle Gerüstlagen in Höhenabständen von jeweils 2,00 m ausgelegt sind und davon nur eine Gerüstlage belastet wird
bis 24,00 m	wenn höchstens drei Gerüstlagen ausgelegt sind und nur eine Gerüstlage je Gerüstfeld belastet wird
Erhöhung um 6,00 m	wenn die Belagbreite nicht über 65 cm beträgt

Zulässige Gerüstfeldlängen bei Leitergerüsten als Stand- bzw. Fassadengerüsten

Gerüstbohlen Breite × Dicke (cm)	zulässige Gerüstfeldlänge (m)
20×4	1,75 [1])
24×4	2,00
28×4 20×4,5	2,25
28×4,5 24×4,5 20×5	2,50
24×5	2,75

Gerüste in Regelausführung	hierunter versteht man die Ausführung von Gerüsten nach bestimmten Regeln
Gerüste ohne Regelausführung	diese Gerüste werden statisch berechnet und nach Ausführungsplänen erstellt

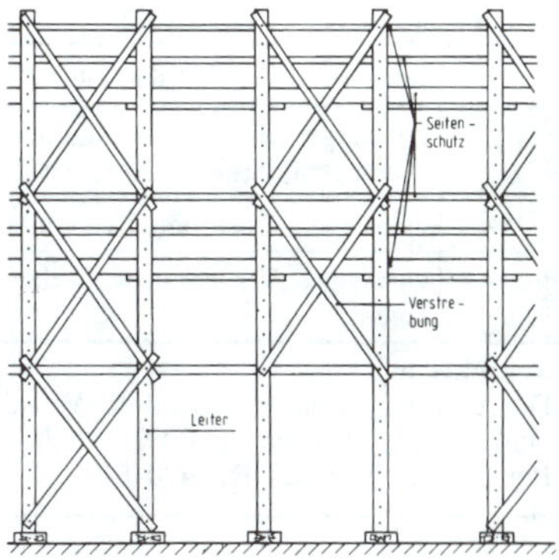

Verankerung von Leitergerüsten

Leitergerüste, die freistehend nicht standsicher sind, müssen am Gebäude verankert werden. Dabei sind folgende Regeln zu beachten:

- die Verankerungen werden an den Knoten (z B. Kreuzungspunkte Ständer–Längsriegel–Querriegel) angebracht
- Verankerungen nur an festen Mauerscheiben anbringen (nicht Schneefanggitter, Blitzableiter, Dachrinne usw.)
- jeder Leiterzug ist am Bauwerk zu verankern
- der senkrechte Abstand der Verankerungspunkte darf höchstens 4,00 m betragen
- die Gerüstleitern dürfen über den höchsten Verankerungspunkt max. 7,00 m hinausragen
- der oberste Gerüstbelag darf höchstens 2,00 m über dem obersten Verankerungspunkt liegen.

[1]) Sind die Bohlen (20×4) über zwei Gerüstfelder durchlaufend, darf die Gerüstfeldlänge auf 2,00 m erhöht werden.

6.9 Gerüstbau

Stahlrohr-Kupplungsgerüst

Stahlrohr-Kupplungsgerüste dürfen für Arbeitsgerüste der Gerüstgruppen 1–6 und für Fanggerüste eingesetzt werden. Die Ständerabstände dieses Gerüstes sind von der Belastung des Gerüstes, d. h. von der Gerüstgruppe abhängig.

Ständerabstände, zul. für ≤ 10 Gerüstlagen

Gerüstgruppe	Ständerabstand in m
1 und 2	2,50
3 und 4	2,00
5	1,50
6 [1]	1,20

Gerüstabmessungen

≤ 30 m	zulässige Höhe für Standardgerüste (Fassadengerüste) in Regelausführung
≤ 1 m	zulässige Gerüstbreite (Systembreite)
≤ 2 m	zulässiger Vertikalabstand der Gerüstlagen

Verankerung
Die Anordnung und die Anzahl der Verankerungspunkte hängt u. a. von der Gerüsthöhe und der Bekleidung ab, siehe DIN 4420 T 3.

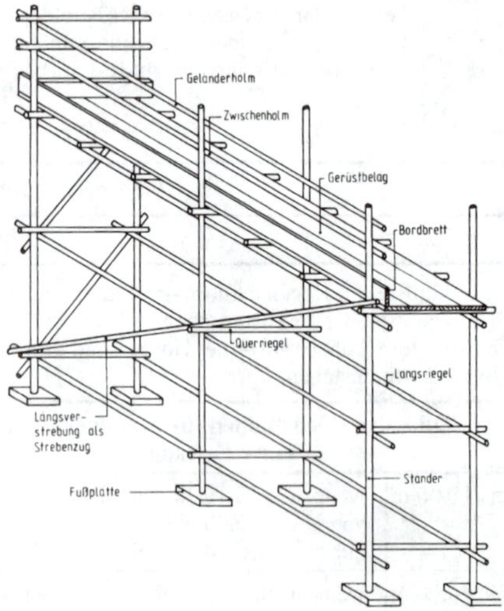

Auslegergerüst

Auslegergerüste in Regelausführung dürfen für Arbeitsgerüste der Gerüstgruppen 1–3 sowie für Fanggerüste eingesetzt werden. Als Ausleger werden Stahlprofile I 80, I 100, IPE 80 od. IPE 100 verwendet.

Verankerung
Die Verankerung ist nur in massiven Stahlbetondecken zulässig, dabei sind zwei Verankerungsbügel aus BST 500 S mit ≥ 10 mm Durchmesser zu verwenden.

Seitenschutz
Als Seitenschutz werden außen auf die Profilträger Geländerstützen aufgeschoben und anschließend verkeilt. Ausbildung des Seitenschutzes siehe S. 6-56

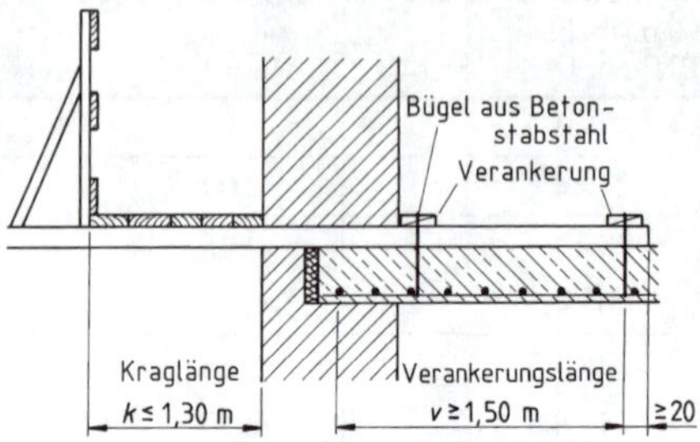

Schutzgerüste

Schutzgerüste sollen als **Fang-**, **Dachfanggerüst** oder **Schutzdach** Personen vor herabfallenden Baustoffen schützen, sie dienen nicht als Arbeitsplattform. Bei Fanggerüsten als Standgerüste sind Absturzhöhen über 2,0 m, bei allen übrigen Gerüstbauarten über 3,0 m unzulässig.

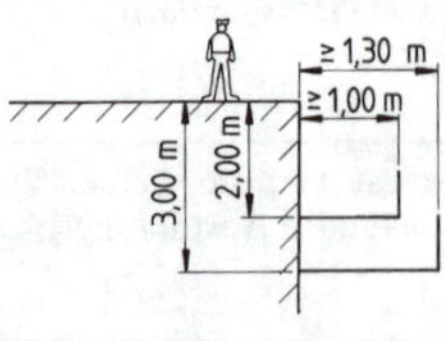

[1]) Bei dieser Gerüstgruppe müssen zusätzliche Zwischenholme eingebaut werden

6.10 Fertigteilbauweise

Montagebau

- **Großtafelbauweise**
  - Montagewände (für innen und außen)
  - Montage-Deckenelemente
  - Sonderelemente (z. B. Decken, Schächte)
- **Skelettbauweise**
  - Stützen
  - Binder
  - Unterzüge

6.10.1 Großtafelbauweise

Allgemeines

Der Montagebau dient dem Ziel, großformatige, transportable Bauelemente unter Beachtung der einschlägigen DIN-Vorschriften und bestimmter Rastermaße in Fabriken bis in die Einzelheiten vorzufertigen und sie auf der Baustelle in kurzem Zeitabstand zusammenzusetzen. Damit wird die Hauptarbeit von der Baustelle in die Werkstätten verlegt, wo die Bauelemente in genau aufeinander abgestimmten Arbeitsgängen, teil- oder vollmechanisiert, kostengünstig und unter Ausschluß von Witterungseinflüssen hergestellt werden können. Jedoch muß auf der anderen Seite ein höherer Transportaufwand in Rechnung gestellt werden.

Montage-Elemente des Großtafelbaues

Ⓐ Außenelemente
Ⓑ Innenelemente
Ⓒ Deckenelemente
Ⓢ Sonderelemente

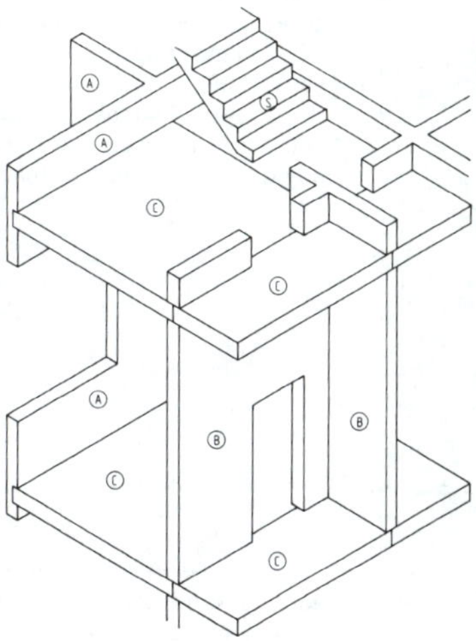

Montagewände

Unter Montagewänden versteht man großflächige, transportable Wandelemente, die in Werkstätten als selbsttragende Scheiben, Elemente und Tafeln hergestellt und auf der Baustelle montiert werden. Die Montagewände können als nichttragende und tragende Wände ausgeführt werden. Tragende Montagewände nehmen ohne zusätzliche Tragkonstruktion die Decken- und Dachlasten auf, sie erhalten dabei ihre Aussteifung durch den Verbund mit den Decken.
Montagewände setzen sich aus Außen- und Innenwandelementen zusammen.

Montagewände aus geschoßhohen, massiven Elementen

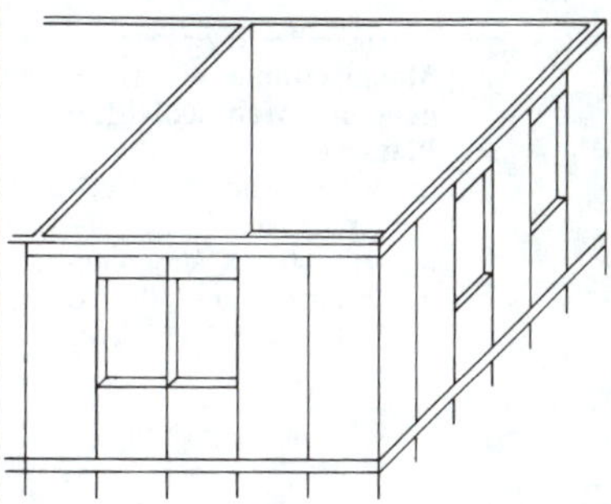

6.10 Fertigteilbauweise

Unterteilung der Montagewände nach Art der Beanspruchung

Montagewände (Fortsetzung)

- **Montagewände aus geschoßhohen, massiven Elementen baurasterbedingter Abmessungen**
  Die durch Fugenverguß und Anker in Geschoßhöhe verbunden werden. Material: u. a. Leichtbeton, Porenbeton, Schaumbeton.
  Vertikaler Schnitt durch eine Montagewand mit geschoßhohen verankerten Wandelementen aus Leichtbeton, Dicke der Elemente ≥ 20 cm

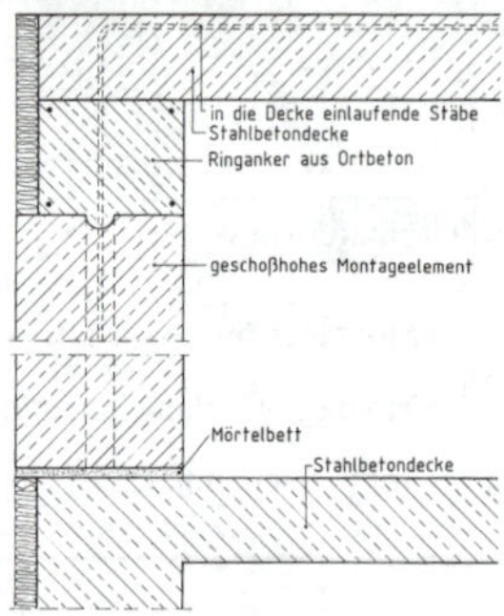

- **Montagewände aus geschoßhohen, beidseitig beplankten Holzrahmen mit eingelegter Wärmedämmung**
  Die Verbindung der Elemente untereinander erfolgt mit Schrauben, Dollen, Nut und Feder oder Laschen. Vorzugsweise Verwendung dieser Elemente für Innenwände.

Montagewand aus geschoßhohen Holztafeln, horizontaler Schnitt durch eine Eckverbindung

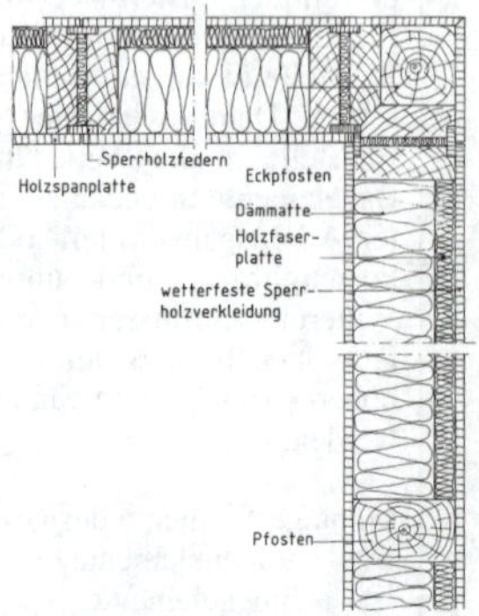

- **Montagewände als nichttragende Scheiben aus Leichtbeton-, Stahlblech-, Glas- oder Kunststoffplatten**
  Verwendung bei Gebäuden in Zellen- oder Schottenbauweise; die Befestigung erfolgt an den tragenden Querwänden und Decken.

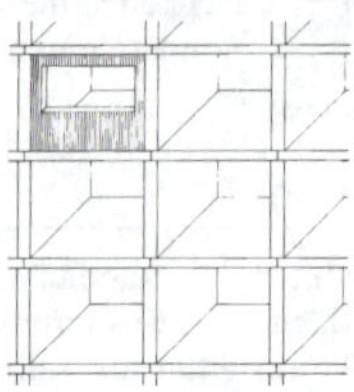

- **Montagewände aus raumgroßen, selbsttragenden Mehrschichttafeln (Sandwich-Platten)**
  Sie bestehen aus dampfgehärtetem Stahlbeton mit Höhen von 2,60 m bis 4,0 m und Breiten bis zu 9,0 m. Verbindungen der Elemente untereinander mit Hilfe von Ankern, Dübeln, Schrauben oder Nutfedern.

Außenwand-Auflager bei selbsttragenden Mehrschicht-Plattenelementen

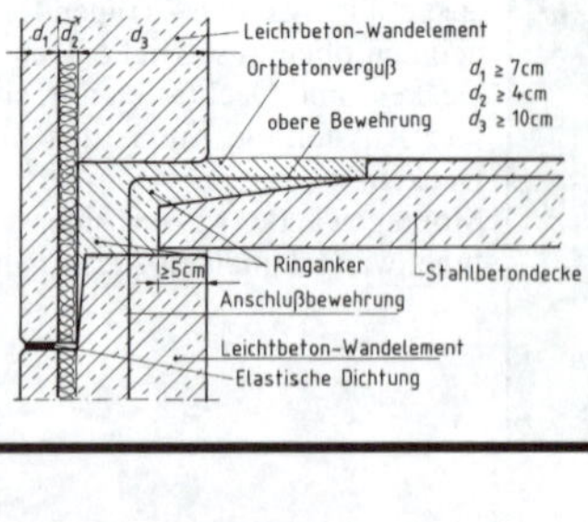

6

6.10 Fertigteilbauweise

Montage-Elemente für Decken	Im Großtafelbau lassen sich die Deckenelemente in folgende Hauptgruppen einteilen: – **Stahlbetonplatten mit vollem Querschnitt,** d = 14 – 20 cm, – **Stahlbetonplatten mit kreisförmigen oder rechteckigen Aussparungen,** d = 20 – 40 cm, – **Stahlbeton-Rippenplatten,** d = 15 – 30 cm. Volle Platten haben eine Spannweite (Breite) von ca. 4,0 m; Deckenelemente mit Aussparungen sowie Rippenplatten werden in Breiten bis zu 2,40 m geliefert. DIN 1045 (7.88) schreibt weiter für Fertigteilgeschoßdecken im Großtafelbau eine Mindestbreite von 2,0 m vor, darüber hinaus dürfen die Deckenelemente in einem von Wandelementen begrenzten Raum höchstens zwei Fugen bilden.	**Montage-Elemente für Decken im Großtafelbau** 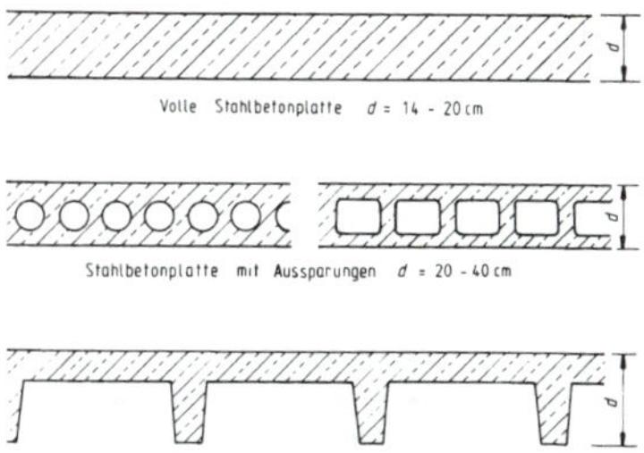
Montage-Sonderelemente	Hierunter fallen beim Großtafelbau z. B. Treppen, Aufzugsschächte, Balkon- und Loggienplatten, Balkonbrüstungen, Installationsschächte. Der Zementmörtel für den Fugenverguß von Fertigteilen muß folgende Bedingungen erfüllen: – Zement muß DIN 1164 entsprechen und mindestens die Festigkeitsklasse CEMI 32,5 R besitzen, – Mindestzementgehalt: 400 kg/m³ verdichteten Mörtels, – Zuschlag aus gemischtkörnigem, sauberem Sand. Statt Zementmörtel kann auch Beton der Festigkeitsklasse B 15 verwendet werden.	**Sonderelemente im Großtafel-Montagebau** 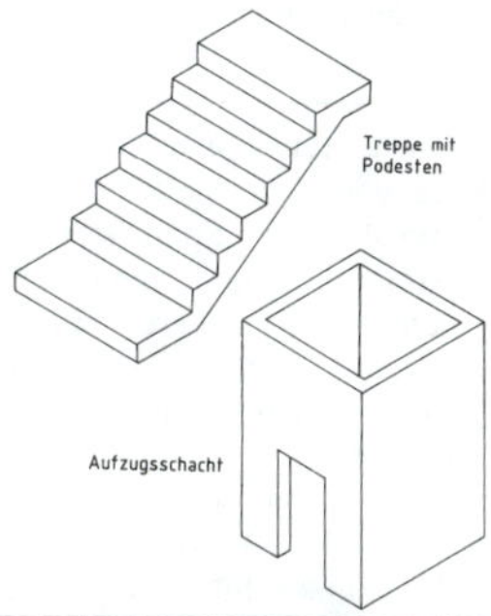
Anschluß der Montage-Elemente	Die Montage-Elemente müssen mit großer Sorgfalt verbunden werden, um im zusammengebauten Zustand voll belastbar zu sein. So dürfen sich z. B. bei unterschiedlicher Belastung von zwei Wandelementen grundsätzlich keine Durchbiegungsunterschiede einstellen. Eine sehr häufig angewandte Methode zur Verbindung zweier Wandelemente zeigt nebenstehende Abbildung.	**Fuge zwischen Fertigteilplatten nach DIN 1045** (7.88) 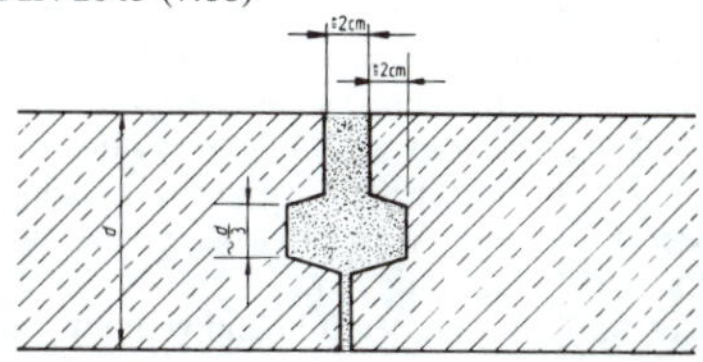
Fugen in den Außenwänden	Die Fugen der Außenwandelemente müssen fachgerecht verschlossen werden, damit z. B. Kälte, Staub und Wasser nicht in das Bauwerk eindringen können. Die Fugenausbildung kann auf folgende Arten vorgenommen werden: – konstruktiv geschlossene Fugen, – druckausgleichende Fugen, – Fugenverfüllung mit Dichtungsmassen. Konstruktiv geschlossene Fugen werden häufig beim Horizontalstoß der Außenwand-Elemente angeordnet (siehe nebenstehende Abbildung).	**Arten der Fugenausbildung, Prinzipskizzen** 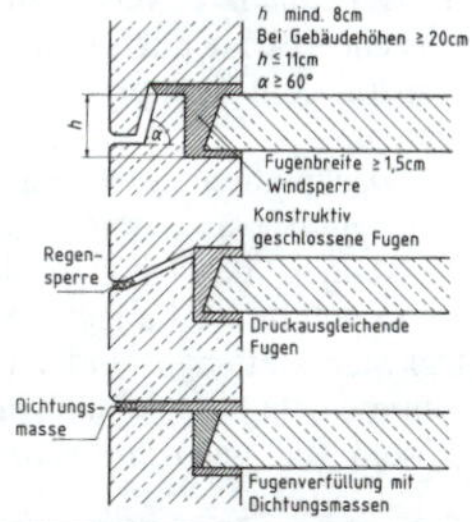

6

6.10 Fertigteilbauweise

6.10.2 Skelettbauweise

Allgemeines

Eine Skelettkonstruktion besteht aus **Stützen, Bindern** und **Unterzügen.**
Die **Stützen** bilden das tragende Gerippe für die Binder und Unterzüge. Durchgehende Stützen erhalten Konsolen als Auflager für die Unterzüge. Gehen die Stützen nicht durch die Geschosse durch, werden sie gelenkig in jedem Geschoß gestoßen.
Im Erdreich erfolgt die Verbindung durch ein Köcherfundament.
Bei Hallenbauten werden auf die Stützen **Dachbinder** aufgesetzt; dabei unterscheidet man zwei statische Systeme:

- Eingespannte Stützen mit gelenkig aufgelagerten Dachbindern,
- Eingespannte Stützen mit aufgelagerten Dachbindern, die nachträglich biegesteife Eckverbindungen erhalten.

Statische Systeme bei Hallenbauten

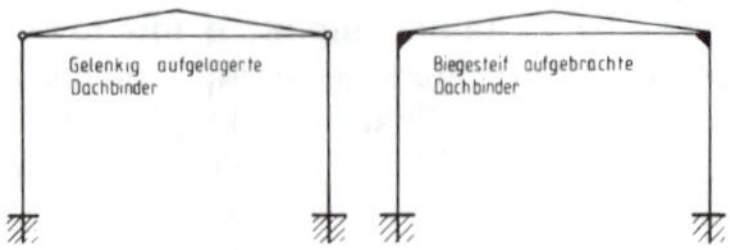

Querschnitte für Hallenbinder

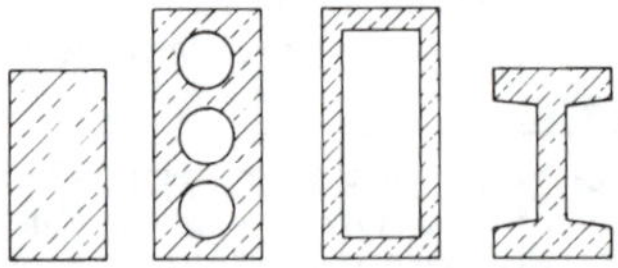

Unterzüge

Die **Unterzüge** von Stütze zu Stütze bilden das tragende Gerippe für die Deckenelemente.
Bei kleinen Spannweiten (=Stützenabstand) haben die Unterzüge einen rechteckigen Querschnitt, bei größeren Spannweiten werden sehr häufig ⊥-Querschnitte angeordnet. Bei diesem Profil lagern die Deckenelemente auf den Flanschen.
Eine weitere Querschnittsform für Unterzüge bildet der Trogquerschnitt, dessen Stege über die Stützen hinausragen und somit die Spannweite der Deckenelemente verkürzen.

Stützen mit Unterzug und Deckenelement

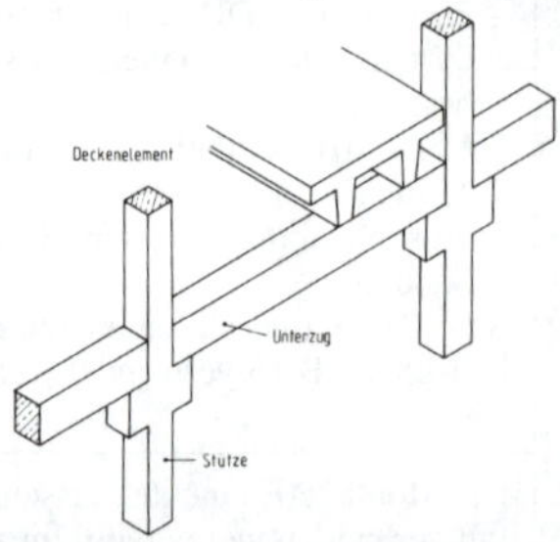

Dach- und Deckenelemente für Skelettbauten

Im Montagebau können alle Deckenelemente auch zur Dachkonstruktion verwendet werden.
Bei kleinen Binderabständen (bis zu 4 m) in Geschoßbauten werden als Deckenplatten Stahlbeton-Vollplatten verwendet und auf die Unterzüge aufgelegt.
Bei größeren Spannweiten werden Spannbeton-Elemente bis zu 20 m Länge angeordnet (siehe Abb.).
Im Hallenbau verwendet man aus Gründen der Kostenersparnis auch sehr häufig für die Dachkonstruktion Stahlpfetten mit leichten Dachplatten.
Die Dachplatten bestehen aus Bims- oder Porenbeton und besitzen Hohlquerschnitte. Ihre Abmessungen betragen in der Breite: 0,5 bis 1,0 m und in der Länge: 2,5 bis 6,0 m.
Der Stahlpfettenabstand darf 2,50 m nicht überschreiten, da die leichten Dachplatten nur bis zu diesem Maß gespannt werden dürfen.

Dach- und Deckenelemente für Geschoßbauten

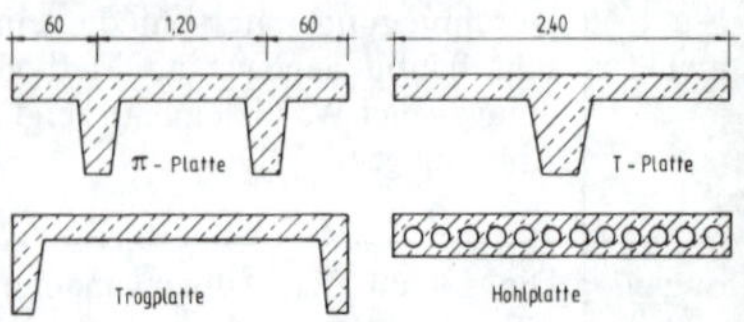

Dachkonstruktion aus Stahlpfetten und Dachplatten

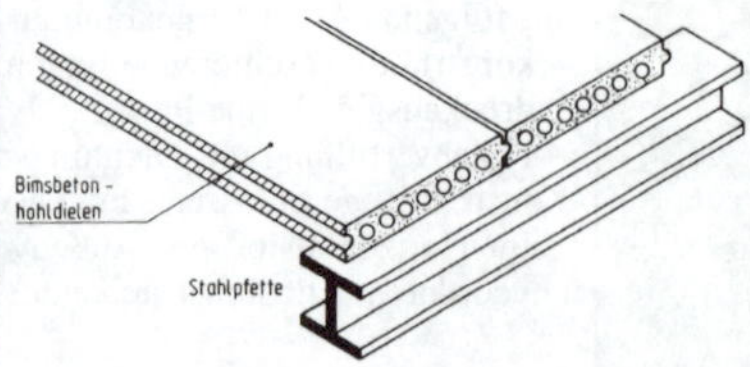

6.11 Schalungsbau

Aufbau einer Schalung ← **Schalungsarten**

Schalhaut
- Schalbretter
- Schalungsplatten
- Metallschalungselemente
- Vorsatzschalung
- Schalungselemente in Sonderausfertigung (z. B. bei Säulen)

Tragkonstruktion
- Schalungsträger
- Stützen
- Verschwertung

Schalungsarten
- Systemlose Schaltungen
- Systemschalungen
- Sonderschalungen (z. B. Kletter-, Gleit- u. Wandersch.)

6

6.11.1 Aufbau der Schalung

Schalhaut

Schalbretter

Bretterschalung eignet sich gut für Stützen und Unterzüge, da komplizierte Konstruktionen oft nur mit Brettern wirtschaftlich eingeschalt werden können. Der Holzverschnitt bei Schalbrettern ist dagegen sehr groß und die Nutzungsdauer gering, bereits nach 4- bis 8maligem Gebrauch sind sie kaum noch zu verwenden. Darüber hinaus erfordern Entnageln und Reinigen hohen Zeitaufwand.

Die Brettdicke der Schalbretter beträgt üblicherweise 20 bis 24 mm; dies erfordert eine häufigere Versteifung als bei Bohlen. Soll eine dichte und gleichmäßige Betonoberfläche erreicht werden, kann man Schalbretter mit Nut und Feder verwenden.

Schalelemente aus Schalbrettern (Schild)

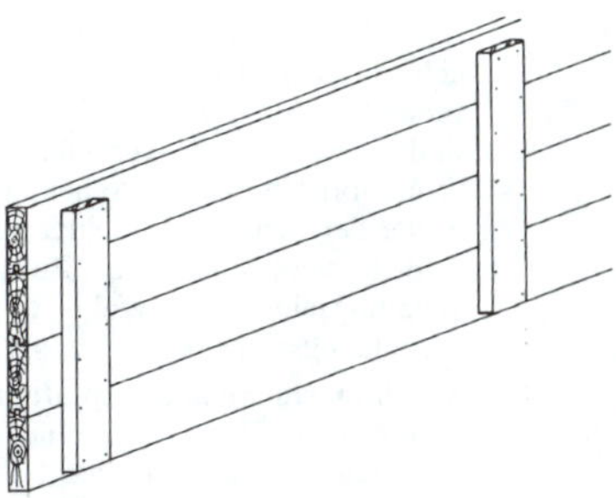

Schalungsplatten

Schalungsplatten können aus Vollholz, Sperrholz, Faser- oder Spanplatten oder aus Stahl/Leichtmetall bestehen.

Bei den Schalungsplatten aus Vollholz unterscheidet man zwischen Rahmenplatten und Schalungsplatten.

Rahmenplatten aus Vollholz sind Schalungselemente, bei denen die Schalbretter auf einem Kantholzrahmen aufgenagelt sind. Zur besseren Aussteifung der Rahmenplatte werden zusätzlich Sprossen in den Rahmen eingebaut (siehe Abb.).

Schalungsplatten aus Vollholz sind in DIN 18215 genormt. Danach versteht man unter diesen Platten vollflächige und ebene Schalungselemente mit einer Länge von 1,50 m, einer Breite von 0,50 m und einer Dicke von 21 mm. Die Fertigung der Schalungsplatten erfolgt auf industriellem Wege; nachdem die Platten scharfkantig und rechtwinklig zugeschnitten worden sind, erhalten sie zum Schutz der Stirnkanten einen Metallrahmen.

Rahmenplatte aus Vollholz

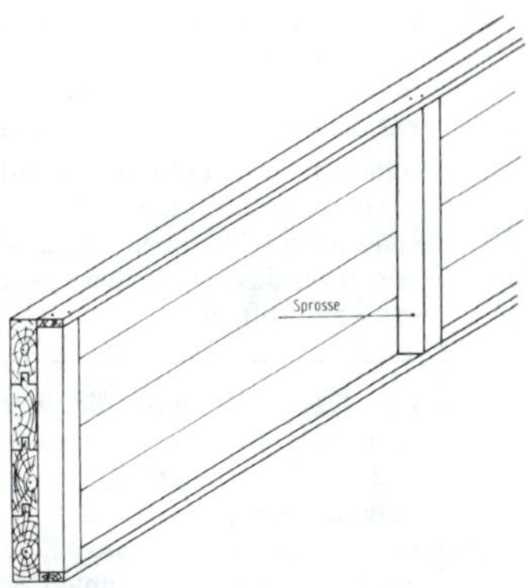

6.11 Schalungsbau

Schal- haut (Fort- setzung)	**Schalungsplatten aus Sperrholz** Nach DIN 68791 (3.79) versteht man hierunter Großflächen-Schalungsplatten von 2,50 m Länge und 1,20 m Breite (und größer), die beidseitig verwendbar sind und je nach Dicke als gekrümmte, als Vorsatzschalung oder als selbsttragende Schalung verwendet werden können. **Hartfaser- und Kunststoffplatten** Diese Platten geben dem Beton eine ebene und glatte Oberfläche. Sie werden häufig auf die fertige Schalung (Sparschalung) lose aufgelegt oder mit dieser verbunden.	**Schalungsplatte** 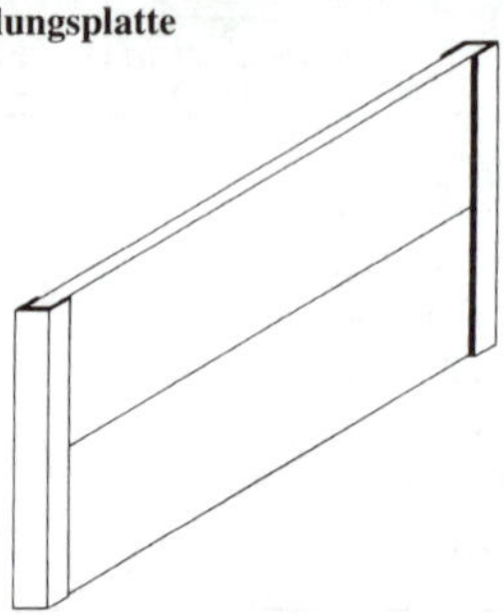
	Schalungsplatten aus Metall Man unterscheidet zwischen **Ganzstahl-Schalungsplatten** und **kombinierten Schalungsplatten.** **Ganzstahl-Schalungsplatten** besitzen zusätzlich zur Schalhaut aus Stahlblech noch einen versteiften Stahlrahmen. Die Schalungsplatten sind meist lackiert, verzinkt oder mit einem Kunststoff-Überzug versehen. Die Länge und Breite der Schaltafeln richtet sich häufig nach dem Rastersystem. Der Zusammenbau der Schalungselemente erfolgt durch besondere Verbindungselemente. **Kombinierte Schalungsplatten** bestehen aus Furnierplatten, die von einem Stahlrahmen umgeben sind. Die meisten Schalungssysteme haben Vorrichtungen für das Anbringen von Gerüstkonsolen. **Vorsatzschalung** dient zur Gestaltung von Betonoberflächen. Die meist aus Kunststoff geformte Schalung stellt die umgekehrte Form der späteren Fassadenoberfläche dar und wird auf der regulären Schalung befestigt. **Schalungselemente in Sonderausführung**. Dazu gehören auch Schalungselemente für Rundsäulenschalungen sowie verstellbare Schalungen für das Einschalen von Treppen, Decken und Rohrprofilen.	**Rundsäulenschalung aus Aluminium** 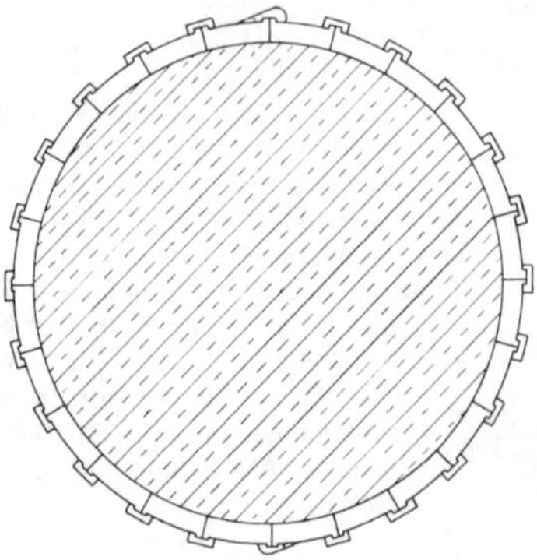
Trag- kon- struk- tion	Die Tragkonstruktion für eine Schalung setzt sich zusammen aus Schalungsträger, Stützen und Verschwertungen. **Schalungsträger** sind aus Holz oder Stahl. Die hölzernen Schalungsträger bestehen aus Kanthölzern oder verleimten Holzträgern. Große Tragkonstruktionen nennt man **Rüstungen**; für diese muß eine statische Berechnung angefertigt werden (z. B. bei Lehrgerüsten für Hallen, Tunnel, Brücken usw.).	**Vollwand-Schalungsträger aus Holz** 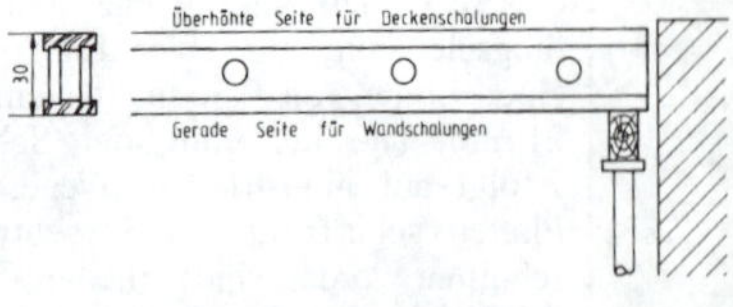

6.11 Schalungsbau

Tragkonstruktion (Fortsetzung)

Schalungsträger aus Stahl sind in der Länge verstellbar und ermöglichen größere Stützweiten. Sie werden aus gelochten Stahlprofilen als U-, E-, T- und I-Profile in Fachwerkgitter- und Vollwandkonstruktion hergestellt.
Zum Abstützen der Schalungsträger werden Holz- und Stahlstützen verwendet.

Schalungsträger aus Stahl in Gitterkonstruktion

Rundholzstützen müssen am Zopfende einen Mindestdurchmesser von 7 cm besitzen, Kantholzstützen müssen mindestens 8 × 8 cm dick sein.

Stahlrohrstützen sind ausziehbar und lassen sich durch Bolzen und Gewindemuffen zu jeder gewünschten Länge einstellen. Die aufgeschweißte Bodenplatte am Fußende dient zur Befestigung auf der Unterlage (Bohle, Fußplatte), die Kopfplatte besteht meist aus verschiedenartigen, aufsetzbaren Kopfstützen.

Verschwertungen sind in Längs- und Querrichtung zur Aufnahme waagerechter Kräfte erforderlich. Sie bestehen meist aus diagonal angeordneten Brettern oder Bohlen, die das Stützenfeld zu einem unverschiebbaren Dreieck ausbilden.

Holz-Schalungsträger in Fachwerkkonstruktion

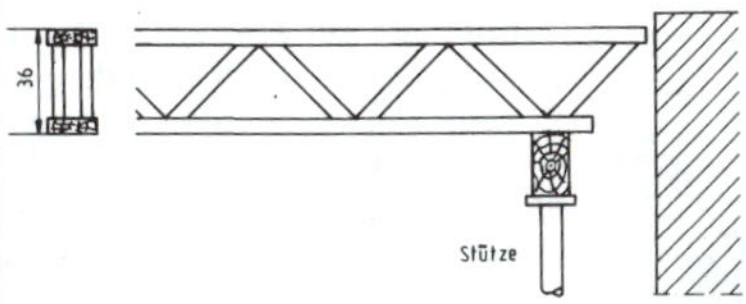

6.11.2 Schalungsarten

Systemlose Schalung

Bei geringer Balkenbreite (bis 36,5 cm) genügt eine einreihige Anordnung der Schalungsstützen in der Querschnittsbreite. Die Stützen stehen auf Bohlen oder Bohlenstücken und werden verkeilt. Dadurch ist eine Ausrichtung der waagerechten Schalung in der Höhe möglich. Einreihige Schalungsstützen müssen eine Längs-, zweireihige Schalungsstützen, eine Längs- und Querverschwertung erhalten. Am Kopfende haben die Schalungsstützen Brettlaschen, an die die querliegenden Kopfhölzer angenagelt werden. Diese tragen den Schalboden und die Seitenplatten.

Der Schalungsboden liegt immer zwischen den Seitenplatten. Das Drängbrett soll ein Ausweichen der seitlichen Schalung im unteren Bereich verhindern. Im oberen Bereich wird der waagerechte Betondruck durch waagerecht verlaufende Kanthölzer, die miteinander verrödelt sind, aufgenommen.

Die Holzspreizen sollen einen gleichmäßigen Abstand der Seitenplatten gewährleisten. Sie werden kurz vor dem Betonieren herausgenommen.

Der Abstand der Rundholzstützen darf bei einreihiger Anordnung der Schalungsstützen maximal 70 cm betragen.

Balkenschalung mit mittlerer Unterstützung

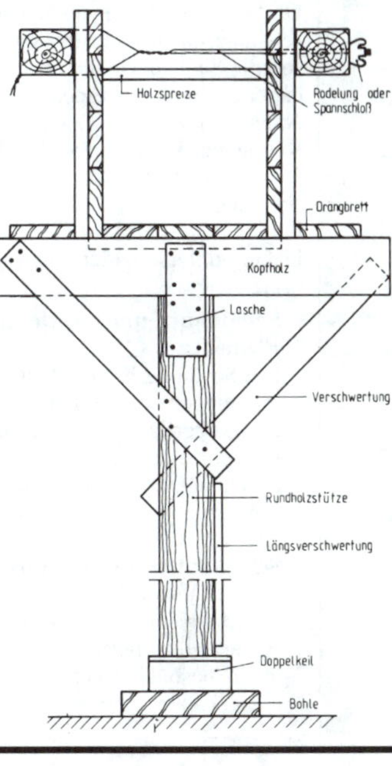

6.11 Schalungsbau

Systemlose Schalung (Fortsetzung)

Wandschalungen

Die Schalhaut von Wandschalungen besteht aus einzelnen Brettern oder Schaltafeln, die gegen senkrechtstehende Bogenhölzer genagelt werden. Rechtwinklig zu den Bogenhölzern verlaufen die Streck- oder Gurthölzer. Da der Frischbeton in der Schalung einen hydrostatischen Druck auf die Schalung ausübt, muß der Abstand der Gurthölzer unten kleiner als oben sein.

Einen gleichbleibenden Abstand der Schalungswände erhält man durch Spannstähle mit Spannschlössern in Verbindung mit Abstandhaltern. Darüber hinaus können die beiden Schalwände auch durch Spreizen, Bolzen oder kurze Rohrstücke im Abstand der jeweiligen Wanddicke gehalten werden. Wandschalungen können einhäuptig oder doppelhäuptig ausgeführt werden: Betoniert man eine Wand gegen ein Bauteil oder gegen Erdreich, spricht man von einhäuptiger Schalung, da nur eine Wandseite eingeschalt werden muß. Bei der doppelhäuptigen Schalung werden beide Wandseiten eingeschalt.

Beispiel einer doppelhäuptigen Wandschalung

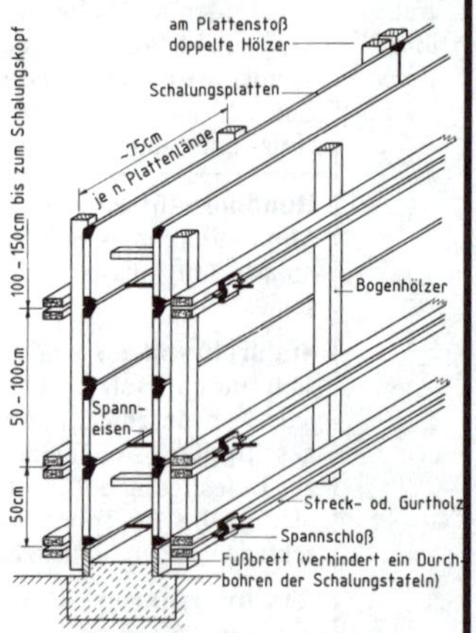

Stützenschalung

Für rechteckige oder quadratische Stützenquerschnitte verwendet man häufig die gleichen Schalungselemente wie für Balken und Wände.

Bei Stützen mit großen Querschnitten bestehen die Säulenzwingen aus Kanthölzern, die an den überstehenden Enden durch Spannstangen zusammengehalten werden.

Da der Frischbeton auch gegenüber einer Säulenschalung einen hydrostatischen Druck ausübt, müssen die Säulenzwingen im unteren Drittel der Stütze enger angeordnet werden.

Nach DIN 1045 (7.88) sind am Stützenfuß Reinigungsöffnungen vorzusehen.

In letzter Zeit werden immer häufiger Systemschalungen aus Stahl oder Leichtmetall in Verbindung mit Holz für Schalarbeiten verwendet. Dabei unterscheidet man zwei Konstruktionsprinzipien:

- **Schalhaut und Unterstützung bilden ein Element.**
  Die Schalung besteht hier aus einem Stahlrahmen mit eingebauter Schalhaut, diese wiederum aus einer oberflächenvergüteten Mehrschichtenplatte. Die einzelnen Schalelemente können auf- oder nebeneinander gestellt und durch entsprechende Vorrichtungen schnell miteinander verriegelt werden.
- **Schalhaut und Unterstützung sind getrennt.**
  Die Schalhaut, bestehend aus oberflächenvergüteten Mehrschichtplatten, wird durch senkrecht gestellte Holzgitterträger unterstützt, die ihrerseits durch besonders ausgebildete Stahlriegel zusammengehalten werden.

Spannstangen bei Stützen mit großem Querschnitt

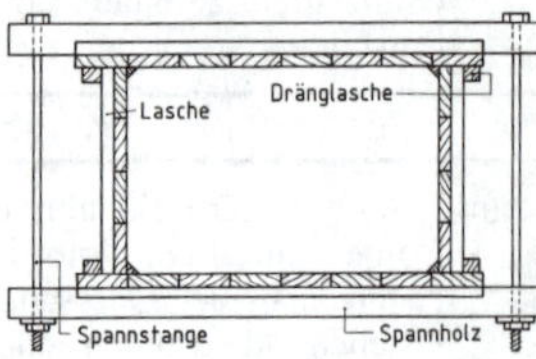

Beispiel einer Stützenschalung aus Holz

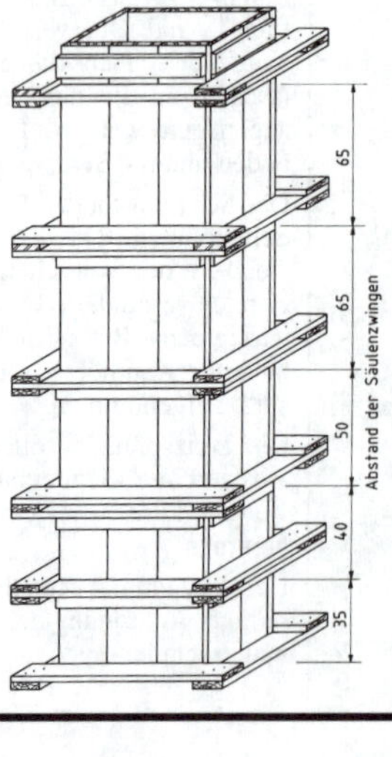

Systemlose Schalung (Fortsetzung)

Bei breiten Stahlbetonbalken (Balkenbreite größer 36,5 cm) müssen zwei Stützen unter den Kopfhölzern angeordnet werden. Soll ein Plattenbalken eingeschalt werden, so ist die Unterstützung der Deckenschalung mit heranzuziehen. Dies geschieht durch Anordnung von Rundholz- oder Kantholzstützen zwischen Rahmen- und Kopfhölzern.

Balkenschalung mit doppelter Unterstützung

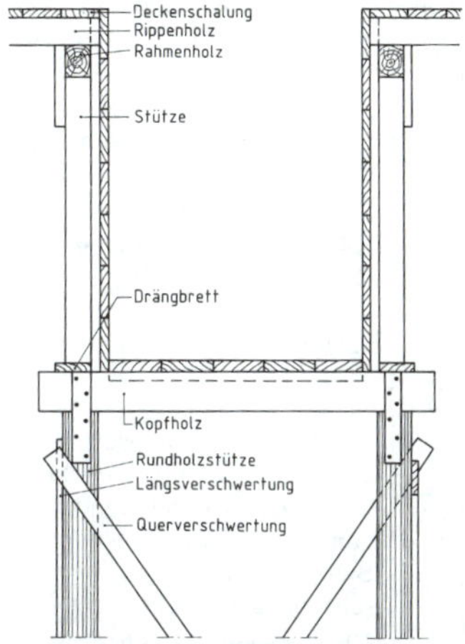

Stahlrohrstützen verringern erheblich den Zeitaufwand für das Einschalen von Stahlbetonbalken.
Die Balkenschalung wird hier durch eine jochähnliche Verbindung unterstützt, die in der Breite verstellbar ist und die Stützen miteinander verbindet.

Montage-Decken aus Platten-, Balken- oder Rippendecken erfordern keine Verschalung. Um während der Montage ein Durchbiegen der Deckenelemente zu vermeiden, sind Montagejoche aufzustellen.

Balkenschalung mit Stahlrohrstützen

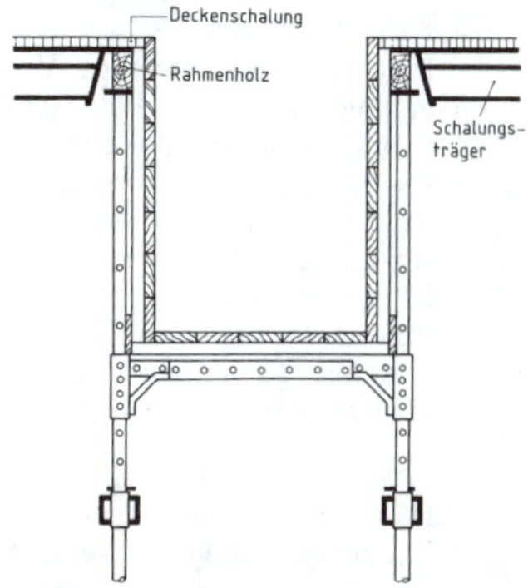

Deckenschalung
Eine Deckenschalung mit ebenem Schalungsboden ist für alle aus Ortbeton hergestellten Decken notwendig. Die Deckenschalung besteht aus der Schalhaut, den Schalungsträgern, den Gurthölzern und den Schalungsstützen (siehe Abb.). Für die Schalhaut verwendet man heutzutage Schalungsplatten, die auf die Schalungsträger (hochkantstehende Kanthölzer, ausziehbare Metallträger) aufgelegt werden. Paßstücke stellt man dabei aus Schalbrettern her. Die Schalungsträger lagern auf Gurt- oder Rahmenhölzern, diese wiederum werden von den Schalungsstützen (aus Stahl oder Holz) unterstützt.

Beispiel für eine Deckenschalung

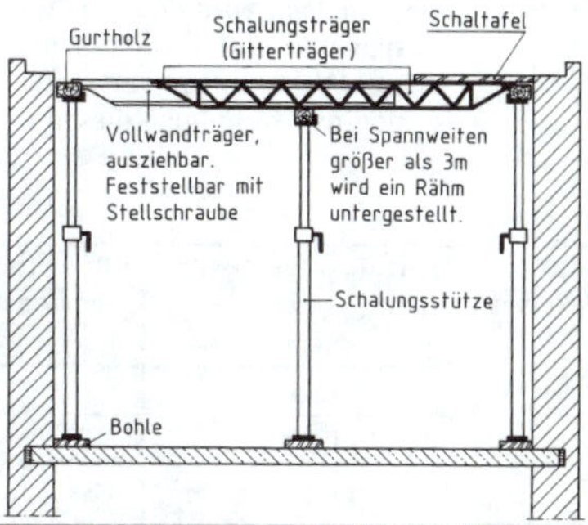

6

6.11 Schalungsbau

Systemschalungen

Bei Systemschalungen bestehen die Schalungselemente aus vorgefertigten, standardisierten Schalungselementen, die durch eingebaute Vorrichtungen schnell und sicher miteinander verriegelt werden können. Man unterscheidet ebene Großflächenschalungen und räumliche Schalungen.

Ebene Großflächenschalungen, die bis zu 30 m^2 groß sein können, verwendet man zum Einschalen von Wänden und Decken.

Räumliche Schalungen bestehen aus Wand- und Deckenschalung. Diese Art von Schalung ist nur wirtschaftlich, wenn sie häufig eingesetzt werden kann (z. B. bei der Zellenbauweise).

Standardisierte Schalungselemente verschieden verschraubt und verspannt

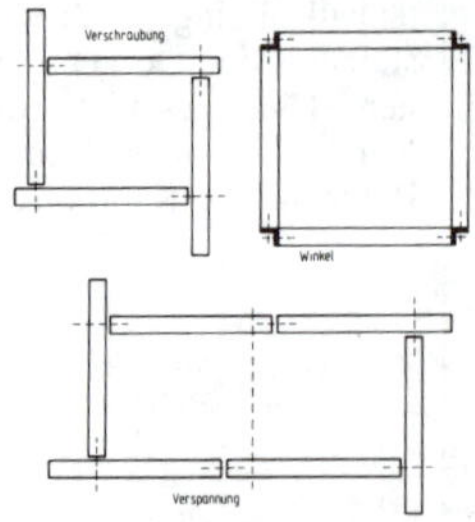

Sonderschalungen

Zu dieser Schalungsart gehören z. B. die Kletterschalung, die Gleitschalung und die Wandschalung. Meist werden Sonderschalungen zum Erstellen von hohen Bauteilen oder von außergewöhnlichen Bauvorhaben (Staumauern, Tunnelbau, Fahrstuhlschächte usw.) verwendet.

Kletterschalungen bestehen aus:

- Wandschalelement
- Klettereinrichtung
- Betoniergerüst
- Arbeitsgerüst
- Arbeitsbühne

Eine zug- und druckfeste Verankerung hält die gegenüberliegenden Wandschalungselemente und nimmt die anfallenden Lasten auf.

An paßgenauen Ankerstäben werden Kletterkonsolen angebracht. Der am oberen Rand einbetonierte Kopfanker dient nach dem Umsetzen der Kletterschalung als Fußanker für den nächsten Betonierschritt. Nach dem Erhärten des Betons wird die gesamte Kletterschalkonstruktion mittels Kran oder Hubsystem vertikal verschoben.

Kletterschalung

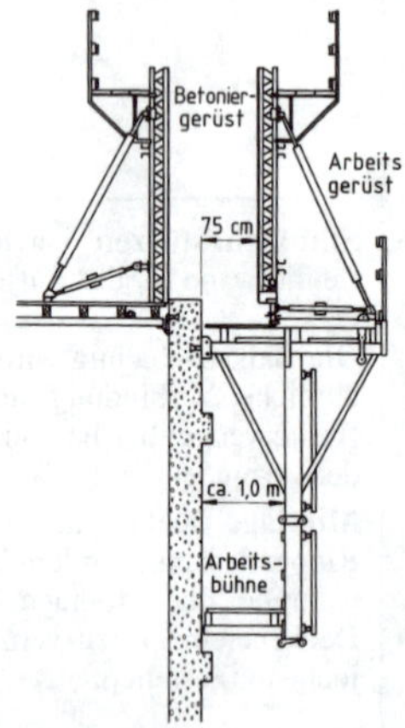

Einschalen

Das Einschalen umfaßt die Vorbehandlung, das Herstellen und die Pflege der Schalung.

Bei der Verwendung von Schalungsankern kann man die Wanddicke mit Hilfe des Mittelbolzens und der dazugehörenden Metallkonusse genau festlegen. Anschließend wird der Schalungsanker zur besseren Verspannung auf beiden Seiten der Schalung verschraubt. Eine Wiederverwendung des Mittelbolzens ist möglich, wenn man diesen in ein Hüllrohr steckt.

Verspannung einer Schalung mit Schalungsanker

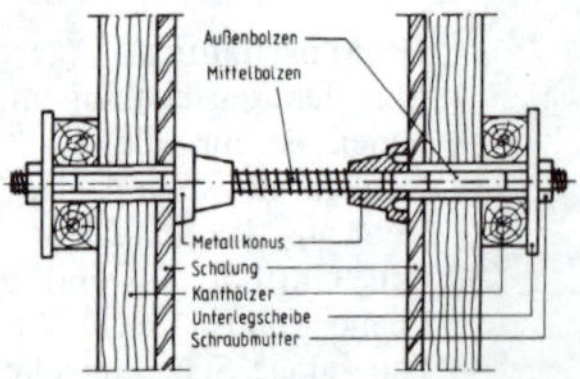

Ausschalen

Zementfestigkeitsklasse	Für seitliche Balken und Wände Tage	Für die Schalung der Deckenplatten Tage	Rüstung der Platten/Balken Tage
32,5	3	8	20
32,5 R und 42,5	2	5	10
42,5 R und 52,5	1	3	6

7 Schutzmaßnahmen

7.1 Wärmeschutz

Ziele des Wärmeschutzes:

- Sicherung eines hygienischen und behaglichen Raumklimas
- Energieeinsparung aus ökologischen und ökonomischen Gründen
- Verhinderung von Bauschäden

↓

Wärmeschutz

↓

Vorschriften:

Anforderungen und Nachweise nach Wärmeschutzverordnung III (94) sowie DIN 4108 (1981) (zukünftig auch DIN EN 832)

↓

Nachweise:

- Begrenzung der Wärmeverluste und des Jahres-Heizwärmebedarfs
- Feuchteschutz (Siehe Kap. 7.2)
- Sommerlicher Wärmeschutz

7.1.1 Allgemeine Ziele des Wärmeschutzes

(Zu den Grundlagen des Wärmeschutzes vgl. Kap. 2.5)

Energieeinsparung

Die Energiekrise (1972) zwang aus ökonomischen Gründen zur Energieeinsparung. Sie führte zur Verabschiedung des Energieeinsparungsgesetzes und der Wärmeschutzverordnungen (WSVO 1977, WSVO 1982). Die neue Wärmeschutzverordnung III (94) zielt erstmals ausdrücklich auf die Reduzierung der CO_2-Emissionen.

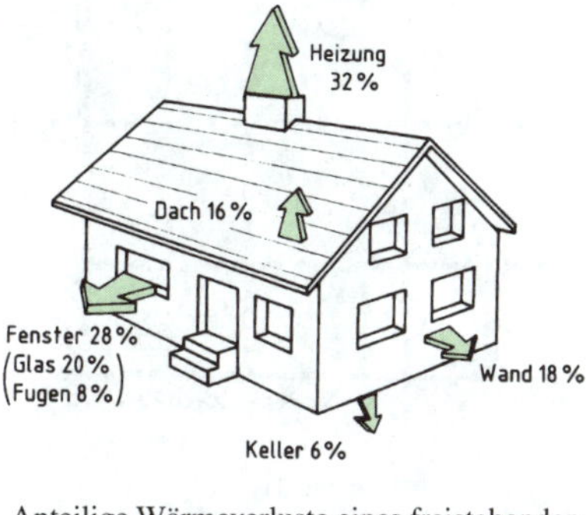

Anteilige Wärmeverluste eines freistehenden Wohnhauses älterer Bauart

Aufwendige Dämmaßnahmen führen zu hohen Erstellungskosten, im Gegenzug aber zu geringen Heizkosten. Die optimale Dämmaßnahme liegt da, wo beide zusammen (Gesamtkosten) ihr Minimum haben.
Dieses wirtschaftliche Optimum ist vom Energiepreis und der Abschreibungsdauer abhängig. Bei steigenden Energiepreisen und längerer Nutzungsdauer werden aufwendigere Wärmeschutzmaßnahmen (beim Fenster k_F-Werte von 1,5 und kleiner) zusehends wirtschaftlich.

Wirtschaftlicher Wärmeschutz

[1]) Die Wärmeschutzverordnung III ist seit 1. 1. 1995 gültig. DIN EN 832 sowie das Beiblatt zu DIN 4108 ermöglichen ein noch detaillierteres Bilanzierungsverfahren. Die bereits diskutierte Überarbeitung der WSVO wird das Anforderungsniveau wohl nochmals um ca. 30% anheben. Vgl. auch die Anm. auf S. 7-5.

7.1 Wärmeschutz

Verhinderung von Bauschäden

Mangelhafter Wärmeschutz kann Baukonstruktionen zerstören. So führt die Verwendung nicht mehr zugelassener Einfachfenster zu Tauwasseranfall und in der Folge zur Zerstörung der Holzsubstanz (vgl. dazu Kap. 7.2 Feuchteschutz).
Aber auch eine ausreichende, jedoch falsch angeordnete Wärmedämmung, kann zu Feuchteschäden führen.
Bei Betonbauwerken verursacht eine falsch angeordnete Wärmedämmung Rißbildung und nachfolgende Zerstörung.
Beispiel:

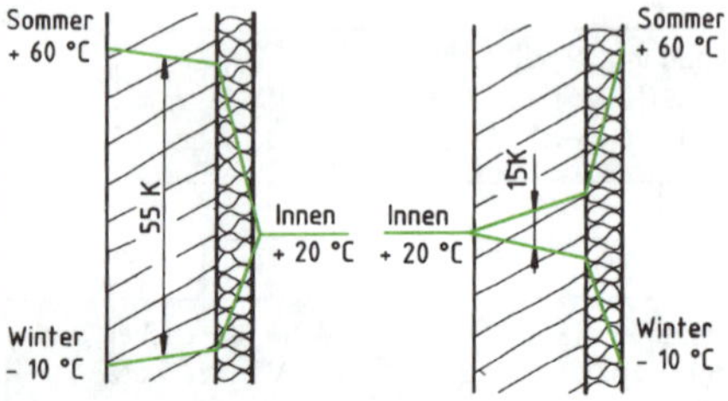

Temperaturverlauf
bei Innendämmung bei Außendämmung

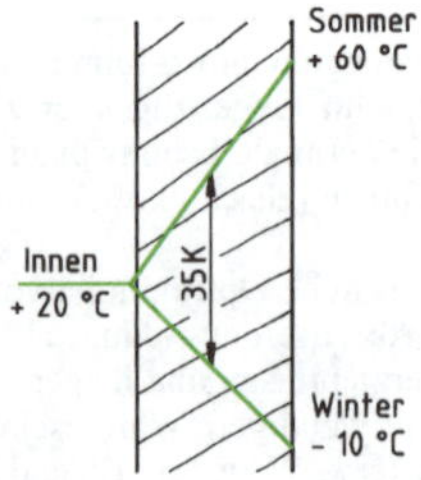

Temperaturverlauf in einer ungedämmten Wand

Jährliche Temperaturschwankung bei
Innendämmung: 55 K
Außendämmung: 15 K
ohne Dämmung: 35 K
Das Beispiel zeigt, daß die Innendämmung größere Temperaturschwankungen in Wandmitte erzeugt als gar keine Dämmung. Nur die Außendämmung begrenzt die Temperaturschwankungen wirksam und verhindert so Temperaturverformungen bzw. Rißbildungen.
Insbesondere ungedämmte Flachdächer sind durch Temperaturverformungen gefährdet und müssen, selbst wenn sie unbeheizt sind (Garagen), eine Wärmedämmung erhalten.
Holzbauteile sind wegen ihrer geringeren thermischen Dehnzahlen weniger gefährdet.

7.1.2 Anforderungen und Nachweise

Für Neubauvorhaben ist grundsätzlich ein ingenieurmäßiger Wärmeschutznachweis erforderlich, der auch eine Wärmebedarfsberechnung beinhaltet. Aber auch bei Umbau-, Anbau- und Ausbaumaßnahmen sowie bei Sanierungsmaßnahmen werden hinsichtlich des Wärmeschutzes Anforderungen gestellt. Die Begrenzung von Wärmeverlusten bzw. die Begrenzung des Heizwärmebedarfs ist festgelegt in
- DIN 4108 (8.81)[1]
- Wärmeschutzverordnung III (94)
- sowie den Landesbauordnungen.

Grundsätzlich muß nachgewiesen werden, daß:
- die Mindestanforderungen der DIN 4108 (für Wände, Dächer, Decken) eingehalten werden, und
- die (meist strengeren) Anforderungen der Wärmeschutzverordnung erfüllt werden.

Die Zukunft wird wohl weitere Verschärfungen der WSVO bringen.

7.1.3 Anforderungen an Bauteile nach DIN 4108 (8.81)

In DIN 4108 werden Mindestwerte für den Wärmedurchlaßwiderstand ($1/\Lambda$) sowie Maximalwerte für den Wärmedurchgangskoeffizienten (*k*-Wert) angegeben. (Zu den Grundlagen der Wärmeschutzberechnungen vgl. Kap. 2.5.)

Die folgende Abbildung verdeutlicht die Lage der einzelnen Bauteile in Tabelle Seite 7-3. Im Zweifelsfall ist der Text der DIN 4108 zu Rate zu ziehen.

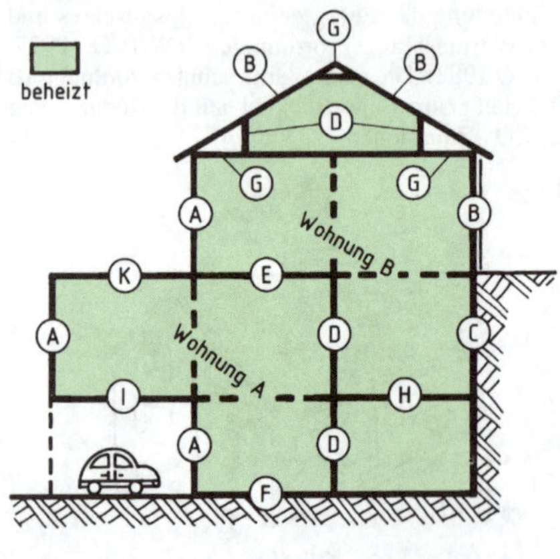

Bauteillage

[1]) DIN EN 832 ist z. Z. noch nicht bauaufsichtlich eingeführt

7.1 Wärmeschutz

Mindestwerte der Wärmedurchlaßwiderstände (1/Λ) und Maximalwerte der Wärmedurchgangskoeffizienten (*k*-Werte) nach DIN 4108 Teil 2 (8.81) mit Ausnahme leichter Bauteile sowie Rechenwerte der Wärmeübergangswiderstände (1/α)

Zeile	Bauteil (siehe Abbildung Seite 7-2)			Mindestwerte 1/Λ m²K/W im Mittel	Mindestwerte 1/Λ m²K/W an der ungünstigsten Stelle[2)]	Maximalwerte *k*-Wert W/m²K im Mittel	Maximalwerte *k*-Wert W/m²K an der ungünstigsten Stelle[2)]	Rechenwerte[1)] Wärmeübergangswiderstand $1/\alpha_i + 1/\alpha_a$ in m²K/W
A	Außenwände	allgemein, einschließlich zweischaligem Mauerwerk mit Luftschicht		0,55		1,39		0,13 + 0,04
		kleinflächige Einzelbauteile (z. B. Pfeiler) bei einer Höhe des Erdgeschoßfußbodens ≤ 500 m über NN		0,47		1,56		0,13 + 0,04
B		mit hinterlüfteter Fassade		0,55		1,32		0,13 + 0,08
C		an das Erdreich grenzend		0,55		1,47		0,13 + 0
D	Wohnungstrennwände und Wände zwischen fremden Arbeitsräumen in nicht zentralbeheizten Gebäuden			0,25		1,96		0,13 + 0,13
	in zentralbeheizten Gebäuden			0,07		3,03		0,13 + 0,13
	Treppenraumwände und Wände zu dauernd unbeheizten Räumen			0,25		1,96		0,13 + 0,13
E	Wohnungstrenndecken und Decken zwischen fremden Arbeitsräumen	allgemein, Wärmestromrichtung	nach oben	0,35		1,64		0,13 + 0,13
			nach unten			1,45		0,17 + 0,17
		in zentralbeheizten Bürogebäuden, Wärmestromrichtung	nach oben	0,17		2,33		0,13 + 0,13
			nach unten			1,96		0,17 + 0,17
F	unterer Abschluß nicht unterkellerter Aufenthaltsräume	unmittelbar an das Erdreich grenzend		0,90		0,93		0,17 + 0
		über einen nicht belüfteten Hohlraum an das Erdreich grenzend				0,81		0,17 + 0,17
G	Decken unter nicht ausgebauten Dachräumen			0,90	0,45	0,90	1,52	0,13 + 0,08
H	Kellerdecken und Decken zu dauernd unbeheizten Räumen			0,90	0,45	0,81	1,27	0,17 + 0,17
I	Decken, die Aufenthaltsräume gegen die Außenluft abgrenzen ···	nach unten, einschließlich beheizter Garagen		1,75	1,30	0,51	0,66	0,17 + 0,04
		wie vor aber hinterlüftet		1,75	1,30	0,50	0,65	0,17 + 0,08
K		nach oben, einschließlich Dächer und Decken unter Terassen		1,10	0,80	0,79	1,03	0,13 + 0,04

[1)] Bei der Berechnung dürfen nur die Schichten innerhalb der Bauwerksabdichtung angesetzt werden
[2)] Mindestwerte gelten für Wärmebrücken

7

7.1 Wärmeschutz

Sonderfall: Leichte Bauteile

Mindestwerte der Wärmedurchlaßwiderstände $1/\Lambda$ und Maximalwerte der Wärmedurchgangskoeffizienten k für Außenwände, Decken unter nicht ausgebauten Dachräumen und Dächer mit einer flächenbezogenen Gesamtmasse unter 300 kg/m²

Flächenbezogene Masse der raumseitigen Bauteilschichten in kg/m² [1) 2)]	Wärmedurchlaßwiderstand des Bauteils $1/\Lambda$ in m²K/W [1)2)]	Wärmedurchgangskoeffizient des Bauteils k in W/m²K [1)2)]	
		Bauteile mit nicht hinterlüfteter Außenhaut	Bauteile mit hinterlüfteter Außenhaut
0	1,75	0,52	0,51
20	1,40	0,64	0,62
50	1,10	0,79	0,76
100	0,80	1,03	0,99
150	0,65	1,22	1,16
200	0,60	1,30	1,23
300	0,55	1,39	1,32

[1)] Als flächenbezogene Masse sind in Rechnung zu stellen:
- bei Bauteilen mit Dämmschicht die Masse derjenigen Schichten, die zwischen der raumseitigen Bauteiloberfläche und der Dämmschicht angeordnet sind. Als Dämmschicht gilt hier eine Schicht mit $\lambda_R \leq 0{,}1$ W/mK und $1/\Lambda \geq 0{,}25$ m²K/W
- bei Bauteilen ohne Dämmschicht (z.B. Mauerwerk) die Gesamtmasse des Bauteils.
- Werden die Anforderungen nach obiger Tabelle bereits von einer oder mehreren Schichten des Bauteils – und zwar unabhängig von ihrer Lage – erfüllt, so braucht kein weiterer Nachweis geführt zu werden. Holz und Holzwerkstoffe dürfen näherungsweise mit dem 2fachen Wert ihrer Masse in Rechnung gestellt werden.

[2)] Zwischenwerte dürfen geradlinig interpoliert werden.

Ist der Gefachbereich belüftet, so muß bei der Berechnung des k-Werts im Rippenbereich die folgende Skizze beachtet werden.

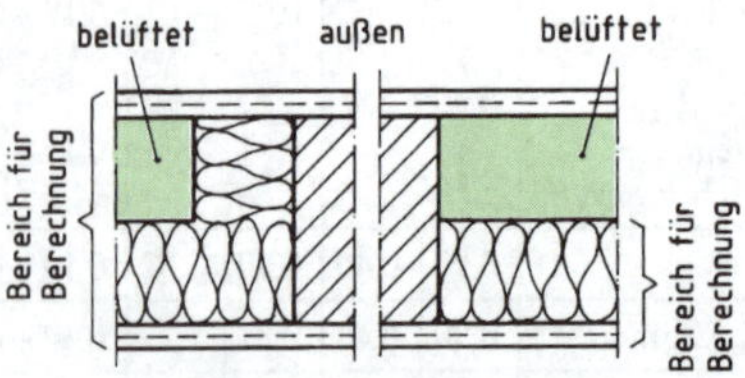

Undurchsichtige Ausfachungen von Fensterwänden müssen mindestens die Anforderungen nach Tab. S. 7-3 erfüllen, wenn sie weniger als 50% der gesamten Ausfachung ausmachen.

Erläuterungsbeispiele:

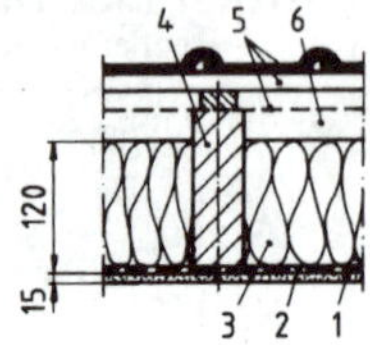

Schrägdach über ausgebautem Dachraum

1 Gipskartonplatte $\varrho = 900$ kg/m³, $\lambda_r = 0{,}21$ W/mK,
2 Dampfsperre wird nicht berücksichtigt,
3 Mineralfaserplatte (WLF-Gruppe 040),
4 Dachsparren 90/180,
5 Unterspannbahn, Lattung und Dacheindeckung werden nicht berücksichtigt,
6 Belüftete Luftschicht

Flächenmasse: $0{,}015 \times 900 = 13{,}5$ kg/m²;
Gefachbereich: erforderlich $1/\Lambda =$ **1,52 m²K/W** (interpoliert), vorh. $1/\Lambda = 0{,}015/0{,}21 + 0{,}12/0{,}04 =$ **3,07 m²K/W**;
Rippenbereich: erforderlich $1/\Lambda =$ **0,80 m²K/W** (aus Tab. S. 7-3); vorh. $1/\Lambda = 0{,}015/0{,}21 + 0{,}12/0{,}13 =$ **0,99 m²K/W**.

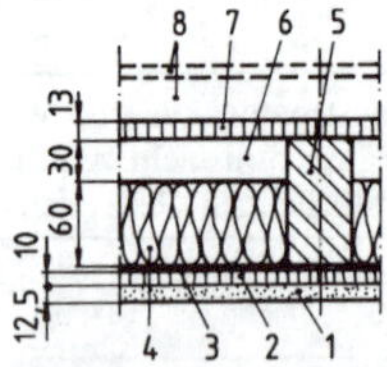

Außenwand in Holzbauweise

1 Gipskartonplatte $\varrho = 900$ kg/m³, $\lambda_r = 0{,}21$ W/mK,
2 Spanplatte $\varrho = 700$ kg/m³, $\lambda_r = 0{,}13$ W/mK,
3 Dampfsperre wird nicht berücksichtigt,
4 Mineralfaserplatte (WLF-Gruppe 040),
5 Holzständer 60/100,
6 Ruhende Luftschicht (s. Seite 7-12),
7 Spanplatte,
8 Hinterlüftung und Außenbekleidung bleiben unberücksichtigt

Flächenmasse: $0{,}0125 \times 900 + (0{,}01 \times 700) \times 2 = 25{,}25$ kg/m²;
Gefachbereich: erforderlich $1/\Lambda =$ **1,35 m²K/W** (interpoliert), vorh. $1/\Lambda = 0{,}0125/0{,}21 + 0{,}01/0{,}13 + 0{,}06/0{,}04 + 0{,}17 + 0{,}013/0{,}13 =$ **1,91 m²K/W**;
Rippenbereich: erforderlich $1/\Lambda =$ **0,55 m²K/W** (aus Tab. S. 7-3), vorh. $1/\Lambda = 0{,}0125/0{,}21 + 0{,}01/0{,}13 + 0{,}1/0{,}13 + 0{,}013/0{,}13 =$ **1,01 m²K/W**.
Beide Konstruktionen erfüllen die DIN-Mindestanforderungen. Außerdem ist die Wärmeschutzverordnung zu beachten!

7.1 Wärmeschutz

7.1.4 Nachweise nach der Wärmeschutzverordnung III (94)

Übersicht

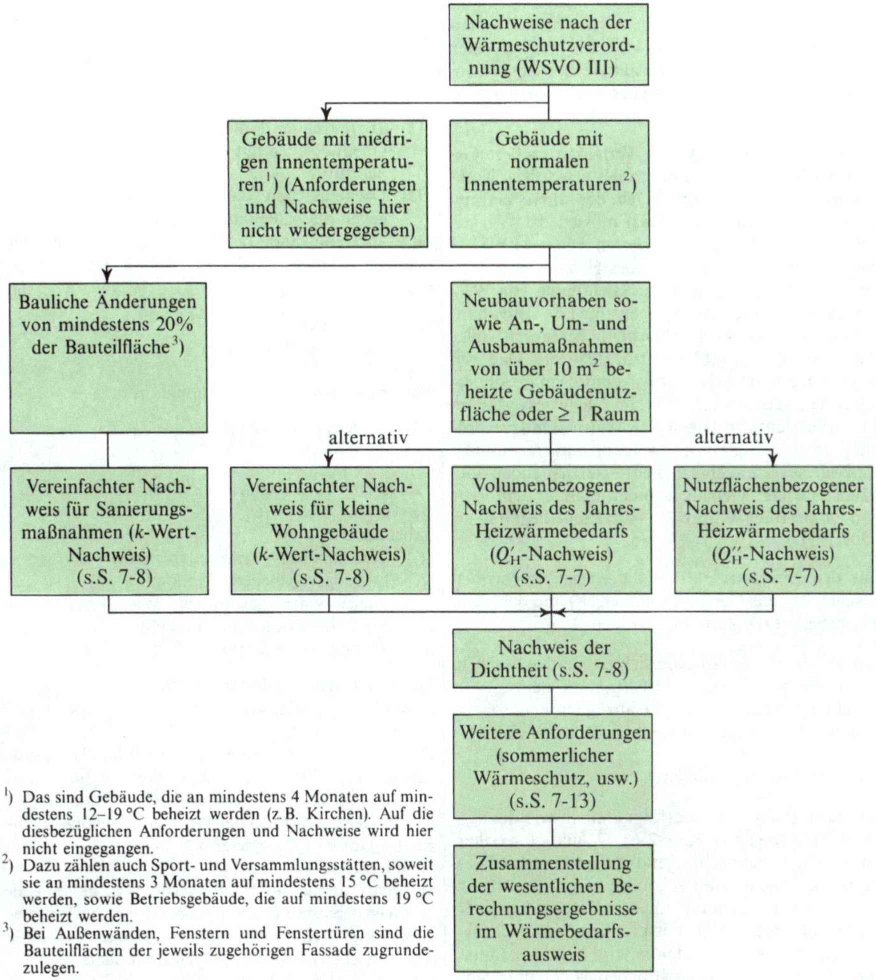

[1]) Das sind Gebäude, die an mindestens 4 Monaten auf mindestens 12–19 °C beheizt werden (z. B. Kirchen). Auf die diesbezüglichen Anforderungen und Nachweise wird hier nicht eingegangen.

[2]) Dazu zählen auch Sport- und Versammlungsstätten, soweit sie an mindestens 3 Monaten auf mindestens 15 °C beheizt werden, sowie Betriebsgebäude, die auf mindestens 19 °C beheizt werden.

[3]) Bei Außenwänden, Fenstern und Fenstertüren sind die Bauteilflächen der jeweils zugehörigen Fassade zugrundezulegen.

Erläuterungen

Der Geltungsbereich der WSVO III (normale Innentemperatur) umfaßt die folgenden Gebäudearten:

- Wohngebäude;
- Büro- und Verwaltungsgebäude;
- Schulen, Bibliotheken;
- Krankenhäuser, Alten- und Pflegeheime, Entbindungs- und Säuglingsheime sowie Aufenthaltsräume in Justizvollzugsanstalten und Kasernen;
- Waren- und Geschäftshäuser;
- Betriebsgebäude, soweit sie nach ihrem üblichen Verwendungszweck auf Innentemperaturen von mindestens 19 °C beheizt werden;
- Gebäude für Sport- und Versammlungszwecke, soweit sie nach ihrem üblichen Verwendungszweck auf Innentemperaturen von mindestens 15 °C und jährlich mehr als drei Monate beheizt werden;
- Gebäude mit Mischnutzung.

7.1 Wärmeschutz

Durch die verschärfte Wärmeschutzverordnung kann der Energiebedarf neuer Gebäude um rund 30% gegenüber der alten Wärmeschutzverordnung gesenkt werden. Je nach Gebäudegröße bewirken die verschärften Vorschriften eine Erhöhung der Bauerstellungskosten von ca. 2–4%. Die Zusatzkosten können durch Einsparungen auf der Betriebskostenseite in ca. 15–20 Jahren wieder erwirtschaftet werden.

Dem Planer bringt das neue Verfahren größere Gestaltungsfreiheit durch nun größer gewordene Kompensationsmöglichkeiten. Nach der alten Wärmeschutzverordnung (WSVO 82) müssen die Wärmeverluste (*k*-Werte) begrenzt werden. Die neue WSVO (94) verlangt die Begrenzung des Heizwärmebedarfs und erlaubt deshalb die Berücksichtigung von Wärmegewinnen. Solche Energiegewinne können von internen Wärmequellen (Kochen) herrühren oder durch Sonneneinstrahlung verursacht sein. Dadurch ist es nun möglich, die wärmetechnischen Besonderheiten des Fensters (s.S. 7-14) im Nachweisverfahren zu berücksichtigen. Nach der Wärmeschutzverordnung muß nachgewiesen werden, daß der Jahres-Heizwärmeverbrauch bei neu zu errichtenden Gebäuden (je nach Gebäudegeometrie) unter dem Wert von 54 bis 100 kWh pro m^2 Nutzfläche liegt (siehe Seite 7-7).

Für den Nachweis müssen die wärmetauschenden Flächen (A), das Gebäudevolumen (V) und der Heizwärmebedarf (Q_H) ermittelt werden.

Der Heizwärmebedarf setzt sich zusammen aus dem
- Transmissionswärmebedarfs (Q_S) und dem
- Lüftungswärmebedarf (Q_L), abzüglich der
- internen Energiegewinne (Q_I) (z.B. Kochwärme) und der
- solaren Wärmegewinne (Q_S)

Die Ermittlung von Q_T erfolgt ähnlich wie die k_m-Wert-Berechnung (s. Kap. 2-6). Q_L und Q_I werden entsprechend der nachfolgenden Formeln (s. S. 7-7) berechnet. Die solaren Wärmegewinne können auf zwei alternative Arten berücksichtigt werden. Entweder man rechnet Q_S entsprechend der nachfolgenden Formeln aus, oder es wird bei der Ermittlung des Transmissionswärmebedarfs Q_T mit dem äquivalenten Wärmedurchgangskoeffizienten ($k_{eq,F}$) der Fenster gerechnet. Der so ermittelte Jahres-Heizwärmebedarf (Q_H) wird entweder auf das Volumen $Q'_H = Q_{H/V}$) oder auf die Nutzfläche $Q''_H = Q_H/A_N$) bezogen. Diese Werte dürfen den max. jährlichen Heizwärmebedarf nach Tab. Seite 7-7 nicht überschreiten. Die wichtigsten Ergebnisse der Berechnung sind in einem Wärmebedarfsausweis (Energiepaß) zusammenzufassen und auf Wunsch dem Mieter oder Käufer zugänglich zu machen.

Berechnungsformeln

Wärmeübertragende Umfassungsfläche A in m^2

$A = A_W + A_F + A_D + A_G + A_{AB} + A_{DL}$ (vgl. Kap. 2.6)

Bedeutung der Indizes:

- *W* Wandflächen
- *F* Fensterflächen
- *D* Decken- und Dachflächen
- *G* Grundflächen
- *AB* abgrenzende Bauteilflächen zu angrenzenden Gebäudeteilen mit wesentlich niedrigeren Temperaturen
- DL Deckenflächen, die das Gebäude nach unten gegen die Außenluft abgrenzen

Gebäudetrennwände (z.B. beim Doppel- oder Reihenhaus) werden bei der Ermittlung des A-Wertes nicht berücksichtigt.

Gebäudenutzfläche A_N in m^2
(für Raumhöhen bis 2,60 m)

$A_N = 0{,}32\,V$

V beheiztes Bauwerksvolumen in m^3

Anrechenbares Luftvolumen in m^3

$V_L = 0{,}8\,V$

Jahres-Heizwärmebedarf in kWh/a

$Q_H = 0{,}9(Q_T + Q_L) - (Q_I + Q_S)$

dabei bedeuten

- Q_T Transmissionswärmebedarf in kWh/a
- Q_L Lüftungswärmebedarf in kWh/a
- Q_I interne Wärmegewinne in kWh/a
- Q_S solare Wärmegewinne in kWh/a
- 0,9 Teilbeheizungsfaktor

Transmissionswärmebedarf in kWh/a

$Q_T = 84(A_W\,k_W + A_F\,k_F + 0{,}8\,A_D\,k_D + 0{,}5\,A_G\,k_G + 0{,}5\,A_{AB}\,k_{AB} + A_{DL}\,k_{DL})$

Der Faktor 84 berücksichtigt eine mittlere Heizgradtagzahl von 3500 K × Tage/Jahr. Werden die solaren Wärmegewinne (Q_S) nicht gesondert bilanziert, so wird in der o.g. Formel der Wärmedurchgangskoeffizient k_F durch $k_{eq,F}$ ersetzt (s.S. 7-7)

Wintergärten:

Werden Bauteile durch unbeheizte, aber geschlossene Glasvorbauten geschützt, so dürfen die Wärmedurchgangskoeffizienten der geschützten Bauteile (Fenster, Fenstertüren, Außentüren und Außenwandteile) je nach Verglasungsart des Vorbaus mit den folgenden Faktoren abgemindert werden.

Abminderungsfaktoren

Glasvorbau mit	Faktor
Einfachverglasung	0,70
Doppel- oder Isolierverglasung	0,60
Wärmeschutzverglasung mit $k_V \geq 2{,}0\ W/m^2K$	0,50

7.1 Wärmeschutz

Lüftungswärmebedarf Q_L[1]) in kWh/a

$Q_L = 22{,}85\,V_L$ (allgemein)

$Q_L = 21{,}71\,V_L$ (bei mechanisch betriebenen Lüftungsanlagen)

$Q_L = 18{,}28\,V_L$ (bei Wärmerückgewinnungsanlagen)

Interne Wärmegewinne Q_I[2]) in kWh/m³a

$Q_I = 8{,}0\,V$ oder

$Q_I = 25{,}0\,A_N$ (für den flächenbezogenen Nachweis) bei Büro- und Verwaltungsgebäuden dürfen diese Werte um 25% erhöht werden, dann muß jedoch mit $Q_L = 22{,}85\,V_L$ gerechnet werden

Solare Wärmegewinne Q_S[3]) in kWh/a

$Q_S = \sum 0{,}46\,I_j \cdot g_i \cdot A_{F,j,i}$

I_j = Strahlungsangebot der jeweiligen Himmelsrichtung[4]):

I_S = 400 kWh/m²a für Südorientierung

$I_{W,O}$ = 275 kWh/m²a für West- und Ostorientierung

I_N = 160 kWh/m²a für Nordorientierung sowie beschattete Fensterflächen

g_i = Gesamtenergiedurchflußgrad der Verglasung

$A_{F,j,i}$ = jeweilige Fensterflächen in m² (Rahmenanteil und Verschattung sind zu berücksichtigen)

Die solaren Wärmegewinne können auch über den äquivalenten Wärmedurchgangskoeffizienten berücksichtigt werden. Dann lautet die Formel für den Jahres-Heizwärmebedarf:

$Q_H = 0{,}9(Q_T + Q_L) - Q_I$

bei der Ermittlung von Q_T wird k_F durch $k_{eq,F}$ ersetzt.

Äquivalenter Wärmedurchgangskoeffizient in W/m²K

$k_{eq,F} = k_F - g_i\,S_F$

S_F = Koeffizient für die solaren Wärmegewinne:[4])

S_F = 2,40 W/m²K für Südorientierung

S_F = 1,65 W/m²K für West- und Ostorientierung

S_F = 0,95 W/m²K für Nordorientierung

Volumenbezogener Jahres-Heizwärmebedarf in kWh/m³a

$Q'_H = Q_H / V$

Flächenbezogener Jahres-Heizwärmebedarf in kWh/m²a

$Q''_H = Q_H / A_N$

Nachweis des Heizwärmebedarfs

Maximaler Jahres-Heizwärmebedarf

Gebäudegeometrie A/V in $^1/_m$	max. Jahres-Heizwärmebedarf $Q'_{H,max}$ bezogen auf V in kWh/m³ × a	$Q''_{H,max}$ bezogen auf A_N in kWh/m² × a
≤0,20	17,3	54,0
0,3	19,0	59,4
0,4	20,7	64,8
0,5	22,5	70,3
0,6	24,2	75,7
0,7	25,9	81,1
0,8	27,7	86,5
0,9	29,4	91,9
1,0	31,1	97,3
≥1,05	32,0	100,0

Zwischenwerte sind nach folgender Gleichung zu ermitteln

$Q'_{H,max} = 13{,}82 + 17{,}32(A/V)$ in kWh/m³ × a

$Q''_{H,max} = Q'_H / 0{,}32$ in kWh/m² × a

Weitere Anforderungen

Bauteil/Situation	Anforderung
Bauteile mit Flächenheizungen, die an Bereiche mit wesentlich niedrigeren Temperaturen grenzen	$k \leq 0{,}35$ W/m²K (hinter der Heizebene)
Heizkörpernischen	mindestens so gut wie die anschließende Wand
Heizkörper vor Außenfenstern	rückseitig nicht demontierbare Abdeckung mit $k \leq 0{,}9$ W/m²K und Fenster mit $k_F \leq 1{,}5$ W/m²K
Rolladenkästen	$k \leq 0{,}6$ W/m²K
Reihenmittelhäuser	$k_{m\,W+F} \leq 1{,}0$ W/m²K
Außenfenster	Doppelverglasung
Klimat. Räume, Fassaden mit >50% Fensterflächenanteil	$(g_F \times f) \leq 0{,}25$[5]) außer bei Nordorient. u. ganztägiger Beschattung

[1]) Besondere Anforderungen der WSVO an Lüftungs- und Wärmerückgewinnungsanlagen beachten.

[2]) Bei Wohngebäuden darf der interne Energiegewinn in jedem Fall angesetzt werden, bei anderen Gebäudearten, nur wenn er tatsächlich auftritt.

[3]) Die solaren Wärmegewinne dürfen nur berücksichtigt werden, wenn der Glasanteil des Bauteils (Fenster, Tür, Fenstertür, Außentür) mehr als 60% beträgt. Bei Fensteranteilen von mehr als 2/3 der jeweiligen Fassadenfläche dürfen Energiegewinne nur bis zu dieser Grenze angesetzt werden.

[4]) Die Werte gelten für senkrechte Fensterflächen, Fenster in Dachflächen mit einer Neigung >15° Neigung gelten als senkrecht. Fenster in Dachflächen mit einer Neigung <15° Neigung werden wie Fenster mit West/Ostorientierung behandelt. Orientierung bedeutet max. 45° Abweichung von der jew. Himmelsrichtung.

[5]) Werden dazu Sonnenschutzvorrichtungen verwendet, müssen diese mindestens teilbeweglich sein und einen Abminderungsfaktor $z \leq 0{,}5$ erreichen (s.S. 7-14).

7.1 Wärmeschutz

Vereinfachter Nachweis für kleine Wohngebäude

Maximale Wärmedurchgangskoeffizienten

Bauteil	maximaler Wärmedurchgangs-koeffizient k-Wert in W/m^2K
Außenwände	$k_W \leq 0{,}5$
Außenliegende Fenster, Fenstertüren, Dachfenster	$k_{m,Feq} \leq 0{,}7$
Decken unter nicht ausgebauten Dachräumen und Decken (einschl. Dachschrägen), die Räume nach oben oder unten gegen Außenluft abgrenzen	$k_D \leq 0{,}22$
Kellerdecken, Wände und Decken, gegen unbeheizte Räume, sowie Decken und Wände, die an das Erdreich grenzen.	$k_G \leq 0{,}35$

Die obenstehende Tabelle darf bei kleinen Wohngebäuden mit maximal 2 Vollgeschossen und maximal 3 Wohneinheiten angewendet werden. Alternativ dazu kann der umfangreichere Nachweis des Jahres-Heizwärmebedarfs geführt werden, wenn eine gesonderte Bilanzierung des Solarenergieangebotes gewünscht wird.

Vereinfachter Nachweis bei baulichen Änderungen bestehender Gebäude (Sanierungsmaßnahmen)

Sanierung:
Bei erstmaligem Einbau, Erneuerung oder Ersatz (Sanierung) von mindestens 20% der jeweiligen Gesamt-Bauteilfläche (bei Fenstern, Wänden, usw. der jeweiligen Fassadenfläche) ist ein Nachweis nach der WSVO erforderlich. Dies gilt auch für die wärmetechnische Verbesserung entsprechender Bauteilflächen. Alternativ zum „Neubau"-Nachweis kann der vereinfachte k-Wert-Nachweis gewählt werden.

An- und Umbaumaßnahmen:
Werden bestehende Gebäude um mehr als 10 m^2 zusammenhängende, beheizte Gebäudenutzfläche oder um mindestens einen beheizten Raum erweitert, so muß der Nachweis wie bei neu zu errichtenden Gebäuden geführt werden. Dies gilt auch bei nachträglichem Dachgeschoßausbau.
Außerdem ist die Dichtheit und bei klimatisierten Räumen der sommerliche Wärmeschutz nachzuweisen.

Maximale Wärmedurchgangskoeffizienten bei Sanierungsmaßnahmen

Maximale Wärmedurchgangskoeffizienten

Bauteil	maximaler Wärmedurchgangskoeffizient in W/m^2K
Außenwände	$k_W \leq 0{,}5$ ($\leq 0{,}4$)[1]
Außenliegende Fenster, Fenstertüren, Dachfenster	$k_F \leq 1{,}8$
Decken unter nicht ausgebauten Dachräumen und Decken (einschl. Dachschrägen), die Räume nach oben oder unten gegen Außenluft abgrenzen	$k_D \leq 0{,}3$
Kellerdecken, Wände und Decken, gegen unbeheizte Räume sowie Decken und Wände, die an das Erdreich grenzen.	$k_G \leq 0{,}5$

Anforderungen an die Dichtheit
Die Gebäudehülle muß dicht sein. Die folgenden Fugendurchlaßkoeffizienten müssen eingehalten werden.

Maximale *a*-Werte

Gebäudetyp	Fugendurchlaßkoeffizient a in $m^3/hm\,(da\,Pa)^{2/3}$ Fenster und Fenstertüren	Außentüren
Gebäude bis 2 Vollgeschosse	$\leq 2{,}0$	$\leq 2{,}0$
Gebäude über 2 Vollgeschosse	$\leq 1{,}0$	$\leq 2{,}0$
Gebäude mit mech. betriebenen Lüftungsanlagen	$\leq 1{,}0$	$\leq 1{,}0$

Nachweismöglichkeiten des *a*-Wertes
- Holzfenster mit Profilen nach DIN 68 121 dürfen in Gebäuden mit bis zu 2 Vollgeschossen ohne besonderen Nachweis verwendet werden.
- Fensterkonstruktionen (Holz, Kunststoff, Metall, usw.) mit umlaufender, alterungsbeständiger, weichfedernder und leicht auswechselbarer Dichtung dürfen in Gebäuden mit bis zu 20 m Gebäudehöhe ohne besonderen Nachweis verwendet werden.
- In allen anderen Fällen ist ein Prüfzeugnis einer anerkannten Prüfanstalt erforderlich.

[1]) Werden als Sanierungsmaßnahmen an Wänden außenseitig plattenartige Verschalungen oder Mauerwerkvorsatzschalen angebracht, gilt ein Wert von $k_W \leq 0{,}4$.

7.1 Wärmeschutz

Berechnungsbeispiel

Für einen Winkelbungalow soll der Jahres-Heizwärmebedarf entsprechend der Wärmeschutzverordnung III (1994) berechnet werden. Der Bungalow hat keine Lüftungsanlage und ist unterkellert (ungeheizt). Die Maße sind der Skizze zu entnehmen, die Baustoffe sind in der rechten Spalte aufgeführt.

Baubeschreibung:

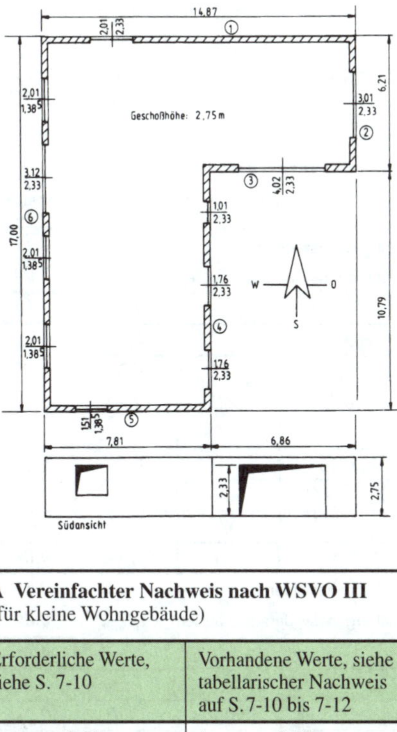

Außenwände:
Gesamtfläche (incl. Fenster) 174,19 m^2
Aufbau:
1,5 cm Kalkgipsinnenputz (ϱ = 1400 kg/m^3)
30 cm Porenbeton-Plansteine (ϱ = 400 kg/m^3)
6 cm Hartschaumplatten (WLF 040)
0,5 cm Dispersionsputz

Grundfläche:
Gesamtfläche 175,37 m^2
Aufbau:
5 cm Zementestrich (ϱ = 2000 kg/m^3)
6 cm Trittschalldämmung ($1/\Lambda$ = 0,86, Herstellerangabe)
15 cm Stahlbeton (ϱ = 2400 kg/m^3)
20 cm Porenbeton-Deckenplatte
6 cm Hartschaumplatten (WLF 040) mit Deckenanstrich

Dachfläche:
Gesamtfläche 175,37 m^2
Aufbau:
1,5 cm Kalkgipsinnenputz (ϱ = 1400 kg/m^3)
15 cm Stahlbeton (ϱ = 2400 kg/m^3)
Dampfsperre
16 cm Dämmplatten (WLF 040)
Dichtungsbahn und Kiesschüttung (o. Anrechnung)

Fenster:
Holzfenster, IV 68, $k_F = 1{,}4\ W/m^2K$, $g = 0{,}65$

ostorientiert	17,56 m^2
westorientiert	15,64 m^2
südorientiert	11,46 m^2
nordorientiert	4,68 m^2
Gesamtfläche	49,34 m^2

Volumen:
$V = 175{,}37 \cdot 2{,}75 = 482\ m^3$
wärmetauschende Fläche:
$A = 174{,}19 + 175{,}37 + 175{,}37 = 525\ m^2$

A Vereinfachter Nachweis nach WSVO III
(für kleine Wohngebäude)

Erforderliche Werte, siehe S. 7-10	Vorhandene Werte, siehe tabellarischer Nachweis auf S. 7-10 bis 7-12
k_W < 0,50	k_W = 0,27
k_D < 0,22	k_D = 0,23
k_G < 0,35	k_G = 0,36
k_m, F_{eq} < 0,70	$k_{eq,F}$ = 0,78, für die Nordfenster

Bei Anwendung der vereinfachten Nachweismethode ergibt sich für das Gebäude kein ausreichender Wärmeschutz, da nur die Außenwände die Anforderungen erfüllen. Die Berechnung des gesamten k_m, F_{eq}-Wertes kann daher entfallen.

B Ausführliche Berechnung des Jahres-Heizenergiebedarfs nach WSVO III
(siehe ausführlicher Formblattnachweis auf den Seiten 7-10 bis 7-12)
Ergebnisse:
Der volumenbezogene Jahres-Heizwärmebedarf beträgt 29,49 $kWh/(m^3a)$, zulässig sind nach der WSVO III 32 $kWh/(m^3a)$; d.h. der Wärmeschutz ist ausreichend.
Bei Bezug auf die Gebäudenutzfläche ergibt sich ein Jahres-Heizwärmebedarf von 92,3 $kWh/(m^2a)$, zulässig sind nach der WSVO III 100 $kWh/(m^2a)$; auch hier ergibt sich als Ergebnis, daß der Wärmeschutz ausreichend ist.
Fazit: Beim ausführlichen Nachweisverfahren kann die schwache Dämmung von Decke, Grundfläche und Fenster, durch die vergleichsweise gute Dämmung der Wand und durch den Wärmegewinn der Südfenster kompensiert werden.

7.1 Wärmeschutz

Tabellarische Ermittlung der
– Wärmedurchlaßwiderstände ($\frac{1}{\Lambda}$ -Wert)
– Wärmedurchgangskoeffizienten (*k*-Wert)

Bauvorhaben:

1	2	3	4 (2 · 3)	5 ¹)	6 (3 : 5)
Baustoffschichten von innen nach außen	Rohdichte $\frac{kg}{m^3}$	Schichtdicke *s* m	Flächengewicht $\frac{kg}{m^2}$	Wärmeleitfähigkeit λ_R $\frac{W}{m \cdot K}$	s / λ_R $\frac{m^2 \cdot K}{W}$
BAUTEIL: *Außenwand*					
Kalkgipsputz	1400	0,015	21	0,70	0,021
Porenbeton-Plansteine	400	0,300	120	0,15	2,000
Dämmung	15	0,06	1	0,04	1,500
Dispersionsputz (ohne Anrechnung)	./.	./.	./.	./.	./.
nach DIN 4108 (s. Tab. S. 7-3 + 7-4) 1/Λ =	0,67	←----	142	1/Λ =	3,52
$k_{vorh.} = \frac{1}{1/\Lambda} = \frac{1}{3,69} = \boxed{0,27}\ \frac{W}{m^2 \cdot K}$	(Wärmeübergangswiderstand innen)			$1/\alpha_i$ +	0,13 ²)
	(Wärmeübergangswiderstand außen)			$1/\alpha_a$ +	0,04 ²)
				1/*k* =	3,69
BAUTEIL: *Dachdecke*					
Kalkgipsputz	1400	0,015	21	0,70	0,021
Stahlbeton	2400	0,15	360	2,10	0,071
Dampfsperre (ohne Anrechnung)	./.	./.	./.	./.	./.
Dämmplatten		0,16	0	0,04	4,0
Dichtungsbahn (ohne Anrechnung)	./.	./.	./.	./.	./.
Kiesschüttung (ohne Anrechnung)	./.	./.	./.	./.	./.
nach DIN 4108 (s. Tab. S. 7-3 + 7-4) 1/Λ =	1,10	←----	381	1/Λ =	4,09
$k_{vorh.} = \frac{1}{1/\Lambda} = \frac{1}{4,26} = \boxed{0,23}\ \frac{W}{m^2 \cdot K}$	(Wärmeübergangswiderstand innen)			$1/\alpha_i$ +	0,13 ²)
	(Wärmeübergangswiderstand außen)			$1/\alpha_a$ +	0,04 ²)
				1/*k* =	4,26
BAUTEIL: *Kellerdecke*					
Zementestrich	2000	0,05	100	1,40	0,036
Dämmplatten (1/Λ = 0,86 – Herstellerangabe)		0,03	0	./.	0,86
Stahlbeton	2400	0,15	360	2,10	0,071
Dämmplatten	./.	0,06	0	0,04	1,50
nach DIN 4108 (s. Tab. S. 7-3 + 7-4) 1/Λ =	0,90	←----	460	1/Λ =	2,47
$k_{vorh.} = \frac{1}{1/\Lambda} = \frac{1}{2,81} = \boxed{0,36}\ \frac{W}{m^2 \cdot K}$	(Wärmeübergangswiderstand innen)			$1/\alpha_i$ +	0,17 ²)
	(Wärmeübergangswiderstand außen)			$1/\alpha_a$ +	0,17 ²)
				1/*k* =	2,81

1) Siehe Tabelle S. 7-16
2) Siehe Tabelle S. 7-3

7.1 Wärmeschutz

Formblatt für den Nachweis des Jahresheizwärmebedarf

1. Transmissionswärmebedarf Q_T (kWh/a)

	Teilfläche	A (m²)	k-Wert (W/(m²K))	C (·)	$A \cdot k \cdot C$ (W/K)
A_W	1	124,85	0,27	........[1])	33,71
	2	....	....	........[1])	....
	3	....	....	........[1])	....
	4	....	....	........[1])	....
A_D	1	175,37	0,23	0,8	32,37
	2	....	....		....
	3	....	....		....
	4	....	....		....
A_G	1	175,37	0,36	0,5	31,57
	2	....	....		....
	3	....	....		....
	4	....	....		....
A_{DL}	1	....	....	........[1])	....
	2	....	....	........[1])	....
A_{AB}	1	....	....	0,5	....
	2	....	....		....

Fensterflächen:[2])				$k_{eq,F} = k_F - g_F \cdot S_F$ — $k_{eq,F}$		$A \cdot k_{eq,F} \cdot C$
A_F	Nord	1	4,68	1,4 – 0,65 · 0,95 = 0,78	1,0 [1])	3,66
		2	....	.... – .... · 0,95 = ...	........[1])	....
	Ost	1	17,56	1,4 – 0,65 · 1,65 = 0,33	1,0 [1])	5,75
		2	....	.... – .... · 1,65 = ...	........[1])	....
	West	1	15,64	1,4 – 0,65 · 1,65 = 0,33	1,0 [1])	5,12
		2	....	.... – .... · 1,65 = ...	........[1])	....
	Süd	1	11,64	1,4 – 0,65 · 2,40 = 0,16	1,0 [1])	- 1,83 [3])
		2	....	.... – .... · 2,40 = ...	........[1])	....

Summe A = 525 m²

Summe $\sum$ = 110,25

$Q_T = 84 \cdot \sum$ = 9261

[1]) Korrekturfaktor für abweichende Temperaturdifferenzen $C = 1{,}0$ außer
bei vorgelagerten Wintergärten: mit Einfachverglasung $C = 0{,}7$
mit Isolierverglasung $C = 0{,}6$
mit Wärmeschutzverglasung $C = 0{,}5$
hinter Abseitraum $C = 0{,}8$

[2]) Alternativ kann Q_S entsprechend der Formel S. 7-7 ermittelt werden.

[3]) Negativer Wert bedeutet Wärmegewinn!

Formblatt für den Nachweis des Jahresheizwärmebedarf (Forts.)

2. Gebäudegeometrie

Gebäudevolumen (Außenmaße) in m³	$V =$ 482 m²
A/V-Verhältnis in m^{-1}	$A/V =$ 1,09

3. Lüftungswärmebedarf Q_L[1] (kWh/a)

bei Anlagentechnik: $Q_L = \text{Faktor} \cdot V$

- ☐ ohne Lüftungsanlage (allgemein) $Q_L = 18{,}280 \cdot$ 482 = 8811
- ☐ mit mechanisch betriebener Lüftungsanlage $Q_L = 17{,}366 \cdot \ldots = \ldots$
- ☐ mit spezieller Wärmerückgewinnungsanlage $Q_L = 14{,}624 \cdot \ldots = \ldots$

4. Interne Wärmegewinne Q_i[1] (kWh/a)

bei Nutzung des Gebäudes: $Q_i = \text{Faktor} \cdot V$

- ☐ Büro- und Verwaltungsgebäude $Q_i = 10 \cdot \ldots = \ldots$
- ☐ Wohn- und sonstige Gebäude $Q_i = 8 \cdot$ 482 = 3856

7

5. Jahres-Heizwärmebedarf Q'_H (kWh/a)

$Q_H = 0{,}9 \cdot (Q_T + Q_L) - Q_i = 0{,}9 \cdot ($ 9261 + 8811 $)$ − 3856 = $Q_H =$ 14216

6. Vorhandener bez. Jahres-Heizwärmebedarf Q'_H (kWh/(m³a)) bzw. Q''_H (kWh/(m² a))

bei Bezug auf das Gebäudevolumen	bei Bezug auf die Gebäudenutzfläche alternativ, falls Geschoßhöhe ≤ 2,6 m
$Q'_H = Q_H/V$ $Q'_H =$ 14216 / 482 = 29,49	$Q''_H = Q_H/(0{,}32 \cdot V)$ $Q''_H =$ 14216 / 154 = 92,3

7. Max. zulässiger bez. Jahres-Heizwärmebedarf Q'_H (kWh/(m³ a)) bzw. Q''_H (kWh/(m² a))

	bei Bezug auf das Gebäudevolumen	bei Bezug auf die Gebäudenutzfläche alternativ, falls Geschoßhöhe ≤ 2,6 m
$A/V \leq 0{,}20$	$Q'_{H,\,max} = 17{,}3$	$Q''_{H,\,max} = 54$
$0{,}20 < A/V < 1{,}05$	$Q'_{H,\,max} = 13{,}82 + 17{,}32 \cdot (A/V)$ = ./.	$Q''_{H,\,max} = 43{,}19 + 54{,}12 \cdot (A/V)$ = ./.
$A/V \geq 1{,}05$	$Q'_{H,\,max} = 32$	$Q''_{H,\,max} = 100$

Bei Gebäuden mit wesentlich abweichender Nutzung muß $Q'_{H,\,max}$ um 8,45 bzw. $Q''_{H,\,max}$ um 26,4 gemindert werden

Die Wärmeschutzverordnung wird erfüllt, falls der vorhandene bezogene Jahresheizwärmebedarf den maximal zulässigen bezogenen Jahresheizwärmebedarf nicht überschreitet.

[1]) Vgl. Anmerkungen auf S. 7-7. Wird bei Bürogebäuden Q_i angesetzt, so muß beim Lüftungswärmebedarf mit $Q_L = 18{,}280 \cdot V$ gerechnet werden.

7.1 Wärmeschutz

Rechenwerte der Wärmedurchgangskoeffizienten für Fenster- und Fenstertüren nach DIN 4108 T4 (11.91) **für Holz- und Kunststoffenster**

Beschreibung der Verglasung	k_V in W/m² K (nur Verglasung)	k_F in W/m² K (Glas und Rahmen)
Einfachfenster		
Einfachglas (darf im Wohnungsbau nicht mehr verwendet werden)	5,8	5,2
Isolierglas mit 8–10 mm LZR	3,2	2,8
Wärmeschutzverglasung mit entsprechendem Prüfzeugnis [1]	1,7 1,3 1,1	1,7 1,4 1,3
Doppel- oder Kastendoppelfenster		
Doppelte Einfachverglasung mit 20–100 mm Scheibenabstand	2,8	2,5
Doppelverglasung aus zwei Isolierglaseinheiten (LZR 10 – 16 mm) mit 20 – 100 mm Scheibenabstand	1,4	1,5
Glasbausteinwand	3,5	

Rechenwerte der Wärmedurchlaßwiderstände von nicht belüfteten Luftschichten nach DIN 4108 (12.85)

Lage der Luftschicht	Dicke der Luftschicht s in mm	Wärmedurchlaßwiderstand $1/\Lambda$ in m² K/W	Diffusionswiderstandszahl μ_R in l
lotrecht	≥ 10–20 > 20–500	0,14 0,17	1 1
waagerecht	≥ 10–500	0,17	1

[1] Wird im Bundesanzeiger bekanntgegeben. Heute werden schon Werte von unter 1,0 erreicht.
LZR = Luftzwischenraum
[2] Energiegewinn durch diffuse Strahlung
[3] Errechnete k-Werte (bei 12stündiger Anwendung der Dämmaßnahme während der Heizperiode)

7.1.5 Wärmetechnische Besonderheiten des Fensters (Temporärer Wärmeschutz)

Fenster fangen Sonnenenergie ein. Berücksichtigt man diese Energiegewinne beim k-Wert, so ergeben sich deutlich bessere, sogenannte äquivalente oder effektive k-Werte (in der Tabelle: $k_{eq,F}$), die in der Wärmeschutzverordnung III erstmals berücksichtigt werden. Bei Anwendung temporärer Dämm-Maßnahmen (Fensterläden schließen!) wird der tatsächliche k-Wert weiter verbessert (untere Tabelle). Diese „Deckelung" wird weder in der DIN 4108 noch in der WSVO III berücksichtigt.

Äquivalente k-Werte von Fenstern

Fenstertyp	Kennwerte k_V in W/m² K	Kennwerte k_F in W/m² K	Kennwerte g	Nordlage[2] $k_{eq,F}$ in W/m² K	Südlage $k_{eq,F}$ in W/m² K	Ost- u. Westlage $k_{eq,F}$ in W/m² K
Isolierglas	3,00	2,60	0,80	1,84	0,68	1,28
Wärmeschutzglas	1,30	1,40	0,65	0,78	–0,16 (Energiegewinn)	0,32
Sonnenschutzglas	1,90	1,80	0,45	1,37	0,72	1,06

Auswirkung temporärer (nächtlicher) Wärmeschutzmaßnahmen auf den k-Wert von Fenstern

Ausgangssituation, Beschreibung der Verglasung	Verbesserungsmaßnahme [3] k-Werte in W/m² K: Schwere Innenvorhänge (die den Heizkörper nicht verdecken)	Kunststoffrolläden außen	Innenliegendes, faltbares Dämmelement
EV mit $k_f = 5{,}2$	4,5	3,9	3,0
IV mit $k_f = 2{,}6$	2,3	2,1 bis 1,8	1,6
IV mit $k_f = 1{,}8$	1,7	1,6	1,2
IV mit $k_f = 1{,}4$	1,4	1,3	1,0

7

7.1.6 Sommerlicher Wärmeschutz

Um nach aufeinanderfolgenden heißen Tagen eine Überhitzung der Raumluft möglichst zu vermeiden, sind in DIN 4108 Teil 2 (8.81) Empfehlungen für den Wärmeschutz im Sommer angegeben.

Allgemein ist zu beachten:
- Dunkle Wandflächen heizen sich stärker auf als helle,
- große Fenster führen zu stärkerer Erwärmung als kleine,
- Nordfenster (und Südfenster mit Vordach) führen zu geringerer Aufheizung als Ost- und Westfenster,
- außen liegende Sonnenschutzvorrichtungen sind günstiger als innenliegende,
- leichte Innenbauteile (Decken, Wände) haben geringe Speicherkapazitäten und führen zu schneller Aufheizung.

Außerdem ist die Wärmeschutzverordnung III zu beachten, danach darf bei klimatisierten Räumen und großflächig verglasten Fassaden ($g_f \cdot f$) ein Wert von 0,25 nicht überschritten werden.

Empfohlene Höchstwerte ($g_F \cdot f$)[1] nach DIN 4108 T 2
(für Gebäude ohne raumlufttechnische Anlagen)

Lage des Raumes	Bezogene Masse der Innenbauteile[1] in kg/m^2	max ($g_F \times f$) ohne nächtliche/morgentliche Lüftung z.B. Büros, Schulen	max ($g_F \times f$) bei nächtlicher/morgentlicher Lüftung z.B. Wohnungen
Nordrichtung ±22,5° oder ganztägig beschattet	≤600 (leicht)	0,37	0,42
	>600 (schwer)	0,39	0,50
alle anderen Richtungen	≤600 (leicht)	0,12	0,17
	>600 (schwer)	0,14	0,25

[1] Dazu wird raumweise der Quotient gebildet aus der Masse der raumumschließenden Innenbauteile und der Außenwandfläche ($A_w + A_F$), die die Fenster enthält.
Zum Ansatz kommen:
bei ungedämmten Innenbauteilen die Hälfte der Masse,
bei gedämmten Innenbauteilen nur die raumseitigen Massen bis zur Dämmschicht (mit $\lambda_R \leq 0,1$ W/mK und $1/\Lambda \geq 0,25$ m²K/W), jedoch höchstens die Hälfte der Gesamtmasse.
Holz und Holzwerkstoffe dürfen näherungsweise mit der doppelten Masse angesetzt werden.
Für die Holzbauart ergibt sich i.d.R. leichte Innenbauweise.

Gesamtenergiedurchlaßgrad *g* von Verglasungen

Zeile	Verglasung	g
1	Einfachverglasung (nicht für Aufenthaltsräume zugelassen)	0,9
2	Doppelverglasung	0,8
3	Dreifachverglasung	0,7
4	Glasbausteine	0,6
5	Wärme- und Sonnenschutzgläser mit Nachweis	0,34–0,65
6	wie vor, aber ohne Nachweis	0,8

Abminderungsfaktoren *z* von Sonnenschutzvorrichtungen

Zeile	Sonnenschutzvorrichtung[2]		z
1	keine		1,0
2	innenliegend und zwischen den Scheiben liegend	Gewebe oder Folien ohne bes. Nachweis	0,7
		mit Nachweis	0,4–0,7
3		Jalousien	0,5
4	außenliegend	Jalousien mit drehbaren, hinterlüfteten Lamellen,	0,25
5		Jalousien, Rolläden, Fensterläden mit feststehenden oder drehbaren Lamellen	0,3
6	Vordächer und Loggien[3]		0,3
7	Markisen, oben und seitlich belüftet[2]		0,4
8	Markisen, allgemein[3]		0,5

In den Tabellen bedeuten:
Fensterflächenanteil *f*

$$f = \frac{A_F}{A_W + A_F}$$

A_F Fensterfläche in m², A_W Wandfläche in m²

Gesamtenergiedurchlaß g_F

$g_F = g \cdot (z_1 \cdot z_2 \cdot \dots \cdot z_n)$

g Gesamtenergiedurchlaß der Verglasung (1 bedeutet 100% Energiedurchlaß, 0 bedeutet kein Energiedurchlaß)

z Abminderungsfaktor der Sonnenschutzvorrichtung(en)

[2] Dekorative Vorhänge gelten nicht als Sonnenschutzvorrichtung

[3] Ohne direkte Besonnung des Fensters.

7.1 Wärmeschutz

Berechnungsbeispiel für den sommerlichen Wärmeschutz
Für einen südorientierten Raum (Holzleichtbauweise) soll nachgewiesen werden, daß er den DIN-Empfehlungen genügt.

Bauteilbeschreibung:

Außenwand $4{,}5 \times 2{,}75$ m^2
2 Fenster von je $1{,}5 \times 1{,}5$ m
Die Fenster sind isolierverglast und durch eine Markise geschützt.

Ermittlung des vorhandenen $g_F \cdot f$-Wertes:

Außenwandfläche 12,375 m^2
Fensterfläche 4,5 m^2

Fensterflächenanteil $f = 0{,}36$ (36%)
(die Forderungen der WSVO III sind erfüllt, da $f < 50\%$ ist, s. S. 7-7)
Isolierverglasung $g = 0{,}80$
Markise (allgemein) $z = 0{,}5$
$g_F = 0{,}80 \times 0{,}5 = 0{,}4$
$g_F \cdot f = 0{,}4 \times 0{,}36 = 0{,}14$

Beurteilung:

Bei Wohnnutzung entspricht diese Konstruktion der DIN-Empfehlung ($g_F \cdot f \leq 0{,}17$), bei Nutzung als Büro usw. wird die DIN-Empfehlung ($g_F \cdot f \leq 0{,}12$) jedoch nicht mehr eingehalten.

7.1.7 Wärmetechnische Kennwerte [1)]

Rechenwerte für die Rohdichte (ϱ_R), Wärmeleitzahl (λ_R) und Diffusionswiderstandszahl (μ_R) nach DIN 4108 T4 (11.91)

Baustoff	Kennwerte		
	ϱ_R in kg/m^3	λ_R in W/m K	μ_R in l
Mörtel und Betone			
Kalk-, Kalkzementmörtel	1800	0,87	15/35
Zementmörtel	2000	1,40	15/35
Gipsmörtel	1400	0,70	10
Normalbeton	2400	2,10	70/150
Dampfgehärteter	400	0,14	5/10
Porenbeton	600	0,19	5/10
	800	0,23	5/10
Steine und Bauplatten			
Vollziegel	1200	0,50	5/10
	1600	0,68	5/10
	2000	0,96	5/10
Kalksand- und Kalksand-	1400	0,70	5/10
Plansteine	1800	0,99	15/25
	2200	1,30	15/25
Porenbeton-Plansteine	400	0,15	5/10
	600	0,20	5/10
	800	0,27	5/10
Gipskartonplatten	900	0,21	8
Sperrschichten			
Bitumendachbahn besandet	1200	0,17	10 000–80 000
PVC-Folien $d \geq 0{,}1$ mm			20 000–50 000
Aluminium-Folie $d \geq 0{,}05$ mm			praktisch dampfdicht
Polyethylen-Folie (PE) $d \geq 0{,}1$ mm			100 000

Baustoff	Kennwerte		
	ϱ_R in kg/m^3	λ_R in W/m K	μ_R in l
Holz und Holzwerkstoffe			
Kalk-, Kalkzementmörtel	1800	0,87	15/35
Fichte, Tanne, Kiefer	600	0,13	40
Buche, Eiche (Tropenhölzer)	800	0,20	40
Flachpreßplatten	700	0,13	50/100
Strangpreßplatten	700	0,17	20
Harte Holzfaserplatten	1000	0,17	70
Sperrholz	800	0,15	50/400
Wärmedämmstoffe			
Holzfaserdämmplatten (nach DIN 68 750)	200	0,060	5
Mineralische	8 –	0,035	1
Faserdämmstoffe	500		
WLF-Gruppe 035 bis 50		0,050	
Polyurethan-Hartschaum (PUR)	≥ 30	0,020 bis	30/100
WLF-Gruppe 020 bis 035		0,035	
Polystyrolschaum (PS) WLF-Gruppe	≥ 15 bis	0,025 bis	20/50 bis
025 bis 040	≥ 30	0,040	40/100
Phenolharz-Hartschaum (PF) WLF-Gruppe	≥ 30	0,030 bis	30/50
030 bis 045		0,045	
Korkplatten	80 –	0,045	
	500	0,055	5/10
Holzwolleleichtbauplatten $d \geq 25$ mm	360 – 480	0,093	2/5

[1)] Zu den Grundlagen vgl. Kap. 2.6

7.2 Feuchteschutz

7.2.1 Feuchteschutz im Gründungsbereich

Be- anspruchung	Ausführung der Abdichtung nach VOB Teil C: DIN 18 336 (9.88)
Boden- feuchtig- keit	– 1lagig G 200 DD [1] als waagerechte Sperrschicht in Innen- und Außenwänden – Voranstrich und V 60 S4 [1] als Abdichtung von Außenwandflächen – 1lagig V 60 S4 [1] lose verlegt als Fußbodenabdichtung
nicht drückendes Wasser (mäßige Be- anspruchung)	– 1lagig G 200 S4 [1], vollflächig verklebt oder – Kunststoff-Dichtungsbahn PVC-P-NB [1] (min. 1,2 mm) dick und einer Schutzlage aus min. 2 mm dicken, min. 300 g/m² schweren Bahnen aus synthetischem Vlies
nicht drückendes Wasser (hohe Be- anspruchung)	– 2lagig J 300 D [1] und eine Lage G 200 DD [1] vollflächig verklebt und Deckanstrich oder – Kunststoff-Dichtungsbahn PVC-P-NB [1] (min. 1,5 mm dick) zwischen Schutzlagen aus min. 2 mm dicken, min. 300 g/m² schweren Bahnen aus syn. Vlies
drückendes Wasser	– min. 3lagig R 500 N [1] im Bürstenstreichverfahren ausgeführt mit zusätzlichem heißflüssigem Bitumendeckanstrich – senkrechte und mehr als 1:1 geneigte Flächen erhalten einen lösungsmittelhaltigen Bitumenvoranstrich

Abdichtungen gegen Bodenfeuchtigkeit

Nr.	Lage der Abdichtung nach DIN 18 195 Teil 4 (8.83)
1	untere waagerechte Wandabdichtung ca. 10 cm über OF Kellerfußboden
2	obere waagerechte Wandabdichtung ca. 30 cm über OF Gelände (nur bei Außenwänden)
3	die Kellerdecke muß mind. 5 cm über der oberen Wandabdichtung liegen; (liegt die Kellerdecke tiefer, wird eine zusätzliche, dritte Dichtung erforderlich)
4	die Fußbodenabdichtung muß an die untere waagerechte Abdichtung herangeführt werden
5	bei Fundamentplatten wird die Fußbodenabdichtung durchgeführt

Lage der Abdichtung (Beispiele)

Abdichtung von Kellerwänden aus Mauerwerk

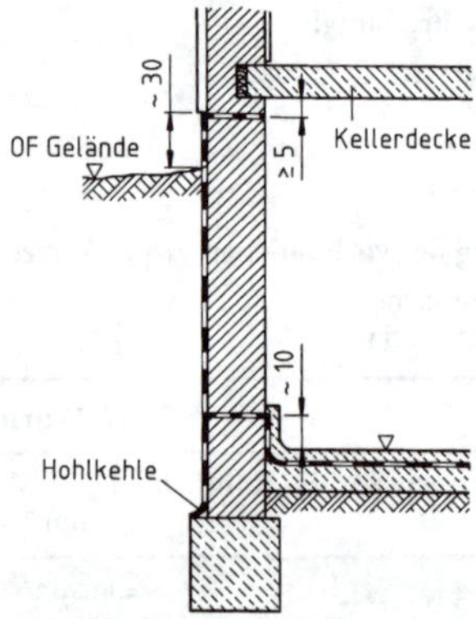

Abdichtungen von Kellerwänden mit tief liegender Kellerdecke

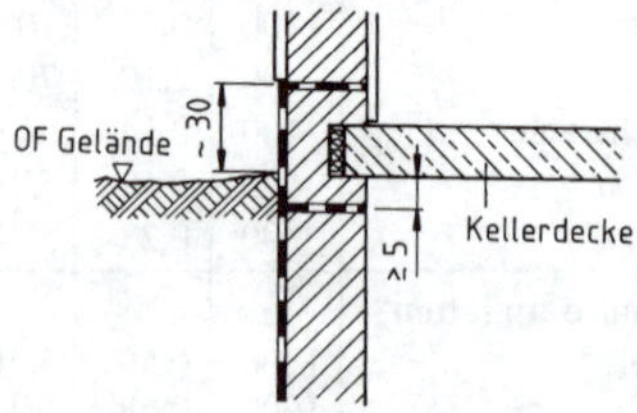

Abdichtungen bei Verblendmauerwerk und Luftschicht

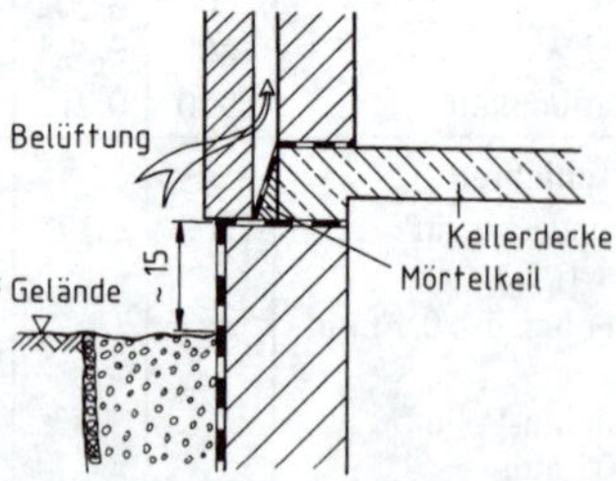

[1] Erläuterung der Kurzzeichen siehe Seite 7-17

7

7.2 Feuchteschutz

7.2.2 Übersicht der Bitumen- und Kunststoffbahnen

DIN Nr.	Kurzzeichen	Bezeichnung	Erläuterung
Bitumenbahnen			
DIN 52 129 (3.77)	R 500 N R 333 N	Nackte Bitumenbahn mit Rohfilzeinlage	das Flächengewicht der Rohfilzeinlage beträgt 300 bzw. 500 g/m²
Dachbahnen			
DIN 52 128 (3.77)	R 333 R 500	Bitumendachbahn mit Rohfilzeinlage	beidseitige Deckmasse und mineralische Bestreuung
DIN 52 143 (8.85)	V 13	Glasvlies-Bitumendachbahn	Tränk- und Deckmasse ≥1,3 kg/m²
Dichtungsbahnen (als Tränk- und Deckmaterial auch Steinkohlenteerpech möglich)			
DIN 18 190 (7.75)	R 500 D J 300 D G 220 D	Dichtungsbahn mit Einlage aus Rohfilz, Jutegewebe, Glasgewebe	beidseitig mit Feinsand bestreut $d \leq 3$ mm bzw. 3,5 mm
	Cu 0,1 glatt D Al 0,2 geprägt D	mit Metallbandeinlage	zur Anwendung kommen Kupfer oder Aluminiumeinlagen $d \leq 3$ mm
	PETP 0.03 D	mit Polyethylenterephthalat-Folieneinlagen	die PETP-Folie ist mit bituminösen Deckmassen versehen und besandet $d \leq 2{,}5$ mm
Dachdichtungsbahnen			
DIN 52 130 (8.85)	J 300 DD G 200 DD PV 200 DD	Bitumen-Dachdichtungsbahn mit Jute-, Textilglas- oder Polyestervlieseinlage	die Dachdichtungsbahnen können besandet oder beschiefert sein
DIN 52 132 (8.85)	PYE/PYP J 300 D PYE/PYP G 2004 D PYE/PYP PV 200 D	Polymerbitumen-Dachdichtungsbahnen mit Jute-, Textilglas-, Polyestervlies	modifiziert mit: PYE – thermoplastischen Elastomeren PYP – thermoplastischen Kunststoffen
Schweißbahnen			
DIN 52 131 (8.85)	J 300 S4/S5 G 200 S4/S5 V 60 S4/S5 PV 200 S4/S5	Bitumen-Schweißbahnen mit Jute-, Textilglas-, Glasvlies- oder Polyestervliesgewebe	Schweißbahnen weisen gegenüber Dachdichtungsbahnen eine größere Dicke auf (S4 = 4 mm; S5 = 5 mm).
DIN 52 133 (8.85)	PYE/PYP J 300 S4/S5 PYE/PYP G 200 S4/S5 PYE/PYP PV 200 S4/S5	Polymerbitumen-Schweißbahn	siehe Erläuterungen bei DIN 52 132
Kunststoff-Dichtungsbahnen (und Dachbahnen)			
DIN 16 729 (9.84)	ECB	Ethylencopolymerisat-Bitumenbahn	Kurzzeichen bei Kunststoff-Dichtungs- und Dachbahnen:
DIN 16 736 (12.86)	PE-C einseitig kaschiert	Bahn aus chloriertem Polyethylen	K kaschiert V verstärkt
DIN 16 737 (12.86)	PE-C mit Gewebeeinlage	Bahn aus chloriertem Polyethylen	E Einlage BV bitumenverträglich
DIN 16 735 (12.86)	PIB	Bahn aus Polyisobutylen	NB nicht bitumenverträglich GV Glasvlies
DIN 16 737 (12.86)	PVC-P bitumenverträglich	Bahn aus weichmacherhaltigem Polyvenylchlorid	PV Polyestervlies PPV Polypropylenvlies
DIN 16 738 (12.86)	PVC-P nicht bitumenverträglich	Bahn aus weichmacherhaltigem Polyvenylchlorid	GW Glasgewebe PW Polyestergewebe

Beispiel: Dach-Dichtungsbahn DIN 16 736-PE-C-2, 5-K-PV Normbezeichnung für eine Kunststoff-Dachdichtungsbahn aus chloriertem Polyethylen von 2,5 mm Dicke, einseitig kaschiert mit Polyesterflies

7.2 Feuchteschutz

7.2.3 Feuchteschutz im Wandquerschnitt

Werden die unten beschriebenen Konstruktionen DIN-gemäß ausgeführt (Mauerwerk nach DIN 1053, Wärmedämmung nach DIN 418, Außenputz nach DIN 18 550, usw.), so kann bei üblichem Rauminnenklima (keine Klimaanlage) auf einen rechnerischen Nachweis des Tauwasserschutzes verzichtet werden. (Im Einzelfall sind die Bedingungen der Norm zu beachten.)
Bei anderen Konstruktionen ist ein rechnerischer Nachweis nach DIN 4108 T3 erforderlich.

Zeile	Konstruktion	Erläuterung	Verbesserungsmöglichkeit bei Tauwasserproblemen
1	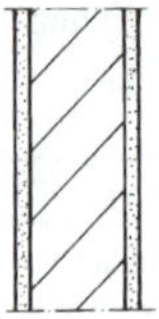	Die traditionelle einschalige Mauerwerkswand mit Innen- und Außenputz ist nicht tauwassergefährdet. Bei sehr hoher Raumluftfeuchte und dampfdichter Außenbekleidung kann es jedoch zu kritischen Verhältnissen kommen. Ein rechnerischer Nachweis ist bei Mauerwerkswänden nicht erforderlich, wenn übliches Klima vorliegt.	Die Innenseite kann durch Aufbringen einer Dampfsperre dampfdichter gemacht werden. Bei Sanierung der Außenfassade sollte eine – möglichst hinterlüftete – Vorsatzschale mit Wärmedämmung eingebaut werden (siehe Zeile 2).
2	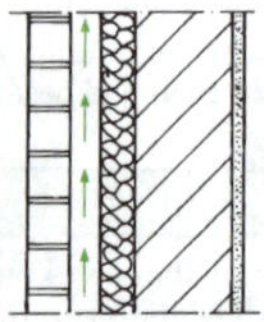	Konstruktionen mit Außendämmung und funktionstüchtiger Hinterlüftung sind bauphysikalisch optimale Lösungen. Die Wärmedämmung darf niemals außenseitig eine Aluminiumkaschierung haben. Ein rechnerischer Nachweis ist bei Beton- oder Mauerwerkswänden (auch ohne Wärmedämmung) nicht erforderlich.	Die Funktion der Luftschicht kann durch Vergrößern der Belüftungsöffnungen verbessert werden. Handelt es sich um eine stehende (nicht belüftete) Luftschicht, so muß die Außenschale möglichst dampfdurchlässig sein.
3	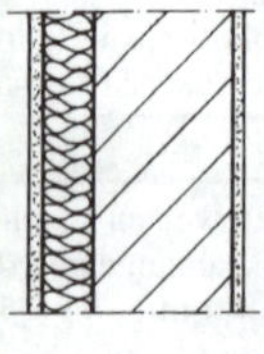	Bei außengedämmten Wänden (und/oder stehender Luftschicht) kann es lediglich bei sehr hoher Raumluftfeuchte zur Tauwasserbildung kommen, wenn die Außenverkleidung sehr dampfdicht ist. Ein rechnerischer Nachweis ist bei Beton- oder Mauerwerkswänden nicht erforderlich, wenn beim Außenputz $s_d \geq 4{,}0$ m ist. [1]	Die Außenverkleidung kann durch eine dampfdurchlässigere Konstruktion ersetzt werden. Ist das nicht möglich, so muß an der Innenseite eine Dampfsperre aufgebracht werden.
4	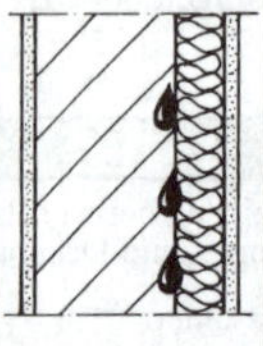	Innendämmungen werden meist nachträglich eingebaut, sie stellen eine konstruktive Hauptursache von Tauwasserschäden dar. Ein rechnerischer Nachweis ist bei Mauerwerkswänden nicht erforderlich, wenn innenseitig (Innenputz und Dämmung) $s_d \geq 0{,}5$ m ist. [1]	Austausch der Innen- gegen eine Außendämmung (siehe Zeile 2 und 3). Wo das nicht möglich ist, muß innenseitig (z. B. direkt unter dem Putz) eine Dampfsperre eingebaut werden, die verhindert, daß Wasserdampf auf die kalte Seite der Wärmedämmung gelangt.
5	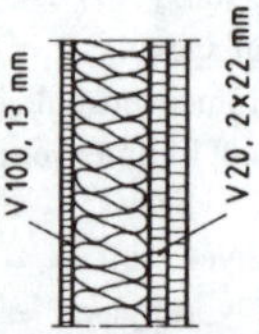	Ist die Außenschale dampfdichter als die Innenschale, kann es zur Tauwasserbildung kommen. Ein rechnerischer Nachweis kann entfallen, wenn die innere Beplankung $s_d \geq 10$ m ist und die äußere Beplankung $s_d = 10$ m nicht überschreitet. [1]	Die Innenbeplankung muß dampfdichter als die Außenbeplankung sein. In der Regel empfiehlt sich eine zweischalige Innenbeplankung (Spanplatte und Gipskartonplatte) mit zwischenliegender Dampfbremse. Konstruktion für Sanierung geeignet.

Achtung: Schränke vor Außenwänden, insbesondere Einbauschränke, wirken als Wärmedämmung und können unter ungünstigen Bedingungen zur Tauwasserbildung führen, sie müssen daher hinterlüftet werden.

[1] $s_d = \mu_R \cdot d$; s_d diffusionsäquivalente Luftschichtdicke; d Baustoffdicke; μ_R Diffusionswiderstandszahl nach Tab. 7-15.

7.2 Feuchteschutz

Konstruktion	Erläuterung	Verbesserungsmöglichkeit
Steildach (Kaltdach) 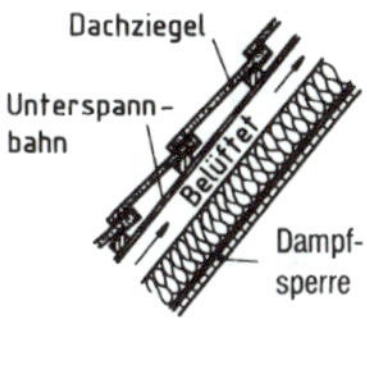 Dachneigung ≥10%	Ein rechn. Nachweis kann bei Lüftungsquerschnitten ≥ 2 cm (200 cm^2/m) entfallen, wenn die Dampfsperre $s_d \geq$ 1 m erreicht. Bei Dachlängen (Abstand Traufe bis First) von ≥ 15 m bzw. ≥ 10 m muß die Dampfsperre nur $s_d \geq$ 5 m bzw. $s_d \geq$ 2 m erreichen [1]. Die Zuluftöffnung an den beiden Traufkanten muß in jedem Fall mind. 2‰, die Abluftöffnung am First mind. 5‰ der schrägen Dachfläche betragen.	Beim Dachgeschoßausbau läßt sich die Wärmedämmung kaum mit einer ausreichenden Belüftung einbauen. Dann ist besonders auf den sorgfältigen Einbau einer dichten (Nagelstellen und Stöße abkleben) Dampfsperre zu achten, die mindestens $s_d \geq$ 100 m [1] erreichen muß. Für die Nachweisführung gelten die Bestimmungen des nichtbelüfteten Daches.
Massivdecke (Warmdach) 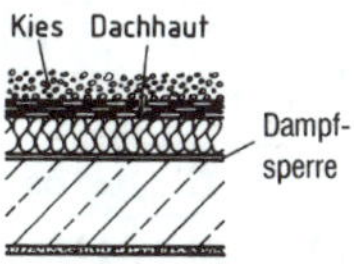	Die Dampfsperre liegt unterhalb der Wärmedämmung, sie verhindert das Durchfeuchten der Dämmschicht. Die Dachhaut schützt die Wärmedämmung vor Witterungsfeuchte. Ein rechn. Nachweis kann entfallen, wenn mehr als 80% des gesamten Wärmedurchlaßwiderstandes oberhalb der Dampfsperre liegen und diese min. $s_d \geq$ 100 m [1] erreicht.	Bei der Herstellung muß größte Sorgfalt walten, da ein einziges Loch zum Versagen der Konstruktion führt. Innenseitige Wärmedämmungen können auch hier zu Tauwasserproblemen führen, wenn sie keine innere Dampfsperre erhalten. Der Einbau von Dachlüftern gilt heute als überflüssig.
Merke: Dampfsperre möglichst im warmen Bereich (innen) anbringen. Wärmedämmung möglichst im kalten Bereich (außen) anbringen.		
7.2.4 Feuchteschutz auf Oberflächen (Fenster)		
Einschalige Außenwand 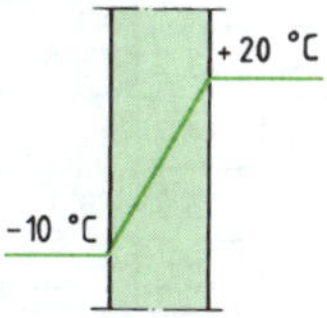	Entspricht die Wärmedämmung DIN 4108 ($1/\Lambda > 0{,}55$ m^2 k/W), so tritt unter üblichen raumklimatischen Bedingungen kein Oberflächentauwasser auf. Hinter Einbauschränken kann deren Dämmwirkung (bei Raumecken die fehlende Luftbewegung) jedoch zu einem problematischen Absinken der Oberflächentemperaturen führen.	Außenseitige Wärmedämmung anbringen. Eine innenseitige Wärmedämmung ist sehr problematisch und muß immer raumseitig mit einer Dampfsperre (Alu- oder Kunststoffolie) versehen werden, da es sonst zur Tauwasserbildung an der nun kälteren Wandoberfläche kommen würde. Saugfähigen Innenputz verwenden. Schränke von der Wand abrücken.
Isolierglasfenster 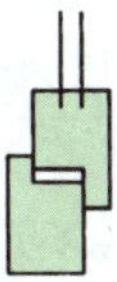 2- oder 3fach verglast	Unter normalen Witterungsbedingungen keine Tauwasserbildung. Bei dreifachverglasten Wärmeschutzverglasungen kann es jedoch bei Wetterumschwüngen zur Tauwasserbildung auf der Außenseite kommen.	Verbesserungen sind kaum erforderlich. Tritt Tauwasser auf, kann durch stärkere Belüftung Abhilfe geschaffen werden, dabei ist aus Gründen des Wärmeschutzes die Stoßlüftung gegenüber der Dauerlüftung zu bevorzugen.
Kastendoppelfenster 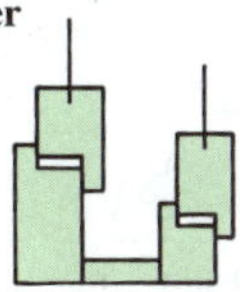	Die beiden getrennten Fenster bestehen aus zwei Blend- und Flügelrahmen, die durch ein Futter verbunden sind. Diese Konstruktion hat schalltechnische Vorteile, wird aber fast nur noch im Altbau angetroffen.	Der innere Flügelrahmen soll möglichst dicht schließen. Tauwasser im Zwischenraum verschwindet, wenn man den Außenflügel nicht dicht schließt, bzw. eine hier vorhandene Dichtung entfernt. Einfachverglasungen können bei ausreichender Profilstärke durch Isoliergläser ersetzt werden.
Merke: Warme Innenraumluft ist in der Regel feucht, sie sollte kalte Oberflächen möglichst nicht berühren!		

[1] $s_d = \mu_R \cdot d$; s_d diffusionsäquivalente Luftschichtdicke; d Baustoffdicke; μ_R Diffusionswiderstandszahl nach Tab. 7-15.

7.2 Feuchteschutz

7.2.5 Taupunkttabelle

Taupunkttemperatur und Sättigungsdampfgehalt von Luft bei 1013 mbar

Lufttemperatur in °C	Taupunkttemperatur in °C bei einer relativen Luftfeuchte von 30%	35%	40%	45%	50%	55%	60%	65%	70%	75%	80%	85%	90%	95%	Sättigungsdampfgehalt in g/m³
30	10,5	12,9	14,9	16,8	18,4	20,0	21,4	22,7	23,9	25,1	26,2	27,2	28,2	29,1	30,35
29	9,7	12,0	14,0	15,9	17,5	19,0	20,4	21,7	23,0	24,1	25,2	26,2	27,2	28,1	28,7
28	8,8	11,1	13,1	15,0	16,6	18,1	19,5	20,8	22,0	23,2	24,2	25,2	26,2	27,1	27,2
27	8,0	10,2	12,2	14,1	15,7	17,2	18,6	19,9	21,1	22,2	23,3	24,3	25,2	26,1	25,75
26	7,1	9,4	11,4	13,2	14,8	16,3	17,6	18,9	20,1	21,2	22,3	23,3	24,2	25,1	24,35
25	6,2	8,5	10,5	12,2	13,9	15,3	16,7	18,0	19,1	20,3	21,3	22,3	23,2	24,1	23,05
24	5,4	7,6	9,6	11,3	12,9	14,4	15,8	17,0	18,2	19,3	20,3	21,3	22,3	23,1	21,8
23	4,5	6,7	8,7	10,4	12,0	13,5	14,8	16,1	17,2	18,3	19,4	20,3	21,3	22,2	20,55
22	3,6	5,9	7,8	9,5	11,1	12,5	13,9	15,1	16,3	17,4	18,4	19,4	20,3	21,2	19,4
21	2,8	5,0	6,9	8,6	10,2	11,6	12,9	14,2	15,3	16,4	17,4	18,4	19,3	20,2	18,95
20	1,9	4,1	6,0	7,7	9,3	10,7	12,0	13,2	14,4	15,4	16,4	17,4	18,3	19,2	17,3
19	1,0	3,2	5,1	6,8	8,3	9,8	11,1	12,3	13,4	14,5	15,5	16,4	17,3	18,2	16,3
18	0,2	2,3	4,2	5,9	7,4	8,8	10,1	11,3	12,5	13,5	14,5	15,4	16,3	17,2	15,4
17	−0,6	1,4	3,3	5,0	6,5	7,9	9,2	10,4	11,5	12,5	13,5	14,5	15,3	16,2	14,6
16	−1,4	0,5	2,4	4,1	5,6	7,0	8,2	9,4	10,5	11,6	12,6	13,5	14,4	15,2	13,65
15	−2,2	−0,3	1,5	3,2	4,7	6,1	7,3	8,5	9,6	10,6	11,6	12,5	13,4	14,2	12,85
14	−2,9	−1,0	0,6	2,3	3,7	5,1	6,4	7,5	8,6	9,6	10,6	11,5	12,4	13,2	12,1
13	−3,7	−1,9	−0,1	1,3	2,8	4,2	5,5	6,6	7,7	8,7	9,6	10,5	11,4	12,2	11,35
12	−4,5	−2,6	−1,0	0,4	1,9	3,2	4,5	5,7	6,7	7,7	8,7	9,6	10,4	11,2	10,65
11	−5,2	−3,4	−1,8	−0,4	1,0	2,3	3,5	4,7	5,8	6,7	7,7	8,6	9,4	10,2	10,0
10	−6,0	−4,2	−2,6	−1,2	0,1	1,4	2,6	3,7	4,8	5,8	6,7	7,6	8,4	9,2	9,39

Ablesebeispiel 1:

Wann kommt es zur Tauwasserbildung, wenn in einem Raum eine Lufttemperatur von 20 °C und eine relative Luftfeuchte von 70% gemessen werden?

Ablesung:

14,4 °C – d.h. wenn an Oberflächen (z.B. Fenstern) eine Temperatur von 14,4°C unterschritten wird, kommt es zur Bildung von Tauwasser.

Ablesebeispiel 2:

Wieviel Wasserdampf sind in 1 m³ Luft bei 20 °C und 100% rel. Luftfeuchte enthalten?
Wieviel Tauwasser bildet sich, wenn diese Luft auf 10 °C abkühlt?

Ablesung:

20 °C	→	17,30 g/m³
10 °C	→	9,39 g/m³
Differenz		7,91 g/m³

7

7.3 Schallschutz

7.3.1 Anforderungen und Empfehlungen für Innenbauteile nach DIN 4109 (11.89)

Schutz vor Schallübertragung aus fremden Wohn- und Arbeitsräumen (Auswahl)

	Bauteile	Erforderlicher Schallschutz		Vorschläge f. erhöhten Schallschutz	
		$L'_{n,w}$ (*TSM*) dB	R'_w dB	$L'_{n,w}$ (*TSM*) dB	R'_w dB
in Geschoßhäusern					
1	Wohnungstrenndecken (allgemein)	46 (17)	54 bzw. 52 bei max 2 Wohnungen	46 (17)	55
2	Treppenläufe	58 (5)	–	46 (17)	–
3	Wohnungstüren[1], direkt in den Wohnraum öffnend,		37		
	zum Flur/Diele öffnend		27		37
4	Wände (allgemein)		53		55
	Treppenraumwände		52		55
	Wände zu Spielräumen o.ä.		55		
in Einfamilien-, Reihen- und Doppelhäusern					
5	Decken	48 (15)		38 (25)	
6	Treppen u. Decken über Fluren	53 (10)		46 (17)	
7	Haus- und Wohnungstrennwände		57		67
in Beherbergungsgaststätten					
8	Decken (allgemein)	53 (10)	54	46 (17)	55
9	Wände		47		52
10	Türen[1], zwischen Fluren und Übernachtungsräumen		32		37

	Bauteile	Erforderlicher Schallschutz		Vorschläge für einen erhöhten Schallschutz	
		$L'_{n,w}$ (*TSM*) dB	R'_w dB	$L'_{n,w}$ (*TSM*) dB	R'_w dB
Krankenanstalten, Sanatorien					
11	Decken (allgemein)	53(10)	54	46(17)	55
12	Wände (zwischen Krankenräumen)		47		52
13	Türen[1] zu Sprechzimmern,		37		37
	Kranken- und Behandlungsräumen		32		37
Schulen					
14	Decken (allgemein)	53 (10)	55		
15	Wände (allgemein)		47		
16	Türen[1]		32		

Empfehlungen für den Schutz vor Schallübertragung aus eigenen Wohn- und Arbeitsräumen (Auswahl)

	Bauteile	Empfehlung für normalen Schallschutz		Empfehlung für erhöhten Schallschutz	
		$L'_{n,w}$ (*TSM*) dB	R'_w dB	$L'_{n,w}$ (*TSM*) dB	R'_w dB
in Wohngebäuden					
1	Decken in Einfamilienhäusern	56 (7)	50	46 (17)	55
2	Wände ohne Türen zwischen lauten und leisen Räumen		40		≥47

[1] Bei Türen gilt R_w, nur über die Tür, d.h. die Flankenübertragung wird nicht berücksichtigt. Werden die Werte $R_{w,p}$ des Prüfstandes herangezogen, so muß bei Türen ein Vorhaltemaß von 5dB berücksichtigt werden.

7.3 Schallschutz

7.3.2 Anforderungen an die Luftschalldämmung von Außenbauteilen

Lärmpegelbereich[1]	„Maßgeblicher Außenlärmpegel“ in dB(A)	Anforderungen an das resultierende Schalldämm-Maß des Gesamtaußenbauteils $R'_{w,res}$ in dB		
		Bettenräume in Krankenhäusern	Aufenthaltsräume, Wohnungen, Übernachtungsräume, Unterrichtsräume, u.ä.	Büroräume
I	≤ 55	35	30	–
II	56–60	35	30	30
III	61–65	40	35	30
IV	66–70	45	40	35
V	71–75	50	45	40
VI	76–80		50	45
VII	> 80	örtlich festlegen		50

7.3.3 Kennwerte

Trittschallverbesserung von weich federnden Bodenbelägen auf Massivdecken

Maßnahme	Verbesserung $\Delta L_{w,R}$ (VM_R) in dB[2]
Schwimmender Estrich	22–34 (je nach dynamischer Steifigkeit des Dämmstoffes)
Schwimmender Holzfußboden (22 mm Spanplatte vollflächig auf Dämmstoff (dynamische Steifigkeit des Dämmstoffs max. 10 MN/m³)	25
PVC-Verbundbeläge	13–16
Nadelvlies (5 mm)	20
Teppiche aus Polyamid, Polyester o.ä.	19–24 (je nach Dicke)

1) Die VDI-Einteilung in 6 Schallschutzklassen hat keinen Eingang in die Norm gefunden.
2) Verbesserungsmaße von Estrich und Bodenbelag dürfen nicht addiert werden.
3) Gilt nur bei flankierenden Bauteilen mit einer Flächenmasse $m \geq 300$ kg/m².

Luftschalldämmung massiver Wände und Decken

Flächenbezogene Masse in kg/m²	Bewertetes Schalldämm-Maß $R'_{w,R}$ in dB[3] ohne Vorsatzschale nach Abb.[4]	mit Vorsatzschale nach Abb.[4]
100	36	49
150	41	49
200	44	50
250	47	52
275	48	53
300	49	54
350	51	55
400	52	56
450	54	57
500	55	58

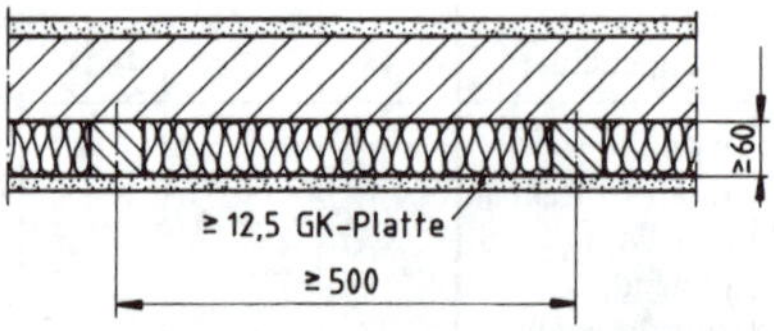

Trittschalldämmung von Massivdecken

($L'_{n,w,R} = L_{n,w,eq,R} - \Delta L_{w,R}$)[5]

Flächenbezogene Masse in kg/m²	Normtrittschallpegel $L_{n,w,eq,R}$ ($TSM_{eq,R}$) in dB[5] ohne Unterdecke nach Abb.[4]	mit Unterdecke nach Abb.[4]
135	86 (−23)	75 (−12)
160	85 (−22)	74 (−11)
190	84 (−21)	74 (−11)
225	82 (−19)	73 (−10)
270	79 (−16)	73 (−10)
320	77 (−14)	72 (−9)
380	74 (−11)	71 (−8)
450	71 (−8)	69 (−6)
530	69 (−6)	67 (−4)

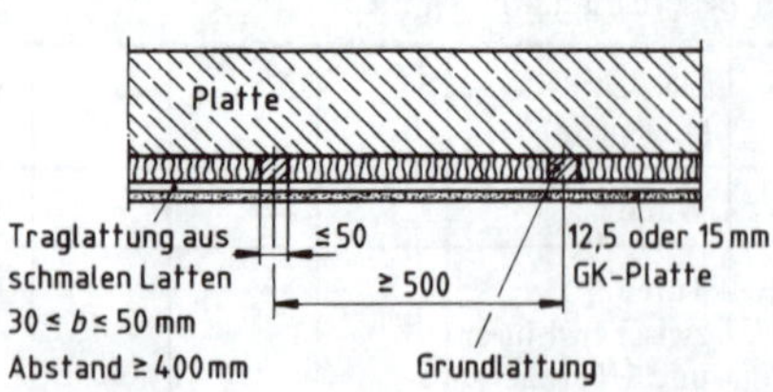

4) Weitere mögliche Ausführungen der Vorsatzschale siehe DIN 4109.
5) Der so berechnete $L'_{n,w,R}$-Wert muß mindestens 2 dB niedriger liegen als die DIN-Anforderung nach Seite 7-21; weitere Korrekturwerte siehe Norm.

7.4 Brandschutz

Anforderungen nach der Musterbauordnung (MBO)

(Die Musterbauordnung ist die Grundlage für die einzelnen Landesbauordnungen, die von Bundesland zu Bundesland erhebliche Unterschiede aufweisen.)

Grundsatzanforderung nach MBO

- Die öffentliche Sicherheit oder Ordnung, insbesondere Leben und Gesundheit, dürfen nicht gefährdet werden. (MBO, §3)
- Der Entstehung und Ausbreitung von Feuer und Rauch muß vorgebeugt werden. Die Rettung von Menschen und Tieren sowie wirksame Löscharbeiten müssen möglich sein. (MBO, §17)

Einzelanforderungen

Gebäudelage/ Brandbekämpfung
- Mindestabstände zur Verhinderung der Brandübertragung
- Zufahrtsmöglichkeit für Lösch- und Rettungsfahrzeuge
- Möglichkeit zum Anleitern
- Anordnung von Steigleitungen für Löschmittel
- Sicherstellung der Löschwasserversorgung

Baustoffe und Bauteile
- Grundsätzliches Verbot von leichtentflammbaren Baustoffen
- Anforderungen an Baustoffe
- Anforderungen an Bauteile
- Verhinderung des Feuerüberschlags durch Brüstungen
- Verschluß von Öffnungen in Wänden und Decken

Brandabschnitte
- Begrenzung von Brandabschnitten durch Brandwände
- Öffnungen in Brandwänden mindestens F90
- Begrenzung der Größe von Brandabschnitten
- Anordnung von Rauch- und Wärmeabzugsanlagen, bzw. Sprinkleranlagen bei größeren Brandabschnitten

Rettungswege
- Sicherstellung von 2 Rettungswegen (alternativ: Sicherheitstreppenraum)
- Lage der Treppen
- Mindestbreiten von Treppen und Fluren
- Begrenzung von Flurlängen
- Bekleidung der Flur- und Treppenraumwände
- Anforderungen an Fahrschächte und Verschlüsse von Öffnungen

Baustoffklassen nach DIN 4102 T1 (5.81)

Klasse	Bauaufsichtliche Benennung
A	**nichtbrennbare Stoffe**
A1	ohne brennbare Bestandteile (Beton, Kies) oder mit brennbaren Bestandteilen (MF-Feuerschutzplatten mit Prüfzeichen)
A2	mit brennbaren Bestandteilen, z. B. Gipskartonplatten mit schwer entflammbarem Karton
B	**brennbare Baustoffe**
B 1	schwerentflammbare Baustoffe (Gipskartonplatten)
B 2	normalentflammbare Baustoffe (Holz und Holzwerkstoffe über 2 mm Dicke)
B 3	leichtentflammbare Baustoffe (Papier, Holzspäne)

Feuerwiderstandsklassen [2] und Bauaufsichtliche Benennung

Feuerwiderstandsklasse [2]	Baustoffklasse	Bauaufsichtliche Benennung	Kurzzeichen
F 30	B	**feuerhemmend** (fh)	F 30-B
F 30	A(B) [1]	**feuerhemmend** und in den tragenden Teilen aus nicht brennbaren Stoffen	F 30-AB
F 30	A	**feuerhemmend** und aus nicht brennbaren Stoffen	F 30-A
F 90	A(B) [1]	**feuerbeständig** (fb)	F 90-AB
F 90	A	**feuerbeständig** und aus nicht brennbaren Stoffen	F 90-A

[1] Alle tragenden oder für die Standsicherheit wesentlichen Bauteile (z. B. Ständer von leichten Trennwänden, Unterkonstruktionen usw.) entsprechen Baustoffklasse A; übrige Bestandteile, insbesondere Oberflächenbeschichtungen können aus brennbaren Baustoffen bestehen.

[2] Die Feuerwiderstandsklasse gibt an, wie lange ein Bauteil einem definierten Normbrand standhält.

7.4 Brandschutz

Anforderungen der Landesbauordnung (Auswahl)
(für die Länder Brandenburg, Mecklenburg-Vorpommern, Sachsen, Sachsen-Anhalt, Thüringen)
Achtung: Die anderen Bundesländer stellen teilweise stark abweichende Anforderungen!

Anforderungen	Gebäude geringer Höhe[1]) und max. 2 Wohnungen	Gebäude geringer Höhe[1]) u. mehr als 2 Wohnungen	Gebäude mittlerer Höhe[2])
Allgemein	leichtentflammbare Baustoffe (B 3) dürfen nicht verwendet werden. Jede Nutzungseinheit mit Aufenthaltsräumen muß über 2 voneinander unabhängige Rettungswege oder einen Sicherheitstreppenraum erreichbar sein		
Tragende und aussteifende Wände, Stützen und Pfeiler	F 30-B[3])	F 30-B	F 90-AB (außer in obersten Geschossen von Dachräumen)
Wände wie vor in Kellergeschossen	F 30-AB[3])	F 90-AB	F 90-AB
Nichttragende Außenwände sowie nichttragende Teile von Außenwänden			A oder F 30-B
Oberflächen von Außenwänden, Außenwandverkleidungen und Dämmstoffe in Außenwänden	B 1 (bei B 2-Baustoffen muß die Brandausbreitung auf das Nachbargebäude verhindert werden)	B 1 (bei B 2-Baustoffen muß die Brandausbreitung auf das Nachbargebäude verhindert werden)	B 1 (Unterkonstruktionen aus B 2 bedingt zulässig)
Wohnungstrennwände	F 30-B	F 30-B	F 90-AB in obersten Geschossen von Dachräumen F 30-B
Brandwände[4])	F 90-AB, bis zur Dachhaut durchführen, bei weicher Bedachung 50 cm über die Dachhaut führen	F 90-A, bis zur Dachhaut durchführen, bei weicher Bedachung 50 cm über die Dachhaut führen	F 90-A, 30 cm über die Dachhaut führen oder beidseitig 50 cm auskragen lassen
Decken	F 30-B (außer in obersten Geschossen von Dachräumen[1])	F 30-B (außer in obersten Geschossen von Dachräumen)	F 90-AB (außer in obersten Geschossen von Dachräumen)
Kellerdecken	F 30-B[1])	F 90-AB	F 90-AB
Dächer	harte Bedachung erforderlich (widerstandsfähig gegen Flugfeuer und strahlende Wärme)		
Treppen		A oder F 30-B	F 90-AB
Treppenraumwände		F 90-AB A (für Verkleidungen und Einbauten)	Ausführung als Brandwand A (für Verkleidungen und Einbauten)
Allgemein zugängliche Flure		F 30-B, ab 30 m Flurlänge Unterteilung mit rauchdichten Türen	F 30-AB, ab 30 m Flurlänge Unterteilung mit rauchdichten Türen, Verkleidungen u. Dämmstoffe nur Baustoffklasse A

[1]) Der Fußboden des obersten (möglichen) Aufenthaltraums darf an keiner Stelle mehr als 7 m ü. d. Gelände liegen
[2]) Der Fußboden des obersten (möglichen) Aufenthaltraums darf an keiner Stelle mehr als 22 m ü. d. Gelände liegen

[3]) Gilt nicht für freistehende Einfamilienhäuser mit max. 2 Geschossen
[4]) Brandwände sind erforderlich, wenn der Bauwich unterschritten wird oder zur Unterteilung großer Gebäude in Brandabschnitte

7.5 Holzschutz

7.5.1 Vorbeugende Holzschutzmaßnahmen

7.5.1.1 Schutz von statisch tragenden Bauteilen

(GK)	Feuchtebeanspruchung	Anwendungsbereich	Erforderliche Holzschutzmaßnahme entweder Holzschutzmittel	oder Holzauswahl
0	keine, (Luftfeuchte < 70 %)	ungefährdete Innenbauteile (insektendicht ummantelt oder vom Raum aus kontrollierbar)	nicht erforderlich	keine Anforderungen
1		Innenbauteile, nicht raumseitig kontrollierbar, nicht insektendicht ummantelt	insektenvorbeugend (I_v)	Verwendung von Farbkernholz [2] mit Splintholzanteil < 10 %
2	Luftfeuchte > 70%, keine Bewitterung, kein direktes Spritzwasser	Innenbauteile, im Duschbereich wasserabweisend abgedeckt, geschützte Außenbauteile	insektenvorbeugend und pilzwidrig (Iv und P)	splintfreies Farbkernholz [2] der Resistenzklassen 1, 2, 3 (z. B. LÄ, DGA)
3	Niederschläge, Spritzwasser	Außenbauteile ohne Erdkontakt, Innenbauteile in Naßräumen	insektenvorbeugend, pilzwidrig und witterungsbeständig (Iv, P und W)	splintfreies Farbkernholz [2] der Resistenzklassen 1, 2 (z. B. EI, AFR)
4	Ständiger Erd- und/oder Wasserkontakt	Außenbauteile	insektenvorbeugend, pilzwidrig, witterungsbeständig und moderfäulewidrig (Iv, P, W und E)	splintfreies Farbkernholz [2] der Resistenzklasse 1 (z. B. AFZ, TEK, ROB)

Gefährdungsklassen und Einbringverfahren
(Zur Durchführung vgl. DIN 68 800 T3 (4.90))

GK		Einbringverfahren HF bis 30%	HF > 30 bis 50%	HF > 80% im Splint
1		freigestellt		
2		freigestellt		
3	Brettschichtholz	Kesseldruck Vakuumtr.	–	–
3	Schnittholz	Trogtränkung	Trogtränkung	–
3	Rundholz	Kesseldruck Vakuumtränkung	–	Wechseldruckverfahren
4		ausschließlich Kesseldruckverfahren		

Verteilung des Holzschutzmittels nach DIN 52 175 (4.82)

Bezeichnung	Erläuterung
Oberflächenschutz	nur Oberfläche benetzt
Randschutz	Eindringtiefe <10 mm
Tiefschutz	Eindringtiefe >10 mm
Teilschutz	Tiefschutz der gefährdeten Stelle

Prüfprädikate der Holzschutzmittel

Prädikat [3]	Bedeutung
Iv	insektenvorbeugend
P	pilzwidrig
W	witterungsbeständig
E	moderfäulewidrig

1) Die DIN-Einteilung gilt für Deutschland weiter, die EN 335 enthält jedoch GK 0 nicht mehr, dafür ist eine GK 5 (Meerwasser) dazugekommen
2) Farbkernhölzer sind z. B. Eiche, Kiefer, Lärche; Resistenzklassen s. S. 3-43
3) Die Prädikate S, St, M sind nicht mehr genormt

7.5 Holzschutz

Je nach Gefährdungsklasse und Handelsform (Rund-, Schnitt-, Brettschichtholz) kommen verschiedene Einbringverfahren zur Anwendung.

Einbringverfahren (Übersicht)

Verfahren	Erläuterung
Streichen	geringe Einbringmenge und -tiefe, zur Nachbehandlung angeschnittener Hölzer
Spritzen und Sprühen	nur in stationären Anlagen
Tauchen	das Holz schwimmt im Holzschutzmittel, nur bei trockenem Holz zulässig
Tränken	das Holz wird untergetaucht gehalten
Kesseldruckverfahren (Spar-, Wechseldruck-, Vakuumtränkung)	große Einbringmenge und -tiefe. Das Schutzmittel wird mittels Druckunterschied eingepreßt. Das Wechseldruckverfahren ist auch für frisches Holz anwendbar
Saftverdrängungsverfahren	der frische Stamm wird mit Saugkappen an Zopf- und Fußende leer gesaugt, die fehlende Flüssigkeit durch Holzschutzmittel ersetzt
Sonderverfahren (Bohrlochtränkung, Begasung, Heißluftbehandlung)	diese Verfahren eignen sich vor allem zur Bekämpfung von Holzschädlingen. Das Heißluftverfahren verzichtet ganz auf biozide Stoffe und kann sowohl für Tragwerkskonstruktionen als auch für Möbel verwendet werden

Die Prüfung und Bewertung von Holzschutzmitteln für statisch nicht tragende Bauteile sowie der Holzschutzmittel für den bekämpfenden Holzschutz liegt in der Zuständigkeit der Gütegemeinschaft Holzschutzmittel; sie vergibt das RAL-Zeichen.

7.5.1.2 Schutz von statisch nichttragenden, aber maßhaltigen Holzbauteilen (Fenster, Außentüren usw.)

Fenster und Außentüren entsprechen i. d. R. GK 3. Ist ein dauerhaft wirksamer Oberflächenschutz langfristig durch ein komplettes Anstrichsystem und Instandhaltung gewährleistet, kann GK 2 angewendet werden.

Schutzmaßnahmen bei Fenstern, Außentüren usw.

Holzart (RK = Resistenzklasse) 1)	Erforderliche Schutzmaßnahme (auf einen insektiziden Schutz sollte i.d.R. verzichtet werden)
Kernholz der RK 1 + 2 z. B. EI	keine
Splintholz der RK 1 + 2, Kernholz der RK 3, 4, 5	Bläueschutz, Schutz gegen holzzerstörende Pilze (P), Witterungsschutz (W) oder schriftliche Vereinbarung, daß auf Schutz verzichtet werden kann. Ist ein dauerhafter Schutz durch ein rechtzeitig instandgesetztes komplettes Anstrichsystem gewährleistet, kann auf den Witterungsschutz verzichtet werden
Splintholz der RK 3, 4, 5	Bläueschutz, Schutz gegen holzzerstörende Pilze (P), Witterungsschutz (W)

7.5.1.3 Schutz von Hölzern für sonstige Verwendungen (Innenausbau, Gartenmöbel usw.)

In trockenen Innenräumen sollte auf chemischen Holzschutz verzichtet werden. Im Außenbereich kann ein wirkstofffreier Witterungsschutz verwendet werden. Produkte, die den „Blauen Umweltengel" tragen, sind grundsätzlich wirkstofffrei, also nicht gegen Insekten und Pilze wirksam. Sie dürfen vom Hersteller nicht als Holzschutzmittel bezeichnet werden.

1) Resistenzklassen s. S. 3-43

7.5 Holzschutz

7.5.2 Bekämpfende Holzschutzmaßnahmen

Bekämpfungsmaßnahmen gegen Pilz- und Insektenbefall nach DIN 68800 T4 (11.92)

Maßnahmen	Pilzbefall	Insektenbefall
Maßnahmen bei Vollholz und Holzwerkstoffen	Bekämpfung durch Holzschutzmittel (mit gültigem Prüfzeichen, Ü-Zeichen oder RAL-Zeichen). Schwammgebilde und befallene Holzteile sind unverzüglich geordnet zu entsorgen. Das Besprühen des abzufahrenden Bauschutts mit Holzschutzmitteln ist umweltschädlich und hat zu unterbleiben. Die Ursache der erhöhten Feuchtigkeit muß erkannt und beseitigt werden. Wird Holz neu eingebaut, so muß das Mauerwerk im Bereich der Schadstelle gegen Hausschwamm geschützt werden. Das verbleibende und das neu einzubauende Holz ist der Gefährdung entsprechend zu schützen. Bei „Echtem Hausschwamm" muß das befallene Holz (in Längsrichtung) mindestens 1 m über den sichtbaren Befall hinaus entfernt werden, bei sonstigen holzzerstörenden Pilzen um mindestens 0,3 m. Meldepflicht für Hausschwammbefall besteht in allen Bundesländern außer Niedersachsen, Berlin und Baden-Württemberg.	Bekämpfung durch Holzschutzmittel (mit gültigem Prüfzeichen, Ü-Zeichen oder RAL-Zeichen), Heißluftverfahren oder Durchgasungsverfahren. Um die Ausbreitung des Befalls zu ermitteln, ist an 2 versetzten Stellen je m im Splintholzbereich zu prüfen. Schwer zugängliche Bereiche sind in die Untersuchung einzubeziehen, evtl. ist das Dach zu öffnen. Vermulmte Teile sind zu entfernen (kann beim Heißluft- und Durchgasungsverfahren entfallen), die statische Tragfähigkeit ist zu gewährleisten. Fraßgänge sind auszubürsten, das ausgebaute Holz und die Späne müssen geordnet entsorgt werden. Sind Kalkanstriche vorhanden, so müssen diese bei Verwendung wasserlöslicher Mittel entfernt und die Aufbringmenge um etwa 25 % erhöht werden. Bei Verwendung öliger Mittel sind festhaftende Kalkanstriche unbedenklich, wenn die Aufbringmenge um 25% erhöht wird. Liegt Hausbockbefall vor und sind nur vereinzelt Holzbauteile befallen, kann bei mehr als 60 Jahre eingebautem Holz auf eine Behandlung der nichtbefallenen Teile verzichtet werden, da Holz ab diesem Alter kaum noch vom Hausbock neu befallen wird. Bei Anwendung des Heißluftverfahrens ist eine Mindesttemperatur von 55 °C für mindestens 60 Minuten an der ungünstigsten Stelle nachzuweisen. Die Heißluft darf an der Oberfläche der Bauteile eine Temperatur von 120 °C nicht überschreiten. Über 60 Jahre altes Holz benötigt anschließend keinen vorbeugenden chemischen Holzschutz mehr, da ab diesem Alter kaum mehr ein neuer Hausbockbefall auftritt. Auch bei besonderen hygienischen oder lebensmittelrechtlichen Bedenken kann auf einen nachfolgenden chemischen Schutz verzichtet werden. Das Begasungsverfahren darf nur von konzessionierten Personen und bei Holz in geschlossenen Räumen angewendet werden. Dies Verfahren bietet wie auch das Heißluftverfahren keinen vorbeugenden Schutz.
Maßnahmen bei Holzwerkstoffplatten	Gegen Pilzbefall sind Werkstoffplatten in der Regel werksmäßig, also vorbeugend zu schützen. Ein solcher werksseitiger Schutz ist nur sinnvoll, wenn auch der Leim den erhöhten Feuchtewerten bei Pilzbefall standhält, das heißt nur bei Holzwerkstoffklasse 100.	Gegen Insektenbefall sind Holzwerkstoffe in der Regel weniger gefährdet als Vollholz. Span- und Faserplatten sind in gemäßigtem Klima nicht gefährdet (Achtung bei Termiten). Sperrholz aus hellen Tropenhölzern (z.B. Limba, Abachi) muß jedoch bei tragender oder aussteifender Verwendung geschützt werden, bei sonstiger Verwendung ist ein Schutz verwendungsabhängig.

7

7.5 Holzschutz

7.5.3 Wirkstoffe der Holzschutzmittel

Bezeichnung	Wirkstoffe	Wirksamkeit[1]	Anwendungsbereich[1]	Wassergefährdungsklasse[2]
SF-Salze	Silicofluoride	P, Iv	GK 1,2	WGK 2
HF-Salze	Hydrogenfluoride	P, Iv	GK 1,2	WGK 1
B-Salze	anorganische Borverbindungen	P, Iv	GK 1,2	WGK 1
CK-Salze	Chrom-, Kupferverbindungen	P, Iv, W, E	GK 1,2,3,4	WGK 3
CKA-Salze	Chrom-, Kupfer-, Arsenverbindungen	P, Iv, W, E	GK 1,2,3,4	WGK 3
CKB-Salze	Chrom-, Kupfer-, Borverbindungen	P, Iv, W, E	GK 1,2,3,4	WGK 3
CKF-Salze	Chrom-, Kupfer-, Fluorverbindungen	P, Iv, W, E	GK 1,2,3,4	WGK 3
CF-Salze	Chrom-, Fluorverbindungen	P, Iv, W	GK 1,2,3	WGK 3
CFA-Salze	Chrom-, Fluor-, Arsenverbindungen	P, Iv, W	GK 1,2,3	WGK 3
CFB-Salze	Chrom-, Fluor-, Borverbindungen	P, Iv, W	GK 1,2,3	WGK 3
Sonstige	organische und anorganische Wirkstoffe	P, Iv, z.T. auch W, E	GK 1,2,3,4 (auch 3,4)	meist WGK 3
Steinkohlenteeröle (Carbolineen)	Steinkohlenteeröldestillate (verschiedene Komponenten)	P, Iv, W, E	GK 1,2,3,4	WGK 3
Lösemittelhaltige Grundierungen, Imprägnierungen, Lasuren	organische Wirkstoffe: Dichlorfluanid, Propiconazol, Tebuconazol, Xyligen, Cypermethrin, Deltamethrin, Lindan, Permethrin	P, Iv, W	GK 1,2,3	WGK 3

Bei der Verarbeitung von Holzschutzmitteln sollten folgende Punkte beachtet werden (vgl. auch Kap. 10): Benetzung der Haut durch Holzschutzmittel vermeiden, darum Schutzkleidung, Schutzhandschuhe und Schutzbrille tragen. Haut durch Einfetten mit Hautcreme schützen, offene Wunden bedürfen eines besonderen Schutzes. Bei Haut oder Augenkontakt ist sofort mit sauberem Wasser zu spülen.
Wegen der Nebelentwicklung dürfen Holzschutzmittel grundsätzlich nicht gesprüht oder gespritzt werden. Für gute Durchlüftung ist zu sorgen. Ist dies nicht möglich, muß ein Atemschutz getragen werden. Essen, Trinken und Rauchen sind während der Arbeit zu unterlassen. Bei regelmäßiger Arbeit mit Holzschutzmitteln ist mindestens einmal wöchentlich die Arbeitskleidung zu wechseln.
Bei der Lagerung sowie bei der Entsorgung von Holzschutzmitteln ist darauf zu achten, daß die Mittel nicht in den Boden, das Grundwasser oder in Oberflächengewässer gelangen können. Die Holzschutzmittelreste sind durch besonders konzessionierte Firmen zu beseitigen.

[1] Vgl. S. 7-25
[2] Wassergefährdungsklassen 0: nicht wassergefährdend, 1: schwach wassergefährdend, 2: wassergefährdend
3: stark wassergefährdend

7.6 Bauwerksanierung

Bei Schutz und Sanierung von Bauwerken und Bauteilen ist das Korrosionsverhalten von entscheidender Bedeutung. Bei Beton, Kupfer, Messing, Edelstahl und emailliertem Stahl kann i.d.R. auf einen Korrosionsschutz verzichtet werden. Bei feuerverzinktem Stahl und Aluminium wird häufig aus optischen Gründen oder zum Schutz vor Laugen eine Beschichtung aufgebracht.

7.6.1 Korrosionsgeschwindigkeit von Stahl [1)]

Umweltbedingungen	Korrosionsgeschwindigkeit in mm/Jahr
dünn besiedelt	0,02 – 0,05
Großstadt	0,05 – 0,10
Industriestadt	0,08 – 0,15
Meeresküste	0,06 – 0,17
im Süßwasser	0,05 – 0,10
im Meerwasser	0,15 – 0,20

7.6.2 Korrosionsschutzverfahren [1)]

Überzugsart	Technisches Verfahren
anorganischer Überzug	Glühen, Brünieren (Aufbringen einer Oxidschicht), Schwermetallphosphatschichten aufbringen
metallischer Überzug	Feuerverzinken, -verzinnen, Verchromen, Vernickeln, Plattieren mit Edelstahl, Silber und Kupfer, Spritzmetallisieren mit Zink und Aluminium
nichtmetallischer anorganischer Überzug	Emaillieren, Aufspritzen von Zementleim
nichtmetallischer organischer Überzug	Anstriche mit Kunstharzfarben usw., Gummieren, Bitumen- oder Teerisolation von Rohren

7.6.3 Analyseverfahren zur Bestimmung des Zustands eines Bauwerks oder Bauteils

Gerät	Meßprinzip	Anwendungsbereich	Erläuterung
Thermographie	Aufnahme der Infrarot-Wärmestrahlung von Oberflächen	Aufspüren von Wärmebrücken und von verdecktem Fachwerk	Nur anwendbar bei ausreichenden Temperaturdifferenzen
Blower-Door	Erzeugung von Unterdruck und Messung des abgesaugten Luftvolumens	Überprüfung der Dichtigkeit eines Gebäudes	In Kombination mit der Thermographie lassen sich so Wärmebrücken lokalisieren
Hygrometer	Mechanischer Luftfeuchtesensor (Haar) verkürzt oder verlängert sich	Genaues Verfahren zur Bestimmung der Luftfeuchte	Benötigt einige Anpassungszeit, bei kurzfristigen Schwankungen nicht einsetzbar
Elektronisches Luftfeuchtemeßgerät	Kapazitiver Polymerfühler oder elektrolytischer Leitwertfühler	Luftfeuchtemessung über den gesamten Feuchtebereich	Bei unsachgemäßer Lagerung störanfällig
CM-Gerät	Chemische Reaktion und Druckmessung	Feuchtebestimmung für anorganische und poröse Baustoffe	Vor Ort durchführbar, relativ genau und schnell
Elektronisches Baustoffeuchtemeßgerät	Elektrische Widerstands- bzw. Dielektrizitätsmessung	Vergleichende Holzfeuchtebestimmung für anorganische Baustoffe	Störanfällig bei Anwesenheit von Salzen im Putz
Trockenschrank und Waage	Berechnung der Feuchtigkeit mittels Feuchtgewicht und Darrgewicht	Für alle hitzebeständigen, mineralischen Baustoffe und Holz	Genauestes Verfahren zur Bestimmung der Feuchte, nur im Labor möglich
Karstensches Prüfröhrchen	Messung der aufgenommenen Wassermenge pro Zeit- und Flächeneinheit	Bestimmung des kapillaren Saugverhaltens am Bauwerk	Für alle porösen mineralischen Baustoffe

[1)] Korrosion s. S. 2-7

7.6.3 Analyseverfahren zur Bestimmung des Zustands eines Bauwerks oder Bauteils (Forts.)

Gerät	Meßprinzip	Anwendungsbereich	Erläuterung
Rauchröhrchen	Chemisch erzeugter Nebel	Nachweis von Zugluft	Vorsicht bei säureempfindlichen Oberflächen
Thermisches Anemometer	Geschwindigkeitsberechnung aus Widerstandsänderung	Messung an unzugänglichen Stellen möglich	Mißt auch geringe Luftbewegungen
Rückprallhammer	Aus dem Rückprallverhalten wird auf die Härte geschlossen	Gut für die Prüfung von Beton geeignet	Metallkugel wird auf die Oberfläche geschleudert
Kugelschlagprüfgerät (Poldi-Hammer)	Aus dem Durchmesser des Eindrucks wird auf die Härte geschlossen	Feststellung der Oberflächenhärte von Stahl	Kugel wird in Oberfläche eingeschlagen
Magnetinduktive Schichtdickenmessung	Elektromagnetische Induktion	Messung der Schichtdicke unmagnetischer Stoffe auf magnetisierbarem Untergrund	Zerstörungsfreies Verfahren zur Bestimmung der Anstrichsdicke auf Stahl und Eisen
Gitterschnittprüfung	Gitterförmiges Anritzen der Oberfläche und Abziehen mit Klebeband	Bestimmung der Haftzugfestigkeit von Anstrichen	Einfache qualitative Überprüfung von Anstrichen
Gipsmarken	Beobachtung und Dokumentation von Verformungen	Überwachung von Gebäuderissen	Einfache, aber wirkungsvolle Methode zur Überwachung von Rissen
Dehnungsmeßstreifen	Längenänderungen werden in elektrische Widerstandsänderungen umgesetzt und aufgezeichnet	Verfahren zur verzögerungsfreien Aufzeichnung kleinster Längenänderungen	Aus den Verformungen läßt sich auf die vorhandenen Spannungen schließen
Scheibler-Gerät	Volumenbestimmung des durch Säureeinwirkung entstandenen CO_2-Gases	Bestimmung des Kalkgehalts	Einfaches Verfahren für alkalihaltige Baustoffe
Ultraschallmethode	Laufzeitmessung von Ultraschallsignalen/ Aufzeichnungen der reflektierten Schallimpulse	Erkennen von Inhomogenitäten und des Schichtaufbaus, Bestimmung des dynamischen E-Moduls	Zerstörungsfreies Verfahren, dessen Ergebnisse nicht immer leicht zu interpretieren sind
Photogrammetrie	Stereoskopische Bilder werden in Maßstabszeichnungen übertragen	Verzerrungsfreie Dokumentation von Gebäudeoberflächen	Zeitsparende Methode zur Aufnahme maßstabsgerechter Schadensbilder
Endoskop	Optische Abbildung über ein lichtleitendes Glasfaserbündel	Fast zerstörungsfreie Untersuchung z. B. von Holzbalkendecken	Die Bohrung benötigt nur wenige mm Durchmesser
Stethoskop	Abhorchen auf Fraßgeräusche	Aufspüren von Rohren und elektrischen Leitungen	Preisgünstiges und einfaches Ortungsverfahren
Metallsuchgerät	Elektromagnetische Induktion	Prüfung von Holz auf Holzbockbefall	Einfach und preiswert
Phenolphthalein	Alkalische Flächen färben sich rot	Carbonatisierungsnachweis an frischen Bruchflächen von Beton	Nicht anwenden bei hydrophobierten Oberflächen
pH-Indikatorstäbchen	Vergleich der Farbreaktion mit Farbskala	Für alle wäßrigen Lösungen und Auszüge aus Baustoffen	Einfaches und preiswertes Verfahren zur pH-Wert-Bestimmung

7.6 Bauwerksanierung

7.6.4 Betonsanierung

- **Istzustand** (vorhandene Eigenschaften)
  - Schadensaufnahme
  - Schadensursache
- **Sollzustand** (verlangte Gebrauchseigenschaften)
  - Schadensstufe
  - Instandsetzungsmethode

Hauptschäden an Stahlbetonbauten:

- Betonabplatzungen
- Carbonatisierung des Beton

Ursachen:

- Bewehrungskorrosion
- zu geringe Betondeckung
- chemische Einwirkungen (Chloride)

Beurteilung des Istzustandes/Schadensaufnahme

Feststellung der Beeinträchtigung und Festlegung der Schadensstufen nach

- Ästhetik
- Dauerhaftigkeit
- Gebrauchsfähigkeit
- Standsicherheit

Diese Feststellungen sind durch einen hinsichtlich Statik, Konstruktion, Baustoffkunde, Bauphysik und Bauchemie sowie Bauausführung sachkundigen Ingenieur zu treffen. In Abhängigkeit von dem Schadensumfang und dem Instandsetzungsziel sind die Instandsetzungsmaßnahmen festzulegen und die erforderlichen Methoden auszuwählen.

Schaden	Instandsetzungsmethode	
Ästhetik	Imprägnierung	
Ästhetik / Dauerhaftigkeit	Beschichtung	
Gebrauchsfähigkeit	Zementmörtel	Instandsetzungssysteme PCC, PC
Gebrauchsfähigkeit		Spritzbeton
Standsicherheit		Beton

Ablauf der Betoninstandsetzung

Untergrundvorbereitung

Lockerer und mürber Beton muß entfernt werden. Hierzu eignen sich Elektrohämmer und für kleine Flächen und Feinarbeit auch Hammer und Meißel. Für das Säubern und Aufrauhen der Betonoberfläche stehen verschiedene Verfahren zur Auswahl. Der Beton ist vom Feinmörtel zu befreien, so daß das Grobkorn freiliegt (Waschbetonstruktur). Daran kann der Ausbesserungsmörtel gut haften. Diese Fläche ist durch Abkehren, Abblasen mit ölfreier Druckluft oder mit scharfem Wasserstrahl von Feinteilen und vom Staub zu befreien. Gute Haftung des Mörtels bzw. Betons setzt einen an der Oberfläche nur schwach saugenden, abgetrockneten Beton voraus. Stark saugender Beton muß mehrmals (24 Stunden vorher) gut angefeuchtet werden. Zum Zeitpunkt des Auftragens des Mörtels soll die Betonoberfläche soweit abgetrocknet sein, daß sie nur noch matt feucht ist, eher zu trocken als zu naß.

Korrosionsschutz

Rost an freiliegender oder freigelegter Bewehrung ist zu entfernen. Ein hinreichend dichter Beton mit ausreichender Betondeckung erfordert keinen zusätzlichen Korrosionsschutz der Bewehrung.

Haftbrücken

Auf den vorbereiteten Beton wird zur Verbesserung der dauerhaften Verbindung eine Haftbrücke aufgebracht. Verwendet werden zementgebundene Feinmörtel (Zement : Sand [< 0,2 mm] = 1 : 1) mit Zusatz von Kunststoffdispersionen.

Nachbehandlung

Für die Dauerhaftigkeit der Sanierungsmaßnahmen ist eine sorgfältige Betonnachbehandlung unbedingt erforderlich.
Der Beton ist gegen Austrocknen, Sonneneinstrahlung, Regen oder niedrige Temperaturen zu schützen. Zweckmäßig ist das Abdecken mit Planen oder Folie oder auch mit feuchtzuhaltender Jute.

Vorschriften

- DAfStb-Richtlinie „Schutz und Instandsetzung von Betonbauteilen" Teil 1 bis Teil 3 (Aug. 1990).
- Zusätzliche Technische Vorschriften und Richtlinien für Schutz und Instandsetzung von Betonbauteilen ZTV-SIB Ausgabe 1990.
- Zusätzliche Technische Vertragsbedingungen und Richtlinien für das Füllen von Rissen in Betonbauteilen ZTV-RISS Ausgabe 1993.

7.6 Bauwerksanierung

Verfahren zur Untergrundvorbereitung

Verfahren	Abtragung	geeignet für Imprägnierung	geeignet für Beschichtung	geeignet für Mörtel/Beton	Wirkung Entfernen der Zementhaut	Wirkung Öffnen von Kiesnestern	Wirkung Freilegen des Großkorns
mechanisch							
Drahtbürsten	< 1 mm	×	×		×		
Schleifen	< 1 mm	×	×		×		
Sandstrahlen	1 – 2 mm	×	×	×	×	×	×
Fräsen	2 – 3 mm			×	×	×	×
thermisch							
Flammstrahlen	< 3 mm			×	×	×	×

Übersicht über die Instandsetzungsmethoden und deren Anwendung

Methode	Beschreibung	Anwendung
Füllen von Rissen 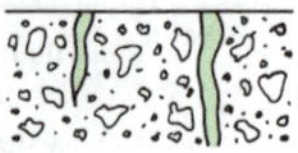	Tränkung (Füllen ohne Druck) mit Epoxidharz, Injektion (Füllen unter Druck) mit Epoxidharz, Polyurethanharz oder Zementleim	Zur Abdichtung durchlässiger Bauteile, zur Verhinderung des Eindringens korrosionsfördernder Stoffe, zur Wiederherstellung eines monolithischen Baustoffverhaltens zur Sicherung der Tragfähigkeit
Hydrophobierende Imprägnierung 	Wasserabweisende Imprägnierung eines kapillarporigen Untergrundes bei der die Wasserdampfdiffusion kaum behindert wird	Zur Verbesserung der langfristigen Haftung von filmbildenden Beschichtungen am Untergrund. Als selbständige Maßnahme behindern sie (zeitlich begrenzt) das kapillare Einsaugen von Wasser
Versiegelung (teilweise filmbildend) 	Auffüllen der Kapillarporen des Untergrundes unter gleichzeitiger Bildung eines dünnen, nicht zusammenhängenden Oberflächenfilms	Behindert das Eindringen flüssiger oder gasförmiger Stoffe in den Beton. Als Grundierung dient sie zur Verbesserung der Festigkeit des Untergrundes oder der Haftung der nächsten Schicht. Es werden kunststoffgebundene Systeme eingesetzt
Beschichtung (filmbildend) 	In sich zusammenhängende Schicht aus Beschichtungsstoffen	
Ausfüllen von örtlichen Fehlstellen 	Auftrag von Mörtel oder Beton von Hand oder als Ortbeton in Schalung	Wiederherstellung der ursprünglichen Bauteiloberfläche (Reprofilierung). Ist allein nur ausreichend, wenn der Schaden nicht durch korrodierende Bewehrung verursacht wurde
Großflächiges Auftragen von Mörtel und Beton 	Auftrag von Ortbeton oder Spritzbeton (Wände, Stützen, Untersichten). Anwendung von zementgebundenen Mörteln oder Betonen ohne oder mit Kunststoffmodifizierung	Zur Vergrößerung der Betondeckung, zur Herstellung eines neuen Oberflächenprofils oder zur Verstärkung des Betonquerschnittes

8 Vermessung und Absteckung

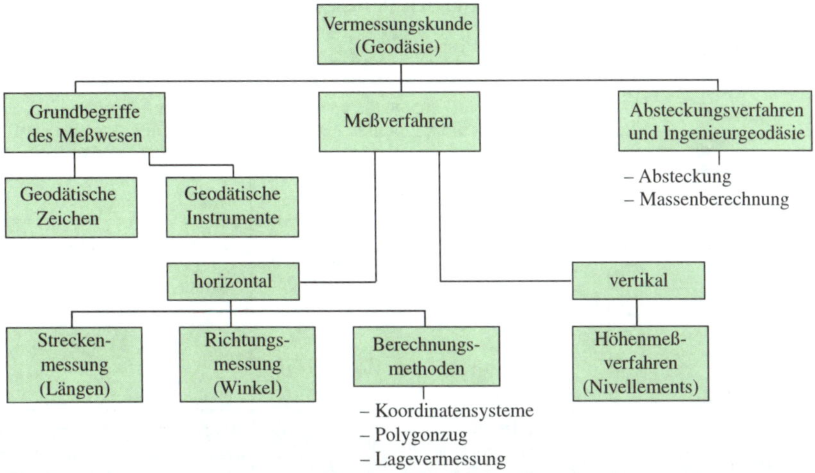

8.1 Grundbegriffe des Meßwesens

8.1.1 Normen

DIN-Norm	Inhalt	DIN-Norm	Inhalt
18702	Zeichen für Vermessungsrisse großmaßstäbiger Karten und Pläne	2425	Planwerke für die Versorgungswirtschaft, die Wasserwirtschaft und für Fernleitungen Teil 1 – Teil 6
18709	Begriffe, Kurzzeichen und Formelzeichen im Vermessungswesen Teil 1 – Teil 4		

8.1.2 Geodätische Zeichen nach DIN 18702

Bezeichnung	Zeichen
Polygonpunkte (PP)	
dauerhaft vermarkt zugleich Grenzstein	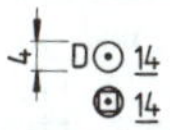
Kleinpunkte (KIP)	
dauerhaft vermarkt zugleich Grenzstein	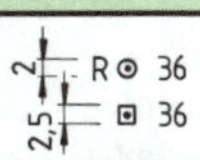
Nivellementpunkte (NivP)	
Stein Pfeiler Mauerbolzen	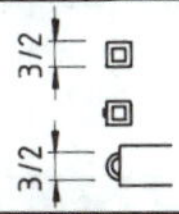
Grundstücks- und topographische Grenzen	
Eigentumsgrenze Flurstücksgrenze	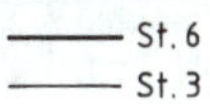

Bezeichnung	Zeichen
Grenzeinrichtungen	
Hecke (Laub- und Nadelhölzer) Zaun Mauern Erdwall wasserführender Graben	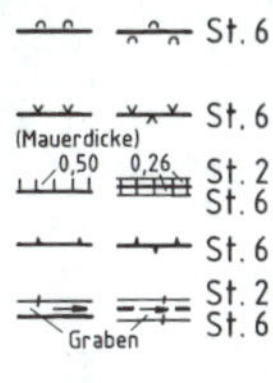
Grenzpunkte von Grundstücksgrenzen	
Grenzpunkt ist Steinmitte Grenzpunkt ist Mitte der Oberkante bzw. eine Ecke des Steins Grenzbaum	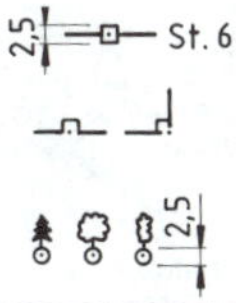

8.1.3 Geodätische Instrumente

Bildliche Darstellung	Anwendungsbereich	Genauigkeit
  	**Fluchtstäbe** Beim Abstecken von Geraden werden zuerst die Endpunkte markiert. Weitere Punkte werden in den erforderlichen Abständen durch weitere Fluchtstäbe markiert	Mit dem bloßen Auge bis zu 200 m Entfernung. Zwischenpunkte bis auf 2–3 Stabdicken genau auf einer Geraden
	Winkelprisma Senkrechte Punkte außerhalb einer Geraden werden mit Hilfe des Winkelprismas eingelotet	Beim Abstecken eines 30 m langen Lotes tritt eine Abweichung von 3 cm auf
	Meßlatte zum Ablesen von Höhen beim Nivellieren	
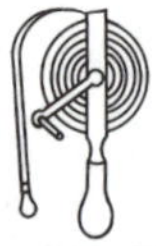	**Bandmaß** siehe Streckenmessung Kapitel 8.2.1	Wegen der geringen Genauigkeit von 2 bis 3 cm auf 100 m nur in der Ingenieurvermessung geeignet
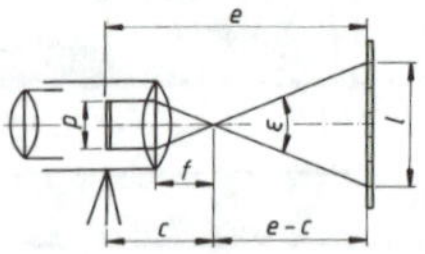	**Optische Entfernungsmessung** Distanzstriche im Fernrohr schließen einen konstanten Winkel ein. Aus der Ablesung auf der Meßlatte läßt sich die Strecke errechnen	Je nach Gerätetyp: 1–3 cm auf 150 m
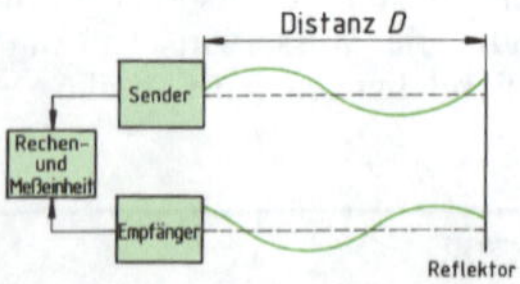	**Elektron. Entfernungsmesser** Aus der Laufzeit elektromagn. Wellen zwischen Sender und Reflektor wird die Entfernung errechnet	10–20 mm auf mehrere Kilometer
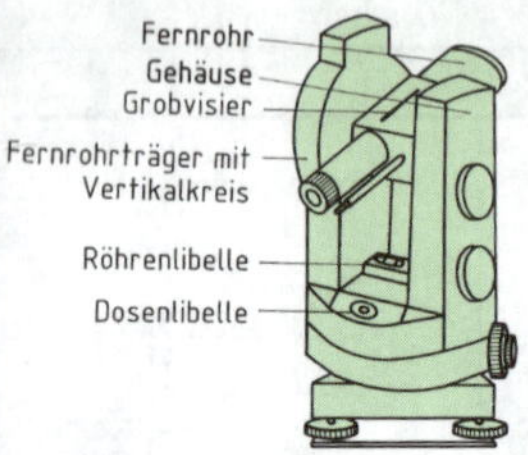	**Tachymeter** Tachymetrie (griech.): Schnellmessung. Mit dem Tachymeter werden Horizontalwinkel, Vertikalwinkel und Distanzen gemessen	Bei optischen Tachymetern 1–2 Dezimeter auf 10 m
	Theodolit Instrument zur Messung von Horizontal- und Vertikalwinkeln. Anwendung: genaues Fluchten und Loten, Abstecken beliebiger Winkel	Niedere Genauigkeit < 8 mgon, mittlere Genauigkeit < 2 mgon, hohe Genauigkeit < 0,6 mgon, höchste Genauigkeit < 0,2 mgon, zum Ausfluchten auf 1 km 20 mm
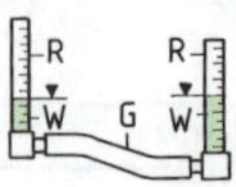	**Schlauchwaage** zum einfachen Übertragen von Höhen (z. B. Geschoßhöhen)	
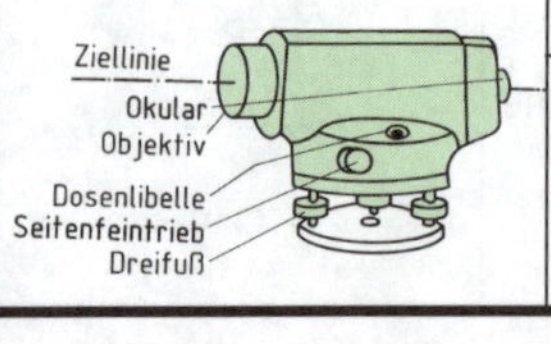	**Nivellier** zur Bestimmung des Höhenunterschiedes verschiedener Punkte. Hauptbestandteile: Fernrohr mit Röhrenlibelle und eine Meßlatte	Baunivellier < 5 mm Ingenieurnivellier < 2 mm Feinnivellier < 0,5 mm

8.2 Meßverfahren

8.2.1 Längenmessung

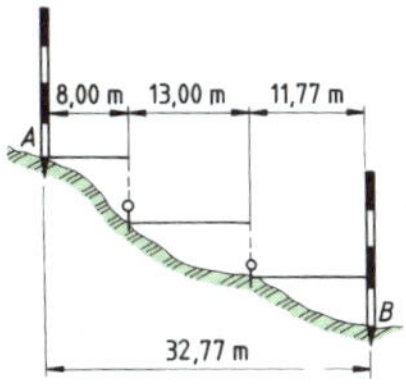

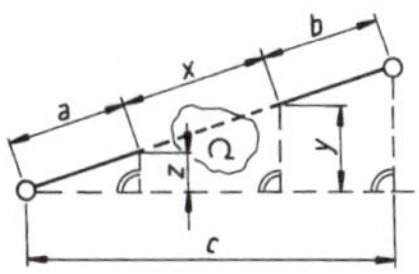

In geneigtem Gelände wird die horizontale Komponente der Strecke durch die Anwendung des Staffelmeßverfahrens gemessen. Dabei wird die Meßlatte bzw. das Bandmaß am Streckenanfang angelegt und mit der Wasserwaage in die horizontale Lage gebracht. Das Bandmaßende oder ein bestimmtes Längenmaß wird nach unten auf das nächste Bandmaß abgelotet.

Indirekte Streckenmessungen werden erforderlich, wenn die Flucht durch Hindernisse (Pflanzen, Gewässer, Gebäude) unzugänglich ist. Als Hilfskonstruktion bietet sich eine Hilfslinie nach dem Strahlensatz an, an der die skizzierten Messungen vorgenommen werden. Die gesuchte Länge beträgt:

$$x = \sqrt{c^2 + (y - z)^2}$$

8.2.2 Winkelmessung vertikal

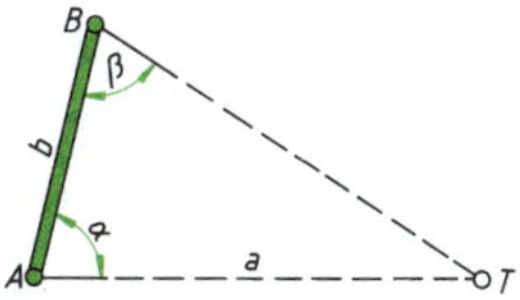

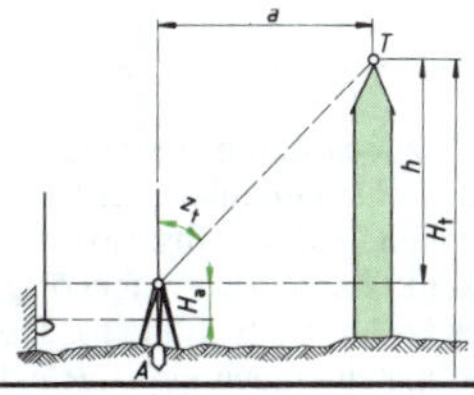

Bei Turmhöhenbestimmungen ist die Entfernung s nicht direkt meßbar, da die Projektion der Turmspitze in das Gebäudeinnere fällt. Die Messung gliedert sich in 2 Schritte:

1. Schritt: Indirekte Bestimmung der Entfernung a vom Instrument zum Turmkopf. Anlegen und messen einer Hilfsstrecke $AB = b$ und messen der Horizontalwinkel α und β.

Es ist: $a = b \dfrac{\sin \beta}{\sin(\alpha + \beta)}$.

2. Schritt: Messung der Zenitwinkel z_t und Bestimmung der Instrumentenhöhe (Höhe der Kippachse des Fernrohrs) durch Nivellement.

$$H_t = H_a + a \cot z_t$$

8.2.3 Winkelmessung horizontal

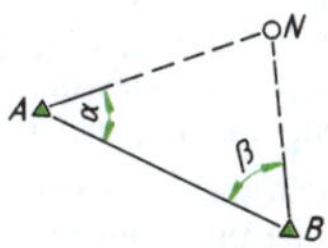

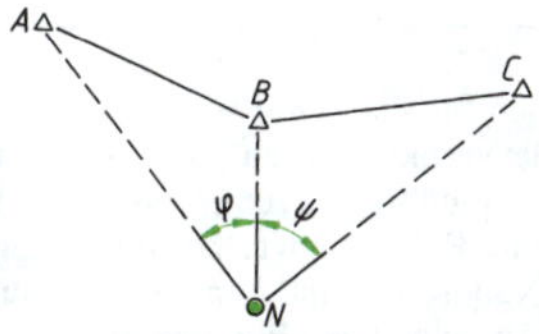

Das Messen von Horizontalwinkeln (Richtungsmessung) wird vor allem zur Bestimmung der Koordinaten von Neupunkten angewendet. Die beiden Verfahren: Das Vorwärtseinschneiden und das Rückwärtseinschneiden wurden früher fast ausschließlich für die Netzverdichtung eingesetzt. Heute werden sie angewendet, wenn die Zielpunkte nur unter Schwierigkeiten zugänglich sind.

Vorwärtseinschnitt
Zur Bestimmung eines Neupunktes werden in 2 bekannten Festpunkten die Richtungen zu dem Neupunkt gemessen.

Rückwärtseinschnitt
Im Neupunkt werden die Winkel zwischen drei Festpunkten A, B und C gemessen.
Die häufigste Anwendung findet die Richtungsmessung heute bei der Anlage von Polygonzügen. s. S. 8-5.

8.2 Meßverfahren

8.2.4 Berechnungsmethoden

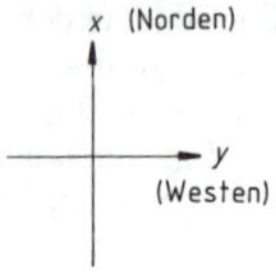

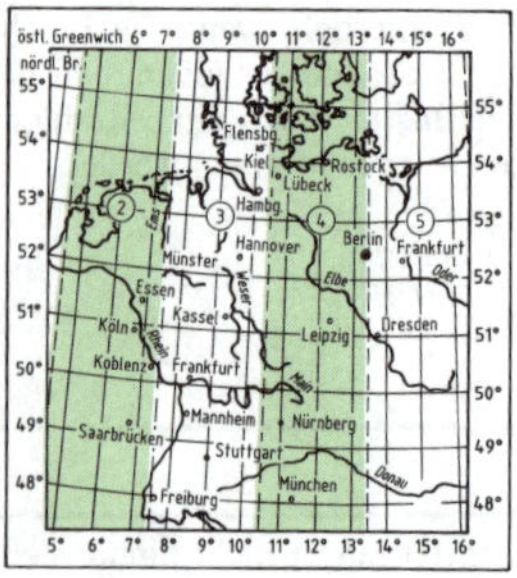

Koordinatensysteme

Das geodätische Koordinatensystem ist rechtsläufig angeordnet. Die senkrechte Achse ist die x-Achse (Abszisse), sie zeigt nach Norden. Die waagerechte Achse ist die y-Achse (Ordinate), sie zeigt nach Osten. Die Achsen sind damit im Gegensatz zur analytischen Geometrie angeordnet.

In der deutschen Landesvermessung werden die Koordinaten im Gauß-Krügerschen Meridianstreifensystem angegeben. Als Abszissenachsen sind dabei die Meridiane 6°, 9°, 12° gewählt.
Das UTM-System (Universale-Transverse-Mercator-System) verwendet ebenfalls das Gaußsche Abbildungsverfahren, jedoch umfassen die Meridianstreifen jeweils 6 Längengrade. Die Zählung geht von dem 180. Längengrad aus, der die Kennziffer 1 erhält, und schreitet ostwärts fort.

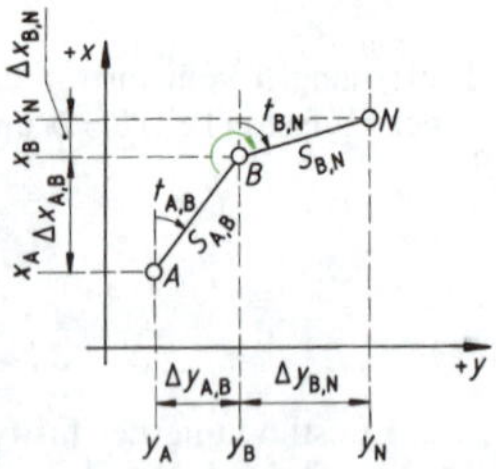

Koordinatenberechnung

Gegeben A, B; gemessen β_{b}, $s_{\text{b}-\text{n}}$;

Koordinaten des Neupunktes berechnen:

$$t_{\text{A, B}} = \tan \frac{\Delta y}{\Delta x}.$$

$$\Delta y_{\text{BN}} = s \cdot \sin t_{\text{BN}}$$

$$\Delta x_{\text{BN}} = s \cdot \cos t_{\text{BN}}$$

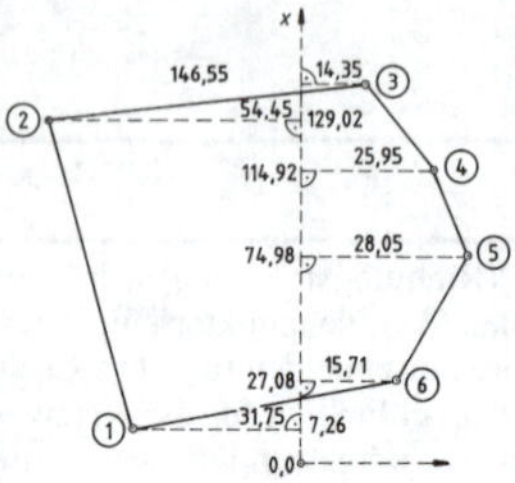

Lageplanaufnahmen

Eine Messungslinie wird als Achse (Abszisse) durch die aufzunehmende Fläche gelegt. Die aufzunehmenden Detailpunkte werden mit Hilfe eines Rechtwinkelprismas aufgewinkelt. Auf der Abszissenachse werden die Fußpunkte eingemessen und die Längen der zugehörigen Ordinaten gemessen (Rechtwinkel- oder Orthogonalverfahren). Jeder Punkt ist durch die rechtwinkligen Koordinaten eindeutig festgelegt.

Zur Kontrolle werden zusätzlich die Begrenzungslinien der aufzunehmenden Fläche gemessen.

Handelt es sich um ein weitläufiges Gebiet, so wird zur Erzielung einer höheren Genauigkeit um das Gebiet ein Ringpolygonzug gelegt und an vorhandene Festpunkte angeschlossen. Als Messungslinien werden Verbindungen zwischen zwei Polygonpunkten gewählt.

Eine Alternative besteht in dem Polarverfahren, bei dem von einem Standpunkt aus die Richtungen (Winkel) und die Entfernungen zu den Aufnahmepunkten gemessen werden.

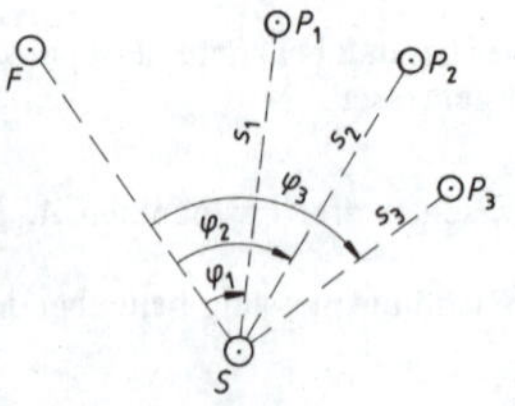

Polarverfahren

Polygonzug

Beim Polygonzug (Vieleckzug) werden Strecken und Winkel gemessen. Er bildet die Grundlage für viele Vermessungsaufgaben und für die Absteckungsarbeiten bei der Neuanlage von Trassen für Verkehrswege. Bei der Berechnung eines Polygonzuges bestimmt man aus den gemessenen Längen der Polygonseiten und den gemessenen Winkeln fortlaufend die Koordinaten der einzelnen Polygonpunkte.

8.2 Meßverfahren

Berechnen eines einseitig angeschlossenen Polygonzuges

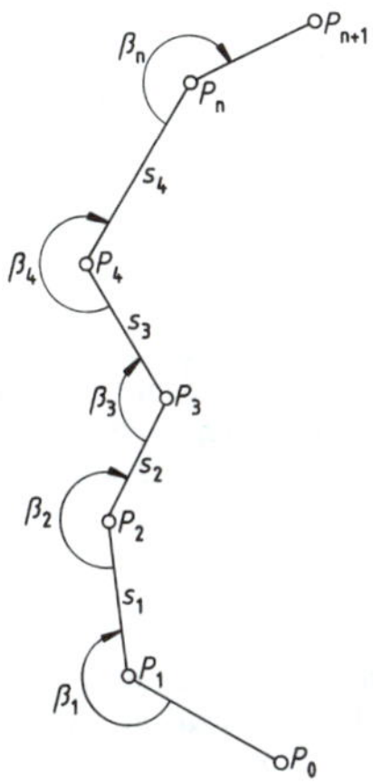

P_i	β_i	$t_{i,i-1}$	$s_{i,i+1}$	X_i $\Delta x_{i,i+1}$	Y_i $\Delta y_{i,i+1}$
P_0		240,892		2637,12	2785,55
P_1	242,821	283,713	238,732	3082,38 –60,41	3118,68 –230,96
P_2	206,171	289,884	218,816	3021,97 –34,62	2887,72 –216,06
P_3	183,814	273,698	240,108	2987,35 –96,40	2671,66 –219,91
P_4	231,937	305,635	270,673	2880,85 +23,93	2451,75 –269,61
P_5				2904,78	2182,14

Bei einem zweiseitig angeschlossenen Polygonzug treten Strecken- und Winkelfehler auf. Diese werden proportional zur Anzahl der Brechungswinkel und zur Streckenlänge verteilt

8.2.5 Höhenmeßverfahren (Nivellements)

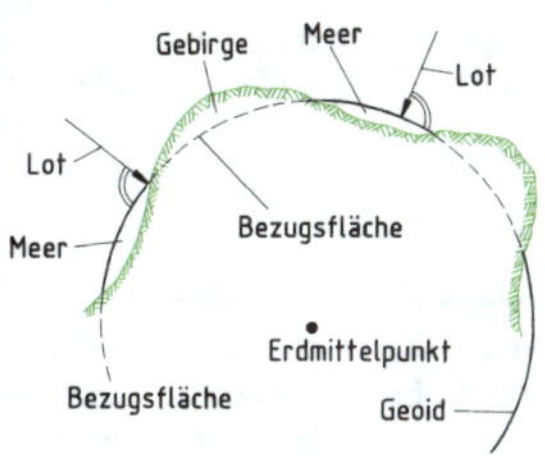

Das Geoid
Als Bezugsfläche für Höhenmessungen dient das Geoid, d. h. eine mathematische Figur der Erde, die in jedem Punkt senkrecht zur Schwerkraftrichtung verläuft. Auf der Erde bildet die in einem theoretischem Gleichgewichtszustand gedachte Oberfläche der Weltmeere, unter den Kontinenten fortgesetzt, eine derartige Fläche

Normal Null
Ausgangspunkt für die Höhenmessungen ist in Deutschland seit 1879 der Normalhöhenpunkt an der alten Berliner Sternwarte mit +37,00 m ü. NN. Bezugsfläche für die Höhenmessungen ist die Normal-Null-Fläche (NN), die 37,00 m unter diesem Punkt liegt und die innerhalb eines Dezimeters mit dem Mittelwasser der Nordsee (Amsterdamer Pegel) zusammenfällt

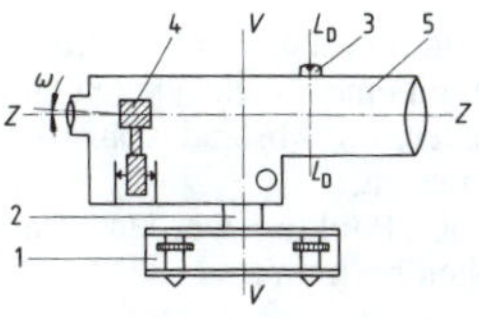

Aufbau der Nivellierinstrumente
Nivellierinstrumente bestehen aus einem Meßfernrohr, dessen Zielachse mit Hilfe einer Röhrenlibelle horizontal eingestellt werden kann. Bei Nivellieren mit Kompensator („selbsthorizontierende Nivelliere") wird durch ein optisch-mechanisches Bauelement eine leichte Neigung des Meßfernrohres durch den Einfluß der Schwerkraft automatisch ausgeglichen

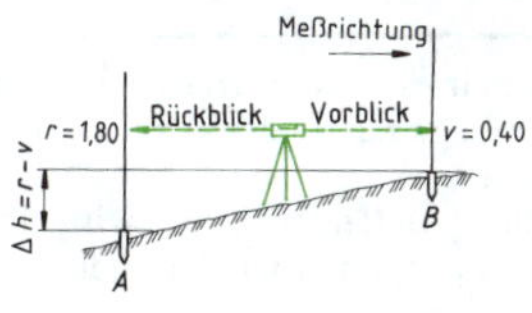

Prüfen und Justieren der Instrumente
Ein Nivellierinstrument wird mit folgender Methode geprüft:
1. Zwischen 2 etwa 50 m entfernten Punkten wird der Höhenunterschied aus der Mitte bestimmt. Hierbei erhält man den richtigen Höhenunterschied, auch mit schiefer Ziellinie, wenn die Entfernungen gleich sind.
2. Man nivelliert von einem der Endpunkte. Ergeben sich keine Meßdifferenzen, arbeitet das Gerät fehlerfrei, andernfalls muß es justiert werden.
Nach dem Justieren ist die Kontrolle zu wiederholen

8.2 Meßverfahren

8.2.5 Höhenmeßverfahren (Nivellements) (Forts.)

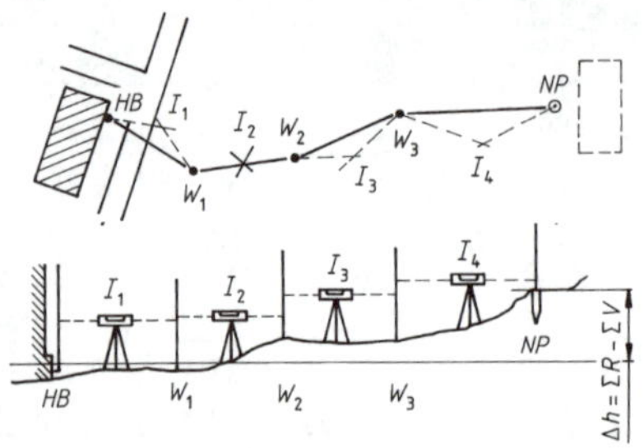

Feldbuch eines einfachen Nivellements

Instrument:	Ing.-Niv. mit autom.	Wetter:	Beobachter:
Latte:	Horizont	Datum:	Lattenträger:

Punkt	Ablesungen r	v	Instr.-horizont	Höhe ü. NN	Bemerkungen
HB 23	*1,214*			*48,396*	
W_1	*1,334*	*1,192*		*48,418*	
W_2	*1,109*	*0,768*		*48,984*	
W_3	*1,491*	*1,121*		*48,972*	
N. P.	*0,376*		*50,087*		
	$\Sigma V =$ *5,148*	$\Sigma R =$ *3,457*			

Streckennivellements

Bei einem einfachen Nivellement ist die Höhe eines neuen Punktes von einem bekannten Höhenfestpunkt aus zu bestimmen.

Die Nivellierlatte wird nacheinander auf den Punkten A, W_1 bis W_n und B angehalten. Das Nivelliergerät wird zwischen diesen Punkten in S_1 bis S_n aufgestellt. Am Instrument wird bei einspiegelnder Libelle bzw. freischwingendem Kompensator erst der Rückblick R_1 und dann der Vorblick V_1 abgelesen. Aus der Differenz von Rück- und Vorblick wird der Höhenunterschied berechnet:

$$h_n = R_n - V_n.$$

Die Summe der Ablesungen ergibt

$\Delta h = h_1 + h_2 + h_n = \Sigma h = \Sigma R - \Sigma V.$

Schleifennivellements werden durchgeführt, wenn nur ein Festpunkt mit bekannter Ausgangshöhe vorhanden ist. Zur Kontrolle gegen etwaige Messungsfehler wird in einer Schleife zum Ausgangspunkt zurücknivelliert

Nivellement mit An- und Abschluß werden angewendet, wenn mindestens zwei Festpunkte vorhanden sind. Das Nivellement beginnt am 1. Festpunkt, führt zu dem Neupunkt und endet am 2. Festpunkt

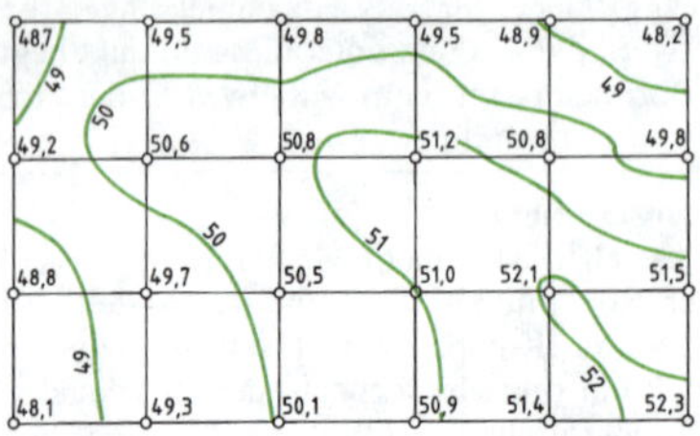

Flächennivellements

Für Aufstellung von Bebauungsplänen, die Planung von Industrieanlagen, die Gestaltung von Plätzen wird die Geländeform größerer Flächen benötigt. Die zugehörigen Lagepläne erhalten dazu Höhenlinien.

Für die Geländeaufnahme versieht man die aufzunehmenden Flächen mit einem rechteckigen Gitter aus parallelen Geraden im Abstand von 10 bis 50 m (je nach Anforderung).

Für die einzelnen Punkte werden durch Nivellement die Höhen bestimmt.

Längs- und Querprofile

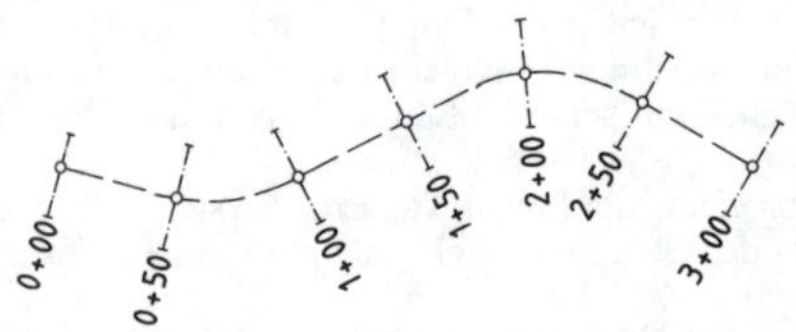

Vertikalschnitte durch die Erdoberfläche werden entsprechend ihrer Lage nach Längs- oder Querprofilen unterschieden.

Der aufzunehmende Geländestreifen wird im Übersichtsplan mit Längs- und Querprofilen dargestellt

8.2 Meßverfahren

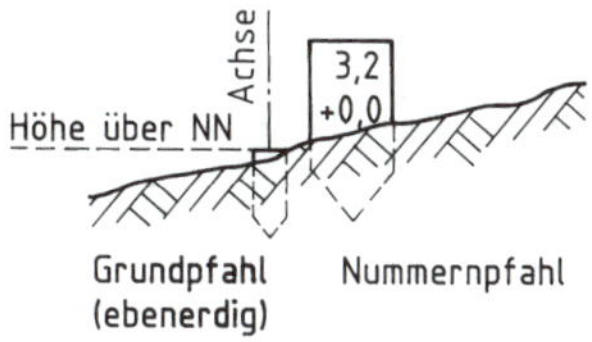

Die Profilaufnahme beginnt mit der Stationierung und Verpfählung der Achse in Abständen von 25, 50 oder 100 m durch einen Grundpfahl und einen Nummernpfahl. Der Grundpfahl, der einnivelliert werden soll, wird ebenerdig geschlagen. Der Nummernpfahl kennzeichnet den Standort, auf ihm wird die Stationierung vermerkt. Die Stationierung erfolgt bei Straßen, Eisenbahnen und Wasserläufen in Kilometern, z. B.: 3 + 200 = 3,200 km

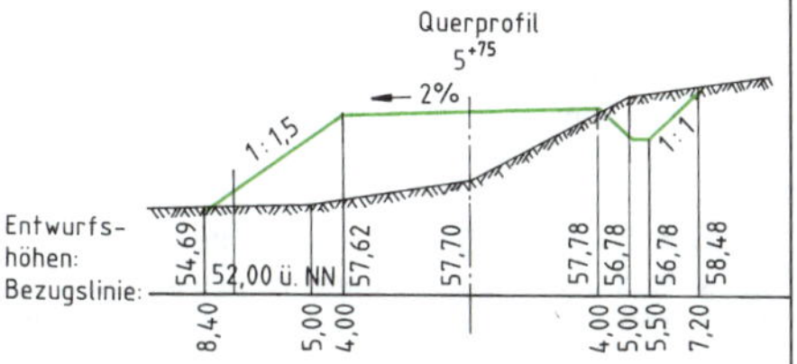

Querprofile

Sind Vertikalschnitte durch die Erdoberfläche rechtwinklig zu einer Bauwerksachse, bei Kreisbögen in Richtung des Radius. Querprofile werden für die Entwurfsbearbeitung und für die Erdmassenberechnungen gebraucht. Von der Anwendung hängt auch die seitliche Ausdehnung, die zwischen 20 und 50 m schwankt, ab. Die seitlichen Entfernungen von der Achse werden auf dm, die Höhen auf cm genau gemessen. Beim Auftragen der Querprofile von einer Bezugslinie aus haben die Höhen und die Längen den gleichen Maßstab. Es wird im allgemeinen der Höhenmaßstab des Längsprofils verwendet

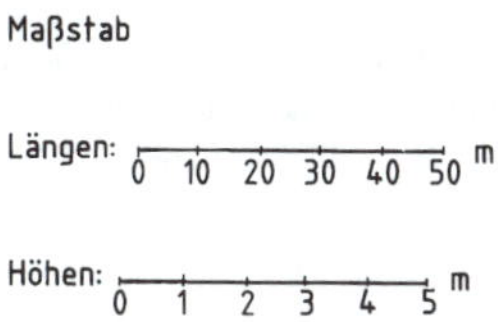

Längsprofile

Sind Vertikalschnitte durch die Erdoberfläche entlang einer Bauwerksachse.

Beim Auftragen des Längsprofils werden für die Längen und die Höhen unterschiedliche Maßstäbe gewählt.

Der Längenmaßstab entspricht dem des Lageplans, z. B. 1 : 500 bis 1 : 5000, der Höhenmaßstab wird, um die Höhen zu verdeutlichen, in einem mindestens 10mal größeren Maßstab gewählt

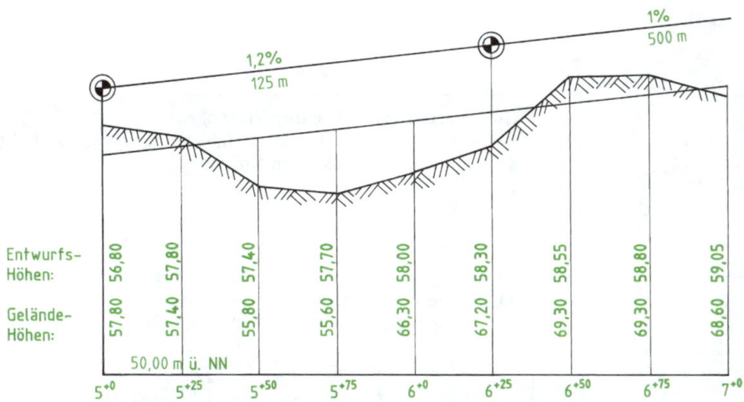

Längsprofil

8

8.3 Ingenieurgeodäsie

8.3.1 Absteckung

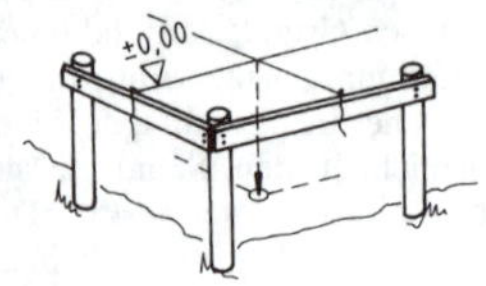

Schnurgerüst
Bauwerksecken und Achsen werden durch Schnurgerüste markiert. Die genaue Achslage wird durch Nägel festgelegt. Die Gerüste werden auf eine Höhe zum Bauwerk z. B. ± 0,00 m einnivelliert.

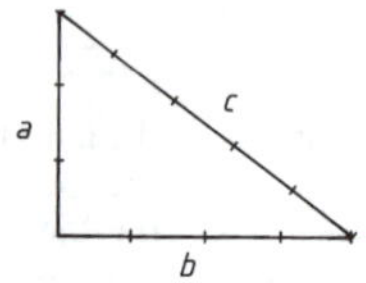

Rechte Winkel
Rechte Winkel können ohne optische Hilfsmittel durch die sogenannten pythagoräischen Zahlen 3; 4; 5 abgesteckt werden. Da $3^2 + 4^2 = 5^2$ ist, ergibt sich zwischen den Katheten ein rechter Winkel. Es sind auch Vielfache von den Zahlen möglich, z. B.:

$a = 3 \times 0{,}50$ m $b = 4 \times 0{,}50$ m $c = 5 \times 0{,}50$ m

Mit Schnur und Bandmaß können sie ebenfalls konstruiert werden

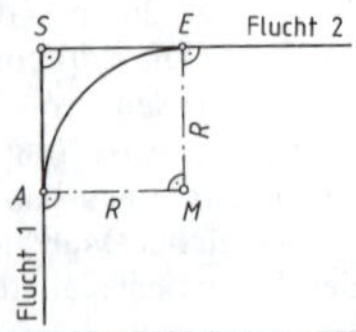

Rechtwinklige Ecke
Der Schnittpunkt *S* wird durch Verlängern der Fluchten festgelegt. Durch Abtragen des Radius *R* erhält man Bogenanfang und Bogenende. Durch Absetzen eines rechten Winkels im Bogenanfang und -ende erhält man den Kreismittelpunkt

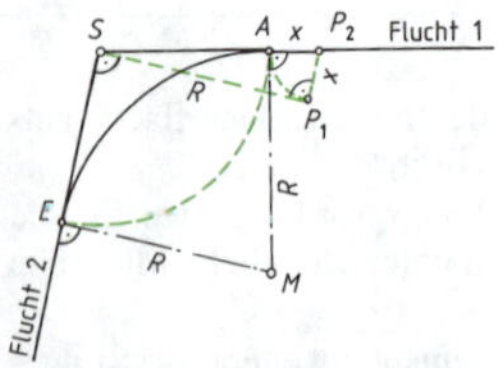

Abstecken von Bögen

Stumpfwinklige Ecke
Vom Schnittpunkt *S* wird nach innen eine Strecke von der Länge des Radius rechtwinklig abgetragen. Am Ende wird ein Lot zur Flucht errichtet, diese Länge wird auf der Flucht in Richtung *S* abgetragen

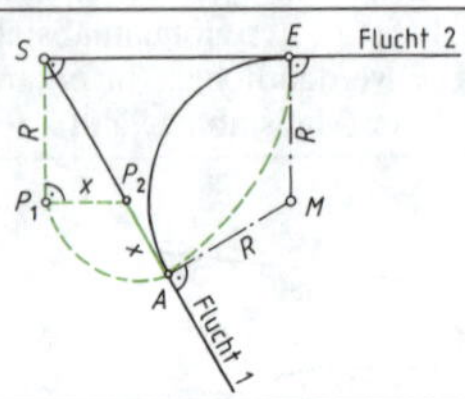

Spitzwinklige Ecke
Vom Schnittpunkt *S* wird eine Strecke von der Länge des Radius rechtwinklig abgetragen und ein Lot zur Flucht errichtet. Die Länge des Lotes wird auf der Flucht von *S* fortweisend abgetragen

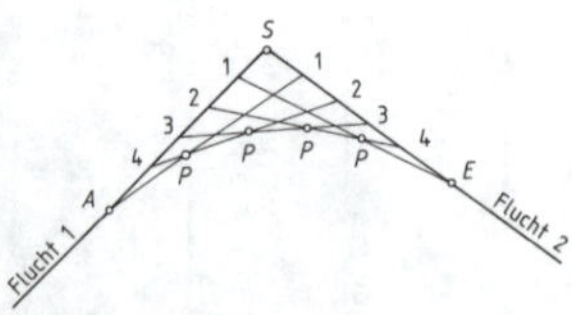

Gitterverfahren (Schachtmeisterbogen)
Die Konstruktion benötigt keine Tabellen oder sonstige Hilfsmittel. Sie ergibt einen angenäherten Kreisbogen

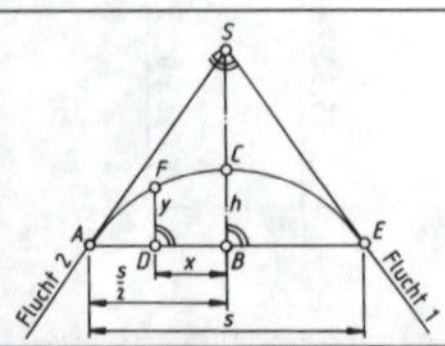

Abstecken von der Sehne
Die Kreispunkte werden rechtwinklig von der Sehne aus abgesteckt

Bogenstichhöhe h: $h = R - \sqrt{R^2 - \left(\frac{s}{2}\right)^2}$

y-Wertberechnung: $y = \sqrt{R^2 - x^2} - \sqrt{R^2 - \left(\frac{s}{2}\right)^2}$

8.3 Ingenieurgeodäsie

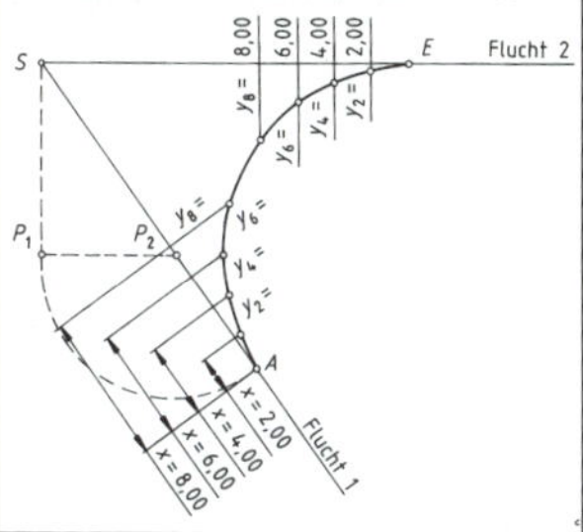

Abstecken von Tangenten

Die Punkte werden in einem rechtwinkligen Koordinatensystem von der Tangente aus abgesteckt. $y = R - \sqrt{R^2 - x^2}$

Beispiel: $R = 10{,}00 \qquad x = 4{,}00$

$$\begin{aligned} y &= 10{,}00 - \sqrt{10{,}0^2 - 4{,}0^2} \\ &= 10{,}00 - \sqrt{84} \\ &= 10{,}00 - 9{,}17 \\ &= 0{,}83 \text{ m} \end{aligned}$$

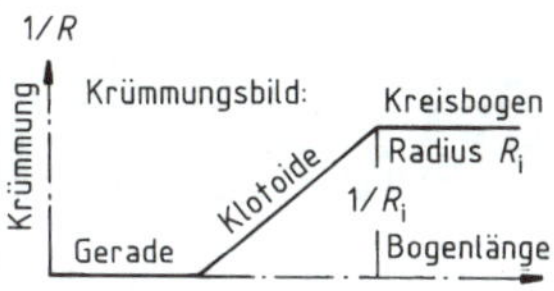

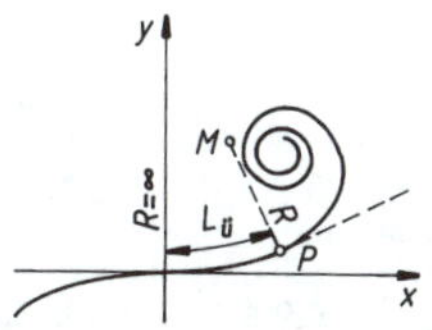

Abstecken von Verkehrswegen

Beim Übergang von der Geraden zum Kreis tritt ein Sprung in der Krümmung auf. Gerade: $k = 0$; Kreis: $k = 1/R$.

Dieser macht sich beim Fahren in einem Ruck durch das plötzliche Ändern der Seitenbeschleunigung bemerkbar.

Zwischen Gerade und Kreis werden deshalb Übergangsbögen zwischengeschaltet. Der ideale Übergangsbogen ist neben Korbbögen die Klotoide, bei der die Krümmung stetig zunimmt.

Die geometrische Beziehung lautet: $l \cdot R = A^2$.

A heißt Parameter und ist eine charakteristische Größe der Klotoide.

Die Elemente der Klotoiden werden Tafeln entnommen. Die Absteckung erfolgt durch das Einrechnen der Ordinaten und Abszissen auf Polygonzüge entlang der geplanten Trasse.

8.3.2 Flächenberechnungen

Bei der Flächenberechnung aus Feldmaßen werden Dreiecke und Trapeze und verschränkte Trapeze berechnet. Der Rechengang wird vereinfacht, wenn man zunächst den doppelten Flächeninhalt ermittelt und zum Schluß durch den Faktor 2 dividiert.

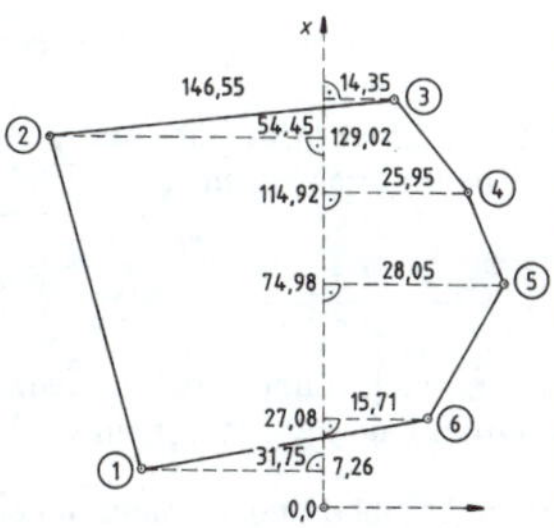

Dreieck: $A = \frac{1}{2} a \cdot h$

Trapez: $A = \frac{1}{2}(a + b) \cdot h$

verschränktes Trapez: $A = \frac{1}{2}(a - b) \cdot h$

Trapeze

$2A = (31{,}75 + 54{,}45) \cdot (129{,}02 - 7{,}26) = 10\,495{,}7$

$2A = (14{,}35 + 25{,}95) \cdot (146{,}55 - 114{,}92) = 1\,274{,}7$

$2A = (25{,}95 + 28{,}05) \cdot (114{,}92 - 74{,}98) = 2\,156{,}8$

$2A = (28{,}05 + 15{,}71) \cdot (74{,}98 - 27{,}08) = 2\,096{,}1$

Verschränkte Trapeze

$2A = (54{,}45 - 14{,}35) \cdot (146{,}55 - 129{,}02) = 703{,}0$

$2A = (15{,}71 - 31{,}75) \cdot (27{,}08 - 7{,}26) = -317{,}9$

$2A = 16\,408{,}4$

$A = 8\,204{,}2 = 8\,204 \text{ m}^2$

8

8.3 Ingenieurgeodäsie

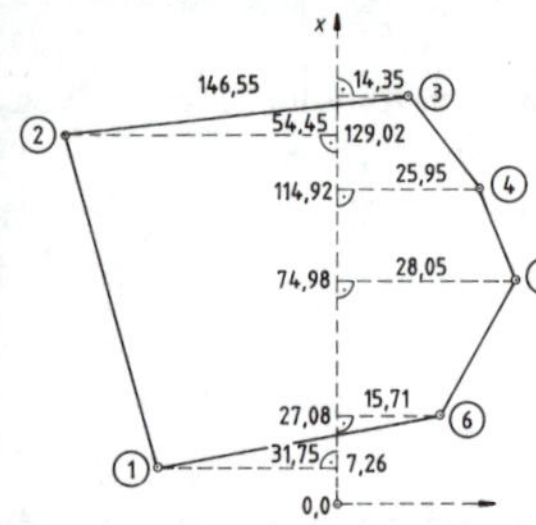

Gaußsche Flächenformel

Liegen Ordinaten- und Abszissenachse außerhalb der zu berechnenden Fläche, so ergeben sich die Gaußschen Trapezformeln:

$$2F = \sum (x_i - x_{i+1})(y_i + y_{i+1}) = \sum (y_{i+1} - y_i)(x_i + x_{i+1})$$

oder die Gaußschen Dreiecksformeln:

$$2F = \sum x_i (y_{i+1} - y_{i-1}) = \sum y_i (x_{i-1} - x_{i+1}).$$

Beispiel:

Punkt i	x_i in m	y_i in m	$y_{i+1}-y_{i-1}$ in m	$x_i\,(y_{i+1}-y_{i-1})$ in m^2
1	+7,26	–31,75		
2	+129,02	–54,45	+46,10	+5 947,82
3	+146,55	+14,35	+80,40	+11 782,62
4	114,92	+25,95	+13,70	+1 574,40
5	+74,98	+28,05	–10,24	–767,80
6	+27,08	+15,71	–59,80	–1 619,38
1	+7,26	–31,75	–70,16	–509,36
2	+129,02	–54,45		
		Σ	0,00	16 408,30

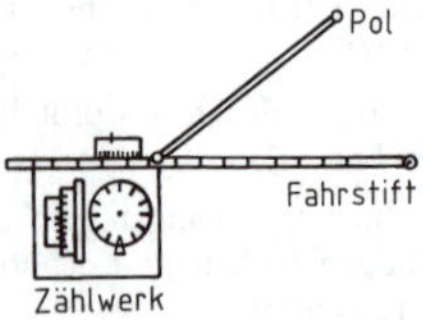

Polarplanimeter
(schematische Darstellung)

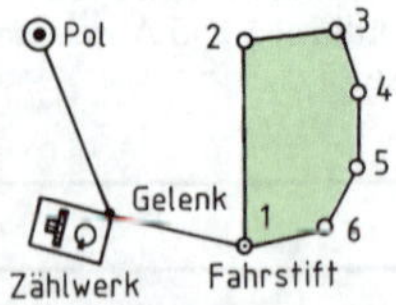

Ausgangsstellung
des Polarplanimeters

Polarplanimeter

Zur Flächenberechnung aus Zeichnungen eignet sich das Polarplanimeter. Dieses ist ein mechanisches Integrationsinstrument, das den Flächeninhalt durch Abfahren der Begrenzungslinien ermittelt.

8.3.3 Massenberechnungen

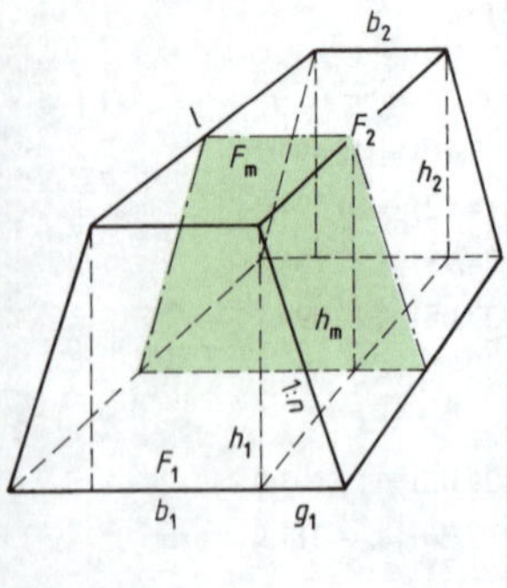

Die Erdmassenermittlung von Dämmen erfolgt mit Hilfe der Massenberechnung aus Querprofilen.

Zwischen zwei zueinander parallelen Querprofilen mit den Flächen F_1 und F_2 und dem Abstand l beträgt das Volumen:

$$V_p = \frac{1}{6} l (F_1 + F_2 + 4F_m)$$

(Simpsonsche Regel)

Man benutzt deshalb zur Volumenbestimmung immer drei aufeinanderfolgende Querprofile, wobei das mittlere als F_m genommen wird.

Ist F_m nicht bekannt, so können folgende Näherungsformeln angewendet werden:

$$V = \frac{1}{3} \cdot l (F_1 + \sqrt{F_1 \cdot F_2} + F_2)$$

$$V \approx \frac{1}{2} \cdot l (F_1 + F_2)$$

Mit den Näherungsformeln wird das Volumen stets zu groß ermittelt.

9 Straßenbau

9.1 Straßenbauplanung

9.1.1 Einführung

Das Verkehrsaufkommen bildet in den meisten Fällen die Grundlage für eine Straßenbauplanung. Es wird durch Verkehrszählungen erhoben und als Verkehrsprognose (gegebener Planungszeitraum entsprechend der Verkehrsentwicklung) hochgerechnet.

Abschnitte der Straßenbauplanung

- 1. Genereller Entwurf
- 2. Vorentwurf
- 3. Bauentwurf

Die Straßenbaulastträger erfüllen alle den Bau, die Unterhaltung, Erneuerung oder Wiederherstellung von Straßen betreffenden Aufgaben.

Straßenbaulastträger und Straßenart

Straßenart	Baulastträger	Straßenart	Baulastträger
Bundesautobahn	Bundesrepublik	Kreisstraße	Landkreise
Bundesstraße	Bundesrepublik	Stadtstraße	Städte
Landesstraße Staatsstraße	Bundesland	Gemeindestraße	Gemeinden

9.1.2 Kategoriegruppen der Straßen

Unterscheidungskriterien zur Einteilung in Kategoriegruppen

- Anbaufreie oder angebaute Straße
- Außerhalb oder innerhalb bebauter Gebiete
- Funktionen der Straße

Anbaufreie Straße	Angebaute Straße
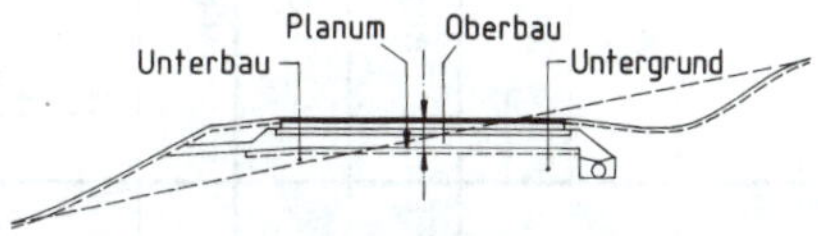	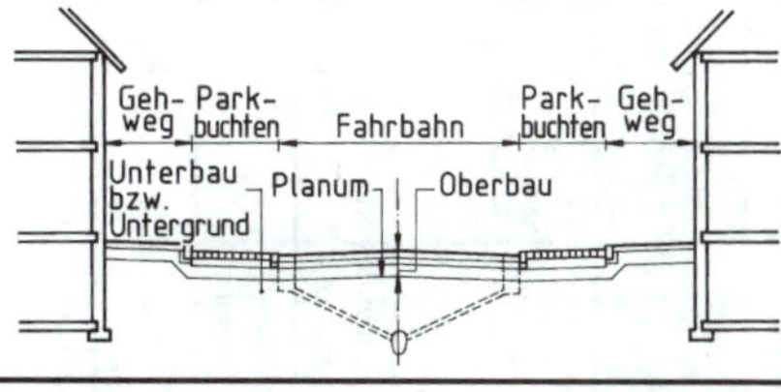

Übersicht

Lage	Angrenzende Bebauung	Maßgebende Funktion	Kategoriegruppe
Außerhalb bebauter Gebiete	anbaufrei	Verbindung	A
Innerhalb bebauter Gebiete	anbaufrei	Verbindung	B
Innerhalb bebauter Gebiete	anbaufrei/angebaut	Verbindung	C
Innerhalb bebauter Gebiete	anbaufrei/angebaut	Erschließung	D
Innerhalb bebauter Gebiete	anbaufrei/angebaut	Aufenthalt	E

9.1.3 Einteilung der Straßen nach RAS-L-1 (Richtlinien zur Anlage von Straßen-Linienführung)

Straßenfunktion		Entwurfs- und Betriebsmerkmale				
Kategoriegruppe	Straßenkategorie	Verkehrsart	zul. Geschw. V_{zul} (km/h)	Querschnitt	Knotenpunkte	Entwurfsgeschwindigkeit V_c (km/h)
A anbaufreie Straßen außerhalb bebauter Gebiete mit maßgebender Verbindungsfunktion	A I großräumige Verbindung	Kfz Kfz	keine ≤ 100 (120)	zweibahnig einbahnig	planfrei (planfrei) plangleich	120 100 100 90 (80)
	A II regionale Verbindung	Kfz (Kfz) Allg	keine (100) ≤ 100	zweibahnig einbahnig	planfrei (plangleich) plangleich	100 90 (80) 90 80 (70)
	A III zwischengemeindliche Verbindung	Kfz Allg	≤ 100 ≤ 100	zweibahnig einbahnig	(planfrei) plangleich plangleich	90 80 70 80 70 60
	A IV flächenerschließende Verbindung	Allg	≤ 100	einbahnig	plangleich	70 60 (50)
	A V untergeordnete Verbindung	Allg	≤ 100	einbahnig	plangleich	(50) keine
B anbaufreie Straßen im Vorfeld und innerhalb bebauter Gebiete mit maßgebender Verbindungsfunktion	B II Schnellverkehrsstraße	Kfz	≤ 80	zweibahnig	planfrei (plangleich)	80 70 (60)
	B III Hauptverkehrsstraße	Allg Allg	≤ 70 ≤ 70	zweibahnig einbahnig	plangleich plangleich	70 60 (50) 70 60 (50)
	B IV Hauptsammelstraße	Allg	≤ 60	einbahnig	plangleich	60 50
C angebaute Straßen innerhalb bebauter Gebiete mit maßgebender Verbindungsfunktion	C III Hauptverkehrsstraße	Allg Allg	50 (≤ 70) 50 (≤ 60)	zweibahnig einbahnig	plangleich plangleich	(70) (60) 50 (40) (60) (50) (40)
	C IV Hauptsammelstraße	Allg	≤ 50	einbahnig	plangleich	50 (40)
D angebaute Straßen innerh alb bebauter Gebiete mit maßgebender Erschließungsfunktion	D IV Sammelstraße	Allg	≤ 50	einbahnig	plangleich	keine
	D V Anliegerstraße	Allg	≤ 50	einbahnig	plangleich	keine
E angebaute Straßen innerhalb bebauter Gebiete mit maßgebender Aufenthaltsfunktion	E V Anliegerstraße	Allg	≤ 30 Schrittgeschw.	einbahnig	plangleich	keine
	E IV befahrbarer Wohnweg	Allg	Schrittgeschw.	einbahnig	plangleich	keine

(...) = Ausnahme

9.1 Straßenbauplanung

9.1.4 Straßenquerschnitt – Abmessungen und Bestandteile des lichten Raumes nach RAS-Q[1)]

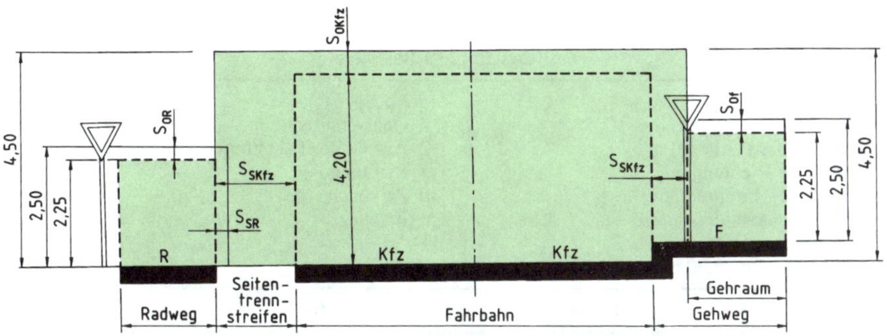

S_{OKfz}	Oberer Sicherheitsraum für den Kfz-Verkehr	——	Begrenzung des lichten Raumes
S_{SKfz}	Seitlicher Sicherheitsraum für den Kfz-Verkehr	----	Begrenzung des Verkehrsraumes
S_{OR}	Oberer Sicherheitsraum für den Radfahrer	R	Radfahrer
S_{SR}	Seitlicher Sicherheitsraum für den Radfahrer	Kfz	Kraftfahrzeug
S_{OF}	Oberer Sicherheitsraum für den Fußgänger	S_s	seitlicher } Sicherheitsraum
		S_o	oberer } Sicherheitsraum
		F	Fußgänger

Der lichte Raum muß von festen Hindernissen freigehalten werden. Er besteht aus den Verkehrsräumen (Kraftfahrzeuge, Radfahrer, Fußgänger) und den Sicherheitsräumen.

Verkehrsräume	
Kfz-Verkehr	Bemessungsfahrzeug, Bewegungsspielräume, Gegenverkehrszuschlag, Räume über den Randstreifen, befahrbare Entwässerungsrinnen und befestigte Seitenstreifen.
Radverkehr	je Fahrstreifen 2,25 m Höhe und 1,00 m Breite.
Fußgänger	je Gehstreifen 2,25 m Höhe und 0,75 m Breite.

Regelabmessungen des lichten Raumes

Verkehrsart	V_{zul} (km/h)	Ausgangsmaß Breite in m	Breite des seitl. Bewegungsspielraums in m	Breite des seitl. Sicherheitsraumes S_s in m	Ausgangsmaß Höhe in m	Höhe des ob. Bewegungsspielraumes in m	Höhe des ob. Sicherheitsraumes S_o in m	Höhe des lichten Raumes in m
Kfz-Verkehr	> 70 ≤ 70 ≤ 50	2,50 2,50 2,50	je nach Querschnittsgruppe 0,00 bis 1,25	1,25 1,00 0,75	4,00 4,00 4,00	0,20 0,20 0,20	0,30 0,30 0,30	4,50 4,50 4,50
Radverkehr		0,60	0,20	0,25	2,00	0,25	0,25	2,50
Fußgängerverkehr		0,75	–	–	2,00	0,25	0,25	2,50

1) Richtlinien für die Anlage von Straßen-Querschnitten

9.1 Straßenbauplanung

9.1.5 Regelquerschnitte nach RAS-Q

Damit eine Einheitlichkeit für Entwurf, Bau und den Betrieb von Straßen erreicht wird, sind für alle Einsatzbereiche Regelquerschnitte vorgegeben.

Bezeichnungs-Beispiele

a 4 m s (RQ 29)
a Querschnittsgruppe
4 Anzahl der Fahrstreifen für beide Richtungen
m Bauliche Mitteltrennung
s befestigter Seitenstreifen
RQ Regelquerschnitt
29 Kronenbreite 29,00 m

d 2 p r
d Querschnittsgruppe
2 Anzahl der Fahrstreifen für beide Richtungen
p Parkbucht
r Radweg

Regelquerschnitte angebauter Straßen

c 4 m p r

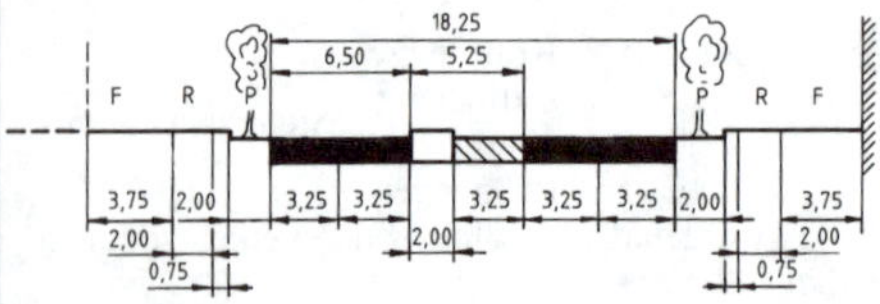

d 4 m p r

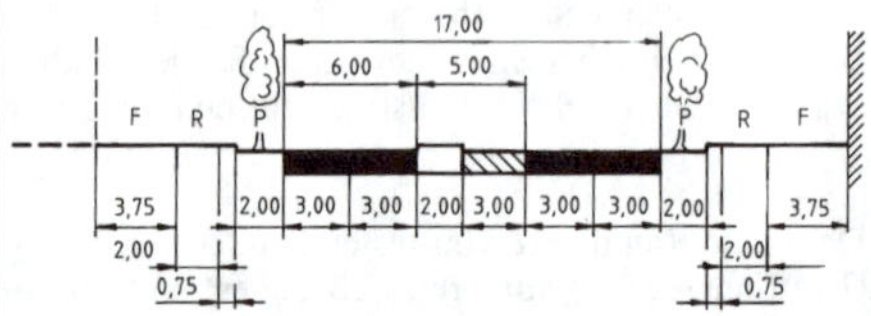

c 4 p r

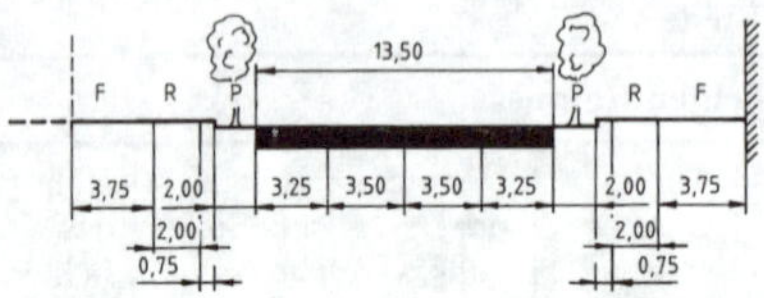

d 4 p r

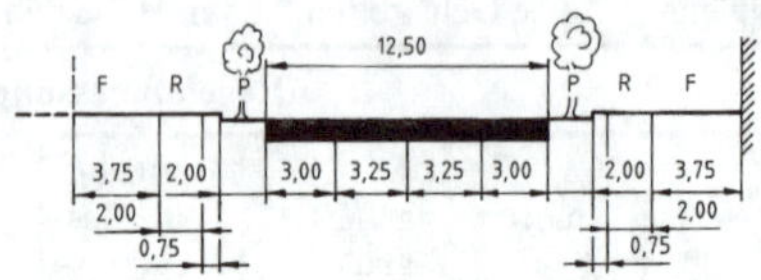

c 2 p r

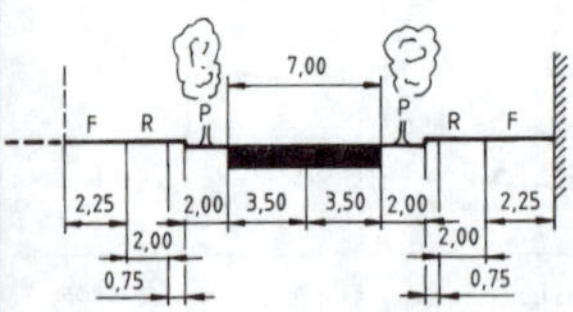

d 2 p r

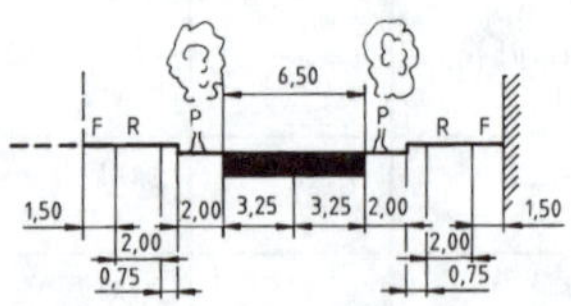

f 2 p

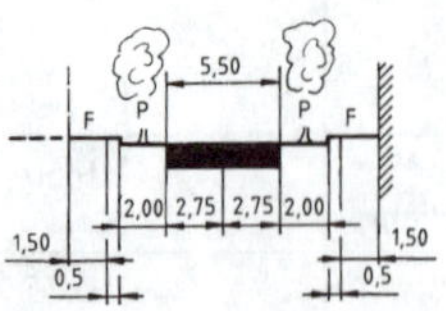

9.1 Straßenbauplanung

Regelquerschnitte anbaufreier Straßen

a 6 ms (RQ 37, 5)

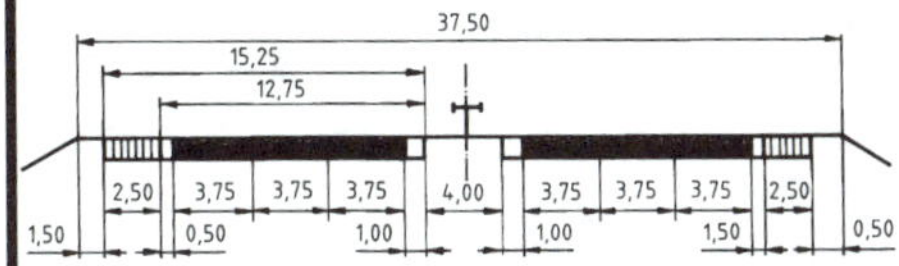

a 4 ms (RQ 29)

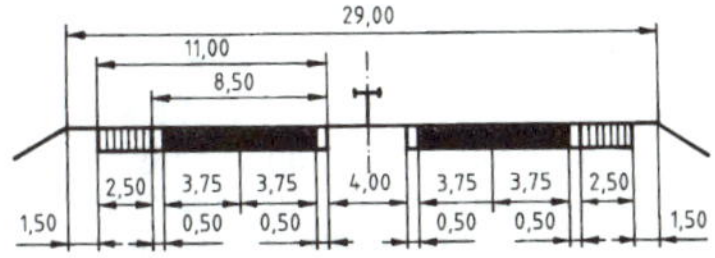

b 4 ms (RQ 26)

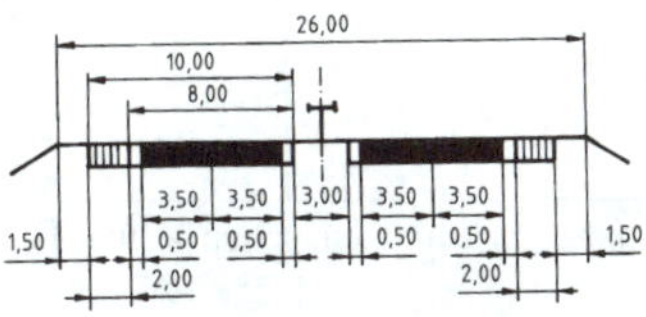

c 4 m (RQ 20)

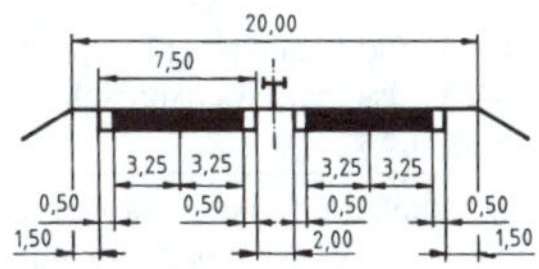

d 4 m (RQ 16)

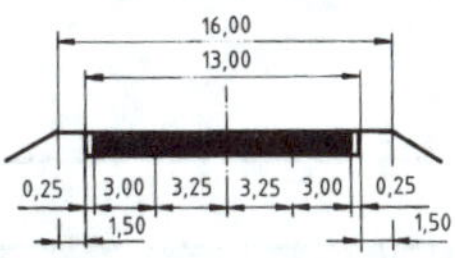

b 2 s (RQ 14)

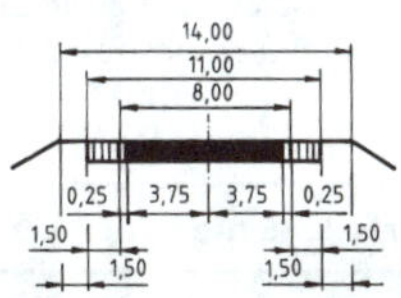

b 2 (RQ 12)

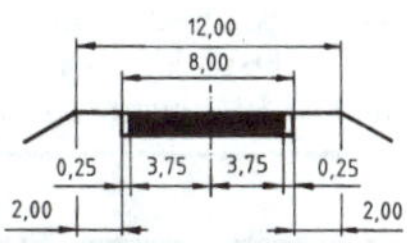

d 2 (RQ 10)

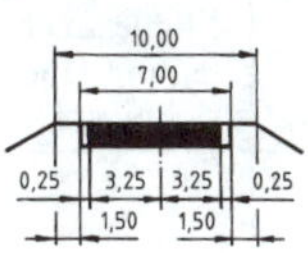

e 2 (RQ 9)

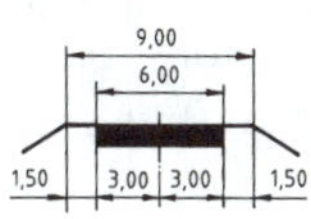

f 2 (RQ 7, 50)

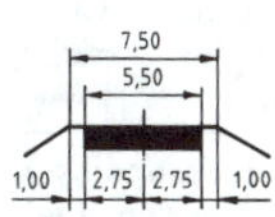

9

9.1 Straßenbauplanung

9.1.6 Maßgebende Geschwindigkeiten

Geschwindigkeit	Erläuterung	Entwurfselemente	Ermittlung
V_e	**Entwurfsgeschwindigkeit:** ergibt sich unter Beachtung umfeldbezogener und wirtschaftlicher Belange aus der vorgesehenen Netzfunktion der Straße und der angestrebten Qualität des Verkehrsablaufs	Kurvenmindestradien, Höchstlängsneigungen, Kuppenmindesthalbmesser	$V_{85} = V_e + 10$ km/h für $V_e \geq 100$ km/h
V_{85}	**Fahrdynamischer Wert:** entspricht bei Straßen der Kategoriegruppe A der Geschwindigkeit, die 85% der unbehindert fahrenden Pkw auf sauberer, nasser Fahrbahn nicht überschreiten. Bei Straßen der Kategoriegruppen B und C entspricht sie der zulässigen Höchstgeschwindigkeit.	Querneigungen in der Kurve. Erforderliche Haltesichtweiten. Mindestradien bei negativer Querneigung.	$V_{85} = V_e + 20$ km/h für $V_e < 100$ km/h

Um die Streckencharakteristik und das Fahrverhalten aufeinander abzustimmen, sollen V_e und V_{85} in einem ausgewogenen Verhältnis zueinander stehen.

$$\mathbf{V_{85} - V_e \leq 20\ km/h}$$

9.1.7 Trassierung

Damit eine Straße den verkehrstechnischen Erfordernissen entspricht, wird ihr Verlauf in Grund- und Aufriß unter Verwendung geometrischer Elemente ausgebildet.
Unter Trassierung versteht man das Erarbeiten einer Linienführung für einen Verkehrsweg. Sie kommt durch das Zusammenfügen mehrerer Entwurfselemente zustande. Diese Entwurfselemente werden aufgrund der festzusetzenden Entwurfsgeschwindigkeit bestimmt.
Die daraus festgelegte Linie heißt Trasse (im Lageplan).
Grund- und Richtwerte für die Trassierung sind in der RAS-L-1 festgelegt.

Entwurfselemente in der Übersicht

Lageplan	Höhenplan	Querschnitt	Sicht
Höchstlänge der Geraden	Wannenmindesthalbmesser	Höchstquerneigung in Kurven	Mindesthaltesichtweite für $s = 0\%$
Kurvenmindestradius	Höchstlängsneigung	Mindestquerneigung	
Klotoidenmindestparameter	Kuppenmindesthalbmesser	Anrampungshöchstneigung	Mindestüberholsichtweite
Mindestlänge der Geraden bei gleichgerichteten Kurven	Mindestlängsneigung im Verwindungsbereich	Anrampungsmindestneigung	Mindestrechenanteil mit Überholsichtweite
Kurvenmindestradius bei Anlage der Querneigung zur Kurvenaußenseite			

9.1.8 Lageplan

Entwurfselemente im Lageplan

Gerade	Kreisbogen	Übergangsbogen
Kategoriegruppe A – bei besonderen topografischen Verhältnissen (Ebene, weite Täler), – im Bereich von Knotenpunkten, – zur Schaffung von Überholsichtweiten, – Anlehnung der Trasse an Bahnlinien, Kanäle usw. **Kategoriegruppe B** – bei städtebaulichen Vorgaben, – im Bereich von Knotenpunkten. Wegen der Blendgefahr und der Ermüdungsgefahr soll bei Straßen der Kategoriegruppe A die Höchstlänge der Geraden bei konstanter Längsneigung max $L \leq 20 \times V_e$ sein	**Kategoriegruppe A** Unter Berücksichtigung der Topografie sollen möglichst große Radien gewählt werden, damit – ausreichende Überholsichtweiten, – gleichmäßige Fahrweise erzielt werden	– Um beim Übergang von einer Krümmung auf die andere eine stetige Änderung der bei Kurvenfahrt auftretenden Zentrifugal-Kräfte zu ermöglichen, – damit durch die allmähliche Krümmungsänderung ein stetiger Linienverlauf gewährleistet wird (gleichmäßige Geschwindigkeit möglich), – um eine optisch befriedigende Linienführung zu bewirken. Der Übergangsbogen ist bei Straßen der Kategoriegruppe A, B II, B III erforderlich. Bei B IV, C III, C IV ist er erwünscht

Kurvenmindestradien in Abhängigkeit von der Entwurfsgeschwindigkeit und der Querneigung nach RAS-L

V_e (km/h)	min R (m) bei Straßen der Kategoriegruppe A		B		C	
	max q = 7,0%	min q = 2,5%	max q = 6,0%	min q = 2,5%	max q = 5,0%	min q = 2,5%
40	–	–	–	–	40	45
50	–	–	80	160	70	80
60	135	500	125	260	120	130
70	200	800	190	400	175	200
80	280	1100	260	550	–	–
90	380	1400	–	–	–	–
100	500	1800	–	–	–	–
120	800	3000	–	–	–	–

Besondere Maßnahmen

Wenn die Kurvenmindestradien oder die erforderliche Radienfolge (Seite 9-8) nicht eingehalten werden können, so muß die entstehende Sicherheitsminderung inbesondere bei Straßen der Kategoriegruppe A durch andere Maßnahmen abgeschwächt werden (z.B. Verbesserung der Erkennbarkeit der Kurve durch Sichtfeldfreilegung).

Mindestkurvenradien im Anschluß an Geraden nach RAS-L

Straßen der Kategorie	Länge L (m) der Geraden	min R (m) des Kreisbogens
AI, AII	$L > 600$ m	min $R > 600$ m
	$L < 500$ m	min $R > L$
AIII, AIV, BII, (B III, B IV)	$L > 500$ m	min $R > 500$ m
	$L < 500$ m	min $R > L$

Für die Folge Gerade–Übergangsbogen–Kreisbogen sollen die nebenstehenden Kurvenmindestradien angewandt werden.

Die Fahrt durch den Kreisbogen mit der Entwurfsgeschwindigkeit muß mindestens zwei Sekunden dauern. (Entsprechende Kreisbogenlänge wählen).

9.1 Straßenbauplanung

Abstimmung der Radienfolge bei Straßen der Kategoriegruppen A und B II nach RAS-L (erwünscht für B III und B IV)

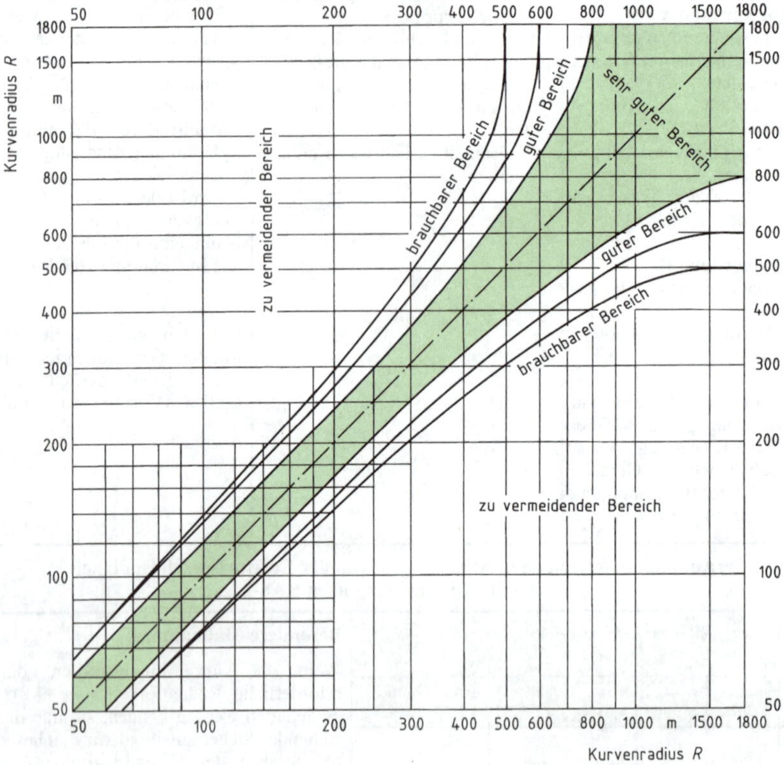

Formen von Übergangsbögen [1)]

Einfacher Übergangsbogen	Wendelinie	Eilinie
Gerade-Klotoide-Kreis	Kreis-Klotoide-Klotoide-Kreis	Kreis-Klotoide-Kreis
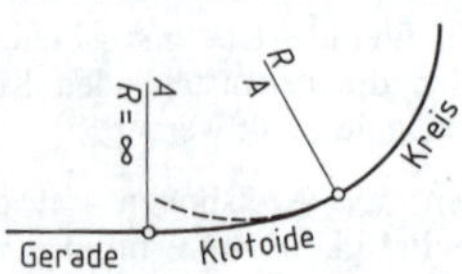	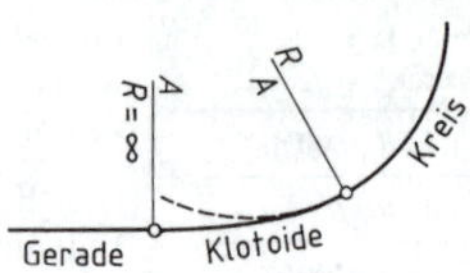	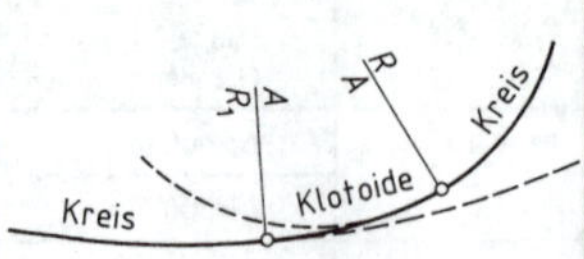

1) Erklärung der Kurzzeichen s. nächste Seite

9.1 Straßenbauplanung

Klotoide

Klotoiden sind Spiralen mit stetig wachsender Krümmung. Ihr flacher Anfangsteil wird wegen seiner allmählich wachsenden Krümmung am Anfang von Kurven verwendet (siehe Formen von Übergangsbögen).
Alle Klotoiden sind einander ähnlich.

Das Bildungsgesetz der Klotoide lautet $A^2 = R \cdot L$
A^2 Konstanter Wert (Klotoidenparameter) R Krümmungsradius für eine einzelne Stelle
L Bogenlänge vom Anfangspunkt bis zu dieser Stelle

Beispiel: Klotoide A 60

R in m	L in m	A^2 in m²
120	30	3600
75	48	3600
50	72	3600

Zusammenhang

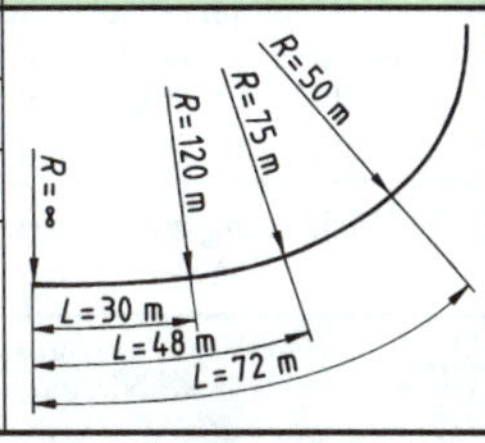

Übergangsbögen werden als Klotoide ausgebildet. Die Anwendung ist bei Straßen der Kategoriegruppen A, B II und B III erforderlich, bei den Kategoriegruppen B IV, C III und C IV erwünscht.

Die zur Anwendung und Konstruktion einer Klotoide notwendigen Werte können Klotoidentafeln entnommen werden.

Konstruktionselemente der Klotoide

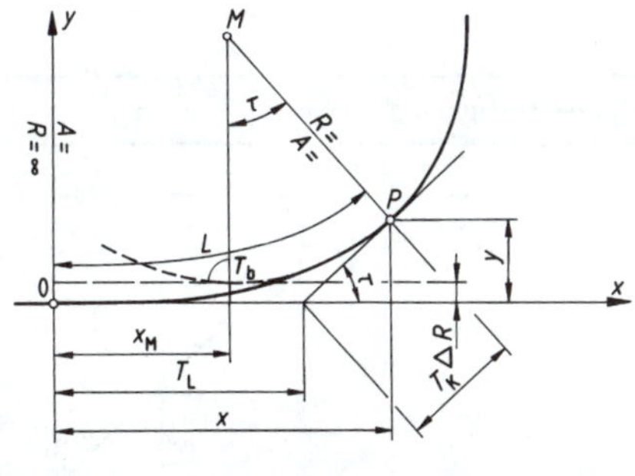

Klotoidenmindestparameter

V_e (km/h)	min A (m)
40	30
50	50
60	70
70	90
80	110
90	140
100	170
120	270

Begriffe

Im Punkt P hat die Klotoide den Wert des anzuschließenden Kreisbogens.

R	Radius des Kreisbogens
L	Länge des Übergangsbogens = Teilstück der Klotoide
ΔR	Abrückung des Kreises von der Grundtangente
T_b	Berührungspunkt einer Tangente an den Kreis im Abstand ΔR von der Grundtangente
x_M	Strecke vom Klotoidenanfang bis zum Tangentenberührungspunkt T_b
x	Strecke vom Klotoidenanfang bis zum Punkt P, in dem das Klotoidenteilstück an den Kreis anschließt
T_k	kleine Tangente
T_l	lange Tangente

Grenzwerte

min $A = R/3$	min A Klotoidenmindestparameter R Radius am Klotoidenende
max $A = R$	max A Klotoidenhöchstparameter R Radius am Klotoidenende

Zusammenfassung $R/3 \leq A \leq R$

9.1 Straßenbauplanung

9.1.9 Höhenplan

Entwurfselemente im Höhenplan

Längsneigung

Anwendung:
Niedrige Längsneigungen aus Gründen
- der Verkehrssicherheit
- der Betriebskosten
- der Energieeinsparung
- der Emissionsminderung
- der Qualität des Verkehrsablaufs

Andererseits sollen Längsneigungen möglichst dem Gelände angepaßt werden, um
- das Landschaftsbild zu erhalten
- das Stadtbild zu erhalten
- die Baukosten zu vermindern

Kuppen- und Wannenausrundung

Anwendung:
Kuppen- und Wannenhalbmesser so wählen, daß
- sich eine ausgewogene Linienführung ergibt
- das Landschaftsbild geschont wird
- ein Höchstmaß an Sicherheit durch günstige Sichtweiten erreicht wird
- keine zu hohen Baukosten verursacht werden

Höchstlängsneigungen RAS-L

V_e (km/h)	max s (%) bei Straßen der Kategoriegruppe A	B	C
40	–	–	8,0 (12,0)[1]
50	–	8,0 (12,0)	7,0 (10,0)[1]
60	8,0	7,0 (10,0)	6,0 (8,0)[1]
70	7,0	6,0 (8,0)	5,0 (7,0)[1]
80	6,0	5,0 (7,0)	–
90	5,0	–	–
100	4,5	–	–
120	4,0	–	–

Kuppenmindesthalbmesser RAS-L

V_e (km/h)	min H_k (m) bei Straßen der Kategoriegruppen (km/h) A	B	C
40	–	–	450
50	–	900	900
60	2 750	1 800	1 800
70	3 500	2 200	2 200
80	5 000	3 500	–
90	7 000	–	–
100	10 000	–	–
120	20 000	–	–

Wannenmindesthalbmesser RAS-L (Richtwerte)

V_e (km/h)	min H_w (m) bei Straßen der Kategoriegruppen A	B	C
40	–	–	250
50	–	500	500
60	1 500	900	900
70	2 000	1 200	1 200
80	2 500	2 000	–
90	3 500	–	–
100	5 000	–	–
120	10 000	–	–

Kuppenausrundung bei Neigungswechsel

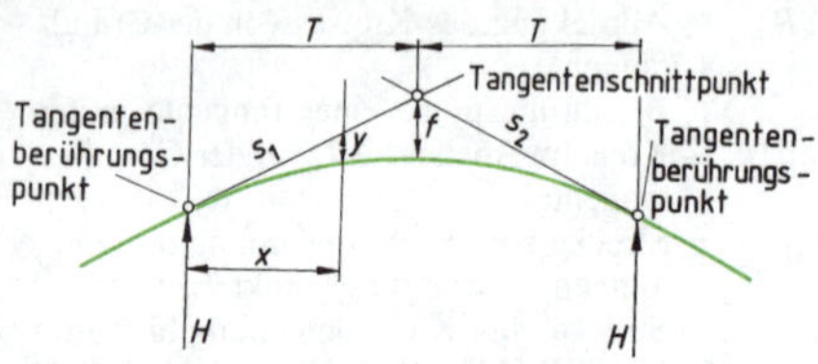

Kuppenausrundung bei Neigungsänderung

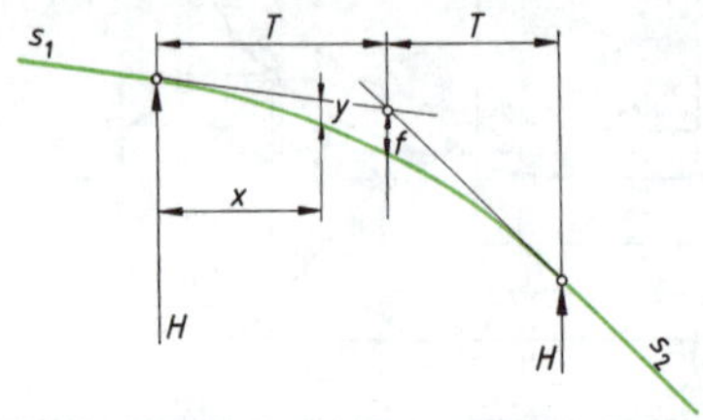

Wannenausrundung bei Neigungswechsel

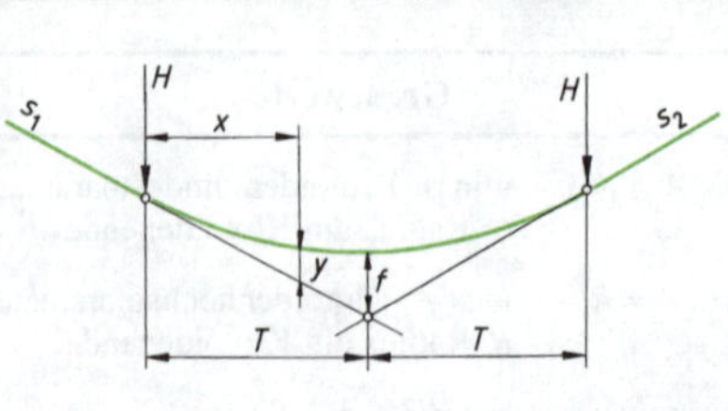

Wannenausrundung bei Neigungsänderung

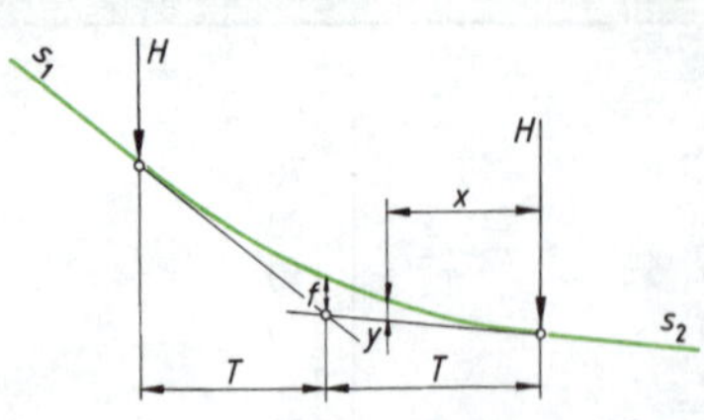

[1] Ausnahmefälle

9.1 Straßenbauplanung

Berechnung der Kuppenausrundung nach RAS-L

Bildliche Darstellung u. Berechnung

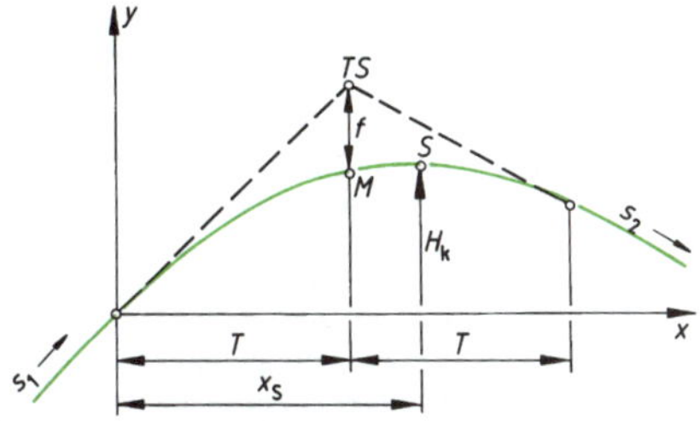

$$x_s = -\frac{s_1}{100} \cdot H$$

$$s(x) = s_1 + \frac{x}{H} \cdot 100$$

$$y(x) = \frac{s_1}{100} \cdot x + \frac{x^2}{2 \cdot H}$$

$$T = \frac{H}{2} \cdot \frac{s_2 - s_1}{100}$$

$$f = \frac{T^2}{2 \cdot H} = \frac{T}{4} \cdot \frac{s_2 - s_1}{100} = \frac{H}{8} \cdot \left(\frac{s_2 - s_1}{100}\right)^2$$

Erklärung

Vorzeichenregel:

Steigung	positiv ($+s_1$, $+s_2$)
Gefälle	negativ ($-s_1$, $-s_2$)
Wannenhalbmesser (H_w)	positiv ($+H$)
Kuppenhalbmesser (H_k)	negativ ($-H$)

H	Parameter der quadratischen Parabel (Halbmesser des Schmiegkreises im Scheitel) in m
T	Tangentenlänge in m
s_1, s_2	Längsneigungen der Tangenten in %
$s\,(x)$	Längsneigung der Gradiente in einem beliebigen Punkt der Ausrundung in %
$y\,(x)$	Ordinate in einem beliebigen Punkt in m
x_s	Abszisse des Scheitelpunktes in m
f	Stichmaß vom Tangentenschnittpunkt zum Ausrundungsbogen in m
M	Ausrundungsmitte
S	Scheitelpunkt
TS	Tangentenschnittpunkt

Zusammenhang zwischen Kuppenmindesthalbmesser und Haltesichtweite nach RAS-L-1

Bildliche Darstellung

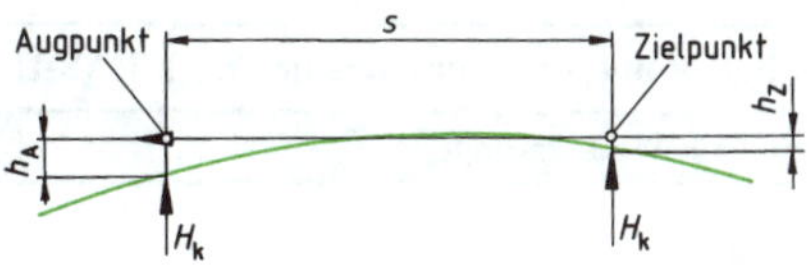

Erklärung

$$\min H_k = \frac{S_h^2}{2 \cdot (\sqrt{h_A} + \sqrt{h_Z})^2}$$

$\min H_k$	Kuppenmindesthalbmesser in m
S^h	erforderliche Haltesichtwerte in m
h_A	Höhe des Augpunktes in m
h_Z	Höhe des Zielpunktes in m

Krümmungsband

Darstellung

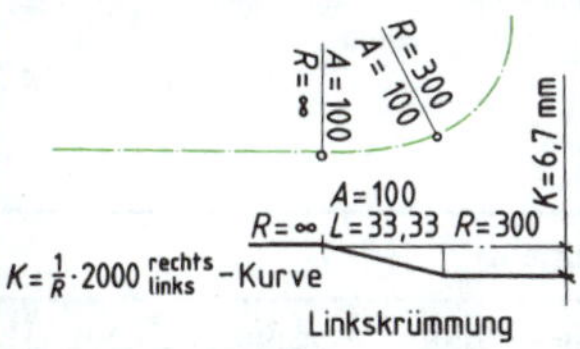

Berechnung

Der Abstand der Krümmungslinie von der Bezugsachse wird berechnet.

$$K = 1/R \cdot n$$

K Abstand von der Bezugsachse
R Radius
n Beliebiger Faktor, der so zu wählen ist, daß eine übersichtliche Darstellung gewährleistet ist

Erläuterung

Krümmungsverlauf der Straßenachse zum Entwurf von Gradiente und den Querneigungen

9.1 Straßenbauplanung

9.1.10 Entwurfselemente im Querschnitt

Querneigungen in der Geraden	Querneigung im Kreisbogen	Anrampung und Verwindung
Eine Querneigung der Fahrbahn ist zu deren Entwässerung notwendig. Mindest- und Regelquerneigung $q = 2{,}5\%$ Bei Straßen der Kategoriegruppe C kann z. B. bei Pflasterdecken die Mindestquerneigung auf 3% bis 3,5% erhöht werden	Aus fahrdynamischen Gründen sind Kurven mit einer Querneigung zur Kurveninnenseite anzulegen. Höchstquerneigungen und Straßenkategoriegruppe: A: max q 7 % (8%) B: max q 6 % (7%) C: max q 5 % (Ausnahmen in Klammern)	Eine Änderung der Fahrbahnquerneigung wird auf einer Übergangsstrecke vollzogen. Innerhalb dieser Strecke werden die Fahrbahnränder angerampt und die Fahrbahnfläche verwunden. Anrampung: höhenmäßige Veränderung der Fahrbahnränder Verwindung: gesamter Vorgang der Querneigungsänderung

Querneigungsformen nach RAS-L

Fahrbahn	Querneigung	Fahrbahn	Querneigung
	 [1])		

Querneigungen in Abhängigkeit von der Geschwindigkeit und den Kurvenradien nach RAS-L

Straßenkategoriegruppe A	Straßenkategoriegruppe B
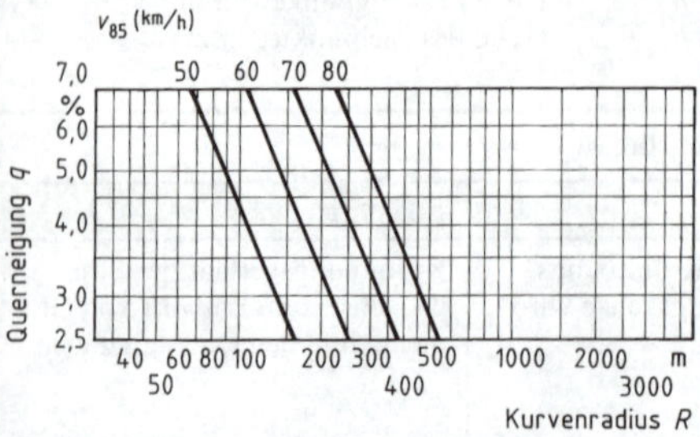	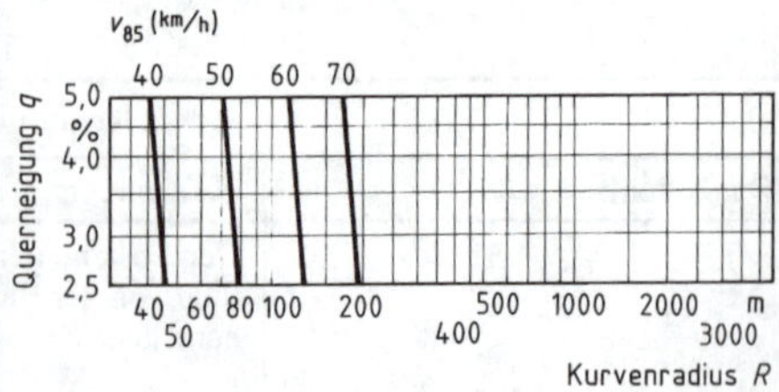

Querneigungsband und Berechnungsformeln

Querneigungsband	Höhendifferenz	Anrampungsneigung
Mit dem Querneigungsband werden die Höhen der Fahrbahnränder bezogen auf die Fahrbahnachse dargestellt	$\Delta h = a \cdot \frac{q}{100}$	$\Delta s = a \cdot \frac{q_e - q_a}{L_v} \cdot a$

[1]) Nur in Ausnahmefällen bei Straßen der Kategoriegruppen A und B

9.1 Straßenbauplanung

In den Formeln von Seite 9-12 bedeuten:

Δs Anrampungsneigung in % q_e Querneigung am Ende der Verwindungsstrecke in %	q_a Querneigung am Anfang der Verwindungsstrecke; q_a ist negativ einzusetzen, wenn entgegengesetzt zu q_e gerichtet in %	L_v Länge der Verziehungsstrecke in m a Abstand des Fahrbahnrandes von der Fahrbahnachse in m

Grenzwerte und Drehachsen RAS-L

Grenzwerte der Anrampungsneigung				Drehachsen der Fahrbahn	
V_e (km/h)	max Δs (%) bei		min Δs (%)	Regelfall	Ausnahmefall
	$a < 4{,}00$ m	$a \geq 4{,}00$ m			
40 ··· 50 60 ··· 70 80 ··· 90 100 ···120	$0{,}50 \cdot a$ $0{,}40 \cdot a$ $0{,}25 \cdot a$ $0{,}20 \cdot a$	2,0 1,6 1,0 0,8	$0{,}10 \cdot a$ ($\leq$ max Δs)	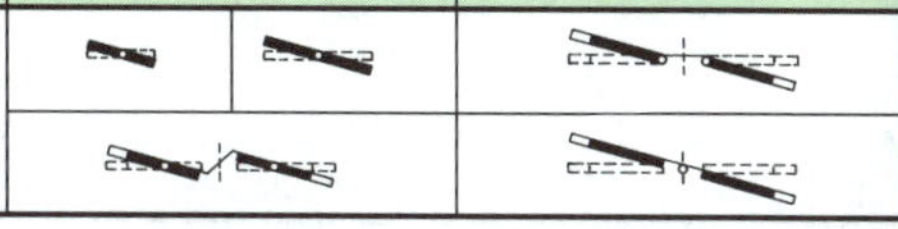	

Beispiel: Querneigungsänderung einer Wendelinie

Lageplan	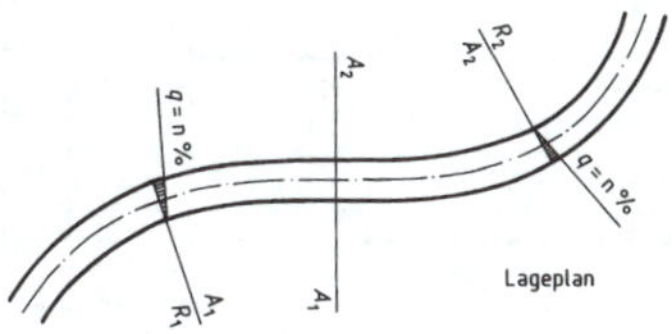
Krümmungsband $K = \frac{1}{R}$	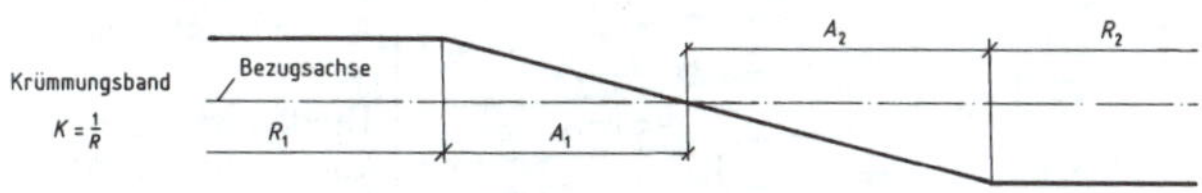
Querneigungsband	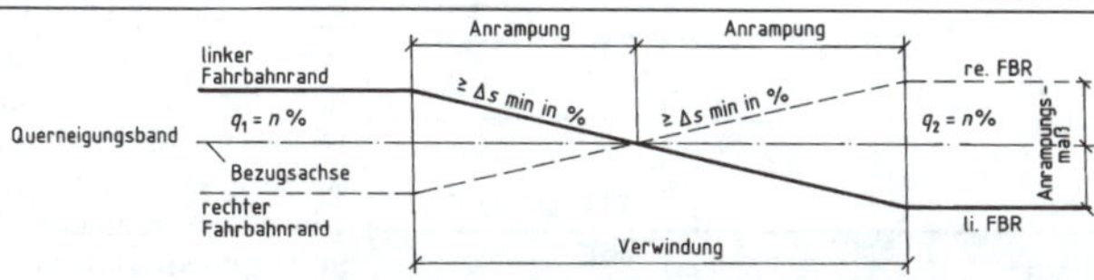
Verwindung der Fahrbahn	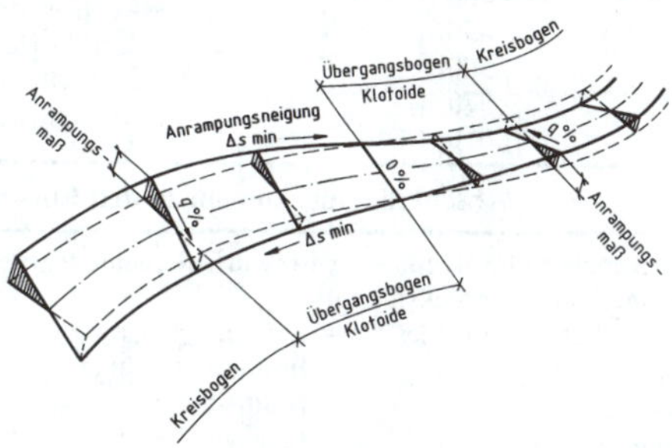

9.1 Straßenbauplanung

9.1.11 Entwurfselemente der Sicht

Erforderliche Haltesichtweite	Erforderliche Überholsichtweite
Die erforderliche Haltesichtweite ist die Strecke, die ein mit der Geschwindigkeit V_{85} fahrender Fahrer benötigt, um sein Fahrzeug vor einem unerwartet auftretenden Hindernis auf der Fahrbahn zum Halten zu bringen.	Die erforderliche Überholsichtweite ist die Strecke, die zur sicheren Ausführung eines Überholvorganges notwendig ist.

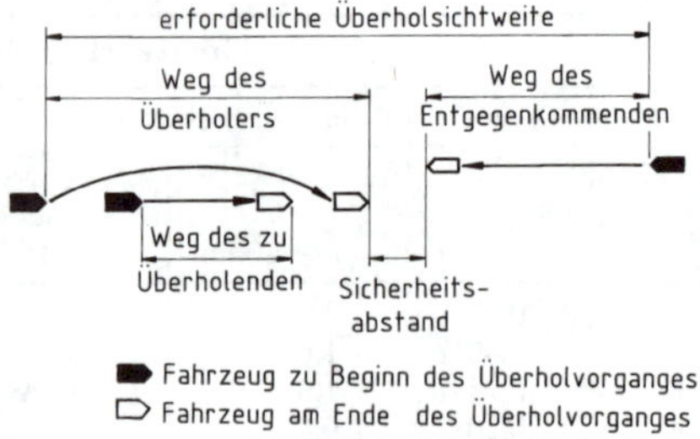

Erforderliche Haltesichtweiten bei Straßen der Kategoriegruppen B und C bei V_{85}

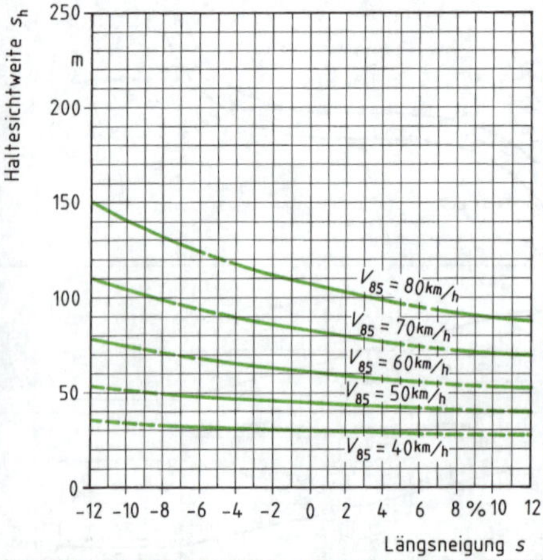

V_e (km/h)	$S_ü$ (m)
60	400
70	450
80	500
90	575
100	650

Das Wahrnehmungsvermögen des menschlichen Auges ist begrenzt. Hindernisse auf der Fahrbahn müssen eine Mindestgröße aufweisen, damit sie aus dem Abstand der Haltesichtweite wahrgenommen und erkannt werden können. Diese Mindestsichtgröße ist abhängig von

- der menschlichen Sehleistung,
- den optischen Eigenschaften des Hindernisses und
- der Fahrbahn sowie
- den Licht- und Witterungsverhältnissen.

Hindernisse, die zum Überfahren zu groß sind, können trotzdem zu klein sein, um bei Fahrt mit Entwurfsgeschwindigkeit rechtzeitig wahrgenommen zu werden. Es ist deswegen auch nicht möglich, für die Bemessung der Haltesichtweite ein Hindernis mit bestimmten Abmessungen und optischen Eigenschaften festzulegen, so daß weiterhin von einem geometrisch sinnvollen, psychologisch und physiologisch jedoch unbefriedigenden Sichtweitenmodell ausgegangen werden muß. Auch wenn an jeder Stelle im Entwurf die geforderten Haltesichtweiten vorhanden sind, kann dadurch nicht in jedem Fall das Erkennen kleiner Hindernisse sichergestellt werden.

Abschlußbemerkungen zu den Entwurfselementen

Durch die differenzierte Festlegung der Entwurfselemente werden u. a. folgende Belange im Rahmen einer Straßenbauplanung berücksichtigt:

- Gestaltung des Fahrbahnbandes
- Raumordnung
- Landesplanung
- Stadtplanung
- Energieeinsparung
- Immissionsschutz
- Naturschutz
- Landschaftspflege
- Straßenraumgestaltung
- Wirtschaftlichkeit im Bau von Straßen
- Wirtschaftlichkeit im Betrieb von Straßen

9.2 Erdbau

9.2.1 Begriffe im Erdbau

Trasse und Gradiente

Begriff	Erläuterung	Darstellung
Trasse	Linienführung eines Projektes mit Längsausdehnung im Grundriß	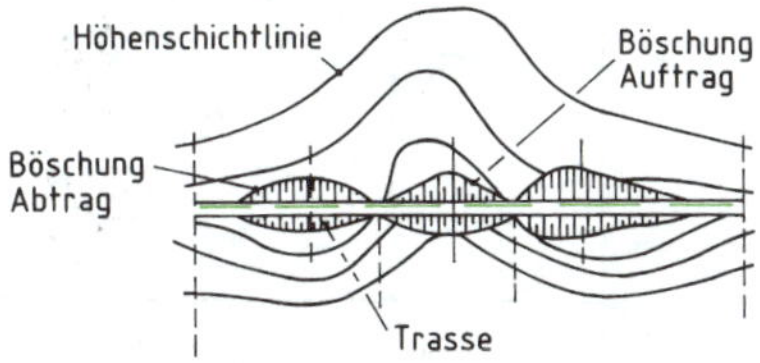
Gradiente	Linienführung eines Projektes im Aufriß	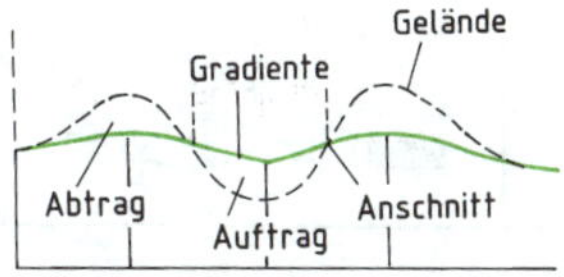

Querprofile

Einschnitt	Damm	Anschnitt
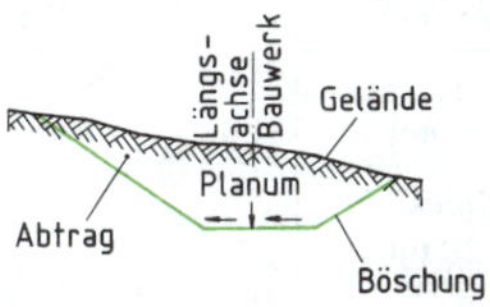	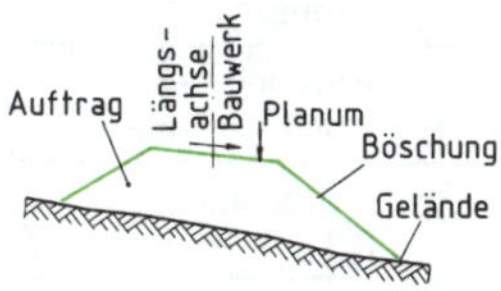	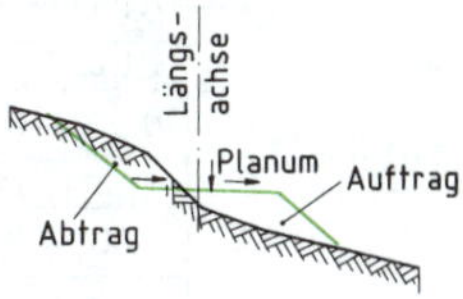

Böschungen

Ausbildung von Böschungen nach RAS-Q.
Die Regelneigung für Damm- und Einschnittsböschungen ab 2,00 m Höhe beträgt 1: n = 1: 1,5

Begriff	Abbildung	Tangentenlänge der Ausrundung T = 3,00 m
Damm	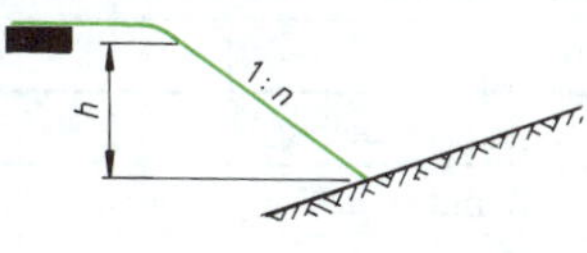	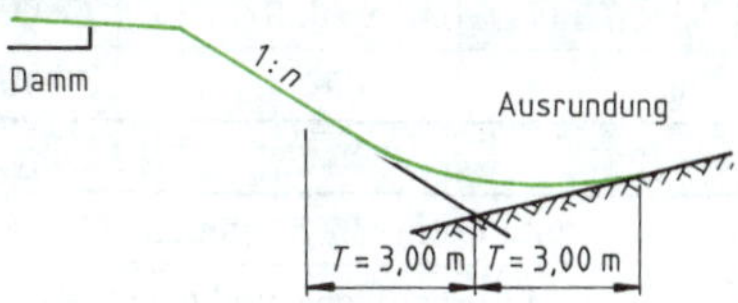
Einschnitt	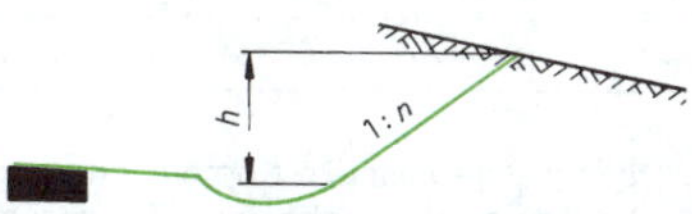	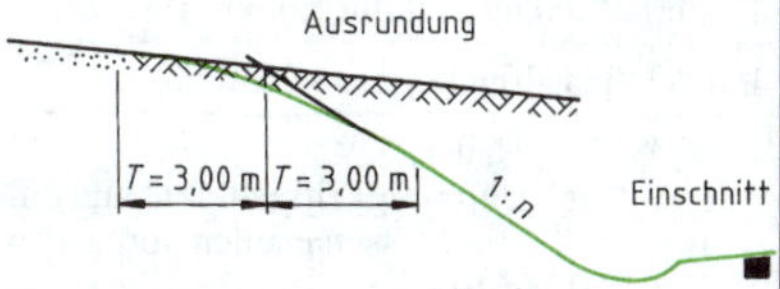

9.2 Erdbau

Anstelle der Regelneigung wird bei Böschungen unter 2,00 m Höhe eine konstante Böschungsbreite von $b = 3{,}00$ m angewandt.

Begriff	Abbildung	Tangentenlänge der Ausrundung $T = 1{,}5 \times h$
Damm	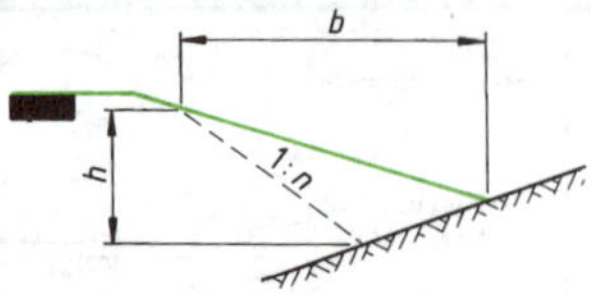	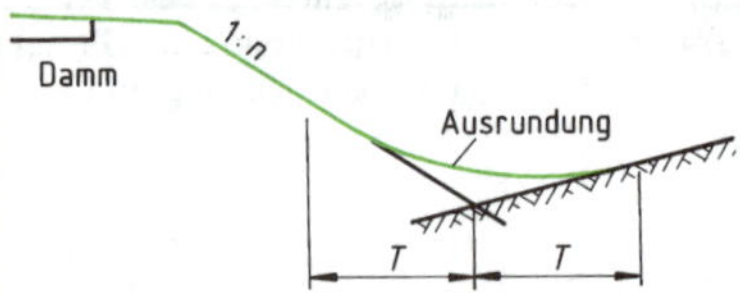
Einschnitt	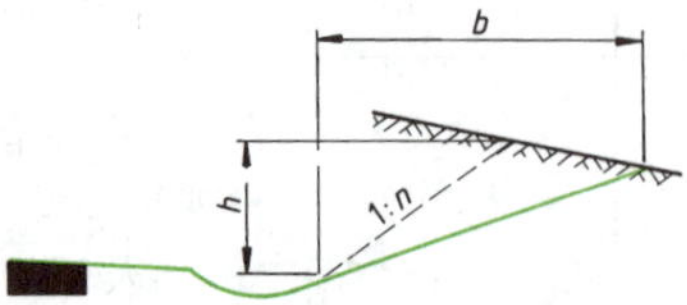	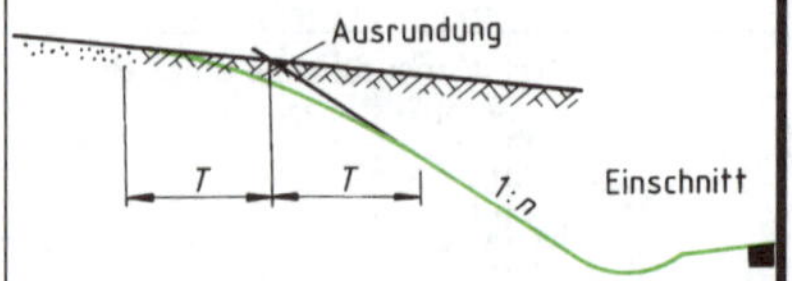

Böden

Korngrößenbereiche und Benennung der Korngrößen nach DIN 4022 (9.87)

Ton o. Feinstkorn	Schluff	Sand	Kies	Steine
< 0,002 mm	0,002 mm bis 0,063 mm	> 0,063 mm bis 2 mm	> 2 mm bis 63 mm	> 63 mm
	Feinschluff 0,002 – 0,006 mm	Feinsand 0,063 – 0,2 mm	Feinkies 2 – 6,3 mm	
	Mittelschluff 0,006 – 0,02 mm	Mittelsand 0,2 – 0,5 mm	Mittelkies 6,3 – 20 mm	
	Grobschluff 0,02 – 0,063 mm	Grobsand 0,5 – 2 mm	Grobkies 20 – 63 mm	
Schlämm-Korn		Sieb-Korn		

Kurzzeichen für Bodengruppen nach DIN 18 196 (10.88)

Haupt- und Nebenbestandteile			
G Kies (Grand)	U Schluff	O Organische Beimengungen	F Mudde (Faulschlamm)
S Sand	T Ton	H Torf (Humus)	K Kalk

Bodenphysikalische Eigenschaften	
W weitgestufte Korngrößenverteilung ($U > 6$) [1]	M mittelplastisch ($35 < w_L \leq 50$ Gew.-%)
E enggestufte Korngrößenverteilung ($U \leq 6$) [1]	A ausgeprägt plastisch ($w_L > 50$ Gew.-%)
I intermittierend gestufte Korngr. ($U > 6$) [1]	N nicht bis kaum zersetzter Torf
L leicht plastisch ($w_L \leq 35$ Gew.-%)	Z zersetzter Torf

w_L = Wassergehalt

[1] U = Ungleichförmigkeitszahl (anhand einer Sieblinie stellt man den Korndurchmesser fest, der bei 10%- und 60%-Massenanteilen vorhanden ist. Die Ungleichförmigkeitszahl U errechnet sich dann $U = d\,60\% / d\,10\%$

9.2 Erdbau

Bodengruppen nach DIN 18 196 (10.88)

Hauptgruppe	Definition und Bezeichnung: Korngrößenanteile in Gew.-% ≤0,06 mm	Korngrößenanteile in Gew.-% >2 mm	Gruppen		Kurzzeichen Gruppensymbol	Erkennungsmerkmale	Beispiele
Grobkörnige Böden	≤5	>40	Kies	enggestufte Kiese	GE	steile Körnungslinie infolge Vorherrschens eines Korngrößenbereichs	Fluß- und Strandkies Terrassenschotter Moränenkies vulkanische Schlacke und Asche
				weitgestufte Kies-Sand-Gemische	GW	über mehrere Korngrößenbereiche kontinuierlich verlaufende Körnungslinie	
				intermittierend gestufte Kies-Sand-Gemische	GI	treppenartig verlaufende Körnungslinie infolge Fehlens eines oder mehrerer Korngrößenbereiche	
		≤40	Sand	enggestufte Sande	SE	steile Körnungslinie infolge Vorherrschens eines Korngrößenbereiches	Dünen- und Flugsand Talsand (Berliner Sand) Beckensand Tertiärsand
				weitgestufte Sand-Kies-Gemische	SW	über mehrere Korngrößenbereiche kontinuierlich verlaufende Körnungslinie	Moränensand Terrassensand Strandsand
				intermittierend gestufte Sand-Kies-Gemische	SI	treppenartig verlaufende Körnungslinie infolge Fehlens eines oder mehrer Korngrößenbereiche	
Gemischtkörnige Böden	5 bis 40	>40	Kies-Schluff-Gemische	5 bis 15 Gew.-% ≤0,06 mm	GU	weit oder intermittierend gestufte Körnungslinie Feinkornanteil ist schluffig	Verwitterungskies Hangschutt lehmiger Kies Geschiebelehm
				15 bis 40 Gew.-% ≤0,06 mm	$\mathrm{G\overline{U}}$*		
			Kies-Ton-Gemische	5 bis 15 Gew.-% ≤0,06 mm	GT	weit oder intermittierend gestufte Körnungslinie Feinkornanteil ist tonig	
				15 bis 40 Gew.-% ≤0,06 mm	$\mathrm{G\overline{T}}$*		
		≤40	Sand-Schluff-Gemische	5 bis 15 Gew.-% ≤0,06 mm	SU	weit oder intermittierend gestufte Körnungslinie Feinkornanteil ist schluffig	Flottsand
				15 bis 40 Gew.-% ≤0,06 mm	$\mathrm{S\overline{U}}$*		Auelehm Sandlöß
			Sand-Ton-Gemische	5 bis 15 Gew.-% ≤0,06 m	ST	weit oder intermittierend gestufte Körnungslinie Feinkornanteil ist tonig	lehmiger Sand Schleichsand
				15 bis 40 Gew.-% ≤0,06 mm	$\mathrm{S\overline{T}}$*		Geschiebelehm Geschiebemergel

9

9.2 Erdbau

Bodengruppen nach DIN 18 196 (10.88)

Hauptgruppen	Feinkornanteile in Gew.-% ≤ 0,06 mm	Definition und Bezeichnung: Lage zur A-Linie	Gruppen		w_f in Gew.-%	Kurzzeichen Gruppensymbol[1]	Erkennungsmerkmale: Trockenfestigkeit	Reaktion beim Schüttelversuch	Plastizität beim Knetversuch	Beispiele
Feinkörnige Böden	> 40	$w_{fa} \le 1$ Gew.-% oder unterhalb der A-Linie	Schluff	leicht plastische Schluffe	≤ 35	UL	niedrige	schnelle	keine bis leichte	Löß Hochflutlehm
				mittelplastische Schluffe	35 bis 50	UM	niedrige bis mittlere	langsame	leichte bis mittlere	Seeton Beckenschluff
		$w_{fa} \ge 7$ Gew.-% und oberhalb der A-Linie	Ton	leicht plastische Tone	≤35	TL	mittlere bis hohe	keine bis langsame	leichte	Geschiebemergel Bänderton
				mittelplastische Tone	35 bis 50	TM	hohe	keine	mittlere	Lößlehm Beckenton Keupermergel
				ausgeprägt plastische Tone	> 50	TA	sehr hohe	keine	ausgeprägte	Tarras Septarienton Juraton
organogene[2] und Böden mit organischen Beimengungen	> 40	$w_{fa} \ge 7$ Gew.-% und unterhalb der A-Linie	nicht brenn- oder nicht schwelbar	Schluffe mit organischen Beimengungen und organogene[2] Schluffe	35 bis 50	OU	mittlere	langsame bis sehr schnelle	mittlere	Seekreide Kieselgur Mutterboden
				Tone mit organischen Beimengungen und organogene[2] Tone	> 50	OT	hohe	keine	ausgeprägte	Schlick Klei
	≤ 40			grob- bis gemischtkörnige Böden mit Beimengungen humoser Art		OH	Beimengungen pflanzlicher Art, meist dunkle Färbung, Modergeruch, Glühverlust bis etwa 20 Gew.-%			Mutterboden
				grob- bis gemischtkörnige Böden mit kalkigen, kieseligen Bildungen		OK	Beimengungen nicht pflanzlicher Art, meist helle Färbung, leichtes Gewicht, große Porosität			Kalksand Tuffsand
organische Böden			brenn- oder schwelbar	nicht bis mäßig zersetzte Torfe		HN	an Ort und Stelle aufgewachsene (sedentäre) Humusbildungen	Zersetzungsgrad 1 bis 5, faserig, holzreich, hellbraun bis braun		Niedermoortorf Hochmoortorf Bruchwaldtorf
				zersetzte Torfe		HZ		Zersetzungsgrad 6 bis 10 schwarzbraun bis schwarz		
				Mudden (Sammelbegriff für Faulschlamm, Gyttja, Dy, Sapropel		F	unter Wasser abgesetzte (sedimentäre) Schlamme aus Pflanzenresten, Kot und Mikroorganismen, oft von Sand, Ton und Kalk durchsetzt, blauschwarz oder grünlich bis gelbbraun, gelegentlich dunkelgraubraun bis blauschwarz, federnd, weichschwammig			Mudde Faulschlamm
Auffüllung			Auffüllung aus natürlichen Böden; jeweiliges Gruppensymbol in eckigen Klammern			[ ]				
			Auffüllung aus Fremdstoffen			A				Müll, Schlacke Bauschutt Industrieabfall

[1] Der erste Kennbuchstabe gibt den Hauptbestandteil an und der zweite den Nebenbestandteil oder eine bestimmte kennzeichnende bodenphysikalische Eigenschaft. Beispiele: SU = Sand-Schluff-Gemisch, SE = Sand enggestuft

[2] Unter Mitwirkung von Organismen gebildete Böden

9.2 Erdbau

Hinweis:
Bodenklassen, Böschungssicherung, Zulässige Bodenpressungen im Kapitel Gründungen.

9.2.3 Erdbaubetrieb

Der heute übliche gleislose Erdbau wird als Bagger-Lkw-Betrieb oder als Flachbagger-Betrieb durchgeführt. Er ist gekennzeichnet durch folgende Arbeitsphasen:

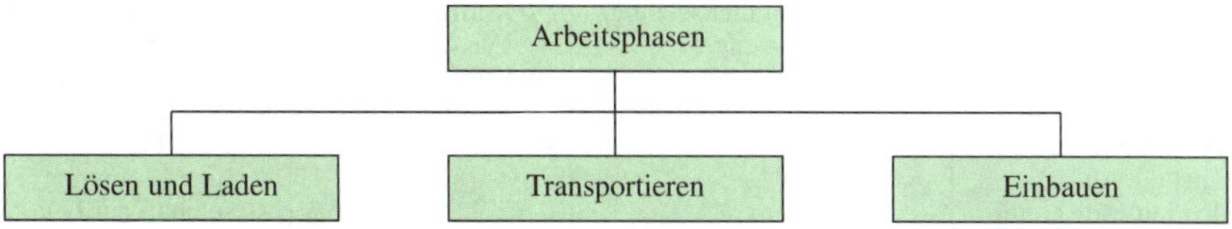

Betriebsvarianten

Bagger-Lkw-Betrieb	Flachbagger-Betrieb
Der Bagger ist das „taktangebende" Gerät. Seine Löse- und Ladeleistung bestimmt die Leistung der gesamten Erdbaustelle. Genügend Transport-, Einbau- und Verdichtungsgeräte müssen dann allerdings vorhanden sein. Die Maschinen arbeiten abhängig voneinander. Der Boden und die Witterung setzen Grenzen für den Transport.	Flachbaggergeräte (z. B. Raupen, Schürfkübelraupen, Motorschürfwagen, Grader) arbeiten verhältnismäßig unabhängig voneinander. Sie heben den Boden in dünnen Schnitten ab, transportieren ihn zu den Auftragsflächen und bauen ihn ein. Flachbaggergeräte sind Löse-, Lade-, Transport- und Einbaugerät in einem. Die Transportweite setzt Einsatzgrenzen unter wirtschaftlichen Gesichtspunkten.

Die Organisation und die Wahl der Betriebsvariante im Erdbaubetrieb hängt von der Bodenklasse und den Transportlängen ab. Es werden die Maschinen/Betriebsvarianten eingesetzt, die in der vorliegenden Situation am wirtschaftlichsten arbeiten.

9.2.4 Erdplanum

Definition nach ZTVE-StB [1] 94

Das Erdplanum ist die unmittelbar an den Oberbau angrenzende, bearbeitete Oberfläche des Untergrundes bzw. Unterbaues.

Anforderungen und Schutzmaßnahmen

Anforderungen	Schutzmaßnahmen
– Das Erdplanum muß eine profilgerechte Lage haben, – das Erdplanum muß eben und tragfähig sein, – zulässige Abweichung von der Sollhöhe ± 3 cm (wenn gebundene Tragschichten vorgesehen sind ± 2 cm), – die Querneigung muß ≥ 2,5% betragen und ist der für die Fahrbahn vorgesehenen Querneigung anzupassen, – das von Einschnittböschungen abfließende Oberflächenwasser muß durch Mulden oder Rinnen aufgefangen werden (darf nicht auf das Planum gelangen)	– Belassen oder Aufbringen einer Schutzschicht aus Boden, – Abdeckung mit Kunststoffbahnen, – Versiegeln auf Straßenpech- oder Bitumenbasis, – Aufbringen von Schichten des Oberbaues, – Einbau geeigneter Bodenarten im Bereich des Erdplanums, – Bodenverbesserung des Erdplanums, – Bodenverfestigung des Erdplanums, – das fertige Erdplanum darf nur befahren werden, wenn keine schädlichen Verdrückungen den Wasserabfluß behindern

[1] ZTVE-StB: Zusätzliche Technische Vertragsbedingungen und Richtlinien für Erdarbeiten im Straßenbau.

9.2 Erdbau

9.2.5 Bodenverdichtung

Aufgaben und Einflüsse der Bodenart

Aufgabe	Einflüsse der Bodenart		
	grobkörnig nicht bindig	feinkörnig bindig	fein- und grobkörnige Mischböden
Die Bodenverdichtung ist eine Maßnahme zur Verbesserung der bautechnischen Eigenschaften der Böden. Sie hat die Aufgabe: – den mit Luft gefüllten Porenraum eines Bodens zu verringern, – die Tragfähigkeit zu erhöhen, – das Setzungsverhalten zu vermindern	– Kornzusammensetzung, – Kornabstufung, – Kornform, – Rauhigkeit der Oberfläche	– Korngröße, – Wassergehalt, – Kornzusammensetzung	– Mischungsverhältnis von Feinkörnung und Grobkörnung, – Wassergehalt der Feinkörnung, – Kornzusammensetzung der Feinkörnung

Einfluß des Wassergehaltes auf die Verdichtbarkeit der Böden

Verdichtbarkeit grobkörniger Böden	Verdichtbarkeit feinkörniger Böden
Die Verdichtbarkeit grobkörniger Böden hängt um so mehr vom Wassergehalt ab, je ungleichkörniger sie abgestuft sind. Gleichkörnig abgestufte Sande und Kiese werden bei der Verdichtung weniger vom Wassergehalt beeinflußt	Die Verdichtbarkeit feinkörniger und bindiger Mischböden ist maßgeblich vom Wassergehalt abhängig. Diese Bodengruppen lassen sich nur innerhalb bestimmter Grenzwassergehalte ausreichend verdichten. Wird der Grenzwassergehalt über- oder unterschritten, läßt sich die in den Hohlräumen eingeschlossene Luft nicht mehr ohne weiteres verdrängen

Verdichtungskontrollen

Proctorversuch	Plattendruckversuch
Der Proctorversuch gibt ein hinreichend genaues Bild über den Zusammenhang zwischen dem Wassergehalt und der bei gleicher Verdichtungsarbeit erreichbaren Dichte des Bodens. Die Bodenproben werden dabei mit konstanter Verdichtungsarbeit bei verschiedenen Wassergehalten durch Stampfen verdichtet. Werden die erzielten Trockendichten in Abhängigkeit vom jeweiligen Wassergehalt dargestellt, ergibt sich eine für den Boden charakteristische Verdichtungskurve mit parabelähnlicher Form und einem Maximum. (Optimal erreichte Verdichtung)	Der Plattendruckversuch gibt Aufschluß über die Verformungseigenschaften eines Bodens. Aus dem Verlauf von Druck-Setzung-Linien berechnet man das Verformungsmodul E_V. Es wird aus der Druck-Setzung-Linie der Erstbelastung E_{v1} und der Druck-Setzung-Linie der Zweitbelastung E_{v2} ermittelt. Da sich durch die Erstbelastung eine gewisse bleibende Verformung einstellt, ergibt das Verhältnis des entsprechend höheren E_{v2}-Werts zum E_{v1}-Werts Hinweise auf die erreichte Verdichtung. Meßtiefe etwa 1,5facher Plattendurchmesser (300 mm – 500 mm)

Beide Versuche sind nebeneinander gebräuchlich. Der Plattendruckversuch erfaßt eine größere Schichtdicke und Auskunft über den elastischen Anteil der Verformung. Wird die geforderte Verdichtung nicht erreicht, liefert der Proctorversuch die Begründung (ungünstiger Wassergehalt, ungenügende Verdichtungsarbeit)

9

9.2 Erdbau

Proctorkurve

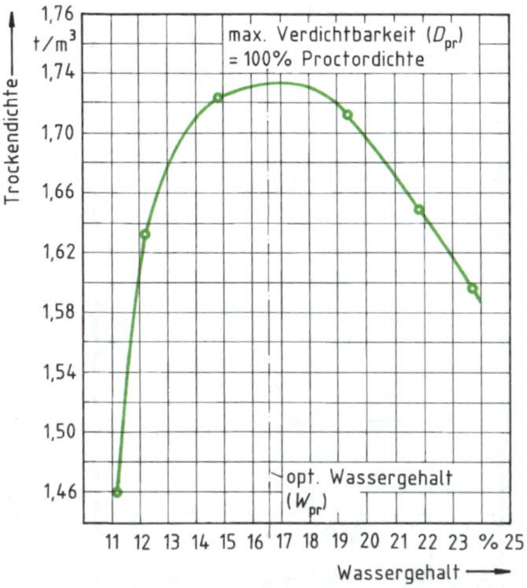

Richtwerte für den Verhältniswert E_{v2}/E_{v1} in Abhängigkeit vom Verdichtungsgrad

Verdichtungsgrad D_{Pr}	Verhältniswert E_{v2}/E_{v1}
≥100%	≤2,3
≥ 98%	≤2,5
≥ 97%	≤2,6

Straßenoberbau

Anforderungen bezüglich des Verformungsmoduls E_{v2} auf dem Planum bei frostsicherem Untergrund/Unterbau nach ZTVE-StB 94

Bauklasse SV, I bis IV	Bauklasse V und VI
E_{v2} = 120 MN/m²	E_{v2} = 100 MN/m²

Bei Anwendung des statischen Plattendruckversuchs nach DIN 18 134 kann von den in den Tabellen angegebenen Zuordnungen Gebrauch gemacht werden nach ZTVE-StB 94.

Richtwerte für die Zuordnung von Verdichtungsgrad D_{Pr} und Verformungsmodul E_{v2} bei grobkörnigen Bodengruppen

Boden-gruppen	Verdichtungsgrad D_{Pr} in %	Verformungsmodul E_{v2} in MN/m²
GW, GI	≥100 ≥ 98 ≥ 97	≥100 ≥ 80 ≥ 70
GE, SE, SW, SI	≥100 ≥ 98 ≥ 97	≥ 80 ≥ 70 ≥ 60

Zusätzlich ist dabei der Verhältniswert der Verformungsmoduln E_{v2}/E_{v1} zur Beurteilung des Verdichtungszustandes mit heranzuziehen.

Wenn der E_{v1}-Wert bereits 60% des in der Tabelle angegebenen E_{v2}-Wertes erreicht, sind auch höhere Verhältniswerte E_{v2}/E_{v1} zulässig.

Anforderungen an das Verdichten nach ZTVE-StB 94

Verdichtungsgrad
Untergrund und Unterbau von Straßen und Wegen sind so zu verdichten, daß die in den Tabellen genannten Anforderungen erreicht werden.

Anforderungen an das 10%-Mindestquantil [1] für den Verdichtungsgrad D_{Pr} bei grobkörnigen Böden

Bereich	Bodengruppen	D_{Pr} in %
Planum bis 1,0 m Tiefe bei Dämmen und 0,5 m Tiefe bei Einschnitten	GW, GI, GE SW, SI, SE	100 100
1,0 m unter Planum bis Dammsohle	GW, GI, GE SW, SI, SE	98

Anforderungen an das 10%-Mindestquantil [1] für den Verdichtungsgrad D_{Pr} bei gemischt- und feinkörnigen Böden

Bereich	Bodengruppen	D_{Pr} in %
Planum bis 0,5 m Tiefe	GU, GT, SU, ST	100
	GU*, GT*, SU*, ST* U, T, OK, OU, OT	97
0,5 m unter Planum bis Dammsohle	GU, GT, SU, ST OH, OK	97
	GU*, GT*, SU*, ST* U, T, OU, OT	95

[1] Das Mindestquantil ist das kleinste zugelassene Quantil (früher: Fraktile), unter dem nicht mehr als der vorgegebene Anteil von Merkmalswerten (z. B. für den Verdichtungsgrad) der Verteilung zugelassen ist.

9

9.2 Erdbau

Anhaltswerte für den Geräteeinsatz zu Bodenverdichtungen in Abhängigkeit von Eignung, Schutthöhe und Anzahl der Übergänge

	Geräteart		Eignung (E), Schütthöhe (H) und Übergänge (Ü)															
			Bodenart												Baustellenbedingungen			
			grobkörnig (nicht bindig) Sande – Kiese			Lockerstein (einkörnig bindig) Schluffe – Tone dazu bindige Sande			gemischtkörnig (bindig) Mischböden schwach steinig			Felsgestein Steine u. Blöcke bis 400 mm Kantenlänge (nicht bindig)			Damm u. Einschnitt Arbeitsfläche eng	Damm u. Einschnitt Arbeitsfläche frei	Bauwerkshinterfüllung	Leitungsgräben[1]
			E	H cm	Ü Anzahl	E	H cm	Ü Anzahl	E	H cm	Ü Anzahl	E	H cm	Ü Anzahl	E	E	E	E
statisch	Glattwalze		○	10 – 20	4 – 8	○	10 – 20	4 – 8	○	10 – 20	4 – 8				○	○		
statisch	Schaffußwalze					+	20 – 30	8 – 12	○	20 – 30	8 – 12	○[2]	20 – 30	8 – 12	○	+		
statisch	Gummiradwalze	selbstfahrend	+	20 – 30	6 – 10	+	20 – 30	6 – 10	○	20 – 30	6 – 10				+	+		
statisch	Gummiradwalze	gezogen	+	30 – 50	6 – 10	+	30 – 40	6 – 10	+	30 – 40	6 – 10					+		
statisch	Gürtelradwalze					+	20 – 30	6 – 8	+	20 – 30	6 – 8				+	+		
statisch	Gitterradwalze					○	20 – 30	6 – 10	+	20 – 30	6 – 10	○[2]	30 – 40	8 – 12	○	+		
dynamisch	Fallplattenstampfer					○[3]	50 – 70	2 – 4[6]	+	50 – 70	2 – 4[6]	+	50 – 80	2 – 4[6]	+	○		
dynamisch	Explosionsstampfer		○	20 – 50	3 – 5	+	20 – 40	3 – 5	○	20 – 50	3 – 5	○[2]	30 – 50	3 – 5	+	○	○	○
dynamisch	Schnellschlagstampfer		○[4]	20 – 40	2 – 4	○[4]	10 – 20	2 – 4	○[5]	20 – 30	2 – 4				○		+	+
dynamisch	Anhänge-vibrations-walze	leicht	+	30 – 50	3 – 5							○	20 – 40	3 – 5	○	+		
dynamisch	Anhänge-vibrations-walze	mittel	+	40 – 60	3 – 5	○[3]	20 – 30	3 – 4	+	30 – 50	3 – 5	○	40 – 60	4 – 6		+		
dynamisch	Anhänge-vibrations-walze	schwer	+	50 – 80	3 – 5	○[3]	30 – 40	3 – 4	+	40 – 60	3 – 5	+	50 – 100	4 – 6		+		
dynamisch	Duplexwalze	leicht	+[5]	20 – 40	4 – 6	○[5]	10 – 20	5 – 8	○[5]	20 – 30	5 – 8				+	○	○	○
dynamisch	Duplexwalze	schwer	+	30 – 50	4 – 6	○	10 – 30	5 – 8	+	20 – 40	5 – 8	+[2]	30 – 50	5 – 8	+	+	○	
dynamisch	Tandem-Vibr.-Walze	leicht	+	20 – 40	4 – 6										+	○		
dynamisch	Tandem-Vibr.-Walze	schwer	+	30 – 50	4 – 6				○	20 – 40	5 – 8				+	+		
dynamisch	Vibr.-Schaffußwalze		○	30 – 50	3 – 5	+	20 – 40	6 – 10	+	20 – 40	6 – 10	+[2]	30 – 50	6 – 10	○	+		
dynamisch	Vibrat.-platten	leicht	+	20 – 40	5 – 8				○	10 – 20	5 – 8				+	○	+	+
dynamisch	Vibrat.-platten	schwer	+	30 – 60	4 – 6	○	20 – 30	6 – 8	○	20 – 40	4 – 6	○[2]	30 – 50	4 – 6	+	+	○	○

\+ empfohlen
○ meist geeignet

[1] Einsatz in bzw. oberhalb der Leitungszone siehe Merkblatt für das Zufüllen von Leitungsgräben
[2] nur für mürbes und weiches Gestein
[3] für trockene Böden zu empfehlen
[4] für Grabenfüllung u. entspr. eingespannte Böden empfohlen
[5] Einsatz leichter Geräte nur in beengten Arbeitsflächen
[6] Zahl der Schläge

9.2 Erdbau

9.2.6 Bodenverbesserung und Bodenverfestigung mit Kalken

Bodenverbesserung und Bodenverfestigung haben das Ziel der Veränderung der Bodenkennwerte

Bindemittel

- Feinkalk
- Kalkhydrat
- Hydraulischer Kalk

Begriff	Erklärung	Wirkungsweise

Boden-verbesserung	Bodenverbesserung mit Kalk ist ein Verfahren zur sofort erreichbaren Verbesserung der Einbaufähigkeit und Verdichtbarkeit bindiger Böden	Merkmale der Sofortreaktion:
		– Krümelbildung;
		– Reduzierung des freien Porenraumes;
		– Verbesserung der
		  – Verdichtungseigenschaften,
		  – Tragfähigkeit

Boden-verfestigung	Bodenverfestigung mit Kalk ist ein Verfahren, bei dem die Widerstandsfähigkeit des Bodens gegen Beanspruchung durch Verkehr und Klima langfristig erhöht wird.
	Der Boden wird hierdurch dauerhaft
	– tragfähiger,
	– wasserunempfindlicher,
	– frostbeständiger
		Zusätzliche Merkmale der Langzeitreaktion
		– Raumbeständigkeit/Setzungsempfindlichkeit,
		– langfristige Zunahme der Druckfestigkeit,
		– Erhöhung der
		  – Tragfähigkeit,
		  – Widerstandsfähigkeit gegen Feuchtigkeit
		  – Widerstandsfähigkeit gegen klimatische Einflüsse (Frost, Erosion, usw.)

Boden und Kalk	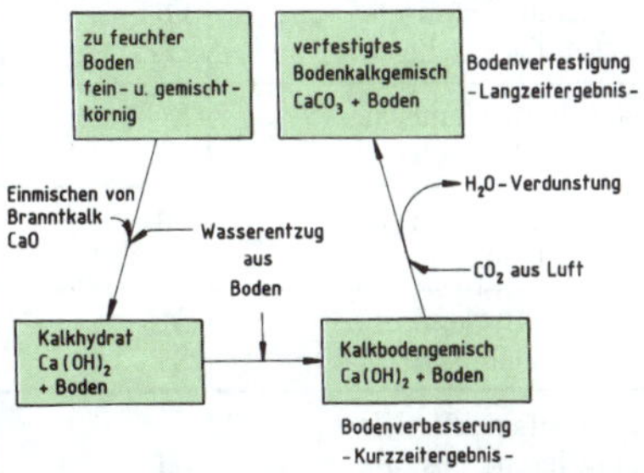	Kalke rufen in Böden Sofort- und Langzeitreaktionen hervor. Je nach Anwendungszweck wird durch die Wahl der Kalkart und der Kalkmenge in Abhängigkeit von der Bodenart und des Wassergehaltes die Sofort- oder die Langzeitreaktion in den Vordergrund treten.

Herstellung

Baumischverfahren (mixed-in-place)	Zentralmischverfahren (mixed-in-plant)
Das Mischgerät (Bodenfräse) fährt auf die für die Verbesserung oder Verfestigung vorbereitete Fläche. Das Gerät reißt den Boden auf, zerkleinert ihn und mischt das Bindemittel ein. Anschließend wird die Fläche mit geeigneten Geräten verdichtet. Geeignetes Verfahren für Bodenverbesserung und Bodenverfestigung. Höchsteinbaudicke: 15 cm	Der Boden wird mit dem Bindemittel und ggf. zusätzlichen Stoffen in einer stationären Mischanlage gemischt und als Baustoff wieder eingebaut und verdichtet. Geeignetes Verfahren zur Bodenverfestigung,jedoch teuer. Höchsteinbaudicke: 12 cm

9.2 Erdbau

Ungefähr benötigte Kalkmengen in Gew.-% bezogen auf das Trockengewicht des Bodens

	Feinkalk	Kalkhydrat	Hochhydraulischer Kalk
Bodenverbesserung	2 bis 4	2 bis 5	2 bis 8
Bodenverfestigung	4 bis 6	4 bis 8	4 bis 12

Geeignete Bodengruppen für die Bodenverbesserung und Bodenverfestigung mit Kalk mit Hinweisen auf die Kalkart nach dem Merkblatt „Bodenverbesserung und Bodenverfestigung" 1979 (Auszug)

Hauptgruppen nach DIN 18 196 (10.88)	Korngrößenanteile in Gew.-% ≤ 0,06 mm	Korngrößenanteile in Gew.-% > 2 mm	Gruppen: Bezeichnung		Gruppen: Fließgrenze w_f, in Gew.-%	Gruppen: Kurzzeichen nach DIN 18196 (10.88)	Geeignet für folgende Kalkarten
Feinkörnige Böden	>40	–	Schluffe	leicht plastische	≤35	UL	Feinkalk [2] Kalkhydrat [2] (Hochhydraulischer Kalk)
				mittelplastische	35 bis 50	UM	
			Tone	leicht plastische	≤35	TL	
				mittelplastische	35 bis 50	TM	
				ausgeprägt plastische	>50	TA [1]	
Gemischtkörnige Böden	15 bis 40	>40	Kies-Schluff-Gemische Kies-Ton-Gemische			GŪ GT̄	Feinkalk [2] Kalkhydrat [2] (Hochhydraulischer Kalk)
		≤40	Sand-Schluff-Gemische Sand-Ton-Gemische			SŪ ST̄	
	5 bis 15	>40	Kies-Schluff-Gemische Kies-Ton-Gemische			GU GT	
		≤40	Sand-Schluff-Gemische Sand-Ton-Gemische			SU ST	
Grobkörnige Böden	≤5	>40	Kiese, weitgestufte Kiese, intermittierend gestufte			GW GI	(Hochhydraulischer Kalk)
		≤40	Sande, enggestufte Sande, weitgestufte Sande, intermittierend gestufte			SE SW SI	
Böden mit organischen Beimengungen und organogene Böden	>40	–	Schluffe	mit organ. Beimeng. oder organogene	35 bis 50	OU	Feinkalk [2] Kalkhydrat [2]
	≤40	–	Tone		>50		
			Grob- bis gemischtkörnige Böden mit kalkigen, kieseligen Bildungen			OK	

[1] Nur in Ausnahmefällen für eine Bodenverbesserung geeignet.
[2] Feinkalk: bei Überschreitung des Bereiches mit optimalem Wassergehalt; Kalkhydrat: im Bereich des optimalen Wassergehaltes.

9.2 Erdbau

Bodenverfestigung mit Zement

Bodenverfestigung mit Zement wird bei nichtbindenden/schwachbindenden Böden angewendet.

Ziele:
- Erhöhung der Tragfähigkeit,
- Erhöhung der Widerstandsfähigkeit gegen Feuchtigkeit,
- Erhöhung der Widerstandsfähigkeit gegen klimatische Einflüsse (Frost, Erosion, usw.).

Hierzu wird geeigneter anstehender, verbesserter oder besonders eingebrachter Boden mit Zement und Wasser vermischt und das Boden-Zement-Gemisch verdichtet.
Eine besondere Kornzusammensetzung des Bodens wird nicht gefordert.

Anwendung

Bodenverfestigung im Straßenoberbau	Bodenverfestigung des Untergrundes/Unterbaus nach ZTVE	Legende

Bodenverfestigung im Straßenoberbau

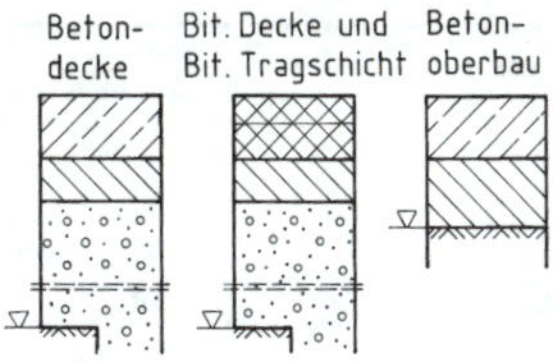

Bodenverfestigung des Untergrundes/Unterbaus nach ZTVE

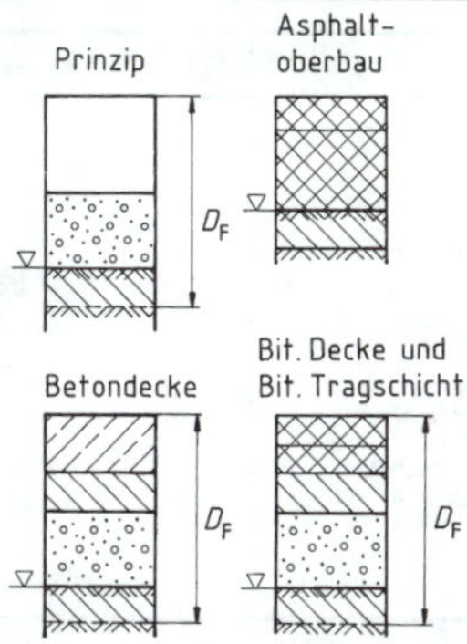

Legende

Bodenverfestigung im Oberbau

Frostsicheres Material (eingebaut o. anstehend)

Bodenverfestigung von F2 o. F3 – Böden im Untergrund/Unterbau

Untergrund/Unterbau

Dicke des frostsicheren Oberbaus

Bindemittel und geeignete Bodenarten

Bindemittel	Geeignete Bodenarten
Zemente nach DIN 1164 (10.94)	Grobkörnige Böden nach DIN 18 196 (10.88) mit einem Größtkorn bis zu 63 mm
Hydrophobierte Zemente (beginnen erst beim Einfräsen in den Boden zu reagieren)	gering bis mittel frostempfindliche, gemischtkörnige Böden der Gruppen SU, ST, GU, GT nach DIN 18 196. Bei diesen Böden muß gemäß ZTVV-StB 81 bei der Festlegung des Bindemittelgehaltes in der Eignungsprüfung die Frostprüfung durchgeführt werden, wenn die Ungleichförmigkeitszahl $U > 15$ ist und der Feinstkornanteil < 0,063 mm mehr als 5 Gew.-% beträgt oder oder wenn die Ungleichförmigkeitszahl $U < 6$ ist und gleichzeitig der Anteil < 0,063 Gew.-% übersteigt
Hydraulischer Tragschichtbinder	sehr frostempfindliche, gemischtkörnige Böden der Gruppen $S\overline{U}$, $S\overline{T}$, $G\overline{U}$ und $G\overline{T}$ und feinkörnige Böden der Gruppen UL, UM und TL. Bei diesen Böden wird der Bindemittelgehalt in der Eignungsprüfung aufgrund der Frostprüfung festgelegt

Im weiteren werden als Bindemittel hochhydraulischer Kalke und bituminöse Bindemittel eingesetzt. Bodenverfestigungen werden im Baumischverfahren oder im Zentralmischverfahren hergestellt. Die Wahl des Verfahrens hängt von der jeweiligen Baustellensituation ab.

9

9.3 Straßenoberbau

Den Aufbau einer Verkehrsfläche unterteilt man in Oberbau, Unterbau und Untergrund.
Der Oberbau besteht dabei aus einer oder mehreren Tragschichten und der Decke.

9.3.1 Bituminöse Bauweise und Betonbauweise

Bituminöse Bauweise: Damm

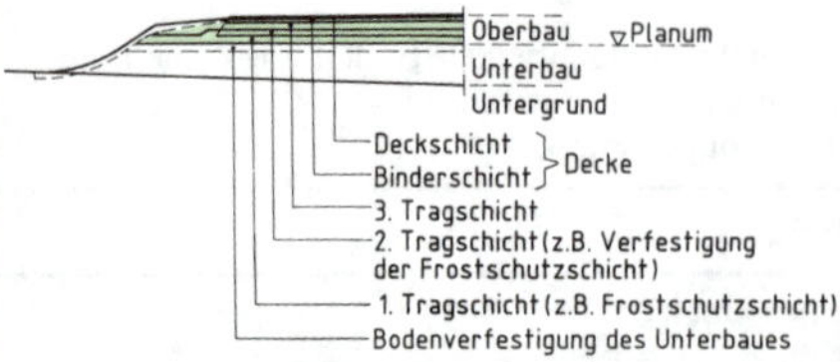

Betonbauweise: Damm

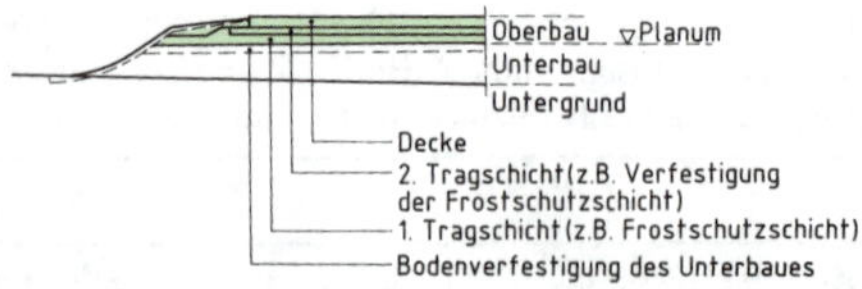

Bituminöse Bauweise: Einschnitt

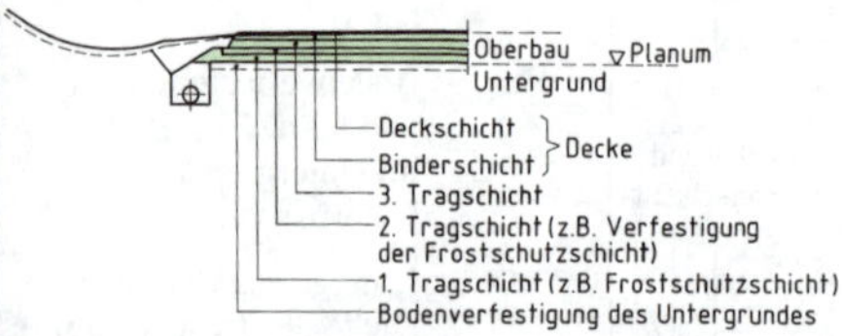

Betonbauweise: Einschnitt

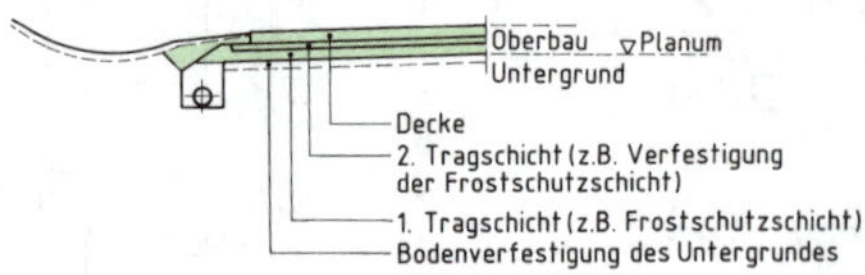

9.3.2 Frostsicherer Straßenoberbau nach RStO 86/89

Die Dicke des frostsicheren Straßenoberbaus muß so gewählt werden, daß auch während Frost und Auftauperioden keine schädlichen Verformungen entstehen.

Mindestdicken des frostsicheren Straßenaufbaus

Frostempfindlichkeitsklasse	Dicke bei Bauklasse		
	SV	I bis IV	V und VI
F1	Keine Frostschutzmaßnahmen nach ZTVE-StB erforderlich.		
F2	60 cm	50 cm	40 cm
F3	70 cm	60 cm	50 cm

Frostschäden treten auf, wenn gleichzeitig folgende Voraussetzungen gegeben sind
- frostempfindlicher Boden in der Frostzone;
- Wasser (Sickerwasser, Kapillarwasser) kann von dem frostempfindlichen Boden aufgenommen werden
- Frost dringt in Straßenoberbau und Untergrund ein

Klassifikation der Frostempfindlichkeit von Bodenarten

Frostempfindlichkeit		Bodenarten (DIN 18196)
F1	nicht frostempfindlich	GW, GI, GE; SW, SI, SE [1]
F2	gering bis mittelfrostempfindlich	TA; OT, OH, OK; TM; ST, GT; SU, GK [1]
F3	sehr frostempfindlich	TL; UL, UM; OU; S$\overline{T}$, G$\overline{T}$; S$\overline{U}$, G$\overline{U}$

[1] Nur wenn der Anteil an Feinkorn 0,063 mm bei ungünstigem *U*-Faktor zwischen 5 bis 15 Gew.-% liegt.

9.3 Straßenoberbau

Mehr- oder Minderdicken des frostsicheren Straßenoberbaus infolge örtlicher Verhältnisse nach RStO 86/89 (Auszug)

Frosteinwirkung			Lage der Gradiente			Lage der Trasse		Wasserverhältnisse	
Zone I	Zone II	Zone III	Einschnitt Anschnitt Damm < 2 m	Ortslage oder in Geländehöhe	Damm > 2 m	Nordhang/ Schattenlage	Übrige Lagen	Ungünstig nach ZTVE-StB	Günstig
± 0 cm	+ 5 cm	+ 15 cm	+ 5 cm	± 0 cm	– 5 cm	+ 5 cm	± 0 cm	+ 5 cm	± 0 cm

Frosteinwirkungszonen

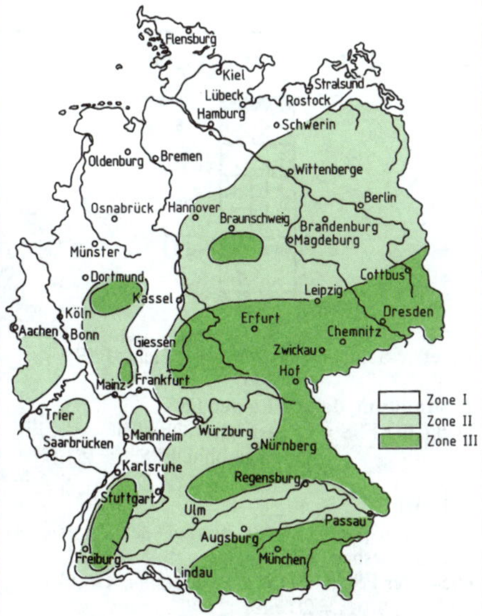

Beispiel zur Bestimmung der Dicke des frostsicheren Straßenoberbaus

Vorgaben

1. Örtliche Verhältnisse:
   Lage der Straße
   Frosteinwirkungszone II → + 5 cm
   Gradiente im Einschnitt → + 5 cm

2. Bodenverhältnisse:
   Anstehender Boden → gehört zur Frostempfindlichkeitsklasse F2

3. Bauweise des Straßenoberbaus:
   Bauklasse II

Bestimmung

1. Mehrdicken aus den örtlichen Verhältnissen = 10 cm
2. Mindestdicken des frostsicheren Straßenoberbaus aus den vorhandenen Bodenverhältnissen und der Bauklasse II nach der Tabelle auf S. 9-26 unten = 50 cm

Daraus ergibt sich eine frostsichere Dicke des Straßenoberbaus von 10 cm + 50 cm **= 60 cm**

Verkehrsbelastungszahl nach RStO 86/89

Zur Bestimmung der Bauklasse für den Straßenoberbau ist die Verkehrsbelastungszahl (*VB*) maßgebend.

$VB = DTV^{SV} \cdot f_{SV} \cdot f_p \cdot f_1 \cdot f_2 \cdot f_3$

DTV^{SV} Durchschnittliche tägliche Verkehrsstärke der Fahrzeugarten des Schwerverkehrs (Fz/24 h) bei der Verkehrsfreigabe.

f_{SV} Mehrbelastungsfaktor (1,5) infolge der erhöhten Achslasten infolge der EG-Harmonisierung

f_p Faktor für die Änderung des DTV^{SV}
Für Bundesautobahnen $f_p = 1 + 0{,}03 \cdot N$
Für alle anderen Straßen $f_p = 1 + 0{,}03 \cdot N$
N: Hierfür ist die Hälfte des vorgesehenen Nutzungszeitraumes, in der Regel 10 Jahre, anzusetzen

f_1 Fahrstreifenfaktor

f_2 Fahrstreifenbreitenfaktor

f_3 Steigungsfaktor

9.3 Straßenoberbau

Faktoren zur Bestimmung der *VB*

Fahrstreifenfaktor			Fahrstreifenbreitenfaktor		Steigungsfaktor	
Zahl der Fahrstreifen	in beiden Fahrtrichtungen f_1	für jede Fahrtrichtung getrennt f_1	Fahrstreifenbreite in m	Faktor f_2	Höchstlängsneigung (v. H.)	Faktor f_3
1		1,00	unter 2,50	2,00	unter 2	1,00
2	0,50	0,90	2,50 – 2,75	1,80	2 bis unter 4	1,02
3	0,50	0,80	2,75 – 3,25	1,40	4 bis unter 5	1,05
4	0,45	0,80	3,25 – 3,75	1,10	5 bis unter 6	1,09
5	0,45	0,80	3,75 u. mehr	1,00	6 bis unter 7	1,14
6 und mehr	0,40	0,80			7 bis unter 8	1,20
					8 bis unter 9	1,27
					9 bis unter 10	1,35
					10 und mehr	1,45

Verkehrszählung 1985:	$DTV^{(SV)}$ 1985 = 1500 Fz/24 h
Jahr der Verkehrsübergabe:	1990
Vorgeseh. Nutzungszeitraum:	20 Jahre
Anzahl der Fahrstreifen:	4
Fahrstreifenbreite:	3,50 m
Längsneigung:	4%

1. Berechnung des $DTV^{(SV)}$ bei der Verkehrsübergabe:

Anzahl der Jahre bis zum Berechnungszeitpunkt:
1990 – 1985 = 5 Jahre

$DTV^{(SV)}$ 1990 = 1500 (1 + 0,01 · 5) = 1575 Fz/24 h

2. Berechnung der maßgebenden Verkehrsbelastungszahl:

$VB = 1575 \cdot 1{,}5 \cdot (1 + 0{,}01 \cdot 20/2) \cdot 0{,}45 \cdot 1{,}10 \cdot 1{,}05 = 1351$

Maßgebend ist Bauklasse II nach Tabelle S. 9-29.

Gewählt: Bauklasse II Zeile 3.2 Tab. S. 9-29

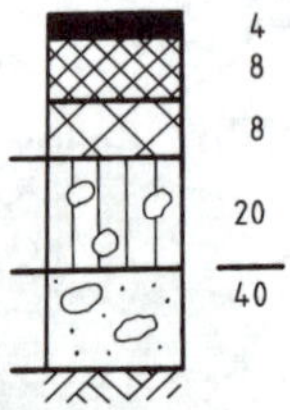

Unterste Schicht = Frostschutzschicht (FSS)

Bestimmung der Dicke der FSS

Dicke der FSS = Frostsicherer Oberbau – Oberbau ohne FSS

Beispiel:

Nach Beispiel S. 9-27 beträgt der frostsichere Straßenoberbau 60 cm

Dicke der FSS = 60 cm – 40 cm (siehe Grafik) = 20 cm

Maßgebende Verkehrsbelastungszahl und Bauklassen

Verkehrsbelastungszahl	Bauklasse
über 3200	SV
über 1800 bis 3200	I
über 900 bis 1800	II
über 300 bis 900	III
über 60 bis 300	IV
über 10 bis 60	V
bis 10	IV

Straßentypen und Bauklasse

Straßentyp	Bauklasse
Schnellverkehrsstraße	SV, I
Schnellverkehrsstraße Industriesammelstraße	I, II
Hauptverkehrsstraße	II, III
Industriestraße	II, III
Sammelstraße	IV
Anliegerstraße/Fußgängerzone	V
Anliegerstraße/Wohnweg	VI

9.3 Straßenoberbau

9.3.4 Bauweisen

Bauweisen[1] mit bituminöser Decke für Fahrbahnen nach RStO 86/90

(Dickenangaben in cm, Angaben des Verformungsmoduls E_{v2} in MN/m²)

Zeile	Bauklasse[1]	SV	I	II	III	IV	V	VI
	Verkehrsbelastungszahl (*VB*)	> 3200	1800 – 3200	900 – 1800	300 – 900	60 – 300	10 – 60	–10
	Bituminöse Tragschicht auf Frostschutzschicht							
1	Deckschicht Binderschicht **bit. Tragschicht** Frostschutzschicht	▼120 ▼45 4 / 8 / 22 — 34	▼120 ▼45 4 / 8 / 18 — 30	▼120 ▼45 4 / 8 / 14 — 26	▼120 ▼45 4 / 4 / 14 — 22	▼120 ▼45 4 / 14 — 18	▼100 ▼45 4 / 10 — 14	▼100 ▼45 10[5] — 10
	Bituminöse Tragschicht und **Bodenverfestigung** auf Frostschutzschicht							
2	Deckschicht Binderschicht bit. Tragschicht **Bodenverfestigung** Frostschutzschicht	▼45 4 / 8 / 18 / 15 — 45	▼45 4 / 8 / 14 / 15 — 41	▼45 4 / 8 / 10 / 15 — 37	▼45 4 / 4 / 10 / 15 — 33	▼45 4 / 10 / 15[4] — 29	▼45 4 / 8 / 15[4] — 27	▼45 10[5] / 15[4] — 25
	Bituminöse Tragschicht und **Schottertragschicht** auf Frostschutzsicht							
3.1	Deckschicht Binderschicht bit. Tragschicht **Schottertragschicht** **E_{v2}≥150 (120) MN/m²** Frostschutzschicht	▼150 ▼120 ▼45 4 / 8 / 18 / 15 — 45	▼150 ▼120 ▼45 4 / 8 / 14 / 15 — 41	▼150 ▼120 ▼45 4 / 8 / 10 / 15 — 37	▼150 ▼120 ▼45 4 / 4 / 10 / 15 — 33	▼150 ▼120 ▼45 4 / 10 / 15 — 29	▼120 ▼100 ▼45 4 / 8 / 15 — 27	▼120 ▼100 ▼45 10[5] / 15 — 25
3.2	Deckschicht Binderschicht bit. Tragschicht **Schottertragschicht** **E_{v2}≥180 (150) MN/m²** Frostschutzschicht	▼180 ▼120 ▼45 4 / 8 / 16 / 20 — 48	▼180 ▼120 ▼45 4 / 8 / 12 / 20 — 44	▼180 ▼120 ▼45 4 / 8 / 8 / 20 — 40	▼180 ▼120 ▼45 4 / 4 / 8 / 20 — 36	▼180 ▼120 ▼45 4 / 8 / 20 — 32	▼150 ▼100 ▼45 4 / 8 / 20 — 32	▼150 ▼100 ▼45 8[5] / 20 — 28
	Bituminöse Tragschicht und **Kiestragschicht** auf Frostschutzsicht							
4.1	Deckschicht Binderschicht bit. Tragschicht **Kiestragschicht** **E_{v2}≥180 (150) MN/m²** Frostschutzschicht	▼150 ▼120 ▼45 4 / 8 / 18 / 20 — 50	▼150 ▼120 ▼45 4 / 8 / 14 / 20 — 46	▼150 ▼120 ▼45 4 / 8 / 10 / 20 — 42	▼150 ▼120 ▼45 4 / 4 / 10 / 20 — 38	▼150 ▼120 ▼45 4 / 10 / 20 — 34	▼120 ▼100 ▼45 4 / 8 / 20 — 32	▼120 ▼100 ▼45 10[5] / 20 — 30
4.2	Deckschicht Binderschicht bit. Tragschicht **Kiestragschicht** **E_{v2}≥180 (150) MN/m²** Frostschutzschicht			▼180 ▼120 ▼45 4 / 8 / 8 / 25 — 45	▼180 ▼120 ▼45 4 / 4 / 8 / 25 — 41	▼180 ▼120 ▼45 4 / 8 / 25 — 37	▼150 ▼100 ▼45 4 / 8 / 25 — 37	▼150 ▼100 ▼45 8[5] / 25 — 33
	Bituminöse Tragschicht und **Kies- oder Schottertragschicht** auf Planum							
5	Deckschicht Binderschicht bit. Tragschicht **Kies- o. Schottertragschicht**	▼150 ▼45 4 / 8 / 18 — 30	▼150 ▼45 4 / 8 / 14 — 26	▼150 ▼45 4 / 8 / 10 — 22	▼150 ▼45 4 / 4 / 10 — 18	▼150 ▼45 4 / 10 — 14	▼120 ▼45 4 / 8 — 12	▼120 ▼45 10[5] — 10
	Bituminöse Tragschicht und **hydraulisch gebundene Tragschicht** auf Frostschutzschicht							
6	Deckschicht Binderschicht bit. Tragschicht **hydraulisch geb. Tragschicht** Frostschutzschicht	▼120 ▼45 4 / 8 / 14 / 15 — 41	▼120 ▼45 4 / 8 / 10 / 15 — 37	▼120 ▼45 4 / 8 / 8 / 15 — 35	▼120 ▼45 4 / 4 / 8 / 15 — 31	▼120 ▼45 4 / 8 / 15 — 27	▼100 ▼45 4 / 8 / 15 — 27	6) ▼100 ▼45 8[5] / 15 — 23

[1] Bei der Wahl der Bauweisen in den Bauklassen sind regionale Erfahrungen, örtliche Gegebenheiten, Umweltbedingungen, technische und wirtschaftliche Gesichtspunkte zu berücksichtigen.
[2] RStO = Richtlinien für die Standardisierung des Oberbaues von Verkehrsflächen
[4] Nur bei Bodenverfestigung im Baumischverfahren ausführbar
[5] Mit zusätzlichen Maßnahmen zur gezielten Rißbildung (z. B. gemäß ZTVT-StB)
[6] Tragdeckschicht

9.3 Straßenoberbau

9.3.4 Bauweisen

Bauweisen mit Betondecke für Fahrbahnen RStO 86/90

(Dickenangaben in cm, Angaben des Verformungsmoduls E_{v2} in MN/m^2)

Zeile	Bauklasse[1]	SV	I	II	III	IV	V	VI
	Verkehrsbelastungszahl (*VB*)	> 3200	1800 – 3200	900 – 1800	300 – 900	60 – 300	10 – 60	< 10
	Tragschicht mit hydraulischem Bindemittel auf Frostschutzschicht							
1	Betondecke **Tragschicht mit hydraulischem Bindemittel** Frostschutzschicht	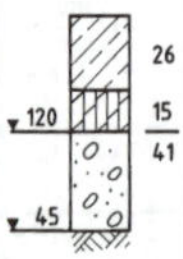 120; 26; 15/41; 45	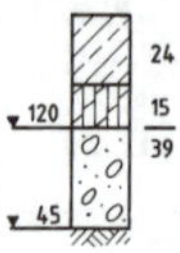 120; 24; 15/39; 45	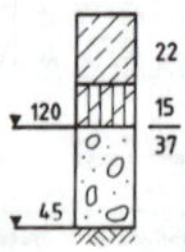 120; 22; 15/37; 45	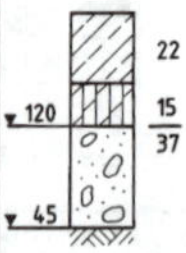 120; 22; 15/37; 45			
	Bodenverfestigung mit hydraulischem Bindemittel auf Frostschutzschicht							
2.1	Betondecke **Bodenverfestigung** mit hydraulischem Bindemittel **Frostschutzschicht aus weit- oder intermittierend gestuftem** (gemäß DIN 18196) **Material**	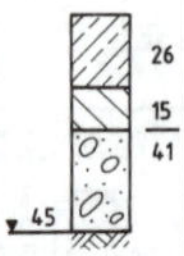 26; 15/41; 45	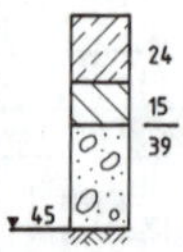 24; 15/39; 45	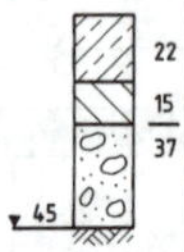 22; 15/37; 45	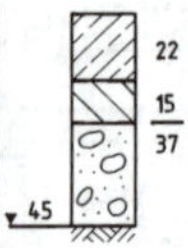 22; 15/37; 45			
2.2	Betondecke **Bodenverfestigung** mit hydraulischem Bindemittel **Frostschutzschicht** aus **enggestuftem** (gemäß DIN 18196) **Material**	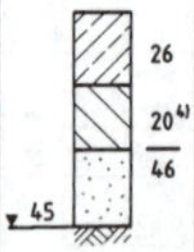 26; 20[4]/46; 45	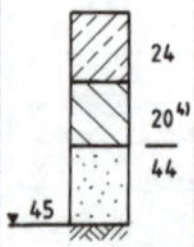 24; 20[4]/44; 45	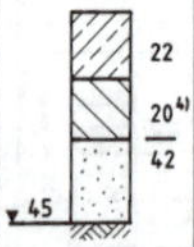 22; 20[4]/42; 45	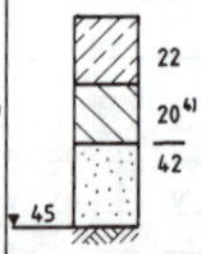 22; 20[4]/42; 45			
	Bituminöse Tragschicht auf Frostschutzschicht							
3	Betondecke **bit. Tragschicht** Frostschutzschicht	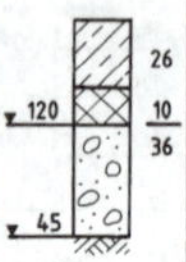 120; 26; 10/36; 45	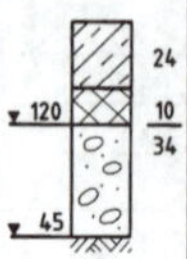 120; 24; 10/34; 45	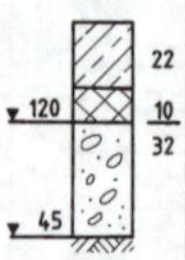 120; 22; 10/32; 45	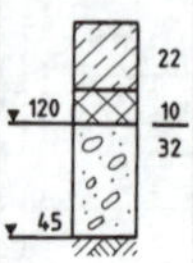 120; 22; 10/32; 45	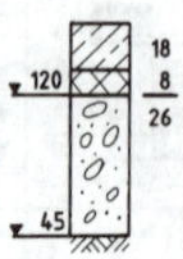 120; 18; 8/26; 45	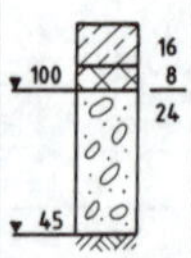 100; 16; 8/24; 45	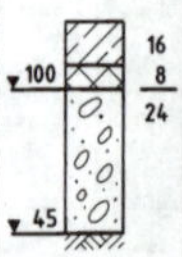 100; 16; 8/24; 45
	Frostschutzschicht							
4.1	Betondecke **Frostschutzschicht aus weit- oder intermittierend gestuftem** (gemäß DIN 18196) **Material**					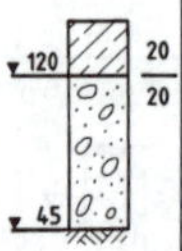 120; 20/20; 45	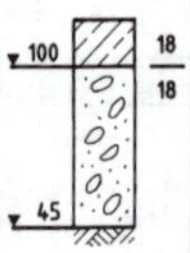 100; 18/18; 45	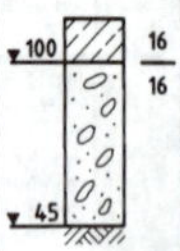 100; 16/16; 45
4.2	Betondecke **Frostschutzschicht aus enggestuftem** (gemäß DIN 18196) **Material**						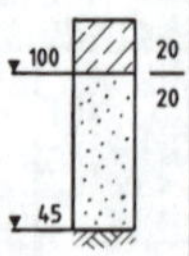 100; 20/20; 45	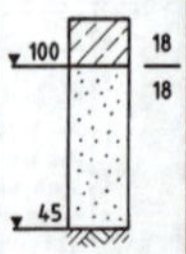 100; 18/18; 45

[4] Mit zusätzlichen Maßnahmen zur gezielten Rißbildung (z. B. gemäß ZTVT-StB)

9.3 Straßenoberbau

9.3.4 Bauweisen

Bauweisen mit Pflasterdecke für Fahrbahnen nach RStO 86/90

(Dickenangaben in cm, Angaben des Verformungsmoduls E_{v2} in MN/m²)

Zeile	Bauklasse[1]	SV	I	II	III	IV	V	VI
	Verkehrsbelastungszahl (*VB*)	> 3200	1800 – 3200	900 – 1800	300 – 900	60 – 300	10 – 60	-10
	Bituminöse Tragschicht auf Frostschutzschicht							
1	Pflasterdecke **bit. Tragschicht** Frostschutzschicht				▼120, ▼45; 8, 3, 14, 25	▼120, ▼45; 8, 3, 12, 23	▼100, ▼45; 8, 3, 10, 21	▼100, ▼45; 8, 3, 10, 21
	Bituminöse Tragschicht und Schottertragschicht auf Frostschutzschicht							
2	Pflasterdecke **bit. Tragschicht** **Schottertragschicht** Frostschutzschicht				4) ▼150, ▼120, ▼45; 8, 3, 10, 15, 36	4) ▼150, ▼120, ▼45; 8, 3, 8, 15, 34	4) ▼120, ▼100, ▼45; 8, 3, 8, 15, 34	4) ▼120, ▼100, ▼45; 8, 3, 8, 15, 34
	Bituminöse Tragschicht und Kiestragschicht auf Frostschutzschicht							
3	Pflasterdecke **bit Tragschicht** Kiestragschicht Frostschutzschicht				1) ▼150, ▼120, ▼45; 8, 3, 10, 20, 41	1) ▼150, ▼120, ▼45; 8, 3, 8, 20, 39	1) ▼120, ▼100, ▼45; 8, 3, 8, 20, 39	1) ▼120, ▼100, ▼45; 8, 3, 8, 20, 39
	Bodenverfestigung auf Frostschutzschicht							
4	Pflasterdecke **Bodenverfestigung** Frostschutzschicht				▼45; 8, 3, 20, 31	▼45; 8, 3, 15, 26	▼45; 8, 3, 15, 26	▼45; 8, 3, 15, 26
	Schottertragschicht auf Frostschutzschicht							
5	Pflasterdecke **Schottertragschicht** Frostschutzschicht				▼180, ▼120, ▼45; 8, 3, 25, 36	▼180, ▼120, ▼45; 8, 3, 20, 31	▼120, ▼100, ▼45; 8, 3, 15, 26	▼120, ▼100, ▼45; 8, 3, 15, 26
	Kiestragschicht auf Frostschutzschicht							
6	Pflasterdecke **Kiestragschicht** Frostschutzschicht				▼180, ▼120, ▼45; 8, 3, 30, 41	▼180, ▼120, ▼45; 8, 3, 25, 36	▼120, ▼100, ▼45; 8, 3, 20, 31	▼120, ▼100, ▼45; 8, 3, 20, 31
	Kies- oder Schottertragschicht auf Planum							
7	Pflasterdecke **Kies- o. Schottertragschicht**				2) ▼150, ▼45; 8, 3, 11	2) ▼150, ▼45; 8, 3, 11	2) ▼120, ▼45; 8, 3, 11	2) ▼120, ▼45; 8, 3, 11
	Hydraulisch gebundene Tragschicht auf Frostschutzschicht							
8	Pflasterdecke **hydraulisch geb. Tragschicht** Frostschutzschicht				▼120, ▼45; 8, 3, 20, 31	▼120, ▼45; 8, 3, 15, 26	▼100, ▼45; 8, 3, 15, 26	▼100, ▼45; 8, 3, 15, 26

[1] Bei zwischenzeitlicher Nutzung der Tragschichten oder bei notwendiger Abdichtung

[2] Bei zwischenzeitlicher Nutzung der Tragschichten oder bei notwendiger Abdichtung Anordnung einer bit. Tragschicht von 8 cm Dicke (Bauklasse III von 10 cm)

9.3.4 Bauweisen

Bauweisen für Rad- und Gehwege

(Dickenangaben in cm, Angaben des Verformungsmoduls E_{v2} in MN/m^2)

Zeile	Bauweisen mit Dicke des frostsicheren Oberbaus	bituminöser Decke	Betondecke	Pflasterdecke	Plattenbelag
		20 | 30 | 40 | 50	20 | 30 | 40 | 50	20 | 30 | 40 | 50	20 | 30 | 40 | 50
	Frostschutzschicht				
1	Decke **Frostschutzschicht**	 10[2] / 10	3)  12 / 12	3) 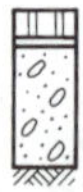 8 / 3 / 11	3) 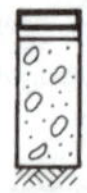 6 / 3 / 9
	Kies- oder Schottertragschicht auf Frostschutzschicht				
2	Decke **Kies- oder Schottertragschicht** Frostschutzschicht	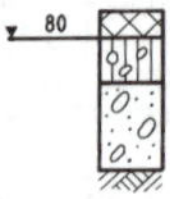 8[2] / 15 / 23		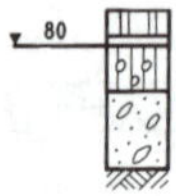 8 / 3 / 15 / 26	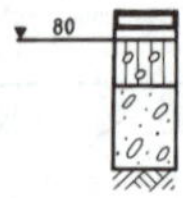 6 / 3 / 15 / 24
	Kies- oder Schottertragschicht auf Planum				
3	Decke **Kies- oder Schottertragschicht**	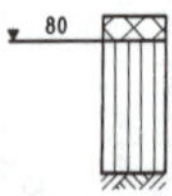 8[2] / 8		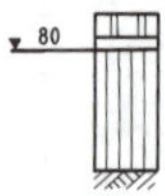 8 / 3 / 11	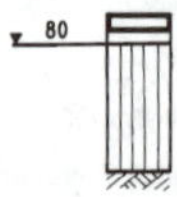 6 / 3 / 9
	Tragschicht mit hydraulischem Bindemittel auf Frostschutzschicht				
4	Decke **Tragschicht mit hydraulischem Bindemittel** Frostschutzschicht	 6[2] / 12 / 18		 8 / 3 / 12 / 23	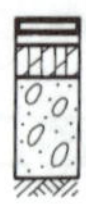 6 / 3 / 12 / 21
	Bodenverfestigung auf Frostschutzschicht				
5	Decke **Bodenverfestigung** Frostschutzschicht	 6[2] / 12[1] / 18		 8 / 3 / 12 / 23	 6 / 3 / 12 / 21

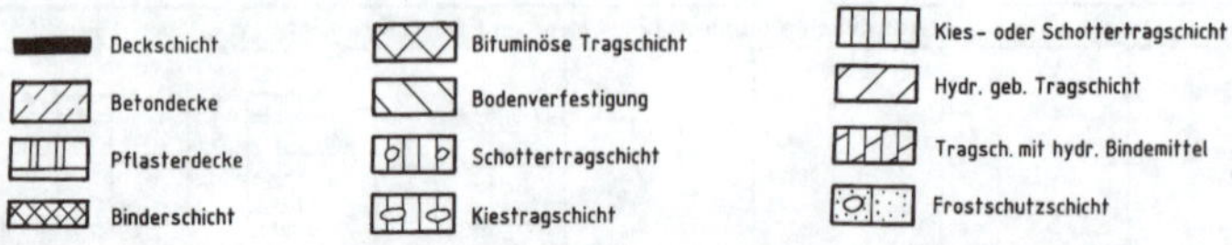

1) Mit zusätzlichen Maßnahmen zur gezielten Rißbildung (z. B. gemäß ZTVT-StB)
2) Tragdeckschicht oder eine andere ein- oder zweischichtige bituminöse Befestigung
3) Bei notwendiger Abdichtung Anordnung einer 8 cm dicken bituminösen Tragschicht

9.3 Straßenoberbau

9.3.5 Baustoffe

Bituminöse Bindemittel

Baustoff	Erläuterung	Bezeichnung	Sorten
Straßenbau-bitumen	Durch Destillation hergestelltes Bitumen. men. Gebräuchliches Bindemittel im bituminösen Straßenbau.	z. B. Straßenbaubitumen DIN 1995 – B 80	B 200, B 80, B 65, B 45, B 25
Fluxbitumen	Straßenbaubitumen, dessen Viskosität durch Fluxöle auf Mineralölbasis herabgesetzt ist. Gebräuchliches Bindemittel für Kaltmischgut.	Fluxbitumen DIN 1995 – FB 500	FB 500
Bitumenemulsion	Bitumen, mit Hilfe von Emulgatoren in Wasser fein verteilt. Je nach Ladungsart: Anionische, kationische und nichtionische Emulsionen. Gebräuchliches Bindemittel zur Oberflächenbehandlung.	Bitumenemulsion DIN 1995 – U 60 K 60 – 60% Bitumengehalt U – Unstabile Bitumenemulsion K – Kationische Ladungsart	U 60 U 60 K U 70 U 70 K
Bitumen-Haftkleber	Lösemittelhaltige Bitumenemulsion	Bitumen-Haftkleber DIN 1995 – HK	HK
Kaltbitumen	Viskosität des Straßenbaubitumen durch Lösemittel herabgesetzt.	Kaltbitumen DIN 1995 – KB	KB
Straßenpech	Lösung von Steinkohleteer-Spezialpech in Lösemitteln.	z. B. Straßenpech DIN 1995 – T 40 – 70	T 40 – 70 T 80 – 125 T 140 – 240 T 250 – 500

Wichtige Prüfverfahren für Straßenbaubitumen

Prüfverfahren	Prüfungsbeginn	Prüfungsende	Erläuterung	Aussage über
Nadelpenetration	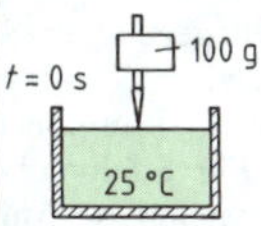	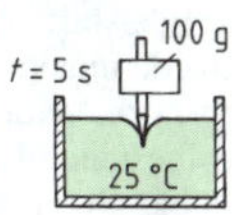	Es wird die Anzahl 1/10 mm bestimmt, um die eine mit 100 g belastete genormte Nadel bei 25 °C in 5 Sekunden in das Bitumen eindringt	Härte und Verformungswiderstand von Bitumen bei normaler Temperatur. Prüfung nach DIN 52010
Erweichungspunkt Ring und Kugel	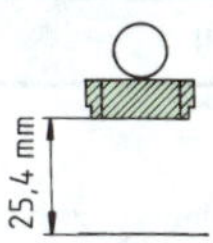	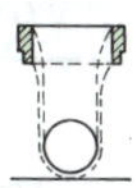	Es wird die Temperatur bestimmt, bei der eine in einem Messingring befindliche Bitumenschicht bei gleichmäßiger Erwärmung unter dem Gewicht einer Stahlkugel eine bestimmte Verformung erfährt	Verformbarkeit unter steigender Temperatur unter Belastung. Prüfung nach DIN 52011
Brechpunkt nach Fraaß	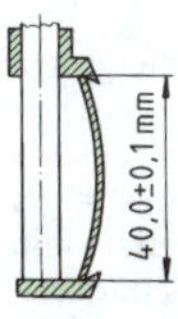	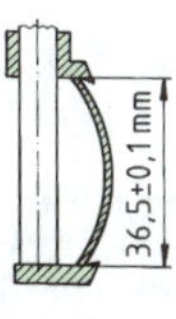	Der Brechpunkt gibt die Temperatur an, bei der eine auf ein Stahlblech aufgebrachte dünne Bitumenschicht bei gleichmäßiger Abkühlung unter dem Einfluß einer Dehnungsbeanspruchung bricht oder Risse bekommt	die Temperatur, bei der das Bitumen spröde wirdund bricht. Prüfung nach DIN 52012

Beispiel: Bitumen B 200 hat eine Nadelpenetration von 160 bis 210.
Je höher die Ziffer bei Straßenbaubitumen (B 25, B 45, B 65, B 80, B 200), desto weicher ist das Bitumen.

9.3 Straßenoberbau

Mineralstoffe nach TL Min-StB 83

Mineralstoffe

- **Ungebrochene Mineralstoffe**: Kies, Natursand
- **Gebrochene Mineralstoffe**: Schotter, Splitt, Brechsand, Edelsplitt, Edelbrechsand, Füller, Hüttensand, Lavaschlacke

Natursand und Kies

Benennung und Bezeichnung der Lieferkörnungen	zulässige Höchstwerte für Unterkorn Gew.-%	zulässige Höchstwerte für Überkorn Gew.-%
Natursand 0/2 (DIN 4226)	–	10 bis 4 mm
Natursand 0/2	–	25 bis 8 mm
Kies 2/4	15	10 bis 8 mm
Kies 4/8	15	10 bis 16 mm
Kies 8/16	15	10 bis 31,5 mm
Kies 16/32	15	10 bis 63 mm
Kies 32/63	15	10 bis 90 mm

Brechsand, Splitt und Schotter

Benennung und Bezeichnung der Lieferkörnungen	zulässige Höchstwerte für Unterkorn Gew.-%	zulässige Höchstwerte für Überkorn Gew.-%
Brechsand – Splitt 0/5	–	20 bis 8 mm
Splitt 5/11	20	10 bis 22,4 mm
Splitt 11/22	20	10 bis 31,5 mm
Splitt 22/32	20	10 bis 45 mm
Schotter 32/45	20	10 bis 56 mm
Schotter 45/56	20	10 bis 63 mm

Füller, Edelbrechsand und Edelsplitt

Benennung und Bezeichnung der Lieferkörnungen	zulässige Höchstwerte für Unterkorn Gew.-%	zulässige Höchstwerte für Überkorn Gew.-%
Füller 0/0,09	–	20 bis 2 mm
Edelbrechsand 0/2	–	15 bis 5 mm
Edelsplitt 2/5	10	10 bis 8 mm
Edelsplitt 5/8	15 jedoch höchstens 5% < 2 mm	10 bis 11,2 m
Edelsplitt 8/11	15 jedoch höchstens 5% < 5 mm	10 bis 16 mm
Edelsplitt 11/16	15 jedoch höchstens 5% < 8 mm	10 bis 22,4 m
Edelsplitt 16/22	15 jedoch höchstens 5% < 11,2 mm	10 bis 31,5 m

Für Edelsplitt gelten gegenüber Splitt veränderte Anforderungen bezüglich Korngröße, Unter- und Überkorn, Kornform, Raumbeständigkeit und Frostbeständigkeit. Für Edelbrechsand gelten gegenüber Brechsand veränderte Anforderungen bezüglich Korngröße und Überkorn.

9.3.6 Tragschichten nach ZTVT-StB 86/90

Tragschichten bilden den unteren Teil des Straßenoberbaus.
Aufgaben der Tragschichten
- Verkehrslasten und Einzellasten so auf den Untergrund zu übertragen, daß die zulässigen Belastungen (Tragfähigkeiten) des Untergrunds nicht überschritten werden,
- Schutz vor Frost- und Tauschäden (Frostschutzschicht).

Je breiter die Lastverteilung, desto geringer ist der Flächendruck auf den Untergrund und desto günstiger ist die Lastübertragung.
Einflußfaktoren auf die Lastübertragung
- Gebrochenes Mineralstoffgemisch ist günstiger als ungebrochenes Mineralstoffgemisch,
- eine Tragschicht mit Bindemittel ist günstiger als eine Tragschicht ohne Bindemittel,
- ein starres Bindemittel (z. B. Zement) ist günstiger als ein flexibles Bindemittel (z. B. Bitumen).

9.3 Straßenoberbau

Arten von Tragschichten

- Tragschichten ohne Bindemittel
  - Frostschutzschicht
  - Kiestragschicht
  - Schottertragschicht
- Asphalttragschichten
- Tragschichten mit hydraulischen Bindemitteln
  - Hydraulisch gebundene Tragschichten
  - Betontragschichten

Frostschutzschicht

Aufgaben, Baugrundsätze, Baustoffe und Ausführungsmöglichkeiten der Frostschutzschichten

Baugrundsätze	Baustoffe	Ausführung
– Einwandfreie Entwässerung im Bau und Betriebszustand der Straße – Lastverteilung – Vermeidung von Frostschäden im Straßenoberbau – In **Einschnittstrecken** Führung bis zu den seitlichen Entwässerungseinrichtungen – Bei **Dammstrecken** Führung bis zu einer angeordneten Sickerrohrleitung oder zur Böschung	Im verdichteten Zustand ausreichend wasserdurchlässige, frostunempfindliche Mineralstoffe **Ungebrochene Mineralstoffgemische:** Kies-Sand-Gemische, Sand-Kies-Gemische. **Gebrochene Mineralstoffgemische:** Schotter-Splitt-Sand-Gemische, Splitt-Sand-Gemische.	**Anforderung:** Gleichmäßiges Trag- und Verformungsverhalten. Maximal zulässige Abweichung der Oberfläche von der Sollhöhe ± 2 cm **Herstellung:** Baustoffgemisch so einbauen, daß keine Entmischung eintritt.

Lieferkörnung und Mindesteinbaudicke der Frostschutzschicht

Größtkorn der Lieferkörnung	Mindesteinbaudicke je Schicht oder Lage	Hinweise
bis 22 mm (Rad- und Gehwege)	10 cm	Das Baustoffgemisch muß in mehreren Arbeitsgängen mit dem für die Verdichtung günstigen Wassergehalt eingebaut und verdichtet werden. Dafür sind die entsprechenden Mindesteinbaudicken einzuhalten.
bis 32 mm	12 cm	
bis 45 mm	15 cm	
bis 56 mm	18 cm	
bis 63 mm	20 cm	

Verdichtung von Frostschutzschichten

Bereich	Baustoffgemisch	Bauklasse SV, I – V, Verdichtungsgrad D_{Pr}	Bauklasse VI sowie Rad- und Gehwege
Bereich 1 Oberfläche der Frostschutzschicht bis 0,20 m Tiefe	GW, GI sowie Brechsand, Splitt und ggf. Schottergemische der Körnung 0/5 bis 0/56	D_{Pr} 103%	D_{Pr} 100%
	GE, SE, SW, SI	D_{Pr} 100%	D_{Pr} 100%
Unterhalb von Bereich 1	Alle Baustoffgemische aus Bereich 1	D_{Pr} 100%	D_{Pr} 100%

9.3 Straßenoberbau

Kies- und Schottertragschichten nach ZTVT-StB 86/90[1]

Arten, Baustoffe und Ausführung der Kies- und Schottertragschichten

Arten	Baustoffe	Ausführung
Kiestragschichten	**Ungebrochene Mineralstoffgemische:** Kies-Sand-Gemische der Lieferkörnungen 0/32, 0/45, 0/56	**Anforderung:** Gleichmäßiges Trag- und Verformungsverhalten. Maximal zulässige Abweichung der Oberfläche von der Sollhöhe ±2 cm. Unebenheiten der Oberfläche der Tragschicht ≤ 2 cm innerhalb 4,00 m Länge einer Meßstrecke.
Schottertragschichten	**Gebrochene Mineralstoffgemische:** Schotter-Splitt-Sand-Gemische und Splitt-Sand-Gemische der Lieferkörnungen 0/32, 0/45, 0/56	**Herstellung:** Baustoffgemisch so einbauen, daß keine Entmischung eintritt. Zwischenlagerungen auf der Baustelle sind unzulässig.

Lieferkörnung und Mindesteinbaudicke der Kies- und Schottertragschichten

Größtkorn der Lieferkörnung	Mindesteinbaudicke je Schicht oder Lage	Hinweise
bis 32 mm	12 cm	Das Baustoffgemisch muß in mehreren Arbeitsgängen mit dem für die Verdichtung günstigen Wassergehalt eingebaut und verdichtet werden. Der Verdichtungsgrad D_{Pr} der Tragschicht darf 103% nicht unterschreiten.
bis 45 mm	15 cm	
bis 56 mm	18 cm	
Beispiel: Mineralstoffgemisch 0/32 Mindesteinbaudicke 12 cm bedeutet: Die Einbaudicke im verdichteten Zustand je Schicht oder Lage muß 12 cm bei Mineralstoffgemisch 0/32 betragen		

Sieblinienbereiche (Auswahl)

Kiestragschicht 0/32	Schottertragschicht 0/32

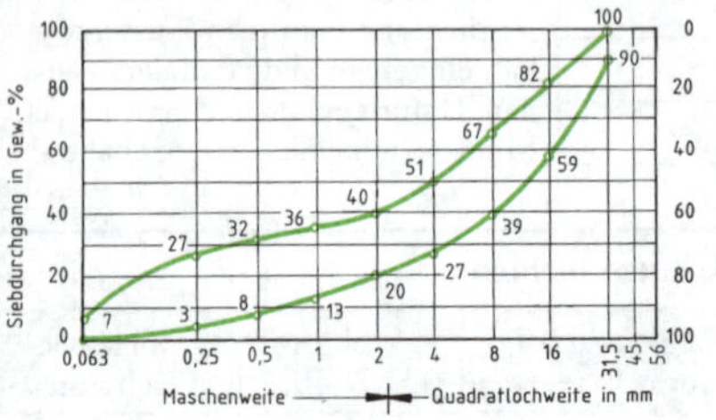

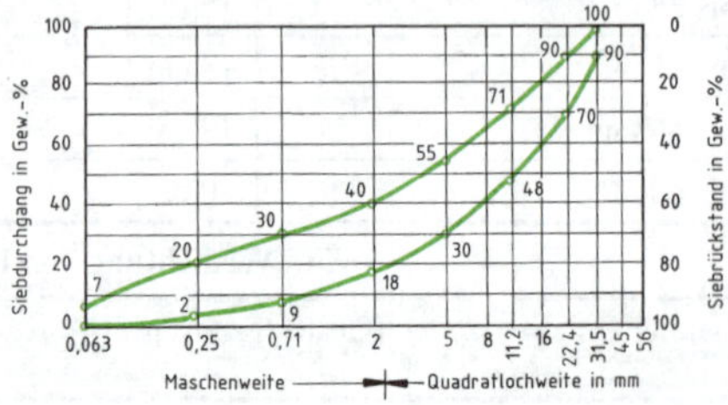

Die Sieblinie der jeweiligen Mineralstoffgemische muß innerhalb der in den Diagrammen angegebenen Grenzen liegen. Diese Anforderungen müssen auch im eingebauten Zustand erfüllt sein. Die Baustoffgemische müssen gleichmäßig gemischt und durchfeuchtet an die Baustelle geliefert werden

[1] ZTVT-StB = **Z**usätzliche **T**echnische **V**ertragsbedingungen und Richtlinien für **T**ragschichten im **St**raßen**b**au

9.3 Straßenoberbau

Asphalttragschichten nach ZTVT-StB 86/90

Art	Baustoffe	Ausführung
Asphalttragschichten	**Ungebrochene Mineralstoffe:** Kiese und Natursand **Gebrochene Mineralstoffe:** Schotter, Splitt, Brechsand Lieferkörnungen 0/2-0/32, 0/16, 0/22, 0/32 **Bindemittel:** Straßenbaubitumen B 80 oder B 65	Asphalttragschichten dürfen nicht unter –3 °C eingebaut werden. Mischgut einlagig einbauen. Bei mehrlagigem Einbau muß ein ausreichender Verbund der Schichten erreicht werden. Abweichung der Oberfläche von der Sollhöhe ± 1,0 cm. Unebenheiten der Tragschichtoberfläche ≤ 1,0 cm innerhalb einer 4,00 m langen Meßstrecke.

Mischgutarten für Asphalttragschichten nach ZTVT-StB 86/90 (Auszug)

Mischgutart	Körnung in mm	Körnung > 2 mm im Mineralstoffgemisch in Gew.%	Körnung < 0,09 mm im Mineralstoffgemisch in Gew.%	gröbste Körnung mindestens in Gew.%	Überkorn höchstens in Gew.%	Mindest-Bindemittelgehalt für den Regelfall – Straßenbaubitumen in Gew.%
AO	0/2 bis 0/32	0 bis 80	2 bis 20	10	20	3,3
A	0/2 bis 0/32	0 bis 35	4 bis 20	10	10	4,3
B	0/22:0/32, 0/16[1]	über 35 bis 60	3 bis 12	10	10	3,9
C	0/22:0/32, 0/16[1]	über 60 bis 80	3 bis 10	10	10	3,6
CS	0/22:0/32, 0/16[1]	über 60 bis 80	3 bis 10	10	10	3,6

Zuordnung der Mischgutarten zu den Bauklassen und zu der Einbauart bei Asphalttragschichten

Einbauart		Bauklasse I	Bauklasse II bis IV	Bauklasse V und VI	Bauklasse SV oder besondere Beanspruchungen
einschichtig		B, C, CS	B[2], C, CS	B, C, CS	CS
mehrschichtig	obere Schicht	B[3], C, CS	(B1), C, CS)[4]	(B, C, CS)[4]	CS
mehrschichtig	untere Schicht	A, B, C, CS (AO)[4]	(AO, A, B, C, CS)[4]		B, C, CS (AO, A)[4]

Asphalttragschichten bestehen aus Mineralstoffgemischen und Straßenbaubitumen. Sie werden im Heißeinbau hergestellt.
Bei der Wahl der Mischgutart unterscheidet man nach Bauklassen sowie nach der Beanspruchung und der Einbauart (einschichtig oder mehrschichtig)
Besondere Beanspruchungen liegen z. B. vor bei
- spurfahrendem Schwerverkehr,
- langsam fahrendem Schwerverkehr,
- Standverkehr,
- häufigen Brems- und Beschleunigungsvorgängen.

[1] nur für Ausgleichsschichten
[2] nicht vorzusehen, wenn untere Schicht aus AO oder A besteht
[3] bei einer Dicke der darüberliegenden Decke von mindestens 8 cm
[4] nur beim Asphaltoberbau

9.3 Straßenoberbau

Verdichtung von Asphalttragschichten

Mischgutart	Verdichtungsgrad
AO, A	96%
B	97%
C, CS	97%

Die Mindesteinbaudicke jeder Schicht oder Lage muß im verdichteten Zustand 8 cm betragen.

Asphalttragschichten Mischgutart A

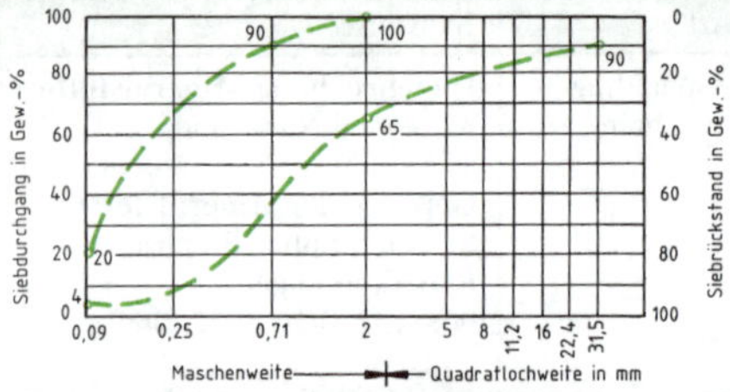

Asphalttragschichten Mischgutart B

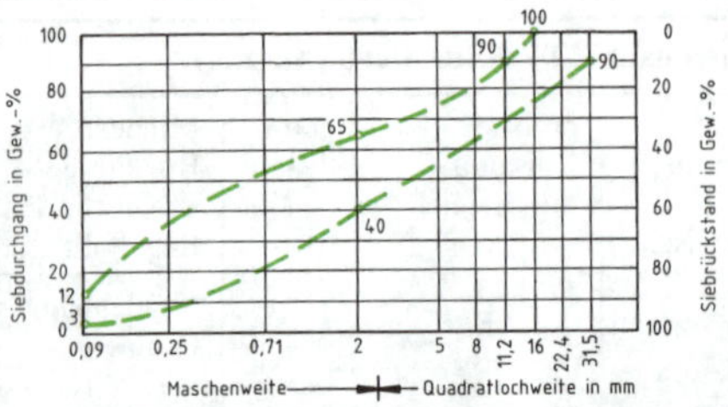

Asphalttragschichten Mischgutart C u. CS

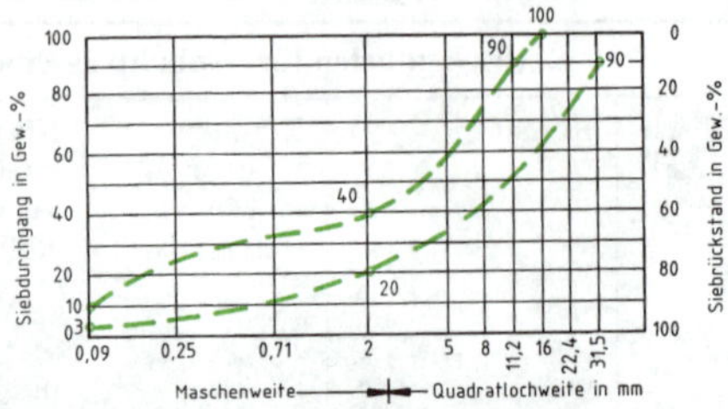

Tragschichten mit hydraulischen Bindemitteln nach ZTVT-StB 86/90

Art	Baustoffe	Ausführung
Hydraulisch gebundene Tragschichten	**Ungebrochene Mineralstoffe:** Kiese und Natursand **Gebrochene Mineralstoffe:** Schotter, Splitt, Brechsand Lieferkörnungen 0/32, 0/45 **Bindemittel:** Zement, Tragschichtbinder, hochhydraulischer Kalk. Schnell erstarrende Bindemittel sind zu vermeiden	Baustoffgemisch so einbauen, daß keine Entmischung eintritt. Ist Frost zu erwarten, muß das Baustoffgemisch in den ersten 7 Tagen vor Schäden geschützt werden. Baustoffgemische mit einer Temperatur von weniger als +5 °C dürfen nicht verarbeitet werden. Abweichung der Oberfläche von der Sollhöhe ±1,5 cm. **Ausnahme:** Bei Fahrbahndecken aus Beton +1 cm bzw. –2 cm. Unebenheiten der Oberfläche der Tragschicht ≤ 1,5 cm innerhalb 4,00 m langer Meßstrecke.
Betontragschichten	B 15 oder B 25 nach DIN 1045 mit Zement der Festigkeitsklasse 32,5. Andere Zemente nur mit Nachweis	Den Beton so einbauen, daß keine Entmischung eintritt. Den Beton mindestens 3 Tage feucht halten. Frischbeton mit einer Temperatur von weniger als +5 °C oder mehr als +30 °C darf nicht verarbeitet werden. Querfugen als Scheinfugen mit 5,00 m Höchstabstand. Arbeitsfugen werden als Preßfugen ausgeführt. Längsfugen bei mehr als 5,00 m Fahrbahnbreite als Scheinfugen oder Preßfugen. Abweichung der Oberfläche von der Sollhöhe ± 1,0 cm. Unebenheiten der Oberfläche der Tragschicht ≤ 1,0 cm innerhalb 4,00 m langer Meßstrecke.

Mindesteinbaudicken je Schicht und Lage:
Mineralstoffgemisch 0/32 → 12 cm Mineralstoffgemisch 0/45 → 15 cm

9.3 Straßenoberbau

Sieblinienbereiche für hydraulisch gebundene Tragschichten

Mineralstoffgemisch 0/32	Mineralstoffgemisch 0/45
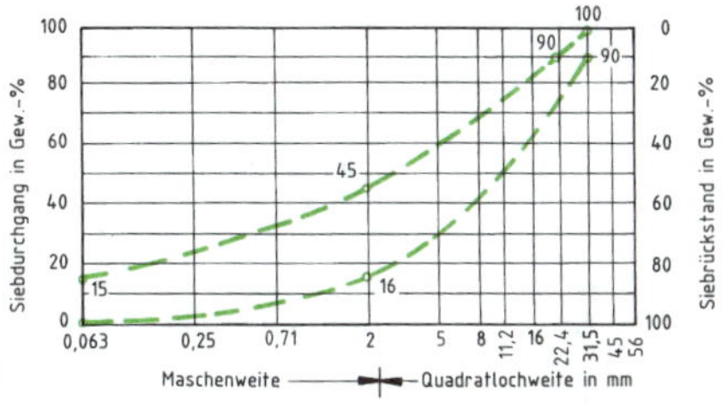	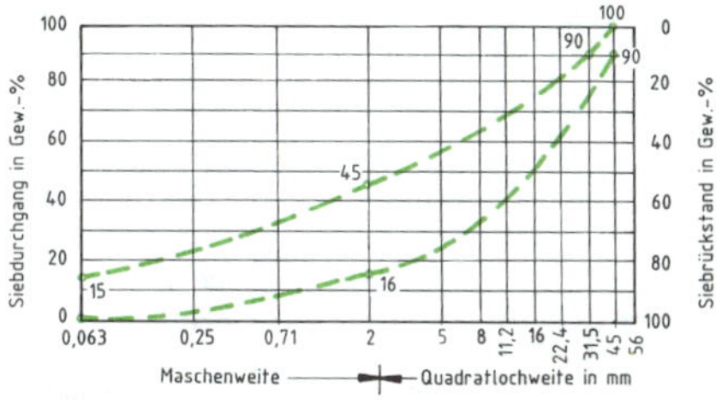

9.3.7 Deck- und Binderschichten nach ZTV Asphalt-StB 94[1]

Die Decke im bituminösen Straßenbauoberbau besteht i. d. R. aus der Binderschicht und der Deckschicht.
Binderschicht: Liegt zwischen der obersten Tragschicht und der Deckschicht. Mit der Binderschicht können Unebenheiten der Tragschicht ausgeglichen und ein Teil der Schubkräfte aufgenommen werden. Geforderte Eigenschaften: tragfähig, verformungsbeständig, usw.
Deckschicht: Bildet die Oberfläche der Fahrbahn und ist den Verkehrsbelastungen unmittelbar ausgesetzt. Geforderte Eigenschaften: tragfähig, verschleißfest, verformungsbeständig, griffig, dicht, usw.

Deck- und Binderschichten

<table>
<tr><th>Art</th><th>Erklärung</th><th>Anwendung</th><th>Baustoffe</th><th>Ausführung</th></tr>
<tr><td>Asphalt-binder</td><td>Mineralstoffgemisch mit abgestufter Körnung

Edelsplitt, Edelbrechsand, Natursand, Gesteinsmehl.

Straßenbaubitumen als Bindemittel</td><td>Binderschicht auf Straßen und Wegen aller Art sowie anderen Verkehrsflächen</td><td>Mineralstoffgemisch |
Straßenbaubitumen |
Bindemittelgehalt in Gew.-%
0/22 | B 65 (B 80, B 45) |
3,8 – 5,5
0/16 | B 65 B 80 (B 45) |
4,0 – 6,0

(0/11 nur zum Profilausgleich)
0/11 | B 65 B 80 | 4,5 – 6,5
außer bei Bauklassen SV, I bis II</td><td>Im heißen Zustand einbauen und verdichten.
Einbaudicken
0/22: 7 bis 10 cm
0/16: 4 bis 8,5 cm
Verdichtungsgrad
je ≥ 97%
0/11 ≥ 3 cm
Verdichtungsgrad
≥ 96%</td></tr>
<tr><td>Asphalt-beton Heißein-bau</td><td>Mineralstoffgemisch mit abgestufter Körnung

Edelsplitt, Edelbrechsand, Natursand, Gesteinsmehl

Straßenbaubitumen als Bindemittel</td><td>Deckschicht auf Straßen und Wegen aller Art sowie anderen Verkehrsflächen</td><td>Mineralstoffgemisch |
Straßenbaubitumen |
Bindemittelgehalt in Gew.-%
0/16 S | B 65 (B 80) |
5,2 – 6,5
0/11 S | B 65 (B 80) |
5,9 – 7,2

0/11 | B 80 (B 65) | 6,2 – 7,5
0/11 | B 80 (B 65) | 6,2 – 7,5
0/8 | B 80
(B 65) | 6,4 – 7,7
0/5 | B 80
(B 200) | 6,8 – 8,0</td><td>Im heißen Zustand einbauen und verdichten.
Einbaudicken
0/16 S: 5 bis 6 cm
0/11 S: 3,5 bis 4,5 cm
0/11: 4 bis 5 cm
0/8: 3 bis 4 cm
Verdichtungsgrad
je ≥ 97%
0/5: 2 bis 3 cm
Verdichtungsgrad
≥ 96%</td></tr>
</table>

( ) Nur in besonderen Fällen; S Mischgutarten für besondere Beanspruchungen (erhöhte Standfestigkeit)
[1] ZTV Asphalt-StB = zusätzliche Technische Vertragsbedingungen und Richtlinien für den Bau von Fahrbahndecken aus Asphalt

9.3 Straßenoberbau

Deck- und Binderschichten (Forts.)

<table>
<tr><th>Art</th><th>Erklärung</th><th>Anwendung</th><th>Baustoffe</th><th>Ausführung</th></tr>
<tr><td>Guß-
asphalt</td><td>Mineralstoff-
gemisch hohl-
raumarm zu-
sammengesetzt

Edelsplitt,
Edelbrechsand,
Natursand,
Gesteinsmehl

Straßenbau-
bitumen als
Bindemittel</td><td>Deckschicht auf
Straßen und Wegen
aller Art sowie
anderen Verkehrs-
flächen.
Gußasphalt 0/5
sollte nur aus-
nahmsweise für
Fahrbahnen ver-
wendet werden.
Er eignet sich be-
sonders für Rad-
und Gehwege</td><td>Mineralstoffgemisch |
Straßenbaubitumen |
Bindemittelgehalt
in Gew.-%
0/11 S | B 45
(B 25) | 6,5 – 8
0/11 | B 45
(B 65) | 6,5 – 8
0/8 | B 45
(B 65) | 6,8 – 8
0/5 | B 45
(B 65) | 7 – 8,5</td><td>Im heißen Zustand ein-
bauen. Eine Verdichtung
ist nicht notwendig. Die
Oberfläche wird unmit-
telbar nach dem Einbau
durch Aufrauhen oder
Abstumpfen nachbe-
handelt, z. B. Abstreuen
mit Edelsplitt und ein-
walzen.

Einbaudicken
0/11 S:
3,5 bis 4 cm
0/11:
3,5 bis 4 cm
0/8:
2,5 bis 3,5 cm
0/5:
2 bis 3 cm</td></tr>
<tr><td>Splitt-
mastix-
asphalt</td><td>Mineralstoff-
gemisch mit
Ausfallkörnung

Edelsplitt,
Edelbrechsand,
Natursand,
Gesteinsmehl

Straßenbau-
bitumen als
Bindemittel

Stabilisierende
Zusätze wie Kie-
selsäure, Polyme-
re, mineralische
Faserstoffe u. a.</td><td>Deckschicht auf
Straßen und Wegen
aller Art, anderen
Verkehrsflächen
sowie für Deck-
schichten in un-
gleichmäßiger
Dicke</td><td>Mineralstoffgemisch |
Straßenbaubitumen |
Bindemittelgehalt
in Gew.-%
0/11 S | B 65 |
6,5 – 7,5
0/8 S | B 65 |
6,5 – 7,5
0/8 | B 80 |
6,5 – 7,5
0/5 | B 80
(B 200) | 7 – 8</td><td>Im heißen Zustand ein-
bauen und verdichten.
Die Oberfläche wird un-
mittelbar nach dem Ein-
bau nachbehandelt
(siehe Gußasphalt).

Einbaudicken
0/11 S:
2,5 bis 5 cm
0/8 S:
2 bis 4 cm
0/8:
2 bis 4 cm
0/5:
1,5 bis 3 cm
Verdichtungsgrad
je $\geq$ 97%</td></tr>
<tr><td>Asphalt-
mastix</td><td>Dichte Masse aus
Sand und Füller

Edelbrechsand,
Natursand,
Gesteinsmehl

Straßenbau-
bitumen als
Bindemittel</td><td>Deckschicht auf
Straßen und Wegen
aller Art sowie
anderen Verkehrs-
flächen.

Weniger geeignet
für Straßen mit
schnellem Verkehr</td><td>Mineralstoffgemisch |
Straßenbaubitumen |
Bindemittelgehalt
in Gew.-%
0/2 | B 65, B 80, (B 45,
B 200) | 13 – 18

Einbaugewicht:
15 – 25 kg/m^2</td><td>Im heißen Zustand ein-
bauen. Auf die heiße
Oberfläche 15 – 25 kg/m^2
leicht mit Bindemittel
umhüllten Edelsplitt
aufbringen.
Lieferkörnungen:
5/8, 8/11 oder 11/16
Splitt unmittelbar nach
dem Aufbringen bis zur
Unterlage in den As-
phaltmastix eindrücken
(Walze)</td></tr>
</table>

( ) Nur in besonderen Fällen; S Mischgutarten für besondere Beanspruchungen (erhöhte Standfestigkeit)

9.3 Straßenoberbau

Zweckmäßige Mischgutarten und Mischgutsorten im Heißeinbau für die jeweiligen Bauklassen bzw. Flächenarten ZTV Asphalt – StB 94

Beanspruchung	Bauklasse/ Flächenart[1]	Asphaltbinder	Asphaltbeton[2]	Splittmastixasphalt[2]	Gußasphalt[2]
normale oder besondere	SV, I + II	0/22 0/16	0/16 0/11 S	0/11S	0/11S
besondere	III + StSLW	0/16 0/22	0/11 S 0/16 S	0/11 S 0/8 S	0/11S
normale	III + IV	0/16	0/11 (0/8)	0/8 (0/5)	(0/11) (0/8)
normale	V + VI	–	0/11 0/8	0/8 0/5	(0/11) (0/8)
normale	StLLW Rad- und Gehwege	–	0/11 0/8 0/5	0/8 0/5	(0/8) (0/5)

Grenzwerte für Unebenheiten bei maschinellem Einbau auf Straßen der Bauklassen SV, I, II, III, IV nach ZTV Asphalt – StB 94

Art der Unterlage	Unebenheit in mm innerhalb einer 4 m langen Meßstrecke: Tragdeckschichten	Binderschichten	Deckschichten
auf nicht mit Bindemittel gebundener Unterlage	≤ 10	≤ 10	–
auf mit Bindemittel gebundener Unterlage mit zulässiger Unebenheit über 6 mm	≤ 10	≤ 6	≤ 6
auf Asphaltunterlage mit zulässiger Unebenheit von höchstens 6 mm	–	–	≤ 4

Sieblinienbereiche für bituminöse Deck- und Binderschichten nach ZTV Asphalt – StB 94 (Auswahl)

Asphaltbinder 0/22

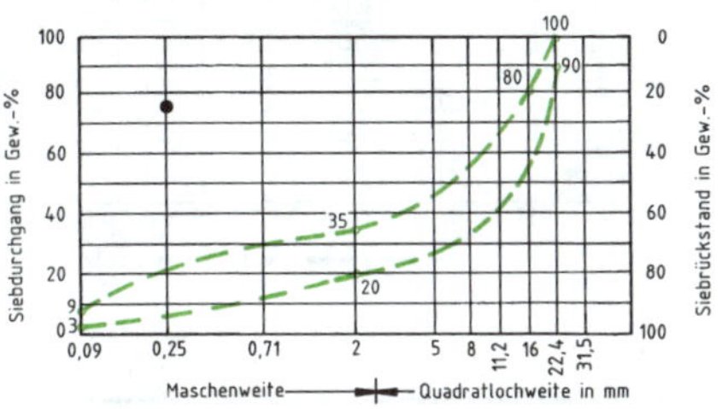

Asphaltbinder 0/16

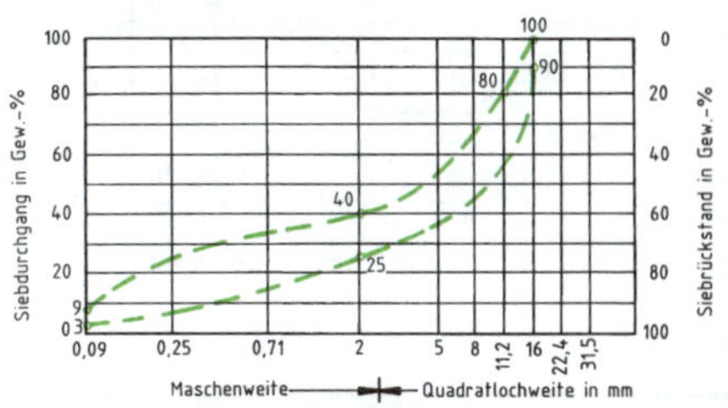

Asphaltbeton 0/11

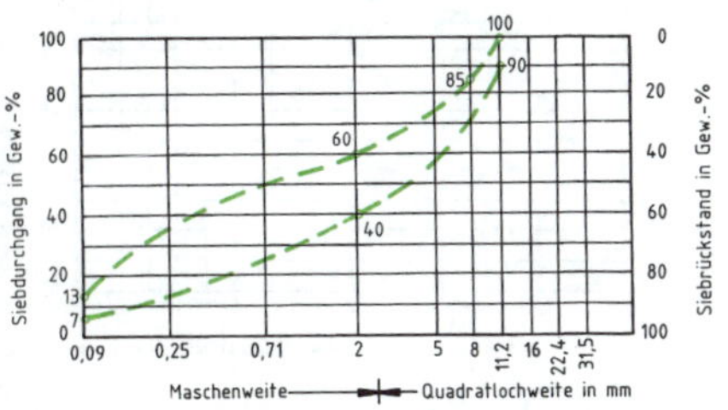

Asphaltbeton 0/8

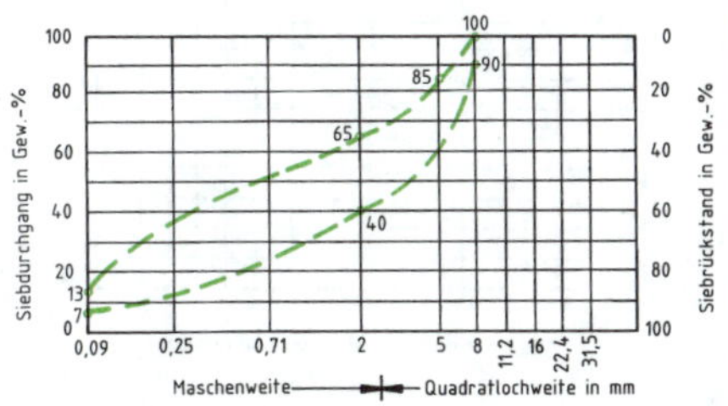

[1] StSLW Standfläche für Schwerlastwagen/Busse
StLLW Standlfäche für Leichtlastwagen/Pkw
[2] ( ) nur in Ausnahmefällen

Sieblinienbereiche für bituminöse Deck- und Binderschichten nach ZTV Asphalt – StB 94 (Auswahl) (Forts.)

Asphaltbeton 0/5

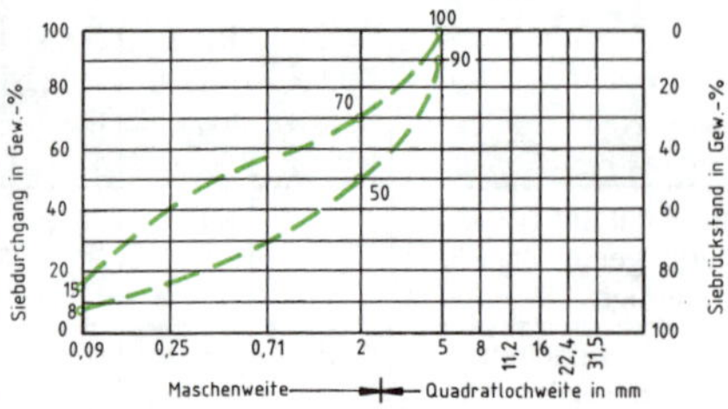

Splittmastixasphalt 0/8 S und 0/8

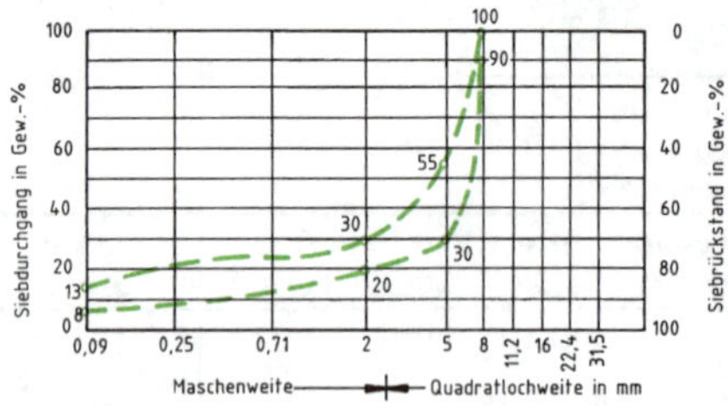

Gußasphalt 0/11 S und 0/11

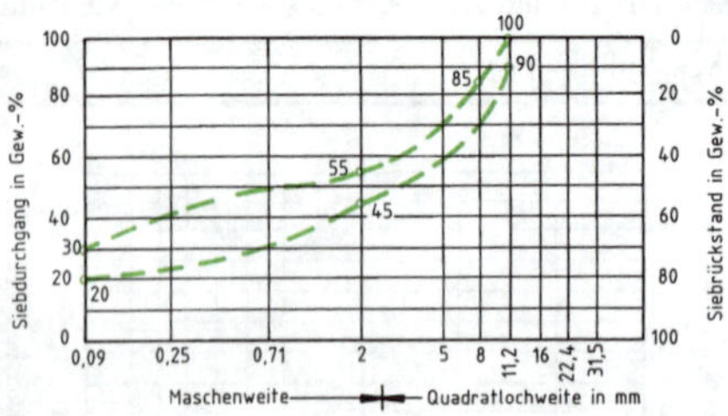

Gußasphalt 0/8

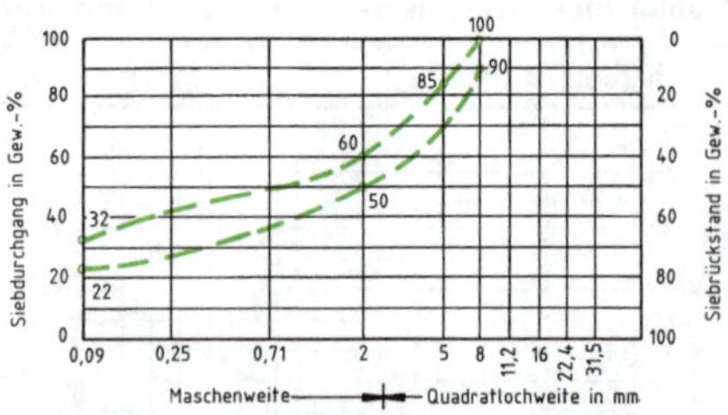

Gußasphalt 0/5

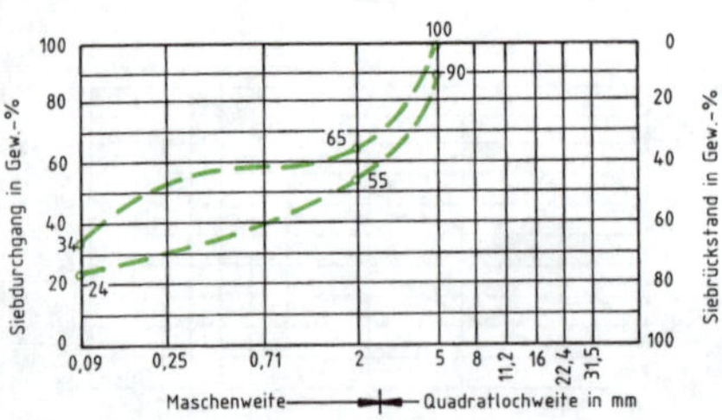

Asphaltmastix

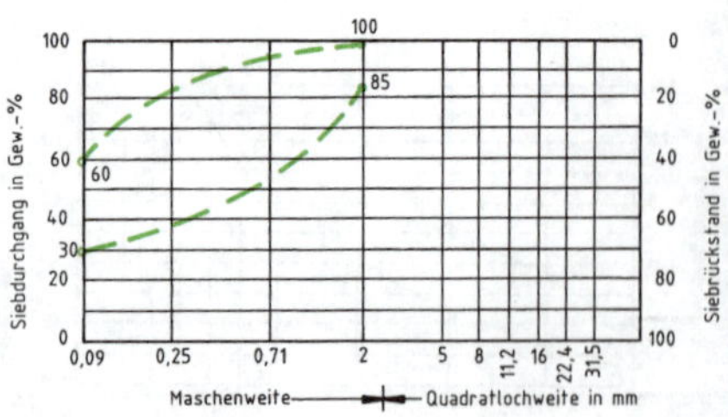

9.3 Straßenoberbau

9.3.8 Betondecken nach ZTV Beton-StB 91[1)]

Betondecken können einschichtig oder zweischichtig hergestellt werden.
Einschichtig: Die Betondecke besteht aus einer Schicht.
Zweischichtig: Die Betondecke besteht aus zwei Schichten unterschiedlicher Zusammensetzung.
Jede Schicht der Betondecke kann **einlagig** oder **mehrlagig** eingebaut werden. Mehrlagig bedeutet, daß Beton gleicher Zusammensetzung in mehreren Lagen eingebaut wird.
Die obere Schicht wird dann als **Oberbeton**, die untere als **Unterbeton** bezeichnet.

Baustoffe

Zemente	Zuschlag	Zugabewasser	Betonzusatzmittel	Bewehrung
CEM I, CEM II/A – S, CEM II/B – S, CEM II/A – L, CEM II/A – T, CEM II/B – T, CEM III/A, CEM III/B, nach DIN 1164. Mindestfestigkeitsklasse 32,5 bei CEM III/A und CEM III/B 42,5. Der Zementgehalt ist aufgrund einer Eignungsprüfung festzulegen (Mindestwert 340 kg/m³ verdichtetem Festbeton). (siehe Kapitel Beton S. 3-20ff.)	Der Zuschlag muß den Anforderungen nach DIN 4226 Teil 1 oder den technischen Lieferbedingungen für Mineralstoffe im Straßenbau genügen. Die Kornzusammensetzung muß DIN 1045 entsprechen. Der Gesamtanteil an Mehlkorn und Feinstsand darf 450 kg/m³ verdichteten Festbetons nicht überschreiten. (siehe Kapitel Beton S. 3-20ff.)	Als Zugabewasser ist das in der Natur vorkommende Wasser geeignet, soweit es nicht Bestandteile enthält, die das Erhärten oder andere Eigenschaften des Beton ungünstig beeinflussen	Betonzusatzmittel und Betonzusatzstoffe nach DIN 1045 (7.88) z. B. LP (siehe Kapitel Beton S. 3-20ff.)	Bei Bewehrung: BSt 500 M (IV M) BSt 500 S (IV S) nach DIN 488 (6.86) (siehe Kapitel Beton S. 3-20ff.)

Bauklassen: SV, I – III – Beton B 35 – Korngruppen 0/2, 2/8, > 8 oder 0/4, 4/8, > 8
Bauklassen: V – VI – Beton B 25 – Korngruppen 0/4, > 4

Fugenarten

Scheinfugen	Raumfugen	Preßfugen
Sollbruchstellen in der Betondecke, die durch Kerben an der Oberseite der Decke hergestellt werden	Plattentrennung in ganzer Dicke. Ermöglichen durch einen breiten, vorgebildeten Spalt eine Ausdehnung der Platten	Plattentrennung in ganzer Dicke. Im Gegensatz zu Raumfugen bieten Sie keinen Raum für eine Ausdehnung der Platten

Fugenanordnung

Quer zur Fahrtrichtung	Längs zur Fahrtrichtung	Bei Betonplatten
Querfugen als Scheinfugen, Preßfugen und Raumfugen. Querfugen verlaufen in der Regel rechtwinkelig zur Fahrbahnachse	Längsfugen als Scheinfugen oder Preßfugen Längsfugen sollen möglichst auf die Fahrbahnmarkierung abgestimmt werden (Lage außerhalb der Fahrspur)	Plattenabmessungen sollen das 25fache der Plattendicke nicht überschreiten (bei quadratischen Platten das 30fache). Die Kantenlänge beträgt ≤ 7,50 m

Dübel und Anker

Zur Sicherung der Höhenlage und zur Lastübertragung werden an Querfugen Dübel angeordnet. An den Längsfugen werden zur Verhinderung des Auseinanderwanderns der Platten Anker angeordnet.

[1)] ZTV Beton-StB91 = Zusätzliche Technische Vertragsbedingungen und Richtlinien für den Bau von Fahrbahndecken aus Beton

9.3 Straßenoberbau

Anordnung von Fugen, Anker und Dübel

Regelfall: 3 Anker pro Platte
Bei den Bauklassen SV, I – III und Längspreßfugen 5 Anker pro Platte

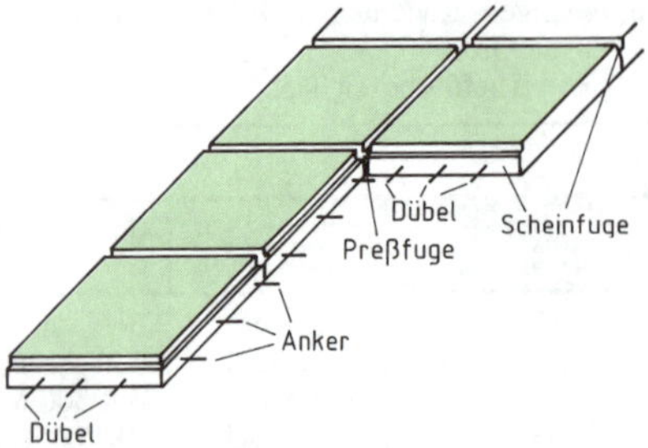

Einbringen von Dübeln
Dübel müssen in Neigung und Längsrichtung der Fahrbahn liegen, damit die Längsbewegung der Platten nicht behindert wird und Risse vermieden werden. Dübel werden in der Mitte der Platte eingebaut. Anker werden in Längsscheinfugen im unteren Drittelpunkt der Plattendicke eingebaut, (werden so beim Schneiden der Fugen nicht erfaßt). Sie sollen jedoch mindestens 5 cm über der Plattenunterseite liegen.

Beispiel einer Raumfuge (Maße in mm)

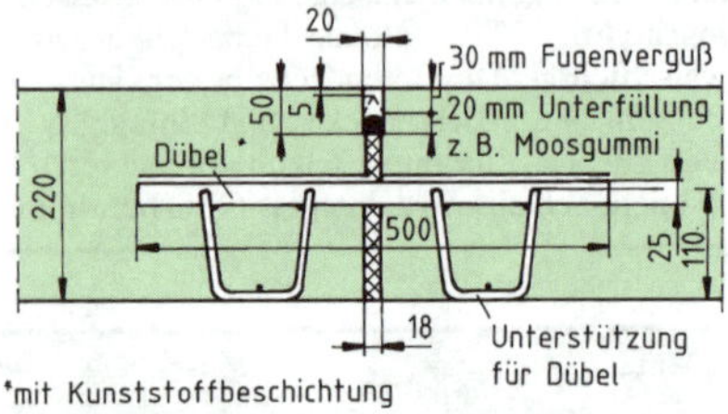

Beispiel einer geschnittenen Scheinfuge (Maße in mm)

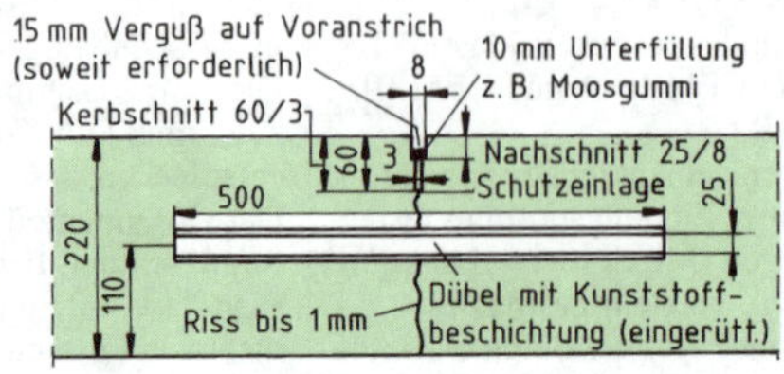

Einbau, Verdichtung, Schutzmaßnahmen und Nachbehandlung von Betondecken

Einbau	Verdichtung	Schutzmaßnahmen und Nachbehandlung
Mindestdicke der Decke im verdichteten Zustand = 10 cm. Bei mehrschichtigem oder mehrlagigem Einbau muß jede Lage 5 cm dick ausgeführt werden. Oberbeton bei den Bauklassen SV, I – III ≥ 7 cm Einbaudicke. Die Decke muß so hergestellt werden, daß ihre Beschaffenheit möglichst gleichmäßig ist. Bei Decken der Bauklassen SV, I – III muß der Beton maschinell eingebaut werden. **Ebenheit:** Bauklassen SV, I – III ≤ 4 mm innerhalb einer 4,00 m langen Meßstrecke. Bauklassen IV – VI ≤ 6 mm innerhalb einer 4,00 m langen Meßstrecke. Bei **Lufttemperaturen** < 5 °C und > 25 °C ist der Einbau nur mit besonderen Maßnahmen zulässig. Bei Lufttemperaturen ≤ – 3 °C sowie Betontemperaturen von < 5 °C und > 30 °C ist der Einbau unzulässig.	Der Beton muß über den gesamten Querschnitt gleichmäßig und vollständig verdichtet werden. Beim Verdichten darf der Beton sich nicht entmischen. Die Bauklassen SV, I – III dürfen nur mit Geräten verdichtet werden, die über die gesamte Einbaubreite wirken.	**Schutzmaßnahmen:** Decken der Bauklassen SV, I bis III im Schutz von Zelten einbauen **Nachbehandlung:** – Die gesamte Oberfläche über die Dauer von mindestens drei Tagen feuchthalten – Aufsprühen von Nachbehandlungsmitteln – Aufbringen wasserhaltender Abdeckungen

9.3 Straßenoberbau

9.3.9 Fahrbahnrandausbildung

Wenn keine Randeinfassung vorhanden ist, wird der Rand der Tragschichten abgeböscht.
Die einzelnen Schichten werden dann gegenüber den darüberliegenden Schichten entsprechend verbreitert.
Bei Fahrbahndecken aus Beton ist die Tragschicht beiderseits des darüberliegenden Betondecke breiter vorzusehen.
Die Verbreiterung richtet sich nach der Einbaumethode (Lauffläche der Einbaugeräte bzw. Schalung) und muß mindestens 35 cm betragen.

Fahrbahnrandausbildung bei Bauweisen mit Betondecken

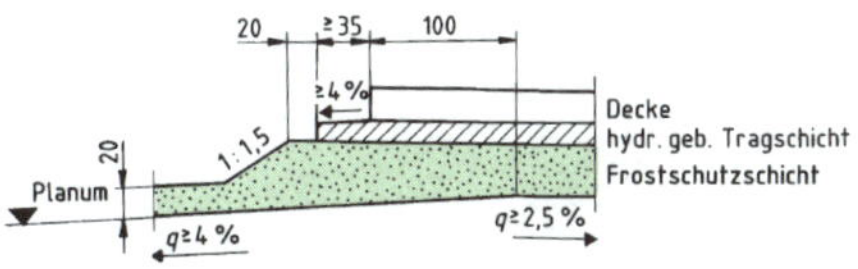

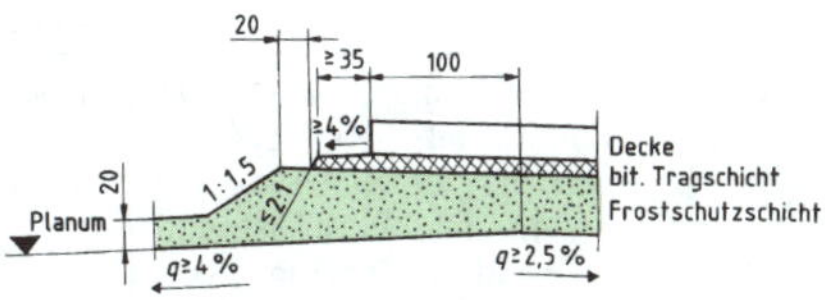

Fahrbahnrandausbildung bei Bauweisen mit Decken aus Asphalt

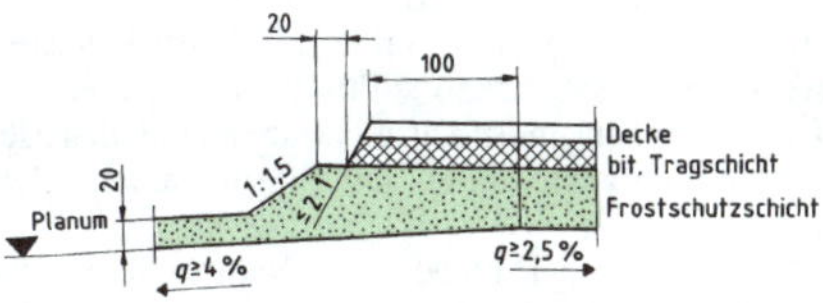

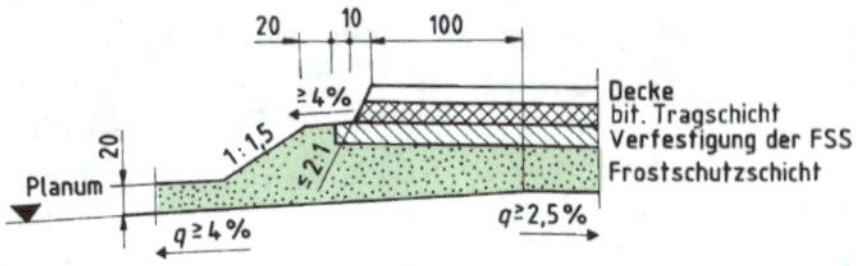

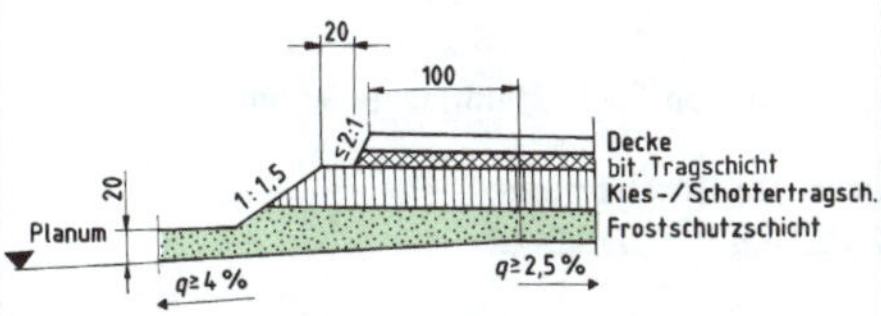

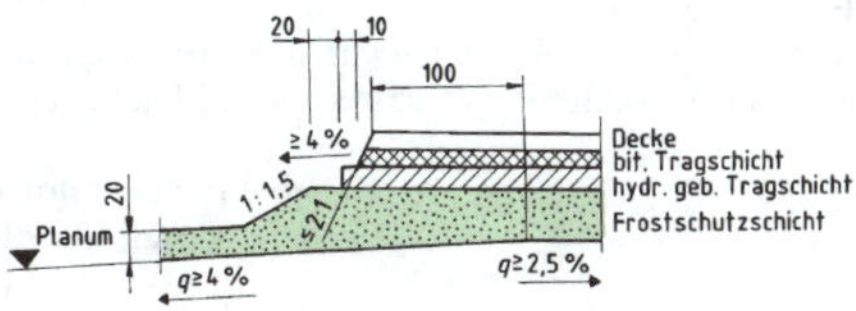

9.3 Straßenoberbau

9.3.10 Pflaster- und Plattenarten

Art	Baustoffe	Herstellung
Betonsteinpflaster	Betonsteine als Quadrat-, Rechteck- und Sechskantsteine sowie unterschiedliche Formen von Verbundpflastersteinen.	Verlegung auf/in eine Pflasterbettung aus Sand 0/2 mm oder 0/4 mm, Splitt 1/3 mm oder 2/5 mm, Brechsand-Splitt-Gemisch 0/5 mm. Das Größtkorn soll 8 mm nicht überschreiten. Das Pflasterbett muß so überhöht werden, daß die Sollhöhe des Belages nach dem Rütteln oder Rammen bis zur Standfestigkeit erreicht wird. Die Fugen werden durch Einfegen von Natursand, Brechsand oder Splitt geschlossen. Bei stärkerer Einwirkung von z. B. Wasser, Kraftstoffen und Ölen können die Fugen mit bituminösen bzw. kraftstoffbeständigen elastischen Vergußmassen ausgegossen werden. Dazu müssen die Fugen mindestens 30 mm tief freigemacht werden
Klinkerpflaster	Pflasterklinker, aus Ton, Lehm und Sand geformt und bis zur Sinterung gebrannt. Die Form ist vorwiegend rechteckig. Verbundklinker haben an Längs- und Querseiten Aussparungen	siehe Betonsteinpflaster
Plattenbeläge	Platten aus Beton, Klinker oder Natursteinen.	siehe Betonsteinpflaster
Natursteinpflaster	Natursteine. Nach der Größe unterscheidet man Großpflaster, Kleinpflaster und Mosaikpflaster. Zuordnung siehe Tabellen nächste Seite	Verlegung in eine Pflasterbettung aus Sand 0/2 mm oder 0/4 mm oder Brechsand-Splitt-Gemisch 0/5 mm. Das Größtkorn soll 8 mm nicht überschreiten. Das Pflasterbett muß so überhöht werden, daß die Sollhöhe nach dem Rütteln oder Rammen bis zur Standfestigkeit erreicht wird. Werden Pflastersteine in Mörtel verlegt (z. B. Bushaltestellen, Werkseinfahrten usw.), dann sollte das Pflasterbett aus Mörtel auf einer rauhen und noch nicht abgebundenen Betontragschicht aufgebracht werden. Die Pflastersteine sollen angenäßt sein. Die Fugen werden durch Einfegen von Natursand, Brechsand und Splitt oder durch Einschlämmen von Traßkalkmörtel oder Zementmörtel geschlossen. Bei stärkerer Einwirkung von z. B. Wasser, Kraftstoffen und Ölen können die Fugen mit bituminösen bzw. kraftstoffbeständigen elastischen Vergußmassen ausgegossen werden. Dazu müssen die Fugen mindestens 30 mm tief freigemacht werden

Natursteinpflastersteine werden in die Güteklassen I und II eingeteilt.
Einteilungskriterien
- Zulässige Abweichungen von den Abmessungen
- Eigenart des im Bruch anstehenden Materials hinsichtlich Kopffläche, Fußfläche, Seitenfläche

Beispiel für eine normgerechte Bezeichnung:

Großpflasterstein 3 – I DIN 18502 – Basaltlava

Art – Größe – Güteklasse – DIN – Baustoff

[1] Steine in Güteklasse I

9.3 Straßenoberbau

Größen und Baustoffe für Natursteinpflaster nach DIN 18 502 (12.65)

Größe	Großpflaster Abmessungen L/B/H in mm	Großpflaster Baustoffe	Kleinpflaster Abmessungen L/B/H in mm	Kleinpflaster Baustoffe	Mosaikpflaster Abmessungen L/B/H in mm	Mosaikpflaster Baustoffe
1	160/160 – 220/160	Granit	100/100/100	Basalt, Gabbro	60/60/60	Basalt, Gabbro
2	160/160 – 220 /140[1]	Granit	90/90/90	Diorit, Grauwacke	50/50/50	Diorit, Grauwacke
3	140/140 – 200 /150	Basalt, Basaltlava	80/80/80	Melaphyr	40/40/40	Melaphyr
4	140/140 – 200 /130[1]	Diorit, Grauwacke				
5	140/120 – 180 /130	Melaphyr				

Plasterverbände (Auswahl)

Reihenverband	Diagonalverband	Polygonalverband Durchgehende Fugen maximal über 3 – 4 Steine
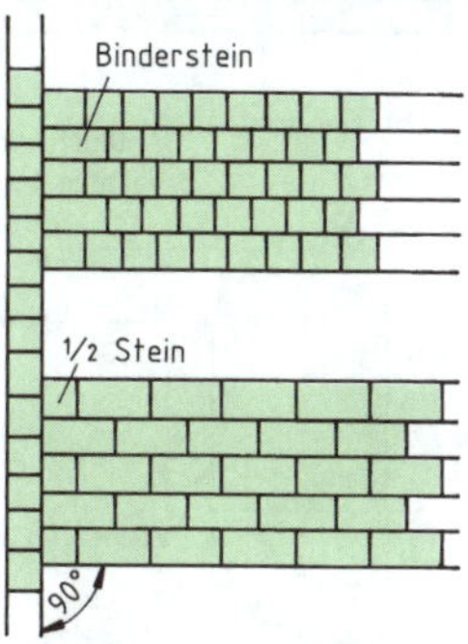	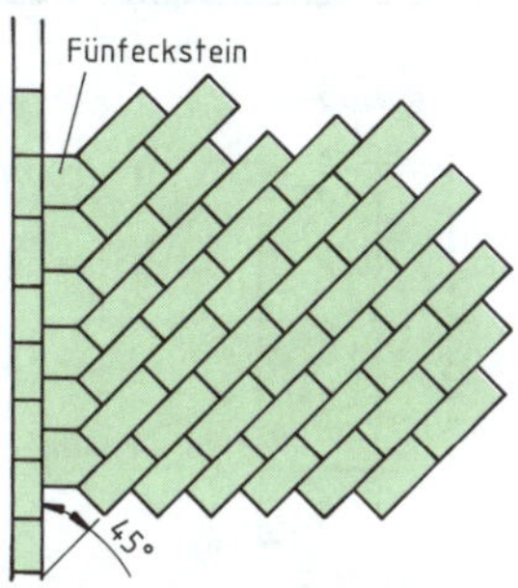	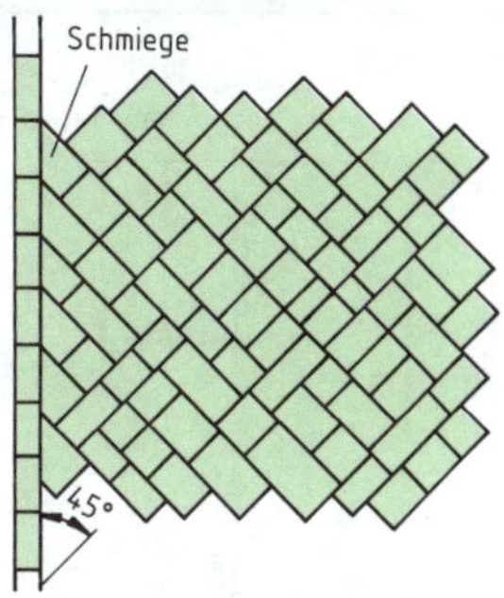

Segmentbögen

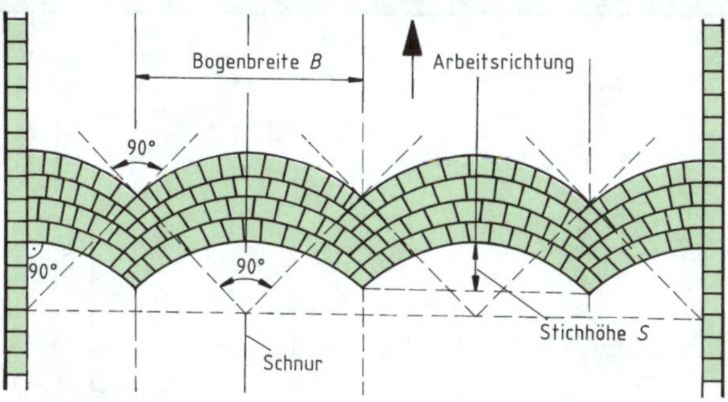

Stichhöhe S

$S \approx \frac{B}{\text{Steingröße}}$

[1] Steine in Güteklasse I

9.4 Bordsteine

9.4.1 Bordsteine aus Beton DIN 483 (8.81)

Form	Kurzzeichen	Breite b (±3 mm)	Höhe h (±5 mm)	Länge l (±5 mm)
Hochbordstein	H	180 180 150 150	300 250 300 250	1000
Tiefbordstein	T	100 100 80 80	300 250 250 200	1000
Rundbordstein	R	180 150	220 220	1000
Flachbordstein	F	200	200	1000

Zur Verwendung in Kurven und als Paßstücke sind Längen von 500 mm und 250 mm möglich.

Bezeichnungen:

Bordstein DIN 483 – H 18 × 30
Hochbordstein mit den Querschnittsmaßen
b = 180 mm h = 300 mm

Bordstein DIN 483 – F 20 × 20
Flachbordstein mit den Querschnittsmaßen
b = 200 mm h = 200 mm

Form H (Hochbordstein)

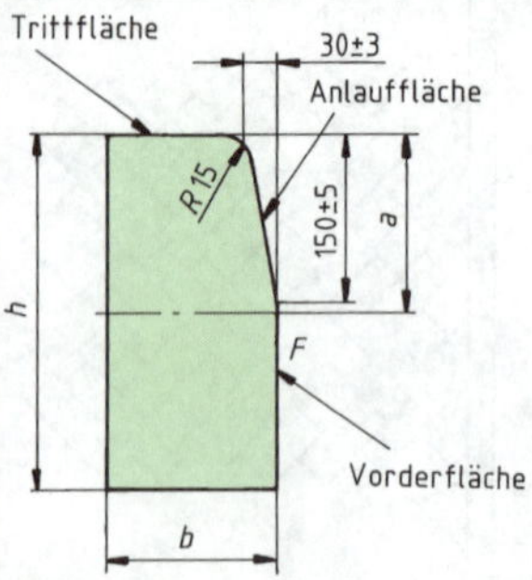

Form T (Tiefbordstein)

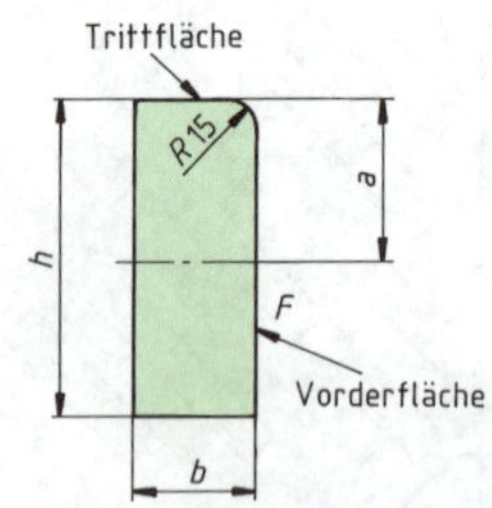

Form R (Rundbordstein)

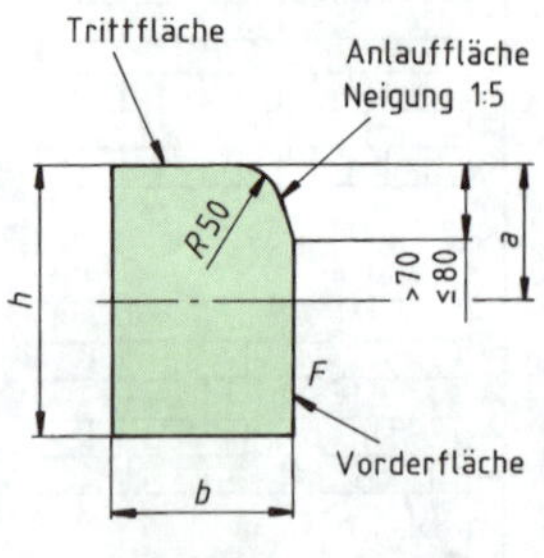

Form F (Flachbordstein)

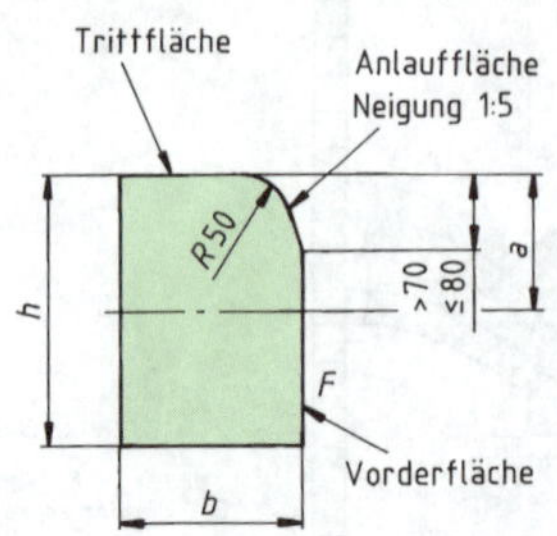

Bordstein DIN 483 – H 15 × 30 mit Bettung und Rückenstütze aus Beton

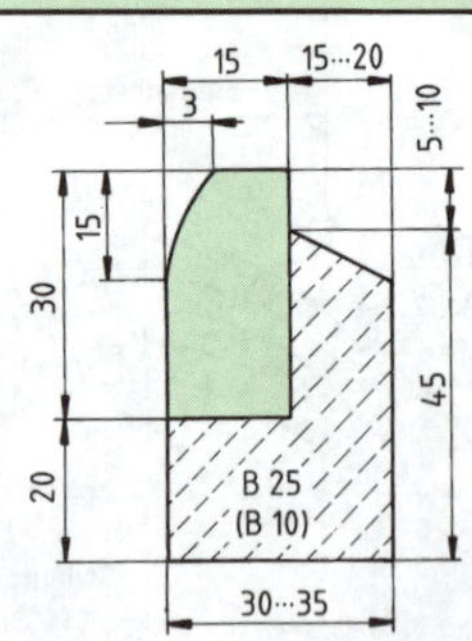

9

9.4 Bordsteine

Kurvensteine

Querschnittsform und -maße sind gleich den geraden Bordsteinen. Die Bogenlänge der Steine beträgt 780 ± 5 mm (gemessen an der Fahrbahnseite).

Kurvensteine für Außenbogen KA

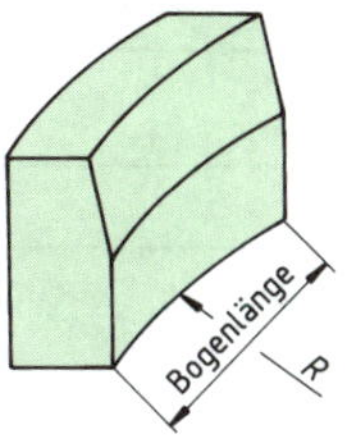

Lieferbezeichnung
Bordstein DIN 483 – H 15 × 30 – KA 8
KA Kurvenstein für Außenbogen
8 Radius in m

Kurvensteine für Innenbogen KI

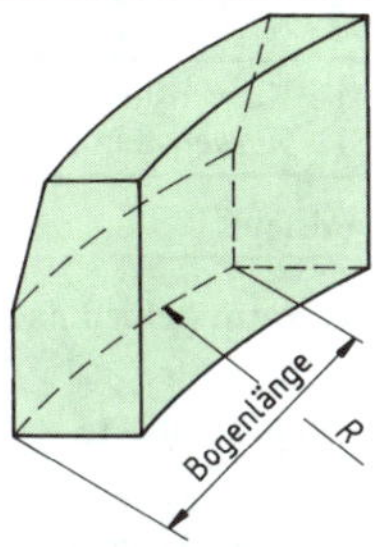

Lieferbezeichnung
Bordstein DIN 483 – H 15 × 30 – KI 2
KI Kurvenstein für Innenbogen
2 Radius in m

Gesamtansicht

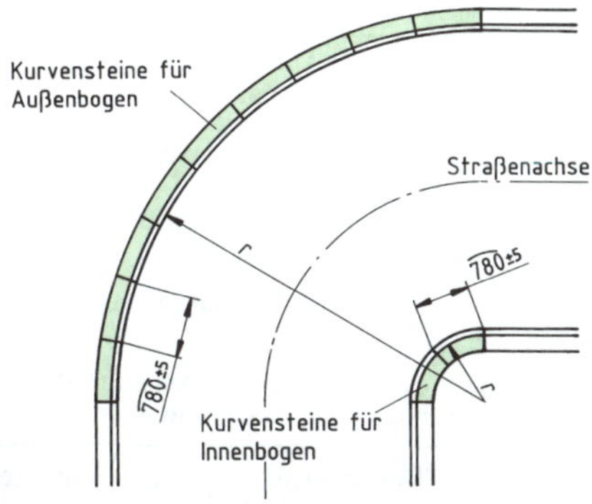

Bogenradien für Bordsteine aus Beton:
0,5 m, 1,0 m, 2,0 m, 3,0 m, 5,0 m, 8,0 m, 12,0 m

9.4.2 Straßenbordsteine aus Natursteinen DIN 482 (9.88)

Gerade Bordsteine mit Anlauf Form A

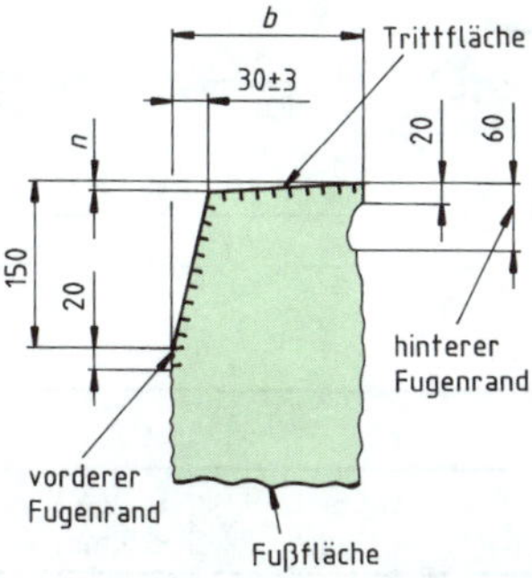

Gerade Bordsteine ohne Anlauf Form B

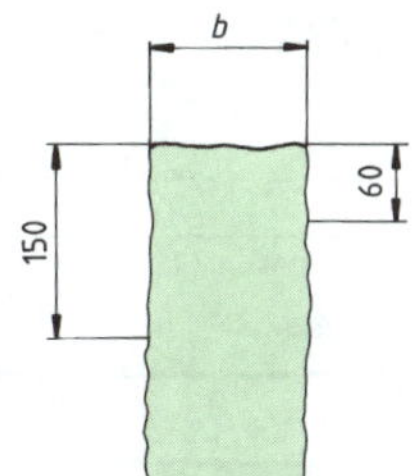

Form A	Breite	Höhe	Länge
1	300	250	800 – 1500
2	180	250	800 – 1500
3	180	300	800 – 1500
4	150	250	800 – 1500
5	150	300	800 – 1500

Form B	Breite	Höhe	Länge
1	140 120	250 – 280	500 – 1500
2	140 – 150 120 – 140 100 – 120	250 – 300	500 – 1500

9.4 Bordsteine

Lieferbezeichnung:

Bordstein DIN 482 – B 7 – 120 – 140

Bordstein der Form B Größe 7[1)] von einer Breite 120 – 140

Kurvensteine aus Natursteinen

Außenbogen	Innenbogen
KAa Kurvenstein mit Anlauf KBa Kurvenstein ohne Anlauf	KAi Kurvenstein mit Anlauf KBi Kurvenstein ohne Anlauf

Querschnittsform und -maße sind gleich dem geraden Bordstein.

Lieferbezeichnung für Kurvensteine aus Natursteinen nach DIN 482

Kurvenstein DIN 482 – KBi 6 – 140 – 15

Kurvenstein für Innenbogen ohne Anlauf (KBi) der Größe 6[1)] von einer Breite $b = 140$ mm und einem Radius $r = 15$ m (entspricht einem Bogenwinkel von 90°).

9.4.3 Bordrinnensteine nach Richtlinien für Betonrinnensteine aus Beton 8/1985

Bordrinnensteine erfüllen gleichermaßen die Funktionen von Bordsteinen und Rinnenplatten.

Bordrinnenstein	Einfahrtstein

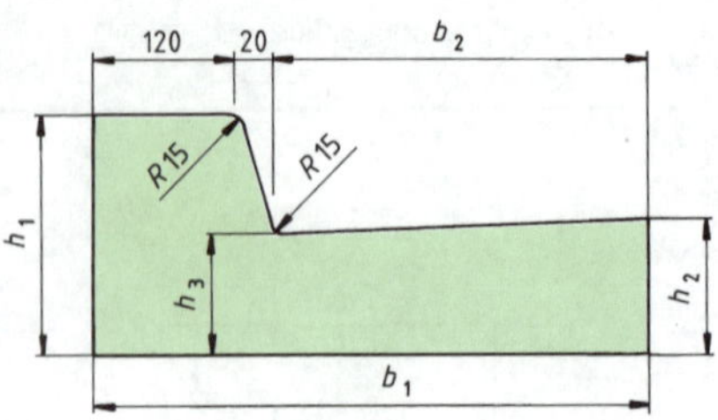

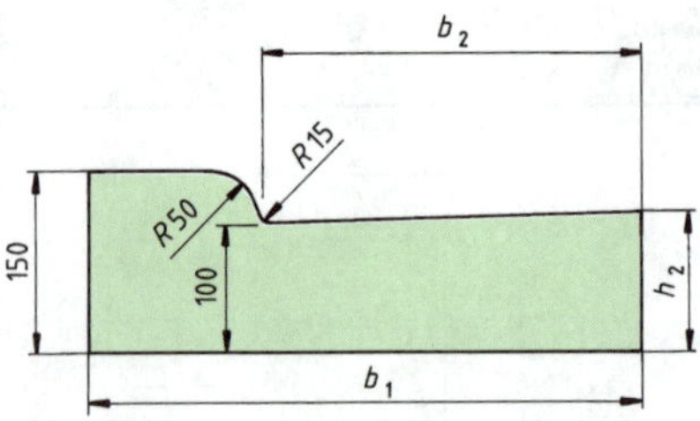

Größen und Maße

Größe	Breite b_1 ± 3 mm	Breite b_2 ± 3 mm	Höhe h_1 ± 3 mm	Höhe h_2 ± 3 mm	Höhe h_3 ± 3 mm	Länge l ± 5 mm
1	400	260	200 150 bei Einfahrtsteinen	110	100	300, 500, 1000
2	450	310	200 150 bei Einfahrtsteinen	112	100	300, 500, 1000
3	500	360	200 150 bei Einfahrtsteinen	114	100	300, 500, 1000

1) In der Bestellung ist zur Normbezeichnung die Gesamtlänge der Lieferung und die Gesteinsart anzugeben, z. B. 20 m Bordstein – A 2 Granit

9.5 Straßenentwässerung

Die auf befestigte Verkehrsflächen fallenden Niederschläge (Regen, Schnee, usw.) müssen entwässert werden. Durch entsprechende Längs- (s) und Querneigung (q) der Fahrbahn soll das Wasser auf kurzem Weg dem Fahrbahnrand zugeführt werden. Dabei sind die in der Tabelle aufgeführten Querneigungen einzuhalten. Abweichungen von der Mindestquerneigung sind nur zulässig, wenn an jeder Stelle der Fahrbahn eine Schrägneigung (p) von ≥ 2,0% vorhanden ist, die nur in Verwindungsstrecken auf $p \geq 0{,}5\%$ vermindert werden kann.

Querneigungen	Schrägneigungen	Berechnung
$q \geq 2{,}5\%$ bei bituminösen Decken $q \geq 2{,}5\%$ bei Betondecken $q \geq 3{,}0\%$ bei Pflasterdecken	$p \geq 2{,}0\%$ bei bituminösen Decken $p \geq 2{,}0\%$ bei Betondecken $p \geq 3{,}0\%$ bei Pflasterdecken	$p^2 = q^2 + s^2$

9.5.1 Entwässerungsmulden nach RAS-Ew 87

Art	Gefälle	Erläuterung	Darstellung
Mulde mit glatter Sohlbefestigung	$I < 1\%$	Die glatte Sohlbefestigung erhöht die hydraulische Leistungsfähigkeit der Mulde	 Rinne aus Betonfertigteilen auf 10 cm Sandbettung
Rasenmulde	$1\% < I < 4\%$	Die Befestigung besteht aus einer Oberbodenandeckung mit Raseneinsaat. Bei Erosionsgefahr sind Befestigungen aus Rollrasen oder Rasenmatten zweckmäßig	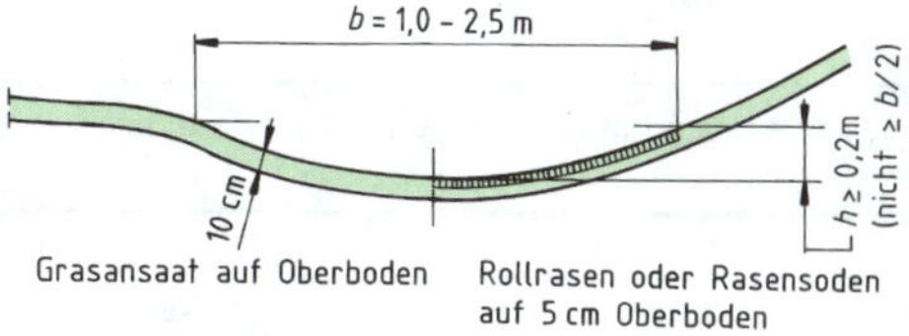
Mulde mit rauher Sohlbefestigung	$4\% < I < 10\%$	Bei Gefällen I 4 – 5% Befestigung aus Grobschotter auf 10 cm Kiessand oder Splitt. Bei Gefällen I 5 –10% Be festigung aus Natursteinbruch, Pflaster oder Betonrasensteinen in 10 cm Kiessand oder Splitt	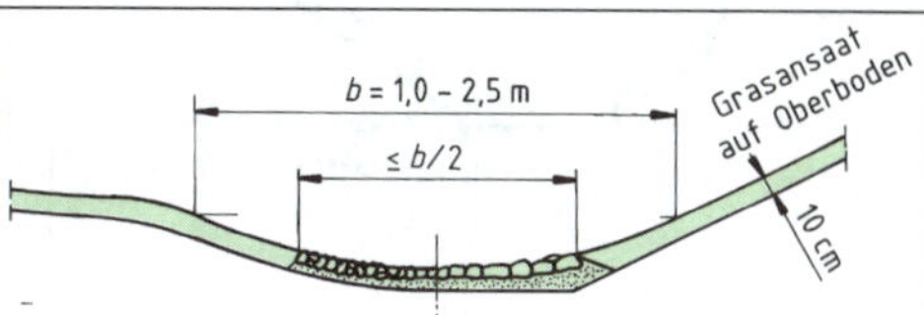 I = 4 – 5% Grobschotter auf 10 cm Kiessand oder Splitt I = 5–10% Natursteinbruch, Pflaster oder Betonrasensteine in 10 cm Kiessand oder Splitt
Rauhbettmulde	$I > 10\%$	Die Energie des abfließenden Wassers wird durch die Art der Befestigung vermindert. Dazu werden Steine (Höhe 18 – 36 cm) dicht aneinander in geeigneter Bettung versetzt und bis zur halben Steinhöhe mit eingestreutem Splitt und Schotter verkeilt. Sicherung des Steinsatzes bei starkem Gefälle z. B. durch Holzpfähle 1 St/m²	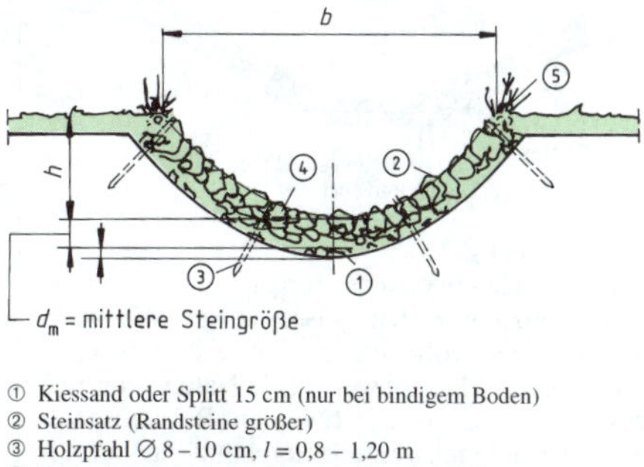 ① Kiessand oder Splitt 15 cm (nur bei bindigem Boden) ② Steinsatz (Randsteine größer) ③ Holzpfahl ∅ 8 – 10 cm, l = 0,8 – 1,20 m ④ Grobschotter einstreuen bis zur halben Steinhöhe ⑤ Weidenrutenbündel (wuchsfähig) – Faschinen

[1] RAS-Ew = Richtlinie für die Anlage von Straßen Teil Entwässerung

9.5 Straßenentwässerung

9.5.2 Entwässerungsgräben

Straßengräben haben bei gleichen Aufgaben eine größere hydraulische Leistungsfähigkeit als Straßenmulden. Die Sohlbreite soll 0,50 m und die Grabentiefe $h \leq 0{,}50$ m betragen. Die Grabenböschungen sind im Regelfall mit einer Neigung von 1:1,5 herzustellen und zu begrünen. In Abhängigkeit von der Bodenart, dem Gefälle und der abzuführenden Wassermenge wird untersucht, ob eine Sohl- und Böschungssicherung gegen Erosion ausgeführt werden muß. Ein Längsgefälle von 0,3% soll nicht unterschritten werden.

Ausführungsbeispiele nach RAS-Ew 87

Straßengraben mit glatter Sohlbefestigung

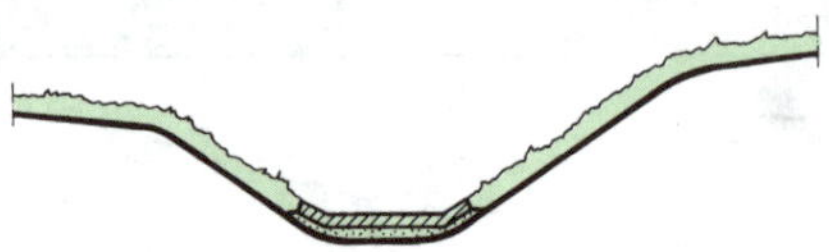

Straßengraben ohne Sohlbefestigung

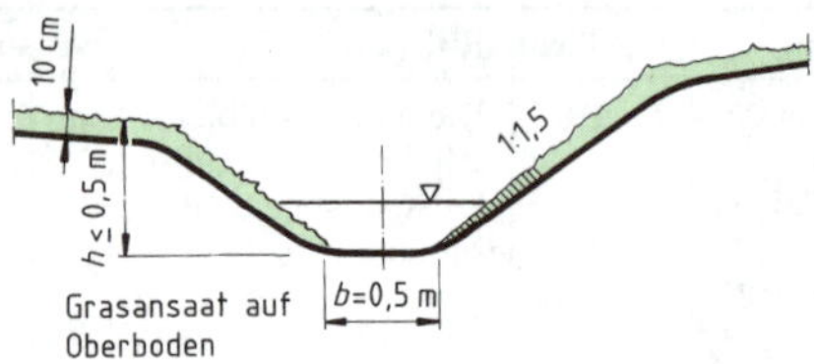

Straßengraben mit Profilsicherung aus Hartholz

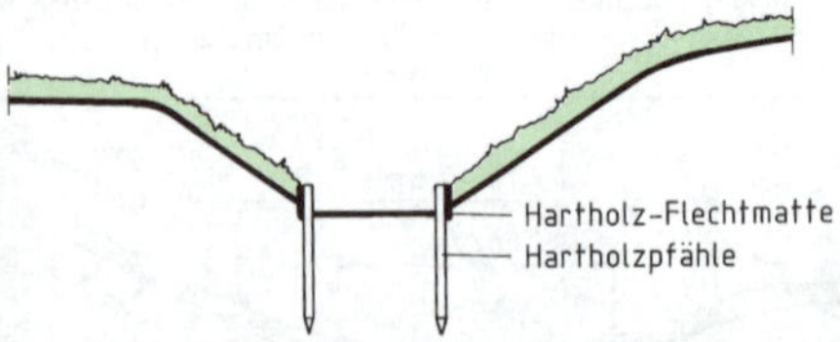

Straßengraben mit Profilsicherung aus Rasengittersteinen oder Natursteinen

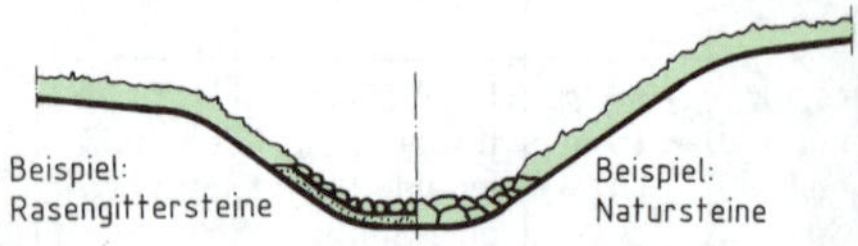

Straßengraben mit Profilsicherung mit Pflaster

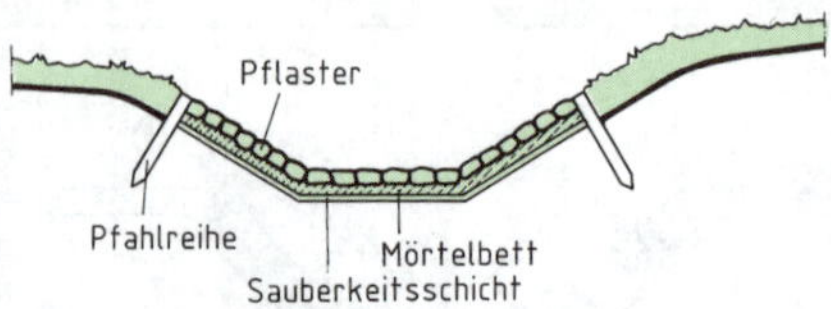

Profilsicherung

In Abhängigkeit von der Bodenart, dem Gefälle und der abzuführenden Wassermenge ist die Erfordernis einer Profilsicherung zu untersuchen.

Dafür können Hartholzgeflechte, Natursteine und Betonfertigteile verwendet werden. Bei feinsandigen Böden ist meist eine Unterbettung aus geeignetem Fretermaterial oder Geotextilien erforderlich.

Abfangegraben bzw. -mulde

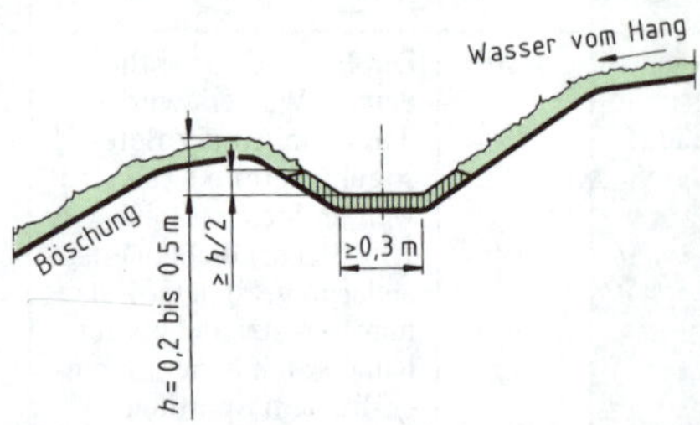

Abfangegräben bzw. -mulden werden an Hängen, oberhalb von Straßenböschungen, angelegt und sind dem Gelände anzupassen.

Aufgabe: Hangwasser aufnehmen und zum Vorfluter leiten

9.5 Straßenentwässerung

9.5.3 Straßenrinnen

Lage: Entlang oder zwischen Verkehrsflächen
Aufgabe: Aufnahme von Oberflächenwasser und Leiten von Oberflächenwasser zu den Straßenabläufen oder zur Vorflut.

Straßenrinnen nach RAS-Rw 87

Abkürzungen: Querneigung *q* — *q* Fahrbahn = *q* F — *q* Rinne = *q* R
Längsneigung s — s Fahrbahn = *s* F — *s* Rinne = *s* R

Art	Bordrinne	Pendelrinne	Spitzrinne	Muldenrinne
Erläuterung	Sie besteht aus einem Hochbordstein und einem Streifen der Fahrbahnbefestigung, hergestellt aus Rinnenplatten, Pflaster, Gußasphalt, usw.	Baustoffe: Als Baumaterialien werden Rinnenplatten, Pflaster, Gußasphalt, Deckschichtmaterial, usw. verwendet. Sie gehört nicht zur Fahrbahn, ausgenommen in langsam befahrenen Stadtstraßen. Die Pendelrinne besteht aus einem Hochbordstein und einem nicht zur Fahrbahn gehörenden Streifen. Sie muß besonders maßhaltig hergestellt werden und sich deutlich von der Fahrbahn unterscheiden	Baustoffe: a) In Beton versetzte Betonfertigteile; b) Hochbordstein und in Beton versetztes Pflaster mit Fugenverguß. Spitzrinnen gehören nicht zur Fahrbahn und müssen sich deutlich von ihr unterscheiden. Aus Gründen der Verkehrssicherheit ist eine breite, flache einer schmalen, tiefen Spitzrinne vorzuziehen.	Sie liegen zwischen unterschiedlichen Verkehrsflächen und sind überfahrbar. Zur deutlichen Unterscheidung von den anschließenden Verkehrsflächen werden Muldenrinnen gepflastert
Abmessungen	Breite (m) 0,15 – 0,50	Breite (m) 0,30 – 0,50	Breite (m) 0,30 – 0,90	Breite (m) 0,50 – 1,00
Quergefälle	*q* R ≥ *q* F	*q* R ≥ *q* F Auftritt wechselnd von 8 cm bis 18 cm	*q* R ≥ *q* F 10% oder 10 – 15%	Tiefe *t* *t* ≥ 3 cm *t* ≤ 1/15 *b*
Längsgefälle	*s* R ≥ 0,5% *s* R = *s* F	*s* R ≥ 0,5% *s* F ≤ 0,5%	*s* R ≥ 0,5% *s* F ≥ 0,5%	*s* R = *s* F
Darstellung	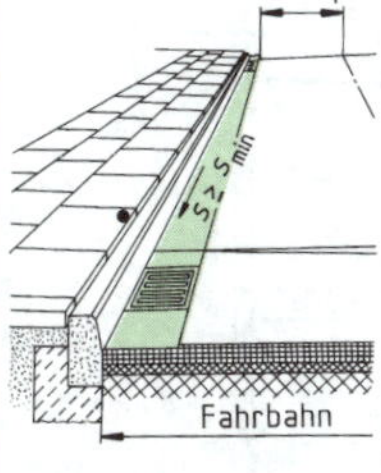	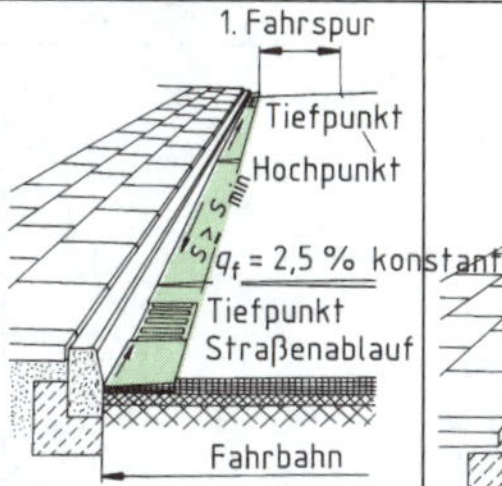	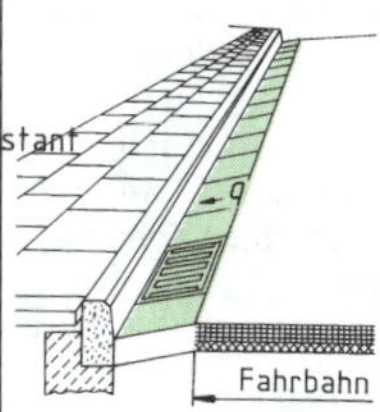	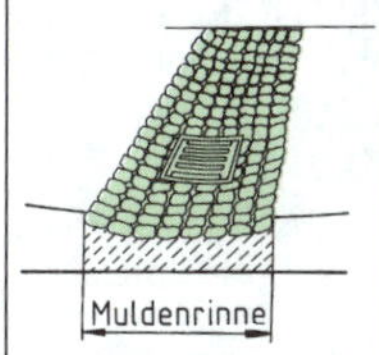

9.5 Straßenentwässerung

9.5.4 Straßenabläufe

Straßenabläufe bestehen aus Aufsatz und Unterteilen und werden aus genormten Fertigteilen (DIN 4052) zusammengesetzt. Der Abstand der Straßenabläufe ist abhängig vom Wasseranfall, dem Schluckvermögen des Aufsatzes und von den Gefälleverhältnissen.

Anhaltswerte: ca. 400 m^2 Verkehrsfläche innerhalb geschlossener Ortschaften,
ca. 500 m^2 Verkehrsfläche außerhalb geschlossener Ortschaften.

Aufgabe: Aufnahme und Weiterleitung des Oberflächenwassers

Aufsatzformen für Straßenabläufe

Pultaufsatz für Bord-, Pendel- und Spitzrinnen	Rinnenaufsatz
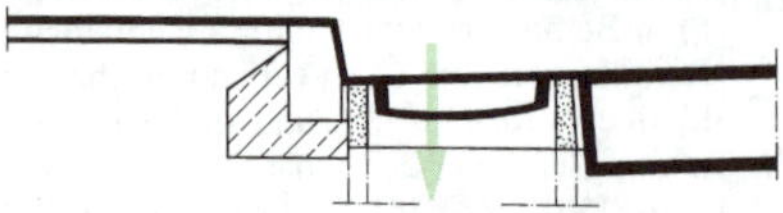	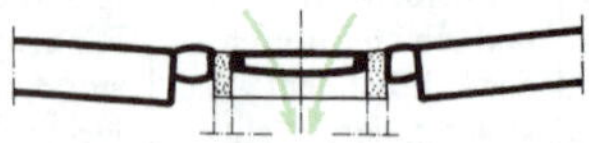

Bauformen von Straßenabläufen

Art	Bestandteile	Normale Bauform	Niedrige Bauform
Straßenabläufe für Trockenschlamm mit quadratischem Aufsatz	Auflagering, Schaft, Boden und Eimer. Dabei wird die normale Bauform (langer Schaft, Eimerhöhe 600 mm) und die niedrige Bauform (kurzer Schaft, Eimerhöhe 250 mm) unterschieden	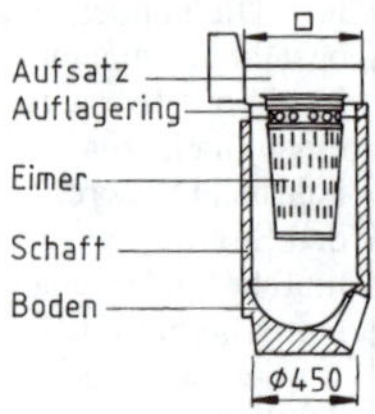	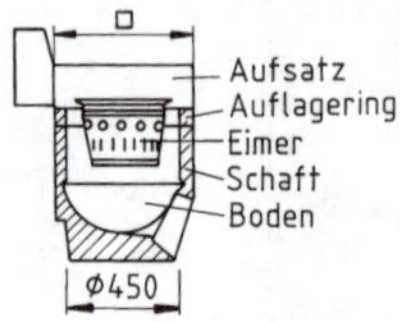
Straßenabläufe für Trockenschlamm mit rechteckigem Aufsatz	Auflagering, Schaftkonus, Zwischenteil, Boden und Eimer. Normale Bauform: Eimerhöhe 575 mm Niedrige Bauform: Eimerhöhe 325 mm	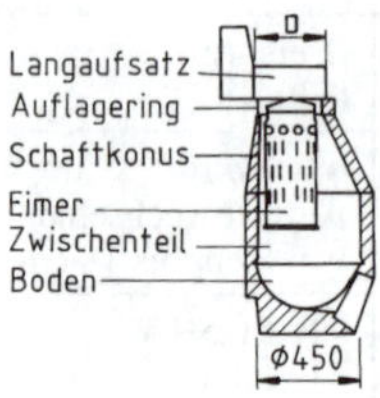	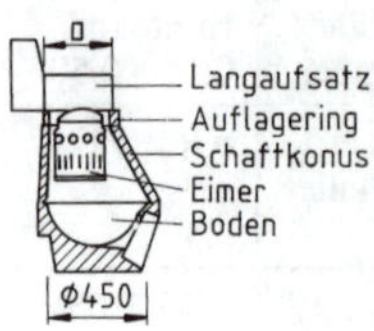
Straßenabläufe für Naßschlamm mit quadratischem Aufsatz	Auflagering, Schaft, Muffenteil, Zwischenteil und Boden. Straßenabläufe für Naßschlamm mit rechteckigem Aufsatz haben einen Schaftkonus	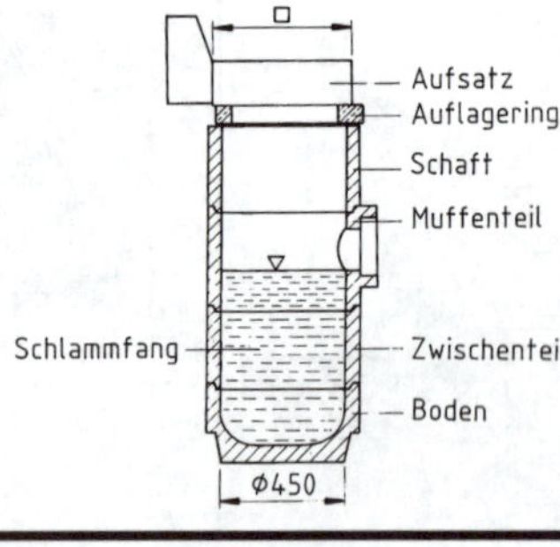	

9.5 Straßenentwässerung

9.5.5 Sickeranlagen

Sickeranlagen fassen ungebundenes Wasser aus dem Boden bzw. dem Oberbau.
Sie sind nach RAS-Ew herzustellen, wenn der Untergrund/Unterbau nicht aus grobkörnigem Boden nach DIN 18 196 (10.88) besteht und

- das Erdplanum unterhalb des Geländes oder geländegleich zu beiden Seiten des Oberbaues liegt,
- bei zweibahnigen Straßen im Bereich des Mittelstreifens unabhängig von der Lage im Gelände und der Querneigung,
- in Einschnitten bei unterirdisch auf den Straßenkörper zusickerndem Wasser.

Herstellung, Arten und Auswahl von Sickeranlagen

Herstellung	Arten und Auswahl
Sickeranlagen müssen aus filterstabilem Material hergestellt werden, das einerseits grobkörniger als der zu entwässernde Boden ist, und andererseits so feinkörnig sein muß, daß keine Feinstanteile aus dem Erdreich in den Filterkörper hineingeschwemmt werden. Filterkörper werden einstufig oder mehrstufig aufgebaut. Bei mehrstufigen Filtern beträgt die Mindestdicke je Schicht 20 cm. Unter Beachtung der Filterstabilität werden Sickeranlagen mit mindestens 20 cm bindigem Boden abgedeckt, damit kein Oberflächenwasser eindringen kann. Neben den obengenannten mineralischen Filtern können auch Geotextilien verwendet werden.	Elemente der Sickeranlagen sind Sickerstrang, Sickergraben und Sickerschicht. Die Wahl der entsprechenden Sickeranlage bzw. deren Kombination ist abhängig von: – den Wasserverhältnissen – dem Querprofil – den Bodenverhältnissen – der Bauart (einbahnig, zweibahnig) – dem Gewässerschutz – ökologischen Gesichtspunkten

Sickerstränge nach RAS-Ew 87

Aufgabe: Bodenwasser zu sammeln und weiterzuleiten.
Gefälle: Das Sohlgefälle sollte ≥ 0,3% betragen.

Arten von Sickersträngen

Sickerstrang mit einstufigem Filter	Sickerstrang mit einstufigem Filter und Sickerrohrleitung	Sickerstrang mit Sickerrohrleitung, Kunststoffdichtungsbahn und einstufigem Filter	Sickerstrang mit Sickerrohrleitung und mehrstufigem Filter
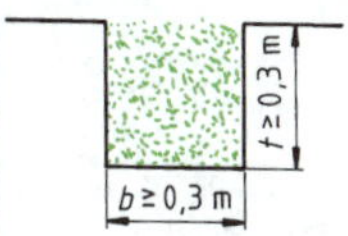	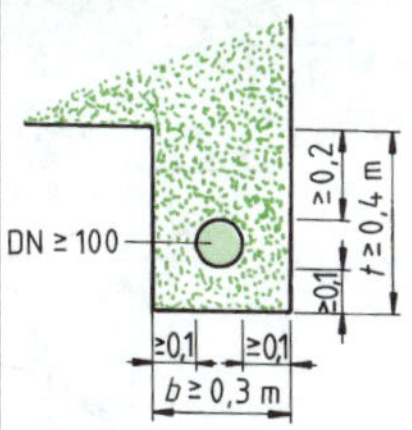	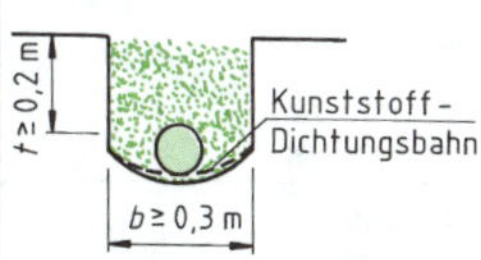	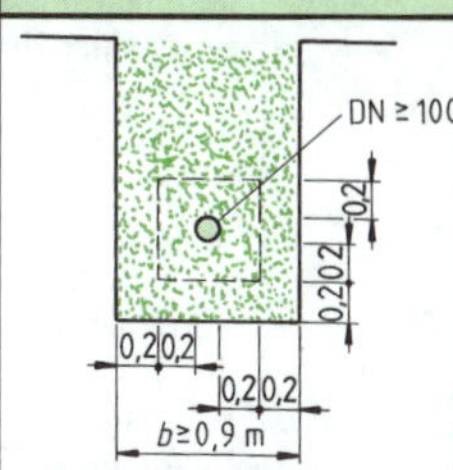

Sickerstränge und Sickerrohrleitungen mit unbedeutendem Wasseranfall können ins Gelände auslaufen. Längere Leitungen enden in der Regel in Schächten, Straßenabläufen oder Gräben. Bei Sickerrohrleitungen besteht die Gefahr einer Versinterung, Verlockerung und anderer chemischer Verkrustungen besonders dann, wenn sie nur gelegentlich durchflossen werden und dadurch einem Luft-Wasser-Wechsel ausgesetzt sind. In Zweifelsfällen sind daher größere Durchmesser als rechnerisch ermittelt zu wählen. Bei Gefahr von Versinterung sind glattwandige Rohre vorteilhaft.

9.5. Straßenentwässerung

<table>
<tr><th colspan="3">Huckepackleitungen, Sickerrohrleitungen und Sickergraben</th></tr>
<tr><th>Kombinationsmöglichkeiten zwischen Sickerrohrleitungen und Sammelleitungen</th><th>Sickerrohrleitungen; Baustoffe und Herstellung</th><th>Sickergraben</th></tr>
<tr>
<td>Huckepackleitung mit Füllmaterial aus nicht-bindigem Boden

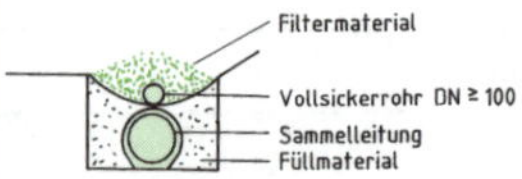

Huckepackleitung mit Füllmaterial aus bindigem Boden

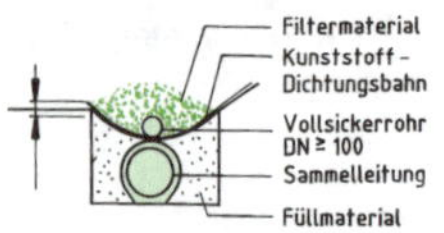

</td>
<td>Als Sickerrohre werden Kunststoff-, Beton-, und Steinzeugsickerrohre verwendet.
Sickerrohre werden entweder mit filterstabilem Material voll ummantelt oder auf einer Kunststoffdichtungsbahn mit einer teilweisen Ummantelung verlegt. Poröse Betonsickerrohre werden mit einstufigem Filter umhüllt. Gelochte Steinzeugsickerrohre werden nur mit einem mehrstufigen Filterkörper eingebaut.</td>
<td>Bei größeren Wassermengen kann es sinnvoll sein, statt eines Sickerstranges einen Sickergraben auszuführen.

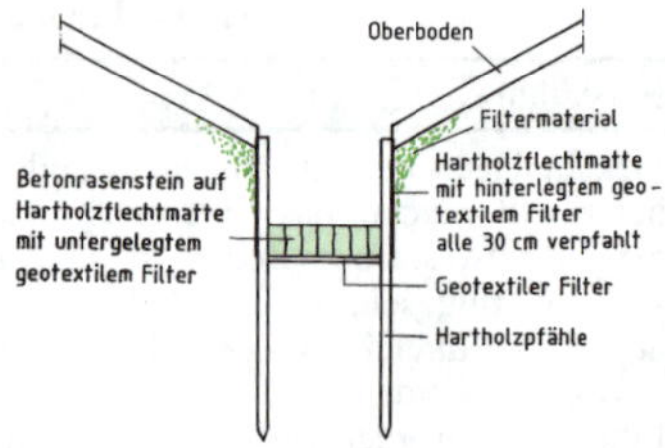

</td>
</tr>
<tr><th colspan="3">Sickerschichten nach RAS-Ew (Auswahl)</th></tr>
<tr><td colspan="3">Frostschutzschicht
Aufgrund ihres Kornaufbaus übernimmt sie zusätzlich zu den Aufgaben Frostsicherung und Lastverteilung die Funktion einer Sickerschicht.</td></tr>
</table>

<table>
<tr><th colspan="3">Sickerschichten (Auswahl)</th></tr>
<tr><th>Art</th><th>Erläuterung</th><th>Darstellung</th></tr>
<tr><td>Planumsickerschicht</td><td>Sie kommt zur Ausführung, wenn der Grundwasserspiegel ständig oder teilweise über dem Erdplanum liegt und abgesenkt werden muß. Mindestdicke 0,50 m</td><td>
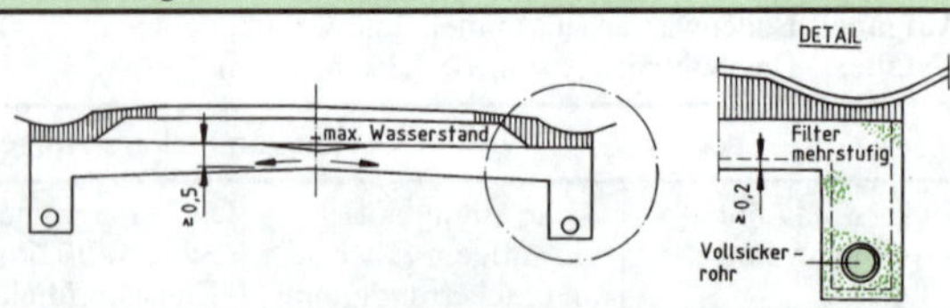

</td></tr>
<tr><td>Böschungssickerschicht</td><td>Aufnahme und Weiterleitung von Schichtwasser aus der Böschung</td><td>
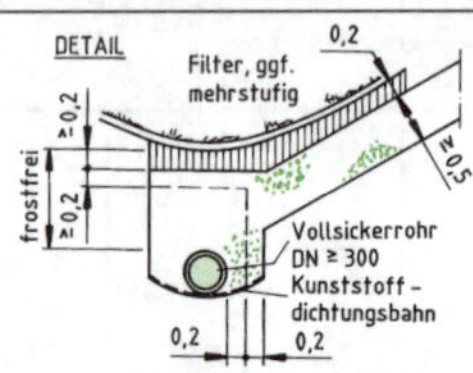

</td></tr>
<tr><td>Sickerstützscheibe</td><td>Vertikale Sickerschicht, die in die Fallinie der Böschung gebaut wird. Sie dient der Standsicherheit der Böschung und wird in Abständen zwischen 10 m und 20 m ausgeführt</td><td>
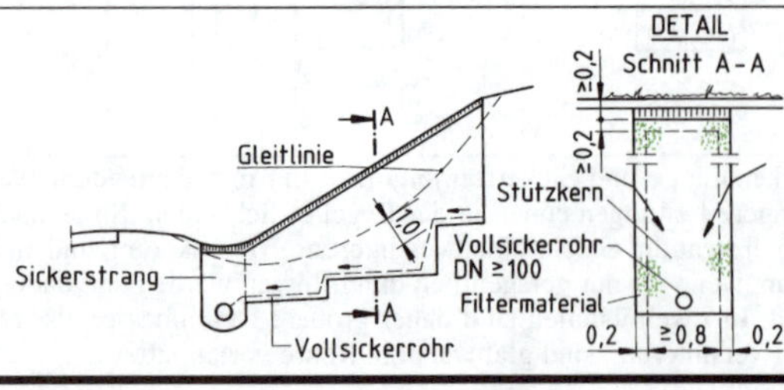

</td></tr>
</table>

10 Arbeits- und Umweltschutz

10.1 Übersicht: Belastungen am Arbeitsplatz/Arbeitsschutz und Umweltschutz

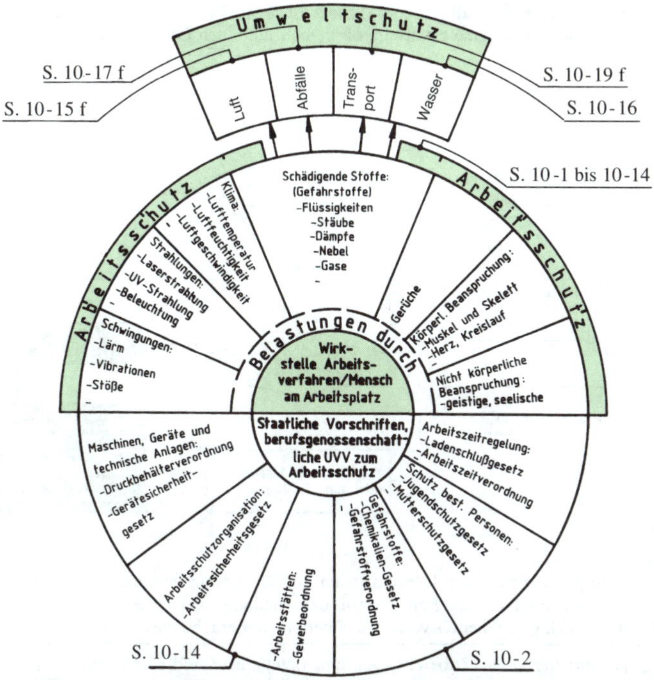

10.2 Gefahrstoffe am Arbeitsplatz

10.2.1 Grundbegriffe und Abkürzungen

MAK[1])	**Maximale Arbeitsplatzkonzentration.** Gibt die höchstzulässige Konzentration eines Arbeitsstoffes als Gas, Dampf oder Schwebstoff in der Luft am Arbeitsplatz an. Nach dem gegenwärtigen Kenntnisstand wird dadurch die Gesundheit der Beschäftigten im allgemeinen nicht beeinträchtigt. Die MAK-Werteliste wird jährlich von der Senatskommission der Deutschen Forschungsgemeinschaft neu aufgelegt und in der TRGS 900 veröffentlicht.
TRK[1])	**Technische Richtkonzentration.** Gilt für Stoffe, die krebserregend sind und für die deshalb keine unschädlichen Konzentrationen angegeben werden können. Dieser Wert gibt die Konzentration eines Stoffes am Arbeitsplatz an, die derzeitig nach dem Stand der Technik erreicht werden kann.
BAT	**Biologischer Arbeitsstoff-Toleranzwert.** Dieser gibt den Grenzwert für die Konzentration von Schadstoffen im menschlichen Körper (Blut, Urin etc.) an.
TRGS	**Technische Regeln für Gefahrstoffe.** Diese werden vom Ausschuß für Gefahrstoffe herausgegeben und geben Hinweise für einen gefahrenmindernden Umgang mit Gefahrstoffen.
UVV	**Unfallverhütungsvorschriften.** Diese werden von den Berufsgenossenschaften erarbeitet und stellen verbindliches Recht nach der Reichsversicherungsordnung dar.
Gef-StoffV	**Gefahrstoffverordnung**

[1]) Bei Erreichen der Auslöseschwelle (ALS), einer bestimmten Konzentration (ALS < MAK od. TRK) oder bei unmittelbarem Hautkontakt sind zusätzliche Schutzmaßnahmen erforderlich (TRGS 100).

10

10.2 Gefahrstoffe am Arbeitsplatz

10.2.2 Pflichten zum Schutz vor Gefahrstoffen am Arbeitsplatz GefStoffV 1993

Ermittlungspflicht § 16 GefStoffV

Der Arbeitgeber muß vor dem Einsatz eines Stoffes, einer Zubereitung oder eines Erzeugnisses in seinem Betrieb ermitteln, ob es sich um einen Gefahrstoff handelt.

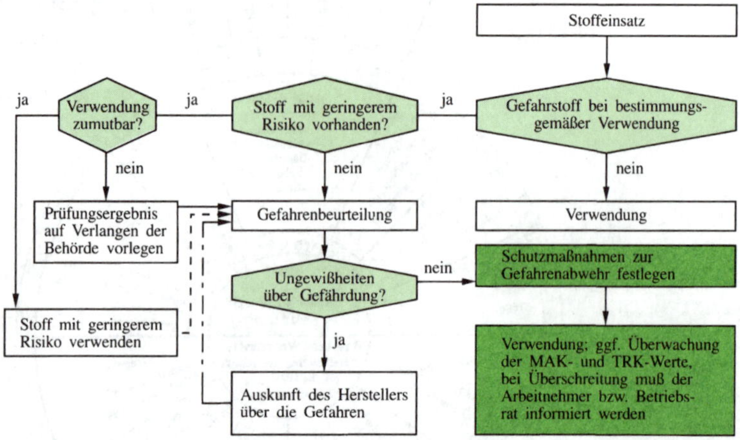

Führen die erhaltenen Informationen aus der Kennzeichnungs- und Auskunftspflicht nicht zum gewünschten Ergebnis, so muß das zuständige Gewerbeaufsichtsamt eingeschaltet werden. Nach § 21 ChemG verfügt es über ein weitergehendes Auskunftsrecht.

Kennzeichnungspflicht § 23 GefStoffV (siehe S. 10-11, -12

Gefährliche Stoffe, Zubereitungen und Erzeugnisse sind verpackungs- und kennzeichnungspflichtig auch bei ihrer Verwendung. Weil bei der Kennzeichnungspflicht dadurch Lücken bestehen, daß nicht unbedingt alle Inhaltsstoffe erfaßt werden, trifft folgende Aussage zu (siehe auch S. 10-13 unten):
Kennzeichnung bedeutet in jedem Fall „Gefahr“. Keine Kennzeichnung schließt eine Gefahr nicht in jedem Falle aus!

Sicherheitsdatenblatt § 14 Abs. 4 GefStoffV

Der Arbeitgeber hat ein Auskunftsrecht gegenüber dem Hersteller oder Importeur. Diese sind verpflichtet, dem Verwender Auskunft über die Gefahren zu geben, die von einem Produkt ausgehen. Wer seiner Auskunftspflicht nur unzureichend nachkommt, riskiert Schadensersatzforderungen im Rahmen der Produzentenhaftung nach § 823 Abs. 2 BGB. Die Auskunftspflicht ist im allgemeinen erfüllt, wenn mindestens das Sicherheitsdatenblatt über chemische Stoffe und Zubereitungen korrekt ausgefüllt übergeben wird.

Rangfolge der Schutzmaßnahmen § 19 GefStoffV

Werden beim Umgang mit Gefahrstoffen Schutzmaßnahmen erforderlich, so ist den sicherheitstechnischen Maßnahmen stets der Vorzug vor persönlicher Schutzausrüstung zu geben.

1. Verhindern, daß Gefahrstoffe frei werden; Abkapselung des fraglichen Arbeitsprozesses
2. Gefahrstoffe an der Entstehungsstelle absaugen.
3. Geeignete Lüftungsmaßnahmen vorsehen.
4. Persönliche Schutzausrüstung zur Verfügung stellen.

Betriebsanweisung § 20 GefStoffV

Es muß für den betreffenden Arbeitsplatz eine schriftliche Betriebsanweisung erstellt werden, in der die beim Umgang mit dem Gefahrstoff auftretenden Gefahren für Mensch und Umwelt sowie die erforderlichen Schutzmaßnahmen und Verhaltensregeln festgelegt werden. Außerdem muß auf die sachgerechte Entsorgung entstehender gefährlicher Abfälle hingewiesen werden. Einmal jährlich muß hierüber eine mündliche arbeitsplatzbezogene Unterweisung erfolgen.

10.2.3 Aufnahmewege und Schutzmaßnahmen

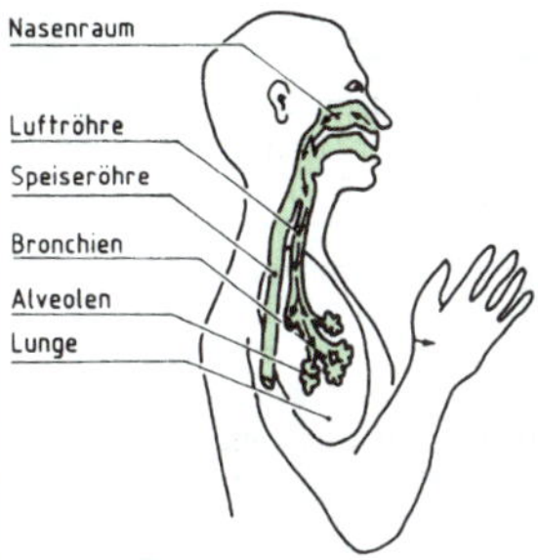

Aufnahmewege	Schutzmaßnahmen
Eindringen: Gase, Dämpfe, Stäube	Augenschutz, Ohrenschutz
Einatmen: Gase, Dämpfe, Stäube, Aerosole	Absaugung am Entstehungsort, wirksame Arbeitsplatzbelüftung, Atemschutz mit geeignetem Filtereinsatz, siehe Spalte 14 und 15 Seite 10-9 ff
Verschlucken: Stäube, Flüssigkeiten	nicht essen, trinken und rauchen am Arbeitsplatz
Hautresorption: (Aufnahme über die Haut) Stäube, Flüssigkeiten	geeignete Schutzhandschuhe und/oder Arbeitsschutzkleidung oder ggf. Vollschutzanzug tragen

10.2.4 Quelle typischer Gefahrstoffe

Quelle	Gefahrstoff [1),2)]	Erläuterungen, Gesundheitsgefahren
Putze, Mörtel: Gips		Schadstoffabgabe bei Chemiegipsen; erhöhte Radioaktivität möglich, falls sie aus der Abfallproduktion der Phosphatindustrie stammen
Anhydrit		Schadstoffabgabe und erhöhte Radioaktivität möglich, bei synthetischem Anhydrit
Misch- und Putzbinder		je nach Bestandteilen Schadstoffabgabe und erhöhte Radioaktivität möglich
Polystyrolputz	z. B. Benzol [2)]	Schadstoffabgabe aufgrund von Restmonomeren möglich
Blähperlite-putz		Schadstoffabgabe aus der Hydrophobierung möglich
Zement	Chromate	erhöhte Radioaktivität durch Zusätze (Hochofenschlacke) möglich; unsachgemäßer Umgang führt zu Verätzungen und Hauterkrankungen, weil Zement mit Wasser stark alkalisch wirkt. Der pH-Wert von Zementmörtel beträgt 13,2 bis 12. Erstarrungsbeschleuniger wie Natronglas (pH-Wert ca. 13,8) verstärken diese Wirkung. Die zuweilen beigefügten löslichen Chromate, Nickel- und Kobaltsalze können Hautallergien bewirken
Gußasphalt-Estrich	Bitumen	nach der Senatskommission besteht ein begründeter Verdacht auf eine krebserzeugende Wirkung
Polystyrol-partikelbeton	z. B. Benzol [2)]	Schadstoffabgabe aufgrund von Restmonomeren möglich
Bauplatten: Holzfaser-platten, Spanplatten, Fertigtrenn-wände aus Spanplatten	Formaldehyd [1)]	Der verwendete Kunstharzleim (Phenol- oder Melamin-Formaldehydharz) als Bindemittel führt zu unterschiedlichen Formaldehyd-Emissionen. Die Spanplatten sind entsprechend der Formaldehydabgabe in drei Klassen eingeteilt: E1 $<0{,}1$ ml/m^3; E2 $0{,}1-1{,}0$ ml/m^3; E3 $1{,}0-2{,}3$ ml/m^3. Belastungen von 0,01–1,5 ml/m^3 führen zu Augenreizung; kann zu allergischen Erkrankungen führen und ist krebsverdächtig

[1)] MAK-Wert siehe S. 10-9 ff   [2)] TRK-Wert siehe S. 10-9 ff

10.2.4 Quelle typischer Gefahrstoffe (Fortsetzung)

Quelle	Gefahrstoff [1),2)]	Erläuterungen, Gesundheitsgefahren
Kunstharzputz		Schadstoffabgabe möglich aufgrund der Zuschläge (mineralisch/organisch) und der Zusatzstoffe (Lösungsmittel, Entschäumer, Filmbildner) sowie des Anteils an Bindemittel (min. 7%)
Porenhochlochziegel		Schadstoffabgabe möglich bei Ziegeln, die mit Polystyrolkugeln porisiert wurden
Dämmstoffe: Holzfaserplatten, bitumenhaltig	Bitumen	zumindest bei der Verwendung in Innenräumen bestehen Bedenken, denn nach der Senatskommission besteht ein begründeter Verdacht auf eine krebserzeugende Wirkung
Backkorkdämmplatte	Benzo[a]pyren [2)]	bei der Herstellung kann evtl. diese krebserzeugende Substanz entstehen, dann erfolgt auch eine Freisetzung kleiner Mengen im Fertigprodukt
künstl. gebundene Korkplatte	Binde- Lösemittel	es erfolgt eine langfristige Schadstoffabgabe durch die verwendeten Binde- und Lösemittel (z. B. Bitumen, Kunstharz)
mineralische Faserstoffe	Feinstaub Bindemittel	die Luft ist mit einem Feinstaub belastet mit möglicher krebserzeugender Wirkung. Glaswolle ist dabei ungünstiger als Steinwolle. Eine ständige Emissionsquelle ist das Bindemittel (Phenolformaldehydharz) zur Stabilisierung von Platten
Polyurethan Ortschaum	Diisocyanat-toluol [1)] Trichlorfluormethan [1)]	geringer Bestandteil (<0,5% und damit nicht kennzeichnungspflichtig) des Schaumrohstoffes; giftig, allergieauslösend; Geruchsschwelle >MAK-Wert. Treibmittel von Montageschaum aus Druckdosen. Bei Hartschäumen entweichen 10 – 15% bei der Verarbeitung und der Rest mit Verzögerung
Mineralischer Kerndämmstoff: Blähperlit	Bitumen u. a.	bei Behandlung mit Hydrophobierungsmitteln wie Bitumen besteht nach der Senatskommission ein begründeter Verdacht auf eine krebserzeugende Wirkung
Dichtung: Bitumenkaltanstrich	Bitumen Benzol [2)]	enthält einen hohen Lösungsmittelanteil (u. a. Benzin, Benzol) bis 30%; Voranstriche bis zu 70%
Blei-Dekkungen	Blei [1)]	ist giftig
Abbeizer, organische	Aceton [1),3)]	reizt Schleimhäute, kann zu Leber- und Nierenschäden sowie chronischen Kopfschmerzen führen
(Gemisch verschiedener Lösemittel)	Benzol [2),3)]	krebserzeugend, reichert sich im Gehirn an, schädigt Blutbildzentren
	n-Butylacetat [1),3)]	verursacht Reizung der Schleimhäute, Magenschmerzen, Übelkeit
	Dichlormethan [1),3)]	auch Methylenchlorid genannt; krebsverdächtig, Fruchtschädigung noch ungeklärt, verursacht Kopfschmerz, Schwindel, Schläfrigkeit und Appetitlosigkeit

1) MAK-Wert siehe S. 10-9 ff   2) TRK-Wert siehe S. 10-9 ff   3) auch Bestandteil von Lösemittel

10.2.4 Quelle typischer Gefahrstoffe (Fortsetzung)

Quelle	Gefahrstoff [1][2]	Erläuterungen; Gesundheitsgefahren
Abbeizer, organische (Gemisch verschiedener Lösemittel) (Fortsetzung)	Ethylglycol[1][3]	wirkt reizend auf Schleimhäute der Augen und des Atemtrakts
	Methanol[1][3]	auch Bestandteil von Nitroverdünnern; durchdringt leicht die Haut, Fruchtschädigungspotential noch ungeklärt, verursacht Appetitlosigkeit, Schleimhautreizungen, Kopfschmerzen, Sehstörungen, Leberschwellungen und Leibschmerzen
	Tetrachlormethan[1][3]	auch Tetrachlorkohlenstoff genannt; krebsverdächtig, Fruchtschädigung bei Einhaltung des MAK-Wertes ausgeschlossen; gefährlicher Leberschädiger, allg. Lösemittelschädigungen
	Toluol[1][3]	Fruchtschädigung ist wahrscheinlich; führt zu Kopfschmerzen, Müdigkeit, Übelkeit und Schlafstörungen; seltener treten permanente Schäden des zentralen, peripheren und vegetativen Nervensystems auf
Abbeizer, alkalische	Ammoniak[1]-lösung	Salmiakgeist; Fruchtschädigung braucht bei Einhaltung des MAK-Wertes nicht befürchtet zu werden; führt an Haut und Schleimhäuten zu entzündlichen Rötungen und Blasenbildung; im Auge kann es zu Kornealtrübungen und Schäden an der Iris mit Erblindung führen
	Natriumhydroxid[1]	Natronlauge oder Ätznatron; verätzt Haut und Schleimhäute; Konzentrationen ab 1% führen zu Schwellungen und Verflüssigung des Gewebes; im Auge können Spritzer zu Erblindung führen
Anstrichstoffe (flüchtige Bestandteile: Lösemittel und Abspaltprodukte; nichtflüchtige Bestandteile: Bindemittel, Farbmittel und Hilfsstoffe)	Anilin[1]	synthetischer Farbstoff; krebsverdächtig, Fruchtschädigung ist noch ungeklärt; kleine Mengen führen zu Vergiftungserscheinungen wie Blaufärbung von Lippen, Nase und Ohr
	1-Chlor-2,3-epoxypropan[2]	auch Epichlorhydrin genannt; Harzbindemittelbestandteil; krebsverdächtig, durchdringt leicht die Haut; reizt Schleimhäute, schädigt Herz und Kreislauf, verursacht Bewußtlosigkeit
	Formaldehyd[1]	entsteht beim Trocknungsprozeß als Abspaltprodukt; krebsverdächtig und kann allergische Erscheinungen auslösen
	Diphenylmethan-4,4′-diisocyanat[1]	Harzbindemittelbestandteil; kann allergische Erscheinungen auslösen; führt zu Haut- und Schleimhautreizungen sowie zu Atembeschwerden und Kopfschmerzen
	Kieselsäure[1]	Füllstoff zur Beeinflussung der Eigenschaften des Lackfilms; kann, als Staub eingeatmet, silikoseähnliche Lungenfibrose hervorrufen
	Lösemittel	siehe Verarbeitung von Lösemitteln S. 10-8 und alle mit „[3]" gekennzeichneten Stoffe; umfassen 50%–70% eines Gebindes
	Naphtalin[1]	synthetischer Farbstoff; giftig
	Phenol[1]	Harzbindemittelbestandteil; dringt leicht durch die Haut; schädigt das Zentralnervensystem, Leber und Nieren; kleine Mengen in der Luft verfärben den Urin grünlich-braun
	Styrol[1]	Harzbindemittelbestandteil; Fruchtschädigung bei Einhaltung des MAK-Wertes ausgeschlossen; Giftwirkungen wie bei Toluol und Xylol

[1] MAK-Wert siehe S. 10-9ff [2] TRK-Wert siehe S. 10-9ff [3] Bestandteil von Lösemittel

10.2.4 Quelle typischer Gefahrstoffe (Fortsetzung)

Quelle	Gefahrstoff [1][2]	Erläuterungen; Gesundheitsgefahren
Anstrichstoffe (Fortsetzung)	Vinylacetat[1]	physikalisch trocknender Filmbildner; relativ wenig toxisch, bei regelmäßigem Kontakt können Hautentzündungen entstehen
	Vinylchlorid[2]	physikalisch trocknender Filmbildner; krebserzeugend, Dämpfe besitzen narkotische Wirkung und führen zu allgemeinen körperlichen Beschwerden
Beizen (Veränderung des Holzfarbtons durch chem. Reaktion mit Gerbstoffen)	Ammoniaklösung[1] Chrom-III-, IV-Verbindungen[2] Ethylglycol[1] Ethanol[1][3] Natriumhydroxid[1]	siehe S. 10-5; Lösemittel für Alkalien bzw. Metallsalze Alkalichromate; Metallsalze zur Veränderung des Holzfarbtons; krebserregend siehe S. 10-6 unten siehe S. 10-5; Lösemittel für Alkalien bzw. Metallsalze siehe S. 10-8; Lösemittelbestandteil siehe S. 10-5; Alkalie zur Veränderung des Holzfarbtons
Bleichen (Holzoberflächen und Flecken aufhellen)	Ameisensäure[1]	verursacht bei oraler Aufnahme Verätzungen
	Chlorwasserstoff[1]	Salzsäure; Fruchtschädigung braucht bei Einhaltung des MAK-Wertes nicht befürchtet zu werden; hat starke Ätzwirkungen; Dämpfe bewirken u.a. eine Erstickungsgefahr
	Essigsäure[1]	reizende Dämpfe führen zu Entzündungen der Schleimhäute; Verdauungsstörungen, Abmagerung oder Blässe können die Folge von chronischen Vergiftungen sein
	Natriumhypochlorit	auch Javellwasser genannt; Bleichwirkstoff; spaltet auf der Haut und Schleimhaut Chlor ab; Blasenbildung auf der Haut
	Schwefelsäure[1]	Dämpfe verursachen entzündliche Reizungen der Atemwege und Entkalkung der Zähne; höhere Konzentrationen können zu Atem- und Herzstillstand führen
	Wasserstoffperoxid[1]	Bleichwirkstoff; verursacht auf Haut und Schleimhaut Ausbildung von Sauerstoffemphysemen (krankhafte Aufblähungen), starken Juckreiz oder Schmerz. Dämpfe bewirken Reizung der Augen und Atemwege
Dichtstoffe (Ausbessern von schadhaften Stellen im Holz)	Aceton[1]	bewirkt mäßige Schleimhautreizung; in hohen Konzentrationen wirkt es narkotisch; Dämpfe können chron. Kopfschmerzen verursachen
	Diethylether[1]	Ether; Fruchtschädigung noch ungeklärt; Dämpfe wirken stark erregend, Überdosierung lähmt das Atemzentrum; chronische Vergiftungserscheinungen sind Kopfschmerzen, psychische Störungen, Herz- und Nierenschädigungen
	Kampfer[1]	Weichmacher: wirkt reizend; kann zu Übelkeit, Schwindel und Kopfschmerzen führen sowie zu Sinnestäuschungen und Wahnideen
Holzschutzmittel a) wasserlösliche Holzschutzmittel	Arsenverbindungen[2]	Wirkstoff; enthalten in CFA- (Prüfprädikat: P, Iv, W) und CK-Salzen (Prüfprädikat: P, Iv, W, E); krebserzeugend; bewirkt eine Abnahme der Oxidationsprozesse in den Zellen, Störungen der Kapillargefäße, Blutbildstörungen, psychische Störungen, Haarausfall, Hautkrebs u.a.
	Chrom-III-, IV-Verbindungen[2]	Wirkstoff; Alkalichromate; krebserzeugend; führt zu starken Reizungen, Verätzungen und Ekzembildung an der Haut, solange die Fixierung der Schutzmittel noch nicht völlig erfolgt ist
b) ölige Holzschutzmittel	Pyrolyseprodukte[2]	auch Steinkohlenteeröle genannt, sind komplizierte Gemische verschiedener Destillate (>1000 Einzelstoffe). Viele Stoffe haben einen Anteil von <0,1%; Naphthalin[1] hat einen Anteil von 5% bis 10%; krebserzeugend

[1] MAK-Wert siehe S. 10-9ff [2] TRK-Wert siehe S. 10-9ff [3] Bestandteil von Lösungsmitteln

10.2.4 Quelle typischer Gefahrstoffe (Fortsetzung)

Quelle	Gefahrstoff [1][2]	Erläuterungen; Gesundheitsgefahren
c) lösemittelhaltige Holzschutzmittel (Fortsetzung)		enthalten ca. 80% bis 95% organische Lösemittel (siehe die mit „[3]" gekennzeichneten Stoffe) und fungizide (pilzwidrige) oder insektizide (insektenwidrige) Wirkstoffe; ca. 10% des Volumens
	Chlortalonil	Fungizid; toxische und krebserzeugende Wirkung wird zur Zeit geprüft
	Pentachlorphenol[2]	Fungizid; krebserzeugend; führt zu Reizwirkungen auf Haut und Schleimhaut, akneähnlicher Dermatitis und Leberfunktionsstörungen
	Quecksilberverbindungen[1], organische	Phenylquecksilberoleat; Fungizid; schädigt das Zentralnervensystem; führt zu chronischer Nervenschwäche, Empfindungsstörung, Hautentzündungen, Sprachstörung und Schlafstörung; wird vom Körper nicht ausgeschieden und reichert sich in den Organen an, deshalb sind Embryos stark betroffen; dringt leicht durch die Haut
	Zinnverbindungen[1], organische	Tributylzinnverbindungen; Fungizid; dringt leicht durch die Haut; sehr giftig; führt zu Muskelschwäche, Lähmung der Extremitäten, Depressionen, verlangsamter Herztätigkeit u.a.
	Xylasan A1	Fungizid; Neuentwicklung, von der die Zusammensetzung, Wirkstoffeigenschaften und Toxikologie unbekannt sind
	Ethylparathion	Parathion[1], Insektizid; äußerst giftig, dringt leicht durch die Haut; führt zu Übelkeit, Erbrechen, Darmkrämpfen und Bewußtseinsstörungen
	Lindan[1]	Insektizid; führt zu Übelkeit, Erbrechen, Unruhe; Krampfanfälle können periodisch verlaufen und epileptische Formen annehmen
Lösemittel- und Dispersions-Klebestoffe	Acrylnitril[2]	krebserzeugend, dringt leicht durch die Haut; führt nach Berührung mit der Haut zu Übelkeit, Kopfschmerzen, Schwindel und Krämpfen
	1,3-Butadien[2]	Wirkstoffbestandteil; krebserzeugend, wirkt nur in hohen Konzentrationen narkotisch sowie reizend auf Augen und Augenschleimhäute
	Vinylacetat[1]	Filmbildnerbestandteil; wenig toxisch, kann zu Hautentzündungen führen
	Vinylchlorid[2]	Filmbildnerbestandteil; krebserzeugend; führt nach Zersetzung durch saure Gase und Nebel zu Reizerscheinungen an Augen, Nase und Rachen
	Vinylidenchlorid[1]	(1,1-Dichlorethen) Filmbildnerbestandteil; führt zu Hirnnervenstörungen durch Verunreinigungen von Chlor- und Dichloracetylen
	Styrol[1]	siehe S.10-5; Harzbindemittelbestandteil
Reaktionsklebestoffe	Formaldehyd[1] Phenol[1]	siehe S.10-3 Harzbindemittelbestandteil siehe S.10-5 Harzbindemittelbestandteil
Schmelzklebestoff	Styrol[1] 1,3-Butadien[2] Vinylacetat[1]	siehe S.10-5 Harzbindemittelbestandteil siehe S.10-7 Wirkstoffbestandteil siehe S.10-7 Filmbildnerbestandteil

[1] MAK-Wert siehe S. 10-9ff [2] TRK-Wert siehe S. 10-9ff [3] Bestandteil von Lösemitteln

10

10.2.4 Quelle typischer Gefahrstoffe (Fortsetzung)

Quelle	Gefahrstoff [1])[2])	Erläuterungen; Gesundheitsgefahren
Lösemittel (Verdünner)		haben bereits bei Raumtemperatur einen hohen Dampfdruck (siehe Spalte 11 S. 10-9ff , also ein großes Bestreben zu verdunsten, deshalb werden diese hauptsächlich über die Lunge aufgenommen. Bei körperlicher Arbeit werden täglich bis zu 20 m^3 Luft eingeatmet. Hohe Dosen in kurzer Zeit führen zu akuten Vergiftungen, kleine Dosen über längere Zeit aufgenommen, können zu den bekannten chronischen Schädigungen oder Sensibilisierungen führen
	Aceton[1]) Benzol[2])	siehe S. 10-4 siehe S. 10-4
	n-Butanol[1])	Augen- und Schleimhautreizungen treten bereits unterhalb des MAK-Wertes auf; führt zu Kopfschmerzen, Schwindel und Schläfrigkeit
	2-Butanon[1])	Fruchtschädigung noch ungeklärt; kann die Haut schädigen
	n-Butylacetat[1])	verursacht Reizung der Schleimhäute; führt zu Magenschmerzen, Übelkeit, Erbrechen, Schwindelgefühl und Ohnmacht
	Cyclohexan[1])	wirkt akut narkotisch und chronisch degenerierend auf das periphere Nervensystem; Gefahr der Hautekzembildung
	Ethanol[1])	Fruchtschädigung ungeklärt; führt zu lokalen Schleimhautschäden und wirkt auf das Zentralnervensystem
	Ethylacetat[1])	führt zu Schleimhautreizungen und Zahnfleischentzündungen
	Ethylbenzol[1])	wirkt stark reizend auf Augen und obere Atemwege; dringt leicht durch die Haut; wirkt auf das Zentralnervensystem
	n-Hexan[1])	Konzentrationen über 0,5% führen nach 10 min zu Schwindelerscheinungen; wird im Fettgewebe gespeichert und wirkt chronisch degenerierend auf das periphere Nervensystem
	Isopropylacetat[1])	Dämpfe wirken etwas betäubend und verursachen leichte Reizungen der Augen und Atmungsorgane
	Methanol[1]) Toluol[1])	siehe S. 10-5 siehe S. 10-5
	Xylol[1])	Fruchtschädigung ungeklärt; Dämpfe schädigen besonders das Zentralnervensystem; längeres Einatmen niedriger Konzentrationen erzeugt Kopfschmerzen und Schwindel

Gefahrenreduzierung:

1. Die konkret beim Arbeitsverfahren auftretenden Gefahrstoffe/Gefahren anhand der gesetzlichen Herstellerkennzeichnungspflicht für die verwendeten Produkte ermitteln und beachten. Erläuterungen zu den dabei verwendeten Symbolen siehe Seite 10-13f.).
2. Das Sicherheitsdatenblatt (siehe Seite 10-2) über das verwendete Produkt vom Hersteller bzw. Lieferanten anfordern und die darin detailliert aufgeführten Angaben zu konkreten Schutzmaßnahmen, Lagerung, Entsorgung und Handhabung beachten.
3. Den Arbeitsplatz gut belüften und entstehende Gefahrstoffe möglichst nah am Entstehungsort absaugen und durch geeignetes Filtermaterial absorbieren. Anhand der physikalischen Eigenschaften des Stoffes Dichte, rel. Gasdichte, Siedepunkt und Dampfdruck (siehe Spalte 5, 6, 10 u. 11 Seite 10-9ff.)muß die geeignete Absaugung (Rand- oder/und Absaugung von oben) ermittelt werden.
4. Grundsätzlich geschlossene Arbeitskleidung tragen; am Arbeitsplatz nicht essen, trinken oder rauchen.

[1]) MAK-Wert siehe S. 10-9ff [2]) TRK-Wert siehe S. 10-9ff

10.2 Gefahrstoffe am Arbeitsplatz

10.2.5 MAK- und TRK-Werte (Auswahl) DFG 1994

Spalte: 1	2	3	4	5	6	7	8	9	10	11	12	13	14	15
Stoff	Chemische bzw. Brutto-Formel	MAK/**TRK** ml/m³	mg/m³	Dichte kg/dm³ ¹) g/dm³ ²)	rel. Gasdichte	Flammpunkt °C	Zündtemp. °C	Festpunkt °C 1013 mbar	Siedepunkt °C 1013 mbar	Gefahrensymbol/ Dampfdruck bei 20 °C	WGK	Gefährlichkeit	Atem-Filter Gas	Par.
Aceton	C_3H_6O	1000	2400	0,79	2,01	<−20	540	−95,35	56,2	F/240	0	–	AX	–
Acrylnitril	$\mathbf{C_3H_3N}$	**3**	**7**	0,806	1,83	−5	480	−83,55	77,3	F, T/124	3	**IIIA2, H**	A	–
Ameisensäure	HCOOH	5	9	1,22	1,59	42	520	8,40	100,75	C/43,3	1	–	E	–
Ammoniak	NH_3	50	35	0,77²)	0,60	–	630	−77,74	−33,35	T/–	2	C	K	–
Anilin	C_6H_7N	2	8	1,02	3,22	76	630	−5,98	184,40	T/0,8	2	IIIB, D, H	A	(P3)
Arsenverbindungen	–	–	**0,1**	–	–	–	–	–	–	T/–	3	**IIIA1**	–	P3
Asbesthaltiger Feinstaub	–	–	**2**	–	–	–	–	–	–	a/–	–	**IIIA1**	–	P2
Benzol	C_6H_6	5	16	0,88	2,70	−11	555	5,53	80,10	F, T/101	3	**IIIA1**, H	A	–
Blei	Pb	–	0,1 G	11,35	–	–	–	327,50	1740	–/–	–	B	–	P2
Bleitetraethyl	$C_8H_{20}Pb$	0,01	0,08	1,65	11,2	80	–	−136,8	200 Zers	T/–	3	H	A	(P3)
Benzo[a]pyren	$C_{20}H_{12}$	–	–	1,35	–	–	–	180	495,5	T/–	–	**IIIA 2**	–	P3
1,3-Butadien	$\mathbf{C_4H_6}$	5	11	0,62²)	1,92	−85	415	−108,97	−4,41	F, T/2,4	1	**IIIA2**	AX	–
Butan	C_4H_{10}	1000	2350	2,71²)	2,11	−60	365	−138,35	0,50	F/2,1	0	–	AX	–
n-Butanol	$C_6H_{10}O$	100	300	0,8	2,56	24···35	340···390	−89,3···−114,7	117,7···99,5	Xn/4···40	1	D, C	A	–
2-Butanon	C_6H_8O	200	590	0,81	2,49	−1	505	−86,9	79,57	F/105	1	D	A	–
n-Butylacetat	$C_6H_{12}O_2$	200	950	0,88	4,01	22···27	370	−76,3	Zers	–/–	1	–	A	–
Cadmium + Cd-Verb.	–	–	–	–	–	–	–		–	T/–	3	**IIIA2**	–	P3
Calciumoxid	CaO	–	5 G	3,40	–	–	–	2614	3570	–/–	1	–	–	P2
Carbonylchlorid (Phosgen)	$COCl_2$	0,1	0,4	1,38²)	3,50	–	–	−127,8	7,56	T/–	–	–	B	(P3)
Chlor	Cl_2	0,5	1,5	3,21²)	2,49	–	–	−101,0	−34,10	T/6,7	2	C	B	(P3)
1-Chlor-2,3-epoxypropan	$\mathbf{C_3H_5ClO}$	**3**	**12**	1,18	3,20	28	385	−25,6	116,56	T/16	3	**IIIA2, H**	A	(P3)
Chlorwasserstoff (Salzsäure)	HCl	5	7	1,64²)	1,27	–	–	−114,2	−85,05	C/–	1	C	E	(P2)
Chrom-IV-Verbindungen	–	–	**0,1 (0,2) G**	–	–	–	–	–	–	–/–	–	**IIIA2**	–	P3
Cobalt-Verbindungen	–	–	**0,1 (0,5) G**	–	–	–	–	–	–	–/–	–	**IIIA2, S**	–	P3

Erklärung der Kurzzeichen, Fußnoten und Spalten siehe S. 10-12

Spalte: 1	2	3	4	5	6	7	8	9	10	11	12	13	14	15
Stoff	Chemische bzw. Brutto-Formel	MAK/**TRK** ml/m³	mg/m³	Dichte kg/dm³ [1]) g/dm³ [2])	rel. Gasdichte	Flammpunkt °C	Zündtemp. °C	Festpunkt °C 1013 mbar	Siedepunkt °C 1013 mbar	Gefahrensymbol/ Dampfdruck bei 20 °C	WGK	Gefährlichkeit	Atem-Filter Gas	Par.
Cyanacrylsäuremethylester	$C_5H_5NO_2$	2	8	1,28	3,84	–	–	liq	–	–/–	–	S	B	–
Cyclohexan	C_6H_{12}	300	1050	0,78	2,91	> 112	–	6,55	80,74	F/104	1	–	A	–
Dibenzoylperoxid	$C_{14}H_{10}O_4$	–	5 G	1,32	–	–	80	110	–	E, Xi/–	–	–	–	P2
1,1-Dichlorethan	$C_2H_4Cl_2$	100	400	1,18	3,42	– 10	660	– 97,6	57,25	F, Xn/240	–	D	AX	–
1,2-Dichlorethan	**$C_2H_4Cl_2$**	–	–	1,25	3,42	13	440	– 35,75	82,9	F, Xn/87	–	**IIIA2**	A	–
Dichlormethan	CH_2Cl_2	100	360	1,33	2,93	13	605	– 93,7	40,67	Xn/475	2	IIIB, D	AX	–
Diethylether	$C_4H_{10}O$	400	1200	0,71	2,56	< – 20	180	– 116,4	34,6	F/587	1	D	AX	–
Diisocyanattoluol (2,4-; 2,6-)	$C_9H_6N_2O_2$	0,01	0,07	1,22	6,02	127	–	14···22	120···250	T/–	2	S	B	(P3)
1,4-Dioxan	$C_4H_8O_2$	50	180	1,03	3,04	11	375	11,8	101,32	F, Xn/41	2	IIIB, D, H	A	–
Diphenylmethan-4,4′-diisocyanat	$C_{15}H_{10}N_2O_2$	0,005	0,05	1,21	8,64	212	7500	39,5	–	Xn/–	–	S, III B	B	(P2)
Eichen- u. Buchenholzstaub	–	–	**2(5) G**	–	–	–	–	–	–	–/–	–	**IIIA1**	–	P3
Essigsäure	$C_2H_4O_2$	10	25	1,05	2,07	40	485	16,75	118,1	C/15,7	1	–	E	–
Ethanol	C_2H_6O	1000	1900	0,79	1,59	12	425	– 114,2	78,33	F/59	0	D	A	–
2-Ethoxyethylacetat	$C_6H_{12}O_3$	20	110	0,98	4,57	52	380	61,7	156,4	Xn/1,6	1	H, B	A	–
Ethylacetat	$C_4H_8O_2$	400	1400	0,90	3,04	– 4	460	– 82,4	171,5	F/97	1	–	A	–
Ethylbenzol	C_8H_{10}	100	440	0,87	3,67	15···23	430	– 94,98	136,2	F, Xn/9,3	1	H, D	A	–
Ethylglykol (2-Ethoxyethanol)	$C_4H_{10}O_2$	20	75	0,93	3,11	40	235	– 70	135,6	Xi/5	–	H, B	A	–
Etylacrylat	$C_5H_8O_2$	5	20	0,94	3,46	9	350	– 71,2	99,8	F, Xi/38	2	D, S	A	–
Fluor	F_2	0,1	0,2	1,69 [2])	1,31	–	–	– 219,61	– 188,13	T/–	–	–	B	–
Fluorwasserstoff (Flußsäure)	HF	3	2	0,90 [2])	0,69	–	–	– 83,57	19,54	T, C/1	1	–	E	(P2)
Formaldehyd	HCHO	0,5	0,6	–	1,04	60	300	– 92	– 21	T/–	2	IIIB, S, C	B	(P3)
n-Hexan	C_6H_{14}	50	180	0,66	2,98	< – 20	240	– 95,3	68,7	–/160	1	C	A	–
Isopropylacetat	$C_5H_{10}O_4$	200	840	0,87	3,53	4	460	– 73,4	88,4	F/61	1	–	A	–
Kampfer	$C_{10}H_{16}O$	2	13	0,99	5,26	66	–	178,8	209 sub	–/–	–	–	A	–
Kieselsäure	–	–	4 G	–	–	–	–	–	–	–/–	–	–	–	P2
Kohlenstoffdioxid	CO_2	5000	9000	1,98 [2])	1,53	–	–	–	–	–/–	0	–	–	–
Kohlenstoffmonoxid	CO	30	33	1,25 [2])	0,97	–	605	– 199	– 191,5	F, T/–	0	B	CO	–

Erklärung der Kurzzeichen, Fußnoten und Spalten siehe S. 10-12

10.2.5 MAK- und TRK-Werte (Auswahl) DFG (1994) (Fortsetzung)

Spalte: 1	2	3	4	5	6	7	8	9	10	11	12	13	14	15
Stoff	Chemische bzw. Brutto-Formel	MAK/**TRK** ml/m³	mg/m³	Dichte kg/dm³ ¹) g/dm³ ²)	rel. Gasdichte	Flammpunkt °C	Zündtemp. °C	Festpunkt °C 1013 mbar	Siedepunkt °C 1013 mbar	Gefahrensymbol/ Dampfdruck bei 20 °C	WGK	Gefährlichkeit	Atem-Filter Gas	Par.
Lindan	$C_6H_6Cl_6$		0,5 G	1,9	10,0	–	–	112,5	523 Zers	T/–	3	H	A	P3
Maleinsäureanhydrid	$C_4H_2O_3$	0,1	0,4	1,48	3,39	103	380	52,85	202 sub	Xi/–	1	S, C	A	P2
Methylalkohol (Methanol)	CH_4O	200	260	0,79²)	1,11	11	455	–182,5	–161,49	F, T/128	–	H, D	AX	–
Naphthalin	$C_{10}H_8$	10	50	1,18	4,43	80	540	80,29	217	–/0,04	2	–	A	–
2-Naphthylamin	$\mathbf{C_{10}H_9N}$	–	–	1,22	4,95	157	–	112	306,1	T/–	–	**IIIA1, H**	–	P3
Natriumhypochlorit	NaC10	–	–	–	–	–	–	–	–	C/–	–		(B)	P2
Natriumnitrit	$NaNO_2$	–	–	2,17(0)	–	–	–	280±5	>320 Zers	O, T/–	2	–	–	P3
Nikotin	$C_{10}H_{14}N_2$	0,07	0,5	1,01	5,60	95	240	–79	–	T/–	–	H	A	(P3)
Ozon	O_3	0,1	0,2	2,14²)	1,66	–	–	–192,7	–111,9	–/–	–	–	B	–
Parathion	$C_8H_{14}NO_5PS$	–	0,1 G	1,27	10,1	–	–	6,1	375	T/–	3	H, D	A	P3
Pentachlorphenol	$\mathbf{C_6HCl_5O}$	–	–	1,98	9,20	–	–	191	312 Zers	T/–	3	**IIIA2, H**	A	P3
Phenol	C_6H_6O	5	19	1,07	3,25	82	595	40,85	181,75	T/–	2	H	A	–
Phthalsäureanhydrid	$C_8H_4O_3$	–	1 G	1,53	5,12	152	580	131,6	284,5 sub	Xi/–	–	S, D	A	(P2)
Propan	C_3H_8	1000	1800	2,01²)	1,55	–	470	–189,69	–42,07	F/8,3	0	–	–	–
Pyrolyseprodukte	–	–	–	–	–	–	–	–	–	–/–	–	**IIIA1**	–	–
Quecksilber-Verbindungen	–	–	0,01 G	–	–	–	–	–	–	–/–	–	H, S	Hg	P3
Salpetersäure	HNO_3	2	5	1,51	2,18	–	–	–41,59	83 Zers	O, C/–	2	–	E	(P2)
Schwefeldioxid	SO_2	2	5	–	2,26	–	–	–75,52	–10,08	T/21	1	–	E	–
Schwefelsäure	H_2SO_4	–	1 G	1,84	–	–	–	10,38	279,6	C/–	1	–	–	P2
Stickstoffdioxid	NO_2	5	9	1,45	1,59	–	–	–11,25	21,15	T/–	–	–	–	–
Styrol	C_8H_8	20	85	0,91	3,60	32	490	–30,63	145,14	Xi/6	2	CH³)	A	–
Terpentinöl	–	100	560	0,86	–	33…35	>220	<–40	150…177	Xn	–	S	A	–
Tetrachlorethen	C_2Cl_4	50	345	1,62	5,73	–	–	–22,4	121,2	Xn/19	3	IIIB, C	A	–
Tetrachlormethan	CCl_4	10	65	1,59	5,31	–	>982	–22,99	76,54	T/119	3	IIIB, H, D	A	–
Toluol	C_7H_8	100	380	0,86	3,18	6	535	–94,99	110,62	F, Xn/29	2	B	A	–
1,1,1-Trichlorethan	$C_2H_3Cl_3$	200	1080	1,34	4,61	–	537	–32,6	73,7	Xn/133	3	C	A	–

Erklärung der Kurzzeichen, Fußnoten und Spalten siehe S. 10-12

Spalte: 1	2	3	4	5	6	7	8	9	10	11	12	13	14	15
Stoff	Chemische bzw. Brutto-Formel	MAK/**TRK** ml/m³	mg/m³	Dichte kg/dm³ [1]) g/dm³ [2])	rel. Gasdichte	Flammpunkt °C	Zündtemp. °C	Festpunkt °C 1013 mbar	Siedepunkt °C 1013 mbar	Gefahrensymbol/ Dampfdruck bei 20 °C	WGK	Gefährlichkeit	Atem-Filter Gas	Par.
1,1,2-Trichlorethan	$C_2H_3Cl_3$	10	55	1,44	4,61	–	460	−36,7	113,65	Xn/25	–	IIIB, H	A	–
Trichlorethen	C_2HCl_3	50	270	1,46	4,54	–	410	−86,8	86,7	Xn/77	3	IIIB, C	A	–
Trichlorfluormethan	CCl_3F	1000	5600	1,49	4,75	–	–	−110,5	23,77	–/889	2	C	–	–
Vinylacetat	$C_4H_6O_2$	10	35	0,93	2,97	−8	385	−93,2	72,8	F/120	2	III B; D	A	–
Vinylchlorid	**C_2H_3Cl**	–	–	0,91 [2])	2,16	−78	415	−153,7	−13,7	F, T/1, 2	2	**IIIA1,H** [3])	AX	–
Vinylidenchlorid (1,1-Dichlorethen)	$C_2H_2Cl_2$	2	8	1,21	3,35	−10	530	−122,1	31,6	F, Xn/1	–	IIIB, C	AX	–
Wasserstoffperoxid	H_2O_2	1	1,4	1,44	1,17	–	560	−0,43	150,2	0, C/2	0	–	NO	–
Xylol	C_8H_{10}	100	440	0,87	3,67	25…30	–	13…47	141 + 3	Xn/7…9	2	D	A	–
Zinkchromat	**$ZnCrO_4$**	–	–	3,40	–	–	–	–	–	T	–	**IIIA1**	–	P3
Zinn-Verbindungen org.	–	–	0,1 G	–	–	–	–	–	–	–/–	2	H	–	–

Erklärungen:

Spalte 3 u. 4: TRK-Werte gelten für **krebserzeugende Stoffe** und sind **fett** gekennzeichnet.
F = gemessen als Feinstaub
G = gemessen als Gesamtstaub

Spalte 6: Das Verhältnis der Dichte eines gasförmigen Stoffes zur Dichte trockener Luft

Spalte 7, 8, 9 und 10: Die angegebenen Werte beziehen sich auf Normalbedingungen bei 1013 mbar
Zers = Zersetzung
sub = sublimiert (unmittelbarer Übergang in den Gaszustand)
liq = flüssig

Spalte 11: a) Bedeutung der Kennbuchstaben für das Gefahrensymbol gemäß Gefahrstoffverordnung siehe S. 10-14.
b) Nach dem Querstrich wird der Dampfdruck in mbar bei 20 °C angegeben. Er zeigt, wie groß das Bestreben einer Flüssigkeit ist, in den gasförmigen Zustand überzugehen, d. h. zu verdunsten.

Spalte 12: WGK = Wassergefährdungsklasse:
0 = im allg. kein gefährdender Stoff
1 = schwach gefährdender Stoff
2 = wassergefährdender Stoff
3 = stark gefährdender Stoff

Spalte 13: Gefährlichkeit gemäß Gefahrstoffverordnung
a) Krebsgruppen:
IIIA1 = wirken beim Menschen krebserregend
IIIA2 = wirken im Tierversuch krebserregend, dieselbe Wirkung wird beim Menschen angenommen
IIIB = begründeter Verdacht auf krebserzeugende Wirkung beim Menschen
b) Fruchtschädigungsgruppen (Leibesfrucht):
A = Risiko der Fruchtschädigung ist sicher nachgewiesen
B = Risiko der Fruchtschädigung ist wahrscheinlich
C = Risiko der Fruchtschädigung braucht bei Einhaltung des MAK-Wertes nicht befürchtet werden
D = Fruchtschädigung nicht ausgeschlossen

c) Sonstige Schädigungskennzeichen:
H = Hautresorption, diese Stoffe vermögen leicht die Haut zu durchdringen
S = Allergische Erscheinungen können nach Sensibilisierung ausgelöst werden, auch bei Einhaltung des MAK-Wertes

Spalte 14, 15: Gas- u. Partikelfilter entfernen jeweils bestimmte Schadstoffe und dürfen angewendet werden, wenn die Umgebungsatmosphäre mindestens 17 Vol.-% Sauerstoff enthält.
Gasfiltertypen [4])/Kennfarbe: DIN 3181 T1 (5.80)
A/braun: für organische Gase und Dämpfe
B/grau: für anorganische Gase und Dämpfe
E/gelb: für Schwefeldioxid u. Hydrogenchlorid
AX/braun: für org. Verbindungen mit Gefahrsymbol T, T+, Xi und Xn und Siedepunkt < 65° C
Partikelfilterklassen [5]): DIN 3181 T1 (5.80)
P1: gegen feste inerte P., Rückhaltevermögen > 80%
P2: feste u. flüssige (Xn/Xi)-P., Rückhalteverm. > 94%
P3: feste u. flüssige (T/T+)-Partikel, Rückhalteverm. > 99,95%

[1]) Feste und flüssige Stoffe werden in kg/dm³ angegeben. [2]) Gasförmige Stoffe werden in g/dm³ angegeben. [3]) Nach Angaben der amerikanischen TLV-Liste.

10.3 Sicherheitskennzeichen

10.3.1 Hinweisschilder zur Arbeitssicherheit VGB 125 (04.89) und DIN 4844 (10.85)

Rettungszeichen: weißes Bildzeichen auf grünem Grund								
	Richtungsangabe für Rettungsweg	Erste Hilfe	Rettungsweg nach links	Augenspüleinrichtung	Not-Dusche	Krankentrage	Notausgang	
Gebotszeichen: weißes Bildzeichen auf blauem Grund								
	Augenschutz tragen	Schutzhelm tragen	Gehörschutz tragen	Atemschutz tragen	Schutzhandschuhe tragen	Schutzschuhe tragen		
Warnzeichen: schwarzes Bildzeichen auf orangefarbenem Grund	Warnung vor …							

	feuergefährlichen	explosionsgefährlichen	giftigen Stoffen	ätzenden Stoffen	Flurförderfahrzeugen	Laserstrahlen	elektrischer Spannung	
Verbotszeichen: schwarzes Bildzeichen auf weißem Grund + rotfarbene Kennung								
	Feuer, offenes Licht u. Rauchen verboten	Zutritt f. Unbefugte verboten	Für Flurförderfahrzeuge verboten	Für Fußgänger verboten	Mit Wasser löschen verboten	Rauchen verboten	Kein Trinkwasser	Nichts abstellen oder lagern

10.3.2 Kennzeichnungen und Symbole für Gefahrstoffe GefStoffV (1993)

Hauptgefahren, die von einem Stoff oder einer Zubereitung ausgehen, werden durch ein oder mehrere **Gefahrensymbole** inklusiv der dazugehörigen **Gefahrenbezeichnung** gekennzeichnet. Durch zusätzliche standardisierte Sätze, die sogenannten R-Sätze, erfolgen noch differenzierte **Gefahrenhinweise**, die über weitere gefährliche Eigenschaften Auskunft geben. Möglichkeiten zur Vermeidung bzw. Verminderung der Gefahren, soweit sie nicht selbstverständlich sind und/oder sich aus den Gefahrenhinweisen ergeben, können aus den gegebenen **Sicherheitsratschlägen**, den sogenannten S-Sätzen, entnommen werden.
Aber: Werden bestimmte Anteile von Stoffbeimischungen unterschritten, z.B. 0,2% für das krebserregende Benzol in Lösungsmitteln oder 5% in Benzin für Kraftfahrzeuge, so braucht dies nach den gesetzlichen Grundlagen (GfStoffV) nicht angezeigt werden.

Beispiel zur Kennzeichnung eines Stoffes:

Name des Stoffes:	Trichlorethen
Gefahrensymbol und -bezeichnung:	 Mindergiftig
Gefahrenhinweise: (R-Sätze)	Gesundheitsschädlich beim Einatmen u. Verschlucken
Sicherheitsratschläge (S-Sätze)	Darf nicht in die Hände von Kindern gelangen Berührung mit den Augen vermeiden
Hersteller:	Name, Anschrift

Kennzeichnung von asbesthaltigen Erzeugnissen und Zubereitungen:

weiß auf schwarzem Grund

schwarz auf rotem Grund

10.3 Sicherheitskennzeichen

Gefahrensymbol u. -bezeichnung; -kennbuchstabe	Erläuterungen	Gefahrensymbol u. -bezeichnung; -kennbuchstabe	Erläuterungen
 Explosionsgefährlich; E	Stoffe in festem oder flüssigem Zustand, die durch Erwärmung oder einer nicht außergewöhnlichen Beanspruchung z.B. durch Schlag zur Explosion gebracht werden.	 Sehr giftig; T+ oder giftig; T	Stoffe, die durch Einatmen (inhalativ), Verschlucken (oral) oder Aufnahme durch die Haut (dermal) erhebliche Gesundheitsschäden oder den Tod verursachen können. T+: wenn LD_{50}[1]) oral ≤ 25 mg/kg oder LD_{50} dermal ≤ 50 mg/kg oder LC_{50}[2]) inhalativ $\leq 0{,}5$ mg/1/4 h T: wenn $25 < LD_{50}$ oral ≤ 200 mg/kg oder $50 < LD_{50}$ dermal ≤ 400 mg/kg oder $0{,}5 < LC_{50}$ inhal. ≤ 2 mg/1/4 h
 Brandförd.; O	Stoffe, die bei Berührung mit anderen, insbesondere entzündlichen Stoffen so reagieren, daß Wärme in großer Menge frei wird.		
 Leichtentzündlich; F oder hochentzündlich; F+	Stoffe, die sich bei gewöhnlichen Temperaturen erhitzen und entzünden können oder in festem Zustand durch kurzzeitige Einwirkung einer Zündquelle entzündet werden. (F+: Flammpunkt <0 °C, Siedepunkt max. 35 °C; F: Flammpunkt <21 °C und >0 °C)	 Mindergiftig (häufig als gesundheitsschädlich bez.); Xn	Stoffe, die durch Einatmen (inhalativ), Verschlucken (oral) oder Aufnahme durch die Haut (dermal) Gesundheitsschäden geringeren Ausmaßes verursachen können. Xn: wenn $200 < LD_{50}$[1]) oral ≤ 2000 mg/kg oder $2 < LC_{50}$[2]) inhalativ ≤ 20 mg/1/4 h usw.
 Ätzend; C	Stoffe, die durch Berührung die Haut zerstören. (Schwere Verätzung liegt vor, wenn die Haut von Versuchstieren in ihrer gesamten Dikke in weniger als 3 min zerstört ist.)	 Reizend; Xi	Sind Stoffe, die ohne ätzend zu sein, nach ein- oder mehrmaliger Berührung mit der Haut Entzündungen verursachen können.

10.4 Umweltschutz

10.4.1 Übersicht: Umweltrelevante Betriebsbereiche

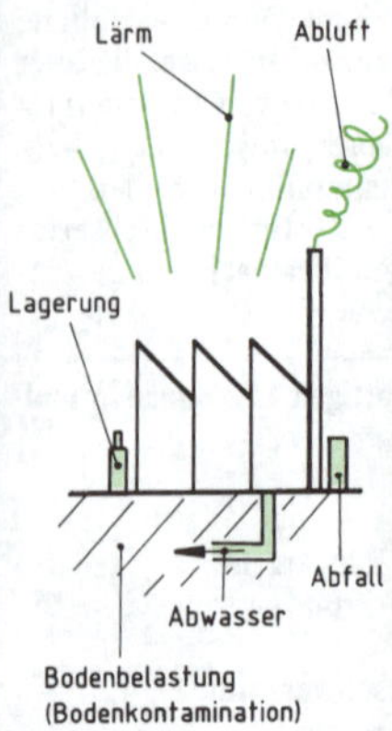

Umweltrelevante Betriebsbereiche	Umweltrelevante Aspekte z.B.	Rechtliche Grundlagen [3]) [4])
Abluft siehe S. 10-15	Abstrahlen von Beschichtungen	Bundesimmissionsschutzgesetz (BImSchG) + Verordnungen dazu (BImSchV)
Abwasser siehe S. 10-16	Kondenswasser v. Kompressor	Wasserhaushaltsgesetz (WHG), Abwasserabgabengesetz (AbwAG)
Abfall siehe S. 10-17	Lösemittel- und Bitumenreste	Abfallgesetz (AbfG), Abfall- und Reststoffüberwachungs-Verordnung
Bodenbelastung siehe S. 10-18	Schalöl	Abfallgesetz (AbfG) u.a.
Lagerung	Flüssiggas	Gewerbeordnung (GewO), Bundesimmissionsschutzgesetz (BImSchG)
Lärm	von Baumaschinen	Bundesimmissionsschutzgesetz (BImSchG) + Verordnungen
Transport siehe S. 10-19	Gefahrguttransport	Gesetz über Beförderung gefährlicher Güter + Verordnungen

[1]) Letale (zum Tode führende) **D**osis bei 50% der Versuchstiere
[2]) Letale (zum Tode führende) **K**onzentration bei 50% der Versuchstiere
[3]) Außer den bundesrechtlichen Grundlagen müssen die landesrechtlichen beachtet werden.
[4]) Bei Neuanlagen erfolgt nach dem Gesetz (UVPG) eine Umweltverträglichkeitsprüfung.

10.4 Umweltschutz: Sonderabfälle

10.4.2 Entsorgung von überwachungsbedürftigen Abfällen TA Abfall

Sonderabfälle können in besonderem Maße den Menschen und die Umwelt gefährden. Diese Abfälle dürfen nicht zusammen mit dem hausmüllähnlichen Gewerbemüll entsorgt werden. Fallen im Betrieb jährlich mehr als 500 kg Sonderabfälle an, so muß für jede einzelne Sonderabfallart ein Einzelentsorgungsnachweis geführt werden. Als Nachweis dafür, daß die Entsorgung fachgerecht durchgeführt wurde, dient das Begleitscheinverfahren als Verbleibskontrolle.

Abfolge der Entsorgung einer Sonderabfallart

1. Entsorgungsweg ermitteln über das Formblatt **„Verantwortliche Erklärung"**

   Dieses Formblatt wird am besten zusammen mit dem Entsorger ausgefüllt. Hierin müssen Angaben erfolgen über
   - Art (Beschreibung) des Abfalls
   - Herkunft und Entstehung
   - Begründung der Nichtverwertbarkeit
   - evtl. chemische Analyse des Abfalls

2. Entsorger bestätigt, daß er die Sonderabfallart entsorgen kann.

3. Die für die Entsorgungsanlage zuständige Behörde muß dem Entsorgungsweg zustimmen und stellt den **„Entsorgungsnachweis"** aus.

4. Abfalltransporteur mit entsprechender Beförderungsgenehmigung übernimmt den Sonderabfall zusammen mit 6 farblich unterschiedlichen **„Begleitscheinen"** über den Sonderabfall. Der weiße Begleitschein verbleibt beim Auftraggeber.

5. Nach erfolgter Entsorgung kommt der goldfarbene Durchschlag vom Begleitschein an den Auftraggeber zurück und muß sorgfältig aufbewahrt werden.

Anmerkung:
Für einige der unten angeführten Sonderabfallarten ist die kostengünstigere Sammelentsorgung möglich (sind mit SE gekennzeichnet). Der Sammelentsorgungsnachweis sowie das Begleitscheinverfahren wird hierbei vom Abfalltransporteur durchgeführt.

Eine Sammelentsorgung ist nur möglich, wenn
- die einzusammelnden Abfälle den gleichen Abfallschlüssel haben
- die bei einer Sammeltour je Abfallerzeuger eingesammelte Abfallmenge 1,1 m^3 (bei flüssigen Abfällen unter Einsatz von Saugwagen 3 m^3) nicht übersteigt.

Die Adressen der entsprechenden Entsorgungsunternehmen erfährt man bei der Handwerkskammer und dem Baufachverband.

Sonderabfallarten

Abfall-Schl. Nr.	Behördliche Bezeichnung	Erläuterungen	Besondere Hinweise	SE
17213	Holzabfälle und -behältnisse mit schädlichen Verunreinigungen, vorwiegend organisch	Holzabfälle mit öligen Holzschutzmitteln (z. B. tributylzinn-, permethrin-, lindan- oder PCP-haltig), Teerölen oder Schalölen	sofern keine Auswaschgefahr besteht, ist der Einsatz von borsalzbehandelten zu bevorzugen. mit dem Entsorger sprechen: evtl. können Kleinmengen 17211 + 17212 Sägemehl u. -späne mit Verunreinigungen) zusammen mit 17213 u. 17214 entsorgt werden	–
17214	Holzabfälle und -behältnisse mit schädlichen Verunreinigungen, vorwiegend anorganisch	Holzabfälle mit metallsalzhaltigen Holzschutzmitteln (z. B.CKB-Salze)		–
31430	Mineralfaserabfälle mit schädlichen Verunreinigungen	Dämmaterial aus Glas- und Steinwolle mit Öl oder Holzschutzmittel verunreinigt	mit der Behörde klären, ob diese auf Hausmülldeponie abgelagert werden können	–

SE = Sammelentsorgung × = in der Regel ist eine Sammelentsorgung möglich

10

10.4.2 Entsorgung von überwachungsbedürftigen Abfällen

Abfall-Schl. Nr.	Behördliche Bezeichnung	Erläuterungen	Besondere Hinweise	SE
31437	Asbeststäube, Spritzasbest	durch Abbruch bzw. Demontage von Platten aus Asbestzement	hier ist ein Sachkundenachweis erforderlich, und beim Gewerbeaufsichtsamt besteht Anzeigepflicht	–
31440	Strahlmittelrückstände mit schädlichen Verunreinigungen	insbesondere Lacke, die schwermetallhaltig (z. B. chromathaltig) oder teerpechhaltig sind	beim Abstrahlen unbekannter Beschichtungen muß mit Schwermetallen gerechnet werden	–
31441	Bauschutt und Erdaushub mit schädlichen Verunreinigungen	Verunreinigungen z. B. durch Öl, Lösemittel, Benzin und Imprägniermittel	beim Einsatz entsprechender Mittel immer mit einer Auffangwanne arbeiten	–
31445	Gipsabfälle mit schädlichen Verunreinigungen	mit Öl oder Imprägniermittel verunreinigte Gipsplatten		–
35106	Eisenbehältnisse mit schädlichen Restinhalten	Eimer u. Dosen, die Reste v. z. B. Schalöl, Kleber enthalten	entleerte, spachtelreine Gefäße sind kein Sonderabfall	–
35107	Ölfilter	aus z. B. Kompressoren	Rückgabe an den Lieferanten	×
35323	Nickel-Cadmium-Akkumulatoren	Akkus von Schraubern und Absperrungen	Rückgabe an den Lieferanten	×
35326	Quecksilber, quecksilberhaltige Rückstände, Quecksilberdampflampen	Leuchtstoffröhren	unbrauchbare Leuchtstoffröhren können verwertet werden, deshalb unzerstört zum Handel bringen	×
35327	NE-Metallbehältnisse mit schädlichen Resten	Tuben aus Al mit Resten von Leim, Klebern, Silikon usw.	gut entleerte Al-Gefäße sind Wertstoffe	–
54112	Verbrennungsmotoren- und Getriebeöl	Altöl aus Maschinen und Fahrzeugen	Rückgabe an den Lieferanten	×
54209	Feste fett- und ölverschmutzte Betriebsmittel	z. B. mit Öl oder Fett verschmutzte Lappen u. Pinsel	Mietputzlappenservice nutzen	×
54405	Kompressorenkondensat	ölhaltiges Kondenswasser aus Kompressor		–
55370	Lösemittelgemische ohne halogenierte organische Lösemittel	Terpentin, Terpentinersatz, Testbenzin, Alkohole, Aceton, Nitro- u. Waschverdünner usw.	es dürfen keine CKW-haltigen Lösemittel od. Abbeizer wie Tri, Per od. Methylenchlorid dazukommen; Verwertungsmöglichkeit klären	–
55907	Kitt- und Spachtelmassen, nicht ausgehärtet	unbrauchbare Reste von Bitumenspachtelmasse, PVC-Paste, Dichtungsmasse	werden nur Teilmengen benötigt, Behältnisse anschliessend dicht verschlossen, kühl und frostsicher lagern	×
57127	Kunststoffbehältnisse mit schädlichen Restinhalten	Eimer, Tuben oder Kartuschen aus Kunststoff, die Reste von Klebern, Beizen, Dichtungsmassen enthalten	Entleerte, pinsel- oder spachtelreine Gefäße sind kein Sonderabfall	–

SE = Sammelentsorgung   × = in der Regel ist eine Sammelentsorgung möglich

10.4.3 Transportbeschränkung: Gefahrgut-Ausnahmeverordnung (GGVA 23. 6. 93)

Der Transport von gefährlichen Gütern in der Bauwirtschaft darf nur im Rahmen der „Gefahrgutverordnung Straße" erfolgen. Sehr häufig werden jedoch nur geringe Mengen Gefahrgüter transportiert, so daß die erleichterten Bedingungen nach der „Kleinmengenregelung" zum Tragen kommen.

1. Kleinmengenregelung: (Auswahl baurelevanter Stoffe)

I. maximale Bruttomasse m_{max} bei **„Ein-Stoff/Produkt-Transporten"**

II. Faktoren f_m zur Ermittlung der max. Gesamtbruttomasse bei **„Mehr-Stoff/Produkt-Transporten"**

Stoff/Produkt Klasse	Ziffer	Bezeichnung	I. m_{max} in kg	II. f_m
1 (explosiv)	4	Sprengstoff	5	200
	5	Sprengschnur	50	20
	35	Sprengzünder	500	2
	47	Zündschnur	–	–
2 (expandierend)	1 a)	Sauerstoff	1000	1
	1 b)	Wasserstoff	1000	1
	3 b)	Butan	333	3
	4 b)	Flüssiggas	333	3
	9 c)	Acetylen	333	3
	10 a)	Druckgaspackungen nicht brennbar	333	3
3 (entzünd-, brennbar)	1 a)	Acetaldehyd	333	3
	3 b)	Benzin	333	3
	4 b)	Nitrozellulosefarben	333	3
	5 b)	Viskose Zubereitungen $ts > 35\,°C$ (z.B. Klebstoffe)	500	2
	13	Ethyisocyanat	5	200
	14 b)	n-Butylisocyanat	100	10
	22 b)	Triethylamin	100	10
	26 b)	ätzende Lösungen $ts < 35\,°C$	100	10
	31 c)	Solventnaphta	500	2
	23 c)	Diesel/Heizöl	1000	1
5.2	6 b)	Dibenzoylperoxid	20	50
6.1 (giftig)	15 c)	Dichlormethan	100	10
	15 c)	Trichlorethen	100	10
	19 b)	2,4-Diiscyanat-toluol	50	20
	19 b)	Hexamethylen-diiscyanat	50	20
	19 c)	Isophorondiiscyanat	100	10
	19 c)	Diphenylmethan-4,4′-diiscyanat	100	10
	61 c)	Cadmiumsulfat	100	10
	65 c)	Natrium-/Kalium-fluorid	100	10
	66 c)	Ammoniumsilico-fluorid	100	10
	68 c)	Kupfer-II-chlorid	100	10
	85 c)	Natriumsilicofluorid	100	10
	87 c)	Kupfersulfat	100	10
8 (ätzend)	3 b)	Mischungen von Schwefel- u. Salzsäure	100	10
	5 b)	Salzsäure	100	10
	7 b)	wässrige Lösung von Flußsäure	100	10
	9 b)	Silicofluorwasser-stoffsäure	100	10
	11 b)	Lösung von Chrom-säure	100	10
	11 c)	Phosphorsäure	500	2
	26 b)	Kalium-/Natrium-bisulfat	100	10
	31 c)	Phtalsäureanhydrid	500	2
	32 c)	Ameisensäure, Essigsäure	500	2
	39 b)	Acetoxysilane	100	2
	41 b)	Natrium-/Kaliumhydroxid	100	10
	42 b)	Kali-/Natronlauge	100	10
	43 c)	Ammoniaklösung	500	2
	52 b)	Hexamethylendiamin	100	10
	53 b)	Diethylentriamin	20	50
	53 c)	Isophorondiamin	100	10
	54 c)	Ethanolamin	500	2
	61 c)	Natriumhypochlorid-lösung	500	2
	63 c)	wässrige Lösung von Formaldehyd	500	2
	65 c)	sonstige feste ätzende Stoffe	100	10
	66 b)	sonstige flüssige ätzende Stoffe	100	10

Bruttomasse: umfaßt die Stoffmasse und die Verpackungsmasse. Bei Gasen, Klasse 2, entspricht bereits das Gewicht der Flasche etwa der Hälfte der Bruttomasse des enthaltenen Stoffes

10.4 Umweltschutz: Transportbeschränkung

10.4.3 Transportbeschränkung: Gefahrgut-Ausnahmeverordnung (GGVA 23. 6. 93) (Fortsetzung)

2. Rechenbeispiele zur Überprüfung des Transportes nach der „Kleinmengenregelung“

Fall I: Es soll nur ein Produkt, 401 2,4-Diisocyanattoluol, zur Baustelle gefahren werden.

Lösung: Aus der Tabelle Seite 10-17 kann direkt die maximale Beförderungsmenge in kg für **„Ein-Produkt-Lieferungen“** entnommen werden, wenn die „erleichterte Beförderung“ nach der Kleinmengenregelung zum Tragen kommen soll:

m_{max} = 50 kg (max. Bruttomasse für dieses Produkt)

$$\boldsymbol{m_{max} \geq m_{Bruttomasse}}$$

$$\boldsymbol{m_{Bruttomasse} = m_{Verpackung} + m_{Stoffmasse}}$$

$m_{Verpackung} = 0{,}5$ kg

$$\boldsymbol{m_{Stoffmasse} = \text{Volumen} \times \text{Dichte}}$$

(Dichte für einzelne Stoffe siehe S. 10-9 ff.)

$m_{Stoffmasse} = 40\ dm^3 \times 1{,}22\ kg/dm^3$

$m_{Stoffmasse} = 48{,}8$ kg

$m_{Bruttomasse} = m_{Verpackung} + m_{Stoffmasse}$

$m_{Bruttomasse} = 0{,}5\ kg + 48{,}8\ kg$

$m_{Bruttomasse} = 49{,}3$ kg

Ergebnis: Da $m_{Bruttomasse} < m_{max}$ ist, kommt die vereinfachte Beförderung im Rahmen der „Kleinmengenregelung“ zum Tragen.

Fall II: Es sollen **„mehrere Produkte“** mit den bereits bekannten Bruttomassen zur Baustelle

($m_{Bruttomasse} = m_{Verpackung} + m_{Stoffmasse}$)

befördert werden:

Sauerstoff: $m_{Bruttomasse} = 90$ kg

Dichlormethan: $m_{Bruttomasse} = 20$ kg

Ethylisocyanat: $m_{Bruttomasse} = 3$ kg

Lösung: Die Grenze der erleichterten Beförderung muß rechnerisch aus der Summe der Produkte der Bruttomassen mit dem stoffspezifischen Faktor f_m (aus Tabelle S. 10-17) ermittelt werden.
Eine Beförderung ist möglich, wenn folgende Bedingung eingehalten wird:

$$\textbf{Summe } (f_m \times m) \leq 1000$$

Sauerstoff: $f_m = 1$ 1/kg
Dichlormethan: $f_m = 10$ 1/kg
Ethylisocyanat: $f_m = 200$ 1/kg

Sauerstoff: 90 kg × 1 1/kg = 90
Dichlormethan: 20 kg × 10 1/kg = 200
Ethylisocyanat: 3 kg × 200 1/kg = 600

Summe der Produkte ($f_m \times m$): 890

Ergebnis: Da Summe ($f_m \times m$) = 890 und 890 < 1000 ist, kann die vereinfachte Beförderung im Rahmen der „Kleinmengenregelung“ erfolgen.

3. Weitere zu beachtende Bedingungen beim Transport im Rahmen der „Kleinmengenregelung“:

- **Gefahrenzettel** müssen an den entsprechenden Versandstücken angebracht sein.
- **Zusammenladeverbot** aller anderen Gefahrgüter mit Gütern der Klasse 1 (Tabelle S. 10-17).
- Die **Ladung** ist so zu **sichern**, daß sie sich nicht in ihrer Lage zueinander und zum Fahrzeug verändern kann.
- Gefährliche Güter sind **getrennt** von anderen Ladungen zu **verstauen.**
- Brennbare Gase der Klasse 2 dürfen nur im geschlossenen Aufbau transportiert werden, wenn dieser **ausreichend belüftet** ist.
- Der Umgang mit **Feuer und offenem Licht** sowie das **Rauchen** sind bei Ladearbeiten und in der Nähe der Versandstücke **verboten.**
- Der **Betrieb des Motors** ist während des Be- und Entladens verboten.
- Beförderungspapiere sind bei Einhaltung der „kleinen Mengen“ nicht erforderlich. Die Ausnahme Nr. 55 (S) läßt dieses zu.
  Jedoch müssen leere ungereinigte Verpackungen oder Versandstücke folgende **Beschriftung** tragen:
  - Bezeichnung des Gefahrgutes (z. B. UN-Nr.)
  - Angabe der Klasse (siehe Tabelle S. 10-17)
  - Ziffer und Buchstabe des Stoffes (siehe Tabelle S. 10-17)
  - Angabe der Bruttomasse in kg
- Beim Überschreiten der genannten Mengengrenzen greift u. a. das Personenbeförderungsverbot.

11 Baubetrieb

11.1 Bauablaufplanung

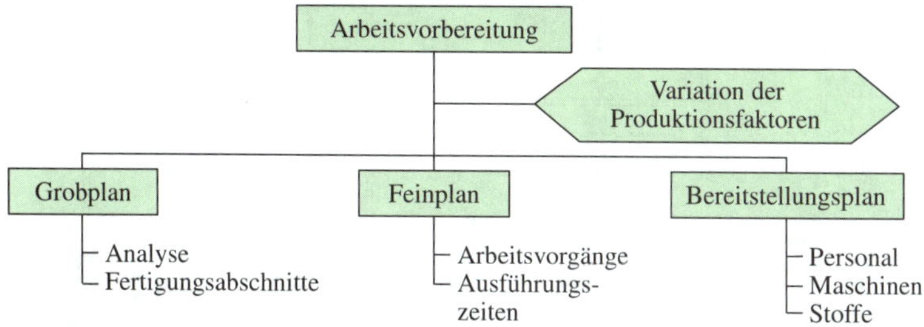

Ablaufplan	Maßnahmen zur Planung und Steuerung des Bauablaufes
Arbeitsvorbereitung	Ingenieurmäßige Planung des Bauablaufes mit dem Ziel, eine kostengünstige Bauausführung und damit eine maximale Wirtschaftlichkeit zu erreichen. Schaffung der Voraussetzung, daß sich bei der Baudurchführung Arbeitskräfte, Maschinen und Baustoffe in der erforderlichen Menge zur richtigen Zeit an der richtigen Einsatzstelle befinden
Auswahl des Bauverfahrens	Durch Variation der einzelnen Produktionsfaktoren Arbeitskräfte – Maschinen – Baustoffe wird in einem kalkulatorischen Vergleich das kostengünstigste Bauverfahren ermittelt. Z. B. Betontransport durch Kran, Betonpumpe, Förderband oder Schubkarre. Nach den vorgegebenen Bedingungen der jeweiligen Baustelle (Größe, Örtlichkeit, Ausführungsbedingungen, Termine) und den innerbetrieblichen Gegebenheiten (Verfügbarkeit von Gerät und Personal) führt ein Verfahren zu den minimalen Kosten
Grobplan	Ohne auf die Arbeitsvorgänge im einzelnen einzugehen, sind folgende Schritte nötig: 1. Eingehende Bauwerksanalyse (siehe Tabelle) 2. Festlegung der vorgegebenen End- und Zwischentermine 3. Aufteilung des Bauvorhabens in Fertigungsabschnitte 4. Ermittlung der Ausführungszeit und der erforderlichen Kapazität für die einzelnen Fertigungsabschnitte. 5. Festlegung der Ausführungstermine
Feinplan	Festlegung aller Einzelheiten eines Arbeitsabschnittes bis zu den Arbeitsvorgängen (Mauern, Schalen, Bewehren, Betonieren) und der Ermittlung der Ausführungszeiten anhand von Aufwandswerten. Ermittlung aller Fertigungsmengen und Aufstellung des Arbeitsverzeichnisses mit den Aufwandswerten, den Ausführungszeiten und den erforderlichen Arbeitskräften (siehe Beispiel)
Geräteeinsatz	Alle verfahrenstypischen Geräte und Arbeitsgruppen werden zusammengefaßt. Zum Beispiel: Erdbau: Lösen, Laden, Transportieren, Einbau. Betonbau: Schalen, Bewehren, Betonieren, Ausschalen Das erforderliche Gerät (Transportmittel) ist bereitzustellen
Bereitstellungsplan	Abhängig vom Bauablauf werden die für die Bauausführung benötigten Kapazitäten angezeigt. Er gibt den Abteilungen des Unternehmens (Personal-, Maschinenabteilung, Einkauf) an, welche Mengen zu welchem Zeitpunkt benötigt werden. Der Beginn und die Dauer des Einsatzes sind anhand der Grobplanung und der Aufwandswerte zu bestimmen, um für den Versand auf die Baustelle und den späteren Einsatz auf Anschlußbaustellen zu disponieren

11.1 Bauablaufplanung

Grundriß Hochhaus

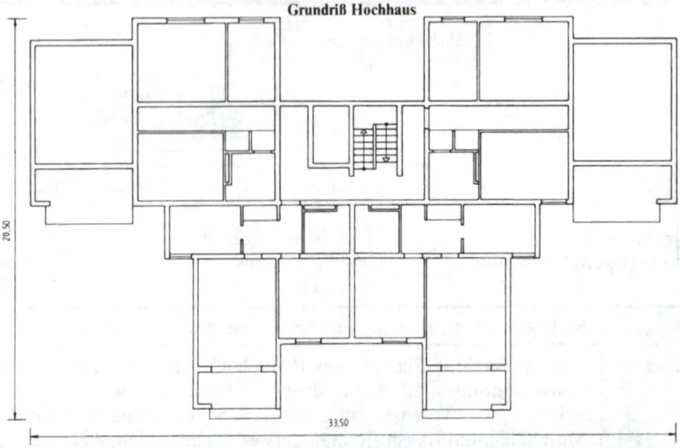

Grobplan Hochhaus

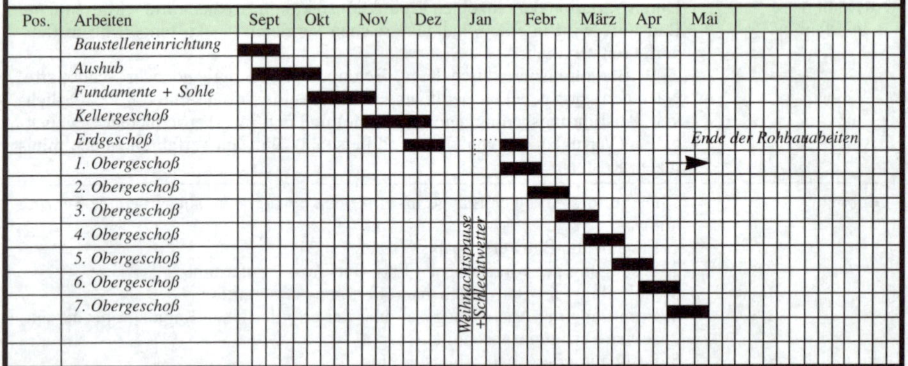

Feinplan

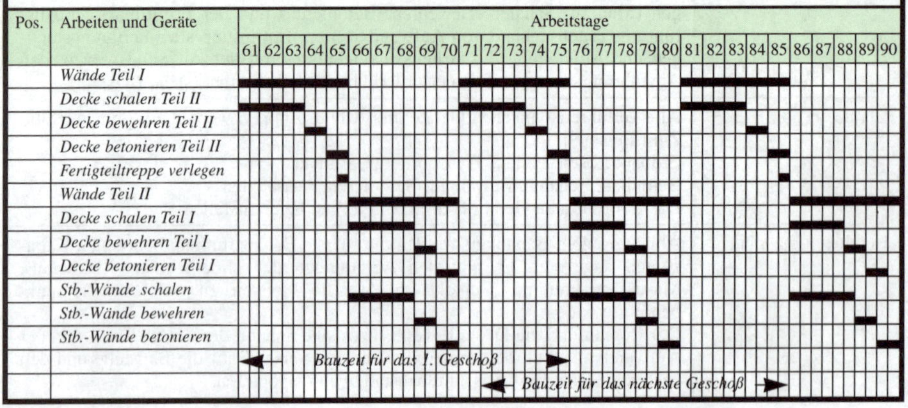

11.2 Bauzeitenplan

Balkendiagramm	Darstellung der einzelnen Arbeitsvorgänge auf der Vertikalen, der erforderlichen Arbeitszeit auf der Horizontalen (siehe Seite 11-2). Es ist wegen seiner Anschaulichkeit im Baubetrieb üblich. Arbeitsvorgänge, die den Bauablauf maßgeblich beeinflussen, werden in ihrem zeitlichen Ablauf direkt untereinander angeordnet. Arbeitsvorgänge, die in den Bauablauf nicht fest eingebunden sind und unabhängig voneinander ausgeführt werden können, werden am Schluß gesondert aufgeführt
Liniendiagramm	Auch als Zeit-Weg- bzw. Geschwindigkeit-Diagramm bekannt. Es ermöglicht, den Zusammenhang zwischen Fertigungszeit und Menge bzw. Weg zweidimensional darzustellen. Auf der vertikalen Achse wird die Zeit, auf der horizontalen der Weg (bzw. die Fertigungsmenge) dargestellt. Die Neigung der Kurven ist ein Maß für die Arbeitsgeschwindigkeit und macht die kritischen Abstände der einzelnen Fertigungsgruppen zueinander sichtbar. Es lassen sich gegenseitige Behinderungen rechtzeitig erkennen. Es wird vorwiegend bei Bauobjekten mit ausgeprägter Fertigungsrichtung wie Straßen, Tunnel, Rohrleitungen u. ä. sowie bei der Planung des Schienenverkehrs (grafischer Fahrplan) angewendet

Arbeitsverzeichnis

Lfd. Nr.	Bauteil und Arbeitsvorgang	Fertigungsmenge	Aufwand h/E	Gesamtstunden A h	tägliche Arbeitszt. h/d	Tagwerke A d	Anz. Arb.	Dauer d
	1. Abschnitt							
1.1	*Wände d=24*	*54,6 m³*	*5,7*	*311,2*	*8*	*38,9*	*9*	*4,3*
1.2	*Wände d=11,5*	*40 m²*	*0,95*	*38,0*	*8*	*4,8*	*9*	*0,5*
1.3	*Stahlbetonwände*							
1.4	*Stahlbetondecke d=15 cm*							
1.4.1	*Schalung*	*210 m²*	*1,2*	*252,0*	*8*	*31,5*	*10*	*3,2*
1.4.2	*Bewehrung verlegen*	*2,9 t*	*20*	*58,0*	*8*	*7,3*	*10*	*0,7*
1.4.3	*Beton*	*31,5 m³*	*2,3*	*72,5*				
1.4.4	*abziehen+ glätten*	*210 m²*	*0,1*	*21,0*				
	1.4.3+1.4.4			*93,5*	*8*	*11,7*	*10*	*1,2*
	2. Abschnitt							
2.1	*Wände d=24*	*51 m³*	*5,7*	*290,7*	*8*	*36,6*	*9*	*4,0*
2.2	*Wände d=11,5*	*40 m²*	*0,95*	*38,0*	*8*	*4,8*	*9*	*0,5*
2.3	*Stahlbetonwände*							
2.3.1	*Schalung*	*78,3 m²*	*1,0*	*78,3*	*8*	*9,8*	*10*	*1,0*
2.3.2	*Bewehrung*	*0,9 t*	*20*	*18,0*	*8*	*2,2*	*10*	*0,2*
2.3.3	*Beton*	*7,8 m³*	*3,3*	*25,7*	*8*	*3,2*	*10*	*0,3*
2.4	*Stahlbetondecke d = 15*							
2.4.1	*Schalung*	*206 m²*	*1,2*	*247,2*	*8*	*31*	*10*	*3,1*
2.4.2	*Bewehrung verlegen*	*2,8 t*	*20*	*56,0*	*8*	*7*	*10*	*0,7*
2.4.3	*Beton*	*30,9 m³*	*2,3*	*71,1*				
2.4.4	*abziehen + glätten*	*206 m²*	*0,1*	*20,6*				
	2.4.3+2.4.4			*91,7*	*8*	*11,5*	*10*	*1,2*
	Fertigteiltreppe versetzen 2 Läufe	*2 St.*	*3,5*	*7,0*	*8*	*0,9*	*8*	*0,1*

Bauwerksanalyse

Art des Bauwerks:
- Hochbau, Industriebau,
- Brückenbau, Tunnelbau,
- Straßenbau, Eisenbahnbau,
- Wasserbau

Umfang der Bauarbeiten:
- Umfang der zu erbringenden Bauleistung,
- die zu erbringenden Nebenleistungen,
- Art und Schwierigkeit der Gründung,
- Umfang der Erdarbeiten, Bodenaushub,
- Baugrubenverbau,
- Konstruktionsart, Fertigteile,
- Art und Umfang der Schalarbeiten,
- Ausbauarbeiten, Schlüsselfertiges Bauen, (Heizung, Klima, Lüftung, Elektro, Wasser, Abwasser)

Unterlagen:
- Bauvertrag mit Vertragsbedingungen und Schriftwechsel,
- Baugenehmigung, Auflagen und Bedingungen,
- Leistungsverzeichnis und Leistungsbeschreibung,
- Angebotskalkulation,
- Statische Berechnung und Ausführungszeichnungen,
- Zwischentermine, Endtermine, Vertragsstrafen,
- Abrechnungs- und Zahlungsbedingungen,
- Abnahme- und Gewährleistungsbedingungen,
- Lage der Baustelle, Zu- und Abfahrt,
- Flächen für Baustelleneinrichtung und Baustofflagerung,
- Versorgung mit Wasser, Strom, Telefon,
- Baustelleneinrichtungen für den Bauherrn, z. B. Baubüro, Telefon, Strom,
- Sonderbedingungen, Umweltschutzmaßnahmen,
- Schlechtwetterregelung u. Winterbaumaßnahmen,
- Lohn- und Materialgleitklauseln

11.2 Bauzeitenplan

Netzplan	Im Baubetrieb nur bei großen Bauvorhaben üblich. Der Projektablauf wird in Teilvorgänge aufgelöst, und die Beziehungen zwischen den Teilvorgängen werden festgelegt. So lassen sich Abhängigkeiten zwischen den einzelnen Vorgängen und die vorhandenen Zeitreserven (Pufferzeiten) erkennen. Durch den Einsatz der EDV können Netzpläne schnell überarbeitet und an neue Situationen angepaßt werden. Verfahren und Begriffe siehe DIN 69900 Teil 1 u. 2 (8.87)

Netzplan

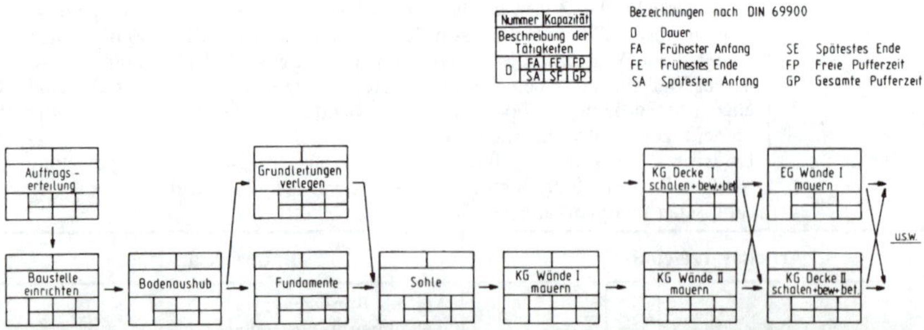

11.3 Baustelleneinrichtung

Gebäude	Tages-, Wohn- und Schlafunterkünfte für die Beschäftigten, Baubüro, Polierbude, Magazine und Werkstätten, Abort- und Waschanlagen: bei kleineren Baustellen als Baustellenwagen, bei größeren Baustellen als Container, für längere Bauzeiten als Baracken
Verordnungen	Bei der Wahl der Einrichtungen, der Größe und Anzahl sind zu beachten: – Ausführungsverordnung zum Gesetz über die Unterkunft bei Bauten vom 21. 2. 1959, ergänzt durch die Arbeitsschutzverordnung für Winterbaustellen vom 1. 8. 1968. – Richtlinien für die Unterkünfte ausländischer Arbeitnehmer in der Bundesrepublik Deutschland vom 29. 3. 1971. – Verordnung über Arbeitsstätten (Arbeitsstättenverordnung) vom 20. 3. 1975. – Tarifvertragliche Vereinbarungen
Geräte	Im Tiefbau: Bagger, Lader, Raupen, Walzen, Vibrationsplatten. Im Hochbau: Hebezeuge. Der Turmdrehkran ist das typische Hebezeug für den Hochbau. Die Anzahl der Beschäftigten je TDK ist vom Bauverfahren abhängig. Man rechnet im allgemeinen 15–20 Beschäftigte/TDK. Auswahl der Hebezeuge nach folgenden Kriterien: **Tragkraft** nach der schwersten Einzellast (Betonkübel, Großflächenschalung, Betonfertigteile) **Ausladung** ist abhängig von den Abmessungen des Bauwerkes, der möglichen Lage der Kranbahn (Böschung der Baugrube und Abstand der Kranbahn von der Baugrube beachten)
Betonmischanlagen	Kommen nur noch selten zum Einsatz, da meistens Transportbeton verarbeitet wird. Für die Baustelleneinrichtung sind folgende Angaben erforderlich: – Platzbedarf des Mischers – Form, Größe und Anzahl der Boxen für Zuschlagstoffe – Platzbedarf und Fassungsvermögen des Zementsilos Vor den Boxen ist ausreichend Platz für die Anlieferung der Zuschlagstoffe vorzusehen

11.3 Baustelleneinrichtung

Lagerflächen	Werden für Baustoffe, Bauhilfsstoffe und Einbauteile benötigt: Mauersteine und Mörtel, gebogener Betonstahl und Baustahlgewebe, Stahlbetonfertigteile und Profilstahl, Bauholz (Dachstuhl und Deckenbalken), Schal- und Rüstmaterial, Bodenaushub, Verfüllmaterial, Mutterboden
Bearbeitungsflächen	Auf Großbaustellen werden Flächen für Holz-, Betonstahl- und Spannstahlbearbeitung und für die Herstellung großer Stahlbetonfertigteile benötigt
Verkehrserschließung	Baustraßen so herstellen, daß sie nach Abschluß der Arbeiten ohne großen Aufwand zu beseitigen sind. Es werden Schotterstraßen, Straßen aus vorgefertigten Elementen, Schwarzdecken angewendet. Straßenbreite: einspurig 3,5 bis 4,5 m, zweispurig 5,5 bis 6,0 m. Quergefälle mind. 2%, bei Schotterstraßen 6%
Wasserversorgung	Trinkwasser für Unterkünfte und Kantinen, Brauchwasser zur Mörtel- und Betonherstellung, Betonnachbehandlung, Reinigung, Kühlwasser. Bei Eigenversorgung (Brunnen) Wasser auf seine Eignung untersuchen. Wasserbedarf: bei Tagesunterkünften 20–30 l/Tag und Person bei Schlafunterkünften 40–70 l/Tag und Person zur Betonherstellung 100–200 l/m³ Beton zur Mörtelherstellung 200–250 l/m³ Mörtel
Stromversorgung	Aus dem öffentlichen Stromversorgungsnetz. Versorgung über Baustromverteiler von 250 A, 100 A, 63 A und 25 A. Eigenstromversorgung auf Baustellen mit Wasserhaltung und Druckluftversorgung (Druckluftgründung, Schildvortrieb). Einrichtung, Änderung und Instandsetzung nur durch Elektrofachleute. VDE-Bestimmungen und die UVV „Elektrische Anlagen und Betriebsmittel“ müssen beachtet werden

Baustelleneinrichtungsplan

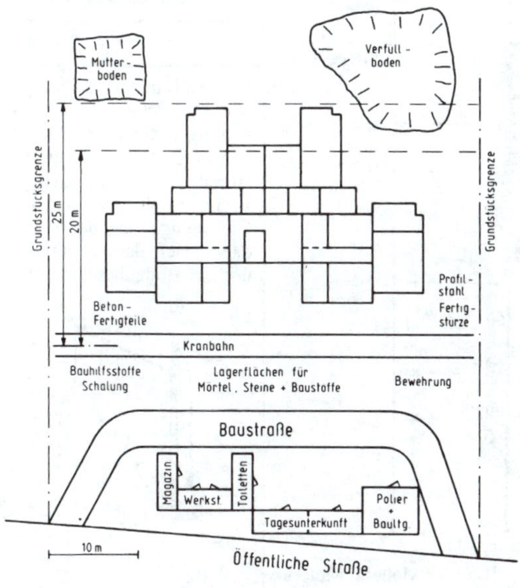

11.4 Arbeitssicherheit

11.4.1 Baustellenabsperrungen

Bei Straßenbauarbeiten müssen die Maßnahmen, die zum Schutz der Verkehrsteilnehmer und der Beschäftigten erforderlich sind, mit den Straßenverkehrsbehörden abgestimmt und von diesen angeordnet werden. Die Straßenverkehrsordnung ist zu beachten. Über die Kennzeichnung und die Verkehrsregelung ist ein Plan aufzustellen. Hierzu können die Regelpläne der „Richtlinien für die Sicherung von Arbeitsstellen an Straßen (RSA)“ verwendet werden. Als Beispiel siehe Regelplan III/3.

Regelplan III/3

Arbeitsstelle außerorts, Verkehrsführung über Behelfsfahrstreifen

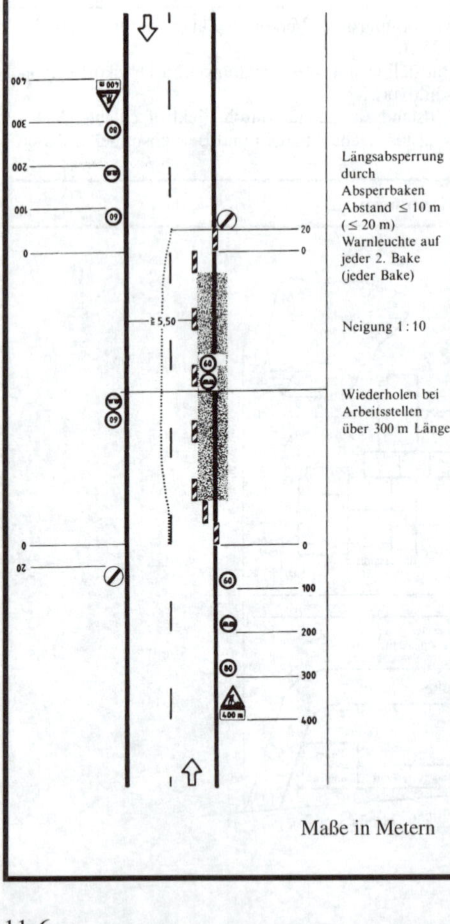

Maße in Metern

11.4.2 Unfallverhütungsvorschriften

Die UVV Bauarbeiten ist auf Baustellen zu beachten. Sie enthält u. a. Bestimmungen über:

- Standsicherheit und Tragfähigkeit
- Arbeitsplätze auf Gerüsten, auf geneigten Flächen, auf dem Wasser
- Verkehrswege
- Absturzsicherungen
- Schutz gegen herabfallende Gegenstände
- Verkehrssicherung auf Baustellen.

Die Bestimmungen über Absturzsicherungen und über Arbeits- und Schutzgerüste sind für den Baubetrieb besonders wichtig, da diese Bereiche einen Unfallschwerpunkt bilden. Die Einzelheiten der Bestimmungen über Arbeits- und Schutzgerüste sind den Normblättern DIN 4420 Teil 1 bis Teil 4 (12.90) zu entnehmen.

Daneben enthält die UVV „Bauarbeiten“ zusätzliche Bestimmungen für Montagearbeiten, Abbrucharbeiten, Arbeiten mit heißen Massen, Arbeiten in Gräben sowie an und vor Erd- und Felswänden, Bauarbeiten unter Tage, Arbeiten in Bohrungen.

Hiervon ist die zusätzliche Bestimmung für Arbeiten in Gräben sowie an und vor Erd- und Felswänden wegen der Unfallhäufigkeit ebenfalls besonders wichtig. Sie verlangt, daß bei allen Erd-, Fels- und Aushubarbeiten die Erd- und Felswände grundsätzlich abzuböschen oder zu verbauen sind. Die zu beachtenden Einzelheiten sind der DIN 4124 „Baugruben und Gräben“ zu entnehmen.

UVV „Turmdrehkrane“

Für den Baubetrieb wichtig sind die Bestimmungen über das richtige Verlegen der Gleise und die Einhaltung des Sicherheitsabstandes von der Baugrubenkante. Dabei ist zu berücksichtigen, daß die Arbeits- und Schutzgerüste in der erforderlichen Breite errichtet werden können. Der Abstand der Gleisanlage von der Böschungskante richtet sich dabei nach dem Krantyp, dem größten Raddruck und der Bodenbeschaffenheit.

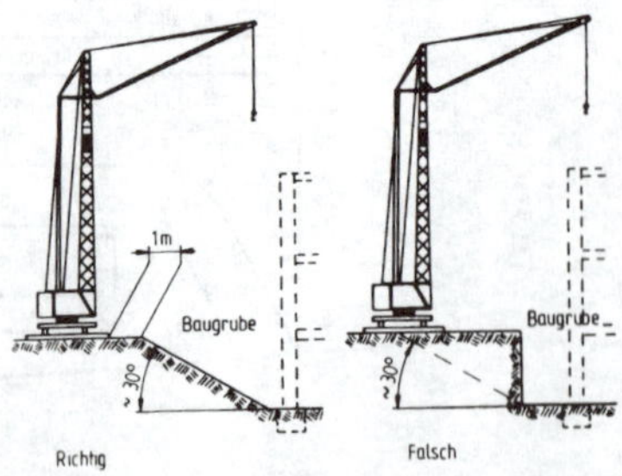

11.5 Grundflächen und Rauminhalte von Hochbauten (DIN 277 (6.87))

11.5.1 Grundflächen

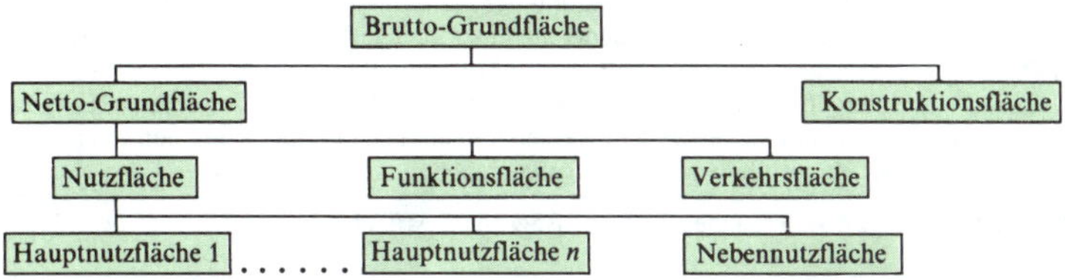

Brutto-Grundfläche (BGF)	ist die Summe der Grundflächen aller Grundrißebenen. (Geschosse, Dachgeschoß, Dachterrasse, Installationsgeschoß, Lagerböden.) Sie ergibt sich aus den äußeren Abmessungen der begrenzenden Bauteile in Fußbodenhöhe. Die BGF unterteilt sich in Netto-Grundfläche und Konstruktions-Grundfläche
Konstruktions-Grundfläche (KGF)	ist die Grundfläche der begrenzenden Bauteile (Wände) sowie von Stützen, Pfeilern, Schornsteinen, nicht besteigbaren Schächten und dgl., die sich innerhalb der BGF befinden. Zur KGF gehören auch die Grundflächen von Türöffnungen, Aussparungen und Nischen in den begrenzenden Bauteilen. Die Konstruktions-Grundfläche kann auch als Differenz von Brutto-Grundfläche und Netto-Grundfläche errechnet werden. (KGF = BGF – NGF)
Netto-Grundfläche (NGF)	ist die nutzbare Grundfläche zwischen begrenzenden Bauteilen. Zur NGF gehören nicht die Grundflächen von Türöffnungen, Fensteröffnungen, Aussparungen und Nischen in begrenzenden Bauteilen. Die NGF gliedert sich in Nutzfläche, Funktionsfläche und Verkehrsfläche
Nutzfläche (NF)	ist der Teil der Netto-Grundfläche, der der Zweckbestimmung und Nutzung des Bauwerkes dient. Die Nutzfläche wird unterteilt in Hauptnutzfläche (HNF) und Nebennutzfläche (NNF)
Funktionsfläche (FF)	ist die Netto-Grundfläche von Räumen für betriebstechnische Anlagen. Zu den FF gehören auch die Grundflächen von Hausanschlußräumen, von begehbaren Versorgungsschächten und von Installationsgeschossen
Verkehrsfläche (VF)	ist die Netto-Grundfläche, die der Verkehrserschließung oder der Verkehrssicherung des Bauwerkes dient. Z. B.: Treppenhäuser, Flure, innere Rampen, Fluchtbalkone, Fläche von Aufzugsschächten, Rolltreppen

Brutto-Grundfläche (BGF)

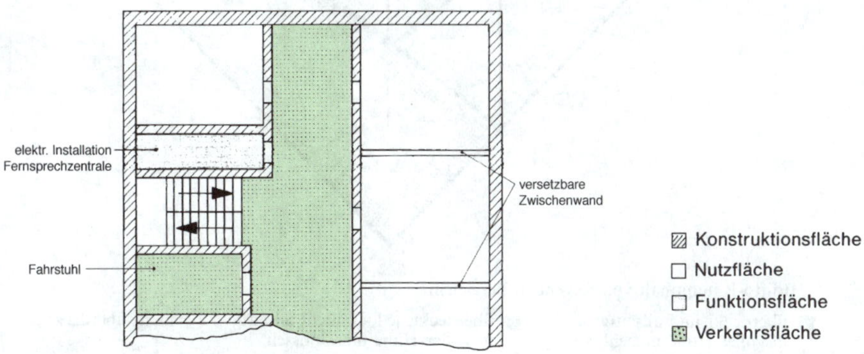

11.5 Grundflächen und Rauminhalte von Hochbauten (DIN 277 (6.87))

11.5.2 Rauminhalte

Allgemeines	Grundlage für die Berechnung der Rauminhalte sind die nach Kap. 7.3.1. ermittelten Grundrißflächen sowie die über den Grundrißebenen anzusetzenden Höhen. Konstruktive und gestalterische Vor- und Rücksprünge sowie Profilierungen und untergeordnete Bauteile (z. B. Kellerlichtschächte, Außentreppen, Eingangsüberdachungen, Dachüberstände, Dachgauben, Lichtkuppeln) bleiben unberücksichtigt. Der Rauminhalt wird in m^3 angegeben
Brutto-Rauminhalt (BRI)	ergibt sich aus den äußeren Begrenzungsflächen
Netto-Rauminhalt (NRI)	ist der Rauminhalt aller Räume, die zur Netto-Grundfläche gehören. Grundflächen und Rauminhalte werden nach ihrer Zugehörigkeit zu folgenden Bereichen getrennt ermittelt: a) überdeckt und allseitig in voller Höhe umschlossen, b) überdeckt, jedoch nicht allseitig in voller Höhe umschlossen, c) nicht überdeckt

Brutto-Rauminhalt (BRI)

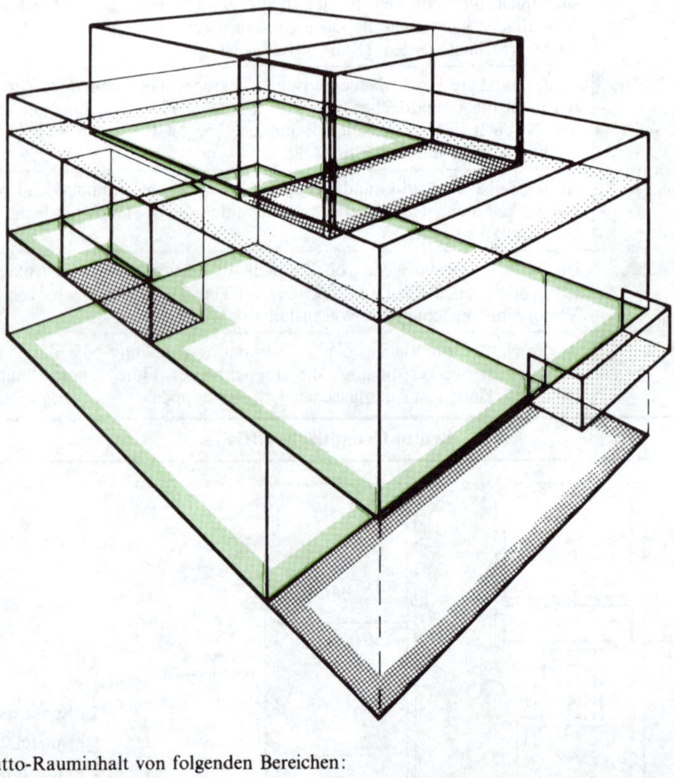

Brutto-Rauminhalt von folgenden Bereichen:

- überdeckt und allseitig in voller Höhe umschlossen
- überdeckt, jedoch nicht allseitig in voller Höhe umschlossen
- nicht überdeckt

11.6 Wohnflächenberechnung nach 2. Berechnungsverordnung

Wohnfläche	Die anrechenbare Grundfläche der Räume von Wohnungen
Berechnung Grundfläche	Die Grundfläche kann nach Wahl des Bauherrn aus den Fertig- oder den Rohbaumaßen ermittelt werden. Werden die Rohbaumaße zugrunde gelegt, so sind die errechneten Grundflächen um 3% zu verkleinern. Fertigmaße sind die lichten Maße zwischen den Wänden ohne Berücksichtigung von Wandgliederungen, Wandbekleidungen, Scheuerleisten, Öfen, Heizkörpern, Herden
Abzurechnende Grundflächen	Schornsteine, Mauervorlagen, freistehende Pfeiler und Säulen, Treppen mit mehr als drei Steigungen und deren Podeste
Einzubeziehende Grundflächen	Fenster- und Wandnischen, die bis zum Fußboden hinunterreichen und mehr als 13 cm tief sind, Erker und Wandschränke, die eine Grundfläche von mind. 0,5 m^2 haben, Raumteile unter Treppen, deren lichte Höhe mind. 2 m beträgt. Die Grundflächen von Türnischen sind nicht hinzuzurechnen

Anrechenbare Grundfläche von Räumen und Raumteilen

voll	zur Hälfte	nicht
lichte Höhe > 2 m	lichte Höhe > 1 m und < 2 m, außerdem Wintergärten, Schwimmbäder, Balkone, Loggien, Dachgärten, gedeckte Freisitze.	lichte Höhe < 1 m

11.7 Kosten von Hochbauten nach DIN 276 (4.81)

Begriffe nach DIN 276 Teil 1 (4.81)

Kosten	Aufwendungen für Güter, Leistungen und Abgaben
Kostengruppe	Zusammenfassung der Kosten für gleichgerichtete Aufwendungen
Gesamtkosten	Summe aller Kostengruppen
Hochbauten	Aus Baustoffen und Bauteilen hergestellte und fest mit dem Baugrund verbundene bauliche Anlagen
Baugrundstücke	Flächen nach öffentlich-rechtlichen Vorschriften bebauter oder bebaubarer Grundstücke
Erschließung	Gesamtheit der Maßnahmen, Grundstücke baulich zu nutzen, z. B. durch Anschluß an Verkehrs- und Versorgungsnetze
Bauwerk	Baukörper (ggf. mehrere), dessen Kosten zu ermitteln sind

Kostengliederung nach DIN 276 Teil 2 (4.81)

Baugrundstück	Erläuterungen
Wert	Der Grundstückswert ist der Verkehrswert zum Zeitpunkt der Kostenermittlung. Dies gilt auch, wenn der Kaufpreis vom Verkehrswert abweicht. Bei Grundstücken, für die ein Erbbaurecht bestellt wird, darf der Grundstückswert nicht eingesetzt werden
Erwerb	Alle durch den Erwerb eines Baugrundstückes verursachten Nebenkosten, z. B. für Beurkundung, Gutachten über Baugrund und Bebaubarkeit, Vermessung, Grunderwerbssteuer, Gebühren, Provisionen
Freimachen	Kosten für die Abfindung von Miet- und Pachtverträgen
Herrichten	Kosten für Abräumen, Abholzen, Abbruch usw.

11.7 Kosten von Hochbauten nach DIN 276 (4.81)

Erschließung	
Öffentliche Erschließung	Kosten aufgrund gesetzlicher Vorschriften und öffentlich-rechtlicher Verträge, z. B. Kosten für Erschließungsflächen, Ausbau der Verkehrsflächen und der Versorgung (Gas, Wasser, Strom, Abwasser)
Nichtöffentliche Erschließung	Kosten für Verkehrsflächen und technische Anlagen, die ohne öffentlich-rechtliche Verpflichtung mit dem Ziel der Übertragung in den Gebrauch der Allgemeinheit hergestellt werden.
Bauwerk	
Baukonstruktion	Kosten der Bauleistungen und der sonstigen Leistungen für den gesamten Roh- und Ausbau einschließlich Baustelleneinrichtung
Installation	Kosten für alle im oder am Bauwerk angebrachten Rohrleitungen, Verteilungssysteme einschließlich aller installierten Objekte, die Bestandteil des Bauwerks werden
Zentrale Betriebstechnik	Kosten für die Teile techn. Anlagen, die zum Betrieb der vorgenannten Installationen erforderlich sind (z. B. Stromerzeuger, Abwasserpumpen)
Betriebliche Einbauten	Kosten für alle mit dem Bauwerk festverbundenen Einbauten, die einer besonderen Zweckbestimmung dienen (z. B. Einbaumöbel)
Besondere Bauausführung	Kosten für Baukonstruktionen, Installationen, zentr. Betriebstechnik und betriebl. Einbauten, die durch besondere Bedingungen außerhalb der Zweckbestimmung des Bauwerks verursacht werden (z. B. außergewöhnliche Gründung)
Gerät	Kosten für alle beweglichen Gegenstände, die zur Ingebrauchnahme und zur allgemeinen Benutzung des Bauwerkes erforderlich werden
Außenanlagen	Kosten für Einfriedungen, Wege, Grünanlagen, Versorgungsanlagen vom Bauwerk bis zur Grundstücksgrenze
zusätzliche Maßnahmen	Kosten, die den Wert des Bauwerkes nicht erhöhen, z. B. Winterbaumaßnahmen
Baunebenkosten	Kosten, die bei der Planung und Durchführung auf der Grundlage von Gebührenordnungen entstehen

11

Kostenermittlung nach DIN 276 Teil 3 (4.81)

Kostenschätzung	überschlägige Ermittlung der Gesamtkosten, bildet die Grundlage für Finanzierungsüberlegungen
Kostenberechnung	Ermittlung der angenäherten Gesamtkosten, Grundlage für die erforderliche Finanzierung
Kostenanschlag	Genaue Ermittlung der zu erwartenden Kosten durch Zusammenstellung von Auftragnehmerangeboten, Eigenberechnungen usw.
Kostenfeststellung	Nachweis der tatsächlich entstandenen Kosten. Grundlagen sind die geprüften Schlußrechnungen, Kostenbelege, Wert der Eigenleistungen usw. Voraussetzung für Vergleiche und Dokumentationen

11.8 Massenermittlung, Baustoffbedarf, Arbeitszeitbedarf

Die Massenermittlung ist die Grundlage für:
- die Kostenermittlung,
- die Aufstellung des Leistungsverzeichnisses,
- die Erstellung eines Angebotes (Kalkulation),
- die Planung der Baudurchführung (Einzelplanung) und nach Beendigung der Bauarbeiten für
- die Abrechnung und die Nachkalkulation.

Als Grundlage für die Preisermittlung von Bauleistungen werden die Aufwandswerte für Baustoffe und der Arbeitszeitbedarf als Mittelwerte beispielhaft genannt.

Die nachstehend aufgeführten Angaben sind Richtsätze. Im allgemeinen sind die für die Ausführung nötigen Zeitwerte unter Berücksichtigung der Gegebenheiten der jeweiligen Baustelle nach Erfahrungen aufgrund früherer Zwischen- oder Nachkalkulationen zu wählen.

Die Massen der einzelnen zu erbringenden Teilleistungen werden getrennt nach Gewerken so ermittelt, daß sie den genannten Anforderungen genügen. Die Aufteilung nach Gewerken erfolgt anhand der VOB Teil C. Zusammenfassend werden die Bauleistungen im Standard-Leistungsbuch (StLB) dargestellt, das die wesentlichen Leistungsbeschreibungen auf der Grundlage der DIN-Normen als geordnete Sammlung enthält.

Es werden folgende Gewerke unterschieden (Auszug):

DIN 18300	Erdarbeiten	(LB 002)
DIN 18330	Mauerarbeiten	(LB 012)
DIN 18331	Beton- und Stahlbetonarbeiten	(LB 013)
DIN 18334	Zimmer- und Holzbauarbeiten	(LB 016)
DIN 18350	Putz- und Stuckarbeiten	(LB 023)
DIN 18352	Fliesen- und Plattenarbeiten	(LB 024)
DIN 18431	Gerüstarbeiten	(LB 001)

Mauerarbeiten

Wanddicke	Format	Steine Stück	Mörtel Ltr.	Arb.- Std.
je m^3 Mauerwerk				
17,5	3 DF	190	160	5,20
24	NF	416	274	6,40
24	2 DF	278	214	5,70
24	3 DF	185	183	5,15
30	2 DF+3 DF	110+110	200	5,30
30	5 DF	108	165	4,60
30	7,5 DF	73	130	4,30
30	10 DF	54	110	4,20
36,5	NF	405	280	6,30
36,5	2 DF	270	220	5,20
36,5	2 DF+3 DF	90+132	210	5,60
je m^2 Mauerwerk				
11,5	NF	48	24	1,04
11,5	2 DF	33	19	0,95
17,5	3 DF	33	30	1,20
24	NF	99	65	1,60
24	2 DF	66	50	1,40
24	3 DF	45	44	1,25
24	5 DF	26	38	1,22
30	2 DF+3 DF	33+33	60	1,45
30	5 DF	33	50	1,10
30	7,5 DF	23	42	1,22
30	10 DF	16	35	1,20
36,5	NF	148	100	2,30
36,5	2 DF	98	80	1,95
36,5	2 DF+3 DF	33+45	75	2,05
1 m^2 Verblendmauerwerk				
11,5	NF	50	24	1,40
11,5	2 DF	33	18	1,25

Verfugen von Verblendmauerwerk je m^2 1,00 Std.

Putzarbeiten, je m^2

Wandputz, einlagig (15 mm)	0,60 Std.
zweilagig (20 mm)	0,70 Std.
Deckenputz, einlagig	0,75 Std.
zweilagig	0,85 Std.
Außenwandputz, einlagig	0,85 Std.
zweilagig	0,95 Std.

Sonstige Mauerarbeiten

Kantenschutzeisen	1 m	0,30
Stahlträger verlegen	1000 kg	26,00
Stahlträger ausmauern	1 m	0,80
Sperrschicht aus Pappe 24 cm	1 m	0,12
Dichtungsanstrich auf Wänden	1 m^2	0,15
Mauerwerk abbrechen 17,5 cm	1 m^2	0,35
	1 m^3	3,00
Beton abbrechen, bewehrt 17,5 cm	1 m^2	1,20
	1 m^3	8,00
Gemauerte Schornsteine Zulage zum Mauerwerk	je stgm 0,45 Std	

Erdarbeiten

		Arb.-Std.
1 m^3	Baugrubenaushub (leicht lösbare Bodenart) mit Laderaupe lösen und seitlich lagern	0,07
1 m^3	Baugrubenverfüllung (leicht lösbare Bodenart) mit Laderaupe	0,12
1 m^2	Plattenbelag aufnehmen und zur Wiederverwendung seitlich lagern	0,25
1 m^2	Abräumen und Beseitigen von Aufwuchs, einschl. Wurzelwerk	0,80
1 Stck	Bäume fällen, entasten und seitlich lagern	0,50

11

11.8 Massenermittlung, Baustoffbedarf, Arbeitszeitbedarf

Beton- und Stahlbetonarbeiten

Schalungsarbeiten, je m^2	Arb.-Std
Streifenfundamente	1,00
Einzelfundamente	1,05
Wände, bis 3 m Höhe	1,00
bis 5 m Höhe	1,10
Stützen, bis 0,25 m^2	1,85
größer 0,25 m^2	1,55
rund bis ∅ 50 cm	4,00
rund größer ∅ 50 cm	3,80
Decken	1,20
Unterzüge, bis 0,05 m^2 Fläche	2,50
bis 0,15 m^2 Fläche	2,00
größer 0,15 m^2 Fläche	1,70
Treppen, gerade	1,90
gezogen	4,00
Stufen, gerade	1,90
gezogen	2,90

Bewehrungsarbeiten, Arb.-Std. je 1000 kg Rundstahl

Durchmesser	Abladen	Schneiden und Biegen	Verlegen Decken+ Wände	Verlegen Balken + Stützen
bis 10	0,8	13,5	35,0	40,0
bis 16	0,7	7,5	22,0	27,0
größer 16	0,7	5,5	14,0	19,0

Baustahlgewebematten, Arb.-Std. je 1000 kg

Mattengewicht	schneiden (Maschine)	Abladen + Verlegen
bis 3 kg	3,0	32,0
bis 6 kg	2,0	30,0
über 6 kg	1,5	29,0

Betonarbeiten, Arb.-Std. je m^3	bewehrt	unbewehrt
Sauberkeitsschicht	–	3,30
Fundament-Platte	2,35	2,15
Streifenfundament	2,45	2,10
Einzelfundament	2,40	2,15
Wände	3,30	3,00
Stützen	3,70	–
Decken	2,30	2,10

Estricharbeiten		bezogen auf	Arb.-Std.
Untergrund reinigen		1 m^2	0,05
Untergrund aufrauhen		1 m^2	0,25
Haftbrücke aufbringen		1 m^2	0,15
Mischung einbringen	3 cm	1 m^2	0,40
und abziehen	5 cm	1 m^2	0,50
	8 cm	1 m^2	0,60
Kunststoffolien-Abdeckung		1 m^2	0,05
Dämmplatten-Abdeckung		1 m^2	0,22
Schwimmender Estrich	3 cm	1 m^2	0,60
	6 cm	1 m^2	0,80
Verbundestrich	3 cm	1 m^2	0,45
als Ausgleichsschicht	6 cm	1 m^2	0,80
wie vor, als Nutz-	3 cm	1 m^2	0,55
boden abgerieben	6 cm	1 m^2	0,75
Dehnungsfuge im Estrich ausbilden		1 lfdm	0,15
Trennschiene einbauen		1 lfdm	0,35
Fußmattenrahmen einbauen		1 Stck	1,00

Zimmer- und Holzbauarbeiten

	bezogen auf	Arb.-Std.
Kantholz aufladen	1 m^3	1,00
Bretter und Latten aufladen	1 m^3	1,20
Kantholz abladen, stapeln	1 m^3	1,00
Bretter und Latten abladen, stapeln	1 m^3	1,20
Balkenlage abbinden und verlegen	1 m	0,22
Balkenkopf mit Dachpappe isolieren	1 Stck	0,25
Fachwerkswand abbinden u. aufstellen	1 m	0,32
Dachhölzer abbinden und aufstellen	1 m	0,23
wie vor, jedoch mit Schiftungen, Graten und Kehlen	1 m	0,32
Bretter für Bretterbinder abbinden	1 m	0,12
Bretterbinder aufstellen	1 m	0,30
Sparrennagel einschlagen	1 Stck	0,03
Pfettenschuh aus U-Stahl anbringen	1 Stck	0,30
Balkenanker einbauen	1 Stck	0,15
Kleineisenzeug einbauen	1 kg	0,15
Dachschalung besäumt	1 m^2	0,28
Dachschalung gespundet	1 m^2	0,40
Wandschalung besäumt	1 m^2	0,45
Wandschalung gespundet	1 m^2	0,70
Deckenschalung, Nut- u. Feder, sichtb.	1 m^2	0,95
Deckenschalung, Holzfaserplatten	1 m^2	0,40
Gesimsschalung	1 m^2	2,00
Gesimsschalung mit Unterkonstruktion	1 m^2	2,30
Lagerhölzer waagerecht verlegen	1 m	0,25
Fußboden verlegen	1 m^2	0,45
Fußbodenleisten anbringen	1 m	0,15
Dämmatten aus Mineralwolle verlegen	1 m^2	0,10
Kellertreppe, einläufig, gerade, 12 Steigungen, herstellen		18,00
montieren		6,00
Treppengeländer, gerade Treppe herstellen, montieren	1 Stck	2,00
Holzschutzanstrich im Spritzverfahren	1 m^2	0,09
auf rauhen Flächen im Handanstrich	1 m^2	0,18
Holzschutzanstrich im Spritzverfahren	1 m^2	0,07
auf glatten Flächen im Handanstrich	1 m^2	0,14

Fliesen- und Plattenarbeiten, je m^2

Bodenbeläge im Mörtelbett:		
Keramische Fliesen		2,45
Klinker, Kunststeinplatten		1,50
Riemchen		2,30
Wandbelege im Mörtelbett:		
Keramische Fliesen		3,30
Riemchen		3,45
Großformatige Wandplatten		2,30
Sockel, 10 cm hoch	1 m	0,38

Entwässerungsarbeiten

Dränagerohre im Kiesbett verlegen	1 m	0,30
Tonrohre mit Gefälle verlegen	1 m	0,50
Abzweig, Rohrbogen einbauen	1 Stck	0,30
Fertigteilbetonring versetzen	1 Stck	0,25

Gerüstarbeiten, je m^2

Aufstellen und Abbauen einschl. Be- und Entladen

Stangengerüst	0,40
Leitergerüst	0,50
Schnellbaugerüst	0,22
Bockgerüst	0,50

11

11.9 Kalkulation

Kalkulationsbegriffe und ihr zeitliches Auftreten

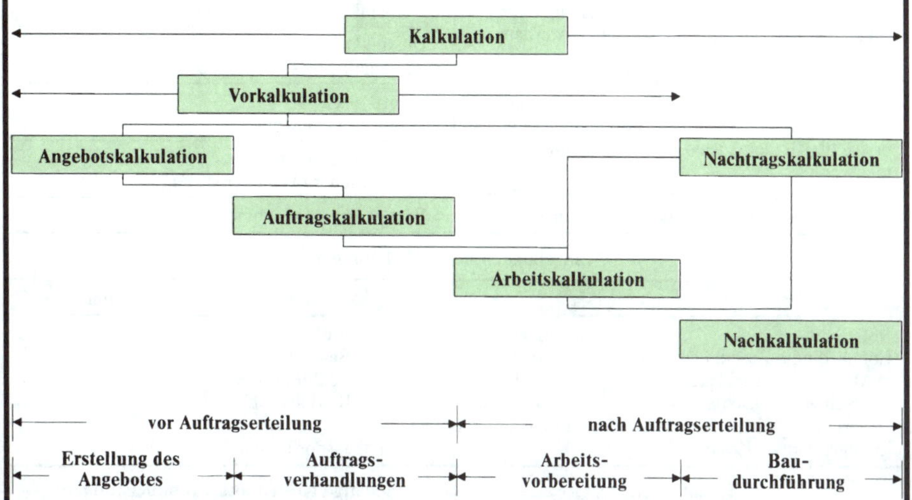

Begriffe der Kalkulation

Vorkalkulation	Die Kostenermittlung der zu erbringenden Bauleistung vor der Bauausführung. Oberbegriff für die Angebots- und Auftragskalkulation
Angebots-kalkulation	Kostenerfasung von Bauleistungen für die Erstellung eines Angebotes auf der Grundlage eines Leistungsverzeichnisses oder einer Leistungsbeschreibung mit den dazugehörigen Vertragsbedingungen
Auftrags-kalkulation	Berücksichtigt alle während der Auftragsverhandlung gegenüber dem Angebot eingetretenen Änderungen, z. B. Nachlässe, Zahlungsbedingungen, zusätzliche und entfallene Leistungen, Baufristen und Vertragsstrafen
Arbeits-kalkulation	Ist eine Weiterentwicklung der Angebots- und Auftragskalkulation und wird nach Auftragsvergabe im Rahmen der Arbeitsvorbereitung erstellt. Sie berücksichtigt alle Gesichtspunkte, die unter den vorgegebenen Bedingungen eine maximale Wirtschaftlichkeit ermöglicht, also auch andere Verfahrensweisen als sie der Angebotskalkulation zugrunde lagen. Der Zweck ist die Ermittlung der Sollkosten für die Bauausführung und somit die Grundlage für die Nachkalkulation
Nachtrags-kalkulation	Umfaßt alle Bauleistungen, die nicht vertraglich vereinbart wurden, oder für die sich die Grundlage der Preisermittlung verändert hat, z. B. infolge längerer Vorhaltezeiten von Geräten. Ziel ist die Kostenermittlung für die Aufstellung eines Nachtragsangebotes. Müssen Arbeiten vor der Erteilung eines Nachtragsangebotes ausgeführt werden, so ist nach der VOB das grundsätzliche Einverständnis des Bauherrn kurzfristig einzuholen
Nachkalkulation	Durch „Soll/Ist-Vergleiche" werden die Sollkosten der Arbeitskalkulation den verbrauchten Mengen (Ist-Werte), z. B. Löhne, Stoffe, Arbeitsstunden gegenübergestellt. Außerdem sollen der Kalkulation verläßliche Leistungswerte für die Erarbeitung von Angeboten ähnlicher Bauvorhaben liefern

11.9 Kalkulation

Aufbau der Kalkulation

Die Kalkulation wird so gegliedert, daß die Kosten eines Bauwerkes nach ihrer Verursachung einer der folgenden Kostengruppen zugerechnet werden[1].

Einzelkosten der Teilleistungen

Die Einzelkosten der Teilleistungen bilden die Grundkosten, auf welche zur Bildung der Einheitspreise die Gemeinkosten und die Zuschläge umgelegt werden.
Einzelkosten können einer Position des Leistungsverzeichnisses direkt zugeordnet werden.

Einzelkosten der Teilleistungen
+ Gemeinkosten der Baustelle

= Herstellkosten
+ Allgemeine Geschäftskosten

= Selbstkosten
+ Wagnis und Gewinn

= Netto-Angebotssumme
+ Umsatzsteuer (Mehrwertsteuer)

= Brutto-Angebotssumme

Einzelkosten der Teilleistungen

Lohnkosten		Sonstige Kosten	Fremdleistungen
Mittellohn	Lohnnebenkosten	Stoffe	
Lohnbedingte Zuschläge	Auslösung	Baustoffe	
Mehrarbeitszuschläge	Wegegeld	Bauhilfsstoffe	
Erschwerniszuschläge	Fahrgeld	Betriebsstoffe	
Vermögenswirksame Leistungen	Lohnsummensteuer	Gerätekosten	
Lohngebundene Kosten		Transportkosten	

Lohnkosten

Die Lohnkosten machen 35% bis 50% der gesamten Herstellkosten aus und haben somit eine entsprechende Bedeutung innerhalb der Kalkulation. Unter die Lohnkosten fallen sämtliche lohngebundenen Kosten, die sich aus der Beschäftigung von Arbeitskräften ergeben. Das sind neben den tariflichen Löhnen auch die in der vorstehenden Tabelle genannten Zulagen, Zuschläge und Sozialaufwendungen. Dabei ist es gleich, ob diese aufgrund von Gesetzen, Tarifverträgen oder Betriebsvereinbarungen gezahlt werden.
Alle diese Lohnkosten werden in der Kalkulation durch den Mittellohn erfaßt, der alle aufzuwendenden lohngebundenen Kosten je Arbeitsstunde für eine ideelle Arbeitsgruppe angibt.

Sonstige Kosten und Fremdleistungen

Baustoffkosten lassen sich den Einzelkosten der Teilleistungen einwandfrei zuordnen. Frachtkosten, sowie die Kosten für Lagern, Verlust, Verschnitt und Bruch sind zusätzlich zu beachten.
Fremdarbeitskosten: Bauarbeiten, des Hauptunternehmers, die fremden Firmen zur Ausführung übertragen werden, z. B. Bewehrungsarbeiten.
Nachunternehmerkosten: Kosten für in sich abgeschlossene Leistungen, für die der Nachunternehmer die volle Gewährleistung übernimmt.
Umsatzsteuer: Lieferungen und Leistungen unterliegen der gesetzlichen Umsatzsteuer (Mehrwertsteuer). Die Angebotssumme wird zunächst ohne die Umsatzsteuer (netto) ermittelt. Zum Schluß wird die Umsatzsteuer von z. Zt. 15% hinzugezählt.

Ermittlung des Mittellohnes

Der Mittellohn kann ohne oder mit dem Lohnkostenanteil des Aufsichtspersonals (Poliere, Schachtmeister), den Soziallasten und den Lohnnebenkosten berechnet werden. Es werden unterschieden:

Mittellohn Arbeiter	Mittellohn A
Mittellohn Arbeiter+Poliere	Mittellohn AP
mit Soziallasten	Mittellohn AS (APS)
mit Lohnnebenkosten	Mittellohn ASL (APSL)

Beispiel für die Berechnung des Mittellohnes:

2 Vorarbeiter	32,60 =	65,20
14 Facharbeiter	25,40 =	355,60
4 Bauhelfer	22,10 =	88,40
20 Mann		509,20

Mittellohn A:

Grundlohn 509,20 : 20 =	25,46
Mehrarbeitszuschläge 7%	1,78
Erschwerniszuschläge 2%	0,51
Leistungszulage (30% auf 45% der anfallenden Arbeiten) 13,5%	3,44
Vermögensbildung 80% von 0,25	0,20
Mittellohn A:	31,39

Die lohngebundenen Zuschläge (Sozialaufwendungen) und die Lohnnebenkosten bedürfen einer genauen Ermittlung. Sie werden hier vereinfachend mit 76% angesetzt. 76% von 31,39= 23,86
Mittellohn ASL: 55,25

[1] Die Gliederung entspricht dem Ablauf bei der Durchführung der Kalkulation und bildet daher gleichzeitig eine Arbeitsanleitung

11.9 Kalkulation

Baugeräteliste 1991 (BGL)

In der Baugeräteliste sind alle für die Baudurchführung erforderlichen und gängigen Baumaschinenarten und Größen aufgeführt. Sie enthält keine Fabrikate, sondern Durchschnittswerte bei technischen Daten und mittleren Neuwerten.
Die BGL ist in 9 Hauptgruppen gegliedert:
1 Geräte für die Betonherstellung und Materialaufbereitung
2 Hebezeuge und Transportgeräte
3 Bagger, Flachbagger, Bodenverdichter
4 Geräte für Brunnenbau, Erd- und Gesteinsbohrungen
5 Geräte für Straßen- und Gleisoberbau
6 Druckluft-, Tunnelbau- und Rohrvortriebsgeräte
7 Geräte für Energieerzeugung und -verteilung
8 Naßbaggergeräte und Wasserfahrzeuge; Geräte für Umwelttechnik
9 Sonstige Geräte, Baustellenausstattungen

Anwendungsbereiche der BGL sind:
- kalkulatorische Grundwerte
- Inner- und zwischenbetriebliche Kostenverrechnungen (ARGE)
- Geräte- und Maschinenkosten bei Wirtschaftlichkeitsvergleichen

Die Geräteabschnitte enthalten einander ähnliche und weitgehend zusammengehörende Geräte.
Die Gerätearten sind durch gleichartige Konstruktion und Einsatzmöglichkeit gekennzeichnet.
Beispiel:

Hauptgruppe:	3	Bagger, Flachbagger, Rammen, Bodenverdichter
Geräteabschnitt:	33	Planiergeräte, Ladegeräte, . . .
Gerätegröße:	3330-0090	Radlader mit 90-kW-Leistung

Zeitbegriffe des Geräteeinsatzes

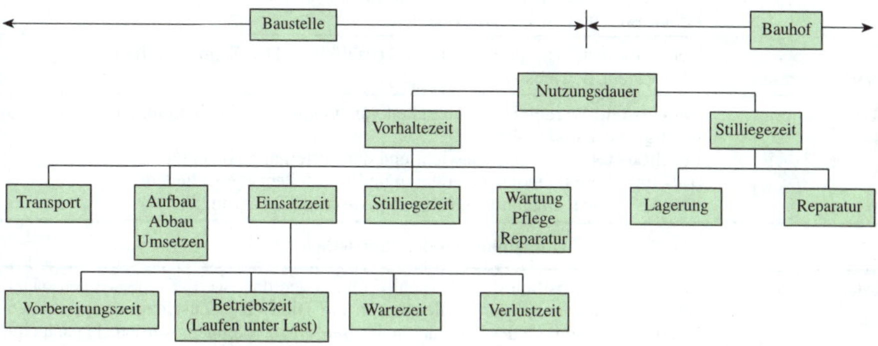

Gerätekosten

Nutzungsdauer	Zeit, in der ein Gerät mit technischem und wirtschaftlichem Erfolg eingesetzt werden kann. Die in der BGL angegebene Nutzungsdauer stimmt mit der steuerlichen Nutzungsdauer (Afa-Tabellen) überein
Vorhaltezeit	Zeit, in der eine Baustelle über ein Gerät verfügen kann. Sie beginnt mit der Verladung des Gerätes für den Transport zur Baustelle und endet am Zeitpunkt des Rücktransportes bzw. der Freimeldung durch die Baustelle
Stilliegezeit	Innerhalb der Vorhaltezeit: Zeiten, in denen das Gerät infolge höherer Gewalt oder anderer Umstände nicht zum Einsatz kommen kann. Außerhalb der Vorhaltezeit: Zeiten, in denen für das Gerät keine Einsatzmöglichkeit besteht oder es aus anderen Gründen (Reparatur) nicht betriebsbereit ist
Einsatzzeit	Zeit, in der das Gerät zur Durchführung einer Bauleistung eingesetzt ist. Sie schließt die Zeiten für die Vorbereitung und den Abschluß der Arbeiten (Auswechseln eines Arbeitswerkzeuges, Reinigung), die Betriebszeit (Laufen unter Last) sowie Warte- und Verlustzeiten ein

11.9 Kalkulation

<table>
<tr><th colspan="2">Gerätekosten</th></tr>
<tr><td>Mittlerer Neuwert</td><td>Als Neuwerte sind Mittelwerte der Listenpreise der gebräuchlichsten Fabrikate auf der Preisbasis 1990 einschließlich der Bezugskosten, ohne MWSt, angegeben. Die Entwicklung der mittleren Neuwerte wird durch den amtlichen „Erzeugerpreisindex für Baumaschinen" berücksichtigt.

Amtlicher Erzeugerpreisindex für Baumaschinen
<table><tr><th>Jahr</th><th>1990</th><th>1991</th><th>1992</th><th>1993</th><th>1994</th><th>1995</th><th>1996</th><th>1997</th></tr><tr><td>1985 = 100</td><td>114,2</td><td>118,2</td><td>122,1</td><td>125,4</td><td></td><td></td><td></td><td></td></tr><tr><td>1990 = 100</td><td>100,0</td><td>103,5</td><td>106,9</td><td>109,8</td><td></td><td></td><td></td><td></td></tr></table></td></tr>
<tr><td>Abschreibung und Verzinsung</td><td>Die kalkulatorische Abschreibung erfaßt den Wertverlust eines Gerätes und die Verrechnung als Kosten. Die kalkulatorische Verzinsung berücksichtigt die rechnerische Verzinsung (in der BGL 6,5%) des im Gerät investierten noch nicht abgeschriebenen Kapitals</td></tr>
<tr><td>Reparaturkosten</td><td>Die Kosten der laufenden Instandhaltung auf der Baustelle (etwa 30%) sowie der Arbeiten in eigenen oder fremden Werkstätten (etwa 70%). Sie teilen sich in 40% Lohnkosten und 60% Stoffkosten auf</td></tr>
<tr><td>Betriebs-und Schmierstoffe</td><td>Der Verbrauch beträgt 0,25–0,35 l Diesel/kWh. Der Schmierstoffanteil liegt bei 15–20% der Betriebsstoffe</td></tr>
<tr><td>Einrichtungs-kosten</td><td>Ladekosten: Werden in Abhängigkeit vom Gerätegewicht als Lohn- (1–2,5 h/t) und sonstige Kosten kalkuliert.
Frachtkosten: Sind vom Gewicht und der Entfernung abhängig.
Auf- und Abbau: Je nach Gerätetyp und Baustellengegebenheiten.
Krane erfordern einen hohen Aufwand einschließlich Krangleis</td></tr>
<tr><th colspan="2">Gemeinkosten der Baustelle</th></tr>
<tr><td>Allgemeines</td><td>Können einer Position des LV nicht direkt zugeordnet werden. Sie werden daher getrennt ermittelt und den Teilleistungen mit Hilfe eines Zuschlages zugerechnet. Um die Abhängigkeit der Kosten von der Bauzeit zu erkennen, werden sie nach einmaligen Kosten und zeitabhängigen Kosten getrennt erfaßt</td></tr>
<tr><td>Einmalig</td><td>Lade- und Frachtkosten, Auf-, Ab- und Umbaukosten</td></tr>
<tr><td>Zeitabhängig</td><td>Gerätemieten, Reparaturkosten, Betriebsstoffe</td></tr>
<tr><td>Baustellen-einrichtung</td><td>sofern keine eigene Pos. im LV</td></tr>
<tr><td>Gerätekosten</td><td>sofern sie nicht eindeutig einer Pos. zugeordnet werden können</td></tr>
<tr><td>Bauhilfsstoffe</td><td>Werkzeuge, Kleingerät, Nägel, Schalöl usw. werden nach Erfahrungswerten mit 2 – 5% als einmalige Kosten angesetzt</td></tr>
<tr><td>Allgemeine Baukosten</td><td>Techn. Bearbeitung, Abrechnung, Versicherungen, Gutachten, Bauleitung, Bürokosten, Heizung, Licht, Reinigung</td></tr>
<tr><td>Wagnis und Gewinn</td><td>Wagnis beschreibt das allgemeine Unternehmerrisiko (Preis, Konjunktur, Gewährleistung) und das besondere Einzelrisiko eines bestimmten Bauvorhabens (Konventionalstrafen, neue Bauverfahren, Schlechtwetter, Massengarantie).
Gewinn ist das angemessene Entgelt für die unternehmerische Leistung. In der Kalkulation werden 1 – 6% der Angebotssumme angenommen</td></tr>
</table>

11.9 Kalkulation

Berechnung der Gerätevorhaltekosten

Beispiel: Radlager 90 kW, BGL-Nr. 3330-0090
Monatlicher Abschreibungs- und Verzinsungsbetrag

Gerät:	von 5.930,– bis 7.040,– DM i. M. 6.485,– DM
Bereifung:	von 431,– bis 540,– DM i. M. 485,50 DM
Monatliche Reparaturkosten:	**5.000,– DM**
Treibstoffverbrauch:	0,3 l/kW h; 1 l Diesel=1,16 DM
Schmierstoffkosten:	20% der Treibstoffkosten
Vorhaltestunden:	175 h/Monat
Vorhaltezeit:	30 Kalendertage/Monat
Einsatzzeit:	20 Kalendertage/Monat
Einsatzstunden:	20 · 8=160 h/Monat
Betriebsstunden:	0,7 · 160=112 h/Monat

(30% Abzug für Warte-, Verteil-, Verlustzeiten)
Da die Werte der BGL auf 1979 bezogen sind, werden sie entsprechend dem Erzeugerpreisindex für Baumaschinen erhöht (s. S. 11-16).
(1992 = 106,9%)
Abschreibung und Verzinsung

Gerät:	6.485 · 1,069 ≅	6.932,– DM
Bereifung:	485,50 · 1,069 ≅	519,– DM
Reparaturkosten:	5.000 · 1,069 ≅	5.345,– DM
Treibstoffkosten:	90 · 0,3 · 112 · 1,16 ≅	3.508,– DM
Schmierstoffe:	0,2 · 3.508 ≅	702,– DM
Gesamtkosten je Monat:		17.006,– DM
Kosten je Einsatztag:	17.006/20 ≅	850,30 DM
Kosten je Vorhaltestunde:	17.006/175 ≅	97,20 DM
Kosten je Einsatzstunde:	17.006/160 ≅	106,30 DM
Kosten je Betriebsstunde:	17.006/112 ≅	151,85 DM

Allgemeine Geschäftskosten

entstehen allein aus dem Betrieb des Gewerbes (Verwaltung). Sie sind in ihrer Höhe vom Geschäftsumfang abhängig und werden in der Kalkulation daher als Prozentsatz (gewöhnlich zwischen 6% und 10%) der Herstellkosten berücksichtigt

Ansätze für das Kalkulationsbeispiel

Die Ansätze für die Kalkulation (Formblatt I – Teil 2 A) können dem Kapitel 7.5.2 Baustoff- und Arbeitszeitbedarf entnommen werden.
Der Mittellohn wurde entsprechend dem Beispiel auf Seite 11-14 mit 55,25 DM als Mittellohn ASL angesetzt. Das bedeutet, daß nur die Arbeiterlöhne mit den zugehörigen Soziallasten und Baunebenkosten enthalten sind und daß das Poliergehalt Bestandteil der Gemeinkosten der Baustelle ist und dort berücksichtigt werden muß.
In dem Formblatt II wird als Lohn das Produkt aus der Summe der Stunden und dem Mittellohn eingetragen (14.317 × 55,25 = 791.014,25 DM).
Die Zuschläge werden folgendermaßen gewählt:
Allgemeine Geschäftskosten: 8%
Wagnis und Gewinn: 7%
Auf Fremdleistungen werden folgende Zuschläge erhoben:
Allgemeine Geschäftskosten: 8%
Wagnis und Gewinn: 5%

Rüst- und Schalkosten

Bei Ingenieurbauten hängen die Schalkosten von der Schalungsart und der Einsatzhäufigkeit ab.
Beispiel:
Für eine Stahlbetonwand wird eine Großflächenschalung auf Holzschalungsträgern hergestellt. Es werden die Stoffkosten für eine Bauzeit von 3 Monaten bei insgesamt 12 Einsätzen ermittelt.
Die Wandhöhe beträgt 2,75 m, die Länge eines Betonierabschnittes 6,00 m, der Trägerabstand 50 cm, die Trägerlänge 3,00 m.
Holzschalungsträger BGL-Nr. 9645-500

Abschreibung und Verzinsung/Monat	0,80 DM/m
Reparatur	0,36 DM/m
	1,16 DM/m
auf 1992 bezogen 1,069 · 1,16	= 1,24 DM/m
Zuschlag für Verbindungsmittel 12%	= 0,15 DM/m
	1,39 DM/m

Für einen Betonierabschnitt werden 2 × 12 Stück benötigt.

	2 · 12 · 3 · 1,39 · 3 =	300,24 DM
Schalhaut: 34,00 DM/m²	2 · 3 · 6 · 34,00 =	1.224,– DM
		1.524,24 DM

Einzelkosten pro m² Schalung bei 12 Einsätzen:
1.524,24 : (12 · 36) = 3,53 DM/m²

Kalkulation über die Angebotssumme

Bei diesem Kalkulationsverfahren werden die Gemeinkosten der Baustelle bei jedem Bauobjekt erneut ermittelt und daraus der Zuschlagssatz errechnet. Hierdurch wird für das jeweilige Bauobjekt eine genaue Kostenerfassung ermöglicht. Dieses Verfahren ist daher auch bei allen größeren Bauvorhaben des Tief- und Ingenieurbaus üblich

Kalkulation mit vorberechneten Zuschlägen

Bei dieser Kalkulationsart wird für die Gemeinkosten ein Zuschlag ermittelt, mit dem die Einzelkosten der Teilleistungen erhöht werden. Dieser Zuschlag wird aus ähnlichen Bauvorhaben übertragen oder aus den im gesamten Unternehmen anfallenden Gemeinkosten errechnet. Der Unterschied zwischen den beiden Kalkulationsarten liegt somit in der Umlage der Gemeinkosten auf die Einzelkosten. Bei der Kalkulation mit vorberechneten Zuschlägen werden die Einzelkosten und die Einzel-Sonstige-Kosten ermittelt und um die jeweiligen vorberechneten Zuschläge erhöht. Der Vorteil besteht darin, daß man den Einheitspreis sofort in einem Rechengang findet. Wegen seiner Einfachheit wird dieses Verfahren vor allem bei Aufträgen gleicher Größenordnung und bei gleichartigen anfallenden Arbeiten angewendet

Wegen dieses Vorteils und seiner Einfachheit in der Anwendung wird dieses Verfahren häufig angewendet. Es eignet sich vor allem bei Aufträgen gleicher Größenordnung und bei gleichartigen anfallenden Arbeiten.

7.6.5 Kalkulationsbeispiel

Die Durchführung der Kalkulation über die Angebotssumme soll an dem im Kapitel 7.1. Bauplanung dargestellten Geschoßhochhaus vereinfacht gezeigt werden.

Für das gewählte Beispiel wurden für einige typische Positionen der Rohbauarbeiten das Leistungsverzeichnis nach dem Standardleistungsbuch (StLB) für das Bauwesen aufgestellt. Für diese Positionen des nachstehenden Leistungsverzeichnisses sollen die Einheitspreise und die Angebotssumme ermittelt werden.

Leistungsverzeichnis

Lfd. Nr.	Stückzahl	Gegenstand	Preis je Einheit DM	Preis je Einheit Pf	Betrag DM	Betrag Pf
		Übertrag				
1	22 m³	Ortbeton der Sauberkeitsschicht aus Normalbeton B 5, Dicke bis 5 cm				
2	170 m³	Ortbeton der Streifenfundamente, obere Betonfläche waagerecht aus Normalbeton, Stahlbeton B 25, Breite über 40 cm				
3	63 m³	Ortbeton der Bodenplatte, obere Betonfläche waagerecht, aus Normalbeton, Stahlbeton B 25, Dicke über 15 bis 20 cm				
4	70 m³	Ortbeton der Wand aus Normalbeton, Stahlbeton B 25, Dicke 20 cm				
5	562 m³	Ortbeton der Deckenplatte Unterseite waagerecht, obere Betonoberfläche waagerecht, aus Normalbeton, Stahlbeton B 25, Plattendicke über 12 bis 18 cm				
6	705 m²	Schalung der Wand, als glatte Schalung für sichtbar bleibende Betonfläche einschl. zusätzlicher Maßnahmen beim Einbringen des Betons, Betonoberfläche absatzfrei, gleiche Farbtönung, möglichst porenlos, Höhe über 2,00 bis 3,00 m				
7	3745 m²	Schalung der Deckenplatte, als rauhe Schalung, Höhe der Betonunterseite über 2,00 bis 3,00 m				
8	3 t	Betonstabstahl, alle Durchmesser, Länge bis 14,00 m, für Bauteile aus Ortbeton liefern, schneiden, biegen und verlegen				
9	63 t	Betonstahlmatten, Ausführung als Lagermatten mit rechteckiger oder qudratischer Stabanordnung für Bauteile aus Ortbeton liefern, schneiden und verlegen				
10	1060 m³	Mauerwerk, Mauerziegel DIN 105, HLzA, 1,4/12, MG II, Mauerwerksdicke 24 cm				
11	640 m²	Mauerwerk, Mauerziegel DIN 105, HLzA, 1,4/12, MG II, Mauerwerksdicke 11,5 cm				
12	10 Stck.	Treppenläufe als Stahlbetonfertigteile pauschal liefern und einbauen				
		Übertrag				

1. Schritt:

Die Kalkulation beginnt mit dem Übertragen der Positionen des Leistungsverzeichnisses, einem Kurztext und der Mengen in das Formblatt I, Teil 1. Danach werden die Einzelkosten unter Angabe des Kalkulationansatzes und der Kostenart im Teil 2 A entwickelt. Die Einzelkosten werden dabei stets auf die im Leistungsverzeichnis angegebene Mengeneinheit bezogen. Dazu ist häufig eine Umrechnung der Einheiten aus den Kalkulationsansätzen auf die Mengeneinheit der jeweiligen Teilleistung erforderlich. Falls bei einer Position eine Kostenart mehrfach vorkommt, wird am Ende der Kostenentwicklung die Summe der Kostenart gebildet. Die so entwickelten Einzelkosten werden anschließend mit dem Vordersatz multipliziert und im Teil 2 B eingetragen.

Zum Schluß werden die Summen aller Kostenarten gebildet.

2. Schritt:

Die Gemeinkosten der Baustelle werden zusammengestellt. Hierfür kann ebenfalls das Formblatt I verwendet werden. Häufig gibt es für die Zusammenstellung der Gemeinkosten jedoch auch besondere Berechnungsformulare, die bereits die verschiedenen Gemeinkostenarten in einer Art Checkliste aufzählen.

3. Schritt:

Die Angebotssumme wird mit dem Formblatt II, Teil 1, ermittelt. Hierbei werden die Summen der Einzelkosten der Teilleistungen (Summe Formblatt I, Teil 2 B) und die Summe der Gemeinkosten in die Zeilen des Formblattes II übernommen. (Die Lohnsumme ergibt sich dabei aus den Stunden multipliziert mit dem Kalkulationslohn.) Sie ergeben zusammen die Herstellkosten.

Den Herstellkosten werden die allgemeinen Geschäftskosten, Wagnis und Gewinn zugeschlagen und damit die Angebotssumme gebildet.

4. Schritt:

Die Umlage der Schlüsselkosten auf die Einzelkosten der Teilleistungen wird durch Zuschläge vorgenommen.

Im Formblatt II, 2. Teil, wird der Zuschlagsatz in % ermittelt und zum Mittellohn hinzugefügt.

5. Schritt:

Mit den im Formblatt II errechneten Zuschlägen wird das Formblatt I im Teil 3 dadurch ergänzt, daß die Einheiten des Teiles 2 A mit den ermittelten Zuschlägen bzw. dem Kalkulationslohn multipliziert werden.

Die Summe der mit den Zuschlägen vervielfältigten Kostenarten ergibt den Einheitspreis.

6. Schritt:

Die Einheitspreise werden mit den Vordersätzen (Mengen) multipliziert und im Teil 4 des Formblattes I eingetragen.

Die Summe aller Beträge je Teilleistung ergibt wiederum die Angebotssumme. Sie wird mit der im Formblatt II errechneten Angebotssumme verglichen, um eventuelle Fehler festzustellen.

Formblatt I:

Zusammenstellung

Teil 1			Teil 2 A				Teil 2 B			Teil 3						Teil 4
Lfd. Nr des L. V.	Menge	Leistung	Selbstkosten								Angebot					
			Einheit				Gesamt				Einheit					
			h	Stoffe	Gerät	Fremd-leistung	h	Stoffe	Gerät	Fremd-leistung	L. A. F= 92,43	St. A. F= 1,1764	Ger. A. F=	Fremd-leistung F= 1,15	Einheits-preis DM	Gesamt-Betrag
1	2	3	4	5	6	7	8	9	10	11	12	13	14	15	16	17
1	22 m²	Sauberkeitsschicht	1,50	182,00			33,00	4 004,00			138,65	214,10			352,75	7 760,50
2	170 m³	Streifenfundamente	1,55	195,00			263,50	33 150,00			143,27	229,40			372,67	63 353,90
3	63 m³	Bodenplatte	1,60	195,00			100,80	12 285,00			147,89	229,40			377,29	23 769,27
4	70 m³	Beton-Wände	2,90	195,00			203,00	13 650,00			268,05	229,40			497,45	34 821,50
5	562 m³	Beton-Decke	1,90	195,00			1 067,80	109 590,00			175,62	229,40			405,02	227 621,24
6	705 m²	Schalung Wand														
		(siehe Beispiel S. 7-16)		3,53												
		Herstellen d. Schalelemente														
		4,15 h/m² für 80 m²														
		4,15 · 80/705	0,47													
		Ein-Ausschalen, Reinigen, Ölen	0,50													
			0,97	3,53			683,90	2 488,65			89,66	4,15			93,81	66 136,05
7	3 745 m²	Schalung Decke	1,20	5,50			4 494,00	20 597,50			110,92	6,47			117,39	439 625,55
8	3 t	Betonstahl S	22,00	1 170,00			66,00	3 510,00			2 033,46	1 376,39			3 409,85	10 229,55
9	63 t	Betonstahl M	20,00	1 230,00			1 260,00	77 490,00			1 848,60	1 446,97			3 295,57	207 620,91
10	1 060 m³	Mauerwerk d = 24 3 DF	5,20													
		185 Steine × 0,58 DM/St.		107,30												
		183 l Mörtel × 78,00 DM/m³		23,42												
			5,20	130,72			5 512,00	138 563,20			480,64	153,78			634,42	672 485,20
11	640 m²	Mauerwerk d = 11,5 2 DF	0,95													
		33 Steine × 0,42 DM/St.		13,86												
		19 l Mörtel × 78,00 DM/m³		2,43												
			0,95	16,29			608,00	10 425,60			87,81	19,16			106,97	68 460,80
12		Stahlbetonfertigteile verlegen + liefern	25,00				25,00			5 000,00	2 310,75			5 750,00	8 060,75	8 060,75
							14 317,00	425 753,95		5 000,00						1 829 945,20

Formblatt II:

Teil 1: Ermittlung der Angebotssumme

Eigene Arbeiten			Lohn	Sonst. Kosten	Zusammen
A. Einzelkosten der Teilleistungen			791 014,25	425 753,95	1 216 768,20
B. Gemeinkosten der Baustelle			51 500,00	282 080,00	333 580,00
zusammen:			842 514,25	707 833,95	
C. Herstellkosten					1 550 348,20
Zuschläge	v. H. des steuerpfl. Umsatzes	umgerechnet auf Herstellkosten (C)			
Allgemeine Geschäftskost.	8%	$\frac{8 \times 100}{100 - 15} = 9{,}41\%$		145 887,77	
	%	$\frac{\times 100}{100 -} = \quad \%$			145 887,77
D. Selbstkosten					1 696 235,97
Gewinn u. 4% Wagnis 3%	7%	$\frac{7 \times 100}{100 - 15} = 8{,}23\%$		127 593,66	127 593,66
zusammen:	15%	$\frac{15 \times 100}{100-15} = 17{,}64\%$		273 481,43	
E. Angebotssumme ohne Umsatzsteuer (Mwst) u. o. Fremdleistung					1 823 829,63
Fremdleistungen				5 000,00	
Allg. Gesch.-K. 8%, Gew. u. Wagnis: 5% zus. 13% vom steuerpflichtigen Umsatz und umgerechnet auf Fremdlstg. = $\frac{13 \times 100}{100 - 13} = \approx 15\%$				750,00	
				5 750,00	5 750,00
F. Angebotssumme ohne Umsatzsteuer (Mwst) u. m. Fremdleistung					1 829 579,63

Teil 2: Errechnung der Zuschläge

Angebotssumme ohne Fremdleistung (E):	1 823 830,00
abzüglich Einzelkosten der Teilleistung (A):	1 216 768,00
abzüglich Zuschlag auf Sonstige Kosten 17,64%:	75 103,00
auf Lohnkosten zu verrechnender Zuschlag:	531 959,00
Zuschlag auf Lohn: $\frac{531\,959 \cdot 100}{791\,014} = 67{,}3\%$	
Kalkulationslohn: 55,25 + 67,3% =	92,43 DM

Gemeinkosten

Projekt: Beispiel Hochhaus

Pos.	Kostenentwicklung	Std.	Lohn	Stoffe	Geräte	Fremdleistg.
	Übertrag:					
	Baustelle Einrichten und Räumen					
	Lohn: ca. 500 Std. × 55,00 ≈		27 500,00			
	Stoffe:			18 000,00		
	Kleingeräte und Werkzeuge 2,5% der Lohnsumme (= rd. 790 000,00)			20 000,00		
	Bürokosten 2% der Lohnsumme			16 000,00		
	Nebenkosten u. Nebenfrachten 1,5% der Lohnsumme			12 000,00		
	Gehälter:					
	Polier 54 000,00					
	Bauführer (anteilig) 29 000,00					
	Abrechner (anteilig) 11 000,00					
	94 000,00			94 000,00		
	Sozialleistungen auf Gehälter rd. 70%			65 800,00		
	Hilfslöhne 3% der Lohnsumme		24 000,00			
	Gerätevorhaltung: 1 Turmdrehkran BGL-Nr. 2102-0022					
	monatl. Miete: 3 100, Reparatur: 1 540 } = 4 640					
	4 640 × 1,069 × 9 Monate			44 640,00		
	Betriebskosten der Geräte			8 000,00		
	Frachten der Geräte 35 t × 52,00 × 2			3 640,00		
	zu übertragen:		51 500,00	282 080,00		

11.9 Kalkulation

Nachkalkulation

1. Erfassung der aufgewendeten Mengen

Grundlage für die Nachkalkulation sind die Tagesberichte der Baustelle, anhand derer die tatsächlich aufgewendeten Arbeitsstunden des Personals und die Einsatzstunden der Geräte nachgewiesen werden.
Dabei wird der Arbeitsaufwand der verschiedenen Arbeitsvorgänge getrennt festgehalten, z. B. Einschalen – Bewehren – Betonieren – Ausschalen.
Dazu sind die Arbeiten zergliedert und in einer Liste der Teilarbeiten zusammengestellt und numeriert worden. Diese Liste wird als Bauarbeitsschlüssel (BAS) bezeichnet.

2. Technische Nachkalkulation

Diese wird auch als Nachkalkulation der Mengen bezeichnet, weil sie aus einer Gegenüberstellung der aufgewendeten Ist-Mengen zu den Soll-Mengen der Kalkulation besteht.
Die technische Nachkalkulation wird vom Bauleiter durchgeführt, der das Ergebnis gleichzeitig analysieren und Folgerungen aus den auftretenden Abweichungen ziehen muß. Sie wird während der gesamten Bauzeit üblicherweise monatlich im Rahmen der Baustellenabrechnungen und Leistungserfassung vorgenommen. Hieraus ergibt sich eine ständige direkte Wirtschaftlichkeitskontrolle des ausgeführten Bauablaufs und die Möglichkeit, Fehlentwicklungen rechtzeitig zu erkennen und durch Änderungen des Arbeitsablaufes zu korrigieren

3. Kaufmännische Nachkalkulation

Diese erfaßt neben den Mengen auch den Preis (Wert) und wird daher auch als wertmäßige Nachkalkulation bezeichnet. Diese vollständige Nachkalkulation kann ein Vergleich der Soll- und Ist-Kosten aller Kostenarten sein.

4. Leistungserfassung

Die Leistungserfassung gehört zur Kostenrechnung des Baubetriebes.
Die Leistungen der Baustellen werden durch die monatlich zu erstellenden Leistungsmeldungen erfaßt und in der Buchhaltung zur Erstellung des Betriebsergebnisses verwendet.
Leistungsmeldung und Kostenkontrolle sind für die Baustelle eine wichtige Prüfung für die Durchführung des Bauablaufs und die Einhaltung der durch die Kalkulation vorgegebenen Werte.
Für die Leistungsmeldung werden alle fertiggestellten und auch alle halbfertigen Arbeiten erfaßt.
Die Schwierigkeit einer korrekten Leistungsmeldung besteht in der Bewertung teilfertiger Leistungen und in der exakten Abgrenzung von Warenvorräten (gelieferte, jedoch noch nicht eingebaute Stoffe, z. B. Bewehrung, Profilstahl). Durch eine Überbewertung teilfertiger Leistungen und durch eine zu hohe Bewertung der Warenvorräte entsteht leicht ein zu gutes Baustellenergebnis. Der Bauleiter muß sorgfältig und selbstkritisch vorgehen, da am Ende der Bauzeit die Wahrheit an den Tag kommt

Der Bauvertrag

Der Bauvertrag ist nach dem BGB ein Werkvertrag (§ 631 ff BGB). Der Werkvertrag verpflichtet den Unternehmer zur Herstellung eines bestimmten Werkes gegen Entgelt.
Er muß das Werk so herstellen, daß es die zugesicherten Eigenschaften hat und nicht mit Fehlern behaftet ist.
Die VOB (Verdingungsordnung für Bauleistungen) weicht in wesentlichen Punkten von den Bestimmungen des BGB ab. Sie gilt nur, wenn sie von den Vertragsparteien vereinbart worden ist.
Die VOB tritt damit als frei vereinbartes Vertragsrecht abändernd vor oder ergänzend neben die Regelungen des BGB.
Andererseits gilt neben der VOB das Recht des BGB weiter, wenn z. B. in der VOB ein bestimmter Sachverhalt nicht geregelt ist.
In der VOB ist die Verjährungsfrist anders geregelt als im BGB. Sie beträgt in der VOB bei Bauwerken und Holzerkrankungen 2 Jahre.
Nach § 638 BGB verjähren die Gewährleistungsansprüche bei Bauwerken in fünf Jahren nach der Abnahme

VOB Teil A

Für die Ausschreibung sieht die VOB/A folgende drei Ausschreibungsarten vor:

a) Öffentliche Ausschreibung – es kann sich eine unbeschränkte Anzahl von Unternehmen durch die Abgabe von Angeboten am Wettbewerb beteiligen.
b) Beschränkte Ausschreibung – wendet sich an einen beschränkten Kreis von Bietern, wenn wegen der besonderen Art des Bauvorhabens nur ein begrenzter Kreis von Unternehmen in Frage kommt.
c) Freihändige Vergabe – stellt die Ausnahme dar, die nur bei besonderen Gründen z. B. besonderer Erfahrung, besonderer Dringlichkeit, Anschluß- bzw. Zusatzaufträgen vorkommt.

Der Zuschlag wird dem Bieter erteilt, der einerseits das niedrigste Angebot abgegeben hat, andererseits auch über die notwendige Fachkunde, Leistungsfähigkeit und die ausreichenden technischen und wirtschaftlichen Mittel verfügt, um die vertraglichen Verpflichtungen zu erfüllen

11.10 Verdingungsordnung für Bauleistungen (VOB)

VOB Teil B

enthält allgemeine Vertragsbedingungen für die Abwicklung von Bauaufträgen. Bei Widersprüchen im Vertrag gelten nacheinander:

1. die Leistungsbeschreibung,
2. die besonderen Vertragsbedingungen (abweichende Vereinbarungen zur VOB)
3. die zusätzlichen Vertragsbedingungen (zusätzliche Vereinbarungen zur VOB)
4. die zusätzlichen technischen Vertragsbedingungen,
5. die allgemeinen technischen Vertragsbedingungen für Bauleistungen,
6. die allgemeinen Vertragsbedingungen für die Ausführung von Bauleistungen.

Für die Vergütung werden für folgende Fälle besondere Regelungen getroffen (§ 2):

- Abweichung gegenüber der im Leistungsverzeichnis angegebenen Mengen um mehr als 10%,
- Änderung der Grundlagen des Preises für vertraglich vorgesehene Leistungen,
- Forderung von vertraglich nicht vorgesehenen Leistungen,
- Ausgleich der Mehr- oder Minderkosten bei erheblichen Abweichungen von der vorgesehenen Leistung im Fall einer Pauschalsummenvergütung,
- Leistungen, die ohne Auftrag ausgeführt werden,
- Vergütung von Zeichnungen und Berechnungen,
- Vergütung von Stundenlohnarbeiten.

Abnahme und Gewährleistung regeln §§ 12 und 13. Nach Fertigstellung der Bauleistung soll die Abnahme auf Verlangen des Auftragnehmers innerhalb von 12 Werktagen durchgeführt werden.
In sich abgeschlossene Teilleistungen können auf Verlangen besonders, d. h. vorzeitig abgenommen werden. Ebenso Teile der Leistung, die durch die weitere Ausführung der Prüfung und Feststellung entzogen werden (z. B. Fundamente).
Die Abnahme kann wegen wesentlicher Mängel bis zur Beseitigung der Mängel verweigert werden. Mit der Abnahme geht die Gefahr auf den Auftraggeber über.
Der Auftragnehmer übernimmt die Gewähr, daß seine Leistung die vertraglich zugesicherten Eigenschaften hat und den anerkannten Regeln der Technik entspricht (§ 13).
Der Auftragnehmer ist von der Gewährleistung frei, wenn der Mangel zurückzuführen ist auf

- die Leistungsbeschreibung,
- Anordnungen des Auftraggebers,
- auf vom Bauherrn vorgeschriebene Stoffe oder Bauteile,
- auf die Beschaffenheit der Vorleistung eines anderen Unternehmers.

Die Verjährungsfrist beträgt nach der VOB/B 2 Jahre. Die Frist beginnt mit der Abnahme der gesamten Leistung. Für in sich abgeschlossene Teile der Leistung beginnt sie mit der Teilabnahme. Der Auftragnehmer muß alle während der Verjährungsfrist auftretenden Mängel, die auf vertragswidrige Leistungen zurückzuführen sind, auf seine Kosten beseitigen, wenn der Auftraggeber dieses vor Ablauf der Frist schriftlich verlangt. Die Gewährleistungsverpflichtung des Auftragnehmers geht nach der VOB nicht über die Beseitigung des Mangels hinaus. Lediglich bei einem wesentlichen Mangel, der die Gebrauchsfähigkeit erheblich beeinträchtigt und auf ein Verschulden des Auftragnehmers zurückzuführen ist, muß der Auftragnehmer außerdem den Schaden am Bauwerk ersetzen, zu dessen Herstellung, Instandhaltung oder Änderung die Leistung dient (§ 13, Abs. 7).

Die erbrachte Bauleistung wird in der Abrechnung erfaßt. Dazu gehören:

- die Aufmaße der erbrachten Leistungen,
- die Mengenberechnung.

Bei großen Bauvorhaben werden Abschlagrechnungen erstellt. Die Abschlagrechnungen sind nicht für die Schlußrechnung bindend (weder in der Höhe, noch in der Menge), die Bezahlung durch den Auftraggeber hat keinen Einfluß auf die Gewährleistung, durch sie wird die in Rechnung gestellte Bauleistung auch nicht abgenommen. Bindend für die Abrechnung ist erst die Schlußrechnung, in der die gesamte für die Ausführung des Bauwerkes erbrachte Leistung in Rechnung gestellt wird. Abschlagzahlungen müssen vom Auftraggeber innerhalb von 12 Tagen nach Zugang der prüffähigen Aufstellung geleistet werden.

Die Schlußzahlung muß spätestens 2 Monate nach Zugang der vorgelegten Schlußrechnung geleistet werden.

Die dem Bauvertrag zugrunde liegenden Preise sind in der Regel Festpreise, d. h., es können nachträglich keine Erhöhungen der angebotenen Einheitspreise infolge Lohnerhöhungen und Preiserhöhungen bei den Stoffen gefordert werden.

Bei Meinungsverschiedenheiten über die Eigenschaften von Baustoffen und -teilen kann jeder Vertragsteil die materialtechnische Untersuchung durch eine anerkannte Materialprüfungsstelle vornehmen lassen, deren Feststellungen verbindlich sind (§ 18, Abs. 3).

In der **VOB/C** sind im 5. Abschnitt der einzelnen Normen genaue Angaben zur Mengenberechnung und zur Abrechnung gemacht. Die Einzelheiten für die einzelnen Gewerke sind dort zu ersehen.

11.11 Qualitätssicherung DIN ISO 9000 ff (5.90)

11.11.1 Die ISO-9000-Familie

DIN ISO 9000-1	Normen zum QM und zur Qualitätssicherung/QM-Darlegung, Anwendung
DIN ISO 9000-2	Qualitätssicherungsnormen, allgemeiner Leitfaden zur Anwendung ISO 9001 – 9003
DIN ISO 9001	QM-Systeme, Modell zur Darlegung in Design, Entwicklung, Produktion, Montage und Wartung
DIN ISO 9002	QM-Systeme, Modell zur Darlegung in Produktion, Montage und Wartung
DIN ISO 9003	QM-Systeme, Modell zur Darlegung bei der Endprüfung
DIN ISO 9004-1	QM-Systeme, Leitfaden und dessen Elemente
DIN ISO 9004-2	QM-Systeme, Leitfaden für Dienstleistungen
DIN ISO 8402	Qualitätssicherung, Begriffe
DIN ISO 8402 A1	Qualität, Begriffe, Änderung
DIN ISO 10011-1	Qualitätssicherung, Auditdurchführung
DIN ISO 9000	enthält die EURO-NORMEN EN 29000
DIN ISO 9001	enthält die EURO-NORMEN EN 29001
DIN ISO 9002	enthält die EURO-NORMEN EN 29002
DIN ISO 9003	enthält die EURO-NORMEN EN 29003
DIN ISO 9004	enthält die EURO-NORMEN EN 29004
DIN ISO 55350 Teil 11-31	Begriffe der Qualitätssicherung und Statistik

11.11.2 Begriffe der Qualitätssicherung (QS) und des Qualitätsmanagements (QM)

Qualität	Übereinstimmung von Anforderungen an ein Produkt mit dessen Ausführung (Beschaffenheit). Da es sowohl materielle als auch immaterielle Produkte gibt, kann man von Konsens sprechen; in manchen Fällen sogar von Harmonie
Qualitätssicherung	Gesamtheit aller Maßnahmen, die erforderlich sind, um qualitativ einwandfreie Produkte herzustellen (QM-Darlegung)
Qualitätswesen	der Bereich eines Unternehmens/Betriebes, der sich ausschließlich mit qualitätssichernden Maßnahmen beschäftigt
Qualitätssicherungssystem	Aufbau- und Ablauforganisation, die Vorraussetzung einer funktionierenden Qualitätssicherung
Qualitätssicherungshandbuch	Dokumentation des Qualitätssicherungssystems
Qualitätsaudit	Beurteilung der Qualitätsfähigkeit eines Systems/Verfahrens/Prozesses oder Produkts
Qualitätspolitik	Zielvorgaben der Unternehmensleitung bezüglich des Qualitätsniveaus
Qualitätskosten	Kosten, die mit der Qualität direkt in Verbindung zu bringen sind

Das Verlangen nach der Darlegung der Qualitätssicherung gewinnt weltweit immer größere Bedeutung. Dazu entstanden zahlreiche nationale und internationale, teils branchenspezifische, teils unabhängige Normen und behördliche Vorschriften. Das führt zur Vereinheitlichung im nationalen und internationalen Rahmen

11

11.11 Qualitätssicherung DIN ISO 9000 ff (5.90)

Nr.	QM-Formel	Zweck: Sicherstellung, daß
1	Zweck und Anwendungsbereich	… bekannt ist, in welchen Verträgen, warum, wofür, in welchen Bereichen für welche Produkte das QM-System gelten soll.
2	Verweis auf andere Normen	… erweiterte Auflagen, Bedingungen, Richtlinien, usw. beachtet werden
3	Begriffe	… eindeutige Kommunikation möglich ist
4.1	Verantwortung der Leitung	… die Verantwortlichkeiten in allen Ebenen geklärt sind
4.2	Qualitätssicherungssystem	… alle QM-Elemente als etwas einheitliches Ganzes in ordnungsgemäßes Betriebsmanagement übersetzt werden können
4.3	Vertragsprüfung	… vertragsgemäß geliefert werden kann
4.4	Designlenkung	… nur Produkte entsprechend Markt- und/oder Kundenforderung entwickelt werden
4.5	Lenkung der Dokumente	… nur richtige, gültige Dokumente benutzt werden
4.6	Beschaffung	… nur vertragsgemäßes Material beschafft wird
4.7	Vom Auftraggeber beigestellte Produkte	… sie so wie das Eigenmaterial behandelt werden
4.8	Identifikation und Rückverfolgbarkeit	… das Material und die Produkte, wo zweckmäßig, identifiziert und rückverfolgt werden können
4.9	Prozeßlenkung	… alle notwendigen Maßnahmen unternommen werden, damit keine fehlerhaften Produkte produziert werden
4.10.1 4.10.2 4.10.3	Eingangsprüfung Zwischenprüfung Endprüfung	… nur vertragsgemäßes Material in den Betrieb kommt … in fehlerhaftes Material/fehlerhafte Produkte kein Aufwand mehr investiert wird … keine fehlerhaften Produkte ausgeliefert werden
4.11	Prüfmittel	… Fehlmessungen/Fehlentscheidungen verhindert werden
4.12	Prüfstatus	… jederzeit, wo nötig, der Prüfzustand erkennbar ist
4.13	Lenkung fehlerhafter Produkte	… fehlerhafte Produkte nicht weiterverarbeitet, ausgeliefert oder benutzt werden
4.14	Korrekturmaßnahmen	… Fehlerquellen erkannt und beseitigt werden
4.15	Handhabung, Lagerung, Verpackung und Versand	… die produzierte Qualität nachträglich nicht beeinträchtigt wird
4.16	Qualitätsaufzeichnungen	… die Einhaltung des QM-Systems und der Q-Anforderung an das Produkt nachgewiesen werden können
4.17	Qualitätsaudit	… die oberste Leitung das QM-System regelmäßig auf Wirksamkeit und Wirtschaftlichkeit überprüft
4.18	Schulung	… qualitätsgerechtes Personal verfügbar ist
4.19	Kundendienst	… Eignung und Verfügbarkeit der Produkte aufrechterhalten bleibt
4.20	Statistische Methoden	… die Stichproben richtig entnommen und bewertet werden
Summe aus ISO 9000–9004		… der Kunde/Auftraggeber in die Firma Vertrauen haben kann

Die Qualitätssicherung eines Unternehmens/einer Organisation wird geprägt durch zahlreiche interne und externe Einflüsse und Faktoren, z. B. individuelle Ziele, die jeweiligen Produkte und Abläufe des Unternehmens. Genormte Qualitätssicherungssysteme gibt es nicht. DIN ISO 9000 ff enthält Empfehlungen zum Aufbau eines QS.

12 Baugesetze und Vorschriften

12.1 Baugesetzbuch (BauGB)

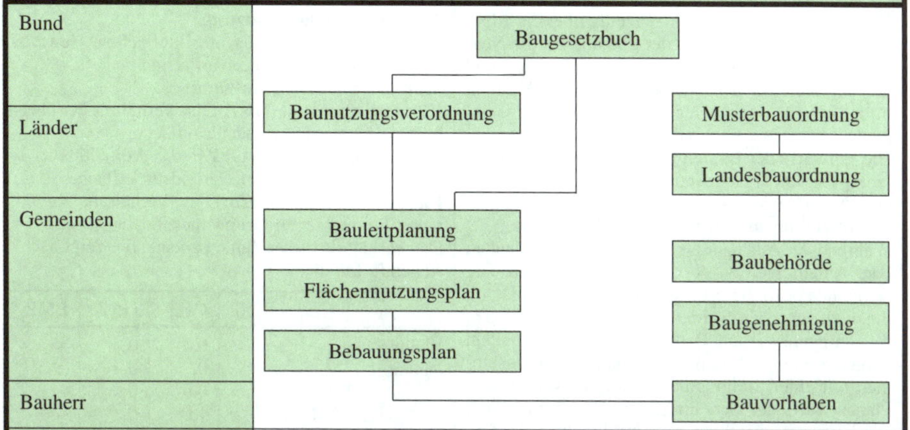

Baugesetzbuch	Ordnet die städtebauliche Entwicklung der Gemeinden durch die Verpflichtung zur Aufstellung der Bauleitpläne (Flächennutzungs- und Bebauungsplan)
Vorbereitende Bauleitplanung (Flächennutzungsplan)	Soll für das gesamte Gemeindegebiet die beabsichtigte Nutzung nach den vorhersehbaren Bedürfnissen der Gemeinde in den Grundzügen darstellen. Der Flächennutzungsplan bietet die Handhabe, andere Planungsträger an die städtebaulichen Absichten der Gemeinde zu binden. Er hat keine Rechtskraft gegenüber dem Bürger. Der Inhalt ist in § 5 BauGB detailliert genannt. (Der Inhalt gleicht dem des Bebauungsplanes, ist jedoch entsprechend dem Planziel gröber gefaßt)
Verbindliche Bauleitplanung (Bebauungsplan)	Baut auf den Angaben des Flächennutzungsplanes auf und setzt die Einzelheiten der städtebaulichen Ordnung für ein genau begrenztes Teilgebiet des Gemeindegebietes rechtsverbindlich fest

Inhalt des Bebauungsplanes (§ 9 BauGB)

- Die Art und das Maß der baulichen Nutzung; die Bauweise, die Größe der Baugrundstücke;
- Flächen für Nebenanlagen (Spiel-, Freizeit- und Erholungsflächen), Stellplätze und Garagen;
- Flächen, auf denen Wohngebäude des sozialen Wohnungsbaus oder für besonderen Wohnbedarf errichtet werden dürfen;
- Flächen, die von der Bebauung freizuhalten sind, Verkehrsflächen, Versorgungsflächen, Flächen für die Führung von Versorgungsleitungen;
- Flächen für die Abfallentsorgung, Abwasserbeseitigung und für Ablagerungen;
- Grünflächen, wie Parkanlagen, Dauerkleingärten, Sport-, Spiel- und Badeplätze, Friedhöfe;
- Flächen für Aufschüttungen, Abgrabungen oder für die Gewinnung von Steinen, Erden oder anderen Bodenschätzen;
- Flächen für Landwirtschaft und Wald
- Flächen für Gemeinschaftsanlagen wie Kinderspielplätze, Freizeiteinrichtungen; Gebiete, in denen bestimmte luftverunreinigende Stoffe nicht oder nur beschränkt verwendet werden dürfen; von der Bebauung freizuhaltende Schutzflächen zum Schutz vor schädlichen Umwelteinwirkungen, das Anpflanzen von Bäumen und Sträuchern.

Es sollen gekennzeichnet werden:
- Flächen, bei denen besondere Sicherungsmaßnahmen gegen Naturgewalten erforderlich sind;
- Flächen, unter denen Bergbau betrieben wird;
- Flächen, die erheblich mit umweltgefährdenden Stoffen belastet sind.

Nachrichtlich sollen übernommen werden:
Die aufgrund anderer gesetzlicher Bestimmungen getroffenen Festsetzungen sowie Denkmäler nach Landesrecht.

12.1 Baugesetzbuch

Bürgerbeteiligung (§ 3 BauGB)

Die Bürger sind möglichst frühzeitig über die allgemeinen Ziele und Zwecke der Planung für die Neugestaltung oder Entwicklung eines Gebietes und die voraussichtlichen Auswirkungen der Planung öffentlich zu unterrichten. Den Bürgern ist Gelegenheit zur Äußerung und Erörterung zu geben.
Die Entwürfe der Bauleitpläne sind mit dem Erläuterungsbericht (Flächennutzungsplan) bzw. der Begründung (Bebauungsplan) für die Dauer eines Monats öffentlich auszulegen.
Während der Auslegung kann jedermann Bedenken oder Anregungen zu der Planung vorbringen. Die Gemeinde prüft diese Eingaben und entscheidet, ob ihnen entsprochen werden soll oder nicht. Werden die Anregungen und Bedenken nicht in den Plan aufgenommen, so muß die Gemeinde sie zusammen mit einer Stellungnahme bei der Vorlage des Planentwurfs der Genehmigungsbehörde mitteilen. Die Einwender sind von der Entscheidung der Gemeinde zu benachrichtigen.
Nach Genehmigung des Planes durch die höhere Verwaltungsbehörde und der ortsüblichen Bekanntmachungen wird der Plan rechtsverbindlich.
Neben der Sicherung der Bauleitplanung werden im BauGB Regelungen zur Bodenordnung (Umlegung), zur Enteignung, Entschädigung und Erschließung getroffen, außerdem städtebauliche Sanierungs- und Entwicklungsmaßnahmen.

Baunutzungsverordnung

Art der baulichen Nutzung
Wohnbauflächen, Gemischte Bauflächen, Gewerbliche Bauflächen, Sonderbauflächen.
Maß der baulichen Nutzung
Grundflächenzahl (GRZ): das Verhältnis der überbauten Fläche zur Grundstücksfläche.
Geschoßflächenzahl (GFZ): das Verhältnis zwischen Geschoßfläche und Grundstücksfläche.
Baumassenzahl (BMZ): das Verhältnis Kubikmeter Baumasse zur Grundstücksfläche.
Das Verhältnis dieser Zahlen zueinander zeigt nachstehende Tabelle:

	Geschoßzahl	GFZ	GRZ	BMZ
Wohnbauten	1	0,4	0,4	–
	2	0,7	0,4	–
	3	0.9	0,3	–
	≥ 4 (Maximum)	1,0	0,3	–
Kerngebiete	1	0,8	0,8	–
	2	1,2	0,8	–
	3	1,6	0,6	–
	≥ 4 (Maximum)	2,0	0,6	–
Industrie, Stufe	I	–	0,7	3,0
	II	–	0,7	6,0
	III	–	0,7	9,0

12.2 Planfeststellungsverfahren/Zu beteiligende Behörden

Beim Neubau von Bundesfernstraßen, Kanälen, Häfen, Bahnen, Flugplätzen und außerdem bei Hochspannungs,- Wasser- oder Gasfernleitungen werden Planfeststellungsverfahren durchgeführt.

Das Planfeststellungsverfahren ist ein öffentliches Benachrichtigungs- und Anhörungsverfahren, indem die Planung einer öffentlichen Stelle (Behörde, öffentlich-rechtliche Körperschaft, Unternehmen) allen mitinteressierenden Stellen (z. B. Behörden, angrenzende Grundbesitzer, Anwohner, Öffentlichkeit) bekanntgegeben wird, um diesen Gelegenheit zu geben, ihre Interessen vor Baubeginn zu vertreten.

Bei der Durchführung legt die planende Stelle den Plan mit Erläuterungsbericht der höheren Verwaltungsbehörde vor. Diese führt die Stellungnahme aller beteiligten Behörden, Gemeinden, privat Betroffenen (siehe Zusammenstellung) herbei und gibt durch öffentliche Auslegung jedermann Gelegenheit, Einwände zu erheben. Nach Abgleichung aller berechtigten Interessen erfolgt der Planfeststellungsbeschluß.

Sachliche Belange	Bei der Planung zu beteiligen
Bauaufsicht	Bauaufsichtsbehörde
Denkmalpflege	Denkmalschutzbehörde
Öffentliche Bauten	Staatshochbauamt
Bergbau Bodenschätze	Bergamt und Landesamt für Bodenforschung
Forstwirtschaft	Forstamt
Gesundheitswesen	Gesundheitsamt
Gewerbe und Industrie	Gewerbeaufsichtsamt, Industrie- und Handels-, Handwerkskammer
Gottesdienst und Seelsorge	röm.-kath. Kirche, ev. Landeskirche, Religionsgemeinschaften des öffentl. Rechts
Jugendförderung	Jugendamt
Landwirtschaft	Landwirtschaftskammer, Kulturamt
Brandschutz	Feuerwehr
Schulwesen	Die Schulträger, Schulaufsichtsbehörde
Verkehr	Straßenverkehrsbehörde, Straßenbauamt, Bundesbahn-, Oberpostdirektion, private Eisenbahnunternehmen, Wasser- und Schiffahrtsamt, Hafenbehörde, Flughafengesellschaft
Versorgung	Strom-, Gas-, Wasserversorgungsunternehmen
Naturschutz und Umweltschutz	Naturschutz-, Wasserbehörden, Gewerbeämter, Umweltbeauftragte, TÜV

12.3 Landesbauordnungen (LBO)

Die LBO stützen sich auf die **Musterbauordnung (MBO)**, um wenigstens im inhaltlichen Aufbau und in den wesentlichen Grundgedanken übereinstimmende Bauordnungen in allen Bundesländer zu erhalten. Die einzelnen LBO weisen jedoch Unterschiede in den Einzelbestimmungen auf. Es ist deshalb in jedem Bundesland die dort gültige LBO zu beachten.

Das Grundstück und seine Bebauung

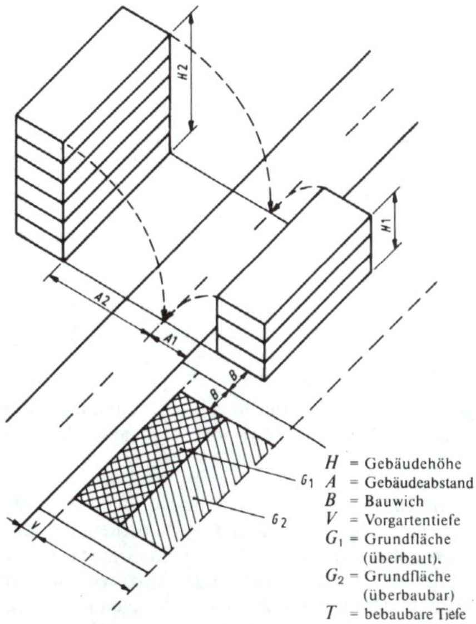

Für eine Bebauung muß das Grundstück nach Lage, Form, Größe und Beschaffenheit geeignet und von einer befahrbaren öffentlichen Verkehrsfläche erreichbar sein. Außerdem muß der für den Brandschutz erforderliche Einsatz von Feuerlösch- und Rettungsgeräten möglich sein.

Gebäude müssen von den Grenzen des Baugrundstücks Abstand halten. Die Gebäudeabstände müssen folgende Forderungen erfüllen:

a) Sicherung von Belichtung, Belüftung, Besonnung;
b) Sicherung der nötigen Freiflächen für die sinnvolle Nutzung des Grundstücks. z. B. bei Wohnbauten für Kinderspielplätze, Erholungsflächen, Kfz-Einstellplätzen;
c) Sicherung des Mindestabstandes zum Nachbarn, um Störungen durch Einblick oder Geräuschbelästigung zu beschränken (Intimbereich).

Für die Festlegung der Mindestabstände weisen die einzelnen LBO sehr starke Unterschiede und teilweise sehr komplizierte Bestimmungen auf, so daß auf die Textausgabe der LBO für das jeweilige Bundesland verwiesen werden muß.

Bauliche Anlagen	Müssen im Ganzen, in ihren einzelnen Teilen und für sich allein standsicher sein. Sie sind so anzuordnen, zu errichten und zu unterhalten, daß der Entstehung und Ausbreitung von Feuer vorgebeugt wird. Sie müssen einen ausreichenden Schall- und Wärmeschutz bieten und so beschaffen sein, daß auch durch andere schädliche Einflüsse, wie z. B. pflanzliche und tierische Schädlinge, Strahlen, Gas, Staub, Gerüche, Dämpfe, Rauch, Ruß, Abwasser und Abfälle Gefahren oder unzumutbare Belästigungen nicht entstehen
Baustoffe, Bauteile, Bauarten	Bei der Errichtung oder Änderung baulicher Anlagen dürfen nur solche Baustoffe und Bauteile verwendet sowie Bauarten angewendet werden, die eine dem Verwendungszweck entsprechende Brauchbarkeit aufweisen. Dieser Nachweis gilt bei Baustoffen, Bauteilen und Bauarten, die den DIN-Normen entsprechen, als erbracht
Nachweis der Brauchbarkeit	Bei neuen (noch nicht bewährten) Baustoffen, Bauteilen und Bauarten kann der Nachweis folgendermaßen geführt werden (§§ 27, 29 MBO): a) durch Vorlage einer allgemeinen bauaufsichtlichen Zulassung, b) durch Vorlage eines Prüfbescheides, c) im Einzelfall aufgrund von Gutachten durch Zustimmung der obersten Bauaufsichtsbehörde
Der Bau und seine Teile	An die einzelnen Teile der baulichen Anlagen werden umfangreiche Anforderungen gestellt, damit die Standsicherheit, Dauerfestigkeit, Feuersicherheit und eine sichere Benutzung gewährleistet sind. Die LBO nennen die Anforderungen an die einzelnen Teile.

12

12.3 Landesbauordnungen (LBO)

Die am Bau Beteiligten	
Bauherr	Zur Vorbereitung, Überwachung und Ausführung eines Bauvorhabens muß der Bauherr einen Entwurfsverfasser, Unternehmer und den Bauleiter bestellen. Dem Bauherren obliegen, soweit er nicht diese Personen damit beauftragt hat, die nach den öffentlich-rechtlichen Vorschriften erforderlichen Vorlagen und Anzeigen an die Bauaufsichtsbehörde. Der Bauherr hat vor Baubeginn der Bauaufsichtsbehörde die Namen der Bauleiter und der Fachbauleiter und während der Bauausführung einen Wechsel in der Bauleitung mitzuteilen
Entwurfsverfasser	Trägt die Verantwortung für die Vollständigkeit und Richtigkeit der Bauunterlagen. Er hat dafür zu sorgen, daß die für die Ausführung notwendigen Einzelzeichnungen, Einzelberechnungen und Anweisungen geliefert werden und sie dem genehmigten Entwurf und den baurechtlichen Vorschriften entsprechen. Ist er hierzu auf einzelnen Fachgebieten nicht in der Lage, muß er geeignete Sachverständige (z. B. Statiker) hinzuziehen und deren Arbeit koordinieren
Unternehmer	Trägt die Verantwortung, daß die von ihm übernommenen Arbeiten einschließlich der Baustelleneinrichtung, der Betriebssicherheit der Gerüste sowie die Brauchbarkeit der verwendeten Baustoffe und Bauteile den allgemein anerkannten Regeln der Bautechnik und den Unfallverhütungsvorschriften entsprechen. Hat der Unternehmer für einzelne Arbeiten nicht die erforderliche Sachkunde und Erfahrung, so muß er geeignete Fachunternehmen hinzuziehen
Bauleiter	Überwacht die ordnungsgemäße, den genehmigten Bauvorlagen entsprechende Bauausführung auf der Baustelle. Er hat darauf zu achten, daß die Unternehmer ihren Pflichten unter Beachtung der allgemein anerkannten Regeln der Bautechnik nachkommen, und er hat darauf hinzuwirken, daß die erforderlichen Nachweise der Brauchbarkeit der verwendeten Baustoffe und Bauteile (z. B. allgemeine bauaufsichtliche Zulassungen, Prüfbescheide, Güteüberwachungsbescheinigungen) erbracht werden. Außerdem hat er darauf zu achten, daß die Arbeiten der Unternehmer ohne Gefährdung Dritter durchgeführt werden. Verfügt der Bauleiter auf einzelnen Teilgebieten nicht über die erforderliche Sachkunde und Erfahrung, so muß er geeignete Fachbauleiter hinzuziehen

Aufgaben der Bauaufsichtsbehörden

Bei der Errichtung, der Änderung, dem Abbruch und der Unterhaltung baulicher Anlagen haben sie für die Einhaltung der Landesbauordnung sowie anderer öffentlich-rechtlicher Vorschriften zu sorgen.

Bauaufsichtsbehörde	Ansiedlung	Zuständigkeit
Untere Bauaufsichtsbehörde	Kreise, kreisfreie Städte, große selbständige Städte	Baugenehmigung Baulasten, Abnahmen
Obere Bauaufsichtsbehörde	Regierungspräsidenten	Dispense
Oberste Bauaufsichtsbehörde	Fachministerium	Zustimmung im Einzelfall

Das bauaufsichtliche Genehmigungsverfahren

Einteilung
- genehmigungsbedürftige Bauvorhaben
- anzeigebedürftige Bauvorhaben
- genehmigungs- und anzeigefreie Bauvorhaben

12.3 Landesbauordnungen (LBO)

Vorbescheid	Zu einzelnen Fragen eines Bauantrages, die selbständig beurteilt werden können, kann bereits vor Einreichung des gesamten Bauantrages ein Bescheid erteilt werden. Der Vorbescheid nimmt als verbindliche Vorabentscheidung einen Teil der Genehmigung vorweg
Bauantrag	Ist schriftlich bei der Gemeinde einzureichen. Er muß folgende Angaben enthalten: Name und Anschrift des Bauherrn und des Entwurfsverfassers, Bezeichnung der baulichen Anlage oder der Baumaßnahme, des Grundstücks nach Straße, Hausnummer, Grundbuch und Liegenschaftskataster, Angaben über die Erschließung des Grundstückes, über erteilte Bodenverkehrsgenehmigungen, Bauvorbescheide und Teilbaugenehmigungen
Unterlagen	Lageplan, Bauzeichnungen, Baubeschreibung, Standsicherheitsnachweis, Wärmeschutzberechnung, Darstellung der Grundstücksentwässerung
Baugenehmigung	Die Erteilung der Baugenehmigung bedarf der Schriftform (Bauschein). Sie wird dem Bauherrn zusammen mit einer Ausfertigung der genehmigten Bauvorlagen zugestellt
Teilbaugenehmigung	Kann auf Antrag für einzelne Bauteile oder Bauabschnitte (z. B. Aushub der Baugrube) vorab erteilt werden
Bauüberwachung	Soll sicherstellen, daß bei der Bauausführung nicht von der Baugenehmigung abgewichen wird. Sie kann sich auf Stichproben beschränken
Rohbauabnahme	Die Konstruktion des Baues soll geprüft werden. Es müssen alle tragenden Konstruktionen im Rahmen des Möglichen offen gehalten werden, damit die Standsicherheit, der Schall- und Wärmeschutz und die Feuersicherheit beurteilt werden können
Schlußabnahme	Findet am Ende aller Bauarbeiten statt. Nach Aushändigung des Schlußabnahmescheins darf die bauliche Anlage benutzt werden

Baulasten

Durch Erklärung gegenüber der unteren Bauaufsichtsbehörde können Grundstückseigentümer öffentlich-rechtliche Verpflichtungen (Baulasten) für ihr Grundstück übernehmen. Diese sind auch für die Rechtsnachfolger wirksam. Sie werden in das Baulastenverzeichnis, das die Bauaufsichtsbehörde führt, eingetragen.

Der Bauwich kann durch Baulast auf einem Nachbargrundstück gesichert werden, wenn der Nachbar auf seinem Grundstück einen Abstand von der Grenze einhalten kann, daß sowohl der eigene wie auch der Bauwich des Baugrundstücks gewährleistet werden.

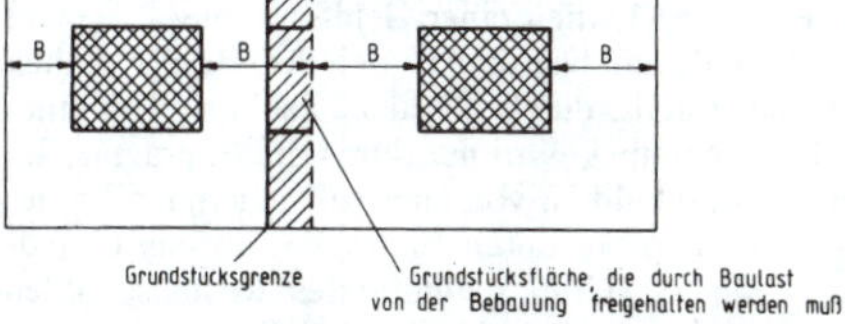

Sicherung des Bauwiches durch Baulast

Ausnahmen und Befreiungen

Die Ausnahme wird in der Regel von baurechtlichen Vorschriften gewährt, die als Regel oder Sollvorschriften aufgestellt sind. Voraussetzung für die Gewährung einer Ausnahme ist, daß dabei nicht gegen öffentliche Belange vorstoßen wird.

Die Befreiung (**Dispens**) wird von einer zwingenden Rechtsvorschrift gewährt. Sie ist nur zu gewähren, wenn eine Abweichung von der Gesetzesvorschrift im Interesse des allgemeinen Wohls liegt oder aber die Durchführung der Vorschrift im Einzelfall zu einer vom Gesetzgeber nicht beabsichtigten Härte führen würde. Die Befreiung muß mit den öffentlichen Belangen vereinbar sein, wobei auch nachbarliche Interessen in die Prüfung mit einbezogen werden.

Ausnahmen und Befreiungen können mit Auflagen und Bedingungen verbunden werden. Die Entscheidung über die Erteilung steht im Ermessen der Behörde.

Bei Befreiungen von Vorschriften über Bauwiche, Abstandsflächen, Gebäude- und Grenzabstände sollen die Eigentümer der angrenzenden Grundstücke (Nachbarn) vor der Erteilung der Befreiung gehört werden.

12.4 Kataster und Grundbuch

Kataster	
Zweck und Aufgabe des Katasters	Amtliches Verzeichnis, nach dem die Grundstücke im Grundbuch zu benennen sind. Es enthält: Merkmale für die Bewertung der Grundstücke, Angaben über Nutzung und Besitzverteilung des Bodens, Unterlagen für den Grundstücksverkehr und Beleihungszwecke. Dient als Grundlage für die Erneuerung der amtlichen topographischen Kartenwerke
Flurkarte	Maßstab 1 : 500 bis 1 : 5000. Die Grundstücke werden nach Gemeinde, Gemarkung, Flur und Flurstück mit den genauen Grenzen bezeichnet. Gemarkung umfaßt eine örtlich abgegrenzte Gruppe von Grundstücken in ihrem natürlichen Zusammenhang. Unterabschnitte nennt man Flur, die einzelnen Grundstücke bezeichnet man als Flurstücke (früher Parzellen). Es wird auch die Nutzungsart: Acker, Garten, Wiese, Wald, Bahnen, Straßen, Wasserläufe, Kiesgruben, Flugplätze ausgewiesen
Schätzungskarte	Ist ein Abdruck der Flurkarte, in die die Ergebnisse der Bodenschätzung eingetragen werden
Flurstücke	Sind in den Flurkarten mit einer besonderen Nummer aufgeführt. Die Numerierung ist nach der Abstammung vorgenommen. Die bisherige Nummer des Stammflurstückes bildet den Zähler, während der Nenner eine mit 1 beginnende, fortlaufende Unterscheidungsnummer erhält. Wird z. B. Stammflurstück 35 in 3 Bauplätze aufgeteilt, so erhalten die neuen Flurstücke die Nummern 35/1, 35/2, 35/3. (Sprich: 1 aus 35)
Flurbuch	Bildet im Zusammenhang mit den Kartenwerken die Grundlage für den Nachweis allen Grundbesitzes
Liegenschaftsbuch	Jedes Grundstück erhält ein Bestandsblatt, in dem sämtliche Angaben über Eigentümer, Nutzungsart, Fläche usw. verzeichnet sind. Grundbuch- und Finanzamt werden vom Inhalt unterrichtet
Gebäudebuch	Für jedes Gebäude wird ein Gebäudeblatt aufgestellt, in dem Baujahr, Baukosten, Versicherungswert, Veränderungen usw. vermerkt werden
Grundbuch	
Grundbuch	Wird für jede Gemeinde beim Grundbuchamt des Amtsgerichts geführt. Jedes Grundstück erhält ein besonderes Grundbuchblatt mit 3 Abteilungen
Abteilung I	Enthält den Eigentümer und die Ursache der Eigentumsübertragung. Eintragungen werden aufgrund einer Auflassung oder eines Erbscheines vorgenommen. Auch Teilverkäufe werden hier vermerkt
Abteilung II	Dient der Eintragung aller Lasten und Beschränkungen (Dienstbarkeiten) wie z. B. Auflassungsvormerkungen, Erbbaurechte, Vorkaufsrechte, Wegerechte sowie Vermerke über Zwangsverwaltung, Eröffnung eines Konkursverfahrens und Zwangsversteigerung
Abteilung III	Enthält Hypotheken-, Grund- und Rentenschulden. Hypothek ist ein Pfandrecht an Grundstücken zur Sicherheit einer Geldforderung. Sie wird durch Eintragung in das Grundbuch begründet. Bei der Briefhypothek wird ein Hypothekenbrief ausgestellt, durch den der Gläubiger Hypothekeneigentümer wird. Die Buchhypothek wird nur durch die Eintragung im Grundbuch gesichert. Die Grundschuld ist von einer zu sichernden Forderung rechtlich unabhängig. Sie entsteht durch Eintragung in das Grundbuch sowie ggfs. durch Übergabe des Grundschuldbriefes. Rentenschulden werden als laufende Renten gezahlt

12

12.5 Straf- und privatrechtliche Vorschriften

12.5.1 Strafrechtliche Vorschriften

Gesetz	Inhalt
StGB	Aus dem Strafgesetzbuch (StGB) kommen insbesondere die Ahndung der Verstöße gegen baurechtliche Bestimmungen und eine Strafbarkeit wegen fahrlässiger Körperverletzung oder wegen fahrlässiger Tötung in Betracht
StGB § 330	Wer bei der Leitung oder Ausführung eines Baus wider die allgemein anerkannten Regeln der Baukunst dergestalt handelt, daß hieraus für andere Gefahr entsteht, wird mit Geldstrafe oder mit Freiheitsstrafe bis zu 1 Jahr bestraft
StGB § 367 Abs. 1	Mit Geldstrafe bis zu 5000,– DM oder mit Freiheitsstrafe bis zu 6 Wochen wird bestraft, – wer Bauten oder Ausbesserungen von Gebäuden, Brunnen, Brücken, Schleusen oder anderen Bauwerken vornimmt. ohne die von der Polizei angeordneten oder sonst erforderlichen Sicherheitsmaßregeln zu treffen, – wer als Bauherr, Baumeister oder Bauhandwerker einen Bau oder eine Ausbesserung, wozu die polizeiliche Genehmigung erforderlich ist, ohne diese Genehmigung oder mit eigenmächtiger Abweichung von dem durch die Behörde genehmigten Bauplan ausführt oder ausführen läßt
StGB § 230	Wer durch Fahrlässigkeit die Körperverletzung eines anderen verursacht, wird mit Geldstrafe oder mit Freiheitsstrafe bis zu 3 Jahren bestraft
StGB § 222	Wer durch Fahrlässigkeit den Tod eines Menschen verursacht, wird mit Freiheitsstrafe bis zu 5 Jahren bestraft
	Der § 222 und § 230 kommen insbesondere für den Unternehmer bzw. seinen Bauleiter in Betracht, denn sie sind in erster Linie für die Sicherheit auf der Baustelle verantwortlich. Der Vorwurf wird sich meistens auch nicht auf fehlerhafte Anordnungen dieser Personen beziehen, sondern auf das Unterlassen einer zur Erzielung der Sicherheit erforderlichen Handlung. So muß z. B. bei Erdarbeiten, wenn Lkw von der Baustelle Boden über öffentliche Straßen abfahren und sie durch herabfallenden Boden (Lehm, Sand) die Straße verschmutzen, der Unternehmer dafür sorgen, daß die hieraus für andere Verkehrsteilnehmer entstehende Gefahr beseitigt wird. Das Aufstellen von Schildern genügt nicht. Stürzt an einer solchen Stelle womöglich ein Motorradfahrer, so macht sich der Unternehmer bzw. sein Bauleiter schuldig. Der Bauherr macht sich strafbar, wenn er ungeeignete Personen bestellt hat. (Verrichtungsgehilfe – Erfüllungsgehilfe). Für den Bauleiter (s. LBO), den Prüfingenieur für Baustatik und für Bedienstete der Bauaufsichtsbehörde gilt sinngemäß das gleiche wie für den Entwurfsverfasser
StGB § 330	Hiernach können sich der Unternehmer und die Ausführenden des Baus strafbar machen. Der Bauherr und der Entwurfsverfasser nur in Ausnahmefällen, weil sie i. a. den Bau nicht selber leiten.
StGB § 367	Der Bauherr kann sich strafbar machen, wenn er anderen Beteiligten diese Aufgabe nicht ordnungsgemäß übertragen hat. Der Entwurfsverfasser macht sich strafbar, wenn ihm diese Aufgaben übertragen worden sind. Den Unternehmer trifft vor allem die strafbare Übertretung wegen Nichteinhaltung der erforderlichen Sicherungsmaßnahmen, z. B. der Unfallverhütungsvorschriften
LBO	Weitere Verstöße ergeben sich als Ordnungswidrigkeiten bei Handlungen gegen das öffentliche Baurecht. Sie sind in der LBO im einzelnen näher bezeichnet und können mit Geldbußen bis zu 50 000,– und mehr geahndet werden

12.5 Straf- und privatrechtliche Vorschriften

12.5.2 Privatrechtliche Vorschriften

Haftung	Erläuterung
Haftung bei der Durchführung	Bei der Durchführung einer Baumaßnahme haften alle am Bau Beteiligten (Bauherr, Unternehmer, Entwurfsverfasser und Bauleiter) für ihr eigenes Verschulden sowie für das Verschulden ihrer gesetzlichen Vertreter und ihrer Erfüllungsgehilfen.
Haftpflichtversicherung	Es ist allgemein üblich, daß sich die am Bau Beteiligten in ihrem eigenen Interesse durch ausreichende Haftpflichtversicherungen für Personen- und Sachschäden, evtl. auch für Vermögensschäden, in Form von Bauherren-, Architekten- und Betriebshaftpflichtversicherungen schützen. **Beispiel:** Beim Abladen von Glas mit einem Baukran löste sich die Halterung des Korbes, und das Glas stürzte beim Einschwenken auf die Straße. Einige Glassplitter wurden fortgeschleudert und beschädigten etliche Fahrzeuge. In diesem Falle würde eine bestehende Haftpflichtversicherung die Entschädigungsansprüche regeln.
Bauwesenversicherung	Für Schäden am Bauwerk während der Bauzeit, d. h. bis zur Abnahme, die dem Bauherrn, Bauunternehmer, den Bauhandwerkern und dem beauftragten Architekten durch unvorhergesehene Ereignisse entstehen, tritt eine Bauwesenversicherung ein. **Beispiel:** Beim Bau einer Werkhalle waren die Stützen, die Randbalken und auch die mit Gefälle verlaufenden Dachbalken bereits eingeschalt und bewehrt. Beim Betonieren wurde ein Kran eingesetzt. Durch unsachgemäßes Einschwenken des Kranauslegers schlugen die daranhängenden Fensterelemente gegen den bereits betonierten Randbalken und brachten ihn zum Einsturz. Bei diesem Schaden handelt es sich um einen Bauwesenschaden, weil durch die Unachtsamkeit des Kranführers die Bauleistung beschädigt wurde und das Ereignis als unvorhersehbar angesehen werden muß. Den entstandenen Schaden hat der Unternehmer zu vertreten, weil der beschädigte Teil noch nicht abgenommen war. Hätte in diesem Fall keine Bauwesenversicherung bestanden, so hätte der Unternehmer den Schaden auf eigene Kosten beseitigen müssen. Da der Schaden als Unternehmerrisiko gilt, werden die Herstellungskosten, d. h. ohne Wagnis und Gewinn, ersetzt.
Gesetzliche Unfallversicherung	Für Arbeitsunfälle im Baubetrieb besteht die gesetzliche Unfallversicherung, die von den Bauberufsgenossenschaften wahrgenommen wird.
Unerlaubte Handlungen § 823 BGB	Schadensersatzpflicht: Wer vorsätzlich oder fahrlässig das Leben, den Körper, die Gesundheit, die Freiheit, das Eigentum oder ein sonstiges Recht eines anderen rechtlich verletzt, ist dem anderen zum Ersatz des daraus entstehenden Schadens verpflichtet.
§ 831 BGB	Wer einen anderen zu einer Verrichtung bestellt, ist zum Ersatz des Schadens verpflichtet.
§ 836 BGB	Haftung bei Einsturz eines Gebäudes.
§ 837 BGB	Haftung des Gebäudebesitzers.
§ 838 BGB	Haftung des Gebäudeunterhaltspflichtigen.
§ 853 BGB	Arglisteneinrede.

12

13 Baustile

Epoche

Antike
Griechisch (7. bis 2. Jhd. v. Chr.), Römisch (2. Jhd. v. Chr. bis 4. Jhd. n. Chr.)

Erläuterung

Die Herkunft der griechischen Architektur aus der Holzbautechnik wird deutlich an der Verwendung von waagrechtem Architrav (Sturz) und senkrechter Stütze. Aus den Stützen entwickeln sich nacheinander die dorische, ionische und korinthische Säulenordnung. Die schlichte Harmonie griechischer Bauwerke geht auf die strenge Anwendung geometrischer Regeln (Goldener Schnitt, s.S. 5-8) zurück.

Neben den Griechen beeinflußten vor allem die Römer die europäische Baukunst. Die römische Architektur erscheint massiver und verwendet Rund- und Kreuzgewölbe sowie den Rundbogen als konstruktives Element.

Baukörper

Grundriß/Schnitt

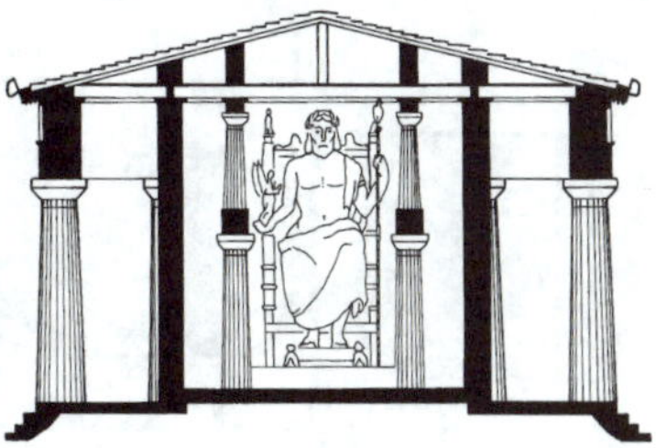

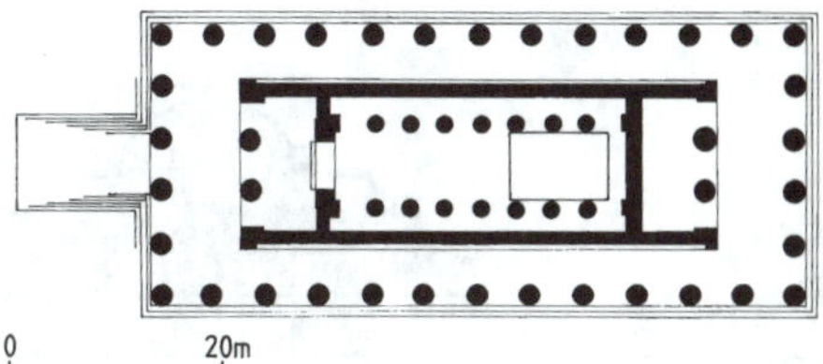

Innenraum

Zeus-Tempel in Olympia, 5. Jhd. v. Chr.

Bsp.

Griechisch: Parthenon-Tempel (Akropolis, Athen), Römisch: Pantheon und Colloseum in Rom, Porta Nigra in Trier

13

13 Baustile

Epoche

Frühchristlich-Byzantinischer Stil

330 bis 900

Erläuterung

Aus den frühchristlichen Versammlungshallen (Markthallen) entwickelte sich der langgestreckte Basilika-Grundriß. Bei den meist kleineren Taufkirchen sind Zentralbauten häufig anzutreffen. Zum Bau wurden häufig Bauteile und Baumaterialien der antiken Vorgänger mitverwendet. Den Höhepunkt byzantinischer Baukunst bildet die Hagia Sophia in Konstantinopel (früher Byzanz, heute Istanbul). Ihre Längsrichtung wird durch die gewaltige Kuppe (∅ = 33 m, Höhe = 55 m) so dominiert, so daß sie als Zentralbau wirkt. Der Byzantinische Stil verbreitete sich über den Balkan bis nach Rußland.

Baukörper

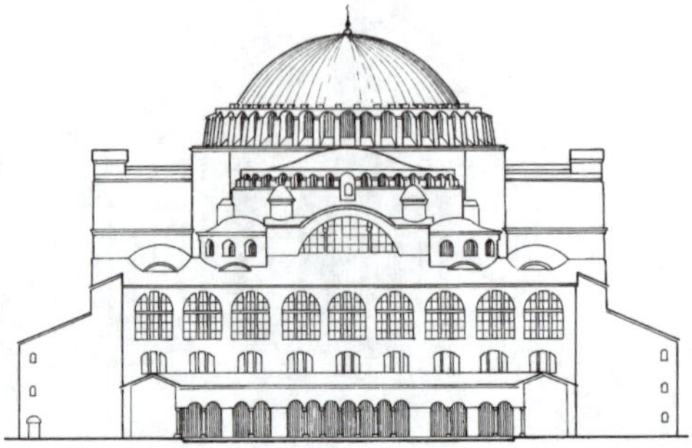

Grundriß/Schnitt

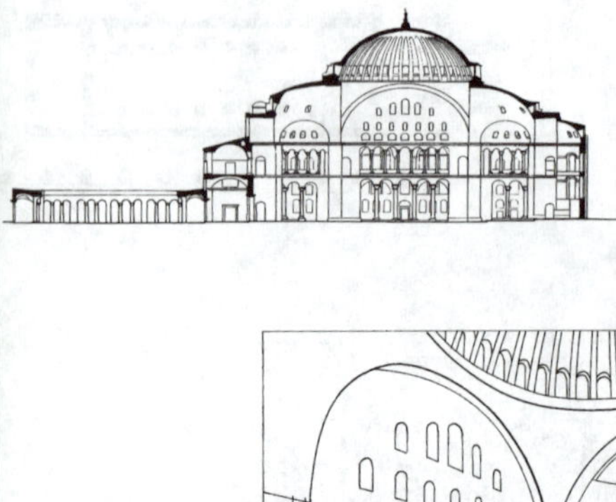

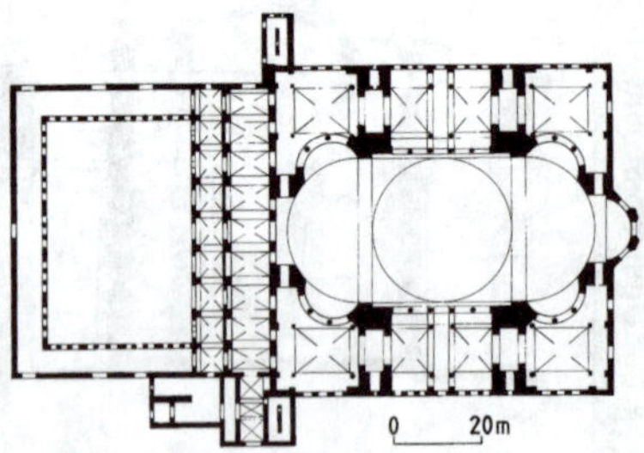

Innenraum

Hagia Sophia in Konstantinopel, 532 – 537

Bsp.

San Apollinare in Classe (Ravenna), Santa Maria Maggiore (Rom), Basilika Hagios Demetrios (Saloniki)

13

13 Baustile

Epoche

Romanik
900 bis 1250

Erläuterung

Der romanische Stil war in ganz Europa verbreitet. Im Namen kommt der Bezug zur römischen Antike zum Ausdruck, jedoch ist die Formensprache der Romanik massiver und schwerer als die ihrer Vorgängerin. Der Baukörper erscheint aus geometrischen Grundelementen zusammengefügt. Die verwendeten Kreuzrippengewölbe und Rundbögen ruhen auf Säulen und Pfeilern, die wegen der hohen Lasten oft im Wechsel verwendet werden. Der Grundriß entspricht der Basilika mit überhöhtem Mittelschiff und enthält das Sinnbild des Kreuzes. Die Türme sind meist gedrungen und von einem stumpfen Dach gekrönt.

Baukörper

Grundriß/Schnitt

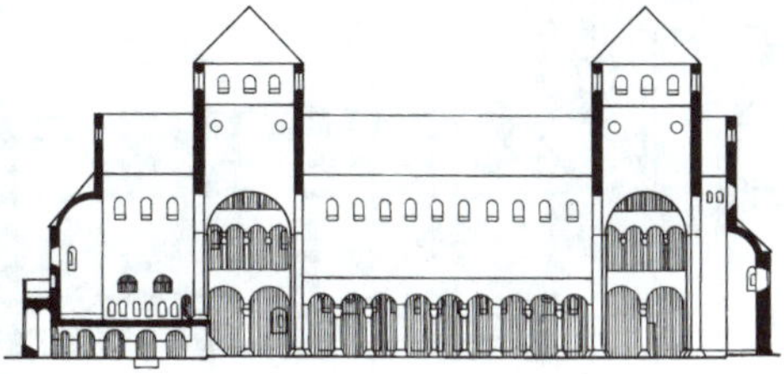

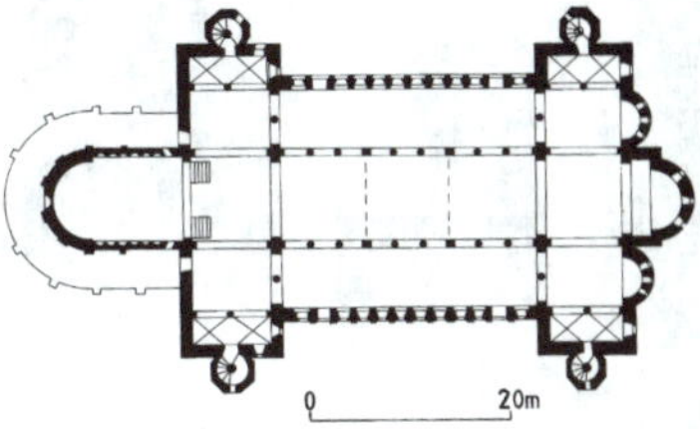

Innenraum

Abteikirche St. Michael in Hildesheim, 1010 – 1033

Bsp.

Maria Laach (Eifel), St. Aposteln (Köln), Dome zu Speyer, Limburg, Mainz und Worms, Münster zu Basel, Stiftskirche Quedlinburg

13 Baustile

Epoche

Gotik
1250 bis 1550

Erläuterung

Die Gotik entwickelt ein statisch ausgeklügeltes System, wie die Lasten des Rippengewölbes und der Spitzbögen mittels Pfeiler und Strebenpfeiler abgeleitet werden können, ohne dafür massive Mauern zu benötigen. Die Wand wird fast ganz aufgelöst und durch schmale Pfeiler und hohe Fenster ersetzt. Der Innenraum des so entstandenen Skelettbaus vermittelt einen Raumeindruck, in dem die Baumassen aufwärts zu streben scheinen. Der Grundtyp der Basilika wird zunehmend durch die Hallenkirche abgelöst. Schmückende Elemente sind Maßwerk, Krabben, Kreuzblumen, Fialen, Dreipaß, Fischblasen

Baukörper

Grundriß/Schnitt

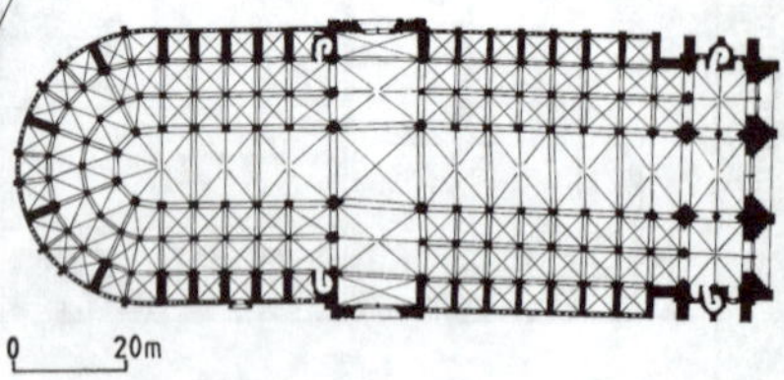

Innenraum

Kathedrale Notre-Dame in Paris, 12./13. Jhd.

Bsp.

Freiburger Münster, Straßburger Münster, Rathaus zu Münster i. W., Kölner Dom, Zisterzienserkirche Chorin, Kathedralen zu Reims, Chartres, York, Laon

13 Baustile

Epoche

Renaissance
1500 bis 1650

Erläuterung

Die Rückbesinnung auf die römische Antike beginnt in Italien. Die Renaissancearchitektur verlagert ihren Schwerpunkt von der kirchlichen auf die Profanarchitektur. Die Gebäude sind nach den klassischen Proportionsregeln gestaltet, klar gegliedert und streben Harmonie zwischen Gesamteindruck und Einzelelement an. Im Gegensatz zur Gotik wird die Waagrechte betont. Die Geschosse sind an ausladenden Gesimsen ablesbar. Fenster und Türen werden mit einem Dreiecks- oder Halbrundgiebel abgeschlossen. Am besten kommt der Renaissancestil im Zentralbau zur Geltung.

Baukörper

Grundriß/Schnitt

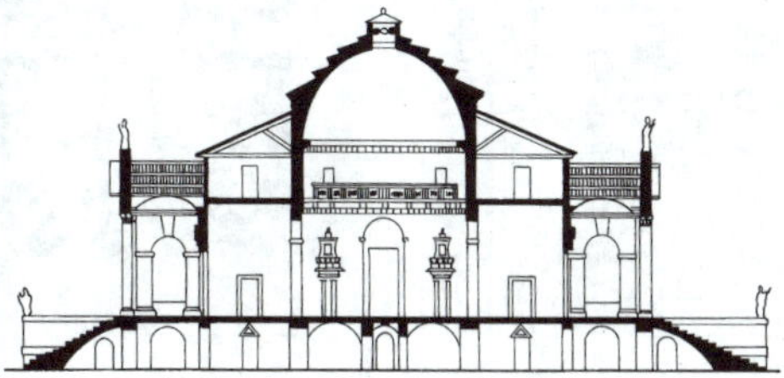

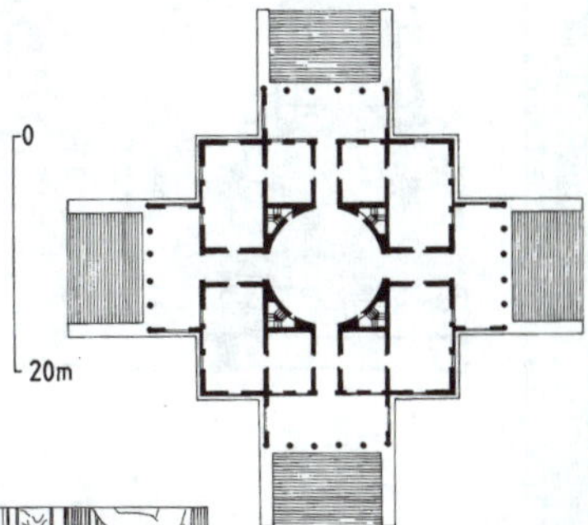

Innenraum

Villa Rotonda von Palladio (Vicenza) 1567 – 1591

Bsp.

Heidelberger Schloß, Dom in Florenz, Rathaus in Augsburg, Bremen, Rothenburg,
Namen: Bramante, Alberti, Brunelleschi

13 Baustile

Epoche

Barock
1600 bis 1780

Erläuterung

Der (oder das) Barock hat seinen Ursprung in Italien, erfreut sich aber vor allem in Süddeutschland größter Verbreitung. Die Architektur verwendet geschwungene Formen in Ansicht und Grundriß. Innenräume sind mit Stuck und Plastiken (Putten) überschwenglich verziert und oft mit Gold bemalt. Durch perspektivische Bemalung wird Raumwirkung vorgetäuscht. Treppenräume werden sehr großzügig gestaltet und hervorgehoben. Die Decken erhalten Stahleinlagen, so daß flache Einwölbungen möglich werden. Fenster erhalten Dreiecks-, Halbrund- oder Sprenggiebel. Säulen sind oft in sich verdreht.

Baukörper / Grundriß/Schnitt

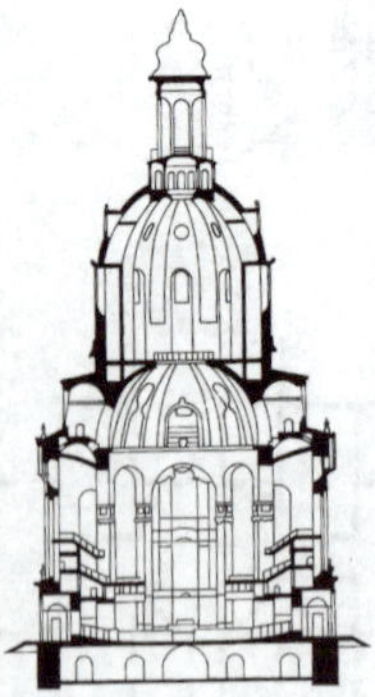

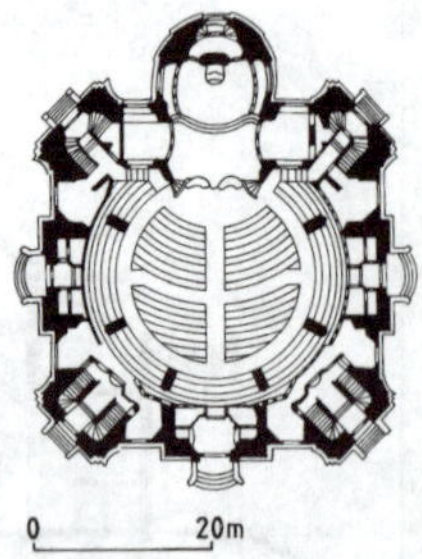

Innenraum

Liebfrauenkirche Dresden, Georg Bähr, 1725 – 1738

Bsp.

Zwinger zu Dresden, Kloster Neuenzelle, Ottobeuren, Residenz in Würzburg, Schloß und Park Versailles,
Namen: Bernini, Baltasar Neumann, Fischer von Erlach

13 Baustile

Epoche

Rokoko
1720 bis 1780

Erläuterung

Die C-förmige Muschel (Rocaille) ist das typische Gestaltungsornament des Rokoko. Der auch als Spätbarock bezeichnete Stil zeichnet sich mehr in der Innenraum- und Möbelgestaltung als in der architektonischen Anlage ab.
Die Wandfläche erhält wieder mehr Bedeutung, wird aber von Ornamenten übersponnen. Allgemein ist das Rokoko leichter als sein prunkvoll, schwerer Vorgänger. Wie schon im Barock werden alle Elemente des Gebäudes (Fußboden, Mobiliar, Tapeten, . . .) bis zu den Außenanlagen als ein Gesamtkunstwerk aufgefaßt und gestaltet. Den Übergang zum Klassizismus bildet der Zopfstil.

Baukörper

Grundriß/Schnitt

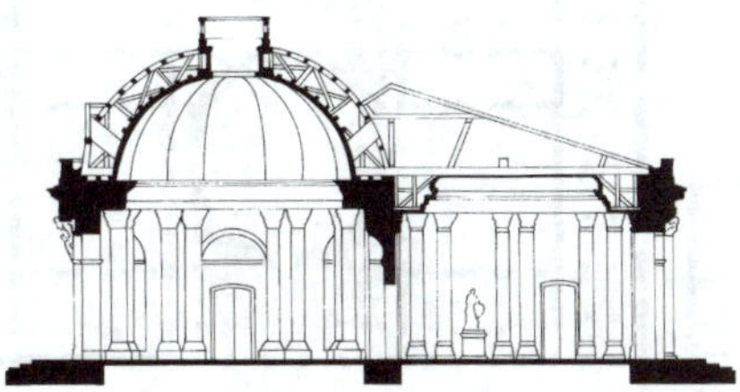

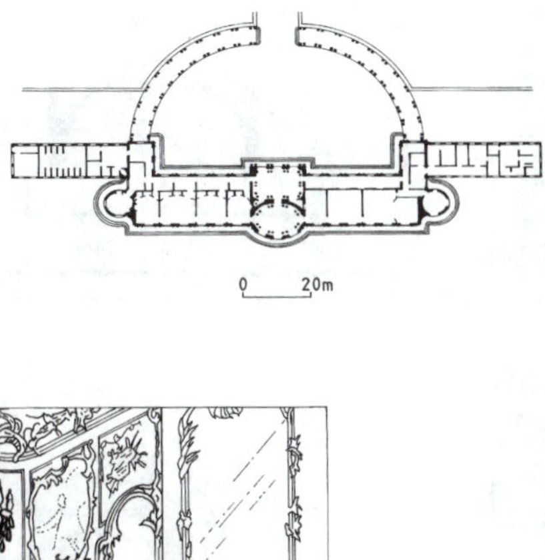

Innenraum

Sanssouci von G. W. v. Knobelsdorff, 1745 – 1747

Bsp.

Ludwigskirche in Saarbrücken, Wallfahrtskirche in Vierzehnheiligen
Namen: Fischer, Stengel, Baltasar Neumann

13

13 Baustile

Epoche

Klassizismus
1780 bis 1850

Erläuterung

Der Klassizismus knüpft im Zeitalter der Aufklärung und des Humanismus an die Ideale der griechischen Antike an. Die Architektur greift auf die strengen, klaren und ruhigen Formen der griechischen, aber auch der römischen Antike zurück. Im Gegensatz zur Renaissance wird alles auf die einfache und schmucklose Grundform der Konstruktionselemente Raum, Wand und Decke zurückgeführt. Die starke umbildende Kraft der Renaissance fehlt oft, und so kommt es teilweise zu kühlen Nachbildungen antiker Bauwerke. Die vollkommensten Bauwerke des Klassizismus sind von Schinkel in Berlin gebaut worden.

Baukörper

Grundriß/Schnitt

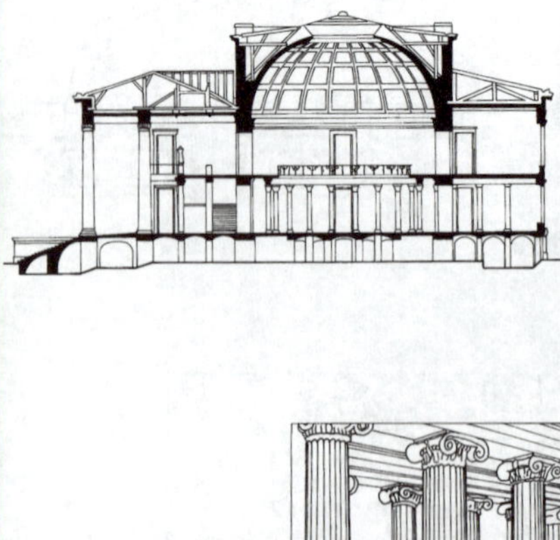

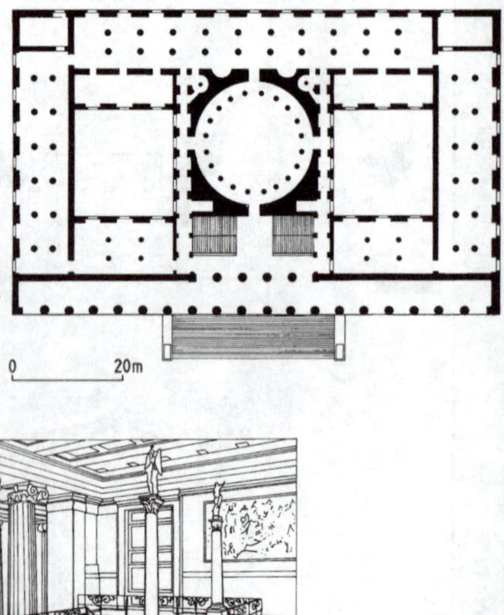

Innenraum

Altes Museum, Berlin, C. F. Schinkel, 1824 – 1830

Bsp.

Schauspielhaus, Neue Wache und Brandenburger Tor in Berlin, Pantheon in Paris, Wilhelmspalais in Stuttgart
Namen: Langhans, Gilly, Weinbrenner, Klenze, Smirke

Epoche

Historismus
(Gründerzeit, Eklektizismus) 1830 – 1900

Erläuterung

Im Unterschied zum Klassizismus lebten im Historismus die Stilformen fast aller historischen Epochen wieder auf. Zum Teil wurden an ein und demselben Bauwerk Elemente der verschiedenen Stile angewendet.
Die Stilwahl richtete sich oft nach der Funktion der Gebäude, so wurden Rathäuser im Neorenaissancestil und Kirchen oft neogotisch gestaltet. Im Grundriß werden die Gebäude meist den moderenen Bedürfnissen angepaßt.
Mit dem Beruf des Ingenieurs entstanden erste, großartige Ingenieurbauten, die jedoch nicht als Kunst galten. (Kristallpalast in London, 1850/51 zur Weltausstellung errichtet)

Baukörper

Grundriß/Schnitt

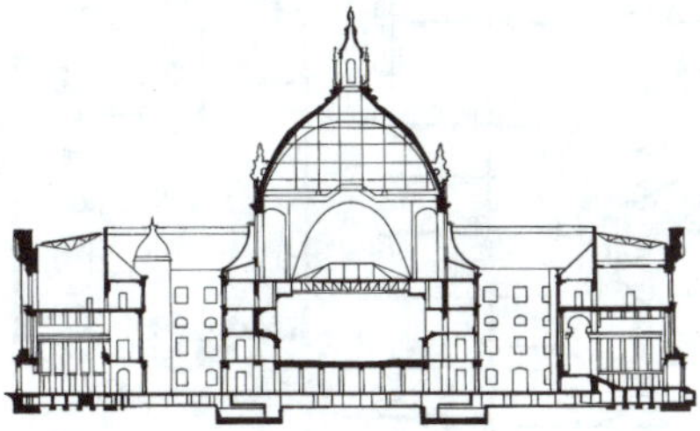

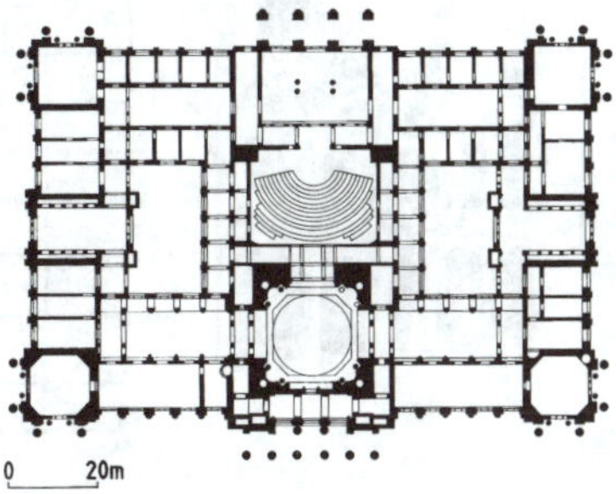

Innenraum

Reichstag, Berlin, Paul Wallot 1884 – 1894

Bsp.

Semper-Oper Dresden, Berliner Dom, Parlament London, Großherzogliches Schloß Schwerin
Namen: J. Paxton, G. Semper

13

13 Baustile

Epoche

Jugendstil
1890 – 1910

Erläuterung

Der Jugendstil ist nach der Münchner Zeitschrift „Jugend“ benannt und erteilt der Nachahmung historischer Stile eine Absage. Als Kritik des Historismus kann er diesen aber nicht verdrängen, sondern besteht neben ihm und wird nur von fortschrittlichen Architekten und Bauherrn vertreten. Zunächst dominieren organisch-florale Formen, die z. T. nur in der Fassade ornamenthaft zur Anwendung kommen. In Glasgow und Wien vertreten C. R. Mackintosh und O. Wagner eine geometrische strengere Auffassung, die in kubische Formen münden und den Übergang zur Moderne bilden. In dieser Scharnierfunktion besteht trotz seiner Kurzlebigkeit die Bedeutung des Jugendstils.

Baukörper

Grundriß/Schnitt

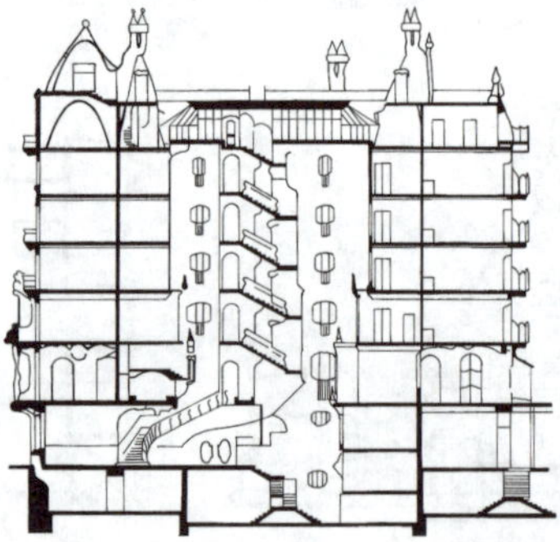

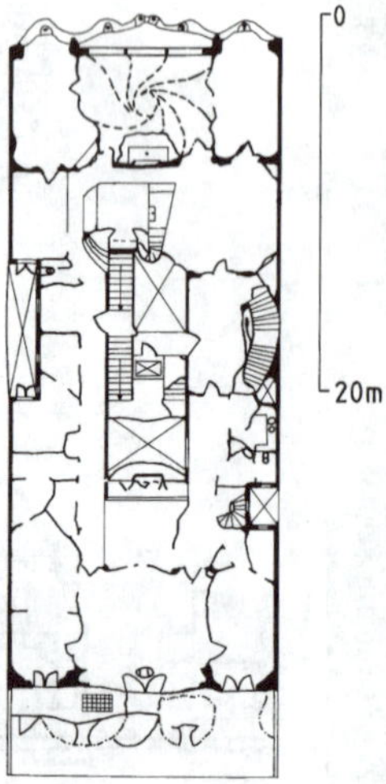

Innenraum

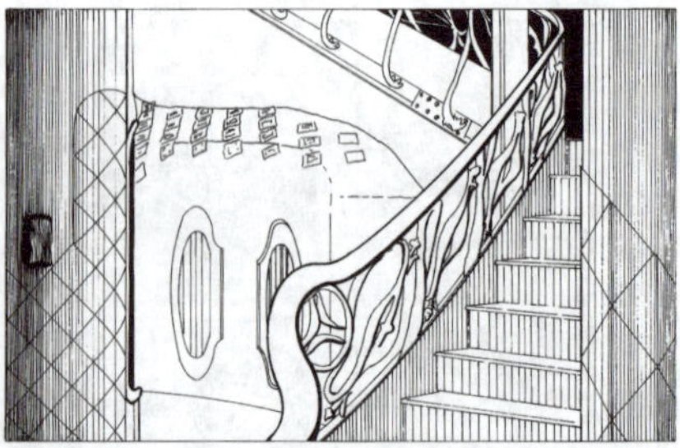

Casa Batlló, Barcelona, A. Gaudi, 1902 – 1907 (Umbau)

Bsp.

Postsparkassenamt in Wien, Bahnhof in Prag, Metro-Stationen in Paris, School of Art in Glasgow
Namen: H. van der Velde, P. Behrens, H. Guimard, V. Horta

13

Epoche

Moderne
(Bauhaus, Internationaler Stil) 1907 bis heute

Erläuterung

Die Moderne hat keine historischen Vorbilder, sie verzichtet vollständig auf Ornamente und Dekor und stellt die Funktion in den Mittelpunkt architektonischer Gestaltung (Form folgt Funktion). Der Gebäudekörper weist klare, strenge, kubische Formen auf und wird z. T. als steril empfunden.

Insbesondere die Bauhaus-Architekten zielten auf die Herstellung preiswerter, funktioneller Massenwohnbauten, die sowohl technischen als auch künstlerischen Ansprüchen genügen sollten. Zur Anwendung kamen Stahl, Beton und Stahlbeton sowie vorgefertigte Bauteile. Bevorzugt wurden liegende Fenster und flache Dächer verwendet.

Baukörper

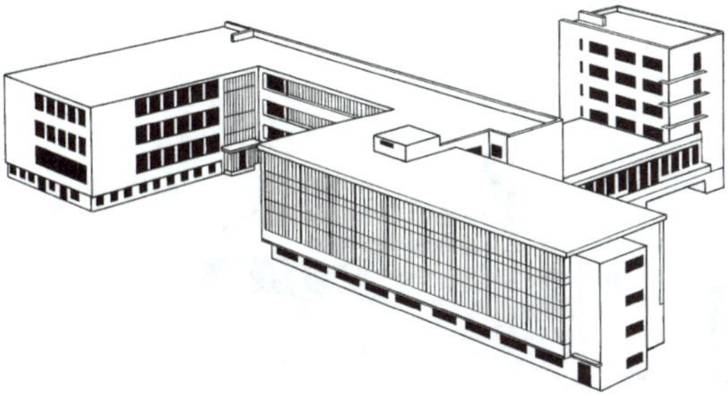

Grundriß/Schnitt

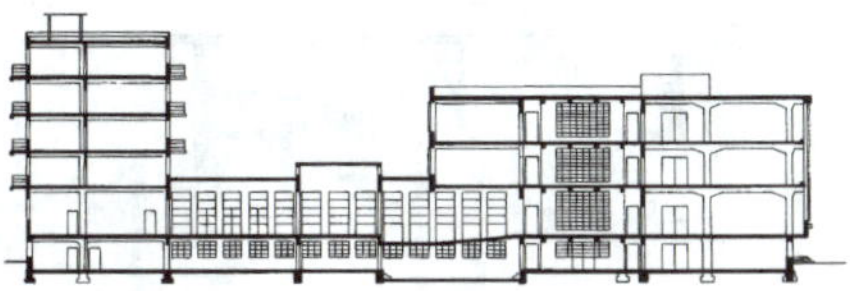

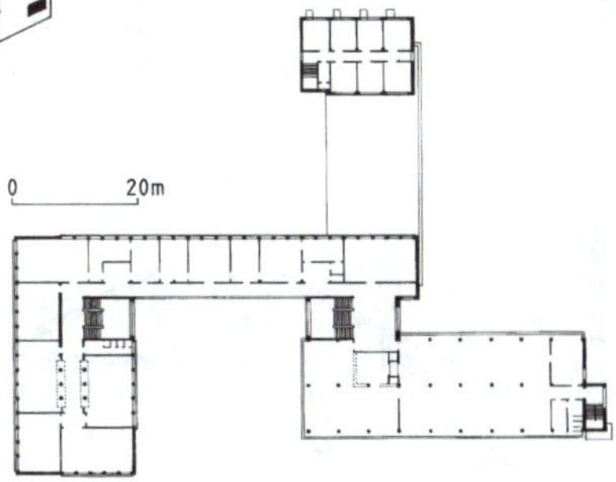

Innenraum

Dessau, Bauhaus 1925 – 1926, W. Gropius

Bsp.

Faguswerke in Alfeld a. d. Leine, Schröder-Haus in Utrecht, Haus Tugendhat in Brünn, Stuttgarter Hauptbahnhof
Namen: F. L. Wright, G. Rietfeld, M. van der Rohe, Le Corbusier

13 Baustile

Epoche

Postmoderne
seit ca. 1960 bis heute

Erläuterung

Die Postmoderne wendet sich gegen den perfektionierten, standardisierten Funktionalismus. Durch spielerische Verwendung klassischer Stilzitate soll der Gebäudecharakter betont werden.
Die Gebäudesymmetrie wird durch prägnante Anordnung einzelner Elemente (Kamine, Erker, Zinnen, Keile) wieder aufgelöst, meist wird der Gebäudeeingang betont.
Die Giebelpartien werden oft tief eingeschnitten oder mit einem Kreisausschnitt versehen.
Im Gewerbebau werden repräsentative und teure Materialien wieder ungezwungen verwendet.

Baukörper

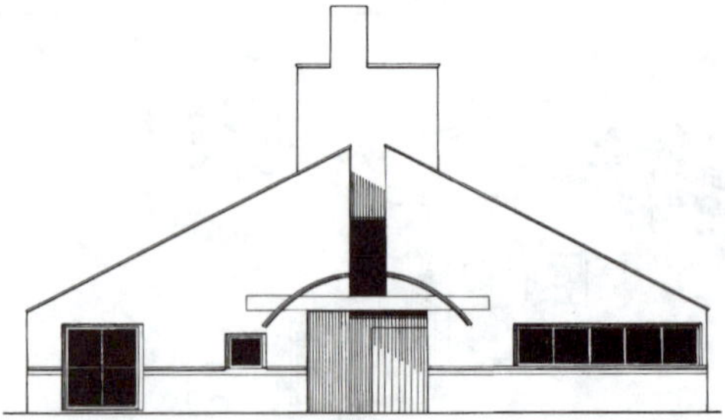

Grundriß/Schnitt

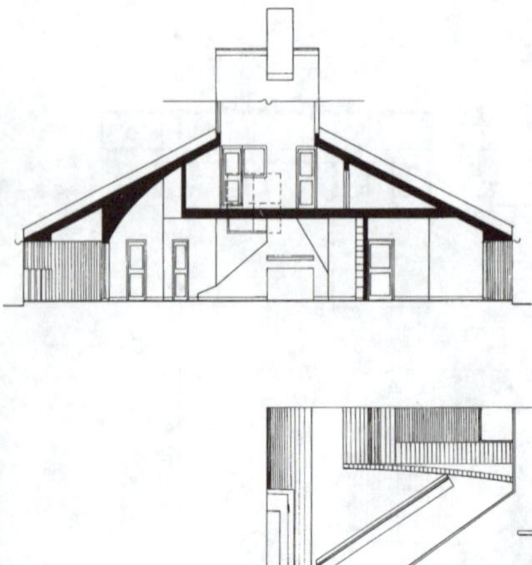

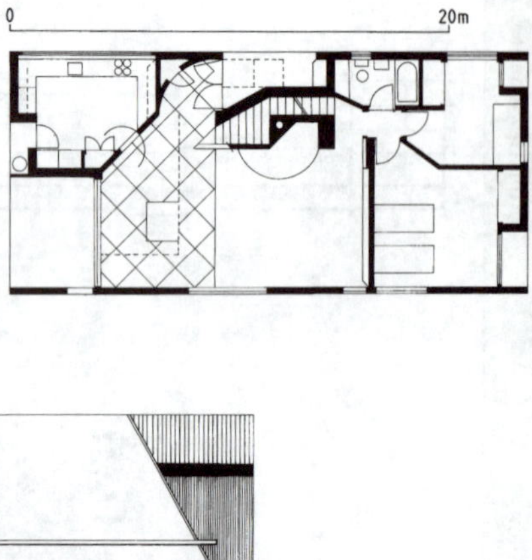

Innenraum

Philadelphia, Villa Vanna Venture 1959 – 1964, Venture & Rauch

Bsp.

AT & T-Gebäude in New York, Neue Staatsgalerie Stuttgart, Museum für Moderne Kunst Frankfurt/M.
Namen: P. Johnston, R. Krier, M. Botta, H. Hollein, J. Stirling

14.1 Verzeichnis der behandelten Normen und Vorschriften

14.1 Verzeichnis der behandelten Normen und Vorschriften

Sonstige — Seite

14.1 Verzeichnis der behandelten Normen und Vorschriften

Sonstige — Seite

14

14.2 Stichwortverzeichnis

A

B

14

14.2 Stichwortverzeichnis

C

D

14

14.2 Stichwortverzeichnis

E

F

14

14.2 Stichwortverzeichnis

G

H

14

14.2 Stichwortverzeichnis

I

J

K

14.2 Stichwortverzeichnis

L

M

14.2 Stichwortverzeichnis

14

14.2 Stichwortverzeichnis

Q

R

S

14

14.2 Stichwortverzeichnis

14

14

14.2 Stichwortverzeichnis

14